工程建设标准规范分类汇编

建筑给水排水工程规范

（2000年版）

本 社 编

中国建筑工业出版社

图书在版编目(CIP)数据

建筑给水排水工程规范:2000年版/中国建筑工业出版社编.—北京:中国建筑工业出版社,2000
(工程建设标准规范分类汇编)
ISBN 7-112-04110-4

Ⅰ.建… Ⅱ.中… Ⅲ.①建筑工程:给水工程-建筑规范-中国 ②建筑工程:排水工程-建筑规范-中国 Ⅳ.TU82-65

中国版本图书馆 CIP 数据核字(1999)第 56957 号

工程建设标准规范分类汇编
建筑给水排水工程规范
(2000年版)
本　社　编
*
中国建筑工业出版社出版、发行(北京西郊百万庄)
新 华 书 店 经 销
有色曙光印刷厂印刷
*
开本:787×1092毫米 1/16 印张:50$^3/_4$ 字数:1125千字
2000年2月第一版　2002年2月第四次印刷
印数:12,001—14,500册　定价:95.00元
ISBN7-112-04110-4
TU・3226(9561)
版权所有　翻印必究
如有印装质量问题,可寄本社退换
(邮政编码100037)

出 版 说 明

"工程建设标准规范分类汇编"共35分册,自1996年出版以来,方便了广大工程建设专业读者的使用,并以其"分类科学、内容全面、准确"的特点受到了社会好评。这些标准、规范、规程是广大工程建设者必须遵循的准则和规定,对提高工程建设科学管理水平,保证工程质量和工程安全,降低工程造价,缩短工期,节约建筑材料和能源,促进技术进步等方面起到了显著的作用。随着我国基本建设的蓬勃发展和工程技术的不断进步,近年来国务院有关部委组织全国各方面的专家陆续制订、修订并颁发了一批新标准、新规范、新规程。为了及时反映近几年国家新制定标准、修订标准和标准局部修订的情况,有必要对工程建设标准规范分类汇编中内容变动较大者进行修订。本次计划修订其中的15册,分别为:

《混凝土结构规范》
《建筑工程质量标准》
《工程设计防火规范》
《建筑施工安全技术规范》
《建筑材料应用技术规范》
《建筑给水排水工程规范》
《建筑工程施工及验收规范》
《电气装置工程施工及验收规范》
《安装工程施工及验收规范》
《建筑结构抗震规范》
《地基与基础规范》
《测量规范》
《室外给水工程规范》
《室外排水工程规范》
《暖通空调规范》

本次修订的原则及方法如下:
(1)该分册中内容变动较大者;
(2)该分册中主要标准、规范内容有变动者;
(3)"▲"代表新修订的规范;
(4)"●"代表新增加的规范;
(5)"局部修订条文"附在该规范后,不改动原规范相应条文。

修订的2000年版汇编本分别将相近专业内容的标准、规范、规程汇编于一册,便于对照查阅;各册收编的均为现行的标准、规范、规程,大部分为近几年出版实施的,有很强的实用性;为了使读者更深刻地理解、掌握标准、规范、规程的内容,该类汇编还收入了已公开出版过的有关条文说明;该类汇编单本定价,方便各专业读者购买。

该类汇编是广大工程设计、施工、科研、管理等有关人员必备的工具书。

关于工程建设标准规范的出版、发行,我们诚恳地希望广大读者提出宝贵意见,便于今后不断改进标准规范的出版工作。

中国建筑工业出版社

目 录

1. 建筑给水排水设计规范
(GBJ15—88)

第一章 总则	1—1
第二章 给水	1—4
第一节 用水定额和水压	1—4
第二节 水质和防水质污染	1—7
第三节 系统选择	1—8
第四节 管道布置和敷设	1—8
第五节 设计流量和管道水力计算	1—9
第六节 水泵、吸水井及贮水池	1—10
第七节 水箱和气压给水设备	1—13
第八节 游泳池	1—14
第九节 喷泉	1—15
第十节 管材、附件和水表	1—16
第三章 排水	1—17
第一节 系统选择	1—17
第二节 卫生器具、地漏及存水弯	1—18
第三节 管道布置和敷设	1—20
第四节 排水管道计算	1—23
第五节 管材、附件和检查井	1—23
第六节 通气管	1—24
第七节 污水泵房和集水池	1—25
第八节 局部污水处理	1—26
第九节 医院污水消毒处理	1—27
第十节 雨水	1—28
第四章 热水及饮水供应	1—31
第一节 热水用水定额、水温和水质	1—31
第二节 热水供应系统的选择	1—33
第三节 热水量和耗热量的计算	1—34
第四节 水的加热和贮存	1—35
第五节 管网计算	1—37
第六节 管材、附件和管道敷设	1—38
第七节 饮水供应	1—39
附录一 名词解释	1—40
附录二 本规范用词说明	1—42
1997年局部修订条文	1—42
附加说明	1—43

▲2. 建筑设计防火规范
(GBJ16—87)(1997年版)

第一章 总则	2—1
第二章 建筑物的耐火等级	2—3
第三章 厂房	2—4
第一节 生产的火灾危险性分类	2—5
第二节 厂房的耐火等级、层数和占地面积	2—5
第三节 厂房的防火间距	2—6
第四节 厂房的防爆	2—9

0—1

第五节 厂房的安全疏散	2—10
第四章 仓库	2—11
第一节 储存物品的火灾危险性分类	2—11
第二节 库房的耐火等级、层数、占地面积和安全疏散	2—12
第三节 库房的防火间距	2—13
第四节 甲、乙、丙类液体储罐、堆场的布置和防火间距	2—13
第五节 可燃、助燃气体储罐的防火间距	2—15
第六节 液化石油气储罐的布置和防火间距	2—16
第七节 易燃、可燃材料的露天、半露天堆场的布置和防火间距	2—17
第八节 仓库、储罐区、堆场的布置及与铁路、道路的防火间距	2—18
第五章 民用建筑	2—19
第一节 民用建筑的耐火等级、层数、长度和面积	2—19
第二节 民用建筑的防火间距	2—19
第三节 民用建筑的安全疏散	2—20
第四节 民用建筑中设置燃油、燃气锅炉房、油浸电力变压器室和商店的规定	2—22
第五节 消防车道和进厂房的铁路线	2—23
第六章 建筑构造	2—24
第一节 防火墙	2—24
第二节 建筑构造和管井	2—24
第三节 屋顶和屋面	2—25
第四节 疏散用的楼梯间、楼梯和门	2—25
第五节 天桥、栈桥和管沟	2—26
第八章 消防给水和灭火设备	2—26
第一节 一般规定	2—26
第二节 室外消防用水量	2—26
第三节 室外消防给水管道、室外消火栓和消防水池	2—29
第四节 室内消防给水	2—30
第五节 室内消防用水量	2—30
第六节 室内消防给水管道、室内消火栓和室内消防水箱	2—31
第七节 灭火设备	2—33
第八节 消防水泵房	2—34
第九章 采暖、通风和空气调节	2—35
第一节 一般规定	2—35
第二节 采暖	2—35
第三节 通风和空气调节	2—35
第十章 电气	2—37
第一节 消防电源及其配电	2—37
第二节 输配电线路、灯具、火灾事故照明和疏散指示标志	2—37
第三节 火灾自动报警装置和消防控制室	2—38
附录一 名词解释	2—39
附录二 建筑构件的燃烧性能和耐火极限	2—40
附录三 生产的火灾危险性分类举例	2—46
附录四 储存物品的火灾危险性分类举例	2—47
附录五 本规范用词说明	2—47
附加说明	2—48
附:条文说明	2—48

3. 医院污水排放标准 (GBJ48—83)

第一章 总则 ... 3—1
第二章 排放标准 ... 3—2
第三章 设计要求 ... 3—3
第四章 管理要求 ... 3—4
附录一 医院污水、污泥检验方法 ... 3—4
附录二 本标准用词说明 ... 3—18

4. 自动喷水灭火系统设计规范 (GBJ84—85)

第一章 总则 ... 4—1
第二章 建筑物、构筑物危险等级和自动喷水灭火系统设计数据的基本规定 ... 4—2
第三章 消防给水 ... 4—3
 第一节 一般规定 ... 4—4
 第二节 消防水池和消防水箱 ... 4—4
第四章 喷头布置 ... 4—4
 第一节 一般规定 ... 4—5
 第二节 仓库的喷头布置 ... 4—5
 第三节 舞台、网顶等部位的喷头布置 ... 4—5
 第四节 边墙型喷头布置 ... 4—6
第五章 系统组件 ... 4—7
 第一节 喷头 ... 4—7
 第二节 阀门与检验、报警装置 ... 4—7
 第三节 监测装置 ... 4—7
 第四节 管道 ... 4—8

第六章 系统类型 ... 4—8
 第一节 湿式喷水灭火系统 ... 4—8
 第二节 干式喷水灭火系统 ... 4—8
 第三节 预作用喷水灭火系统 ... 4—9
 第四节 雨淋喷水灭火系统 ... 4—9
 第五节 水幕系统 ... 4—9
第七章 水力计算 ... 4—10
 第一节 设计流量和管道水力计算 ... 4—11
 第二节 减压孔板和节流管 ... 4—11
附录一 名词解释 ... 4—12
附录二 建筑物、构筑物危险等级举例 ... 4—12
附录三 本规范用词说明 ...
附加说明 ...

5. 卤代烷1211灭火系统设计规范 (GBJ110—87)

第一章 总则 ... 5—1
第二章 防护区设置 ... 5—2
第三章 灭火剂用量 ... 5—3
 第一节 灭火剂总用量 ... 5—4
 第二节 设计灭火用量 ... 5—4
 第三节 开口流失补偿 ... 5—5
第四章 设计计算 ... 5—6
 第一节 一般规定 ... 5—6
 第二节 管网灭火系统 ... 5—8
第五章 系统的组件 ... 5—8
 第一节 贮存装置 ... 5—8
 第二节 阀门和喷嘴 ...

0—3

第三节 管道及其附件	5—9
第六章 操作和控制	5—10
第七章 安全要求	5—10
附录一 名词解释	5—11
附录二 卤代烷1211蒸汽的比容积	5—12
附录三 卤代烷1211蒸汽压力	5—12
附录四 卤代烷1211设计浓度	5—13
附录五 海拔高度修正系数	5—14
附录六 用词说明	5—15
附加说明	5—16

▲6. 火灾自动报警系统设计规范
(GB50116—98)

1 总则	6—1
2 术语	6—2
3 系统保护对象分级及火灾探测器设置部位	6—2
3.1 系统保护对象分级	6—3
3.2 火灾探测器设置部位	6—3
4 报警区域和探测区域的划分	6—4
4.1 报警区域的划分	6—4
4.2 探测区域的划分	6—4
5 系统设计	6—5
5.1 一般规定	6—5
5.2 系统形式的选择和设计要求	6—5
5.3 消防联动控制	6—6
5.4 火灾应急广播	6—6
5.5 火灾警报装置	6—6
5.6 消防专用电话	6—6
5.7 系统接地	6—7
6 消防控制室和消防联动控制	6—7
6.1 一般规定	6—7
6.2 消防控制室	6—7
6.3 消防控制设备的功能	6—8
7 火灾探测器的选择	6—9
7.1 一般规定	6—9
7.2 点型火灾探测器的选择	6—9
7.3 线型火灾探测器的选择	6—10
8 火灾探测器和手动火灾报警按钮的布置	6—11
8.1 点型火灾探测器的设置	6—11
8.2 线型火灾探测器的设置	6—12
8.3 手动火灾报警按钮的设置	6—13
9 系统供电	6—13
10 布线	6—14
10.1 一般规定	6—14
10.2 屋内布线	6—14
附录 A 探测器安装间距的极限曲线	6—15
附录 B 不同高度的房间梁对探测器设置的影响	6—15
附录 C 按梁间区域面积确定一只探测器保护的梁间区域的个数	6—16
附录 D 火灾探测器的具体设置部位（建议性）	6—16
D.1 特级保护对象	6—16
D.2 一级保护对象	6—16
D.3 二级保护对象	6—17
附录 E 本规范用词说明	6—18
附加说明	6—19
附：条文说明	6—19

7. 建筑灭火器配置设计规范
(GBJ140—90)

第一章 总则 ································ 7—1
第二章 灭火器配置场所的危险等级 ················ 7—2
第三章 灭火器级别 ·························· 7—3
第四章 灭火器的选择 ························ 7—4
第五章 灭火器的配置 ························ 7—5
第六章 灭火器的设置要求 ···················· 7—6
　第一节 灭火器的设置 ······················ 7—6
　第二节 灭火器的保护距离 ·················· 7—7
第七章 灭火器配置的设计计算 ·················· 7—8
附录一 名词解释 ·························· 7—9
附录二 工业建筑灭火器配置场所的危险等级
　　　举例 ······························ 7—11
附录三 民用建筑灭火器配置场所的危险等级
　　　举例 ······························ 7—12
附录四 不相容的灭火剂 ······················ 7—12
附录五 灭火器的使用温度范围 ·················· 7—13
附录六 本规范用词说明 ······················ 7—13
附加说明 ································ 7—14
1997年局部修订条文

8. 低倍数泡沫灭火系统设计规范
(GB50151—92)

第一章 总则 ································ 8—1
第二章 泡沫液和系统型式的选择 ················ 8—3
　第一节 泡沫液的选择和配制 ·················· 8—3
　第二节 系统型式的选择 ······················ 8—3
第三章 系统设计 ···························· 8—4
　第一节 储罐区泡沫灭火系统设计的一般规定 ········ 8—4
　第二节 储罐区液上喷射泡沫灭火系统的设计 ········ 8—5
　第三节 储罐区液下喷射泡沫灭火系统的设计 ········ 8—7
　第四节 泡沫喷淋系统 ························ 8—8
　第五节 泡沫泵站 ···························· 8—8
第四章 系统组件 ···························· 8—9
　第一节 一般规定 ···························· 8—9
　第二节 泡沫消防泵和泡沫液储罐 ·············· 8—10
　第三节 泡沫液储罐 ························ 8—10
　第四节 泡沫产生器 ························ 8—10
　第五节 阀门和管道 ························ 8—11
附录一 名词解释 ·························· 8—12
附录二 本规范用词说明 ···················· 8—12
附加说明

9. 卤代烷 1301 灭火系统设计规范
(GB50163—92)

第一章 总则 ································ 9—1
第二章 防护区 ······························ 9—2
第三章 卤代烷 1301 用量计算 ···················· 9—3
　第一节 设计灭火用量与备用量 ················ 9—4
　第二节 剩余量 ···························· 9—4
第四章 管网设计计算 ························ 9—5
　第一节 一般规定 ·························· 9—6
　第二节 管网流体计算 ························ 9—6
第五章 系统组件 ···························· 9—7
　第一节 贮存装置 ·························· 9—11

第二节 选择阀和喷嘴	9—12
第三节 管道及其附件	9—12
第六章 操作和控制	9—13
第七章 安全要求	9—13
附录一 名词解释	9—14
附录二 卤代烷1301蒸气比容和防护区内含有卤代烷1301的混合气体比容	9—15
附录三 压力系数Y和密度系数Z	9—16
附录四 压力损失和压力损失修正系数	9—22
附录五 管网压力损失计算举例	9—25
附录六 本规范用词说明	9—30
附加说明	9—31
10．火灾自动报警系统施工及验收规范 **(GB50166—92)**	10—1
第一章 总则	10—2
第二章 系统施工	10—3
第一节 一般规定	10—3
第二节 布线	10—3
第三节 火灾探测器的安装	10—4
第四节 手动火灾报警按钮的安装	10—4
第五节 火灾报警控制设备的安装	10—4
第六节 消防控制设备的安装	10—5
第七节 系统接地装置的安装	10—5
第三章 系统调试	10—5
第一节 一般规定	10—5
第二节 调试前的准备	10—6
第三节 系统的调试	10—6
第四章 系统的验收	10—6
第一节 一般规定	10—7
第二节 系统竣工验收	10—7
第三节 系统运行	10—8
附录一 调试报告	10—9
附录二 系统竣工表	10—10
附录三 系统竣工日登记表	10—11
附录四 系统运行日登记表	10—12
附录五 控制器日检登记表	10—12
附录六 季(体)检登记表	10—13
附录 本规范用词说明	10—13
附：条文说明	10—14
11．二氧化碳灭火系统设计规范 **(GB50193—93)**	11—1
1 总则、符号	11—2
2 术语、符号	11—2
2.1 术语	11—2
2.2 符号	11—3
3 系统设计	11—4
3.1 一般规定	11—4
3.2 全淹没灭火系统	11—5
3.3 局部应用灭火系统	11—7
4 管网计算	11—8
5 系统组件	11—8
5.1 储存装置	11—8
5.2 选择阀与喷头	11—9
5.3 管道及其附件	11—9
6 控制与操作	11—9
7 安全要求	11—10
附录A 可燃物的二氧化碳设计浓度和抑制时间	

附录B	管道附件的当量长度	11—11
附录C	管道压力降	11—11
附录D	二氧化碳的压力系数和密度系数	11—12
附录E	流程高度所引起的压力校正值	11—12
附录F	喷头入口压力与单位面积的喷射率	11—13
附录G	本规范用词说明	11—13
附加说明		11—14
附:条文说明		11—14

12. 水喷雾灭火系统设计规范
（GB50219—95） .... 12—1

1 总则 .... 12—2
2 术语、符号 .... 12—2
　2.1 术语 .... 12—2
　2.2 符号 .... 12—2
3 设计基本参数和喷头布置 .... 12—3
　3.1 设计基本参数 .... 12—3
　3.2 喷头布置 .... 12—5
4 系统组件 .... 12—5
5 给水 .... 12—6
6 操作与控制 .... 12—6
7 水力计算 .... 12—6
　7.1 系统的设计流量 .... 12—7
　7.2 管道水力计算 .... 12—7
　7.3 管道减压措施 .... 12—8
附录A 本规范用词说明 .... 12—8
附加说明 .... 12—9
附:条文说明 .... 12—9

13. 自动喷水灭火系统施工及验收规范
（GB50261—96） .... 13—1

1 总则 .... 13—2
2 术语 .... 13—2
3 施工准备 .... 13—3
4 供水设施安装与施工 .... 13—4
　4.1 一般规定 .... 13—4
　4.2 消防水泵和稳压泵安装 .... 13—4
　4.3 消防水箱安装和消防水池施工 .... 13—4
　4.4 消防气压给水设备安装 .... 13—4
　4.5 消防水泵接合器安装 .... 13—5
5 管网及系统组件安装 .... 13—5
　5.1 管网安装 .... 13—6
　5.2 喷头安装 .... 13—7
　5.3 报警阀组安装 .... 13—8
　5.4 其它组件安装 .... 13—8
6 系统试压和冲洗 .... 13—9
　6.1 一般规定 .... 13—9
　6.2 水压试验 .... 13—9
　6.3 气压试验 .... 13—10
　6.4 冲洗 .... 13—10
7 系统调试 .... 13—10
　7.1 一般规定 .... 13—11
　7.2 调试内容和要求 .... 13—11
8 系统验收 .... 13—11
9 维护管理 .... 13—13

附录A 自动喷水灭火系统试压记录表	13—14
附录B 自动喷水灭火系统管网冲洗记录表	13—14
附录C 自动喷水灭火系统记录表	13—15
附录D 自动喷水灭火系统联动试验验收表	13—15
附录E 自动喷水灭火系统维护管理工作一览表	13—16
附录F 本规范用词说明	13—17
附加说明	13—17
附：条文说明	13—18

●14. 气体灭火系统施工及验收规范 (GB50263—97)

1 总则	14—1
2 施工准备	14—2
2.1 一般规定	14—2
2.2 系统组件检查	14—2
3 施工	14—4
3.1 一般规定	14—4
3.2 灭火剂贮存容器的安装	14—4
3.3 集流管的制作与安装	14—4
3.4 选择阀的安装	14—4
3.5 阀驱动装置的安装	14—6
3.6 灭火剂输送管道的施工	14—6
3.7 灭火剂输送管道的吹扫、试验和涂漆	14—7
3.8 喷嘴的安装	14—7
4 调试	14—8
4.1 一般规定	14—8
4.2 调试	14—8
5 验收	14—8
5.1 一般规定	14—8
5.2 防护区和贮瓶间验收	14—8
5.3 设备验收	14—9
5.4 系统功能验收	14—10
5.5 维护管理	14—11
附录A 不同温度下灭火剂的贮存压力	14—13
附录B 气体灭火系统施工记录	14—13
附录C 隐蔽工程中间验收记录	14—14
附录D 气体灭火系统调试报告	14—14
附录E 气体灭火系统竣工验收报告	14—15
附录F 本规范用词说明	14—16
附加说明	14—16
附：条文说明	

15. 泡沫灭火系统施工及验收规范 (GB50281—98)

1 总则	15—1
2 术语	15—2
3 施工准备	15—2
3.1 一般规定	15—2
3.2 主要设备和材料的外观检查	15—3
3.3 泡沫液储罐的强度和严密性检验	15—3
4 施工	15—3
4.1 一般规定	15—4
4.2 泡沫液储罐的安装	15—4
4.3 泡沫比例混合器的安装	15—4
4.4 泡沫发生装置的安装	15—5
4.5 固定式消防泵组的安装	15—5
4.6 管道、阀门和消火栓的安装	15—6
4.7 试压、冲洗和防腐	15—7
5 调试	15—8

5.1 一般规定	15—8
5.2 单机调试	15—8
5.3 系统调试	15—8
6 验收	15—9
6.1 一般规定	15—9
6.2 系统验收	15—10
7 维护管理	15—10
7.1 一般规定	15—10
7.2 系统的定期检查和试验	15—11
附录A 泡沫液储罐的强度和严密性试验记录表	15—12
附录B 阀门的强度和严密性试验记录表	15—12
附录C 隐蔽工程验收记录表	15—13
附录D 管道试压记录表	15—13
附录E 管道冲洗记录表	15—14
附录F 系统调试记录表	15—14
附录G 系统验收记录表	15—15
附录H 系统周检记录表	15—16
附录J 系统季(年)检记录表	15—16
附录K 本规范用词说明	15—17
附加说明	15—17
附:条文说明	
▲16. 建筑排水硬聚氯乙烯管道工程技术规程 (GJJ/T 29—98)	
1 总则	16—1
2 术语	16—2
3 设计	16—3
3.1 管道布置	16—3
3.2 管道水力计算	16—6
4 施工	16—7

4.1 一般规定	16—7
4.2 备料	16—9
4.3 管道粘接	16—10
4.4 埋地管铺设	16—10
4.5 楼层管道安装	16—11
5 验收	16—12
附录A 横管水力计算图	16—13
本规程用词说明	16—16
附:条文说明	16—17
17. 医院污水处理设计规范 (CECS07:88)	17—1
第一章 总则	17—2
第二章 一般规定	17—2
第三章 处理流程及构筑物	17—3
第四章 消毒剂及投加设备	17—5
第五章 放射性污水处理	17—6
第六章 污泥处理	17—6
第七章 处理站	17—7
附录一 本规范用词说明	17—7
附加说明	17—8
附:条文说明	17—8
18. 游泳池给水排水设计规范 (CECS14:89)	18—1
第一章 总则	18—2
第二章 水质和水温	18—2
第一节 水质	18—2
第二节 水温	18—3
第三章 给水系统	18—3

第二节 系统选择	18—3
第三节 充水和补水	18—3
第四章 水的循环	18—4
第一节 循环方式	18—4
第二节 循环周期	18—4
第三节 循环流量	18—5
第四节 循环水泵	18—5
第五节 循环管道	18—6
第六节 平衡水池	18—6
第五章 水的净化	18—7
第一节 预净化	18—7
第二节 过滤	18—8
第三节 过滤器反洗	18—8
第四节 加药装置	18—8
第六章 水的消毒	18—9
第一节 消毒方法	18—9
第二节 消毒设备	18—10
第七章 水的加热	18—10
第一节 热量计算	18—11
第二节 加热方式和加热设备	18—11
第八章 附属装置	18—11
第一节 给水口	18—11
第二节 回水口	18—12
第三节 泄水口	18—12
第四节 溢流水槽	18—12
第九章 洗净设施	18—12
第一节 浸脚消毒池	18—12
第二节 强制淋浴和浸腰消毒池	18—12
第十章 跳水游泳池制波	18—12
第一节 一般规定	18—12
第二节 波制方法	18—12
第十一章 排水系统	18—13
第一节 岸边清洗	18—13
第二节 泄水	18—13
第三节 排污	18—13
第十二章 水净化设备用房	18—14
第一节 一般规定	18—14
第二节 过滤器间	18—14
第三节 加药间	18—14
第四节 加氯间	18—14
第五节 加热器间	18—15
附录一 名词解释	18—15
附录二 本规范用词说明	18—16
附加说明	18—17
附:条文说明	18—17
19. 建筑中水设计规范 (CECS30:91)	19—1
第一章 总则	19—2
第二章 中水水源	19—2
第三章 中水水质标准	19—3
第四章 中水系统	19—4
第一节 中水原水系统	19—4
第二节 水量平衡	19—4
第三节 中水供水系统	19—4
第五章 处理工艺及设施	19—5
第一节 处理工艺	19—5
第二节 处理设施	19—6
第六章 中水处理站	19—7
第七章 安全防护和监测控制	19—8

21. 建筑排水用硬聚氯乙烯螺旋管管道工程设计、施工及验收规程
(CECS94:97)(1998年版)

1	总则	21—1
2	引用标准	21—2
3	术语	21—3
	管材及管件	21—3
4	基本设计规定	21—4
5	管道系统的布置及连接	21—5
6	伸缩节的设置	21—7
7	伸顶通气管	21—8
8	清扫口和检查口	21—9
9	管道支座	21—9
10	埋地管道敷设	21—10
11	管道穿越墙板构造要求	21—10
12	施工准备	21—11
13	材料	21—11
14	贮运	21—12
15	管道安装及敷设	21—13
16	管道接头的连接工艺	21—13
17	安装质量要求	21—15
18	工程验收	21—16
19	安全生产	21—17
20		21—18
附录 A	旋转进水型管件规格尺寸	21—18
附录 B	采用螺母挤压密封圈接头的管件规格尺寸	21—21
附录 C	本规程用词说明	21—25
附:条文说明		21—26

第一节	安全防护	19—8
第二节	监测控制	19—8
附录一	生活杂用水水质标准	19—9
附录二	名词解释	19—9
附录三	本规范用词说明	19—10
附加说明		19—10
附:条文说明		19—11

20. 建筑给水硬聚氯乙烯管道设计与施工验收规程
(CECS41:92)

第一章	总则	20—1
第二章	设计	20—2
第一节	管道布置和敷设	20—2
第二节	管道水力计算	20—2
第三章	材料	20—3
第一节	一般规定	20—4
第二节	质量要求与检验	20—4
第三节	贮运	20—6
第四章	施工	20—7
第一节	一般规定	20—7
第二节	塑料管道配管与粘接	20—8
第三节	塑料管与金属管配件的螺接	20—8
第四节	室内管道的敷设	20—9
第五节	埋地管道的铺设	20—9
第六节	安全生产	20—10
第五章	检验与验收	20—10
附录一	建筑给水硬聚氯乙烯管道系统节点安装推荐示意图	20—11
附加说明		20—17
附:条文说明		20—17

0—11

中华人民共和国国家标准

建筑给水排水设计规范

GBJ 15—88

主编部门：上海市建设委员会
批准部门：中华人民共和国建设部
施行日期：1989年4月1日

关于发布国家标准《建筑给水排水设计规范》的通知

(88)建标字第196号

根据原国家建委（81）建发设字第546号文的要求，由上海市建设委员会同有关部门共同修订的《室内给水排水和热水供应设计规范》已经修订完毕。经有关部门会审，现批准修订后的《建筑给水排水设计规范》GBJ15—88为国家标准，自1989年4月1日起施行。原《室内给水排水和热水供应设计规范》TJ15—74同时废止。

本规范由上海市建设委员会管理，具体解释等工作由上海市民用建筑设计院负责。出版发行由中国计划出版社负责。

中华人民共和国建设部
1988年8月24日

修 订 说 明

本规范是根据原国家建委（81）建发设字第546号文件的通知，由上海市民用建筑水和热水供应设计规范》TJ15—74进行修订而成。

在修订过程中，进行了比较广泛的调查研究，认真总结了原规范执行以来的经验，吸取了部分科研成果，征求了有关单位的意见，经我委组织审查，完成了报批稿。

本规范共分四章。修改的主要内容有：用水定额、住宅与公共建筑生活给水管道设计秒流量计算公式、生活污水排水设计秒流量计算方法和雨水管道设计方法等。本规范还补充了高层建筑给水排水，排水管道通气系统和医院污水消毒处理的内容，增设了游泳池和喷泉两节。其它如防止水质污染、节水节能、安全供水、新型管材等方面也作了较多的修改和补充。

在执行本规范过程中，如发现要修改或补充之处，请将意见和有关资料答交上海市民用建筑设计院并抄送我委，以便再次修订时参考。

上海市建设委员会
1988年3月

主 要 符 号

流量、流速

- q_g ——给水流量
- q_u ——污水流量
- q_o ——卫生器具给水额定流量
- q_p ——卫生器具排水流量
- q_{xa} ——消火射流出水量
- q_r ——每人每日热水用水量
- q_h ——卫生器具热水的小时用水量
- q_x ——循环流量
- q_f ——循环附加流量
- q_{max} ——最大流量
- q_b ——水泵的出水量
- q_y ——雨水设计流量
- q_s ——降雨历时为5分钟的降雨强度
- q_i ——水表的流通能力
- q_t ——水表的特性流量
- v ——管道内的平均水流速度

水压、水头损失

- R ——水力半径
- I ——水力坡度

A_z —— 水带的比阻
H_{xb} —— 消火栓口处所需水压
h_d —— 水带的水头损失
H_q —— 水枪喷嘴造成一定高度充实水柱所需水压
i —— 管道单位长度的水头损失
H_z —— 循环水管的自然压力值
h_p —— 循环流量通过配水管网的水头损失
h_x —— 循环流量通过回水管网的水头损失
H_b —— 水泵扬程

几何特征

F_{jr} —— 加热面积
F_w —— 汇水面积
L_d —— 水带长度
h, H —— 高度
Δh —— 标高差
V_x —— 气压水罐内空气和水的总容积
V_x —— 气压水罐内的水容积
d_j —— 管道计算内径

计算系数

k, a —— 根据建筑物用途而定的系数
b —— 卫生器具同时给水、排水百分数,及卫生器具同时使用百分数
B —— 水流特性系数
a_b —— 气压水罐内最小工作压力与最大工作压力比
C_a —— 气压给水安全系数
β —— 气压给水罐容积附加系数
n —— 管道粗糙系数
K —— 传热系数
K_b —— 水表特性系数
K_1 —— 设计重现期为一年和屋面渲泄的能力影响传热效率的系数
ε —— 结垢和热媒分布不均匀影响传热损失系数
C_r —— 热水供应系统的热损失系数

热量、温度和比重

Q —— 设计小时耗热量
Q_x —— 制备热水所需的热量
Q_s —— 配水管道的热损失
t_r —— 热水温度
t_l —— 冷水温度
Δt —— 温度差
γ —— 水的比重
c —— 水的比热

其 它

N_g —— 管段的卫生器具给水当量总数
N_p —— 管段的卫生器具排水当量总数
n_b —— 同类型卫生器具数
m —— 用水计算单位数
n_{max} —— 水泵一小时内最多启动次数

第一章 总 则

第1.0.1条 为保证建筑给水排水设计的质量,使设计符合适用、安全、经济、卫生等的基本要求,特制订本规范。

第1.0.2条 建筑给水排水设计,应满足生活、生产和消防等要求,同时还应为施工安装、操作管理、维修检测以及安全保护等提供便利条件。

第1.0.3条 本规范适用于工业与民用建筑给水排水设计,但设计下列工程时,还应按现行的有关专门规范或规定执行:

一、地震、湿陷性黄土、多年冻土和膨胀土等地区的建筑物;

二、矿泉水疗、人防建筑和有放射性的、遇水引起爆炸的生产工艺等,有特殊要求的给水排水和热水供水的设计。

第1.0.4条 建筑给水排水工程设计,除执行本规范外,尚应符合合国家现行的有关标准、规范的要求。

第二章 给 水

第一节 用水定额和水压

第2.1.1条 住宅生活用水定额及小时变化系数,根据卫生器具完善程度和地区条件,应按表2.1.1确定。

住宅生活用水定额及小时变化系数　　表2.1.1

卫 生 器 具 设 置 标 准	每人每日生活用水定额（最高日）（L）	小时变化系数
有大便器、洗涤盆,无淋浴设备	85～130	3.0～2.5
有大便器、洗涤盆和淋浴设备	130～190	2.8～2.3
有大便器、洗涤盆、淋浴设备和热水供应	170～250	2.5～2.0

第2.1.2条 集体宿舍、旅馆和其它公共建筑的生活用水定额及小时变化系数,根据卫生器具完善程度和地区条件,应按表2.1.2确定。

集体宿舍、旅馆和公共建筑生活用水定额及小时变化系数

表 2.1.2

序号	建 筑 物 名 称	单 位	生活用水定额（最高日）（L）	小时变化系 数
1	集体宿舍			
	有盥洗室	每人每日	50～100	2.5
	有盥洗室和浴室	每人每日	100～200	2.5

续表

序号	建筑物名称	单位	生活用水定额（最高日）(L)	小时变化系数
2	普通旅馆、招待所 有盥洗室 有盥洗室和浴室 设有浴盆的客房	每床每日 每床每日 每床每日	50~100 100~200 200~300	2.5~2.0 2.0 2.0
3	宾馆客房	每床每日	400~500	2.0
4	医院、疗养院、休养所 有盥洗室 有盥洗室和浴室 设有浴盆的病房	每病床每日 每病床每日 每病床每日	50~100 100~200 250~100	2.5~2.0 2.5~2.0 2.0
5	门诊部、诊疗所	每病人每次	15~25	2.5
6	公共浴室 有淋浴器 有浴池、淋浴器 浴盆及理发室	每顾客每次 每顾客每次 每顾客每次	100~150 80~170 10~25	2.0~1.5 2.0~1.5 2.0~1.5
7	理发室	每顾客每次	10~25	2.0~1.5
8	洗衣房	每公斤干衣	40~60	1.5~1.0
9	公共食堂 营业食堂 工业企业、机关、学校、居民食堂	每顾客每次 每顾客每次	15~20 10~15	2.0~1.5 2.5~2.0
10	幼儿园、托儿所 有住宿 无住宿	每儿童每日 每儿童每日	50~100 25~50	2.5~2.0 2.5~2.0
11	菜市场	每平方米每次	2~3	2.5~2.0
12	办公楼	每人每班	30~50	2.5~2.0
13	中小学校（无住宿）	每学生每日	30~50	2.5~2.0
14	高等学校（有住宿）	每学生每日	100~200	2.0~1.5
15	电影院	每观众每场	3~8	2.5~2.0
16	剧院	每观众每场	10~20	2.5~2.0
17	体育场 运动员淋浴 观众	每人每次 每人每场	50 3	2.0 2.0
18	游泳池 游泳池补充水 运动员淋浴 观众	每日占水池容积 每人每场 每人每场	10~15% 60 3	2.0 2.0

注：1. 高等学校、幼儿园、托儿所为生活用水综合指标。
2. 集体宿舍、旅馆、招待所、医院、疗养所、休养所、办公楼、中小学校均不包括食堂、洗衣房的用水。
3. 体育场用水指地面冲洗用水。

第2.1.3条 工业企业建筑生活用水定额，应根据车间性质确定。一般宜采用25~35L/人·班，小时变化系数为3.0~2.5，用水使用时间为8h。

工业企业建筑淋浴用水定额，应按表2.1.3确定，淋浴用水延续时间为1h。

第2.1.4条 生产用水定额、水压及用水条件，应按工艺要求确定。

工业企业建筑淋浴用水定额 表 2.1.3

车 间 卫 生 特 征			每人每班淋浴用水定额(L)
有 毒 物 质	生产性粉尘	其 它	
极易经皮肤吸收引起中毒的有机磷、三硝基甲苯、四基铅等		处理传染性材料、动物原料（如皮毛等）	60
易经皮肤吸收或有恶臭物质（如丙烯腈、吡啶、苯酚等）	严重污染全身或对皮肤有刺激的粉尘（如装黑、玻璃棉等）	高温作业、井下作业	
其它毒物	一般粉尘（如粉尘）	重作业	40
不接触有毒物质及粉尘，不污染或轻度污染身体（或仪表、金属冷加工、机械加工等）			

第 2.1.5 条 汽车库内汽车冲洗用水定额，应根据道路路面等级和沾污程度，按下列定额确定：

小轿车 250～400L/辆·d

公共汽车、载重汽车 400～600L/辆·d

注：①每辆汽车的冲洗时间为10min，同时冲洗的汽车台数的数量确定。
②汽车库内存放汽车在25辆及25辆以下时，应按全部汽车每台一次计算，存放汽车在25辆以上时，每日冲洗全部汽车的70～90%计算。

第 2.1.6 条 消防用水量应按现行的《建筑设计防火规范》等有关规定确定。

第 2.1.7 条 卫生器具给水的额定流量、当量、支管管径和流出水头，应按表2.1.7确定。

卫生器具给水的额定流量、当量、支管管径和流出水头 表 2.1.7

序号	给 水 配 件 名 称	额定流量(L/s)	当量	支管管径(mm)	配水点前需流出水头(kPa)
1	污水盆（池）水龙头	0.20	1.0	15	20
2	住宅厨房洗涤盆（池）水龙头				
	一个阀开	0.14	0.7	15	15
	二个阀开	0.20	1.0	15	15
	普通水龙头	0.20	1.0	15	15
3	食堂厨房洗涤盆（池）水龙头				
	一个阀开	0.24	1.2	15	20
	二个阀开	0.32	1.6	15	20
	普通水龙头	0.44	2.2	20	40
4	住宅集中给水龙头	0.30	1.5	20	20
5	洗脸盆（无塞）水龙头、洗手盆水龙头	0.10	0.5	15	20
6	洗脸盆（有塞）水龙头、盥洗槽水龙头				
	一个阀开	0.16	0.8	15	15
	二个阀开	0.20	1.0	15	15
	普通水龙头	0.20	1.0	15	15
7	浴盆水龙头				
	一个阀开	0.20	1.0	15	20
	二个阀开	0.30	1.5	15	20
	一个阀开	0.20	1.0	20	15
	二个阀开	0.30	1.5	20	15
8	淋浴器				
	一个阀开	0.10	0.5	15	25～40
	二个阀开	0.15	0.75	15	25～40

续表

序号	给水配件名称	额定流量 (L/s)	当量	支管管径 (mm)	配水点前所需流出水头 (kPa)
9	大便器 冲洗水箱浮球阀 自闭式冲洗阀	0.10 1.20	0.5 6.0	15 25	20 按产品要求
10	大便槽冲洗水箱进水阀	0.10	0.5	15	20
11	小便器 手动冲洗阀 自闭式冲洗阀 自动冲洗水箱进水阀	0.05 0.10 0.10	0.25 0.5 0.5	15 15 15	15 按产品要求 20
12	小便槽多孔冲洗管（每米长）	0.05	0.25	15～20	15
13	实验室化验龙头（鹅颈） 单联 双联 三联	0.07 0.15 0.20	0.35 0.75 1.0	15 15 15	20 20 20
14	净身器冲洗水龙头 一个阀开 二个阀开	0.07 0.10	0.35 0.5	15 15	30 30
15	饮水器喷嘴	0.05	0.25	15	20
16	洒水栓	0.40 0.70	2.0 3.5	20 25	按使用要求 按使用要求
17	室内洒水龙头	0.20	1.0	15	20
18	家用洗衣机给水龙头	0.24	1.2	15	20

注：1."一个阀开"是指单独龙头或混合龙头只开冷水或热水，"二个阀开"是指单独龙头或混合龙头冷、热水同时开放。
2.单独计算冷水或热水流量时，应按表2.1.7内一个阀开的给水额定流量及当量采用，单独计算总量时，应按表2.1.7内二个阀开的给水额定流量及当量值采用。
3.单管供热水系统应按表2.1.7内一个阀开控制出流的给水额定流量及当量计算。
4.淋浴器所需流出水头控制出流的给水额定流量及当量采用。

第二节 水质和防水质污染

第 2.2.1 条 生活饮用水的水质，应符合现行的国家标准《生活饮用水卫生标准》的要求。

当生活饮用水不能保证用水需要，或技术经济比较合理时，可采用非饮用水作为大便器（槽）和小便器（槽）的冲洗用水。

第 2.2.2 条 生产用水的水质，应按工艺要求确定。

第 2.2.3 条 生活饮用水不得因回流而被污染，设计时应符合下列要求：

一、给水管配水出口不得被任何液体或杂质所淹没。

二、给水管配水出口高出用水设备溢流水位的最小空气间隙，不得小于给水管管径的2.5倍。

三、特殊器具防污隔断器或采取其它有效的隔断措施。

第 2.2.4 条 生活饮用水管道不得与非饮用水管道连接。在特殊情况下，必须以饮用水作为工业备用水源时，两种管道的连接处，应采取防止水质污染的措施。在连接处，生活饮用水的水压必须经常大于其它水管的水压。

第 2.2.5 条 严禁生活饮用水管道与大便器（槽）直接连接。

第 2.2.6 条 生活饮用水管道应避开毒物污染区，当受条件限制不能避开时，应采取防护措施。

第 2.2.7 条 埋地生活饮用水贮水池与化粪池的净距，不得小于10m。

第 2.2.8 条 生活、消防给水合用的水箱（池），应采取防止水质变坏的措施。

第三节 系 统 选 择

第 2.3.1 条 给水系统的选择,应根据生活、生产、消防等各项用水对水质、水温、水压和水量的要求,结合室外给水系统等综合因素,经技术经济比较而确定。

第 2.3.2 条 生产给水系统的确定,在技术经济比较合理时,应设置循环或重复利用给水系统,并应利用其余压。

第 2.3.3 条 生活给水系统中卫生器具配水点处的静水压,不得大于600kPa。

第 2.3.4 条 高层建筑生活给水系统的竖向分区,应根据使用要求、材料设备性能、维修管理、建筑物层数等条件,结合利用室外给水管网的水压合理确定。分区最低卫生器具配水点处的静水压,住宅、旅馆、医院宜为300～350 kPa;办公楼宜为350～450kPa。

第 2.3.5 条 建筑物内部的给水系统,宜利用室外给水管网的水压直接供水。如室外给水管网中的水压昼夜周期性不足时,应设置水箱;如水压经常不足时,则应设置升压给水装置。

第 2.3.6 条 建筑物内的给水系统,宜采取设孔板、节流塞、调节、减压阀等减压限流措施。

第四节 管道布置和敷设

第 2.4.1 条 室内给水管网宜采用枝状布置,单向供水。不允许间断供水的建筑,应从室外管网不同侧设两条或两条以上引入管,在室内连成环状或贯通枝状双向供水。如不可能时,应采取设贮水池(箱)或增设第二水源等保证安全供水措施。

第 2.4.2 条 给水管道的位置,不得妨碍生产操作、交通运输和建筑物的使用。管道不得布置在遇水会引起燃烧、爆炸或损坏的原料、产品和设备的上面,并应避免在生产设备上面通过。

第 2.4.3 条 给水埋地管道应避免布置在可能受重物压坏处。管道不得穿越生产设备基础;在特殊情况下,如必须穿越时,应与有关专业协商处理。

第 2.4.4 条 给水管道不得敷设在烟道、风道内;生活给水管道不宜排水沟内;管道不宜穿过橱窗、壁柜、木装修,并不得穿过大便槽和小便槽。当给水立管距小便槽端部小于0.5m时,应采取建筑隔断措施。

第 2.4.5 条 给水管道不宜穿过伸缩缝、沉降缝,如必须穿过时,应采取相应的技术措施。

第 2.4.6 条 生活给水引入管与污水排出管外壁的水平净距不小于1.0m。

第 2.4.7 条 建筑物内给水管与排水管之间的最小净距,平行埋设时应为0.5m;交叉埋设时应为0.15m,且给水管宜在排水管的上面。

第 2.4.8 条 生活给水管道宜明设。如建筑有特殊要求时,可暗设,但应便于安装和检修。给水横干管宜敷设在地下室、吊顶或管沟内;立管可敷设在管道井内。

第 2.4.9 条 生产给水管道应沿墙、柱、桁架明设。当工艺有特殊要求时,可暗设,但应便于安装和检修。

第 2.4.10 条 给水管、冷冻管上面或其它管道的下面,宜敷设在排水管、蒸汽管、热水管、蒸汽管的下面,给水管不宜与输送易燃、可燃或有害液体或气体的管道同一管沟。

沟敷设。

第 2.4.11 条 管道井的尺寸，应根据管道数量、管径大小、排列方式、维修条件，结合建筑平面和结构形式等合理确定。排列方式、维修当需进人检修时，其通道宽度不宜小于0.6m。

管道井应每层设检修设施，每两层应有横向隔断，检修门宜每层开向走廊。

第 2.4.12 条 给水横管宜设0.002～0.005的坡度坡向泄水装置。

第 2.4.13 条 给水管道穿过地下室外墙或地下构筑物的墙壁处，应采取防水措施。

第 2.4.14 条 给水管道穿过承重墙或基础处，应预留洞口，且管顶上部净空不得小于建筑物的沉降量，一般不宜小于0.1m。

第 2.4.15 条 通过铁路或地下构筑物下面的给水管，宜敷设在套管内。

第 2.4.16 条 给水管道外表面如可能结露，应根据建筑物的性质和使用要求，采取防结露措施。

第 2.4.17 条 给水管宜敷设在不结冻的房间内，如敷设在有可能结冻的地方，应采取防冻措施。

第五节 管材、附件和水表

第 2.5.1 条 给水管管材应根据给水要求，按下列规定采用：

一、生活给水管管径小于或等于150mm时，应采用镀锌钢管；管径大于150mm时，可采用给水铸铁管；生活给水管埋地敷设，管径等于或大于75mm时，宜采用给水铸铁管。

二、生产和消防给水管一般采用非镀锌钢管或给水铸铁管。

三、大便器、大便槽和小便槽的冲洗管，宜采用塑料管。

四、各种管道的配件，应采用与管材相应的材料。

第 2.5.2 条 给水埋地管道内的给水管道及其配件，应采取防腐蚀措施。

含有腐蚀性气体房间内的给水管道内壁，应采用耐腐蚀管材或管道内壁采取防腐蚀措施。

第 2.5.3 条 当通过管道内的水有腐蚀性时，应采用耐腐蚀管材或管道外壁采取防腐蚀措施。

第 2.5.4 条 给水管网在下列管段上，应装设阀门：

一、引入管、水表前和立管。

二、环形管网分干管、贯通枝状管网的连通管。

三、居住和公共建筑中，从立管接有3个及3个以上配水点的支管。

四、工艺要求设置阀门的生产设备配水管支管或配水管，但同时关闭的配水点不得超过6个。

第 2.5.5 条 阀门应装设在便于检修和易于操作的位置。

第 2.5.6 条 给水管网上阀门的选择，应符合下列规定：

一、管径小于或等于50mm时，宜采用截止阀；管径大于50mm时，宜采用闸阀。

二、在双向流动的管段上，应采用闸阀。

三、在经常启闭的管段上，宜采用截止阀。

四、不宜采用旋塞。

第 2.5.7 条 给水管网的下列管段上，应装设止回阀：

一、两条或两条以上引入管且在室内连通时的每条引入管。

二、利用室外给水管网压力进水的水箱，其进水管和出水管合并为一条管道时的引入管。

三、装设消防水泵接合器的引入管和水箱消防出水管。

四、生产设备的内部可能产生水压高于室内给水管网水压的设备配水支管。

五、升压式给水方式的水泵旁通管。

第 2.5.8 条 必须对水量进行计量的建筑物，应在引入管上装设水表。住宅建筑物某部分或个别设备必须计量时，应在其配水管上装设水表。住宅建筑应装设分户水表。

第 2.5.9 条 消防和生活、生产共用给水系统的建筑物，只有一条引入管时，应绕水表设旁通管，旁通管管径应与引入管管径相同。

第 2.5.10 条 水表应装设在管理方便、旁通管方便、不致结冰，不受污染和不易损坏的地方。

第 2.5.11 条 当必须采用其它流量测量仪表，装置前后应设规定长度的直线管段。

第 2.5.12 条 高层建筑物的给水系统，应根据水泵扬程、管网压力变化情况，在输水干管上装设防水锤装置。

第六节 设计流量和管道水力计算

第 2.6.1 条 生活用水的最大小时流量，应按本规范第 2.1.1 条、第 2.1.2 条和第 2.1.3 条的规定计算确定。

第 2.6.2 条 生产用水的最大小时流量和设计秒流量，应按工艺要求计算确定。

第 2.6.3 条 给水管的管径，应根据设计秒流量、室外管网能保证的水压和最不利处的配水点或消火栓所需的水压计算确定。

第 2.6.4 条 住宅、集体宿舍、旅馆、医院、幼儿园、办公楼、学校等建筑的生活给水管道设计秒流量，应按下式计算：

$$q_g = 0.2a\sqrt{N_g} + kN_g \quad (2.6.4)$$

式中 q_g——计算管段的给水设计秒流量（L/s）；

根据建筑物用途而定的系数值 表 2.6.4

建 筑 物 名 称	a 值	k 值
住宅 有大便器，洗涤盆和无沐浴设备	1.05	0.0050
住宅 有大便器，洗涤盆和沐浴设备	1.02	0.0045
住宅 有大便器，洗涤盆、沐浴设备和热水供应	1.1	0.0050
幼儿园，托儿所	1.2	0
门诊部，诊疗所	1.4	
办公楼，商场	1.5	
学校	1.8	
医院，疗养院，休养所	2.0	
集体宿舍，旅馆	2.5	
部队营房	3.0	

N_g —— 计算管段的卫生器具给水当量总数;

a_k —— 根据建筑物用途而定的系数,应按表2.6.4采用。

注:①如计算管段仅小于该管段上一个最大卫生器具给水额定流量时,应采用一个最大的卫生器具给水额定流量作为设计秒流量。

②如计算管段大于该管段上按卫生器具给水额定流量累加所得流量值时,应按卫生器具给水额定流量累加所得流量值采用。

第2.6.5条 工业企业生活间、公共浴室、影剧院、实验室、体育场等建筑的生活给水管道设计秒流量,应按下式计算:

$$q_g = \sum q_0 n_0 b \qquad (2.6.5)$$

式中 q_g —— 计算管段的给水设计秒流量(L/s);

工业企业生活间、公共浴室、洗衣房卫生器具同时给水百分数 表2.6.5-1

卫生器具名称	同时给水百分数(%)		
	工业企业生活间	公共浴室	洗衣房
洗涤盆(池)	—	15	25~40
洗脸盆、盥洗槽水龙头	如无工艺要求时,采用33	20	—
浴盆	50	60~100	60
淋浴器	60~100	50	—
大便器冲洗水箱	30	100	100
大便器自闭式冲洗阀	5	20	30
大便槽自动冲洗水箱	100	3	4
小便器冲洗水箱	50	—	—
小便器自闭式冲洗阀	100	—	—
小便槽自动冲洗水箱	100	—	—
小便槽多孔冲洗管	100	—	—
净身器	—	—	—
饮水器	30~60	30	30

公共饮食业卫生器具和设备同时给水百分数 表2.6.5-2

卫生器具和设备名称	同时给水百分数(%)	卫生器具和设备名称	同时给水百分数(%)
污水盆(池)、洗涤盆(池)	50	小便器	50
洗手盆	60	煮锅	60
洗脸盆	60	生产性洗涤机	40
淋浴器	100	器皿洗涤机	90
大便器冲洗水箱	60	开水器	90

实验室卫生器具同时给水百分数 表2.6.5-3

卫生器具名称	同时给水百分数(%)	
	科学研究实验室	生产实验室
单联化验龙头	20	30
双联或三联化验龙头	30	50

影剧院、体育场、游泳池卫生器具同时给水百分数 表2.6.5-4

卫生器具名称	同时给水百分数(%)		
	电影院、剧院	体育场、游泳池	
洗手盆	50	70	
洗脸盆	50	80	
淋浴器	100	100	
大便器冲洗水箱	50	15	
大便器自闭式冲洗阀	10	100	
小便器手动冲洗水箱	50	70	
小便器自动冲洗水箱	100	100	
小便槽手动冲洗水箱	100	100	
小便槽自动冲洗水箱	100	100	
小便槽多孔冲洗管	50	50	
饮水器	30	30	

1—11

q_0——同类型的一个卫生器具给水额定流量（L/s）;

n_0——同类型卫生器具数;

b——卫生器具的同时给水百分数,应按表2.6.5-1、2.6.5-2、2.6.5-3、2.6.5-4采用。

注:如计算值小于该管段上一个最大卫生器具给水额定流量时,应采用一个最大的卫生器具给水额定流量作为设计秒流量。

第2.6.6条 不允许断水的给水管网,如从几条引入管供水时,应假定其中有一条被关闭修理,其余引入管应按供给全部用水量进行计算。

允许断水的给水管网,引入管应按同时使用计算。

第2.6.7条 引入管的管径,不宜小于20mm。

第2.6.8条 给水管道的水流速度,应符合下列规定:

一、生活或生产给水管道的水流速度,不宜大于2.0m/s。

二、消火栓系统消防给水管道的水流速度,不宜大于2.5m/s。

三、自动喷洒灭火系统给水管道的水流速度,不宜大于5m/s,但配水支管内的水流速度在个别情况下,不得大于10m/s。

注:当有防噪声要求,且管径小于或等于25mm时,生活给水管道内的水流速度,可采用0.8～1.2m/s。

第2.6.9条 给水管网的钢管和铸铁管的水头损失,应按下列公式计算:

一、单位长度的比阻,应遵守下列规定:

当v<1.2m/s时:

$$i = 0.00912 \frac{v^2}{d_j^{1.3}} \left(1 + \frac{0.867}{v}\right)^{0.3} \quad (2.6.9\text{-}1)$$

当v≥1.2m/s时:

$$i = 0.0017 \frac{v^2}{d_j^{1.3}} \quad (2.6.9\text{-}2)$$

式中 i——管道单位长度的水头损失（kPa/m）;

v——管道内的平均水流速度（m/s）;

d_j——管道计算内径（m）。

二、局部水头损失,宜按下列管网沿途水头损失的百分数采用:

1. 生活给水管网为25～30%。
2. 生产给水管网;生活、消防共用给水管网;生活、生产、消防共用给水管网为20%。
3. 消火栓系统消防给水管网为10%。
4. 生产、消防共用给水管网为15%。

第2.6.10条 消火栓栓口处所需水压,应按下式计算:

$$H_{xh} = h_d + H_q = A_z L_d q_{xh}^2 + \frac{q_{xh}^2}{B} \quad (2.6.10)$$

式中 H_{xh}——消火栓栓口处所需水压（kPa）;

h_d——水带的水头损失（kPa）;

H_q——水枪喷嘴造成一定长度的充实水柱所需水压（kPa）;

q_{xh}——消火射流出水量（L/s）,应按消火所需的充实水柱长度,应按表2.6.10-1采用;

A_z——水带的比阻,应按表2.6.10-1采用;

L_d——水带长度（m）;

B——水流特性系数,应按表2.6.10-2采用。

水带比阻 A_2 值　　表 2.6.10-1

水带口径(mm)	比阻 A_2 值	
	帆布的、麻织的水带	衬胶的水带
50	0.1501	0.0677
65	0.0430	0.0172

水流特性系数 B 值　　表 2.6.10-2

嘴嘴直径(mm)	9	13	16	19	22	25
B 值	0.0079	0.0346	0.0793	0.1577	0.2834	0.4727

第 2.6.11 条　水表的水头损失，应按下列公式计算。但其取值，旋翼式水表不得大于 24.5kPa，螺翼式水表不得大于 12.8kPa；当消防时，应分别不得大于 49.0kPa 和 29.4kPa。

$$h_d = \frac{q_g^2}{K_b}$$

（2.6.11）

式中　h_d——水表的水头损失（kPa）；
　　　q_g——计算管段的给水流量（m^3/h）；
　　　K_b——水表特性系数；

旋翼式水表按 $K_b = \frac{q_t^2}{10}$ 公式计算，水平螺翼式水表按 $K_b = \frac{q_t^2}{100}$ 公式计算；

q_t——水表的特性流量（m^3/h）；
q_1——水表的流通能力（m^3/h）。

第七节　水泵、吸水井及贮水池

第 2.7.1 条　水泵的扬程应满足最不利处配水点或消火栓所需水压。

水泵的出水量，给水系统无水箱时，应按设计秒流量确定；有水箱时，应按最大小时流量确定。

第 2.7.2 条　生活给水系统的水泵，宜设一台备用机组。生产断水的给水系统的水泵备用机组，应有不间断的动力供应。

第 2.7.3 条　水泵宜设自动开关装置。

第 2.7.4 条　水泵装置宜采用自灌式充水。

第 2.7.5 条　室外给水管网允许直接吸水时，水泵宜直接从室外给水管网吸水。但室外给水管网的压力，不得低于 100kPa（从地面算起）。

第 2.7.6 条　水泵直接从室外给水管网吸水时，计算水泵扬程应计入室外给水管网的最小水压，并应以室外管网的最大水压校核水泵工作情况。

第 2.7.7 条　水泵直接从室外给水管网吸水时，应绕水泵设旁通管，并应在旁通管上装设阀门和止回阀。

第 2.7.8 条　设置水泵的房间，应设排水措施，光线和通风良好，并不致结冻。

第 2.7.9 条　在有防振或有安静要求的房间的上下和毗邻的房间内，不得设置水泵；如在其它房间设置水泵，应采用下列措施：

一、应采用低噪声水泵。
二、吸水管和出水管上，应设置隔振防噪装置。
三、水泵基础应设置隔振装置。

四、管道支架和管道穿墙和穿楼板处，应采取防固体传声措施。

五、必要时，在建筑上还可采取隔声吸音措施。

注：消防专用水泵可不受本条限制。

第2.7.10条 每台水泵宜设置单独吸水管。水泵吸水管内水流速度，宜采用1.0~1.2m/s。

第2.7.11条 每台水泵的出水管上，应装设阀门、止回阀和压力表。如水泵设计为自灌式充水或水泵直接从室外管网吸水时，吸水管上必须装设阀门。

第2.7.12条 水泵机组的布置，应遵守下列规定：

一、如电动机容量大于20kW或水泵的吸水口直径大于100mm，应符合现行的《室外给水设计规范》的规定。

二、如电动机容量小于20kW或水泵的吸水管口直径小于或等于100mm，其机组的一侧与墙面之间可不留通道，两台相同机组可设在同一基础上彼此不留通道，基础周围应有不小于0.7m的通道。

三、不留通道的机组突出部分与墙壁间的净距，或相邻两个机组的突出部分间的净距，不得小于0.2m。

第2.7.13条 水泵基础高出地面，不得小于0.10m。

第2.7.14条 吸水井尺寸应满足吸水管的布置、安装、检修和水泵正常工作的要求，其最小有效容积不得小于最大一台或多台合同工作水泵3min的出水量。

第2.7.15条 贮水池的有效容积，应根据调节水量、消防贮备水量和生产事故备用水量确定。

第八节 水箱和气压给水设备

第2.8.1条 水箱的有效容积，应根据调节水量、生活和消防贮备水量和生产事故备用水量确定。

一、调节水量应根据用水量和流入水量的变化曲线确定。如无上述资料时，可根据用水贮备量确定。

二、生活用水用水的贮备量，如水泵为自动开关时，不得小于日用水量的5%；如水泵为人工开关时，不得小于日用水量12%。仅在夜间进水的水箱，生活用水应按用水人数和用水定额确定。

三、生产事故的备用水量，应按工艺要求确定。

四、消防的贮备水量，应按现行的有关建筑设计防火规范确定。

第2.8.2条 高位水箱的设置高度，应按最不利处的配水点所需水压计算确定。

贮存消防水量的水箱，其设置高度应按现行的建筑设计防火规范的有关规定确定。

第2.8.3条 水箱应设置在便于维护、光线和通风良好且不结冻的地方，水箱应加盖，并应设保护其不受污染的防护措施。

第2.8.4条 水箱与水箱之间，水箱和墙面之间的净距，均不宜小于0.7m，有浮球阀的一侧，水箱壁和墙面之间的净距，不宜小于1.0m。水箱顶至建筑结构最低点的净距，不得小于0.6m。

钢板水箱的四周，应有不小于0.7m的检修通道。

注：水箱旁连接管道时，以上规定的距离应从管道外面算起。

第2.8.5条 水箱应设进水管、出水管、溢流管、泄水管和水位信号装置。溢流管、泄水管不得与排水系统直接连接。溢流管管径应按排泄水箱最大入流量确定，并宜比进水管大一级。

当水箱利用管网压力进水时，其进水管不宜少于两个。浮球阀直径与进水管直径相同。

第 2.8.6 条 气压给水设备宜采用变压式，有特殊要求时，应采用定压式。

第 2.8.7 条 气压水罐内的最小压力，应按最不利处的配水点或消火栓所需水压计算确定。

第 2.8.8 条 气压给水设备气压水罐内空气和水的容积和罐内水的容积，应按下列公式计算。

$$V_z = \frac{V_x}{1-a_b} \qquad (2.8.8-1)$$

$$V_x = \beta \cdot c \cdot \frac{q_b}{4n_{max}} \qquad (2.8.8-2)$$

式中 V_z —— 空气和水的总容积（m^3）；
V_x —— 罐内水的容积（m^3）；
a_b —— 罐内空气最小工作压力与最大工作压力比（以绝对压力计），宜采用0.65～0.85；
q_b —— 水泵出水量（m^3/h）。当罐内压力为平均压力时，水泵出水量不应小于水管网最大小时流量的1.2倍；
n_{max} —— 水泵一小时内最多启动次数，宜采用6～8次；
c —— 安全系数，宜采用1.5～2；
β —— 容积附加系数。卧式水罐宜为1.25，立式水罐宜为1.10；隔膜式水罐宜为1.05。

第 2.8.9 条 气压给水设备，应装设安全阀、压力表、泄水管和密闭人孔，水罐还应装设水位计。定压式气压给水设备，应设自动调压装置。

第 2.8.10 条 定压式气压给水设备的空气压缩机组不得少于两台，其中一台备用。变压式气压给水设备的空气压缩机组，可不设备用的空气压缩机。

注：①空气压缩机应采用无油润滑型。
②在保证有足够的压缩空气和不间断供给压缩空气及保证水质不致影响水质的情况下，可利用共用的压缩空气系统。

第 2.8.11 条 气压给水设备的罐顶至建筑结构最低点的距离不得小于1.0m；罐与罐之间及罐壁与墙面的净距不宜小于0.7m。

第 2.8.12 条 气压给水设备的水泵，应设自动开关装置。

第九节 游 泳 池

第 2.9.1 条 游泳池的充水水质，应符合现行的《生活饮用水卫生标准》的规定。

第 2.9.2 条 游泳池循环水宜循环使用。池水循环周期应根据游泳池类型、池水容积、使用对象、使用人数和使用频繁程度等情况确定。公共游泳池宜采用8～10h。

第 2.9.3 条 循环水应经过滤、消毒处理。过滤宜采用压力滤罐。

滤速应根据滤料种类、滤池型式等情况确定，一般不宜大于10m/h。

注：①必要时可在滤前加混凝剂、助凝剂、除藻剂、pH值调整剂。
②过滤装置前应装设毛发聚集器。

第 2.9.4 条 滤池的个数及单个滤池面积，应根据规模大小、运行维护等情况，通过技术经济比较确定，一般不宜小于两个。

第2.9.5条 滤料应具有足够的机械强度和抗腐蚀性，并不得含有害物质。一般宜采用石英砂。

第2.9.6条 滤池的冲洗强度宜采用12～15L/s·m², 冲洗时间宜采用5min。滤池不得直接采用市政给水管网的生活饮用水进行反冲洗。

第2.9.7条 水的消毒宜采用加氯法。当运输困难时，可采用现场制备次氯酸钠消毒法。宜按加氯量5mg/L选择加氯设备。

第2.9.8条 游泳池应设进水管、回水管、排污管、泄水管和溢流设施。

第2.9.9条 游泳池配水应均匀，进口水流速度一般采用1～2m/s，通过水口网格的水流速度不得大于0.5m/s，网格孔径不得大于20mm。

第2.9.10条 跳水池应设起波装置。鼓气式起波装置应采用无油润滑的空气压缩机。

第二十节 喷 泉

第2.10.1条 喷泉水质宜符合现行的《生活饮用水卫生标准》规定的感官性状指标。

第2.10.2条 喷泉水应经过滤处理。循环水系统的补充水量应根据蒸发、风吹、渗漏、排污等损失等确定，一般宜采用循环流量的5～10%。

第2.10.3条 喷泉应设配水管、回水管、溢流管、泄水管和配水管泄空设施，回水管上应设滤网。

第2.10.4条 喷泉配水管宜环状布置，配水管水头损失一般采用5～10mm/m。

第2.10.5条 喷泉的配水管道接头应严密平滑，管道变径处应采用异径管，管道转弯处应采用大转弯半径的光滑弯头。喷嘴前应有不小于20倍喷嘴口直径的直线管段或设整流装置。

第2.10.6条 喷泉的每组射流应设调节装置。调节阀应设在能观察射流的泵房或水池内室的配水干管上。

第2.10.7条 喷头类型的选择应考虑造型要求、组合形式、控制方式、环境条件、水质状况等因素。喷头的采用应在最小水头损失，最少射流水量条件下，保证最佳造型效果，并结合经济因素确定。

第2.10.8条 喷嘴宜采用铜质材料，其表面应光洁、匀称。

的延时自闭式冲洗阀。

第3.2.4条 当公共厕所内设置水冲式大便槽时，宜采用自动冲洗水箱定时冲洗。

第3.2.5条 大便槽的冲洗水量、冲洗管和排水管管径应根据蹲位数、使用情况、冲洗周期等因素合理确定。一般宜按表3.2.5确定。

大便槽的冲洗水量、冲洗管和排水管管径 表3.2.5

蹲位数	每蹲位冲洗水量（L）	冲洗管管径（mm）	排水管管径（mm）
3～4	12	40	100
5～8	10	50	150
9～12	9	70	150

第3.2.6条 小便器宜设置自动冲洗水箱或自闭式小便冲洗阀进行冲洗。小便槽宜设置自动冲洗水箱定时冲洗。

第3.2.7条 卫生器具的安装高度，应按表3.2.7确定。

第3.2.8条 厕所、盥洗室、卫生间及其它房间需从地面排水时，应设置地漏。地漏应设置在易溅水的器具附近及地面的最低处。地漏的顶面标高应低于地面5～10mm。地漏封水深度不得小于50mm。

第3.2.9条 淋浴室内地漏的直径，可按表3.2.9确定。当采用排水沟排水时，8个淋浴器可设置一个直径为100mm的地漏。

第3.2.10条 建筑物中管道技术层内地面排水，宜设

第三章 排 水

第一节 系 统 选 择

第3.1.1条 分流或合流排水系统的选择，应根据污水性质、污染程度和有利于室外排水制度和有利于综合利用与处理要求确定。

第3.1.2条 当生活污水需经化粪池处理时，其粪便污水宜与生活废水分流。当有污水处理厂时，生活废水与粪便污水宜合流排出。

第3.1.3条 含有毒和有害物质的生产污水，含有大量油脂的生活废水，以及经技术经济比较认为需要回收利用的生产废水、生活废水等均应分流排出。

第3.1.4条 工业废水如不含有机物，而带大量泥砂、矿物质时，应经机械处理后方可排入室内非密闭系统两水管道。

第二节 卫生器具、地漏及存水弯

第3.2.1条 设置卫生器具的数量，应符合现行的《工业企业设计卫生标准》和现行的有关设计标准、规范或规定的要求。

第3.2.2条 卫生器具及附件，其材质和技术要求均应设置工业废水受水器具的数量，应按工艺要求确定。

第3.2.3条 大便器应设置冲洗水箱或带有破坏真空符合现行的有关产品标准中规定的材质和技术要求。

淋浴室地漏直径 表 3.2.9

地漏直径 (mm)	淋浴器数量（个）
50	1～2
75	3
100	4～5

第 3.2.12 条 卫生器具和工业废水受水器不便于安装存水弯时，应在排水支管上设水封装置。水封井的水封深度，不得小于0.10m；水封盒的水封深度，不得小于0.05m。

第三节 管道布置和敷设

第 3.3.1 条 不散发有害气体或含大量蒸汽的生产和生活污水，在下列情况下，可采用有盖或无盖的排水沟排除。

一、污水中含有大量悬浮物或沉淀物需经常冲洗。
二、生产设备排水支管很多，用管道连接困难。
三、生产设备排水点的位置不固定。
四、地面需要经常冲洗。

注：污水中如夹带纤维或大块物体，应在排水管道连接处设置格网或格栅。

第 3.3.2 条 室内排水沟与室外排水管道连接处，应设水封装置。

第 3.3.3 条 下列设备和容器不得与污废水管道系统直接连接，应采取间接排水的方式：

一、生活饮用水贮水箱（池）的泄水管和溢流管。

卫生器具的安装高度 表 3.2.7

序号	卫生器具名称	卫生器具边缘离地面高度 (mm)	
		居住和公共建筑	幼儿园
1	架空式污水盆（池）(至上边缘)	800	800
2	落地式污水盆（池）(至上边缘)	500	500
3	洗涤盆（池）(至上边缘)	800	800
4	洗手盆（至上边缘）	800	500
5	洗脸盆（至上边缘）	800	500
6	盥洗槽（至上边缘）	800	500
7	浴盆（至上边缘）	480	—
8	蹲式大便器（从台阶面至高水箱底）	1800	1800
9	蹲式大便器（从台阶面至低水箱底）	900	900
10	坐式大便器（至低水箱底） 外露排出管式 虹吸喷射式	510 470	— 370
11	坐式大便器（至上边缘） 外露排出管式 虹吸喷射式	400 380	— —
12	大便槽（从台阶面至冲洗水箱底）	不低于2000	—
13	立式小便器（至受水部分上边缘）	100	—
14	挂式小便器（至受水部分上边缘）	600	450
15	小便槽（至台阶面）	200	150
16	化验盆（至上边缘）	800	—
17	净身器（至上边缘）	360	—
18	饮水器（至上边缘）	1000	—

第 3.2.11 条 卫生器具可能产生有害气体的排水管道连接时，必须在排水管道或其它可能产生有害气体的排水管道连接时，必须在排水口以下设存水弯。

注：卫生器具构造内已有水封时，不必在排水口以下设存水弯。

二、厨房内食品制备及洗涤设备的排水。

三、医疗灭菌消毒设备的排水。

四、蒸发式冷却器、空气冷却塔等空调设备的排水。

五、贮存食品或饮料的冷藏间、冷藏库房的地面排水和冷风机融霜水盘的排水。

第3.3.4条 设备间接排水宜排入邻近的洗涤盆。如不可能时，可设置排水明沟、排水漏斗或容器。间接排水口最小空气间隙，宜按表3.3.4确定。

间接排水口最小空气间隙   表3.3.4

间接排水管管径(mm)	排水口最小空气间隙(mm)
≤25	50
32~50	100
>50	150

注：饮料用贮水箱的间接排水口最小空气间隙，不得小于150mm。

第3.3.5条 间接排水的漏斗或容器不得产生溅水、溢流，并应布置在容易检查、清扫的位置。

第3.3.6条 排水管道一般应在地下埋设或在地面上楼板下明设，如建筑或工艺有特殊要求时，可在管道竖井、管沟或吊顶内敷设，但应便于安装和检修。

第3.3.7条 排水管道不得布置在遇水引起燃烧、爆炸或损坏的原料、产品和设备的上面。

第3.3.8条 架空管道不得敷设在生产工艺或卫生有特殊要求的生产厂房内，以及食品和贵重商品仓库、通风小室和变配电间内。

第3.3.9条 排水管道不得布置在食堂、饮食业的主副食操作烹调间的上方。当受条件限制不能避免时，应采取防护措施。

第3.3.10条 排水管道不得穿过沉降缝、烟道和风道；不得穿过伸缩缝。当受条件限制必须穿过时，应采取相应的技术措施。

第3.3.11条 排水埋地管道，不得布置在可能受重物压坏处或穿越生产设备基础。在特殊情况下，应与有关专业协商处理。

第3.3.12条 排水立管应设在靠近最脏、杂质最多的排水点处。

第3.3.13条 生活污水立管不得穿越卧室、病房等对卫生、安静要求较高的房间，并不宜靠近与卧室相邻的内墙。

第3.3.14条 卫生器具排水管与排水横支管连接时，可采用90°斜三通。

第3.3.15条 排水管道的横管与横管、横管与立管的连接，宜采用45°三通或45°四通和90°斜三通或90°斜四通。

第3.3.16条 排水立管与排出管端部的连接，宜采用两个45°弯头或弯曲半径不小于4倍管径的90°弯头。

第3.3.17条 排水立管应避免偏线轴偏置。当受条件限制时，宜用乙字管或两个45°弯头连接。

第3.3.18条 靠近排水立管底部的排水支管连接时，应符合下列要求：

一、排水立管仅设置伸顶通气管时，最低排水横支管与立管连接处距排水立管底垂直距离，不得小于表3.3.18的规定。

最低横支管与立管连接处至立管底管垂直距离　　表3.3.18

立管连接卫生器具的层数（层）	垂直距离（m）
≤4	0.45
5～6	0.75
7～19	3.00
≥20	6.00

二、排水支管连接在排出管或排水横干管上时，连接点距立管底部水平距离，不宜小于3.0m。

第3.3.19条 排水管与室外排水管道的连接，排出管管顶标高不得低于室外排水管管顶标高。其连接处水流转角不得小于90°。当有跌落差并大于0.3m时，可不受角度的限制。

注：高层建筑的排出管。

第3.3.20条 排水管穿过承重墙或基础处，应预留洞口，且管顶上部净空不得小于建筑物可能的沉降量，一般不宜小于0.15m。

注：高层建筑，应采取有效的防沉降措施。

第3.3.21条 排水管穿过地下室外墙或构筑物的墙壁处，应采取防水措施。

第3.3.22条 排水管道外表面如可能结露，应根据建筑物性质和使用要求，采取防结露措施。

第3.3.23条 在一般的厂房内，为防止管道受机械损坏，排水管的最小埋设深度，应按表3.3.23确定。

厂房内排水管的最小埋设深度　　表3.3.23

管 材	地面至管顶的距离（m）	
	素土夯实，缸砖，木砖地面	水泥、混凝土、沥青混凝土、菱苦土地面
排水铸铁管	0.70	0.40
混凝土管	0.70	0.50
带釉陶土管	1.00	0.60
硬聚氯乙烯管	1.00	0.60

注：1.在铁路下应敷设钢管或给水铸铁管，管道的埋设深度从轨底至管顶距离不得小于1.0m。
2.在管道有防止机械损坏措施或不可能受机械损坏的情况下，其埋设深度可小于表3.3.23及注1的规定值。

第四节　排水管道计算

第3.4.1条 卫生器具排水的流量、当量和排水管管径、最小坡度，应按表3.4.1确定。

第3.4.2条 生活污水的最大小时流量与生活用水的最大小时流量相同，应按本规范第2.6.1条的规定计算确定。

第3.4.3条 生活污水排水定额及小时变化系数与生活用水定额相同，应按本规范第2.1.1条、第2.1.2条和第2.1.3条的规定确定。

第3.4.4条 工业废水的最大小时流量和设计秒流量，应按工艺要求计算确定。

第3.4.5条 住宅、集体宿舍、旅馆、医院、幼儿园、

卫生器具排水的流量、当量和排水管的管径、最小坡度

表 3.4.1

序号	卫生器具名称	排水流量 (L/s)	当量	排水管 管径(mm)	排水管 最小坡度
1	污水盆(池)	0.33	1.0	50	0.025
2	单格洗涤盆(池)	0.67	2.0	50	0.025
3	双格洗涤盆(池)	1.00	3.0	50	0.025
4	洗手盆、洗脸盆(无塞)	0.10	0.3	32~50	0.020
5	洗脸盆(有塞)	0.25	0.75	32~50	0.020
6	浴 盆	1.00	3.0	50	0.020
7	淋浴器	0.15	0.45	50	0.020
8	大便器 高水箱	1.50	4.50	100	0.012
	大便器 低水箱	2.00	6.00	100	0.012
	大便器 自闭式冲洗阀	1.50	4.50	100	0.012
9	小便器 手动冲洗阀	0.05	0.15	40~50	0.02
	小便器 自闭式冲洗阀	0.10	0.30	40~50	0.02
	小便器 自动冲洗水箱	0.17	0.50	40~50	0.02
10	小便槽(每米长) 手动冲洗阀	0.05	0.15	—	—
	小便槽(每米长) 自动冲洗水箱	0.17	0.50	—	—
11	化验盆(无塞)	0.20	0.60	40~50	0.025
12	净身器	0.10	0.30	40~50	0.02
13	饮水器	0.05	0.15	25~50	0.01~0.02
14	家用洗衣机	0.50	1.50	50	—

注: 家用洗衣机排水软管, 直径为30mm。

办公楼和学校等建筑生活污水设计秒流量, 应按下式计算:

$$q_u = 0.12a\sqrt{N_p} + q_{max} \quad (L/s) \quad (3.4.5)$$

式中 q_u——计算管段污水设计秒流量(L/s);
N_p——计算管段的卫生器具排水当量总数;
a——根据建筑物用途而定的系数, 宜按表3.4.5确定;
q_{max}——计算管段上最大的一个卫生器具的排水流量(L/s)。

根据建筑物用途而定的系数 a 值 表 3.4.5

建筑物名称	集体宿舍、旅馆和其它公共建筑的公共盥洗室和厕所间	住宅、旅馆、医院、疗养院、休养所的卫生间
a值	1.5	2.0~2.5

注: 如计算所得流量值大于该管段上按卫生器具排水流量累加时, 应按卫生器具排水流量累加值计。

第 3.4.6 条 工业企业生活间、公共浴室、洗衣房、公共食堂、实验室、影剧院、体育场等建筑的生活污水设计秒流量, 应按下式计算:

$$q_u = \sum q_p n_0 b \quad (3.4.6)$$

式中 q_u——计算管段污水设计秒流量(L/s);
q_p——同类型的一个卫生器具排水流量(L/s);
n_0——同类型卫生器具数;
b——卫生器具的同时排水百分数, 按本规范第2.6.5条的表2.6.5-1, 2.6.5-2, 2.6.5-3, 2.6.5-4采用。冲洗水箱大便器的同时排水百分数应按12%计算。

注: 当计算排水流量小于一个大便器排水流量时, 应按一个大便器的排水流量计算。

第 3.4.7 条 排水横管的水力计算, 应按下式计算:

$$v = \frac{1}{n} R^{\frac{2}{3}} I^{\frac{1}{2}} \quad (3.4.7)$$

式中 v——速度（m/s）；

R——水力半径（m）；

I——水力坡度，采用排水管的坡度；

n——粗糙系数。陶土管、铸铁管为0.013，混凝土管、钢筋混凝土管为0.013~0.014，钢管为0.012，塑料管为0.009。

第3.4.8条 生活污水管道的坡度，宜按表3.4.8确定。

生活污水管道的坡度　　　　　表3.4.8

管径（mm）	通用坡度	最小坡度
50	0.035	0.025
75	0.025	0.015
100	0.020	0.012
125	0.015	0.010
150	0.010	0.007
200	0.008	0.005

第3.4.9条 工业废水管道的最小坡度，应根据污水的性质、自净流速，经计算确定。一般可按表3.4.9采用。

第3.4.10条 排水管道的最大计算充满度，应按表3.4.10确定。

第3.4.11条 公共食堂厨房间内的污水采用管道排除时，其干管管径应比计算管径大一级，但干管管径不得小于100mm，支管管径不得小于75mm。

第3.4.12条 医院污物洗涤间内洗涤盆（池）和污水盆（池）的排水管，不得小于75mm。

第3.4.13条 小便槽或连接3个及3个以上的小便器，其污水支管管径，不宜小于75mm。

第3.4.14条 生活污水立管的最大排水能力，应按表3.4.14-1和表3.4.14-2确定。但立管管径不得小于所连接的横支管管径。

工业废水管道的最小坡度　　　　　表3.4.9

管径（mm）	生产废水	生产污水
50	0.020	0.030
75	0.015	0.020
100	0.008	0.012
125	0.006	0.010
150	0.005	0.006
200	0.004	0.004
250	0.0035	0.0035
300	0.003	0.003

注：生产污水中含有铁屑或其他污物时，则管道的最小坡度应按自净流速计算确定。

排水管道的最大计算充满度　　　　　表3.4.10

排水管道名称	排水管道管径（mm）	最大计算充满度（以管径计）
生活污水排水管	150以下	0.5
生活污水排水管	150~200	0.6
工业废水排水管	50~75	0.6
工业废水排水管	100~150	0.7
生产废水排水管	200及200以上	1.0
生产污水排水管	200及200以上	0.8

注：排水沟最大计算充满度为计算断面深的0.8。

室外检查井中心的距离小于或等于表3.5.9中规定的最大长度时，其管径宜与立管管径相同。

第五节 管材、附件和检查井

第3.5.1条 生活污水管道，一般采用排水铸铁管或硬聚氯乙烯管。

注：①管径小于50mm时，可采用钢管。
②生活污水埋地管可采用带釉的陶土管。

第3.5.2条 工业废水管材，应根据废水的性质，管材的机械强度及管道敷设方法等因素，经技术经济比较后确定。

第3.5.3条 在生活污水和工业废水排水管道上，应根据建筑物高层和清通方式按下列规定设置合理检查口或清扫口：

一、立管上检查口之间的距离不宜大于10m，但在建筑物最低层和设有卫生器具的二层以上坡顶建筑物的最高层，必须设置检查口，平顶建筑可用通气管顶口代替检查口。当立管上有乙字管时，在该层乙字管的上部应设检查口。

检查口的设置高度，从地面至检查口中心宜为1.0m，并应高于该层卫生器具上边缘0.15m。

注：如采用机械清掏时，立管检查口间的距离不大于15m。

二、在连接2个及2个以上大便器或3个及3个以上的卫生器具的污水横管上，宜设置清扫口。

三、在水流转角小于135°的污水横管上，应设检查口或清扫口。

四、污水横管的直线管段上检查口或清扫口间的最大距离，应符合表3.5.3的规定。

污水立管最大排水能力 表3.4.14-1

污水立管管径(mm)	排水能力(L/s)	
	无专用通气立管	有专用通气立管或主通气立管
50	1.0	—
75	2.5	5
100	4.5	9
150	10.0	25

不通气的排水立管的最大排水能力 表3.4.14-2

立管工作高度(m)	排水能力(L/s) 立管管径(mm)		
	50	75	100
≤2	1.0	1.70	3.80
3	0.64	1.35	2.40
4	0.50	0.92	1.76
5	0.40	0.70	1.36
6	0.40	0.50	1.00
7	0.40	0.50	0.76
≥8	0.40	0.50	0.64

注：1. 排水立管工作高度，系指最高排水横支管和立管连接点至排出管中心线间的距离。
2. 如排水立管工作高度在表中列出的两个高度值之间时，可用内插法求得排水立管的最大排水能力数值。

第3.4.15条 当建筑物内底层的生活污水管道单独排出时，排水能力可采用表3.4.14-2中的立管工作高度小于等于2m时的数值。

第3.4.16条 连接一根立管的排出管，且立管底部至出口的

污水横管的直线管段上检查口或清扫口之间的最大距离 表3.5.3

管道管径 (mm)	清扫设备 种类	距离 (m) 生产废水	距离 (m) 生活污水及与生活污水成份接近的生产污水	距离 (m) 含有大量悬浮物和沉淀物的生产污水
50～75	检查口	15	12	10
	清扫口	10	8	6
100～150	检查口	20	15	12
	清扫口	15	10	8
200	检查口	25	20	15

第3.5.4条 在污水横管上设清扫口，应将清扫口设置在楼板或地坪上与地面相平。污水管起点的清扫口与污水横管相垂直的墙面的距离，不得小于0.15m。污水管起点设堵头代替清扫口时，堵头与墙面应有不小于0.4m的距离。

第3.5.5条 管径小于100mm的排水管道上设置清扫口，其尺寸与管道同径；管径等于或大于100mm的排水管道上设置清扫口，其尺寸应采用100mm的管径。

第3.5.6条 不散发有害气体或大量蒸汽的工业废水排水管道，在下列情况下，可在建筑物内设检查井：

一、在管道转弯和连接支管处；
二、在管道管径、坡度改变处。
三、在直线管段上，当排除生产污水时，检查井距离不宜大于30m；排除生产废水时，检查井距离不宜大于20m。

第3.5.7条 生活污水管道不宜在建筑物内设检查井。当必须设置时，应采取密闭措施。

第3.5.8条 排出管与室外排水管道连接处，应设检查井。检查井中心至建筑物外墙外皮的距离，不宜小于3.0m。

第3.5.9条 从污水立管或排出管上的清扫口至室外检查井中心的最大长度，应按表3.5.9确定。

污水立管或排出管上的清扫口至室外检查井中心的最大长度 表3.5.9

管径 (mm)	50	75	100	100以上
最大长度 (m)	10	12	15	20

第3.5.10条 检查井的内径应根据所连接的管道管径、数量和埋设深度确定。井深小于或等于1.0m时，井内径可小于0.7m；井深大于1.0m时，其内径不宜小于0.7m。

注：井深系指盖板顶面至井底的深度，方形检查井的内径应为井内边长。

第六节 通 气 管

第3.6.1条 生活污水管道或散发有害气体的生产污水管道，均应设置伸顶通气管。注：当无条件设置伸顶通气管时，可设置环形通气立管。不通气立管的排水能力，可按表3.4.14-2确定。

第3.6.2条 生活污水立管所承担的卫生器具排水设计流量，当超过3.4.14-1中无专用通气立管的排水立管最大排水能力时，应设专用通气立管。

第3.6.3条 下列污水管段应设置环形通气管：

一、连接4个及4个以上卫生器具并与立管的距离大于12m的污水横支管。
二、连接6个及6个以上大便器的污水横支管。

第 3.6.4 条 一对卫生、安静要求较高的建筑物内，生活污水管道宜设置器具通气管。

第 3.6.5 条 通气立管不得接纳器具污水、废水和雨水。

第 3.6.6 条 通气管和污水管的连接，应遵守下列规定：

一、器具通气管应设在存水弯出口端。环形通气管应在横支管上最始端的两个卫生器具间接出，并应在排水支管中心线以上与排水支管垂直或呈45°连接。

二、器具通气管、环形通气管应在卫生器具上边缘以上不小于0.15m处，按不小于0.01的上升坡度与通气立管相连。

三、专用通气立管的上端可在最高层卫生器具上边缘或检查口以上与污水立管通气部分以斜三通连接，下端应在最低污水横支管以下与污水立管以斜三通连接。

四、专用通气立管和主通气立管应每隔二层，主通气立管结合通气管应每隔 8～10层设结合通气管与污水立管连接。结合通气管下端宜在污水横支管以下与污水立管以斜三通连接，上端可在卫生器具上边缘以上不小于0.15m处与通气立管以斜三通连接。

第 3.6.7 条 通气管的通气管径，应根据污水管排水能力、管道长度确定。一般不宜小于污水管径的1/2，其最小管径可按表3.6.7确定。

第 3.6.8 条 当两根或两根以上污水立管的通气管汇合连接时，汇合通气管的断面面积应为最大一根通气管的断面积加其余通气管断面积之和的0.25倍。

第 3.6.9 条 通气管高出屋面不得小于0.3m，且必须

通气管最小管径   表 3.6.7
(mm)

通气管名称	污水管管径				
	32	40	50	75	100	150
器具通气管	32	32	32	40	50	
环形通气管		32	32	40	50	
通气立管			40	50	75	100

注：1. 通气管长度在50m以上者，其管径应与污水管管径相同。
2. 两个及两个以上污水立管同时与一根通气立管相连接，应按表3.6.7确定通气立管管径，且其管径不宜小于其余任何一根污水立管管径。
3. 结合通气管不宜小于通气立管管径。

大于最大积雪厚度。通气管顶端应接设风帽或网罩。

注：①屋顶有隔热层时，应从隔热层板面算起。
② 在通气管口周围4m以内有门窗时，通气管口应高出窗顶0.6m或引向无门窗一侧。
③ 在经常有人停留的平屋面上，通气管口应高出屋面2.0m并应根据防雷要求考虑防雷装置。
④ 通气管不宜设在建筑物挑出部分（如屋檐檐口、阳台和雨篷等）的下面。

第 3.6.10 条 污水立管上部的伸顶通气管可与污水管相同，但在最冷月平均气温低于−13℃的地区，应在室内平顶顶或吊顶以下0.3m处将管径放大一级。

第 3.6.11 条 通气管不得与建筑物的通风管道或烟道连接。

第 3.6.12 条 通气管的管材，可采用排水铸铁管、塑料管、钢管等。

第七节 污水泵房和集水池

第 3.7.1 条 污水泵房应有良好的通风和集

水池。生活污水水泵应设在单独房间内，对卫生环境要求特殊的生产厂房和公共建筑物内不得设置污水水泵。

第3.7.2条 当在建筑物内设置水泵时，应有隔振防噪设施，在有防振或有安静要求的房间的下面及毗邻的房间内，不得设置污水水泵。

第3.7.3条 在地下室内设置污水水泵时，泵房内应设集水坑，并应设抽吸、提升装置。

第3.7.4条 污水水泵的装置，应设计成自灌式。

第3.7.5条 每台污水水泵应有单独的吸水管。

第3.7.6条 每台污水水泵的出水管上应装设阀门。当水泵装置设计成自灌式时，吸水管上也应设阀门。

第3.7.7条 污水水泵应设一台备用机组，当集水池不能设事故排出管时，水泵应有不间断的动力供应。

第3.7.8条 污水水泵的启闭，宜设置自动控制装置。

第3.7.9条 当污水水泵为自动控制启动时，其流量应按设计秒流量确定。集水池的容积，不得小于一台水泵5min的出水量，但水泵启动次数，每小时不得超过6次。如污水按人工控制启动时，其流量应按最大小时流量确定。集水池的容积，应根据流入的污水水泵工作情况确定。但生活污水集水池的容积，不得大于6h的平均小时污水量；工业废水集水池的容积，按工艺要求确定。

第3.7.10条 生活污水集水池的设计，应符合下列要求：
一、生活污水集水池不得渗漏。
二、池内壁应采取防腐措施。
三、池底应设坡度坡向吸水坑的坡度，其坡度不小于0.01。
四、池底宜设置冲洗管，但不得用生活饮用水管直接接冲洗。
五、应设置水位指示装置和直通室外的通气管。
六、污水中夹有大块物体时，在集水池人口处应设格栅。

第八节 局部污水处理

第3.8.1条 化粪池距离地下取水构筑物不得小于30m。离建筑物净距不宜小于5m。化粪池设置的位置应便于清掏。

第3.8.2条 化粪池的设计容积，应符合下列规定：
一、每人每日污水量和污泥量，应按表3.8.2确定。

每人每日污水量和污泥量 表3.8.2

分 类	粪便污水与生活废水合流排出	粪便污水单独排出
每人每日污水量(L)	与用水量相同	20～30
每人每日污泥量(L)	0.7	0.4

二、污泥含水率应为95%，经沉淀后应为90%。
三、腐化期间污泥减缩量应为20%。
四、污水在化粪池内停留时间，根据污水量多少，宜采用12～24h。
五、污泥清挖周期，根据污水温度高低和当地气候条件，宜采用3～12个月。
六、清除污泥时遗留的污泥量，应为20%。

第3.8.3条 使用卫生器具的人数与总人数的百分比，可采用下列数值：

一、医院、疗养院、幼儿园(有住宿)为100%。
二、住宅、集体宿舍、旅馆为70%。
三、办公楼、教学楼、工业企业生活间为40%。
四、公共食堂、影剧院、体育场和其它类似公共场所(按座位数计)为10%。

第 3.8.4 条 化粪池的深度不得小于1.3m,宽度不得小于0.75m,长度不得小于1.0m。化粪池井的直径不得小于1.0m。矩形化粪池的长度与深度、宽度的比例,应根据污水中悬浮物的沉降条件及其积存数量以水力计算确定。

注:化粪池的深度系指从流水面到化粪池底的距离。

第 3.8.5 条 当每日通过化粪池的污水量小于及等于10m³时,应采用双格化粪池,其第一格容积应占总容积的75%。

当每日通过化粪池的污水量大于10m³时,应采用三格化粪池,其第一格容积应占总容积的50%,第二、三格应各占总容积的25%。

第 3.8.6 条 化粪池进口处应设置导流装置,格与格之间和化粪池与进口连接井之间应设通气孔洞。化粪池进口和化粪池出口处应设置拦截污泥浮渣的措施。化粪池进口和出口处应设置拦截污泥浮渣的措施。

第 3.8.7 条 为截留公共食堂和饮食业污水中的食用油脂,应设隔油井。污水在井内的流速不得大于0.005m/s,停留时间可采用2～10min。井内存油部分容积,不得小于该井有效容积的25%。

第 3.8.8 条 为截留汽车修理间和其它少量生产污水中的油类,应设隔油井,污水在井内的流速,宜采用0.002～0.01m/s,停留时间可采用0.5～1.0min。隔油井的排出管至井底深度,不宜小于0.6m。

第 3.8.9 条 对夹带杂质的含油污水,应在隔油井内附有沉淀部分。

粪便污水和其它污水,不得排入隔油井内。

第 3.8.10 条 温度高于40℃的污、废水,排入城镇排水管道前,应采取降温措施。一般宜设降温池,降温池宜利用废水冷却。所需冷却水量应用热平衡方法计算确定。

对温度较高的污、废水,应将其所含热量回收利用。

第九节 医院污水消毒处理

第 3.9.1 条 医院污水必须进行消毒处理。

注:医院污水系指医院、医疗卫生机构中被病原体污染了的水。

第 3.9.2 条 医院污水经消毒处理后的水质,应符合现行的《医院污水排放标准》的要求。

经消毒处理后的污水,不得排入生活饮用水集中的取水点上游1000m和下游100m的水体范围内。

经消毒处理后的污水如排入娱乐和体育用水体、渔业用水体时,还应符合有关标准的要求。

第 3.9.3 条 医院污水处理构筑物,宜与病房、医疗室、住宅等有一定防护距离,并应设置隔离措施。

第 3.9.4 条 肠道病病房的传染病房的污水,如经技术经济比较认为合理时,可与普通病房污水分别进行处理。

第 3.9.5 条 医院污水在消毒前必须经过机械处理,当机械处理后的污水不能符合有关排放标准时,应采生物处理。

第 3.9.6 条 化粪池应与生活废水分流,化粪池的有效容积按污水在化粪池中停留时间计算并不宜小于36h。

粪便污水作为医院污水消毒前预处理时,化粪池作为医院污水消毒前预处理时,化粪池

第 3.9.7 条 污水消毒前宜设调节池。调节池有效容积应按消毒工作班次或消毒次数计算确定。连续式消毒时，其有效容积宜按3～5h污水平均小时流量计算；当采用间歇式消毒时，其有效容积宜采用日污水量的1/2～1/4。

第 3.9.8 条 医院污水处理流程及构筑物布置，宜利用地形按自流设计。当必须设置水泵提升时，其污水泵的选择应根据污水量、集水池容积、泵房设置位置和水泵工作情况等因素确定。

第 3.9.9 条 医院污水消毒采用加氯法（液氯、漂粉精或漂白粉）。当运输输送供应困难时，可采用现场制备次氯酸钠消毒法。

第 3.9.10 条 液氯消毒时，应采用加氯机投配。加氯机应至少设两台，其中一台备用。严禁直接向污水中投加氯气。

第 3.9.11 条 加氯量应按污水排放标准和现行的《医院污水排放标准》中规定的余氯量确定。一般采用下列数值：

一、经机械处理后的污水为30～50mg/L。
二、经生物处理后的污水为15～25mg/L。

第 3.9.12 条 加氯设备和有关建筑物的设计，可参照现行《室外给水设计规范》的有关规定。

第 3.9.13 条 间歇式消毒池应不少于两座。同歇式消毒池的总有效容积应根据消毒池工作班次、消毒周期确定，一般宜为调节池有效容积的1/2。

第 3.9.14 条 采用氯化法消毒时，污水和氯的接触时间应按现行的《医院污水排放标准》中规定的接触时间确定。

第 3.9.15 条 消毒池和消毒池均应加盖。

第 3.9.16 条 污泥消毒应符合现行的《医院污水排放标准》的有关规定。

第十节 雨 水

第 3.10.1 条 屋面雨水的排水系统，应根据建筑结构形式、气候条件及生产使用要求等因素确定。当经济技术比较合理时，屋面雨水宜采用外排水系统。

第 3.10.2 条 天沟外排水的流水长度，应结合建筑物伸缩缝布置，一般不宜大于50m，其坡度不宜小于0.003。

第 3.10.3 条 天沟的排水，应在女儿墙、山墙上或天沟末端设置溢流口。

第 3.10.4 条 屋面雨水设计当为内排水系统时，宜采取密闭系统。

注：污废水管道不得接入雨水密闭系统。

第 3.10.5 条 雨水管道的布置，应将雨水以最短距离就近排至室外。

第 3.10.6 条 屋面雨水由天沟进入雨水管道入口处，应设置雨水斗，雨水斗应有整流格栅。

第 3.10.7 条 雨水斗格栅的进水孔有效面积，应等于连接管横断面积的2～2.5倍。格栅应便于拆卸。

第 3.10.8 条 雨水的排水系统，宜采用单斗排水。当采用多斗排水时，悬吊管上设置的雨水斗不得多于4个。悬吊管管径不得大于300mm。

第3.10.9条 布置雨水斗时，应以伸缩缝沉降缝或防火墙作为天沟排水分水线，否则应在该缝两侧各设一个雨水斗。当两个雨水斗连接在同一根立管或悬吊管上时，应采用伸缩接头，并保证密封。

第3.10.10条 防火墙处设置雨水斗时应在防火墙的两侧各设一个雨水斗。

第3.10.11条 多斗雨水排水的雨水斗，宜对立管作对称布置。

第3.10.12条 多斗雨水排水的雨水斗，其排水连接管应接至悬吊管上，不得在立管顶端设置雨水斗。

第3.10.13条 接入同一立管的雨水斗的设计最大设计流量时，不宜多于两根。

宜在同一标高层。当雨水立管连接不同高度的雨水斗时，可将不同高度的雨水斗接入同一立管或悬吊管。

第3.10.14条 寒冷地区，雨水斗应布置在受室内温度影响的屋面及雪水易融化范围的天沟内。雨水立管应布置在室内。

第3.10.15条 雨水斗的排水连接管径不得小于100mm，并应牢固地固定在建筑物承重结构上。

第3.10.16条 与立管连接的悬吊管，不宜受支条限制，可设两个以上雨水连接管径，阴阳台雨水连接管径。

第3.10.17条 雨水斗对称布置的排水系统，悬吊管与立管的连接，应采用45°三通或90°斜四通和90°通或90°斜三通。雨水斗的排水连接管的连接，应采用45°三通。

第3.10.18条 雨水量应以当地暴雨强度公式按降雨历时5min计算。

第3.10.19条 雨水管道的设计重现期，应根据生产工艺及建筑物的性质确定，一般可采用一年。

第3.10.20条 排入雨水敞开系统的工业废水量，如大于5%的雨水量，应将其水量计算在内。

第3.10.21条 屋面的汇水面积，应按屋面的水平投影面积计算。窗井、高层建筑裙房应附加高层侧墙面水平投影面积为屋面的汇水面积。

第3.10.22条 屋面雨水斗的设计泄流量，不得大于表3.10.22中规定的雨水斗最大泄流量。

屋面雨水斗最大泄流量   表3.10.22

雨水斗规格(mm)	100	150
一个雨水斗泄流量(L/s)	12	26

注：长天沟的雨水斗，应根据雨水量另行设计。

第3.10.23条 雨水设计流量，应按下式计算：

$$q_y = K_1 \frac{F_W q_5}{10000} \quad (3.10.23)$$

式中 q_y——雨水设计流量（L/s）；

F_W——汇水面积（m²）；

q_5——当地降雨历时为5min的降雨强度（L/s·ha）；

K_1——设计重现期为一年和屋面宣泄能力的系数。坡度小于2.5%的平屋面K_1宜为1，坡度等于或大于2.5%的斜屋面K_1宜为1.5~2.0。

第3.10.24条 雨水立管的设计泄流量，不得大于表3.10.24规定的雨水立管最大泄流量。

3.10.24条规定的雨水立管对称布置的双斗系统，单斗和对立管对称布置的雨水规格一致。

第3.10.25条 雨水斗与雨水立管的管径应与雨水斗的管径一致。

雨水立管最大设计泄流量　　表3.10.24

管径 (mm)	最大设计泄流量 (L/s)
100	19
150	42
200	75

第3.10.26条 多斗雨水排水系统的悬吊管和埋地管的水力计算，应按本规范第3.4.7条规定确定。

第3.10.27条 雨水悬吊管和埋地雨水管道的最大计算充满度，应按表3.10.27确定。

雨水悬吊管和埋地雨水管道的最大计算充满度　　表3.10.27

管道名称	管径 (mm)	最大计算充满度
悬吊管		0.8
密闭系统的埋地管		1.0
开敞系统的埋地管	≤300	0.5
	350～450	0.65
	≥500	0.80

第3.10.28条 雨水悬吊管的敷设坡度，不得小于0.005。

埋地雨水管道的最小坡度，应按本规范3.4.9条工业废水管道坡度的规定执行。

第3.10.29条 悬吊管的管径，不得小于雨水斗连接管的管径。立管的管径不得小于雨水悬吊管的管径，当立管连接两根或两根以上悬吊管时，其管径不得小于其中最大一根悬吊管管径。

第3.10.30条 有雨水立管接入的地下埋地雨水管道系统的起点检查井，不宜接人工业废水管道。

第3.10.31条 接入检查井的雨水排出管，其出口与下游排水管采用管顶平接法，且水流转角不得小于135°。检查井内应做高流槽，流槽高出管顶200mm。检查井至检查井内的管段坡度不得小于0.7‰

注：埋地雨水管道的直径从起点检查井以下，不宜小于200mm。

第3.10.32条 雨水悬吊管，立管一般可采用钢管或铸铁管。如育造可能受震动或生产工艺有特殊要求，应采用钢管；埋地雨水管可采用非金属管。但立管至检查井的管段宜采用铸铁管。

第3.10.33条 雨水管道的最小埋设深度，应按本规范第3.3.23条的规定执行。

第3.10.34条 长度大于15m的雨水悬吊管，应设检查口或带法兰盘的三通管，并宜布置在靠近柱住，墙处，其间距不得大于20m。

第3.10.35条 雨水立管上应设检查口，从检查口中心至地面的距离，宜为1.0m。

第3.10.36条 雨水密闭系统埋地雨水管在靠近立管处，应设水平检查口。

第四章 热水及饮水供应

第一节 热水用水定额、水温和水质

第4.1.1条 生产用热水水量、水温和水质,应按工艺要求确定。

第4.1.2条 集中供应冷、热水时,热水用水定额,应按表4.1.2-1确定。卫生器具完善程度和地区条件,根据卫生器具的一次和小时热水用水量和水温,应按表4.1.2-2确定。

热水用水定额　　表4.1.2-1

序号	建筑物名称	单位	65℃的用水定额(最高日)(L)
1	住宅、每户设有淋浴设备	每人每日	80~120
2	集体宿舍 有盥洗室	每人每日	25~35
	有盥洗室和浴室	每人每日	35~50
3	普通旅馆、招待所 有盥洗室	每床每日	25~50
	有盥洗室和浴室	每床每日	50~100
	设有浴盆的客房	每床每日	100~150
4	宾馆客房	每床每日	150~200
5	医院、疗养院、休养所 有盥洗室	每病床每日	30~60
	有盥洗室和浴室	每病床每日	60~120
	设有浴盆的病房	每病床每日	150~200
6	门诊部、诊疗所	每病人每次	5~8

续表

序号	建筑物名称	单位	65℃的用水定额(最高日)(L)
7	公共浴室 设有淋浴器、浴盆、浴池及理发室	每顾客每次	50~100
8	理发室	每顾客每次	5~12
9	洗衣房	每公斤干衣	15~25
10	公共食堂 营业食堂	每顾客每次	4~6
	工业企业、机关、学校、居民食堂	每顾客每次	3~5
11	幼儿园、托儿所 有住宿	每儿童每日	15~30
	无住宿	每儿童每日	8~15
12	体育场 运动员淋浴	每人每次	25

注:表4.1.2-1内所列用水定额均已包括在本规范表2.1.1、表2.1.2中。

卫生器具的一次和小时热水用水量及水温　　表4.1.2-2

序号	卫生器具名称	一次用水量(L)	小时用水量(L)	水温(℃)
1	住宅、旅馆			
	带有淋浴器的浴盆	150	300	40
	无淋浴器的浴盆	125	250	40
	淋浴器	70~100	140~200	37~40
	洗脸盆、盥洗槽水龙头	3	30	30
	洗涤盆(池)	—	180	60
2	集体宿舍			
	淋浴器:有淋浴小间	70~100	210~300	37~40
	无淋浴小间	—	450	37~40
	盥洗槽水龙头	3~5	50~80	30
3	公共食堂			
	洗涤盆(池):工作人员用	—	250	60
	洗脸盆	3	60	30

续表

序号	卫生器具名称	一次用水量 (L)	小时用水量 (L)	水温 (℃)
4	顾客用 淋浴器	—	120	30
	幼儿园、托儿所 浴盆	40	400	37～40
	幼儿园 淋浴器	100	400	35
	托儿所 淋浴器	30	120	35
	幼儿园、托儿所 盥洗槽水龙头	30	180	35
	幼儿园 洗涤盆（池）	15	90	30
		1.5	25	60
5	医院、疗养院、休养所 洗手盆	—	15～25	25
	洗涤盆（池）	—	300	60
	浴盆	125～150	250～300	40
6	公共浴室 浴盆	125	250	40
	淋浴器 有淋浴小间	100～150	200～300	37～40
	淋浴器 无淋浴小间	—	450～540	37～40
	洗脸盆	5	50～80	35
7	理发院 洗发室	—	35	35
8	实验室 洗脸盆	—	15～25	30
	洗涤盆	—	60	60
9	厕所 淋浴器	—	200～400	37～40
10	演员用洗脸盆	60	80	35
	体育场淋浴器	5	300	35
11	工业企业生活间 淋浴器：一般车间	30	360～540	37～40
	脏车间	40	180～480	40

续表

序号	卫生器具名称	一次用水量（饮）(L)	小时用水量 (L)	水温 (℃)
12	洗脸盆或盥洗槽水龙头：一般车间	3	90～120	30
	脏车间	5	100～150	35
	净身器	10～15	120～180	30

注：一般车间指现行的《工业企业设计卫生标准》中规定的3、4级卫生特征的车间，脏车间指该标准中规定的1、2级卫生特征的车间。

第 4.1.3 条 生活用热水的水质，应符合现行的《生活饮用水卫生标准》的要求。

第 4.1.4 条 集中热水供应系统的热水在加热前，水质是否软化处理，应根据水质、水量、水温、使用要求等因素经技术经济比较确定。

按65℃计算的日用水量小于10m³时，其原水可不进行软化处理。

第 4.1.5 条 冷水的计算温度，应以当地最冷月平均水温资料确定。当无水温资料时，可按表4.1.5采用。

表 4.1.5 冷水计算温度（℃）

分区	地面水温(℃)	地下水温(℃)
第1分区	4	6～10
第2分区	4	10～15
第3分区	5	15～20
第4分区	10～15	20
第5分区	7	15～20

注：分区的具体划分，应按现行的《室外给水设计规范》的规定确定。

第 4.1.6 条 热水锅炉或水加热器出口的最高水温和配水点的最低水温，可按表4.1.6采用。

热水锅炉或水加热器出口的最高水温和配水点的最低水温　　表 4.1.6

水 质 处 理	热水锅炉和水加热器出口最高水温（℃）	配水点最低水温（℃）
无需软化处理或有软化处理	≤75	≥60
需软化处理但无软化处理	≤65	≥50

注：①以太阳能为热源时热力管网热水作热煤热水供应系统和以热力管网热水作热煤的集中热水供应系统，配水点的最低水温可为50℃。
②废热锅炉所利用的烟气温度，不宜低于400℃。局部热水贮水箱内附设一套蒸汽加热装置。

第二节　热水供应系统的选择

第 4.2.1 条　热水供应系统的选择，应根据使用要求、耗热量及用水点分布情况，结合热源条件确定。

第 4.2.2 条　集中热水供应系统的热源，当条件允许时，应首先利用工业余热、废热、地热和太阳能。

第 4.2.3 条　当没有条件保证全年供热时热力管网只在采暖期运行，是否设置专用锅炉，应进行技术经济比较确定。

第 4.2.4 条　如区域性锅炉房或高温水供应系统时，宜采用蒸汽或高温水作热源，不另设专用锅炉房。

第 4.2.5 条　局部热水供应系统宜采用蒸汽、煤气、炉灶余热、太阳能等。

第 4.2.6 条　利用废热（废汽、烟气、高温废液等）作为热煤，应采取下列措施：

一、加热设备应防腐；
二、防止热煤管道渗漏而污染水质；
三、消除废汽压力波动和除油。

第 4.2.7 条　升温后的冷却水，可作为生活用热水。

第 4.1.3 条规定的要求时，其水质如符合本规范第4.2.8条　采用蒸汽直接通入水中的加热方式，宜用于开式热水供应系统，并应符合下列条件：

一、当不回收凝结水经技术经济比较为合理时；
二、蒸汽中不含油质及有害物质；
三、加热时所产生的噪音不超过允许值。

注：应采取防止水倒流的措施。

第 4.2.9 条　集中热水供应系统的建筑物内，用水量较大的集中浴室、厨房等，宜设置单独的热水管道。

第 4.2.10 条　定时供应的热水系统，当设置循环管道时，应设置循环管道。

注：全日供应系统的建筑物或定时供应时间有特殊要求的集中循环管道，应保证干管和立管中的热水循环。当设置循环管道时，应保证支管中的热水循环。

第 4.2.11 条　集中热水供应系统的建筑物，如个别单位对热水供应时间有特殊要求时，宜设置单独的热水供应局部加热设备。

第 4.2.12 条　高层建筑热水供应系统的分区，应与给水系统的分区一致。各区热水供应系统、贮水加热器、水加热器的进水，均应由同区的给水系统供应。

第4.2.13条 当给水管道的水压变化较大且用水点要求水压稳定时,宜采用开式热水供应系统。

第4.2.14条 当卫生器具设有冷热水混合器或混合龙头时,冷、热水供应系统应在配水点处有相同的水压。

第4.2.15条 公共浴室淋浴器出水水温应稳定,一般宜采取下列措施:

一、采用开式热水供应系统。

二、给水额定流量较大的用水设备的管道,应与浴器配水管道分开。

三、多于3个淋浴器的配水管道,宜布置成环形。

四、成组淋浴器的配水支管的沿途水头损失,当淋浴器小于或等于6个时,可采用每米不大于200Pa;当淋浴器大于6个时,可采用每米不大于350Pa。但其最小管径不得小于25mm。

注:工业企业生活间的淋浴室,宜采用单管热水供应系统。

第三节 热水量和耗热量的计算

第4.3.1条 集中热水供应系统中,锅炉、水加热器的设计小时耗热量和贮水器的容积,应根据日热水用量、小时变化曲线、加热方式及锅炉、水加热器的工作制度经计算确定。

第4.3.2条 集中热水供应系统的设计小时耗热量,如根据使用热水的计算单位数、热水用水定额及小时变化系数计算时,应按下式计算:

$$Q = K_h \frac{m q_r c (t_r - t_1)}{24 \times 3600} \quad (4.3.2)$$

式中 Q——设计小时耗热量(W);

m——用水计算单位数(人数或床位数);

q_r——热水用水定额(L/人·d或L/床·d等),按本规范表4.1.2-1采用;

c——水的比热(J/kg·℃);

t_r——热水温度(℃);

t_1——冷水温度(℃);

K_h——小时变化系数,全日供应热水时可按表4.3.2-1、4.3.2-2、4.3.2-3采用。

住宅的热水小时变化系数 K_h 值   表4.3.2-1

居住人数 m	50	100	150	200	250	300	500	1000	3000	6000
K_h	6.58	5.12	4.49	4.13	3.38	3.70	3.28	2.86	2.48	2.34

旅馆的热水小时变化系数 K_h 值   表4.3.2-2

居住人数 m	60	100	150	200	300	450	600	900
K_h	9.65	6.84	4.97	5.61	4.97	4.58	4.19	

医院的热水小时变化系数 K_h 值   表4.3.2-3

床位数 m	35	50	75	100	200	300	500	1000
K_h	7.62	4.55	3.78	3.54	2.93	2.60	2.23	1.95

第4.3.3条 集中热水供应系统的设计小时耗热量,当根据供应热水的卫生器具数、小时用水量和同时使用百分数计算时,应按下式计算:

$$Q = \sum \frac{q_h c(t_r - t_1) n_0 b}{3600} \quad (4.3.3)$$

式中 Q——设计小时耗热量（W）;
q_h——卫生器具热水的小时用水定额（L/h），按本规范表4.1.2-2采用;
c——水的比热（J/kg·℃）;
t_r——热水温度（℃）;
t_1——冷水温度（℃）;
n_0——同类型卫生器具数;
b——卫生器具同时使用百分数。公共浴室和工业企业生活间、剧院及体育馆（场）等馆客房内的淋浴器和洗脸盆均按100%计，旅馆客房卫生间内浴盆按60～70%计，其它器具不计；医院、疗养院的病房内卫生间的浴盆按25～50%计，其它器具不计。

第四节 水的加热和贮存

第4.4.1条 加热设备的选择，应根据使用特点、耗热量、加热方式、热源情况和燃料种类等确定。

第4.4.2条 医院的热水供应系统的锅炉或水加热器不得少于两台，当一台检修时，其余合台的总供热能力不得小于设计小时耗热量的50%。医院小时耗热量的计算床位数在50个以下的小型医院，当锅炉或水加热器的计算加热面积不大，根据其构造情况，所设置的两台锅炉或水加热器，每台的供热能力，可按设计小时耗热量计算。

第4.4.3条 单个煤气热水器，不得用于下列建筑物：
一、工厂车间和旅馆单间内的浴室内；
二、疗养院，休养所的浴室内；
三、学校（食堂除外）。
四、锅炉房的小淋浴室内。

第4.4.4条 表面式水加热器的加热面积，应按下式计算：

$$F_j = \frac{C_r Q_s}{\varepsilon K \Delta t_j} \quad (4.4.4)$$

式中 F_j——表面式水加热器的加热面积（m²）;
Q_s——制备热水所需的热量（W）;
K——传热系数（W/m²·℃）;
ε——由于水垢和热媒分布不均匀影响传热效率的系数，一般采用0.8～0.6;
Δt_j——热媒与被加热水的计算温度差（℃）按第4.4.5条的规定确定;
C_r——热水供应系统的热损失系数，宜采用1.1～1.2。

第4.4.5条 快速式水加热器与加热水的计算温度差，应按下式计算：
一、容积式水加热器：

$$\Delta t_j = \frac{t_{mc} + t_{mz}}{2} - \frac{t_c + t_z}{2} \quad (4.4.5-1)$$

式中 Δt_j——计算温度差（℃）;
t_{mc}和t_{mz}——热媒的初温和终温（℃）;
t_c和t_z——被加热水的初温和终温（℃）。
二、快速式水加热器：

$$\Delta t_j = \frac{\Delta t_{max} - \Delta t_{min}}{\ln \frac{\Delta t_{max}}{\Delta t_{min}}} \quad (4.4.5-2)$$

式中 Δt_j ——计算温度差（℃）；

Δt_{max} ——热媒和被加热水在水加热器一端的最大温度差（℃）；

Δt_{min} ——热媒和被加热水在水加热器另一端的最小温度差（℃）。

第 4.4.6 条 热媒的计算温度，应符合下列规定：

一、热媒为蒸汽，其压力大于70kPa，应按饱和蒸汽温度计算，压力小于及等于70kPa，应按100℃计算。

二、热媒为热力网热水，应按热力网供、回水的最低温度计算，但热媒的初温与被加热水的终温的温度差，不得小于10℃。

第 4.4.7 条 容积式水加热器或加热水箱，当冷水从下部进入，热水从上部送出，其计算容积应附加20～25％。

第 4.4.8 条 集中热水供应系统中的贮水器容积，应根据日热水用水量小时变化曲线及锅炉、水加热器的工作制度经计算确定。

工业企业淋浴室贮水器的贮热量，不得小于30min的设计小时耗热量；其它建筑物贮水器的贮热量，不得小于45min的设计小时耗热量。

第 4.4.9 条 热水贮水罐，应符合下列要求：

一、第二循环送水管应在贮水罐顶部接出。

二、热水供应系统如为自然循环，第二循环回水管一般在贮水罐的顶部以下1/4贮水罐高度处接入。

三、第一循环送水管，应在贮水罐顶部以下1/4贮水罐高度处接入。

四、第一循环回水管和冷水管，应分别在贮水罐底部接入。

五、容积式加热器的热水循环管和冷水管，应在水加热器的底部接入。

第 4.4.10 条 在设有高位热水供水箱的连续加热的热水供应系统中，应设置冷水补给水箱。

第 4.4.11 条 冷水补给水箱的设置高度（以水箱底计算），应保证最不利处的配水点所需水压。冷水补给水管的设置，应符合下列要求：

注：当有冷水箱可补给热水供应系统时，可不另设冷水补给水箱。

一、冷水补给水管的管径，应保证能补给热水供应系统的设计秒流量。

二、冷水补给水管供热水贮水器或水加热器外，不宜再供其它用水。

三、冷水补给水管第一循环给水管接入冷水补给水管的热水贮水器，不得接入第一循环的回水管或锅炉。

第 4.4.12 条 热水箱应加盖，并设溢流管、泄水管和引出室外的通气管。热水箱溢流水位应超出冷水补给水的水位高度，应按热水膨胀量确定。溢流管、溢流管与排水管道直接连接。

第 4.4.13 条 水加热器的布置，应符合下列要求：

一、水加热器的一侧应有净宽不小于0.7m的通道，前端应留出加热盘管的位置。

二、水加热器上部附件的最高点至建筑结构最低点的净距，应满足检修的要求，但不得小于0.2m，房间净高不得低于2.2m。

第 4.4.14 条 锅炉、容积式水加热器，应装设温度计、压力表和安全阀（蒸汽锅炉开式热水箱还应装设水位计）。

安全阀的直径,应按计算确定,并应符合锅炉安全等有关规定。

注:开式热水供应系统的水锅炉和容积式水加热器,可不设安全阀。

第 4.4.15 条 在开式热水供应系统中,应设膨胀管。其高出水箱水面的垂直高度应按下式计算:

$$h = H\left(\frac{\gamma_l}{\gamma_r} - 1\right) \quad (4.4.15)$$

式中 h——膨胀管高出水箱水面的垂直高度(m);
H——锅炉、水加热器底部至高位水箱水面的高度(m);
γ_l——冷水的比重(kg/m³);
γ_r——热水的比重(kg/m³)。

第 4.4.16 条 膨胀管的设置要求和管径的选择,应符合下列要求:

一、膨胀管上严禁装设阀门。
二、膨胀管如有冻结可能时,应采取保温措施。
三、膨胀管的最小管径,宜按表4.4.16确定。

膨胀管最小管径 表 4.4.16

锅炉或水加热器的传热面积(m²)	<10	10~15	15~20	>20
膨胀管最小管径(mm)	25	32	40	50

第 4.4.17 条 设置锅炉、水加热器或贮水器的房间,应便于泄水,防止污水倒灌,并应设置良好的通风和照明。

第五节 管 网 计 算

第 4.5.1 条 卫生器具热水给水的额定流量、当量、支管管径和流出水头,应符合本规范第2.1.7条的规定。热水供应管道的设计秒流量,应按本规范第2.6.4条的规定计算。

第 4.5.2 条 第一循环管的自然压力值,应按下式计算:

$$H_{z.r} = 10\Delta h(\gamma_1 - \gamma_2) \quad (4.5.2)$$

式中 $H_{z.r}$——第一循环管的自然压力值(Pa);
Δh——锅炉或水加热器的中心与贮水器中心的高差(m);
γ_1和γ_2——贮水器回水和水加热器出水的比重(kg/m³)。

第 4.5.3 条 第二循环管的自然压力值,应按下列公式计算:

一、上行下给式:

$$H_{z.r} = 10\Delta h(\gamma_3 - \gamma_4) \quad (4.5.3-1)$$

式中 $H_{z.r}$——第二循环管的自然压力值(Pa);
Δh——锅炉或水加热器的中心至上行横干管管段中心的高差(m);
γ_3——最远处立管管段中点水的比重(kg/m³);
γ_4——配水主立管管段中点水的比重(kg/m³)。

二、下行上给式:

$$H_{z.r} = 10(\Delta h - \Delta h_1)(\gamma_5 - \gamma_6) + 10\Delta h_1(\gamma_7 - \gamma_8) \quad (4.5.3-2)$$

式中 $H_{z.r}$——第二循环管的自然压力值(Pa);
Δh——锅炉或水加热器的中心至立管顶部的标高差(m);
Δh_1——锅炉或水加热器的中心至立管底部的标高差

一、水泵的出水量，应为循环流量与循环附加流量之和。

注：循环附加流量，应根据建筑物性质、使用要求确定，一般宜为设计小时用水量的15%。

二、水泵的扬程应按下式计算：

$$H_b = \left(\frac{q_f + q_x}{q_x}\right)^2 h_p + h_x \quad (4.5.9)$$

式中 H_b——循环水泵的扬程（kPa）；
q_f——循环附加流量（L/s）；
q_x——循环流量（L/s），应按本规范第4.5.4条公式（4.5.4）计算；
h_p——循环流量通过配水管网的水头损失（kPa）；
h_x——循环流量通过回水管网的水头损失（kPa）。

第4.5.10条 热水水泵的布置，应符合本规范第2.7.9和第2.7.12条的要求。

注：采用管道泵时可不受本条限制。

第六节 管材、附件和管道敷设

第4.6.1条 热水干管管径小于及等于150mm时，应采用镀锌钢管和相应的配件。

注：建筑物标准要求较高时，如有条件可采用铜管。

第4.6.2条 热水管道系统，应补偿管道温度伸缩的措施。

第4.6.3条 上行下给式系统配水干管的最高点，应设排气装置；下行上给式热水配水系统，应利用最高配水点放气。

第4.6.4条 下行上给式系统配水干管的最低点，应设在系统的最低点，应有泄水装置或利用最低配水点泄水。其回

γ_5和γ_6——最远处回水管和配水立管管段中心的水的平均比重（kg/m³）；
γ_7和γ_8——锅炉或加热水加热器至立管底部回水管和配水管管段中点水的平均比重（kg/m³）。

第4.5.4条 全日供应热水系统的热水循环流量，应按下式计算：

$$q_x = \frac{Q_s}{C \cdot \Delta t} \quad (4.5.4)$$

式中 q_x——全日供应热水的循环流量（L/s）；
Q_s——配水管道的热损失（W），应经计算确定，一般采用设计小时耗热量的5～10%；
C——水的比热（J/kg·℃）；
Δt——配水管道的热水温度差（℃），根据系统大小确定，一般采用5～15℃。

第4.5.5条 定时热水供应系统的热水循环流量应按循环水管中的水每小时循环2～4次计算。

第4.5.6条 热水供应系统的热水温度差，热水加热器的出水温度与配水点最低水点的水温差，不得大于15℃。

第4.5.7条 热水管网的水头损失，应按本规范第2.6.7条的规定计算，其计算参数应根据热水水温和水质确定。

第4.5.8条 热水管道内的水流速度，不宜大于1.5m/s。当管径小于及等于25mm时，热水管道内流速度，宜采用0.6～0.8m/s。

第4.5.9条 机械循环的热水供应系统，其循环水泵的选择应遵守下列规定：

水立管应在最高配水点以下（约0.5m）与配水立管连接；

上行下给式系统中只需将循环管道与各立管连接。

第4.6.5条 热水管网应在下列管段上装设阀门：

一、配水或回水环形管网的分干管；

二、配水立管和回水立管；

三、居住建筑和公共建筑中从立管接出的支管。

注：配水的阀门控制的配水点，应根据使用要求及益修条件确定，但不得超过10个。

第4.6.6条 热水管网在下列管段上，应装设止回阀：

一、水加热器或贮水器的冷水供水管；

二、机械循环第二循环回水管；

三、混合器的冷、热水供水管。

第4.6.7条 水加热器的出水温度，当要求稳定且有限制时，应设自动温度调节装置。

当热水供应系统和热力管网连接，并装有快速加热设备的冷水供水管上装设热水水表。

第4.6.8条 每个水加热器、贮水罐的热水混合器上，应装设温度计，必要时，热水回水干管上也可装温度计。

第4.6.9条 当需计量热水总用水量时，可在水加热点可在专供水的支管上装设热水水表。

第4.6.10条 热水循环管的坡度不应小于0.003，以便放气和泄水。

第4.6.11条 热水管道一般为明设，当建筑或工艺有特殊要求时，则可暗设，但应便于安装和检修。

第4.6.12条 热水锅炉、水加热器、贮水器、热水配水干管、机械循环回水干管和有结冻可能的自然循环回水干管，应保温，保温层的厚度应经计算确定。

第4.6.13条 热水管穿过建筑物顶棚、楼板、墙壁和基础处，应加套管。

第七节 饮 水 供 应

第4.7.1条 饮水定额及小时变化系数，根据建筑物的性质和地区的条件，应按表4.7.1确定。

饮水定额及小时变化系数　　表4.7.1

建筑物名称	单 位	饮水定额（L）	K_h
热车间	每人每班	3～5	1.5
一般车间	每人每班	2～4	1.5
工厂生活间	每人每班	1～2	1.5
办公楼	每人每班	1～2	1.5
集体宿舍	每人每日	1～2	2.0
教学楼	每学生每日	1～2	1.5
医院	每病床每日	2～3	1.0
影剧院	每观众每场	0.2	1.0
招待所、旅馆	每客人每日	2～3	1.5
体育馆（场）	每观众每日	0.2	1.0

注：小时变化系数系指饮水供应时间内的变化系数。

第4.7.2条 作为饮水的温水或自来水在接至饮水器前，应进行加温、过滤或消毒处理。

第4.7.3条 开水计算温度应按100℃计算，冷水计算温度应符合本规范第4.1.5条的规定。

第4.7.4条 饮水供应点的设置，应符合下列要求：

一、不得设在易被污染的地点，对于经常产生有害气体或粉尘的车间，应设在不受污染的生活间或小室内。

二、位置应便于取用、检修和清扫，并应设良好的通风和照明设施。

三、楼房内饮水供应点的设置，可根据实际使用情况加以选定。

第4.7.5条 开水器的管道和附件，应符合下列要求：

一、溢流管和泄水管不得与排水管道直接连接。

二、通气管必须引至室外。

三、配水龙头应为旋塞。

四、应装设温度计和水位计。

第4.7.6条 开水锅炉应装设温度计，必要时还应装设沸水笛或安全阀。

第4.7.7条 饮水器的安装，应符合下列要求：

一、喷嘴应倾斜安装，并设有防护装置。

二、喷嘴孔口的高度，当排水管堵塞时，应不致被淹设。

三、应使同组喷嘴压力一致。

第4.7.8条 饮水器应采用镀铬瓷质、搪瓷制品，其表面应光洁易于清洗。

第4.7.9条 饮水管应采用镀锌钢管，配件应采用镀锌、镀铬或铜质材料。

附录一 名词解释

使用名词	曾用名词	说 明
卫生器具额定流量	卫生器具给水流率	卫生器具配水出口在单位时间内流出规定的水量
流出水头	自由水头	为保证给水配件在给水额定流量值，而在其阀前所需的静水压
卫生器具当量		以某一卫生器具流量作为一个当量的流量值，而将不同卫生器具的流量对它的比值
空气间隙		1. 给水管道出口或水龙头出口与受水器水位之间的垂直空间距离 2. 间接排水位的设备或容器的排出口与受水器溢流水位之间的垂直空间距离
回流（污染）		1. 由于给水管道内负压引起卫生器具或容器中的水或液体倒流入生活给水系统的现象 2. 非饮用水或其它液体、混合物进入生活给水管道系统的现象
设计秒流量		按瞬时高峰给（排）水量制订的用于设计建筑给（排）水管道系统的流量
贯通枝状		从建筑物不同侧向引入而室内形成的枝状给水管道，互相连通
引入管		由室外给水管网引入建筑物的给水管段
立 管		呈垂直或与垂线夹角小于45°的管道

续表

使用名词	曾用名词	说　明
横　管		呈水平或与水面线夹角小于45°的管道
竖向分区		建筑给水系统中,在竖向分成若干个供水区
间接排水		设备或容器的排水管道与排水系统非直接连接,而其间留有空气间隙的排水方式
生活废水		人类日常生活中排泄的洗涤水
生活污水		粪便污水与生活废水之总称
伸顶通气管		排水立管与最上层排水横支管连接处向上垂直延伸至室外作通气用的管道
通　气　管		为使排水系统内空气流通,压力稳定,防止水封破坏而设置的与大气相通的管道
通气立管		系主通气立管、副通气立管和专用通气立管之总称
主通气立管		连接环形通气管和排水立管的通气立管
副通气立管		仅与环形通气管连接的通气立管
专用通气立管		仅连接排水立管的通气立管
器具通气管	小透气、各个通气	卫生器具存水弯出口端接出的通气管段
环形通气管	辅助通气管	在多个卫生器具的排水横支管上,从最始端卫生器具的下游接至通气立管的那一段通气管段
结通气管		排水立管与通气立管的连接通气管段
接触消毒池		使消毒剂与污水混合,进行消毒的构筑物

续表

使用名词	曾用名词	说　明
内排水系统		屋面雨水通过设在建筑物内的雨水管道排至室外的排水系统
外排水系统		屋面雨水排水管设在墙外侧排水的系统
热水循环流量		热水供应系统中,当全部或部分配水用水点不用水时,将一定量的回置重新加热以保持热水供应系统中所需热水水温,此流量称为热水循环流量
循环附加流量		在机械循环的热水管网中,为了保证管网某些配水点用水时循环不致被破坏,而需定量配水管路水头损失时考虑附加的循环流量。

附录二 本规范用词说明

一、执行本规范条文时，对于要求严格程度的用词说明如下，以便在执行中区别对待：

1. 表示很严格，非这样作不可的用词：
正面词采用"必须"；
反面词采用"严禁"。

2. 表示严格，在正常情况下均应这样作的用词：
正面词采用"应"；
反面词采用"不应"或"不得"。

3. 表示允许稍有选择，在条件许可时，首先应这样作的用词：
正面词采用"宜"或"可"；
反面词采用"不宜"。

二、条文中指明必须按其他有关标准和规范执行的写法为，"应按……执行"或"应符合……要求或规定"。非必须按所指定的标准和规范执行的写法为，"可参照……"。

附加说明

本规范主编单位、参加单位和主要起草人名单

主 编 单 位：上海市民用建筑设计院
参 加 单 位：湖南省建材建筑研究设计院
河南省建筑设计研究院
机械部设计总院
洛阳市建筑设计院

主要起草人：应受珍 张 淼 姜文源 陈钟潮

中华人民共和国国家标准

《建筑给水排水设计规范》

GBJ15—88

1997年局部修订条文

工程建设国家标准局部修订公告
第6号

国家标准《建筑给水排水设计规范》GBJ15—88由上海建筑设计研究院会同有关单位进行了局部修订,已经有关部门会审,现批准局部修订的条文,自1998年1月1日起施行,该规范中相应的条文规定同时废止。现予公告。

中华人民共和国建设部
1997年9月1日

第1.0.3条 本规范适用于工业与民用建筑给水排水设计,但设计下列工程时,还应按现行的有关专门规范或规定执行:

一、湿陷性黄土、多年冻土和膨胀土等地区的建筑物;

二、抗震设防烈度为10度的建筑物;

三、矿泉水疗、人防建筑和有放射性的、遇水引起爆炸的生产工艺,有特殊要求的给水排水和热水供应的设计。

【说明】目前建筑抗震设计均按现行的国家标准《建筑抗震设计规范》进行建筑抗震设计,其根据建筑物性质、高度和所在地区设防烈度明确建筑抗震设防烈度。该设计规范中仅对建筑结构提出要求,且适合设防烈度在6~9度的地区。抗震设防烈度为10度地区的建筑抗震设计,人防建筑给水排水系统未述,只许补充本条文规定即建筑结构与建筑结构抗震设防相协调。

第2.1.1条 住宅生活用水定额及小时变化系数,根据住宅类别、建筑标准、卫生器具完善程度和地区条件,应按表2.1.1确定。

住宅生活用水定额及小时变化系数 表2.1.1

住宅类别	卫生器具设置标准	单位	生活用水定额(最高日)(L)	小时变化系数
普通住宅	有大便器、洗涤盆、无沐浴设备	每人每日	85~150	3.0~2.5
	有大便器、洗涤盆、沐浴设备		130~220	2.8~2.3
	有大便器、洗涤盆、沐浴设备和热水供应		170~300	2.5~2.0

【注】本局部修订条文中标有黑线部分为修订的内容。

续表

住宅类别	卫生器具设置标准	单位	生活用水定额(最高日)(L)	小时变化系数
高级住宅和别墅	有大便器、洗涤盆、沐浴设备和热水供应	每人每日	300~400	2.3~1.8

注:当地对住宅生活用水定额有具体规定时,可按当地规定执行。

【说明】考虑设计工作的实际需要和使用方便,将住宅生活用水定额列入本规范。

住宅生活用水定额与居住区生活用水定额有如下区别:

一、住宅生活用水定额只是住宅自身的用水量,而居住区生活用水定额包括居住区内小型公共建筑用水量,不包括其他建筑用水量;

二、室内给水排水设计,居室卫生器具,从集中给水龙头取水的住宅类型属于室外给水排水设计范畴,不属于建筑给水排水设计范畴;

三、普通住宅的生活用水定额可分为无沐浴、有沐浴和有热水供应三种类型,与居住区生活用水定额的五种类型不同。

四、单幢住宅视规模小,其小时变化系数大于居住区的水小时变化系数,一般相近于集体宿舍、旅馆、医院等建筑用水小时变化系数的上限值。

住宅生活用水定额取消了气候分区,原因是:

一、影响住宅生活用水定额的主要因素是卫生器具的完善程度,其他因素包括地区条件在内可体现在卫生器具的完善的幅度中。

二、气候分区的确定,主要从建筑和供暖的角度出发而制订的,不完全适用于生活用水定额。

三、由于工厂矿迁移、人员调动,气候异常、生活习惯的改变,生活用水平的提高等原因,在很大程度上,气候因素的影响比重有所下降。

四、其他国家的生活用水定额,包括因素较多,气候纬度、气候有无热、温、带之分的国家，也只以卫生器具完善程度来区别生活用水定额数值。

住宅生活用水定额根据各地提供的数据，在某设分区规定数值范围内变化，取第四分区的数值的上、下限值作为住宅生活用水定额的上下限值。例如清华大学职工宿舍，属于2类地区，原Ⅳ类住宅，实际用水量为120~180L/人·日；长沙市人民新村住宅，属于3类地区，原Ⅲ类住宅，实际用水量为80~110L/人·日；原湖北工业院调查住宅，属于3类地区，用水量为68.2~141L/人·日；广东省建筑设计院，广州市建筑设计院和天津建筑设计院等提供的数据都在规范规定范围内变化，因此取第一分区的下限值和第四分区的上限值作为分区住宅生活用水定额的下限值和上限值是可行的。但对于有热水供应设备的住宅，按热水量计算，由于一般用冷水量比热水量多，按热水量比实际用水量少，还存在"喝大锅水"的情况，实际用水量比原规范规定分担水费。参照北京煤气热力公司于1980年3月至1982年2月对北京市复外22#楼的实测数据243.8L/人·日，确定有煤气或电热水器的部热水定额上限值可取的下限值为250L/人·日。

影响住宅生活用水定额的因素有：

一、房屋卫生器具完善程度、器具类型和器具负荷人数。卫生器具完善程度是影响生活用水量的决定性因素。

二、气温变化。气温高用水量多。

三、气象变化。阴雨天用水量少，但无冰浴设备的住宅，气象的影响不正常重要，受气象的影响住宅的用水为小。

四、居民生活用水习惯。一般南方用水量比北方人高15~20%左右。

五、经济状况和水费收付办法。经济收入不同，

时用水量有变化，设分户水表计量比总水表计量用水要省。

六、房屋建筑结构、水压、水质、居民职业等。木地板居民比居住地面为泥凝土的居民耗水高29%。水压高会造成漏耗的使用增加；水压不足，用水量会减少。水质不好会使使用者产生反感致使用水量减少。从事煤炭、面粉等生产中污染性较大的工作人员；从事一般管理工作的职工，清洁用水多。

目前，这些影响因素仍客观存在，在进行用水定额时仍应予以考虑，但与当年调查测定时比较有以下不同。

一、这些影响因素除了大便器、洗漱盆、冰浴设备、洗衣机，这在相当程度上影响用水量，建议有家用洗衣机时，取用生活用水定额的上限值。

二、分户水表的设置和水费支付办法影响比重增加。本规范分户水表每户设分户水表供冷水计量收费时，则生活用水定额应予调整。当水表或分户水表按分户经济支出中比重下降时，对用水量也有影响。

近年来住宅建筑设计标准有大幅度调整，对用水定额也有影响。本规范有：

2.1.1内数字系每户设分户水表出户的数值，如因其他原因不设分户水表，或因其他原因设备数量分户水量应予调整。水费或每户经济支出中比重下降时，对用水定额也有影响。

近年来住宅建筑设计标准有大幅度调整，包括南方标准、卫生标准、使用标准、设施标准、装饰标准和设备标准。由此而直接影响住宅生活用水定额的因素有：

— 增加卫生间面积，并预留家用洗衣机位置。
— 卫生器具设置标准进一步完善，卫生间除设便器外，还留有浴盆（或淋浴器）、洗脸盆等位置。
— 冷热水管到位。
— 高标准住宅一户两卫设标准。

同时，随着国民经济的迅速发展，人民生活水平的提高，生活水量也有不同程度的增长。因此，对住宅生活用水定额作相应的调整，除对普通住宅的生活用水定额上限值适当增加外，还增加高级住宅和别墅一类的住宅类别。

鉴于有些地区近年未对住宅生活用水定额作过调查研究工作，有较详尽的用水统计资料，并对本地区的生活用水定额发布过相应规

续表

序号	建筑物名称	单位	生活用水定额（最高日）(L)	小时变化系数
10	幼儿园、托儿所　有住宿	每儿童每日	50~100	2.5~2.0
	无住宿	每儿童每日	25~50	2.5~2.0
11	商场	每顾客每次	1~3	2.5~2.0
12	菜市场	每平方米每日	2~3	2.5~2.0
13	办公楼	每人每班	30~60	2.5~2.0
14	中小学校（无住宿）	每学生每日	30~50	2.5~2.0
15	高等院校（有住宿）	每学生每日	100~200	2.0~1.5
16	电影院	每观众每场	3~8	2.5~2.0
17	剧院	每观众每场	10~20	2.5~2.0
18	体育场　运动员淋浴	每人每次	50	2.0
	观众	每人每场	3	2.0
19	游泳池补水	每日占水池容积	10%~15%	
	运动员淋浴	每人每次	60	2.0
	观众	每人每场	3	2.0

注：(1) 高等学校、幼儿园、托儿所为生活用水综合指标。
(2) 集体宿舍、旅馆、招待所、医院、疗养院、休养所、办公楼、中小学校生活用水定额均不包括食堂、洗衣房的用水量。
(3) 菜市场生活用水定额除包括菜市场地面冲洗用水外，还包括工作人员用水。
(4) 宾馆生活用水主要用水对象用水定额包括客房服务员用水，不包括其他服务人员用水量。其中旅馆、招待所、宾馆生活用水定额包括客房服务员用水，不包括其他服务人员用水量。
(5) 理发室包括洗毛巾用水。
(6) 生活用水定额包括冷水用水定额，还包括热水用水定额饮水定额。

【说明】各地来函要求增加旅游宾馆、简易病床医院、菜市场、住宅生活用水定额，因此增加此表注。在确定住宅生活用水定额时，可按当地规定执行。

第2.1.2条 集体宿舍、旅馆和其它公共建筑的生活用水定额及小时变化系数，根据卫生器具完善程度和地区条件，应按表2.1.2确定。

集体宿舍、旅馆和公共建筑生活用水定额及小时变化系数　　表2.1.2

序号	建筑物名称	单位	生活用水定额（最高日）(L)	小时变化系数
1	集体宿舍　有盥洗室和浴室	每人每日	50~100	2.5
	有盥洗室	每人每日	100~200	2.5
2	旅馆、招待所　有集中盥洗室	每床每日	50~100	2.5~2.0
	有盥洗室和浴室	每床每日	100~200	2.0
	设有浴盆的客房	每床每日	200~300	2.0
3	宾馆　客房	每床每日	400~500	2.0
4	医院、疗养院、休养所　有集中盥洗室	每病床每日	50~100	2.0~1.5
	有盥洗室和浴室	每病床每日	100~200	2.0~1.5
	设有浴盆的病房	每病床每日	250~400	2.0
5	门诊部、诊疗所	每病客每次	15~25	2.5
6	公共浴室　有淋浴器	每顾客每次	100~150	2.0~1.5
	设有浴池、淋浴器、浴盆及理发室	每顾客每次	80~170	2.0~1.5
7	理发室	每顾客每次	10~25	2.0~1.5
8	洗衣业	每公斤干衣	40~80	1.5~1.0
9	餐饮业　营业餐厅	每顾客每次	15~20	2.0~1.5
	工业企业、机关、学校食堂	每顾客每次	10~15	2.5~2.0

科研活动中心、俱乐部、商店、百货楼、照相馆和展览馆等建筑的生活用水定额。根据实际需要和可能条件，经研究后，增列旅游宾馆、某市场和某市场的情况来看：理发室、洗衣房、公共食堂、幼儿园、托儿所、电影院、剧院、体育场、游泳池等生活用水定额大体合适，不作修改。意见多数集中在集体宿舍、旅馆、浴室和高等学校等项目上，这些建筑物的生活用水定额作了适当调整。

由于目前进行集中的生活用水定额的测定工作尚有一定困难，因此，这次修正主要根据各地的实测数据和推荐数字确定，如：

一、集体宿舍。根据广东省建筑设计院、中国建筑东北设计院、东石化院、中国船舶总公司九院和华东建筑设计院的意见，集体宿舍无盥洗室的从75L/人·日调整到100L/人·日；有盥洗室和淋浴室的从100L/人·日调整到200L/人·日。

二、普通旅馆。将用水类别按卫生器具完善程度分为三类，其中无浴盆的客房用水定额系根据原用水定额推求得。

三、宾馆。旅游宾馆各地普遍兴建，其用水量多数在400～500L/床·日范围之内变化；北京国际饭店采用400～500L/床·日，昆仑饭店采用400L/床·日，河北省建筑设计院采用400L/床·日，燕京饭店的实测数据为550～600L/床·日。综合各地意见单列指客房用水指标，采用数据为400～500L/床·日的数据是合适的。

四、医院。医院按卫生器具完善程度也分为三类。青岛市建设计院根据青岛市医院的资料，推荐数值为350～400L/床·日，这并未超过原规范数值。不少设计单位提出医院用水定额为800～1000L/床·日，我们认为这可作为医院综合用水指标，而非病房用水指标，鉴于其他建筑生活用水定额表中均未列综合用水定额，医院建筑也照此办理，只列病房用水定额。

五、按各地来函意见把浴室分为有淋浴器；有淋浴器和浴池；有淋浴器、浴池、浴盆及理发室三类。

有淋浴器的采用热一次用水量的数值，即100～150L/人·次。

有淋浴器和浴池的采用大原市医院数据，即100L/人·次作为上限值。

某市场。参照浇绿地用水量 2.0L/m²·日和浇道路用水量 1.5L/m²·次的数值，采用2～3L/m²·次。

七、高等学校（有住宿）。用水定额的上限值与集体宿舍相一致，即上限值定为 200L/人·日。

八、办公楼、中小学校（无住宿）。根据审查会代表的意见，用水定额上限值适当调整到 50L/人（学生）·日。

本规范条文除了调整生活用水定额外，还对生活用水综合指标的内涵作了明确，即：

一、高等学校、幼儿园、托儿所、医院、疗养所、办公楼、中小学校，均不包括食堂、洗衣房用水量。

二、集体宿舍、旅馆、招待所、医院、疗养所、办公楼、中小学校，均不包括食堂、洗衣房用水量。

三、某市场、公共建筑用水量为生活用水未包括在内。

除此以外，公共建筑化学用水均未包括，如清洁用水等。

某中所生活用水定额使用时，还需注意以下情况：

一、生活用水定额为生活用水未包括地面冲洗水。

二、浇洒场地和绿化用水量，如清洁用水。

三、高等学校用水量不包括试验室试验用水产化用水。

四、某市场不包括肉食堂水产化用水。

五、浴室如冰浴设备，用水定额采用：池浴 80L/顾客·次，盆浴 250L/顾客·次。

六、生活用水定额除包括主要用水对象（旅馆旅客、医院病人、学校学生、食堂顾客）用水外，还包括工作人员（如旅馆、宾馆的服务员、工作人员、食堂员、医院、门诊部的医务、护理人员、理发室的理发人员、公共食堂的炊事人员、管理员、幼儿园、托儿所的保育人员、办公楼的服务员、清洁工人、保卫人员、中小学校和高等学校的教师和职工等）用水在内。

七、集体宿舍、旅馆、医院、食堂及理发室等，有住宿的学校和幼儿园、托儿所的小时变化系数为全天的，其他建筑均以实际为用水小时变化系数为全天的工作时间计。

间内的小时变化系数。如食堂按12h计，剧院按6h计算。

八、生活用水定额还包括生活用热水用水定额和饮水定额。长期以来，对集体宿舍、液体和公共浴室等建筑生活用水定额偏低的意见，这是在生活用水定额存在的一个问题，客观上存在这样的原因在于：

一、过去的生活用水量调查测定的重点在于居住区，而公共建筑仅对典型户采取短期周期性观测的方法，每季度观测一次，每次10~20天。

二、随着生活水平的提高，经济条件的改善，科学技术的发展，卫生器具的完善和其他因素，生活用水定额有所增长。这是对生活用水定额作适当调整的原因所在。

但也必须看到，某些地区某些建筑用水量偏高以至超标的原因在于：

一、维修管理不善，水暖零件易损，漏水严重以及不合理的计量方法和使用上的浪费所造成的。

二、城市给水管网水压降低，部分地区供水不足，设计秒流量计算公式与实际情况不相符合等原因造成的问题，使人们认为是生活用水定额偏低。

三、实际用水人数，用水项目，用水范围超过规范规定，如医院用水不包括在生活用水单位中，应另行计算。宾馆、电影院、剧院用水也不包括在生活用水定额中，应另行计算。非生活用水综合指标均指公用和公共建筑本身建筑设备用水，如供水范围扩大至其他健身建筑或职工生活区，均应另行计算。

GBJ15—74规范公用和公共建筑生活用水定额，是根据原建筑科学研究院1962年"城市居民生活用水量标准及其变化规律"的技术报告制定的，报告认为公用和公共建筑用水量$K_h=1$，但时变化大，用水集中，一般日变化很小，受地区的影响较小，选用时应考虑以下因素：

1. 卫生设备完善程度。一般卫生器具齐备的，有热水供应的建筑可取上限值，即使有淋浴设备的建筑，也要区分是带有淋浴器的浴盆，还是不带淋浴器的浴盆；是以淋浴为主，还是以浴盆为主。在有热水供应的建筑也要区分是全日供应，还是定时供应，前者取较高值，后者取较低值。

2. 地区条件。包括气候条件和生活习惯，一般炎热地区的南方取上限值。

3. 使用要求。要区别建筑物的使用对象，用途。如旅馆，是供外宾用的，还是供国内旅客使用；是开会为主的招待所，还是一般性的旅馆。前者可取较高值，后者可取较低值。

总之，设计时应根据具体情况全面考虑，合理地确定用水定额的较高值或较低值。

第2.1.5条 有洗车台的汽车库内汽车冲洗用水定额的根据道路路面等级和沾污程度，应按下列定额确定：

小轿车　　　　　250~400L/辆·d
公共汽车、载重汽车　400~600L/辆·d

注：每辆汽车的冲洗时间为10min，同时冲洗的汽车数应按洗车台的数量确定。

【说明】汽车清洁可采用冲洗或擦洗方式，采用冲洗方式时，汽车库内应有洗车台装置，条文对此作了规定，对无洗车台的汽车库，当采用手动冲洗水枪进行冲洗时，冲洗水量按洗车水枪要求确定。无手动冲洗水枪装置时可仅考虑汽车和汽车擦洗用水。

第2.1.5A条 汽车库地面冲洗用水定额可在2~3L/m²范围内选定。

【说明】汽车库地面应经常进行洗、冲洗用水定额考虑到使用性质和冲洗次数，近似于莱市场冲洗用水定额。汽车库总用水量为汽车冲洗或擦洗用水、地面冲洗用水和汽车库工作人员生活用水三者之和。

第2.1.6条 消防用水量应按现行的有关消防规范的

规定确定。

【说明】 确定消防用水量的有关消防规范有国家标准《建筑设计防火规范》、《高层民用建筑设计防火规范》、《广播电视工程建筑设计防火规范》、《汽车库设计防火规范》、《人民防空工程设计防火规范》、《自动喷水灭火系统设计规范》、《水喷雾灭火系统设计规范》、《低倍数泡沫灭火系统设计规范》、《高倍数、中倍数泡沫灭火系统设计规范》等,新的消防规范还在不断编制,由于规范数较多,不便一一列出规范名称,统称为有关消防规范。

第2.1.7条 卫生器具给水的额定流量、当量、支管管径和流出水头,应按表2.1.7确定。

表2.1.7 卫生器具给水的额定流量、当量、支管管径和流出水头

序号	给水配件名称	额定流量 (L/s)	当量	支管管径 (mm)	配水点前 需流出水头 (MPa)
1	污水盆(池)水龙头	0.20	1.0	15	0.020
2	住宅厨房洗涤盆(池)水龙头	0.20 (0.14)	1.0 (0.7)	15	0.015
3	食堂厨房洗涤盆(池)水龙头	0.32 (0.24)	1.6 (1.2)	15	0.020
4	普通水龙头	0.44	2.2	20	2.0
5	住宅集中给水龙头	0.30 (0.16)	1.5 (0.8)	15	0.020
6	洗手盆水龙头	0.15 (0.10)	0.75 (0.5)	15	0.020
7	洗脸盆水龙头、盥洗槽水龙头	0.20 (0.16)	1.0 (0.8)	15	0.015
8	浴盆水龙头	0.30 (0.20)	1.5 (1.0)	20	0.020
8	淋浴器	0.15 (0.10)	0.75 (0.5)	15	0.025~0.040

续表

序号	给水配件名称	额定流量 (L/s)	当量	支管管径 (mm)	配水点前 需流出水头 (MPa)
9	大便器 冲洗水箱浮球阀 自闭式冲洗阀	0.10 1.20	0.5 6.0	15 25	0.020 按产品要求
10	大便槽冲洗水箱进水阀	0.10	0.5	15	0.020
11	小便器 手动冲洗阀 自闭式冲洗阀 自动冲洗水箱进水阀	0.05 0.10 0.10	0.25 0.5 0.5	15 15 15	0.015 按产品要求 0.020
12	小便槽多孔冲洗管(每米长)	0.05	0.25	15~20	0.015
13	实验室化验龙头(鹅颈) 单联 双联 三联	0.07 0.15 0.20	0.35 0.75 1.0	15 15 15	0.020 0.020 0.020
14	净身器冲洗水龙头	0.10 (0.07)	0.5 (0.35)	15	0.030
15	饮水器喷嘴	0.05	0.25	15	0.020
16	洒水栓	0.40 0.70	2.0 3.5	20 25	按使用要求 按使用要求
17	室内洒水龙头	0.20	1.0	15	按使用要求
18	家用洗衣机给水龙头	0.24	1.2	15	0.020

注:(1)表中括弧内的数值系在有热水供应时单独计算冷水或热水管道管径的采用。
(2)淋浴器所需流出水头按控制阀前计算。
(3)充气水头和无气淋浴器的给水额定流量应按同类型给水配件的额定流量乘以0.7采用。
(4)卫生器具给水配件所需流出水头有特殊要求时,其数值按产品要求确定。
(5)浴盆上附设淋浴器时,额定流量和当量应按浴盆水龙头计算,不必重复计算浴盆上附设淋浴器的额定流量和当量。

【说明】

"建筑卫生器具给水额定流量"研究报告是原建筑科学研究院1963年根据主管教授所列数据确定的,研究报告认为,对规范所列的给水器具给水额定流量的影响有以下因素:

一、给水用途。是影响给水流量的最主要因素。

二、用水习惯。影响给水流量的重要因素。

三、水管口径。某些卫生器具的给水流量随管径不同而变化。

四、管内压力。压力越高,流量越大。对非经常地由人们开关的给水点(大便器冲洗装置)影响较大。

五、水龙头开启程度。水龙头开启度大,流量就大。一般洗手盆水龙头流量按1/4开启,洗手盆水龙头按3/4开启,小便器自动冲洗阀按1/4开启,实验室化验龙头按1/2开启,其他均按全开度考虑。

六、水龙头的形式和材料。

七、给水与热水同时开放或单独开放。

规范增加了家用洗衣机给水龙头和小便器自闭式冲洗阀给水额定流量值表中基本流量值数据。家用洗衣机给水龙头按食堂厨房洗涤盆水龙头自闭式冲洗阀按法国规范中基本流量表选用。

对热水单管供水系统(冷热水预先混合后用单管输送供给,或直接供水单管水温为37～40℃淋浴用的单管供水系统)的给水额定流量计算方法,规范作了说明。

流出水头是指给水时,为克服配件内摩阻、冲击及流速变化所需的静水压。根据流出水头的测定方法,对淋浴器所需流出水头的计算位置和卫生器具给水额定流量苏联规范的公式计算是一致的。

以额定流量0.20L/s为一给水当量设置冷热水龙头时,指冷热水龙头同时开放时流出的水量,应用方便,也与设计流量计算公式相一致。

卫生器具给水额定流量,卫生器具设置冷热水混合水龙头时,指冷热水混合水龙头,在单位时间内的水量;当分别设置冷水和热水龙头时,指冷水和热水龙头同时开放时流出

流量。

此外,由于卫生器具给水配件的研究在1963年完成的,此后该项工作未能系统进行,而给水配件的种类、规格和材质几十年未有很大发展,尤其在给水配件的构造方面,在当年的截止阀式结构无后发展为瓷片式、轴筒式和球阀式等结构,这对给水配件的有关参数带来直接影响,在额定水头数值方面无为明显,因此增加了表注(4)予以提高。在缺乏资料之时,其流出水头与给水流量关系曲线以某公司轴筒式水龙头流量与流出水头值可按0.07～0.10MPa计算。右图引用某公司轴筒式给水流量和水头关系曲线以供参考。

第 2.1.8 条 在满足使用要求和保持给水排水系统正常运行的前提下,应采用节水型卫生器具给水配件。节水型卫生器具给水配件应满足产品标准的要求,并具有产品合格证。

充气水龙头是水龙头出水口处装有使空气被流出水流吸入混合出流装置的节水型水龙头,出水为水气混合液,其节约用水(一般可节水30%),冲击力弱,截污力强等优点,无气水龙头与充气水龙头参照苏联规范和国内产品确定,规范予以推荐,其额定流量参照规范规定,无气水龙头流量与充气水龙头相同。

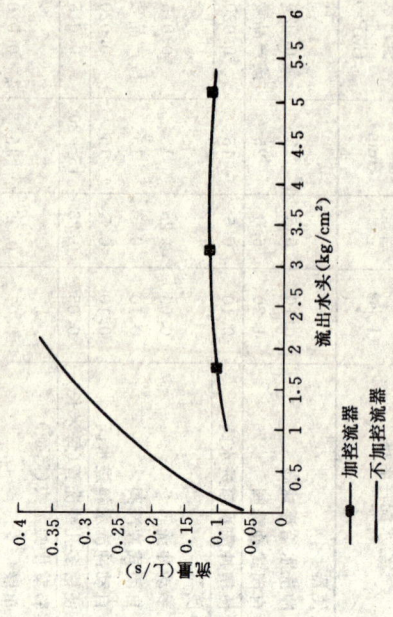

图 2.1.7-1 单把手混合(轴筒式)洗脸盆水龙头流量与流出水头关系曲线
— ■ — 加控流器
——— 不加控流器

续表

项 目	厕所便器冲洗，城市绿化用水水质	洗车，清扫地面用水水质
色度（度）	30	30
臭	无不快感觉	无不快感觉
pH 值	6.5～9.0	6.5～9.0
BOD_5 (mg/L)	10	10
COD_{cr} (mg/L)	50	50
氨氮（以 N 计）(mg/L)	20	10
总硬度（以 $CaCO_3$ 计）(mg/L)	450	450
氯化物 (mg/L)	350	300
阴离子合成洗涤剂 (mg/L)	1.0	0.5
铁 (mg/L)	0.4	0.4
锰 (mg/L)	0.1	0.1
游离余氯 (mg/L)	管网末端水不小于 0.2	管网末端水不小于 0.2

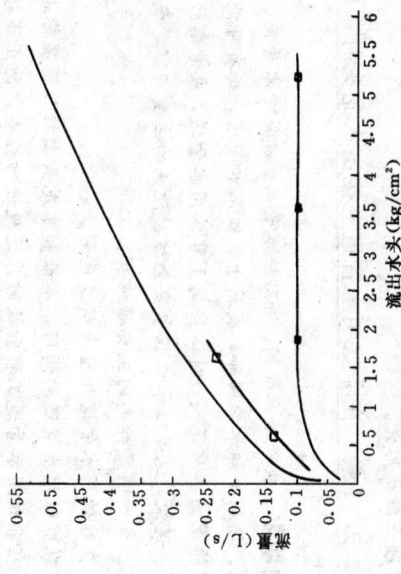

图 2.1.7-4 单把手混合水（轴筒式）浴盆水龙头流量与流出水头关系曲线
—— 塔罐水嘴
—— 不带控流器花洒
—— 带控流器花洒

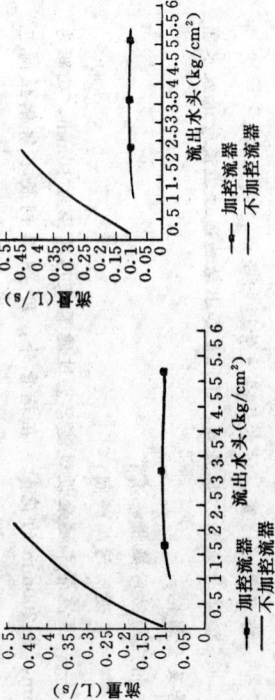

图 2.1.7-2 双把手混合水（轴筒式）洗脸盆水龙头流量与流出水头关系曲线
—— 加控流器
—— 不加控流器

图 2.1.7-3 单把手（轴筒式）厨房水龙头流量与流出水头关系曲线
—— 加控流器
—— 不加控流器

【说明】 节水型卫生器具消耗水量要少于有关的产品标准中规定的水量消耗。节水型卫生器具给水配件比有关产品标准中规定的水量消耗小。在采用节水型卫生器具给水配件时，要注意两个前提：一、满足使用要求，即使人体或物品使用后达到洗净的目的。二、保持给水排水系统的运行式、性能和排水管系不同时期有不同特点的系统考虑。节水型冲洗水箱还需根据大便器排水管不同时期有不同水量冲洗水箱在现阶段以 9L 为界。节水型卫生器具给水配件在现阶段以 9L 为界。

第 2.2.7 条 《生活杂用水水质标准》CJ25.1—89 已于 1989 年 11 月 1 日实施，具体水质标准见表 2.2.1A。

生活杂用水水质标准 表 2.2.1A

项 目	厕所便器冲洗，城市绿化用水水质	洗车，清扫地面用水水质
浊度（度）	10	5
溶解性固体 (mg/L)	1200	1000
悬浮性固体 (mg/L)	10	5

室内埋地生活饮用水贮水池与化粪池的净距，不应小于 10m。当净距不能保证生活饮用水贮水池不被污染的措施。

物的本底结构作为水池池壁和水箱箱壁。

下,还不能有因温度伸缩或沉降而造成的裂缝,化粪池壁材料应采用钢筋混凝土防渗材料等。

第2.2.11条 在非饮用水管道上接出水龙头时,应有明显标志。

【说明】 生产给水管网、消防给水管网、建筑中水管网、海水给水管网、循环冷却水管网等,或属于非饮用水管道,这些给水管道输配的水质不同。对这些非饮用水管道,应防止误接、误用、误饮,这是给水工程中安全防护设施的主要措施有:

——表示明显标志的有非饮用水管道外壁涂明显色彩。
——在非饮用水管道的阀门,水表和水龙头上挂注明显标志不可忽视。
——在非饮用水管道工程验收时,还应进行检查,防止误接。

第2.3.1条 给水系统的选择,应根据生活、生产、消防等各项用水对水质、水温、水压和水量的要求,结合室外给水系统,经技术经济比较或综合评判方法而确定。

【说明】 技术经济比较也是一门技术,也有它的发展过程和适用范围,一般有静态法、动态法和综合评判法三种。

静态法考虑工程基建投资和年经常费用。

动态法进一步考虑基建投资和年经常费用的时间价值。

综合评判法除考虑经济因素外,还考虑技术因素、社会因素和环境因素,目前都采用模糊变换作为评判综合评判的工具;关键在于评价因素不可遗漏,各评价因素的权数分配合理,以给水方式为例:

技术因素包括:供水可靠性、水质、对城市给水系统的影响、节水能效果、操作管理、自动化程度等;经济因素包括:基建投资、年

于10m,是为了防止化粪池的污水污染生活饮用水。南方地区,建筑物布置较密集时,化粪池与建筑物距离较难保证,有时甚至将化粪池没于室内,往往造成与生活饮用水贮水池距离过近,当不能保证两者之间10m净距时,下列措施可供参考:

——生活饮用水贮水池标高,应高于化粪池。
——设置在室内的生活饮用水贮水池应采用墙体隔开;化粪池壁材料应采用钢筋混凝土防渗材料等。

第2.2.9条 生活饮用水贮水池和生活饮用水水箱的溢流管必须采取防污染措施。

【说明】 生活饮用水水箱溢流管的排水不得排入生活饮用水池。

二次污染源有:

——排水管道堵塞,污水从溢流管通过溢流管返回至水池或水箱;
——溢流管未加防护装置,雀类小动物通过溢流管进入水箱居反至溢毙。

相应的防污染措施有:

——装设防污隔断阀;
——溢流管末端装设过滤器。过滤器采用孔径为10mm,孔距为20mm,长200mm的花管。在花管外,用18目铜或不锈钢丝网包扎;
——强制排水等。

生活饮用水水箱溢流管应有溢流水排出,出于节约用水的考虑,有时将溢流水排入生活饮用水贮水池,由于溢流水在溢流过程中有可能被污染,因此不能排入生活饮用水贮水池,而应直接排放。

第2.2.10条 生活或生活饮用水与其他用水合用的水池、水箱的池(箱)体应采用独立结构形式,不得利用建筑

经常费用、现值等；社会和环境因素包括：建筑立面和城市观瞻的影响，占地面积，对环境的影响，建设难度和建设周期，抗寒防冻性能，分期建设的灵活性，对使用带来的影响等。

第2.3.2条 生产给水系统，并应优先利用其余压。

【说明】 本条在给水系统选择原则的基础上，对生产给水系统已作进一步阐述。推荐循环或重复利用给水系统，并在可能情况下尽量利用余压，目的是：1.减少一次用水的消耗量，节约用水；2.减小水系扬程，节省电耗和能源；3.减少排污量和对环境的污染。工业用水的循环利用百分率也是衡量一个国家工艺是否先进的一个重要指标，也是在我国水资源并不丰富的条件下，为工业发展创造基础条件的一个重要方面。

冷却水经冷却处理后循环利用是循环给水系统最常见的方式。

公共建筑的空调冷却水循环处理已在工程实践中大量应用，这完全符合本条文的节水、节能精神。

污废水经处理后回用和中水道技术是新形势下循环和重复利用给水系统的新进展。

余压利用，如生产设备排出的冷却水直接上冷却塔，有节省电能、减少水泵加压设备，使之集中管理等优点。经过实践证明，一般封闭式水冷却设备使用后的给水压力足以直接利用上冷却塔，供下一工艺的生产设备直接使用的方式是可行的，是可推荐的。

第2.3.2A条 生活、生产给水冷却宜采用循环通风冷却方式。

【说明】 冷却塔补充水量一般按循环水量的2%～5%计算。

和排污须失水量，一般按循环水量的2%～5%计算。

生产生活给水系统采用循环水冷却水系统属于给水排水工程设计范畴，因此规范对此做出原则规定。循环给水排水自然冷却、建筑物多层或高层建筑的下部几层必须强制采用机械通风冷却方式对此不经济，从考虑节约用地

面积、提高冷却效果等因素，推荐采用机械通风冷却方式。

第2.3.3条 生活、生产、消防给水系统中的管道、配件和附件所承受的水压，均不得大于产品标准规定的允许工作压力。

【说明】 本条原系对生活给水系统中卫生器具配水处静水压上限值的规定，但现规定中卫生器具给水配件的静水压上限值给水配件的静水压上限值不得大于卫生器具给水配件的允许工作压力，因为：

—— 生活给水系统中对静水压上限值有要求的不限于卫生器具给水配件，还有管道、其他配件和附件，乃至设备；

—— 除生活给水系统对静水压上限值有要求外，生产、消防给水系统也有同样要求。

因此对规范条文内容予以适当扩大和完善。

第2.3.4A条 建筑物内的生活给水系统，当卫生器具给水配件承受的静水压超过本规范第2.3.4条规定时，宜采取减压限流措施。

【说明】 第2.3.4条规定给水压力分区压力值，此时，为防止给水压力过大所导致各种弊病，宜采取减压限流措施，如：减小管径，在水龙头出水口处安设控流器装置，设置减压孔板、节流塞、节流阀、减压阀等。

第2.3.5条 建筑物内室外给水管网的给水压力，宜利用室外给水管网的水压直接供水。当室外给水管网的水压经常不足时，应设置升压或调节水量装置。

【说明】 规范推荐在给水系统中采取利用室外给水管网的水压直接供水方式，对于低层建筑是不言而喻的，同时，对于设有升压给水装置的多层或高层建筑的下部几层也必须给予以强调。实践证明，这种供水方式能做到的节能根据我国能源政策和实际情况，符合我国能源政策和实际情况，这种方式可行。

第2.5.1条 给水管管材应根据给水要求，按下列规定采用：

一、生活给水管管径小于或等于150mm时，应采用镀锌钢管或给水塑料管；管径大于150mm时，可采用给水铸铁管。

生活给水管埋地敷设，管径等于或大于75mm时，宜采用给水铸铁管。

二、生产和消火栓系统消防给水管一般采用非镀锌钢管应采用镀锌钢管或给水塑钢复合管。

三、大便器、大便槽和小便槽的冲洗管应采用给水塑料管。

四、各种管道应采用与该类管材相应的专用配件。

五、根据水质要求和建筑使用要求等因素生活给水管可采用铜管、聚丁烯管、铝塑复合管、涂塑钢复合管或钢塑复合管等管材。

注：（1）消防、生活共用给水管网，消防给水管材应采用生活给水管相同的管材。

（2）镀锌钢管、镀锌无缝钢管应采用热浸镀锌工艺生产。

【说明】 镀锌钢管作为主要管材，鉴于我国目前经济条件不为保证生活饮用水水质而采用的。由于我国镀锌钢管的规格、品种和生产供应情况比以前有所改进，因此在管径上较宽了范围。在无镀锌钢管供应的地区，可采用非镀锌钢管内壁处理方法未解决，不应直接采用焊接钢管，以致使管内壁严重腐蚀、生锈、致使水质发黄、恶化，管道未经几年就需更换，既浪费管材，又增加维修工作。

用非镀锌钢管作为给水铸铁管，在对水质有特殊要求时，一般采用镀锌钢管或镀锌无缝钢管；当生产工艺对水质有特殊要求时，则应另行考虑。

第2.3.6条 删除

【说明】 已改写为第2.3.4A条。

第2.4.1条 室内给水管网宜采用枝状布置，单向供水。不允许间断供水的建筑，应从室外环状管网不同管段设两条或两条以上引入管，只在不允许间断供水的建筑中用一条从室外管网引入的建筑，且引入管从室外环状管网不同管段引入时，才能保证，当室外为枝状管网，但由两条小于管，或两条管段引入室外给管上设保证双向供水的可能时，也可认为是双向供水。不同条管段从建筑物一侧的室外给水管网接出引入管，在两条引入管之间的室外给水管网上设置阀门的连接方式。

【说明】 枝状管网耗用管材少，投入少，供水安全性差。环状管网能做到双向供水，供水安全度高，但耗用管材多。

第2.4.18条 给水管不得穿过配电间。

【说明】 防止给水管的渗漏，损坏配电间电气设备的短路和故障。

底采用镀锌钢管,防止消防管道因管材锈蚀而使管内存有污染生活用水。自动喷水灭火系统消防给水管为防止管道锈蚀而堵塞喷嘴喷口,因而对管材要求相应提高。

根据调查,确有镀锌管用黑铁管配件,待续管用钢配件等管材选用不当的情况。由于电化学质差而引起腐蚀,影响整个管道系统的使用寿命,故条文予以规定,以便引起注意。

给水塑料管是目前国内在大力发展和应用的新型化学建材,它具有重量轻,耐压强度好,耐腐蚀流体阻力小,耐化学腐蚀性能强,安装方便,省钢,省能,节能等优点,作为建筑给水管道,经济效益十分显著。在我国钢材紧缺,能源不足的局面,给水硬聚氯乙烯管被《建筑给水硬聚氯乙烯管道设计与施工验收规程》中被推荐使用。

条文增加给水塑料管当未要求,应用于建筑给水的硬聚氯乙烯管,其管材规格当为DN15~100mm,公称压力为0.60MPa,承南胶黏粘连接,给水温度小于或等于45℃。

给水塑料管除硬聚氯乙烯外,还有聚乙烯管,聚丙烯管,聚丁烯管等。

聚丁烯管是一种高分子树脂制成的高密度塑料管,公称压力可达1.6MPa,使用温度可达90℃,管材质较软,耐磨,耐蚀,抗冻,无毒无害,耐久性好,重量轻,施工安装简单,可用于给水,热水和供暖等方面,已在国外广泛应用,目前国内管材规格为DN15~25mm,今后将有较大规格的管材供应。

第2.5.2条 给水埋地金属管道的外壁,应采取防腐蚀措施。埋地或敷设在垫层内的镀锌钢管,其外壁亦应采取防腐蚀措施。含有腐蚀性气体房间内的给水管道外壁采取防腐蚀措施。含有腐蚀性介质的金属管材或其配件,应采用耐腐蚀的金属管材或其配件。

【说明】

金属管材的腐蚀按腐蚀反应机理主要为电化学腐蚀,埋地或敷设在有腐蚀气体房间内的金属管道均应采取防腐蚀措施。

目前,由于住宅建筑的水表不进户或一户两个,使来给水支管不能架空敷设,而需直埋于地下或敷设在垫层地面垫层内,造成管道的外壁腐蚀。

镀锌钢管的镀锌层对管道起防护作用,但不足防层。当镀锌钢管埋设时,仍需采取防腐蚀措施,主要为外壁涂刷沥青,可采用的涂料有沥青漆、环氧树脂涂、酚醛树脂漆等,涂覆方法有刷涂、喷涂、浸涂等。

第2.5.6条 给水管网阀门的选择,应符合下列规定:

一、管径小于或等于50mm时,宜采用截止阀;管径大于50mm时,宜采用闸阀或蝶阀。

二、在双向流动管段上,应采用闸阀或蝶阀。

三、在经常启闭的管段上,宜采用截止阀。

1—55

四、不经常启闭而又需快速启闭的阀门，应采用快开阀门。

注：配水点处不宜采用旋塞。

【说明】 阀门选用时应考虑以下因素：

一、管径大小。如管径小于或等于50mm时，宜采用截止阀；管径大于50mm时，宜采用闸阀。

二、接口方式。接法兰、承插口和螺丝接口三种形式选用阀门的规格和种类。

三、水流特点。即双向流动的管道采用闸阀用；单向流动的管道采用截止阀。

四、启闭要求。经常启闭的管道宜采用截止阀；不经常启闭的管道宜采用闸阀。其他如需要节流调节装置时，宜采用蝶阀。自动化开启时，应采用电动或液压传动的阀阀。开启角为45°或90°时，应采用快开式或角式截止阀。

夹角而盘状控制水流通道的阀门，具有结构简单，尺寸紧凑，启闭灵活，开启度指示清楚，已在给水工程中普遍应用，应根据压力、温度和介质选用。夹式蝶阀有普通型和偏心型之分。

不经常启闭而又需快速启闭的阀门，如严寒地区非采暖的厂房库房的消火栓系统可采用干式管道系统，但在进水管上应设块速启闭阀门。

但快开阀和蝶阀，因开启速度较快，有可能因突然启闭而引起水锤现象，在管理时应予以注意。

第 2.5.7A 条 管网最小压力或水箱最低水位应能自动开启止回阀。

一、止回阀的阀板或阀芯在水箱最低水位重力作用下应能自行关闭。

二、——

四、不经常启闭的阀门装置应采用快开阀，最低水位至止回阀的高差所形成的阻力，造成止回阀无法克服启止回阀开启所需的阻力，造成止回阀无法自动开启。

2、在众多的止回阀类型中（包括旋启式、升降式、螺式、梭式、球式等），阀板或阀芯启闭既要与水流方向一致，又要重力作用下能自行关闭，以防止阀开不了的失误。

条 2.5.7B 条 用于分区给水的减压阀，其设置应符合下列要求：

一、减压阀宜设置两组，其中一组备用。环网供水和设置自动喷水灭火系统在报警阀前时，可单组设置。

二、减压阀前后宜装设压力表。

三、减压阀前应装设过滤器，并应便于排污。

四、消防给水系统的减压阀后（沿水流方向）应设泄水阀门定期排水。

五、——

【说明】 减压阀用于分区给水替代减压水箱有以下优点：

1. 取消分区水箱或减压水箱，节省水箱基建费用。
2. 节省水箱间面积。
3. 避免水箱的二次污染，改善了水质。
4. 缓解水箱进水浮球阀关闭不严而造成的水量流失。
5. 解决了水箱进水浮球阀关闭不严造成的噪声，改善了环境条件。

在设减压阀时，条文所提出的要求鉴于以下原因：

1. 在减压阀常定期维修，宜设置两组。此时两组同时工作，由于减压阀压力不可能相等，实际上仅有一组工作，因此，设置两组，一绕减压阀设旁通管。

组工作，一组备用。

2. 阀前后阀门用于减压阀检修时关闭用。
3. 压力表用于观察减压阀前阀后压力。
4. 过滤器用于减压阀前去除水中杂质，使减压阀不因机械杂物卡入密封面而失灵，以保证减压阀正常运行。

过滤器内设滤网，是考虑定期清洗和去除杂物，以便于排污。为使于减压阀安装和拆卸，在减压阀后宜装截止阀，比例式减压阀可由分区给水管上接出支管装减压阀、截止阀或由楼板胶圈接头用和安装时宜注意以下要求：

1. 设计流量应在减压阀流量—压力由线的直线段上。
2. 相应于设计流量的减压阀后压力值应满足减压阀后用水器的压力要求。
3. 宜选用减压比小而设计流量较大的减压阀。
4. 当减压阀前后压力差较大时，配件易被破坏压力时，减压阀宜串联安装。
5. 减压阀可用于水箱供水或水泵供水，也可用于干管减压、立管减压或支管减压。
6. 比例式减压阀常采用水平直或水平安装，水平安装时呼吸孔应朝下，以防堵塞。

第2.5.8条 当需对水量进行计量的建筑物，应在引入管上装设水表。

建筑物的某部分或个别设备需计量时，应在其配水管上装设水表。住宅建筑应装设分户水表，分户水表或分户进户管宜设在户门外。

【说明】设置水表的目的在于计算水量、节制用水，同时还有在生产成本的目的。经多年的实践证明，水表的设置不合理可直接影响到城市供水管理部门。按量收费，并能杜绝浪费和减少不合理的使用情况，达到节约用水的目的。在我国水资源并不丰富，能源也不充足的情况下，节约用水无为重要。水表对节约用水起一定作用，早在1972年全国"水表标准修订和技术交流"会议上已一致确认。

从水表设水表的必要性，也具备了装设水表的可能性。有的地区，自来水公司不愿在每户装表，而只要整幢住宅按总单元的水表。此时住宅还应在建筑总干管上装设水表。

工业企业有的自备水源，不需进行计量或装水表时，可不装水表。某引入管上消防用水毋需计量，市政管网直接供水的独立消防给水系统由于消防原因，不能装水表。

进户的三表（水表、电表、煤气表）宜集中设在公共部位，尽量不进户的管道井、补充分户水表宜设在户门外的要求。具体做法，或分层集中设在户外走道的壁龛内，或集中设在户门内，水表设置层显示设在户门内，其数字显示宜设在户门外，以便查表。

第2.5.8A条 水表口径的确定应符合以下规定：一、用水量均匀的给水系统以给水设计秒流量来选定水表的额定流量；二、用水量不均匀的给水系统以给水设计秒流量来选定水表的最大流量。

【说明】本条规定水表选用的方法。

在卫生活间、公共浴室、洗衣房等，在给水设计秒流量较长时间内出企业车间的建筑，即用水量均匀的建筑，如工业企业车间等，应以此来选定流量。

在用水量不均匀的建筑，即具有分散用水特点的建筑，如住宅、集体宿舍、旅馆等，给水设计秒流量较短时间内出现，因此，应以此来选定水表为水表长期正常运转时的流量上限值，水表的最大流量为水表在短时间内允许超负荷使用的流量上限值。

第2.5.13条 住宅每户进户给水支管宜装设一个可曲

挠橡胶接头等隔振降噪装置和配件。

【说明】建筑物内的给水噪声有水锤声（停泵水锤、断流水锤、快速关闭阀门声）、跌水噪声（水箱、水池进水时进水管与水面高差所形成的跌水）、水流噪声等。噪声对环境的一种污染，直接影响人们的生活、工作和休息。对住宅，因静压过高，水流速度过快，从而引起管道共振的颤动和噪声是较为常见的问题，解决办法之一是在给水支管上装设可曲挠橡胶接头高频振动隔振效果好的特点，未达到隔振降噪的目的，此处安装的可曲挠橡胶接头一般可曲挠橡胶接头的不同点在于：

1. 长度较短，橡胶体一般为单球体。
2. 应有防止儿童用锐利物件划伤橡胶体的保护措施。
3. 口径较小，公称直径为15mm或20mm。

以便于检修，该可曲挠橡胶接头应设置在管门阀之后（按水流方向）。

第2.6.4条 住宅、集体宿舍、旅馆、宾馆、医院、幼儿园、办公楼、学校等建筑的生活给水设计秒流量，应按下式计算：

$$q_g = 0.2\alpha \sqrt{N_g} + kN_g \quad (2.6.4)$$

式中 q_g——计算管段的给水设计秒流量（L/s）；
N_g——计算管段的卫生器具给水当量总数；
$\alpha、k$——根据建筑物用途而定的系数，应按表2.6.4采用。

注：（1）如计算值小于该管段上一个最大卫生器具给水额定流量时，应采用一个最大卫生器具给水额定流量作为设计流量。
（2）如计算值大于该管段上按卫生器具给水额定流量累加所得流量值时，应采用按卫生器具给水额定流量累加所得流量值。
（3）综合楼的计算应按不同用途的给水额定流量和k值和α值和k值按加权平均法定

根据建筑物用途而定的系数值 表2.6.4

建筑物名称	α值	k值
普通住宅 有大便器、洗涤盆和无沐浴设备	1.05	0.0050
普通住宅 有大便器、洗涤盆和沐浴设备	1.02	0.0045
普通住宅 有大便器、洗涤盆、沐浴设备和热水供应	1.1	0.0050
高级住宅和别墅	1.1	0.0050
幼儿园、托儿所	1.2	
门诊部、诊疗所	1.4	
办公楼、商场	1.5	
学校	1.8	0
医院、疗养院、休养所	2.0	
集体宿舍、旅馆、招待所、宾馆	2.5	
部队营房	3.0	

【说明】生活给水管道设计秒流量计算按用水特点分两种类型：一种为分散型，如住宅、集体宿舍、旅馆、医院、幼儿园、办公楼等。用水特点是用水时间长，用水设备使用情况不集中，同时给水器具数量增加而减少；一种为密集型，如工业企业生活间、公共浴室、洗衣房、公共食堂、实验室、影剧院、体育馆等。用水特点是用水时间集中，用水设备使用时集中，同时给水百分数相对稳定。

我国原苏联规范（СНиП II-Г1-62）由于联合给水流量公式（简称给水公式），原住宅给水流量公式亦存在计算结果公式的自身缺陷和存在两国国情不同，原住宅给水流量公式亦存在计算结果对负荷大小问题，常由我国自己的给水公式、平方根法和概率法来替代。

给水流量公式，平方根法和概率法的实质是确定室内给水管段的设计流量方法，概率法定可分为经验法、平方根法和概率法三大类。

经验法较简便但计算不精确，平方根法的计算结果偏小，概率法是将概率论用于确定属于概率随机事件范畴的管段上设计秒流量，这在理论上是合理的，建立概率论给水流量公式来确定卫生器具设置数额，然后再进行给水使用频率的测定，这些条件目前尚不具备。

规范修订确定了两个步骤的设想：1. 根据原有基础和现有条件，为本次规范的修订，制订长远期使用的给水流量公式；2. 着手进行科研和实测工作，为下次规范的修订、制订长远期使用的给水流量公式。

近期年代久远的修订，资料基础问题，是否适用于无卫生器具流量偏小问题，公式形式问题等作了分析。在1974年工作的基础上，进一步阐述了资料处理原则：

一、设计秒流量与实测流量之间应考虑秒变化系数，漏水因素，地区系数和负荷不均匀素，系数值取1.65。

二、当量值按实际情况进行调整。

三、P-S（频率-当量负荷人数）的关系曲线，当量值按不同条件求解P-S曲线的系数值，经过数学验算并按不同条件求解P-S曲线的系数值，最后确定的公式形式为：

$$q_g = 0.2\alpha\sqrt{N_g} + kN_g$$

住宿和集体宿舍。

住宅和旅馆等公用的α值按住宅卫生设置的标准不同，集体宿舍等建筑其当量公式数值相同，$k=0$。

公式的计算结果与原市政建研院所测点流量值相比，基本符合，略大于原规范计算结果，由此求得与传统的经验方法得出的管径相仿。

综合楼表现在较为常见，旅馆在一幢建筑物中含有两种或两种以上不同用途的建筑，因此应按加权平均法求出总引入管的α值和k值，即

$$\alpha = \frac{\alpha_1 N_1 + \alpha_2 N_2 + \cdots \alpha_n N_n}{\Sigma N}$$

式中 α ——综合楼总引入管的α值；
ΣN ——综合楼给水当量总数；
$\alpha_1, \alpha_2, \cdots \alpha_n$ ——综合楼内不同用途部分的α值；
$N_1, N_2 \cdots N_n$ ——综合楼内不同用途部分的给水当量数；

$$k = \frac{k_1 N_1 + k_2 N_2 + \cdots k_n N_n}{\Sigma N}$$

式中 k ——综合楼总引入管的k值；
ΣN ——综合楼给水当量总数；
$k_1, k_2, \cdots k_n$ ——综合楼内不同用途部分的k值；
$N_1, N_2 \cdots N_n$ ——综合楼内不同用途部分的给水当量数。

生活给水设计秒流量计算公式的另一个问题是有自闭式冲洗阀时的计算，有三种方法：

1. 原苏联威支尼考夫公式。

$$q_g = 0.2\sqrt{N_g} + 1.2$$

式中 q_g ——计算管段的给水设计秒流量（L/s）；
N_g ——计算管段的给水当量总数；
1.2——一个自闭式冲洗阀给水额定流量（L/s）；

2. 集中型用水类别生活给水设计秒流量计算公式

$$q_g = \Sigma q_0 n_0 b$$

式中 q_g ——计算管段的给水设计秒流量（L/s）；
q_0 ——同类型的一个卫生器具给水额定流量（L/s）；
n_0 ——同类型卫生器具数；
b ——卫生器具同时给水百分数，按5%~10%采用。住宅、幼儿园、办公楼、学校取低值，医院、集体宿舍、门诊部、集体宿舍房取高值。

3. 自闭式冲洗阀当量数折减法计算公式（一）

$$q_g = 0.2 \cdot \alpha\sqrt{N}$$

式中 q_g ——计算管段的给水设计秒流量（L/s）；
N ——计算管段的给水当量；

第 1 个冲洗阀	当量为 6.0
第 2 个冲洗阀	当量为 4.5
第 3 个冲洗阀	当量为 3.0
第 4 个冲洗阀	当量为 2.25
第 5 个冲洗阀	当量为 1.5

α——根据建筑物用途而定的系数,应按表 2.6.4 采用。

4. 附加流量按数折减法计算公式(二)

$$q_g = 0.2 \cdot \alpha \cdot \sqrt{N} + 1.1$$

式中 q_g——计算管段的给水设计秒流量 (L/s);
N——计算管段具给水器具当量总数,自闭式冲洗阀按水箱当量计;
α——根据建筑物用途而定的系数,应按表 2.6.4 采用。
1.1——附加流量值。

第 2.6.8 条 给水管道的水流速度,应符合下列规定:

一、生活或生产给水管道的水流速度,不宜大于 2.0m/s。

二、消火栓系统消防给水管道的水流速度,不宜大于 2.5m/s。

三、自动喷水灭火系统《自动喷水灭火系统设计规范》的国家标准《自动喷水灭火系统设计规范》的要求。

注:当有防噪声要求,且管径小于或等于 25mm 时,生活给水管道内的水流速度可采用 0.8~1.0m/s。

【说明】对管道内的水流速度必须作出限制。管道内水流速度大小与管径成反比,后者影响压力损失,水泵扬程和电耗等经常费用,前者影响管道材料和配件的投资,后者求得的最经济的流速作为经济流速。

两者后求得的最经济的流速作为经济流速,而且是利用室内给水管网水压比对应室外给水管网管径小,并且利用室外给水管网水压,而各地区各因素也不相同,一般室内给水管网设计,用经验所得的常用流速代替经济计算而求得的经济流速,认为:1. 以减少水头损失的减小经济值,当室外给水管道径较小时,选用较低的流值,减用水压较低或减少噪声决定于水流速度,噪声与流速成正比,减少流速可减少噪声;3. 为室内给水管网可能的发展留有余地,对不同管径水柱速值应区别对待;5. 阀门的快速启闭会引起水锤压力与流速成正比,即与管道初的给水流速。

规范根据各地经验提出了最大流速值,而常用流速可按 1~1.5m/s 考虑。在有防噪声要求,且配水管径小于 25mm 时,流速一般控制在 1.0m/s 左右。消防给水管道的水流速度,自动喷水灭火系统管道内水流速度的防火规范规定的数据确定。

自动喷水灭火系统已有专用规范,在国有标准《自动喷水灭火系统设计规范》中对给水管道的水流速度已有规定。

第 2.6.9 条 给水管网的单位长度水头损失计算,应符合下列规定:

一、钢管和铸铁管的单位长度水头损失,应按下列公式计算:

当 $v < 1.2$m/s 时

$$i = 0.00912 \frac{v^2}{d_j^{1.3}} \left(1 + \frac{0.867}{v}\right)^{0.3} \quad (2.6.9-1)$$

当 $v > 1.2$m/s 时

$$i = 0.0107 \frac{v^2}{d_j^{1.3}} \quad (2.6.9-2)$$

式中 i——管道单位长度的水头损失 (mm/m);
v——管道内的平均水流速度 (m/s);
d_j——管道的计算管内径 (m)。

二、塑料管的单位长度水头损失,应按下列公式计算:

$$i = 0.000915 \frac{Q^{1.774}}{d_j^{4.774}} \quad (2.6.9-3)$$

式中 Q——计算流量 (m³/s)。

三、局部水头损失，宜按下列管网沿程水头损失的百分数采用：

1. 生活给水管网为 25%～30%。
2. 生产给水管网；生活、消防共用给水管网为 10%。
3. 消火栓系统消防给水管网为 20%。
4. 生产、消防共用给水管网为 15%。

【说明】

一、单位长度水头损失计算：

水头损失按单位长度水头损失和局部水头损失两部分。按水力学基本原理，给水管道沿程水头损失可按水力坡降计算，一般采用以下公式：

$$i = \lambda \frac{1}{d_j} \cdot \frac{v^2}{2g} \text{(mm/m)} \quad (2.6.9)$$

式中 λ——管道沿程摩阻系数；
d_j——管道计算内径 (m)；
v——平均水流速度 (m/s)；
g——重力加速度，采用 9.81m/s²。

管道沿程摩阻系数的变化规律与液体运动的状态雷诺数 Re 反管壁的相对粗糙度 $\frac{k}{d}$ 等因素有关。为了应用上述通用公式计算，测定和分析工作，然而，目前我国资料不足，不能建立适用的国产管道水力计算公式，故仍需继续引用苏联资料。A 值的确定建立在大量科研，测定和分析工作，然而，目前我国资料不足，不能建立适用的国产管道水力计算公式，故仍需继续引用苏联资料。A 值的确定建立在大量科研，测定和分析工作的基础上。本条文公式引用自《给水排水设计手册》第 1 册 《常用资料》塑料给水管水力计算的计算公式。

第 2.6.10 条 消火栓口处所需水压，应按下列计算：

$$H_{xh} = h_d + H_q = A_z L_d q_{xh}^2 + \frac{q_{xh}^2}{B} \quad (2.6.10)$$

式中 H_{xh}——消火栓口处所需水压 (kPa)；
h_d——水带水头损失 (kPa)；
H_q——水枪喷嘴造成一定长度的充实水柱所需水压 (kPa)；
q_{xh}——消防射出水量 (L/s)，应按消火所需充实水柱计算确定；

1-61

式中 A_z —— 水带的比阻,应按表 2.6.10-1 采用;
L_d —— 水带长度(m);
B —— 水流特性系数,应按表 2.6.10-2 采用。

水带比阻 A_z 值 表 2.6.10-1

水带口径(mm)	帆布的、麻织的水带	衬胶的水带
50	0.1501	0.0677
65	0.0430	0.0172

水流特性系数 B 值 表 2.6.10-2

喷嘴直径(mm)	6	7	8	9	13	16	19	22	25
B 值	0.0016	0.0029	0.0050	0.0079	0.0346	0.0793	0.1577	0.2334	0.4727

【说明】消火栓栓口所需水压,由水头损失和水枪喷嘴造成一定高度充实水柱所需水压两者组成。

水枪的水头损失与消火射流出水量的关系为:

$$h_d = \frac{q_{xh}^2}{B}$$

式中 h_d —— 水头损失(kPa);
q_{xh}^2 —— 消火射流出水量(L/s);
B —— 摩擦特性 $B = \frac{K}{L_d}, K = \frac{1}{A_z}$;
K —— 摩擦系数;
L_d —— 水带长度(m);
A_z —— 水带的比阻。

麻质水带的比阻数值,灵根据1964年公安部民警干校对我国生产的麻织水带所进行的水力试验资料按公式进行反求算得的,衬胶水带是引用苏联的资料。

水枪喷口流出水量与水枪喷嘴所需水压的关系为:

$$q_{xh} = \mu W \sqrt{2gH_g} \quad (2.6.10-2)$$

式中 q_{xh} —— 消火射流出水量(L/s);
H_g —— 水枪喷嘴流速一定长度的充实水柱所需水压(kPa);
μ —— 流量系数 $\mu = 0.9\sim 1.0$,一般采用 $\mu = 1.0$;
W —— 水枪喷口面积,$W = \frac{\pi d^2}{4}$;
g —— 重力加速度 $g = 9.81 m/s^2$。

公式经演算后 $q_{xh}^2 = 0.0000121 \mu^2 d^4 H_g$
所以 $K_w = 0.0000121 d^4$;$B = K_w \mu^2$
即 $B = 0.0000121 d^4 \mu^2$

$$H_g = \frac{q_{xh}^2}{B}$$

水流特性系数由喷嘴直径确定,考虑消防基盖在高层建筑和旅馆、宾馆中的应用,为计算方便增加了喷嘴为 $\phi 6\sim \phi 8$ 的 B 值。

计算公式中消火射流出水量按消火射流计算水柱计算确定,不能统将有关建筑设计防火规范中所规定的无实水柱长度,水枪直接代入公式,消火射流出水量和适用的水枪的水口径和消火射流出水量会超过建筑设计防火规范中规定的水带每胶水量(2.5L/s,5.0L/s)。此时,应按实际计算防火规范设计防火规范数值采用,如经计算消火射流出水量小于建筑设计防火规范规定数值时,则应按规范规定数值采用。

第 2.6.11 条 水表的水头损失,应按下式计算:

$$h_d = \frac{q_g^2}{K_b}$$

式中 h_d —— 水表的水头损失(MPa);
q_g —— 计算管段的给水流量(m^3/h);
K_b —— 水表特性系数。

按式 2.6.11 计算后的取值尚应满足:对旋翼式水表不

得大于 0.0245MPa，对水平螺翼式水表不得大于 0.0128MPa；当消防时，应分别不得大于 0.049MPa 和 0.0294MPa。

【说明】 水表的水头损失计算公式根据产品的标准、水表的特性系数额定流量和流通能力可在生产厂的产品样本中查得。

旋翼式水表和水平螺翼式水表目前尚用于室内管径较小、流速式记录累计流量的水表。

水表的口径选速，过去按下列条件：

一、以设计秒流量为水表的最大流量来核核水表的额定流量。

二、以平均小时流量为水表速过水表的 6%～8% 来核定流量。

在使用过程中存在以下问题：

1. 额定流量与水表瞬间出现的流量。在一天中出现的流率较生活给水系统的设计秒流量的时间较长，而生活给水系统以设计秒流量为水表额定流量，则与水表的额定流量与水表额定流量之间的比值为 0.87%～1.7%。而一般住宅，其平均小时流量与水表额定流量之间的比值仅为 1.20%～2.24%。如以平均小时流量与水表灵敏度的额定流量比值相差在 10 倍左右。因此同时符合两条选择水头损失值有 0.07%～0.18% 与水表灵敏度则是很难来及的。

2. 水表灵敏度设有水大便器、沐浴金水器，则仅有 0.07%～0.18% 与水表灵敏度则是很难来及的。

本规范对水表允许水头损失作了规定，旋翼式水表不得大于 2.5kPa，水表按设计秒流量查表速定水表的额定流量，螺翼式水表按设计秒流量查表按水头损失计算公式演算：

$$h_d = \frac{q_g^2}{K_b} = \frac{q_g^2 \cdot 10}{q_t^2 \cdot 10} = 0.5 q_t$$

所以 $q_g = q_t \sqrt{\frac{2.5}{10}} = \sqrt{0.25} = 0.5 q_t$ 旋翼式水表，以设计秒流量查表速定水表的额定流量。

螺翼式水表和水平螺翼式水表不得大于 1.3m 水头损失在 1.3m 时的给水流量值，与旋翼式相同。用水不均匀的给水系统以设计秒流量查表速定水表速定水表额定流量。

水表允许水头损失值应引用水联规范数据。

水表的特性系数除考虑水温过水表产生 100kPa 水头损失的流量时秒流量，流通能力外，水表每日工作时间外，还应考虑水压、管网压力和水温等因素。

本文中，水表的特性系数通过水表产生 10kPa 水头损失时的流量值。

水表的特性系数 K_b 已可由水表生产厂提供，本条不予重复。则去旋翼式水表和水平螺翼式水表的特性系数计算公式：

$$h_d = \frac{q_g}{K_b} = \frac{q_g}{q_t} = h_d \leq 1.3m$$

所以 $q_g = q_t \sqrt{1.3} = 1.14 q_t$

水平螺翼式水表的最大流量为流量值的 1.09～1.54 倍，相近于水头损失在 1.3m 时的给水流量值，与旋翼式相同。用水不均匀的给水系统以设计秒流量查表速定水表的额定流量。

第 2.7.1 条 水泵的扬程和出水量应符合下列规定：

一、给水系统的配水点或消火栓及自动喷水灭火设备所需水压，水泵的扬程应满足最不利的配水点或消火栓及自动喷水灭火设备所需进水所需水压。

二、给水系统有水箱时，水泵的扬程应满足水箱进水所需水压和消火栓及自动喷水灭火设备所需水压。当高位水箱容积较大，用水量应按最大小时流量确定。

当消防和小时用水均按平均小时流量确定。

三、气压给水设备出水量，当气压水罐内为平均水压力时，不应小于管网最大小时流量的 1.2 倍。

工作压力，气压给水系统水泵的出水量应按设计秒流量确定其流量除消生活、生产、消防共用调速水泵时用调速水泵的出水量小时流量的 1/2，即水不均匀用水不均匀，水泵出水量可按平均小时流量确定。

四、生活、生产、消防共用调速水泵时用调速水泵的出水量，在消防保证消防用水总量外，尚应满足现行国家标准《建筑设计防火规范》和现行国家标准《高层民用建筑设计防火规范》对生产用水量的要求。

【说明】 水泵可用于单设水泵给水方式，水泵—水箱（塔）给水方式，气压给水方式，高层建筑分区给水时，水泵又有并联给水方式，水泵按其转速变化又有变频调速水泵等。在不同情况下，对水泵的扬程和出水量的要求也不相同，条文对此作出相应规定。如无水箱（罐）时，水泵出水量应满足设计秒流量要求；有水箱时，设计秒流量可用水泵最大小时流量保证，水泵出水量可按最大小时流量确定。

第 2.7.2A 条 需增压的给水系统，在节能性能可靠的前提下宜采用变频调速水泵。变频调速水泵电源供电方式并宜采用双电源或双回路供电方式。

【说明】 变频调速水泵是近些年发展并得到广泛应用的给水技术。正确使用，具有节能优点，但变频调速水泵无调节、贮存容积，水泵一旦停转，供水即无法继续，因此对电源予以强调。

第 2.7.2B 条 变频调速水泵应有自动调节水泵转速和软起动的功能。其电机应有过载、短路、缺相、欠压、过热等保护功能。

【说明】 由于变频器价格昂贵，又是变频调速水泵正常运行的关键部件，因此应有多种保护功能，以保不致损坏。

第 2.7.2C 条 变频调速水泵的选择应符合下列要求：
一、水泵工作点应在水泵主高效区范围内，
二、计算的用水工况宜在水泵流量—扬程曲线有右

三、调整范围宜在 0.75~1.0 范围内，在高效区内可允许下调；
四、当用水不均匀时，变频调速水泵与恒速运行的配有小型加压泵的小型气压水罐在夜间供水。

本条根据变频调速水泵的特点，提出选用要求。

第 2.7.6 条 水泵直接从室外给水管网吸水时，计算水泵扬程应按从室外给水管网的最小水压，并应以室外管网的最大水压校核水泵的效率和超压情况。

【说明】 第 2.7.5 条至第 2.7.7 条就水泵从室外给水管网吸水是建筑排水节能措施之一。水泵直接从室外给水管网吸水及直接吸水有关问题作了规定。从室外给水管网直接吸水，减少供水环节一般是不允许的。因为：
一、有可能因回流而污染城市生活用水管网。
二、会造成室外给水管网局部下降，影响附近用户用水，权衡利弊，在有条件时，即允许水泵从室外给水管网直接吸水，直接吸水的现实好处是：
一、充分利用室外给水管网的水压，无疑是具有优点。
二、省去贮水池、吸水井等构筑物，减少水泵扬程、节省电耗。
三、防止水在贮水池等构筑物中的污染可能和溢水损失。
四、使水泵自动控制。

消防水泵。消防水泵使用机率小，对城市给水管网的影响是暂时的、偶然的，即使室内消防水泵在突然现场时也要从室外给水管网直接吸水，这两者建筑的消防水泵后果是一样的。因此，北京、上海等地相当多的饭店和公共建筑的消防水泵都是从室外管网直接吸水。

二、有独立自备水源的工业企业的生产厂房内由于利用水设备的标高及水压要求高于其他用水点较多，而生产用水量又极为均匀的局部用水量显不均匀，但室外给水管网已无法充分考虑了未影响水泵直接吸水时的流量增加和压力下降所造成的影响，同时不影响其他单位用水，也可考虑采用水泵直接吸水方式。如东化纤厂、热电站、杭州水泥厂家属生活区等工程即是如此。

三、水泵从大于管上吸水。室外给水管网为大直径干管，室内水泵为小水泵直接从室外给水管网吸水时，影响不大。湖南省建筑设计研究院和长沙水公司曾进行水泵直接吸水的科研试验，水泵吸水后室外给水管网压力下降仅为10～15kPa。

四、减市给水高压系统。减市给水高压系统，水泵直接从市政给水管网吸水。

为了保证消防时的水压要求和避免因水泵吸水而使室外给水管网压力低于规范又规定，室外给水管网压力不得低于100kPa。

直接吸水时，水泵宜有低压保护装置（室外给水管网压力低于100kPa时，水泵自动停转），水泵的实际出水量应尽量接近设计秒流量，使直接从室外给水管网吸水量对影响最少到最低限度。

当直接利用室外给水管网吸水时，水泵和室外给水管网最小压力、计算水电、节省电耗、计算水扬程、室外给水管网最大压力，水泵出水口压力是否过高等，在选择水泵时，应较技术水管网吸水工作情况，以免发生因选水量过大而使消防水带爆破的事故。

为了能够安全供水，绕过水泵，直接向建筑物供给一部分用水。当室外给水管网水压损坏检修时，或由于水泵工作情况不同时不用启动水泵，即可通过旁通管也能向建筑物供给一部分用水。本条又进一步明确旁接采水泵工作情况的具体内容，即旁通管问题。

水泵直接从室外给水管网吸水时，水泵扬程应以室外给水管网水压为最小，最不利情况为室外管网最小水压为依据，因此计算水压的四季和历年的变化，使水泵在最大不同压力条件下，总效率较高。

超压指给水管网中的水压超过管道所能承受的压力限值，造成管网系统损坏的情况。造成超压的原因众多，而水泵直接从室外管网吸水，当水泵吸水管网压网的最小压力和最大水压差较大时，也是原因之一。因此为防止超压发生，应按室外给水管网的最大压力计算水泵比时的扬程是否会合适管道，配件和附件等造成损害。

第2.7.9条 在有防振要求静要求的房间的上下和毗邻的房间内，不得设置水泵；在其他房间设置水泵时，应采用下列措施：

一、应采用低噪声水泵。
二、水泵机组应设隔振装置。
三、吸水管和出水管上，应设隔振装置。
四、管道支架和管道穿墙和穿楼板处，应采取防固体传声措施。
五、必要时，在建筑上还可采用隔声吸声措施。

【说明】

水泵和出水管道等都属于有防振或隔声静要求的房间，在其上下、左右、前后共有墙体或楼板相邻的房间不应设置水泵。如必须在这类建筑物内的其他房间设置水泵时，规范列了具体措施。

一、对噪声源——水泵的选择，规定选用低噪声水泵。一般立式泵低于卧式泵，单级泵低于多级泵，低转速泵低于高转速泵，离心泵低于活塞泵等。

二、水泵基座是固体振传声的主要通道，基座下部应设橡胶隔振垫（器）。

三、弹簧隔振器是固体振传声的第二通道。在水泵吸水管和出水管上均设充水或水泵直接从室外管网吸水，吸水管上应装设阀门。

四、管道支架是固定支架的第三通道，管道托架等弹性支架和弹性托架等隔振装置。

五、隔振器以弹簧为主，吸声为辅，是水泵隔振的一项原则。但在有条件和必要时，在建筑上可采取隔声和吸声措施，如水泵房采用双层玻璃窗、门和墙面、顶棚安装多孔吸声板等，考虑消声启动，即便使用也属于正常情况，所以采用隔振措施时，还需注意：

一、水泵机组隔振器道及支架隔振器必须配套，缺一不可。
二、隔振垫的面积、层数、个数和可曲挠接头的数量必须经过设计。

规范条文的顺序排列，是按其重要性，即从振源着手，首先应从振源排列，即选用低噪声水泵、在选定水泵后，由于水泵机组的振动和噪声通过固体和空气传递，而固体传递是主要的，通过隔振座向地面传递其次，通过支架传递为最次，具体进行水泵隔振设计时在推荐性标准《水泵隔振技术规程》已作规定。

第 2.7.10A 条 多台水泵共用吸水管时，采用管顶平接。

【说明】 水泵吸水管如连接不当，易积存空气，空气被水泵吸入时就影响水泵的正常运行。

水泵吸水管连接不当情况有：
1. 采用同心异径管。
2. 干管和支管采用管中心对准的异径三通。
3. 吸水管局部出现下降坡度，形如吸管袋。
4. 水泵吸水管采用下降坡度，坡向水泵等，易发生。

在多台水泵并联，共用吸水管时较易发生。

第 2.7.11 条 每台水泵的出水管上，应装阀门、止回阀和压力表，并宜采取防水锤措施。对水泵设计为自灌式

置可由挠接头，可曲挠异径弯头等隔振装置。

第 2.7.15 条 水泵在停转时，易产生停水锤，水锤所造成的后果较轻，但也不能予以忽视，因此在水泵出水管上宜设置防水锤装置，如气囊式水锤消除器、缓闭阀或逆止阀同等。

【说明】 水泵在停转时，与室外水锤相比，室内水锤虽然功率较小，水锤所造成的后果较轻，但也不能予以忽视，因此在水泵出水管上宜设置防水锤装置，如气囊式水锤消除器、缓闭阀或逆止阀同等。

第 2.7.16 条 贮水池应设进水管、出水管、溢流管、泄水管和水位信号装置。溢流管径应按排泄贮水池最大入流量确定，并宜比进水管大一级。

【说明】 对贮水池应从提出要求，有利于贮水池有效容积的防贮备水量和生产事故贮备水量作出规定。
贮水池宜设吸水坑或吸水井。

贮水池应有盖，并应采取不受污染的防护措施。

第 2.8.1 条 用于水量调节和贮存的水箱相应的有效容积，应根据用水量变化曲线确定，生活和消防贮备水量生产事故备用水量应按下列规定确定：

一、调节水量应根据用水量和流入量的百分数确定：
如无上述资料时，可根据最高日用水量的百分数确定：
当水泵为自动开关时，不得小于日用水量的5%；
当水泵为人工开关时，不得小于日用水量的12%。对在夜间进水的水箱，应按用水人数和用水量定额确定。
二、生产事故的贮备水量，应按工艺要求确定。
三、消防的贮备水量，应按现行的有关建筑设计防火规

范确定。

【说明】水箱种类繁多,如贮水水箱、膨胀水箱、补水水箱……等不同用途的水箱,其容积的计算方法不同。本条文仅指用于生活调节和贮存的水箱容积的计算方法。

第一款指调节水量的确定,又按有无用水量的变化曲线资料两种情况,分为两种计算方法。

第二款指生产事故备用水量的确定。

第三款指消防贮备水量的确定。

第2.8.3条 水箱应设置在便于维护、光线和通风良好且不结冻的地方,水箱应加密封盖,并应采取不受污染的防护措施。

【说明】因水箱盖关闭不严所造成的空气污染已引起广泛注意,是水箱二次污染或人为污染的污染途径之一。因此,条文作出相应规定。

第2.8.5条 水箱应设进水管、出水管、溢流管、泄水管和水位信号装置。溢流管、泄水管不得与排水系统直接连接。溢流管管径应按水箱最大入流量确定,并宜比进水管大一级。

当水箱利用室外给水管网压力进水时,其进水管上应装设浮球阀或液压水位控制阀。浮球阀不宜少于两个,浮球阀直径应与进水管直径相同。

水箱进、出水管宜分别设置。当进水管和出水管为同一条管道时,应在水箱的出水管上装设止回阀。

【说明】为防止回流污染水箱,规定了溢流管和泄水管均不得与排水系统直接连接。从溢流管溢出的水为重力流,而从进水管进入水箱的水为压力流,充满度和流速两者有较大差异。为保证溢流管的排水能力,溢流管顶盖满溢,不致从溢流管排出的水能从水箱顶部溢出,淹没浮球阀造成浮球阀维修时,浮球阀损坏易经常维修,一般设两个以上的浮球阀。

减少,容易卡住,阀杆式浮球阀的升级换代产品,它克服了浮球阀多年使用液压水位控制阀无效空间,可予以推广。

大,容易损坏,阀芯卡住造成水箱大量溢水的弊病,液压接水后上讲无效空间,可予以推广。

效果良好,且能减少同一条管道的单管进出水系统,为防止水从水箱下部进入,从水箱下部流出。

箱上部进入,从水箱下部流出。

溢流管也是水箱二次污染的途径之一,在溢流管出口处设置网罩,可以防止蚊虫、雀类小动物进入水箱储居,网罩做法详见第2.2.9条说明。

水箱的进水管和出水管宜分别设置的优点为:
1. 可以防止水流短路。
2. 水泵在恒定压力条件下工作,不受水箱水位变化的影响。
3. 水箱的调节作用发挥能够充分。

第2.8.5A条 水箱材质、衬砌材料和内壁涂料,均应经技术经济比较后合理确定。

【说明】水箱的材质过去以混凝土、钢筋混凝土和普通钢板为主,现在水箱材质有较大的发展,如玻璃钢、搪瓷钢板、镀锌钢板、复合钢板、不锈钢板等,为防止水箱一次刷涂料或搪瓷烧结或混凝土表面配落,在水箱内壁采取刷涂料或衬砌等措施,对于贮存生活饮用水的水质,如玻璃钢采用食品级树脂为原料,成型工艺合理、其接触玻璃钢采用食品级树脂为原料,成型工艺合理、护层有足够厚度,经1000次以上刷洗,玻璃纤维不外露食品级玻璃应影响水质。

钢等。

第2.8.6条 气压给水设备宜采用变压式,当供水压力有恒定要求时,应采用定压式。

【说明】气压给水设备具有灵活、机动,使于隐蔽,水质不易

I—67

式中 V_z —— 气压水罐的总容积 (m^3);
V_x —— 罐内水的调节容积 (m^3);
a_b —— 气压水罐最小工作压力与最大工作压力比(以绝对压力计),宜采用 0.65~0.85;在有特殊要求时,也可用在 0.50~0.90 范围内选用;
β —— 容积附加系数,补气式卧式水罐宜采用 1.25,隔膜式气压水罐宜采用 1.10,隔膜式气压水罐宜采用 1.05;补气式立式水罐宜采用 1.05。
q_b —— 水泵出水量 (m^3/h),当罐内为平均压力时,水泵出水量不应小于管网最大小时流量的 1.2 倍;
n_{max} —— 水泵一小时内最多启动次数,宜采用 6~8 次;
C —— 安全系数,宜采用 1.0~1.5。

【说明】公式 V_z 而来。公式 $V_x = \beta C \dfrac{q_b}{4n_{max}}$ 中的 $\dfrac{q_b}{4n_{max}}$ 是根据波义耳关于压力和体积的关系定律演变而来,应根据水箱(罐)流入量(等于水泵出水量)与水箱(罐)出水量(等于水泵出水量)的容积为最大。停泵后水箱(罐)供水方式时,应根据数学推导而得。当水泵工作时,水箱(罐)进水量与水箱(罐)出水量有所不同:1. 水箱进水量在水泵工作期间水箱出水量变化的;2. 水泵的启动与否数次假设条件有所不同,水箱出水量也变化的;3. 水箱出水量变化的,必须考虑安全系数;4. 本条将水量单独列出,即安全系数 C,系数值为 1.5~2 范围内,本条为附加系数,为气压给水量按罐内平均压力时计算,水泵的出水量也随之变化,变成气压给水量按罐内平均压力比是变化的,水泵的出水量比最大小时用水量至少大 20%"的数值规定,一般水泵出水量要比最大小时用水量至少大20%"的数值规定,规范明确水泵出水量在罐内平均压力时用水时不应小于管网最大小时流

污染,池工周期短,便于自动控制,也有利于抗震等优点,但也存在调节容量要小,水泵启动频繁,耗电多,耗用钢材多,给水压力变化大等缺点,在实际工程中,应因地制宜地选用水压式和变压式,气压式给水设备按压力变性区分可为定压式和变压式两类,气压式给水设备,构造简单,罐内的压力随水量的变化而变化,水泵在变化的压力下进行工作,空气定期补水,是气压给水设备的常用型式。定压式气压给水设备,在正工况下供水。用自动调压阀来保持罐内的压力不变,或在送水总管上设置减压阀或稳压阀来实现供水压力恒定。其优点为:

—— 能满足给水压力稳定的要求。
—— 出水量相对稳定。
—— 水泵可在高效率条件下工作。
—— 可充分利用水罐的容积。

气压式给水设备按气,水接触方式分为有气水接触式和隔膜式两类。水接触式气压水直接接触,需附设补气、排气和止气装置。隔膜式气压水与水用隔膜隔开,可避免水质被空气污染,也可减少死水容积,但对隔膜有一定要求。目前,隔膜形式发展到囊形或胆囊形。

第 2.8.7 条 气压水罐内的最小工作压力,应按最不利处的配水点及自动喷火灭火设备所需水压计算确定。

【说明】供(消)防用水时,除按最不利处水栓所需水压外,还应按最不利处自动喷水灭火系统的喷头所需水压计算确定。

第 2.8.8 条 气压给水设备气压水罐的总容积和气压水罐水的调节容积,应按下列公式计算:

$$V_z = \dfrac{V_x}{1-a_b} \quad (2.8.8-1)$$

$$V_x = \beta \cdot C \dfrac{q_b}{4n_{max}} \quad (2.8.8-2)$$

量的1.2倍。

水泵的启动次数是根据电动机功率大小、变压器容量和用电负荷情况而定。一般小功率电机采用直接启动时，其启动次数可以频繁一些是可以的；而对于大功率的电机采用降压启动时，由于减压启动设备的冷却要求，就不允许频繁启动。据调查，北京、沈阳等地七项气压给水设备的实际运转，水泵吸水口口径为50mm和80mm的离心泵，每小时启动次数为8～10次，水泵启动次数也未规定过死，在使用中未发生问题。国外资料报导中，对水泵启动次数未规定，最好采用5～10次；日本1961年筑内部给水排水工程一书介绍：水泵一小时内启动次数采用5～10次；最大可到20次，最好采用6次；日本1966年出版的"空气调和・卫生工学便览"介绍：水泵一次运转时间为3～5min；美国1961年"J.I.H.V.F"杂志第10期"高层建筑升压给水"一文中介绍：水泵启动次数应控制在每小时10～12次；苏联1961年"给水及卫生工程"杂志第六期介绍，水泵出水量小于8m³/h，采用15～10次，水泵出水量8～20m³/h时，采用12～8次。

经研究分析，从安全供水方面考虑应上述国内外资料，管网用水规律变化看，但根据上述假设条件分析后，对于小功率的水泵，也可适当增大每小时启动次数，一般为6～8次，水泵每小时启动次数最多不宜过多，从安全供水方面考虑多过则工作压力值增加，如a_b取值小，则最大工作压力值高，水泵扬程高，耗电量增加；如a_b取值大，则罐体总容积大，钢材用量和成本增加，因此a_b取值应经技术经济分析后确定，规范条文给出的值范围为常用数值，在有特殊要求时，如农村给水，消防给水时，a_b值可取低值。

供水范围小、流量变化大时采用高值，供水范围大、流量变化小时采用低值。安全系数C决定于计算公式建立时与实际工程的出入。

第2.8.9条 气压给水设备，应装设安全阀、压力表、泄水管和密闭人孔或手孔。

定压式气压给水设备，应装设自动调压装置。

补气式气压水罐出水管上应装设止气阀，在罐体上宜装设水位计。

生活用补气式气压给水设备，其补气罐设在气压给水设备进出水管的进气口应设空气过滤装置。

注：安全阀也可装设在靠近气压给水设备进出水管的管路上。

【说明】 小型气压水罐直径较小，只设手孔，不设人孔。由于补气式气压水罐内，气室与水室直接接触，停电时气液随水流速出罐体，为防止气室和水室互相隔绝，在进水管上设止气阀是必要的，而隔膜式气压水罐由于气室和水室互不接触，气体无法逸出罐体，毋须设置止气阀。

生活用补气式气压给水设备，也由于气室与水室直接接触，为防止不洁空气污染水质，在进口处设空气过滤装置。

气压水罐应尽量不让气体泄漏，一般水体泄漏的途径有：

— 进出水管。
— 罐体焊缝和仪表接口。
— 安全阀接口。
— 入孔或手孔。

第2.8.10条 采用空气压缩机补气时，定压式气压给水设备的空气压缩机组不得少于两台，其中一台备用。变压式气压给水设备，可不设备用的空气压缩机。

注：(1) 生活气压给水系统应采用无油润滑型空气压缩机。
(2) 在保证有足够的压力和不间断供给压缩空气及保证水质不致影响水质使用的情况下，可利用共用的压缩空气系统。

【说明】 定压式气压给水设备，当采用空气压缩机补气时，一气压给水罐进水——气压给水罐补气时，一气压给水罐进水——停泵一个工作周期(水泵启动——

罐向管网供水）都必须启动一次空气压缩机，对空气压缩机的可靠性要求较高，是从安全供水的角度出发。所以定压式无气水的气压水设备不少于两台。

变压式气压给水设备，只在气压水罐内的空气溶解于水中，或带走或因漆桶等原因减少到一定程度时才需进行补气，所以设一台空气压缩机组。

用空气压缩机补气的气压给水设备，特别应注意水质防菌问题，除了考虑所补入的空气应洁净，不致污染水质外，还应考虑防止空气压缩机润滑油对水质的污染。因此，空气压缩机应采用无油润滑型。

补气式气压给水设备的补气方式除空气压缩机补气外还有：
—— 泄空补气；
—— 压缩空气补气；
—— 水力自动补气等。

本条对空气压缩机组提出要求，只适用于机械补气时，即采用气压缩机补气的情况。

第2.8.10A条 补气式气压给水设备补气方式宜采用限量补气或自平衡限量补气，隔膜式气压给水设备宜采用囊式或胆囊式气压水罐。

【说明】水力自动补气方式的气压给水设备，其补气方式可分余量补气和限量补气式，余量补气式补气量多于需气量，除了补气所需气量外尚需排气量，以排除多余气量。限量补气式，自动限定补气量，又分自平衡限量装置，自行补气和水力自动定量补气。当补气式气压水罐达到限量补气时，补气装置不从外界吸入空气而从罐内吸气，再自行补气，自行平衡限量达到限量补气的目的。而水力自动定量补气装置复杂，因此本规范推荐限量补气或自平衡限量补气。

隔膜式气压给水设备的隔膜有帽形隔膜、囊形隔膜和胆形隔膜之分。帽形隔膜外形似礼帽，固定在罐体直径中部，挠曲变形，使用

寿命短，气密性能差，耗钢量多，囊形隔膜外形似梨状，伸缩变形，胆囊形隔膜外形似罐体，折叠变形，两者均固定于人孔和进出水管口，变形隔膜使用寿命长，气密性能好，耗钢量少，调节容积大，因此本规范条文予以推荐。

气压给水设备的其他有关规定可按推荐标准《气压给水设计规范》执行。

第2.8.13条 补气式气压水罐应设置在空气清洁的场所。

【说明】补气式气压水罐需经常补气，除要求补气罐或空气压缩机的进气口设置过滤装置以外，还应将补气罐设置在无灰尘、粉尘的场所，以防止进入水罐空气污染水质。

第2.9.1条 游泳池的初次充水和正常使用过程中的补充水水质，应符合现行国家标准《生活饮用水卫生标准》的规定。

【说明】游泳池的水质水质主要的包括初次充水水质、补充水与池水水质和池水水质三个内容。其中池水水质是主要的，游泳池水质的好坏，直接关系到游泳运动员的健康和运动员的水平发挥。初次充水水质和补充水水质，需要考虑：

1. 与人体相接触的日常生活用水（盥洗、沐浴）性质相近；2. 一般从生活给水管网供水，规范规定按生活饮用水卫生标准。

第2.9.2条 游泳池水直循环使用。池水循环周期应根据游泳池类型、池水容积、使用对象、使用人数和使用频繁程度等因素确定。

【说明】游泳池的池水使用有定期换水、定期补水、直流供水、定期循环供水、连续循环供水等多种方式。

在一定水质水质标准水平下，影响池水循环周期的有游泳池性质（营业、内部、群众性、专业……），类型（跳水、比赛、训练、池水容积，使用时间、使用对象（运动员、成人、儿童），使用人数和

泳池环境（露天、室内、洗足池、泳浴室）及经济条件等因素。

循环周期决定游泳池的循环水量 Q，$Q = \dfrac{V(池水容积)}{T(循环周期)}$。

第2.9.3条 循环水应经过过滤、消毒处理。过滤宜采用压力滤罐。

滤速应根据滤料种类、滤罐型式等情况确定。

注：(1) 滤前应加助凝剂、除藻剂、pH值调整剂。

(2) 过滤装置前应设毛发聚集器。

【说明】游泳池过滤水质必须保证，不经处理的池水会成为污染源，引起疾病的传染，影响游泳者的身体健康，及其他有毒物质，游泳池水被泳池本身上的污场和排泄物所污染，又因游泳池水处理流量恒定，为主，消毒过程以加氯消毒为主，游泳池水处理加压不高，工艺流程为，方便管理，节省面积，水泵加压加用一次提升方式，过滤采用压力滤池。

目前，国内游泳池过滤采用的滤料主要有石英砂和聚苯乙烯泡沫塑料滤床，而滤池决定于滤料和滤床的组成，以反原水水质情况，游泳池滤池的滤速一般较高一般不高于50m/h。

第2.9.4条 滤罐的个数及单个滤罐面积，应根据规模大小、运行维护等情况，通过技术经济比较确定，且不宜少于两个。

【说明】游泳池亦称压力滤池，因此滤池改为滤罐。压力滤罐也采用压力过滤器或压力滤池。

第2.9.7条 水的消毒宜采用氯消毒法（液氯、漂白粉或漂白粉精）。

加氯设备宜按加氯量为5mg/L进行选择。

【说明】游泳池因多次循环使用，水中菌含不断增加，就必须投氯消毒剂以减少水中细菌数量，使水质符合卫生的

消毒法采用室外给水设计规范的原则，采用加氯法。

加氯量根据水质确定，在投加过程中氯会分解和挥发，有一部分消耗在池本附着物和氯化其他物质眼睛，游离余氯量控制在0.2～0.5mg/L，余氯量过高，会产生刺激眼睛。投氯量根据国内游泳池运动员发生的经验为5mg/L左右。

除加氯法以外，还有紫外线、臭氧消毒法、也属于加氯消毒啤，其一般包括活次氯酸钠发生器。

原规定的次氯酸钠消毒法，一般少采用。

统称加氯设备。

第3.1.2A条 当建筑物采用中水系统时，生活废水与生活污水宜分流排出。

【说明】本条系针对在水资源缺乏的地区采用的建筑中水工程。以生活污水为中水原水时，宜优先选择水质较好，按顺序取水。

(1) 冷却水； (2) 沐浴水； (3) 洗脸洗手排水； (4) 洗衣排水；(5) 厨房排水； (6) 厕所排水。

顺序为 (2)～(5) 为生活废水；(6) 则为生活污水。从建筑排水量来说，生活废水占整个生活排水量的百分数列为：

建筑物类别	生活废水（%）	生活污水（%）
住宅	68～69	31～32
宾馆、饭店	81～87	13～19
办公楼	34～40	60～66

建筑物生活污水由以有机水为主的工艺流程，从而降低中水系统的投资和经常运行费用。

第3.1.5条 建筑物雨水管道应单独排出。

【说明】建筑物雨水管道按当地暴雨强度公式和设计重现期设计，而雨水流量和机率性大，加在建筑物内将雨水与生活废水或生活用以排水综合流，将影响生活污水和生产废水管道和系统的污水或生产废水合流，将会影响生活污水和生产废水管道和系统的

第3.2.6条 小便器宜设置自动冲洗水箱、自闭式小便冲洗阀或红外线感应自动冲洗装置进行冲洗。小便槽宜设置自动冲洗水箱定时冲洗。

正常运行。

【说明】 在工业企业和公共建筑的男厕所内，由于卫生器具使用频繁，如采用手动冲洗阀，往往达不到良好的冲洗效果。此外，手动冲洗阀零件等容易腐蚀损坏，日久后容易在排水管内积存尿垢而堵塞。实际上使用者不会去操作手动冲洗阀的。因而，在卫生要求不高的厕所间内设置小便槽并采用自动冲洗水箱定时冲洗，具有一定的优越性。

小便器采用自闭式冲洗阀既有延时片闭的作用，又可调节冲洗水量的功能，对节约用水有较大的意义。

对宾馆、住宅等居住和公共建筑的卫生间，污水，污水中采取地面排水口下接存水弯或采用水封深度较深，扣碗不被轻易取动的新型种罩式地漏，这将有效地防止地漏冒臭气的现象。

第3.2.8条 厕所、盥洗室、卫生间及其他房间需经常从地面排水时，应设置地漏。

注：(1) 手术室等非经常性地面排水场所，应设置密闭地漏；
(2) 食堂、厨房和公共浴室等排水中挟有大块杂物时应设置网框式地漏。

【说明】 条文补充了在手术室等排水不经常排水的场所应设置密闭地漏。地漏能方便地将地面积水排除，不经常作用场所如采用普通地漏，往往地漏水封干涸，而密闭地漏具有排水时可打开、不排水时可密闭的功能，可根据卫生器具使用地漏排水时间隔和当地气候条件，主要是受空气干燥，水封深度确定其蒸发是否使存水弯水封干涸。

对在食堂、厨房和公共浴室等排水中挟有大块杂物的地漏，在上述场所的洗漆设备用明沟排水，沟内杂物易沉积腐化发酵，日久影响环境卫生，网框式地漏能有效地拦截杂物，并可方便地取出倾倒。

I-72

第3.2.8A条 地漏的顶面标高应低于地面5～10mm，地漏水封深度不得小于50mm。

【说明】 地漏具有排除地面积水之功能。这是属常识，但许多工程实例反映，地漏设置不当，反而造成排除地面积水，形同虚设。地漏设置在靠近卫生器具附近，能迅速排除地面积水，并同地漏的存水弯以经常补充水量，防止地漏水封损失而干涸，造成管道内污浊气窜入室内卫生间。箅子顶面低于设置地面50mm的规定，乃是地漏排水时，不致于使地漏周围积水过高。

本条规定了地漏的水封深度，是根据国外规范条文规定的基础。据调水封深度要明确地漏水封深度，存在水封过浅，扣碗初装之弊病，许多宾馆、老式种罩式地漏，住宅旅馆、住宅等居住和公共建筑的卫生间内，地漏变成了工程管道或其他气体产生有害的排水管道连接时，污水，污水中采取地面排水口下接存水弯或水封深度较深，扣碗不被轻易取动的新型种罩式地漏，这将有效地防止地漏冒臭气的现象。

第3.2.11条 卫生器具和工业废水受水器与生活污水管道或其他气体产生有害的排水管道连接时，应在排水口以下设存水弯，存水弯内已有存水时，不应在排水口以下设存水弯。

注：卫生器具的构造内已有存水时，不应在排水口以下设存水弯。

【说明】 本条补充了存水弯的目的是防止两个不同病区或医疗区室内空气通过排水管的连接互相串通，以致可能产生的病菌传染。

第3.2.11A条 医院建筑门诊、病房、医疗部门等的卫生器具不得共用存水弯。

【说明】 本规定的目的是防止两个不同病区或医疗区室内空气通过排水管的连接互相串通，以致可能产生的病菌传染。

第3.3.15条 排水管道的连接，横管与立管的连接，宜采用45°三通、45°四通、90°斜三通、90°斜四通，也可采用直角顺水三通或直角顺水四通等配件。直角顺水三通和直角顺水四通配件的水力条件尚符合要求，故也可使用。

第3.3.18条 靠近排水立管底部的排水支管连接，应符合下列要求：

一、排水立管仅设置伸顶通气管时，最低排水支管与立管连接处距排水立管底端垂直距离，不得小于表3.3.18的规定。

最低横支管与立管连接处至立管底的垂直距离 表3.3.18

立管连接卫生器具的层数（层）	垂直距离（m）
≤4	0.45
5～6	0.75
7～12	1.2
13～19	3.0
≥20	6.0

注：当排出管管径比横干管管径缩小一档时，可将表中垂直距离减小一档。

二、排水支管连接在排出管或排水横干管上时，连接点距立管底部水平距离不宜小于3.0m。

三、当上述排水立管底部的排水支管的连接不能满足本条一、二款的要求时，则靠近排水立管底部的最低排水支管应单独排出室外。

【说明】 根据国内外的科研测试证明，污水立管中的水流速度大，而排出管底端靠近立管底部的卫生器具内产生正压值，这个正压能使靠近立管底部的卫生器具内的水封遭受破坏，卫生器具内发生冒泡、满溢现象，在许多工程中都出现上述情况，严重影响使用。为此，连接立管底部的最低横支管，排水横支管上的卫生器具的排水支管应按本规范第3.4.15条执

的排水支管应与立管底部保持一定的距离，现将美苏等国有关规范资料摘录于下：

规范资料名称	建筑物层次	最低横支管距立管底部距离（mm）
美国SPC规范 1985年第1602.4条	2层以下	450
	≥2层	750
英国建筑设计手册 1979年版B·8·13节	3层	450
	≥4层	750
英国标准 BS5572—1978	低层	450
	5层	750
日本HASS206—1982 第4.2.5条	≥6层	1层
	≥20层	2层

注：表中数据一律指横支管中心线至排出管或排水横干管的距离。

本条系参照国外规范数据结合我国工程设计实践角度距立管底部不宜小于3.0m的规定，系参阅1957年美国规范册第12.15.2条和日本HASS206—1982给排水设备规范第4.2.6条(3)的规定。

本次修订将原规范表3.3.18中立管连接卫生器具的层数7～19层，分成两个档次，即7～12层和13～19层。连接卫生器具的层数7～12层时，最低支管立管底部垂直距离可允许1.2m。

由于排水转管DN125的应用，不致于造成排出管从DN100至DN150，排水管断面增幅过大，水流过于减小，杂物容易沉积在管与立管底实践工程垂直距离小，采用增大排水管径，从而缩小最低横支管距立管底距离的办法是可行的。

最低横支管单独排出是灵便单独排水的最有效方法，但也存在室内排水至室外穿墙管道过多。另外，器具使用的最低距离影响最低卫生器具底标高等弊端。另外，最低横支管单独排出时，其排水能力应按本规范第3.4.15条执

筑高度超过100m的建筑，ZPR型应每层至少采用一个柔性接头，对于抗震设防的8度地区，或排水立管高度在50m以上时，应在管上每隔两层设置至少一个柔性接头。

第3.4.1条 卫生器具排水的流量、当量和排水管的管径、最小坡度应按表3.4.1确定。

卫生器具排水的流量、当量和排水管的管径、最小坡度   表3.4.1

序号	卫生器具名称	排水流量(L/s)	当量	排水管 管径(mm)	最小坡度
1	污水盆（池）	0.33	1.0	50	0.025
2	单格洗涤盆（池）	0.67	2.0	50	0.025
3	双格洗涤盆（池）	1.00	3.0	50	0.025
4	洗手盆、洗脸盆（无塞）	0.10	0.3	32~50	0.020
5	洗脸盆（有塞）	0.25	0.75	32~50	0.020
6	浴盆	1.00	3.0	50	0.020
7	淋浴器	0.15	0.45	50	0.020
8	大便器 高水箱 冲落式 低水箱 冲落式 虹吸式 自闭式冲洗阀	1.5 1.50 2.00 1.50	4.5 4.50 6.0 4.50	100 100 100 100	0.012 0.012 0.012 0.012
9	小便器 手动冲洗阀 自闭式冲洗阀 自动冲洗水箱	0.05 0.10 0.17	0.15 0.30 0.50	40~50 40~50 40~50	0.02 0.02 0.02
10	小便槽（每米长） 手动冲洗阀 自动冲洗水箱	0.05 0.17	0.15 0.50	— —	— —
11	化验盆（无塞）	0.20	0.60	40~50	0.025
12	净身器	0.10	0.30	40~50	0.02
13	饮水器	0.05	0.15	25~50	0.01~0.02
14	家用洗衣机	0.50	1.50	50	—

注：家用洗衣机排水软管，直径为30mm。

行。

"立管底部"系指立管转入排出管的转弯处，立管与横干管连接处。

第3.3.20A条 铸铁排水管道在下列情况下应设置柔性接口：

二、高层建筑物和建筑高度超过100m的建筑物内，排水立管应采用柔性接口；

二、排水立管高度在50m以上，或在抗震设防8度地区二层每隔二层设置柔性接口；

注：其他建筑立管和横管均应设置柔性接口。

三、抗震设防烈度9度地区立管上立管和横管在抗震条件许可时，也可采用柔性接口。

【说明】

1. 对高层构筑物和超高层建筑，由于受到地震和风荷载作用，层间产生水平位移，据调查，北京有些高层建筑中，排水铸铁管石棉水泥接口是建筑物不同程度的破裂、渗漏现象。通过工程事故分析，其中一个原因是建筑物层间变位。高层构筑物和超高层建筑中在立管上设置柔性接口，即可适应层间位移。

2. 本款规定了在9度地震区采取柔性接口的方式工程实践经验的总结。

3. 目前国内的排水铸铁管柔性接口，有多种形式：
(1) RK型承插压盖式柔性接头；
(2) RP型平口法兰式柔性接口；
(3) STL型平口卡套式柔性接口；
(4) ZPR型承插伸缩式柔性接头。

各种柔性接口的性质、建筑标准、建筑高度和抗震等要求及设置位置，在工程中可按建筑物的性质、建筑标准、建筑高度和由抗震要求选用其中的一种柔性接头。ZPR型柔性接头可按以下情况设置：对于高层构筑物和建

续表

立管工作高度 (m)	排水能力 (L/s) 立管管径 (mm)			
	50	75	100	125
5	0.40	0.70	1.36	1.9
6	0.40	0.50	1.00	1.5
7	0.40	0.50	0.76	1.2
≥8	0.40	0.50	0.64	1.0

注：(1) 排水立管工作高度，按最高排水横支管和立管连接点至排出管中心线间的距离计算。

(2) 如排水立管工作高度之同时，可用内插法求得排水立管的最大排水能力数值。

【说明】参考国外资料，总结北京对DN100mm排水立管的测试教据基础上，确定通气的生活排水立管的最大排水能力。不通气的排水立管的最大排水能力系参考1976年苏联法规CHuⅡ-30—76第147条而制订。本次制订补充了管径为125mm的生活排水立管的最大排水能力。

第3.4.16条 此条删除

【说明】排出管管径较大时，在一般情况下应与立管有矛盾，在横支管与立管间距较近时，本条与第3.3.18条注8矛盾，故删去。

第3.6.6条 通气管和污水管的连接，环形通气管应在器具排水横支管上最始端的两个卫生器具间接出，并应在排水横支管中心线以上与排水支管呈垂直或45°连接。

一、器具通气管应设在存水弯出口端。环形通气管应在横支管上最始端的两个卫生器具间接出，并应在排水支管中心线以上与排水支管呈垂直或45°连接。

二、器具通气管，环形通气管应在卫生器具上边缘以上不少于0.15m处，并应按不小于0.01的上升坡度与通气立管相连。

【说明】低水箱大便器的排水流量分成冲落式和虹吸式两类，虹吸式大便器的冲洗方式，无其虹吸式低水箱大便器，在一个瞬时高峰流量时排污有利，对排水计算时应考虑这一因素成后水即为冲洗水箱肉的冲洗水量即泄流量较为平稳。

第3.4.11A条 多层住宅厨房间的立管管径不宜小于75mm。

【说明】根据工程经验，在职工住宅厨房排水中含杂物、油腻较多，立管容易堵塞，或通通支管、有时发生洗菜盆泡沫现象，适当放大立管管径，有利于排水、通气。

第3.4.14条 生活排水立管的最大排水能力，应按表3.4.14-1和表3.4.14-2确定，但立管管径不得小于所连接的横支管管径。

设有通气的生活排水立管最大排水能力 表3.4.14-1

生活排水立管管径 (mm)	排水能力 (L/s)	
	无专用通气立管	有专用通气立管或主通气立管
50	1.0	—
75	2.5	5
100	4.5	9
125	7.0	14
150	10.0	25

不通气的生活排水立管的最大排水能力 表3.4.14-2

立管工作高度 (m)	排水能力 (L/s) 立管管径 (mm)			
	50	75	100	125
≤2	1.0	1.70	3.80	5.0
3	0.64	1.35	2.40	3.4
4	0.50	0.92	1.76	2.7

通气管最小管径 表 3.6.7

通气管名称	排水管管径 (mm)					
	32	40	50	75	100	125	150
器具通气管	32	32	32	40	50	50	50
环形通气管	—	—	32	40	50	50	—
通气立管	—	—	40	50	75	100	100

注：(1) 通气立管长度在 50m 以上者，其管径应与排水立管相同。

(2) 两个及两个以上排水立管同时与一根通气立管相连，且管径不宜小于其中任何一根排水立管按表 3.6.7 确定通气立管管径，应用最大一根排水立管的管径。

(3) 结合通气管的管径不宜小于通气立管管径。

【说明】 本条对通气管管径的确定作了规定。

通气管管径不宜小于排水管管径的 1/2，是参阅日本 HASS 206—1982 给排水设备规范 5.11.3 条、第 5.11.5 条和美国 SPC 规范 1421.3 条的规定。

本条注 (2) 系针对建筑物生活污水与生活废水分流的排水管道均需设专用通气立管时，则污废水管道合用一根通气管。有利于管道的布置，是根据我国高层建筑工程实例的总结经验。

本条注 (3) 系参阅日本 HASS—206—1982 给排水设备规范第 5.11.7 条的规定："结合通气管的管径必须等于排水立管和通气立管中哪个小的方面的管径。"由于通气管一般为排水立管径的 1/2，故本条仅规定结合通气管不宜小于通气立管管径。

本次修订补充了排水管径 125 毫米时，通气管的最小管径。

第 3.6.12 条 通气管的管材，可采用排水铸铁管、塑料管、镀锌钢管等。

第 3.7.1 条 污水泵房应有良好的通风，并应靠近集水池。

【说明】 本条删除了通气管采用石棉水泥管的规定，因石棉水泥管在加工过程中对人体有害，且其破碎物对环境污染，故不于推荐。

三、专用通气立管和主通气立管的上端可在最高层卫生器具上边检查口以上与排水立管以斜三通连接。下端应在最低排水横支管以下与排水立管以斜三通连接。

四、专用通气立管应每隔二层，主通气立管应每隔8～10层设结合通气管与排水立管连接。结合通气管下端宜在排水横支管以下与排水立管以斜三通连接，上端可在卫生器具上边缘以上不小于 0.15m 处与通气立管连接。

注：(1) 结合通气管布置，可采用 H 管件替代，H 管与通气立管连接点应设在卫生器具上边缘以上不小于 0.15m 处。

(2) 当污水立管与废水立管合用一根通气立管时，H 管配件可隔层分别与污水立管和废水立管连接。但最低横支管连接点以下应设结合通气管。

【说明】 本条规定通气管与污水管道的连接方式。

环形通气管之所以在最始末端两个卫生器具间在横支管上接出，因为在横支管的尽端设要装置清扫口的缘故。主通气立管通过环形通气管，每层都与污水立管相连，参照美国 SPC 规范，为平衡污水管道通气系统的压力和安全起见，建议每隔 8～10 层设结合通气管与污水立管相连。结合通气管一端在污水横支管之下以斜三通相连，另一端在通气立管上一层地面之上 1.0m 处以通气斜三通相连，可在上一层地面之上 1.0m 处与通气管以斜三通相连时，也可用 H 管件替代结合通气管，但对于受地位和空间的限制，不可能堵塞的情况下反时发现，不至于堵塞通气管，其原则是污水不得进入通气管。

第 3.6.7 条 通气管不宜小于排水管径，应根据排水管排水能力、管道长度确定，不宜小于排水管管径的 1/2，其最小管径可按表 3.6.7 确定。

池。生活污水水泵应设在单独的房间内，对卫生环境有特殊要求的生产厂房内不得设置污水泵。

【说明】由于污水泵产品的更新和隔振技术发展，原条文的限制已不切实际，删去"公共建筑内"的文字。

第3.7.2条 污水水泵应优先采用潜水污水泵和液下污水泵。采用卧式污水泵时，应符合下列要求：

一、应设计成自灌式。

二、每台污水水泵应有单独的吸水管。

三、吸水管上应设装阀门。

四、污水水泵不得设置在安静要求的房间下面和毗邻的房间内，在设置水泵的房间内应有隔振防噪装置。

五、设置在地下室时，泵房内应设集水坑和提升装置。

【说明】由于建筑物内设备、布置非常紧凑，潜水泵和液下污水具有占地小、噪音小、无需设置地面排水设施第3.7.3条和3.7.5条广泛应用，本规范予以优先采用。将现行规范第3.7.2条第二款作为本条的设计列入本条。

第3.7.3条 删除

【说明】本条移至第3.7.2条第五款。

第3.7.4条 删除

【说明】本条移至第3.7.2条第一款。

第3.7.5条 删除

【说明】本条移至第3.7.2条第二款。

第3.7.6条 两台或两台以上共用一条出水管时，应在每台水泵出水管上装设阀门和止回阀；单台水泵排水产生倒灌时，应设置止回阀。

【说明】在污水泵台数较多，压出水管至室外构筑物距离较远时，才共用一条出水管，为了检修时不致于影响正常运行，在开联的每台污水泵的压出水管上应装设阀门和止回阀。由于大部分止回阀场程较小，且输送距离较近，故单台工作的污水泵不宜装阀门和止回阀。这表阀门在污水管道中使用容易锈蚀和关闭不严。当利用污水泵既作提升又作大规排时，压出水管不严。当利用污水泵既作提升又作大规排时，压出水管中，此时，污水泵停泵时，有可能造成虹吸现象形成倒灌，故应装设止回阀。

第3.8.6A条 当生活污水经化粪池处理达不到污水排放标准时，应采用生活污水处理设施。

【说明】由于城市污水处理厂的建设跟不上城市污水处理达不到的需要，而城市环境质量要待提高，原采用化粪池作为生活污水处理达不到排放标准，有些城市环保部门制定了一些要求，对于上方建设有污水处理系统未的居住小区和公共建筑，在无条件的接入城市污水处理系统时，应设置小型生活污水处理设施污物作为过渡，故生活污水处理设施的生产应运而生。

第3.8.6B条 生活污水处理设施的工艺流程应根据污水性质、排放条件确定。

【说明】生活污水设施的水处理工艺由两个主要因素决定：

1. 污水性质 生活污水大数有所区别，但宾馆、高级办公楼从其排放标准，原采用门化粪池作生活小区由于用水量大，BOD₅、SS指标相对小些。

2. 污水的排放 基本可分三种。另一种，一种处理后污水排放到无城市污水处理厂的管道系统，城市有污水处理厂，但已超负荷运行，再一种，处理厂一般要经生物处理，并且要经消毒处理。排入水体的生活污水回用时，应按现行的《建筑中水设计规范》执行。

第3.8.6C条 生活污水处理设施前应设置调节池，调节池的有效容积应经计算确定，也可取4~6h的平均小时污水流量。

(GB3096—93) 中规定的数值。

第3.8.7条 为截留公共食堂和饮食业污水中的食用油脂，应设隔油井。污水在井内的流速不得大于0.005m/s，停留时间可采用2～10min。且不宜小于该井有效容积的25%。

【说明】 公共食堂、饮食业的食用污水排入下水道时，随着水温下降，污水挟带的油脂颗粒便开始凝固，并附着在管壁上，逐渐缩小管道断面，最后完全堵塞管道。如某大饭店曾发生油脂堵塞管道后隔油井具外卫生器具十分必要的。设置隔油井后还可回收废油脂，制造工业用油脂，变害为利。污水在池内的流速控制在0.005m/s之内，有利于油脂颗粒上浮。污水在池内的停留时间的选择，可根据建筑物使用情况而定，存油部分容积与污水合油量较多者取上限值，用油量少者取下限值。

隔油井存污水中有机物发酵，散出臭味，影响环境卫生。如清掏周期太长，存油部分的容积不宜小于该井有效容积的25%；隔油井(池)的容积，其有效容积可根据厨房洗涤废水在井(池)内停留时间决定，其有效容积不宜小于出口管底标高以下的井(池)容积。存油部分容积不宜小于指出水挡板的下端至水面油水分离室的容积。

第3.8.8条 为截留洗车台、汽车修理间和其他少量生产污水中的油类，应设置隔油池。污水在池内的流速，宜采用0.002～0.01m/s，停留时间可采用0.5～1.0min。隔油池的排出管至井底深度，不宜小于0.6m

【说明】 在洗车台、汽车修理间和其他少量生活污水中含油的情况下才设置隔油井。大量的含油污水处理按现行的《室外排水设计规范》中有关章节执行。汽油、柴油等比重为0.7～0.89，较食用油脂比重小，上浮速度较快，因此含油的房间污水中分离的时间可以缩短。污水在井内的流速选择应根据油井的比重确定。汽油比重小，水

设置调节池的目的是进行流量的调节和水质和水量的调节，有利于后置的生物处理稳定，其有效容积在工程实践经验之积累。但调节池也不宜过大，占地也不大。则会发生腐化变质现象，占地也不大。

第3.8.6D条 设置良好的通风系统，当处理构筑物为封闭式，每小时换气次数不宜小于15次；当处理构筑物为敞开式，每小时换气次数不宜小于5次。

【说明】 生活污水处理设施一般设置于建筑物地下室或绿地之下。设置于建筑物地下室的设施有成套产品，也有现浇混凝土构筑物，成套产品一般对封闭式，除设备本身有排气系统时，地下室本身应设置通风装置，换气次数要照某房的通风要求；而现浇式混凝土构筑物一般为敞开式，其在1.设置排风机和排风管，将臭气引至屋顶以上空排放；2.将臭气引至土壤层进行吸附除臭。

第3.8.6E条 生活污水处理设施应设置除臭系统。

【说明】 由于生活污水处理设施之地下室或建筑物附近的绿地之下，为了保护周围环境的卫生，除臭系统均不能缺少，目前既经济又解决问题的方法多数采用：1. 设置排风机和排风管，将臭气引至屋顶以上空排放；2. 将臭气引至土壤层进行吸附除臭。

第3.8.6F条 生活污水处理构筑物机械运行噪声不得超过现行的国家标准《城市区域环境噪声标准》(GB3096—93) 中的要求。在建筑物内运行噪声较大的机械应设独立隔间。

【说明】 生活污水处理设施一般采用生物接触氧化，鼓风曝气，鼓风机运行过程中产生的噪声达100dB左右，因此进行隔声设计规范中有关章节。一般进行的房间内要进行隔声设计，特别是鼓风机是必要的，一般安装消声装置，才能达到国家标准"城市区域环境噪声标准"独立隔间。

60℃热水用水定额 表 4.1.2-1

序号	建筑物名称		单位	用水定额（最高值）(L)
1	普通住宅，每户设有淋浴设备		每人每日	85~130
2	高级住宅和别墅，每户设有冰浴设备		每人每日	110~150
3	集体宿舍	有盥洗室	每人每日	27~38
		有盥洗室和浴室	每人每日	38~55
4	普通旅馆，招待所	有盥洗室	每床每日	27~55
		有盥洗室和浴室	每床每日	55~110
		设有浴盆的客房	每床每日	110~162
5	宾馆 客房		每床每日	160~215
6	医院，疗养院，休养所	有盥洗室	每病床每日	30~65
		有盥洗室和浴室	每病床每日	65~130
		设有浴盆的病房	每病床每日	160~215
7	门诊部，诊疗所		每病人每次	5~9
8	公共浴室	设有淋浴器	每顾客每次	55~110
		浴盆，浴池及理发室	每顾客每次	5~13
9	理发室		每顾客每次	16~27
10	洗衣房		每公斤干衣	4~7
11	公共食堂	营业食堂	每顾客每次	3~5
		工业、企业、机关、学校食堂	每顾客每次	16~32
12	幼儿园，托儿所	有住宿	每儿童每日	9~16
		无住宿	每儿童每日	27
13	体育场 运动员淋浴		每人每次	27

注：(1) 本表 4.1.2-1 内所列用水定额中水温为计算温度，卫生器具使用时的热水水温见表 4.1.2-2。
(2) 本表 60℃热水水温为计算温度，卫生器具已饮用时的热水水温已包括在本规范表 2.1.1、表 2.1.2 中。

卫生器具的一次和小时热水用水量和水温，应按表 4.1.2-2 确定。

流速度可取上限值；润滑油比重大，排出管距出水底井不宜小于0.6m 的规定，系照美国 SPC 规范第 803.2 条，规定油水分离器排出管至底部不小于 2 英尺，以保证油水分离效果。

第 3.9.17 条 含放射性物质、重金属及其他有毒、有害物质的污水，当不符合排放标准时，应单独进行专门处理后，方可排入医院污水处理站或城市排水管道。

【说明】 医院污水中除含有细菌、病毒、虫卵等致病的病原体外，有放射性同位素在临床医疗部门如服用放射性药物、注射器、强度放射性同位素的移液管、试液等器皿清洗的废水，以碘[131]、磷[132]为最多，放射性元素一般要经过处理后才能达到排放标准。一般的处理方法有表变法、凝聚沉淀法、稀释法等。医院污水中含有的酚、它来源于医院消毒药剂采用煤酚皂、还有苯、氯仿等重金属离子、有毒物质，这些物质大都来源于医院门诊部或医委表专科托老专门处理站的检验室、消毒液，其处理方法，将其收集专门处理或委托老专门单位处理。

第 3.10.21 条 屋面的汇水面积，应按屋面水平投影面积计算。窗井、贴近高层建筑外墙的地下车库出入口坡道、高层建筑裙房附加高层侧墙面积的1/2 折算为屋面的汇水面积。

【说明】 屋面雨水汇水面积的计算，是整个雨水排水系统计算的一项组成部分。本条规定按屋面水平投影面积计算，目的是为了避免屋面开展面积计算的错误。对于高出屋面入口坡道的地下汽车出入口坡道和地下室建筑外墙开展面积不计。因下雨时，由于风力扰动的原因，往往易于疏忽不计，但也布有相当部分的雨水，在计算汇水面积时应予以计入。贴近高层建筑外墙的侧墙，在上部的墙面，高出屋面的侧墙灵灵垂直面，在计算汇水面积时应予计入。

第 4.1.2 条 集中供应冷、热水时，热水用水定额，应按表 4.1.2-1 确定。

根据卫生器具完善程度和地区条件，用水定额，应按表 4.1.2-1 确定。

卫生器具的一次和小时热水用水定额及水温　　表 4.1.2-2

序号	卫生器具名称		一次用水量 (L)	小时用水量 (L)	水温 (℃)
1	住宅、旅馆	带有淋浴器的浴盆	150	300	40
		无淋浴器的浴盆	125	250	40
		淋浴器	70~100	140~200	37~40
		洗脸盆、盥洗槽水龙头	3	30	30
		洗涤盆（池）	—	180	50
2	集体宿舍	淋浴器：有淋浴小间	70~100	210~300	37~40
		无淋浴小间	—	450	37~40
		盥洗槽水龙头	3~5	50~80	30
3	公共食堂	洗涤盆（池）	—	250	50
		洗脸盆：工作人员用	3	60	30
		顾客用	—	120	—
		淋浴器	40	400	37~40
4	幼儿园、托儿所	浴盆：幼儿园	100	400	35
		托儿所	30	120	35
		淋浴器：幼儿园	30	180	35
		托儿所	15	90	35
		盥洗槽水龙头	1.5	25	30
		洗涤盆（池）	—	180	30
5	医院、疗养院、休养所	洗手盆	—	15~25	35
		洗涤盆（池）	—	300	50
		浴盆	125~150	250~300	40
6	公共浴室	浴盆	125	250	40
		淋浴器	100~150	200~300	37~40
			—	450~540	37~40
		洗脸盆	5	50~80	35
7	理发室	洗脸盆	—	35	35
8	实验室	洗脸盆	—	60	50
		洗手盆	—	15~25	30
9	剧院	淋浴器	60	200~400	37~40
		演员用洗脸盆	5	80	35

续表 1-80

序号	卫生器具名称		一次用水量 (L)	小时用水量 (L)	水温 (℃)
10	体育场	淋浴器	30	300	35
11	工业企业生活间	淋浴器：一般车间	40	360~540	37~40
		脏车间	60	180~480	40
		洗脸盆或盥洗槽水龙头：一般车间	3	90~120	30
		脏车间	5	100~150	35
12	净身器		10~15	120~180	30

注：一般车间指现行的《工业企业设计卫生标准》中规定的3、4级卫生特征的车间，脏车间指该标准中规定的1、2级卫生特征的车间。

【说明】　本条对热水用水定额作以下的调整处理：

一、住宅：目前国内住宅有集中热水供应的还不多，主要限于高级住宅和供外宾用的公寓式住宅，原每人（最高日）用水定额为75~100L（65℃）。但在调查中，发现均超过此数值，考虑到热水用水量的因素很多，不能全部照搬，为此作了一些修改，将每人每日用水定额提高到85~130L（60℃）。

1. 北京阜外公寓楼自1979年建成并于1980、1981年两年进行了测定，得出1980、1981年每人月平均日负荷分别为120L和148L（水温55℃），折合60℃热水为110L/人·平均日。

二、普通旅馆、招待所：根据目前国内设有浴盆、招待所设有原规范中"25%及以下房间内设有浴盆；26%~75%的房间内设有浴盆"统一改为"设有浴室的客房"。其用水量采用原用水量标准的上下限值。另外为了适应旅游事业的发展，增加实馆一项，其用水定额同条文中76%~100%的房间内设有浴盆时的普通旅馆。

1. 北京宣武饭店：属于25%及以下房间内设有浴室的普通旅馆，

经调查其用水量约合 148L/床·日，1982年9月的统计资料）。

2. 燕京饭店：根据所属热水量折合60℃热水约为115～131L/床·日（根据1981年9月，该饭店属所有客房内设有浴盆的旅馆）。

3. 北京饭店：根据北京市热力研究所所测定资料，热水用水量约为179L/人·日。

4. 昆仑饭店：热水采用150L/人·日。

上述调查资料，因影响用水量的因素很多，而且调查时间短，不能完全反映实际用水量，所以仅就目前国内宾馆、招待所和旅游宾馆分类情况作了调整，而热水用水定额仍保留原条文表28中的数值。

条文中还对个别卫生器具使用水温普遍反映偏低作了调整，如洗脸盆、盥洗槽洗手龙头、净身器等从原来的25℃提高到30℃，为了和本规范第2.1.1中增加了高级住宅和别墅的热水用水定额，其数值接相当于生活用水定额的33%～35%。其次在卫生器具使用的热水水温上，对个别具体作了一点调整，如公共食堂和幼儿园的洗涤盆以及实验室的洗脸盆，其水温从60℃改为50℃，理由是由于各种洗涤剂的出现，洗涤水温勿需太高，其次热水温降低，对于防垢亦大有好处，直接提高了加热设备的传热效率。

为便于计算，也为了和热水锅炉、水加热器出口最高水温协调一致，表4.1.2-1热水用水定额热水计算温度从65℃改为60℃，热水用水定额作了相应调整。

第 4.1.4 条 集中热水供应系统的热水在加热前的水质处理，应根据水质、水量、水温，使用要求等因素经技术经济比较确定；对建筑用水宜进行水质处理。

按60℃计算的日用水量大于10m³时，洗衣房用水应进行水质处理，其他建筑的日用水量大于357mg/L时，原水总硬度（以碳酸钙计）大于357mg/L时，应进行水质处理，按60℃计算的日用水量小于10m³时，其原水可不进行

水质处理。

注：对溶解氧控制要求较高时，可采取除氧措施。

【说明】 对水的暂时硬度及系统加热前的水质处理原则作了规定。

对水的暂时硬度原有不得超过5.4～7.2mg-当量/L（德度15～20°）的规定。经过30多年的实践基本上没有执行。但根据北京地区有资料，目前仅有香山饭店、建国饭店和西苑饭店的工程、昆仑饭店已按北京市自行设计的工程，如高级旅游宾馆的国际饭店，设（设计时对洗衣房考虑软化处理）备。而我国自行设计的工程，如高级旅游宾馆的国际饭店、昆仑饭店等因投资、管理制度等因素，生活用热水在加热前均没有按规定要求进行软化处理。有的工程即使有的热水在加热前均没有软化处理设备，也因经常费用过大而停用。如北京新侨饭店设计中有软化处理和加热器结垢严重而导致堵塞。为此，设计了一套软化装置。结果因用盐水量大、经常费用过高而搁置不用，不少单位反映，按国情使活用热水不可能采用化学软化处理。

热水供应系统中最合适的暂时硬度为2～3mg-当量/L，水的暂时硬度过小会加速设备、管道生锈的速度，并直接用来洗澡时会使人感到不舒服。根据有关资料介绍，当水中的暂时硬度在3～4mg-当量/L，水垢仅在水加热器中产生，而管网及局部系统中根本不会产生；当暂时硬度达到4～5mg-当量/L，水垢不但会在水加热器中产生，而且还会在管网系统中产生；当暂时硬度达到8～10mg-当量/L，水垢还会在局部系统中产生。

根据有关资料报导：暂时硬度大的水，当水加热到40℃时重碳酸盐还会分解。如果水加热到70℃时，这种分解更快，形成碳酸盐沉渣，一部分附在锅炉或水加热器的壁上，另一部分则随热水进入管道中，附在管壁上（结垢较薄）反阀门、三通、弯头等处（大量是在这些地方结垢）。

因此采用降低热水温度未控制出与水温有关。为此，多数单位采用也有采用磁

1—81

续表

水质处理情况	蒸水锅炉和水加热器出口的最高水温（℃）	配水点最低水温（℃）
原水水质需水质处理	60	50

注：当热水供应系统只供沐浴和盥洗用水，不供洗涤盆（池）洗涤用水时，配水点最低水温可不低于40℃。

【说明】按原水水质和水质处理情况规定了锅炉、水加热器的出口最高水温和配水点的最低水温。

保留了原条文中锅炉或水加热器的最高水温不得高于75℃，和配水点的最低水温不得低于50℃作为加热前水质无需处理或经水质处理的加热系统控制的水温。增加加热前水质需处理但无需软化处理的加热系统。为最高水温不得高于60℃和最低水温不得低于50℃的控制水平。因热水点和水中大部分水质处理，目的是为节省国内的经济水平。如采用水质处理，其初期投资和经常费用增加，因而在一般工程中大部分是采用降低或控制加热设备和管道结垢的程度。

热水温度高于75℃，存在下列两个问题：

一、加速水中重碳酸盐的沉淀和水溶解氧的分离，使加热设备和管道很快结垢和腐蚀。

二、热水容易汽化，放水时噪声大，使冷热水的混合器难于调节，容易损伤人体；多数热水供应系统过高还会使系统零件膨胀不易转动，影响使用。

根据调查，多数热水供应的设备、管道，很快就引起结垢腐蚀，其结垢程度，虽加大了贮水器（加热器）的容量，但与水质处理设施相比，在一次投资和经常费用上还是经济的。当然标准的高低，除有水质处理的建筑物外要求的水温，但在一般工程中，不采用贮水器（加热器）的容积，在一定情况下，将加大贮热器容积，但在一般工程中，不采用设置水质处理设备而采用降低配水温度办法的经济性是值得的。另外，当热水温度一定的情况下，将保证了配水点所要求的水温。但如热水温度过低，将保证了配水池相比，还是要设置水质处理措施的。

水器，但磁水器的机理尚没有结论。因此对磁水器的推广应用有一定影响，加相同的磁水器用在不同的地区或单位其效果不一样，综合以上实际情况，规范规定为"集中热水供应应经济比较确定"。这样的规定，应根据水质、水量、使用要求等经济技术分析的余地。其考虑的因素除水质、水量、使用人员比较多的分析研究三个因素外，还有工程的投资，管理制度，设备维修和设备折旧率计算上种因素决定。由于以上种种原因，就出现在北京地区具有同样的水质和同一级宾馆，和在一种外合宾馆中设置有生活热水软化处理，而国内自行设计和管理的宾馆，说明知热水系统结垢严重，理应处理，但限于基建投资或经常费用等种种原因而无法考虑的情况。

日用水量10m³以下的热水供应，一般设备小，管道也不长，清理水垢方便，可不搞处理。

本条在国内规定的前提下增加水质处理的具体标准，原水硬度（以碳酸钙计）357mg/L相当量/L 7.2mg-当量/L（德度20°）的规定源自《室内给水排水热水供应设计规范》TJ15—74，在当前水质处理方法日益多样，有效和简便，提出水质处理指标应当认为是合理的。

水质处理包括软化处理、静电处理、磁化处理、电子处理、聚磷酸盐、聚硅酸盐化学处理等处理方法。

第4.1.6条 热水锅炉或水加热器出口的最高水温和配水点的最低水温，可按表4.1.6采用。

热水锅炉和水加热器出口的最高水温和配水点水的最低水温 表4.1.6

水质处理情况	热水锅炉和水加热器出口最高水温（℃）	配水点最低水温（℃）
原水水质无需软化处理，原水水质需水质处理	75	50

大温度降Δt≤15°（此值既经济，又可保证系统水温的调节）。一般较小的热水在配水点取水使用时的水温，以减轻结垢现象。

热水在配水点的水温按其用途分为：

盥洗用（包括洗脸盆、盥洗槽、洗手盆）30～35℃

沐浴用（包括浴盆、淋浴器）35～40℃

洗漆用（包括洗漆盆、洗漆池）50～60℃

因此，当热水供应系统供浴池和盥洗用水时，配水点处最低水温可低于表4.1.6中的50℃，而不会影响使用。

当水温相应降低时，热水锅炉和水加热器的结垢问题，也可因结垢温差而引起的热损失。

第4.2.2条 集中热水供应系统的热源，应首先利用工业余热、废热、地热和太阳能。

注：（1）废热锅炉所利用的烟气温度，不宜低于400℃。

（2）以太阳能为热源的集中热水供应系统，可附设一套辅助加热装置。

（3）以地热水为热源时，应按地热水的水温、水质、水量、水压采取相应的技术措施。

【说明】 规定了集中热水供应系统热源选择的原则。

这三条规定是从节约能源的角度出发而对工程基地附近作调查研究，全面考虑热源条件，在设计中，当选择热源时应按地热水供应系统的基本国策。因此，在设计中，当选择热源时应按地热水供应系统的基本国策。首先应考虑利用工业余热、废热、地热和太阳能的资源。

一、首先应考虑利用地热水作为热水供应的热源。太阳能是取之不尽用之不竭的能源，近年来太阳能的利用已有所发展，在日照较长的地区如广州、福州地区均有热水供应，但热力管网和区域性锅炉房供热区之不竭的能源，近年来太阳能的利用已有所发展，在日照较长的地区如青海、甘肃等地取得较好的效果更佳。

二、其次是考虑利用热力管网和区域性锅炉房，热力管网和区域性锅炉房应在个别城市和处在。

是新规划区供热的方向，对节约能源和减少环境污染都有较大的好处，区域性锅炉房的优越性是肯定的，应予推广。

三、当上述的热源时，才考虑另设专用锅炉房。

以太阳能为热水的集中供水系统时，由于受日照时间和风雪雨等气候影响，不能全天候工作，应在太阳能不足时的场所，应另行增设一套加热装置，用以辅助太阳能热水器的供热工况，使太阳能热水器在不能供热或各生成条件不同的资源。在有条件时，应优先考虑。

地热水在我国分布较广，是一项极有价值的资源，应优先考虑。但地热水按其生成条件不同，其水温、水质、水量和水质对水采，应相应采取不同的技术措施，如：

水压不能满足设计秒流量最大小时流量时，应采用贮水装置调节；

当水质对钢材有腐蚀时，应对水采、管道和贮水装置等采取防腐蚀措施；

当水温很高时，应采用将地热水抽吸处，并尽可能地将热水冷却利用，再用以将热水用于发电或用于生活用水和部分热水供应系统作为热源；

如光热水有余量，亦可用于暖空调、燃油现也在局部热水供应系统作热源并为农田灌溉等。

第4.2.5条 局部热水供应系统的热源宜采用蒸汽、燃油、炉灶余热、太阳能或电能等。

【说明】 可用于局部热水供应系统的可燃气体除了煤气外，还有液化石油气等，统称为燃气。燃油、燃油等局部热水供应系统作为热源。

电能作为局部热水供应系统的热源，一般情况下不宜推荐，但在以下情况时，可考虑：

1. 无蒸汽、燃气、煤和太阳能等热源条件；

2. 当地有充足的电力和电供条件；

3. 采用电作为局部热水供应系统的热源被证明是经济、安全、有效和方便时，采用电作为局部制备热水、其热效率较高于直接电热加热方式，惟投资较昂贵。

第4.2.8条 采用蒸汽直接通入水中的加热方式，宜用于开式热水供应系统，并应符合下列条件：

一、蒸汽中不含油质及有害物质；

二、加热时应采用消声加热混合器，其所产生的噪声不超过允许值；

三、应采取防止热水倒流至蒸汽管道的措施。

注：当不回收凝结水经技术经济比较为合理时。

【说明】 蒸汽直接通入水中的加热方式，开口的蒸汽管直接捅在水中，在加热时，蒸汽压力大于开式加热水箱内的水头，在不加热时，蒸汽管内压力骤降，为防止加热水箱内的水倒流至蒸汽管，应采取防止热水倒流的措施，如提高蒸汽箱高，设置止蒸汽倒流装置等。

蒸汽直接通入水中的加热方式，会产生较高的噪声，影响人们的工作、生活和休息，如采用消声加热混合器，可大大降低加热时的噪声，将噪声控制允许范围内，因此明确条文规范出要求。

第4.2.15条 公共浴室淋浴器出水温度应稳定，并宜采取下列措施：

一、采用开式热水供应系统；

二、给水额定流量较大的用水设备的管道，应与淋浴器配水管道分开；

三、多于3个淋浴器的配水管，宜布置成环形；

四、成组淋浴器的配水支管的沿途水头损失，当淋浴器少于或等于6个时，可采用每米不大于200Pa；当淋浴器多于6小时，可采用每米不大于350Pa，但其最小管径不得小于25mm。

注：(1) 工业企业生活间和学校的淋浴室、宜采用单管热水供应系统，包括热水供应系统的热源，其热单管热水供应系统应有热水温稳定的技术措施。

(2) 公共浴室不宜采用公用浴池淋浴方式。

【说明】 本条规定公共浴室热水供应设计要求。

公共浴室热水供应设计，普遍存在两个问题：(1) 热水不反应，造成淋浴器出水温度忽冷忽热，很难调节。造成第一个问题的原因是在建筑设计时，设计的淋浴器数量过少，不能满足实际使用需要，因此一般采用延长淋浴室开放时间加以解决，这样既造成加热设备出现供不应求的局面，另外的原因是淋浴器每小时用水标准偏低，造成第二个问题的原因是浴室管网设计不够合理。本条仅对集中浴室管网设计提出四项措施，供设计中参照执行。

第一款的规定，不安室外管网水压变化影响，为使冷、热水系统的水压不稳定，不受室外管网水压变化影响，为便于调节冷热水量混合龙头的出水温度，避免因水压变化造成淋浴器实际出水量大于设计水量，既浪费，亦造成贮存容积不够用，而影响使用。

第二款的规定，是为了避免因浴盆、浴池、洗漆池等用水量大的卫生器具具启闭时，引起淋浴器管网的压力变化过大，以致造成管网的出水温度不稳定。上海、杭州某淋浴器不好调节，使淋浴器之间启闭阀门变化时减少引起淋浴器管网完全分开的浴室，则反映使用效果良好。

第三款的规定，是为了在较多的淋浴室由于淋浴器管网和浴盆、洗脸盆的管网完全分开，要求配水管布置成环形。

第四款明显有影响，是为了使淋浴器在使用调节不致造成管道内水头损失明显变化，影响淋浴器的作用。原条文根据"热水供应"一书介绍，推荐成组淋浴器配水管道每米水头损失采用5～10mmH$_2$O。经实际工程设计计算，发现按以上控制值选管径，则管径过大，对成组淋浴器的配水支管就采用DN50；10个淋浴器就采用DN70。经分析研究，对成组淋浴器的配水支管的沿途水头损失，当淋浴器少于等于6个时，可采

住宅的热水小时变化系数 K_h 值　　　　　　　　　　　表 4.3.2-1

居住人数 m	100	150	200	250	300	500	1000	3000
K_h	5.12	4.49	4.13	3.88	3.70	3.28	2.86	2.48

旅馆的热水小时变化系数 K_h 值　　　　　　　　　　表 4.3.2-2

床位数 m	150	300	450	600	900	1200
K_h	6.84	5.61	4.97	4.58	4.19	3.90

医院的热水小时变化系数 K_h 值　　　　　　　　　　表 4.3.2-3

床位数 m	50	75	100	200	300	500
K_h	4.55	3.78	3.54	2.93	2.60	2.23

注：(1) 当旅馆、医院、疗养院已有卫生器具数时，可按第 4.3.3 条规定计算设计小时耗热量。其卫生器具同时使用百分数，旅馆客房卫生间内浴盆可按 30%～50%计，其他器具不计；医院、疗养院病房内卫生间的浴盆可按 25%～50%计，其他器具不计。

(2) 不同类型建筑，由同一供热站供应热水时，应分别计算建筑物之间热水供应的同时使用百分数。

【说明】 本条和第 4.3.3 条，这两条均是规定集中热水供应系统的设计小时耗热量的计算公式。公式 4.3.2 是根据使用热水的计算单位数，用水定额及小时变化系数计算小时耗热量的计算公式；公式 4.3.3 是根据供热水的卫生器具数，小时耗热量和同时使用百分数计算小时耗热量的计算公式。这两公式系原规范第 206 条和 207 条的保留，但这次修订对公式的适用范围和公式中参数 K_h 值和 b 值作了修正。

原条文公式中的住宅、旅馆、医院的小时变化系数 K_h 值和住宅的浴盆用水定额百分数 b 值，均沿用苏联规范（СНиП II-Г.8-62）中规定的数据。1974 年修订时由于缺乏实测数据，工程总结和国外可借鉴的资料，故对上述两公式中的参数未作修改。

用每米不大于 200Pa；当淋浴器多于 6 个时，可采用每米不大于 350Pa 的规定，并规定配水支管不得小于 25mm，以保证水支管的稳定供水。

上述的规定，主要是为了从根本上解决淋浴器出水温度忽高忽低难于调节的问题，达到方便作用、节约用水的目的。

随使用人者的习惯自行调节，节约用水的公共浴室。

对工业企业生活间的淋浴室，由于下班后淋浴时间较长与冲洗污水、灰尘、淋浴时间较短，采用这种供水方式较适宜。

单管热水供应系统的优点是：节约用水再与冷水混合，使热水温稳定。节水节能。但由于卫生器具热水配件处热水不再与冷水混合，使热水温度稳定，控制在使用范围内，即热水自动调节水温技术清洁。

有：根据冷热水不同时出水、淋浴、池浴等方式，其中公用浴池冷热方式一般有盆浴、淋浴、池浴等方式，由于多人共同并同时使用，水质不易保持清洁，容易造成交叉感染，因此不宜于推荐。

第 4.3.2 条 住宅、旅馆、医院等建筑的集中热水供应系统全日供热水时的设计小时耗热量，应按下式计算：

$$Q = K_h \frac{mq_r c(t_r - t_l)}{86400} \quad (4.3.2)$$

式中 Q —— 设计小时耗热量 (W)；
　　m —— 用水计算单位数（人数或床位数）；
　　q_r —— 热水用水定额（L/人·d 或 L/床·d 等）应按本规范表 4.1.2-1 采用；
　　c —— 水的比热 (J/kg·℃)；
　　t_r —— 热水温度（℃）应按本规范表 4.1.2-1 采用；
　　t_l —— 冷水温度（℃）宜按本规范表 4.1.5 条规定；
　　K_h —— 小时变化系数，全日供应热水时可按表 4.3.2-1、4.3.2-2、4.3.2-3 采用。

本次修订过程中,从收集到的苏联亵与法规(СНиПⅡ—34—76)热水供应篇和1983年《给水与卫生工程》第六期中"在热水供应中热水量计算"一文中,发现苏联规范对公式和住宅、医院、旅馆的小时变化系数 K_h 值已作了修正(详见下表)另外在本次修订时结合全国各地设计部门提出的修改意见,并通过调研、收集到大量的资料,如北京热力研究所对北京部分用户的工程热力供应测试资料、各地工程设计小结及运营管理的经验等。

修订组针对原条文中住宅热水小时耗热量计算公式4.3.2和公式4.3.3计算出的同时使用百分数的 b 值的规定,及住宅、旅馆、医院的同时使用百分数 b 值的规定,缺少浴盆、医院浴盆小时变化系数偏低 K_h 值问题进行了综合分析,作如下修改;

一、对公式4.3.2中 K_h 值作了修正,表4.3.2-1、4.3.2-2、4.3.2-3 中的数值引用自苏联的建筑规范与法规热水供应篇,小时变化系数 K_h 值对比如下:

住宅的热水小时变化系数 K_h 值

居住人数 m	100	150	200	250	300	500	1000	3000
原 K_h	3.5	3.0	2.9	2.8	2.7	2.5	2.3	2.1
新 K_h	5.12	4.49	4.13	3.88	3.7	3.28	2.86	2.48
ΔK_h (%)	46	49.6	42	38	37	31	24	18

旅馆的热水小时变化系数 K_h 值

居住人数 m	60	150	300	450	600	900
原 K_h	4.6	3.8	3.3	3.1	3.0	2.9
新 K_h	9.65	6.84	5.61	4.97	4.58	4.19
ΔK_h (%)	109	80	70	60	53	44

医院的热水小时变化系数 K_h 值

床位数 m	35	50	75	100	200	300	500	1000
原 K_h	3.2	2.9	2.6	2.4	2.0	1.9	1.7	1.6
新 K_h	7.62	4.55	3.78	3.54	2.93	2.6	2.23	1.95
ΔK_h (%)	138	57	45	47.5	46.5	37	31	22

注:(1) 以上三表中原 K_h 值系指原规范表31、32、33中的数值;
(2) 新 K_h 值系指新规范表4.3.2-1、4.3.2-2、4.3.2-3中的数值;
(3) ΔK_h 为调正后新 K_h 值比原 K_h 值增大的百分数。

二、对公式4.3.3中 b 值的修正,删除原规范第207条中的表34"住宅浴盆的同时使用百分数 b 值"。因为目前我国多数建筑均为定时供应热水,使用极为集中,其同时使用百分数可能大于表中规定的数值。另外,该表没有反映出同时使用百分数与住宅内每户人数的关系,如当每户平均超过4人时,则按4.3.3公式计算出的结果小于按4.3.2公式计算的结果,苏联资料中也没有关住宅的浴盆同时使用百分数方面资料很少,该表既不符合国情,又很少使用,故给予删除。

根据多年未对旅馆、医院集中热水供应的设计经验及使用、管理上的总结,和北京热力研究所对北京地区部分供热单位的测定资料,增补了旅馆、医院浴盆同时使用百分数,供设计时选用。

第4.3.3条 工业企业生活间、公共浴室、学校、剧院、体育馆(场)等建筑的集中热水供应系统全日供热时的设计小时耗热量,应按下式计算:

$$Q = \sum \frac{q_h c(t_r - t_1) n_0 b}{3600} \qquad (4.3.3)$$

式中 Q ── 设计小时耗热量 (W);
q_h ── 卫生器具热水的小时用水定额 (L/h), 应按本规范表4.1.2-2采用;

c —— 水的比热 (J/kg·℃)；
t_r —— 热水温度 (℃) 应按本规范表 4.1.2-2 采用；
t_l —— 冷水温度 (℃) 宜按本规范第 4.1.5 条规定采用；
n_0 —— 同类型卫生器具数；
b —— 卫生器具同时使用百分数：公共浴室和工业企业生活间、学校、剧院及体育馆（场）等浴室内的淋浴器和洗脸盆均应按 100% 计。

【说明】 本条理由同第 4.3.2 条说明。

第 4.3.3A 条 集中热水供应系统当采用容积式加热水加热器加热水；或由快速式、半即热式或半容积式加热水加热器加热水且附设有贮水器目容积符合要求时，其设计小时耗热量应按本规范第 4.3.2 条和第 4.3.3 条确定。

集中热水供应系统当由快速式或半即热式水加热器加热，且不附设有贮水器时，其设计小时耗热量应由设计秒流量确定。

【说明】 集中热水供应系统加热设备的最大小时耗热量可接近设计小时耗热量供应水量，当无贮水器容积时，设计小时耗热量应满足设计秒流量的要求，因此，其设计小时耗热量应按设计秒流量确定。

第 4.4.1 条 加热设备应根据使用特点、耗热量、加热方式、热源情况和燃料种类、燃气或煤等燃料、维护管理等因素按下列规定选用：

一、宜采用一次换热的燃油、燃气或煤等燃料的热水锅炉。

二、当热源采用蒸汽或高温水时，宜采用传热效果好的容积式、半容积式、快速式、半即热式水加热器、贮水间接加热设备的选型应结合设计小时耗热量、贮水容积、热水用水量、蒸汽锅炉型号、数量等因素，经综合技术经济比较后确定。

三、应按加热设备的选型结合设计小时耗热量、贮水容积、热水用水量、蒸汽锅炉型号、数量等因素，经综合技术经济比较后确定。

四、无蒸汽、高温水等热源和无条件利用燃气、煤、油等燃料时，可采用电热水器。

五、当热源能利用太阳能时，宜采用热管、真空管式太阳能热水器。

【说明】 加热设备是热水供应的核心，加热设备的选择，关系到热效率的提高和能源的利用，规范本条文的指导思想是：

1. 推荐一次换热的热水锅炉，从总体上看一次换热的效率要优于二次换热。

热水锅炉可以用燃油、燃气，或煤为燃料。

2. 当无条件采用一次换热的热水锅炉时，可采用二次换热方式。

但在众多的二次换热的设备中应采用传热效果好的设备，近年来问世的新型容积式水加热器、半容积式水加热器、波纹管式水加热器、波纹板式水加热器、螺旋板式水加热器、半即热式水加热器等均属于传热效果好于一般的太阳能热水器和半容积式水加热器等均属于传热效果好于一般的太阳能热水器，应予推荐。

3. 在无蒸汽、高温水作为热源，无条件利用燃气、燃煤和燃油作为燃料加热水时，允许用电作为热源，采用电热水器制热水。

4. 传热真空管式太阳能热水器的传热效果优于一般的太阳能热水器，因此电冷凝速度加快，传热效果最佳，因此真空管式太阳能热水器的传热效果优于一般的太阳能热水器，规范已推荐。

5. 溴化锂制冷机组全年运转时间较长，可作为热水源（如水质为软水地区），制冷机组的冷却水，在有条件时，可作为热水源。

第 4.4.7 条 容积式水加热器或容积加热水箱，当冷水从下部进入入，热水从上部送出，其计算容积宜附加 20%~25%。

第4.4.8条 集中热水供应系统中的贮水器容积，应根据日热水用水量小时变化曲线及锅炉、水加热器的工作制度和供热量以及自动温度调节装置等因素计算确定。

对贮水器的贮热量不得小于表4.4.8的规定。

贮水器的贮热量　　　　　　表4.4.8

加热设备	贮水器的贮热量
容积式水加热器或加热水箱	工业企业淋浴室不小于30min设计小时耗热量；其它建筑物不小于45min设计小时耗热量
有导流装置的容积式水加热器	20min设计小时耗热量
半容积式水加热器	15min设计小时耗热量
半即热式水加热器	—
快速式水加热器	—

注：(1) 当热媒按设计秒流量供应，且有完善可靠的温度自动调节装置时，可不计算容积。

(2) 半即热式和快速式水加热器用于衣洗房或热源供应不应充分时，也应设贮存热量，其贮热量同有导流装置的容积式加热器。

【说明】 规定贮水器容积的确定方法。

贮水器的容积，理应根据日热水量小时变化曲线计算确定。由于目前很难取得这种曲线，所以各设计单位根据热源充沛程度和加热设备能力进行这种计算，管理情况等因素综合考虑后决定。合理解决加热设备产热水量足以供应设计秒流量的热源，加热设备及供应贮热容器。但实际上，由于用水均匀并实行自动控制，则理论上无需贮热容器，用水不均匀，不重视管一般工程中热源供应和加热设备能力有限，以解决热水供应不应求的状况。理，而采用加大贮水箱的容积的办法。

当采用有导流装置的容积式水加热器时，其计算容积应附加10%～15%。

当采用半容积式水加热器时，或带有强制罐内水循环装置的容积式水加热器时，其计算容积可不附加。

在计算容积式水加热器或加热附加值的规定如下。

在计算容积式水加热器的计算面积和小时蒸汽消耗量时，是按最小小时耗水量计算的。因容积式水加热器（箱）冷水从下部进入，热水从上部送出，属定容变温的加热设备。加热盘管是设在加热器底部，冷水自下部进入受热上升，因容积式加热器（箱）是靠对流传热，加热容器内的水，随着用水温度将出现下列三种情况：

一、当耗热量小于热盘管的供热量时，加热器内水温基本一致，不出现分层现象；

二、当耗热量接近加热盘管的供热量时，加热器内水将出现分层现象，因冷水从下部进入，受热上升，水的温度逐渐升高。可能出现两个不同温度的热水层，但两水层的温差不大。

三、当耗热量大于加热盘管的供热量时，加热器内热水分层就会增加，最上层和最下层的冷水的温差加大。这时，进入的大量冷水占加热盘管热水的供热能力不足热水不够用，所以在加热器下面的水升将减慢，因此容积式加热器的使用温度，故将加热水用量。在计算有导流装置的容积式加热器时的容积（箱）的容积时应附加20%～25%的容积。

有导流装置的容积式水加热器和半容积式水加热器，都是容积式加热器，但是容积式加热器(外)循环水装置，使冷水占用容积减小，因此计算容积附加值或适当减少可不予附加。这也是这类容积式加热器容积计算的优点所在。

一些单位为了充分掌握锅炉的潜力，在热水供应前2~3小时内预先加热，将热水贮存起来，随后边加热边供水，这是正确处理供水关系的方法。

目前，我国热水供应大多数采用人工控制，自控控制也仅用于贮水器内的水温控制热媒的自动调节，故需要设置一定容量的热水贮水器。工业企业淋浴室的容积不同于其他建筑集中而又均匀，故贮水器的容积较小些；根据调查，目前设计小时耗热量贮热容量多数采用不小于30min的设计小时耗热量；其他建筑物贮水器的贮热量，则采用不小于45min的设计小时耗热量。

贮水器容积又和多种因素有关，主要有：

1. 加热设备种类；
2. 用水情况；
3. 加热设备工作制度和供热情况，尤其是提前加热时间；
4. 热源和热媒的供应情况；
5. 自动温度调节阀等附件的设置；
6. 管理水平等。

一般说来，热源和热媒能保证设计秒流量时的耗热量，自动温度调节装置工作可靠，能保证热水出口处热水温度稳定，贮水器容积可减少。相反热源和热媒按最大小时流量或平均小时流量的耗热量考虑，又不可靠考虑自动温度调节装置，则贮水器作为耗热量的调节与贮热量，必然要考虑一定的贮热容量。规范根据不同类型热媒供应反之相应的其他因素（热源对热媒供应量、自动温度调节反应有效装置等）对贮水器的贮热量作出原则规定。

第4.4.9条 删除

第4.4.12条 热水箱应加盖、并设溢流管、泄水管和引出室外的通气管。热水箱溢流管冷水补给水位超出水箱的水位高度，应按热水膨胀量确定。泄水管、溢流管不得与排水管道直接连接。

加热设备和贮热设备宜根据水质情况采用耐腐蚀材料

或衬里。

【说明】

对热水箱配件的设置要求作了规定。

热水箱加盖板，是防止室内空气中的尘土杂物污染。泄水管是为了在清洗、检修时泄空，将通气管引至室外是避免热气溢在室内。

在开式热水供应系统中，为防止热水箱内的水因受热膨胀而流失，规定热水箱溢流水位超出冷水补给水箱补给水位高度应按膨胀量确定，其高度h按下式计算：

$$h = H\left(\frac{\gamma_r}{\gamma_l} - 1\right) \quad (4.4.12)$$

式中 γ_r —— 热水箱内热水的平均重率（kg/m^3）；
γ_l —— 冷水补给水箱内水的平均重率（kg/m^3）；
H —— 热水箱底距冷水补给水箱水面的高度（m）；
h —— 热水箱溢流水位超出补给水位的高度（m）。

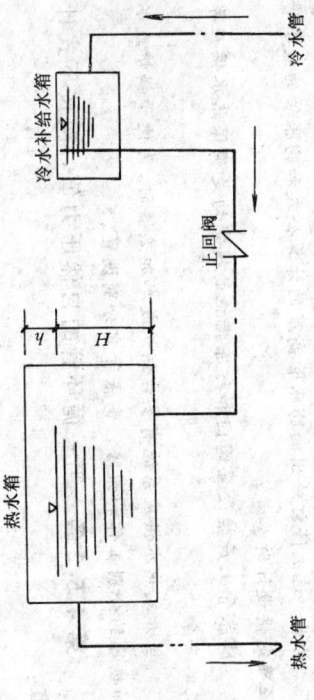

图4.4.12 热水箱与冷水箱布置

此外，加热设备和贮热设备由于热水有一定水温，水中溶解氧析出较多，氧腐蚀比较严重，因此加热设备和贮热设备宜根据水质情况采用耐腐蚀材料制作（如采用不锈钢板、复合钢板）或衬里（如内衬铜）等。

第4.4.15A条 在闭式热水供应系统中，应采取消除水加热时热水膨胀引起的超压措施。

【说明】 闭式热水供应系统是由承压水加热器以及快速式水加热器、贮水器和热水管网组成的，对于承压水压容器附件的设置（如安全阀）国家有关规范中都有明确的规定。长期以来，运行情况良好的，个别出现的事故，究其原因，多数是压力容器超压造成的，以反安全阀常年缺少维修。为了确保闭式热水供应系统的安全运转，除上述压力容器上必须设置的安全装置外，借鉴国外的经验，有条件时可以考虑设置膨胀管、膨胀式压力容器水罐或膨胀罐。膨胀式压力容器水罐构造同隔膜式气压水罐，其原理为利用水罐内隔膜式容积来作为保存热水后热水膨胀的膨胀罩，具有调节、节水、节热、节能的优点。宜设在闭式热水供应系统中热水直接接触，其隔膜的使用寿命和价格有关，隔膜一般用橡胶制作，橡胶隔膜接触隔膜的水温直接有关，为延长膨胀水罐使用寿命，应使接触隔膜的水温尽可能降低，其方法是将压力膨胀水罐安装在冷水进水管或热水回水管的分支管上。

第4.4.16条 膨胀管的设置要求和管径的选择，应符合下列要求：

一、膨胀管上严禁装设阀门。

二、膨胀管如有冻结可能时，应采取保温措施。

三、膨胀管的最小管径，宜按表4.4.16确定。

膨胀管最小管径   表4.4.16

锅炉或水加热器传热面积(m²)	<10	≥10且<15	≥15且<20	≥20
膨胀管最小管径(mm)	25	32	40	50

注：对多台锅炉或水加热器，宜分设膨胀管。

膨胀管高出水箱面的垂直高度的计算公式和膨胀管的设置要求。

【说明】 本条规定开式热水系统中膨胀管的设置要求。

膨胀管高出水箱面的垂直高度的计算公式和膨胀管的最小管径的确定，均是参考国外有关资料和实践在工程内国外经常出现的问题加以补充的，尤其是开式系统中膨胀管设置高度对热水供应一定影响，太低时会造成热水温流到冷水箱，造成冷水供水的事故；太高时会给水加水装带来困难，同时有热水的内压。为此，这次修订给出的计算公式和膨胀管的最小管径定供设计参考。

当开式热水供应系统有多台锅炉或水加热器时，为使于锅炉或水加热器的分别工作和维修，膨胀管宜确保热水供应系统的安全。

第4.5.2条 第一循环管的自然压力值，应按下式计算：

$$H_{zr} = 10 \cdot \Delta h (\gamma_1 - \gamma_2) \quad (4.5.2)$$

式中 H_{zr}——第一循环管的自然压力值(Pa)；
Δh——锅炉或水加热器的中心与贮水器中心的标高差(m)；
γ_1——贮水器回水的比重(kg/m³)；
γ_2——锅炉或水加热器出水的比重(kg/m³)。

【说明】 在公式4.5.2中，根据计算公式单位衡一致，在公式4.5.3-1和公式4.5.3-2的右侧乘以10。基于与4.5.2条同样的理由，公式4.5.3-1和公式4.5.3-2的右侧都应乘以10。

第4.5.3条 第二循环管的自然压力值，应按下列公式计算：

一、上行下给式：

$$H_{zr} = 10 \cdot \Delta h (\gamma_3 - \gamma_4) \quad (4.5.3-1)$$

式中 H_{zz} ——第二循环管的自然压力值（Pa）；
    Δh ——锅炉或水加热器的中心与上行横干管管段中心的标高差（m）；
    γ_3 ——最远处立管管段中点处水的比重（kg/m³）；
    γ_4 ——配水主立管管段中点处水的比重（kg/m³）；

二、下行上给式：

$$H_{zz} = 10 \cdot [(\Delta h - \Delta h_1)(\gamma_5 - \gamma_6) + \Delta h_1(\gamma_7 - \gamma_8)] \quad (4.5.3-2)$$

式中 H_{zz} ——第二循环管的自然压力值（Pa）；
    Δh ——锅炉或水加热器的中心至立管顶部的标高差（m）；
    Δh_1 ——最远处回水立管中点至立管底部的标高差（m）；
    γ_5 ——配水立管管段中点处水的平均比重（kg/m³）；
    γ_6 ——锅炉或水加热器中心至立管底部的水的平均比重（kg/m³）；
    γ_7 ——锅炉或水加热器的中心至立管顶部的水的平均比重（kg/m³）；
    γ_8 ——配水立管管段中点处水的平均比重（kg/m³）。

第 4.5.7 条 热水管网的水头损失，应按下列公式计算：

一、当 $V < 0.44$ m/s 时：

$$i = 0.000897 \frac{V}{d_j^{1.3}} \left(1 + \frac{0.3187}{V}\right)^{0.3} \quad (4.5.7-1)$$

当 $V > 0.44$ m/s 时：

$$i = 0.0010524 \frac{V^2}{d_j^{1.3}} \quad (4.5.7-2)$$

式中 i ——管道单位长度的水头损失（mm/m）；
    V ——管道内的平均水流速度（m/s）；
    d_j ——考虑结垢和腐蚀等因素后的管道计算内径（m）。

二、局部水头损失，可按本规范第 2.6.9 条第二款的规定计算。

【说明】 条文对热水管网水头损失计算作出规定。热水管网的水头损失与冷水管网水头损失不同，点在于：

热水管道有结垢、腐蚀等情况，需要考虑结垢和腐蚀影响管径和阻力系数。

第 4.5.9 条 机械循环的热水供应系统，其循环附加流量与循环水泵的确定应遵守下列规定：

一、水泵的出水量，应为循环流量与循环附加流量之和。

注：循环附加流量，应根据建筑物性质、使用要求确定，宜取设计小时用水量的 15%。

二、水泵的扬程应按下式计算：

$$H_b = \left(\frac{q_x + q_f}{q_x}\right)^2 h_p + h_x \quad (4.5.9)$$

式中 H_b ——循环水泵的扬程（kPa）；
    q_f ——循环附加流量（L/s）；
    q_x ——循环流量（L/s），应按本规范第 4.5.4 条计算；
    h_p ——循环流量通过配水管网的水头损失（kPa）；
    h_x ——循环流量通过回水管网或快速水加热器的水头损失（kPa）。

注：当采用半即热式水加热器时，水泵扬程计算尚应计算水加热器水头损失。

三、水泵承受的压力不应小于其所承受的静水压。

【说明】 第一款规定,对机构循环的热水供应系统的循环水泵的选择作了规定。

将循环附加流量一般为设计小时用水量的15%。

关于循环附加流量,系指所需最低温度的循环流量,系统循环流量骤降低,配水点水温就低于规定温度。因此,循环流量应有一个附加流量。

附加流量的大小,取决于建筑物的性质、使用情况等因素。在"房屋卫生技术设备"等书籍及资料中,均规定附加流量为1/3配水量或最大"给水量",但没有明确说明"配水量"或最大"给水量"是什么(对于小的热水供应系统中较小的应用,故本书中采用小时平均水量的15%)。由于小时平均水量在热水供应系统中很少应用,故本书中采用小时平均水量表示。一般建筑物的热水供应系统中变化系数均为1.5～2.5,若取循环附加流量为设计小时用水量15%,即相当于小时平均水量的22.5%～37.5%,该值与"热水供应"书中规定的25%～33%较相近。

第二款规定,水泵扬程计算方法也即是热水供应系统中水头损失的计算方法。

1. 当管网中只有循环流量 q_x,通过配水管网时的水头损失 H_p 为:
$$H_p = h_p \quad (kPa)$$

2. 当管网中考虑循环流量 q_x 和循环附加流量 q_f,同时通过配水管网时的水头损失 H_1 为:
$$H_1 = \left(\frac{q_x + q_f}{q_x}\right)^2 h_p \quad (kPa)$$

式中 h_p — q_x 通过配水管网时的水头损失。

3. 循环水泵扬程除考虑 H 外,还应当考虑当通过循环管网时的水头损失,故水泵扬程应足以克服热水循环系统的水头损失,由于热水循环水泵扬程很小,因此热水循环水泵扬程也比较低,水泵工作压力决定于水泵扬程,而热水循环扬程虽小,但管网静水压力值较大,水泵壳容易出现超压现象而导致损坏,规范条文以提示,使设计人员引起注意,并加以避免。

循环水泵扬程应足以克服以上这些水头损失,其计算公式为:
$$H_b = H_1 + h_x = \left(\frac{q_x + q_f}{q_x}\right)^2 h_p + h_x \quad (kPa)$$

第4.6.1条 热水管管径小于及等于150mm时,应采用镀锌钢管和相应的配件。

宾馆、高级住宅、别墅等建筑,宜采用铜管、聚丁烯管或铝塑复合管。

【说明】 本条文将采用镀锌钢管的范围扩大到DN150mm,理由是目前国内大型旅游宾馆、饭店、医院等建筑供热水量都较大,管径多数超过DN100mm,为了保证供热水水质,一般都采用了镀锌钢管,有条件的从国外选购,也有不少单位投资,但对保证水质和水量另行加工,这就增加了部分投资。苏联1976年规范,对热水延长管道寿命均起到了一定作用,查阅苏联1976年规范,对热水供应管道也规定应采用镀锌钢管,当直径大于150mm时,可采用焊接钢管,这条规定可能给一些工程带来麻烦,但对镀锌钢管及其附件的加工、生产起到促进作用。

根据我国经济发展及其现状,有色金属水注升格为正条文,此外,聚丁烯和聚塑复合管具有不少优点,也可推荐在热水供应系统中应用。

第4.6.2条 热水管道系统,应有补偿管道温度伸缩的措施。宜采用金属波纹管等。

【说明】 对热水管道系统中为防止管道的变形设置必要的配件和措施的规定。

热水管道因热膨胀会产生伸长,如不设法使管道有自由伸缩的余地,则使管道内承受超过管道所许可的内应力,致使管道弯曲甚至破裂,并对管道两端的固定支架给予很大的排力。为了减释管道在基热膨胀时的内应力,设计时应尽量利用管路上自然转弯,当直线管段较长(水平或垂直段)不能依靠自然补偿时,应设置伸缩器,常用的伸缩器Ω型、Π型、波型和套筒等,但Π型占地面积大,伸缩补偿量小,又不美观,耐热橡胶可曲挠接头也可采用,因此规范条文推荐用波纹管作为管道温度伸缩的补偿措施。

根据资料介绍:热水管道受热时每m管道的伸长约为1mm,一个伸缩器能承受的伸缩长度平均为50mm,因此,在水平的热水直线管道上每隔50m设置一个,立管上每隔30m设置一个即可。

管道转弯处本身能起伸缩器的作用,每一个转弯处可以承受的伸缩能力为10～20mm,故当热水管长度不大,且有多转弯的管道时,可不设伸缩器。每个伸缩器必须安装在两个固定支架之间。

第4.7.2条 作为饮用的温水或自来水在接至饮水器前,应进行过滤和消毒处理。

冷饮水应设置循环管道,循环管道的水流速可大于2m/s。

冷饮水及其循环回水均应进行消毒灭菌处理,宜采用紫外线消毒方式。

【说明】 对饮水进行过滤,目的是去除水中悬浮物、有机物,保证饮水水质符合使用要求;进行消毒处理目的是去除水中病菌,保证饮用者的健康。在有条件时,两者均应考虑。冷饮水管因水流滞留而影响水质,因此需设置循环管道,使水流不断流动。为了这种消毒方式不能有异味、消毒一般采用紫外线照射杀菌,也由于这种消毒方式不能防止水质凝固病菌二次污染,因此规定水回水也应进行消毒灭菌处理。

第4.7.9条 饮水管应采用铜管、不锈钢管、铝塑复合管、聚丁烯管、配件应采用与管材相同的材料。

【说明】 饮水直接进入人体,为保证人体健康,规范条文对饮水管材提出要求,以求管材对饮水水质不产生有害影响。

附录一 名词解释

使用名词	曾用名词	说 明
生活污水	粪便污水	大便器(槽)和小便器(槽)排出的水
生活排水	生活污水	生活污水与生活废水的总称

附加说明:本规范主编单位、参加单位和主要起草人名单

主编单位:上海建筑设计研究院
参加单位:河南省建筑设计研究院
主要起草人:姜文源 张淼 陈钟潮

中华人民共和国国家标准

建筑设计防火规范

GBJ 16-87
（1997年版）

主编部门：中华人民共和国公安部
批准部门：中华人民共和国国家计划委员会
施行日期：1995年11月1日

工程建设国家标准局部修订公告

第7号

国家标准《建筑设计防火规范》GBJ16-87，由公安部天津消防科研所会同有关单位进行了局部修订，已经有关部门会审，现批准局部修订的条文，自1997年9月1日起施行，该规范中相应的条文规定同时废止。现予公告。

中华人民共和国建设部
1997年6月24日

工程建设国家标准局部修订公告

第4号

国家标准《建筑设计防火规范》GBJ16—87由公安部消防局会同有关单位进行了局部修订,已经有关部门会审,现批准该修订的条文,自1995年11月1日起施行,该规范中相应条文的规定同时废止。现予公告。

中华人民共和国建设部
1995年8月21日

关于发布《建筑设计防火规范》的通知

计标[1987] 1447号

根据原国家建委(81)建发设字第546号文的通知,由公安部会同有关部门共同修订的《建筑设计防火规范》TJ16—74,已经同有关部门会审。现批准修订后的《建筑设计防火规范》GBJ16—87为国家标准,自1988年5月1日起施行,原《建筑设计防火规范》TJ16—74同时废止。

本规范只规定了建筑设计的通用性防火要求,国务院各有关部门和各省、自治区、直辖市在施行中,必要时可根据本规范规定的原则,结合本部门、本地区的具体情况制订补充规定,并报国家计委和公安部备案。

本规范由设计单位和建设单位贯彻实施。公安机关负责检查督促。对设有专门防火规定的,或按本规范设计确有困难时,应在地方基建综合主管部门主持下,由设计单位、建设单位和当地公安机关协商解决。

本规范由公安部负责管理,具体解释等工作由公安部七局负责。出版发行由我委基本建设标准定额研究所所负责组织。

中华人民共和国国家计划委员会
1987年8月26日

修订说明

本规范是根据原国家建委(81)建发设字第546号文的通知,由我部消防局会同机械工业部设计研究总院、纺织工业部设计院等10个单位共同修订的。

在修订过程中,遵照国家基本建设的有关方针、政策和"预防为主,防消结合"的消防工作方针,调查了27个大中城市的200余个类工厂、仓库和民用建筑的防火设计现状,总结了最近10多年来的建筑防火设计方面的经验教训,吸收国外符合我国实际情况的建筑防火先进技术成果,并征求了全国有关单位的意见,最后经有关部门共同审查定稿。

本规范共分十章和五个附录。其主要内容有:总则,建筑物的耐火等级、厂房、仓库、民用建筑、消防车道和进厂房内的铁路线、建筑构造、消防给水和固定灭火装置、采暖、通风和空气调节、电气等。

鉴于本规范是综合性的防火技术规范,政策性和技术性强,涉及面广,希望各单位在执行过程中,结合工程实践和科学研究,认真总结经验,注意积累资料,如发现需要修改和补充之处,请将意见和有关资料寄交我部消防局,以便今后修改时参考。

中华人民共和国公安部
1987年5月

第一章 总 则

第1.0.1条 为了保卫社会主义建设和公民生命财产的安全,在城镇规划和建筑设计中贯彻"预防为主,防消结合"的方针,采取防火措施,防止和减少火灾危害,特制定本规范。

第1.0.2条 建筑防火设计,必须遵循国家的有关方针政策,从全局出发,统筹兼顾,正确处理生产和安全、重点和一般的关系,积极采用行之有效的先进防火技术,做到促进生产、保障安全,方便使用,经济合理。

第1.0.3条 本规范适用于下列新建、扩建和改建的工业与民用建筑:

一、九层及九层以下的住宅(包括底层设置商业服务网点的住宅)和建筑高度不超过24m的其他民用建筑以及建筑高度超过24m的单层公共建筑;

二、单层、多层和高层工业建筑。

本规范不适用于炸药厂(库)、花炮厂(库)、无窗厂房、地下建筑、炼油厂和石油化工厂的生产区。

注:建筑高度为建筑物室外地面到其女儿墙顶部或檐口的高度。屋顶上的瞭望塔、冷却塔、水箱间、微波天线间、电梯机房、排风和排烟机房以及楼梯出口小间等不计入建筑高度。建筑物的顶板高出室外地面不超过1.5m者,不计入层数内。

第1.0.4条 建筑防火设计,除执行本规范的规定外,并应符合国家现行的有关标准、规范的要求。

注：①以木柱承重且以非燃烧材料作为墙体的建筑物，其耐火等级应按四级确定。

②高层工业建筑的预制钢筋混凝土装配式结构，其节点连接处部位，应做防火保护层，其耐火极限不应低于本表相应构件的规定。

③二级耐火等级的建筑吊顶，如采用非燃烧体，其耐火极限不限。

④在二级耐火等级的建筑中，面积不超过100m²的房间隔墙，如执行本表规定有困难时，可采用耐火极限不低于0.3h的非燃烧体。

⑤一、二级耐火等级民用建筑疏散走道两侧的隔墙，按本表规定执行有困难时，可采用0.75h非燃烧体。

⑥建筑构件的燃烧性能和耐火极限，可按附录二确定。

第2.0.2条 二级耐火等级的多层和高层工业建筑内存放可燃物的平均重量超过200kg/m²的房间，其梁、楼板的耐火极限应符合一级耐火等级的要求，但设有自动灭火设备时，其梁、楼板的耐火极限仍可按二级耐火等级的要求。

第2.0.3条 承重构件为非燃烧体的工业建筑（甲、乙类库房和高层库房除外），其非承重外墙为非燃烧体时，其耐火极限不低于0.25h，为难燃烧体，可降低到0.5h。

第2.0.4条 二级耐火极限达到1h有困难时（高层工业建筑的楼板除外）如耐火极限达到1h有困难时，可降低到0.5h。

第2.0.5条 二级耐火等级建筑的屋顶如采用耐火极限不低于0.5h的承重构件有困难时，可采用无保护层的金属构件。但甲、乙、丙类液体火焰能烧烤的部位，应采取防火保护措施。

第2.0.6条 建筑物的屋面面层，其不燃烧体屋面基层上可采用可燃卷材防水层。上人的二级耐火等级建筑的平屋顶，其屋面板应采用不燃烧体，但一、二级耐火等级建筑物，其不燃烧体屋面基层上可采用可燃卷材防水层。

第2.0.7条 下列建筑或部位的室内装修，宜采用非燃烧材料或难燃烧材料：

一、高级旅馆的客房及公共活动用房；

二、演播室、录音室及电化教室；

三、大型、中型电子计算机房。

第二章 建筑物的耐火等级

第2.0.1条 建筑物的耐火等级分为四级，其构件的燃烧性能和耐火极限不应低于表2.0.1的规定（本规范另有规定者除外）。

建筑构件的燃烧性能和耐火极限   表2.0.1

构件名称		耐火等级 一级	二级	三级	四级
墙	防火墙	非燃烧体 4.00	非燃烧体 4.00	非燃烧体 4.00	非燃烧体 4.00
	承重墙、楼梯间、电梯井的墙	非燃烧体 3.00	非燃烧体 2.50	非燃烧体 2.50	难燃烧体 0.50
	非承重外墙	非燃烧体 1.00	非燃烧体 1.00	非燃烧体 0.50	难燃烧体 0.25
	房间隔墙	非燃烧体 0.75	非燃烧体 0.50	非燃烧体 0.50	难燃烧体 0.25
柱	支承多层的柱	非燃烧体 3.00	非燃烧体 2.50	非燃烧体 2.50	难燃烧体 0.50
	支承单层的柱	非燃烧体 2.50	非燃烧体 2.00	非燃烧体 2.00	燃烧体
梁		非燃烧体 2.00	非燃烧体 1.50	非燃烧体 1.00	燃烧体 0.50
楼 板		非燃烧体 1.50	非燃烧体 1.00	非燃烧体 0.50	燃烧体
屋顶承重构件		非燃烧体 1.50	非燃烧体 1.00	难燃烧体 1.00	燃烧体
疏散楼梯		非燃烧体 0.25	非燃烧体 0.25	非燃烧体 0.15	燃烧体
吊顶（包括吊顶搁栅）		非燃烧体	难燃烧体	难燃烧体	燃烧体

第三章 厂 房

第一节 生产的火灾危险性

第3.1.1条 生产的火灾危险性，可按表3.1.1分为五类。

生产的火灾危险性分类 表3.1.1

生产类别	火灾危险性特征
甲	使用或产生下列物质的生产： 1．闪点＜28℃的液体 2．爆炸下限＜10％的气体 3．常温下能自行分解或在空气中氧化即能导致迅速自燃或爆炸的物质 4．常温下受到水或空气中水蒸汽的作用，能产生可燃气体并引起燃烧或爆炸的物质 5．遇酸、受热、撞击、摩擦、催化以及遇有机物或硫磺等易燃的无机物，极易引起燃烧或爆炸的强氧化剂 6．受撞击、摩擦或与氧化剂、有机物接触时能引起燃烧或爆炸的物质 7．在密闭设备内操作温度超过物质本身自燃点的生产
乙	使用或产生下列物质的生产： 1．闪点≥28℃至＜60℃的液体 2．爆炸下限≥10％的气体 3．不属于甲类的氧化剂 4．不属于甲类的化学易燃危险固体 5．助燃气体 6．能与空气形成爆炸性混合物的浮游状态的粉尘、纤维，闪点≥60℃的液体雾滴
丙	使用或产生下列物质的生产： 1．闪点≥60℃的液体 2．可燃固体
丁	具有下列情况的生产： 1．对非燃烧物质进行加工，并在高热或熔化状态下经常产生强辐射热、火花或火焰的生产 2．利用气体、液体、固体作为燃料或将气体、液体进行燃烧作其它用的各种生产 3．常温下使用或加工难燃烧物质的生产
戊	常温下使用或加工非燃烧物质的生产

注：①在生产过程中，如使用或产生的物质易燃、可燃物质的量较少，不足以构成爆炸或火灾危险时，可以按实际情况确定其火灾危险性的类别。

②一座厂房内或同一防火分区内有不同性质的生产时，其火灾危险性应按火灾危险性较大的部分确定。但当火灾危险性较大的生产部分占本层或该防火分区面积的比例小于5％（丁、戊类生产厂房的油漆工段小于10％），且发生事故时不足以蔓延到其他部位，或采取防火措施能防止火灾蔓延时，可按火灾危险性较小的部分确定。

丁、戊类生产厂房的油漆工段，当采用封闭喷漆工艺时，封闭喷漆空间内保持负压，且油漆工段设置可燃气体浓度报警或自动抑爆系统时，油漆工段占所在防火分区面积的比例不应超过20％。

③生产的火灾危险性分类举例见附录三。

第二节 厂房的耐火等级

第3.2.1条 各类厂房的耐火等级、层数和占地面积应符合表3.2.1的要求（本规范另有规定者除外）。

厂房的耐火等级、层数和占地面积 表3.2.1

生产类别	耐火等级	最多允许层数	防火分区最大允许占地面积（m²）			
			单层厂房	多层厂房	高层厂房	厂房的地下室和半地下室
甲	一级 二级	除生产必须采用多层者外，宜采用单层	4000 3000	3000 2000	— —	— —
乙	一级 二级	不限 6	5000 4000	4000 3000	2000 1500	— —
丙	一级 二级	不限 不限	不限 8000 3000	6000 4000 2000	3000 2000	500 500
丁	一、二级 三级 四级	不限 3 1	不限 4000 1000	不限 2000 —	4000 — —	1000 — —
戊	一、二级 三级 四级	不限 3 1	不限 5000 1500	不限 3000 —	6000 — —	1000 — —

注：①防火分区间应用防火墙分隔。一、二级耐火等级的单层厂房（甲类厂房除

乙类厂房的配电所必须在防火墙上开窗时，应设非燃烧体的密封固定窗。

第3.2.8条 多功能的多层或高层厂房内，可设丙、丁、戊类物品库房，但必须采用耐火极限不低于3h非燃烧体墙和1.5h的非燃烧体楼板与厂房隔开，库房的耐火等级和面积应符合本规范第4.2.1条的规定。

第3.2.9条 甲、乙类生产不应设在建筑物的地下室或半地下室内。

第3.2.10条 厂房内设置甲、乙类物品的中间仓库时，其储量不宜超过一昼夜的需要量。

中间仓库靠外墙布置，并应采用耐火极限不低于3h的非燃烧体墙与其他部分隔开。

第3.2.11条 厂房内设置总储量不大于15m³的丙类液体储罐时，当直埋于厂房外墙附近，且面向储罐一面的外墙为防火墙时，其防火间距可不限。

中间罐的容积不应大于1.00m³，并应设在耐火等级不低于二级的单独房间内，该房间的门应采用甲级防火门。

第三节 厂房的防火间距

第3.3.1条 厂房之间的防火间距不应小于表3.3.1的规定（本规范另有规定者除外）。

第3.3.2条 一座山形、山形厂房，如两座山形厂房，其两翼之间的防火间距不宜小于本规范表3.3.1规定。如该厂房防火分区最大允许占地面积（面积不限者，不应按第3.2.1条规定的防火分区最大允许占地面积不超过10000m²），其两翼之间的间距可为6m。

第3.3.3条 厂房附设有化学易燃物品的室外设备时，其室外设备外墙与相邻厂房外墙之间的距离，不应小于10m。与相邻厂房外墙之间的防火间距，不应小于本规范第3.3.1条的规定（非燃烧体的室外设备按一、二级耐火等级建筑确定）。

外）。如面积超过本表规定，设置防火墙有困难时，可用防火幕带或防火卷帘防火水幕带分隔。

②一级耐火等级的多层及二级耐火等级的单层、多层纺织厂房（炼纺厂除外）可按本表规定增加50%，但上述厂房的原棉开包、清花车间的原棉堆放应设防火墙分隔。

③一、二级耐火等级的单层、多层造纸生产联合厂房，其防火分区最大允许占地面积可按本表规定增加1.5倍。

④甲、乙、丙类厂房装有自动灭火设备时，防火分区最大允许占地面积可按本表规定增加一倍；丁戊类厂房装设自动灭火设备时，其占地面积不限。局部设置时，增加面积可按该局部面积的一倍计算。

⑤一、二级耐火等级的煤矿地面人数不超过2人时，最多允许层数可不受本表限制。

⑥邮政楼附件处理中心可按丙类厂房确定。

第3.2.2条 特殊贵重的机器、仪表、仪器等应设在一级耐火等级的建筑内。

第3.2.3条 在小型企业中，面积不超过300m²独立的甲、乙类厂房，可采用三级耐火等级的单层建筑。

第3.2.4条 使用或产生丙类液体的厂房和有火花、赤热表面、明火的丁类厂房均应采用一、二级耐火等级的建筑，但上述丙类厂房面积不超过500m²，丁类厂房面积不超过1000m²，也可采用三级耐火等级的单层建筑。

第3.2.5条 锅炉房应为一、二级耐火等级的建筑，但每小时锅炉的总蒸发量不超过4t的燃煤锅炉房可采用三级耐火等级的建筑。

第3.2.6条 可燃油浸电力变压器室、高压配电装置室的耐火等级不应低于二级。
注：其他防火要求应按国家现行的有关电力设计防火规范执行。

第3.2.7条 变电所、配电所不应设在甲、乙类厂房内或贴邻建造，但供上述甲、乙类专用的10kV及以下的变电所、配电所，当采用无门窗洞口的防火墙隔开时，可一面贴邻建造。

厂房的防火间距　　　　　表3.3.1

耐火等级 防火间距(m)	一、二级	三级	四级
一、二级	10	12	14
三级	12	14	16
四级	14	16	18

注：①防火间距应按相邻建筑物外墙的最近距离计算，如外墙有凸出的燃烧构件，则应从其凸出部分外缘算起（以后各有关条文均同此规定）。

②甲类厂房与其他厂房之间的防火间距，应按本表增加2m。

③高层厂房与其他厂房之间的防火间距，应按本表增加3m。

④两座一、二级耐火等级厂房相邻较高一面外墙为防火墙时，其防火间距不限，但甲类厂房之间不应小于4m。

⑤两座一、二级耐火等级厂房相邻较高一面外墙为防火墙，且其屋盖耐火极限不低于1h时，其防火间距可适当减少，但不应小于6m；丙、丁、戊类厂房相邻较低一面外墙为防火墙时，其防火间距可适当减少，但不应小于4m。

⑥两座一、二级耐火等级厂房相邻较高一面外墙开口部位设有防火门窗或防火卷帘和水幕时，其防火间距可适当减少，但甲、乙类厂房不应小于6m；丙、丁、戊类厂房不应小于4m。

⑦两座丙、丁、戊类厂房相邻两面外墙均为非燃烧体，加无外露的燃烧体屋檐，当每面外墙上的门窗洞口面积之和各不超过该外墙面积的5%，且门窗洞口不正对开设时，其防火间距可按四级减少25%。

⑧耐火等级低于四级的既有厂房，其防火间距按四级确定。

第3.3.4条 数座厂房（高层厂房和甲类厂房除外）的占地面积总和不超过本规范第3.2.1条规定的防火分区最大允许占地面积时，可成组布置，但应符合综合考虑该组内各个厂房的耐火等级、层数和生产类别，按其中允许占地面积较小一座的确定（面积不限者，不应超过10000m²）。组内厂房之间的间距：

当厂房高度不超过7m时，不应小于4m；超过7m时，不应小于6m。

组与组或组与相邻建筑之间的防火间距，应符合本规范第3.3.1条的规定（按相邻两座耐火等级最低的建筑物确定）。

第3.3.5条 厂房与甲类物品库房之间的防火间距，不应小于本规范第4.3.4条的规定。但高层厂房与甲类物品库房的间距不应小于13m。

第3.3.6条 高层工业建筑、甲类厂房与甲、乙、丙类液体储罐、可燃、助燃气体储罐、液化石油气储罐、可燃材料堆场、可燃气体储罐，应符合本规范第四章有关条文的规定。但高层工业建筑与上述储罐、堆场（煤和焦炭场除外）的防火间距不应小于13m。

第3.3.7条 屋顶承重构件和非承重外墙均为非燃烧体的厂房，当耐火极限达不到本规范表2.0.1中二级耐火等级要求时，其防火间距应按三级耐火等级建筑的要求确定。但上述丁、戊类厂房，仍按二级耐火等级建筑之间的防火间距执行。

第3.3.8条 丙、丁、戊类厂房与民用建筑之间的防火间距不应小于本规范第3.3.1条的规定。但单层、多层戊类厂房与民用建筑之间的防火间距，可按本规范第5.2.1条执行，距重要的乙类厂房与民用建筑之间的防火间距，不应小于25m，距离有明火或散发火花的生活室所属厂房之间的防火间距不宜小于50m。

第3.3.9条 散发火花小于下列规定：

明火或散发火花的地点
厂外铁路线（中心线）——30m；
厂内铁路线（中心线）——30m；
厂外道路（路边）——20m；
厂内主要道路（路边）——15m；
厂内次要道路（路边）——10m；
火间距，可适当减少，但不应小于6.00m。

注：①散发比空气轻的可燃气体、可燃蒸汽的甲类厂房与电力牵引机车引来的厂外铁

② 上述甲类厂房所属厂内铁路装卸线如有安全措施，可不受限制。路线的防火间距可减为20m。

第3.3.10条 室外变、配电站与建筑物、堆场、储罐之间的防火间距不应小于表3.3.10的规定。

室外变、配电站与建筑物、堆场、储罐的防火间距　　表3.3.10

建筑物、堆场、储罐名称		变压器总油量(t) 5~10	>10~50	>50
民用建筑	耐火等级 一、二级	15	20	25
	三级	20	25	30
	四级	25	30	35
甲、乙类厂房 丙、丁、戊类库房	耐火等级 一、二级	12	15	20
	三级	15	20	25
	四级	20	25	30
储量不超过10t的甲类物品和乙类物品1、2、5、6项物品		25		
储量不超过5t的甲类物品1、2、5、6项物品		25		
储量超过5t的甲类物品1、2、5、6项物品		30		
稻草、麦秸、芦苇等易燃材料堆场		40	50	
甲、乙类液体储罐	总储量(m³) 1~50	25		
	51~200	30		
	201~1000	40		
	1001~5000	50		
丙类液体储罐	总储量(m³) 5~250	25		
	251~1000	30		
	1001~5000	40		
5001~25000		50		

续表3.3.10

储罐名称	总储量(m³)	防火间距
液化石油气储罐	<10	35
	10~30	40
	31~200	50
	201~1000	60
	1001~2500	70
	2501~5000	80
湿式可燃气体储罐	≤1000	25
	1001~10000	30
	10001~50000	35
	>50000	40
湿式氧化储罐	≤1000	25
	1001~50000	30
	>50000	35

注：① 防火间距应从距建筑物、堆场、储罐最近的变压器外壁算起，但室外变、电构架堆场距储罐最近的变压器外壁不宜小于25m，距其他建筑物不宜小于10m。

② 本条的室外变、配电站，是指电力系统电压为35~500kV，且每台变压器容量在10000kVA以上的室外变压器、配电站，以及工业企业的变压器总容量超过5t的室外总降压变电站。

③ 发电厂内的主变压器，其重量可按本表温定单台确定。

④ 干式可燃气体储罐的防火间距应按本表湿式可燃气体储罐增加25%。

第3.3.11条 城市汽车加油站的加油机、地下油罐与建筑物、铁路、道路之间的防火间距，不应小于表3.3.11的规定。

汽车加油站的加油机、地下油罐与建筑物、铁路、道路的防火间距　　表3.3.11

名 称	防火间距(m)
民用建筑、明火或散发火花的地点	25
独立的加油机管理室距地下油罐	5
带地下油罐一面墙上无门窗的独立加油机管理室距地下油罐	不限
独立的加油机管理室距加油机	不限

第3.4.3条 泄压面积与厂房体积的比值（m²/m³）宜采用0.05～0.22。爆炸介质威力较强或爆炸压力上升速度较快的厂房，应尽量加大比值。

体积超过1000m³的建筑，如采用上述比值有困难时，可适当降低，但不宜小于0.03。

第3.4.4条 泄压面积的设置应避开人员集中的场所和主要交通道路，并宜靠近容易发生爆炸的部位。

第3.4.5条 散发较空气轻的可燃气体、可燃蒸汽的甲类厂房，宜采用全部或局部轻质屋盖作为泄压设施。顶棚应尽量平整，避免死角，厂房上部空间要通风良好。

第3.4.6条 散发较空气重的可燃气体、可燃蒸汽的甲类厂房以及有粉尘、纤维爆炸危险的乙类厂房，应采用不发生火花的地面。如采用绝缘材料作整体面层时，应采取防静电措施。地面下不宜设地沟，如必须设置时，其盖板应严密，并应采用非燃烧材料紧密填实，与相邻厂房连通处，应采用非燃烧材料密封。

散发可燃粉尘、纤维的厂房内表面应平整、光滑，并易于清扫。

第3.4.7条 有爆炸危险的甲、乙类生产部位，宜设在单层厂房靠外墙或多层厂房的最上一层靠外墙处。

第3.4.8条 有爆炸危险的设备应尽量避开厂房内承重的梁、柱等承重构件布置。

有爆炸危险的甲、乙类厂房内设置的办公室、休息室，应采用一、二级耐火等级建筑，如必须贴邻本厂房设置时，应用耐火极限不低于3h的非燃烧体防护墙隔开和设置直通室外或疏散楼梯间的安全出口。

第3.4.9条 有爆炸危险的甲、乙类厂房总控制室应独立设置，其分控制室可毗邻外墙设置，并应用耐火极限不低于3h的非燃烧体墙体分隔开。

第3.4.10条 使用和生产甲、乙、丙类液体的厂房，沟不应和相邻厂房的下水道相通，该厂房管、沟应设有隔油设施。

续表3.3.11

名 称	耐火等级 一、二级	三级	四级
其他建筑（本规范另规定较大间距者除外）			
防火间距（m）	10	12	14
厂外铁路线（中心线）	30		
厂内铁路线（中心线）	20		
道路（路边）	5		

注：①汽车加油站的油罐应采用地下卧式油罐。甲类液体总储量不应超过60m³，单罐容量不应超过20m³，当总储量超过时，其与建筑物的防火间距应按本规范第4.4.2条的规定执行。

②储罐上应设有直径不小于38mm并带有阻火器的放散管，其高度距地面不应小于4m，且高出屋脊至少0.5m。

③汽车加油机、地下油罐与民用建筑之间如设有高度不低于2.2m的非燃烧体安全围墙时，其防火间距可适当减少。

第3.3.12条 厂区围墙与厂内建筑的间距不宜小于5m，围墙两侧建筑物之间应满足防火间距要求。

第四节 厂房的防爆

第3.4.1条 有爆炸危险的甲、乙类厂房宜独立设置，并宜采用敞开或半敞开式的厂房。

有爆炸危险的甲、乙类厂房，宜采用钢筋混凝土柱、钢柱承重的框架或排架结构，钢柱宜采用防火保护层。

第3.4.2条 有爆炸危险的甲、乙类厂房宜采用轻质屋盖作为泄压设施。泄压设施宜采用轻质屋盖、易于泄压的门、窗，轻质墙体也可作为泄压面积。

作为泄压面积的轻质屋盖和轻质墙体的每平方米重量不宜超过120kg。

续表 3.5.3

生产类别	耐火等级	单层厂房	多层厂房	高层厂房	厂房的地下室、半地下室
丁	一、二级	不限	不限	50	45
	三级	60	50	—	—
	四级	50	—	—	—
戊	一、二级	不限	不限	75	60
	三级	100	75	—	—
	四级	60	—	—	—

第 3.5.4 条 厂房每层疏散楼梯、走道、门的各自总宽度，应按表 3.5.4 的规定计算。当各层人数不相等时，其楼梯总宽度应分层计算，下层楼梯总宽度按其上层人数最多的一层人数计算。

底层外门的总宽度，应按该层或该层以上人数最多的一层人数计算，但疏散门的最小宽度不宜小于 0.90m；疏散走道的宽度不宜小于 1.40m。

厂房疏散楼梯、走道和门的宽度指标　　表 3.5.4

厂房层数	一、二层	三层	≥四层
宽度指标 (m/百人)	0.60	0.80	1.00

注：①当使用人数少于 50 人时，楼梯、走道和门的最小宽度，可适当减少，但门的最小宽度，不应小于 0.80m。
②本条和本规范有关条文规定的宽度均指净宽度。

第 3.5.5 条 甲、乙、丙类厂房，高度超过 32m 的高层厂房的疏散楼梯应采用封闭楼梯间，高度超过 32m 的且每层人数超过 10 人的高层厂房，宜采用防烟楼梯间或室外楼梯。

防烟楼梯间及其前室应按其有关要求应按《高层民用建筑设计防火规范》的有关规定执行。

第 3.5.6 条 高度超过 32m 的设有电梯的高层厂房，每个防

第五节 厂房的安全疏散

第 3.5.1 条 厂房安全出口的数目，不应少于两个。但符合下列要求的可设一个：

一、甲类厂房，每层建筑面积不超过 100m² 且同一时间的生产人数不超过 5 人；

二、乙类厂房，每层建筑面积不超过 150m² 且同一时间的生产人数不超过 10 人；

三、丙类厂房，每层建筑面积不超过 250m² 且同一时间的生产人数不超过 20 人；

四、丁、戊类厂房，每层建筑面积不超过 400m² 且同一时间的生产人数不超过 30 人。

注：本条和本规范有关条文规定的每层建筑面积均指每层建筑面积。

第 3.5.2 条 厂房地下室、半地下室的安全出口的数目，不应少于两个。但使用面积不超过 50m² 且人数不超过 15 人时可设一个。

地下室、半地下室如用防火墙隔成几个防火分区时，每个防火分区可利用防火墙上通向相邻防火分区的防火门作为第二安全出口，但每个防火分区必须有一个直通室外的安全出口。

第 3.5.3 条 厂房内最远工作地点到外部出口或楼梯的距离，不应超过表 3.5.3 的规定。

厂房安全疏散距离 (m)　　表 3.5.3

生产类别	耐火等级	单层厂房	多层厂房	高层厂房	厂房的地下室、半地下室
甲	一、二级	30	25	—	—
乙	一、二级	75	50	30	—
丙	一、二级	80	60	40	30
	三级	60	40	—	—

火分区内应设一台消防电梯（可与客、货梯兼用），并应符合下列条件：

一、消防电梯间应设前室，其面积不应小于6.00m²，与防烟楼梯间合用的前室，其面积不应小于10.00m²；

二、消防电梯间前室宜靠外墙，在底层应设直通室外的出口，或经过长度不超过30m的通道通向室外；

三、消防电梯井、机房与相邻电梯井、机房之间，应采用耐火极限不低于2.50h的墙隔开；当在隔墙上开门时，应设甲级防火门；

四、消防电梯间前室，应采用乙级防火门或采用防火卷帘；

五、消防电梯，应设电话和消防队专用的操纵按钮；

六、消防电梯的井底，应设排水设施。

注：①高度超过32m的设有高层工作平台的高层厂房，当每层工作平台上人数不超过2人时，可不设消防电梯。

②丁、戊类厂房，当局部建筑高度超过32m且局部面积不超过50m²时，可不设消防电梯。

第四章 仓 库

第一节 储存物品的火灾危险性分类

第4.1.1条 储存物品的火灾危险性可按表4.1.1分为五类。

储存物品的火灾危险性分类 表4.1.1

储存物品类别	火灾危险性的特征
甲	1. 闪点<28℃的液体 2. 爆炸下限<10%的气体，以及受到水或空气中水蒸汽的作用，能产生爆炸下限<10%气体的固体物质 3. 常温下能自行分解或在空气中氧化即能导致迅速自燃或爆炸的物质 4. 常温下受到水或空气中水蒸汽的作用能产生可燃气体并引起燃烧或爆炸的物质 5. 遇酸、受热、撞击、摩擦以及遇有机物或硫磺等易燃的无机物，极易引起燃烧或爆炸的强氧化剂 6. 受撞击、摩擦或与氧化剂、有机物接触时能引起燃烧或爆炸的物质
乙	1. 闪点≥28℃至<60℃的液体 2. 爆炸下限≥10%的气体 3. 不属于甲类的氧化剂 4. 不属于甲类的化学易燃危险固体 5. 助燃气体 6. 常温下与空气接触能缓慢氧化，积热不散能引起自燃的物品
丙	1. 闪点≥60℃的液体 2. 可燃固体
丁	难燃烧物品
戊	非燃烧物品

注：① 储存物品的火灾危险性分类举例见附录四。

② 难燃物品、非燃物品的可燃包装重量超过物品本身重量 1/4 时，其火灾危险性应为丙类。

第二节　库房的耐火等级、层数、占地面积和安全疏散

第 4.2.1 条　库房的耐火等级、层数和建筑面积应符合表 4.2.1 的要求。

第 4.2.2 条　一、二级耐火等级的冷库，每座库房的最大允许占地面积和防火分隔面积，可按《冷库设计规范》有关规定执行。

第 4.2.3 条　在同一座库房或同一个防火墙间内，如储存数种火灾危险性不同的物品时，其库房或隔间的最低耐火等级、最多允许层数和最大允许占地面积，应按其中火灾危险性最大的物品确定。

第 4.2.4 条　甲、乙类物品库房不应设在建筑物的地下室、半地下室。50 度以上的白酒库房不宜超过三层。

第 4.2.5 条　甲、乙、丙类液体库房，应设置防止液体流散的设施。遇水燃烧爆炸的物品库房，应设有防止水浸渍损失的设施。

第 4.2.6 条　有粉尘爆炸危险的筒仓，其顶部盖板应设置必要的泄压面积。粮食筒仓的工作塔、上通廊的泄压面积应按本规范第 3.4.2 条的规定执行。

第 4.2.7 条　库房或每个防火隔间（冷库除外）的安全出口数目不宜少于两个。但一座多层库房的占地面积不超过 300m² 时，可设一个疏散楼梯，面积不超过 100m² 的防火隔间，可设置一个门。

高层库房应采用封闭楼梯间。

第 4.2.8 条　库房（冷库除外）的地下室、半地下室的安全出口数目不应少于两个，但面积不超过 100m² 时可设一个。

库房的耐火等级、层数和建筑面积　　表 4.2.1

储存物品类别		耐火等级	最多允许层数	最大允许建筑面积(m²)							
				单层库房		多层库房		高层库房		库房地下室半地下室	
				每座库房	防火墙间	每座库房	防火墙间	每座库房	防火墙间	防火墙间	
甲	3,4 项	一级	1	180	60	—	—	—	—	—	
甲	1,2,5,6 项	一、二级	1	750	250	—	—	—	—	—	
乙	1,3,4 项	一、二级	3	2000	500	900	300	—	—	—	
		三级	1	500	250	—	—	—	—	—	
乙	2,5,6 项	一、二级	5	2800	700	1500	500	—	—	—	
		三级	1	900	300	—	—	—	—	—	
丙	1 项	一、二级	5	4000	1000	2800	700	—	—	150	
		三级	1	1200	400	—	—	—	—	—	
丙	2 项	一、二级	不限	6000	1500	4800	1200	4000	1000	300	
		三级	3	2100	700	1200	400	—	—	—	
丁		一、二级	不限	不限	3000	不限	1500	4800	1200	500	
		三级	3	3000	1000	1500	500	—	—	—	
		四级	1	2100	700	—	—	—	—	—	
戊		一、二级	不限	不限	不限	不限	2000	6000	1500	1000	
		三级	3	3000	1000	2100	700	—	—	—	
		四级	1	2100	700	—	—	—	—	—	

注：①高层库房、高架仓库和筒仓的耐火等级不应低于二级；二级耐火等级的筒仓可采用钢板仓。储存特殊贵重物品的库房，其耐火等级宜为一级。

②独立建造的硝酸铵库房、电石库房、聚乙烯库房、尿素库房、配煤库房以及车站、码头、机场内的中转仓库，其建筑面积可按本表的规定增加 1.00 倍，但耐火等级不应低于二级。

③装有自动灭火设备的库房，其建筑面积可按本表及注②的规定增加 1.00 倍。

④石油库内桶装油品库房面积可按现行的国家标准《石油库设计规范》执行。

⑤煤均化库防火分区最大允许建筑面积可为 12000m²，但耐火等级不应低于二级。

⑥本条和本规范有关条文中规定的"占地面积"均指建筑面积。

第4.2.9条 除一、二级耐火等级的戊类多层库房外，供垂直运输物品的升降机，宜设在库房外。当必须设在库房内时，应设在耐火极限不低于2.00h的井筒内，并简壁上的门，应采用乙级防火门。

第4.2.10条 库房、筒仓的室外金属梯可作为疏散楼梯，但其净宽度不应小于60cm，倾斜度不应大于60°角，栏杆扶手的高度不应小于0.8m。

第4.2.11条 高度超过32m的高层库房应设有符合本规范第3.5.6条要求的消防电梯。

注：设在库房连廊、冷库穿堂或符合管筒仓工作塔内的消防电梯。可不设前室。

第4.2.12条 甲、乙、丁类库房内不应设置办公室、休息室、丙类库房内的办公室、休息室，应采用耐火极限不低于2.50h的不燃烧体隔墙和1.00h的楼板分隔开，其出口应直通室外或疏散走道。

第三节 库房的防火间距

第4.3.1条 甲、乙、丙、丁、戊类物品库房之间的防火间距不应小于表4.3.1的规定。

乙、丙、丁、戊类物品库房之间的防火间距 表4.3.1

防火间距(m) 耐火等级	一、二级	三级	四级
一、二级	10	12	14
三级	12	14	16
四级	14	16	18

注：①两座库房相邻较高一面外墙为防火墙，且总建筑面积不超过本规范第4.2.1条一座库房相邻两面外墙面积规定时，其与其他库房之间的防火间距可按本表减少2.00m。
②高层库房之间以及高层库房与其他建筑之间的防火间距可按本表增加3.00m。
③单层、多层戊类库房之间的防火间距可按本表减少2.00m。

第4.3.2条 甲、乙、丙、丁、戊类物品库房与其他建筑之间的防火间距，应按本规范第4.3.1条规定执行；与甲类物品库房之间的防火间距，应按本规范第4.3.4条规定执行；与甲类厂房之间的防火间距，应按第4.3.1条的规定增加2m。

乙类物品库房（乙类物品除外）与重要公共建筑之间的防火距不宜小于30m，与其他民用建筑不宜小于25m。

第4.3.3条 屋顶承重构件和非承重外墙均为非燃烧体的库房，当耐火极限达不到本规范表2.0.1的二级耐火等级要求时，其防火间距应按三级耐火等级建筑确定。

第4.3.4条 甲类物品库房与其他建筑物的防火间距不应小于表4.3.4的规定。

甲类物品库房与建筑物的防火间距 表4.3.4

防火间距(m)		储存物品类别（t）					
建筑物名称	耐火等级	甲			1、2、5、6项		
		3、4项					
		≤5	>5		≤10	>10	
民用建筑，明火或散发火花地点		30	40		25	30	
其他建筑	一、二级	15	20		12	15	
	三级	20	25		15	20	
	四级	25	30		20	25	

注：①甲类物品库房之间的防火间距不应小于20m，但本表第3、4项储存物品之间的防火间距不超过2t，第1、2、5、6项储存物品储量不超过5t时，可减为12m。
②甲类物品库房与重要公共建筑之间的防火间距不应小于50m。

第4.3.5条 库区内围墙与库区内建筑的距离不宜小于5m，并应满足围墙两侧建筑物之间的防火间距要求。

第四节 甲、乙、丙类液体储罐、堆场的布置和防火间距

第4.4.1条 甲、乙、丙类液体储罐宜布置在地势较低的地带，如采取安全防护设施，也可布置在地势较高的地带。桶装、瓶装甲类液体不应露天布置。

第4.4.2条 甲、乙、丙类液体的储罐区和乙、丙类液体桶罐堆场与建筑物的防火间距，不应小于表4.4.2的规定。

储罐、堆场与建筑物的防火间距 表4.4.2

名称	一个储罐区或堆场的总储量(m³)	耐火等级 一、二级	三级	四级
甲、乙类液体	1～50	12	15	20
	51～200	15	20	25
	201～1000	20	25	30
	1001～5000	25	30	40
丙类液体	5～250	12	15	20
	251～1000	15	20	25
	1001～5000	20	25	30
	5001～25000	25	30	40

注：① 防火间距应从距建筑物最近的储罐外壁、堆场外缘算起，但储罐防火堤外侧基脚线至建筑物的距离不应小于10m。

② 甲、乙类液体的固定顶储罐区、半露天堆场、露天堆场和甲、乙类液体桶罐堆场与民用建筑的防火间距，应按本表的规定增加25%。但甲、乙类液体桶罐堆场与甲类厂(库)房以及民用建筑的防火间距，应按本表四级建筑耐火等级一栏的规定执行。

③ 甲、乙类液体储罐区、半露天堆场、露天堆场与架空电力线、与明火或散发火花地点的防火间距不应小于25m，与铁路、道路的防火间距不应小于本表的规定减少25%。

④ 浮顶储罐或闪点大于120℃的液体储罐，储罐与建筑物、构筑物的防火间距可按本表的规定减少25%。

⑤ 石油库的丙类液体储罐与建筑物、构筑物的防火间距按《石油库设计规范》的有关规定执行。

第4.4.3条 计算一个储罐区的总储量时，1m³的甲、乙类液体按5m³的丙类液体折算。

第4.4.4条 甲、乙、丙类液体储罐之间的防火间距不应小于表4.4.4的规定。

甲、乙、丙类液体储罐之间的防火间距 表4.4.4

液体类别	储罐形式 单罐容量(m³)	固定顶罐 地上式	半地下式	地下式	浮顶储罐	卧式储罐
甲乙类	≤1000	0.75D	0.5D	0.4D	0.4D	不小于0.8m
	>1000	0.6D				
丙类	不论容量	0.4D	不限	不限	—	

注：① D为相邻立式储罐中较大罐的直径(m)；矩形储罐的直径为长与短边之和的一半。

② 不同液体、不同形式储罐之间的防火间距，应采用本表规定的较大值。

③ 两排卧式储罐之间的防火间距不应小于3m。

④ 设有充氮保护设备的液体储罐间的防火间距可按浮顶储罐间的间距确定。

⑤ 单罐容量不超过1000m³的甲、乙类液体的地上式固定储罐和水喷淋冷却和扑救防火堤内液体火灾用的泡沫灭火设备，储罐之间的防火方式设备时，其防火间距可小于0.6D。

⑥ 同组储罐下喷射泡沫灭火设备、固定冷却水设备或采用液下喷射泡沫灭火设备时，储罐之间的间距可适当减少，但地上储罐之间的防火间距不宜小于0.4D。

⑦ 闪点超过120℃的液体，且储罐容量大于1000m³时，其储罐之间的防火间距可为5m，小于1000m³时，其储罐之间的间距可为2m。

第4.4.5条 甲、乙、丙类液体储罐成组布置时应符合下列要求：

一、甲、乙、丙类液体储罐的储量不超过表4.4.5的规定时，可成组布置；

液体储罐成组布置的限量 表4.4.5

储罐名称	单罐最大储量(m³)	一组最大储量(m³)
甲、乙类液体	200	1000
丙类液体	500	3000

二、组内储罐的布置不应超过两行。甲、乙类液体、立式储罐之间的间距不应小于2m，丙类液体储罐之间的间距不限。

液体储罐与泵房、装卸鹤管的防火间距　　表4.4.9

防火间距(m) 储罐名称		泵房	铁路装卸鹤管	汽车装卸鹤管
甲、乙类液体	拱顶罐	15	20	15
	浮顶罐	15	15	15
丙类液体		10	12	10

注：① 总储量不超过1000m³的甲、乙类液体储罐和总储量不超过5000m³的丙类液体储罐的防火间距，可按本表的规定减少25%。石油库内油罐与泵房、装卸鹤管可按《石油库设计规范》执行。

② 泵房、装卸鹤管线与储罐防火堤外侧基脚线的距离不应小于5m。

③ 厂内铁路线与装卸鹤管防火堤外侧基脚线不应小于20m，对于丙类液体不应小于8m。

④ 泵房与鹤管的距离不应小于8m。

第4.4.10条 甲、乙、丙类液体装卸鹤管与建筑物的防火间距不应小于表4.4.10的规定。

液体装卸鹤管与建筑物的防火间距　　表4.4.10

防火间距(m) 名　　称	建筑物的 耐火等级			
	一、二级	三级	四级	
甲、乙液体装卸鹤管	14	16	18	
丙类液体装卸鹤管	10	12	14	

第4.4.11条 零位罐与所属铁路作业线的距离不应小于6m。

第五节　可燃、助燃气体储罐

第4.5.1条 湿式可燃气体储罐或储罐区与建筑物，堆场的防火间距，不应小于表4.5.1的规定。

第4.5.2条 可燃气体储罐或储罐区之间的防火间距应符合下

卧式储罐不应小于0.8m；

三、储罐组之间的距离，应按储罐组储罐的形式和总储量相同的标准单罐确定，按本规范第4.4.4条的规定执行。

注：石油库内的油罐布置和防火间距，可按《石油库设计规范》有关规定执行。

第4.4.6条 甲、乙、丙类液体的地上、半地下储罐或地下储罐组，应设置非燃烧材料的防火堤，并应符合下列要求：

一、防火堤内储罐的布置不宜超过两行，但单罐容量不超过1000m³且闪点超过120℃的液体储罐，可不超过四行；

二、防火堤内有效容量不应小于最大容量储罐的一半，但浮顶罐防火堤内最大容量不应小于最大容量储罐容量的一半；

三、防火堤内地面至立式储罐外壁的距离不应小于储罐壁高的一半。卧式储罐至防火堤内基脚线的水平距离不应小于3m；

四、防火堤的高度宜为1~1.6m，其实际高度应比计算高度高出0.2m；

五、沸溢性液体地上、半地下储罐，每个储罐应设一个防火堤或防火隔堤；

六、含油污水排水管在出防火堤处应设水封设施，雨水排管应设置阀门等封闭装置。

第4.4.7条 下列情况之一的储罐、堆场、储罐区，如有防止液体流散的设施，可不设防火堤：

一、闪点超过120℃的液体储罐；

二、沸溢性火灾危险性与非沸溢性液体储罐不应布置在同一防火堤范围内；

三、甲类液体半露天堆场。

第4.4.8条 地上、半地下储罐，不应布置在地上、半地下储罐或地下储罐与其泵房、堆场、装卸鹤管的防火间距。

第4.4.9条 甲、乙、丙类液体储罐或储罐区之间的防火间距不应小于表4.4.9的规定。

列要求：

二、湿式储罐之间的防火间距，不应小于相邻较大罐的半径；

三、干式或卧式储罐、球形储罐之间的防火间距不应小于相邻较大罐的直径；卧式、球形储罐与湿式储罐之间的防火间距应按其中较大者确定；

四、一组卧式、球形储罐的总容积不应超过30000m³，组与组的防火间距，卧式储罐不应小于相邻较大罐长度的一半；球形储罐不应小于相邻较大罐的直径，且不应小于10m。

可燃气体储罐或储罐区与建筑物、储罐、堆场的防火间距 表4.5.1

防火间距（m） 名称		总容积(m³)			
		≤1000	1001～10000	10001～50000	>50000
明火或散发火花的地点，民用建筑，甲、乙、丙类液体储罐，甲、乙、丙类物品库房，易燃材料堆场		25	30	35	40
其它建筑	一、二级	12	15	20	25
	三级	15	20	25	30
	四级	20	25	30	35

注：① 固定容积的可燃气体储罐与建筑物、储罐、堆场的防火间距应按本表的规定执行，其容积按水容量(m³)和工作压力(绝对压力，1kgf/cm²=9.8×10⁴Pa)的乘积计算。

② 干式可燃气体储罐与建筑物、储罐、堆场储量的防火间距按本表增加25%。

③ 容积不超过20m³的可燃气体储罐与所属厂房的防火间距不限。

第4.5.3条 液氢储罐应按本规范第4.6.2条有关液化石油气储罐的防火间距减少25%。

第4.5.4条 湿式氧气储罐或罐区与建筑物、储罐、堆场的防火间距，不应小于表4.5.4的规定。

湿式氧气储罐或罐区与建筑物、储罐、堆场的防火间距 表4.5.4

防火间距（m） 名称		总容积(m³)		
		≤1000	1001～50000	>50000
民用建筑，甲、乙、丙类液体储罐，易燃材料堆场，甲类物品库房		25	30	35
其它建筑	一、二级	10	12	14
	三级	12	14	16
	四级	14	16	18

注：① 固定容积的氧气储罐与建筑物、储罐、堆场的防火间距应按本表的规定执行，其容积按氧气储罐之间的防火间距(m³)和工作压力(绝对压力，1kgf/cm²=9.8×10⁴Pa)的乘积计算。

② 氧气储罐与其制氧厂房的防火间距，可按工艺布置要求确定。

③ 容积不超过50m³的氧气储罐与所属使用厂房的防火间距不限。

第4.5.5条 氧气储罐之间的防火间距，不应小于相邻较大罐的半径。

第4.5.6条 液氧储罐与建筑物、储罐、堆场的防火间距，按本规范第4.5.4条氧气储罐与可燃气体储罐之间的防火间距执行。液氧储罐与其所属泵房的防火间距不宜小于3m。

设在一、二级耐火等级库房内，且容积不超过3m³的液氧储罐，与所属使用建筑的防火间距不应小于10m。

注：1m³液氧折合800m³标准状态氧气。

第4.5.7条 液氧储罐周围5m范围内不应有可燃物和设置沥青路面。

第六节 液化石油气储罐的布置和防火间距

第4.6.1条 液化石油气储罐区宜布置在本单位或本地区全

年最小频率风向的上风侧,并选择通风良好的地点单独设置。储罐区宜设置高度为1m的非燃烧体实体防护墙。

第4.6.2条 液化石油气储罐或储罐区与建筑物、堆场的防火间距,不应小于表4.6.2的规定。

液化石油气储罐或储罐区与建筑物、堆场的防火间距

表4.6.2

名 称		总容积 (m³)	≤10	11~30	31~200	201~1000	1001~2500	2501~5000
		单罐容积(m³)	≤10	≤10	≤50	≤100	≤400	≤1000
防火间距(m)		明火或散发火花地点	35	40	50	60	70	80
		民用建筑,甲、乙类液体储罐,甲类物品库房,易燃材料堆场	30	35	45	55	65	75
		丙类液体储罐,可燃气体储罐,助燃气体储罐,可燃材料堆场	25	30	35	45	55	65
其他建筑	一、二级		20	25	30	40	50	60
	三级		12	18	20	25	30	40
	四级		15	20	25	30	40	50
			20	25	30	40	50	60

注:①容积超过1000m³的液化石油气单罐或总容量超过5000m³的罐区,与其他建筑的防火间距应按本表的规定增加25%。

②防火间距应按本表总容积或单罐容积较大者确定。

第4.6.3条 位于居民区内的液化石油气化站、混气站,其储罐与重要公共建筑和其他民用建筑、道路之间的防火间距,可按现行的《城市煤气设计规范》的有关规定执行,但与明火或散发火花地点的防火间距不应小于30m。

上述储罐的单罐容积超过10m³或总容积超过30m³时,与建筑物、储罐、堆场的防火间距均应按本规范第4.6.2条的规定执行。

第4.6.4条 总容积不超过10m³的工业企业内的液化石油气化站、混气站储罐,如设置在专用的独立建筑物内时,其外墙与相邻厂房及其附属设备之间的防火间距,液化气站储罐与相邻厂房及其附属设备之间的防火间距,按甲类厂房的防火间距执行。

当上述储罐设置在露天时,与建筑物、储罐、堆场的防火间距应按本规范第4.6.2条的规定执行。

第4.6.5条 液化石油气储罐之间的防火间距,不宜小于相邻较大储罐的直径。

数个单罐容积不超过3000m³,且单罐容积不超过1000m³的液化石油气储罐,组内储罐宜采用双排布置。

第4.6.6条 城市液化石油气供应站的气瓶库,其防火间距应符合下列要求:

一、液化石油气气瓶库与储量不超过10m³时,与建筑物的防火间距不应小于10m;超过10m³时,不应小于15m;

二、液化石油气气瓶库与所属架房离建筑物不应小于25m。

液化石油气气瓶室体围墙,其四周宜设置非燃烧体实体围墙。

第4.6.7条 液化石油气瓶库与主要道路不应小于5m,距重要的公共道路不应小于15m。

第七节 易燃、可燃材料的露天、半露天堆场的布置和防火间距

第4.7.1条 易燃材料的露天堆场宜设置在本地区全年最小频率风向的上风侧,并宜布置在本单位或本地区全年最小频率风向的上风侧。

第4.7.2条 易燃、可燃材料露天、半露天堆场与建筑物的防火间距,不应小于表4.7.2的规定。

第八节 仓库、储罐区、堆场的布置及与铁路、道路的防火间距

第4.8.1条 液化石油气储配站的站址应根据储量大小，宜设置在远离居住区、村镇、工业企业和影剧院、体育馆等重要公共建筑的地区。

第4.8.2条 甲、乙类物品专用仓库，甲、乙、丙类液体储罐区，易燃材料堆场等，宜设置在市区边缘的安全地带。城市煤气储罐宜分散布置在用户集中的安全地段。

第4.8.3条 库房、储罐、堆场与铁路、道路的防火间距，不应小于表4.8.3的规定。

库房、储罐、堆场与铁路、道路的防火间距 表4.8.3

防火间距(m) 名 称	铁路		道路	
	厂外铁路线中心线	厂内铁路线中心线	厂外道路路边	厂内道路路边
				主要 次要
液化石油气储罐	45	35	25	15 10
甲、乙类物品库房	40	30	20	10 5
甲、丙类液体储罐易燃材料堆场	35	25	20	15 10
可燃、助燃气体储罐	25	20	15	10 5

注：①厂内铁路装卸线与设有卸车台的甲类物品库房、储罐、库房与铁路、道路的防火间距，可不受本表规定的限制。
②未列入本表的堆场、储罐、甲、乙类液体堆场、库房与铁路、道路的防火间距，可根据储存物品的火灾危险性适当减少。

露天、半露天堆场与建筑物的防火间距 表4.7.2

名称	防火间距(m) 一个堆场的总储量	耐火等级		
		一、二级	三级	四级
粮食（土圆仓）(t)	500～10000	10	15	20
	10001～20000	15	20	25
	20001～40000	20	25	30
粮食（席穴囤）(t)	10～500	15	20	25
	501～1000	20	25	30
棉、麻、毛、化纤、百货 (t)	10～500	10	15	20
	501～1000	15	20	25
	1001～5000	20	25	30
稻草、麦秸、芦苇等易燃烧材料 (t)	10～5000	15	20	25
	5001～10000	20	25	30
	10001～20000	25	30	40
木材等可燃材料 (m³)	50～1000	10	15	20
	1001～10000	15	20	25
	10001～25000	20	25	30
	>5000			
煤和焦炭 (t)	100～5000	6	8	10
	>5000	8	10	12

注：①一个堆场的总储量如超过本表的规定，宜分设堆场。堆场之间的防火间距，不应小于本表相应储量堆场与四级建筑间距的较大值。
②不同性质物品露天、半露天堆场之间的防火间距，不应小于本表相应储量堆场与四级建筑间距的防火间距，且不应小于25m。
③易燃物品露天堆场与甲类生产厂房、甲类物品库房以及民用建筑的防火间距，应按本表规定增加25%，且日最大散发火花地点防火间距，应按本表四级建筑的规定增加25%。
④易燃材料露天、半露天堆场，应按本表相应储量堆场与四级建筑的规定增加25%。
⑤易燃、可燃材料堆场与甲、乙、丙类液体储罐的防火间距，不应小于本表相应储量堆场与四级建筑间距的较大值。
⑥本规范表4.4.2中相应储量为20001～40000t一栏，仅适用于筒仓，木材等可燃材料总储量为10001～25000m³一栏，仅适用于圆木堆场。和粮食总储量为20001～40000t一栏，仅适用于筒仓。

第五章 民用建筑

第一节 民用建筑的耐火等级、层数、长度和面积

第 5.1.1 条 民用建筑的耐火等级、层数、长度和面积，应符合表 5.1.1 的要求。

民用建筑的耐火等级、层数、长度和面积　　表 5.1.1

耐火等级	最多允许层数	最大允许长度(m)	防火分区每层最大允许建筑面积(m²)	备注
一、二级	按本规范第 1.0.3 条的规定	150	2500	1. 体育馆、剧院等的长度和面积可以放宽； 2. 托儿所、幼儿园的儿童用房应设在四层及四层以上
三级	5层	100	1200	1. 托儿所、幼儿园的儿童用房不应超过三层及三层以上； 2. 电影院、剧院、礼堂、食堂不应超过三层； 3. 医院、疗养院不应超过二层
四级	2层	60	600	学校、食堂、菜市场、托儿所、幼儿园、医院不应超过一层

注：①重要的公共建筑应采用一、二级耐火等级的建筑。商店、学校、食堂、菜市场如采用一、二级耐火等级有困难的，可采用三级耐火等级的建筑。
②建筑物的长度，系指建筑物各分段中线长度的总和，如遇有不规则的平面而有各种不同量法时，应采用较大值。
③建筑内设有自动灭火设备时，每层最大允许建筑面积可按本表增加一倍，局部设置时，增加面积可按该局部面积增加一倍计算。
④防火分区之间应采用防火墙分隔，如有困难时，可采用防火卷帘和水幕分隔。

第 5.1.2 条 建筑物内如有上下层相连通的走马廊、自动扶梯等开口部位时，应按上、下连通层作为一个防火分区，其建筑面积之和不宜超过本规范第 5.1.1 条的规定。

注：多层建筑物的中庭，当房间、走道与中庭相通的过厅、通道等处，设有可自行关闭的乙级防火门或防火卷帘，中庭与回廊设有火灾自动报警系统和自动喷水灭火系统，以及防火卷帘，中庭每层设有自动排烟设施时，可不受本条规定限制。

第 5.1.3 条 建筑物的地下室、半地下室应采用防火墙分隔成面积不超过 500m² 的防火分区。

第二节 民用建筑的防火间距

第 5.2.1 条 民用建筑之间的防火间距，不应小于表 5.2.1 的规定。

民用建筑的防火间距　　表 5.2.1

防火间距 (m) 耐火等级	一、二级	三级	四级
一、二级	6	7	9
三级	7	8	10
四级	9	10	12

注：①两座建筑相邻较高的一面的外墙为防火墙时，其防火间距不限。
②相邻的两座建筑物，较低一座的耐火等级不低于二级，相邻的较低一面的外墙为防火墙时，且屋顶承重构件的耐火极限不低于 1h，且相邻的较低一面外墙的门窗洞口部位设有防火门窗或设有防火分隔水幕或按本规范第 7.6.2 条设有防火卷帘时，其防火间距可适当减少，但不应小于 3.5m。
③相邻的两座建筑物，较低一座的耐火等级不低于二级，当相邻较高一面外墙的开口部位设有防火门窗或防火卷帘和水幕时，其防火间距可适当减少，但不应小于 3.5m。
④两座建筑相邻两面的外墙为非燃烧体如无外露的燃烧体屋檐，当每面外墙上的门窗洞口面积之和不超过该外墙面积的 5%，且门窗口不正对开设时，其防火间距可按四级确定。
⑤耐火等级低于四级的原有建筑物，其防火间距可按四级确定。

第 5.2.2 条 民用建筑与所属单独建造的终端变电所、燃煤锅炉房（单台蒸发量不超过 4t 且总蒸发量不超过 12t）的防火间距

可按本规范第5.2.1条执行。

第5.2.3条 燃油、燃气锅炉房及蒸发量超过上述规定的燃煤锅炉房，其防火间距应按本规范第3.3.1条规定执行。

第5.2.4条 数座一、二级耐火等级且不超过六层的住宅，如占地面积的总和不超过2500m²时，可成组布置，但组内建筑之间的间距不应小于4m。

组与组或组与相邻建筑之间的防火间距仍不应小于本规范第5.2.1条的规定。

第三节 民用建筑的安全疏散

第5.3.1条 公共建筑和通廊式居住建筑安全出口的数目不应少于两个，但符合下列要求的可设一个：

一、一个房间的面积不超过60m²，且人数不超过50人，可设一个门；位于走道尽端的房间（托儿所、幼儿园除外）内由最远一点到房门口的直线距离不超过14m，且门的净宽不超过1.40m，也可设一个向外开启的门。

二、二、三层的建筑（医院、疗养院、托儿所、幼儿园除外）符合表5.3.1的要求时，可设置一个疏散楼梯。

设置一个疏散楼梯的条件　　表5.3.1

耐火等级	层数	每层最大建筑面积(m²)	人数
一、二级	二、三层	500	第二层和第三层人数之和不超过100人
三级	二、三层	200	第二层和第三层人数之和不超过50人
四级	二层	200	第二层人数不超过30人

三、单层公共建筑（托儿所、幼儿园除外）如面积不超过200m²且人数不超过50人时，可设一个直通室外的安全出口。

四、设有不少于两个疏散楼梯的一、二级耐火等级的公共建筑，如顶层局部升高，其高出部分的层数不超过两层，每层面积不超过200m²，人数之和不超过50人，可设一个楼梯，但应另设一个直通平面屋顶的安全出口。

第5.3.2条 九层及九层以下，建筑面积不超过500m²的塔式住宅，可设一个楼梯。

九层及九层以下的每层建筑面积不超过300m²，且每层人数不超过30人的单元式宿舍，可设一个楼梯。

第5.3.3条 超过六层的组合式单元式住宅和宿舍，各单元的楼梯间均应通至平屋顶，如户门采用乙级防火门时，可通至屋顶。

第5.3.4条 剧院、电影院、礼堂的观众厅安全出口的数目均不应少于两个，且每个安全出口的平均疏散人数不应超过250人。容纳人数超过2000人的部分，每个安全出口的平均疏散人数不宜超过400人。

第5.3.5条 体育馆观众厅安全出口的数目不应小于两个，且每个安全出口的平均疏散人数不宜超过400~700人。

注：设计时，规模较小的观众厅，宜采用接近下限值，规模较大的观众厅，宜采用接近上限值。

第5.3.6条 地下室、半地下室每个防火分区的安全出口数目不应少于两个。但面积不超过50m²，且人数不超过10人时可设一个。

地下室、半地下室有两个或两个以上防火分区时，每个防火分区可利用防火墙上一个通向相邻防火分区的防火门作为第二安全出口，但每个防火分区必须有一个直通室外的安全出口。

人数不超过30人且面积不超过500m²的地下室、半地下室，其垂直金属梯可作为第二安全出口。

注：地下室、半地下室与地上层共用楼梯间时，在底层的地下室或半地下室入口处，应采用耐火极限不低于1.5h的非燃烧体隔墙和乙级防火门与其他地部隔开，并应设有明显标志。

第5.3.7条 公共建筑的室内疏散楼梯宜设置楼梯间。医院、疗养院的病房楼，设有空气调节系统的多层旅馆和超过五层的其他公共建筑的室内疏散楼梯均应设置封闭楼梯间（包括底层扩大封闭楼梯间）。

注：①超过六层的塔式住宅应设封闭楼梯间，如户门采用乙级防火门时，可不设。

②公共建筑门厅的主楼梯如不计入总疏散宽度，可不设楼梯间。

第5.3.8条 民用建筑的安全疏散距离，应符合下列要求：

一、直通向公共走道的房间门至最近的外部出口或封闭楼梯间的距离，应符合表5.3.8的要求。

安全疏散距离（m） 表5.3.8

名称	房门至最近外部出口或封闭楼梯间的最大距离			位于两个外部出口或楼梯间之间的房间			位于袋形走道两侧或尽端的房间
	一、二级	三级	四级	一、二级	三级	四级	
托儿所、幼儿园	25	20	—				
医院、疗养院	35	30	—	20	15	—	
学校	35	30	—	22	20	—	
其他民用建筑	40	35	25	22	20	15	

注：①敞开式外廊建筑的房间门至外部出口或楼梯间的最大距离可按本表增加5.00m。

②设有自动喷水灭火系统的建筑物，其安全疏散距离可按本表规定增加25%。

二、房间内的门至最近的非封闭楼梯间的距离，如房间位于两个楼梯间或楼梯间之间时，应按表5.3.8减少5.00m；如房间位于袋形走道或尽端时，应按表5.3.8减少2.00m。

楼梯间的首层应设置直接对外的出口，当层数不超过四层时，可将对外出口设置在离楼梯间不超过15m处。

三、不应超过表5.3.8中规定的袋形式楼梯间或走道两侧的房间门从房间门到外部出口或楼梯间的最大距离。

第5.3.9条 剧院、电影院、礼堂、体育馆等人员密集的公共场所，其观众厅内的疏散走道宽度应按其通过人数每100人不小于0.6m计算，但最小净宽度不应小于1.0m，边走道不宜小于0.8m。

在布置疏散走道时，横走道之间的座位排数不宜超过20排，纵走道之间的座位数，剧院、电影院、礼堂等每排不宜超过22个，体育馆每排不宜超过26个，但前后排座椅的排距不小于90cm时，可增至50个，仅一侧有纵走道时座位数应减半。

第5.3.10条 剧院、电影院、礼堂等人员密集的公共场所观众厅的疏散内门和观众厅外的疏散外门、楼梯和走道各自总宽度，均应按不小于表5.3.10的规定计算。

疏散宽度指标 表5.3.10

观众厅座位数（个）		≤2500	≤1200
宽度指标（m/百人）	耐火等级	一、二级	三级
疏散部位	门和走道	0.65	0.85
	楼梯	平坡地面	0.75	1.00
		阶梯地面	0.75	1.00

注：有等场需要的入场门，不应作为观众的疏散门。

第5.3.11条 体育馆观众厅的疏散内门以及疏散外门、楼梯和走道各自宽度，均应按不小于表5.3.11的规定计算。

疏散宽度指标 表5.3.11

观众厅座位数（个）		3000~5000	5001~10000	10001~20000
宽度指标（m/百人）	耐火等级	一、二级	一、二级	一、二级
疏散部位	门和走道	0.43	0.37	0.32
	楼梯	平坡地面	0.50	0.43	0.37
		阶梯地面	0.50	0.43	0.37

注：表中较大座位数档次按规定指标计算出来的疏散宽度，不应小于相邻较小座位数档次按其最多座位数按指标计算出来的疏散总宽度。

第5.3.12条 学校、商店、办公楼、候车室等民用建筑底层疏散外门、楼梯、走道的各自总宽度、应通过计算确定,疏散宽度指标不应小于表5.3.12的规定。

楼梯门和走道的宽度指标　　　　　表5.3.12

宽度指标 (m/百人) 层数	耐火等级		
	一、二级	三级	四级
一、二层	0.65	0.75	1.00
三层	0.75	1.00	—
≥四层	1.00	1.25	—

注：①每层疏散楼梯的总宽度应按本表规定计算。当每层人数不等时,其总宽度可分层计算,下层楼梯的总宽度应按其上层人数最多的一层人数计算。

②每层疏散门和走道的总宽度应按该层或该层以上人数最多的一层人数计算。

③底层疏散外门的总宽度应按该层或该层以上人数最多的一层人数计算。

第5.3.13条 疏散走道和楼梯的最小宽度不应小于1.1m,不超过六层的单元式住宅中一边设有栏杆的疏散楼梯,其最小宽度可不小于1m。

第5.3.14条 人员密集的公共场所、观众厅的入场门、太平门不应设置门槛,其宽度不应小于1.40m,紧靠门口1.40m内不应设置踏步。

太平门应为推闩式外开门。

人员密集的公共场所的室外疏散小巷,其宽度不应小于3.00m。

第四节 民用建筑中设置燃油、燃气锅炉房、油浸电力变压器室和商店的规定

第5.4.1条 总蒸发量不超过6t,单台蒸发量不超过2t的锅炉,总额定容量不超过1260kVA,单台额定容量不超过630kVA的可燃油油浸电力变压器以及充有可燃油的高压电容器和多油开关等,可贴邻民用建筑（除观众厅、教室等人员密集的房间和病房外）布置,但必须采用防火墙隔开。

上述房间不宜布置在主体建筑内,如受条件限制必须布置时,应采取下列防火措施：

一、不应布置在人员密集的场所的上面、下面或贴邻,并应采用无门窗洞口的耐火极限不低于3.00h的隔墙（包括变压器室之间的隔墙）和1.50h的楼板与其他部位隔开;当必须开门时,应设甲级防火门。

变压器室与配电室之间的隔墙,应设防火墙。

二、变压器室应设置在首层靠外墙的部位,并应在外墙上开门。首层变压器外墙开口的上方应设置宽度不小于1.00m的防火挑檐或高度不小于1.20m的窗间墙。

三、变压器下面应设有储存变压器全部油量的事故储油设施。多油开关、高压电容器室均应设有防止油流散的设施。

锅炉房、变压器室应设置在首层靠外墙的部位,并应在外墙上开门。

第5.4.2条 存放和使用化学易燃易爆物品的商店、作坊和储藏间,严禁附设在民用建筑内。

住宅建筑的底层如设有耐火极限不低于1h的非燃烧体楼板与住宅分隔,应采用耐火极限不低于3h的隔墙和耐火极限不低于1h的非燃烧体楼板与住宅部分隔开,商业服务网点的安全出口必须与住宅部分分开。

消防车道。

表 6.0.5

堆场、储罐区的总储量

堆场、储罐名称	棉、麻、毛、化纤(t)	稻草、麦秸、芦苇(t)	木材(m³)	甲、乙、丙类液体储罐(m³)	液化石油气储罐(m³)	可燃气体储罐(m³)
总储量	1000	5000	5000	1500	500	30000

注：一个易燃材料堆场占地面积超过25000m²或一个可燃材料堆场占地面积超过40000m²时，宜增设与消防车道相通的中间纵、横消防车道，其间距不宜超过150m。

第6.0.9条 消除车道的宽度不应小于3.5m，道路上空遇有管架、栈桥等障碍物时，其净高不应小于4m。

第6.0.10条 环形消防车道至少应有两处与其他车道连通。尽头式消防车道应设回车道或回车场面积不应小于12m×12m，供大型消防车使用的回车场面积不应小于15m×15m。消防车道下的管道和暗沟应能承受大型消防车的压力。消防车道可利用交通道路。

第6.0.11条 消防车道应尽量短捷，两车道之间的间距不应小于一列火如必须平交，应设备用车道，并宜避免与铁路平交。车的长度。

第6.0.12条 甲、乙类厂房和库房内不应设铁路线。蒸汽机车和内燃机车进入丙、丁、戊类厂房和库房时，其屋顶应采用非燃烧体结构或其他有效防火措施。

第六章 消防车道和进厂房的铁路路线

第6.0.1条 街区内的道路应考虑消防车的通行，其道路中心线间距不应超过160m。当建筑物的沿街部分长度超过150m或总长度超过220m时，均应设置穿过建筑物的消防车道。

第6.0.2条 消防车道穿过建筑物的门洞时，其净高和净宽不应小于4m；门梁之间净宽不应小于3.5m。

第6.0.3条 沿街建筑应设连通街道和内院的人行通道（可利用楼梯间），其间距不宜超过80m。

第6.0.4条 工厂、仓库应设置消防车道。一座甲、乙、丙类厂房的占地面积超过3000m²或一座乙、丙类库房的占地面积超过1500m²时，宜设置环形消防车道，如有困难，可沿两个长边设置消防车道或设置可供消防车通行的且宽度不小于6m的平坦空地。

第6.0.5条 易燃、可燃材料露天堆场区，甲、乙、丙类液体储罐区，液化石油气储罐区，应设置消防车道或设置可供消防车通行的且宽度不小于6m的平坦空地。

第6.0.6条 超过3000个座位的体育馆，超过2000个座位的会堂和占地面积超过3000m²的展览馆等公共建筑，宜设环形消防车道。

第6.0.7条 建筑物的封闭内院，如其短边长度超过24m，宜设有进入内院的消防车道。

第6.0.8条 供消防车取水的天然水源和消防水池，应设置消防车道。

第七章 建筑构造

第一节 防火墙

第7.1.1条 防火墙应直接设置在基础上或钢筋混凝土的框架上。

防火墙应截断燃烧体或难燃烧体的屋顶结构，且应高出非燃烧体屋面不小于40cm，高出燃烧体或难燃烧体屋面不小于50cm。当建筑物的屋盖为耐火极限不低于0.5h的非燃烧体时，防火墙（包括工业建筑物防火墙）可砌至屋面基层的底部，不高出屋面。

第7.1.2条 防火墙中心距天窗端面的水平距离小于4m，且天窗端面为燃烧体时，应采取防止火势蔓延的设施。

第7.1.3条 建筑物的外墙如为难燃烧体时，防火墙应突出难燃烧体的外表面40cm；防火带的宽度，从防火墙中心线起每侧不应小于2m。

第7.1.4条 防火墙内不应设置排气道，民用建筑如必须设置时，其两侧的墙身截面厚度均不应小于12cm。

防火墙上不应开门窗洞口，如必须开设时，应采用甲级防火门窗，并应能自行关闭。

可燃气体和甲、乙、丙类液体管道不应穿过防火墙。其他管道如必须穿过时，应用非燃烧材料将缝隙紧密填塞。

第7.1.5条 建筑物内的防火墙不应设在转角处。如设在转角附近，内转角两侧墙上的门窗洞口之间最近的水平距离不应小于2m，如装有耐火极限不低于0.9h的非燃烧体固定窗扇的采光窗

（包括转角墙上的窗洞），可不受距离的限制。

第7.1.6条 设计防火墙时，应考虑防火墙一侧的屋架、梁、楼板等受到火灾的影响而破坏时，不致使防火墙倒塌。

第二节 建筑构件和管道井

第7.2.1条 在单元式住宅中，单元之间的墙应为耐火极限不低于1.5h的非燃烧体，并应砌至屋面板底部。

第7.2.2条 剧院等建筑的舞台与观众厅之间的隔墙，应采用耐火极限不低于3.5h的非燃烧体。

舞台口上部与观众厅闷顶之间的隔墙，可采用耐火极限不低于1.5h的非燃烧体，隔墙上的门应采用乙级防火门。

电影放映室（包括卷片室）应用耐火极限不低于1h的非燃烧体与其他部分隔开。观察孔和放映孔应设阻火圈。

第7.2.3条 医院中的手术室、居住建筑中的托儿所、幼儿园，应用耐火极限不低于1h的非燃烧体的隔墙，应采用耐火极限不低于1.5h的非燃烧体与其他部位隔开。

第7.2.4条 下列建筑或部位的隔墙，应采用耐火极限不低于1.5h的非燃烧体：

一、甲、乙类厂房和使用丙类液体的厂房；
二、有明火和高温的厂房；
三、剧院后台的辅助用房；
四、一、二、三级耐火等级建筑的门厅；
五、建筑内的厨房。

第7.2.5条 三级耐火等级的下列建筑或部位的吊顶，应用耐火极限不低于0.25h的难燃烧体。

一、医院、疗养院、托儿所、幼儿园；
二、三层及三层以上建筑内的楼梯间、门厅、走道。

第7.2.6条 舞台下面的灯光操作室和可燃物储藏室，应用耐火极限不低于1h的非燃烧体墙与其他部位隔开。

第7.2.7条 电梯井和电梯机房的墙壁等均应采用耐火极限

不低于1h的非燃烧体。高层工业建筑的室内电梯井和电梯机房的墙壁应采用耐火极限不低于2.5h的非燃烧体。

第7.2.8条 二级耐火等级的丁、戊类厂(库)房的柱、梁均可采用无保护层的金属结构,但使用甲、乙、丙类液体或可燃气体的部位,应采取防火保护设施。

第7.2.9条 建筑物内的管道井、电缆井应每隔2～3层在楼板处用耐火极限不低于0.50h的不燃烧体封堵,其井壁应采用耐火极限不低于1.00h的不燃烧体。井壁上的检查门应采用丙级防火门。

第7.2.10条 冷库采用稻壳、泡沫塑料等可燃烧材料作墙体内的隔热层时,宜采用非燃烧隔热材料做水平防火带。防火带宜设置在每层楼板水平处。

冷库阁楼层和墙体的可燃保温层应用非燃体墙分隔开。

第7.2.11条 附设在建筑物内的消防控制室、固定灭火装置的设备室(如钢瓶间、泡沫液间)、通风空气调节机房,应采用耐火极限不低于2.5h的隔墙和1.5h的楼板与其他部位隔开。隔墙上的门应用乙级防火门。

第三节 屋顶和屋面

第7.3.1条 阁顶内采用稻末等可燃材料作保温层的三、四级耐火等级建筑的屋顶,不应采用冷摊瓦。

阁顶内的非金属烟囱周围50cm,金属烟囱70cm范围内,不应采用可燃材料作保温层。

第7.3.2条 舞台的屋顶应设置便于开启的排烟气窗,其总面积不宜小于舞台(不包括侧台)地面面积的5%。

第7.3.3条 超过二层有阁顶的三级耐火等级建筑,在每个防火隔断范围内应设置老虎窗,其间距不宜超过50m。

第7.3.4条 阁顶内有可燃物的建筑,在每个防火隔断范围内应设有不小于70cm×70cm的阁顶入口,但公共建筑的每个防火隔断范围内的阁顶入口不宜小于两个。阁顶入口宜布置在走廊中靠近楼梯间的地方。

第四节 疏散用的楼梯间、楼梯和门

第7.4.1条 疏散用的楼梯间应符合下列要求:

一、公共走道的疏散门外,不应开设其他的房间门窗。
通向楼梯间的疏散门上,除在同层开设其他门窗外,防烟楼梯间前室和封闭楼梯间的内墙上,除同层开设门窗外。

二、楼梯间的电梯井,不应附设排烟水箱、可燃材料储藏室、非封闭的电梯井、可燃气体管道、甲、乙、丙类液体管道等;

三、楼梯间内宜有天然采光,并不应有影响疏散的凸出物;

四、在住宅内,可燃气体管道如必须局部水平穿过楼梯间时,应采取可靠的保护设施。

注:电梯不能作为疏散用楼梯。

第7.4.2条 需设防烟楼梯间的建筑,其室外楼梯可为辅助防烟楼梯,但其净宽不应小于90cm,倾斜度不应大于45°。栏杆扶手的高度不应低于1.1m。其他建筑室外疏散楼梯,其倾斜角可不大于60°,净宽可不小于80cm。

防烟楼梯周围2m内的墙面上,除疏散门外,不应设其他门窗洞口。

室外疏散楼梯和每层出口处平台,均应采取非燃烧材料制作平台耐火极限不应低于1h,楼梯段的耐火极限不应低于0.25h。

疏散门不应正对楼梯段。

第7.4.3条 作为丁、戊类厂房内的第二安全出口的楼梯,可采用不小于80cm的金属梯。

丁、戊类高层厂房,当每层工作平台人数不超过2人,且各层工作平台上同时生产人数总和不超过10人时,可采用敞开楼梯,或采用净宽不小于0.80m、坡度不大于60°的金属梯兼作疏散梯。

第7.4.4条 疏散用楼梯和疏散通道上的阶梯，不应采用螺旋楼梯和扇形踏步，但踏步上下两级所形成的平面角度不超过10°，且每级离扶手25cm处的踏步深度超过22cm时可不受此限。

第7.4.5条 公共建筑的疏散楼梯两段之间的水平净距，不宜小于15cm。

第7.4.6条 高度超过10m的三级耐火等级建筑，应设有通至屋顶的室外消防梯，但不应面对老虎窗，并宜离地面3m设置宽度不应小于50cm。

第7.4.7条 民用建筑及厂房的疏散用门应向疏散方向开启。人数不超过60人的房间且每樘门的平均疏散人数不超过30人时，乙类生产房间除外，其门的开启方向不限。

第7.4.8条 库房疏散用的门不应采用侧拉门（库房除外），严禁采用转门。但甲、乙类物品库房不应采用侧拉门。

第五节 天桥、栈桥和管沟

第7.5.1条 天桥、跨越房屋的栈桥，以及供输送可燃气体、可燃粉料和甲、乙、丙类液体的栈桥，均应采用非燃烧体。

第7.5.2条 运输有火灾、爆炸危险的物资的栈桥，不应兼作疏散用的通道。

第7.5.3条 封闭天桥、栈桥与建筑物连接处的门洞以及甲、乙、丙类液体的封闭管沟（廊），均应设有防止火势蔓延的保护设施。

第八章 消防给水和灭火设备

第一节 一般规定

第8.1.1条 在进行城镇、居住区、企事业单位规划和建筑设计时，必须同时设计消防给水系统。消防用水可由给水管网、天然水源或消防水池供给。利用天然水源时，应确保枯水期最低水位时消防用水的可靠性，且应设置可靠的取水设施。

注：耐火等级不低于二级，且体积不超过3000m³的戊类厂房或居住区人数不超过500人，且建筑物不超过二层的居住小区，可不设消防给水。

第8.1.2条 消防给水system可与生产、生活给水管道系统合并，如合并不经济或技术上不可能，宜采用独立的消防给水管道系统。

高层工业建筑应采用独立的消防给水管道。

第8.1.3条 室外消防给水可采用高压或临时高压给水系统、管道的压力应保证用水总量达到最大且水枪布置在任何建筑物的最高处时，水枪的充实水柱仍不小于10m；如采用低压给水系统，管道的压力应保证灭火时最不利点消火栓的水压不小于10m水柱（从地面算起）。

注：①在计算水压时，应采用喷嘴口径19mm的水枪和直径65mm、长度120m的麻质水带，每支水枪的计算流量不应小于5l/s。
②高层工业建筑或临时高压给水系统的高压，应满足室内最不利点消防设备水压的要求。
③消火栓给水管道设计流速不宜超过2.5m/s。

第二节 室外消防用水量

第8.2.1条 城镇、居住区室外消防用水量，应按同一时间内的火灾次数和一次灭火用水量确定。同一时间内的火灾次数和一次灭火用水量,不应小于表 8.2.1 的规定。

城镇、居住区室外消防用水量 表 8.2.1

人数(万人)	同一时间内的火灾次数(次)	一次灭火用水量(L/s)
≤1.0	1	10
≤2.5	1	15
≤5.0	2	25
≤10.0	2	35
≤20.0	2	45
≤30.0	2	55
≤40.0	2	65
≤50.0	3	75
≤60.0	3	85
≤70.0	3	90
≤80.0	3	95
≤100	3	100

注：城镇的室外消防用水量应包括居住区、工厂、仓库（含堆场、储罐）和民用建筑的室外消火栓用水量。当工厂和民用建筑的室外消火栓用水量按表 8.2.2-2 计算，其值与本表计算不一致时，应取其较大值。

第 8.2.2 条 工厂、仓库和民用建筑一次灭火的火灾次数和同一时间内的火灾次数不应小于表 8.2.2-1 的规定；

一、工厂、仓库和民用建筑在同一时间内的火灾次数，应按同一时间内的火灾次数表 表 8.2.2-1

名称	基地面积(ha)	同一时间内的火灾次数	备注
工厂	≤100	1	按需水量最大的一座建筑物（或堆场、储罐）计算
	>100	2	工厂一次，居住区一次
仓库	不限	2	按需水量最大的两座建筑物（或堆场、储罐）计算
民用建筑	不限	1	按需水量最大的一座建筑物（或堆场、储罐）计算

注：采矿、选矿等工业企业，如各分散基地有独立的消防给水系统时，可分别计算。

二、建筑物的室外消火栓用水量，不应小于表 8.2.2-2 的规定；

三、一个单位内有泡沫灭火设备、带架水枪、自动喷水灭火设备以及其他消防用水设备时，其消防用水量应按表 8.2.2-2 规定的室外消火栓所需的全部消防用水量加上表 8.2.2-2 规定的室外消火栓用水量的 50%，但采用的水量不应小于表 8.2.2-2 的规定。

建筑物的室外消火栓用水量 表 8.2.2-2

耐火等级	建筑物名称及类别		建筑物体积 (m³)					
			≤1500	1501~3000	3001~5000	5001~20000	20001~50000	>50000
一、二级	厂房	甲、乙	10	15	20	25	30	35
		丙	10	15	20	25	30	40
		丁、戊	10	10	15	15	15	20
	库房	甲、乙	15	15	25	25	—	—
		丙	15	15	25	25	35	45
		丁、戊	10	10	10	10	15	20
	民用建筑		10	15	20	25	30	—
三级	厂房或库房	乙、丙	15	20	30	40	45	—
		丁、戊	10	10	15	20	20	30
	民用建筑		10	15	20	25	25	—
四级	丁、戊类厂房或库房		10	15	20	20	—	—
	民用建筑		10	15	20	25	—	—

注：① 室外消火栓用水量应按消防水量最大的一座建筑物或一个防火分区计算。
② 成组布置的建筑物应按相邻两座较大的建筑物的体积之和计算。
火车站、码头和机场的中转库房，其室外消火栓用水量应按相应耐火等级的丙类物品库房确定。
③ 国家级文物保护单位的重点砖木、木结构的建筑物的室外消防用水量，按三级耐火等级民用建筑物消防用水量确定。

第 8.2.3 条 易燃、可燃材料露天、半露天堆场，可燃气体储罐或储罐区的室外消火栓用水量，不应小于表 8.2.3 的规定。

二、灭火用水量应按储罐区内最大罐配置泡沫的用水量和泡沫管枪配置泡沫罐之和确定，并应按现行的国家标准《低倍数泡沫灭火系统设计规范》有关规定计算。

三、储罐区的冷却用水量，应按一次灭火最大需水量计算。距着火罐罐壁1.50倍直径范围内的相邻储罐应进行冷却，其冷却水的供应范围和供给强度不应小于表8.2.5的规定。

冷却水的供给范围和供给强度　　　　　　表8.2.5

设备类型	储罐名称	供给范围	供给强度 (l/s·m²)
移动式水枪	固定顶立式罐（包括保温罐）	罐周长	0.60 (l/s·m)
	浮顶罐（包括保温罐）	罐周长	0.45 (l/s·m)
	地下立式罐、半地下卧罐	罐表面积	0.10 (l/s·m²)
	非保温罐	无覆土罐外的表面积	0.10 (l/s·m²)
	保温罐	罐周长的一半	0.35 (l/s·m)
	卧式罐、地下罐	罐表面积的一半	0.20 (l/s·m²)
	半地下、地下罐	无覆土罐表面积的一半	0.10 (l/s·m²)
固定式设备	固定顶立式罐	罐周长	0.50 (l/s·m)
	卧式罐	罐表面积	0.10 (l/s·m²)
相邻罐	立式罐	罐周长的一半	0.50 (l/s·m)
	卧式罐	罐表面积的一半	0.10 (l/s·m²)

注：①冷却水的供给强度，还应根据不燃烧材料进行保温时的冷却强度进行校核。
②相邻罐采用不燃烧材料进行保温时，其冷却水供给强度可按本表减少50%。
③储罐可采用移动式水枪或固定式设备进行冷却。当采用移动式水枪进行冷却时，无覆土保护的卧式罐、地下地下埋藏室内立式罐的消防用水量，如计算出的水量小于15l/s，仍应采用15l/s。
④地上储罐的高度超过15m时，宜采用固定式冷却水设备。
⑤当相邻储罐超过4个时，冷却用水量可按4个计算。

三、覆土保护的地下储油应设冷却用水。冷却用水量应按

堆场、储罐的室外消火栓用水量　　表8.2.3

名称		总储量或总容量	消防用水量(l/s)
粮食(t)	圆筒仓土圆囤	30~500	15
		501~5000	25
		5001~20000	40
		20001~40000	45
	席茓囤	30~500	20
		501~5000	35
		5001~20000	50
棉、麻、毛、化纤百货(t)		10~500	20
		501~1000	35
		1001~5000	50
稻草、麦秸、芦苇等易燃材料(t)		50~500	20
		501~5000	35
		5001~10000	50
		10001~20000	60
木材等可燃材料(m³)		50~1000	20
		1001~5000	30
		5001~10000	45
		10001~25000	55
煤和焦炭(t)	湿式	100~5000	15
		>5000	20
可燃气体储罐或储罐区(m³)		≤10000	20
		501~10000	25
		10001~50000	30
		>50000	40

第8.2.4条　当可燃油油浸电力变压器需设水喷雾灭火系统保护时，其灭火用水量应按现行的国家标准《水喷雾灭火系统设计规范》经计算确定。

第8.2.5条　甲、乙、丙类液体储罐区的消防用水量，应按灭火用水量和冷却用水量之和计算。冷却用水量应按

最大着火罐罐顶的表面积（卧式罐按投影面积）计算，其供给强度不应小于0.1l/s·m²。当计算出来的水量小于15l/s时，仍应采用15l/s。

第8.2.6条 甲、乙、丙类液体储罐冷却水延续时间，应符合下列要求：

一、浮顶罐、地下和半地下固定顶立式罐、覆土储罐和直径不超过20m的地上固定顶立式罐，其冷却水延续时间按4h计算；

二、直径超过20m的地上固定顶立式罐冷却水延续时间按6h计算。

第8.2.7条 液化石油气储罐区消防用水量应按储罐固定冷却设备用水量和水枪用水量之和计算，其设计应符合下列要求：

一、总容积超过50m³的储罐或单罐容积超过20m³的储罐应设置固定喷淋装置。喷淋装置的供水强度不应小于0.15l/s·m²，着火储罐的保护面积按其全表面积计算，距着火罐直径（卧式储罐按罐直径和长度之和的一半）1.5倍范围内的相邻储罐按其表面积的一半计算。

二、水枪用水量，不应小于表8.2.7的规定。

水 枪 用 水 量　　表8.2.7

总容积（m³）	<500	501～2500	>2500
单罐容积（m³）	≤100	≤400	>400
水枪用水量（l/s）	20	30	45

注：①水枪用水量应按本表总容积和单罐容积较大者确定。
②总容积≤50m³或单罐容积≤20m³的储罐，可单独设置固定喷淋装置或移动式水枪。

第8.2.8条 液化石油气的火灾延续时间，应按6.00h计算。

三、消防用水达到最大小时用水量时（淋浴用水量可按15%计算，生活用水与生产、生活用水合并的给水系统，当生产、生活用水达到最大小时用水量时（淋浴用水量可按15%计算，浇洒及洗刷用水量可不计算在内），仍应保证消防用水量（包括室内消防用水量）。

注：低压消防给水系统，如不引起生产事故、生产用水可作为消防用水。但生产用水转为消防用水的阀门应不超过两个，开启阀门的时间不应超过5min。

第三节 室外消防给水管道、室外消火栓和消防水池

第8.3.1条 室外消防给水管道的布置应符合下列要求：

一、室外消防给水管网应布置成环状，但在建设初期或室外消防用水量不超过15l/s时，可布置成枝状；

二、环状管网的输水干管及向环状管网输水的输水管均不应少于两条，当其中一条发生故障时，其余的干管应仍能通过消防用水总量；

三、环状管道应用阀门分成若干独立段，每段内消火栓的数量不宜超过5个；

四、室外消防给水管道的最小直径不应小于100mm。

第8.3.2条 室外消火栓的布置应符合下列要求：

一、室外消火栓应沿道路设置，道路宽度超过60m时，宜在道路两边设置消火栓，并宜靠近十字路口；

二、甲、乙、丙类液体储罐区和液化石油气储罐区的消火栓，应设在防火堤外。但距罐壁15m范围内的消火栓，不应计算在该罐可使用的数量内；

三、消火栓距路边不应超过2m，距房屋外墙不宜小于5m；

四、室外消火栓的保护半径不应超过150m；在市政消火栓保护半径150m以内，如室内消防用水量不超过15l/s时，可不设室外消火栓；

五、室外消火栓的数量应按室外消防用水量计算决定，每个室外消火栓的用水量应为10～15l/s计算；

六、直径为150mm的室外消火栓应有一个直径为150mm或100mm和两个直径为65mm的栓口；

七、室外地下式消火栓应有直径为100mm和65mm的栓口。

用水不作他用的技术设施;

七、寒冷地区的消防水池应有防冻设施。

第四节 室内消防给水

第 8.4.1 条 下列建筑物应设室内消防给水:

一、厂房、库房,高度不超过24m的科研楼(存有与水接触能引起燃烧爆炸的物品除外);

二、超过800个座位的剧院、电影院、俱乐部和超过1200个座位的礼堂、体育馆;

三、体积超过5000m³的车站、码头、机场建筑物以及展览馆、商店、病房楼、门诊楼、图书馆、书库等;

四、超过七层的单元式住宅、超过六层的塔式住宅、通廊式住宅、底层设有商业网点的教学楼等其他民用建筑;

五、超过五层或体积超过10000m³的教学楼等其他民用建筑;

六、国家级文物保护单位的重点砖木或木结构的古建筑。

注:耐火等级为一、二级耐火等级的厂房内,如有生产性质不同的部位时,可根据各部位的特点确定设置或不设置室内消防给水。

第 8.4.2 条 下列建筑物可不设室内消防给水:

一、耐火等级为一、二级建筑(除高层建筑外);丁、戊类厂房和库房(高层建筑除外);耐火等级为三、四级且建筑体积不超过3000m³的丁类厂房和建筑体积不超过5000m³的戊类厂房;

二、室内没有生产、生活给水管道,室外消防用水取自储水池且建筑体积不超过5000m³的建筑物。

第五节 室内消防用水量

第 8.5.1 条 建筑物内设有消火栓、自动喷水灭火设备时,其室内消防用水量应按需要同时开启的上述设备用水量之和计算。

各一个,并有明显的标志。

第 8.3.3 条 具有下列情况之一者应设消防水池:

一、生产、生活用水量达到最大时,市政给水管道、进水管或天然水源不能满足室内外消防用水量;

二、市政给水管道为枝状或只有一条进水管,且消防用水量之和超过25l/s。

第 8.3.4 条 消防水池应符合下列要求:

一、消防水池容量应满足在火灾延续时间内室内外消防用水总量的要求。火灾延续时间应按2h计算,居住区、工厂和丁、戊类仓库的火灾延续时间应按2h计算,甲、乙、丙类物品仓库、可燃气体储罐和堆场、焦炭露天堆场和煤、可燃材料露天、半露天堆场(不包括焦炭、露天堆场)应按6h计算;甲、乙、丙类液体储罐火灾延续时间应按本规范第8.2.6条的规定;液化石油气储罐的火灾延续时间应按本规范第8.2.7条的规定确定;自动喷水灭火延续时间按1h计算;

二、在火灾延续时间下能保证连续补水时,消防水池的容量可减去火灾延续时间内补充的水量;

三、消防水池容量如超过1000m³时,应分开设成两个。

消防水池的补水时间不宜超过48h,但缺水地区或独立的石油库区可延长到96h。

四、供消防车取水的消防水池,保护半径不应大于150m;

五、供消防车取水的消防水池应设取水口,其取水口与建筑物(水泵房除外)的距离不宜小于15m;与甲、乙、丙类液体储罐的距离不宜小于40m,与液化石油气储罐的距离不宜小于60m。若有防止辐射热的保护设施时,可减为40m。

六、消防用水与生产、生活用水合并的消防水池,应有确保消防供水不作他用的技术设施,消防车取水的吸水高度不超过6m;

水枪数量可按本表减少2支。

②增设消防水喷雾设备，可不计入消防用水量。

第8.5.2条 室内消火栓用水量应根据同时使用水枪数量和充实水柱长度，由计算决定，但不应小于表8.5.2的规定。

第8.5.3条 室内消防电力变压器水喷雾灭火设备的用水量应按本规范第8.2.4条规定执行。

第8.5.4条 自动喷水灭火设备的水量应按现行的《自动喷水灭火系统设计规范》确定。

注：舞台上闭式自动喷水灭火设备与雨淋喷水灭火设备用水量可不叠同时开启计算，但应按其中用水量较大者确定。

第六节 室内消防给水管道、室内消火栓和室内消防水箱

第8.6.1条 室内消防给水管道，应符合下列要求：

一、室内消防给水管道超过10个且室内消防用水量大于15l/s时，应至少应有两条进水管与室外环状或格状管道连接。当环状管网室内消防管道连成格状或环状时，其余的进水管应仍能供应全部用水量。

注：①七至九层的单元式住宅和不超过8户的通廊式住宅，其室内消防给水管道可为枝状，进水管为一条。

②进水管上设置水表的塔式（采用双出口消火栓者除外）和通廊式住宅，超过六层或体积超过10000m³的其他民用建筑，超过四层的厂房和库房，如室内消防竖管为两条或两条以上时，应至少每两根竖管相连组成环状，且管竖管直径应按最不利点消火栓出水状，并根据表8.5.2规定的流量。

二、高层工业建筑、高层民用建筑，设有消防管网的住宅及超过五层的其他民用建筑，其室内消防管网应成环状，且管道的直径不应小于100mm。

三、超过四层的厂房和库房，高层工业建筑，设有消防管网的住宅及超过五层的其他民用建筑，其室内消防管网应设消防水

室内消火栓用水量   表8.5.2

建筑物名称	高度、层数、体积或座位数	消火栓用水量 (L/s)	同时使用水枪数量 (支)	每支水枪最小流量 (L/s)	每根竖管最小流量 (L/s)
厂房	高度≤24m，体积≤10000m³	5	2	2.5	5
	高度≤24m，体积>10000m³	10	2	5	10
	高度>24m至50m	25	5	5	15
	高度>50m	30	6	5	15
科研楼、试验楼	高度≤24m，体积≤10000m³	10	2	5	10
	高度≤24m，体积>10000m³	15	3	5	10
库房	高度≤24、体积≤5000m³	5	1	5	5
	高度≤24，体积>5000m³	10	2	5	10
	高度>24m至50m	30	6	5	15
	高度>50m	40	8	5	15
车站、码头、机场建筑物和展览馆等	5001～25000m³	10	2	5	10
	25001～50000m³	15	3	5	10
	>50000m³	20	4	5	15
商店、病房楼、教学楼等	5001～10000m³	5	2	2.5	5
	10001～25000m³	10	2	5	10
	>25000m³	15	3	5	10
剧院、电影院、俱乐部、礼堂、体育馆等	801～1200个	10	2	5	10
	1201～5000个	15	3	5	15
	5001～10000个	20	4	5	15
	>10000个	30	6	5	15
住宅	7~9层	5	2	2.5	5
其他建筑	≥6层或体积≥10000m³	15	3	5	10
国家级文物保护单位的重点砖木、木结构的古建筑	体积≤10000m³	20	4	5	10
	体积>10000m³	25	5	5	10

注：①丁、戊类高层工业建筑室内消火栓的用水量可按本表减少10l/s，同时使用

三、室内消火栓栓口处的静水压力应不超过80m水柱,如超过80m水柱时,应采用分区给水系统。消火栓口处的出水压力超过50m水柱时,应有减压设施;

四、消防电梯前室应设室内消火栓;

五、室内消火栓应设在明显易于取用地点。栓口离地面高度为1.1m,其出水方向宜向下或与设置消火栓的墙面成90°角;

六、冷库的室内消火栓应设在常温穿堂或楼梯间内;

七、室内消火栓的间距应由计算确定。高层工业建筑、高架库房、甲、乙类厂房,室内消火栓的间距不应超过30m;其他单层和多层建筑室内消火栓的间距不应超过50m。

同一建筑物内应采用统一规格的消火栓、水枪和水带。每根水带的长度不应超过25m;

八、设有室内消火栓的建筑,如为平屋顶时,宜在平屋顶上设置试验和检查用的消火栓。

九、高层工业建筑,应在每个室内消火栓处设置直接启动消防水泵的按钮,并应有保护设施。

注:设有空气调节系统的旅馆、办公楼,以及超过1500个座位的剧院、会堂,其闷顶内安装有面灯部位的马道处,宜增设消防水喉设备。

第8.6.3条 设置消火栓和自动喷水灭火设备等水系统的建筑物,如能保证最不利点消火栓和水箱不能满足最不利点消火栓水压要求时,应设消防水箱或气压水罐、水塔,并应符合下列要求:

一、应在建筑物的最高部位设置重力自流的消防水箱;

二、室内消防水箱(包括气压水罐、水塔、分区给水系统的分区水箱),应储存10min的消防用水量。当室内消防用水量超过25l/s,经计算水箱消防储水量超过12m³时,仍可采用12m³;当室内消防用水量超过25l/s,经计算消防储水量超过18m³,仍

泵接合器。距接合器15～40m内,应设室外消火栓或消防水池。接合器的数量,应按室内消防用水量计算确定,每个接合器的流量按10～15l/s计算。

五、室内消防给水管道应用阀门分成若干独立段,当某段损坏时,停止使用的消火栓在一层中不应超过5个。高层工业建筑室内消防给水管道上阀门的布置,应保证检修管道时关闭的竖管不超过一条,超过三条竖管时,可关闭两条,阀门应有明显的启闭标志。

六、消防用水与其他用水合并的管道,当其他用水达到最大秒流量时,应仍能供应全部消防用水量。淋冷用水量可按计算水量的15%计算,洗刷用水量可不计算在内。

七、室内外消防用水量达到最大时,室内消防水泵宜直接从市政管道取水。

八、当生产、生活用水量达到最大,且市政管道水量仍能满足室内外消防用水量时,室内消防水泵宜直接从市政管道进水。

九、室内消防给水管网与自动喷水灭火设备的管道,宜分开设置;如有困难,应在报警阀前分开设置。

九、严寒地区非采暖的厂房、库房的室内消火栓,可采用干式系统,但在进水管上应设快速启闭装置,管道最高处应设排气阀。

第8.6.2条 室内消防给水应符合下列要求:

一、设有消防给水的建筑物,其各层(无可燃物的设备层除外)均应设置消火栓;

二、室内消火栓的布置,应保证有两支水枪的充实水柱同时到达室内任何部位。建筑高度小于或等于24m时,且体积小于或等于5000m³的库房,可采用1支水枪的充实水柱到达室内任何部位。水枪的充实水柱长度应由计算确定,一般不应小于7m,但甲、乙类厂房,超过六层的民用建筑,超过四层的厂房和库房内,不应小于10m;高层工业建筑、高架库房、水枪的充实水柱不应小于13m水柱;

可采用18m³；

三、消防用水与其他用水合并的水箱，应有消防用水不作他用的技术设施；

四、发生火灾后由消防水泵供给的消防用水，不应进入消防水箱。

第七节　灭火设备

第8.7.1条　下列部位应设置闭式自动喷水灭火设备：

一、锭子或大于50000纱锭的棉纺厂的开包、清花车间；等于或大于5000锭的麻纺厂的分级、梳麻车间；纺织高层厂房；面积超过1500m²的木器厂房；火柴厂的烤梗、筛选部位；泡沫塑料厂的预发、成型、切片、压花部位；

二、每座占地面积超过1000m²的棉、毛、丝、麻、化纤、毛皮及其制品库房；每座占地面积超过600m²的火柴库房、建筑面积超过500m²的可燃物品高层库房；可燃、难燃物品的高架库房和高层库房（冷库、高层卷烟成品库房除外）、省级以上或藏书量超过100万册图书馆的书库；

三、超过1500个座位的剧院的观众厅、舞台上部（屋顶采用金属构件时）、化妆室、道具室、储藏室、贵宾室；超过2000个座位的会堂或礼堂的观众厅、舞台上部、储藏室、贵宾室；超过3000个座位的体育馆的吊顶上部、贵宾室、器材间、运动员休息室；

四、省级邮政楼的邮袋库；

五、每层面积超过3000m²或建筑面积超过9000m²的百货商场、展览大厅；

六、餐厅、商店、库房和无楼层服务员的客房；

七、设有空气调节系统的旅馆和综合办公楼内的走道、办公室、商店、库房、库房试验台的准备部位；

八、国家级文物保护单位的重点砖木或木结构建筑。

第8.7.2条　下列部位应设水幕设备：

一、超过1500个座位的剧院和超过2000个座位的会堂、礼堂的舞台口，以及与舞台相连的侧台、后台的门窗洞口；

二、应设防火墙等防火分隔物而无法设置的开口部位；

三、防火卷帘或防火幕的上部。

第8.7.3条　下列部位应设雨淋喷水灭火设备：

一、火柴厂的氯酸钾压碾厂房，建筑面积超过100m²生产、使用硝化棉、喷漆棉、火胶棉、赛璐珞胶片、硝化纤维的厂房；

二、建筑面积超过60m²或储存量超过2t的硝化棉、喷漆棉、火胶棉、赛璐珞胶片、硝化纤维库房；

三、日装瓶数量超过3000瓶的液化石油气储配站的灌瓶间、实瓶库；

四、超过1500个座位的剧院和超过2000个座位的会堂舞台的葡萄架下部；

五、建筑面积超过400m²的演播室、建筑面积超过500m²的电影摄影棚；

六、乒乓球厂的轧坯、切片、磨球、分球检验部位。

第8.7.4条　下列部位应设置水喷雾灭火系统：

一、单台容量在40MW及以上广播电视发射塔楼内的微波机房、分米波机房、米波机房、变配电室和不间断电源（UPS）室；

二、单台容量在90MW及以上企业可燃油浸电力变压器，单台容量在125MW及以上的独立变电所可燃油浸电力变压器或单台容量在90MW及以上可燃油浸电力变压器或单台容量在125MW及以上的独立变电所可燃油浸电力变压系统；

注：①当设置在缺水或严寒地区时，应采用二氧化碳等气体灭火系统；
②当设置在室（洞）内时，亦可采用二氧化碳等气体灭火系统；

三、飞机发动机试车台的试车部位。

第8.7.5条　下列部位应设置气体灭火系统：

一、省级或超过100万人口城市广播电视发射塔楼内的微波机房、分米波机房、米波机房、变配电室和不间断电源（UPS）室；

二、国际电信局、大区中心、省中心和一万路以上的地区中心的长途程控交换机房、控制室和信令转接点室；

三、二万线以上的市话汇接局和六万门以上的市话端局程控交换机房、控制室和信令转接点室；

四、中央及省级治安、防灾和网局级及以上的电力等调度指挥中心的通信机房和控制室；

五、主机房的建筑面积不小于140m²的电子计算机房中的主机房和基本工作间的已记录磁（纸）介质库；

六、其他特殊重要设备室。

注：当有备用主机和备用已记录磁（纸）介质，且设置在不同建筑内或同一建筑内的不同防火分区时，本条第五款规定的部位亦可采用预作用自动喷水灭火系统。

第8.7.5A条 下列部位应设置二氧化碳等气体灭火系统，但不得采用卤代烷1211、1301灭火系统：

一、省级或藏书量超过100万册的图书馆的特藏库；

二、中央和省级档案馆中的珍藏库和非纸质档案库；

三、大、中型博物馆中的珍品库房；

四、一级纸绢质文物的陈列室；

五、中央和省级广播电视中心内，建筑面积不小于120m²的音像制品库房。

第8.7.6条 下列部位宜设置蒸汽灭火系统：

一、使用蒸汽锅炉房的甲、乙类厂房和操作温度等于或超过本身自燃点的丙类液体厂房；

二、单台锅炉蒸发量超过2t/h的燃油、燃气锅炉房；

三、火柴厂厂房的火柴生产联合机部位；

四、有条件并适用蒸汽灭火系统设置的场所。

第8.7.7条 建筑灭火器配置应按现行国家标准《建筑灭火器配置设计规范》的有关规定执行。

第八节 消防水泵房

第8.8.1条 消防水泵房应采用一、二级耐火等级的建筑。附设在建筑内的消防水泵房，应用耐火极限不低于1h的非燃烧体墙和楼板与其他部位隔开。

消防水泵房应设直通室外的出口。设在楼层上的消防水泵房应靠近安全出口。

第8.8.2条 一组消防水泵的吸水管不应少于两条。当其中一条损坏时，其余的吸水管仍能通过消防给水系统，其每台工作消防水泵应有独立的吸水管。

高压和临时高压消防给水系统，其每台工作消防水泵应有独立的吸水管。

消防水泵宜采用自灌式引水。

第8.8.3条 消防水泵房应有不少于两条的出水管直接与环状管网连接。当其中一条出水管检修时，其余的出水管仍能供应全部用水量。

出水管上宜设置备用的放水阀门。

第8.8.4条 固定消防水泵应设有备用泵，其工作能力不应小于一台主泵。但符合下列条件之一时，可不设备用泵：

一、室外消防用水量不超过25l/s的工厂、仓库；

二、七层至九层的单元式住宅。

第8.8.5条 消防水泵应保证在火警后5min内开始工作，并在火场断电时仍能正常运转。

设有备用泵的消防水泵站或泵房，应设备用动力。若采用双电源或双回路供电有困难时，可采用内燃机作动力。

消防水泵与动力机械应直接连接。

第8.8.6条 消防水泵房宜设有与本单位消防队直接联络的通讯设备。

第九章 采暖、通风和空气调节

第一节 一般规定

第9.1.1条 甲、乙类厂房中的空气，不应循环使用。丙类生产厂房中的空气，如含有燃烧危险的粉尘、纤维，应经过处理后，再循环使用。

第9.1.2条 甲、乙类厂房用的送风设备和排风设备不应布置在同一通风机房内，且排风设备不应和其他房间的送、排风设备布置在同一通风机房间。

第9.1.3条 民用建筑内存有容易起火或爆炸物质的单独房间，如设有排风系统时，其排风系统应独立设置。

第9.1.4条 排除有比空气轻的可燃气体与空气的混合物时，其排风水平管全长应顺气流方向的向上坡度敷设。

第9.1.5条 甲、乙、丙类液体管道和甲、乙、丙类气体管道不应穿过通风和通风机房，也不应沿风管的外壁敷设。

第二节 采 暖

第9.2.1条 在散发可燃粉尘、纤维的厂房内，散热器采暖表面温度不应过高，热水采暖不应超过130℃。蒸汽采暖不应超过110℃，但输煤廊的蒸汽采暖可增至130℃。

甲、乙类厂房严禁采用明火采暖。

第9.2.2条 下列厂房应采用不循环使用的热风采暖：

一、生产过程中散发的可燃气体、蒸汽、粉尘与采暖管道、散热器表面接触能引起燃烧的厂房；

二、生产过程中散发的粉尘受到水、水蒸气的作用能产生自燃、爆炸以及水蒸气的作用能产生爆炸性气体的厂房。

第9.2.3条 房间内有与采暖管道接触能引起燃烧爆炸的气体、蒸汽或粉尘时，不应穿过采暖管道，如必须穿过时，应用非燃烧材料隔热。

第9.2.4条 温度不超过100℃的采暖管道如通过可燃构件时，应与可燃构件保持不小于5cm的距离或采用非燃烧材料隔离，温度超过100℃的采暖管道应采用非燃烧材料隔热。

第9.2.5条 甲、乙类的厂房、库房、高层工业建筑以及影剧院、体育馆等公共建筑的采暖管道和设备，其保温材料应采用非燃烧材料。

第三节 通风和空气调节

第9.3.1条 空气中含有容易起火或爆炸危险物质的房间其送、排风系统应采用防爆型的通风设备。送风机如设在单独隔开的通风机房内且送风干管上设有止回阀门，可采用普通型的通风设备。

第9.3.2条 排除有燃烧和爆炸危险的粉尘的空气，在进入排风机前应进行净化。对于空气中含有容易爆炸的铝、镁等粉尘，应采用与水接触能形成爆炸性混合物产生火花的除尘器；如粉尘与水接触能形成爆炸性混合物，不应采用湿式除尘器。

第9.3.3条 有爆炸危险的粉尘的排风机、除尘器，宜分组布置，并应与其他一般风机、除尘器分开设置。

第9.3.4条 净化有爆炸危险的粉尘的干式除尘器和过滤器，宜布置在生产厂房之外的独立建筑内，且与所属厂房的防火间距不应小于10m。但符合下列条件之一的干式除尘器和过滤器，可布置在生产厂房的单独间内：

一、有连续清灰设备；

二、风量不超过15000m³/h，且集尘斗的贮量小于60kg的定期清灰的除尘器和过滤器。

第9.3.5条 有爆炸危险的粉尘和碎屑的除尘器、过滤器、管道，均应按现行的国家标准《采暖通风与空气调节设计规范》的有关规定设置泄压装置。

净化有爆炸危险的粉尘的干式除尘器和过滤器，应布置在系统的负压段上。

第9.3.6条 排除、输送有燃烧或爆炸危险的气体、蒸汽和粉尘的排风系统，应设有导除静电的接地装置，其排风设备不应布置在建筑物的地下室、半地下室内。

第9.3.7条 甲、乙、丙类生产厂房的送、排风道宜分层设置，但进入生产厂房的水平或垂直送风管设有防火阀时，各层的排风管可合用一个送风系统。

甲、乙、丙类生产厂房的送、排风水平或垂直送风管道应暗设，并应直接通到室外的安全处。

第9.3.8条 排除有爆炸或燃烧危险的气体、蒸汽和粉尘的排风管不应穿设，并应直接通到室外的安全处。

第9.3.9条 排除和输送温度超过80℃的空气或其他气体，以及容易起火的碎屑的管道与燃烧或难燃烧构件之间的填塞物，应用非燃烧的隔热材料。

第9.3.10条 下列情况之一的通风、空气调节系统的送、回风管，应设防火阀：

一、送、回风总管穿过机房的隔墙和楼板处；

二、通过贵重设备或火灾危险性大的房间隔墙和楼板处；

三、多层建筑和高层工业建筑的每层送、回风水平管道与垂直总管的交接处的水平管段上。

注：多层建筑和高层工业建筑的每个防火分区内的送、回风水平风管与总管的交接处均系独立设置时，则被保护防火分区内的送、回风水平风管与总管的交接处可不设防火阀。

第9.3.11条 防火阀的易熔片或其他感温、感烟等控制设备一经作用，应能顺气流方向自行严密关闭，并应设有单独支吊架等防止风管变形而影响关闭的措施。

易熔片及其他感温元件应装在容易感温的部位，其作用温度应较通风系统在正常工作时的最高温度约高25℃，一般可采用72℃。

第9.3.12条 通风、空气调节系统的风管应采用不燃烧材料制作，但接触腐蚀性介质的风管和柔性接头，可采用难燃烧材料制作。

公共建筑的厨房、浴室、厕所的机械或自然垂直排风管道，应设有防止回流设施。

第9.3.13条 风管和设备的保温材料、消声材料及其粘结剂，应采用非燃烧材料或难燃烧材料。

风管内设有电加热器时，电加热器的开关与通风机开关应连锁控制。电加热器前后各80cm范围内的风管和穿过设有火源等容易起火房间的风管，均应采用非燃烧保温材料。

第9.3.14条 通风管道不宜穿过防火墙和非燃烧体楼板等防火分隔物。如必须穿过时，应在穿过处设防火阀。穿过防火墙两侧各2m范围内的风管保温材料应采用非燃烧材料，穿过处的空隙应用非燃烧材料填塞。

注：有爆炸危险的厂房，其排风管道不应穿过防火墙和车间隔墙。

第十章 电 气

第一节 消防电源及其配电

第10.1.1条 建筑物、储罐、堆场的消防用电设备，其电源应符合下列要求：

一、建筑高度超过50m的乙、丙类厂房和丙类库房，其消防用电设备应按一级负荷供电；

二、下列建筑应按二级负荷供电：

1. 室外消防用水量超过30l/s的工厂、仓库；

2. 室外消防用水量超过35l/s的易燃材料堆场，甲类和乙类液体储罐或储罐区，可燃气体储罐或储罐区；

3. 超过1500个座位的影剧院，超过3000个座位的体育馆，每层面积超过3000m²的百货楼、展览楼和室外消防用水量超过25l/s的其他公共建筑。

三、一级负荷供电的建筑物，当供电不能满足要求时，应设自备发电设备；

四、除一、二款以外的民用建筑物、储罐（区）和露天堆场等的消防用电设备，可采用三级负荷供电。

第10.1.2条 火灾事故照明和疏散指示标志可采用蓄电池作备用电源，但连续供电时间不应少于20min。

第10.1.3条 消防用电设备应采用单独的供电回路，并当发生火灾切断生产、生活用电时，应仍能保证消防用电。当暗敷备用电源有明显标志。

第10.1.4条 消防用电设备的配电线路穿管保护，当明敷时应敷设在非燃烧体结构内，其保护层厚度不应小于3cm，明敷时必须穿金属管，并采取防火保护措施。采用绝缘和护套为非延燃性材料的电缆时，可不采取穿金属管保护，但应敷设在电缆井沟内。

第二节 输配电线路、灯具、火灾事故照明和疏散指示标志

第10.2.1条 甲类厂房、库房，易燃材料堆垛，甲、乙类液体储罐，液化石油气储罐，可燃、助燃气体储罐与电力架空线路的最近水平距离不应小于乙、丙类液体储罐与电力架空线路的1.5倍，丙类液体储罐不应小于1.2倍。但35kV以上的电力架空线与储量超过200m³的液化石油气单罐的水平距离不应小于40m。

第10.2.2条 电力电缆不应和输送甲、乙、丙类液体管道、可燃气体管道，热力管道敷设在同一管沟内。

配电线路不得穿越通风管道内腔或紧贴风管外壁上，穿金属管保护的配电线路可紧贴风管外壁敷设。

第10.2.3条 闷顶内有可燃物时，其电线路应采取穿金属管保护。

第10.2.4条 照明器表面的高温部位靠近可燃物时，应采取隔热、散热等防火保护措施。

卤钨灯和额定功率为100W及100W以上的白炽灯泡的吸顶灯、槽灯、嵌入式灯的引入线应采用瓷管、石棉、玻璃丝等非燃烧材料作隔热保护。

第10.2.5条 超过60W的白炽灯、卤钨灯、荧光高压汞灯（包括镇流器）等不应直接安装在可燃装修或可燃构件上。

第10.2.6条 公共建筑和乙、丙类高层厂房的下列部位，应设火灾事故照明：

一、封闭楼梯间，防烟楼梯间及其前室，消防电梯前室；

二、消防控制室、自动发电机房、消防水泵房；

三、观众厅、营业厅、每层面积超过1500m²的展览厅、建筑

面积超过200m²的演播室，人员密集集目建筑面积超过300m²的地下室；

四、按规定应设封闭楼梯间或防烟楼梯间建筑的疏散走道。

第10.2.7条 消防控制室，消防水泵房，自备发电机房的照明，应按最低照度不应低于0.5lx。

疏散走道和疏散门、影剧院、体育馆、多功能礼堂、医院的病房等，其事故照明灯宜设置灯光疏散指示标志。

第10.2.8条 事故照明灯宜设在墙面或顶棚上。

第10.2.9条 疏散指示标志宜设在太平门的顶部或疏散走道及其转角处距地面高度一米以下的墙面上。走道上的指示标志间距不宜大于20m。

事故照明灯和疏散指示标志，应设玻璃或其他非燃烧材料制作的保护罩。

第10.2.10条 爆炸和火灾危险环境电力装置的设计，应按现行的国家标准《爆炸和火灾危险环境电力装置设计规范》的有关规定执行。

第三节 火灾自动报警装置和消防控制室

第10.3.1条 建筑物的下列部位应设火灾自动报警装置：

一、大中型电子计算机房，特殊贵重的机器、仪表、仪器设备室，贵重物品库房，每座占地面积超过1000m²的棉、毛、丝、麻、化纤及其织物库房，设有卤代烷、二氧化碳等固定灭火装置的其他房间、广播、电信楼的重要机房，火灾危险性大的重要实验室；

二、图书、文物珍藏库，每座藏书超过100万册的书库，重要的档案、资料库，占地面积超过500m²或总建筑面积超过1000m²的卷烟库房；

三、超过3000个座位的体育馆观众厅，有可燃物的吊顶内及

其电信设备室，每层建筑面积超过3000m²的百货楼、展览楼和高级旅馆等。

注：设有火灾自动报警装置的建筑，应在适当部位增设手动报警装置。

第10.3.2条 散发可燃气体、可燃蒸汽的甲类厂房和场所，应设置可燃气体浓度检漏报警装置。

第10.3.3条 设有火灾自动报警装置和自动灭火装置的建筑，宜设消防控制室。

独立设置的消防控制室，其耐火等级不应低于二级。附设在建筑物内的消防控制室，宜设在建筑物内的底层或地下一层，应采用耐火极限分别不低于3h的隔墙和2h的楼板，并与其他部位隔开和设置直通室外的安全出口。

第10.3.4条 消防控制室应有下列功能：

一、接受火灾报警，发出火灾报警的声、光信号，事故广播和安全疏散指令等；

二、控制消防水泵、固定灭火装置、通风空调系统、电动的防火门、阀门、防火卷帘、防烟排烟设施；

三、显示电源、消防电梯运行情况等。

续表

名词	曾用名词	说　明
丙级防火门		耐火极限不低于 0.6h 的防火门
地下室		房间地坪面低于室外地坪面的高度超过该房间净高一半者
半地下室		房间地坪面低于室外地坪面的高度超过该房间净高 1/3，且不超过 1/2 者
高层工业建筑		高度超过 24m 的两层及两层以上的厂房、库房
高架仓库		货架高度超过 7m 的机械化操作或自动化控制的货架库房
重要的公共建筑		性质重要、人员密集，发生火灾后损失大、影响大、伤亡大的公共建筑物，如省、市级以上的机关办公楼、电子计算中心、通讯中心以及体育馆、影剧院、小档门市部等公共服务用房
商业服务网点		建筑面积不超过 300m² 的百货店、副食店及粮店、邮政所、储蓄所、饮食店、理发店、小修门市部等公共服务用房
明火地点		室内外有外露火焰或赤热表面的固定地点
散发火花地点		有飞火的烟囱或室外的砂轮、电焊、气焊、非防爆的电气开关等固定地点
厂外铁路线		工厂（或分厂）、仓库区域外与全国铁路网、其他企业或原料基地衔接的铁路
厂内铁路线		工厂（或分厂）、仓库内部的铁路走行线、母线线、货场装卸线以及露天采矿场、储木场等地区内的永久性铁路
地下玻体储罐		罐内最高液面低于罐体 4m 范围内附近地面（距罐 4m 范围内的地面）最低标高 0.2m 者
半地下液体储罐		罐底理入地下深度不小于罐高的一半，且罐内的液面高于罐体 4m 范围内附近地面（距罐 4m 范围内的地面）最低标高 2m 者
零位罐		用作自流卸放槽车附近地面液体的缓冲储罐
安全出口		凡符合本规范规定的疏散楼梯或直通室外平面的门
闷顶		吊顶与屋面层之间的空间

附录一　名词解释

名词	曾用名词	说　明
耐火极限		对任一建筑构件按时间一温度标准曲线进行耐火试验，从受到火的作用时起，到失去支持能力或完整性被破坏或失去隔火作用时为止的这段时间，用小时表示
非燃烧体		用非燃烧材料做成的构件。非燃烧材料系在空气中受到火或高温作用不起火、不微燃、不炭化的材料，如建筑中采用的金属材料和天然或人工的无机矿物材料
难燃烧体		用难燃烧材料做成的构件或用燃烧材料做成而用非燃烧材料作保护层的构件。难燃烧材料系指在空气中受到火烧或高温作用时难起火、难微燃、难炭化，当火源移走后燃烧或微燃立即停止的材料，如沥青混凝土，经过防火处理的木材，用有机物填充的混凝土和水泥刨花板等
燃烧体		用燃烧材料做成的构件。燃烧材料系指在空气中受到火烧或高温作用时立即起火或微燃，且火源移走后仍继续燃烧或微燃的材料，如木材等
闪　点		在规定的试验条件下，可燃性液体或固体表面产生的蒸气与空气形成的混合物，遇火源能够闪燃的最低温度（采用闭杯法测定）
爆炸下限		可燃蒸气、气体或粉尘与空气组成的混合物，遇火源即能发生爆炸的最低浓度（可燃蒸气、气体按体积计算，粉尘按质量计算）
甲类易燃液体		闪点＜28℃的液体
乙类液体		闪点≥28℃至＜60℃的液体
丙类液体		闪点≥60℃的液体
遇湿燃性物品		含水率在 0.3%～4.0% 的原油、渣油、重油等
甲级防火门		耐火极限不低于 1.2h 的防火门
乙级防火门		耐火极限不低于 0.9h 的防火门

附录二 建筑构件的燃烧性能和耐火极限

序号	构 件 名 称	结构厚度或截面最小尺寸(cm)	耐火极限(h)	燃烧性能
一	承重墙			
1	普通粘土砖、硅酸盐砖、混凝土、钢筋混凝土实心墙	12.0	2.50	非燃烧体
		18.0	3.50	非燃烧体
		24.0	5.50	非燃烧体
		37.0	10.50	非燃烧体
2	加气混凝土砌块墙	10.0	2.00	非燃烧体
		12.0	1.50	非燃烧体
3	轻质混凝土砌块、天然石料的墙	24.0	3.50	非燃烧体
		37.0	5.50	非燃烧体
二	非承重墙			
1	普通粘土砖墙			
	(1) 不包括双面抹灰	6.0	1.50	非燃烧体
	(2) 不包括双面抹灰	12.0	3.00	非燃烧体
	(3) 包括双面抹灰	18.0	5.00	非燃烧体
	(4) 包括双面抹灰	24.0	8.00	非燃烧体
2	粘土空心砖墙			
	(1) 七孔砖墙（不包括墙中空12cm）	12.0	8.00	非燃烧体
	(2) 双面抹灰七孔粘土砖墙（不包括墙中空12cm）	14.0	9.00	非燃烧体
3	粉煤灰硅酸盐砌块墙	20.0	4.00	非燃烧体
4	轻质混凝土墙			
	(1) 加气混凝土砌块墙	7.5	2.50	非燃烧体
	(2) 钢筋加气混凝土垂直墙板墙	15.0	3.00	非燃烧体
	(3) 粉煤灰加气混凝土砌块墙	10.0	3.40	非燃烧体

续表

名词	曾用名词	说 明
封闭楼梯间		设有能阻挡烟气的双向弹簧门的楼梯间，高层工业建筑封闭楼梯间的门应为乙级防火门
防烟楼梯间		在楼梯间入口处设有前室（面积不小于6m²，并设有防排烟设施）或设乙级专供排烟用的附台、凹廊等，且通向前室和楼梯间门均为乙级防火门的楼梯间
天桥		主要供人员通行的架空桥
栈桥		主要用于输送物料的架空桥
充实水柱		由水枪喷嘴起到射流90%水量穿过直径38cm圆圈处的一段射流长度
防火水幕带		能起防火分隔作用的水幕。其有效宽度不应小于6m，供水强度不应小于2l/s·m，喷头布置不应少于3排，且在其上部和下部不应有可燃物和可燃物
消防水喉		装在消防竖管上带小水枪及消防胶管卷盘的灭火设备
消防用电设备		一般包括消防水泵、消防电梯、消防事故照明、疏散指示标志和电动的防火门、窗、阀门及消防控制室的各种控制装置等的用电设备

续表

序号	构件名称	结构厚度或最小尺寸(cm)	耐火极限(h)	燃烧性能
6	(5) 钢龙骨石棉水泥板隔墙，其构造厚度为：1.2+7.5(空)+0.6	—	0.30	难燃烧体
	(6) 石棉水泥板石棉石膏板隔墙，其构造厚度为：0.5+8(空)+6	—	0.45	非燃烧体
7	石膏板隔墙			
	(1) 钢龙骨纸面石膏板，其构造厚度(cm)为：2×1.2+4.6(空)+1.2	—	0.33	非燃烧体
	2×1.2+7(填矿棉)+3×1.2	—	1.25	非燃烧体
	(2) 钢龙骨双层普通石膏板隔墙，其构造厚度为：2×1.2+7.5(空)+2×1.2	—	1.20	非燃烧体
	(3) 钢龙骨双层防火石膏板隔墙，其构造厚度为：2×1.2+7.5(空)+2×1.2	—	1.10	非燃烧体
	(4) 钢龙骨纸面石膏板防火隔墙，其构造厚度为：2×1.2+7.5(岩棉4cm)+2×1.2	—	1.50	非燃烧体
	(5) 钢龙骨复合面石膏板隔墙，其构造厚度为：1.5+7.5(空)+0.15+0.95	—	1.50	非燃烧体
	(6) 钢龙骨双层石膏板隔墙，其构造厚度为：1.2+9(空)+1.2	—	1.10	非燃烧体
	(7) 钢龙骨双层石膏板石膏隔墙，其构造厚度为：2×1.2+7.5(填岩棉)+1.2×2	—	1.20	非燃烧体
	2×1.2+9(填岩棉)+1.2×2	—	2.10	非燃烧体

续表

序号	构件名称	结构厚度或最小尺寸(cm)	耐火极限(h)	燃烧性能
4	(4) 加气混凝土砌块墙	10.0	6.00	非燃烧体
	(5) 充气混凝土砌块墙	20.0	8.00	非燃烧体
		15.0	7.50	非燃烧体
5	木龙骨两面钉下列材料的隔墙			
	(1) 钢丝网(板)抹灰，其构造厚度(cm)为：1.5+5(空)+1.5	—	0.85	难燃烧体
	(2) 石膏板，其构造厚度为：1.2+5(空)+1.2	—	0.30	难燃烧体
	(3) 钢丝抹灰板，其构造厚度为：1.5+5(空)+1.5	—	0.85	难燃烧体
	(4) 水泥抹灰板，其构造厚度为：1.5+5(空)+1.5	—	0.30	难燃烧体
	(5) 板条抹灰隔热灰浆，其构造厚度为：2+5(空)+2	—	1.25	难燃烧体
	(6) 苇帘抹灰，其构造厚度为：1.5+7+1.5	—	0.85	难燃烧体
6	轻质复合隔墙			
	(1) 麦吉土板夹纸蜂窝隔墙，其构造厚度(cm)为：0.25+5(纸蜂窝)+2.5	—	0.33	难燃烧体
	(2) 水泥刨花复合板隔墙，总厚度 8cm	—	0.75	难燃烧体
	(3) 水泥刨花板复合板隔墙，其构造厚度为：1.2+8.6(内空层6cm)+1.2	—	0.50	难燃烧体
	(4) 钢龙骨水泥刨花板隔墙，其构造厚度为：1.2+7.6(空)+1.2	—	0.45	难燃烧体

续表

序号	构件名称	结构厚度或截面最小尺寸 (cm)	耐火极限 (h)	燃烧性能
7	(8) 钢龙骨单层石膏板隔墙,其构造厚度为:1.2×7.5 (填 5cm 岩棉) +1.2	—	1.20	非燃烧体
	(9) 钢龙骨单层石膏板隔墙,其构造厚度为:1.2+7.5 (空) +1.2	—	0.50	非燃烧体
	(10) 钢龙骨双层石膏板隔墙,其构造厚度为:2×1.2+7.5 (空) +2×1.2	—	1.35	非燃烧体
	(11) 钢龙骨双层石膏板隔墙,其构造厚度为:1.8+7 (空) +1.8	—	1.35	非燃烧体
	(12) 石膏龙骨纤维石膏板隔墙,其构造厚度为:0.85+10.3 (渣矿棉) +0.85	—	11	非燃烧体
	(13) 石膏龙骨纸面石膏板隔墙,其构造厚度为:1+6.4 (空) +1	—	1.35	非燃烧体
	(14) 石膏龙骨纸面石膏板隔墙,其构造厚度为:1.1+2.8 (空) +1.1+6.5 (空) +1.1+2.8 (空) +1.1	—	1.50	非燃烧体
	0.9+1.2+12.8 (空) +1.2+0.9	—	1.20	非燃烧体
	2.5+13.4 (空) +1.20.0)	—	1.50	非燃烧体
	(15) 石膏龙骨复合面纸石膏板隔墙,其构造厚度为:1.2+8 (空) +1.2+8 (空) +1.2	—	1.00	非燃烧体
	1.2+8 (空) +1.2	—	0.33	非燃烧体
	1.0+5.5 (空) +1.0	—	0.60	非燃烧体
	(16) 石膏珍珠岩空心条板隔墙 (容重 50~80kg/m²)	6.0	1.50	非燃烧体

续表

序号	构件名称	结构厚度或截面最小尺寸 (cm)	耐火极限 (h)	燃烧性能
7	(17) 石膏珍珠岩空心条板隔墙 (容重 60~120kg/m²)	6.0	1.20	非燃烧体
	(18) 石膏珍珠岩塑料网空心条板隔墙 (珍珠岩容重 60~120kg/m²)	6.0	1.30	非燃烧体
	(19) 石膏珍珠岩空心条板隔墙	9.0	2.20	非燃烧体
	(20) 石膏粉煤灰空心条板隔墙	9.0	2.25	非燃烧体
	(21) 石膏珍珠岩双层空心条板隔墙,其构造厚度为:6+5 (空) +6	—	3.25	非燃烧体
8	碳化石灰圆孔空心条板隔墙	9.0	1.75	非燃烧体
9	菱苦土珍珠岩圆孔空心大板墙	8.0	1.30	非燃烧体
10	钢筋混凝土大板墙 (200# 混凝土)	6.0	1.00	非燃烧体
		12.0	2.60	非燃烧体
三	柱			
1	钢筋混凝土柱	18×24	1.20	非燃烧体
		20×20	1.40	非燃烧体
		24×24	2.00	非燃烧体
		30×30	3.00	非燃烧体
		20×40	2.70	非燃烧体
		20×50	3.00	非燃烧体
		30×50	3.50	非燃烧体
2	普通粘土柱	37×37	5.00	非燃烧体
3	钢筋混凝土圆柱	37×37	5.00	非燃烧体
		直径 30	3.00	非燃烧体
		直径 45	4.00	非燃烧体
4	无保护层的钢柱	—	0.25	非燃烧体

续表

序号	构件名称	结构厚度或截面最小尺寸(cm)	耐火极限(h)	燃烧性能
五	板和屋顶承重构件			
1	简支的钢筋混凝土圆孔空心楼板:			
	(1) 非预应力钢筋,保护层厚度(cm)为:			
	1.0	—	0.90	非燃烧体
	2.0	—	1.25	非燃烧体
	3.0	—	1.50	非燃烧体
	(2) 预应力钢筋混凝土圆孔楼板,保护层厚度(cm)为:			
	1.0	—	0.40	非燃烧体
	2.0	—	0.70	非燃烧体
	3.0	—	0.85	非燃烧体
2	四边简支的钢筋混凝土板,保护层厚度(cm)为:			
	1.0	7.0	1.40	非燃烧体
	1.5	8.0	1.45	非燃烧体
	2.0	8.0	1.50	非燃烧体
	3.0	9.0	1.85	非燃烧体
3	现浇的整体式梁板,保护层厚度(cm)为:			
	1.0	8.0	1.40	非燃烧体
	1.5	8.0	1.45	非燃烧体
	2.0	8.0	1.50	非燃烧体
	2.5	9.0	1.75	非燃烧体
	3.0	9.0	1.85	非燃烧体
	1.5	10.0	2.00	非燃烧体
	2.0	10.0	2.00	非燃烧体
	2.5	10.0	2.10	非燃烧体
	3.0	10.0	2.15	非燃烧体
	1.0	11.0	2.25	非燃烧体
	1.5	11.0	2.30	非燃烧体

续表

序号	构件名称	结构厚度或截面最小尺寸(cm)	耐火极限(h)	燃烧性能
5	有保护层的钢柱			
	(1) 金属网抹50#砂浆保护	2.5	0.80	非燃烧体
		5.0	1.35	非燃烧体
	(2) 用加气混凝土作保护层	4.0	1.00	非燃烧体
		5.0	1.40	非燃烧体
		7.0	2.00	非燃烧体
		8.0	2.33	非燃烧体
	(3) 用200#混凝土作保护层	2.5	0.80	非燃烧体
		5.0	2.00	非燃烧体
		10.0	2.85	非燃烧体
	(4) 用普通粘土砖作保护层	12.0	2.85	非燃烧体
	(5) 用陶粒混凝土作保护层	8.0	3.00	非燃烧体
四	梁			
1	简支的钢筋混凝土梁			
	(1) 非预应力钢筋,保护层厚度(cm)为:			
	1.0	—	1.20	非燃烧体
	2.0	—	1.75	非燃烧体
	2.5	—	2.00	非燃烧体
	3.0	—	2.30	非燃烧体
	4.0	—	2.90	非燃烧体
	5.0	—	3.50	非燃烧体
	(2) 预应力钢筋或高强度钢丝,保护层厚度(cm)为:			
	2.5	—	1.00	非燃烧体
	3.0	—	1.20	非燃烧体
	4.0	—	1.50	非燃烧体
	5.0	—	1.50	非燃烧体
	(3) 有保护层的钢梁或钢筋,保护层厚度为:			
	用LG防火隔热涂料,保护层厚度1.5cm	—	1.50	非燃烧体
	用LY防火隔热涂料,保护层厚度2cm	—	2.30	非燃烧体

2—43

续表

序号	构件名称	结构厚度或截面最小尺寸(cm)	耐火极限(h)	燃烧性能
	(5) 钉氧化镁锯末复合板（厚1.3cm）	—	0.25	难燃烧体
	(6) 钉石膏装饰板（厚1cm）	—	0.25	难燃烧体
	(7) 钉平面石膏板（厚1.2cm）	—	0.30	难燃烧体
	(8) 钉纸面石膏板（厚0.95cm）	—	0.25	难燃烧体
	(9) 钉双层石膏板（各厚0.8cm）	—	0.45	难燃烧体
	(10) 钉珍珠岩复合石膏板（穿孔板和吸音板各厚1.5cm）	—	0.30	难燃烧体
	(11) 钉矿棉吸音板（厚2cm）	—	0.15	难燃烧体
	(12) 钉硬质木屑板（厚1cm）	—	0.20	难燃烧体
2	钢吊顶搁栅			
	(1) 钢丝网（板）抹灰	—	0.25	非燃烧体
	(2) 钉石棉板（厚1.5cm）	—	0.85	非燃烧体
	(3) 钉双层石膏板（厚1cm）	—	0.30	非燃烧体
	(4) 挂石棉型硅酸钙板（厚1cm）	—	0.30	非燃烧体
	(5) 挂搪瓷钢板（内填陶瓷棉复合板），其构造厚度为：0.05+3.9（陶瓷棉）+0.05	—	0.40	非燃烧体
七	防 火 门			
1	木板内填充非燃烧材料的门			
	(1) 门扇内填充硅酸岩棉	4.1	0.60	难燃烧体
	(2) 门扇内填充硅酸铝纤维	4.1	0.60	难燃烧体
	(3) 门扇内填充硅酸铝纤维	4.7	0.90	难燃烧体
	(4) 门扇内填充矿渣棉板	4.7	0.90	难燃烧体
	(5) 门扇内填充无机轻质板	4.7	0.90	难燃烧体

续表

序号	构件名称	结构厚度或截面最小尺寸(cm)	耐火极限(h)	燃烧性能
3		2.0	2.30	非燃烧体
		3.0	2.40	非燃烧体
		1.0	2.50	非燃烧体
			2.65	非燃烧体
	钢梁、钢屋架			
	(1) 无保护层的钢梁、屋架	—	0.25	非燃烧体
	(2) 钢丝网抹灰粉刷的钢梁、保护层厚度(cm)为：			
	1.0	—	0.50	非燃烧体
	2.0	—	1.00	非燃烧体
	3.0	—	1.25	非燃烧体
4	屋面板			
	(1) 钢筋加气混凝土屋面板、保护层厚度1cm	—	1.25	非燃烧体
	(2) 钢筋充气混凝土屋面板、保护层厚度1cm	—	1.60	非燃烧体
	(3) 钢筋混凝土方孔屋面板、保护层厚度1cm	—	1.20	非燃烧体
	(4) 预应力钢筋混凝土槽形屋面板、保护层厚度1cm	—	0.50	非燃烧体
5	(5) 预应力钢筋混凝土槽瓦、保护层厚度1cm	—	0.50	非燃烧体
	(6) 轻型纤维石膏屋面板	—	0.60	非燃烧体
六	吊　顶			
1	木吊顶搁栅			
	(1) 钢丝网抹灰（厚1.5cm）	—	0.25	难燃烧体
	(2) 板条抹灰（厚1.5cm）	—	0.25	难燃烧体
	(3) 钢丝网抹灰(1:4水泥石膏浆、厚2cm)	—	0.50	难燃烧体
	(4) 板条抹灰(1:4水泥石棉浆、厚2cm)	—	0.50	难燃烧体

②墙的总厚度包括抹灰粉刷层。
③中间尺寸的构件，其耐火极限可按插入法计算。
④计算保护层时，应包括抹灰粉刷层在内。
⑤现浇的无梁楼板按简支板的数据采用。
⑥人孔盖板的耐火极限可参照防火门确定。

续表

序号	构件名称	结构厚度或截面最小尺寸 (cm)	耐火极限 (h)	燃烧性能
	木板铁皮门			
	(1) 木板铁皮门、外包镀锌铁皮	4.1	1.20	难燃烧体
	(2) 双层木板、单面包石棉板、外包镀锌铁皮	4.6	1.60	难燃烧体
	(3) 双层木板、中间夹石棉板、外包镀锌铁皮	4.5	1.50	难燃烧体
	(4) 双层木板、双层石棉板、外包镀锌铁皮	5.1	2.10	难燃烧体
2	骨架填充门			
	(1) 木骨架、内填矿棉、外包镀锌铁皮	5.0	0.90	难燃烧体
	(2) 薄壁型钢骨架、内填矿棉、外包薄钢板	6.0	1.50	非燃烧体
3	型钢金属门			
	(1) 型钢门框、外包 1mm 厚的薄钢板、内填充硅酸铝纤维或岩棉	4.7	0.60	非燃烧体
	(2) 型钢门框、外包 1mm 厚的薄钢板、内填充硅酸铝和硅酸钙	4.6	1.20	非燃烧体
	(3) 型钢门框、外包 1mm 厚的薄钢板、内填充硅酸铝纤维	4.6	0.90	非燃烧体
	(4) 型钢门框、内填充硅酸铝纤维和岩棉	4.6	0.90	非燃烧体
	(5) 薄壁型钢骨架、外包薄钢板	6.0	0.60	非燃烧体
八	防火窗			
1	单层的钢窗或钢筋混凝土窗均装有用铁销牢的铅丝玻璃	—	0.79	非燃烧体
2	同上，但用角铁加固窗扇上的铅丝玻璃	—	0.90	非燃烧体
3	双层钢窗装有用铁销牢的铅丝玻璃	—	1.20	非燃烧体

注：①确定墙的耐火极限不考虑墙上有无孔洞。

附录三 生产的火灾危险性分类举例

生产类别	举 例
甲	1. 闪点<28℃的油品和有机溶剂的提炼、回收或洗涤部位及其泵房、橡胶制品的涂胶和胶浆部位、二硫化碳的粗蒸、精馏工段及其应用部位、青霉素提炼部位、原料药厂的非纳西汀车间的鲞化、回收及电感精馏部位、皂素车间的抽提、结晶及过滤部位、冰晶及精制部位、农药厂乐果厂房、敌敌畏的合成厂房、磺化法糖精厂房、氯乙醇厂房、环氧丙烷工段、汽油加铅车间、抽提厂房的抽提、蒸馏部位、焦化厂吡啶工段、胶片厂片基车间、汽油加铅站、甲醇、丙酮、丁酮异丙醇、醋酸甲酯、醋酸乙酯、苯等的合成或精制厂房、集成电路厂的化学清洗间（使用闪点<28℃的液体）、植物油加工厂的浸出厂房、丙烯腈厂房 2. 乙炔站、氢气站、石油伴生气、矿井气、水煤气或焦炉气的净化（如脱硫）厂房压缩机室及鼓风机间、液化石油气灌瓶间、丁二烯及其聚合厂房、醋酸乙烯厂房、电解水或电解食盐厂房、环己酮厂房、乙苯和苯乙烯厂房、化肥厂的氢氮气压缩厂房、半导体材料厂使用氢气的拉晶间、硅烷热分解部位、三乙基铝厂房、染化厂某些能自行分解的重氮化合物生产、丙胺制备厂房及其应用部位、甲胺厂房、丙烯腈厂房 3. 硝化棉厂房、赛璐珞厂房及其应用部位、黄磷制备厂房及其应用部位、丙 烯腈厂房 4. 金属钠、钾加工厂房、多晶硅生产厂房、聚乙烯厂房、一氯乙烷生产部位、三氯氢硅厂房 5. 氢氧钠、钾制备厂房、氢氧钾、氯酸钠厂房及其应用部位、过氧化氢、过氧化钠、次氯酸钙厂房 6. 赤磷制备厂房及其应用部位、五硫化二磷厂房及其应用部位、冰醋酸裂解厂房 7. 洗涤剂厂房石蜡裂解部位、冰醋酸裂解厂房
乙	1. 闪点≥28℃至<60℃的油品和有机溶剂的提炼、回收、洗涤部位及其泵房、松节油或松香蒸馏厂房及其应用部位、醋酸酣精馏厂房、己内酰胺厂房、甲酚厂房、氯丙醇厂房、樟脑油提取厂房、环氧氯丙烷厂房、松针油精制部位、煤油灌桶间 2. 一氧化碳压缩机室及净化部位、发生炉煤气或鼓风炉煤气净化部位、氨压缩机房 3. 发烟硫酸或发烟硝酸浓缩部位、高锰酸钾厂房、重铬酸钠（红矾钠）厂房 4. 樟脑或松香提炼厂房、硫磺回收厂房、焦化厂精萘厂房 5. 氧气站、空分厂房 6. 铝粉或镁粉厂房、金属制品抛光部位、煤粉厂房、面粉厂的碾磨部位、活性炭制造及再生厂房、合物筒仓工作塔、亚麻厂的除尘器和过滤器室
丙	1. 闪点≥60℃的油品和有机液体的提炼、回收工段及其泵料厂的松油醇部位和乙酸松油脂部位、苯甲酸厂房、焦化厂焦油厂房、精油的制备厂房、油浸变压器室、机修或变压油灌间、柴油加油灌桶间、润滑油再生厂房、醋酸回生厂房、配电室（每台装油量>60kg的设备）、沥青加工厂房、植物油加工厂的精炼部位 2. 煤、焦炭、油母页岩的筛分、转运工段和栈桥或筛仓、木工厂房、竹、藤加工厂房、橡胶制品的压延、成型和硫化厂房、针织品厂房、纺织、印染、化纤生产的干燥部位、服装加工厂房、棉花加工和打包厂房、造纸厂备料、干燥厂房、印染厂成品厂房、麻纺厂粗加工厂房、谷物加工厂房、干的切丝卷制、包装厂房、印刷厂的印刷厂房、毛涤厂选毛厂房、电视机、收音机装配厂房、显像管厂装配工段烧枪间、盛装装配厂房的发泡池、成型、印刷厂房 的精炼部位 电池部位、饲料加工厂房 3. 化纤厂后加工润湿部位、酚醛泡沫塑料厂房、印染厂的漂炼部位、热处理
丁	1. 金属冶炼、锻造、铆焊、热轧、铸造、热处理 2. 锅炉房、烙烧厂房、玻璃原料熔化厂房、灯丝烙拉部位、石灰烙窖、电石炉部位、陶瓷制品的烘干、烙成部位、转护下、蒸汽机车库、硫酸车间焙烧工段、电极煅烧工段配电室（每台装油量≤60kg的设备） 3. 铝纤生产厂房、钢酸甲厂房及其应用部位、五硫化二钾厂房及其应用部位
戊	制砖车间、石棉加工车间、卷扬机室、不燃液体的泵房和阀门间、不燃液体的净化处理、金属（镁合金除外）冷加工车间、电动车库、仪表、钙镁磷肥车间（烙烧炉除外）的净化学纤维厂的浆粕蒸工段、器械或汽车装配车间、氟地间、水泥厂房、加气混凝土的轮窖厂房、加气混凝土的材料堆、构件制作厂房

附录四 储存物品的火灾危险性分类举例

储存物品类别	举 例
甲	1. 己烷、戊烷、石脑油、环氧烷、苯、甲苯、甲醇、乙醇、乙醚、蚁酸甲酯、醋酸乙酯、汽油、丙酮、丙烯、乙醚、60度以上的白酒 2. 乙炔、氢、甲烷、乙烯、丙烯、丁二烯、水煤气、硫化氢、氯乙烯、液化石油气、电石、环氧乙烷、碳化铝 3. 硝化棉、硝化纤维胶片、火胶棉、赛璐珞棉、黄磷 4. 金属钾、钠、锂、钙、锶、氢化锂、四氢化锂铝、氢化钠 5. 氯酸钾、氯酸钠、过氧化钾、过氧化钠、硝酸铵 6. 赤磷、五硫化磷、三硫化磷
乙	1. 煤油、松节油、丁醇、异戊醇、丁醚、醋酸丁酯、硝酸戊酯、乙酰丙酮、环己胺、溶剂油、冰醋酸、樟脑油、蚁酸 2. 硝酸铜、铬酸、亚硝酸、重铬酸钠、铬酸钾、硝酸、硝酸汞、硝酸钴、发烟硫酸、漂白粉 3. 硫磺、镁粉、铝粉、赛璐珞板(片)、樟脑、萘、生松香、硝化纤维漆布、硝化纤维色片 4. 氧气、氯气 5. 漆布及其制品、油布及其制品、油纸及其制品、油绸及其制品
丙	1. 动物油、植物油、沥青、蜡、润滑油、机油、重油、闪点≥60℃的柴油、糖醛、>50度至<60度的白酒 2. 化学、人造纤维及其制品、纸张、竹、木及其制品、毛、麻及其织物、谷物、面粉、天然橡胶及其制品、中药材、电视机、收录机等电子产品、计算机房已录数据的盛盘储存间、冷库中的鱼、肉间
丁	自熄性塑料及其制品、酚醛泡沫塑料及其制品、水泥刨花板
戊	钢材、铝材、玻璃及其制品、搪瓷制品、陶瓷制品、不燃气体、玻璃棉、岩棉、陶瓷棉、硅酸铝纤维、矿棉、石膏及其无纸制品、水泥、石棉、膨胀珍珠岩

附录五 本规范用词说明

(一) 执行本规范条文时,要求严格程度的用词,说明如下,以便在执行中区别对待。

1. 表示很严格,非这样作不可的用词:
   正面词采用"必须";
   反面词采用"严禁"。

2. 表示严格,在正常情况下均这样作的用词:
   正面词采用"应";
   反面词采用"不应",或"不得"。

3. 表示允许稍有选择,在条件许可时首先应这样作的用词:
   正面词采用"宜",或"可";
   反面词采用"不宜"。

(二) 条文中指明必须按有关的标准,规范或规定执行的写法为"应按……执行"或"应符合……要求或规定"。非必须按所指的标准、规范或其他规定执行的写法为"可参照……执行"。

中华人民共和国国家标准

建筑设计防火规范

GBJ 16—87

条文说明

附加说明

本规范主编单位、参编单位和主要起草人名单

主编单位：公安部消防局

参编单位：机械委设计研究院
纺织工业部纺织设计院
中国人民武装警察部队技术学院
杭州市公安局消防支队
北京市建筑设计院
天津市建筑设计院
中国市政工程华北设计院
北京市公安局消防总队
化工部橡胶化学工程公司

主要起草人：张永胜 蒋永琨 潘 丽 沈章焰
朱嘉福 朱吕通 潘左阳 冯民基
庄敬仪 冯长梅 赵克伟 郑铁一

前 言

根据原国家建委(81)建发设字第546号文的通知,由我部七局会同机械委设计研究总院、纺织部设计院、北京市建筑设计院、天津市建筑设计院、中国市政工程华北设计院、化工部寰球化学工程公司、北京市公安局、杭州市公安局、中国人民武装警察部队技术学院等单位共同修订的《建筑设计防火规范》GBJ16-87(简称《建规》),经国家计委1987年8月26日以计标〔1987〕1447号文批准发布。

为便于广大设计、施工、科研、学校和公安消防部门等有关人员在使用本规范时能正确理解和执行条文规定,《建规》编制组根据国家计委关于编制标准规范条文说明的要求,按《规范》的章、节、条顺序,编制了《条文说明》供有关人员参考。在使用中如发现《条文说明》有欠妥之处,请将意见直接函寄公安部七局。

本条文说明系内部文件,由原国家建委基本建设标准定额研究所组织出版、发行。

1987年8月

目 录

第一章 总则 …………………………… 2-50
第二章 建筑物的耐火等级 …………… 2-52
第三章 厂房 …………………………… 2-57
　第一节 生产的火灾危险性分类 ……… 2-57
　第二节 厂房的耐火等级、层数和占地面积 … 2-61
　第三节 厂房的防火间距 ……………… 2-67
　第四节 厂房的防爆 …………………… 2-72
　第五节 厂房的安全疏散 ……………… 2-74
第四章 仓库 …………………………… 2-76
　第一节 贮存物品的火灾危险性分类 … 2-76
　第二节 库房的耐火等级、层数、面积和安全疏散 … 2-77
　第三节 库房的防火间距 ……………… 2-81
　第四节 甲、乙、丙类液体贮罐、堆场的布置和防火间距 … 2-83
　第五节 可燃、助燃气体贮罐的防火间距 … 2-87
　第六节 液化石油气贮罐的布置和防火间距 … 2-92
　第七节 易燃、可燃材料的露天、半露天堆场的布置和防火间距 … 2-96
　第八节 仓库、贮罐区、堆场的布置与铁路、道路的防火间距 … 2-98
第五章 民用建筑 ……………………… 2-100
　第一节 民用建筑的耐火等级、层数、长度和面积 … 2-100
　第二节 民用建筑的防火间距 ………… 2-101
　第三节 民用建筑的安全疏散 ………… 2-102
　第四节 民用建筑中设置燃煤、燃油、燃气锅炉房、油浸电力变压器室和商店的规定 … 2-113
第六章 消防车道和进厂房的铁路线 … 2-115
第七章 建筑构造 ……………………… 2-119

第一节 防火墙	2—119
第二节 墙、柱、梁、楼板、吊顶、室内装修和管井	2—120
第三节 屋顶和屋面	2—123
第四节 疏散用的楼梯间、楼梯和门	2—124
第五节 天桥、栈桥和管沟	2—125
第八章 消防给水和灭火设备	2—126
第一节 一般规定	2—126
第二节 室外消防用水量	2—128
第三节 室外消防给水管道、室外消火栓和消防水池	2—136
第四节 室内消防用水量	2—138
第五节 室内消防给水管道、室内消火栓和室内消防水箱	2—139
第六节 灭火设备	2—141
第七节 消防水泵房	2—146
第八节 室内消防给水管道、室内消火栓和室内消防水箱	2—149
第九章 采暖、通风和空气调节	2—151
第一节 一般规定	2—151
第二节 采暖	2—151
第三节 通风和空气调节	2—152
第十章 电气	2—157
第一节 消防电源及其配电	2—157
第二节 输配电线路、灯具、火灾事故照明和疏散指示标志	2—159
第三节 火灾自动报警装置和消防控制室	2—163
附录一 部分名词解释	2—167
附录二 建筑构件的燃烧性能和耐火极限	2—169
附录三 生产的火灾危险性分类举例	2—174
附录四 贮存物品的火灾危险性分类举例	2—176

第一章 总 则

第1.0.1～1.0.2条 本规范是在《建筑设计防火规范》TJ16—74（以下简称"原规定"）的基础上修订的。为了说明本规范的制订目的、方针和原则，特作本条规定。规定明确了城镇规划时应按本规范有关规定进行合理规划，在建筑防火设计中，必须遵循国家的有关方针政策，从全局出发，针对不同建筑的火灾特点，结合实际情况，搞好建筑防火设计。

条文规定，在建筑设计中要认真贯彻"预防为主，防消结合"的消防工作方针，要求设计、建设和消防监督部门密切配合，在工程设计中积极采用先进的防火技术，正确处理好生产与安全的关系、合理设计与经济的关系，做到"防患于未然"，从积极的方面减少火灾的发生及其蔓延，保卫四化建设的顺利进行，保障人民生命财产安全，具有极其重大的意义。

第1.0.3条 本条规定了本规范适用和不适用的范围。本条主要根据国家经委和公安部颁发的《高层民用建筑设计防火规范》中有关规范适用范围的规定，将高层民用建筑未包括的部分内容和原建筑设计防火规范未包括的部分均包括在本规范的范围内。如七、八、九层非单元式住宅，层数超过六层且建筑高度不超过24m的其他民用建筑，以及高度超过24m的工业建筑的防火设计要求。这样就解决了在内容上与《高层民用建筑设计防火规范》的衔接问题。

另外，结合我国目前各地建筑现状及消防设备的水平而作出以下规定：

一、住宅建筑以层数划分，主要考虑到我国各地区住宅建设的层高，一般在2.7～3.0m之间，9层住宅的建筑高度一般在24.3～26m。据调查，重庆、广州、武汉等城市，已经建成或正在设计施工的一批不设电梯的8～9层的一般低标准住宅，如果不按层数而一律以24m作为划分界线，则住宅建筑需要设置消防技术设施就大了，势必增加建设投资，从目前我国经济和技术条件考虑，尚有一定困难。为了顾及这一现实情况，同时考虑单元式住宅防火隔断的条件较好，故将高度虽超过24m的九层住宅包括在本规范的适用范围内，这是合理的。

二、关于超过24m的单层公共建筑，如体育馆、大会堂等建筑，这类建筑空间大而同，容纳人数多而密集，建筑高度最高点达67m，但消防设施的配备上又不能同于高层建筑要求。故将类似这样的一些单层公共建筑列入本规范的适用范围中（见下表1.0.3-a）。

1.0.3-1列举的几个实例，它们高度虽超过24m，又属1.0.3-a。

部分体育馆、会堂规模指标　　　　　表1.0.3-a

建筑名称	建筑面积（平方米）	容纳人数（人）	建筑高度（米）
某某省体育馆	12631	7500	25.80
某某市体育馆	19750	10359	35.00
某某市体育馆	31016	18000	33.60
某某市体育馆	6000	10000	31.00
某某市大会堂	171800	10000	46.50
某某市大会堂	—	4200	67.00
某某市会堂	42000	2050	33.00

三、据调查，近几年来，高层工业建筑发展很快，如北京、上海、广州、杭州等地，相继建造了一批高层工业建筑，有的高达50多米，可以预料，随着四化建设的不断发展，今后各地将兴建更多的高层工业建筑。象这类建筑，如果在设计中对消防设施缺乏考虑，一旦发生火灾，往往造成严重人身伤亡和经济损失，带来各种不良影响，因此，对于高层工业建筑设计中采取必要的消防技术措施，设置必要的消防设施，这一问题已引起消防和设计部门的重视。被提到了议事日程，所以本规范对此也作了有关规定。

高层工业建筑高度举例　　　　　表1.0.3-b

建筑名称	建筑面积（平方米）	全厂人数（人）	建筑高度（米）
某电子管厂	16905	592	54.00（9层）
某手表厂	7000	1500	37.00（7～9层）
某制药厂	11300	286	52.63（8～11层）
某童装厂	4200	630	32.00（6～8层）
某电子有限公司	10000	750	43.00（9～9.5层）
某手表厂	9432	1697	28.00（6层）
某面粉厂	4600	100	27.00（6层）

四、关于火药、炸药厂（库）、无窗厂房、地下建筑、炼油、化工厂的露天生产装置，它们专业性强，防火要求特殊，与一般建筑设计中有所不同，且有的已有专门规范，故本规范均未包括在内。本条生产区不包括储存区和生产辅助区。

第1.0.4条　建筑防火设计规范虽涉及面广，但不能把各类建筑、设备设施内容全部包括进来。只能对其一般用建筑作出规定，而对涉及到专业性强的规范，如《高层民用建筑电系统设计防火规范》、《城市煤气设计规范》、《工业与民用规范》、《汽车库设计防火规范》、《乙炔站设计规范》、《氧气站设计规范》等在建筑设计中，除执行本规范的规定以外，尚应符合上述国家规范对有关的有关规定。

第二章 建筑物的耐火等级

第2.0.1条 说明如下：

一、关于建筑物耐火等级的划分，我们作了一些调查研究，征求了有关建筑设计和消防部门的意见，认为对新建、改建、扩建的建筑物，将其耐火等级划分为四级是合适的。因此，建筑物的耐火等级仍按四级划分。

二、规范表2.0.1中的构件名称一栏，这次作了适当调整和进一步明确的划分，将原定框架填充墙归入非承重墙一栏中，为了方便执行，并对墙、柱进行归并、划分。

三、规范表2.0.1中关于建筑构件的燃烧性能和最低耐火等级的说明：

1. 各种构件的最低耐火极限不超过4h，其根据如下：

(1) 火灾延续时间90%以上在2h以内（见下表2.0.1-a）。

火灾延续时间所占比例　　　表2.0.1-a

地区	连续统计年份	火灾次数	延续时间在2小时以下的占火灾总数的百分比（%）
北京	8	2353	95.10
上海	5	1035	92.90
沈阳	16		97.20
天津	12		95.00
（其中前8年与后4年不连续）			

从表中可以看出，90%以上的火灾延续时间在两小时以内，但考虑了一定的安全系数，规范表2.0.1中个别构件耐火极限定为4h或3h，其余构件略高于或低于2h。

(2) 苏联、美国、日本等国家的有关耐火极限（详见表2.0.1-b～2.0.1-d），其建筑物构件的耐火极限均不超过4h。

综上所述，规范表2.0.1中将防火墙的耐火极限定为4h。一级建筑物的承重墙、楼梯间墙和支承多层的柱，其耐火极限规定为3h。其余构件的耐火极限均不超过3h。

2. 一级建筑物的支承单层的柱，其最耐火极限为2.5h，是根据火灾案例确定的。如某地某化工厂硝酸库失火，该库房为一级单层建筑，当火烧2.5h后，截面的钢筋混凝土柱未被烧坏。由此可见，一级单层建筑规定2.5h是较合适的。

二、三级建筑物的支承柱，其最低的耐火极限又比一级建筑物的支承柱的最低耐火极限略为降低要求，是根据我国现有建筑物的状况，我们在这次修订过程中重复查阅过去的有关规定和资料，并经过分析，认为砖柱或钢筋混凝土柱的截面尺寸为200×200mm时，其耐火极限为2h。因此现规定将二、三级建筑物支承单层的柱，其耐火极限保留原规定为2h，而支承多层的柱，因其截面尺寸相应增大，因而耐火极限维持原来的2.5h也是合适的。

四级建筑物的支承柱，也有采用木柱承重且以非燃烧材料作覆面保护的，对于这类建筑物的支承多层的柱，我们参考苏联1962年颁布防火标准，其耐火极限为0.5h，故规定0.5h是由此而来的。

3. 楼板：根据建筑火灾统计资料，火灾延续时间在1.5h以内的占88%，在1h以内的占80%。因此，将一、二级建筑物耐火极限定为1.5h、二级建筑物定为1h，这样，大部分、二级建筑物不会被烧毁。当然，建筑构件的耐火极限定得越高，发生火灾时建筑物的可能性就越小，但建筑物的造价也要增加，如规定过低，则火烧时影响大，损失也大。我国二级耐火等级建筑占多数，通常采用的钢筋混凝土楼板的保护层厚度1.5cm厚，其耐火极限为1h。故从这一实际情况出发，将二级建筑物楼板的最低耐火极限规定为1h。

至于预应力钢筋混凝土楼板，其耐火极限较低，但目前采用得较普遍，为适应本规范第7.2.9条中作了适当放宽。

三级建筑物的楼板，从调查情况看，通常为钢筋混凝土结构，一般都能满足0.5h，故耐火极限规定为0.5h。

4. 屋顶：一级建筑为1.5h，即预应力钢筋混凝土梁和平板耐火1h就发生火灾，可见要求1.5h较为合适。如某化工"666"车间发生火灾，其屋顶（系钢筋混凝土结构）火烧1h就坏了。

二级建筑物的屋顶原规定为0.5h的非燃烧体，这次修订中没有变动。但从防火角度看，采用这种短时间内消耗，发生火灾时在较短时间内就塌落。如某地化工厂某车间内的钢屋架，火烧不到0.5h就塌落，某某厂的钢制油罐在20min内变形而损坏，某地预制品厂，某地职工俱乐部，某厂的皮带走廊，某厂15min左右就塌架。根据美国、日本等国的有关资料介绍，大多数钢结构构件在火烧时都很快变形塌落，也说明钢结构的耐火极限是很低的。但目前我国建筑结构美化，提高二级建筑物屋顶的耐火极限是必要的。但如要求耐火极限达到1h，又考虑到目前我国采用钢屋架比较普遍，而耐火极限一律要求0.5h又符合上述规定尚有困难，所以在第7.3.1条中作了放宽。

5. 吊顶：吊顶有别于其他的承重构件，火灾时并不直接危及建筑物的主体结构，根据火灾教训和公共场所疏散时间的要求，要保证一定的疏散时间。对吊顶的耐火极限，主要是考虑火灾所在场所疏散时间的

测定，以及参考国外资料，并从目前我国建筑材料的现状出发，规定表2.0.1对吊顶作了一般性规定。至于有些建筑物和部位需要提高的，在第七章中另有规定。

6. 三级建筑物的间隔墙有一部分可能采用板条抹灰，其耐火极限为0.85h。考虑到有的抹灰厚度不均匀，并适当加点安全系数，故这项耐火极限定为0.5h。

7. 三级建筑疏散用的耐火楼梯的梁的保护层通常为2.5cm，板为1h，是根据我国钢筋混凝土楼梯的梁的保护层通常为2.5cm，板保护层为1.5cm，经查阅有关资料，其耐火极限为1h。四级建筑因限制为单层，故四级建筑物不必规定耐火楼梯的耐火极限了。

四、原规范的表注部分，内容太简单，不能满足要求。这次修改中，根据需要，作了必要的补充。

苏联建筑物耐火等级分类表   表2.0.1-b

建筑物的耐火等级 燃烧性能和最低耐火极限（小时） 建筑构件的名称	一级	二级	三级	四级	五级
承重墙、自承重墙、楼梯间墙、柱	非燃烧体 3.00	非燃烧体 2.50	非燃烧体 2.00	难燃烧体 0.50	燃烧体 /
楼板及顶棚	非燃烧体 1.50	非燃烧体 1.00	难燃烧体 0.75	难燃烧体 0.25	燃烧体
无阁顶的屋顶	非燃烧体 1.00	非燃烧体 0.25	燃烧体	燃烧体	燃烧体
骨架墙的填充材料和墙板	非燃烧体 1.00	非燃烧体 0.25	难燃烧体 0.25	难燃烧体 0.25	燃烧体
间隔墙（不承重）	非燃烧体 1.00	非燃烧体 0.25	难燃烧体 0.25	难燃烧体 0.25	燃烧体
防火墙	非燃烧体 4.00	非燃烧体 4.00	非燃烧体 4.00	非燃烧体 4.00	非燃烧体 4.00

注：译自1962年《苏联防火规定》。

续表 2.0.1-c

用小时来表达各种构件的抗火性能	分　级	
	3 小时	2 小时
6. 不影响屋子的自承重墙的支承屋面的次要构件（如次梁、屋面板、檩条）	2	1.5
7. 封闭楼梯间的墙板和穿过楼板孔洞的四周壁板	2	2
		（在某种情况下此壁板可为 1 小时的非燃烧体）

注：译自 1970~1972 年美国《防火规范》。

日本在建筑标准法规中关于耐火结构方面的规定表　表 2.0.1-d

建筑的层数（上部层数）	非承重的外墙		非承重的		承重墙	同隔墙
	有延烧危险的部分	其他部分	有延烧危险的部分	住		
4 以内	0.5	0.5	1	1	1	1
5~14	0.5	0.5	1	2	2	2
15 以上	0.5	0.5	1	3	2	2

注：译自 1964 年日本《建筑材料学》。

根据 1959 年美国《防止建筑物遭受损失的手册》按照建筑物的抗火性能分为五个等级：

Ⅰ、耐火建筑　分耐火 3h 和 2h 两种。

Ⅱ、非燃烧建筑　用非燃烧体的构件建成，当火灾时，其无保护层的钢结构部分一般几分钟内就不行了。

Ⅲ、构件截面加大的木结构　当 3 吋厚楼板时，火灾时能抗 45min。

注：① 外露的金属结构在工厂中可优先采用（见 CaNH 11-M2-16《工厂的设计规定》）。在公共建筑中当跨度大于等于 12m 时，允许采用外露的金属屋架。
② 框架房子的自承重墙在 2 中，指标可降低 50%。
③ 二、三级耐火等级的骨架表面充填可以用难燃烧体，但其两侧要求用非燃烧体保护（如水泥及相类似的材料）。

对规范表 2.0.1 注解分别简要解释如下：

注①：按原规范的规定。

注②：由于现代建筑中大量采用装配式钢筋混凝土结构和钢结构，而这两种结构形式在构件的节点连接和露明墙和屋盖的支承构件部位一般是构件的防火薄弱环节。故要求加设保护层，使其耐火极限不低于本表对相应构件的规定。

注③：考虑我国现有的吊顶材料类型，符合规范的难燃材料缺乏。故二级耐火等级的吊顶楼梯同墙要求作适当放宽。

注④：作为框架填补墙的楼梯同墙，耐火极限要求在 2.5h 以上有困难，有的为补救其耐火极限放宽其耐火极限降为 2h。

注⑤：一、二级耐火等级民用建筑疏散走道两侧墙加采用轻质板材，则要求达到 1h 耐火极限有困难，因此作了放宽，即可采用 0.75h 的非燃烧体。

美国建筑物的抗火要求表　表 2.0.1-e

用小时来达到各种构件的抗火性能	分　级	
	3 小时	2 小时
1. 承重墙（在受到火的作用下这种必须相当稳定的）	4	3
2. 非承重墙（墙上有电线穿过成为居住房间的墙）	非燃烧体	非燃烧体
3. 支承一层楼板或单独屋顶的主要承重构件（包括柱、主梁、次梁、屋架）	3	2
4. 支承二层及二层以上楼板或单独屋顶的主要承重构件（包括柱、主梁、次梁、屋架）	4	3
5. 不影响建筑稳定的支承楼板的次要构件（如次梁、楼板、搁栅）	3	2

Ⅳ、一般建筑

由砖墙、木楼板、木望板、木椽条、木搁栅等组成,属于可燃建筑,如2层1吋厚的木楼板耐火时间为0.25h。

Ⅴ、木结构

整个建筑由木构件组成。外墙材料为木板、薄砖、石棉板等。比一般建筑更快燃烧。

第2.0.2条 说明如下:

一、据调查,我国上海、广州、北京、沈阳、深圳、厦门等市,已经建成和正在设计一些综合楼、客房等;有的还设有办公、客房等;有的一层或二、三层作仓库、档案贮藏间等。其单层作仓库:有的在一层中若干间作资料、档案贮藏间等,最高在500kg/m²以上。重量不尽相同,一般为200～250kg/m²,楼内既有生产车间,又有仓库。

二、根据每平方米地板面积上的可燃物(火灾荷载)愈多,燃烧时间愈长的道理,需要适当提高耐火极限,可燃物与燃烧时间的关系,如下表2.0.2-a(引自1978年美国国家防火协会编的《防火手册》)。

火灾荷载与燃烧时间的关系 表2.0.2-a

| 可燃物数量 | 热 量 | 燃烧时间相当标准温度 |
磅/呎² (公斤/平方米)	(英热量单位/平方呎)	曲线的时间(小时)
5 (24)	40000	0.50
10 (49)	80000	1.00
15 (73)	120000	1.50
20 (98)	160000	2.00
30 (147)	240000	3.00
40 (195)	320000	4.50
50 (244)	380000	7.00
60 (293)	432000	8.00
70 (342)	500000	9.00

注: 英热量单位=252卡。

从表2.0.2-a可以看出,根据不同可燃物数量对建筑构件分别提出不同耐火极限要求是合理的。但考虑到目前国内缺乏这方面的调查资料,加之国内的可燃物数量长久不变的,分得太细也无必要,故在本条中规定可燃物超过200kg/m²的房间,其梁、楼板、隔墙的耐火极限比本规范第2.0.2条的规定提高0.50h。但考虑到装有自动灭火装置的房间或建筑,扑灭初起火灾的效果好,不容易酿成大火,所以不于提高。

三、根据国外有关资料介绍,可燃物单位发热量,以木材的单位发热量为标准折算。为了便于执行,现列出部分可燃材料单位发热量数值,如下表2.0.2-b。

部分可燃材料的单位发热量 表2.0.2-b

材 料	发热量(千卡/公斤)	材 料	发热量(千卡/公斤)
木材	4500	汽油	10500
纸	4000	石油	10500
软质胶合板	4000	氯乙烯	4100
硬质胶合板	4500	酚醛	6700
羊毛、织物	5000	聚酯	7500
油毡、漆布	4000～5000	聚醚胶	8000
沥青	95000	聚苯乙烯	9500
橡胶	9000	聚乙烯	10400
挥发油	10500		

第2.0.3条

一、据了解,我国一些重点产棉地区,为了解决少占地,多存棉的问题,正在建设一批承重构件(如柱、梁、屋架等)采用型钢构件,而外墙、屋面板或其他铝板金属板。在某些工业厂房如发电厂的主厂房、机械装配加工厂房也开始采用这种结构的建筑。由于这种结构具有投资较省,施工期限短的优点,在令

2—55

在这种屋面上可铺设油毡等可燃卷材防水层。

原条文的屋面层实质上是指屋面面层，为避免误解为屋面各层，所以修订为"屋面面层"。

第2.0.7条 演播室、电化教室、大、中型电子计算机房及高级旅馆的客房、公共活动用房内的室内装修，采用了大量的可燃材料（如木材、纸制品、高分子复合材料等），增加了火灾危险性，也给火灾扑救造成困难。例如：1982年9月北京某学院电化教室在施工过程中起火，将室内刚安装好的木龙骨、吸音材料等引燃由于可燃物多，建筑平面布置特殊（只有一个门和一个天窗），火势蔓延迅速，燃烧猛烈，消防队到火场无法进入展开扑救，造成较大的损失。故增加本条，就是要限制上述建筑的室内装修的可燃物量，以便减少火灾损失。

后将会有较大的发展。为了适应这一新形势发展的需要，故提出了本条规定。

二、试验和火灾实例都证明，金属板的耐火极限为15min左右，外包铁皮的难燃烧体，耐火极限为0.5～0.6h。如果一律要求按本规范表2.0.1的规定，达到1.00h是不易行通的，故作了放宽。

第2.0.4条 本条是对原规范第92条的修改补充。

二级耐火等级建筑的楼板，按本规范第2.0.1条的规定，应为耐火极限1.00h以上的非燃烧体，但考虑到预应力楼板的耐火极限达不到1.00h的要求，试验证明，只能达到0.50h甚至更低，但预应力构件（包括楼板）由于省材料，经济意义大，目前各种建筑物中广泛采用，为了适应这种情况的发展需要，又顾及必要的防火安全，可降低到0.50h，如仍达不到，则要采取加厚保护层或其他防火措施，使其达到规定的防火要求。

对于建筑物的上人屋面和高层工业建筑除外，这是考虑到上人屋面在火灾发生后，可做为临时的避难场所，又是安全疏散通道之一；作为高层工业建筑，因为发生火灾后扑救困难，扑救所需的时间也较长，故这两者耐火极限均不能降低。

第2.0.5条 本条是对本规范第2.0.1条的放宽。第2.0.1条规定二级耐火等级的屋顶承重构件（一般是指屋架），其耐火极限一律要求达到0.50h，就必须采用钢筋混凝土屋架，钢屋架就不好用了。但在实际执行上也有困难，因此，允许采用钢屋架。考虑到安全需要，如果有甲、乙、丙类液体火焰能烧到的部位，要采取防火保护措施，如喷涂防火喷涂材料等。据了解，公安部四川消防科研所研制成功此种防火喷涂材料，北京长城饭店、西苑饭店大餐厅的钢屋架，均喷涂了防火材料，耐火极限达到1.00h。

第2.0.6条 保留了原规范第99条的内容。

本条所指屋面基层，系指钢筋土屋面板或其他非燃烧屋面板，

第三章 厂 房

第一节 生产的火灾危险性分类

第3.1.1条 说明如下：

一、为了与有关规范协调，将原规范中的易燃、可燃液体改为"甲、乙、丙"类液体，以利执行。

二、关于甲、乙、丙类液体划分的闪点基准问题。

为了比较切合实际的确定划分闪点基准，对596种甲、乙、丙类液体的闪点进行了统计和分析，情况如下：

1. 常见易燃液体的闪点多数为<28℃；
2. 国产煤油的闪点在28~40℃；
3. 国产16种规格的柴油闪点大多为60~90℃（其中仅"—35号"柴油闪点为50℃）；
4. 闪点在60~120℃的73个品种的丙类液体，绝大多数危险性不大；
5. 常见的煤焦油闪点为65~100℃。

我们认为凡是在一般室温下遇火源能引起闪燃的液体属于易燃液体，可列入甲类火灾危险性范围。我国南方城市的最热月的平均气温在28℃左右，而厂房的设计温度在冬季一般采用12~25℃。

根据上述情况，将甲类火灾危险性的液体闪点基准定为<28℃，乙类定为>28℃至≤60℃，丙类定为>60℃。这样划分甲、乙、丙类是以汽油、煤油、柴油的闪点作为基准的，这样既排除了煤油升为甲类的可能性，也排除了柴油升为乙类的可能性，有利于节约和消防安全。

三、关于气体爆炸下限分类的基准问题。

由于绝大多数可燃气体的爆炸下限均<10％，一旦设备泄漏在空气中很容易达到爆炸浓度而造成危险，所以将爆炸下限<10％的气体划为甲类；少数气体的爆炸下限≥10％，在空气中较难达到爆炸浓度，所以将爆炸下限≥10％的气体划为乙类。多年来的实践证明基本上是可行的，因此本规范仍采用此数值。

四、关于火灾危险性分类。

为了使用本规范者正确理解、掌握、执行条文，现将生产火灾危险性分类中须注意的几个问题及各项特性简述如下：

生产的火灾危险性分类要看整个生产过程中的每个环节，是否有引起火灾的可能性（生产的火灾危险性分类按其中最危险的物质确定）主要考虑以下几个方面：

1. 生产中使用的全部原材料的性质；
2. 生产中操作条件的变化是否会改变物质的性质；
3. 生产中产生的全部中间产物的性质；
4. 生产中最终产品及副产品的性质。

许多产品可能有若干种工艺生产方法，其中使用的原材料各不相同，所以火灾危险性也各不相同，分类时应注意区别对待。各项生产特性如下：

（一）甲类

1. "甲类"第1项和第2项前面已有说明，在此不重述。

2. "甲类"第3项第3项的生产特性是生产中的物质在常温下可以逐渐分解，释放出大量的可燃气体并迅速放热引起燃烧，或者物质与空气接触后能发生猛烈的氧化作用，同时放出大量的热，而温度越高其氧化反应速度越快，产生的热越多使温度升高越快，如此互为因果而引起燃烧或爆炸。如硝化棉、赛璐珞、黄磷生产等。

3. "甲类"第4项第4项的生产特性是生产中的物质遇水或空气中的水蒸汽发生剧烈的反应，产生氢气或其他可燃气体，同时产生热量引起燃烧或爆炸。该种物质遇酸或氧化剂也能发生剧烈反应，发生燃烧爆炸危险性比遇水或水蒸汽时的更大。如金属钾、钠、氧化钠、氢化钙、碳化钙、磷化钙等的生产。

4. "甲类"第5项的生产特性是生产中的物质有较强的夺取电子的能力，即强氧化性。有些氧化物中含有过氧基(—O—O—)性质极不稳定，易放出氧原子，具有强烈的氧化性，促使其他物质迅速氧化，放出大量的热而发生燃烧爆炸的危险。该类物质对于酸、碱、热、摩擦、撞击、催化或与易燃品、还原剂等接触后能发生迅速分解，极易发生燃烧或爆炸。如氯酸钾、过氧化氢、过氧化钠等。

5. "甲类"第6项的生产特性是生产中的物质燃点较低、易燃烧、受热、撞击、摩擦或与氧化剂接触能引起剧烈燃烧或爆炸。燃烧速度快，燃烧때放出有毒性。如赤磷、三硫化磷等。

6. "甲类"第7项的生产特性是生产中操作温度较高，故加热到自燃温度以上，此类生产内必须是在密闭设备内进行，因设备内没有助燃气体，所以设备内的物质不能燃烧。但是，一旦设备或管道泄漏，没有其他的火源，该物质就会在空气中立即起火燃烧。这类生产在化工、炼油、医药等企业中很多，故也不少，不应忽视。

原规范中是"在压力容器内进行"，故改写为"在密闭设备内"。

(二) 乙类

1. "乙类"第1项和第2项前面已说明，在此不重复。

2. "乙类"第3项中所指的不属于甲类的氧化剂是二级氧化剂，即非强氧化剂。这类生产的特性是比甲类第5项的性质稳定些，其物质遇热、酸、还原剂、碱也能分解产生高热，遇其他氧化剂也能分解爆炸甚至爆炸。如过二硫酸钠、高碘酸、重铬酸钠、过醋酸等类的生产。

3. "乙类"第4项的生产特性是生产中的物质燃点较低，易燃烧或爆炸，燃烧性能比甲类易燃固体差、燃烧速度较慢，同时也可放出有毒气体。如硫磺、樟脑或松香等类的生产。

4. "乙类"第5项的生产特性是生产中的助燃气体虽然本身不能燃烧(如氧气)，在有火源的情况下，如遇可燃物会加速燃烧，甚至有些含碳的难燃或不燃固体也会迅速燃烧，如1983年上海某化工厂，在打开一个氧气瓶的不锈钢阀门时，由于静电打火，使该氧气瓶内的阀门迅速燃烧，阀心全部烧毁（据分析是不锈钢中含碳原子）。因此，这类生产亦属危险性较大的生产。

5. "乙类"第6项的生产特性是生产中可燃物质的粉尘、纤维、雾滴悬浮在空气中与空气混合，当达到一定浓度时，遇火源立即引起爆炸。这些细小的物质表面吸附了氧气。当温度提高时，便加速了它的氧化反应。反应中放出的热促使它燃烧。这些细小的可燃物质比原来块状固体或状液体的速度燃烧的自燃点。在适当的条件下，着火后以粉尘的速度发生爆炸。如香港口粮食筒仓，损失达30多万元。另外，有些金属如铝、锌等在块状时不能燃烧，但在粉尘状态时则能够爆炸燃烧。如果厂房光车间通风吸尘设备的风机制造不良，叶轮不平衡，使叶轮上的螺母与进风管摩擦发生火花，引起吸尘管道内的铝粉发生猛烈爆炸，炸坏车间及邻近的厂房并造成伤亡。

另外，本规范在条文中加入了"丙类液体和蒸汽的雾滴"。因从《石油化工生产防火手册》和《爆炸事故分析》等资料中查到，可燃性气体的安全技术参数手册和《爆炸事故分析》等资料中查到，可燃液体的雾滴可以引起爆炸。如1966年11月7日，日本群马县最北部的根河上游的水利发电厂的建筑物内发生了猛烈状油爆炸事故。据爆炸后分析，该建筑物内有一个为调整输出8万kW的水利发电机进水阀用的油压缸。以前该油压缸是在大约$18kg/cm^2$的压力下使用，而发生事故时是第一次采用$70kg/cm^2$的压力。据计算空气从常压绝热压缩到$70kg/cm^2$时，其瞬时温度上升可达700℃以上，而该缸内油的自燃温度是235℃，且油缸内的高压空气中的氧密度是相当高的，故此油缸内的油着火。由于着火使缸内压力异常上升，人在整个厂房内达到爆炸极限,可燃物全部燃烧也不能使建筑物起火,造成灾害。如机械修配厂或修理车间,虽然使用少量的汽油等甲类溶剂清洗零件,但不会因此而产生爆炸,所以该厂房不能按甲类厂房处理,仍应按戊类考虑。

不按物质火灾危险特性
确定生产火灾危险性类别的最大允许量 表 3.1.1

火灾危险性类别	火灾危险性的特征	物质名称举例	最大允许量	
			每平方米容间体积允许量	总量
甲类	1 闪点<28℃的液体	汽油、丙酮、乙醚	0.004l/m³	100l
	2 爆炸下限<10%的气体	乙炔、氢、甲烷、乙烯、硫化氢	1l/m³（标准状态）	25m³（标准状态）
	3 常温下能自行分解导致迅速燃烧爆炸,或在空气中氧化即能导致迅速自燃的物质	硝化棉、硝化纤维胶片、喷漆棉、火胶棉、赛璐珞棉	0.003kg/m³	10kg
	4 常温下受到水或空气中水蒸汽的作用能产生可燃气体并能燃烧或爆炸的物质	黄磷	0.006kg/m³	20kg
		金属钾、钠、锂	0.002kg/m³	5kg
	5 遇酸、受热、撞击、摩擦、催化以及遇有机物或硫磺等易燃的无机物,能引起爆炸或燃烧的强氧化剂	硝酸胍、高氯酸铵	0.006kg/m³	20kg
		氯酸钾、氯酸钠、过氧化钾	0.015kg/m³	50kg

孔法兰盖片垫被冲开,雾状油从这个间喷到外面,当达到爆炸浓度后,浮游状态的油雾滴在空气中发生了猛烈爆炸,当场炸死3人,其余人被冲击波推出去发生骨折或烧伤。

(三)丙类

1. "丙类"第1项在前面已有说明,在此不重述。

2. "丙类"第2项的生产特性是生产中的物质熔点较高,在空气中受到火源能持续燃烧或微燃,如对木料、橡胶、棉花加工等的生产。

(四)丁类

1. "丁类"第1项的生产特性,所以生产少有可燃物,而且建筑物内很少火灾。如炼钢炼铁赤热面火花火焰也不易引起火灾。

2. "丁类"第2项的生产特性是生产中虽有赤热表面、火花、火焰利用,但均在固定设备内燃烧,不易造成火灾,虽然也有一些爆炸事故,但一般多属于物理性爆炸。这类生产如锅炉、石灰塔炉、高炉车间等。

3. "丁类"第3项的生产特性在空气中受热熔烧或微燃,当火源移走后立即停止。而且厂房内是常温,设备通常是敞开的。一般热压成型的加工型类的生产。如铝塑材料、机械装配等类的生产。

(五)戊类

"戊类"生产的特性是生产过程中虽然使用或产生易燃、可燃物质,但是数量很少,当气体全部气化也不能在空气中受到火烧时,不起火、不微燃、不碳化,不会因使用原料或成品引起火灾,而且厂房内是常温的。如制砖、石棉加工、棉织配料等类型的生产。

五、附注

(一)注①中指的是生产过程中虽然使用或产出可燃液体全部气化也不能

使用甲、乙类物品的两个控制指标之一。厂房或实验室内使用甲、乙类物品的总量同其室内容积之比，应小于此值。即：

$$\frac{\text{甲、乙类物品的总量(kg)}}{\text{厂房或实验室的容积(m}^3\text{)}} < \text{单位容积的最大允许量}$$

下面按甲、乙类危险品的气、液、固态三种情况分别说明其数值的确定。

(1) 对于气态甲、乙类危险性物品

当生产厂房及实验室内使用的可燃性气体同空气所形成的混合性气体低于爆炸下限的5%，则可不按甲、乙类火灾危险性予以确定。这是考虑一般可燃气体浓度报警器发出报警，也就是不安全的。我们这里采用5%这个数值是考虑在一个较大的厂房及实验室内，可燃气体的扩散是不均匀的，可能会形成局部爆炸的危险。拟定这个局部占整个空间的20%，则有：

$$25\% \times 20\% = 5\%$$

另外5%这个数值的确定，也参考了苏联有关建筑设计的消防法规的规定。

由于生产中使用的或可能全部列出，甲类可燃气体、乙类可燃气体的种类较多，在本附录表中不可能全部列出。甲类可燃气体爆炸下限<10%的几种甲类可燃气体取$1L/m^3$为单位容积最大许可值是采取甲烷的计算结果的平均值(如，乙炔的计算结果是$0.75L/m^3$，甲烷的计算结果为$2.5L/m^3$)。同理，对于爆炸下限≥10%的乙类可燃气体取$5L/m^3$为单位容积最大允许量。

对于助燃气体(如氧气、氯气、氟气等)单位容积的最大允许限量的数值的确定，是参考了苏联、日本等国家有关消防法规确定的。

(2) 对于液态甲、乙类危险性物品

在厂房或实验室全部挥发后弥漫在整个厂房或实验室内，同空气的混合比考虑其全部使用易燃易爆甲、乙类危险性物品，要

续表 3.1.1

火灾危险性类别		火灾危险性的特征	物质名称举例	最大允许量	
				每平方米房间体积允许量	总量
甲类	6	与氧化剂、有机物接触时能引起燃烧或爆炸的物质	赤磷、五硫化磷	$0.015kg/m^3$	50kg
	7	受到水或空气中水蒸气的作用能产生爆炸下限<10%的气体的固体物质	电石	$0.075kg/m^3$	100kg
乙类	1	闪点≥28℃至60℃的液体	煤油、松节油	$0.02l/m^3$	200 l
	2	爆炸下限≥10%的气体	氨	$5l/m^3$（标准状态）	$50m^3$（标准状态）
	3	助燃气体	氧、氟	$5l/m^3$（标准状态）	$50m^3$（标准状态）
		不属甲类的氧化剂	硝酸、硝酸铜铬酸、发烟硫酸、铬酸钾	$0.025kg/m^3$	80kg
	4	不属于甲类的化学易燃危险固体	赛璐珞板、硝化纤维色片、镁粉、铝粉	$0.015kg/m^3$	50kg
			硫磺、生松香	$0.075kg/m^3$	100kg

表3.1.1列出了部分生产中常见的甲、乙类危险品的最大允许量。现将其计算方法和数值确定的原则及应用本表应注意的事项说明如下：

1. 厂房实验室内单位容积的最大允许量、是甲、乙类生产厂房或实验室内

是否低于爆炸下限的5%。低者则可不按甲、乙类火灾危险性进行确定。对于任何一种甲、乙类液体，其单位体积（升）全部挥发后的气体体积可按下式进行计算：

$$V = 829.52 \frac{B}{M} \quad (1)$$

式中 V——气体体积（l）；
B——液体比重（g/ml）；
M——挥发性气体的气体密度。

此公式引自《美国防火手册》，原公式为每加仑液体产生的挥发气气体体积。

$$V = 8.33 \times \frac{0.075}{(挥发气气体密度)} \times (液体比重) \quad (2)$$

公式中液体的比重，以水的比重为1。挥发气气体密度，以空气的密度为1。符号 V 表示挥发气气体体积，单位为立方英尺。换算为公制单位后公式 (2) 变为公式 (1)。

对于液体状的强氯化剂等甲、乙类物品的数值的确定，是参照丁苏联、日本等国有关防火法规确定的。

(3) 关于固态（包括粉状）甲、乙类危险物品

对于固态、金属钠、黄磷、赤磷、赛璐珞板等固态甲、乙类危险物品和镁粉、铝粉等乙类危险物品的单位容积的最大允许量也是参照了国外有关消防法规确定的。

2. 厂房或实验室内最多允许存放的总量

对于容积较大的厂房或实验室，单凭着房间内"单位容积的最大允许量"一个指标来控制最大允许量是不够的。因为在这些厂房或实验室尽管单位容积最大允许量这个指标不超过规定，也会相对集中放置较大量的甲、乙类危险物品，而这些危险品发生火灾后是难以控制的。在本附录表中规定了最大允许存在甲、乙类危险品总量的指标，这些数值的确定是参照了美国、日本及苏联等国的有关防火法规的规定，并结合我国消防设备的灭火能力确定的。例

如表中关于汽油、丙酮、乙醚等闪点低于28℃的甲类液体，最大允许总量确定为100升，乙类液体，其参照了国家标准《手提式灭火器通用技术条件》中一支灭火器（18B）灭火试验所能控制的汽油量确定的。这个数据同国外有关消防规范规定的数据基本吻合。在美国的防火手册中，还规定扑救这类火灾时灭火器的能力不应小于40B（B为灭火器性能级别），并安放在9m 的范围以内。这些同我们平时所有要求的，两支消火栓控制火灾的最基本原则也是协调一致的。

3. 注意事项

在应用本附录进行计算时，如厂房或实验室内的危险物品品种类在两种或两种以上，原则上只要求以火灾危险性较大，两项控制指标要求较严格的危险物品进行计算、确定。

(二) 注②所说的是在一栋厂房中或防火墙如有甲、乙类生产时，如果甲类生产发生事故时，可燃物质足以构成爆炸或燃烧危险，那么该栋建筑物中的生产类别应按甲类处理。但如果一栋很大的厂房内，甲类生产所占用的面积比例很小时，而且即使发生火灾也不能蔓延到其他地方，该厂房可按火灾危险性较小的确定。如在一栋防火分区最大允许占地面积不限的戊类汽车总装厂房中，喷漆工段占总装工段的面积比例不足10%时，其生产类别仍属戊类。近年来，喷漆工艺有了很大的改进及提高，并采取了一些行之有效的防护措施。生产过程中的火灾危险性减少，同时参照了一些引进工程同类生产厂喷漆工段所占面积的比例，补充规定了在同时满足②三个条件的前提下，其面积比例不应超过20%。

第二节　厂房的耐火等级、层数和占地面积

第3.2.1条　根据不同的生产火灾危险类别，正确选择厂房的耐火等级、分别对厂房的层数和占地面积作出规定、是防止火灾发生和蔓延扩大的有效措施之一

二、高层厂房

原规范厂房只有单层、多层之分，对厂房的高度没有明确的限制。据调查，为节约建设用地，我国在70年代以来，陆续建成了许多高层厂房。如：某电子管二厂电子楼大楼为9层，高达54m；某电子行业建成了许多高层厂房。如：某电子管二厂电子大楼为9层，高达54m；为保障消防安全，本次修订增加了高层厂房的内容，即将高度大于24m、二层及二层以上的厂房划为多层厂房。这样便于针对小于24m、二层及二层以上的厂房划为多层厂房。这样便于针对厂房高度的不同，在耐火等级、防火间距、防火分区、安全疏散、消防给水等方面分别提出不同的要求。

高层厂房以高度24m为起算高度，是根据下列情况提出的：

(一) 登高消防器材

我国目前不少城市尚无登高消防车，只有少数城市（如北京、上海、广州）配备了为数不多的登高消防车，其中引进的曲臂等高消防车、工作高度为24m左右，我国定型生产的CQ28型曲臂登高消防车，其最大高度为23m，24m以下的厂房尚能利用此种登高消防车进行扑救，再高一些的厂房就不能满足需要了。

(二) 消防供水能力

目前我国城市消防队大多是配备全解放牌消防车，这种消防车在最不利情况下直接吸水扑救火灾的最大高度约为24m左右。

(三) 消防员的登高能力

根据1980年6月在高层住宅楼进行一次消防队员登高能力测试表明，登高层数之后要能够进行扑救战斗，其能力是有限的。登高八层，九层以上对多数队员来说还是可以的，其登高约为23m。

(四) 与《高层民用建筑设计防火规范》中规定的起始高度一致起来，该规范规定以高度大于24m为高层，故本规范也以24m为划分高层与多层的界限。

至于单层的炼钢厂房因厂房的高度虽然超过24m（如机械工厂的装配车间、钢铁厂的炼钢厂房等），因厂房空间大，耐火等级又多为一、二级，产生火灾危险性较小，故仍按单层厂房对待。高度超过24m的单层厂房内的局部生产操作平台，如炼钢厂房的加料操作平台，仍可算为单层厂房。

二、厂房的耐火等级

从火灾实例分析，三、四级耐火等级的厂房，采用燃烧体的屋顶承重构件，容易着火蔓延、扑救也较困难，成火灾儿率和火灾损失远较高。二级耐火等级厂房与生产火灾与生产火灾危险性类别不相适应而造成的火灾事故是比较多的。如未服装厂，属于丙类生产，厂房的耐火等级为四级，发生火灾后仅十几分钟内就将500m²的厂房全部烧光，设备烧毁；又如某市乒乓球厂生产厂房属甲、乙类生产，厂房耐火等级部分为二级，烘房有防火分隔外，大部分为三级耐火等级，工序之间的连通孔设有防火分隔，1983年6月因电机机、粉尘积聚过厚（最厚达3cm），粉尘受热起成灾、烧毁利胚，包装等6个车间（面积达2700m²），烧损专用设备25台，损失33万元。

按火灾危险性不同，提出厂房的不同耐火等级高的耐火等级要求，对容易失火、蔓延快、扑救困难的甲、乙类厂房，要求采用一、二级耐火等级，将丙类厂房最低耐火等级限为三级、丁、戊类厂房均为四级。

据上海、广州、深圳等地调查，已建成的高层厂房均为钢筋混凝土结构，基本符合一、二级耐火等级的要求，同时考虑高层建筑火灾蔓延快、扑救困难的特点，为适应消防需要，规定高层厂房的耐火等级应为一、二级。

三、层数和占地面积

根据各个防火分区厂房耐火等级规定，相应的允许建筑层数和每座厂房最大允许占地面积，是考虑发生火灾时，安全疏散的可能性，也是为了把火灾危险性控制在一定范围内，阻止火势蔓延，减少火灾危害。

本次修订将原规范"防火墙间最大允许占地面积"改为"防

为钢筋混凝土结构，厂房高度最高的为54m（7个）；32～40m（4个）；24～31m（11个）；41～50m（4个）；层数为6～9层，厂房柱距一般为6m，进深最大为28m，多数为15～24m。厂房占地面积因采光和结构上的限制，绝大多数在2000m²以下，只有一个达到3000m²。有关我国现有高层厂房情况见表3.2.1。

高层民用建筑设计防火规范，参考了国外现有规范和结合国内高层建筑建设实践，规定了防火分区的面积，即一类高层建筑定为1000m²，二类高层建筑定为1500m²。

考虑到高层厂房与高层民用建筑比较有以下特点：

1. 高层厂房内职工工作岗位比较固定，熟悉厂房内疏散路线和消防设施，熟悉厂房周围环境，可以组织义务消防队，便于消防管理，不象公共建筑那样，人员流动性大，老人小孩都有，环境不熟悉，疏散要困难，防火管理比较复杂；

2. 厂房外形比较规整，厂房内可燃装修、管道竖井比民用建筑少，但用电设备比民用建筑多；

3. 厂房楼板荷重多数为1000～1500kg/m²，比民用建筑要高些，使得楼板的耐火极限要高。

4. 高层厂房生产类别多样性，有乙、丙、丁、戊四类。民用建筑如参照生产类别划分，一般可划为丙类。从目前已有高层厂房看，大多数是丙、丁、戊类；

5. 由于生产工艺需要，厂房房间隔断比民用建筑少，层高比民用建筑大，因而每个房间空间体积比民用建筑大，较易发现火情，较易疏散和扑救，但火灾蔓延也快。

综合上述特点，高层厂房防火一般比民用建筑有利，故其防火分区允许占地面积不能和民用建筑同等对待。既要考虑防火安全，又要顾及生产实际需要以及节省投资，按照生产类别分别作出规定。由于我国对高层厂房的消防实践经验不多，在本次修订规范中，参考了国内已有高层厂房的情况，以和同类生产高层厂房为基准；比照高层民用建筑的防火分区面积大一倍；比照单层厂房（甲类厂房除外）也可采用防火水幕带或卷帘和水幕代替防火墙作为防火分隔。

表中"最大允许占地面积"是指每层允许最大建筑面积。

（一）甲类生产的性质属易燃易爆，既容易发生火灾事故，火势蔓延又快，疏散和抢救物资困难，层数多就更难扑救的情况。因此，本条规定甲类厂房除因生产工艺要求，宜为单层建筑。如其他类型的工厂，如染料、制药原料、甲类产品生产需要建多层者，可适当放宽。据调查，甲类生产厂房的某些占地面积多列到单层3500m²以下，其高度一般不超过24m，故面积指标只划到多层厂房一栏。

（二）丙类厂房主厂房内一层为多层锯齿形三级建筑，发生火灾较控制，如某针织二层主厂为一层多跨防火分隔墙，其占地面积近5000m²，厂房内无防火分隔墙。1966年失火就烧掉丁厂房的四分之一和大量设备，故本条将丙类三级耐火等级单层厂房面积限为3000m²。据消防部门反映，丙类一级耐火等级的单层厂房，当不设自动灭火设备时，其占地面积本应有所控制，本次修订考虑安全与节约，1983年9月由于厂房附近油毡工棚着火蔓延到主厂房，烧毁厂房面积7000m²和160多台设备，损失折款157万元，可见对三、四级的丁、戊类厂房占地面积作出限制是必要的。

（三）丁、戊类厂房虽然火灾危险性较小，但三、四级耐火建筑的厂发生火灾还是有的。如某电机厂1965年失火烧毁三级耐火的跨砖木结构的厂房一座，其面积达9000m²，厂房无防火分区，失火火势难以控制；又如某市汽车制造厂齿轮三级建筑，1983年9月由于厂房附近油毡工棚着火蔓延到主厂房，烧毁到三、四面积7000m²和160多台设备，损失折款157万元，可见对三、四级的丁、戊类厂房占地面积作出限制是必要的。

（四）高层厂房的允许占地面积搜集到的26个高层厂房资料分析：厂房均据对上海、北京、深圳、杭州等地调查和搜集到的26个高层厂房资料分析，厂房均丙类多层厂房的防火分区面积减少50%，确定了丙类高层厂房的防火分区面积：丙类一级为3000m²，二级为2000m²。据此综合确定各生产类别的防火分区面积，见条文表3.2.1。

(五) 地下室、半地下室采光差，其出入口的楼梯既是疏散口又是排烟口，同时还是消防扑救和扑救困难，而且威胁地上厂房的安全。本规范规定甲、乙类厂房不应设在地下室、半地下室内，对丙、丁、戊类厂房的允许面积也要严格控制，丙类限为500m²，丁、戊类限为1000m²。

(六) 本条对丙类厂房的防火分区面积作出了规定，但鉴于有些行业生产上需要建大面积的联合厂房，工艺上又不宜设防火分隔，有的虽同划为丙类厂房，但火灾危险性大小也不尽相同。为解决执行上的困难，注②、注③对纺织厂房（麻纺厂除外）、造纸生产联合厂房专门予以放宽。麻纺厂因为有粉尘爆炸的危险性，所以不予放宽。

某纺织印染厂新建5万纱锭纺织厂房，面积为44000m²的二级耐火等级建筑，其中织布车间面积9600m²，超过8000m²的规定。考虑到织布车间比之原棉开包、清花车间火灾危险性相对小些，并根据纺织工业部设计院来函说明情况和要求，注②对一级耐火等级规定和多层及二级耐火等级的单层、多层纺织厂房作了放宽，可按规定的面积增加50%，但对纺织厂房内火灾危险性较大的原棉开包、清花车间均应用防火墙分隔。

造纸生产联合厂房为多层建筑，一般由打浆、抄纸、完成三个工段组成，其中火灾危险性属于丙类的占1/3～1/2。由于各种管道、运输设备及人流来往密切，并设有连贯三个工段的桥式吊车，难以设防火分隔。根据轻工业部设计院来函要求，注③对一、二级耐火等级的单层、多层造纸生产联合厂房的防火分区最大允许占地面积可按条文表3.2.1的规定增加1.5倍，即二级耐火等级的多层造纸厂房由4000m²增加到10000m²。

此外，大型火力发电厂主厂房高度超过24m，其面积也超过条文表3.2.1条的规定，可根据实际情况予以放宽。

（七）在防火分区内设有自动灭火设备时，能及时控制和扑灭初期火灾。有效地控制火势蔓延，使厂房安全程度大为提高，自动灭火设备为世界上许多国家实践所证实，也为国内一些实践所证实。例如50年代建设的哈尔滨亚麻厂纺麻车间数次着火，厂房内的自动喷水灭火设备都普遍应用又有很大的发展，故本条增加了注④的规定灭火设备的研制和应用又有很大的发展，故本条增加了注④的规定。近几年我国对自动灭火设备自动灭火设备有注④的规定的厂房，每个防火分区的占地面积可以增加一倍，甲、乙、丙类生产厂房比条文表3.2.1规定的面积增加一倍，丁、戊类厂房联合厂房不限。注④的基础上再增加一倍，纺织厂戊类厂房不限。如局部设置，增加的面积只能按该局部面积的一倍计算。

（八）规范表3.2.1中注有"一"符号者，表示不允许。

（九）邮政楼由于工艺流程的需要，一般采用低层大平面设计。邮件处理中心设有机械分拣传送带，实质是个大车间，所以按丙类厂房确定防火分区和其他防火措施比较合适。

第3.2.2条 本条"特殊贵重"一词是指：

一、设备价格昂贵、火灾损失大。如中型以上电子计算机每台价值100万元以上；某手表厂进口一种检验设备，每台价值50万美元；全国才进口两台，有一台被烧毁，损失就很大。一台设备或连同其配套设备的价值之和超过100万元，可认为是"特殊贵重"的。

二、影响工厂、失火后影响大。损失大。主控室、失火后影响全局、化工厂或发电厂进口成套设备或影响生产全局的设施，稀缺价格昂贵，也可认为是"特殊贵重"的。

总之，"特殊贵重"是指价格昂贵，稀缺或影响生产全局的设备，应单独建在厂房内单独隔开的房间里，并应是一级耐火等级的。

第3.2.3条 小型企业由于受投资或建筑材料的限制，在发生火灾事故后造成的损失不大并不致于波及周围的企业、居民建筑的条件下，甲类生产厂房允许采用独立的三级耐火等级单层建筑，但建筑面积不应超过300m²。

第3.2.4条 使用或产生丙类液体的厂房；丁类生产中如在钢炉出钢水喷发出钢火花；从加热炉内取出赤热钢件进行锻打；在热处理油池淬火油池油温升高而可能着火。某船厂热处理车间淬火油池体积为9m（长）×6m（宽）×3.5m（深），内储热处理油80t（闪点140～160℃），大件淬火时，消防车就停在厂房外待命，经多次淬火发现屋架受高温灼烤，安全受到严重威胁，投产后已在油池附近开间的几榀钢筋混凝土屋架包裹了石棉隔热层，柱子包了耐火砖。现正计划增设1211灭火系统。显然，三级耐火等级建筑的屋顶承重构件是难以承受经常的高温烘烤，一旦着火蔓延也快，这些厂房虽属丙、丁类生产，也应严格要求设在二级建筑内。只有丙类面积不超过500m²，丁类不超过1000m²的小厂房，当为独立建筑或与其他生产部位有防火分隔时，方可采用三级耐火等级建筑。

第3.2.5条 锅炉房属丁类明火生产。据54个锅炉房事故案例分析，其中汽包爆炸32起，这是属于锅炉物理性燃烧，与火灾危险无关；火灾8起，炉膛爆炸14起，这22起火灾危险性有密切关系。

火灾和炉膛爆炸22起事故中，燃煤锅炉22起，燃油锅炉占7起，燃气锅炉占7起，可见燃油燃气锅炉发生的事故大多数是三级耐火等级建筑。所发生的燃煤锅炉房事故大多数是三级耐火等级建筑，但每小时总蒸发量不超过4t的燃煤锅炉房，一般属于规模不大的企业用汽而设非采暖地区的工厂，专为厂房生产用汽而设的锅炉房，可放宽采用三级耐火等级。本条规定燃煤锅炉房应采用一、二级耐火等级建筑。燃油、燃气锅炉房仍应采用一、二级耐火等级。一般为350～400m²，燃油、燃气锅炉房仍应采用一、二级耐火等级。

第3.2.6条 油浸变压器是一种多油电器设备。当它长期过负荷或发生故障产生电弧时，油温过高会起火或使油剧烈气化，可能使变压器外壳爆裂酿成火灾，因此运行中的变压器存在有燃烧或爆裂的可能。

二级耐火等级建筑的屋顶承重构件耐火极限为0.5h，而在第7.3.1条中还允许放宽采用无保护的金属结构，其耐火极限仅0.25h，从变压器的燃烧实例来看这时间是不够的。

有一变压器室是砖墙、混凝土楼板、铁门烧了2h，火没有蔓延出去，建筑未受破坏，故此规定变压器室应为一级耐火等级建筑。对于干式或非燃液体的变压器因其火灾危险性小，不易发生爆炸，故未作限制。

当几台变压器安装在一个房间内，如一台变压器发生故障爆裂时，将波及其余的变压器，使灾情扩大。如某变电所，两台1000kVA的变压器安装在一个房间内，其中一台变压器内部发生故障，喷油燃烧，将另一台正常运行的变压器烧着起火，结果两台变压器全部烧毁。故在条件允许时，对大型变压器宜作防火分隔。

原条文规定油浸电力变压器室应采用一级耐火等级的建筑，有的工程设计单位反映，为了满足楼板等个别建筑构件的耐火极限，致使施工复杂，所以作了降低和调整。

第3.2.7条 甲、乙类生产厂房属易燃易爆场所，运行中的变压器又存在燃烧或爆裂的可能，不应将变电所、配电所设在有爆炸危险的甲、乙类厂房内或贴邻建造，以提高厂房的安全程度。

如果生产上确有需要，可以放宽，允许专为一个甲类或乙类厂房服务的10kV及以下窗洞口的变电所、配电所在厂房的一面外墙贴邻建造，并开无门窗洞口的防火墙隔开。这里强调"专用"，就是指其他厂房不依靠这个变电所、配电所供电。

对乙类生产情况，如氨压缩机房的配电所，故放宽允许在配电所配电室内设表运转情况，需要设观察窗，配电所为观察设备、仪

除执行本条的规定外，其余的防爆防火要求，尚应符合《爆炸和火灾危险场所电力装置设计规范》的有关规定。

第3.2.8条 为节约用地和因生产工艺流程的连续性要求，常常在高层、多层厂房内设置重厂房。如某市制药厂主厂房9层，底层为原料、成品库房，某市制药厂主厂房是难以避免的。本条对在高层、多层厂房作出规定。库房内允许储存丙、丁、戊类物品，为便于扑救和疏散物资，库房宜设在底层或二、三层内，这和生产工艺的要求也是相符的。库房的耐火等级和面积应符合规范第3.2.1、第4.2.1的允许占地面积，且库房和厂房的占地面积和不应超过一座厂房的允许占地面积，例如丙类二级多层厂房内附设丙类2项物品库房，厂房允许占地面积为6000m²，每座库房允许占地面积为3000m²，防火墙间允许占地面积为1000m²，则该厂房和库房允许占地面积总和仍为6000m²。假定一层布置库房，只能在6000m²占地面积中划出3000m²作为库房，库房内还应设置三个防火隔间才能符合要求。当设有自动灭火设备时，占地面积可按第3.2.1、第4.2.1条的规定予以放宽。

在同一建筑内，库房和厂房的耐火等级应当一致。其耐火等级应按要求较高的一方确定。库房与厂房都应用耐火极限不低于3.00h的非燃烧体墙和1.50h的非燃烧体楼板隔开。当库房面积达到规定的允许占地面积时，与厂房间应做成防火隔墙。

甲、乙类物品库房火灾危险性大，不允许设在高层、多层厂房内。至于生产必须使用的甲、乙类物品，只能做为中间仓储存并符合第3.2.10条的规定。

第3.2.9条 见第3.2.1条说明。

第3.2.10条 为满足厂房日常生产需要，任在需要从仓库或上道工序的厂房取得一定数量的原材料、半成品、辅助材料存放置非燃烧体的密封固定窗。

在厂房内，存放上述物品的场所叫做中间仓库。对于易燃、易爆的甲、乙类物品如不隔开单独存放，在发生火灾时，就互相影响，造成有的损失。如某塑料厂，将酒精、丙酮等桶装易燃液体放在厂房内，没有砖墙或其他非燃材料与其他部位隔开，由于赛璐珞自燃爆炸起火，赛璐珞与酒精、丙酮一起燃烧，火焰蔓延迅速，数十分钟内厂房全部烧毁。本条对厂房内存放的甲、乙类物品的中间仓库作出规定，控制其用量不宜超过一昼夜的需用量，由于工厂规模不同，产品不同，一昼夜用量的绝对量大小有大有小，难以规定一个具体的限量数据，如有的手表厂用于清洗的汽油，当昼夜需用量较少的厂房，如每昼夜存放1~2昼夜的用量；如一昼夜需用量较大，则应严格控制为1昼夜用量。本条还规定了中间仓库门的布置和分隔构造要求，中间库最好有直通室外的出口。

第3.2.11条 中间罐常放在厂房外墙附近，为安全起见，对外墙作了限制规定，同时对小型储罐提倡直接埋地设置，故增加了此条内容。

第三节 厂房的防火间距

第3.3.1条 说明如下：

一、防火间距的确定

本条主要是综合考虑满足火灾时消防扑救需要，防止火势向邻近建筑扩大以及节约用地等因素确定的。

影响防火间距因素较多，条件也不同，从火灾蔓延角度看，主要有"飞火"、"热对流"和"热辐射"等。"飞火"又与风力有关，在大风情况下，从火场飞出的"火团"可达数十米，数百米，显然要考虑飞火因素，要求防火距离做到，难以做到，至于"热对流"主要是考虑火灾气流喷出窗口后就向上升腾，对相邻建筑的防火间距有影响较小，可以不考虑。考虑"热辐射"主要是"热辐射"强度。

影响"热辐射"强度与消防扑救力量、火灾延续时间，可燃物的性质和数量、外墙开口面积的大小、建筑物的长度和高度以及气象条件等有关。国外虽有按"热辐射"强度理论计算防火间距的公式，但没有把影响"热辐射"的一些主要因素（如发现和扑救火灾早晚，火灾持续时间）考虑进去，计算数据往往偏大。国内此条规范缺乏这方面的研究成果。因此本条规定防火间距主要根据当前消防扑救力量和消防灭火的实际经验确定的。

据调查，一、二级耐火等级建筑之间，在初期火灾时有10m左右的间距，三、四级耐火等级建筑有14~18m的距离，一般能满足扑救初期和控制火势蔓延。如某木材厂板材车间为单层三级耐火等级建筑，消防队在起火初期就赶到现场，距该车间10m处有一座三级耐火等级建筑，也为单层，在水枪保护下没有蔓延。又如某木材厂板材车间为单层三级耐火等级建筑，但木封檐被烤碳化，相距8m，该车间着火时，虽有水枪保护，相邻三级建筑，在水枪保护下没有效蔓延。再如，某油脂化工厂油脂车间为一级耐火等级单层，由于距离较近，消防队员被辐射热烤得影响正常扑救活动，其相邻部分被窗蔓延着火。距10m处有一座二层的三级耐火等级建筑，还有某钢厂金属钛车间为单层二级耐火，在水枪保护下没有受到影响。火灾蔓延与风向等条件有关系。本条规定的基本数据，只是考虑一般情况，基本能防止初期火灾的蔓延。

二、规范表3.3.1是指厂房防火间距的基本数据，由于厂房生产类别、高度的不同，具体执行应有所区别；还考虑到老厂改、扩建执行防火间距有困难，当采取何距施后可以减少间距。为此本条增加了一系列附注。

（一）注①主要是考虑为甲类厂房易燃、易爆，防火间距要求高，应发规范计算标准。

（二）注②甲类厂房易燃、易爆、

房与一、二级丙、丁、戊厂房的间距可减少为7.5m。

第3.3.2条 对于山、凹形厂房如图3.3.2,其两翼相当于两座厂房,为便于扑救火灾减少蔓延,两翼之间防火间距l应按规范表3.3.1规定执行,但整个厂房占地面积不超过规范表3.2.1的规定,表中规定厂房面积为不限者,最大按10000m²确定,其两翼之间的防火间距l值可减少6m。

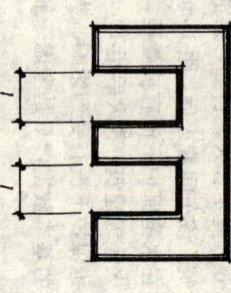

图3.3.2 山形厂房

第3.3.3条 本条主要是指厂房外设有化学易燃物品的设备时,与相邻厂房、设备之间的防火间距确定方法(如图3.3.3)。

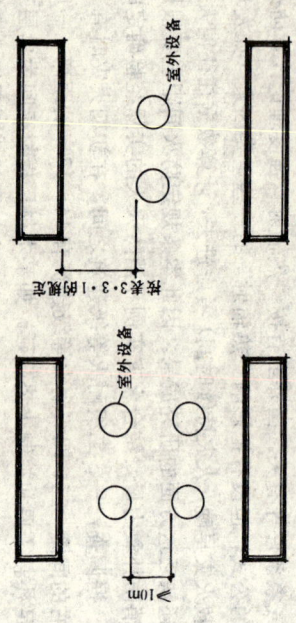

图3.3.3 有室外设备时的防火间距

中表3.3.1规定的数据增加2m。对于甲、乙类厂房凡有专门规范规定的间距大于本条规定的,尚应按专门规范执行。如乙炔站与氧气站的间距还应符合《氧气站设计规范》的规定。

戊类厂房是在常温下使用或加工非燃烧物质的生产,火灾危险性较小。为节约用地,戊类厂房之间的防火间距可比表列数据减少2m,但戊类厂房与其他生产类别的厂房防火间距仍应执行规范中表3.3.1的规定。

(三) 注③扑救高层厂房火灾除使用普通消防车辆,还使用曲臂、云梯等登高消防车辆。目前国内使用的CQ23型曲臂登高消防车最大回转半径为12m;CT28型云梯消防车的最大工作半径为13m,为满足这些消防车灭火操作的需要,并考虑其他三、四级耐火等级的厂房,因耐火等级较低,本注规定高层厂房之间及其与其他厂房之间的防火间距应按规范中表3.3.1的数据增加3m。

要指出:注②、注③是独立执行的,没有相互累加或累减的关系。例如,高层厂房与高层厂房的防火间距是13m(不是10m加2m后再加3m);CT28型云梯消防车与高层厂房的防火间距也是13m(不是10m减2m之后加3m)。

(四) 注④、⑤、⑥、⑦、⑧是指允许减少防火间距的措施,每个注都是独立执行的,与注③不同措施有不同的减少数据。

注④两座厂房相邻较高一面的外墙为防火墙,防火间距不限,但甲类厂房与高层厂房之间的防火间距,至少保持4m的间距。

如两座相邻厂房的外墙为等高时,除设防火墙外,当一面外墙为防火墙,防火间距怎么定?遇有此种情况,当相邻两侧厂房的屋盖耐火极限均不低于1.00h时,可执行注④的规定,否则就要按注⑤的规定执行。

(五) 注⑤、注⑥规定的措施和间距对高层厂房同样适用。

注⑥所指防火门窗、防火卷帘应当有自动关闭的措施。

(六) 注⑦对高层厂房同样适用,当符合注⑦的规定、高层

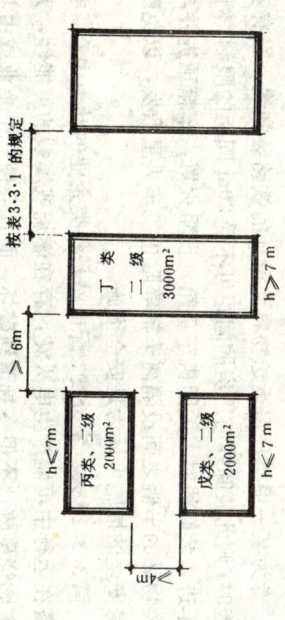

图3.3.4 成组厂房布置示意

第3.3.5条 厂房与甲类物品库房的防火间距按表4.3.4的其他建筑一栏的数据执行，但高层厂房与甲类物品库房的防火间距，凡表中小于13m者应按13m执行，大于13m者仍按表列数据执行。

第3.3.6条 本条规定了高层厂房、高层库房、甲类厂房与各类贮罐、堆场之间防火间距的确定方法。

上述建筑与甲、乙、丙类液体贮罐的间距按第4.4.2条规定执行，与甲、乙、丙类液体装卸鹤管的间距按第4.4.9条规定执行，与湿式可燃气体储罐或罐区的间距按表4.5.1"其他建筑"一档及表注的规定执行，与液化石油气储罐或罐区的间距按规范表4.5.4中表4.6.2"其他建筑"一栏执行；与易燃、可燃材料堆场的间距按表4.7.2及表注的规定执行。但甲类厂房与上述堆场、堆场的间距，凡表列及表注的间距可仍按规范表4.7.2者，应按12m执行（与煤、焦炭堆场与上述储罐、堆场的间距，凡小于13m规定执行）；高层厂房与上述堆场的间距，凡小于13m者，应按13m执行（与煤、焦炭堆场的间距可仍按规范表4.7.2的间距）。

装有化学易燃物品的室外设备，其设备本身是不燃材料，所以设备本身按相当于二级耐火等级建筑考虑。

室外设备与相邻厂房外壁与相邻厂房外设备之间的防火间距，不应小于规范表3.3.1的规定，即：室外设备内装有甲类物品时，与相邻厂房的间距为10m；其与相邻厂房外墙之间的防火间距，不应小于12m；装有乙类物品时，与相邻厂房的间距为10m。

如厂房附设的是不燃物品室外设备时，则两相对之间的防火间距可按规范表3.3.1执行。

至于化学易燃物品的室外设备与所属厂房主要按工艺要求确定，本条不作具体规定。

第3.3.4条 改、扩建厂受已有场地限制或因建设用地紧张，当数座厂房面积之和不超过第3.2.1条规定的防火分区最大允许占地面积时，可以成组布置。面积不限者，不应超过10000m²。

举例如图3.3.4所示，设有三座二级耐火等级的丙、丁、戊厂房，其中丙类厂房火灾危险性最高（查规范表3.2.1），丙类二级最大允许占地面积为7000m²，则三座厂房高度不超过7m，则丙、戊类厂房面积之和不超过7000m²以内。由于丁类厂房高度超过7m，则丁类厂房与丙、戊类厂房间距不应小于6m，丙、戊类厂房间距不应小于4m。

高层厂房扑救困难，甲类厂房危险性大，是不允许搞成组布置的。

组内厂房之间最小间距4m是一个消防车道的要求，堆场的要求，也是考虑消防扑救的需要。当厂房高度为7m时，假定消防队员手提水枪往上成60°角，就能以4m水平才能喷射到7m的高度，故取上述高度7m为划分的界线，当超过7m时，则应有6m的水平间距。

规定执行)。

第 3.3.7 条 按二级耐火等级建筑要求，屋顶承重构件以及外墙均应采用非燃烧体材料并应符合自耐火极限的要求。但在一些国外引进建设项目中，如辽阳化工厂裂解车间压缩机厂房为甲类防爆厂房，该厂房为钢屋架石棉瓦屋面，外墙为瓦楞铁皮墙，外墙上部四周均设有水喷雾保护，上述构件均为非燃材料并符合防爆泄压要求。就是耐火极限达不到二级的要求，一些部门为加速厂房、库房建设也采用了钢屋架和金属外墙，例如，棉花库露天存放损失很大，商业部门建造了一批钢屋架、铁皮作围护墙的棉花仓库。同样的耐火极限达不到二级的要求。这些建筑按耐火性能比二级耐火等级建筑要差些，因此，本条针对此类建筑按其火灾危险性的不同提出不同的防火间距的规定。

乙、丙类厂房的防火间距执行本规范中表 3.3.1 三级耐火等级建筑的要求，丁、戊类厂房执行二级耐火等级建筑的要求。例如，上述丙类厂房与一、二级厂房的间距定为 12m，丁类厂房与一、二级厂房的间距可按 10m 执行。

第 3.3.8 条 民用建筑内人员比较密集，其与厂房的防火间距，不应比厂房与厂房之间的间距小，为此本条根据厂房生产类别的不同分别作出规定。

本条所指的民用建筑也包括设在厂区内独立的公共建筑 (如办公楼、研究所、食堂、浴室等)。其防火间距执行第 3.3.1 条的规定。为厂服务而专设的生活间、有的与厂房合并组成一座建筑，为了满足通风采光需要，将生活间与厂房脱开布置，为方便生产工作联系和节约用地，丁、戊类厂房与其所属的生活间的防火间距减小为 6m，生活间指车间办公室、工人更衣休息室、浴室 (不包括锅炉间)、就餐室 (不包括厨房)等。

第 3.3.9 条 散发火花地点、可燃气体、可燃蒸汽的甲类厂房附近，如有明火或散发火花地点，或距离甲类铁路和道路过近时，都易引起燃烧或爆炸事故，因此二者要保持一定的距离。

锅炉房烟囱飞火引起火灾的案例是不少的。据调查资料和国外的一些资料分析，锅炉房烟囱飞火距离一般在 30m 左右。如烟囱高度超过 30m 或设有除尘器时，距离可小些，综合各类明火或散发火花地点的火源情况，与散发可燃气体、可燃蒸汽的甲类厂房防火间距不小于 30m。

与铁路的间距。一是考虑机车飞火对厂房的影响。二是考虑发生火灾爆炸事故时，对机车正常运行的影响。据日本对蒸汽机车做的试验资料，距铁路中心 20m 处飞火的影响较少，故将距厂内铁路线的距离定为 20m，厂外机车飞火来往多，影响大，定为 30m。汽车排气管喷出的火星距离比机车飞火距离小些，远者一般为 8~10m，近者 3~4m，所以对厂内外道路分别作出不同的规定。

内燃机车当燃油雾化不好，排气管仍会喷出火星，故和蒸汽机车一样对待不减少间距。

应当指出本条所谓 "厂外铁路" 是指工业企业与全国铁路网、其他企业或原料基地衔接的铁路。当与国家铁路干线相邻时，其防火间距除执行本条规定外，尚应符合铁道部有关专业规范的规定。

厂处道路如改道路已成型不会再扩宽，则按现有路的路边起算，如有扩宽计划，则应按规划路路边起算。

专为某一甲类厂房运送物料而设计的铁路装卸线，当有安全措施时，则此装卸线与厂房的间距不受 20m 间距的限制。例如：机车进入装卸线时，关闭机车灰箱、设阻火罩，车厢顶进并与装甲类物品的车辆之间设隔离车辆等阻止机车火星散发，以免影响厂房安全的措施可认为是安全措施。

第 3.3.10 条 室外变、配电站是各类企业的动力中心，电气设备在运行中可能产生电火花，存在燃烧或爆裂的可能性，万一发生燃烧事故，不但本身遭到破坏，而且会使一个企业或由其供电的所有企业生产停顿。某水电站的变压器爆炸,将厂房炸坏,油火顺过道、管沟、电缆架蔓延,从一楼烧到地下室,又从二楼烧到主控制室,将整个控制室全部烧毁,配电站与其他建筑、堆场、贮罐的防火间距要求比一般厂房严一些。

本条的室外变、配电站,是指电力系统电压为35~500kV且每台变压器容量在10000kVA以上的室外变、配电站,工业企业的变压器总油量超过5t的总降压变电站也应符合本条的规定。

表3.3.10按变压器总油量分为三档。35kV总油量为2.52t,设2合总油量为5000kVA的,其油量为4.3t,设2合额定容量为10000kVA的,其油量为5.04t,110kV双卷铝线电力变压器,每合额定容量为10000kVA的,其油量为5.05t,设2合总油量为10.1t,基本相当于表中第一档的规模。但由于变压器的电压、制造厂家、外形尺寸不同,同样容量与变压器的油量也不尽相同,故分档仍以总油量多少来区分。大于10000kVA变压器的油量可参看第8.2.4条说明。

第3.3.11条 城市汽车加油站适用本条规定。汽车加油站由加油机、地下油罐、加油站管理室等组成。汽车加油站属于甲类生产,起火或爆炸危险性较大,小于28℃汽油又多受到城市道路以及周围建筑物的限制,综合布置,较难布置,因素规定了规范表3.3.11的防火间距值和附注。

汽车加油站的油罐外壁是以加油机、油罐的外壁起算。规范表3.3.11中其他建筑一栏建筑,当为高层工业建

筑、甲类厂房时,应分别按下列数据各增加3m、2m。厂外铁路线当行驶电力机车时,与加油机、地下油罐的防火间距可减为20m。

表3.3.11 道路,包括厂外和厂内的道路。

对本条注解的说明:

注①为便于加油,企业内汽车加油站一般设在汽车库附近,城市加油站设在城市道路一侧,周围建筑物密集,防火的环境条件比较差,对一个加油站的总油量和单罐容量应当控制。本条规定甲类液体总储量不应超过60m³,单罐容量不宜超过20m³,由于采用油罐图纸系列的不同或受油罐产品规格的限制,单罐容量由原来15m³放宽至20m³。当总储量超过60m³时,其防火间距应按第4.4.2条的规定执行。

注②油罐储存柴油车用的柴油,当闪点等于或大于60℃时,属于丙类液体,则总储量可按1立方甲类液体折算为2立方丙类液体的规定,以策安全。

注③是考虑到城市加油站受周围条件的限制,与民用建筑的间距采用25m有因难时,在两者之间设有高度不低于2.2m实体围墙时,其防火间距可以放宽。

第3.3.12条 厂房与本厂区围墙的间距不宜小于5m,是考虑本厂区与相邻单位的建筑物间距基本防火间距的要求,厂房之间最小防火间距是10m,每方各留出一半即为5m,同时也符合一个消防车道执行时尚结合工程具体情况合理确定,故条文中用了"不宜"的措词。

一、如靠近相邻单位、本厂拟建甲类厂(库)房、甲、乙、丙类液体贮罐、可燃气体贮罐、液化石油气贮罐等火灾危险性较大的建(构)筑物时,则应使两相邻单位的建(构)筑物之间的防火间距符合本规范各有关条文的规定。故本条文又规定了在不宜小于5m的前提下,"并应满足围墙两侧建建筑物之间防火间距要求"。

当围墙外是空地，相邻单位拟建（构）筑物尚不明了时，则可按上述建（构）筑物与一、二级厂区围墙的距离，半确定其与本厂区围墙的距离。例如甲类厂房与一、二级厂区围墙的间距应定为 6m。其余部分由相邻单位在以后兴建工程时考虑。例如甲类厂房与一、二级厂区围墙的间距为 12m，则其与本厂区围墙的间距应定为 6m。

二、工厂建设如因用地紧张，在满足与相邻单位建筑物之间防火间距的前提下，丙、丁、戊类厂房可不受距围墙 5m 间距的限制。例如厂区围墙外隔有城市道路、街区的建筑红线宽度已能满足防火间距的需要，则厂房与本厂区危险性较大的贮罐、乙类厂（库）房及火灾危险性较大的贮罐、堆场不得沿围墙建筑、仍应执行 5m 间距的规定。

第四节 厂房的防爆

第 3.4.1 条 有爆炸危险的厂房，设有足够的泄压面积，一旦发生爆炸时，就可大大减轻爆炸时的破坏强度，不致因主体结构遭受破坏而造成人员重大伤亡。因此防爆厂房要求结构的泄压面积和较好的抗爆性能。

框架或排架结构形式便于墙面开大面积的门窗洞口作为泄压面积，为厂房构成敞开式、半敞开式的建筑形式提供了有利条件，同时框架或排架结构的结构整体性比较抗爆性能好。较之砖墙承重结构，这点可以说明这一点，如某煤气车间其一端为砖墙承重结构，另一端为钢筋混凝土框架结构，发生爆炸事故后砖墙倒塌严重，而框架部分破坏较微，很快修复投产。从一些爆炸事故看也证明这一点，所以此条提出易爆厂房宜采用敞开式、半敞开式厂房，并且宜采用钢筋混凝土柱、钢柱承重的框架或排架结构。

第 3.4.2 条 一般情况下，同样重量的爆炸介质在密闭的小空间和在开敞的空地上爆炸，其爆炸威力大不一样，在密闭的空间里爆炸破坏力大的多，因此易爆厂房应设置必要的泄压设施。泄压设施可为轻质屋盖、轻质墙体和易于泄压

的门窗，但宜优先采用轻质屋盖。

易于泄压的门窗、轻质墙体、轻质屋盖是指门窗重量轻、玻璃薄、墙体屋盖材料比重较小、门窗选用的小五金断面较小、构造节点的处理上要求不易摧毁、脱落等。如：用于泄压的门窗可采用楔形木块固定、门窗上用的金属百页、插销等可选用断面小一些的，门窗的开启方向选择向外开，这样一旦发生爆炸时，门窗则内压力大，原关着的门窗上的小五金可能遭冲击波破坏，门窗则自动打开或自行降落以达到泄压的目的。轻质屋盖和轻质墙体的每平方米重量规定不超过 120kg，其依据一是参照苏联规范，二是根据国内结构材料情况所定。在南方屋顶保温层薄，甚至有的不做保温层，重量可以不超过 120kg，而在北方，尤其是严寒地区，屋顶保温层厚，屋盖每平方米的重量一般超过 120kg，因此在实际工程中要根据具体情况予以适当放宽。此外在材料的选择上除了要求容重轻以外，最好具有在爆炸时易破碎成碎块的特点以便于泄压和减小对人的危害。

第 3.4.3 条 有爆炸危险的甲、乙类厂房应设置必要的泄压面积，这样一旦发生爆炸时，易于通过泄压结构而能减少人员的伤亡和设备的破坏。如某小型乙炔站，某厂房体积为 50m³，发生爆炸事故后，墙未被破坏，现仍继续使用，而某铝制品厂磨光车间，玻璃窗加石棉瓦屋顶比值达 45%，发生爆炸事故后，顶盖全部掀掉，墙体承重后砖墙，体积为 525m³ 左右，泄压面积比值仅为 2.75%，是砖墙承重结构，大型屋面板顶盖塌下，造成严重伤亡事故，发生爆炸后砖墙倒塌，同时现今建筑设计、施工、材料等各方面的原规范规定泄压面积比值为 0.05～0.10，而根据实际需要，泄压面积是愈大愈好，同时完全有可能做到泄压大泄压面积的条件也完全有可能按爆炸介质强弱规定的泄压面积比值，如美国、日本均规定泄压面积比值一般为 0.05～0.22。我们规定泄压面积比值一般为 0.05～0.22。

靠近易发生爆炸部位，是为了保证泄压顺利，便于气流冲击，减少损失。

第3.4.5条 散发比空气轻的可燃气体、可燃蒸汽的甲类厂房，可燃气体容易积聚在厂房上部，爆炸部位发生在厂房上部，故厂房上部采取易泄压措施较合适，并采用轻质屋盖效果为好。采用轻质屋盖泄压有如下的优点：1. 爆炸时屋盖被掀掉可不影响房屋的梁柱承重构件；2. 泄压面积较大。

当爆炸介质比空气轻时，为防止气流向上在死角处积聚，排尽可燃气体达到爆炸浓度，故规定顶棚应尽量平整，避免死角。厂房上部空间要求通风良好。从一些爆炸事故也可证明这一点。如：某地化工单晶硅厂车间为砖木结构，晚上工人开灯时因关不严气，屋架上部空间通风不良好，氢气可由上部开口处跑出不是大量漏气，屋架上部发生电火花而引起氢气爆炸。象这样的事故开关开灯时事故是可以避免的，所以作此条规定。

第3.4.6条 散发较空气重的可燃气体、可燃蒸气的乙类厂房，可燃蒸气的甲类厂房、纤维有可能发生爆炸在房间下部空间下部凹凸不平积聚粉尘，这些气体或粉尘常积聚在房间凹凸不平地面，墙面因为凹凸不平积比重关系，故对地面、墙面、地构、盖板的敷设等提出了要求。防止地坪因摩擦打出火花和避免车间地面。

第3.4.7条 单层厂房中如某一部分有爆炸危险的甲、乙类生产，为防止或减少爆炸事故对其他生产部分的破坏，减少人员伤亡，故要求甲、乙类生产部位靠外墙设置。多层厂房中某一部分或某一层为有爆炸危险的甲、乙类生产时，为避免因底层、爆炸时结构破坏严重影响上层建筑结构的安全，故提出设在最上一层靠外墙。

第3.4.8条 此条是为保证人身安全提出的。因有爆炸危险的甲、乙类生产部位的办公室、休息室，用防护隔墙隔断生产部位和休息、办公室。因为有爆炸危险的甲、乙类生产一旦发生爆炸事故时，冲击波有很大的摧毁力。用普通的砖墙不能抗御爆炸

厂房爆炸危险等级与泄压比值表（美国）表3.4.3-a

厂房爆炸危险等级	泄压比值（平方米/立方米）
弱级（颗粒粉尘）	0.0332
中级（煤粉、合成树脂、锌粉）	0.0650
强级（在干燥室内涂料、溶剂的蒸汽、铝粉、镁粉等）	0.2200
特级（丙酮、天然汽油、甲醇、乙炔、氢）	尽可能大

厂房爆炸危险等级与泄压比值表（日本）表3.4.3-b

厂房爆炸危险等级	泄压比值（平方米/立方米）
弱级（谷物、纸、皮革、铅、铬、铜等粉末醋酸蒸汽）	0.0334
中级（木屑、炭屑、煤粉、锌、锡、铁等粉尘、乙烯树脂、尿素、合成树脂粉尘）	0.0667
强级（油漆干燥或热处理室、醋酸纤维、苯酚树脂粉尘、铝、镁、锆等粉尘）	0.2000
特级（丙酮、汽油、甲醇、乙炔、氢）	>0.2

考虑一些体积较大厂房要求设计比较大的泄压面积比值有困难，同时厂房体积大时，危险设备所占的比率一般会降低。使厂房整个空间内达到爆炸浓度的可能性也会小些，因此规定超过1000m³体积的厂房在采用规定的一般泄压比值有困难时，可适当降低。故放宽至0.03。

第3.4.4条 轻质墙体、轻质屋盖爆炸就破坏摧毁，大量集中场所，如邻近人员伤亡和交通道路堵塞，所以作出避开通道路就常造成人员大量伤亡和交通道路堵塞。同时要求泄压面设置最好夹杂爆炸物碎片从泄压面冲出，如邻近人员集中场所、主要交人员集中场所和主要交通道路的规定。

事故时，冲击波有很大的摧毁力，用普通的砖墙因不能抗御爆炸强度而遭受破坏，即使原木墙体耐火极限再高，也会因墙体破坏失去性能，故提出用有一定抗爆强度的防护墙隔断。防护墙的做法有几种：①钢筋混凝土墙；②砖墙配筋；③夹砂钢丝网板。防爆厂房如若发生爆炸，在泄压面或其他面泄压设施还来不及泄压以前，而在千分之几秒内，其他各墙已承受了内部压力，人构强度应可以承受 2～5 磅/吋² 的压力，则防护墙的结构抗爆强度可按此类推。

第 3.4.9 条 因为总控制室设备仪表较多，价值高，人员也较多。为了保障人员、设备仪表的安全，本条故提出应和有爆炸危险的甲、乙类厂房分开独立建造。同时考虑直观上分控制室常常和其厂房紧邻，甚至设在其中；有的要求能直通厂房中的设备，如分开设则要增加建筑用地，增加造价，还给使用带来不便。所以本条提出分控制室与厂房毗邻建造，但必须事先墙外设置。

第 3.4.10 条 使用和生产甲、乙、丙类液体的厂房，发生生产事故时易造成液体在地面或滴漏至地下管沟内，万一遇火源即会引起燃烧爆炸事故，为避免烧及相邻厂房，故规定地面管沟不应与相邻厂房相通。并考虑到甲、乙、丙类液体通过下水道流失也易造成事故，故规定下水道需设封闭设施。例如 85 年重庆市的下水管沟爆炸事故的发生，狭及很大一片街区，造成××人伤亡，即是因为汽油及其蒸汽顺下水道泄漏造成。所以规定须有隔油措施。

第五节 厂房的安全疏散

第 3.5.1 条 足够数量的安全出口，对保证人和物资的安全疏散极为重要。火灾实例中常有因出口设计不当或在实际使用中将部分出口堵，造成人员无法疏散而伤亡惨重的事实。如某无线电元件厂，砖木结构，由于化验室用电炉加热丙酮，丙酮沸腾撤在地板上引起火灾并很快蔓延二楼，烟气充满厂房，恒温室只有一个门又被火阻挡，数名女工中毒烧死亡，三楼楼梯烧着，数名工人下不来烧死在楼梯口，抢救人员中也有××名中毒。这次事故造成数十人伤亡。再如某地儿童服装厂，修理电灯开关时短路，打火花落在工作台上引燃棉花起火，扑救不当迅速蔓延，火后因通路狭窄阻挡，后部门窗又全部钉死，只剩下前面一门，人员不能及时疏散，造成烧死数人，伤××人，并将大部分半成品、机械和厂房烧毁。故厂房应有两个出口，但所有建筑不论面积大小，人数多少一概要求两个出口有一定的困难，也不符合实际情况。对面积小、人员少的厂房作了放宽，对允许一个出口的条件，分别按类分档。对危险性大的厂房因火势蔓延快，要求严格些，对火灾危险性小的作适当放宽。同时根据各地来函意见，有些认为对乙类厂房应区别于甲类、丙类厂房，一般规模较大，建议作适当放宽。故在面积规定上甲类、丙类厂房仍沿用原规定标准，将乙类和丙、丁、戊类厂房适当调整，在人数的基础上分别放宽了 50m² 或 100m²。在人数的限制上，对乙、丙、丁、戊类厂房分别增加了 5 人。

第 3.5.2 条 厂房的地下、半地下室因为不能直接采光通风，排烟有很大困难，而疏散只能通过楼梯间，为保证安全，避免万一出口被堵住就无法疏散的情况，故要求两个出口；但考虑到如果每个防火分区均要求两个直通室外的出口有困难，所以规定必须有一个直通室外，另一个可通向相邻防火分区。

在"面积"前冠以"使用"两字，改为"使用面积"更加准确明了。10 人改为 15 人，是与现行的国家标准《高层民用建筑设计防火规范》一致的。

第 3.5.3 条 厂房疏散以安全到达安全出口，即认为达到安全地带为前提。安全出口包括直接通向室外的出口和安全疏散楼梯间。考虑单层、多层、高层厂房设计中实际情况，对甲、乙、丙、丁、戊类厂房分别作不同的规定。将甲类厂房定为 30m, 25m 是以人流每秒的疏散速度也即疏散时间需30s、25s。从火灾实例中看，当发生事故时应以极快速度跑出，上述值尚能满足要求。而乙、丙类厂房较甲类厂房危险性少、蔓延速度慢些，同时甲、乙类厂房一般人员不多，疏散较快，故乙类厂房参照国外规范定为75m。这次修改规范，考虑纺织厂房一般占地面积大的特点，吸取纺织系统设计单位的意见，将丙类单层和多层厂房的疏散距离分别放宽了5m和10m。丙类厂房中人较多，疏散时间按人流密度0.5m²/人、行动速度办公室按60m/min，学校按22m/min，纺织厂如取其两者的中间速度则为 $\frac{60+22}{2}$ m/min 即41m/min，则80m的距离疏散时间也只要2min就行了。丁、戊类厂房一般面积大、空间大、火灾危险性小、人的安全疏散可以得到较多的时间。从我国的消防水平，消防站布局标准中规定，一般城镇消防站要求在5min内赶到现场，丁、戊类厂房如是一、二级建筑，在人员不是太集中的情况下，行动速度按60m/min在5min内走300m。一般厂房出置人口时，疏散距离不可能超过300m。因此，此条对一、二级耐火等级的丁、戊类厂房的安全疏散距离未作规定，三级耐火等级的丁、戊类厂房，因建筑耐火等级低，安全疏散距离限在100m，丁类厂房的三级耐火等级厂房相同，戊类厂房定在60m。

第3.5.4条 厂房的疏散通道、楼梯、门的总宽度计算按原规范的规定。原规范是参照国外规范，并在多年的执行过程中认为还能符合目前国内的条件，故未作改动。考虑在面积小、人员少、产品零件小的厂房中门的实际宽度及门窗标准化情况，根据城乡建设部颁布的门窗标准图，考虑规定的门洞尺寸应符合门窗的模数，将门洞最小宽度定为1.0m，则门的净宽则在90cm左右，故规定门窗最小宽度≤90cm，走道最小宽度同于公共场所的门的最小宽度取1.4m。

第3.5.5条 因为甲、乙、丙类厂房火灾危险性较大、高层建筑发生火灾时，其高层部分的人员不可能靠一般电梯或云梯车等作为主要疏散通道和抢救手段，因为一般客用电梯无防烟、防火等措施，故火灾时必须停止使用，云梯车等也只能作为消防队扑救时专用，这时唯有依靠楼梯作为主要安全可靠。高层建筑中的敞开楼梯，火灾时犹如烟囱一样，因此楼梯间必须为敞开楼梯间的流动速度较大，起泡烟抽火作用，烟在垂直方向的流动也大大加快了火势蔓延。如某高层宾馆的火灾，当底层起火后烟火很快满整幢建筑物，给安全疏散造成威胁。同时随着烟通过敞开楼梯间向上扩散并充满整幢建筑物，给安全疏散造成威胁。如某高层宾馆的火灾，当底层起火后烟火很快满整幢建筑物，给安全疏散造成威胁。从敞开楼梯灌入楼梯间的客房，几个旅客无法疏散，被迫从窗口跳出造成伤亡事故。因此根据火灾危险性和建筑高度规定必须设置封闭楼梯间和防烟楼梯间。

鉴于厂房建筑不同于民用建筑，层高较高，四、五层楼即可达24m高，而楼梯的习惯做法是敞开式，同时考虑到有的厂房虽高，但人员不多，同时厂房建筑可燃装修少，故对设置防烟楼梯间的条件作了放宽，要求高度大于32m、人数超过10人时才设置防烟楼梯间。此高度（32m）同于高层民用建筑防火设计防火规范中高层建筑的二类建筑高度，如果10人时可设置封闭楼梯间。另外，当厂房内人员较多，为保证人员疏散，人数不足10人或10人时只有设置封闭楼梯间。另外，当厂房开敞时也可不作封闭楼梯间。但如厂房内人员较多，为保证人员疏散，有条件还是设置封闭楼梯间为好。

高层厂房的防烟楼梯前室的面积和防排烟要求同为和高层民用建筑的相同，所以另行作规定，按高层民用建筑防火设计防火规范的规定执行。

第3.5.6条 高层建筑发生火灾时，消防队员若靠攀登楼梯进入高层部分扑救，一是耗费体力大，队员会因体力不及而造成运送器材和抢救伤员困难，二是耗费时间多，影响火灾的早期扑救。1980年6月曾在北京对15名消防队员的登高能力进行了测试。测试的结果表明：登住宅楼上到8层后平均有 67.5%的人处于正常范围。登上 9 层后平均只有 50%的人有战斗力，攀登到 11 层后，心率和呼吸属正常者已无一人。而火场和运动场是大不相同的，但目前尚无更好的对比资料可参考，只好参照运动场上的允许数值进行分析。由于火场环境恶劣，条件艰难，按运动场上规定的运动后允许的运动量登高，在火场人可能就难以继续工作，所以消防队员从楼梯登攀高的能力是有限的，其登高高度为 23m 左右。

普通电梯在火灾时往往因切断电源而停止使用，因此在进行高层建筑防火设计时，要为消防队员登高创造有利条件，宜设置消防电梯。考虑厂房层高一般较高，人员不太密集，如按 24m 为限，则 5、6 层的厂房均要设消防电梯似乎面广了些，和现实状况相差较大。因而作适当放宽，按设置防烟楼梯间的标准，将高度定在 32m，即高度超过 32m 的设有电梯的高层厂房每个防火分区应设一台消防电梯。

消防电梯的设置要求同于"高层民用建筑设计防火规范"中的规定。对于独立设置在建（构）筑物旁的消防电梯，因为它直通室外有良好的通风排烟条件，可不设置电梯前室。

注①高层塔架设有检修用的电梯，每层塔架的同时生产人数只有 1～2 人，不设消防电梯亦可满足在发生火灾事故时的人员疏散。

②洗衣粉厂丙类生产（丙类生产除外）的喷粉厂房的喷粉工段，其建筑为多层属文规定的情况，局部每层建筑面积不大，升起高度多在 20m 以下，建筑总高度在 50m 以下，可不设消防电梯。

第四章 仓 库

第一节 贮存物品的火灾危险性分类

第 4.1.1 条

一、将生产和贮存的火灾危险性分类分别列出，是因为生产和贮存的火灾危险性有相同之处，也有不同之处。如甲、乙、丙类液体在高温、高压下进行生产时，其温度往往超过液体本身的自燃点，当其设备或管道损坏时，液体喷出就着火。有些生产的原料、成品都不危险，但生产中的条件变了或经化学反应后产生了中间产物，而增加了火灾危险。例如，可燃粉尘静止时不危险，但生产时，粉尘悬浮在空中与空气形成爆炸性混合物，遇火源后则能爆炸起火。而贮存这类物品就不存在这种情况。与此相反，在贮存中火灾危险性较大。桐油织物及其制品、在贮存中一定地点，受到一定温度作用时，能缓慢氧化，积物品堆放在通风不良地点，受到一定温度作用时，能缓慢氧化，积热不散会导致自燃起火，而在生产过程中不存在此种情况，故将生产和贮存的火灾危险性分类分别列出。

贮存物品的分类和火灾危险性分类办法，主要是根据物品本身的火灾危险性，参照本规范生产的火灾危险性分类办法，并吸收仓库贮存管理经验和参考《危险货物运输规则》划分的。

甲类。主要依据《危险货物运输规则》中一级易燃固体、一级易燃液体、一级氧化剂、一级自燃物品、一级遇水燃烧物品和可燃气体的特性划分的。这类物品易燃、易爆、燃烧时还放出大量有害气体；有的遇水发生剧烈反应，产生氢气或其它可燃气体，遇火燃烧爆炸；有的具有强烈的氧化性能，遇有机物或无机物极易燃烧爆炸。有的因受热、撞击、催化或气体膨胀而可能发生爆炸，或与空气混合容易达到爆炸浓度，遇火而发生爆炸。

第二节 库房的耐火等级、层数、面积和安全疏散

第4.2.1条 本条是对原规范第30条的修改补充。

一、据调查，仓库超量贮存现象严重。一是物资贮存比较集中，而且有许多仓库超量贮存，而且库房之间防火间距堆存大量物资，不仅库内超量贮存。如有的物资仓库，一旦失火，给疏散物品和扑救火灾带来困难；二是库房的耐火等级一般偏低。据了解，原有的老库房属一、二级的居多数，三级的居少数，四级和四级以下的库房也还占一定比例，一旦起火，疏散和扑救起来困难大，常常造成严重损失；三是库区内水源不足，消防设备缺乏，一旦着火，损失大。

二、确定库房的耐火等级、层数和面积，考虑了以下情况：

（一）库房贮存物资集中，价值高，危险性大，疏散扑救困难等。主要是库房贮存物资集中，价值高，危险性大，疏散扑救困难等建筑，一些商业、外贸等系统的仓库，每平方米地面面积贮存物品的价值一般是数千元，多者达数万元。如某市一货运车站起火，一把火烧掉数栋外贸仓库，烧掉大批外贸出口物资，损失达250余万元，损失近2000万元；又如某省一个地区百货仓库起火，损失290余万元，等等。类似例子很多，不胜枚举。

（二）仓库火灾实例教训。贮存甲、乙类物品仓库的火灾、爆炸危险大。因为这类物品起火后，燃速快，火势猛烈，其中有不少物品还会发生爆炸。如某市某危险品库房，硝化废影片起火，半地堡式钢筋混凝土结构。因硝化废影片受热分解，火焰喷出50余米远，把可燃废影片仅在10min左右全部着光，其建筑为砖混结构，最大隔间约120m²，总面积约400m²，用24厚砖墙分成四个防火隔间，其中三个隔间内外墙及现浇物堆垛烧着；又如某市赛璐珞库房，爆炸后，爆炸墙分成四个防火隔间，最小隔间约为80m²，

乙类。主要是根据《危险货物运输规则》中二级易燃固体、二级易燃液体、助燃气体、二级自燃物品的特性划分的，这类物资的火灾危险性仅次于甲类。

丙、丁、戊类。主要是根据40多个仓库和其他一些企、事业单位贮存保管情况划分的。

丙类。这类物质的特性是液体和可燃固体物质。包括闪点在60℃或60℃以上的可燃液体和可燃固体物质，甲、乙类液体要小些，不易挥发，火灾危险性比能立即起火。可燃固体在空气中受到火烧或高温作用时，即使从水源拿走，仍能继续燃烧。

丁类。指难燃烧物品。这类物品的特性是在空气中受到火烧或高温作用时，难起火、难燃烧或微燃，将火源拿走，燃烧即停止。

戊类。指不燃物品。不起火、不燃烧、不微燃、不碳化。

丁、戊可燃的（如木箱、纸盒等），据调查一些单位，多者每平方米库房面积的可燃物品包装材料在100～300kg，少者在30～50kg。现举例如下：

天津某厂	电灯泡 100～110kg
上海某仓库	机电设备 100～130kg
湖南某厂	瓷器 40～60kg
福州某厂	保温瓶 50～60kg
沈阳某仓库	搪瓷 30～50kg

因此，这两类物品仓库，除考虑物品本身的燃烧性能外，还要考虑可燃物品包装的数量，在防火要求上应较丁、戊类厂房严一些，所以作了注②的规定。

钢筋混凝土楼板被炸坏，大梁炸成数截，损失巨大；再如某市某厂的篷路等库房为砖木结构，库内篷路等和其他物品约200m²，分成三个防火间隔，燃烧起火后，在十几分钟内库房和物品全部烧光。从以上火灾实例说明，甲类物品库房和物品全部烧光。从以上火灾实例说明，甲类物品库房一般不应低于二级，宜为单层，其耐火等级，分成三个防火间隔，这样做有利于控制火势蔓延，便于扑救，以达到减少损失的目的。

(三) 根据各地各类库房采用的耐火等级、层数、面积，现分别举例如下：

1. 甲、乙类物品库房如下表 4.2.1-a。

甲、乙类物品库房 表 4.2.1-a

贮存物品名称	每栋库房总面积（平方米）	防火墙间面积（平方米）
甲醇、乙类等液体	120	120
甲苯、丙酮等液体	240	120
亚硫酸铁等	16	16
乙醚等醚类	44	44
金属钾、钠等	50	50
火柴等	820	410

2. 丙类物品库房如表 4.2.1-b。

(四) 高层库房。据调查，目前在不少地方已经开始建设，如冷库、商业仓库、外贸仓库等。一般为 6～7 层，最高为 9 层，高度 25～27m，最高达 40m，每层面积一般在 1500～2500m² 之间，最多达 2800m²。因为高层库房储存物品量大、集中，价值高，疏散扑救困难，故划分隔要求比多层严些。至于高层与多层库房的划分界限理由，在高层厂房都说明了，这里不再重述。

丙类物品库房 表 4.2.1-b

贮存物品名称	耐火等级	层数	每座库房占地面积（平方米）	每座库房每个防火隔间面积（平方米）	备 注
纺织品、针织品	二级	4	1980	890	用防火墙分隔
同上	二级	3	3370	756～1260	
日用百货	二级	2	1440	720	
植物油	一、二级	2	1240	620	桶装植物油
化纤、棉布等	二级	5	1020	1020	
糖、色酒	三级	1	980	980	低浓度色酒
棉花	三级	1	750	750	
香烟	三级	1	780	780	
棉花	三级	1	1200	600	中转仓库
棉花	一、二级	1	1000	500	
纸花	二级	1	1000	1000	
纸张	二级	1	1000	500	
毛织品	二级	2	1000	500	

(五) 地下室、半地下室的出口，是疏散出口，又是扑救的进入口，也是排烟排热口。发生火灾时，由于火灾时温度高、浓度大、烟毒性大，而且威胁上部库房的安全。因此，要求严些。甲、乙类物品库不准附设在建筑物的地下室和半地下室，丙类1 项分别限制在 150m²，300m²；丁、戊类分别限制在 500m²，1000m²。

(六) 注①规范中表 4.2.1 中的"注"解：

1. 注①高层库房（建筑高度超过 24m 的两层及两层以上的库房）、高架仓库（高度在 7m 以上的机械操作和自动控制的货架仓库）。这两类仓库共同特点是，贮存物品比单层库房多得多，疏散扑救困难比单层库房在火灾时不致很快倒塌，并对扑救赢得时间，大大减少损失，故要求其耐火等级不低于二级。国内已建的此类库房，其耐火等级均能达到本"注"的要求，因此是可行的。

特殊贵重物品(如货币、金银、邮票、重要文物、资料、档案库以及价值特高的其他物品库等)是消防保卫的重点部位,一旦起火,容易造成巨大损失,因此,要求这类库房必须是一级耐火等级建筑。

2. 注②主要是指硝酸铵、电石、尿素聚乙烯、配煤库房以及车站、码头、机场内的中转仓库。

3. 注③根据自动灭火设备的特点,照顾到实际需要,灭火效果好的特点,装有自动灭火设备的库房,其最大允许占地面积可按规范中表4.2.1的规定,相应增加一倍。

第4.2.2条 本条为了与现行的《冷库设计规范》的有关规范协调一致,以利执行而提出的《冷库设计规范》规定的每座冷库占地面积如下表4.2.2。

冷库最大允许占地面积(平方米) 表4.2.2

库房的耐火等级	最多允许层数	单层		多层	
		每座库房	防火墙间隔	每座库房	防火墙间隔
一、二级	不限	6000	3000	4000	2000
三级	3	2100	700	1200	400

第4.2.3条 本条系原规范表11注⑤的规定改写。

一、从有利于安全和便于管理看,同一座库房或同一个防火墙间内,最好只贮存一种物品,如这样办有困难,允许将数种物品存放在同一个防火墙间内(但性质相互抵触或灭火方法不同的物品不允许)存放在一座库房或同一个防火墙间内。

二、数种火灾危险性不同的物品存放在一起时,其耐火等级允许层数和允许面积,均应从严要求。如同一座库房存放有甲、乙、丙三类物品,其库房应采用单层、二级,每座库房最大允许占地面积为180~850m²。

三、火灾实例证明,这样要求是合理的。如某厂一座仓库,库房内存放了多种火灾危险性不同的物品,既有一级化学易燃固体,又有大量劳保服装、擦洗机器用的油棉纱等,化学易燃固体燃烧猛烈,给疏散物资、扑救火灾造成很大困难,造成颇大损失。

第4.2.4条 本条基本上保留了原规范第31条的规定。其作用在于减少爆炸的危害。

许多火灾爆炸实例说明,有爆炸危险的甲、乙类物品,一旦发生爆炸,其威力相当大的。如某市某办公楼的地下室,存放大量汽油,正是酷热天,一位司机打开油桶抽油,抽完后,未将盖盖上,致使大量汽油蒸发挥发出来,达到爆炸浓度,当天夜里另一位司机打开电开关(普通开关),溢出电火花,引起爆炸,该地下室的隔墙、钢筋混凝土楼板也被炸塌,造成很大损失。又如某市一所大学教学楼地下室,存放可燃蒸汽、汽油等易燃液体,因容器破损,漏出的液体发成可燃蒸汽,达到爆炸浓度,遇明火,发生爆炸,顶板和隔墙遭破坏很大破坏,除地下室上部、二层也遭到较大提出本条要求。

一、二、三、四层以上、三层以下为好、三层次之,再多层的不少白酒库火灾证明,二层以下适当限制。

危害就不大了,故对层数作了规定。

第4.2.5条 本条基本保留原规范第32条的规定。本条规定的目的是:

一、火灾实例说明,甲、乙、丙类液体(如汽油、苯、甲苯、甲醇、乙醇、丙酮、煤油、柴油、重油等)一般是桶装存放在库房内。一旦起火,特别上述桶装液体爆炸,容易流淌在库内地面,如无设置防止液体流散的设施,还会流淌到库房外,扩大蔓延,造成更大损失。如某市某厂一个桶装甲、丙酮、苯库房发生火灾,因扑救不得力,大火将桶飞溅液体,大量液体飞溅流散到

粮食粉尘爆炸特性　　　　　　　　　表4.2.6

物质名称	最低着火温度（℃）	最低爆炸浓度（克/立方米）	最大爆炸压力（公斤/立方厘米）
谷物粉尘	430	55	6.68
面粉粉尘	380	50	6.68
小麦粉尘	380	70	7.38
大豆粉尘	520	35	7.03
咖啡粉尘	360	85	2.66
麦芽粉尘	400	55	6.75
米粉尘	440	45	6.68

第4.2.7条和第4.2.8条 本条是对原规范第33条的修改补充。规定本条的作用是：

一、火灾实例说明，有些火灾就发生在出口附近，常常被烟火封住，阻挡人们疏散，如果有了2个或2个以上的安全出口，1个被烟火封住，另1个还可供人们紧急疏散，故原则上一座库房或其每个防火隔间的安全出口数目不宜少于2个。

考虑到仓库建筑平时工作人员少，对面积较少（如占地面积不超过300m²的多层库房）和面积不超过100m²的防火隔间，可设置1个楼梯间或1个门的条件作了放宽。

高层库房内虽然楼梯间不多，但垂直疏散距离较长，实践证明，采用敞开式楼梯间不利于控制烟火向上蔓延，也不利于楼梯间人员实际作法提出的。因此，库房门的开启方式主要是参考各地实际作法提出的。库房门，必须设置封闭楼梯间，这样既方便平时使用，又有利于紧急时疏散。

二、库房地下室、半地下室的条件，其处理同本条一款和设置1个出口的条件，其处理同本条一款。

第4.2.9条 本条是新增加的。其作用在于阻止火势向上蔓

室外（未考虑防止液体流散设施），将相邻库房和堆放的物品烧着，造成严重损失。

二、液体流散设施的作法基本有两种：一是在桶装库房门修筑慢坡，一般高为15～30cm；二是在库房门口砌高15～30cm的门坎，再在门坎两边填沙土，形成慢坡，便于装卸。

三、遇水燃烧爆炸的物品（如金属钾、钠、锂、钙、锶、氯化锂等）的库房。规定设有防止水浸渍的设施，如室内地面高出室外地面；库房屋面严密遮盖、防止渗漏雨水；装卸这类物品的库房檐台，有防雨水的遮挡等措施。

第4.2.6条 本条是新增加的。提出本条要求的主要依据是：

一、谷物粉尘爆炸事故屡要有发生。据不完全统计，世界上每年大约有十来次是相当严重的。例如，1977年美国的一次谷物粉尘爆炸，死亡十几人，受伤84人；1979年，德国不来梅发生一起谷物粉尘爆炸，死亡12人，损失达50万马克；1982年，法国梅茨一个麦芽厂的粮食筒仓发生爆炸，7座大型筒仓被毁，死亡8人，4人受伤。

我国南方某港口粮食筒仓，因焊接管道，引起小麦粉尘爆炸，21个钢筋混凝土粮食筒仓顶盖和上通廊顶盖大部掀掉，仓内电气、传动装置以及附属设备等，遭到严重破坏，助燃氧气和火源三个条件一起具备，必然发生一定浓度，助燃氧气和火源三个条件。

二、粮食筒仓爆炸的顶部设置面积必要的泄压面积比值是十分需要的。本条未规定筒仓顶盖的具体数值，这是因为各仓容积比值的具体数值相差较大，而国内尚未进行这方面试验数据与国外规范的规定数值相差较大，而国内尚未进行这方面试验的实例，故根据仓爆炸案例分析和国外的实践经验和试验研究，推荐采用0.008～0.010。并建议粮食、轻工、医药、港口等部门进一步总结这方面的实践经验和试验研究，尽快得出一个科学数据。

延、扩大火灾情。提出本条的依据如下:

一、新设计建造的不少多层仓库(包括货楼)多设在库房外,供垂直运输物品的升降机(货梯)。如北京一商局储运公司仓库、北京百货大楼仓库、北京五金交电公司仓库、上海服装进出口公司仓库等均紧贴库房外墙设置升降机或升降机平台使用,又有利于安全疏散。

二、据调查,有少数多层库房,有升降机竖井内,是敞开的。这样设置,一旦起火,火焰通过升降机的楼板孔洞向上蔓延,很不安全,且建筑中设计中危险性小,且属一、二类的,避免,但因戊类库房的火灾危险性小,且建筑耐火等级属一、二类的,抗火灾能力强,故升降机可以设在库房内。

第4.2.10条和第4.2.11条 这两条是新增加的。设置消防电梯(可与货梯合用)在于火灾时供消防人员输送器材和人员用。并应符合第3.5.6条对消防电梯的要求。

设在库房连廊内和冷库穿堂内的消防电梯,考虑连廊和穿堂通风排烟条件较好,故可不设电梯前室。

第4.2.12条 新增加的条文。甲、乙类库房发生爆炸事故时,冲击波有很大的摧毁力,所以规定甲、乙类库房内不应设办公室、休息室。

许多库房火灾实例说明,管理人员用火不慎是引起库房火灾的主要原因,为确保库存物资安全,便于人员安全疏散,根据一些库房的设计中做法,提出了第4.2.10条的规定。

第三节 库房的防火间距

第4.3.1条 确定本条防火间距,主要是满足消防扑救、防止初期火灾(20min内)向邻近建筑蔓延扩大以及节约用地三个因素。

一、防止初期火灾蔓延扩大,主要是考虑"热辐射",而"热

辐射"强度与消防扑救力量、可燃物的性质和数量、外墙开口面积的大小、建筑物的长度和高度以及气象条件等因素有关。国外虽有按"热辐射"强度理论计算防火间距的公式,但没有把影响"热辐射"的一些主要因素(如发现和扑救火灾的早晚等)考虑进去,而计算出来的数据常常偏大。在国内,还缺乏这方面的研究成果。因此,本条防火间距主要根据火灾实例、消防扑救力量和灭火实践经验等确定。

二、仓库火灾实例说明,在二、三级风的情况下,原规范规定的防火间距基本上是可行的、有效的。如某市物资仓库,除小部分是露天货堆外,大多是砖木结构的单层库房,相距13~14m,因雷击起火,一幢库房很快烧穿屋顶,火光通天,在8min内消防车达到现场进行扑救,除本库房烧毁外,其他相邻库房有部分木屋檐被烤炭化外,其余均未受影响。

相反,因棉花堆垛自燃起火,露天货堆距三级耐火库房约为12m,由于发现起火较晚,报警迟,将三级耐火等级的库房屋檐烤着,棉花堆垛已燃起18~20m的火焰,库房很快烧毁,可是相距另一幢库房约为4.5m,在消防队用水枪保护下,未受影响。

三、据北京、天津、沈阳、鞍山、丹东、吉林、哈尔滨、西安、重庆、武汉等市的消防支队或大队的同志反映,原规范规定的防火间距,从满足扑救要求来说是需要的。他们认为,一、二级耐火等级之间的防火间距为10m,三级之间为14m,如小于这个距离,也会给扑救上带来困难。如有次火灾,其相互之间的防火间距为8m,一些消防队员脸上还烤起泡了。如果有了一些消防队员用喷雾水枪的保护下,脸上还烤起泡了。如果有了10m间距,也就不会出现这种情况。

四、按规范中表4.3.1的规定增加3m,主要是考虑使用云梯车、登高曲臂车等高消防车的操作需要。

由于戊类库房储存的物品均为不燃烧体，火灾危险性很小，可以减少防火间距以节约用地。

第4.3.2条 本条明确乙、丙、丁、戊类物品与其他建筑之间的防火间距。即上述物品库房与乙、丙、丁、戊类厂房之间的防火间距，按本规范第4.3.1条规定的防火间距执行，火灾实例说明，这样规定是可行的。

从最不利情况考虑，与甲类物品库房、厂房的间距，则应按本规范第4.3.4条的规定执行(甲类按4.3.1条的规定增加2m)，火灾实例和扑救实践经验证明，这样规定是符合实际需要的。

有不少乙类物品危险性大、火灾危险性大，燃烧猛烈，而目前有些建筑用的构件和材料是不燃烧体，达到二级耐火等级的建筑能承受一定高温而不会倒塌，故规定分别不小于25m、50m的防火间距。

火灾实例分别说明，乙类6项物品之间，如电石、硝酸钠、硝酸钾、浸油的豆饼、浸油金属屑等。这些物品在常温下与空气接触能够缓慢地氧化，如果积蓄的热量不能散发出来，就会引起自燃，但燃速不快，也不会爆燃，故这些物品库房与民用建筑的防火间距可不增大。

第4.3.3条 提出本条防火间距主要考虑了如下情况：
一、硝化棉、硝化纤维胶片、喷漆棉、火胶棉、赛璐珞和金属钾、钠、锂、氢化钠等甲类易燃物品，一旦发生事故，燃速快、燃烧猛烈，祸及范围远等。如某市某厂赛璐珞库房，贮量为5t，发生爆炸起火，火焰高达30m，周围15m范围内的地上苇草全部烤着起火，又如某市某仓库，一座存放硝酸纤维发影片库房，共贮10t，爆炸起火后，周围30～70m范围内的建筑物和其他可燃物烧着，造成很大损失；再如某市某赛璐珞仓库，共约贮30t赛璐珞，发生爆炸后，其周围30～40m范围的建筑物均被烤烧着起火，造成严重损失。

二、据调查，目前各地建设的专门危险品仓库（其中大多为甲类物品，少数为乙类物品。除丁库建设在城市边界较安全地带外，库区内的库房之间的距离为20m，大的在35m以上。现举例如表4.3.4。

甲类物品库房之间的防火间距举例 表4.3.4

贮存物品名称	每座库房占地面积（平方米）	库房之间的防火间距（米）
赛璐珞	36～46	28
金属钾、钠等	50～56	30
醚类液体	44	25
酮类液体	56	20
亚硫酸铁等	50	22

三、按甲类物品不同贮存量，发生爆炸起火后，分别提出防火间距。主要是贮量大、爆炸威力大、热辐射强、危及范围大，反之，贮量小、相对地说，爆炸威力也小些，危及范围也会小些，故分成两档，分别提出防火间距要求。

四、本条注②的防火间距，主要考虑甲类物品为易燃易爆、燃烧猛烈，影响范围大，为了保护人民生命的安全，故比其他建筑的防火间距要求严些。

第4.3.5条 本条是根据各地实际作法提出的。
据调查，吉林、辽宁、江苏、陕西、山东等省的一些地方，为了解决两个单位留出空地问题，通常做到丁库房与本单位的围墙距离不小于5m，并且要满足围墙两侧建筑物之间的防火间距要求。后者的要求是，如相邻单位的建筑物围墙距离为5m，而要求围墙两侧建筑物之间的防火间距为15m时，则另一侧建围墙的距离必须保证10m。其余类推。

第四节 甲、乙、丙类液体贮罐、堆场的布置和防火间距

第4.4.1条 甲、乙、丙类液体贮罐布置是根据下列情况提出的：

一、不少甲、乙、丙类液体（原叫易燃、可燃液体）贮罐爆炸起火时，往往是罐体大破裂，油品流淌到哪里，就烧到哪里，祸及范围很大。如某发电厂的一个4000m³复土地下钢筋混凝土原油罐，因焊接火花引起汽油蒸气爆炸起火，预制钢筋混凝土顶罐壁大部分被炸裂（向外倒），钢筋混凝土顶制盖板碎块整块掉落在油罐内，油流散100～200m远，大火燃烧了3天3夜才基本扑灭，造成巨大损失，又如某厂地下原油池因灯火引起原油蒸气爆炸起火，燃烧10多分钟后，油品突然沸腾，危及范围大，损失很大，从以上述油罐爆炸事故危害情况看，甲、乙、丙类液体贮罐应尽量布置在地势较低的地带。

为了照顾到一些单位的防护措施，也可布置在地势较高的地带，如采取加强防火堤或另外增设防护围墙等可靠的措施，如布置在地势低于28℃的液体，如汽油、苯、桶装、瓶装甲类液体（指闪点低于28℃的液体，如汽油、苯、甲醇、乙醇、乙醚、丙酮等）。这些液体存放在露天，在夏季炎热天中因超压爆炸起火的事故是有发生，故不应露天布置。

第4.4.2条 本条规定是根据以下情况提出的：

一、将易燃、可燃液体改为甲、乙、丙类液体。甲类液体系指闪点小于28℃的液体（如汽油、苯、甲醇、丙酮、乙醚、石脑油等）；乙类液体系指闪点大于或等于28℃至小于60℃的液体（如煤油、松节油、丁烯醇、溶剂油、樟脑油、蚁酸、糖醛等）；丙类液体系指闪点大于或等于60℃的液体（如豆油、芝麻油、桐油、鱼油、菜籽油、润滑油、机油、重油和闪点等于和大于60℃的柴油等）。

二、提出甲、乙、丙液体贮罐区的贮量和乙、丙类液体堆场的贮量，是基本依照一些工厂、仓库等的实际贮量提出的，举例如下表4.4.2。

某些工厂贮存甲类液体举例 表4.4.2

单位名称	液体名称	总贮量（立方米）	备注
某焦化厂	苯	5100	露天贮罐
某焦化厂	苯	4900	同上
某酒精厂	酒精	2500	同上
某酒厂	酒精	4500	同上
某化工厂	丙酮、乙醚	450	桶装半露存放
某造纸厂	酒精	1200	露天贮罐
某制糖厂	酒精	1600	同上

三、规范表4.4.2防火间距主要是指根据火灾实例，基本满足扑救要求和某些单位实际作法提出的。

（一）火灾实例

某厂1500m³的地下原油贮槽，发生爆炸起火，大火燃烧近10个小时，从爆炸和辐射热的影响看，距着火部位30m的一幢砖木结构小屋，木屋椽部分被烤着，大部分被碳化，距40m的砖木结构厂房均未碳化。

某厂120m³的苯罐爆炸着起火，相距19.5m，三级耐火等级建筑，其屋椽被烤着起火，将该建筑烧毁。

某厂一个30m³的地上卧式油罐爆炸起火，相距15m范围的门窗玻璃被震碎，辐射热烤着12m远的可燃物，引起较大火灾。

（二）实际作法

据黑龙江、吉林、山东、陕西、四川等地的调查，不少贮存甲、乙、丙类的单位，对消防安全问题比较重视，一般都布置在本单位区域内或成单独的地段，距建筑物的距离较远。

如某酒精厂一个1200m³的酒精区，距一、二级耐火等级建筑30m左右，距三级耐火等级建筑约为35m以上。某焦化厂苯罐区，总贮量4200m³，距一、二级耐火等级建筑约28m，距三级耐火等级建筑约40m左右。

（三）据一些市的消防队同志扑救油库火灾实践经验看，由于油罐（池）着火时燃烧猛烈，辐射热强，小罐着火至少应有12～15m的距离，较大罐着火至少应有15～20m的距离，才能满足扑救需要。

第4.4.3条 本条明确一个贮罐区可能同时存放甲、乙、丙类液体（可折算成甲、乙类液体，也可折算成丙类液体）后，应经过折算（按本规范表4.4.2规定执行，1:5折算办法），其防火间距按本规范的规定。实践证明这是可行的，故保留原规范的规定。

第4.4.4条 油罐之间防火间距操作说明如下：

一、满足扑救火灾操作的需要。油罐发生火灾，必须要由消防队来扑救。要扑救有个扑救和冷却的操作场所。消防操作包括两种情况：一是消防人员用水枪冷却油罐、水枪喷射的仰角一般为45°～60°，故必需考虑水枪操作人员到油罐的距离；二是油罐上的固定或半固定泡沫管线被破坏，消防人员要向着油罐上挂油泡沫钩管的操作场所。据沈阳、大连、天津、石家庄、上海等市消防人员实际操作情况看，一般需要0.65～0.75D（直径）才能满足消防操作要求。

二、火灾实例。不少油罐爆炸火灾实例说明，凡在一个罐组内的数个油罐，如其中有个油罐爆炸起火，顶盖飞出虽然居多数，而罐底或罐壁从焊缝处拉裂，情况也累有出现，导致大量油品流出，形成大面积火灾，如某炼油厂添加剂车间一个贮罐起火，罐底破裂，使油品大量流出，油品流到哪里，火就烧到哪里，在较长时间烤下，将相邻贮罐引燃起火；又如某石油化工厂，因连章焊接，引

起渣油罐（在罐区外）爆炸起火，将两个容积各为2000m³的油罐烤爆起火，大量油品流出罐外，油流到哪里烧到哪里，在5000m²的油库区形成一片火海，炸死烧死16人，伤6人，直接经济损失近50余万元。

从以上述实例危及安全间距出一定安全间距是完全必要的。

三、据调查，我国过去大多数的专业油库（如商业、交通、物资等）和工厂内的附属性的油库（炼油厂、石油化工厂、焦化厂、酒精厂、植物油、溶剂厂等），地上贮罐之间的间距大多一个D或大于一个D，少数有少于一个D的，如0.7～0.9D。我们认为这样布置间距是有一定道理的，这对于防止一个贮罐起火破坏及到另一个贮罐，为扑救创造条件是有必要的。但为了节约用地，基本满足操作需要，一个D的间距可以缩小些，故作了放宽。

四、从国外有关规范看，近年来一些国家的规范，把贮罐间距作了不同程度的缩小。如苏联的规范原来是一个直径（D），现改为0.75D等。

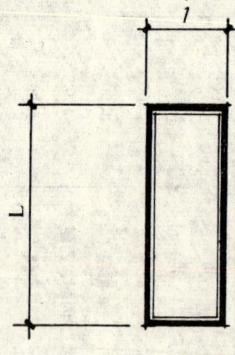

五、对本条某些注的解释：

（一）注②主要明确不同形的液体（甲类、乙类、丙类）不同形式贮罐（立式罐、卧式罐；地上罐、半地下罐、地下罐等）布置在一起时，防火间距按其中较大者确定，以利安全。

（二）矩形贮罐的当量直径为与短边之和边的一半，如上图。

设当量直径为D，即

$$D=\frac{L+l}{2}$$

（三）注③的规定，主要考虑一排卧式贮罐中的某个罐起火，不致很快蔓延到另一排卧式贮罐。

（四）注④是放宽要求，考虑闪点高的液体或设有充氮保护设备的液体贮罐，比较安全。

（五）注⑤是放宽要求，即容量小于或等于1000m³的甲、乙类液体的地上固定顶油罐，由于采用固定顶冷却水设备，不需动用人员用水枪进行冷却保护，故贮罐之间的防火间距可减少些。

（六）注⑥基于下列三点考虑：一是装有液下喷射泡沫灭火设备，不需用泡沫钩管（枪）；二是设有固定消防冷却水设备，都有设置防火设备，能够及时扑灭流散液体火灾，其需用水枪进行冷却（一般情况下），能及时扑灭贮罐间防火间距均可减少到0.4D。

第4.4.5条 本条是对原规范第37条的修改，放宽本条的目的，在于更好地体现节约用地、节约输油管线，并方便操作管理。

一、据调查，有的专业油库和企业内的小型甲、乙、丙类液体库，将容量较小的油罐成组布置，火灾实践证明，小容量的贮罐发生火灾时，在一般情况下易于控制和扑救，也不象大罐那样，需要扩大的操作场地。

二、国外有关规范也有类似的规定。如苏联《石油和石油制品仓库设计规范》第3.4条注①中规定：容量小于和等于200m³的油罐可成组布置，其总容量不超过4000m³。在贮罐群内的贮罐之间的距离不限。

四、组内贮罐的布置不应多于两行，目的在于发生火灾时，方便扑救，以便减少火势蔓延扩大。

五、从基本保障安全，为防止火势蔓延出发，有利扑救出发，

贮罐组之间的距离，可按贮罐的形式（地上式、半地下式、地下式）和总贮量相同的标准单罐确定。如一组甲、乙类液体贮量为950m³，其中100m³单罐2个，150m³单罐5个，则组与组的防火间距，按小于或等于1000m³的单罐0.75D确定。

第4.4.6条 本条对设置防火堤提出了要求。

为了防止甲、乙、丙类液体贮罐在引起爆炸失火时液体到处流散，造成火灾蔓延扩大，设置防火堤和作出一些液体贮罐起火要的。如某地某厂3000m³的液体贮罐爆炸起火，由于有防火堤保护，未使燃烧的液体流散，只是在围堤内燃烧，给消防扑救创造了有利条件，避免了邻近建筑遭受火灾的危害；与此相反，某市某厂4000m³的液体贮罐爆炸起火，由于没有设置防火堤，致使液体向四周流散，形成一片大火，造成了很大的损失。

从国外有关规范，乙、丙类液体防火技术规范，都有设置防火堤的规定，如苏联、美国、英国、日本等国就有这类具体规定。其目的是在至于一个围堤内液体贮罐的布置和容量作出规定，其作用是在于一旦发生火灾时，不致出现大面积火灾，造成严重火灾损失。

贮罐布置和容量应符合下面要求：

一、贮罐布置工作行数，当中间一行贮罐发生失火时，因给扑救工作带来一定障碍，其他贮罐将可能导致火灾的扩大。

鉴于贮罐容量较小（小于1000m³）且闪点较高（大于120℃）的液体贮罐，如一律限制不超过两行，势必占地多，从消防扑救来说，因其体形较小、高度有限，中间一行贮罐发生火灾，也可进行扑救，故作了放宽。

二、防火堤内空间容积不应小于贮罐地上部分总贮量的一半且不小于最大贮罐的地上部分贮量，主要考虑在一个防火堤内一旦最大贮罐爆炸失火，油品流出罐外，流到哪里就烧到哪里，有可能将相邻贮罐燃烧起火，油品又流出罐外，继续蔓延可下大，但贮罐

三、地上油罐与地下、半地下油罐布置在一起，一旦地上油罐起火或半地下油罐起火成灾，火焰会直接烘烤地上油罐，容易将地上油罐引燃，扩大灾情。

基于以上考虑，故提出了本条规定。

第4.4.9条 本条对贮罐与泵房、装卸鹤管的防火间距作了规定。考虑的主要情况是：

一、火灾实例。如某3000m³甲、乙类液体贮罐，距装卸站台约15m，距泵房约13m。当贮罐爆炸起火后，泵房被烧毁，槽车也烧了三台；某3000m³丙类液体贮罐，距泵房约11m，贮罐起火后，在消防队用水枪保护的情况下，燃烧约2.5h，对泵房没有影响。

二、据山东、安徽、上海、江西、湖南的一些工厂、仓库的贮罐区，甲、乙类液体油罐距油泵房的距离一般为14～20m之间，距铁路装卸设备一般在18～23m之间。

三、在修改过程，我们与有关同志座谈，他们认为，从保障安全出发，消防单位的有关同志座谈。定的防火间距是十分必要的，装卸设备与贮罐保持一定距离，贮罐着火后危及范围可能小些，故可适当减少为12～20m，10～15m。

四、对几个注的说明：

(一) 考虑到贮量小的贮罐区（甲、乙类液体贮罐总量小于1000m³，丙类液体小于5000m³），其油泵房和铁路、汽车装卸鹤管使用时间不会多，贮罐着火后危及范围可能小些，使用时间不会多，贮罐着火后危及范围可能小些，故可适当减少距离。

(二) 规定泵房、装卸鹤管设在防火堤外侧一定距离范围，主要防止贮罐着火时很快烧毁泵房和装卸设备，并扑救创造条件。

(三) 厂内铁路与装卸设备，分别保持10～20m的防火间距，主要防止装卸着火时一旦发生火灾，危及厂内铁路线。

(四) 泵房与鹤管的距离，需要保持8m，主要考虑万一发生

爆炸实例说明，爆炸时贮罐的油品不会全部流出，从既保障安全，又利于节约投资出发，本款规定是合适的。考虑到浮顶罐爆炸几率甚少，故可不小于最大数容量的一半。

三、本款规定，主要考虑贮罐爆炸起火时，罐体破裂，油品大量向外流，不致流散到防火堤外，并避免液体火灾燃烧几堤，以策安全。

四、要求防火堤的高度为1～1.6m。有两点考虑：一是太低占地面积太大，故最低1m以上；二是1.6m以下，主要是为了方便消防人员扑救和观察防火堤内火灾燃烧情况，以便针对火势发展具体情况，采取对策。

五、沸溢性液体（含水率在0.3%～4.0%的原油、渣油、重油等）贮罐要求每个贮罐设一个防火堤。因为这种液体在火灾情况下，会沸腾，四处流散，如两个或几个罐共用一个防火堤，易扩大蔓延，造成不应有的损失。

第4.4.7条 从基本保障安全，又能节约投资出发，对闪点高（大于120℃）的液体贮罐或贮罐区（有盖天棚房、瓶装、丙类液体堆场（有盖天棚房、瓶装、砖墙无墙的棚房），砖石等非燃烧材料的简易周堤，以防止液体流散，扩大灾情。如某酒库，在半露天堆场上堆存大量瓶装酒，因环人放火，发生火灾，瓶装酒在火焰烤下，一个个破碎，大量酒流散，由于未考虑液体流散设施，流体流到哪里，火烧到哪里，将存放的酒全部烧光，损失二、三百万元。

第4.4.8条 规定本条有以下考虑：

一、把火灾危险性相同或接近的油液体罐布置在一个防火堤分隔范围内，既有利于消防设计统一考虑，油罐之间也能互相调配，又可节省输油管线和消防管线，并便于管理。

二、沸溢性液体与非沸溢性液体如布置在同一防火堤内，一旦沸溢性液体起火，液体很快沸腾，四处外溢，危及非沸溢性液体的安全。

火灾时，不致互相影响。

将相距 10.5m 的三级耐火等级建筑烧毁，大部分设备烧毁；又如某化工厂的厂房爆炸起火，相距 12m 的油泵房引起火灾使泵房及设备大部分烧毁。

第 4.4.10 条

一、规定本条是防止火灾时相互影响。如某罐区泵房起火，将相距 10.5m 的三级耐火等级建筑烧毁，大部分设备烧毁；又如某化工厂的厂房爆炸起火，相距 12m 的油泵房引起火灾使泵房及设备大部分烧毁。

二、据相对黑龙江、吉林、辽宁、北京、山东、山西、四川等地一些贮罐区的调查，即甲、乙类液体装卸鹤管，与一、二、三级耐火等级建筑物的防火间距，装卸设备与建筑物的防火间距，一般为 13～18m。经访问仓库管理人员和安全人员，认为符合本条的要求。装卸设备离同外单位建筑要近一些，以策安全。

第 4.4.11 条 零位罐是用作自流卸油的同时，用油泵向大贮罐送油，它起缓冲作用。即油槽车向零位罐卸油的同时，用油泵向大贮罐送油，一旦起火，在要求零位罐与所属装卸铁路线保持 6m 的距离，以起缓冲作用。消防扑救的情况下，减少相互间的威胁。

第五节 可燃、助燃气体贮罐的防火间距

第 4.5.1 条 说明如下：

一、所谓可燃气体贮罐系指盛装氢气、甲烷、乙烷、乙烯、氨气、天然气、油田伴生气、水煤气、半水煤气、发生炉煤气、高炉煤气、焦炉煤气、伍德炉煤气、矿井煤气等可燃气体贮罐，按所列表 4.5.1 (a, b, c) 湿式可燃气体贮罐规格。

二、根据表 4.5.1 (a, b, c) 所列湿式可燃气体贮罐规格，总容积大小分为四档。

第一档：贮罐总容积≤1000m³，一般包括小氮肥厂、小化工厂和其他小型工业企业的可燃气体贮罐。

第二档：贮罐总容积 100～10000m³，包括小城镇的可燃气体储配站、中型氮肥厂、化工厂和其他中小型工业企业的可燃气体贮罐。

小型湿式可燃气体贮罐主要外形尺寸及参数

表 4.5.1-a

主要尺寸及参数\型号	GL 100	GL 200	GL 300	GL 400	GL 600
公称容积（立方米）	100	200	300	400	600
有效容积（立方米）		227	298	425.5	630
直径 水槽（米）	6.10	8.40	9.30	10.00	11.48
直径 钟罩（米）	5.50	7.60	8.50	9.20	10.68
高度 水槽（米）	5.30	5.90	5.92	6.60	7.40
高度 钟罩（米）	5.00	5.60	5.71	6.40	7.14
总高度（米）	11.00	10.70	12.42	12.40	14.50
压力（毫米水柱）		550/200	400/110	400	196
备注	直立导机钢水槽	直立导 RC 机水槽	直立导机钢水槽	螺旋导机钢水槽	直立导 RC 机水槽

第三档：贮罐总容积为 1000～50000m³，包括大中小城市的煤气储配站、大型氮肥厂、化工厂和其他大中型工业企业的可燃气体贮罐。

第四档：贮罐总容积≥50000m³，包括大中城市的可燃气体贮罐。

三、焦化厂、钢铁厂和其他大型工业企业或建筑物、堆场建筑物、堆场发生事故时，相互危及的范围、贮罐本身的危险性、破坏威力、施工安装和检修所需的距离以及便于消防扑救等因素，同时参考国内外有关规范。

续表 4.5.1-b

外形尺寸及参数\型号项目	GL20000-75	GL30000-82
公称容积 V_g（立方米）	20000	30000
几何容积 V_0（立方米）	24000	31200
有效容积 V_c（立方米）	22000	29220
水槽直径 D_0（立方米）	39.00	42.00
钟罩直径 $D_5/D_4/D_3/D_2/D_1$	36.40/37.30/38.20	39.00/40.00/40.00
高度 水槽（米）	8.00	8.60
高度 筒体（米）	7.70	8.30
高度 钟罩（米）	10.20	10.90
总高度（米）	31.15	34.45
压力（毫米汞柱） 设计/有配重	100/153/200 210/260/300	115/175/220
径高比 D/H	$\frac{37.75}{31.15}=1.23$	$\frac{40.25}{34.45}=1.18$
备注		

低压水槽式螺旋导轨可燃气体贮罐主要外形尺寸及参数　表 4.5.1-b

外形尺寸及参数\型号项目	GL5000-78	GL10000-78
公称容积 V_g（立方米）	5000	10000
几何容积 V_0（立方米）	5153	10150
有效容积 V_c（立方米）	4770	9800
水槽直径 D_0（立方米）	22.00	26.40
钟罩直径 $D_5/D_4/D_3/D_2/D_1$	20.20/21.10	23.70/24.60/25.50
高度 水槽（米）	8.00	8.00
高度 筒体（米）	7.70	7.70
高度 钟罩（米）	9.05	9.38
总高度（米）	23.55	30.67
压力（毫米汞柱） 设计/有配重	158/235 338/400	166/260/317 261/348/400
径高比 D/H	$\frac{21.10}{23.55}=0.90$	$\frac{25.05}{30.67}=0.815$
备注		

续表 4.5.1-b

项目	外形尺寸及参数 型号	GL50000-76	GL100000-80
	公称容积 V_g (立方米)	50000	100000
	几何容积 V_o (立方米)	56650	114400
	有效容积 V_c (立方米)	54200	106110
	水槽直径 D_0 (立方米)	46.00	64.00
	钟罩直径 $D_5/D_4/D_3/D_2/D_1$	42.00/43.00/44.00/45.00	60.00/61.00/62.00/63.00
高度	水槽 (米)	9.08	9.80
	筒体 (米)	9.70	9.50
	钟罩 (米)	13.20	14.50
	总高度 (米)	49.68	50.30
压力（毫米汞柱）	设计 有配重	118/178/236/298	118/162/204/240
	径高比 D/H	$\dfrac{44.00}{49.68}=0.89$	$\dfrac{62.00}{50.30}=1.23$
	备注		

续表 4.5.1-b

项目	外形尺寸及参数 型号	GL150000	GL200000
	公称容积 V_g (立方米)	150000	200000
	几何容积 V_o (立方米)	176000	222790
	有效容积 V_c (立方米)	166000	206750
	水槽直径 D_0 (立方米)	67.00	80.00
	钟罩直径 $D_5/D_4/D_3/D_2/D_1$	62.00/63.00/64.00/65.00/66.00	75.00/76.00/77.00/78.00/79.00
高度	水槽 (米)	11.78	9.80
	筒体 (米)	11.00	9.50
	钟罩 (米)	16.00	15.75
	总高度 (米)	68.03	60.425
压力（毫米汞柱）	设计 有配重	106/153/200/245/280	120/158/196/233/264
	径高比 D/H	$\dfrac{64.50}{68.03}=0.95$	$\dfrac{77.20}{60.425}=1.28$
	备注		

引起贮罐着火，消防人员用湿棉被将火扑灭，没有酿成更大事故。②1984年2月8日南方某煤气厂10000m³水槽式煤气贮罐，用耐火纸塞裂缝后进行补焊，因耐火纸脱落发生火灾，火焰高达5～6m，经2h扑救将火扑灭。

2. 湿式可燃气体贮罐或建筑物、堆场发生火灾爆炸事故时，相互危害范围近者10多米，远者100～200m。一般在20～40m。例如：①某市某厂一座800m³的氢气贮罐，检修时未排除罐内余气，动火焊接而引起爆炸事故。爆炸后罐顶碎片飞出25m，砸伤数人。②某厂8m³氢气贮罐，检修动火发生爆炸，大碎片飞出20多米，小碎片飞出40多米。③某市某煤气厂的14300m³湿式煤气贮罐，检修动火发生爆炸，钟罩顶爆成数块，其中有8m²的钢板飞出20多米，40m以内门窗玻璃被震碎。④某厂1000m³湿式可燃气贮罐爆炸时动火引起爆炸，约1m²钢板飞出200多米，50m以内门窗玻璃大部震碎，部分窗框被冲击波冲下。

从上述事故实例可以看出，湿式可燃气体贮罐，在工作时，一般不会发生爆炸。只有在检修时，因处理不当发生火灾或二次爆炸事故，但这种可燃气体爆炸一般不会引起很大的伤亡和损失。只是碎片飞出伤人或砸坏建筑物。从危及范围来看，其防火间距如表4.5.1的规定是合适的。

3. 考虑施工安装的需要，大中型可燃气体贮罐施工安装所需的距离一般为20～25m。

4. 据沈阳市公安消防部门的同志该，扑灭贮罐火灾，大中型特别是大贮罐的火灾，至少要保持15～20m的间距。他们介绍该市一个28000m³的煤气贮罐，罐壁年久失修，火焰面积约3～4m²，腐蚀严重，穿孔跑出大量煤气，遇到明火引起燃烧，火焰高度约为5～6m，附近10m以内不能站人，参加灭火战斗的人员只能在10～15m以内进行扑救，因此，要满足扑救需要，要保持15～20m的距离才行。

国内部分湿式可燃气体贮罐（直立导柱）情况 表4.5.1-c

公称容积（立方米）	水槽方案	总高（米）	直径（米）	备注
2400	钢	20.00	17.50	解放前建
2840	钢	20.00	19.40	解放前建
4300	钢	19.20	20.00	解放前建
4300	钢	23.00	21.50	解放前建
4250	钢	26.50	23.40	解放前建
4200	钢筋混凝土	21.00	21.00	解放前建
4250	钢	24.00	24.00	解放前建
4300	钢	21.00	19.70	解放前建
5700	钢	24.30	22.60	解放前建
9900	钢	26.30	24.50	解放前建
10000	钢	28.30	26.50	解放前建
10000	钢	25.20	29.90	解放前建
14200	钢	31.90	30.00	解放前建
14200	钢	31.90	30.20	解放前建
22000	钢	35.00	37.60	解放前建
22000	钢	35.00	37.60	解放前建
28000	钢	34.00	42.00	解放前建
28300	钢	32.00	42.00	解放前建
28400	钢	34.50	42.20	解放前建
42500	钢	41.00	44.00	解放前建

1. 湿式可燃气体贮罐工作压力很低，一般在400毫米水柱以下；介质比重一般较空气轻，漏气时易扩散，所以贮罐处于工作状态时不易发生事故也易于扑救。万一发生事故，例如：①东北某煤气厂的14300m³的湿式煤气贮罐，因罐壁穿孔，带气补焊而

5. 参考国外有关规范规定的湿式可燃气体贮罐与建筑物、堆场的防火间距列于下表4.5.1-d。

从下表可以看出，规范中表4.5.1的规定与国内有关规范的规定相近，与德国规范相差稍大。

有关规范规定的防火间距 表4.5.1-d

规范名称 防火间距 （米） 项目	气田设计 防火规定	炼油设计 防火规定 （炼油篇）	炼油设计 防火规定 （石油化工篇）	德国规范 DVGW G430 1964
明火或散发火花的地点	40	35	25	非本企业建筑、住宅为25；距木材仓库和其他可能突然发生火灾的易燃品仓库为50
易燃、可燃液体贮罐	容积≤1000m³时，容积100～5000m³时为35	顶距为15 固定顶距为20	同左	
液化石油气贮罐	容积≤200m³时，为30 容积201～500m³时，为35	相邻较大罐的半径	40	
压缩机室	4	35	30	
全厂性重要设施	40	35	30	
备注	当贮罐容积≤10000m³时，减25%，当贮罐容积>50000m³时，加25%		当贮罐容积≤10000m³时减25%，当贮罐容积>50000m³时加25%	与本企业建筑物的距离应考虑施工运行的需要自行确定

四、注①的说明，固定式可燃气体贮罐比水槽式可燃气体贮罐压力高，易漏气，漏失气体的速度快，量也大，危险性也大，所以其防火间距按水容积与其工作压力（绝压）乘积折算，如表4.5.1的规定。

五、注②的说明，干式可燃气体贮罐工作压力较高，最高可达1000毫米水柱；活塞与罐壁间靠油密封，密封部分排气孔至大气，漏失的气体向活塞上部空气泄漏，然后经排气孔排至大气，因而其危险性较湿式贮罐易扩散，故防火间距为大，不如湿式贮罐为大，故防火间距按表4.5.1增加25%。

六、注③的说明，对于小于20m³的可燃气体贮罐，因其量小，危险性小，故与所属厂房的防火间距不限。

第4.5.2条 可燃气体贮罐或贮罐区之间的防火间距不应小于相邻较大罐的半径，直径较小者按实际尺寸计算，以及施工安装和检修所需的需要。

第一款：湿式贮罐之间的防火间距不应小于相邻较大罐的半径，主要考虑消防扑救和保证施工安装和检修所需的需要。

第二款：本款所讲的干式贮罐，是指罐体高，直径较小（与湿式贮罐相比），用活塞上下滑动的贮罐。这种罐是固定气罐。填料式和布帘式三种。卧式贮罐虽为低压贮罐，但贮存压力较高，容易漏气。同样容积的贮罐，比湿式贮罐直径约少1/3左右，故卧式或卧式贮罐之间的防火间距，不应小于相邻大罐直径的2/3。

第三款：卧式贮罐、球形贮罐，按其中较大者确定，主要是考虑消防扑救大者直径，防火间距，按其中较大者确定，主要是考虑消防扑救和安装的需要。

第四款：原规定一组固定容积或组固定容积贮罐总容积不应超过5000m³ 偏小。在一般情况下，城市煤气输配系统采用固定式贮罐储存时，其供气规模都比较大，气源多来自天然气加工，高压气化制气厂以及其他大型气源厂，而且远离城市，输送压力较高，采用高压贮气方式最经济（贮存压力8～16kgf/cm²），因此本款将贮罐总容积改为不应超过30000m³（相当于压力为16kgf/cm²，公称容积为400m³的球形贮罐）。

固定式可燃气体贮罐，均在较高压力下贮存，危险性较大，但较液化石油气贮罐组间距小，故规定组与组间距，不应小于相邻较大长罐长度之半，对球形贮罐不应小于较大罐的直径，且不应小于10m。

第4.5.3条 鉴于目前国内生产、使用液氢的单位是个别的，以往这方面的规定也缺乏，实际经验也缺乏，但从液氢燃烧爆炸情况看，液氢爆炸燃烧的速度、猛烈程度和破坏威力等较氢为大，其防火间距应比氢气大些，并参考国外规范和国内有关规定，则本条提出液氢贮罐与建筑物、贮罐、堆场防火间距，原则上按液化石油气相应贮罐的贮量的防火间距，减少25%。

第4.5.4条

一、湿式氧气贮罐使用较早，有较成熟的安全管理经验，一般包括小型企业和一些使用氧气的事业单位。第一档贮量小于或等于1000m³，一般包括小型企业和一些使用氧气的事业单位；第二档贮量1001～50000m³，一般包括大型机械工厂和中型钢铁企业，第三档贮量大于50000m³，主要是大型钢铁企业。

二、氧气为助燃气体，属乙类火灾危险性，与其他耐火等级建筑、存放钢瓶内、贮罐、堆场区与建筑物的防火间距，把氧气间之间的防火间距，按厂房之间的防火间距考虑。

1. 因氧气为助燃气体，甲、乙、丙类液体贮罐、易燃材料堆场的距离火灾时相互影响和扑救火灾的需要。

2. 与民用建筑，主要考虑防火、乙、丙类液体贮罐、易燃材料堆场的距离火灾时相互影响和扑救火灾的需要。

设计、科研和消防的同志们座谈，他们认为规范中表4.5.4规定的防火间距是合适的，可行的。

三、几个注的说明：注①同规范表4.5.1注①的说明；注②是从实际出发，注①同规范表4.5.1注①的说明；注②是从实际出发，为了既满足工艺布置要求，同时又利于节约用地，注③从基本保障安全，结合实际需要而提出。

第4.5.5条 规定氧气贮罐之间的防火间距，不小于相邻较大贮罐的半径。主要考虑火灾时扑救操作的需要。

氧气贮罐与可燃气体贮罐之间的防火间距，不小于较大贮罐的直径，主要考虑万一可燃气体爆炸起火时危及氧气贮罐和发生火灾时扑救操作的需要。

第4.5.6条 新增条文。

一、国外液氧贮罐使用较早，有较成熟的安全管理经验，我国有些企业（钢铁企业多数）引进液氧贮罐，有的制氧厂（如北京制氧）也采用其规定的防火间距执行，但不要小于3m，其余类推。

二、根据国外资料，1m³液氧折合800m³标准状态气氧计算，其贮氧量为个100m³液氧的防火间距，堆场的防火间距为80000m³，按第4.5.4条第三档规定的防火间距执行。如果个100m³有个800×100＝80000m³，按第4.5.4条第三档规定的防火间距，折合气氧为800×100＝80000m³，按第4.5.4条第三档规定的防火间距执行。如果个100m³有个80000m³，按第4.5.4条第三档规定的防火间距，其贮氧罐与其泵房的间隔宜离开稍远一些，但不要小于3m，液氧贮罐与有关规范和国内有些工程的实际作法提出的，这是根据国外有关规范和国内有些工程的实际作法提出的。

第4.5.7条 液氧贮罐周围5m范围内不应有可燃物和设置沥青路面。主要考虑液氧为助燃气体。当它与稻草、刨花、纸屑以及溶化的沥青接触，一遇火源容易引起猛烈燃烧，发生火灾，因此作了本规定。

第六节 液化石油气贮罐的贮罐布置和防火间距

第4.6.1条 将液化石油气贮罐或罐区布置在单位或本地区

全年最小频率风向的上风侧,并选择在通风良好的地区单独布置。主要考虑贮罐及其附属设备漏气时易扩散,发生事故时易避免和减少对其他建筑物的危害。

关于罐区是否设置防护墙,以防贮罐发生漏气时,使液化石油气窒存,发生爆炸事故。有两种意见,一种意见是不设防护墙,以防贮罐发生漏气时,使液化石油气窒存,发生爆炸事故。另一种意见是设防护墙,但其高度为1m,这种做法,通风较好,不会窒息,而且当贮罐漏液时,不致外流而危及其他建筑物。目前国内炼油厂的液化石油气贮罐不做防护墙外,其余大部分设防护墙。美国、苏联是设置防护墙的,《炼规》石油化工局也规定设防护墙。我们认为液化石油气罐1m高的防护墙是合适的。但贮罐距防护墙的距离,卧式贮罐应为长度的一半、球形贮罐为直径的一半。日本各贮罐区和每个储罐均设置防火堤。

第4.6.2条 本条规定考虑了以下情况:

一、液化石油气以丙烷、丙烯、丁烷、丁烯等低碳氢化合物为主要成份的混合物。通常以液态形式在常温压力下贮存,一旦漏气十分危险。当贮罐或管道破裂时,1立方米液态液化石油气可转变成250~300m³的气态液化石油气,液化石油气的爆炸极限范围为2%~9%(体积比),即1立方米液态液化石油气漏失在大气中,将会变成3000~15000m³的爆炸性气体;液化石油气漏炸能量很大(3~4×10⁻⁴焦耳),如手电筒的火花即可成燃烧爆炸的火源,火焰扑灭后很易复燃;气态液化石油气的比重为1.5~2.0,漏气后易在低处难扑灭;气态液化石油气的比重为0.5~0.6,漏气后易在低处或通风不良处窒存,易酿成爆炸事故;此外,液化石油气闪点很低(—45℃以下)。

二、规范表4.6.2中的总容积和最大允许单罐容积的大小分为六档,以提出不同的防火间距要求:

第一、二档包括居住小区和小型工业用户的气化站、灌气站的贮罐。

第三、四、五、六档是按储配站的规模划分的。

第三档包括小型灌瓶站、居住区、城市煤气调峰气源和大、中型工业用户气化站、灌气站的贮罐。

第四档包括中、小型灌瓶站和城市煤气调峰气源的气化站、灌气站的贮罐。

第五档包括大、中型灌瓶站和中型炼油厂的贮罐。

第六档包括大型、特大型灌瓶站、储配站、贮存站和大型炼油厂的贮罐。

三、规范表4.6.2所规定的防火间距主要考虑下列因素:

(一)事故调查表明,液化石油气贮罐发生爆炸事故时,危及范围与贮罐容积有关,一般为100~300m。例如:①1979年12月18日某市液化石油气储配站400m³球罐突然破裂,在1min之内下风向200m范围内形成爆炸性气体,遇到明火发生爆炸,当场死亡32人,烧伤54人,4h后相邻的一个400m³球罐又发生爆炸,4块7~8t重25mm钢板飞出150m远,附近500~800m建筑物门窗玻璃震碎,造成直接损失600多万元。②1978年7月11日,西班牙某高速公路上一辆容积43m³充装28t的液化石油气汽车槽车突然爆炸,车体飞出140多米远,16mm厚的钢板碎片飞出300多米远,此时半径为200m的地面上瞬时升起30多米高的烟云,公路上100多辆汽车被烧毁,死亡150多人,伤120多人。

(二)目前国内现有液化石油气储配站大都设置在市区边缘,远离居住区、村镇、公共建筑和工业企业。个别距离较近者也均采取相应的防护措施,如居民搬迁、建筑物改变用途等,无疑这些作法对安全有利。

(三)参考国内外有关规范。

国内有关规范规定的液化石油气贮罐或具有同类危险的厂站与居住区、村镇、重要公共建筑或工业企业的防火间距列于下表4.6.2。

(2) 国外有关规范规定的液化石油气贮罐与站外建筑物的防火间距如下：

苏联建筑法规《CHиII—Ⅱ—Γ12—65》规定的液化石油气贮罐至站外建筑物的防火间距列于下表。

苏 联   表 4.6.2-a

总容积	单罐最大容积	防火间距（米）	
（立方米）	（立方米）	地上贮罐	地下贮罐
<200	25	100	50
201～500	50	200	100
501～1000	100	300	150
1001～2000	100	400	150
2001～8000	≥400	500	200

日本液化石油气设备协会《JLPA001一般标准》规定：第一种居住区严禁设置液化石油气贮罐，其他地区域对贮罐容量作了严格限制，如下表 4.6.2-b 所列。

日本不同区域贮罐容量的限制   表 4.6.2-b

所在区域	一般居住区	商业区	准工业区	工业区或其他专用区
储存量（吨）	3.5	7.0	35	不限

在此基础上规定了与站外建筑物的防火间距（m）按下式计算确定。

$$L = 0.12\sqrt{X} + 10000$$

式中 L——贮罐与建筑物的防火间距（m）；
X——贮罐总容量（kg）。

在日本液化石油气储配站储存量一般都很小，当上式计算结果超过30m时，可取不小于30m。

美国国家防火协会《NFPA NO59-1968》规定的非冷冻液化石油气贮罐与建筑物的防火间距列于表 4.6.2-c。

美 国   表 4.6.2-c

贮罐充水容积 美加仑（立方米）	贮罐距重要建筑物，或不与液化气装置相连建筑物，或可供建筑物的相邻地界
2001～30000（7.6～113.7）	50（15.24）
30001～70000（113.7～265.3）	75（22.86）
70001～125000（265.3～473.8）	100（30.48）
125001～200000（473.8～758）	200（60.96）
200001～1000000（758～3790）	300（91.63）
1000001 或更大（>3790）	400（121.95）

注：(1) 贮罐间距应不大于相邻两罐直径之和的1/4；
(2) 当单罐或罐组充水容量>180000美加仑（682.2m³）或更大时，其最小间距为25美尺（7.62m）；
(3) 当单罐或罐组充水容量>125000美加仑（473.8m³）与液化气连接的用于生产、压缩或净化人工煤气的室外装置或天然气加压站或建筑物或这些建筑中的设备运行维修工作必要的充水装置，充装应位于贮罐和任何发生火灾或爆炸事故时会构成对容器实质上危险的建筑物100美尺（30.48m）以外；
(4) 上述单罐或贮罐组和充水装置应离开可燃质体的地上贮罐100美尺（30.48m）以上；
(5) 1美加仑=0.00379m³。

国 内   表 4.6.2

规范名称及内容 项目	油田建设计防火规定厂，站内的甲乙类生产区	炼油化工企业设计防火规定（炼油篇）	炼油化工企业设计防火规定（油化工篇）
防火间距（米）			
居住区、村镇、重要公共建筑	100	120	100
相邻企业	70	85	生产性质相同企业91 生产性质不同企业112
备 注	自生产区厂界算起		从贮罐外壁算起

英国石油学会《液化石油气安全规范1967》规定的炼油厂及大型企业的压力贮罐与其他建筑物的防火间距列于下表4.6.2-d。

英国石油学会液化石油气安全规范规定炼油厂及大型企业的压力贮罐及其他建筑、构筑物的安全距离 表 4.6.2-d

名称	英加仑（立方米）	间距		备注
		英尺	(米)	
至其他企业的厂界或固定火源等。当贮罐水容量 <30000 (136.2)		50	(15.24)	
>30000～125000（136.2～567.50）		75	(22.86)	
>125000时（>567.5）		100	(30.48)	
有危险性的建筑物、仓库等		50	(15.24)	
甲、乙级油品贮罐		50	(15.24)	自甲、乙级油品贮罐的围堤顶部算起
至低温冷冻液化石油气贮罐		最大低温罐直径，但不小于100 (30.48)		
压力液化石油气贮罐之间		相令贮罐直径之和的1/4		

注：1英加仑=0.00454m³。

从上述各表可以看出，日、美、英各国家的液化石油气贮罐与建筑物的防火间距较小，这是因为这些国家在这些方面有较先进的技术装备、管理以及消防设施等技术水平较高。目前我国在这些方面尚有较大差距，故本条采用较大的防火间距。其主要目的限制液化石油气站选址时应远离公共建筑和相邻企业。

第4.6.3条 本条是新增加的。液化石油气防火间距若按4.6.2规定设置在居住区内，其贮罐与建筑物的防火间距一般均不能实现。考虑既保证安全，又切实可行，故按贮罐或罐组容量大小区别对待，即小容量者放宽，大容量者从严。上述液化石油气站的厂界以表明，其防火爆炸事故放宽在20m左右，但单罐断裂而发生燃烧爆炸事故时，其危及范围一般为40～50m左右。因此，本条规定，当单罐容积不超过10m³和总容积不超过30m³时，与民用建筑、重要公共建筑或通路间距按《城市煤气设计规范》的规定执行，超量容积者（包括单罐的总容积）按规范中表4.6.2的规定执行，即单罐容积超过10m³或总容积超过30m³时，必须按规范中表4.6.2的规定执行。

第4.6.4条 本条是最新增加的。目前工业企业建立的液化石油气化站、混气站较多，其贮罐容积一般都在50～60m³以下。本条规定的贮罐的防火间距也是根据发生爆炸事故的危及范围，按贮罐容积不同加以区别。当小容积贮罐设置在室内时，发生燃烧爆炸事故时，危及范围较小，其防火间距按《城市煤气设计规范》的有关规定，贮罐设置在露天时，应按本规范第4.6.2条的规定执行。

第4.6.5条 液化石油气贮罐或罐组之间防火间距的确定主要考虑下列因素：

一、当一个贮罐发生事故，减少对相邻贮罐的威胁，并避免二次灾害发生。同时便于消防扑救。罐组之间的距离应保证消防车畅通，水柱达到任一贮罐的任何部位。同时满足施工安装、日常操作和检修所需的距离。

二、根据目前国内的实际作法，不论卧式贮罐或球形贮罐都采用相邻大罐直径。从火灾爆炸事故采用1000m³球罐，十分必要。如北京云岗液化石油气贮存站采用400m³球罐，间距大于直径；南京液化石油气贮存站采用400m³球罐，间距为一个球罐直径，组间距一般均为20m以上。

共450万余斤，损失240余万元；又如某造纸厂原料场起火，因水源不足，扑救不力，大火烧了10多小时，烧毁芦苇等几万吨，损失数百万元。类似火灾实例不很多，不胜枚举，因此强调易燃材料堆场设置在水源充足的地方，是十分必要的。

从火灾实例看，稻草、芦苇等易燃材料堆场，一旦起火，遇大风天，飞火情况十分严重，如果布置在本单位或本地区全年最小频率风向的上风侧，对于防止飞火破坏其他建筑物或可燃物堆垛等是有好处的。

二、有的易燃材料场在布置时考虑了充足的水源，收到较好的实效。如某造纸厂原料堆场，堆有大量易燃材料，发生火灾，由于堆场四周设置了大水沟，先后调集数十辆消防车进行救火，由于水量充足。凡到火场的消防车都能抽水救火，虽然火势猛，辐射热强，火焰高达二、三十米，却比较快地控制了火势蔓延，保住了堆场的大批原料，就是个很好的例证。故根据以上情况，作了本条规定。

第4.7.2条

一、参照原规定内容，结合调查情况，新增加了圆筒仓的贮量规定。近年来，随着国民经济的迅速发展，在各地相继建成粮食筒仓，且总贮量均比较大。现举例如下表4.7.2-a。

粮食贮量举例 表4.7.2-a

单位名称	筒仓数（个）	高度（米）	总贮量（吨）	贮存品种	投产日期
×市×粮库	27	24	15000	小麦	1980
×市×粮库	5	14.0	1250	小麦	
×市×粮库	45	30.0	40000	小麦	
×市×粮库	30	34.8	30000	小麦、大米	1978
×市×粮库	16	39.0	30000	散粮	1979
×港口粮库	21	38.5	27300	小麦	1978.4
×粮食加工厂粮库	16	17.0	8000	小麦、面粉	1982.10

第4.6.6条 说明如下：

一、城市液化石油气供应站瓶库的容量（按实瓶计）分为二档，分别提出不同的防火间距，按15kg钢瓶计，第一档可容纳250个钢瓶，第二档相当于250～500个钢瓶。按一天的最大日供应量计算，可分别供应5000～7000户和7000～15000户。

二、液化石油气供应站一般设置在居住区之内，为便于安全管理和减少对外干扰，四周设实体围墙。

三、瓶库与建筑物间的防火间距主要考虑下列因素：

瓶库应是一、二级耐火等级的建筑，且有足够的泄压面积，钢瓶发生爆炸事故时，其危害范围较小，一般不超过10m。例如：某市三级耐火等级的瓶库，发生液化气爆炸事故，瓶库本身烧毁，相距8m的被烧毁；又如某起爆炸，倒塌液残重设备厂内有一瓶库，倒塌时距18m处有明火而引起爆炸，瓶库是钢架石棉瓦顶，泄压好，房屋没有倒塌，中间隔墙起了防火墙的作用，距6m处的民房没有受到损失。

第4.6.7条 主要考虑液化石油气贮罐与所属泵房的防火间距不小于15m。液化石油气贮罐爆炸起火危及泵房。本条是参考油泵房与油罐的防火间距提出的。

第七节 易燃、可燃材料的露天、半露天堆场的布置和防火间距

第4.7.1条

一、易燃材料的露天堆场等，这些物品，一般包括稻草、麦秸、芦苇、烟叶、草药、麻、甘蔗渣等。这些物品，一旦起火，燃烧速度快，辐射热强，难以扑救，容易造成很大损失。如某制药厂草药堆场因电线短路，打出火花，引着草药堆垛，一个草药堆场只有两个消防栓（一个埋在草药垛下面），一由于草药龙带破裂漏水，无法使用，只能靠水救火，不能有效控制火势蔓延，致大火烧了36多个小时，火场面积达13000多平方米，烧毁麻黄、川地龙等草药

棉花堆场举例　　　　　　　　　　　　表 4.7.2-b

单位名称	总贮量（吨）	每个堆垛（吨）	每垛尺寸（长×宽×高）（米）
×市棉麻公司仓库	8000	4000	20×4×5
×地区棉麻公司仓库	19200	4800	24×4×7
×地区棉麻仓库	17500	5800	25×4.2×7
×棉花仓库	8500	4250	25×4.2×7
×棉花仓库	5500	5500	24×4.1×7

棉花、百货堆场至建筑物的防火间距，我们参照现有建筑物的贮罐虽然比可燃物堆场的火灾实例和棉花、百货堆场的实际情况而提出最小的防火间距同时考虑到我国现有建筑物的贮罐比可燃物堆场的贮罐小，但它比较贵重，所以也将棉花、百货堆场至建筑物的最小防火间距按贮量大小定为 10～30m。

三、稻草、芦苇、亚麻等易燃物的总贮量，根据调查的情况，其堆场的总贮量都比较大。现举一些火灾实例和调查的总贮量如下表 4.7.2-c。

易燃材料堆场贮量举例　　　　　　表 4.7.2-c

单位名称	材料品种	一个堆场的总贮量（吨）
天津某厂	芦苇等	20000
辽宁某厂	稻草	20000
哈尔滨某厂	亚麻	18000
宣化某厂	麦秸、芦苇	70000
汉阳某厂	芦苇等	30000

从以上表情况说明，易燃材料的堆场、易燃材料堆场的最大贮量定为 20000t，比较少，故易燃材料堆场至建筑物的防火间距，根据一些火灾实例和调

从以上情况来看，筒仓总贮量一般均在 2～3 万吨左右，有的筒仓已达 4 万吨，故本规定最高贮量定为 4 万吨。

关于粮食筒仓与建筑物的防火间距，是根据一些火灾实例而定的。

如某市某港粮食筒仓，在 1981 年 12 月 10 日发生爆炸着火燃烧，仓顶盖被掀开，附近建筑物的玻璃震碎，爆炸碎片飞出 100m 远，损失严重。但考虑应用地紧张，故筒仓至建筑物的防火间距最大为 30m。

据调查，粮食囤垛堆场的总贮量比较大的，且粮食囤垛比较容易燃，火灾损失大大，影响也大。所以将粮食囤垛堆场至建筑物的防火间距定为 20000t。

据调查的情况，不少粮食囤垛是利用稻草、竹杆等可燃材料建造，这种材料容易燃烧。例如，某市某粮库，粮食囤垛起火造成××万斤的粮食损失过去发生过不少。所以本条对粮食囤垛提出了防火规定。

某市粮食囤垛起火，火焰烧延到约 20m 宽的马路延烧到另一侧的囤垛，距火场约 8m 远的粮食囤垛过 15m 的砖木结构建筑，窗被烤着、木质门。最些情况，我们将粮食囤垛至建筑物的防火间距最小定为 15m。最大定为 30m。

二、棉花、百货堆场

百货堆场、棉花露天堆场是我国少地区调查的情况，百货、棉花、毛、化纤。为了确保物资的安全，特作此项规定。从调查的情况看，百货物品堆场的贮量是比较贵重，是人民生活的必需物资、不目这类物资比较贵重，发生火灾时，损失，影响也大，使国家财产受到损失，棉花堆场露天堆场实际情况是各棉花露天堆场的实际情况进行仅修改的。现举国内棉花堆场最大限量的规定，现举例如下表。
4.7.2-b。

查一些易燃材料堆场的实际情况，易燃材料堆场至建筑物的防火间距，同原规定没有改变。如某地某厂3000m³的芦苇堆发生起火后，位于上侧风向相距20m的机修车间（砖木结构）没有受到损失；又如，某地区某厂亚麻加工生产车间，堆垛起火后，生产车间基本上没有较大损失；再如，某地某厂燃物堆发生起火，位于上侧风向相距30m的四级耐火建筑被辐射热烤着。

依据以上情况，为了有效地防止火灾蔓延扩大，有利于火灾的扑救，将易燃材料堆场新增的最小间距定为15～40m。

四、对木材堆场新增加了一档，是在这次修订过程中作了几次调查而确定的。

五、在调查过程中发现有些木材堆场又很高的不合理。有几个典型的堆场，已远超出了原规定的总贮量要求，故本项新增一档是合理的。

五、煤和焦炭堆场的要求。

六、对注解的说明。根据调查，我国大部分中、小型企业内的易燃、可燃材料的堆场的总贮量基本符合规范表4.7.2的规定。但有些大型企业内的易燃、可燃材料堆场的总贮量是比较大的。对于这类堆场如无专门规定执行，也可采取分散贮存的办法。设置两个或几个堆场，堆场之间要保持足够的防火间距。这样规定，主要是根据一些易燃、可燃材料堆场发生火灾事故的经验教训提出的。基本出发点在于有利于防止火灾蔓延扩大，有利于迅速扑灭火灾，减少火灾损失。天津某厂可燃物堆场，采取分散贮存的办法是值得仿效的。

第八节 仓库、贮罐区、堆场的布置及与铁路、道路的防火间距

第4.8.1条 本条是新增加的。

一、目前我国液化石油气主要来源于炼油厂，受其检修天数的限制，贮配站内必须设置足够数量的液化石油气贮罐以保证连续供气。例如：一座年供应量为5000吨/年的液化石油气配站需设置8～10台容积为100m³的卧式贮罐；年供应量为20000吨/年的石油气贮配站需设8～10台容积为400m³的球形贮罐。随着液化石油气贮配站规模的增加，贮存容积的增加，危险性也增大。一旦发生火灾爆炸事故，其后果不堪设想。因此，在进行液化石油气配站站址选择时，必须按其规模大小，远离居民区、村镇、工业企业和重要公共建筑，以防万一发生火灾爆炸事故造成重大伤亡和损失。

二、目前我国现有的百余座液化石油气配站站址大都位于市区边缘，远离居民区、村镇、工业企业和重要公共建筑。例如：某市一个液化石油气贮罐站，距市区40多公里，站内设置8个1000m³球形贮罐，该站曾2次发生严重漏气事故，未造成灾害；又如某市贮罐站的贮罐总容积为7600m³，该站距市区50多公里，附近居住区和公共建筑、距相邻的石化厂也很远。

近年来新建液化石油气贮配站选址更得到有关部门的重视，从城市规划角度也尽量远离居民区、村镇、工业企业和重要公共建筑。

三、液化石油气贮配站的事故实例表明，其站址选在城市边缘，是十分必要的。例如：①1979年12月28日某市液化石油气贮配站400m³球形贮罐突然破裂发生火灾爆炸，4h后产生二次爆炸，站内部分建筑物破坏，下风向200～300m范围内390万株树苗故烧毁，35千伏高压线被烧断使29家工厂停产24～36h，直接损失600多万元。②1984年1月6日某市液化石油气贮配站1000m³球形贮罐排污阀泄漏气，顺风扩散距离高达800m，附近无其他建筑物，否则损失将更惨重。③1979年3月4日某县化肥厂，因距油库、村庄较远、并及时熄灭时险区内的一切火源，采取有效措施，避免了一场恶性事故。③1979年3月4日某县化肥厂，因液化石油气汽车

槽车将10t贮罐阀门拉断，大量液化石油气泄漏至17m处的锅炉房间遇明火发生爆炸。40min后相邻的2t残液罐发生破裂造成二次灾害。这次事故死伤61人，70m范围内计7086m²的建筑物遭到不同程度的破坏，其中一幢混合结构的三层楼和两幢砖木结构的厂房倒塌，200~300m范围内的建筑物门窗被震碎，3000m处的商店玻璃部分震碎。这次火灾直接损失150多万元。

四、从本规范第4.6.2条说明也可以看出，国内外有关规范均规定液化石油气贮罐或贮罐区应远离居民区、村镇、工业企业和重要公共建筑。

第4.8.2条 本条是新增加的。

一、本条对甲、乙、丙液体贮罐区，仓库，甲、乙、丙类工厂，仓库，易燃材料堆场等布置的安全，提出了原则要求，目的在于保障城市、居住区的安全。上述工厂、仓库和贮罐区，一旦发生火灾火灾危害是十分大的。如某县城市中的棉花加工厂，将一鞭炮作坊、布置在商业繁华地段，发生爆炸起火，将主要街道两边的建筑烧毁、炸死烧死数10人。又如某市将小型化工厂布置在居住区附近，因动火焊接反应釜，管道，引起爆炸起火，不仅本厂的大部分建筑和设备炸毁烧毁，而目殃及相邻建筑单位和道路线、烧房千余间，受灾500余户，造成很大损失。

二、据调查，有的在布置上述工厂、仓库由于较好的选择安全地点和注意风向，收到了良好的效果。如某市一造纸厂布置在城市的下风向，而该厂以外的稻草、芦等易燃材料堆场又布置在生产区的建筑物约60m以外的下风向，正刮五、六级大风，堆场浓烟翻滚，火焰高达二、三十米，堆场飞火起云涌，将相距270余米下风向的另一个堆场烧着了，由于缺水，堆场相邻的数万吨稻草、芦等烧得精光，但城市和厂区建筑均未受到损害。

三、据了解，北京、上海、哈尔滨、长春、沈阳、大连、成都、重庆等市区内的上述工厂，仓库和贮罐区、堆场，在市区内

一般作了迁移，或改变其他使用性质，由不安全转变为安全。我们认为，这样做是十分正确的，但以往的规范中无依据，引起了不少的争执，因此作此规定。

四、许多城市的煤气贮罐，一般都布置在用户集中的安全地带，如沈阳城市大型煤气贮罐，都分散布置在城市用户集中的安全地带，而目设有中心煤气压缩机站，用以调节各贮气罐的均衡性，又如鞍山、大连、上海等市的煤气贮罐是分散布置在用户集中的安全地带，每个煤气贮罐还设有煤气放散管（φ150~250mm），一旦煤气发生事故，可进行紧急放散，以策安全。

第4.8.3条 说明如下：

一、甲类物品库房、露天、半露天堆场和贮罐与铁路线的防火间距，主要是考虑蒸汽机在飞火对库房、堆场、贮罐的影响。从火灾情况看，易燃和可燃材料堆场及可燃液体贮罐着火时影响范围都较大，一般在20~40m之间。故将其与铁路线的最小间距定为20m。

二、甲类物品库房、露天、半露天堆场和贮罐与道路的防火间距，主要是考虑道路的通行情况，汽车和拖拉机排气管飞火的影响以及贮罐的火灾危险性而确定的。据调查，汽车和拖拉机的排气管飞火距离一般为8~10m，近者为3~4m。所以厂内道路与上述库房、堆场和贮罐的防火间距，一般定为5m。

三、甲类物品库房、露天、半露天堆场在倒杆时危及其范围而定的防火间距。主要是考虑电线在倒杆事故时偏移距离及其危及范围而定。据15次倒杆线事故调查。偏移距离在1m以内的有6次，偏移距离为2~3m的有4次，偏移距离大于杆高一半的有2次，偏移距离等于杆高的有2次，偏移距离为杆高一半的有1次，根据上述情况，将架空电力线与贮罐的最小间距定为电杆高的一倍半。

本表中的架空电力线，为了与有关电力设计规范一致，其电

压是指220V及超过220V的架空电力线。

原条文曾对电力牵引机车作适当放宽，但因电力牵引机车也有电火花，应和蒸汽机车同样要求，故将原注①删去。

第五章 民用建筑

第一节 民用建筑的耐火等级、层数、长度和面积

第5.1.1条 本条根据原规范第53条内容加以修订。

一、规范表5.1.1"最多允许层数"一栏，对一、二级耐火等级的建筑，原规范为"不限"，现改为"按本规范第1.0.3条规定"。这是为了使本规范与《高层民用建筑设计防火规范》能紧密的衔接，说明本规范只适用于不超过九层的住宅、高度不超过24m的公共建筑以及高度超过24m的单层公共建筑。

二、规范表5.1.1纵向第三栏"防火墙间"，本规范改为"防火分区间"。因随着事业的发展，一、二级耐火等级的建筑物每层建筑面积超过2500m²的正日益增多。在防火分隔措施上除采用防火墙外，也可采用防火卷帘等加水幕、防火水箱等措施。"防火墙间"的提法从字眼上看显得限制太死，改为"防火分区间"显得比较确切，与《高层民用建筑设计防火规范》提法也相一致。明确每层防火分区面积为2500m²。

规范表5.1.1各注栏最后一行，原规范为"学校、食堂、菜市场不应超过一层"，本规范增加"托儿所、幼儿园、医院等"内容。据调查，新建的托儿所、幼儿园、医院没有采用四级耐火等级建筑的；从座谈情况来看，大家认为托儿所、幼儿园、医院发生事故后人员疏散困难，极易造成人员伤亡事故。如某市一座二层四级耐火等级的托儿所，有一天晚上在床底下寻东西，用蜡烛照明，不慎引燃破褥花絮，造成火灾，虽经保育人员努力抢救，仍有四名幼儿被烧死。从楼上到楼下在三间平房内开办托儿所，由于一人只能抢救二名幼儿。又如某市个体户在三间平房内开办托儿所，由于蚊香引燃破褥起火，抢救不及，烧死幼儿8名、二名工作人员也

敌院伤。故本条作此补充规定。但考虑到我国地区广大，部分边远地区或山区采用一、二级耐火等级的建筑有困难，允许设在单层的四级耐火等级建筑内。

二、规范中表5.1.1注①，原规范5.1.1注①、商店、食堂、菜市场如采用一、二、三级耐火等级的建筑应……商店、学校、食堂、菜市场如采用四级耐火等级的公共建筑，可采用四级耐火等级建筑"，本规范改为"重要的公共建筑应采用一、二级耐火等级的建筑，可采用三级耐火等级的建筑"。

民用建筑包含公共建筑和居住建筑两大部分。居住建筑火灾危险性小，火灾事故也较少，发生事故造成的经济损失、人员伤亡也较少，故居住建筑可以放宽。本规范把居住建筑删去，不受此限制，作了放宽。至于商店、学校、食堂、菜市场这些建筑人员多，发生火灾容易造成较大的伤亡，故要求耐火等级应高一些，考虑到这些建筑大都是一、二级的，三级的很少，另外各地木材供应也很紧张，城镇新建筑大都采用一、二级，今后将愈来愈多。从实际发展情况来看四级耐火等级在城镇、大中城市发展已不适应需要，故作此更改是合适的。

三、原规范③对"顶板底部高出室外地面2m以上的地下室，设计人数层数①"，考虑在此关系不密切，日本规范在总则第1.0.3条中已有明确规定，本条为了避免重复，故予取消。

四、展览馆、火车站、商场等发展的需要，也为与《高层民用建筑设计防火规范》取得一致，增加了"……如设有自动灭火设备时，其最大允许建筑面积可按本表增加一倍"的内容。

五、本规范的注④也是新增加的。当一座建筑物占地面积超过2500m²或多层建筑每层建筑面积超过2500m²时要采取防火分隔措施。最简单可靠的做法就是用防火墙分隔。但考虑到有些地方还有些困难，实际工作中可以行得通，故规范表5.2.1未予更动。但考虑到一些城市在改建和扩建过程中，不可避免的会遇到一些具体的困难，因做法来代替防火墙等。

第5.1.2条 这是新增加的条文。从已建的一些建筑物来看，如茶厅、四季厅都是几层楼高，厅的四周与建筑物的廊道相连接；自动扶梯也这样，使上下两层相连通。这些部位开口大，发生火灾时易于蔓延扩大，因为烟和热气流的上升速度为3~4米/秒，起火后很快从开口部位侵入上层建筑物内，对上层人员的疏散、消防扑救会带来一系列的困难。为此，应采取以下数层总面积叠加不超过2500m²的形式加以限制。

考虑到实际设计中会遇到一定的困难，在注内提出了当采取了有关防火措施、防火分区不加限制，使设计更加灵活，同时，与现行的国家标准《高层民用建筑设计防火规范》进行了协调。

第5.1.3条 这是新增加的条文。从各地建设情况来看，建筑物建有地下室、半地下室的日益增多。但地下、半地下室发生火灾时，人员不易疏散，消防人员扑救困难。如某市一旅馆在半地下室内存放破碎等物品，由于小孩玩火引燃了棉花和棉布，烟雾弥漫，一时找不到火源，消防人员进入扑救的也很困难。又如有地下室用作存放教学试剂，电气火花引燃积聚的易燃蒸汽，管理人员被炸死，在教学楼内要求，电气火花引燃积聚的易燃蒸汽，管理人员被炸死，地下室顶板被炸裂破损，放对地下及半地下室的防火分区应控制得严一些，考虑与"高层民用建筑设计防火规范"相协调，本条规定地下、半地下室的每个防火分区面积不超过500m²。

第二节 民用建筑的防火间距

第5.2.1条 对规范表5.2.1规定的防火间距，在调查和座谈中一致认为目前城市内新建的民用建筑绝大多数是一、二级耐火等级的，实际工作中可以行得通，从消防间距定为6m，比卫生、日照等要求都低，实际工作中可以行得通，从消防角度来看，6m的防火间距是必要的，故规范表5.2.1未予更动。

第5.2.2条 目前北方地区新建的住宅区大都采取集中供暖的形式，需要在住宅区内设置锅炉房。据调查，在民用建筑中使用的锅炉其蒸发量大都不超过 4t/h 以下，从消防安全和节约民用地兼顾考虑，确定总蒸发量不超过 12t/h 的燃煤锅炉房可按民用建筑执行。当单台锅炉蒸发量超过 4t/h 时，考虑规模较大，基本属于工业用的锅炉房，且对环境卫生、噪音等也带来较多同题，故要求按工厂防火间距执行。至于燃油、燃气锅炉房，因火灾危险性较大，还涉及知贮罐等同题，故亦应要求严一些，按工厂防火间距执行。

民用建筑与所属单独建造的终端变电所，通常是指 10kV 降压至 380V 的最末一级变电所的变压器，这些变电所变压器一般都不大，大致在 630～1000kVA 之间，从消防安全的前提下约用地，可以按民用建筑防火间距执行。

第5.2.4条 目前城市用地很紧，新建住宅一、二层的不多。不少单位希望对六层以下的住宅能有所放宽，主要提出是当二座住宅建筑占地面积仅为数百平方米时，合并在一起又要防火间距，分开却要 6m 间距，不够合理。现在，允许占地面积在 2500m² 内的住宅建筑可以成组布置就比较合理。对组内住宅建筑之间的间距不宜小于 4m，这是考虑必要的消防车道和卫生、安全等要求，也是最低的间距要求。至于组与组、组与周围相邻建筑的防火间距则仍应按民用建筑防火间距要求执行。

第三节 民用建筑的安全疏散

第5.3.1条 本条是在原规范第 56 条规定内容的基础上修改的。这一条的规定内容主要是针对公共建筑和通廊式居住建筑提出的。

一、在这一条中首先强调建筑或房间至少设两个全出口的原则要求，这是因为不少的火灾实例说明，在人员较多的建筑物或房间如果仅有一个出口，一旦发生火灾出口被火封堵所造成的

此也作了一些放宽，主要是：

一、本条注②和注③是新增加的。当二座一、二级耐火等级的建筑，较低一面的外墙为防火墙时，且屋盖的耐火极限不低于 1h，防火间距允许减少到 3.5m。因为发生火灾时，通常火焰都是从下向上蔓延，考虑较低的建筑物起火时，火焰不致迅速蔓延到较高的建筑物，采取防火墙和耐火等延到较高的建筑物，采取防火墙和耐火屋盖是合理的。

由于"屋盖"通常是指除屋盖架外的全部构件，"考虑屋盖"全部达到耐火极限不低于 1h 有时有困难，采用钢屋架时，限如屋盖能达到在规范表 5.2.1 规定的耐火极限，但钢屋架的耐火极限均为 0.25h 左右，故至于 "屋盖" 较高建筑物起火时，其屋盖和屋架的耐火极限均能达到 1h 以上，其余部分可按一、二级耐火等级要求考虑。

至于较高建筑物设置防火门、窗或水幕等防火设施，能缩小防火间距是考虑较高一面建筑物起火时，火焰不至向较低一面建筑物喷出而落下。

二、本条文注④较原规范作了适当的放宽，主要是考虑消防车通道的需要。考虑到较高建筑物门适当放宽，防火间距不足，而全部不开又设宽外墙开又有困难，允许每一面外墙开设门窗洞面积之和不超过该外墙全部面积的 5%，其防火间距可缩小 25%。下面举例说明：

[例] 甲建筑物山墙的高度为 10m，乙建筑物高度为 12m；宽为 12m，各墙面允许开启门洞孔为若干平方米？其防火间距为多少？（设甲、乙建筑物均为二级耐火等级）

甲建筑允许开启门窗洞孔 $\leq \frac{5}{100} \times 10 \times 10 = 5m^2$

乙建筑允许开启门窗洞孔 $\leq \frac{5}{100} \times 12 \times 12 = 7.2m^2$

防火间距为 $\frac{3}{4} \times 6 = 4.5m$

考虑到门窗洞口的面积仍然较大，故要求门窗洞口不应直对，而应错开，以防起火时热辐射热对流。

伤亡事故是严重的。如某地某一俱乐部，在一次演出时，因小孩燃放花炮，引起火灾，全场近1000人都向唯一的出口处拥挤，造成出口堵塞，致使699人被烧死的惨痛事故。又如某市的一座三层砖木结构的办公楼，虽有2个大楼梯，但三层作为职工宿舍，作了分隔处理，三层仅有1个楼梯。因为精神病患者用火不慎在夜间失火成灾，由于三层楼仅1个出口，造成4户12人全被绕死的重大伤亡事故。

二、在本条第一款中，对原规范的修改和必要补充的条件要求做了适当的修改和必要补充。

1. 首先把一般位于两个安全出口之间的房间与位于走道尽端房间允许房间内人数由原规定的50人改为80人。其理由是：原规定按房间内最远一点至房门口的距离不超过14m，而此距离自计算房间内最远一点至房门口的直线距离计算的。如图5.3.1。这样一个比较大的房间内如果用三节抢救死还可以用三节抢救出来及疏散出来的人员，所以层数限制在三层是比较合适的。

2. 将走道尽端房间允许房间设一个安全出口的条件补充和必要修改的。

3. 从调查情况也看，民用建筑火灾发生，但为数较少，因而分开把一、二级建筑，三、四级耐火等级的建筑物耐火等级加以区别，做到严明是很必要的。上次修改将一、二级耐火等级的面积由原来的380m²

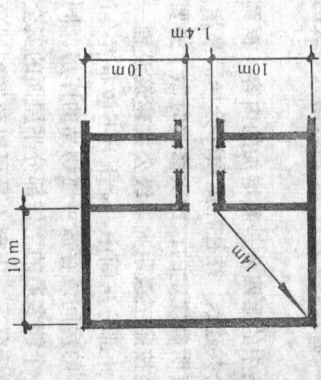

房间的面积约为：10×(10+1.4+10) =214m²
图5.3.1 位于走道尽端房间示意图

3. 为了保证安全疏散，在这一款里还对走道尽端房间的门宽和开启方向作了具体的规定。

4. 考虑到幼儿在事故情况下不能自行疏散，要依靠大人帮助，而成人每次最多只能背抱一名幼儿，当同位于袋形走道两侧时同长易造成伤亡，故幼儿用房不应布置在袋形走道两侧及走道尽端。

三、在本条第二款中，对原规范有关允许设一个疏散楼梯的条件要求作了适当的修改。

1. 建筑物使用性质的限制。规范规定一个疏散楼梯的医院、疗养院、托儿所和幼儿园建筑是允许设一个疏散楼梯的。因为病人、严重妇婴幼儿都需要别人护理，一旦发生火灾事故，他们的疏散速度和秩序是与一般人不一样的，所以疏散条件就应该要求的严些。设两个疏散楼梯有利于确保上述使用者的安全。

这条中所提到医院，主要是指医院中的门诊、病房楼等病房人聚集和流量较大的医院用房，包括城市卫生院中的门诊、病房楼。这里所提的疗养院是指医疗性质的疗养院，其疗养者基本上都是慢性病人。如天津柳林的结核病疗养院、杭州望江山的肝炎疗养院等均属于此种类型的疗养院。而对于那种种休养性的疗养院，如北戴河疗养院等则不包括在此范围之内了。另外这里提到的托儿所其中也包括哺乳室在内。

2. 层数限制。根据我国目前的消防装备条件，当发生火灾时，消防队员可以用来救人封死还可以用三节抢救出来及疏散出来的人员，楼梯口敌火封死还可以用三节拍在三层是比较合适的。

放宽到400m²，现又放宽至500m²，这对于一般小型办公楼等公共建筑来说是比较现实可行的。同时，将人数限制也相应地由原来规定的80人调整为100人。三、四级耐火等级的有关规定这本未做修改。

四、本条中的第四款是新增加的内容，往往在科研楼等公共建筑，有些办公楼或科研楼等公共建筑，往往在建筑顶部局部高出1～2层。对此原规范中是没有明确规定的。这次修改时做些必要的规定。内容基本上是按照三级耐火等级公共建筑设置一个疏散楼梯的条件制定的。在此部分房间中，设计上不应布置会议室等面积较大、容纳人数较多的房间或存放可燃物品的库房。同时在高出部分的底层，应设一个能多通向的主体部分平通的安全出口，以利在发生火灾事故的情况下，上部人员可以疏散到屋顶上临时避难或安全转移。

本条对公共建筑作规定的同时，提出了通廊式居住建筑，是因为它与公共建筑的情况类似，均采用通长公用走道，疏散路线明显通顺。

第5.3.2条 这一条是新增加的。据调查全国各城市中建造多层塔式住宅的情况是比较普遍的。这类塔式住宅一般为5～7层，每层多为3～8户。根据国家住宅设计标准规定：一室户住宅每户建筑面积不超过50m²；三室户建筑面积不超过70m²。这次增加本条规定内容，主要是根据上述标准和参照《高层民用建筑设计防火规范》、《宿舍建筑设计防火规范》的有关规定制订的，故将原400m²调整到500m²。

第5.3.3条 这一条是在原规范规定中第59条内容的基础上加以修改的。

一、取消了原条文中关于超过六层单元式住宅从第七层相邻单元连通阳台或凹廊设凹廊的规定内容，其理由是：

1. 需要进一步研究。

2. 多层组合式单元住宅之间设连通阳台，即要考虑平时居民住户使用上的安全，又要确实保证火灾时做为安全疏散设施的可靠性。有的住户为了自己使用上的方便和自家的安全，往往用东西将通路堵死，真到发生火灾时，就会造成连而不通的现象，达不到预期的效果。

3. 强调相邻单元之间设置连通阳台，就会给控制住宅标准和处理立面设计等带来一些新的问题。

二、增加了单元式宿舍，因为它与单元式住宅功能类似，所以同样要求。

第5.3.4条 这一条是对原规范第57条的修改，变动较大，主要是把剧院、电影院、礼堂的观众厅的安全出口数目和体育馆观众厅的安全出口数目统一规定改为分别提出要求，包括后面一些条文中有关观众厅中的座位排列和疏散宽度指标等规定内容也照此作了相应的修改。

一、将剧院、电影院、礼堂的观众厅和多功能厅等有关安全疏散设计方面的要求与体育馆的要求加以区分，其理由是有以下几点：

（一）剧院、电影院、礼堂等室内空间的体积比较小，而体育馆室内空间比较大，一旦发生火灾事故时，其火场温度上升的速度和烟雾浓度增加的速度，前者要比后者来得快，造成对人的炙烤和窒息的时间和作用程度也是前者比后者要急。因此迫使人员离开火场的时间也是前者比后者要短。

（二）剧院、电影院、礼堂的观众厅，其内部装修的可燃材料一般要比体育馆多，尤其是剧院、礼堂是上面使用的礼堂以及木地板等均设有正式演出的舞台、布景、道具以及各种用电设备也很多而复杂，所以引起火灾的危险性要比体育馆大。

（三）剧院、电影院、礼堂的观众厅内容纳人数比较少，而体育馆的容纳人数则是前者的几倍或十几倍，而在安全疏散设计上，礼堂是前者的座位排列和走道布置等技术和经济因素的制约，所以相对来说，观众厅每个安全出口所平均担负的疏散人数，体育馆的就要比剧院和电影院的多。同时由于体育馆观众厅的面积规模较大，所以观众厅内最远处至体育馆最近安全出口的距离，一般也都比剧院、电影院的要大，再加上体育馆观众厅地面形式多为阶梯地面，疏散速度要慢，所以整个观众厅疏散所需时间就要长一些。

（四）从设计的可行性来看，根据调查，一般观众厅容纳人数为1000～2000人的剧院、电影院等的疏散设计，采用原规范规定的安全出口数目和疏散宽度指标所要求的安全出口的数目多在6~10个之间，而每个安全出口的宽度多在1.50～1.80m左右，这样，无论是设计的数目还是安全出口的总宽度均符合原规定的有关要求。设计人员对此基本上是赞同的。而对体育馆来说，执行原规范规定的困难则比较大的。如容纳人数越多规模越大困难越大。如容纳人数为6200人的福建体育馆，按原规范规定要设18个安全出口，其出口总宽度需要43m，而实际需要27.8m。而规模更大的首都体育馆，容纳人数为18000人，按原规定推算要设48个安全出口，出口的总宽度要120m，而实际只设计了22个出口，出口的总宽度只有58.6m。又如与首都体育馆同样容量规模的上海体育馆，也只有24个安全出口，其总宽度也只有66m，都与原规定相差较大。在这次修改规范的调研过程中，设计人员对此提出的意见和要求也是比较普遍和强烈的。

二、将安全出口数目规定与控制疏散时间密切地联系起来。安全出口方面，一是疏散设计中实际出口的宽度指标即计算出来的平均宽度，这是必要的但是并未充分；二是设计出口中疏散人数的规定要满足每个安全出口中平均疏散人数的规定要求，同时根据此

疏散人数所计算出来的疏散时间，还必须小于控制疏散时间的规定要求。在这方面原规范没有明确规定和说明，因此在实际工程设计中，往往出现一些设计不合规范要求。如有出现设计虽然安全出口的宽度符合规范要求，但每个安全出口的实际疏散时间却超过了应该控制的疏散时间。

三、将安全出口数目的规定要求与安全出口的设计宽度有机地协调起来。

在疏散设计中安全出口的宽度认真配合的密切关系的。而目这也是认真充分注意和精心设计的一个重要环节。在这方面要求设计人在确定观众厅安全出口的宽度时，必须考虑通过人流股数的多少和宽度，如单股人流的宽度为55cm，两股人流的宽度为1.10m，三股人流的宽度为1.65m。这就象设计门窗洞口要考虑建筑模数一样，只有设计的合理，才能更好地发挥安全出口的疏散功能和经济效益。

基于上述原因的调研与分析，决定在本条文中只规定对剧院、电影院和礼堂的观众厅安全出口的有关要求。现对其条文内容作如下说明：

1. 对上述建筑出安全出口的控制疏散时间要求的基点是：一、二级耐火等级建筑观众厅的控制疏散时间是按2min考虑的。据调查，一般剧院、电影院等观众厅的疏散门宽度多在1.65m以上，即可通过三股疏散人流。这样，一座容纳人数不超过2000人的剧院或电影院。如果池座和楼座的每股人流每分种通过能力按40人计算（池座平坡地面按43人，楼座阶梯地面按37人），则250人需要的疏散时间为250/（3×40）=2.08min，与规定电影院的容纳人数可按不超过2000人，则超过2000人的部分，每个安全出口的平均人数超过了基本上是吻合的。同理，如果剧院或电影院等观众厅来说，每个安全出口的平均超过400人考虑，这样对整个观众厅来说，每个安全出口的宽度也要相应的疏散人数超过了250人，因此设计每个安全出口的宽度也要相应的

加以调整，在这里设计人员仍要注意掌握和合理确定每个安全出口的人流通行股数和控制疏散时间的协调关系。如一座容纳人数为2400人的剧院，按规定需要设计的安全出口数目为：2000/400+400/400=9个，这样每个安全出口的平均疏散人数约：2400/9=267，按2min 控制疏散时间计算出来的每个安全出口所需通过人流的股数为：267/（2×40）=3.3股，在这种情况下一般按4股通行能力来考虑设计每个安全出口的宽度，也即采用 4×0.55=2.20m 是较为适当的。

2. 对于二级耐火等级的剧院、电影院等观众厅的控制疏散时间按 1.5min 考虑的，在具体设计时，可按上述办法根据每个安全出口平均担负的设计人数，对每个安全出口的宽度进行必要的校核和调整。

第 5.3.5 条 这是一条专门对体育馆观众厅每个安全出口的平均疏散人数出的规定要求。对于体育馆观众厅每个安全出口的平均疏散人数提出不宜超过 400~700 人这一规定要求，现作如下说明：

1. 一、二级耐火等级不同及规模容量的体育馆出观众厅的控制疏散时间是根据国内一部分已建成的体育馆调查资料为依据的，如下表 5.3.5-a。

部分体育馆观众厅疏散时间 表 5.3.5-a

名称	座位总数（个）	疏散时间（分钟）	名称	座位总数（个）	疏散时间（分钟）
首都体育馆	18000	4.6	天津体育馆	5300	4.0
上海体育馆	18000	4.0	福建体育馆	6200	3.0
辽宁体育馆	12000	3.3	河南体育馆	4900	4.1
南京体育馆	10000	3.2	无锡体关体育馆	5043	5.7
河北体育馆	10000	3.2	浙江体育馆	5420	3.2
山东体育馆	8600	4.2	广东韶关体育馆	5000	5.9
内蒙古体育馆	5300	3.0	景德镇体育馆	3400	4.2

另据对部分体育馆的实测结果是：2000~5000 座的观众厅其平均疏散时间为 3.17min；5000~20000 座的观众厅其平均疏散时间为 4min。所以这次修订规范时，决定将一、二级耐火等级体育馆出观众厅控制疏散时间定为 3~4min，作为安全疏散设计的一个基本依据。

2. 因为体育馆观众厅容纳人数的规模变化幅度是比较大的，由三、四千人到一、两万人，所以观众厅每个安全出口平均担负的疏散人数也相应地有个变化的幅度。目前我国部分城市已建成的体育馆观众厅安全出口的设计宽度相关的。目前我国部分城市已建成的体育馆观众厅安全出口的设计情况如下表 5.3.5-b。

体育馆观众厅安全出口的设计情况 表 5.3.5-b

名称	观众厅人数（人）	出口数目（个）	出口总宽度（米）	每个出口的平均设计宽度（米）
首都体育馆	18000	22	58.6	2.66
上海体育馆	18000	24	66.0	2.75
辽宁体育馆	12000	24	54.4	2.27
南京体育馆	10000	24	46.0	1.91
北京工人体育馆	15000	32	70.8	2.21
河北体育馆	10000	20	46.0	2.30
山东体育馆	8600	16	30.8	1.93
福建体育馆	6200	14	27.8	1.99
内蒙古体育馆	5300	10	27.0	2.70
河南体育馆	4900	8	17.6	2.20
广东韶关体育馆	5000	5	12.5	2.50
景德镇体育馆	3500	6	12.0	2.00

从以上表来看，体育馆观众厅安全出口的平均宽度最小约为 1.91m；最大约为 2.75m。根据这样一种宽度观众厅出观众厅控

制疏散时间所概算出来的每个安全出口的平均疏散人数分别为：(1.91/0.55)×37×3=385人和(2.75/0.55)×37×4=740人。所以这次修订规范时，决定将一、二级耐火等级体育馆观众厅安全出口平均疏散的人员数定为400~700人。在具体工程的疏散设计中，设计人员可以按照上述计算的方法，根据不同的容量规模，合理地确定观众厅安全出口的数目、宽度，以满足规定的控制疏散时间的要求。如一座容量规模为8600人的一、二级耐火等级的体育馆，如果观众厅安全出口设计是14个，假如每个出口的宽度定为2.20m（即四股人流），则每个安全出口需要的疏散时间为614/(4×37)=4.15min，超过3.5min，不符合规范要求。因此应考虑增加出口的数目或加大出口的宽度。如果采取增加出口的数目的办法，将安全出口数目增加到18个，则每个安全出口的平均疏散人数为8600/18=478人，每个安全出口需要的疏散时间则缩短为478/(4×37)=3.22min，不超过3.5min是符合规范要求的了。

又如，容量规模为20000人的一、二级耐火等级的体育馆，如果观众人数为20000人，容量规模为20000/30=667人，如每个出口的宽度定为2.20m，则每个出口需要的疏散时间为667/(4×37)=4.50min，不符合规范要求。如把每个安全出口的宽度加大为2.75m（即五股人流），则每个安全出口的疏散时间为667/(5×37)=3.60min，小于4min是符合规范要求的了。

3. 体育馆的疏散设计中，要注意将观众厅安全出口的数目与观众席位的连续排数和每排的连续座位数联系起来加以考虑。在这方面原规范规定中是有所要求的，但是没有能够把两者之间的关系串通在一起，这样设计往往使人容易出现顾此失彼的现象。如图5.3.5所示一个观众席位区，观众通过两侧的两个出口进行疏散，其共有可供四股人流通行的疏散走道，若规定观众席出观众厅的两个出口的设计疏散时间为3.5min，则该席位区最多容纳的观众席位数为4×37×3.5=518人。在这种情况下，安全出口的宽度就不应小于2.20m；而观众席位区的连续排数如定为20排，则每一排增加连续座位就不宜超过518/20=26个。如果一定要增加连续座位数，就必须相应加大疏散走道和安全出口的宽度，否则就会违反"来去相等"的原则了。

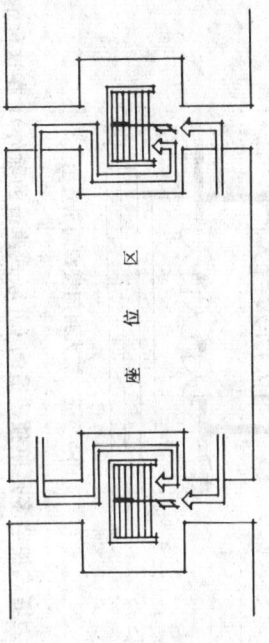

图 5.3.5 席位区示意图

第5.3.6条 这一条是在原规范规定第60条的基础上加以补充的。

一、对于面积不超过50m²，且人数不超过10人的地下室，半地下室允许设一个安全出口。据调查一般公共建筑的地下室或半地下室多作为车库、泵房等附属房间使用，除半地下窗外有一部分通风、采光外，地下室一般均类似无窗厂房，发生火灾时容易充满烟气，给安全疏散和消防扑救带来很大的困难。因此对地下室和半地下室的防火设计要求应严于地面以上的部分。

二、地下室、半地下室每个防火分区同时起火的可能性较小，所以相邻分区之间防火墙上的防火门可作为第二安全出口，但每个防火分区必须有一个直通室外的安全出口（包括通过符合规范要求的底层楼梯间再到达室外的安全出口）。

三、把原规定的这条中的"注"改写成条文，以示强调内容的重要性。为防止烟气和火焰蔓延到其它部位，规定在底层楼梯间通地下室的入口处，应用耐火极限不低于1.50h的非燃烧体隔墙和乙级防火门与其它部位分隔开。当地下室、半地下室与底层共用一个楼梯间作为安全出口时，为防止在发生火灾时，上面人员在疏散过程中误入地下室而造成混乱以至伤亡现象，故规定在底层楼梯间处应设有分隔设施和明显的疏导性标志。

第5.3.7条 这一条是在原规范规定第61条的基础上作了以下修改和补充：

一、将原规范中要求剧院、电影院、礼堂、体育馆的室内疏散楼梯应设置封闭楼梯间的内容取消了。其理由是：

1. 上述公共建筑多是人员密集的场所，楼梯间的人流通行量较大，如果设置封闭楼梯间，不仅会影响安全地，而且易使出入人员拥塞也难以起到封闭的作用。

2. 上述公共建筑多是人员密集的场所，其使用者当中有很大一部分是对公共建筑物内部的环境不太熟悉的，而封闭楼梯间则比一般楼梯间隐蔽而不易发现，一旦发生火灾事故，很容易造成室内人员找不到疏散出口的混乱现象。

3. 上述公共建筑的层数一般都不多，对容量规模较大的上述公共建筑，规定了设置固定灭火装置的有关要求，提高了这类建筑的防护能力。另外在这次修改中，对应设置封闭楼梯间的建筑，其底层楼梯间的封闭原则性与灵活性相结合的一个例证。所谓扩大封闭楼梯间，顾名思义就是将楼梯间的封闭范围扩大。如图5.3.7所示，因为一般公共建筑首层入口处的楼梯在作的比较宽大开敞，而且和门厅空间混成一体，这种情况允许的，因为它基本上是一种量的调整，而不是一种质的变化。

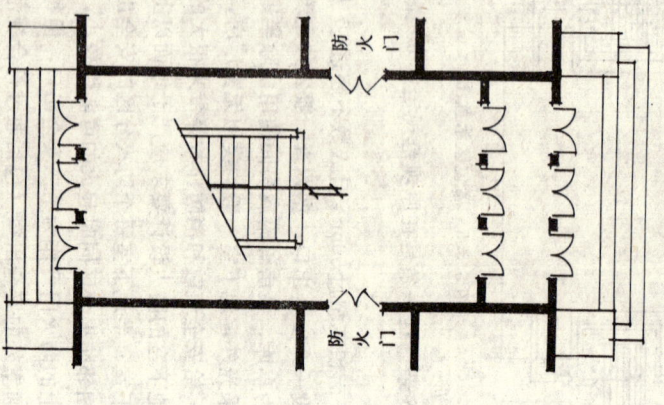

图5.3.7 扩大封闭楼梯间示意图

因为塔式住宅多是单独建造的（非联式建造的除外），在这种情况下规范是不要求楼梯通至平屋顶的，所以一旦发生火灾，内部人员无法通过顶楼梯转移到相邻单元的安全地带去的。因此就应该对塔式住宅提出新的修改设计要求，故在这次修改中规定：超过六层的塔式住宅应设设封闭楼梯间，如每层每户通向楼梯间的门应采用乙级防火门，则可不设封闭楼梯间。

四、在这一条注②中增加了新的内容，对于设在公共建筑首层门厅内的主楼梯，如不计入疏散设计的需要总宽度之内，则可不设楼梯间。这对于适应实际需要和保证使用安全来说可以做到统筹兼顾。

第5.3.8条 这一条基本上保留了原规范第62条规定的内容只在局部作了补充和改动。

1. 规范表5.3.8中规定的至外部出口或封闭楼梯间的最大距离，是指直通公共走道的隔门或或直接开向楼梯间的分户门，而不是指套间里的房门。

2. 规范表5.3.8的注①，对于敞开式外廊建筑的有关要求作了适当放宽。理由是外廊式建筑，因为外廊比内廊式建筑要有利于通风排烟，一旦发生火灾时，一般比内廊式建筑容易疏散，所以降温方面的情况，所规定的距离以示区别。

3. 规范表5.3.8后的注②，对按规定增加25%，作为加强水灭火系统的建筑物，其安全疏散距离可适当调整的一种措施，从而给设计以一定的灵活性下，允许适当调整的一种措施，从而给设计以一定的灵活性的可能。

4. 为和《高层民用建筑设计防火规范》协调一致，将出口和楼梯间的距离最远不超过14m调整为15m。

第5.3.9条 这一条是在原规范第63条的基础上略加修改的。

1. 观众厅走道宽度维持原规定净宽不小于1.0m的理由是：观众厅内疏散走道按2股人流需要，每股人流上身肩部宽度按0.55m计算，同时考虑同时上部空间下部，上部空间因观众坐椅高度在行人身体下部，上部空间可利用，坐椅不妨碍人体最宽处的通过，故1米宽度能保证2股人流顺利通行。

2. 增加了观众厅内设有边走道宽度的规定。观众厅内设有边走道对于疏散是有利的，同时它还能起到协调和安全出口和疏散走道的通行能力的作用，从而充分发挥设置安全出口的作用。

3. 对于剧院、电影院、礼堂等观众厅的18个改为了22个，以求与《高层民用建筑设计防火规范》(GB45-82)中的有关规定相协调。但这里排座位数的规定，由原来的18个改为了22个，以求与《高层民用建筑设计防火规范》(GB45-82)中的有关规定相协调。但这里规定的最大连续排数和安全出口的设计宽度则由原来规定的疏散走道和安全出口的设计综合起来进行合理设计。在具体工程设计中，应与疏散走道和安全出口宽度联系起来进行综合考虑合理设计。

4. 对于体育馆观众厅中纵走道之间的座位数和每个席位分区内所包容的座位数都比剧院、电影院规定的多，所以用同一规定就不现实的，但是又不能因此而任意加大每个席位分区的连续排数。连续座位数。现在规定与现行规定的连续20排不超过26个席位的连续排数同按不超过20排连续26个席位和每个安全出口的控制疏散时间考虑的。也就是说，是基于出观众厅的宽度按2.20m作为一个席位分区，则其间的包容座位数为200×26=520人。这样通过每股人流宽度的3.5min和每个安全出口的宽度按26个座位数4股人流宽度的走道和2.20m宽的安全出口疏散出去所需要的时间同为520/(4×37)=3.51min，基本上是符合规范要求的。对于体育馆观众厅平面中呈扇形或扇形布置的席位区，其纵走道之间的座位按设计计数计算。另外，在本条中保留了原多一排和最少一排座椅的平均排距不小于90cm时，可增至50个"的内容，但在具体设计时，也应按上述道理认真考虑妥善处理。

5. 在这一条中还增加了观众席位一侧有纵走道时的座位数的规定。这对于采取这种布置时，限制超量布置座位是完全必要的。

第5.3.10条 这一条是在原规范第64条的规定内容中分解出来的，是专门对剧院、电影院、礼堂等公共建筑观众厅疏散设计出来的宽度指标要求。对此做以下几点说明：

1. 本条规定的疏散宽度指标根据一、二级耐火等级建筑出观众厅的疏散时间控制在2min；三级耐火等级建筑观众厅的疏散时间控制在1.5min这一基本条件来确定的。这样按照计算安全出口宽度指标公式所计算的二级耐火等级建筑观众厅中每100人所需要的疏散宽度为：

门和平坡地面：$B=100\times0.55/2\times43=0.639m$ 取 0.65m
阶梯地面和楼梯：$B=100\times0.55/2\times37=0.743m$ 取 0.75m
三级耐火等级建筑的疏散宽度指标则为 $(11/1500)\times100=0.73$ 米/百人。

3. 关于本条内容的适用范围，对一、二级耐火等级的建筑容量规模不应超过2500人，对三级耐火等级的建筑容量规模不应超过1200人，其理由已在前面第5.3.4条中加以说明，故在此不再重复。

据调查了解国内有些较大的会堂，其容量规模是超过2500人的。如四川重庆的人民会堂和河南郑州的会堂，其容量规模都在4000人以上，北京市的全国人民大会堂的容量规模则多达10000人。类似这样这较大会堂的观众厅，其内部均设有多层楼座。如重庆人民大会堂观众厅内设有四层楼座，北京的人民大会堂设有二层楼座。而楼座部分的观众人数往往占整个观厅容纳总人数的多半数。如北京市人大会堂中底层的人数为3674人，二层挑台座的人数为3468人，二层挑台座的人数则为2628人，这层挑台座部分的人数比例占总人数的62.4%。这和一般剧院、电影院、礼堂的池座部分人数比例相反的，而楼座部分又都是以阶梯式地面疏散为主的，其疏散情况与体育馆有些类似，所以在本条内容中设有明确规定。设计时可以根据工程的具体情况研究确定。

第5.3.11条 这一条是专门对体育馆建筑安全疏散设计提出来的宽度指标要求。

在这一条中将体育馆观众厅容量规模的最低限数定为3000人。其理由主要有以下两点：

1. 根据调查了解，国内各大中城市早些时候建的或近年来新建的体育馆，其容量规模多在3000人以上，甚至有些大城市中的区段体育馆也都在3000人以上。如上海市的静安体育馆（3200人）、卢湾馆（3200人）、辽阳石油化工厂总厂体育馆（4000人）等。

2. 在这次修改中决定把剧院、电影院的观众厅与体育馆的观

也是可行的。这样观众厅实际需要的安全出口总宽度则为 $4\times1.65+2.2=11m$，反算出来的疏散宽度指标则为 $(11/1500)\times100=0.73$ 米/百人。

2. 根据规定的疏散宽度指标计算出来的安全出口总宽度，只是实际需要设计的最小宽度。在最后具体确定安全出口的设计宽度时，还需要对每个安全出口的疏散时间作校核，进行细致的校核和必要的调整。

如：一座容量规模为1000人的影剧院，耐火等级分二级，其中池座部分为500人，楼座部分为500人。按上述规定的疏散宽度指标计算出来的安全出口总宽度分别为：

池座：$10\times0.65=6.5m$
楼座：$5\times0.75=3.75m$

在具体确定安全出口时，如果池座部分开设4个，每个宽度为1.65m的安全出口，则每个出口平均担负的疏散人数为$1000/4=250$人，每个出口所需要的疏散时间为 $250/(3\times43)=1.94$min <2min 是可行的；如果楼座部分也开设2个，每个宽度为1.65m的安全出口，则每个出口所担负的疏散时间为 $250/(3\times37)=2.25$min>2min，按严格要求来说应该增加出口数目或加大出口宽度。如果采取增加出口数目的办法改开3个出口，每个出口平均担负的疏散人数为 $500/3=167$人，其所需要的疏散时间为 $167/(3\times37)=1.5$min，因为小于2min 是可行的。这样出口总宽度则为 $4\times1.65+3\times1.65/1500)\times100=0.77$ 米/百人。反算出来的疏散宽度指标则为 $(11.5/1500)\times100=0.77$ 米/百人，如果采用加大楼座出口宽度的办法，将两个出口的宽度改为2.2m，则每个出口所需要的疏散时间为 $250/(4\times37)=1.69$min

众厅在疏散宽度指标上分别规定的一个重要原因,就是考虑到两者之间在容量规模和室内空间方面的差异,所以在规范容量规模的适用范围时,理应拉开距离防止交叉现象,以免给设计人员带来无所适从的难处。

二、将体育馆观众厅容量规模的最高限数由原规范规定的6000人扩大到了20000人。这主要基于以下几个原因:

1. 国内各大、中城市近年来陆续建成使用的体育馆不少容量规模超过了6000人。如首都体育馆、上海体育馆、辽宁体育馆、南京体育馆、山东体育馆、福建体育馆等,而目据了解目前尚有一些省会所在的城市,也正在进行容量规模为6000～10000人的体育馆的设计与建设,如陕西西安、甘肃兰州、四川成都、湖北武汉等城市都在进行。同时今后随着形势的发展,国内的全运会等在更多的城市中轮流举行;更多规模更大的国际性体育比赛(如规模盛大的我国举行、一些新的、规模较大的体育馆还是要设计和建设的,所以规范作上述改动是很有必要的。

2. 从国内体育馆建设的实践证明:容量规模大的体育馆普遍存在着投资少、建设周期长、使用率和生产率低、经营管理费用大等问题。如上海体育馆的总投资达3200万元,建成投入使用以后,除了特别精彩的国际比赛座满外,一般的国际比赛能满座率只有60%～70%。擦一次玻璃窗就要用1500元,天棚上108根装饰金属格片油漆一次要用11万元,经常的全年维修费多达20万元。大型体育馆的观赏质量、观赏效果都不如中、小型体育馆,同时由于比赛场地与观众席位距离较远,运动员的情绪与观众不易发生共鸣,也影响着竞技水平的发挥。

从国外的情况来看,目前多已倾向建设大型馆了,尤其是电视广播事业发达的国家。从最近18~22届(1964～1980)的五届国际奥运会所使用的体育馆规模来看,绝大多数都是中、小型的体育馆。只有19届奥运会建了一个容量规模超过20000人的体育馆。

所以这次修改规范时将容量规模规定的上限定到20000人是较为合适的。

三、本条规定中的疏散宽度指标,按照观众厅容量规模的大小分为三档:3000～5000人一档;5001～10000人一档;10001～20000人一档。其每个档次中所规定的宽度指标(米/百人),是根据出观众厅的疏散时间分别控制在3min、3.5min和4min这一基本要求来确定的。这样按照计算公式:

$$百人指标 = \frac{单股人流宽度 \times 100}{疏散时间 \times 每分钟每股人流通过人数} \times 100$$

计算出来的一、二级耐火等级建筑观众厅中每百人所需要的疏散宽度为:

平坡地面: $B_1 = 0.55 \times 100/3 \times 43 = 0.426$ 取 0.43
$B_2 = 0.55 \times 100/3.5 \times 43 = 0.365$ 取 0.37
$B_3 = 0.55 \times 100/4 \times 43 = 0.319$ 取 0.32

阶梯地面: $B_1 = 0.55 \times 100/3 \times 37 = 0.495$ 取 0.50
$B_2 = 0.55 \times 100/3.5 \times 37 = 0.424$ 取 0.43
$B_3 = 0.55 \times 100/4 \times 37 = 0.371$ 取 0.37

四、根据规定的疏散宽度指标计算出来的安全出口总宽度,只是设计所需要的概算宽度,在最后具体确定安全出口的设计总宽度时,还需要对每个安全出口进行细致的核算和必要的调整,如一座容量规模为10000人的体育馆,耐火等级为二级,按上述规定疏散宽度指标计算出来的安全出口总宽度为$100 \times 0.43 = 43 m$。在具体确定安全出口时,如果设计16个安全出口,则每个出口的平均疏散人数为625人,每个出口的平均宽度为43/16=2.68m,这样平均每个出口的宽度采用2.68m,那就只能通过4股人流,因为大于如果计算出来的疏散时间为:$625/(4 \times 37) = 4.22 min$,是不符合规范要求的,如果将每个出口的设计宽度调整为2.75m,那就能够通过5股人流了,这样计算出来的疏散时间则是:$625/(5 \times 37) = 3.38 min < 3.5 min$,是符合规范要求的了。

一、本条规定内容也基本上适用于火车、汽车站内的候车室、轮船码头的候船厅以及民航机场的候机厅等公共建筑的安全疏散设计。据调查，上述建筑的使用性质和人员密集程度与商店基本相近，设计中采用本条中规定的疏散总宽度指标是可行的。

二、本条规定的"注"略加补充：

在多层民用建筑中，由于各层的使用情况不同，所以每层上的使用人数也往往有所差异，如果整幢建筑物的楼梯按人数最多的一层计算，除非人数最多的一层是在顶层，否则是不尽合理的，也是不经济的。对此，本注中明确规定：每层楼梯的总宽度可以按该层或该层以上人数最多的一层计算，也就是说楼梯总宽度可以分段计算，即下层楼梯总宽度按其上层人数最多的一层计算。

例如：一座耐火等级为二级的六层的六层民用建筑，其第四层的使用人数最多为400人，而第五层和第六层每层的人数均为200人，计算该建筑的楼梯总宽度时，根据楼梯宽度指标每100人为1m的规定，第四层和第九层以下每层楼梯的总宽度为4m；第五层和第六层每层楼梯的总宽度可为2m。

第5.3.13条 这一条是对原规范第66条规定内容的补充。

一、对民用建筑中疏散走道的最小宽度增加了要求，其尺寸是按走道的宽度为2股人流的宽度考虑的，包括单元式住宅门厅内部的小走道。这是保证安全疏散的一个起码条件，同时也是满足其他方面使用要求的一个最小尺度。

二、对不超过六层的单元式住宅的疏散楼梯增加了新的规定：允许在一侧设有楼梯栏杆的情况下，因为栏杆上侧有一部分空间可利用，楼梯段的最小净宽度可不小于1m。这主要是因为：如果住宅楼梯每个梯段的净宽度要求不小于1.1m，则整个楼梯间的开间尺寸就至少要设计为2.7m。而如果楼梯同的开间尺寸不小于1m，则整个楼梯同的开间尺寸可能设计为2.4m，这对于提高住宅设计的使用效益是很有意义的。这在那些层数不高，楼内居住户数和人数不太多的住宅设计中是可以酌情放宽的，但楼梯

但是这样反算出来的宽度指标则是16×2.75/100＝0.44米/百人，比原指标调高了2%。

五、规范表5.3.12后面增加一条"注"，明确了采用指标进行计算和选定疏散宽度时的一条原则：即容量规模大的所计算出来的所需宽度，不应小于容量规模小的所计算出来的需要宽度。如果前者小于后者时，应按最大者数据采用。如一座容量规模为5400人的体育馆，按规定指标计算出来的疏散宽度为54×0.43＝23.22m，而一座容量规模为5000人的体育馆，按规定指标计算出来的疏散宽度则为50×0.50＝25m，在这种情况下就明确采用后者数据为准。

六、体育馆观众厅内纵横走道的布置是疏散设计中的一个重要内容，在工程设计中应注意以下几点：

1. 观众席位中的纵横走道担负着把全部观众疏散到安全出口的重要功能，因此在观众席位中不设横走道的情况下，其通向安全出口的纵横走道设计总宽度应与观众厅安全出口的设计总宽度相等。

2. 观众席位中的横走道可以起到调剂安全出口人流密度和加大出口疏散通能力的作用，所以符合"来去相等"的原则，如安全出口设计人流股数一般容量规模超过6000人或每个安全出口人流股数设计超过四股时，宜在观众席位中设置横走道。

3. 经过观众席位设计的纵横走道通向安全出口的人流股数与安全出口设计的通行股数，应符合"来去相等"的原则。如安全出口设计的宽度为2.2m，超过了就会造成出口处堵塞以致延误了人流股数不宜大于4股，如果经纵横走道的人流股数小于安全出口设计的通行股数，则不能充分发挥安全出口的疏散作用，在一定程度上造成浪费现象。

第5.3.12条 本条基本上保留了原规范第65条的规定内容，只在局部做了修改和补充。

段两侧均为实墙的情况下不作放宽，目的是为了保证安全疏散和便于搬运家具的需要。

第5.3.14条 这一条基本上保留了原规范中第67条的规定内容。现补充说明如下：

一、本条文的规定主要是为了保证安全疏散。一出事故设计上违反上述规定，后面的人也会随之被摔倒，挤就很容易堵塞，甚至造成严重伤亡的后果。

二、观众厅太平门或安全自动推闩或装置自动门是安全疏散的重要措施。据各地调查中发现，有的工厂剧院、电影院等的观众厅中的太平门上安装的普通插销或采用关不紧的门经常上锁。这样万一起火就将通道堵塞而导致严重后果。而上海市有些早年建造的剧院、电影院共建筑观众厅分门均装有安全自动推闩，只要从观众向外开启的太平门就（仅约为6.8kg的推力）太平门就可以自动地向疏散方向开启了。但是从外面拉就是拉不开的。

安全自动推闩或一推或一推上推用的通天插销的扶手，这是一种供疏散的，而是一压就能使通天插销缩回的扶手，这是一种供建筑专用的建筑五金。

三、条文中规定：人员密集的公共场所的室外疏散小巷，其宽度不应小于3m。这是非常必要的，而且这是最小的宽度，设计时应因地制宜地尽量加大此尺度。在调查中发现在一些城市中的改建或插建工程工程中存在这种情况。因此，特规定了一些防范措施。

根据一些火灾案例：如上海的楼梯剧影院等工程设计中，基地面积往往是比较狭小紧张的，在这种情况下，设计人员也应积极利用与城市规划、建筑管理等有关部门研究，力求能够在公共建筑周围有一个比较开阔的室外疏散条件。主要出入口临街的剧院、电影院和体育省等公共建筑，其主体建筑应后退红线一定的距离，以保证有较大的露天候场和疏散场面积和疏散场缓冲用地，以免在散场时

候，密集的疏散人流拥入街道阻塞交通，同时一旦上述建筑发生火灾，建筑物周围环境宽敞对展开室外消防扑救也是非常有利的。

原规定太平门向外开，并要求装置自动门闩，目前已成为定型产品，为了与相应的产品标准进行协调，故作了相应修改。

第四节 民用建筑中设置燃煤、燃油、燃气锅炉房、油浸电力变压器室和商店的规定

第5.4.1条 本条对布置在民用建筑中的燃煤、燃油、燃气锅炉房，可燃油浸电力变压器室，充有可燃油的高压电容器、多油开关等的内容在修订规范的调查基础上，对原规范作了修改及补充具体规定。其理由是：

一、近10余年来锅炉本身已变化。原用铸铁锅炉工作压力低、锅炉外型尺寸小，用人工往炉膛填煤，这样占用高度空间小，现经10余年的锅炉改革，铸铁锅炉已被淘汰，快装锅炉体积大，在锅炉上部加煤，且装锅炉代替。快装锅炉比铸铁锅炉体积大，在锅炉间高度加高，且用机械设备人工加煤，加煤方式不同，要求放房间高度加高，以及进煤除人工加煤。这样就给在地下室、半地下室布置锅炉房带来很多不易解决的问题。

据1979年10月天津市建筑设计院等4单位关于锅炉房防火专题调查总结中有关地下室的锅炉房火灾案例有：哈尔滨的胜利公社办公楼，位于地下工室的锅炉房爆炸，死5人，伤14人，锅炉穿过楼屋顶飞上天的事故。快装锅炉如果出事故后，其事故后果严重性更大。从事故中看也不宜设在地下室、半地下室，故这次修订规范在看中半地下室布置锅炉房不提倡也不作规定。

二、本条对锅炉作了总蒸发量6t，单台蒸发量2t的规定改成因为近10多年来燃油锅炉除特殊者使用外，多数已改成因为近10多年来燃油锅炉除特殊者使用外，而燃煤铸铁锅炉因耗燃煤、燃气的锅炉。故现在燃油锅炉代替，其危险性也较小。为快装锅炉而代替，2t快装能多逐步被淘汰，为快装锅炉而代替，2t快装

锅炉一般可供 1 万建筑平方米取暖应用，本款规定总蒸发量 6t 可供 3 万平方米的建筑物采暖应用，由于锅炉的改进，锅炉房体积也大大缩小了，一般受地形等条件限制的中大型建筑物即可采用非单建式锅炉房供暖。故本款对蒸发量作出具体规定。

三、原规范规定设在居住建筑内的每台油浸电力变压器容量不与超过 400kVA，现改为民用建筑专用房间内设置总容量不超过 1260kVA。单台容量不超过 630kVA，……应设在专用房间内，仅居住建筑中公共建筑，民用建筑用电量都比过去大量增加，电熨斗等家用电器的大量进入家庭，耗电量大增。故改为总容量不超过 1260kVA，单台容量为 630kVA。

四、本条规定：上述房间不应布置在主体建筑内。

1. 我国目前生产的锅炉，其工作压力较高（一般为 1~13kg/cm²），蒸发量较大（1~30t/h），如产品质量差、安全保护设备失灵或操作不慎等都有导致发生燃烧爆炸的可能，特别是燃油、燃气的锅炉，容易发生燃烧爆炸事故，故不宜在民用建筑主体建筑内安装使用。

有关锅炉本身的生产、使用，安装还应按国家劳动总局制定的《蒸汽锅炉安全监察规程》和《热水锅炉安全技术监察规程》执行。

可燃油油浸电力变压器发生故障产生电弧时，将使变压器内的绝缘油迅速分解，析出氢气、甲烷、乙烯等可燃气体，压力骤增，造成外壳爆裂大量喷油，或者析出火花的作用下引起燃烧爆炸。变压器爆裂后，高温变压器油流到哪里就会烧到哪里，致使火势蔓延，如某电站变压器爆炸，将广房炸坏，油从顺过道、管沟、电缆架变窜，从一楼烧到地下室，又从地下室主控制室，将整个控制室全部烧毁，造成重大损失。充有可燃油的高压电容器、多油开关等，也有较大的火灾危险性，故规定可燃油浸电力变

压器、高压电容器、多油开关等不宜布置在民用建筑的主体部分内。对于干式或非燃油浸变压器，因其火灾危险性小，不易发生爆炸，故本条文未作限制。作干式变压器易升温，温度升高容易起火，应在专用房间内作好室内通风，并应有降温散热措施。

五、由于受到规划布局限制，用地紧张，基建投资等条件的制约有时必须将燃煤、燃油、燃气锅炉房、可燃油浸电力变压器室、充有可燃油的高压电容器、多油开关等布置在主体建筑内。故本条款对此作了有条件的适当放宽，要求采取相应的安全措施。

布置在人员密集场所的上面、下面或相邻。其原因是：

1. 本条规定锅炉爆炸性较大，不允许放在居住和公共建筑中。而低压锅炉也有爆炸的，如北京某局托儿所的锅炉及东大桥某厂取暖锅水的锅炉爆炸事故。

油浸电力变压器是一种多油的电气设备，当它长期过负荷运行时，变压器油温过高可能起火，或发生其他故障产生电弧使油剧烈气化，变压器油壳爆裂酿成火灾，所以要求有防止油品流散的设施。为避免变压器发生燃烧或爆炸事故时，而引起秩序混乱，造成不必要的伤亡事故，因此本条规定不应布置在人员密集场所的上面、下面或相邻。

2. 本条要求设 1m 宽防火挑檐，是针对底层以上有开口的房间而定。据国外资料规定底层开口距上层开口部位的实墙体高度应大于 1.20m。如图 5.4.1。

根据国内火灾实例，为防止由底层开口喷出火焰卷进上层开口，其二个开口间的实墙，在底层也应大于 1.20m。为了保证上层开口防火安全，并在底层开口垂直往上卷火焰。故规定应在底层开口上方设置宽度不小于 1.20m 的防火挑檐，或高度不小于 1.20m 的窗间墙。如图 5.4.1。

第 5.4.2 条 本条是对原规范第 69 条的补充修改。本条基本保留原规范的规定，严禁在民用、居住建筑内设易燃易爆商店。根

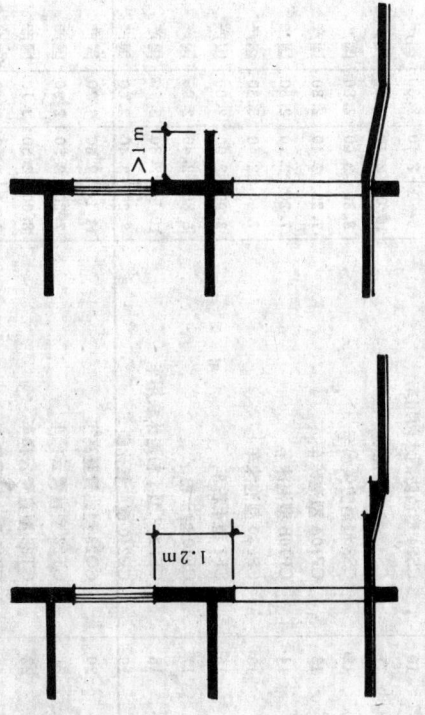

图 5.4.1 防火挑檐示意图

据近年来居住建筑下的火灾实例，如：上海市南京路设在底层的红雷百货商店火灾，及设在底层的上海×××洗衣店对衣物使用汽油进行干洗不慎引起火灾，造成楼上居民死亡事故。又如上海一设在一层的锦纶毛线店起火，楼上有某校教师听到消防车来到，从窗子往外扔东西，使楼上住有居民得知楼上还有人没下来，从而得到了营救。故本条规定消防队员一般较快，底层的商店的疏散出路必须与住宅部分隔开。服务网点必须耐火极限不低于3.00h的隔墙和耐火极限不低于1.50h的非燃烧体楼板，与住宅部分隔开，是为了保证居民的防火安全。

第六章 消防车道和进厂房的铁路线

第6.0.1条 本条基本保留了原规范第70条内容。消防车道的距离定为160m，主要是因为室外消火栓的保护半径在150m左右，室外消火栓一般应在道路两旁。

沿街建筑，有不少是U形、L形的，从目前发展的趋势，其形状较复杂，且总长度过长，必然给消防人员扑救带来不便，延误了灭火时机，造成重大损失。U形、L形建筑物是多种多样的，这是实际的情况。我们考虑在满足消防扑救和疏散要求的前提下，对两翼长度不加限制，而对总长度作了必要规定，规定当建筑物的总长度不超过220m时，应设置穿过建筑物的消防车道。

据调查，一般沿街的部分建筑的总长度较长的为80～150m左右，但也有少数建筑是超过150m。因此本条文规定"不宜超过150m"。

第6.0.2条 本条基本保留原规范第71条的内容。规定穿过建筑物的消防车道其净宽和净高不应小于4m的根据，主要是依照国内生产和使用的各种消防车辆外形尺寸而确定的。其次是考虑消防车速一般较快，穿过建筑物时宽度上应有一定的安全系数便于车辆快速通行。

目前，我国各城市使用的消防车辆（尺寸见表6.0.2）宽度有的已超过3m，且车辆的高度超过3m和3.5m以上的也在增多。因此，为了使各种消防车辆无阻挡的畅通，能迅速的到达扑救火灾现场，顺利地投入战斗，特作此条规定。

穿过建筑物的门垛时，其净宽要求不小于一般消防车道宽度，同时考虑了建筑模数，我国民用建筑开间尺寸一般在4m以下，如

第6.0.3条 本条保留了原规范第72条的内容。

根据实践经验，建筑物超过长度80m时，如没有连通街道和内院的人行通道，当发生火灾时也会妨碍消防扑救工作。为了街区内疏散和消防施救方便，沿街长度每不超过80m设有一个从街道经过建筑物的公共楼梯间通向院落的人行道是需要的。

第6.0.4条 本条对原规范第73条部分内容的修改。

工厂、仓库各地消防部门的目的在于扑救火灾场创造方便条件，但根据各地消防部门在灭火实践中反映，碰到码较大面积的工厂、仓库扑救火灾时间较长，延续时间较长。在往有消防供水车等出入进出的战斗可能，如果没有消防环形车道和平坦出空地，必然造成各种消防车辆只进不出，势必造成堵塞，使消防车靠不近扑救火灾现场，或车辆增多了而不能全部发挥战斗作用，造成不应有的损失。

第6.0.5条 本条是新增的。

在这次修订本规范的专题调查中，我们发现有的甲、乙、丙液体、可燃气体的贮罐区的消防道路设置不当，道路狭窄简陋，路面坡度大，车辆进入后回转困难，所以确保罐区安全有利，一旦发生火灾时进行扑救极不利。

根据近几年来贮罐区重大火灾扑救经验证明，消防道路环形的火灾贮罐区可以顺利通行，有利于消防扑救，这些数据是根据几次实地调查而得出的。如以木材堆场为例（如表6.0.5），堆场多在10～15m的积远远超出了本条规定，而目长形堆场较多，几个典型的堆场面实际的情况。

关于易燃、可燃物品的堆场，本条对面积大的堆场，还须作规定。

露天、半露天堆场，横消防车堆场一旦着火，燃烧极快，火势猛烈，辐射热又强。一个大面积堆场，如果没有分区，四周无消防车道、车辆开不进去，消防人员就无法扑救，造成巨大损失的实例和教训是不少。因此，本条作出了应设置消防车道或可供消防车通行的

要求门梁处净宽4m，门洞的净宽则要在4.5m以上，对于大多数民用建筑来说是不适用的，因此对此作适当放宽。将门梁处的净宽定在3.5m，保证消防车能通过就行。

国内使用的各种消防车外形尺寸　　表6.0.2

序号	消防车名称	外形尺寸（米）			备注
		长度	宽度	高度	
1	"火星"登高消防车	15.70	2.45	3.65	进口
2	CG18/30A型水罐泵浦车	7.20	2.40	2.80	国产
3	CG25/30A型水罐泵浦车	7.20	2.40	2.70	国产
4	CGG36/42型水罐泵浦车	7.20	2.50	2.70	国产
5	CGG40/42型水罐泵浦车	7.20	2.40	2.60	国产
6	CG60/50型水罐泵浦车	7.60	2.60	3.10	国产
7	CG70/60型水罐泵浦车	8.40	2.60	3.30	国产
8	CS3型消防供水车	6.70	2.40	2.50	国产
9	CS4型消防供水车	6.50	2.30	2.30	国产
10	CSS4型消防水两用车	6.70	2.40	2.40	国产
11	CST7型水罐拖车	10.04	2.40	2.80	国产
12	CS8型水罐泡沫车	8.30	2.60	2.80	国产
13	CP10A型泡沫车	7.20	2.40	2.80	国产
14	CP10B型泡沫车	7.20	2.40	3.30	国产
15	CPP30型泡沫车	7.60	2.00	2.00	国产
16	CF1型干粉车	3.90	2.00	2.90	国产
17	CF10型干粉车	6.80	2.40	3.70	国产
18	CFP2/2型干粉泡沫联用车	10.50	2.80	2.60	国产
19	CE240型二氧化碳车	7.20	2.40	3.70	国产
20	CQ23型曲臂登高车	11.20	2.60	2.90	国产
21	CT22型直臂云梯车	7.20	2.50	3.10	国产
22	CT28型直臂云梯车	8.00	2.50	2.40	国产
23	CZI5型火场照明车	6.60	3.20	2.35	国产
24	CX10型消防通讯指挥车	5.85	1.95		国产

第6.0.7条 当建筑内院较大时，要考虑消防车在火灾时进入内院进行扑救操作，同时考虑消防车的回车需要，再则内院大小时消防车也施展不开，所以规定每边长度大于24m时宜设置消防车道。

第6.0.8条 本条是新增加的。

据调查，有的工厂、仓库和易燃、可燃材料堆场，其水池距离较远，又没设置消防车取水的天然水源取水灭火的情况更为突出，当发生火灾时，在住扩大灾情，可是，有些工厂、仓库的消防水池、延误取水时间，设有消防车道或可供消防车通行的平坦空地，发生火灾时，消防车能顺利到达取水地点，对于控制火势蔓延扩大，起了很好作用。

以上情况说明，供消防车取水的天然水源和消防水池，设置消防车道是十分必要的。

第6.0.9条 本条保留原规范第74条的部分内容。

消防车道定为不小于3.5m，是按照国内外所使用的各种消防车辆外形尺寸而确定的。

应小于4m的规定，是按目前国内外所使用的各种消防车辆外形尺寸而确定。

第6.0.10条 本条是对原规范第74条部分内容修改补充。

规定12m×12m的回车场，是根据一般消防车的最小转弯半径而确定的（如表6.0.10）。

有些大型消防车和特种消防车，由于车身长度和最小转弯半径已有12m左右，故设置12m×12m回车场就明显行不通了，需少数消防车的回车场才能满足使用要求。在某些城市已使用的又满足不了使用要求，其车身全长有15.7m，而15m×15m回车场可能又满足不了使用要求，加遇这种情况，其回车场应按当地实际配备的大型消防车确定。

第6.0.6条 对于大型公共建筑，因为建筑体积大，占地面积大，人员多而密集。为了火灾时便于扑救和人员疏散，所以要求增设环型消防车道。

宽度不少于6m的平坦空地的规定。对于堆场、贮罐的总贮量超过本表规定的量时，则要求设环型的消防车道，当一个不可燃材料堆场占地面积超过2500m²或一个不可燃材料堆场占地面积超过40000m²时，其间距不易超过150m（如下表6.0.5）。

木材堆场面积及消防道路现状 表6.0.5

名 称	贮木堆场面积（平方米）	堆垛高度（米）	最高贮量	消防道路现状
某木材厂	东区11200 西区12600	6~8	东区：27000m²	堆场没有分区，无消防通道
某胶合板厂	16000	9~10	15000m³	无防火间隔，道路极差，消防车进不去
某木材加工厂	9000×2	10~15	全年160000m³	制材北侧材料堆积如山，运不出去，阻塞道路
某木材加工厂	47000 成材20000	12		
某木解厂	25000	10		堆场150m×150m，一个分区，设有环形道路，能消防车
某造纸厂	100000	>10以上	60000m³	有分区和消防通道，每条
某造纸厂	320000	8		分一个大区，有6条通道，约6m宽

在设置消防车道时，如果考虑不周，沟渠埋深过浅，构筑物面荷载过小，从而不能承受大型消防车的通行，影响扑救。为此，本条作了原则规定，并列表 6.0.10 提供各种消防车的满载（不包括消防人员）总重，以供设置消防车道路时参考。

第 6.0.11 条 本规范保留了原规范第 75 条的内容。

一、多年的实践证明，本条的规定是需要的和可行的。凡是按本条的规定执行，发生火灾时，就能保证消防车及时赶到现场，收到了良好的灭火效果。反之，则误大事，造成不应有的损失。如某市一工厂，其交通道路与铁路平交，发生火灾时，正遇火车调车，列车阻塞交叉路口，消防车不能及时通过，延误了灭火时机，造成颇大损失。

二、规定本条的出发点，在于保证消防车任何时候能畅通无阻，以达到消防车到达火场快，扑救及时，避免和防止或大大减少损失。

第 6.0.12 条 本规范保留了原规范第 76 条的内容。

一、多年来本条的事实证明，本条规定是合理的、可行的。因为甲、乙类厂房、库房，其生产、贮存的物品，大多数是易燃易爆物品，有的在一定条件下要散发出可燃气体、可燃蒸汽，当其与空气混合达到一定浓度时，遇到明火，会发生燃烧爆炸，如果在这类厂房、库房内设置铁路线，车头或车箱必然进入其内，而火花则不可避免，这就无法保障消防安全。因此，作了本条规定。

二、考虑到蒸汽机车和内燃机车的烟囱常喷出火星，故提出进入丙、丁、戊类厂房，库房的蒸汽机车和内燃机车，为了保障防火安全，则厂房和库房的屋顶是可燃的，火灾危险性大，库房的全部屋顶构件，必须采用钢筋混凝土、钢顶结构（屋架、皮架）等非燃烧体结构，或对可燃烧体结构进行防火处理（如采用防火涂料等）。

表 6.0.10 几种消防车的重量、转弯半径数据

消防车名称	车重量 (吨)				最小转弯半径 (米)	附注
1	满载重量 2	前轴 3	中桥 4	后桥 5	6	7
"火星"登高消防车	30.00	10.00		20.00		进口
CG18/30A 型水罐泵浦车	7.60	2.00		5.50		国产
CG25/30A 型水罐泵浦车	8.40	2.10		6.30		国产
CGG36/42 型水罐泵浦车	10.00	2.80		7.20		国产
CGG40/42 型水罐泵浦车	10.50	2.80		7.70		国产
CG60/50 型水罐泵浦车	15.00	4.10		10.90		国产
CG70/60 型水罐泵浦车	17.00	6.40		10.60		国产
CS3 型消防供水车	8.00	2.00		6.00		国产
CS4 型消防供水车	8.50	2.20		6.40		国产
CSS4 型消防洒水两用车	8.80	2.20		6.60		国产
CST7 型水罐拖车	14.40			6.10	9.20	国产
CS8 型消防供水车	16.00	5.70		10.30		国产
CP10A 型泡沫车	7.80	1.80		6.10		国产
CP10B 型泡沫车	8.00	2.00		6.00		国产
CPP30 型泡沫车	14.45	4.90		5.90		国产
CF1 型干粉车	2.10	0.92		1.20		国产
CF10 型干粉车	7.90	1.90		6.00		国产
CFP2/2 型干粉泡沫联用车	28.70	6.30	22.40		11.50	国产
CE240 型二氧化碳车	8.00	2.00		6.00		国产
CQ23 型曲臂登高车	14.90	5.10		9.90	12.00	国产
CT22 型直臂云梯车	8.00					国产
CT28 型直臂云梯车	8.60	2.80		5.50	<7.60	国产
CZ15 型火场照明车	5.50					国产
CX10 型消防通讯指挥车	3.23	1.32		1.91	6.50	国产

第七章 建筑构造

第一节 防 火 墙

第7.1.1条～第7.1.3条 从火灾实例证明，防火墙对阻止火灾蔓延作用很大。如某地三级耐火等级的礼堂失火，屋顶全被烧毁，但礼堂与砖墙贴连的三级耐火等级的厨房，因有一道无门窗的24cm厚的砖墙隔开就未烧过去。反之，不设置防火墙任作使火灾蔓延扩大，造成严重损失。如某镇起火，由于房屋密集贴连，又没有防火墙分隔，造成了火灾的大面积蔓延。又如某一幢长为131m的三层办公楼失火，由于没有设置防火墙，当吊顶内一处起火很快蔓延到整个大楼，虽经消防队和群众奋力扑救仍造成了很大损失，该单位根据火灾的实际教训，在事后修建后仍将修墙后的三层三级耐火建筑增设四道防火墙，如图7.1.1。

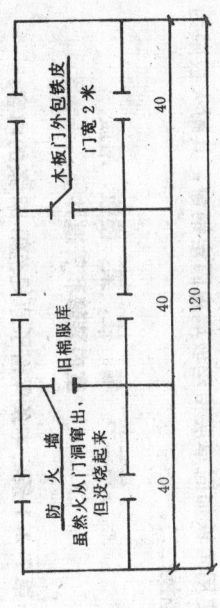

图7.1.1 某单位办公楼火场平面示意图
（火灾后增设的四道防火墙（利用原隔墙砌出屋面））

第7.1.1条中的数值是根据实际的调查和参考一些国外资料提出的。国外的一些数值列如下表7.1.1。

表7.1.1

屋面构造	防火墙高出屋面的尺寸（厘米）			
	中国	日本	美国	苏联
非燃烧体	40	50	45～90	30
燃烧体	50	50	45～90	60

条文中规定"当防火墙两侧各3m范围内屋盖的耐火极限不低于1.00h，……可不高出屋面"，这是考虑防火墙的耐火极限为4h，故防火极限上部的屋盖耐火极限不能太低。同时也必将整个屋盖的耐火极限提高，"防火墙两侧各3m"基本保证了安全的需要。本条是对原规范第80条的修改补充。

第7.1.4条 本条提出了本条规定，为防止建筑物内发生火灾时，不使被服厂仓库，长120m，宽19m，由于中间两道防火墙（门）基中间库房发生火灾后，没有向两端蔓延，保留了2/3。如图7.1.4-a。

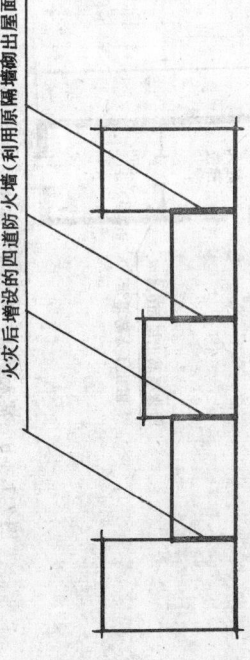

图7.1.4-a 某仓库火灾现平面图

反之，某木制品厂车间，三级耐火等级建筑，虽设有两道防火墙，但因工序联系的线路等，引起配电盘起火，由于车间进户需要在防火墙上设有2m宽的门洞，没有设防火门，火焰就从门洞窜过去，造成较大的损失。如图7.1.4-b。

按一般火场案例，2m能起一定的控制作用。个别火场实例距离虽大于2m造成蔓延的也有，如当地的木制品厂车间，防火墙两侧门窗洞口距离为2.3m，且门窗口处易燃物较多，火舌从窗口喷出将另一侧的门烤着，如遇有同类情况，距离可适当加大一些。

如设有耐火极限不低于0.90h的非燃烧体固定窗扇时，因能防止火势蔓延，可不受距离的限制。由1.00h改为0.90h，主要考虑使用角铁加固单层铝丝玻璃固定钢窗，其耐火极限为0.9h（如附录二）。

第二节 墙、柱、梁、楼板、吊顶、室内装修和管道井

第7.2.1条 本条保留了原规范第83条的内容。

在单元式住宅中，单元之间的墙一般都是无门窗洞口，如果此墙的耐火极限能达到一定要求就可起到防火隔断作用，从而把火灾限制在一个单元之内，防止延烧。

单元墙的耐火极限主要考虑目前建材情况和扑救火灾的需要，当住宅采用框架结构时，单元之间的墙采用12cm厚的空心砖墙或其他非燃烧体的轻质隔墙，此时耐火极限为1.5h，一般的砖墙承重墙，如为24cm厚的砖墙，耐火极限可5.5h，超过本条的要求。

第7.2.2条 本条保留了原规范第84条的内容。

不少城市的消防同志反映，单元式住宅的火灾一般能在1h以内扑灭。因而规定单元间的墙采用耐火极限1.5h并砌至屋面板以下即能有效地阻止单元大部分单元式住宅中的火灾蔓延。

剧院等建筑的舞台及后台部分，一般都使用或存放着大量的幕布、布景、道具，可燃装修材料和电气设备，容易起火。另外，由于演出的需要，人为的起火因素也较多。例如：烟火效果及演员在台上吸烟等。起火后由于建筑结构方面采取有效的防火分隔措施，舞台后不在建筑结构方面采取有效的防火分隔措施，难以控制。如果防火墙两侧结构的水平距离规定不应小于2m，是

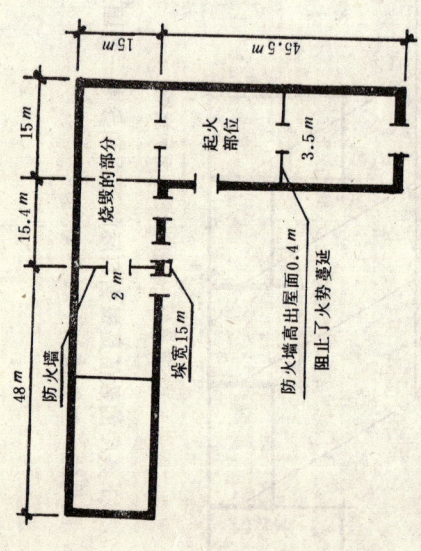

图7.1.4-b 某木制品厂车间火灾现场平面示意图

所以，如在防火墙上必须开设时，应在开口部位设置防火门窗。从实践证明，用耐火极限为1、2h的甲级防火门，能基本满足控制火势的要求。

氢气、乙炔可燃气体，以及汽油、苯、甲醇、乙醇、煤油、柴油等甲、乙、丙类液体管道，万一管道破损时，大量可燃气体或蒸汽跑出来，不仅防火墙本身不安全，而且防火墙两边的房间也会受到严重威胁，因此，上述管道绝不能穿过防火墙。其他管道（如水管、以及输送无危险的液体管道等），如因条件限制，必须穿过防火墙时，应用水泥砂浆等非燃烧材料将管道周围的缝隙，紧密填塞，以策安全。

第7.1.5条 本条保留了原规范第81条的内容。

从火灾实例说明，防火墙设在建筑物的转角附处不能防止火势蔓延，如确有困难需设在转角附近时，应该本条文规定的要求设置。条文中不应小于4m是根据火灾实际教训而提出的。

合火灾就会很快地向观众厅部分蔓延，烧毁整栋建筑，造成较大的损失。例如：1974年某部队的一幢三层钢筋混凝土建筑，共1300个座位的礼堂发生火灾。起火原因是礼堂2000多平方米、电工木拉杆电闸，使舞台上设置的电阻节光器长时间通电阻元件过热所致。由于该礼堂舞台上部与观众厅之间未设置防火隔墙，故当消防队接到报警，赶到现场时，火势已经蔓延整个礼堂……由于以上所述原因，故本条规定舞台与观众厅之间的隔墙应采用耐火极限不低于2.50h的非燃烧体，舞台口上部与观众厅顶之间的隔墙可采用耐火极限不低于1.50h的非燃烧体，隔墙上的门应采用乙级防火门。

电影放映室有时放映旧影片，电气设备又比较多，也使用易燃液体丙酮接片（硝酸纤维片，极易燃烧），因此，起火机会是比较多的。有必要对其外围结构提出一定的防火要求。如某地某礼堂着火，由于放映室三面的部分是钢丝网抹灰的，部分是板条抹灰的，顶子是铁皮的。起火后火从灰板条墙蔓延到乐部的顶棚内。而放映室靠大厅一边是一道硬山墙，把火挡住了，山墙上虽有一个小门，但火舌从小门处在大厅里。到就把小门用水枪封住了，火虽有烧到顶棚，但消防人员及时扑灭了、事后该单位接受教训，在修复时把放映室围护结构改成耐火极限超过1.5小时的非燃烧体。

第7.2.3条 本条是对原规范第85条的修改补充。

托儿所、幼儿园一旦发生火灾，容易造成重大伤亡。如某省某托儿所火灾、当场烧死小孩××名和炊事员×名。因此我们认为本规范应保留原规范第八十五条的内容。

第7.2.4条 本条对属于隔防火分隔的要求。

对某医院火灾教训而增加的。火灾时手术室中正有病人在动手术，把病人抬出去会死亡，不抬出去又怕烧死，医生护士都很尴尬。所以提出了加强防火护护的要求。

散的要害部位的隔墙提出了一定的防火要求。这类火灾案例较多，例如，某地某单位一幢三层钢筋混凝土建筑，二楼由于生产需要隔成三小间，但隔断墙是木龙骨外钉木丝板，有一部分上部为三来板或玻璃的。因煤气炉火焰喷在可燃墙体上起火，虽然二楼只烧毁隔墙等，设备和加工配件损失较大，合计损失×余万元，但把拖延和影响了其他兄弟单位的生产任务。该单位接受这次火灾教训后把所有可燃隔断墙都改成了耐火极限为1.5h以上的非燃烧体墙。

火灾发生后损失大、伤亡大，影响大的房间，是指贵重的仪器室、设备室、珍贵的图书、资料贮藏室、公共建筑内人员集中的房间、生产车间的调度控制室等等。

第7.2.5条 本条保留原规范第87条的内容。

在医院、疗养院的病人行动困难，有的卧床不起，需要有人搀扶或治疗才能脱离火场；托儿所、幼儿园的儿童需要有成年人照顾等一些特殊的要求。因此有必要为病人、儿童创造些安全疏散的条件，否则就容易造成伤亡。如某市某医院起火，就有一个病人来不及抢救出来被烧死在火场里。有关托儿所、幼儿园的火灾实例，已在第7.1.3条中详述，这里不作重复。我们考虑需要与可能，而把该级耐火等级建筑医院、疗养院及托儿所等的顶棚一般建筑就提高了一些防火要求。

关于楼梯间、门厅和走道等，是疏散出路的要害部位，如果不采用耐火极限较高的吊顶，一旦发生火灾很可能塌下来把这些部位封住，造成伤亡事故。例如某市某厂四层混合结构的职工宿舍（砖墙、钢筋混凝土楼板、瓦屋面、木屋架、灰板条吊顶），因雷击时吊顶起火燃烧，后在楼梯口附近塌落下来，把楼条走道封住，四楼住户两人无法逃出，在楼上呼救，幸消防队及时到达用梯子救出。根据以上情况，作了此条规定。

第7.2.6条 本条保留了原规范第88条的内容。

剧院等建筑舞台的灯光操纵室和存放道具、布景的储藏

第7.2.7条 本条是对原规范第89条的修改补充。

电梯一般设在楼梯间内，而建筑中发生了火灾，火焰和烟往往会窜入楼梯间内。如果电梯井和电梯机房的墙壁、楼板不是耐火的就会严重威胁乘电梯的人。对于高层工业建筑室内电梯井和电梯机房，一旦烧毁，其电梯井可能成为火灾蔓延的通道，为防止火灾时将电梯井和电梯机房烧毁，故要求严一些。

第7.2.8条 本条保留了原规范第90条的内容。

无保护层的金属柱、梁等在建筑上用得不少。这类结构的耐火时间一般为0.25~0.5h，是不抗烧的。如果地某厂有一靠近高压电线塔的木棚帐棚着火，很快把铁塔烤红变形，幸而消防队及时到达，全力射水冷却，才避免了铁塔倒下酿成巨祸。

在某地某厂架设在钢架上的一个油罐，因钢架敞露在地上燃烧着的油品烧灼，一时又无法冷却，致使油罐倾倒，汽油大量流散，达到×××平方米，烧死工人××名，烧伤××名，由于着火面积扩大，热量高，又不宜用水扑救，对无保护层的金属柱和梁威胁较大。因此使用甲、乙、丙类液体的厂房有所限制是必要的。

第7.2.9条 本条是对原规范第93条的修改补充。本条未提到超过五层的民用建筑，主要考虑层数多的民用建筑或高度较高的工业建筑才设管道井。层数较高的垂直管井都是能烟火的通道，为了阻止火势在管井中蔓延，必须采取防火分隔措施。在高层建筑设计中，有的很重视垂直的管道井，如新北京饭店和上海宾馆以及高层工业建筑中，有的很重视垂直的管道井，都在每层楼板处用相当于楼板耐火极限的垂直管井非燃烧材料封隔。从实际出发，考虑到分隔过多有困难，故本条作了灵活性的规定。有的垂直管井按层分隔加以分隔，可每隔2~3层加以分隔。

为防止火灾时将管井烧毁，扩大灾情，特规定管道井的墙采用非燃烧材料制作，其耐火极限为1.00小时。同时规定管井壁上的检查门应为丙级防火门。据火灾统计资料，一般的火灾延续时间在1h以内的占80%，故规定1h是适合的。

第7.2.10条 本条是新增加的。

冷库防护墙采用可燃材料保温较多，量又大，冷库内所存物品大多又是可燃的，包装材料也多是易燃的。据调查，这些包装材料(如表7.2.10所示)的数量也很大，因此，日常如不注意防火安全，或在施工及检修过程中，缺乏安全操作，即会造成严重火灾。

冷库储藏物品包装材料　　表7.2.10

名称	包装物	货物重(公斤/立方米)	包装材料(公斤/立方米)	重量比(%)
鲜蛋	木箱	333.85	83.39	0.250
	篓装	242.60	43.10	0.178
	纸箱	299.80	30.00	0.10
苹果	纸箱	323.30	30.80	0.095
	篓装	220.80	36.80	0.167
四季豆	木箱	192.80	47.10	0.244
白菜	木箱	104.80	52.30	0.499
	竹篓	222.20	22.20	0.100
洋葱	木箱	261.90	52.40	0.200
	篓装	341.80	19.50	0.057
冻条白肉	滚轮	200.00	15.00	0.075
冷鱼	鱼盘及吊笼	300.00	190.00	0.633
冷藏白肉	托板	400.00	35.00	0.088
冷藏冻鱼	托板	569.00	36.00	0.063

据1968～1982年不完全统计：上海、浙江、广东、天津、辽宁、陕西、湖北、河北等地均有冷冻库火灾案例，且人员伤亡和经济损失越来越严重。如近两年来，某省某市冷库起火，大火烧了7个小时，余火熄灭长达12个小时以上，在这次火灾中受伤和中毒有×××人，经济损失达67万元以上；又如某地的冷库在1982年11月发生火灾，死亡××人，伤××人，直接经济损失达×万元左右。

在国外，冷库发生火灾更是频繁。我们收集了五个国家的有关资料作了初步统计，其中有一个国家的42个冷库，从1952～1972年共发生火灾145次；而另外四个国家的冷库，在10年时间里，分别为55起、50起、25起和19起火灾。一次火灾损失最大的有350万元。从失火原因来看，主要是采用聚苯乙烯硬泡沫作隔热材料，其中又有好多火灾是燃烧物质所引起的。因此，有些国家对冷库采用可燃塑料作隔热材料有较严格的限制，在规范中明定小于150m²的冷库才允许采用可燃材料隔热层，故为了防止隔热层造成火势蔓延扩大，规定应作防火带。

第7.2.11条 附设在建筑物内的消防控制室、固定灭火装置的设备室要保证该建筑发生火灾工作时的顺利进行；通风、空调机房是通风管道汇集到的地方，是火势蔓延的主要部位。基于上述考虑，故本条规定这些房间要采用2.50h的楼板和1.50h的隔墙与其它部位隔开，并规定隔墙上的门应为乙级防火门。但是对于、戊类生产厂房中的通风机房的要求有所放宽，是考虑到这两类生产的火灾危险性较小。

第三节　屋顶和屋面

第7.3.1条 本条保留了原规范第95条的内容。

实践证明，火星通过冷摊瓦缝隙落在闷顶内引着保温锯末，在闷容易造成火灾。故规定不宜采用冷摊瓦。

火星落在天棚保温锯末上引起火灾的事例很多，如某省某校的烟囱飞火经小阁挂瓦缝落到防寒锯末上起火，将一幢三层楼房全部烧毁。某省某市某大厦（因火星落在天棚内的保温锯末上起火大厦全部烧毁，损失××万元。据某某市某6年多的时间（据不完全统计）由于烟囱飞火钻进天棚内引着锯末起火的有58次。烧毁房屋×××平方米。为了保证闷顶的防火安全，提出了本条规定。

第7.3.2条 本条保留了原规范第96条的内容。实践证明是可行的。当发生火灾时，火焰、烟和热空气一般先向高处蔓延，如果没有给以出路则火焰和带着高温的烟、热空气窜到哪儿，火势就蔓延到哪儿。特别是舞台上可燃物多，燃烧所产生的烟、热空气聚到一定程度就会使火焰、带高温的烟和热空气窜到观众厅，使火灾扩大到观众厅，影响观众安全。

有不少戏院在舞台顶上设排烟窗，火灾实例也证明这样的排烟窗是起作用的。例如某地某戏院舞台起火，由于排烟窗起作用的，火焰、烟和热空气均向上通过排烟窗排散出去，未能向观众席方向蔓延。所以虽然台上火烧得较厉害，但观众厅没有受损失。又如某市工人俱乐部的火灾实例也说明了舞台的排烟窗的起作用的。

另外我们曾考虑过开设了排烟窗是否会增加空气供应量使火烧得更大更快的作用问题。我们认为排烟窗平时是关着的，遇火灾、烧环起作用时才打开，也有排烟窗的玻璃被火烧破坏而起作用的，即使排烟窗平时开着，在火灾初期，由于舞台空间大，观众厅空间也大，不加排烟窗也是露天燃烧一样，不会受密闭的小房间的影响是较小的，而类似在露天燃烧一样，原则规定的数字是我们过去上海一至于排烟窗的面积大小，这次我们仍沿用这个数字。

第7.3.3条 本条保留了原规范第98条的内容。

一、闷顶火灾一般阴燃时间比较长，不易发现，待发现之后

第四节 疏散用的楼梯间、楼梯和门

第 7.4.1 条 本条说明主要有以下几点：

一、要保证人员在疏散时能有较好的光线，有条件的情况下应首先选用天然采光。因一般人工照明的暗楼梯间在火灾发生时会因为断电而一片漆黑，影响疏散故不宜采用；如果统一要求设计火灾事故照明，则很不经济也难以做到。

二、为了尽量避免在火灾发生时火焰和烟气窜入封闭楼梯间、防烟楼梯间及其前室，影响人员安全疏散，因此本条要求"除开设同层公共走道的疏散门外，不应开设其它的房间门"。

三、规定楼梯间及其前室内不应附设烧水间、可燃材料贮藏室、非封闭的电梯井、可燃气体管道、甲、乙、丙类液体管道等，是为了避免楼梯间内发生火灾、和通过楼梯间蔓延。这方面的火灾实例很多。例如：1982年某工厂职工宿舍在楼梯间内的天然气管道漏气，损失××万元。其原因就是附设在楼梯间内的天然气管道漏气，另外，1983年某医院三级耐火等级的病房楼在首层起火，由于该楼梯间放置许多杂物，火势很快地顺着该楼梯向上蔓延，造成严重后果。

四、保证楼梯间的有效疏散宽度不至因凸出物而减少，并避免凸出物碰伤拥挤的人群从而保证疏散安全。

五、明确电梯不能做为火灾发生时的疏散使用，当然也不计入疏散宽度。这是因为普通电梯在火灾发生时，会因断电停止运行，而消防电梯在火灾发生时，主要供消防队员扑救火灾使用，也不能做为疏散梯使用。

六、本条的"四"是对住宅建筑的放宽要求。但只限于"局部、水平穿过"这里提到的"保护措施"包括可燃气体管道加套管、埋地等措施。另外管道的安装位置避免人员通过楼梯间时对管道的碰撞。

第 7.4.2 条 本条是新增加的。

火已着大，便很难扑救。如某市某大楼发生火灾，早晨5点有人在闷顶内的锯末防寒层上留下火种，到下午1点20分才由邻居发现大楼屋角冒烟，并立即呼救，火势上非常猛烈，消防队在下午1点35分接到报警后到达火场时，大部分屋架已接近塌，从开始阴燃到发现火灾经历时8小时20分。因此从尽快发现火灾角度看，有必要设置老虎窗，此外，阴燃开始后由于闷顶内空气供应不充足，燃烧是不完全的，如果让未完全燃烧的气体积聚在闷顶内，一旦吊顶突然局部塌落，氧气充分供应就会引起爆炸性的闪燃，即所谓"烟气爆炸"，为了避免这样的事故有必要设老虎窗。

二、没有设老虎窗的闷顶着火后，火焰、烟和热空气会向两努扩散到整个闷顶去。如果设有老虎窗，则火焰、烟和热空气可以从老虎窗排出，有助于把火灾控制在老虎窗限定范围内。故设置老虎窗对防止火灾的扩大也是有利的。

三、闷顶起火后，闷顶内温度比较高，烟气弥漫，消防人员进入闷顶侦察火情，扑救火灾是相当困难的。设置了老虎窗，消防人员就可以从老虎窗处侦察火情、扑救火灾。

第 7.3.4 条 保留了原规范第99条的内容。

一、突出了有可燃物的闷顶、其屋架、吊顶和其他屋顶构件均为非燃烧材料的，闷顶内又无可燃物，可不设闷顶人口。

二、每个隔断范围，主要是指单元式住宅。因为这种建筑实体墙分隔。至于象教学楼、办公楼、旅馆等一类公共建筑，每个隔断范围面积较大（一般1000m²，最大可达2000m²以上），故要求设置不少于两个闷顶人口。

三、发生火灾时，消防人员来救火，一般通过楼梯上楼救火，闷顶人口设在楼梯间附近，便于消防人员发现，迅速进入闷顶救火。

室外楼梯，可供人员应急疏散和消防人员直接从室外进入建筑物到起火层扑救火灾。为了防止因楼梯倾斜度过大，楼梯过窄或栏杆扶手过低而影响安全，故本条文对此做了规定。同时对高层工业建筑和其他建筑区别对待，做出不同的要求。

为了防止火灾时火焰从门内窜出而将楼梯烧坏，故规定了楼梯的每层出口处有一合宜的耐火极限，并规定了在楼梯周围2m范围内的墙上除了设有供疏散用门之外，不允许再开设其他洞口。

第7.4.3条 丁、戊类厂房的人较少，物品火灾危险性一般为非燃烧体，且上下的人较少，故防火要求稍有降低。

第7.4.4条 本条是原规范第103条修改补充。

因为弧形楼梯及螺旋踏步在内侧坡度过陡，每级踏步深度过小，不能保证疏散时的安全通行，特别是在紧急情况下，更容易发生摔倒等事故。而在弧形楼梯的平面角度小于10度，离扶手25cm处的每级踏步深度大于22cm时，对人员疏散影响不会太大。故可不受此限。

第7.4.5条 本条规定主要考虑火灾发生时，消防人员进入火场能迅速进行扑救。他们步入楼梯间后，可利用两梯段之间15cm宽的空隙向上吊挂水带，这样不但可以节省时间，而且可以节省水带，减少水头损失，方便操作。

第7.4.6条 本条保留了原规范第104条的内容。

考虑到目前一些城市公安消防队的实际装备情况和灭火的需要，本条规定了高度超过10m的三级耐火等级建筑物主要通道，消防人员从楼梯冲上去不方便，有了室外消防梯，消防员就可以利用它上屋顶或由窗口进入楼层，接近火源，控制火势，及时扑救火灾。

规定消防梯不应直对老虎窗，是为了避免向顶起火时由老虎窗向外喷烟火，妨碍消防员上屋顶。

规定室外消防梯宜离地面3m设起，是为了防止小孩攀登，消防员到起火层扶梯，均带有单杠梯或挂钩梯，消防梯离地面3m设起，不会影响扑救，也利于安全。

第7.4.7条 本条原则上保留了原规范第105条的内容。

为避免发生火灾时，由于人群惊慌拥挤压紧门扇内开门扇而使门无法开启，造成不应有的伤亡事故，在房间人数超过一定数量时疏散门均应向疏散方向开启。

或转门在人群拥挤的紧急疏散情况下无法保证安全迅速疏散，故不允许作为疏散门。

第7.4.8条 库房允许采用侧拉门，是考虑到一般库房内的人员较少，故做了放宽要求的规定。在此要求"靠墙的外侧推拉"，是考虑到发生火灾时，设在墙内侧推拉会因为倒塌的货垛压住而无法开启。这一点是有过教训的。

对于甲类物品库房，一旦发生起火，火焰温度高，蔓延非常迅速，甚至引起爆炸，故在这里强调"甲类物品库房不应采用侧拉门"。

第五节 天桥、栈桥和管沟

第7.5.1条 本条原则上保留了原规范第106条的内容。

一、天桥系指供人通行的架空桥。栈桥系指主要供输送物料的架空桥。

二、为了保障安全，天桥、栈桥、越过建筑物的栈桥、以及供输送煤粉、石油、各种可燃气体（如煤气、氢气、乙炔气、甲烷气、天然气等）的栈桥，不允许采用木质结构，而必须采用钢筋混凝土结构或钢结构。

三、火灾实例说明，栈桥采用非燃烧材料制作是十分必要的。搁置管道的板是木板，采用钢木混合结构（支柱是型钢，发生火灾，因管道破裂，原油流出遇明火，发生火灾，扑救困难，造成较大损失。

第7.5.2条 本条保留原规范第107条的内容。

制定本条的目的是为保证人员的安全。这方面是有教训的,如某石油化工厂,供输入原油的栈桥(封闭式),因管道阀门不严漏油,遇明火发生火灾,正当下班的三名工人通过栈桥,被烟火封住出口,烧死在栈桥内。

第7.5.3条 本条是对原规范第109条的修改补充。

为了防止天桥、栈桥与建筑物之间在失火时出现火势蔓延扩大的危险,应该在与建筑物连接处设置防火隔断措施。

甲、乙、丙类液体管道的封闭管沟(廊),如果没有防止液体流散的设施,则一旦管道破裂着火,就会造成严重后果。如某地某厂的油罐爆炸起火,着火原油顺着地沟流入相距40m的油泵房内,使油泵房及其设备烧毁,如果设计时考虑了在地沟内设挡油设施,这个油泵及其设备有可能不会被烧毁。故宜设有保护措施。

第八章 消防给水和灭火设备

第一节 一般规定

第8.1.1条 灭火剂的种类很多,有水、泡沫、卤代烷、二氧化碳和干粉等。用水灭火,使用方便,器材简单,价格便宜,而且灭火效果好。因此,水仍是目前国内外的主要灭火剂。

消防给水系统完善与否,直接影响火灾扑救的效果。火灾统计资料说明,有成效扑救火灾的案例中,有93%的火场消防给水条件较好,而扑救失利的火灾案例中,有81.5%是消防给水不完善。许多缺水失去控制,造成严重后果,大多是消防给水特大火灾、火场缺水造成的。例如1993年4月17日哈尔滨的特大火灾,与消防水源严重不足有很大关系,致使燃烧面积达8万平方米,消防车需到2.5km以外(远者达15km)去运水灭火。因此,在进行城镇、居住区、企业事业单位规划和建筑设计时,必须同时设计消防给水系统。

我国地域广阔,且建筑物紧靠天然水源,则该建筑物可采用天然水源作为消防给水的水源,但应采取必要的技术措施(例如在天然水源作地修建消防码头、自流井、回车场等),消防车能靠近水源,且在最低水位时能吸上水(供消防车的取水深度不应大于6m)。为避免季节性的天然水源作为消防水源(例如株洲某农田排灌抽水、水泊源为水泊)、平时水面积较大,但天旱时由于农田排灌用水时,水泊中无水),提出了天然水源作为消防用水的可靠性。一般情况下,城镇、居住区、企事业单位的天然水源的保证几率应按25年一遇计算。

在城市改建、扩建过程中,若消防用的天然水源及其取水设施敷填埋时，应采取相应的措施（例如铺设管道、建立消防水池等），保证消防用水。

在寒冷地区，采用天然水源作为消防用水时，应有可靠的防冻措施，使在冰期内仍能供应消防用水量。

当耐火等级较高，（例如一、二级），且体积很小和建筑物内无可燃物品，可不设消防给水。

第8.1.2条 城镇、居住区、企业事业单位的室外消防给水，一般均采用低压给水系统，为了维护管理方便和节约投资，消防给水管道宜与生产、生活给水管道合并使用。例如沈阳市188个有消防给水的单位中，就有146个单位的室内外消防给水管道与生产生活给水管道是合用。

高压（或临时高压）室外消防给水管道、高层工业建筑的室内消防水管道，为确保供水安全，应与生产生活给水管道分开，设置独立的消防给水管道。

第8.1.3条 室外消防给水管道可采用高压管道、临时高压管道和低压管道。

1. 高压管道：管网内经常保持足够的压力，而直接由消火栓接出水带、水枪灭火。

根据火场实践，扑救建筑物室外火灾，当建筑高度小于或等于24m时，消防车可采用沿楼梯铺设水带单干线或从窗口竖首铺设水带双干线直接供水扑灭火灾。当高度大于24m时，属于高层建筑，立足于室内消防设备扑救火灾。因此，当建筑高度小于或等于24m时，室外消防给水管道的压力，应保证生产、生活、消防用水量达到最大秒流量（生产、生活用水量按最大小时流量计算，消防用水量按最大秒流量计算），且水枪布置在保护范围内任何建筑物的最高处时，水枪不应小于10m，以保证消防人员的安全（防止辐射热的伤害）和有效地扑灭火灾。此时高压管道最不利点消火栓处水枪的压力可按下式计算：

$$H_{栓} = H_{标} + h_{带} + h_{枪}$$

式中 $H_{栓}$ ——管网最不利点处消火栓应保持的压力，米水柱；
$H_{标}$ ——消火栓与水枪在最不利点水枪手的标高差，米；
$h_{带}$ ——6条直径65mm麻质水带的水头损失之和，米水柱；
$h_{枪}$ ——充实水柱不小于10m，流量不少于5l/s时，口径19mm水枪所需的压力，米水柱。

例：某一工厂采用高压消防给水系统，在工厂内离水泵站最远的厂房高度为20m。试计算生产、生活和消防用水量达到最大时，最不利点处室外消火栓所需保持的压力。

解：消火栓与水枪手的标高差为：

$$H_{标} = 20m；$$

水枪需要的压力为：

喷嘴口径19mm水枪，流量不少于5l/s，则水枪需保持的充实水柱长度应采用12m。当充实水柱长度为12m时，水枪喷嘴处的压力为17m水柱，即：

$$h_{枪} = 17m 水柱$$

水带的压力损失为：

口径19mm水枪的充实水柱为12m时，每条直径65mm麻质水带的压力损失为5.2l/s。当流量为5.2l/s时，则6条水带的压力损失为

$$6 \times 2.37 = 14.22m 水柱$$

2.37m水柱应采用14.22m水柱。

则最不利点消火栓处需要保持的压力为：

$$H_{栓} = H_{标} + h_{带} + h_{枪}$$
$$= 20 + 14.22 + 17 = 51.22m 水柱。$$

2. 临时高压管道：在临时高压给水管道内，平时水压不高，在水泵站（房）内设有高压消水泵，当接到火警时，高压消防水泵开动后，使管网内的压力，达到高压给水管道的压力要求。城镇、居住区、企业事业单位的室外消防给水管道，在有可

灭火的要求。一般采用口径19mm水枪，对扑救人员的防护，为扑救人员的安全，防止辐射热对扑救人员的防护及扑救地射反火焰，水枪的充实水长度不小于10m。为及时地扑灭火灾以及对扑数达到24m以上的多层建筑物火灾时的需要，采用消火栓接出的水带长度为6条。

不论高压、临时高压或低压消防给水系统，生产、生活和消防合用一个给水系统时，均应按生产、生活用水量达到最大时，保证满足其他消防用水设备的水压和水量的要求。（一般为离泵站最远处）消火栓或其他消防用水设备的水压和水量的要求。

生产、生活用水量按最大日最大小时流量计算。消防用水量应按最大秒流量计算，以确保消防用水量需要。

②高层工业建筑，若采用区域高压、临时高压消防给水系统时，应保证在生产、生活和消防用水量达到最大时，仍应保证高层工业建筑物内最不利点（或消防站，盛天生产的最喜欢）消防设备的水压要求。

③为防止消防用水时形成的水锤对管网设备的损坏（或其他用水设备的损害），对消火栓给水管网的流速作了限制。

第二节 室外消防用水量

第8.2.1条 城市（或居住区）的室外消防用水量为同一时间内的火灾次数和一次灭火用水量的乘积。

1. 同一时间内的火灾次数

城市或居住区的同时间内发生的甲地发生火灾，消防队出去甲地出水灭火，在消防队的消防车还未归队时，在乙地又发生了火灾，称为城市（或居住区）同一时间内发生2次火灾，如甲地和乙地消防队的消防车都未归队，在丙地又发生了火灾，消防队又去丙地出水灭火，称为城市（或居住区）同一时间内发生3次火灾。

根据辽宁省16个城市火灾统计，其中7个县镇人口为2.5万人以下，4年内设有同一时间内发生2起火灾，故本规范规定人口小于2.5万人的居住区同一时间内火灾次数为1次。其中9个县镇人口在2.5～5万人，都曾同一时间内发生过2次火灾。因此，2.5～5万人口的居住区同一时间内采用2次火灾计算。40万人口以下城市没有发现同一时间内发生过3次火灾。因

能利用地势设置高位水池时，或设置集中高压水泵房，即有可能采用高压给水管道；在一般情况下，多采用临时高压消防给水系统。

当城镇、居住区或企事业单位内有高层建筑物，一般情况下，采用室外高压时高压消防给水系统难以达到。因此，常采用区域或数幢或十几幢建筑物消防合用泵房（即独立建筑物设水泵房的临时高压给水系统），或一幢建筑物设置的室内外消火栓或其他消防给水设备）或一幢建筑物的室内消火栓（或室内其他消防给水设备）的水压要求。

区域高压或临时高压时的消防给水系统，可以采用室外和室内均为高压或临时高压的消防给水系统，也可以采用室内为高压临时高压，而室外为低压的消防给水系统。

3. 低压管道：管网内平时水压较低，火场上水枪需要的压力由消防车或其他水泵加压形成。气压给水装置只能临时高压，室外采用低压消防给水系统。

低压管道消防水管网直接接在消火栓上吸水，一般有两种形式：一是将消防水泵从水罐内吸水，消防车从水罐内吸水看为不利，但由火栓接上水带在消火栓直接在消火栓放水，消防车从水罐内放水，供应火场上消防队的取水方式。后一种方式从水力条件来看最为不利，但由于消防队的取水习惯，常采用这种方式，也因由于某种情况，消防车不能接通消火栓，需要采用这种取水方式供水。为及时扑灭火灾，在消防给水设计时应满足这种取水方式的水压要求。在火场上一辆消防车占用一个消火栓，一辆消防车出两支水枪，每支水枪的平均流量为5l/s，两支水枪的出水量约为10l/s。当流量为10l/s时，直径65mm麻质水带长度为20m时的水头损失为8.6m水柱。消火栓与消防车水罐入口的标高差约为1.5m。两者合计约为10m水柱。因此，室外高压或临时高压消防给水管网最不利点处消火栓的压力不应小于10m水柱。

注：①室外高压或临时高压消防给水管网最不利点处消火栓的压力计算，根据扑救室外火

根据火场实际用水量统计资料可以看出，城市（或居住区）的消防用水量与城市人口数量、建筑物的规模有关。美国、日本和苏联，均按城市人口数的增加而相应增加消防用水量。例如，人口超过40万人口城市消防用水量为44～63l/s，人口超过30万的城市美国也是如此。

根据火场实际用水量是以水枪数量为递增的规律，以二支水枪为基数（即10l/s）作为下限值，以100l/s作为消防用水量的上限值，确定城市（或居住区）的消防用水量，如范表8.2.1。我国的城市（或居住区）的消防用水量比美、日的消防用水量少得多。但接近苏联的消防用水量。如下表8.2.1。

各国消防用水量比较 表 8.2.1

消防用水量（升/秒） 人口数（万人）	美 国	日 本	苏 联	中 国 (本规范)
≤0.5	44～63	75	10	10
≤1.0	44～63	88	15	10
≤2.5	44～63	112	15	15
≤5.0	44～63	128	25	25
≤10.0	44～63	128	35	35
≤20.0	44～63	128	40	45
≤30.0	170.3～568	250～325	55	55
≤40.0	170.3～568	250～325	70	65
≤50.0	170.3～568	250～325	80	75
≤60.0	170.3～568	250～325	85	85
≤70.0	170.3～568	170.3～568	90	90
≤80.0	170.3～568	170.3～568	95	95
≤100.0	170.3～568	170.3～568	100	100

城市室外消防用水量包括居住区、工厂、仓库、堆场、储罐区和民用建筑的室外消防用水量。

此，从5万至40万人口城市同一时间内的火灾次数采用2次计算。

超过40万人口至50万人口城市，曾在同一时间内发生过3次火灾，因此，按3次火灾计算。

超过50万至100万人口的城市，大多均在同一时间内发生过3次火灾，个别有4次的，考虑到经济和安全的需要，仍采用3次。

超过100万人口的城市，考虑到上海市同一时间内发生过4次火灾，北京市曾同一时间内发生过3次火灾，沈阳市也曾同一时间内发生过3次火灾。考虑到超过100万人口的城市，均已有给水系统，改建和扩建给水工程往往是局部性的，超过100万人口的城市的火灾次数，未作规定，结合实际情况适当增加同一时间内的火灾次数。

根据当地火灾统计资料，可按当地火灾次数。

2. 一次灭火用水量

城市（或居住区）一次灭火用水量，应为同时使用的水枪数量和每支水枪平均用水量的乘积。

我国大多数城市（例如上海、无锡、南京等城市）消防队第一出动力量到达火场时，常出两支口径19mm水枪扑救初期火灾，每支水枪的平均出水量在5l/s以上，因此，室外消防用水量的起点流量不应小于10l/s。

根据武汉、南京、上海、株洲等市12次大火（各种类型火灾）平均用水量为89l/s。无锡太湖造纸厂的火场用水量达210l/s，上海锦江饭店用水量达200l/s，这样大火，其用水量很大。大型石油化工厂、液化石油气储罐区等城市目前国民经济的消防用水量也很大。若采用管网来保证其用水量，根据我国目前国民经济水平，确有困难，可采用贮水池来解决。我国高层建筑的最大消防用水量为70l/s（室外和室内消防用水量之和）。一次最大灭火用水量要满足城镇基本安全的需要，又要考虑国民经济的发展水平。因此，100万人口的城市一次灭火用水量采用100l/s。

在较小城镇内有较大的工厂、仓库、堆场、储罐区和较大的民用建筑物时，可能出现工厂、仓库、堆场、储罐区或较大民用建筑物的室外消防用水量超过表8.2.1规定的城市（或居住区）的消防用水量，则该给水系统的室外消防用水量，应按工厂、仓库、堆场、储罐区或较大民用建筑物的消防用水量计算。

原注的规定不够充实后，经修改更加明确、明了。

第8.2.2条 工厂、仓库和民用建筑的室外消防用水量为同一时间内的火灾次数和一次灭火用水量的乘积。

1. 工厂、仓库和民用建筑物的火灾次数：

根据株洲市的8个大型企业调查，基地面积在100万平方米以下，且居住区人数不超过1.5万人的工厂，在同一时间内没有发生2次火灾。因此，同一时间内的火灾次数定为1次。基地面积在100万平方米以下，但居住区人数超过1.5万人的工厂，曾在同一时间内发生过2次火灾。因此同一时间内发生火灾次数超过1.5万人的居住区1.5万方米和居住区1.5万方米和居住区同一时间内3次火灾，亦采用2次火灾计算。

仓库、机关、学校、医院等民用建筑物，没有发现同时有2次火灾，同一时间内的火灾次数按1次计算。

2. 建筑物室外消防用水量与下述因素有关：

①建筑物的耐火等级：一、二级耐火等级的建筑物，可不考虑建筑物灭火用水量，而只考虑冷却用水和建筑物内易燃物资的灭火用水量；三级耐火等级的建筑物，应考虑建筑物本身的灭火用水量；四级耐火等级的建筑物比三级耐火等级的建筑物应大些。

②生产类别：丁、戊类生产火灾危险性最小，甲、乙类生产火灾危险性最大。丙类生产火灾危险性介于甲、乙类和丁、戊类之间。但丙类生产可燃物较多，火场上实际消防用水量大。

③建筑物容积：建筑物容积越大，层数越多，火灾蔓延的速度越快，燃烧的面积也越大，同时使用水枪的充实水柱长度要求也大，消防用水量随之增大。

④建筑物用途：库房堆存物资较集中，一般比厂房用水量大。公共建筑物的室外消防用水量接近丙类生产厂房。

根据上海、无锡、南京、武汉、株洲、西安等市火灾消防用水量统计，有效地扑灭各种火灾的实际消防用水量如下表8.2.2。

有效扑救各种火灾实际消防用水量　　　　表8.2.2

建筑物耐火等级	建筑名称		消防用水量(升/秒)		
			最大一次用水量	最小一次用水量	平均用水量
一、二级	厂房	甲、乙	60	30	45
	库房	丙			
		丁、戊			
		甲、乙	25	10	
		丙	120		60
		丁、戊			
	公共建筑				15
三级	厂房	甲、乙	90	20	40
		丙	140	20	60
		丁、戊	60	20	35
	库房	甲、乙			
		丙	110	20	61
		丁、戊			
	公共建筑		100	20	38.7
四级	厂房	丙	45	30	37
		丁、戊	50	25	25
	库房	丙	65	25	40
		丁、戊			
	公共建筑				

从实际用水量表可看出，有成效扑救火灾时的平均用水量为10l/s，有成效扑救火灾的最小用水量为39.15l/s。各种建筑物用水量（由小到大）的顺序为：

一、二级耐火等级丁、戊类厂房和库房；
一、二级耐火等级公共建筑；
三级耐火等级丁、戊类建筑；
一、二级耐火等级丁、戊类厂房、库房；
一、二级耐火等级甲、乙类厂房；
四级耐火等级丁、戊类厂房和库房；
一、二级耐火等级丙类厂房；
三级耐火等级甲、乙、丙类库房；
三、四级耐火等级丙类厂房和库房；

为保证消防基本安全和节约投资，以10l/s为上限，以每支水枪平均用水量（平均用水量加一支水枪的水量）为上限，以每支水枪消火栓用水量5l/s为递增单位，确定各类建筑物室外消火栓用水量，如规范表8.2.2-2。

注：①建筑物成组布置。作为设计流量，火灾实例也说明，防火间距较小、在任意成大面积的火灾，防火同时的基本安全和节约投资，不按成组建筑物同时起火计算消防用水量，而规定按成组建筑物中相邻两座较大建筑物计算室外消防用水量较之和计算用水量。

②火车站、码头、机场的中转仓库、堆放货物品种变化较大，其室外消火栓用水量按储存丙类物品库房确定。

③近年来古建筑火灾较多，为加强古建筑消防保护，对砖木结构和木结构的用水量应加大必须用水量。

3. 一个单位内设有多种用水灭火设备时，一般应为各种灭火设备的流量之和，作为设计流量。为了在某些情况下，消防投资不致过多，因此规定采用50%的消火栓用水量再加上其他灭火设备的消防用水量。但在某些情况下，消火栓用水量与其他用水灭火设备用水量则较少时，可能计算出来的消防用水量少于消火栓灭火设备用水量，此时仍应采用建筑物的室外消火栓用水量（即表8.2.2-2的用水量）。

第8.2.3条 根据株洲、上海、无锡、青岛等市堆场发生火灾、使用的消防用水量统计，最大一次堆场用水量为210l/s（无锡市太湖造纸厂堆场），最小一次为20l/s，其他16次堆场同时出水扑救防用水量均在50~55l/s（即火场采用10~11支水枪同时出水扑救）之间，平均用水量58.7l/s。因此，以20l/s为基数（最小值），以5l/s为速增率，以60l/s为最大值，确定堆场消防用水量如规范表8.2.3。

可燃气体储罐和储罐区，按储罐的形式有二种：

湿式活塞式煤气储罐比干式的危险性较小，且易于控制，扑救也较困难。因此，在条件允许时宜在罐内设置冷却和灭火设备。规范表8.2.3内可燃气体储罐或储罐区的室外消防用水量，系消火栓给水系统的用水量，也是基本安全日用水量最少的。若设有固定冷却设备时，固定冷却设备的用水量宜再增加。

第8.2.4条 变压器起火后，需要的消防用水量与变压器的储油量有关，而变压器的储油量又与变压器的容器有关。变压器的容量越大，相应的变压器油量和体积也大。变压器容量与油量、体积关系如表8.2.4-a。

火场实践表明，使用水喷雾扑灭变压器油火有良好的灭火效果。国外也常采用水喷雾灭火设备保护。通过多年的科学试验，我国也证明扑灭变压器火灾，采用固定式水喷雾灭火设备是可行的、有效的。

变压器越大（体积越大）需要设置的水喷雾喷头数量也越多，则需消防用水量也越大。每个喷头的流量与喷头水压力的大小有关。如表8.2.4-b。

第8.2.4条的规定删除，应按现行的国家标准《水喷雾灭火系统设计规范》的规定执行。

容量小于4万kVA的室外变压器或干式变压器，以及采用不燃液体的变压器，可不设置水喷雾固定灭火设备。

在设计室外消防给水时，除应考虑室外消防水量的要求外，还应设置室外消火栓，以便火场上消防队员使用移动式消防用水量（消防水枪），阻止火灾蔓延扩大。因此，室外变压器的消防用水量应为喷雾固定灭火设备用水量和室外消火栓用水量之和进行计算。

第8.2.5条 甲、乙、丙类液体储罐，火灾危险性较大，发生火灾后，火焰高，辐射热大，还可能出现品流散。原油、重油、渣油、燃料油等，若含水量在0.4%～4%之间，发生火灾后，还易出现沸溢。

储罐发生火灾，油罐变形，破裂是很危险的，因而需要用大量的水对油罐进行冷却，并应及时地组织扑救灭火和灭火用水。

丙类液体储罐，应有冷却用水和灭火用水量。

一、扑救液体储罐火灾，灭火剂较多，可采用低倍数空气泡沫、抗溶性泡沫和高倍数泡沫。目前最常用的是低倍数空气泡沫和氟蛋白泡沫。酒精等可溶性液体也可采用抗溶性泡沫，灭火用水量系指配制泡沫的用水量。普通低倍数空气泡沫、蛋白泡沫用水量与泡沫混合液相混合比为94:6（即94分水和6分泡沫混合液）。因此灭火用水量与泡沫混合液量有关。

固定顶立式罐、内浮顶罐、油池的液面积计算。泡沫混合液按罐区最大罐（或最大油池）的液面积计算。泡沫混合液的最低供给强度不应小于规范表8.2.5-1的规定。

实践证明，空气泡沫的供给强度与泡沫灭火系统的、半固定式灭火系统时，泡沫沿罐壁流至液面，泡沫沿罐壁流至液面，

变压器规格表　　　表8.2.4-a

变压器容量 （千伏/千瓦）	油量 （吨）	外壳尺寸（长×宽×高） （毫米）
SFL₁-40000/110	10.00	6300×4350×5410
SFL₁-50000/110	7.73	6300×4250×5500
SFL₁-63000/110	10.95	6690×4290×5560
SFL₁-90000/110	13.65	7660×5660×6175
SFL₁-120000/110	12.68	6760×4300×6670
SFL₁-120000/110	15.80	6950×4360×6350
SFL₁-120000/110	15.70	8215×4190×6080
SFL₁-120000/110	23.00	8080×4930×7200
SFPSZL₁-120000/110	41.10	10656×6355×6570
SSPL-120000/110	23.20	7530×3316×7100
SSP-260000/220	31.80	11970×3700×7360
SSP-360000/220	44.20	8570×4430×7360
SSP-360000/220	54.00	9570×4710×5910
SSPPL-360000/220	51.50	10340×4415×7300
SFPS-150000/220	41.00	12000×6000×7000
OSSPSZ-360000/330	53.00	12540×6700×8150

水喷雾喷头流量与喷头水压力的关系　　表8.2.4-b

喷头压力 （公斤力/厘米²）	4.2	5	5.8	6.5	7.5
喷头流量 （升/秒）	8.6	9.3	9.8	10.6	11.1

一般情况下，水喷雾喷头的压力可采用6.5kgf/cm²，则每个喷头的流量约10 l/s。

因为现行的国家标准《水喷雾灭火系统设计规范》对保护可燃油浸电力变压器的所有设计参数均作出了具体规定，所以原

泡沫利用效率高，灭火效果好。采用移动式灭火设备时，火场水压难于稳定，同时泡沫利用效率很低。特别是采用泡沫灭火时，往往由于风力、操作方法和扑救方式不同，泡沫损失很大，因此采用移动式灭火设备时应采用较大的供给强度。考虑到本规范适用全国，各地灭火力量相差很大，并考虑到目前的国家经济水平，采用了较低的规定的供给强度。在实际工作中，若条件允许，应采用比本规范规定的供给强度较高的供给强度。

氟蛋白泡沫在液下喷射灭火设备，不易遭到油罐发生爆炸时的破坏，是较为可靠的一种泡沫灭火设备。

酒精等水溶性液体，对泡沫中的水份，致使泡沫破灭，失去灭火作用，因性泡沫很易吸取泡沫中的水份，致使泡沫破坏，失去灭火作用，因而采用较大的供给强度。

油罐或其他液体储罐发生灭火爆炸事故时，油罐底部可能出现局部损坏，或罐壁出现裂缝，或发生沸溢、油品发生流散。例如1984年4月某市石油化工厂油罐发生爆炸、油品全部流散，形成大面积火灾。因此，除考虑油罐需要用泡沫灭火以外，还应考虑扑救流散液体火灾所需要的泡沫混合液流量。

泡沫管线内要消耗一部分泡沫混合液（在开始时水液比不正常，扑救最后阶段泡沫管线内还积存有一部分泡沫混合液），因此在设计时应考虑一定的安全系数，以策安全。

浮顶油罐泡沫混合液在环形堰板与罐壁之间的环形面积计算。考虑到泡沫在环形槽内流动阻力较大，因此，在罐上安装的泡沫产生器的型号不应大于PC16，以保证灭火效果，内浮顶油罐发生爆炸，内浮顶易遭破坏，因此其泡沫混合液量应按固定顶立式罐进行计算。

氟蛋白液下喷射灭火设备的泡沫混合液供给强度不应小于8l/min·m²；泡沫的发泡倍数较低，一般为3倍左右。

酒精等水溶性液体对泡沫的破坏力很强，且其蒸汽的穿透能力也较强，难以用普通蛋白泡沫，氟蛋白泡沫扑救，应采用抗溶性泡沫，同时应有较大的泡沫供给强度。特别是乙醚的穿透能力最强，有时其泡沫穿过泡沫层，并在泡沫层上面燃烧。因此要求较大的泡沫供给强度。

卧式罐发生火灾，液体流散的可能性较大；地上、地上、半地下及地下无覆土的卧式罐的泡沫混合液量，应按土堤内的面积进行计算。当土堤较大时，消防队到达火场后，有可能采取适当的阻油设施（例如临时筑阻油堤等），故土堤的面积超过120m²时，仍可按120m²计算，以节约投资。

掩体内油罐发生爆炸时，掩体顶盖坍落，整个掩蔽室发生燃烧，因此泡沫混合液量应按掩蔽室的面积计算。由于掩体坍落后，掩体内泡沫混合液要求有较高的泡沫或泡沫混合液的供给强度。

储罐发生火灾，火场情况比较复杂，可能发生意想不到的情况，例如出现油品喷溅，液体流散，或出现阻碍泡沫扩散的障碍物等，在在在火场需要组织数次进攻。规定的泡沫供给强度（或泡沫混合液的供给强度）是按战水平较高的消防队规定的。实际国内各消防队扑救液体火灾的技术水平相差很大。本规范规定泡沫混合液的供给时间，即泡沫灭火延续时间采用30min计算。

除了储罐本身需要泡沫灭火外，流散出来的液体火焰亦需要泡沫扑救，一般情况下，在扑救油罐火灾之前，首先应灭流散液体火焰，以利消防队开辟进攻路线；根据扑救经验，需用的泡沫数量如规范表8.2.5-4。扑救流散液体火焰延续时间亦应取用30min。

二、冷却用水量

储罐可设固定式水枪冷却，亦可采用移动式水枪进行冷却。采用移动式水枪冷却时，应设大的消防队，足以对油罐进行冷却，但经常费用大。

采用固定式冷却设备时，应设有固定的冷却给水系统，需要一次性投资，但经常费用小。

采用移动式水枪冷却还是设置固定式冷却设备，应根据当地有无强大的消防队，且该消防队有无扑救油品的泡沫设备情况，以及油库的地势等情况而定。一般情况下，应在安全、经济、技术条件比较后确定。

冷却用水量包括着火罐冷却用水量和邻近罐冷却用水量两部分。

1. 采用移动式灭火设备时着火罐冷却用水量

着火罐的罐壁直接受火焰威胁，一般情况下，5 分钟内可使罐壁的温度上升到 500℃，使罐壁温度达到 700℃以上，在起火后 10min 内，可使罐壁的温度降低 90%以上，钢板的强度降低一半；在起火后 10min 内进行冷却。

若采用移动式水枪进行冷却时，水枪的喷嘴口径不应小于 19mm，且充实水柱长度不应小于 17m。因为这种情况下水枪流量为 7.5l/s，能控制周长 8~10m。若按火场操作水平较高的消防队考虑，以 10m 计，则着火罐每米周长冷却用水量为 0.75l/s，并考虑到罐接口的漏水损失等因素，则着火罐应按火罐冷却水的供给强度不应小于 0.6l/s·m。

2000m³ 以下油罐和半地下浮顶立式罐的地上部分高度较小，浮顶罐和半地下固定顶罐的燃烧强度较低，水枪充实水柱长度可采用 15m，口径 19mm 水枪流量为 6.5l/s，按控制周长 10m 计，供给强度可采用 0.45l/s·m² 计算，以节约投资。但应指出，油罐小每支水枪控制周长相应减少，半地下罐辐射热接近地面，对灭火人员威胁也大，因此在条件许可时，仍应采用较大的强度。

地上卧式罐的冷却供给强度，应保证着火罐不变形、不破裂，应按全部罐表面积计算，且供给强度不应小于 0.1l/s·m²。

地下掩蔽室内凹地下式的立式罐或卧式罐的冷却，应保证无覆土罐表面积均得到冷却，冷却水的供给强度不应小于 0.1l/s·m²。

2. 采用移动式水枪对邻近罐的冷却用水量

邻近罐受到火焰辐射热的威胁，因此靠近着火罐方向的邻近罐的一面，应进行冷却。邻近罐受到火焰的辐射热威胁程度一般比着火罐小（下风方向受到火焰的直接烘烤时，亦可能与着火罐相似）。一般地说冷却的供给强度可适当降低，采用较小口径水枪进行冷却。邻近罐的冷却范围按半个周长计算，容量大于 1000m³ 固定顶立式罐的冷却用水供给强度不应小于 0.35l/s·m，灭火实践证明，这个规定是十分必要的。

邻近卧式罐按半个罐表面积计算，为保证邻近罐的安全，其冷却水供给强度不应小于 0.1l/s·m²。

半地下、地下罐发生火灾，半地下罐的无覆土罐壁将受到火焰辐射热的作用；地下罐一般有二种情况，直接覆土的地下罐发生火灾后可能下塌，形成塌落坑的火灾；地下掩蔽室罐油罐发生火灾后，掩蔽室盖塌落，会形成整个掩蔽室燃烧，火焰接近地面，对四周威胁较大，特别是凹池内油罐，接近地上罐，应按地上罐要求，其冷却用水量应按地上的表面积一半计算。地上卧式掩蔽室内的凹式罐，仍应按地上罐计算。冷却水供给强度为 0.1l/s·m²。

3. 固定式冷却设备的着火罐

安有固定式冷却设备立式的着火罐的冷却用水量按全部罐周长计算，冷却水供给强度不应小于 0.5l/s·m。

安有固定式冷却设备卧式的着火罐的冷却用水量按全部罐表面积计算，其冷却水的供给强度不应小于 0.1l/s·m²。

4. 固定式冷却设备的相邻罐

安有固定式冷却设备立式的相邻着火罐的冷却用水量可按半个罐周长计算，其冷却水的供给强度不应小于 0.5l/s·m。这里必须注意的是，在设计固定冷却设备时应有可靠的技术设施，保证相邻罐能开启靠近着火罐一面的供给冷却喷水设备。若设没有这种可靠的控国家标准《低倍数泡沫灭火系统设计规范》重复，故全部删去。

第8.2.6条 冷却水延续时间

储罐直径越大，扑救越困难，灭火准备时间长，火灾统计资料说明，液体储罐发生火灾燃烧时间均较长，有些长达数昼夜。为节约投资和保证基本安全，浮顶罐、掩蔽罐和半地下固定顶立式罐，其冷却水延续时间按4小时计算；直径超过20m的地上固定顶立式罐冷却水延续时间按6h计算。

第8.2.7条 液化石油气罐发生火灾、燃烧猛烈、辐射热大，液化石油气罐受火焰辐射热影响罐温升高，则内部压力剧增大，会造成严重的后果。为及时冷却液化石油气储罐，因此规定液化石油气储罐应设置固定冷却设备。在燃烧区周围亦需用水枪加强保护。除固定冷却设备进行冷却外，可采用移动式水枪或稳定式冷却设备进行冷却。因此，液化石油气罐应考虑固定冷却用水量和移动式水枪保护水量，全部依靠手提式水枪冷却有困难，因此要求设置固定式带架水枪，并应确保一支带架水枪的充实水柱到达罐体的任何部位。

为加强和补充液化石油气罐区内管网的压力和流量，应给水管网上设置消防车利用水泵接合器，以便消防车利用水泵接合器向管网供水。

第8.2.8条 城市、居住区、工业企业的室外消防给水，当采用生产、生活和消防合用一个给水系统时，应保证在生产、生活用水量达到最大小时用水量时，仍应保证室内消防和室外消防用水量，消防用水量按灾害秒流量计算。

工业企业内的相邻消防合用一个给水系统时，当生产用水可作为消防用水，日不合致二次灾害者，生产用水可作为消防用水。

制设施，在开启冷却设备后整个周长不能分段或若干面控制时，则应按整个周长出水计算，即应按整个罐周长计算冷却用水量。

安有固定式冷却设备的卧式罐的相邻罐的冷却水量，应按表面积的一半计算，其冷却水的供给强度不应小于0.1 l/s·m²。若无可靠的技术设施来保证着火罐一边洒水冷却时，则应按全部罐表面积计算。

注：①按冷却水供给强度应从满足实际灭火需要冷却水出发，一般按5000m³储罐，采用ф16～19mm水枪充实水柱60度倾射程喷水灭火为准。

②相邻罐采用不燃烧材料进行保温时，油罐壁不易迅速升高到危险程度，冷却水可适当降低，其冷却水的供给强度可按规范表8.2.5-5 减少50%。

③储罐应有冷却用水，其冷却水应有移动式水枪或稳定式冷却设备进行冷却。当采用移动式水枪进行冷却时，无覆土保护的卧式罐、地下立式罐，灭火进行时的防护用水量的需要，仍应采用15 l/s。

④扑救油罐火灾采用消防移动式水枪15个，四邻罐受威胁很大，在组合布置时，在着火罐1-5及45°，若油罐高度超过15mm时，则水枪柱长度为17.3～21.2m，则口径19mm的水枪反作用力超过15～37kg，而水枪反作用力超过15kg时，一人就难以操作。因此，地上油罐的高度超过15m时，宜采用固定式冷却设备。

⑤甲、乙、丙类液体储罐着火，四邻罐受威胁很大，在组合布置时，在着火罐1-5倍直径范围内的相邻油罐数可达8个，为了节约投资和保证基本安全，当相邻罐超过4个时应按4个计算。

三、覆土保护的地下油罐一般均为掩蔽室内油罐，发生火灾后掩蔽室明落、敞开燃烧、火焰辐射热沿地面扩散，对灭火人员威胁最大，为方便于消防扑救工作，应有防护冷却的投影面积）计算，其冷却水的供给强度不应小于0.1 l/s·m²，计算出来的水量少于15 l/s时，为满足一支喷雾水枪（或开花水枪）的水量要求，仍应采用15 l/s。

原条文第8.2.5条第一款中的一项至七项的内容，和现行的

第8.3.2条 提出室外消火栓的布置要求。

一、消火栓可沿道路布置,为使消防队在火场使用方便,在十字路口应设有消火栓。

消火栓间距过宽,为扑灭火灾方便,避免水带穿越道路(影响交通或水带被车辆压破)宜在道路两边均设消火栓。考虑到两边均设消火栓在某些场所可能有困难。因此提出超过60m时,应在道路两边设置消火栓。

甲、乙、丙类液体和液化石油气罐区发生火灾、火焰高、辐射热大,人员很难接近,甲、乙、丙类液体还有可能出现液体流散,因此,消火栓不应设在防火堤内,应设在防火堤外的安全地点。

为保证消防车从消火栓取水方便,消火栓距屋外墙不宜小于2m。

为保证消火栓使用安全,距房屋外墙不宜小于5m。

二、保证沿街建筑能有二个消防车的保护(我国城市消防队一般第一出动力量多为二辆消防车,每个消防车占领一个消火栓取水灭火。我国城市街坊内的道路间距不超过160m,而消防干管一般沿道路设置,因此,二条消防干管之间的铺设距离不超过160m。国产消防车的供水能力(双干线最大供水距离)为180m,火场水枪手需留机动水带长度10m,水带在地面的铺设系数为0.9。则消防车实际供水距离为$(180-10)×0.9=153m$,若按街防两边道路均设有消火栓计算,则每边防消火栓的保护范围为80m,则直角三角形斜边长153m,竖边为80m,底边为123m。故规定消火栓的间距不应超过120m。

三、室外消火栓是供消防车使用的,消防车的最大供水距离(即保护半径即为消火栓的保护半径)一般为150m,故消火栓的保护半径为150m。

一辆消防车一般出一支口径19mm水枪,当充实水柱长度为15m时,每支水枪流量为6.5l/s,两支水枪流量为$6.5×2=13l/s$。因此,消防用水量不超过15l/s(一辆消防车的供水量即能满足)

但生产检修时,应能不间断供水。为及时保证消防用水,因此生产用水转换成消防用水的阀门不应超过两个,且开启阀门的时间不应超过5min,以利于及时供应消火栓消防用水。若不能符合上述条件时,生产用水不得作为消防用水。

第三节 室外消防给水管道、室外消火栓和消防水池

第8.3.1条 提出消防给水管道的布置要求。

一、环状管网水流四通八达,供水安全可靠,因此消防给水管道应采用环状给水管道。但在建设初期铺设输水干管要一次形成环状管道有困难,允许采用枝状,但应考虑今后有形成环状的可能。当消防用水量较少,为节约投资亦可采用枝状给水管道。因此规定消防用水量少于15l/s时,可采用枝状给水管道。

二、为确保环状管网的水源,因此规定环状管网输水管不应少于两条。当输水管检修时,仍应供应生产和消防用水。为保证消防基本安全,本规范规定,当其中一条输水管发生故障时,其余的输水管仍应能通过消防用水总量。

工业企业内,当停止(或减少)生产用水会引起二次灾害(例如引起火灾或爆炸事故)时,输水管中一条发生故障时,其余的输水管仍应能保证100%的生产、生活、消防用水,不得降低供水保证率。

三、为保证环状管网的供水安全可靠,管网上应设消防分隔阀门。阀门应设在管道的三通、四通分水处,阀门的数量应按n-1原则设置(三通n为3,四通n为4)。当两阀门之间设置消火栓超过5个时,在管网上应增设阀门。

四、设置出来消火栓的管道直径,应由计算决定。但实践和水力试验说明,直径100mm的管道勉强供应一辆消防车用水,因此在条件许可时,宜采用较大的管径,例如上海的消防给水管道的最小直径采用150mm。

时，为节约投资，本规范规定在市政消火栓保护半径150m内，当其单位（或建筑物）的室外消防用水量不超过15l/s时，可不再设室外消火栓。

四、每个室外消火栓的用水量，即是每辆消防车的充实水柱长度在10～17m时，其相应的流量在10～15l/s计算。

第8.3.3条 消防水池储存消防用水安全可靠。

在下列情况之一，应设消防水池：

1. 市政给水管道直径太小，不能满足消防用水量要求（即在生产、生活用水量达到最大时，不能保证消防用水量）；或进水管由枝状管道供水或虽有一条进水管，虽能满足流量要求，但由枝状管道供水或虽有一条进水管，当能满足流量要求，为安全计，仍应设置消防水池。因为室内外消防用水量较小，由枝状管道供水或虽有一条进水管，可不设消防水池。发生火灾时停水，可由消防队解决快补水。（即消防车接力供水或运水解决）。

虽有天然水源，其水位太低、水量太少或枯水季节不能保证用水的，仍应设消防水池。

2. 市政给水管道为枝状或虽成环状只有一条进水管，则在检修时可能停水、影响消防用水的安全。因此，室内外消防用水量超过20l/s，而由枝状管道供水或虽成环状只有一条进水管，虽能满足流量要求，为安全计，仍应设置消防水池。若室内消防用水量小于20l/s，而由枝状管道供水或虽成环状只有一条进水管，当能满足流量要求，为节约投资，可不设消防水池。因为室内外消防用水量较小，发生火灾时停水，可由消防队解决快补水。（即消防车接力供水或运水解决）。

第8.3.4条 消防水池的容量应为室内外消防用水量与火灾延续时间用水量之积。消防水池储存室内和室外消防用水时，应按室内外用水量之和计算。

火灾延续时间按消防车去火场后开始出水时算起，直至火灾被基本扑灭为止的一段时间。

火灾延续时间是根据火灾场次统计资料、国民经济的水平以及消防力量等情况，综合权衡确定的。

根据北京市2353次火灾、上海市1035次火灾以及沈阳市、天津市等火灾统计，城市、居住区、工厂、丁戊类库房的火灾延续时间较短，绝大部分都在2h之内（北京市占95.1%；上海市占92.9%；沈阳市占97.2%）。因此，城市、居住区、工厂、丁戊类仓库的火灾延续时间，本规范采用2h。

甲、乙、丙类仓库内，大多储存着易燃易爆物品，而且扑救也较困难，燃烧时间一般均较长，损失也较大，特别是甲、乙类仓库内起火，还需要采用专门的灭火剂（例如泡沫、干粉等），准备扑救时间较长，在准备过程中需要冷却。因此，甲、乙、丙类库可燃气体储罐储罐火灾延续时间采用3h。甲、乙、丙类液体储罐发生火灾时，火灾延续时间一般较长。直径较小时灭火准备时间短，也较易扑救。因此直径小于20m的甲、乙、丙类液体储罐和发生火灾时间采用4h，而直径大于20m的甲、乙、丙类液体储罐采用6h。易燃、可燃材料的露天堆场灭火困难，扑救数天之久。既考虑灭火需要又经济上的可能性，有些堆场灭火延续时间为6h。造纸厂堆场灭火需要与厂区相邻，因为纸厂的生产用水量很大。发生火灾时可以作为消防用水，故纸厂的原料堆场的火灾延续时间可按3h计算。自动喷水灭火设备是扑救中初期火灾的火灾效果很好的灭火设备，考虑到二级建筑物的楼板耐火极限为1h，因此火灾延续时间采用1h。如果在1h内还未扑灭火灾，自动喷水灭火效设备将因建筑物的倒塌而损坏，失去灭火作用。

在火灾延续时间内不能确保连续送水时，消防水池的容量可以减去火灾延续时间连续送水的水量。确保连续送水的条件为：

A. 消防水池有二条补水管，且分别从环状管网的不同管段取水。其补水量按最不利情况计算。例如有两条补水管，按管径较小的补水管计算。如果水压不同时，按补水量较小的补水管计算时间。

计算。

B. 若部分采用供水设备，该供水设备应有备用泵和备用电源（或室内燃机作为备用动力）。能使供水设备不同断地向水池供水的输水管不少于两条时，才可减去火灾延续时间内补充的水量。在计算补水量时，仍应按最不利的补水管进行计算。

消防水池要进行检修或清洗，为保证消防用水的安全，当水池容量较大时，应分设成两个，以便一个水池检修时，另一个水池仍能保存必要的应用水。在条件许可时，一般均应分设成两个消防水池，以策安全。

消防水池的补水时间主要是考虑检修后补水或第二次扑救同一题，在火灾危险性较大的高层工业建筑和重要企业单位，有可能在较短的时间内发生第二次火灾。一般情况下，补水时间可不超过48h。在无管网的缺水区，采用深井泵补水时，可延长到96h。

消防水池供水应保证移动式消防车用水时，消防车的保护半径（即一般消防车发挥其最大供水能力时的供水距离）为150m，故消防水池的保护半径规定为150m。

消防水池要供保护半径内的所有一切建、构筑物发生火灾时的消防用水。因此消防水池不应受到建筑物火灾的威胁，消防水池离建筑物的距离不应小于15m。离甲、乙、丙类液体储罐的距离不宜小于40m。

为便于消防车取水，并能充分利用消防水池用水，消防水池的深度不应超过6m。

消防用水与生产、生活用水合并时，为防止消防用水被生产、生活用水所占用。因此要求有可靠的技术设施（例如消防水池之水的出水管所占用。因此要求消防水管设在消防水面之上），保证消防用水不被他用。

在寒冷地区消防水池应有防冻设施，保证消防车取水和火场用水的安全。

第四节 室内消防给水设施布置范围

第8.4.1条 本条提出了室内消防给水设施的范围和原则。

一、厂房、库房是生产和储存物资的重要建筑物，应设室内消防给水设施，有些科研楼、实验楼与生产厂房相似，因而也应设室内消防给水设施。但建筑物内存有与水接触能引起爆炸的物质，即与水能起强烈化学反应，发生爆炸燃烧的物质（例如：电石、钾、钠等物质）时，不应在该部位设置消防给水设备。如果实验楼、科研楼内存有少数该物质，仍应设置室内消防给水设备。

二、剧院、电影院、礼堂和体育馆等公共活动场所，人员多，发生事故后伤亡大，政治影响大，应设置室内消防给水设备。为节约投资和保证基本安全，因此规定超过800座位的剧院、电影院、俱乐部超过1200个座位的礼堂，体育馆应设置室内消防给水设备。

三、车站、码头、机场、展览馆、商店、病房楼、教学楼、图书馆等，流动人员较多，发生火灾后人员伤亡大，政治影响大，因此应该设有室内消防给水设施。由于这些建筑的层高相差很大，因此以体积计算，体积超过5000m²时，均应设置室内消防给水设备。

四、超过七层的单元式住宅，超过六层塔式、通廊式、底层设有商业网点单元式住宅，层数较多，高度较高，发生火灾后易蔓延扩大，因此要设置室内消防给水设备。但底层一般情况下，七层单元式住宅可不设消防给水设施。如果底层设有商业网点，易引起火灾蔓延和扩大的七层住宅，仍应设置室内消防给水设备。如果一座单元式住宅商业网点的占地面积之和不超过100m²，且用耐火极限不低于2h的非燃烧体材料的墙和楼板与其他部位隔开，七层单元式住宅亦可不设室内消防给水设施。如果商业网点超过一层，则应按商店要求，设置室内消防给水设施。

若建筑内既有住宅、办公用房，又有商店、库房、工厂等，按火灾危险性较大者确定是否需设置室内消防给水设施。

五、超过五层或体积超过10000m²的民用建筑，层数较多或体积较大，火灾易蔓延，应设室内消防给水设施。

六、近年来古建筑火灾较为突出，且损失很严重。古建筑是我国人民宝贵的财富，应加强防火保护。

在国外（例如日本）木结构均作为防火保护的重点，不仅在防火上采取措施，而且均设置了较完善的灭火设备。

古建筑的安全引起了我国人民的关切，特别是旅游业发展以来，不少古建筑需修复和重建，因此消防设施应尽快跟上。

我国是伟大的文明古国，古建筑遍布全国各地，要全部进行消防保护，在目前国民经济水平下，是有困难的。因此，本规范仅对有木结构的国家级文物保护单位，要求应设置消防给水设施。

本条注有两种含义：其一是单层的一、二级耐火等级的厂房内，如生产性质不同的部位，应根据火灾危险性，确定各部位是否设置室内消防给水设施；其二是一幢多层、二级耐火等级的厂房内，如生产性质不同的防火分区，若竖向用防火墙分隔物分隔开（例如用防火墙分开），可按各防火分区火灾危险性设置消防给水设备。如果在一个防火分区内没有防火墙进行分隔开，而上下各层火灾危险性不同时，应按本险性较大楼层确定消防给水设施。多层一、二级耐火等级的厂房内当设有消防给水设施时，则每层均应设置消防栓。建筑物内不允许有些楼层设消防栓而有些楼层不设。但自动喷水灭火蔓延，以利火场防止火灾蔓延。

第8.4.2条 一、二级耐火等级的建筑物内，即使发生火灾，也不会造成较大的经济损失（例如不超过1万元），且不会造成较大火灾（例如不超过100m²），且室内可燃物较少，可燃物较多（例如丁、戊类厂房内有淬火

槽）、丁、戊类库房内可燃物较多（例如有较多的可燃包装材料、木箱包装机器、纸箱包装灯泡等），仍应设置室内消防给水设施。

耐火等级为三、四级且建筑体积不超过3000m³的丁类厂房以及建筑体积不超过5000m³的戊类厂房，虽然建筑物是可燃的，为节约投资，可不设室内消防给水设施，其初期扑救可由消防队扑救。

建筑体积较小（不超过5000m³）、且室内又不需要生产、生活用水的给水管道，而室外消防用水采用消防水池储存、供销防车（或手抬泵）用水。这样的建筑的室内可不设消防给水管道，其初期火灾由消防队扑救。

第五节 室内消防用水量

第8.5.1条 建筑物内设有消火栓、自动喷水灭火设备、水幕设备等数种水消防用水量之和计算。例如百货楼内的营业厅设有消火栓、自动喷水设备，而百货楼的地下室的锅炉房内设有消火栓、水幕、自动喷水，则应选用地下室两者之中的用水总量较大者，作为设计用水量。但大型剧院舞台上设有闭式自动喷水和雨淋灭火设备，考虑同时开启几率较少，可不按两者同时开启计算。

总之，凡着火后需要同时开启的消防的用水量，应叠加起来，作为消防设计流量，以保证灭火效果。

第8.5.2条 建筑物内的消防用水量与建筑物的高度、建筑的体积、建筑物内可燃物的数量、建筑物的耐火等级和建筑物的用途有关。

建筑物的高度：消防车使用室外水源（市政管网、水池或天然水源）能够扑救的火灾，而室内设置的消防给水系统，仅用于扑灭初期火灾的，称为低层建筑消防给水系统。建筑高度超过消防车的常规供水能力，需以室内消防给水系扑救和建筑物火灾的，称

为高层建筑室内消防给水系统。因此高层建筑消防给水系统和低层建筑消防给水系统的划分，主要取决于消防车供水能力。计算和试验证明，一般消防车（例如解放牌消防车）按常规供水的高度约24m。同时国产的云梯车的高度接近24m，因此高层建筑室内消防给水系统和低层建筑室内消防给水系统的划分高度采用24m。若消防车出需较长时间，一般情况下，从报警至出水需20多分钟）约为50m，国外进口的云梯车也达50m，在50m高度内，一般消防车还能协助高层建筑灭火工作，但不能作为主要灭火力量了。

建筑物体积：建筑物的体积越大，即建筑物的空间越大，火灾蔓延快，需要较大的灭火力量。同时需用较大口径的消防水枪和较大的充实水柱长度，因此需要较大的消防用水量。

建筑物内可燃物数量：建筑物内可燃物越多（例如库房），消防用水量也大。例如室内火灾荷载为15kg/m²作为基数，其消防用水量为1，则室内火灾荷载为50kg/m²时消防用水量为1.5，火灾荷载为100kg/m²时，消防用水量为3。

建筑物用途：建筑物用途不同，消防用水量也各异。消防用水量的递增顺序为民用建筑、工厂、仓库。工业建筑消防用水量的递增顺序为戊类、丁类、甲乙类、丙类。

综合上述因素，确定室内消防栓的消防用水量。如规范表8.5.2第三项，室内消防栓用水量为同时使用的水枪数量和每支水枪的用水量的乘积。

一、低层建筑室内消防栓给水系统的消防用水量

低层建筑室内消防栓初期灭火控制率与灭火效果统计，在火场出一支水枪初期灭火控制率为40%，同时出两支水枪灭火场可达65%，可见扑救初期火灾平均水枪数量不应少于两支。考虑到库房内一般平时无人，着火后人员进入库房使用室内

消火栓的可能性亦不很大，因此，对高度不大（例如小于24m），体积较小（例如小于5000m³）的一般库房，可在库房的门口处设置室内消火栓，故采用一支水枪的消防用水量，为发挥该支水枪的灭火效能，规定水枪的用水量不小于5l/s。而其他的库房和厂房的消防用水量应不小于两支水枪的用水量。

二、高层工业建筑室内消火栓给水系统的消防用水量

高层工业建筑的室内消防栓给水系统，应具有较大的灭火能力，应能扑救较大的火灾。因为高层工业建筑不能依靠移动式灭火设备，而应立足于自救。

根据灭火用水量统计，有成效扑救较大火灾的平均用水量为38.7l/s，扑救较大公共建筑物大火的平均用水量为39.1l/s，扑救大的平均用水量达90l/s。根据室内可燃物的多少、建筑物的高度、体积，并考虑到发生火灾后的经济损失、人员伤亡、政治影响，以及经济投资等因素，高层厂房室内消火栓用水量为25～30l/s，高层库房室内消火栓用水量采用30～40l/s。

注：① 高层工业建筑物内可燃物较少、且火灾不易迅速蔓延时，消防用水量可适当减少。因配置出丁、戊类高层厂房、高层库房（如可燃包装材料较多时除外）的消火栓，即同时使用水枪的数量可减少两支。这样区分后，既可节约投资，又能保证消防的基本安全的要求。

② 小水枪（消防水喉）设备用于扑救初起火灾，且其消防用水量较少。在设有室内消火栓的建筑物内，若设有小水枪时，服务人员或旅客一般首先使用小水枪进行灭火，因为小水枪使用方便，易于操作。若小水枪控制了火势，动用不能扑灭。应该动用。此时仍可能使用或被忽视或关闭，仍在继续出水，动用消火栓也许有影响，为了节约投资，推广此种小水枪灭火设备。因此，在设计时不计算小水枪的用水量。

第8.5.4条 舞台发生火灾，有可能在下部，亦可能在上部的初起预测。因此，高级舞台上除设消火栓、水幕等，还有雨淋灭火设备和闭式自动喷水灭火设备。一般舞台地板上的火灾灭火设备自动喷水灭火效果是不好，在火灾较大时，舞台上部的自动喷水灭火雨淋灭火设备和闭式自动喷水灭火设备效果较好，在火灾较大时，舞台上部的自动喷水灭火

火设备一经使用，可不再使用雨淋灭火设备。考虑到高级舞台上设置的消防设备型式较多，需必消防流量很大，需设计时均按同时开启计算消防用水量，势必消防流量很大，需设计时均按同时开启计算消防用水量，投资和保证舞台的安全，可考虑自动喷水灭火设备与雨淋灭火设备不按同时开启计算，即考虑两者中较大消防用水量计算。因此，当舞台上设有消火栓、水幕、雨淋、闭式自动喷水灭火设备时，可按消火栓、水幕和闭式自动喷水灭火设备用水量之和设计，或按消火栓、水幕和雨淋水灭火设备用水量之和设计。但应选用消防用水量之和较大者，作为设计流量。

自动喷水灭火设备、水幕设备、雨淋水灭火设备，已开始广泛使用。因此，我国已制定了《自动喷水灭火系统设计规范》，消防用水量可按该规范的规定执行。

第六节 室内消防给水管道、室内消火栓和室内消防水箱

第8.6.1条 室内消防给水管道是室内消防给水系统的主要组成部分，为有效地供给消防用水，应采取必要的消防设施：

一、环状管网供水安全，在某段损坏时，仍能供应必要的消防用水，因此室内消防管道应采用环状管道（或环状管网）。环状管道应有可靠的水源保证，因此规定室内环状管道应有两条进水管分别与室外环状管道的不同管段连结。如图8.6.1-1。

为保证供水安全，进水管应有充分的供水能力，即一进一出环状管网，其余进水管应仍能供应全部消防供水量，即生产、生活和消防合并给水管道的进水管，在某段损坏时，生产、生活和消防合并给水管道的进水管，应保证生产、生活用水量达到最大时，仍能满足消防用水量；若为消防专用的进水管，应仍能保证100%的消防用水量。

七层九层单元式住宅的单元消防管道成环状在实际工作中困难较多，且单元式住宅单元每间有分隔墙分开，火灾不易蔓延，因此作了放宽处理，允许成枝状布置。既然管道成枝状，故允许采用一条进水管。

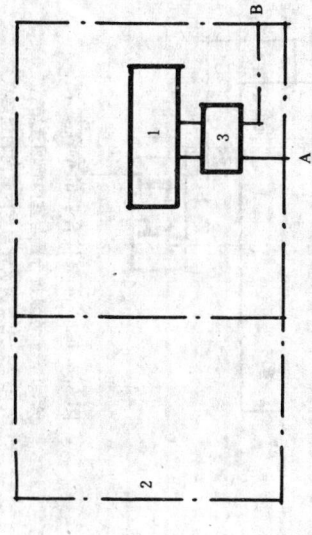

1—室内管网；2—室外环状管道；3—消防泵站
A、B—进水管与室外环状管网的连结点

图 8.6.1-1 进水管连结方法

在实际工作中存在这样的问题，即进水管考虑了消防用水，而水表仅考虑生产、生活用水。当消防用水是较大的单位，一旦着火，就难以保证生产、生活和消防流量和消防水压，因此提出地消消防用水量较大设备（即水表结点）不应降低进水管的进水能力。为解决快这这个问题，可采用下列方法：

1. 进水管的消防流量考虑消防流量，因为生产、生活用水量较大而消防流量相对地说较少时，完全可以做到，不会影响水表在内。量的准确性。要求在选用水表时，应设计入消防流量。

2. 当生产、生活用水量较小而相对地说消防用水量较大时，应采用独立的消防管网，与生产、生活管网分开。生活管网的消防进水管上可不设水表。若要设置水表时，独立的消防水管的进水管上可不设水表。

3. 七至九层单元式住宅的枝状管网上，仅设一条进水管时，可在水表的结点处设置旁通管，旁通管上设阀门，平日阀门关闭，消防水泵启动后，应能自动开启该阀门。在有人员值班的消防泵

消防水泵接合器的数量应按室内消防用水量计算确定。若室内设有消火栓、自动喷水等灭火设备时，应按室内消防总用水量（即室内最大消防秒流量）计算。消防水泵接合器的型式可根据消防车在火场的使用以不妨碍交通，且易于寻找等原则选用。一般宜设在使用方便的地方。每个消防水泵接合器一般供一辆消防车向室内管网送水。

一般消防车能长期正常运转且能发挥消防车较大效能时的流量为10～15l/s。因此，每个水泵接合器的流量亦为10～15l/s。为充分发挥消防水泵接合器向室内管网输水的能力，则水泵接合器与室内管网的连结点（如图8.6.1-2内的A、B两点），应尽量远离固定消防水泵与室内管网的连结点（如图8.6.1-2内的C、D两点）。

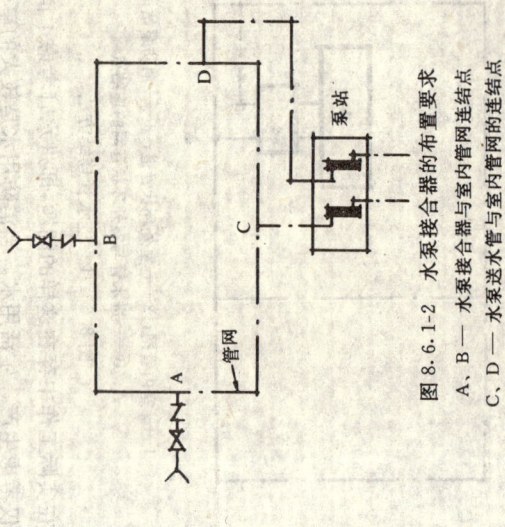

图8.6.1-2 水泵接合器的布置要求
A、B — 水泵接合器与室内管网连结点
C、D — 水泵送水与室内管网连结点

房，也可由值班人员开启。但此水表结点设在值班人员易于接近和便于开启的地方，且水表结点处应有明显的消防标志。

二、超过六层的塔式或通廊式住宅，超过五层或体积超过10000m³的其他民用建筑，超过四层的厂房和库房等多层建筑。如室内消防竖管为两条或超过两条竖管相连组成环状管道。七层至九层的单元式住宅每单元有一根竖管，可组成枝状。

多层建筑消防竖管的直径，应按灭火时最不利处消火栓出水（最不利消火栓）一般定离消火泵最远，标高最高的消火栓，但不包括屋顶消火栓）进行计算确定。每根竖管最小流量不小于5l/s时，按最上一层进行计算；每根竖管最小流量不小于10l/s时，按最上两层消火栓出水计算；每根竖管最小流量不小于15l/s时，应按最上三层消火栓出水计算。

三、高层厂房、高层库房的室内消防竖管的直径，应按灭火时最不利处消火栓出水进行计算确定。高层厂房、高层库房消防竖管上的流量分配，应符合下表的要求。

消防竖管流量的分配　　　　表8.6.1

建筑物名称	建筑高度（米）	竖管流量分配不小于（升/秒）		
		最不利竖管	次不利竖管	第三竖管
高层厂房	≤50	15	10	
高层厂房	>50	15	15	
高层库房	≤50	15	15	
高层库房	>50	15	15	10

四、当计算出来的竖管直径小于100mm时，仍应采用100mm。

消防队员登高扑救，铺设水带需要较长时间，往往丧失有利战机。为消防队到达火场后能及时出水扑救火灾创造条件，以减少火灾损失。因此，超过四层的厂房和库房、高层工业建筑应设有消防水泵接合器。

消防水泵接合器应与室内环状管网连结。当采用分区给水时，每个分区均应按规定的数量设置消防水泵接合器。消防水泵接合器的室外接合器的设置，应能在建筑物的室外进行操作，此阀门应有保护设施，且应有明显的标志。

五、消防管道上的阀门布置。环状管网上有消防阀门。即单层厂房、库房的环状管网上的消防阀门之间的消火栓数量不应超过5个。多层、高层，应设其中一条竖管检修时，其余的竖管仍能供应消防用水。

六、消防用水与其他用水合并的室内管道，当其他用水达到最大秒流量时，仍应保证消防用水量。

发生火灾时，考虑到有洗澡人员处于惊慌恐惧状态、部分喷淋头未关闭就离开课堂，这些淋浴头仍继续喷水，因此淋浴用水量按15%计算入总用水量。

七、当市政给水管道供水能力很大，在生产、生活用水达到最大小时流量时，且市政物内设置的室内消防给水管的进水管，宜直接连接。这样做既可节约国家投资，对消防用水也无影响。否则，凡设有室内消火栓给水系统的住宅、对消防用水不产生相互影响的住宅（例如上海市、沈阳市等）允许室内消防水管直接从室外管道取水（不设调节水池）。

八、防止漏水引起自动喷水灭火影响自动喷水灭火设备用水，或者消火栓平日漏水引起自动喷水灭火设备的误报警，自动喷水灭火设备的管网与消火栓给水管网宜分别单独开设置。当分开设置有困难时，为保证不产生相互影响，在自动报警后的管道上严禁设置消防水泵，消火栓给水系统必须分开，即在报警阀后的管道上严禁设置消火栓。但可共用消防水泵。

单元住宅同短通廊住宅供水条件相近，火灾危险性相近，可同样要求。严寒地区非采暖的工业建筑，冬季极易结水，故规定可采用干式系统，同时，为了保证火灾时消火栓能及时出水，规定在进水管上设快速启闭阀和排气阀。

第8.6.2条 室内消火栓设置合理与否，直接影响灭火效果。

一、凡设有室内消火栓的建筑物，其每层（包括有可燃物的设备层）均应设置室内消火栓。

二、消火栓是室内主要灭火设备，考虑在任何部位，均可使用室内消火栓进行灭火。因此，每个消火栓受到火灾威胁不能使用时，另一个消火栓仍能保护任何部位，故相邻两个消火栓应按出一支水枪计算，不应使用双出口消火栓（建筑物最上一层除外）。为保证建筑物的安全，要求消火栓的布置，保证相邻消火栓的水枪（不是双出口消火栓）充实水柱同时达到室内任何部位，如图8.6.2-a。

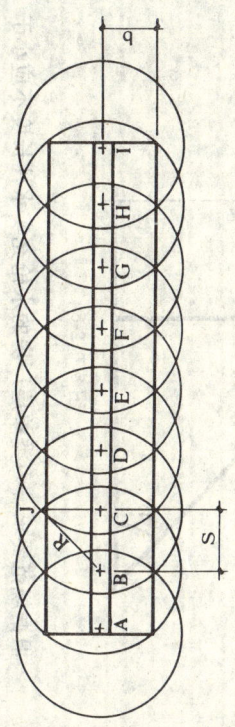

A、B、C、D、E、F、G、H、I—消火栓

图8.6.2-a

消火栓的间距可按下式计算：

$$S = \sqrt{R^2 - b^2}$$

同时使用水枪的数量为 1 支时,应保证有一支水枪的充实水柱到达室内任何部位,其消火栓的布置如图 8.6.2-b。

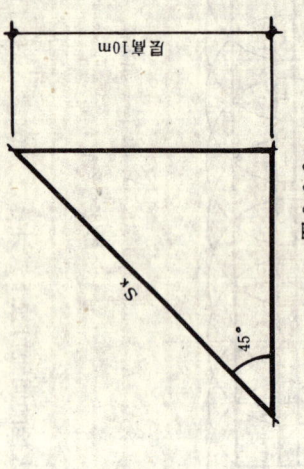

图 8.6.2-b

消火栓的间距可按下式计算:
$$S = 2\sqrt{R^2 - b^2}$$

水枪的充实水柱长度可按下式计算:
$$S_K = \frac{H_{层高}}{\sin\alpha}$$

式中 S_K —— 水枪的充实水柱长度,米;
  $H_{层高}$ —— 保护建筑物的层高,米;
  $\sin\alpha$ —— 为水枪的上倾角。一般可采用 45°,若有特殊困难时,亦可稍大些,考虑到消防队员的安全和扑救效果,水枪的最大上倾角不应大于 60°。

例 1:有一厂房内设有室内消火栓,该厂房的层高为 10m,试求水枪充实水柱的长度。

解:采用水枪上倾角为 45°,如图 8.6.2-c。
该厂房为单层丙类厂房,则需要的水枪的充实水柱长度为:
$$S_K = \frac{10}{\sin 45°} = \frac{10}{0.707} = 14.1m$$

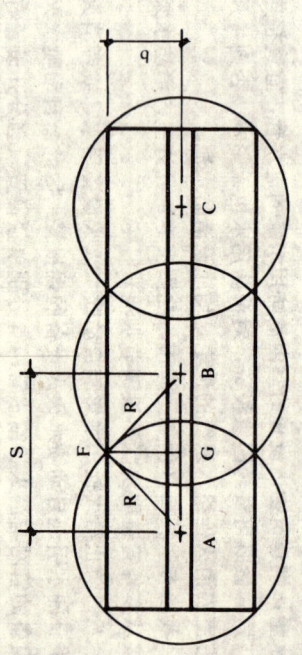

图 8.6.2-c

根据规范要求,丙类单层厂房的水枪充实水柱长度不应小于 7米,经过计算需要采用 14.1m,因此采用 7m,符合规范要求。(大于 7m,符合规范要求。)

若采用水枪的上倾角为 60°,则水枪的充实水柱长度为:
$$S_K = \frac{10}{\sin 60°} = \frac{10}{0.866} = 11.5m$$

该厂房若采用水枪充实水柱长度 14.1m 有困难时,亦可采用 11.5m。

例 2:有一高层工业建筑,其层高为 5m,试求水枪的充实水柱长度。

解:采用水枪的上倾角为 45°,则水枪的充实水柱长度为:
$$S_K = \frac{5}{\sin 45°} = \frac{5}{0.707} = 7.07m$$

计算结果,水枪充实水柱长度仅需 7.07m,但规范规定高层工业建筑的水枪充实水柱长度不应小于 13m。因此,该高层建筑的水枪充实水柱长度应采用 13m,而不应采用 7.07m,以保证火场消防人员的安全和有效地扑救建筑物内的火灾。

三、室内消火栓处静水压力过大，再加上扑救火灾过程中，水枪的开闭产生水锤的作用，给水系统中的设备容易遭破坏，因此消火栓处的静水压力超过80m水柱时，应采用分区给水系统。

消火栓处的水压力超过50m水柱时，由于水枪在消火栓上的水枪作用力作用，难于1人操作，为便于有效地使用室内消火栓上的水枪扑救火灾，消火栓处的水压力超过50m水柱时，应采取减压措施，但为确保水枪有必要的有效射程，减压后消火栓处的压力不应小于25m水柱。减压消防一般为减压阀或减压孔板。

四、消防电梯前室是消防人员进入室内扑救火灾的进攻桥头堡。为使消防人员向火场发起进攻扑开辟通路，在消防电梯前室应设有室内消火栓。保证火场灭火的需要。消防电梯内的室内消火栓与置有其他消火栓一样，无特殊的要求，但不能计入总消火栓数内。

五、消火栓应设在建筑物内明显而便于灭火时取用的地方。为了使在场人员能及时发现和使用消火栓，因此消火栓应有明显的标志，消火栓宜涂红色，且不应伪装成其他东西。

为减小局部水压损失，在条件允许时，消火栓的出口宜向下或与置消火栓的墙面成90°角。

六、冷库内的消火栓为防止冻结损坏，一般应设在常温的穿堂和楼梯间内。冷库才进入闷顶的入口处，应设有常温便于扑救闷顶及楼顶保温层的火灾。

七、消火栓的间距应由计算确定。为了防止布置上的不合理，保证灭火使用的可靠性，规定了消火栓的最大间距要求。高层工业建筑，甲、乙类厂房，设有空气调节系统的旅馆等火灾危险性大，高架库房，发生火灾后损失大的建筑室内消火栓的间距不应超过30m。其他单层和多层建筑室内消火栓的间距不应大于50m。同一建筑物内应采用一规格的消火栓、水带和水枪，便于管理和使用。每条消防水带的长度不应超过25m，因为水带长度过长，在火场上使用不便，我国消防队使用的水带长度一般为20m，但为了节省投资，减少坚管数量，有的地区将室内消防水带长度放宽到25m。

每个消火栓处应设消防水带箱，消防水带箱内放置消火栓、水带和水枪，消防水带箱宜采用有玻璃门，不应采用封闭的铁皮门。以便在万一情况下敲碎玻璃使用消火栓。

八、平屋顶上设置消防顶消火栓，用以检查消防供水设施的性能的使用情况以及设置该建筑物内消防供水设施的性能的使用情况。保护本建筑安邻近建筑火灾，保护本建筑安邻近建筑不受邻近建筑火灾的威胁。屋顶消火栓的数量一般可采用一个。寒冷地区可设在顶层楼梯出口小间附近。

九、高层及时工业建筑内，每个消火栓处应设启动消防水泵的按钮，以便及时启动消防水泵。其他建筑内当消防水箱不能满足最不利点消火栓的水压时，亦应在每个消火栓处设置远距离启动消防水泵的按钮。

按钮保护应设有保护设施，例如放在消防水带箱内，或放在有玻璃保护的小壁龛内，防止小孩或其他人误启动消防水泵。

常高压消防室内给水系统能经常保持室内给水系统的压力和流量，故不设室内远距离启动消防水泵的按钮。

采用小泵（稳压泵）经常运转，当室内消防管网压力降低时，能及时启动消防水泵的设备者，可不设远距离启动消防水泵的按钮。

为及时扑灭火初起火灾、减少火灾损失。设有空调系统的旅馆（即即设有大型空调管道系统的旅馆）、办公楼，以及超过1500个座位的大型剧院、礼堂，发生火灾后，火灾从空调通风管道迅速蔓延扩大，若不能及时扑灭初起火灾，在造成较大的火灾损失。因而要求此类旅馆、办公楼内及剧院、会堂内设顶棚灯部位的马道处，建议增设消防水喉（即用橡胶软管及胶管头上接有小

第七节 灭火设备

自动喷水灭火设备、水幕设备、水喷雾灭火设备、卤代烷灭火设备、二氧化碳灭火设备、蒸汽灭火设备等固定灭火装置，在古代宫殿、庙宇、公共建筑内，已开始使用。为了保证消防基本安全和节约国家投资，本规范对重点部位作了设置固定灭火装置的规定。

第8.7.1条 闭式自动喷水灭火设备：

自动喷水灭火设备在国外已广泛采用，根据我国国民经济水平，仅对火灾危险性大，经济损失大，政治影响大，发生火灾后人员伤亡大的重点部位，作了设置要求。自动喷水灭火控制率如下表8.7.1。

自动喷水头开放数和火灾控制率（%） 表8.7.1

开放喷水头数（个）	充 水 式 火灾控制率	充 气 式 火灾控制率	火 灾 累计数	累 计 控制率
1	40.56	30.05	431	38.83
2	57.28	44.81	613	55.23
3	65.52	55.74	710	63.96
4	71.52	58.47	770	69.37
5	74.65	62.30	806	72.61
6	77.99	65.57	843	75.95
7	80.91	67.76	874	78.74
8	82.85	71.58	899	80.99
9	84.79	73.77	921	82.97
10	85.65	74.32	930	83.78
11	86.73	75.96	943	84.95
12	88.35	79.78	965	86.94

水枪的设备），供旅馆内的服务员、旅客和工作人员扑救初起火灾使用。

旅馆、办公楼内消防水喉设在走道内，并保证有一股射流到达室内任何部位。

剧院、会堂吊顶内消防水喉应设在马道入口处，以利工作人员使用。

第8.6.3条 设置常高压给水系统（即设有高位水池或高压给水系统）的建筑物，可不设消防水箱。

设置临时高压给水系统，应设消防水箱，并应符合下列要求：

一、应在建筑物的顶部（最高部位），设置重力自流因为重力自流的水箱供水安全可靠。

二、室内消防水箱、气压水罐、水塔以及各分区的储水设备，一般均（或气压水罐），是储存10min的消防初期灭火的用水量）。为节约应储存10min的消防用水量（即扑救初期火灾的用水量）。为节约投资，当水箱的容量很大时，可适当减少，因此规定消防流量不超过25l/s，可采用12m³，消防用水与其他用水合并，可以防止水质腐败，并能及时检修。一般要求消防水箱与其他用水所占用。合并使用的消防水箱与其他用水合并，不应被用于生产、生活用水所占用，因此要求共用的消防水箱内采取措施，例如将生产、生活出水管置于消防水面以上，或在消防水面处的生产、生活出水管上打孔，保证消防用水安全。

消防用水的出水管应设在水箱的底部，保证供水的消防用水。

四、固定消防水泵启动后，消防管路内的水不应进入水箱，以利维持管网内的消防水压。

消防水箱的补水应由生产或生活给水管道供水，以防火灾时消防水箱采用消防水泵补水，严禁消防用水进入水箱。

续表 8.7.1

开放喷水头数(个)	无水式火灾控制率	无气式火灾控制率	火灾累计数	累计控制率
13	88.78	80.33	970	87.39
14	89.97	81.42	983	88.56
15	90.29	84.15	991	89.28
16	90.72	85.80	998	89.91
17	91.04	87.43	1004	90.45
18	91.59	87.43	1009	90.90
19	92.02	87.98	1014	91.35
20	92.56	88.52	1020	91.89
25	93.64	91.80	1036	93.33
30	94.93	94.54	1053	94.86
35	96.01	96.17	1060	96.04
40	96.76	97.27	1066	98.85
50	97.73	97.81	1075	97.75
75	78.71	99.45	1085	98.83
100	99.03	99.45	1097	99.10
>100	100.00	100.00	1110	100.00

虽设有服务台，亦宜设置自动喷水灭火设备。有人担心在客房内设自动喷水头，若发生误开启会造成水渍损失，特别担心管道内锈水污染高级物品。实践证明，这种担心是多余的，不必要的。第一是喷头是由易融金属或玻璃球控制的，或达到火温度后才能开启，因此，除非用人工砸击它，平日不会失误生产。我国30年代建成的数十座设有闭式自动喷水灭火设备的经验，就证明不会有误喷或误动作的。第二是喷出的水是锈水，会污染室内高级物品的担心，也是不必要的。因为在闭式自动喷水管道内的分隔，不会形成黄色的锈水。闭式自动喷水管网内的水是比较清洁的，由于特殊原因而漏些水，也不会严重地污染物品。在国外的国民经济水平极微，因而管道内腐蚀极少。闭式自动喷水灭火设备，由于我国住宅家庭室内设有闭式自动喷水灭火设备已经较多，使用经验说明，只规定这些重要部位设置闭式自动喷水灭火设备，即使用水扑灭火了，即水渍损失等效于火灾损失，为区别对待，降低基建投资，信函和包裹分拣间也是同类情况。

高层卷烟成品库房内发生火灾事故，其水渍损失也已成为废品。另外，国内至今尚未发生过高层卷烟成品库房火灾，把高层卷烟成品库房同一般建筑物内的开式卷帘和防火卷帘的上方，因为防火卷帘和防火卷帘的耐火性能较低，设水幕进行保护。

第 8.7.2 条 消防水幕设备的设计按照自动喷水灭火系统设计规范执行。

设置水幕的目的有的是为防止火灾向开口部位蔓延，有的是由于生产工艺需要或表面上需要而无法设置防火分隔物时，其开口部位设置水幕保护。还有的是设在防火卷帘和防火幕的上方，为防火卷帘和防火幕的耐火性能较低，为了提高其耐火性能，设水幕进行保护。

第 8.7.3 条 雨淋水灭火设备是一种开式喷水头组成的灭火设备，用以扑救大面积的火灾。在火灾燃烧猛烈、蔓延迅速的部

一般情况下，为了保证自动喷水灭火设备的灭火效果，其火灾控制率不宜小于95%。考虑到目前国民经济水平，我们规定了一些火灾危险性大、发生火灾后损失大的重点部位应设自动喷水灭火设备。设有空气调节系统，即设有大空调系统的高级旅馆、综合办公楼(多功能建筑物)，火源控制较复杂、一般火灾容易延着管道层延扩大，故应在其走道、办公室、商店、餐厅、库房和无楼层，特别是建筑装修材料和家具多易燃可燃，在条件许可时，各楼层服务台的客房，应设自动喷水灭火设备。

位使用。

雨淋喷水灭火设备应有足够的供水速度，保证其灭火效果。

在下列部位应设雨淋喷水灭火设备：

一、火灾危险性大，且发生火灾后燃烧速度快或发生爆炸性燃烧的生产厂房或部位，应设置雨淋喷水灭火设备。

二、易燃物品库房，当面积较大时，发生火灾后影响面较大，因此本规范规定储存量较大时，发生火灾后影响面较大，因此本规范规定面积超过60m²硝化棉之类库房需设雨淋喷淋设备。

三、演播室、电影摄影棚内可燃物较多，且空间较大，火灾易迅速蔓延扩大，因此，本规定对面积较大的演播室、电影摄影棚提出了应设雨淋喷水灭火设备进行保护的要求。

四、乒乓球的主要原料是赛璐珞，在生产过程中还采用甲类液体溶剂，火灾危险性大，且火灾发生后，燃烧强烈，蔓延快。因此，乒乓球厂房的轧胚、切片、分球检验部位，应设雨淋喷水灭火设备。

第8.7.4条 水喷雾灭火系统喷出的水滴粒径一般在1mm以下，水雾具有较大的比表面积，能吸收大量的热，起到迅速降温的作用；同时水雾喷在保护设备的周围迅速形成一层水蒸气，起到窒息灭火的作用。水喷雾灭火系统对于重质油品火灾，具有良好的灭火效果，并能有效地冷却防护对象，使其免遭火灾的损害。本条规定的这些部位适合设置水喷雾灭火系统。

一、可燃油浸漫大型电力变压器。此类场所发生火灾后，变压器将被烧坏。若不及时扑灭其火灾，可燃变压器油的流散，或及时扑灭器油的闪点一般在120℃以上，采用水喷雾灭火系统有良好的灭火效果，因此，室外大型电力变压器和洞室内的变压器适合采用水喷雾灭火系统进行保护。

根据变压器的火灾事故率，及我国每年投入运行的变电站数量，为节省投资，参照国外变电设施的防火情况，分档提出了不

同要求。在缺水或寒冷地区时，因对系统供水较困难，适于采用其他类型的灭火系统，如气体灭火系统和干粉灭火系统。

二、易燃的可燃油浸电力变压器在采用水喷雾灭火系统有困难时，可以采用二氧化碳、惰性气体、含氢氟烃（HFC）或洞烷1211、1301气体灭火系统进行保护。由于气体灭火系统通常投资较高，且受环境温度和风等影响较大。因此，室外电力变压器不适合采用气体灭火系统进行保护。

根据《中国消防行业哈龙整体淘汰计划》，我国将于2005年停止生产哈龙1211灭火剂，2010年停止生产代烷1301灭火剂。因此，选择因代烷1211、1301灭火系统时，需要慎重考虑。

二、飞机发动机试车台的试车部位，有燃料润滑油和发动机内的润滑油，易发生火灾，且发动机的价值很高，需在试车部位设置水喷雾灭火系统，以保护试车台架和发动机免遭火灾的损害。

第8.7.5条 二氧化碳、惰性气体、含氢氟烃（HFC）和卤代烷1211、1301等气体的绝缘性能好，灭火对保护对象不产生二次损害，是扑救电气、电子设备、贵重仪器设备火灾的良好灭火剂。故本规范作此规定。

在本条中未限制代烷1211、1301灭火系统的使用，主要考虑到在这些场所中经常有人工作，以及国内尚无有关惰性气体和含氢氟烃（HFC）灭火系统设计与施工的国家标准与标准情况，适当留有余地。

电子计算机房及其基本工作间按国家标准《电子计算机机房设计规范》GB50174确定。

特殊重要设备是指在重要部位中，发生火灾后，严重影响生产和生活的关键设备。如化工厂中的中央控制室和单台容量300MW机组及以上容量的发电厂的电子设备间、控制室、计算机房及继电器室等。

第8.7.5A条 本条系新增条文。在本条规定的场所中存放的物品都是价值昂贵的历史文物，或影响贵的历史文献资料，多为存放

2—148

多年的纸、绢质制品或胶片（带），采用气体灭火系统进行保护，安全可靠。同时，由于在这些场所的火灾散逸通道，出口和灭火设备的位置，管理人员熟悉防护区内的火灾散逸通道，出口和灭火设备的位置，能处理发生的意外情况或在火灾时迅速逃生。因此在选择气体灭火系统时，可以不考虑灭火剂的毒性。

图书馆特藏库按《图书馆建筑设计规范》JGJ38确定。

档案馆中的珍藏库按《档案馆建筑设计规范》JGJ25确定。

大、中型博物馆按《博物馆建筑设计规范》JGJ66的有关规定。

第 8.7.6 条 蒸汽灭火设备对扑救室内油品火灾有较好的灭火效果。当蒸汽的含量达到空间体积的35%以上时，一般火灾均能扑救。蒸汽本身具有较高的温度，扑救高温设备不会造成设备的损坏，而用水扑救高温设备就可能对设备有破坏作用。下列部位应设置蒸汽灭火设备：

一、使用蒸汽灭火必须有蒸汽源，因此在生产过程中就需使用蒸汽的部位，才能设置蒸汽灭火设备。同时也应该提出，凡与水接触能发生爆炸性反应的部位，不应设置蒸汽灭火设备。本规范规定在生产中使用甲、乙类厂房，操作温度超过本身自燃点的丙类液体厂房，应设蒸汽灭火设备。

二、烧油、烧气的锅炉房容易发生油、气灭火，而蒸汽扑救重油和气灭火有良好的灭火效果，锅炉在运转时，既使用油、气，而又生产蒸汽。因此采用蒸汽作为灭火设备，不仅经济而且实用。因此本规范规定单台锅炉蒸发量超过2t/h的燃油、燃气锅炉房，应设蒸汽灭火设备。

在锅炉房的油箱间可设固定筛孔管蒸汽灭火设备，在燃料油罐区可设蒸汽栓。

三、火柴生产厂房，在锅炉间可设火柴生产联合机，又有油料油，火灾危险性很大。因而有可能用蒸汽消防保护。因此，规定该部位应设用蒸汽灭火设备，以加强消防保护。火柴生产联合机生产过程中使用蒸汽灭火设备。一般情况下，该部位可采用半固定蒸汽灭火设备。

进行保护。

根据蒸汽灭火系统的应用实践经验，其适用范围已经突破，且效果很好，故增加了第四款的规定。

第 8.7.7 条 本条系新增条文。灭火器用于扑救建筑物中的初期火灾，既有效又经济。当人员发现火情时，首先考虑采用灭火器进行扑救，对于不同物质的火灾，不同场所中工作人员的特点，需要配置不同类型的灭火器。具体设计执行国家标准《建筑灭火器配置设计规范》GBJ140的有关规定。

第八节 消防水泵房

第 8.8.1 条 消防水泵是消防给水系统的心脏，在火灾情况下，应仍能坚持工作，不应受到火灾的威胁。因此消防水泵房应采用一、二级耐火等级的建筑物，附设在其他建筑物内的消防水泵房，应设在底层（或一层）的泵房，应紧靠建筑物的安全出口，和设在楼层上的泵房，应紧靠建筑物的安全出口，均是为了便于火灾情况下，操作人员能坚持工作并便于安全疏散。

第 8.8.2 条 为保证消防水泵不间断供水，一组（二台或二台以上，其中包括备用泵）消防水泵应有二条吸水管，当其中一条吸水管在检修或损坏时，其余的吸水管应仍能通过100%的用水总量。

高压消防水泵，即每台工作消防泵（如一个系统、一台工作泵、一台备用泵，可共用一条吸水管，保证供应场水。

的吸水管，临时高压消防泵，各个水泵均应有独立的吸水管，保证供应场水。

（或市政管网）直接取水。

消防水泵应充满水，以保证及时启动，保证及时启动及时有困难时，应采用自灌式引水方式。若采用自灌式有困难时，应采用自灌式引水设备。

第 8.8.3 条 为保证引水引水管道有可靠水源，因此环状管道应有二条进水管,即消防水泵房应有不少于两条出水管直接与环状管道连结。当采用二条出水管时,每条出水管均应能供应全部用水量。也就是说当其中一条出水管在检修时,其余的进水管应仍能供给全部用水量。泵房出水管与环状管网连结时,应与环状管网的不同管段连结,以便确保供水安全,如图8.8.3。

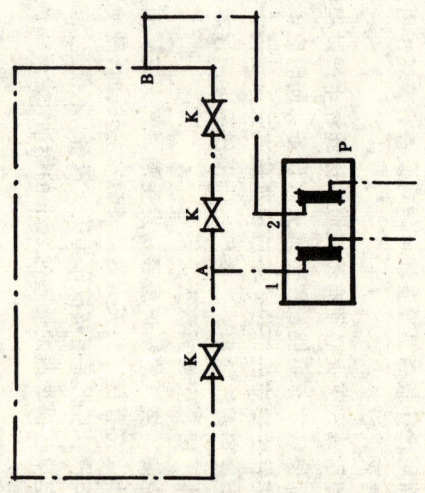

1,2——泵房的出水管(即消防出水管);P——消防泵站;
A,B——泵房点,应尽量避些。K——环状管道上的阀门布置
图8.8.3 消防泵房出水管与环状管道连结图

消防水泵应经常(或定期)进行试运转,使机件润滑,启动迅速。消防水泵启动后,常常需要测定其压力和流量,因此在水泵的出水管上应检查和试验必要用的放水阀门。试验用过的水,可回水池。

第8.8.4条 为保证不间断地供火场用水,消防水泵站内应设有备用泵。备用泵的流量和扬程应不小于消防水泵站内的最大一台水泵的流量和扬程。但符合下列条件之一者,可不设备用泵:

一、有些建筑物体积较小,或厂房、库房内可燃物较少,则需用消防用水量不大。一般可由消防队制订了供水规划(作战方案)中解决,可不设备用泵。本规范规定室外消防用水量不超过25l/s的工厂、仓库或居住区,可不设消防备用泵。

二、七层至九层的单元住宅,允许采用枝状管道,且允许采用一条进水管,因此不设消防备用泵。

第8.8.5条 生产用水、生活用水和消防用水合用一个泵房时,可能有数台水泵共用二条或二条以上吸水管(与消防合用不应少于二条吸水管)。发生火警后,生产、生活用水转为消防用水,可能要启闭整个阀门,当消防泵用内燃机带动时(内燃机的储油量一般应按火灾延续时间确定),启动内燃机可能需要时间,当采用发电机来带动消防水泵时,也需要一段时间。为保证消防水泵及时启动,应采取必要的技术措施,保证消防水箱内水用完之前,消防水泵启动供水,保证火场用水不中断。消防水箱的容量是以最低消防用水量的要求计算出来的。在实际火场上,一般仅能供5~10min的消防用水。因为消防水箱内的水较短的时间内用完。因此,不论何种情况下,均要求消防水泵在启动内启动供水,保证火场不中断用水。消防水泵应有可靠的动力供应,若采用双电源因难时,应设内燃机作为备用动力,不设备用泵的泵站,允许采用一个电源,但消防水泵的电源应与其他用电的线路分开。

为保证消防水泵能发挥负荷运转,保证火场必要的消防用水量和水压,消防水泵与动力机械应直接偶合,不应采用平皮带,因为平皮带易打滑,影响消防水泵的供水能力。如采用三角皮带时,不应少于四条。

第8.8.6条 消防水泵房应有值班人员,且应经常维护和管理。为便于发生火警时能及时与消防控制中心、消防队或有关部门采取联系,消防水泵房宜设有通讯设备或电话。

第九章 采暖、通风和空气调节

第一节 一般规定

第9.1.1条 甲、乙类生产厂房内的甲类液体易挥发出可燃蒸气，可燃气体。会形成有爆炸危险的气体混合物，随着时间的增长，火灾危险性也越来越大。许多火灾事例说明，甲、乙类生产厂房的空气再循环，不仅卫生上不许可，而且火灾危险性很大。因此，甲、乙类生产厂房的空气，应有良好的通风，及时排出室外，不应循环使用。

丙类生产厂房中有可燃烧的纤维（如纺织厂、亚麻厂）和粉尘，易造成火灾的迅速蔓延，除及时排尘外，若要循环使用空气，应在通风机前设置滤尘器，对空气进行净化，才能循环使用。

第9.1.2条 甲、乙类生产厂房的排风设备，在通风机房内可能泄漏可燃气体的可燃气体的排风设备应送入新鲜空气。为防止将泄漏出来的可燃气体被送入甲、乙类厂房内。因此，甲、乙类生产厂房的送风设备和排风设备不应布置在同一通风机房内，即甲、乙类生产厂房的送风设备和排风设备应分别设置。

为防止甲、乙类可燃气体送到其他生产类别的厂房内，以免引起火灾事故。因此，甲、乙类生产厂房的排风机房内不允许与其他通风机房间合用。即甲、乙类生产厂房的排风机房内不应布置其他用途房间的送、排风设备。

第9.1.3条 民用建筑内存有容易引起火灾或爆炸物质的房间（例如蓄电池室放出可燃气体氢气，或使用甲类液体的小型零配件等），设置的排风设备应为独立的排风系统，以免将这些容易起火或爆炸物质的送入人民用建筑的其他房间内，否则会造成严重的

后果，因此要求设置独立的排风系统，并将排出气体在安全地点泄放。

第9.1.4条 为排除比空气轻的可燃气体混合物，防止在管道内局部积存该气体，因此，该排风水平管道顺气流方向的上坡度敷设。

第9.1.5条 可燃气体火灾，甲、乙、丙类液体管道由于某种原因，常发生火灾，此种火灾沿着通风管道蔓延。因此，此种管道不应穿过通风机房以及与通风管道外壁紧贴敷设。

第二节 采暖

第9.2.1条 为防止可燃粉尘、纤维与采暖设备接触引起自燃起火，应限制采暖设备温度比较稳定，蒸汽采暖变化大。因此，本条规定采用热水采暖时不超过130℃，而蒸汽采暖不应超过110℃。考虑到输煤廊内的煤的粉尘在稍高温度时不易引起自燃起火，且工业厂房内很少有热水采暖，故蒸汽采暖温度放宽到130℃。

甲、乙类厂房内有大量的易燃、易爆物质，火灾危险性很大，若遇明火就会发生火灾爆炸事故。火灾事例说明：甲、乙类生产厂房内遇明火发生严重的火灾后果，教训很深。为防止继续发生此类问题，因此，规定甲、乙类生产厂房内严禁采用明火（如电热器等）采暖。

第9.2.2条 为防止厂房内散发的可燃气体、蒸汽、粉尘与采暖管道，散热器表面接触，虽然采暖温度不高，也可能引起燃烧的厂房，例如下列厂房应采用不循环使用的热空气采暖，以策安全。

一、生产过程中散发的可燃气体、蒸汽、粉尘与采暖管道，散热器表面接触，虽然采暖温度不高，也可能引起燃烧的厂房，例如二硫化碳、黄磷蒸气及其粉尘等。这些厂房内应采用不循环使用（一次使用）的热空气采暖设备。

二、生产过程中散发的粉尘受到水、水蒸气的作用，能引起

自燃爆炸的厂房，例如生产和加工钾、钠、钙等物质的厂房。应采用不循环的热风采暖或不循环风采暖设施。

生产过程中散发的粉尘受到水、水蒸气的作用能产生爆炸性气体的厂房，例如电石、遇水、氢化钾、氢化钠、硼氢化钠等放出的可燃气体，碳化铝、水蒸气可能发生燃烧爆炸事故。因此，也应采用不循环的热风采暖。

第9.2.3条 房间内有燃烧、爆炸气体、粉尘（例如第9.2.2条内的物品房间）时，是不允许采用水或蒸汽采暖的。但采暖管道穿过这样的厂房、房间时，为了防止发生火灾爆炸事故，应将管道穿过该厂房（房间）内的管道，采用非燃烧的隔热材料进行隔热处理。

第9.2.4条 采暖管道长期与可燃构件接触，会引起可燃构件炭化而起火。应采取必要的防火措施。为防止自燃而引起自燃事故，则采暖管道距可燃物件应保持一定的距离。即采暖管道的温度小于或等于100℃时，保持5cm的距离；若采暖管道的温度超过100℃时，可采用非燃烧材料将采暖管道包起来，进行隔热处理。

第9.2.5条 甲、乙类厂房，库房火灾危险性大，火灾蔓延快，高层工业建筑和影剧院，体育馆等公共建筑空调，采暖管道和设备的保温材料应采用非燃烧材料，以防火灾沿着管道材料迅速蔓延到相邻房间，或整个房间，以减少火灾损失。

第三节 通风和空气调节

第9.3.1条 空气中含有起火或含有爆炸物质，当风机停机时，此种物质易从风管倒流，将这些物质带到通风机内，因此，为防止风机发生火花引起燃烧爆炸事故，应采用防爆型的通风设备（即采用有色金属制造的风机叶片和防爆型的电动机。

若通风机设在单独隔开的通风机房内，且在送风机前设有止回阀（即顺气流方向开启的单向阀），能防止通风机房发生火灾后不致蔓延到其他房间，可采用普通型（非防爆的）通风设备。

含有燃烧和爆炸危险粉尘的空气，不应进入排风机，以免引起火灾后碎屑燃烧或爆炸事故。因此，应在进入排风机前进行净化。

遇水易形成爆炸混合物的粉尘，禁止采用湿式除尘设备。

第9.3.2条 本条是新增加的。

为防止除尘工作过程中产生火花引起粉尘、碎屑燃烧或爆炸事故，除尘器采取分区分组布置是十分必要的。合理的机、除尘器、排风系统中应采用不产生火花的除尘器。

一、根据发生爆炸起火的经验教训，有爆炸危险粉尘的排风机、除尘器，十几台除尘器集中布置，而且相互连通（包括地沟），滨亚麻厂，加上厂房本身结构未考虑防爆问题，致使造成十分严重损失和伤亡事故。类似教训还不少。

二、从过去的实例中，得到的正面经验是，凡分区分组布置的，爆炸时收到了减少了损失的实效。

三、从技术上是完全具备条件的，只要设计上引起重视，是较容易这样做的。

第9.3.4条和第9.3.5条 是新增加的条文。

规定第9.3.4和第9.3.5条主要目的在于预防爆炸事故的发生，以及发生爆炸后如何达到减少损失的目的。

一、从国内一些已净化有爆炸危险粉尘的干式除尘器和厂房的布置情况看，这些设备如果条件允许不布置在厂房内而布置在厂房之外的独立建筑内，且与所属厂房保持一定的防火安全间距，对于防止爆炸发生和减少爆炸后的损失，十分有利。

二、从试验和爆炸实例都说明，用于爆炸危险的粉尘、碎屑的除尘器、过滤器和管道，如果设有减压装置，对于减轻爆炸时的除尘器、过滤器和管道的破坏是有利的。

的破坏压力是较为有效的。

泄压面积大小应根据有爆炸危险粉尘、纤维的危险程度，由计算确定。

四、为尽量缩短含尘管道的长度，减少管道内积尘，避免干式除尘器布置在系统的正压段上漏风而引起事故，故应布置在负压段上。

第9.3.6条 有燃烧或爆炸危险的粉尘、蒸气和粉尘的排风系统，如不设导除静电的接地装置，同时影响扑救困难，建筑物的安全，因此，排除有爆炸危险物质的排风设备，不应布置在建筑物的地下室地下室内。

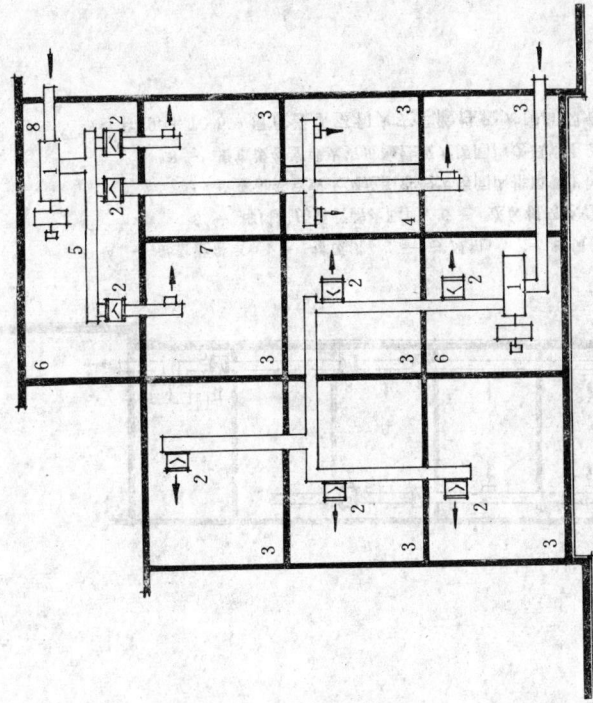

图9.3.7 甲、乙、丙类生产通风管布置示意图
1—风机和调节器；2—自动关闭的逆止阀；3—甲、乙、丙类生产车间；4—孔洞；5—送风总管；6—通风机房；7—分隔墙；8—屋顶

一、防止机房的火灾通过风管蔓延到建筑物的其他房间内，因此在送、回风管穿过风机房隔墙处，穿过风机房危险性较大房间防止火灾危险性较大房间，同样防止火灾危险性楼板处设防火阀。如图9.3.10-a。

二、防止火灾威胁贵重设备间，需在其隔墙和楼板处设防火阀。

三、多层建筑和高层工业建筑的楼板，一般可视为防火分

第9.3.7条 送排风道是火灾蔓延的通路，为限制火灾通过风管道扩大，火灾危险性较大的甲、乙、丙类生产厂房的送排风管道宜分层设置。当进入生产厂房的水平或垂直风管设有防火阀，能阻止火灾从水平或垂直风管各层间相邻层蔓延时，可共用一个系统。如图9.3.7。

第9.3.8条 为防止风管内发生爆炸时，影响建筑物的安全，并便于检查维修，故排除有爆炸、燃烧危险的气体、粉尘的排风管，不应暗设，排气口应设在室外安全地点。一般应远离明火和人员通过或停留的地方。

第9.3.9条 为防止火灾，引起火灾：引起难燃构件，长期烘烤可燃构件，引燃构件，引燃邻近的可燃、难燃构件。因此要求排烟和输送温度超过80℃的气体管道，以及容易起火的碎屑的管道，应与可燃、难燃构件之间，应用非燃烧材料进行填塞。

第9.3.10条 通风、空气调节系统的下列部位，应设置防火

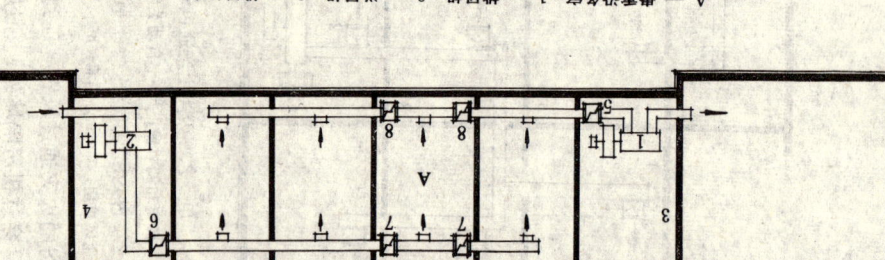

图9.3.10-b 穿越楼板或防火墙时风管上防火阀的布置
A—着火层；1—并层风机；2—送风机；3—并层风管；4—送风总管；
5—并层风管上的阀门；6—送风总管上的阀门；7—穿越楼板处防火墙上设的防火阀；
8—穿越楼板或穿过防火墙时风管上设的防火阀

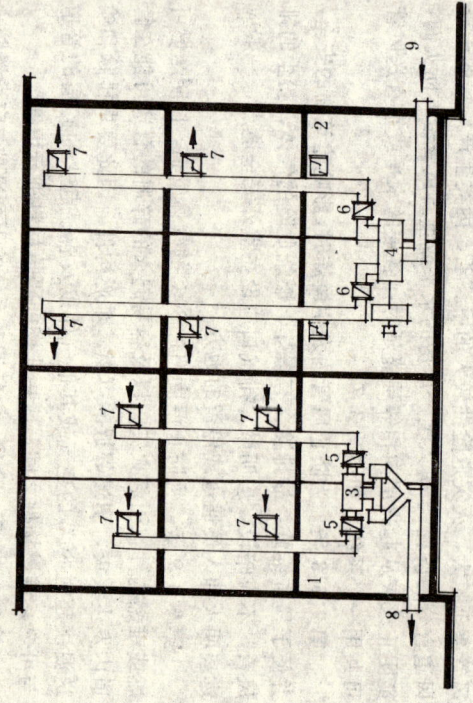

图9.3.10-a 送回风管穿过机房隔墙和楼板时的防火阀布置示意图
1—排风机房；2—送风机房；3—排风机；4—送风机；
5—排风总管上阀门；6—送风总管上的阀门；
7—防火阀；8—排风门；9—进风口

隔物。为防止火灾在上下层蔓延扩大，因此每层送回风水平风管与垂直总管的交接处的水平管上，应设防火阀，如图9.3.10-c。每个分区设置的隔墙和楼板处，空气调节系统在送、回风总管穿越机房的隔墙和楼板处，已设置了防火阀，且多是一台送风机或两台送风机，同时只对一个防火分区送风，故没有必要在总管的交接处再重复设置防火阀。

第9.3.11条 为使防火阀能自行严密关闭，防火阀关闭的方向应与通风管内气流方向相一致。

设置防火阀单独的支吊架，以免管段变形，影响防火阀的严密性。

处应设置有一定的强度，在防火阀设置的管段，控制防火阀关闭及时有效地关闭，为使防火阀能及时有效地关闭，控制防火阀关闭的易熔片或如某市一座高级宾馆，就因为通风管道是可燃材料，火灾从通风管道扩大蔓延，使整幢建筑物烧毁。腐蚀性场所的风管和柔性接头，如采用不燃烧材料制作，使用寿命短，既不经济，且又需经常更换，所以允许采用难燃烧材料制作。并禁止采用非阻燃性的可燃材料。

为防止火灾通过公共建筑的厨房、浴室、厕所的通风管道蔓延。因此，机械的或自然的垂直排风管道，应设防止回流设施，例如，排风支管穿越2个楼层后，与排风总管相连通，如图9.3.12-a所示。

一般情况可将各层直排气竖管加高二层后，再接到排气总管。

另一个做法排气竖管分成大小两个管道，即双管排气法，大管为总管，直通屋顶，高出屋面；小管分别在本层上部接入排气总管，即双管排气法，如图9.3.12-b所示。

第9.3.13条 为减少火灾及其粘结剂，空调管道蔓延，风管和设备的保温材料、消声材料及其粘结剂，应采用非燃烧材料，在采用非燃烧材料有困难时，才允许采用难燃烧材料。

为防止有火源及容易起火房间的风管，亦应采用非燃烧保温材料。

电加热器前后各80cm的风管应采用非燃烧材料进行保温，电加热器的电源亦应与通风机的开关自动连锁。为防止电加热器引起风管火灾，因此，电加热器过热而起火，引起过热而起火，风机停止运转，故电加热器应自动切断。同理，穿过有火源及容易起火房间的风管，亦应采用非燃烧保温材料。

目前，非燃烧保温、消声材料有矿渣棉、超细玻璃棉、玻璃纤维、膨胀珍珠岩制品、泡沫玻璃及岩棉。

难燃烧材料有自熄性聚氨脂泡沫塑料、自熄性聚苯乙烯泡沫塑料。

第9.3.14条 通风管道是火灾蔓延的通路，因此不应穿过防火墙和非燃烧体分隔物，以免火灾蔓延扩大。

在某些情况下，需要穿过防火墙体和非燃烧体楼板时，则应在

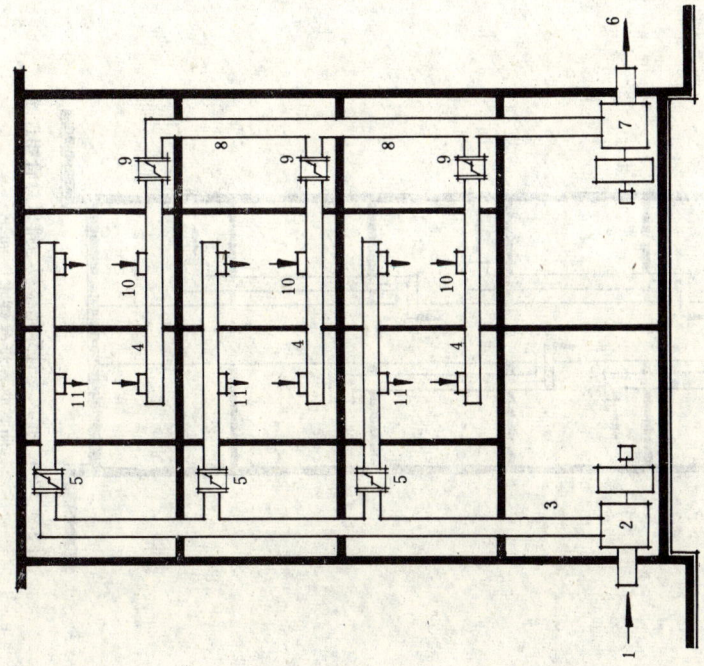

1——进风口；2——送风机；3——送风管道；4——水平风管；
5——水平风管上的防火阀；6——排气口；7——排风机；8——排风总管；
9——排风水平风管上的防火阀；10——排风管上的排风口；11——送风口

图9.3.10-c 送、回风水平风管与垂直总管的交接处的防火阀的布置

第9.3.12条 通风、空调系统的风管系统最高正常温度高出25℃，一般情况下可采用72℃。

其他感温元件应设在容易感温元件的部位。易熔片及其他感温元件的控制温度应比通风系统最高正常温度高出25℃，一般情况下可采用72℃。

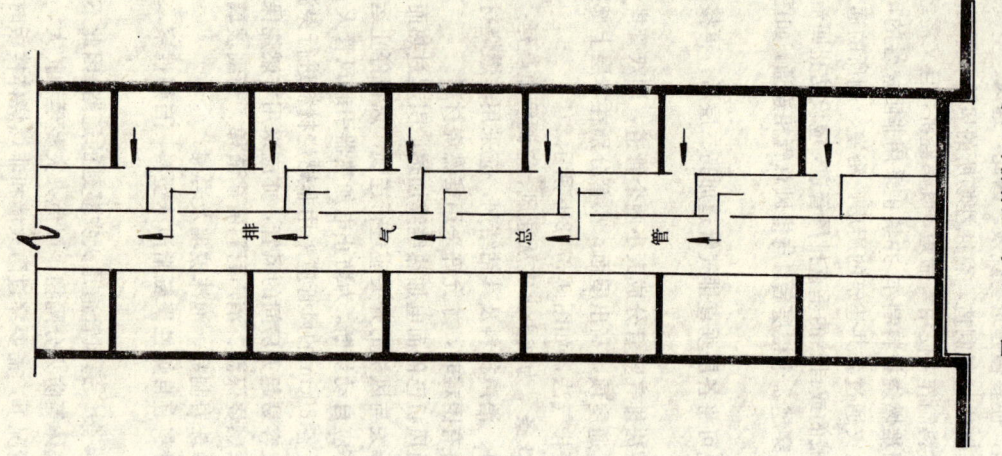

图 9.3.12-b 双管排气型式

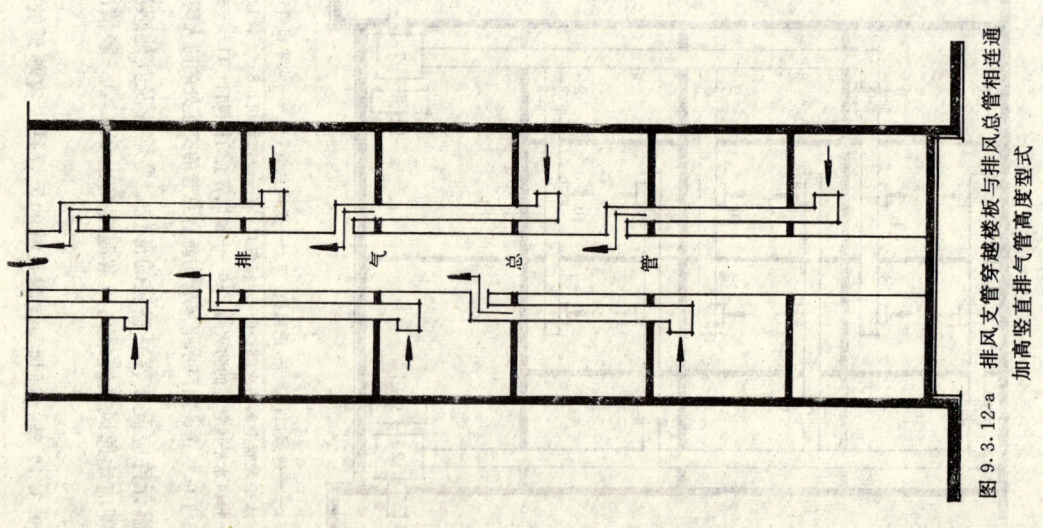

图 9.3.12-a 排风支管穿过楼板与排风总管相连通加高竖直排气管高度型式

穿过防火分隔物处设置防烟防火阀,穿过防火分隔物处,该防火阀就能立即关闭,当火灭烟雾通过防火分隔物处置防火阀(而不是采用易熔金属或易熔元件控制)。若防火墙上防烟防火阀有困难时,亦可采用双防火阀进行控制。防火墙上的双防火阀的布置如图9.3.14。双防火阀可采用易熔金属进行控制。

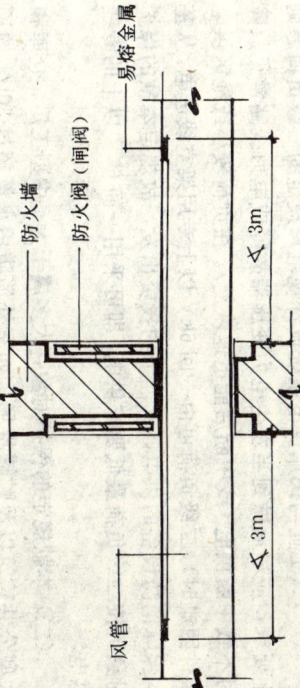

图9.3.14 防火墙上的防火阀(闸阀)

为防止火灾蔓延,穿过防火墙两侧各2m范围内的风管保温材料应采用非燃烧材料,穿过处的空隙,应用非燃烧材料严密的填塞。

第十章 电 气

第一节 消防电源及其配电

第10.1.1条 本条原则上要求消防设备的用电要有备用电源或备用动力。分别供电要求如下:

一、一级负荷供电要求:

(一)《工业与民用供电系统设计规范》(GBJ52-83)规定一级负荷原则上要有两个电源供电。两个电源的要求,必须符合下列条件之一:

1. 两个电源之间无联系;
2. 两个电源之间有联系,但应符合下列要求:

(1) 发生任何一种故障时,两个电源的任何部分应不致同时受到损坏;

(2) 对于短时间中断供电即会生产上述规范第2.0.1条一款所述后果的一级负荷,应能在发生任何一种故障时的对于稍长时间中断供电才会产生上述规范第2.0.1条一款所述后果的一级负荷(包括断路器)失灵时,仍有一个电源不中断供电。对于稍长时间中断供电才会产生上述规范第2.0.1条一款所述后果的一级负荷,应能在发生任何一种故障且保护装置动作正常时,有一个电源不中断供电;并且在发生任何一种故障且主保护装置失灵以致两电源均中断供电后,应能有人值班采各种必要操作,迅速恢复一个电源的供电。

结合消防用电设备(包括消防控制室、消防水泵、消防电梯、防烟排烟设施、火灾报警装置、自动灭火装置、卷帘、火灾事故照明、疏散指示标志和电动的防火门窗、阀门等)的具体情况,具备下列条件之一的供电,可视为两个不同发电厂:

1. 电源来自两个不同发电厂;

2. 电源来自两个区域变电站（电压一般在35千伏及35千伏以上）；

3. 电源来自一个区域变电站，另一个设有自备发电设备。

本条规定二级负荷供电，主要从扑救难度和使用性质、重要性等因素来考虑的。如建筑高度超过50m的乙、丙类厂房和丙类库房等。

（三）据哈尔滨、吉林、沈阳、丹东、天津、北京、武汉、重庆等两个城市的一些工厂、仓库和大型公共建筑的调查，一般都设置了两个电源（包括自备发电设备）供电，在实际火灾中发挥了作用，保证了火灾时不间断供电，减少了火灾损失。因此，提出了本条规定。

二、二级负荷供电要求。本款对室外消防用水量较大的建筑物、贮罐、堆场的消防用电设备也提出了要求。主要依据如下：

（一）《工业与民用供电系统设计规范》规定的二级负荷原则上要求，应尽量做到供电（或集中断电）当发生电力变压器故障或线路故障时不致中断供电，二级负荷可由一回6kV以上专用架空线路进电。在负荷较小或地区供电条件困难时，二级负荷可由一回6kV以上专用线路供电。故规定本款的保护对象消防设备的供电，又能节约投资出发，即可采用一回6kV以上的专线供电。

（二）本款规定的保护对象，大多属于大、中型工厂、仓库和大型公共建筑以及贮罐堆场。如室外消防用水量超过30l/s的厂房、库房、体积均在50000m³以上；室外消防用水量超过35l/s的易燃材料堆场，甲乙类液体贮罐，可燃气体贮罐或贮罐区，均是贮量较大的贮罐或贮罐区，其消防用电设备应有较严格的要求，以保证打点火灾的可靠性，避免造成重大损失。如某市造纸厂原料堆场起火，因为一回低压线路供电，由于线路故障，消防泵不能运转，虽调集二十多辆消防车扑救，不能

有效发挥作用，原料场全部芦苇、稻草烧光，损失达160余万元。

三、除一、二款一、二款要求作了规定。其依据是：

（一）据了解，现有的建筑物、贮罐区、堆场，从保障消防用电设备的供电要求出发，满足三级负荷供电要求是最起码的要求，有条件的厂宜设两台终端变压器。如某造纸厂原料堆场、设置了两台变压器，一次发生火灾，一台变压器发生故障正在检修中，而另一台照常供电，保证消防水泵在火灾时正常运转。由于充分供应灭火用水，很快扑灭了火灾，减少损失。相反，某化工厂爆燃起火，由于采取单台变压器和单回路供电方式，其变压器和配电线路均在检修，消防水泵不能运转，不能及时供水，造成很大损失。

（二）现有的一些较大的工厂、仓库（包括贮罐、堆场）和民用建筑，从保障日常生产、生活用电出发，一般都设有两台变压器（一备、一用），这样要求即不会增加投资，也提高了消防供电的可靠性。

第10.1.2条 本条对火灾事故用照明和疏散指示标志当采用蓄电池作为备用电源时，其连续供电时间作了规定：

规定连续供电时间不少于20min 依据是：

一、据调查，一些建筑物采用蓄电池供电的火灾事故照明和疏散指示标志均在30min以上，有的达到40～45min。

二、试验和火灾实例说明，当发生火灾时，必须在10min以内疏散完毕，因为在一般情况下发生火灾时在10min内产生的一氧化碳尚不多，但在10～15min之间，则一氧化碳就大超过这个时间允许浓度，而空气中的氧气含量则显著下降。在这个时间内人员如没有疏散出来，窒息死亡的可能性就大。本条规定适当打点安全系数，故规定为20min。

三、参考国外有关资料，如日本有关规范规定，采用蓄电池作为疏散指示灯的电源时，其连续供电时间应在20min以上。

第 10.1.3 条 本条对消防用电设备的供电回路提出了要求。根据以下情况提出的：

一、本条规定的供电回路，一般是指从低压总配电室或分配电室消防设备（如消防水泵房、消防控制室、消防电梯等）最末级配电箱的配电线路，均应与其他配电线路分开设置。

二、据调查，消防人员到达火场进行灭火时，首先要切断电源，以防止火势沿配电线路蔓延扩大和避免触电事故。由于不少单位或建筑物的配电线路是混合敷设，分不清哪些是消防用电设备的配电线路，因此，不得不全部切断电源，致使消防用电设备不能正常运行，扩大了火灾的教训是很多的。为了确保消防用电设备供电的可靠性，则消防用电设备的配电线路应与其他动力、照明配电线路分开敷设。

三、有些建筑物、工厂、仓库消防用电线路与其他动力、照明分开敷设，在实际中收到了良好效果。如某油库，消防水泵房单独敷设配电线路，一次起火，消防队员到达火场，立即切断其他动力、照明用电，消防水冷却照明供电，使消防水泵一分多钟内启动工作，保证消防用水的供应，反而扑灭了火。

四、为了避免误操作，影响灭火战斗，应设有紧急情况下方便操作的明显标志。

第 10.1.4 条 本条对消防用电设备的配电线路的敷设方式等提出了要求。

一、消防用电设备配电线路防火要求，在国外有较严格的要求。如日本电气规范要求，消防用电设备的配电线路，要根据不同消防设备和配电线路分别选用耐火温曲线或耐热配线。所谓耐火配线，系指按照标准的火灾升温曲线达到 840℃ 时，在 30min 内仍能继续有效供电的配线。所谓耐热配线，系指按照规定的火灾升温曲线（1/2 的曲线），升温到 380℃ 时，能在 15min 内仍继续供电的配线。

二、鉴于目前国内有的厂生产耐火和耐热电线，有条件的，可

推广采用。

在设计中，消防用电设备配电线是金属管埋设在非燃烧体结构内。这是一种比较经济、安全的敷设方法。主要是参考火灾实例和对穿金属管保护层厚度不小于 3cm，按照标准试验火灾试验数据确定的。试验情况表明，3cm 厚的保护层，金属管的温度升温，在 15min 内，金属管线外温度达 105℃；30min 时，达到 210℃；到 45min，可达 290℃。试验又证明，金属达此温度时，配电线路温度约比上述温度低 1/3。在此低温升范围能保证继续供电，因此，保护层厚度如能达到 3cm，作了此规定。

从一些火灾实例中得知，金属管暗敷，保护层达到 3cm 以上，能够保障继续供电。

三、考虑到钢筋混凝土装配式建筑或建筑物某些部位电线路不能穿管暗敷，必须明敷，故规定要采取防火保护措施，如在管套外面涂刷丙烯酸乳胶防火涂料等。

第二节 输配电线路、灯具、火灾事故照明和疏散指示标志

第 10.2.1 条 本条对原规范第 52 条表 20 注①的补充修改、多年实践证明，这样规定是需要的，在实际设计时都按此规定办理。

一、本条是对液化体贮罐、液化石油气贮罐、可燃、助燃气体贮罐与电力空架空线的水平距离的规定。

二、规定上述厂房、库房、堆场、贮罐高度的 1.5 倍。主要是考虑架空电力线在距离不小于电杆（塔）高度的 1.5 倍。贮罐、堆场、贮罐倒杆断线多在刮大风特别刮台风断线时的危害范围。据调查，倒杆断线后偏离多在 1m 以内的有 6 起。据 21 起倒杆、断线事故统计，倒杆后偏移距离 1m 以内的有 6 起，偏移距离 2～4m 的有 4 起，偏移距离半杆高的有 1 起，偏移距离 1.5 倍杆高的有 4 起，偏移距离一杆高的有 1 起。为了既保障安全，又利于节约，偏距离 2 倍杆高的有 2 起。

用地。故采用1.5倍杆高的要求。

三、贮存丙类液体的贮罐，因其闪点在60℃以上，在常温下挥发可燃蒸汽甚少，因而蒸汽扩散到燃烧爆炸范围内的机会故少，对此，作了适当放宽，提出不少于1.2倍电杆（塔）高的距离。

四、火灾实例说明，高压架空电力线与贮量大的液化石油气单罐，保持1.5倍杆（塔）高的水平距离，尚不能保障安全，需要适当加大。例如，某市液化石油气配站，由于贮罐焊接质量不符合要求，焊缝大开裂，使大量液化石油气倾泄出来，遇到明火，燃烧起火，大火烧了八个小时，距贮罐最近距离50m的35kV高压架空电力线调线，有两个杆杆的电线被烧化（长约800条米），造成很大损失，因此，本条规定35kV以上的高压电力架空线与贮量超过200m³的液化石油气单罐最近的水平距离不应小于40m。

第10.2.2条 本条对电力电缆不应和输送甲、乙、丙类液体管道、热力管道敷设在同一管（沟）内作了规定。

据调查，有些厂矿企业单位，将电力电缆与输送原油、苯、甲醇、乙醇、液化石油气、天然气、乙炔气、煤气等管道敷设在同一管（沟）内，出现破损情况，产生短路，引起爆炸起火，电缆绝缘老化，造成损失。如某厂的电缆与乙炔气体管道敷设在同一管沟内，由于上述液体或乙炔气管道渗漏等原因，乙炔管道接头不严密跑气，与空气混合达到爆炸浓度，因电缆短路线，引起爆炸，200m长管沟盖板（混凝土盖板）爆翻，并波及到车间，使全同的窗户玻璃破碎，造成较大损失。因此，作了这项规定。

火灾起火，扩大灾情的配电线路因使用时间长了，绝缘老化，产生短路敷设在金属风管内。考虑到保障安全，又照顾实际需要，凡穿有金属管作保护的配电线路，可紧贴风管外壁敷设。

第10.2.3条 本条是对原规范第95条的部分修改补充。鉴于有不少电气火灾发生在可燃物盖顶（指吊顶屋盖或上

部楼板之间的空间）内，由于没采取穿金属管保护，加上电线使用年限长，绝缘老化，产生连电起火，造成了很大损失。如某于部学校教学楼，系三级耐火等级建筑，在闷顶内敷设的电线未加金属管保护，因电线短路，引着可燃物起火，将整个教学楼屋盖烧毁，损失很大。因此，作了本条规定。

第10.2.4条 本条规定了照明器表面的高温部位靠近可燃物时，应采取防火保护措施。其原因是：

一、据哈尔滨、长春、沈阳、大连、北京、上海、广州、兰州、重庆、武汉等地调查，由于照明器设计、安装位置不当而引起许多事故。如某办公楼一只60W的灯泡，距纸糊顶棚不到5cm，经长时间烤烧，将其烤燃起火，将办公室的白炽灯泡烤燃以及其他物品基本烧光，引起火灾，造成很大损失；又如某宾馆的白炽烤灯具经济损失等。

二、据试验，不同功率的白炽灯泡的表面温度及其烤可燃物的时间，温度，如下表10.2.4。

白炽灯泡将可燃物烤起火的时间、温度   表10.2.4

灯泡功率（瓦）	摆放形式	可燃物	烤至起火的时间（分钟）	烤至起火的温度（℃）	备注
75	卧式	稻草	2	360～367	埋入
100	卧式	稻草	12	342～360	紧贴
100	卧式	稻草	50		碳化
100	垂式	稻草	2	360	埋入
100	垂式	桶絮被套	13	360～367	紧贴
100	卧式	乱纸	8	333～360	紧贴
200	卧式	稻草	8	367	埋入
200	卧式	乱稻草	4	342	紧贴
200	垂式	稻草	1	360	埋入
200	卧式	玉米秸	15	365	紧贴
200	卧式	纸张	12	333	埋入
200	垂式	多层报纸	125	333～360	紧贴
200	垂式	松木屑	57	398	紧贴
200	垂式	棉胶	5	367	紧贴

池的应急照明设备，有条件的公共建筑宜采用。

第10.2.7条 本条对消防控制室、消防水泵房、自备发电机房应设照明及其照度作了规定。因为上述这些部位，在火灾时都必须坚持工作，故规定设事故照明。

这些部位的工作事故照明的照度，必须保证正常工作时的照明照度，主要是参照《工业企业照明设计规范》(TJ34-79)的有关规定提高的。如下表10.2.7所列有关数值系引自该规范。

表10.2.7

序号	车间和工作场所	视觉工作等级	最低照度（勒克斯）	
			混合照明	混合照明中的一般照明	一般照明
16	动力站： 泵 房 锅炉房、煤气站的操作层	Ⅵ Ⅵ	— —	— —	20 20
17	配、变电所 变压器室 高低压配电室	Ⅵ Ⅵ	— —	— —	20 30
18	控制室： 一般控制室 主控制室	Ⅳ乙 Ⅰ乙	— —	— —	75 150

怎么才算保证正常照明的照度呢？简单地说，就是消防控制室、消防水泵房、自备发电机房工作照明的最低照度要与该部位平时工作面上的正常照明的事故照明的最低照度一样。

第10.2.8条 本条对剧院、电影院、体育馆、多功能礼堂、医院的病房等的疏散走道和疏散门，宜设置灯光疏散指示标志作了规定。

三、卤灯（包括碘钨灯和溴钨灯）的石英玻璃表面温度很高，如1000W的灯管温度高达500～800℃，干木构件靠近时，很容易被烤燃，引起火灾。鉴于功率在100W及100W以上的白炽灯泡的吸顶灯、槽灯、嵌入式灯，使用时间较长时，温度也会上升到100℃以上甚至更高的温度，因此，规定上述两类灯具的引入线，应采用瓷管、石棉、玻璃丝等非燃烧材料，进行隔热保护，以策安全。

禾灯的安装部位作了规定。要求理由：一是因为上述灯具表面温度高，如安装在木吊顶木顶龙骨（包括木吊顶板）、木墙裙以其他木构件上，以免将这些可燃装修引着起火；二是有些电气火灾实例说明，由于安装不合乎安全要求，引起火灾事故有发生，为防止和减少这类事故，作了本条规定。

第10.2.5条 本条对超过60W的白炽灯、卤钨灯、荧光高压汞灯要求不低于0.5勒克斯的照度，是参照《工业企业照明设计规范》有关规定提出的。

第10.2.6条 本条对公共建筑和高层厂房的某些部位，应设火灾事故照明作了规定。

一、有些娱乐部、电影院、剧院发生火灾时，造成重大的伤亡事故，其原因很多，而着火后由于无可靠的事故照明，人员在一片漆黑中十分恐惧是一个重要原因，如某俱乐部一次演出时，因小孩燃放鞭炮，引起可燃部，由于只有一个出口，加上无事故照明，整个观众看不清出口，人们十分惊慌恐惧，不能及时疏散出来，致使699人被烧死的惨痛教训，因此，作了本条规定。

二、据调查，许多影剧院、体育馆、旅馆、办公楼、在设计都考虑了火灾时用照明，在火灾时起了良好的作用。

三、国外强调采用蓄电池作火灾事故照明和疏散指示标志的电源。考虑到目前我国的实际情况，一律要求采用蓄电池作为电源，尚有一定困难。因此，允许使用城市电网供电。目前，北京、上海等照明器材厂等单位生产出采用220V电压，电源自动切换的蓄电池作备用电源的采用镍络电设置疏散指示标志的作用是,因为火灾初期往往在浓烟滚滚、合严重妨碍人们在紧急疏散时迷失方向,如设有疏散指示标志,人们就能在浓烟弥漫的情况下,沿着灯光疏散指示标志顺利疏散,避免造成伤亡事故。

据调查,近年所设置的一些剧院、电影院、体育馆、多功能礼堂、医院病房楼等,都设置疏散指示标志,有关管理人员反映,这种标志很起作用,应该设置,它利于人员正常疏散和紧急疏散。因此,做了本条规定。

第10.2.9条 本条对事故照明灯和疏散指示标志分别作了规定。

一、据调查,事故照明灯设置位置大致有以下几种:在楼梯间,一般设在墙面或休息平台板的下面;在走道,一般设在墙面或顶棚的下面;在厅、堂,一般设在顶棚或墙面上;在楼梯口、太平门,一般设在门口的上部。

二、据资料介绍,日本对事故照明和疏散诱导灯设置的位置,规定较为具体,其安装要求如图10.2.9-a、b、c、d、e所示。

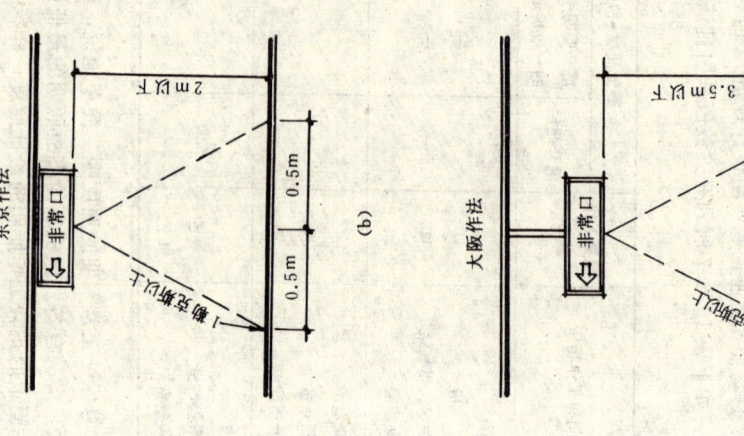

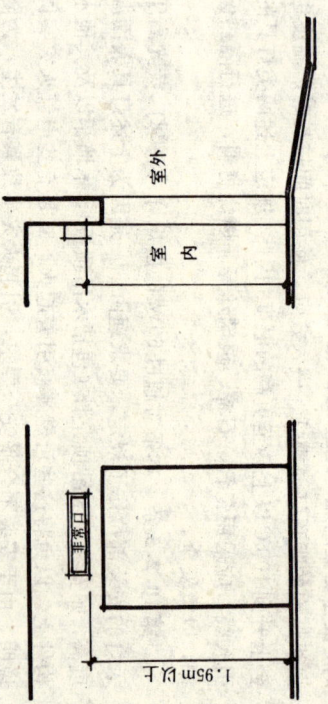

三、规定疏散指示标志宜放在太平门的顶部或疏散走道及其转角处；距地面高度 1m 以下的墙面上，是参照国内外一些建筑物的实际作法提出的。经走访影剧院和旅馆服务人员，他们认为这样设置是比较可行的，故作了本项规定。当然，在具体设计中，可结合实际情况，在这个范围内灵活地选定安装位置。总之，要符合一般人行走时目视前方的习惯，容易发现目标（标志），但疏散标志不应设在吊顶上，因有被烟气遮挡的可能。

为防止火灾时迅速燃毁事故照明灯和疏散指示标志，影响安全疏散，本条还规定在事故照明灯具和疏散指示标志的外表面加设保护措施。由于我国尚未生产专用的事故照明灯和疏散指示标志，故仅考虑容易做到的简易办法。

第三节 火灾自动报警装置和消防控制室

第 10.3.1 条 本条对应设置火灾自动报警装置的部位作了规定。

许多火灾实例说明，火灾自动报警装置的作用是十分明显的，能起到通报火灾，及时进行扑救，为防止和减少建筑物重大火灾发生了良好作用。如燕京石油化工总厂、上海金山石油化工总厂、北京油漆总厂和一些高级旅馆等装有火灾报警装置建筑物，都多次准确地通报过起火事故，为迅速扑救赢得了时间。

在经济、技术比较发达的国家，在各种建筑物安装火灾自动报警比较普遍。如日本、美国、英国、西德等国家已制定了火灾自动报警标准、规范、安装范围厂，有的国家规定，家庭住户也应安装。现摘录日本《消防法实施令》（1977 年修改公布）的第 21 条规定中的附表 1（以下简称日本消防附表 1）。

下列各款规定的防火对象或其部分，必须设置火灾自动报警设备。

1．日本《消防》附表 1 中第十三项 2 款列举的、总面积在 200m² 以上的防火对象。

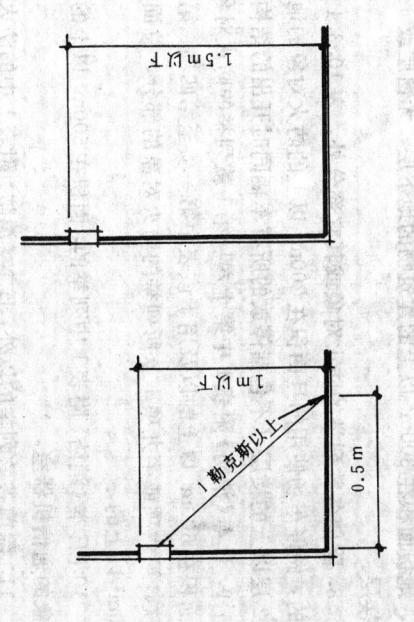

(d)

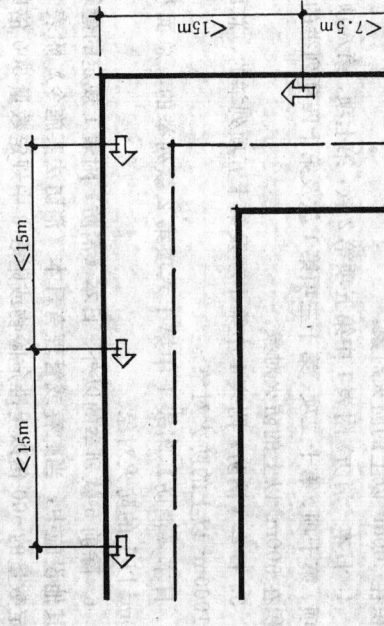

(e)

	日本《消防法实施令》第 21 条规定中的附表 1
一	1. 剧院、电影院、艺术剧院或展览馆；2. 礼堂或集会场所
二	1. 酒楼、咖啡馆、夜总会及其它类似场、2. 游乐场、舞厅
三	1. 会客厅、饭馆及其它类似场所；2. 饮食店
四	1. 百货店、商场及其它经营出售物品的店铺和陈列馆
五	1. 旅馆、旅店或招待所、公寓或公共住宅；2. 集体宿舍、门诊部或诊所；
六	1. 医院、门诊部或诊所； 2. 老人福利设施、收费老人公寓、儿童卫生设施、数护设施、儿童福利设施（不包括母子宿舍及儿童卫生设施、残废人员救护设施、残废废老衰弱者救护设施（只限收残废者）或精神薄弱者救护保育学校； 3. 幼儿园、盲校、聋哑学校或保育学校
七	小学、中学、高中、中等专科学校、大学、专科学校、各种学校和其它类似的场所
八	图书馆、博物馆、美术馆及其它类似的场所
九	1. 公共浴池中土耳其式浴池、蒸气浴及其它类似场所；2. 一款以外的公共浴池
十	停车场、码头或机场（只限旅客候机用的建筑物）
十一	神社、寺院、教会及其它类似场所
十二	1. 工厂、作业场；2. 电影摄音室、电视演播室
十三	1. 机库或停车场；2. 飞机库或螺旋飞机库
十四	仓库
十五	不属于前面各项的事业单位
十六之一	多用途的防火对象中，其一部分至供第一项至第四项、第五项1款、第六项或第九项1款的防火对象用的
十六之二	一款以外的防火对象以外的多用途防火对象
十七	地下街
十八	根据文物保护法（1950年法律第214号）的规定、被定为重要文物、重要民族色彩文物、古迹或重要的文化财产的建筑物、或根据法清的规定认定为重要美术品等保存法清的规定认定为重要美术品的建筑物
十九	总长50m 以上的拱顶商店街
二十	市、町、村长者指定的山林
二十一	自治省令规定的车、船

2. 日本《消防》附表 1 中第九项 1 款列举的、总面积在 200m² 以上的防火对象。

3. 日本《消防》附表 1 中第一项至第四项、第五项第 1 款、第六项、第九项 1 款列举的、总面积在 300m² 以上的防火对象。

4. 日本《消防》附表 1 中第五项第 2 款、第七项、第八项、第十项、第十二项、第十三项第 1 款及第十四项列举的、总面积在 500m² 以上的防火对象。

5. 日本《消防》附表 1 中第十项及第十五项列举的、总面积在 1000m² 以上的防火对象。

6. 日本《消防》附表 1 中第 2 款列举的以外，日本《消防法实施令》附表 2 中规定和其他设施中，当贮存或管理有日本《消防法实施令》附表 3 中规定危险物数量的 500 倍以上规定数量的 500 倍以上准危险物数量的 500 倍以上的特殊可燃物的地方。

7. 除前 6 款列举的防火对象外，日本《消防》附表 1 中列举的、地板面积在 300m² 以上的建筑物的地下层、无窗层或 3 层以上楼层。

8. 除前各款列举的防火对象或其它部分外，表 10. 3. 1 中列举的、做停车场使用的目面积在 200m² 以上的地下层或 2 层以上的楼层（不包括停放的所有车辆同时开出的结构层）。

9. 日本《消防》附表 1 中第十六项第一项至第四项、第五项 1 款、第六款或第九项 1 款所列举的防火对象及用于该表中第一项至第四项、第五项 1 款、第六项或第九项 1 款所列举的防火对象的部分、总面积在 300m² 以上的。

10. 日本《消防》附表 1 中列举的以外，面积在 500m² 以上的防火对象的通信机器室。

11. 日本《消防》附表 1 中的防火对象的 11 层以上的楼层。

第10.3.2条 本条对散发可燃气体、可燃蒸汽的甲类厂房和场所，应设置固定的可燃气体浓度检漏报警装置作了规定。

1. 近十几年来，我国引进的化工生产装置和其他可燃气体产生设备，在其装置区或某些部位，大多设有固定可燃气体、可燃蒸汽检漏报警装置，如北京前进化工厂、上海石化总厂的化工一厂加氢车间、分离车间、辽阳石油化纤总厂和四川维尼纶厂的制氧、乙炔、醋酸乙烯、甲醇装置，南京烷基苯厂的压缩机房，吉林有机化工厂等，都部设有这类检漏报警装置，均起到了较好的实效。现将这些安装的可燃气体检漏器在萌芽状态发现了事故的实例列于下表10.3.2-a和表10.3.2-b。

2. 我国有关科研、生产单位，正在积极研究和生产可燃气体检漏报警器，有的已安装使用。现列表10.3.2-a和表10.3.2-b。

可燃气体检漏器产品　　　　表10.3.2-a

序号	使用厂名称	检漏气体种类	型号	生产厂家
1	北京前进化工厂	扩散式检漏器	GD-A30	日本理研计器工业公司
2	北京前进化工厂	检漏报警显示盘	GP-840-3A30	同 上
3	上海石化总厂的化工一厂加氢车间、分离车间	扩散式检漏器	GD-A30	同 上
4	同 上	导入式检漏器	GD-D5	同 上
5	同 上	检漏报警显示盘	GP-140M	同 上
6	辽阳石油化纤厂	检漏报警显示盘		法国卜劳恩公司
7	同 上			同 上
8	四川维尼纶厂的制氧、醋酸乙烯、甲醇装置	固定式检漏器	FL50	法国斯贝西姆公司
9	四川维尼纶厂	便携式检漏器	608	法国斯贝西姆公司

本条规定安装范围，既总结国内安装火灾自动报警的实践经验，又适当考虑今后的发展情况而提出以下六个方面：

1. 大中型电子计算机房（据电子工业部电子计算机总局介绍，国内外划分大中型电子计算机尚无统一标准，一般可根据计算机的价值、运算速度、字长等条件确定。目前我国划分标准是：价值在100万元以上，运算速度在100万次以上，字长在32位以上。可理解作大中型电子计算机房）。

2. 贵重的机器、仪器、仪表设备室。（主要指性质重要、价值特高的精密机器、仪器、仪表设备室。

3. 每座占地面积超过1000m²的棉、毛、丝、麻、化纤及其织物库房，因为这样大的库房，贮量相应增大，价值高，发生火灾后损失大。

4. 设有卤代烷、二氧化碳等固定灭火装置的其他房间。因为装有这些固定灭火装置的大中型电子计算机房、一般为重要通讯机房、重要资料档案、珍藏库、故宫库等，为了达到早报警、早扑救，以减少损失的目的，故作了本款规定。

5. 广播、电信楼的重要机房。因为这些建筑的重要机房，一旦发生火灾，将会对通讯、广播中断，造成重大经济损失和不良政治影响，因此，作为重点保护十分必要。

6. 火灾危险大的重要实验室等。

7. 图书、文物珍藏室，系指价值的绝本图书和古代珍文物贮藏室，一幢书库藏书数量100万册以上，一旦发生火灾损失大，需要安装自动报警装置加以保护；重要的档案、资料库，一般是指人事和其他绝密、秘密的档案和资料。

8. 超过4000个座位的体育馆观众，有可燃物的吊顶内及其电信设备。这主要是指有配电线路、木马道、风管可燃保温材料等建物。

9. 高级旅馆系指建筑物标准高、功能复杂、可燃装修，设有空气调节系统的旅馆。

第10.3.3条 本条对设有火灾自动报警装置和自动灭火装置（如自动喷水灭火系统、卤代烷1211灭火系统、卤代烷1301灭火系统、二氧化碳灭火系统等），要优先考虑设置消防控制室。

鉴于消防控制室是建筑物内防火、灭火设施的自动化指示控制中心，也是火灾时的扑救指挥中心，地位十分重要。参考《高层民用建筑设计防火规范》的规定，结合一般建筑物的特点，提出了本条规定。

第10.3.4条 本条对消防控制室的功能作了原则规定。

最近十几年来，日本、美国、英国、法国、西德、新加坡等国家和香港地区，对大型工业企业和公共建筑物的防火技术比过去更加重视。将防火、防盗等一起考虑，本建筑物的防火管理范围、使消防、防盗等一起考虑，构成统一防火系统，并通过电子计算机和闭路电视系统等，结合设备运行和经营管理等工作，实行全自动化管理。

考虑到我国经济技术条件、消防设备情况不同，其控制功能有繁有简，重要建筑物，大致宜有下列功能：

1. 接受火灾报警；
2. 发出火灾信号和安全疏散指令（为应急疏散照明、广播、警笛等）；
3. 控制消防水泵、自动灭火设备；
4. 关闭有关防火门、电动的防火卷帘门等；
5. 切断有关通风空调系统；
6. 起动排烟机、排烟阀门等装置；
7. 切断有关电源；
8. 平时显示电源运行情况；
9. 电视安全监视系统；
10. 消防电梯运行情况等。

图10.3.4为日本大型建筑的消防控制中心的功能。

续表 10.3.2-a

序号	使用厂名称	检漏器种类	型号	生产厂家
10	南京烷基苯厂的压缩机房	检漏器		意大利×厂
11	山东第二化肥厂压缩机房和分析室	扩散式检漏器	GD-A30	日本××制作所
12	同　上	检漏报警显示盘	GP-830-4A30	日本××制作所

表 10.3.2-b 国产可燃气体检漏器一览表

检漏器型号	生产单位	备注
NQ型气敏半导体元件	沈阳市半导体器件五厂	
RQB-2型可燃气体检漏报警器	抚顺市仪器仪表厂	可带10探头
KQJ-1型可燃气体检漏仪	锦州市消防器材厂	
BJ-2	哈尔滨市通江晶体管厂	适用于检漏天然气、煤气、液化石油气、甲烷等
BJ-3		
BJ-4可燃气体安全报警器	深圳通华电子有限公司	
TEC-24		
TEC-400		
TEC-400A		
TEC-600		
TEC-900A		
TEC-900B		
TEC-800		
QM308型可燃气体检漏报警器	辽阳市电子技术实验厂	
RH-101可燃气体报警器	北京气体分析器厂	
RH-31型可燃气体报警器	南京分析仪器厂	

附录一 部分名词解释

一、耐火极限

本条是根据公安部部颁标准《梁、板和非承重建筑构件耐火试验方法》(GN15-82) 修改的,使之更加接近国际标准。构件试验标准升温,系指炉内温度的上升,它是随时间而变化,一般按下列关系式控制:

$$T - T_0 = 345 \log(8t+1)$$

式中 t ——试验所经历的时间 (min);

T ——t 时间的炉内温度 (℃);

T_0 ——试验开始时的炉内温度 (℃)。

若 T_0 与室内温度不相等时,其差值不应大于 20℃。表示以上函数的曲线,即"时间-温度标准曲线"如下图 1 所示。

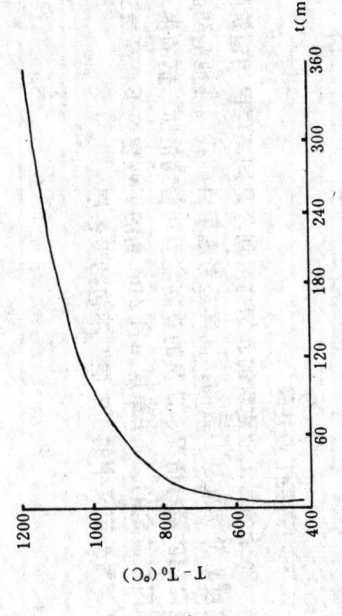

图 1 时间-温度标准曲线图

"时间-温度标准曲线图"中,t表示时间,温度相互关系的代表数值列于"随时间而变化的升温表"。

随时间而变化的升温表

时 间 t (min)	炉 内 温 度 $T-T_0$ (℃)
5	556
10	659
15	718
30	821
60	925
90	986
120	1029
180	1090
240	1133
360	1193

试验中实测的时间-平均温度曲线下的面积与时间-温度标准曲线下的面积的允许误差:

1. 在开始试验的10min及10min以内为±15%;
2. 在开始试验10min以上至30min范围内为±10%;
3. 在试验进行到30min以后为±5%。

失去支持能力是指构件自身解体或垮塌、梁、楼板等受弯承重构件、挠曲速率发生突变,是失去支持能力的象征。

完整性被破坏、是指楼板、隔墙等具有分隔作用的构件,在试验中出现穿透裂缝或较大的孔隙。

失去隔火作用,是指具有分隔作用的构件在试验中背火面测温点测得平均温升到达140℃;(不包括背火面的起始温度);或背火面测温点中任何一点的温升到达180℃;或不考虑起始温度的情况下,甲火面任一测点的温度到达220℃。

二、甲、乙、丙类液体

甲、乙、丙类液体系原规范中的易燃液体、可燃液体。这次修改是为了同国家标准《石油库设计规范》等协调一致,以利执行。

三、高层工业建筑

本条高层工业建筑的起始高度划分是同高层民用建筑的起始高度划分标准是一致的,同样是考虑了目前我国各地消防队伍的登高消防器材情况、队员的登高能力和普通消防车辆的供水能力等因素确定的。对于单层超过24m高的工业建筑不算高层工业建筑。另外定义中的"二层"不包括设备层。

2—168

续表

序号	构件名称	材料规格（毫米）	保护层（毫米）	耐火极限（小时）	备注
（四）					
9	轻质混凝土墙	厚75（水泥、矿渣、砂）		2.50	北京
10	加气混凝土砌块墙	厚100（水泥、矿渣、砂）		3.75	北京
11	加气混凝土砌块墙	厚150（水泥、矿渣、砂）		5.75	北京
12	加气混凝土砌块墙	厚200（水泥、矿渣、砂）		8.00	北京
13	钢筋加气混凝土垂直墙板墙	厚150		3.00	北京
14	粉煤灰加气混凝土砌块墙	厚100（粉煤灰、水泥、石灰）		3.40	武汉
15	粉煤灰加气混凝土砌块墙	厚200（粉煤灰、水泥、石灰）		6.00	武汉
16	无气混凝土砌块墙	厚150（水泥、生石灰、砂）		7.50	丹东
17	无气混凝土砌块墙	厚150（水泥、生石灰、矿渣）		7.50	丹东
18	支云牌加气混凝土砌块墙	厚100（水泥、粉煤灰、石膏）		6.00	南通
19	支云牌加气混凝土砌块墙	厚200（水泥、石灰、粉煤灰、石膏）		8.00	南通
（五）	木龙骨两面钉下列材料（板）的隔墙				
20	钢丝（板）网抹灰	墙厚15+70（空）+15		0.85	
21	石棉水泥抹灰	墙厚6+70（空）+6		0.05	
22	苇箔抹灰	墙厚15+70（空）+15		0.50	
23	板条抹灰	墙厚15+70（空）+15		0.85	
24	水泥刨花板	墙厚20+70（空）+20		0.30	
25	板条抹板条隔热灰浆			1.25	1:4水泥、石棉、灰浆
26	3mm厚纤维纸板	墙厚3+70（空）+3		0.12	
27	6mm厚纤维纸板	墙厚6+70（空）+6		0.20	
（六）	轻质复合隔墙				
28	石棉水泥板夹纸蜂窝隔墙	墙厚3+25（纸蜂窝）+3		0.20	
29	菱苦土板夹纸蜂窝隔墙	墙厚2.5+50（纸蜂窝）+25		0.33	

附录二 建筑构件的燃烧性能和耐火极限

一、为了获得我国各种建筑构件的燃烧性能和耐火极限数据，为修订、制订建筑设计防火规范提供依据。公安部四川消防科研所从1972年以来，开展了建筑构件耐火性能试验工作。到1985年第一季度止，该所共提供了194种建筑构件的耐火极限数据其中非承重墙68种，柱19种，梁13种，楼板和屋顶承重构件37种，吊顶29种，门28种。这次修订就是根据四川消防科研所提供的试验数据而补充的。

二、建筑构件的燃烧性能系指非燃、难燃和燃烧三种。

附：四川消防科研所提供的"建筑构件耐火极限数据表"

建筑构件耐火极限数据表

序号	构件名称	材料规格（毫米）	保护层（毫米）	耐火极限（小时）	备注
（一）	非承重墙				
1	普通粘土砖墙	墙厚60（不包括双面抹灰15）		1.50	
2	普通粘土砖墙	墙厚120（不包括双面抹灰15）		3.00	
3	普通粘土砖墙	墙厚180		5.00	
4	普通粘土砖墙	墙厚240		8.00	
5	七孔粘土砖墙	结构厚120（不包括墙中空120）		8.00	
6	双面抹灰七孔粘土砖墙	结构厚140（不包括墙中空120）		9.00	
（二）	条石墙				
7	青石墙	墙厚400		5.00	
（三）	硅酸盐砌块墙				
8	粉煤灰硅酸盐砌块墙	墙厚200		4.00	

续表

序号	构件名称	材料规格（毫米）	保护层（毫米）	耐火极限（小时）	备注
30	水泥刨花复合板隔墙	墙厚80（包括60厚中空层）		0.75	
31	水泥刨花骨水泥刨花板隔墙	墙厚12+86（空）+12		0.50	
32	石膏龙骨水泥刨花板隔墙	墙厚12+76（空）+12		0.45	
33	石膏龙骨TK板隔墙	墙厚5+75（空）+6		0.30	
34	石棉水泥龙骨TK板隔墙	墙厚5+80（空）+6		0.45	
35	钢质板隔墙	墙厚1+48（填聚苯乙烯）+1		0.12	
36	玻璃丝布壁板隔墙	墙厚7+46（空）+7		0.15	五层板上粘玻璃丝布
37	三聚氰胺壁板隔墙	墙厚5.5+39（纸蜂窝）+5.5		0.15	三层板上粘三聚氰胺板
（七）石膏板隔墙					
38	钢龙骨石膏板隔墙	墙厚12+46（空）+12		0.33	
39	钢龙骨石膏板隔墙	墙厚2×12+70（空）+3×12		1.25	
40	钢龙骨石膏板隔墙	墙厚2×12+70（填矿棉）+2×12		1.20	
41	钢龙骨双层石膏通板隔墙	墙厚2×12+75（空）+2×12		1.10	板内掺纸纤维
42	钢龙骨双层防火石膏板隔墙	墙厚2×12+75（空）+2×12		1.50	板内掺玻璃纤维
43	钢龙骨双层防火石膏板填岩棉隔墙	墙厚2×12+75（岩棉40）+2×12		1.60	板内掺玻璃纤维
44	钢龙骨复合石膏板隔墙	墙厚15+75（空）+1.5+9.5		1.10	双层石膏板受火
45	木龙骨石膏板隔墙	墙厚8.5+103（填矿纤）+8.5		0.60	
46	木龙骨无纸面纤维石膏板隔墙	墙厚10+55（空）+10		0.63	
47	石膏龙骨纤维石膏板隔墙	墙厚10+55（空）+10		1.00	
48	石膏龙骨纤维石膏板隔墙	墙厚10+64（空）+10		1.35	
49	石膏龙骨纸面石膏板隔墙	墙厚11+68（填矿棉）+11		0.75	
50	石膏龙骨纸面石膏板隔墙	墙厚11+28（空）+11+65（空）+11+28（空）+11		1.50	
51	石膏龙骨纸面石膏板隔墙	墙厚9+12+128（空）+12+9		1.20	
52	石膏龙骨纸面石膏板隔墙	墙厚25+134（空）+12+12+80（空）+12		1.50	
53	石膏龙骨纸面石膏板隔墙	墙厚12+80（空）+12+80（空）+12		1.00	
54	石膏龙骨纸面石膏板隔墙	墙厚12+80（空）+12		0.33	
55	石膏珍珠岩空心条板隔墙	墙厚60（膨胀珍珠岩容重50~80kg/m³）		1.50	
56	石膏硅酸盐空心条板隔墙	墙厚60		1.50	
57	石膏珍珠岩空心条板隔墙	墙厚60（膨胀珍珠岩60~120kg/m³）		1.20	
58	石膏珍珠岩塑料网空心条板隔墙	墙厚60（膨胀珍珠岩60~120kg/m²）		1.30	
59	石膏珍珠岩双层空心条板隔墙	墙厚90		2.25	
60	石膏粉煤灰空心条板隔墙	墙厚90		2.25	
61	石膏珍珠岩双层空心条板隔墙	墙厚60+50+60		3.75	膨胀珍珠岩51~80kg/m³
62	石膏珍珠岩双层空心条板隔墙	墙厚60+50+60		3.25	膨胀珍珠岩60~120kg/m³
（八）新型空芯条板隔墙					
63	碳化石灰圆孔空心条板隔墙	墙厚90		1.75	
64	苦土珍珠岩圆孔空心条板隔墙	墙厚80		1.30	
（九）大板墙					

续表

序号	构件名称	材料规格(毫米)	保护层(毫米)	耐火极限(小时)	备注
三	梁				
1	钢筋混凝土简支梁	非预应力钢筋	10	1.20	
2	钢筋混凝土简支梁	非预应力钢筋	20	1.75	
3	钢筋混凝土简支梁	非预应力钢筋	25	2.00	
4	钢筋混凝土简支梁	非预应力钢筋	30	2.30	
5	钢筋混凝土简支梁	非预应力钢筋	40	2.90	
6	钢筋混凝土简支梁	非预应力钢筋	50	3.50	
7	钢筋混凝土简支梁	非预应力钢筋	下40 侧20	2.60	
8	钢筋混凝土简支梁	非预应力钢筋	下50 侧30	3.30	
9	预应力钢筋混凝土简支梁	预应力钢筋或高强度钢丝	25	1.00	
10	预应力钢筋混凝土简支梁	预应力钢筋或高强度钢丝	30	1.20	
11	预应力钢筋混凝土简支梁	预应力钢筋或高强度钢丝	40	1.50	
12	预应力钢筋混凝土简支梁	预应力钢筋或高强度钢丝	50	2.00	
13	无保护层的钢梁			0.25	
四	楼板和屋顶承重构件				
(一)	预制空心楼板				
1	钢筋混凝土圆孔空心楼板	3300×600×180	10	0.90	
2	钢筋混凝土圆孔空心楼板	3300×600×190	20	1.25	
3	钢筋混凝土圆孔空心楼板	3300×600×200	30	1.50	
4	预应力钢筋混凝土圆孔楼板	3300×700×90	10	0.40	
5	预应力钢筋混凝土圆孔楼板	3300×700×100	20	0.70	
6	预应力钢筋混凝土圆孔楼板	3300×700×110	30	0.85	
7	钢筋混凝土单方孔楼板	3600×300×180	15	0.85	

续表

序号	构件名称	材料规格(毫米)	保护层(毫米)	耐火极限(小时)	备注
65	钢筋混凝土大板墙	墙厚60,200号混凝土		1.00	
66	钢筋混凝土大板墙	墙厚120,200号混凝土		2.60	两面25厚为300号混凝土
67	钢筋混凝土填纸蜂窝大型保温墙	墙厚25+90(纸蜂窝)+25		1.00	
68	CRC复合板外墙	墙厚10(玻纤增强水泥面层)+100(珍珠保温层)+10(面层)		4.40	
二	柱				
(一)	钢筋混凝土柱				
1	钢筋混凝土柱	180×180		1.20	
2	钢筋混凝土柱	200×200		1.40	
3	钢筋混凝土柱	240×240		2.00	
4	钢筋混凝土柱	300×300		3.00	
5	钢筋混凝土柱	200×400		2.70	
6	钢筋混凝土柱	200×500		3.25	
7	钢筋混凝土柱	300×500		4.70	
8	钢筋混凝土柱	370×370		4.30	
(二)	砖柱				
9	普通粘土砖柱	370×370		5.00	
(三)	钢柱				
10	无保护层的钢柱			0.25	
11	用金属网抹50号砂浆保护		25	0.80	
12	用金属网抹50号砂浆保护		50	1.35	
13	加气混凝土保护		40	1.00	
14	加气混凝土保护		50	1.40	
15	加气混凝土保护		70	2.00	
16	加气混凝土保护		80	2.33	
17	用200号混凝土保护		25	0.80	
18	用200号混凝土保护		50	2.00	
19	用200号混凝土保护		100	2.85	

续表

序号	构件名称	材料规格（毫米）	保护层（毫米）	耐火极限（小时）	备注
8	钢筋混凝土双方孔楼板	3300×600×100	10	0.90	
(二)	走道板				
9	钢筋混凝土走道板	1800×800×70	10	0.90	
10	预应力钢筋混凝土走道板	1800×700×50	8	0.50	
(三)	四面简支楼板				
11	四面简支钢筋混凝土楼板	板厚70	10	1.40	
12	四面简支钢筋混凝土楼板	板厚80	20	1.50	
13	四面简支钢筋混凝土楼板	板厚90	30	1.85	
(四)	整体式梁板				
14	现浇钢筋混凝土整体式梁板	板厚70	10	1.40	
15	现浇钢筋混凝土整体式梁板	板厚80	20	1.50	
16	现浇钢筋混凝土整体式梁板	板厚90	10	1.75	
17	现浇钢筋混凝土整体式梁板	板厚90	20	1.85	
18	现浇钢筋混凝土整体式梁板	板厚100	10	2.00	
19	现浇钢筋混凝土整体式梁板	板厚100	20	2.10	
20	现浇钢筋混凝土整体式梁板	板厚100	30	2.15	
21	现浇钢筋混凝土整体式梁板	板厚110	10	2.25	
22	现浇钢筋混凝土整体式梁板	板厚110	20	2.30	
23	现浇钢筋混凝土整体式梁板	板厚110	30	2.40	
24	现浇钢筋混凝土整体式梁板	板厚120	10	2.50	
25	现浇钢筋混凝土整体式梁板	板厚120	20	2.65	
(五)	钢梁上铺非燃烧体楼板或屋面板				
26	梁、桁架无保护层			0.25	
27	梁有钢丝网抹灰粉刷		10	0.50	
28	梁有钢丝网抹灰粉刷		20	1.00	
29	梁有钢丝网抹灰粉刷		30	1.25	
(六)	屋面板				
30	钢筋加气混凝土屋面板	3300×600×150	15	1.25	水泥、矿渣、砂等制成
31	钢筋加气混凝土屋面板	6000×600×150	15	1.25	水泥、矿渣、砂等制成
32	钢筋充气混凝土屋面板	3300×600×150	20	1.60	水泥、生石灰、砂等制成
33	钢筋充气混凝土屋面板	3300×600×150	20	1.65	水泥、生石灰、砂、金尾矿等制成
34	钢筋混凝土方孔板	5780×600×300	10	1.20	
35	预应力钢筋混凝土槽形屋面板	3600×700×180	10	0.50	
36	预应力钢筋混凝土槽瓦	3300×900×25		0.50	
37	轻型纤维石膏屋面板	3200×1500×45		0.60	
五	吊顶				
(一)	木吊顶满栅				
1	钢丝网抹灰	灰厚15		0.25	
2	板条抹灰	灰厚15		0.25	
3	钉水泥刨花板	板厚25		0.12	
4	钢丝抹1:4水泥石棉灰	灰厚20		0.50	
5	板条抹1:4水泥石棉灰			0.50	
6	苇箔抹灰	灰厚15		0.15	
7	钉氧化镁锯末复合板	板厚13		0.28	
8	钉纤维纸板	板厚6		0.10	
9	钉石膏装饰板	板厚10		0.25	
10	钉平面石膏板	板厚12		0.30	
11	钉纸面石膏板	板厚9.5		0.25	
12	钉双层石膏板	板厚8+8		0.45	
13	钉珍珠岩复合吸音板	板厚15（穿孔板）+15（吸音板）		0.30	由珍珠岩、水泥制成

续表

序号	构件名称	材料规格（毫米）	保护层（毫米）	耐火极限（小时）	备注
14	钉矿棉吸音板	板厚 20		0.15	
15	钉三聚氰胺氨板	4.5（三合板）+40（聚苯乙烯保温）+4.5+1（三聚氰胺板）		0.05	
16	钉硬质木屑板	板厚 10		0.20	
17	钉铝箔纸板	8mm 厚波形纸板，两面粘以16微米厚铝箔		0.05	
18	钉双层铝岩棉纸板			0.10	
19	钉双层氯乙烯防火涂料的纤维板	板厚 5		0.05	
20	涂过氯乙烯防火涂料的石棉水泥板	板厚 6		0.40	
21	钉干法生产的石棉水泥板	板厚 6		0.03	
（二）	钢吊顶搁栅				
22	钢丝（板）网抹灰	灰厚 15		0.25	
23	钉石棉板	板厚 10		0.85	
24	钉石棉水泥板	板厚 6		0.03	
25	钉双层石棉和石棉水泥板	板厚 3（日本产石棉水泥板）+10		0.30	
26	钉石膏板和石棉水泥板	板厚 4		0.30	
27	钉 TK 板	板厚 4		0.10	
28	挂石棉型硅酸钙板	板厚 10		0.30	
29	挂薄钢板中填石棉陶瓷棉复合板	板厚 0.5+39（陶瓷棉）+0.5		0.40	
六	门				
（一）	经防火涂料处理的木质防火门				
1	门扇内填岩棉	0820 门扇厚 41		0.60	
2	门扇内填岩棉	0920 门扇厚 41		0.60	
3	门扇内填岩棉	1020 门扇厚 41		0.60	
4	门扇内填硅酸铝纤维	0820 门扇厚 41		0.60	
5	门扇内填硅酸盐铝纤维	0920 门扇厚 45		0.60	
6	门扇内填硅酸铝纤维	1020 门扇厚 41		0.60	

续表

序号	构件名称	材料规格（毫米）	保护层（毫米）	耐火极限（小时）	备注
7	门扇内填硅酸铝纤维	1521 门扇厚 47		0.90	
8	门扇内填硅酸铝纤维	1221 门扇厚 47		0.90	
9	门扇内填硅酸铝纤维	0921 门扇厚 47		0.90	
10	门扇内填硅酸铝纤维	1021 门扇厚 47		0.90	
11	门扇内填矿棉板	1521 门扇厚 47		0.90	
12	门扇内填矿棉板	0921 门扇厚 47		0.90	
13	门扇内填矿棉板	1221 门扇厚 47		0.90	
14	门扇内填矿棉板	0921 门扇厚 47		0.90	
15	门扇内填无机轻体板	1021 门扇厚 47		0.90	
16	门扇内填无机轻体板	1021 门扇厚 47		0.90	
（二）	金属防火门				
17	钢门框、薄钢板	门扇用 10 门扇填硅酸铝纤维，总厚 47	1521	0.60	
18	钢门框、薄钢板	门扇用 10 门扇填硅酸铝纤维，总厚 47	1221	0.60	
19	钢门框、薄钢板	门扇用 10 门扇填硅酸铝纤维，总厚 47	0921	0.60	
20	钢门框、薄钢板	门扇用 10 门扇填硅酸铝纤维，总厚 47	1021	0.60	
21	钢门框、薄钢板	门扇用 10 门扇填岩棉，总厚 47	1521	0.60	
22	钢门框、薄钢板	门扇用 10 门扇填岩棉，总厚 47	1221	0.60	
23	钢门框、薄钢板	门扇用 10 门扇填岩棉，总厚 47	0921	0.60	
24	钢门框、薄钢板	门扇用 10 门扇填岩棉，总厚 47	1021	0.60	
25	钢门框、薄钢板	门扇用 10 门扇填硅酸铝纤维，厚 45	0920	0.60	
26	钢门框、薄钢板	门扇用 10 门扇填硅酸钙板和硅酸铝纤维，厚 45	1021	1.20	
27	钢门框、薄钢板	门扇用 10 门扇填硅酸铝纤维，厚 45	0920	0.90	
28	钢门框、薄钢板	门扇用 10 门扇填硅酸铝纤维和岩棉，总厚 45	1021	0.90	

（公安部四川消防科研所）。

附录三 生产的火灾危险性分类举例

根据全国各地的工厂、企事业单位、设计和消防部门等来函和调查（包括走访、座谈收集到的意见），本稿对生产的火灾危险性分类举例中不合适的地方做了修改，去掉了固有国文明文停止生产的举例，补充了一些必要的生产举例。

一、变动部分：

1. 根据各地反映的意见，举例中有许多例子是某某车间或某某工段，这样写是不完全确切的。因为有些车间或工段是按行政的车间、工段来划分的，不一定是专指厂房的。况且有的一个车间就划分成几个工段，一个工段又管几栋厂房。为较确切地把握出生产中火灾危险性的部位，故本次修改尽量将不合适的"车间"或"工段"改写成"厂房"或"部位"。

2. 原规范"丁类"第 3 项的"树脂塑料的加工车间"不合适的，因为合成树脂塑料中有很多是可燃烧的，并非难燃物，故改写成"酚醛泡沫塑料加工厂房"，"铝塑料加工厂房"，"自熄性塑料加工厂房"。

二、删去部分：

1. 经去有关农药部门调查，金霉素这种农药国家已明文停止生产，故将举例"甲类"第 1 项中"金霉素车间粗晶及抽提工段"去掉。

2. 经去有关医药部门调查，"666"、"滴滴涕"这两种农药国家已在1983年明文停止生产，故将举例"甲类"第 1 项中"666 车间光化及蒸馏工段"、"乙类"第 1 项中"滴滴涕车间"去掉。

3. 原规范中"甲类"第 4 项中的"敌百虫车间三氯化磷工段"较片面，为扩大范围，去掉"敌百虫车间"几个字，只写"三氯化磷厂房"。因为无论是生产或是使用"三氯化磷"的厂房，均属甲类生产。

三、补充的内容：

1. 医药的生产品种很多，具体写某厂某工序片面性较大，例子也举不一个单元反应，具体写某厂某工序片面性较大，涉及面较宽。故可原则上掌握原料药生产中大量使用汽油、乙醇等有机溶媒的厂房。如安乃近精制部位、维生素 B₁ 精制部位、非纳西汀车间的轻化、回收及电感精部位、冰片精制厂房、皂素精制厂房等，均可划为"甲类"第 1 项。

抗菌素生产中大量使用乙醇、丙酮等有机溶媒的提炼厂房。如青霉素提炼厂房、强力霉素的提炼厂房，也应划在"甲类"第 1 项中。

例如，1982 年 3 月某制药厂冰片车间粗晶工段，在结晶槽内用塑料管抽取 120 号汽油，产生静电起火，在救火中造成 65 人死亡，35 人重伤的恶性事故。

2. 敌敌畏生产合成厂房应划在"甲类"第 1 项。敌敌畏的生产过程中主要消耗的原料有敌百虫、碱、乳化剂、甲苯（或二甲苯）、纯苯。生产一吨 80％的敌敌畏乳液，需消耗甲苯（或二甲苯）110～120kg，消耗纯苯约 100 多公斤。生产一吨 50％的敌敌畏乳液，需消耗甲苯（或二甲苯）110～120kg，消耗纯苯约 400 多公斤。

甲苯、二甲苯、苯的物理数据表

物质名称	沸点（℃）	自燃点（℃）	闪点（℃）	爆炸极限体积百分比（％）
甲苯	110.4	480	444	1.2～7
二甲苯	136.0	553	25	3.0～7.5
苯	80.1	555	−12	1.6～3

如1984年9月3日，某省农业生产资料公司北营七号车房存

1981年11月10日，某港口谷物筒仓工作间，因用气焊维修设备，使管道内的悬浮状态的粉尘发生爆炸，又引起21个筒仓内的小麦粉尘相继爆炸。炸伤7人，损失300多万元。国外也常有筒仓爆炸的事故发生，如1977年12月22日，美国路易斯安那州，筒立在密西西比河沿岸的谷物筒仓发生激烈的粉尘爆炸，从提升塔向空中产生高达30m的火球，震动传出16km以外。一共有73座筒仓，其中48座被破坏，高75m的混凝土制的提升塔（工作间）半截崩溃。由于这次爆炸，包括7名检查官在内，总共死36人，伤9人。过了两天，在受破坏的圆仓中，继续冒烟的谷物又燃烧起来，发生火灾，使损失加重。着火原因无法确定。据分析可能是运输带摩擦生热使粉尘着火爆炸的。

6. 从洁净厂房规范中充实的例子

(1) "甲类"第1项是"集成电路厂的化学清洗间（使用闪点<28℃的液体）"。

(2) "甲类"第2项是"半导体材料厂使用氢气的拉晶间、硅烷热分解室"。

(3) "丙类"第2项中有"显像管厂装配工段烧枪间"、"磁带装配厂房"，"集成电路厂的氧化扩散间、光刻间"、"计算机房已录数据的磁盘贮存间"。

放49吨敌畏。由于雷击起火，除敌敌畏几乎全部烧光以外，还烧毁库内其他物品，损失66.3万元。

3. 植物油加工厂的浸出厂房，应划在"甲类"第1项。植物油生产"浸出"过程中，按原粮食部的规定，油饼与溶剂油的重量比例一般为1：1，即一吨油饼需一吨溶剂油浸泡。溶剂油(6号溶剂油)的闪点为−22℃，沸点为75℃。气体比重是空气的2.7倍，爆炸极限为1.25%～4.9%。

1972年12月，某市油厂车间管道组内管道压力增大，考克芯子被顶开，混合油大量喷出，瞬间车间内充满有溶剂油蒸汽，由于错按开配电盘闸刀开关保险丝烧断产生火花，引起燃烧爆炸，死23人，伤31人。15km以外可以听到爆炸声，经济损失约20多万元，摧毁设备60余台。"浸出厂房"的事故多年来屡见不鲜，不可忽视。

4. 化肥厂的氢氮气压缩机厂房应划在甲类第2项中，氢气与氮气的混合比为3：1，氢气的比重（空气=1）为0.07，自燃点为400℃，爆炸极限4.1%～74.2%。

1981年5月15日，某化工厂合成氨分厂氢氮气压缩机房，由于管道设计不合理，阀门关与开无明显标志，操作中工作人员不慎，误将氧气通入氢氮气管道中，由于静电火花，起火点15处，传出十几里（大气压）引起爆炸（爆炸点有8处，起火点15处，传出300m以内的门窗玻璃全部炸碎，压缩机的一段缸体炸坏，两个缓冲器炸飞，铜洗塔的水泥保护层全部炸光。整个塔从4m高的平台上坠下，击穿100mm厚的钢筋混凝土地坪。冲入地下1m。设备、管道、仪表厂房的损失达110万元，重伤3人，轻伤16人。抢修费60余万元。

5. 谷物筒仓工作间应划在"乙类"第5项中。"筒仓"是我国近年来新发展起来的一种新型建筑物，主要用于贮存粮食或煤粉等。筒仓在我国的港口分布较多。

附录四　贮存物品的火灾危险性分类举例

根据全国各地的企、事业单位，设计和消防部门来函和实地调查（包括走访、座谈收集到的意见），认为该规范贮存物品的火灾危险性分类举例基本上是合适的，本附录除个别例子修改以外，又新补充一部分内容。同时补充的一部分常用物质的有关物理数据。仅作为生产、贮存、设计时参考。

一、改动的内容：

"乙类"第2项中的糠醛，应划在"丙类"第1项。因为在有关资料中查到糠醛的闪点为60℃或66℃，符合"丙类"第1项。

二、补充的内容：

1. 硝酸铵（铵硝石）应划在"甲类"第5项。从铁路"危险货物运输规则"中查到"硝酸铵"比重为1.725，熔点为169.6℃，在210℃分解，与有机物、可燃物、亚硝酸钠、漂白粉、铜、锌、铝、硫等接触能引起爆炸或燃烧，符合"甲类"第5项条文。

2. "碳化铝"应划在"甲类"第2项中。由有关资料中查到"碳化铝"为绿灰色块状物，遇水即分解产生甲烷，而甲烷的沸点在-161℃，爆炸极限为5%~15%，符合"甲类"第2项条文。

三、贮存物品的火灾危险性分类补充举例，如表4-3。

表4-3　贮存物品的火灾危险性分类补充

类别	举例
甲	2. 硅铝粉、氢氧化钙、磷化钙、硅化钙、硅钙、硅铁铝粉（矽铁铝）、硅铁（矽铁）、锌粉、磷化钾
	3. 三异丁基铝、除氧催化剂、三乙基铝、三甲基铝、白磷、三甲基铝、三乙基锌、烷基氯化铝、纯烷基卤化铝、乙基镁、二基镁、二溴化三甲基铝、三氯化三甲基铝
	4. 氢化铝粉、钯、金属钾合金
	5. 硝酸钾、硝酸钠、过氧化氢、过氯化钡、过氧化二苯甲酰、过氧化二叔丁醇、高锰酸钾、高碘酸钾、过氯酸钠、过氯化镁、高氯酸钾、过氧化锂、氯酸铵、硝酸醋酸酐溶液、氯酸钾、漂粉精、硝酸钙、硝酸钡、硝酸钾、过氧化叔丁醇、过苯甲酸叔丁酯、过氧化二甲苯
乙	3. 铬酐（铬酸酐、三氧化铬、铬酐）、重铬酸铵、重铬酸钠及其他重铬酸盐类、过硫酸铵、亚硫酸钠、过硫酸钠、亚硝酸钠、过硝酸钾、过硝酸、过氧化二碳酸酯）、亚硝酸钠、过硼酸钠、五硝酸二、过硝酸、过氧化环己酮浆、除螨素
	4. 干草（稻草）、麦秆、环烷酸钴粉、树脂酸锰、四聚乙醛、亚硝基酚、硅酸钙粉、硫粉、联苯、邻苯二甲酸酐、金属锰粉及活性金属粉、火棉胶、氢化铝锂、硼氢化钠、苯、硫氢化钠、石灰氮（氰氨化钙）、碳氢化氢、保险粉（低亚硫酸钠、二硫磺酸钠）、金属钙（铜钙合金、钙）、氢化铝、氢化钡、氢化钠、硼氢化钾、甲醇钠、安全火柴
	5. 氧化亚氮气、氯气、高压压缩空气
	6. 活性碳、连二亚硫酸钠、干椰子肉、潮湿或污染了的棉花、有油浸的废棉纱、含油的碳布、无水或含结晶水在30%以下的硫化钠、植物油浸的棉、麻、毛、发、丝及野生纤维素、粉片茶软云母板

注：①上述举例主要参照"危险货物运输规则"和"国际海上危险货物运输规则"。

②值得说明的是，大于50度至小于60度的白酒，划为丙类，主要是白酒内含有水，其危险性不同于纯酒精，并考虑到实际情况，故未完全参照闪点来划分。

常用的甲、乙类物品的性质

序号	物质名称	熔点 °C	沸点 °C	自燃点 °C	比重 克/立方厘米	蒸气密度 克/立方米	闪点 °C	爆炸极限 体积(%) 下限	爆炸极限 体积(%) 上限	备注
1	2	3	4	5	6	7	8	9		10
	乙醛	-123	20		0.78	1.52	<-20	4	57	73 1040
	丙酮	-95	56		0.79	2.00	<-20	2.5	13.0	60 310
	乙腈	-45	82		0.78	1.42	2	3.0		50 525
	乙酸乙酯	-23			0.86	3.45	34			390
	乙酸甲酯	-112	51		1.10	2.70	5			390
	乙苯	-84			0.90			1.5		305 16
	丙烯腈	-88	52		0.84	1.94	<-20	2.8	31	65 730
	丙烯醛	-82	77		0.80	1.83	-5			480
	丙烯酸	151	265		1.37	5.04	196			420
	二乙胺	2	295		0.96	1.04	-89	15.2	40	515 195
	乙胺	-83	172	10	1.02	2.10	85	2.1	11.5	75 460 420
	乙酸乙酯	<-75	100		0.92	3.45	9	1.7		350 69
	丙烯酸乙酯	-116	34.5		0.71	2.55	<-20	1.7	36	50 170 1100
	乙烯	-114	78		0.79	1.59	12	3.5	15	67 425 290
	乙醚	-81	17		0.68ª	1.55		1.0	7.8	34 140 260 430	a在1.2大气压
	苯	-95	136		0.87	3.66	15	6.7	11.3	300 510
	溴乙烷	-119	38		1.46	3.76		6.7	14.8	95 400 510	a在1.4大气压
	氯乙烷	-136	12		0.89ª	2.22		3.6		34 425 390 31
	苯	-169	-104			0.97		2.7		31
	乙二醚	8	116		0.90	2.07	34			385
	乙二醇	-16	197		1.11	2.14	111	32	53	80 410 1320
	苯乙烷	-112	11		0.88ª	1.52		2.6	100b	47 440 1820b	a在1.5大气压, b 与分解
	甲苯乙烷	-143	-38		0.72a	1.66				440	a在7.2大气压
	氯乙烷	-80	54		0.92	2.55	-20	13.5	80	410
	溴乙二醇	135			0.93	3.10	40	1.8	14.0	65 235 520
	四氯乙二醇	-74	59		0.88	3.52	12	1.8	11	75 475 470
	环氧乙烷	-136	45		0.94	2.64	-20	3.2	11.2	105 390 360
	甲醛	8	101		1.22	1.59				520
	氟烃	-78	-33		0.61	0.59		15	28	105 630 200
	丙烯	-6	184		1.02	3.22	76		11	48 630 425
	乙醛苯	-37	154		0.99	3.72	43			475 0.6 45
	萘		340		1.24	6.15	121			380 286
	硝基苯		217		1.44	7.16				185
	甲苯	-26	179		1.05	3.66	64	1.4		60 190
	苯	6	80		0.88	2.70	-11	1.2	8.0	39 555 270
	硝基苯	-15	250		1.27	4.21	121			570
	硝基甲苯	-15	206		1.04	3.72	101	1.8		435 240
	硝基乙烷	-136			1.65	11.1				

序号	物质名称	沸点 °C	熔点 °C	比重 克/立方厘米	闪燃点 —	自燃点 °C	°C	爆炸极限(%) 下限	上限	克/立方米	备注
1	2	3	4	5	6	7	8	9			10
	邻苯二甲酸酐	-28	110	2.00	9.20	<21				200	1.8
	丁二烯-13	-109	-4	0.62ᵃ	1.87			565	1.50	5.41	65	a在2.5大气压 230
	正丁烷	-13.8	-1	0.58ᵃ	2.05			365		2.0	8.5 49	a在2.1大气压 210
	异丁烷	-12	-160	0.56ᵃ	2.05				1.8	8.5	44	210
	乙酸正丁酯	-77	127	0.88	4.01	25	370		1.2	7.5	58	360
	丙烯酸丁酯	-65	148	0.90	4.42							
	正丁醇	-89	118	0.81	2.55	29	340		1.4	10	43	310
	仲丁醇	-108	108	0.80	2.55	27	430		1.7			50
	异丁醇	-89	99	0.81	2.55	24	390					
	叔丁醇	26	83	0.79	2.55	11	470		2.3	8.0	70	250
	1-丁烯	-185	-6	0.59ᵃ	1.94			440	1.6	10	35	a在2.6大气压 235
	异丁烯	-140	-7	0.59ᵃ	1.94				1.8	8.8	40	a在2.6大气压 210
	氯丁烷	72		0.93	3.31	<21			2.2	9.3	80	350
	樟脑	179	209	1.00	5.24	66			0.6	-4.5	38	-280
	正己烷	-4	206	0.93	4.01		380		1.5	11.0	70	520
	苯乙烯	-45	132	1.11	3.88	28						
	氯乙烷	61	189	1.58	3.26		126		8			310
	对硝基苯	83	242	1.37	5.44		127					
	2-氯丙烷	-135	23	0.93	2.63	<-20		260	4.5	16.0	140	510
	氯乙烷	7	81	0.78	2.90	-18		260	1.2	8.3	40	290
	氯乙醇	24	161	0.95	3.45	68		300				
	氯乙醚	-26	156	0.95	3.38	43		430	1.3	9.3	380	430
	氯乙胺	-104	83	0.81	2.83	<-20						
	氯乙基	-18	134	0.86	3.42			200				
	加氯	-43	196	0.90	4.77	61		260	0.7	4.9	40	280
	二乙胺	-50	50	0.70	2.53	<-20			1.7	10.1	50	305
	乙二醚	-6	244	1.12	3.66	124		225				
	对苯二甲酸乙二醇	44	296	1.12	7.66	117						
	二甲胺	-28	-21	0.87ᵃ	1.80			555	6.0	43	130	a在5大气压 930
	二甲醚		282	1.19	6.69	146						
	12-二乙醚甲醇	118	318	1.57	5.79	150						
	二乙烯	69	255	1.04	5.31	113		570	0.7	34	45	220
	二乙醚	53	302	1.16	5.82	153		630				
	二苯醚	27	258	1.07	5.86	115		610	0.8	15	55	1060
	乙醚	17	118	1.05	2.07	40		485	4.0	17	100	430
	乙酐	-73	140	1.08	3.52	49		330	2.0	10.2	85	430

续表

序号	物质名称	熔点 ℃	沸点 ℃	密度 克/立方厘米	闪点 —	自燃点 ℃	引燃温度 ℃	爆炸极限 体积(%) 下限	爆炸极限 体积(%) 上限	爆炸极限 克/立方米 下限	爆炸极限 克/立方米 上限	备注
	1	2	3	4	5	6	7	8	9	10		
	电瓶	−117	−19	0.92a	1.03	420	54		7.0	73	87	910	光化5大气压下
	吡啶	−86	32	0.94	2.35	<−20	390		2.3	14.3	64	405	
	糠醛酯	−31	171	1.13	3.37	75	390		1.8	16.3	70	670	
	糠醛	−37	162	1.16	3.31	60	(315)		2.1	19.3	85	740	
	戊三醇	18	290	1.26	3.17	160	400						
	胱氨酸	1	113	1.01	1.05		515		4.7		60	100a	1265a 自燃分解
	对二氯苯	170	286	1.36	3.81	165	515			7	28	200	
	一氧化碳	−191	−205	0.97			605	380	12.5	74	145	870	
	加丁基二醇		202	0.93	3.38	103					53		
	甲醇	15	161	1.02	2.97				5.0	15.0	33	100	
	甲醛	−182	−161	0.55									
	乙硫醚	−99	57	0.93	2.56	−10	475		3.1	16	95	500	
	甲醚	−98	65	0.79	1.10	11	455		5.5	44	73	590	
	甲酸	−92	−6	0.66a	1.07		430		5	20.7	60	270	在3.1大气压下
	硝基苯	−94	4	1.68	3.27		535		8.6	20.0	335	790	在1.9大气压下
	氯甲烷	−24	98	0.92a	1.78		625		7.1	18.5	150	400	在5大气压下
	二氯甲烷	−97	40	1.33	2.93		605		13	22	450	780	
	氯甲醚	−88	32	0.97	2.07	<−20	450		5.0	20	120	500	
	内乙醚	−88	80	0.91	3.03	−2			2.4	13	85	500	
	自燃酸	−23	166	0.91	4.08		445		0.9	6.6	44	330	
	2—甲基丁二烯		80	0.85	2.97								
	一氟三氯甲烷	−158	−28	1.31	4.02				24	40.3	1150	1950	
	乙烯	80	218	1.14	4.42	80	540		0.9	5.9	45	320	
	苯酸甲酯	6	211	1.20	4.25	88	480		1.8			90	
	正丁胺	−130	36	0.63	2.49	<−20	285		1.4	7.8	41	240	
	正丁胺	−160	28	0.62	2.49	<−20	420		1.3	7.6	38	420	
	苯胺	41	182	1.07	3.24	79	605						
	氰化氢	−134	−88	0.57a	1.17								在20大气压下
	二甲胺	191a	289a	1.59	5.73	168							a米
	苯甲醛	131	285	1.53	5.11	152	580		1.7	10.5	100	650	
	内酰	−42	−88	1.56	1.38		470		2.1	9.5	39	180	
	内烷	−103	−23	0.50a		<−20			1.7			28	在5.2大气压下
	内醇	−81	49	0.81	2.00				2.3	13.5	55	510	
	正丁烷	−126	97	0.80	2.07		465		2.1	13.5	50	340	
	异丁烷	−88	82	0.78	2.07				2.0	12	50	300	
	正丁醇	−100	159	0.86	4.15	39			0.8	6.0	40	300	

续表

序号	物质名称	沸点 ℃	自燃点 ℃	比重	闪点 ℃	燃点 ℃	爆炸极限(%)(体积) 下限 上限	蒸汽相对密度 下限 上限	注
1	2	3	4	5	6	7	8	9	10
	苯乙烯	−96	152	0.86	4.15	31	420	0.8 6.0	300
	丙烯腈	−185	−48	0.51	1.49			2.0 11.7	210 35
	吡啶	−42	115	0.98	2.73	17	550	1.7 10.6	350 56
	间苯二酚		277	1.28	3.80	127			
	二硫化碳	−112	46	1.26	2.64	−20	102	1.0 60	1900 30
	氯化氢	−86	−60	0.79	1.19				650 60
	苯乙烯	−31	145	0.91	3.59	32	490	1.1 45	350 8
	四氢呋喃	−1	135	0.89	2.97 11.9				370 60
	噻吩	−38	84	1.06	2.90	−9	395	1.5 52	435
	甲苯	−95	111	0.87	3.18	6	535	1.2 7.0 46	270
	三乙胺	<−70	218	0.87	5.60				
	三甲胺	−4	291	1.12	5.18	177	370	0.9 9.2 55	580
	三氯乙烯	−86	87	1.46	4.53		410		430 7.9
	氯乙烯	−154	−14	0.91a	2.16		413 3.8	29.3 95	770 64
	氧	−259	−253	0.07			560 4.0 75.6 3.3		
	烟化酸	170	18	1.76	5.18 425				
	对二甲苯		138	0.86	3.66	25	525 1.1	7.0 48	310
	天然气			0.52 ∼1.5			550 ∼750	4 16	
	水煤气			0.54				6.2 72	
	发生炉煤气			0.9			700	20.7 73.7	
	乙炔			0.5			∼400	5.6 30.4 2 15	
	液化石油气	40∼70		0.65	0.67	−50		246 1.1 6.0	
	汽油(航空和 摩托汽车 用汽)	50∼ 150		0.67 ∼0.71	−58∼ +10		415∼ 530	1.0 6.0	

注：以上数据主要参考了"可燃性气体、蒸汽的安全技术参数手册"。

a 在3.3大气压下

中华人民共和国国家标准

医院污水排放标准

GBJ 48—83

（试行）

主编部门：中华人民共和国卫生部
批准部门：中华人民共和国国家经济委员会
　　　　　中华人民共和国卫生部
试行日期：1983年6月1日

关于颁布《医院污水排放标准》的通知

经基〔1983〕37号

根据原国家建委（78）建发设字第562号和卫生部（77）卫科字第240号通知的要求，由卫生部会同有关部门会审的《医院污水排放标准》，已经批准《医院污水排放标准》GBJ 48—83为国家标准，自1983年6月1日起试行。

本标准由卫生部负责管理，其具体解释等工作由中国医学科学院卫生研究所负责。

国家经济委员会
卫　生　部
1983年1月12日

编制说明

本标准是根据原国家建委（78）建发设字562号和卫生部（77）卫科字第240号文下达的制订医院污水排放标准的任务，由我部委托中国医学科学院卫生研究所主持，会同有关省、市卫生防疫站，医学院校，科研与建筑设计等单位编制而成。

遵循我国"预防为主"的卫生工作方针和《中华人民共和国环境保护法（试行）》，为防止医院排放带有病原体的污水污染环境，危害人体健康，特制订本标准。

在编制过程中，曾对部分省、市、自治区医院污水的情况进行重点调查，各课题组参照国内外有关的标准、文献，还进行了必要的科学试验，由全国卫生标准技术委员会环境卫生分委员会多次讨论修改，并向全国卫生标准技术委员会广泛征求意见，经委员会会同有关部门审核定稿。

本标准分总则、排放标准、设计要求与管理要求等四章和附录一、检验方法。

在试行本标准的过程中，请各单位注意积累资料，总结经验，如发现有需要修改和补充之处，请将意见和有关资料寄送中国医学科学院卫生研究所，并抄送我部，以便修订时参考。

卫生部
1983年1月

第一章 总 则

第1.0.1条 为贯彻"预防为主"的卫生工作方针和《中华人民共和国环境保护法（试行）》，防止医院排放带有病原体的污水污染环境，危害人体健康，特制订本标准。

第1.0.2条 本标准适用于县及县以上综合医院，肠道传染病和结核病的专科医院，疗养院，其它有关的医疗卫生机构（以下简称医院）。

第1.0.3条 新建、扩建、改建的医院，必须按照本标准的规定，将污水的处理设施，与主体工程同时设计，同时施工，同时使用。

现有医院应积极采取有效的措施，限期达到本标准的要求。

第 2.0.5 条 无上、下水道设备或集中式污水处理构筑物的医院,对有传染性的粪便,必须进行单独消毒或其它无害化处理。

第 2.0.6 条 医院污水经处理和消毒后,其所含的污染物质与有害物质的含量应符合现行的有关标准的要求。

第二章 排放标准

第 2.0.1 条 医院污水经处理与消毒后,应达到下列标准:

一、连续三次各取样500毫升进行检查,不得检出肠道致病菌和结核杆菌;

二、总大肠菌群数每升不得大于500个。

第 2.0.2 条 当采用氯化法消毒时,接触时间和接触池出水中的余氯含量,应符合表2.0.2的要求。

接触时间与总余氯量   表 2.0.2

医院污水类别	接触时间(h)	总余氯量(mg/L)
综合医院污水及含肠道致病菌污水	不少于1	4～5
含结核杆菌污水	不少于1.5	6～8

第 2.0.3 条 污水处理构筑物中的污泥,必须经过无害化处理,污泥排放时应达到下列标准:

一、蛔虫卵死亡率大于95%;

二、粪大肠菌值不小于10^{-2};

三、每10g污泥(原检样中),不得检出肠道致病菌和结核菌。

第 2.0.4 条 当污泥采用高温堆肥法进行无害化处理时,堆肥的温度必须大于50℃,并应持续5d以上。

第三章 设计要求

第 3.0.1 条 医院应设置集中式污水处理构筑物。严禁采用渗井、渗坑排放污水。

第 3.0.2 条 医院职工生活区和行政区的污水，应与病区的污水分流。

第 3.0.3 条 医院污水处理构筑物的位置，宜设在医院建筑物当地夏季最小频率风向的上风侧，与周围建筑物之间宜设绿化防护地带。

第 3.0.4 条 处理构筑物的设计，应满足下列要求：

一、采取防腐蚀、防渗漏措施；
二、确保处理效果、安全耐用；
三、操作方便，便于消毒和清掏，有利于操作人员的劳动保护。

第 3.0.5 条 氯化法消毒系统的设计，应满足下列要求：

一、备有发生故障时的应急设施；
二、使用液态氯时，应有安全设施，严禁直接以钢瓶向污水中投加氯气。

第四章 管理要求

第 4.0.1 条 医院必须对污水、污泥严加管理。未经消毒或无害化处理，不准任意排放、清掏，用作农肥。

第 4.0.2 条 医院污水处理设施应定期维修，保证正常运转，当处理设备发生故障时，必须采取适当措施，确保污水仍能按标准要求排放。

第 4.0.3 条 医院污水处理设施，应配备管理人员和检验人员。

第 4.0.4 条 医院污水处理的监测，应符合下列要求：

一、余氯：连续式消毒，每日至少监测二次，间歇式消毒，每次排放之前监测；
二、总大肠菌群数：每两周至少监测一次；
三、传染病和结核病医院，应根据需要增测致病菌。

第 4.0.5 条 各级卫生防疫部门，应对辖区内医院的污水、污泥处理情况，进行经常性卫生监督，每年抽查不得少于二次。

第 4.0.6 条 污水、污泥的检验方法，应符合附录一的规定。

附录一 医院污水、污泥检验方法

一 污水总余氯的测定方法

一、原理：采用碘滴定法。用碘标准溶液与余氯反应后（过量）用硫代硫酸钠标准溶液滴定。

二、试剂：

1. 0.00564N硫代硫酸钠标准溶液。

（1）先配制约0.1N硫代硫酸钠标准溶液——称取约25g分析纯硫代硫酸钠（$Na_2S_2O_3 \cdot 5H_2O$）溶于煮沸放冷的蒸馏水中，稀释至1000mL，加入0.4g氢氧化钠或0.2g无水碳酸钠，储存于棕色瓶内，可保存数月。

（2）标定：称取0.1500g干燥过的分析纯碘酸钾（KIO_3）放于250mL锥形瓶内，加入100mL蒸馏水，加3g碘化钾和10mL冰醋酸，静置5分钟，自热溶解后，加入约0.1N硫代硫酸钠溶液滴定管变为浓黄色，不断振荡锥形瓶，继续用硫代硫酸钠溶液加入1mL淀粉溶液，记录总用量（如颜色变为无色为止，锥形瓶内溶液因接触空气氧化又显蓝色，可不必再滴定）。

（3）计算：

硫代硫酸钠溶液的当量浓度

$$(N) = \frac{W}{\frac{214.01}{6000} \times V} = \frac{W}{0.03567 \times V}$$

式中 W——碘酸钾重量（g）；

V——硫代硫酸钠标准溶液的用量（mL）。

（4）配制0.00564N硫代硫酸钠标准溶液：用除去二氧化碳的蒸馏水，将上面标定后的0.1N硫代硫酸钠稀释。反应后（过量）用硫代硫酸钠标准溶液；用除去二氧化碳的蒸馏水稀释至1000mL，盛于棕色带玻璃塞瓶中，最好冷藏。如发现溶液颜色变黄，应予重配。

2. 5%碘化钾溶液

溶解50g分析纯碘化钾于少量新煮沸放冷的蒸馏水中，再稀释至1000mL。

3. 醋酸盐缓冲液

pH 4 称取146g无水醋酸钠或243g三水醋酸钠于蒸馏水中，加480g冰醋酸，用蒸馏水稀释至1000mL。

4. 0.1N碘溶液

溶解40g分析纯碘化钾于25mL蒸馏水中，加入13g分析纯碘片，不断摇拌到溶解为止。移入1000mL容量瓶中，加水至刻度，混匀，待标定。

5. 0.1000N亚砷酸钠标准溶液

称取预先在干燥器内经硫酸干燥的分析纯三氧化二砷（As_2O_3）2.4728g于300mL烧杯中，加入20mL1N氢氧化钠溶液，搅拌使溶解（注意As_2O_3剧毒！）。加1N盐酸或硫酸中和过量的氢氧化钠，直至溶液接近中性为止（采用pH试纸。将配好的亚砷酸钠溶液转入500mL容量瓶中，加水稀释至刻度，混匀。

6. 0.1N碘溶液的标定

准确量取40～50mL 0.1000N亚砷酸钠标准溶液于250mL锥形瓶内。用待标定的0.1N碘溶液滴定，以淀粉作指示剂，滴至刚显淡蓝色。如能在接近终点时向溶液中通入二氧化碳使之饱和,可得到很准确的滴定终点。

7. 0.0282N碘标准溶液

将25g分析纯碘化钾放入1000mL容量瓶中,加入少量蒸馏水使之溶解。准确加入标定后的0.1N碘标准溶液,用蒸馏水稀释至刻度。所需加入0.1N碘标准溶液的体积,按下式计算:

$$V = \frac{V'N'}{N}$$

式中 V——标定后的0.1N碘标准溶液的毫升数;
N——标定后的0.1N碘标准溶液的当量浓度;
V'——配制的0.0282N碘标准溶液的体积为1000mL;
N'——配制的碘标准溶液的当量浓度为0.0282N。

为了测定更准确,最好每天用0.1000N亚砷酸钠标准溶液按上述操作标定一次(预计用去5~10mL0.1000N亚砷酸钠溶液即可)。

此溶液应盛于棕色玻璃磨口瓶中,存放时避免阳光直射,不可接触橡胶制品。

8. 1%淀粉溶液

称取0.5g可溶性淀粉于200mL烧杯内,加少量蒸馏水调成糊状,加入刚煮沸的蒸馏水100mL。冷却后,加入0.13g水杨酸作保存剂。

三、步骤:

1. 污水水样中余氯小于10mg/L时,取200mL污水样;

2. 将200mL污水样加入500mL锥形瓶中,加入500mL 0.00564N硫代硫酸钠标准溶液,1mL5%碘化钾溶液和1mL醋酸盐缓冲液,使pH保持在3.5~4.2之间。用0.0282 N碘标准溶液滴定,接近终点前,加入1mL淀粉溶液,滴至刚显浅蓝色为终点(混匀后蓝色不应消失)。把最后1滴碘液的体积(约为0.05mL)从读数中减去。200mL污水样消耗1mL0.00564N硫代硫酸钠溶液时,相当于余氯在1mg/L余氯,故余氯在5mg/L时,需用5mL试剂;余氯在10mg/L时,应加入10mL试剂。污水中余氯更高时,就按比例增加试剂。碘滴定法测得的余氯为总余氯,并按下式计算:

$$Cl_2(mg/L) = (A - 5B) \times 200C$$

式中 Cl_2、总余氯(mg/L);
A——0.00564N硫代硫酸钠标准溶液的毫升数;
B——0.0282N碘标准溶液的毫升数;
C——污水样毫升数

二 污水总大肠菌群的检验方法

一、采样方法

用采水器或其他灭菌容器采取污水样1000mL,放入灭菌瓶内,如果是经加氯处理的污水,需加1.5%硫代硫酸钠5mL中和余氯。

二、检验方法

总大肠菌群系指一群需氧及兼性厌氧性的革兰氏阴性无芽孢杆菌在37℃恒温箱内,培养24h,能使乳糖发酵产酸产气。总大肠菌群数系指每升污水中,所含的总大肠菌群的数目。

(一)初发酵试验:以无菌操作将各盛有3倍浓缩乳糖蛋白胨培养液5mL的5支发酵管内,各接种污水样10mL;将各盛有单料乳糖蛋白胨培养液约10mL5支的发酵管内,各接种单料污水样1mL,再将各盛有单料乳糖蛋白胨培养液约

3-6

10mL的5支发酵管内，各接种1:10稀释的污水样1mL（相当于原污水样0.1mL）。将此15支管已接种的发酵管置于37℃恒温箱内，培养24h。

(二) 平板分离：经培养24h后，将产酸产气及只产酸不产气的发酵管，分别接种于伊红美兰培养基或品红亚硫酸钠培养基上，置37℃恒温箱培养18～24h，挑选符合下列特征的菌落，取菌落的一小部分，进行涂片、革兰氏染色、镜检。

1. 伊红美兰培养基上的菌落色泽：
   (1) 深紫黑色，具有金属光泽的菌落；
   (2) 紫黑色，不带或略带金属光泽的菌落；
   (3) 淡紫红色，中心色较深的菌落。

2. 品红亚硫酸钠培养基上的菌落色泽：
   (1) 紫红色，具有金属光泽的菌落；
   (2) 深红色，不带或略带金属光泽的菌落；
   (3) 淡红色，中心色较深的菌落。

(三) 复发酵试验：涂片、镜检取上述典型菌落的菌落，如为革兰氏阴性无芽孢杆菌，则挑取1～3个接种于一支单料乳糖发酵管，然后置于37℃恒温箱内，培养24h，产酸产气者（包括小量产气）即证实有大肠菌群存在。

根据证实有大肠菌群的阳性管数，查对总大肠菌群数（MPN）检索表（附表1.1）即是每升水样中的大肠菌数。此MPN表中所列数值系指100mL水样中的细菌数，因此将表中的数值再乘10，为每1000mL水样中的细菌数。举例：某一污水样10mL的5支管中有5管为阳性，接种1:10稀释水样1mL的5支管中有2管为阳性，接种1mL的5支管（即原污水样0.1mL）的5支管皆为阴性，即结果为5、2、0，查附表1.1得知100mL污水中总大肠菌数为49个，即1000mL污水中总大肠菌数为49×10=490个。

附表1.1 总大肠菌群证似数（MPN）检索表

（总接种量55.5mL，其中5份10mL水样，5份1mL水样，5份0.1mL水样）

接种量 (mL)			每100mL水样中总大肠菌群证似数	接种量 (mL)			每100mL水样中总大肠菌群证似数
10	1	0.1		10	1	0.1	
0	0	0	0	3	0	0	8
0	0	1	2	3	0	1	9
0	1	0	2	3	1	0	11
0	1	1	4	3	1	1	13
0	2	0	5	3	2	0	15
0	2	1	7	3	2	1	17
0	3	0	9	3	3	0	17
1	0	0	2	3	3	1	19
1	0	1	4	4	0	0	2
1	1	0	4	4	0	1	4
1	1	1	6	4	1	0	6
1	2	0	6	4	1	1	8
1	2	1	8	4	2	0	10
1	3	0	9	4	2	1	12
1	3	1	11	4	3	0	4
2	0	0	4	4	3	1	6
2	0	1	6	4	4	0	8
2	1	0	7	4	4	1	10
2	1	1	9	4	5	0	12
2	2	0	11	4	5	1	14
2	2	1	13	5	0	0	5
2	3	0	13	5	0	1	7
2	3	1	15	5	1	0	9
2	4	0	15	5	1	1	12
2	4	1	17	5	2	0	14
2	5	0	—	5	2	1	16

续表

接种量 (mL)			每100mL水样中总大肠菌群近似数	接种量 (mL)			每100mL水样中总大肠菌群近似数
10	1	0.1		10	1	0.1	
3	1	0	11	3	5	0	25
3	1	1	14	3	5	1	29
3	1	2	17	3	5	2	32
3	1	3	20	3	5	3	37
3	1	4	23	3	5	4	41
3	1	5	27	3	5	5	45
4	0	0	13	4	4	0	34
4	0	1	17	4	4	1	40
4	0	2	21	4	4	2	47
4	0	3	25	4	4	3	54
4	0	4	30	4	4	4	62
4	0	5	36	4	4	5	69
4	1	0	17	4	5	0	41
4	1	1	21	4	5	1	48
4	1	2	26	4	5	2	56
4	1	3	31	4	5	3	64
4	1	4	36	4	5	4	72
4	1	5	42	4	5	5	81
4	2	0	22	5	0	0	23
4	2	1	26	5	0	1	31
4	2	2	32	5	0	2	43
4	2	3	38	5	0	3	58
4	2	4	44	5	0	4	76
4	2	5	50	5	0	5	95
4	3	0	27	5	1	0	33
4	3	1	33	5	1	1	46
4	3	2	39	5	1	2	63
4	3	3	45	5	1	3	84
4	3	4	52	5	1	4	110
4	3	5	59	5	1	5	130
5	2	0	49	5	4	0	130
5	2	1	70	5	4	1	170
5	2	2	94	5	4	2	220
5	2	3	120	5	4	3	280
5	2	4	150	5	4	4	350
5	2	5	180	5	4	5	430

续表

接种量 (mL)			每100mL水样中总大肠菌群近似数	接种量 (mL)			每100mL水样中总大肠菌群近似数
10	1	0.1		10	1	0.1	
1	3	0	8	2	1	0	7
1	3	1	10	2	1	1	9
1	3	2	12	2	1	2	12
1	3	3	15	2	1	3	14
1	3	4	17	2	1	4	17
1	3	5	19	2	1	5	19
1	4	0	11	2	2	0	9
1	4	1	13	2	2	1	12
1	4	2	15	2	2	2	14
1	4	3	17	2	2	3	17
1	4	4	19	2	2	4	19
1	4	5	22	2	2	5	22
1	5	0	13	2	3	0	12
1	5	1	15	2	3	1	14
1	5	2	17	2	3	2	17
1	5	3	19	2	3	3	20
1	5	4	22	2	3	4	22
1	5	5	24	2	3	5	25
2	4	0	15	3	2	0	14
2	4	1	17	3	2	1	17
2	4	2	20	3	2	2	20
2	4	3	23	3	2	3	24
2	4	4	25	3	2	4	27
2	4	5	28	3	2	5	31
2	5	0	17	3	3	0	17
2	5	1	20	3	3	1	21
2	5	2	23	3	3	2	24
2	5	3	26	3	3	3	28
2	5	4	29	3	3	4	32
2	5	5	32	3	3	5	36
3	0	0	8	3	4	0	21
3	0	1	11	3	4	1	24
3	0	2	13	3	4	2	28
3	0	3	16	3	4	3	32
3	0	4	20	3	4	4	36
3	0	5	23	3	4	5	40

续表

接种量（mL）			样中总大肠菌群近似数	每100mL水总大肠菌群近似数
10	1	0.1		
5	3	0	79	240
5	3	1	110	350
5	3	2	140	540
5	3	3	180	920
5	3	4	210	1,600
5	3	5	250	>1,600

三 沙门氏菌属和志贺氏菌属的检验方法

甲、污水

一、样品处理

水样500mL，加入灭菌的10%硫酸亚铁溶液2mL，混合后，再加入灭菌的10%无水碳酸钠溶液1.75mL，混合均匀。静置1h，倾去上清液（沉淀物约为40mL左右）。进行沙门氏菌属和志贺氏菌属增菌培养。

二、增菌培养

1. 沙门氏菌属：吸取样品处理后的沉淀物20mL，加于20mL双料亚硒酸钠盐（SF）增菌液内，也可加于亚硒酸盐甘露醇（SFM）或氯化镁孔雀绿（MM）增菌液内。置于37℃或41℃恒温箱，培养24h。

2. 志贺氏菌属：吸取样品处理后的沉淀物20mL，加于20mL双料革兰氏阴性（GN）增菌液内，置于37℃恒温箱，培养6h。

三、平板分离

1. 沙门氏菌属：取上述经培养的沙门氏菌用增菌培养液，接种SS平板或志贺氏菌——沙门氏（SS）平板或海克托

因（Hektoen简称HE）平板，置于37℃恒温箱培养24h。也可接种亚硫酸铋（BS）平板，置于37℃恒温箱，培养48h。

2. 志贺氏菌属：取上述经培养的志贺氏菌用增菌培养液，接种SS平板或HE平板，置于37℃恒温箱，培养24h。

四、挑选菌落

1. 沙门氏菌属：挑选在SS平板上，呈无色透明或中间有黑心，直径1~2mm的菌落，挑取在HE平板上，呈蓝绿色，有或无黑心，直径1~2mm的菌落，挑取在BS平板上，呈黑色，培养基周围具有金属光泽的菌落。

2. 志贺氏菌属：挑选在SS平板上，呈无色透明，直径1~1.5mm的菌落；挑取在HE平板上，呈绿色的菌落。

3. 每个平板最少挑取5个以上可疑肠道病原菌落，转种三糖铁或其他鉴别培养基中，置于37℃恒温箱，培养18~24小时。

五、生化试验及血清学检验

1. 沙门氏菌属：在三糖铁培养基中，如不发酵乳糖、葡萄糖产酸产气或只产酸不产气，一般不产生硫化氢。有动力者，先与沙门氏菌A～F群O多价血清作玻璃片凝集，凡与多价O血清凝集者，再与O因子血清凝集，确定其所属菌群别，然后用H因子血清，确定血清型。双相菌株应证实两相的H抗原，有Vi抗原的菌型（伤寒和丙型副伤寒沙门氏菌）应用Vi因子血清检查。

生化试验：应进行葡萄糖、甘露醇、麦芽糖、乳糖、蔗糖、硫化氢、动力、尿素试验。沙门氏菌属中除伤寒沙门氏菌和鸡雏沙门氏菌不产气外，通常发酵葡萄糖、产酸产气，均发酵甘露醇和麦芽糖（但猪伤寒沙门氏菌、雏沙门氏

1. 沙门氏菌属：吸取上述1:10混悬液100mL，加于100mL双料亚硒酸盐（SF）增菌液内，也可加于亚硒酸盐甘露醇（SFM）或氯化镁孔雀绿（MM）增菌液内。置于37℃或41℃恒温箱，培养24h。

2. 志贺氏菌属：吸取上述1:10混悬液100mL，加于双料革兰氏阴性（GN）100mL增菌液内。置于37℃恒温箱，培养6h。

三、平板分离，挑选菌落，生化试验及血清学检查均与污水样品检验方法相同。

四 污泥粪大肠菌值的检验方法

一、初发酵试验：按图1所示将污泥稀释，分别将污泥样品接种于将有10mL乳糖胆盐培养液的内有倒管的试管中。再将已接种的四支试管置于44℃恒温箱，培养24h。

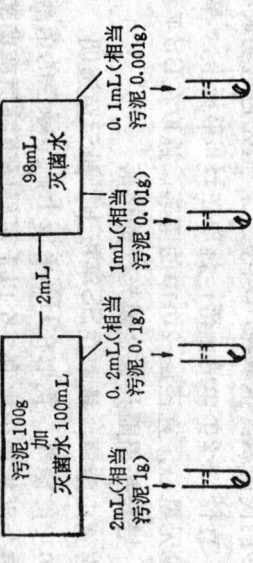

图1 污泥的稀释和接种示意图

二、平板分离：经培养24h后产酸产气及只产酸不产气的发酵管，分别划线接种于伊红美兰培养基或品红亚硫酸钠培养基上。置于37℃恒温箱培养18～24h。挑选符合下列特征菌落的一小部分，进行涂片，革兰氏染色，镜检。

1. 伊红美兰培养基上的菌落色泽

菌不发酵麦芽糖），不分解乳糖、蔗糖、尿素酶和靛基质为阴性，通常产生硫化氢。雏沙门氏菌和伤寒沙门氏菌的O型菌株无动力外，通常均有动力。

如遇多价O血清不凝集情况时，可加做侧金盏花醇、水杨素和氰化钾试验，雏沙门氏菌除O型菌株无动力，水杨素和氰化钾试验，沙门氏菌均为阴性。

2. 志贺氏菌属：在三糖铁培养基上，葡萄糖产酸不产气，无动力，不产生硫化氢，上层斜面乳糖不分解。

生化试验：靛基质、动力、尿素试验。志贺氏菌属能分解葡萄糖、甘露醇、麦芽糖，乳糖、蔗糖，但不产气（福氏志贺氏菌6型有时产生少量气体），一般不能分解乳糖及蔗糖，未内氏志贺氏菌对乳糖及蔗糖迟缓发酵产酸。志贺氏菌属均不产生硫化氢，不分解尿素，无动力。对甘露醇、麦芽糖的发酵及靛基质的产生，则因菌株不同而异。

如遇上述情况时，可加做肌醇、水杨素、V-P、枸橼酸盐、氰化钾等试验。志贺氏菌属均为阴性反应。

血清学检查：志贺氏菌属分为4个群，先与多价血清作玻璃片凝集，如为阳性，再分别与A、B、C、D群血清凝集，并进一步分型血清做玻璃片凝集，最后确定其血清型。

乙、污泥

一、样品处理

用灭菌匙称取污泥30g，放入灭菌容器内，加入300mL灭菌水，充分混匀制成1:10混悬液。

二、增菌培养

乳糖发酵管中每管可接种分离自同一初发酵管的最典型的菌落1~3个。置于44℃恒温箱培养24h。有产酸产气者即证实有粪大肠菌群存在。按阳性管数查粪大肠菌值（附表1.2）即得出每升（1000g）污泥量1克发酵管阴性（-），0.1mL发酵管阴性（-），0.01mL为阴性（+），0.001mL为阴性（-）查附表1.2，当阳性阴性管数为++-+时，粪大肠菌值为0.1。

五 污泥蛔虫卵的检验方法

一、污泥样品的采集：

先把泥堆尽量划分为四等份，而后在每份的中间，用铁锹或小铲各采污泥约500g。同时，在堆泥的中间也采500g，一并放在塑料桶或搪瓷桶中，搅拌均匀，并挑去固体夹杂物，再从中取出500g置于塑料袋或其他容器中，带回实验室。

二、污泥样品的处理：

将现场带回的样品，倒于搪瓷盘中，如遇样品稍干且有结块时，可将其倒于烧杯中，再行搅拌，一面将硬块夹碎，一面搅拌，去掉肉眼能看出的夹杂物，如腐烂的布条、草梗、小石块等。然后，将样品装入广口瓶中，贴上标签，标明样品号码、医院名称、采样日期和处理前或处理后的情况等。

三、污泥样品的检验：

上述样品处理后，应立即进行检验，不能立即进行检验时，可适当加入约5~10mL 3~5%福尔马林溶液或3%盐酸溶液，瓶口上放一个适宜大小的表面皿。然后放于冰箱内，以防微生物的繁殖和抑制蛔虫卵的发育。

2. 品红亚硫酸钠培养基上的菌落色泽
(1) 紫红色，具有金属光泽的菌落；
(2) 深红色，不带或略带金属光泽菌落；
(3) 淡红色，中心色较深的菌落。

三、复发酵试验：上述涂片镜检的菌落如为革兰氏阴性无芽孢杆菌，则挑取该菌落的另一部分再接种于内有倒管的

(1) 深紫黑色，具有金属光泽的菌落；
(2) 紫黑色，不带或略带金属光泽的菌落；
(3) 淡红色，中心色较深基上的菌落色泽

粪大肠菌值检索表   附表1.2

（接种总量1.111g）

接种样品量（mL或g）				粪大肠菌值
1	0.1	0.01	0.001	
-	-	-	-	>1.11
-	-	-	+	1.11
-	-	+	-	1.11
-	-	+	+	1.05
-	+	-	-	0.56
-	+	-	+	0.53
-	+	+	-	0.46
-	+	+	+	0.43
+	-	-	-	0.36
+	-	-	+	0.11
+	-	+	-	0.1
+	-	+	+	0.06
+	+	-	-	0.04
+	+	-	+	0.01
+	+	+	-	0.004
+	+	+	+	<0.004

1. 水洗

从已经处理过的500g污泥样品中，称取100克置于500mL锥形量杯中，加水约500mL。用玻璃棒搅拌后静置之。让其自然沉淀，经1～2h后，倒去污泥上面的水，另换清水搅拌后，再让其自然沉淀，经半小时后，再倒去上面的水，另加清水，如此反复进行3～4次，直到污泥上面的水接近无色为止。

2. 过滤

倒去沉淀上面的清水，用60孔/英寸金属筛子过滤于另一500mL锥形量杯中，弃去阻留在筛上的泥渣。沉淀20～30min后，倒去沉淀上面的液体，另加清水，如此反复洗2～3次，最后倒去上清液，将沉淀物倒入10mL离心管中。经2500r/min离心3min后，倒去上清液。

3. 离心沉淀

由于蛔虫卵比水的比重大，经用玻璃棒搅匀后，离心3min，卵均浮聚在管底。（注意：加入食盐水量不得少于沉淀物的20倍）。

4. 离心飘浮

用毛细吸管反复吸取管中斜面上的浮膜于另一离心管肉注入饱和食盐水，经玻璃棒搅匀后，再行离心，虫卵比水的比重大，因而下沉于管底。然后小心倒去上清液。

5. 培养

注入2～3mL清水于管中，加几滴5%福尔马林溶液。置于24～26℃恒温箱中，培养15～20d。在培养过程中，清水不得少于0.5～1.0mL。

6. 镜检

样品经培养15～20天后取出。用毛细吸管吸去上面的清水，余下含虫卵的沉淀物。用毛细吸管吸一小滴于静的载玻片的中央滴一滴清水。用毛细吸管吸一小滴沉淀物于水中。涂匀后盖以盖玻片，在低倍镜下检查，必要时，再换以高倍镜。记录500个以上虫卵，活虫卵数。查完一张片子而卵数不及500个时，依同法作第二张涂片检查。涂片不宜太厚。否则视野模糊不清，影响观察。一般涂片厚度能以透过涂片尚能辨认报纸上的字迹为宜。而后在适宜的温度和湿度下。经过15～20d的培养。活蛔虫卵就会逐渐发育到幼虫期。而死卵则在同一条件下仍然保持单细胞期或停留在某一发育阶段。故易于区别。

镜检时为达到明显地辨认幼虫起见，可在载玻片上的滴一滴预先配好避光保存的30%次氯酸钠溶液作成涂片。此品名为安替福明（antiformin）以代替清水作成涂片。置于显微镜下观察，可以看见被包在卵的最外层的蛋白质壳逐渐溶解，使卵肉内的幼虫一目了然。因此亦称此液为脱壳液。如遇沉淀物中渣子多卵数较少时，可以直接注入几滴此脱壳液于离心管中，与沉淀物混合并搅匀之，而后吸一滴混合液于载玻片上，盖以盖玻片，直接镜检即可。此时视野格外清晰。

在培养第15～20d末查见幼虫时，应继续培养到30d（注意：加过脱壳的样品，不能再继续培养）。

最后，就500个以上的卵中，活蛔虫卵数，求出死卵数的百分率。

如此检验的全过程已告结束，可从冰箱中取出剩余的样品，处理之。

六 结核杆菌的检验方法

甲、污水

一、集菌:

根据检验室条件,可以选用滤膜集菌法或离心集菌法。

1. 滤膜集菌法：采用特制的醋酸纤维膜(孔径0.3～0.7μm)和特殊悬浮的多少。一份水样置于小烧杯内,用4%硫酸溶液反复冲洗,将同一份水样经滤膜集中于小烧杯内,处置30min后,收集洗液于离心管中,3000转30min离心,弃去上清液,沉淀物中加1mL灭菌生理盐水混合均匀后,供接种用。

2. 离心集菌法：水样500mL,分装于50mL或200mL灭菌离心管中,3000转30min离心,同一份水样置处理30min中于试管内,加等量4%硫酸浓缩处理30min,供接种用,积过大再次离心浓缩后接种。

二、接种：

上述集菌液全部接种于改良罗氏培养基或接种于小川氏培养基上,每支培养管接种0.1mL。

三、培养：

置37℃恒温培养箱,培养8周,2周后开始观察结果,每周观察2次。

分离菌株罗氏培养基上呈淡黄色或无色,粗糙型菌落;作抗酸染色,阳性者作分离传代。菌型鉴别如生长速度在二周以上,则露作分离鉴别;应用耐热触酶试验和传代培养于28℃培养2～4周观察是否生长,用此两种方法即可进行初步鉴别。

四、致病力试验

耐热触酶反应阴性,28℃不生长之菌落为可疑结核杆菌。于小白鼠尾静脉接种1mg菌量(5mg/L菌液,每只动物接种0.2mL)死亡时观察病变或8周后解剖脏器发现典型结核病变者可确认为检出结核杆菌。其耐热触酶试验鉴定方法如下：

(一) 材料

1. pH=7.0磷酸缓冲液(M/15)

2. 10%吐温(TWeen)80水溶液加等量30% H_2O_2。

(二) 方法

1. 取菌落3～5mg分散于0.5mL磷酸盐缓冲液中。

2. 置68℃水浴中20min。

3. 冷却后加吐温80和 H_2O_2 混合液0.5mL。

(三) 结果

发生气泡为阳性,30分钟不产生气泡者为阴性。

人型、牛型结核杆菌,胃分枝杆菌和非致病抗酸菌为阳性。其它非典型抗酸菌和海鱼分枝杆菌为阴性。

人型、牛型结核杆菌在28℃培养不生长,胃分枝杆菌和海鱼分枝杆菌在28℃培养能生长。

乙、污泥

一、样品处理：取污泥10g加100mL蒸馏水冲洗,过滤(滤纸漏斗)再经玻璃漏斗 G_2,孔径10～15微米和 G_4,(孔径3～4微米)抽滤,最后再经滤膜(孔径0.45～7微米)抽滤。取下滤膜,用4%硫酸3mL,充分振摇冲洗30min。然后,将此酸性菌液以0.1mL分别接种于改良氏培养基或小川式培养基,置于37℃恒温培养箱,培养8周,2周后开始观察结果,每周观察二次。

3—13

二、集菌：

1. 滤膜集菌法：取污泥10g，加100mL蒸馏水，混摇均匀，成为1:10混悬液。其后的操作步骤同污水。

2. 离心集菌法：取上述1:10混悬液，分装于灭菌离心管中，3000r/min，30min离心，操作步骤同污水。

关于培养基的制备，接种，培养以及致病力试验等均与污水的检验方法相同。

七 培养基的制备

一、乳糖蛋白胨培养液

1. 成分：

蛋白胨	10g
牛肉膏	3g
乳 糖	5g
氯化钠	5g
1.6%溴甲酚紫乙醇溶液	1mL
蒸馏水	1000mL

2. 制法：

（1）将蛋白胨、牛肉膏、乳糖及氯化钠加热溶解于1000mL蒸馏水中，调整pH为7.2～7.4。

（2）加入1.6%溴甲酚紫乙醇溶液1mL，充分混匀，分装于有倒管的试管中。

（3）置于高压蒸气灭菌器中，以115℃灭菌20min。

（4）贮存于冷暗处备用。

二、三倍浓缩乳糖蛋白胨培养液

按上述"乳糖蛋白胨培养液"浓缩3倍配制。

三、品红亚硫酸钠培养基

1. 成分：

蛋白胨	10g
乳 糖	10g
磷酸氢二钾（K_2HPO_4）	3.5g
琼 脂	20～30g
蒸馏水	1000mL
无水亚硫酸钠	5g左右
5%碱性品红乙醇溶液	20mL

2. 储备培养基的制备：

（1）先将琼脂加到900mL蒸馏水中，加热溶解，然后加入磷酸氢二钾及蛋白胨，混匀使溶解，再以蒸馏水补足至1000mL，调整pH为7.2～7.4。

（2）趁热用脱脂棉及绒布过滤，再加入乳糖，混匀后，定量分装于烧瓶内，置于高压蒸气灭菌器中，以115℃灭菌20min。

（3）贮存于冷暗处备用。

3. 平皿培养基的制备：

（1）将上法制备的储备培养基，加热溶化。

（2）根据烧瓶内培养基红乙醇溶液，置于灭菌空试管中。

（3）根据烧瓶内培养基的容量。按比例称取所需要的无水亚硫酸钠，置于灭菌空试管内，加灭菌水少许，使溶解，再置于水浴中煮沸10min。

（4）用灭菌吸管吸取灭菌的亚硫酸钠溶液，滴加于碱性品红乙醇溶液内由深红色褪成淡红色为止。

（5）将此亚硫酸钠与碱性品红的混合液全部加于已融化的储备培养基内，并充分混匀，并防止产生气泡。

四、伊红美兰培养基
1. 成分：

蛋白胨　　　　　　　　　10g
乳　糖　　　　　　　　　10g
磷酸氢二钾　　　　　　　2g
琼　脂　　　　　　　　　20~30g
蒸馏水　　　　　　　　　1000mL
2%伊红水溶液　　　　　　20mL
0.5%美兰水溶液　　　　　13mL

2. 储备培养基的制备
(1) 先将琼脂加至900mL蒸馏水中，加热溶解，然后加入磷酸氢二钾及蛋白胨，混匀使溶解，再加入乳糖，混匀后至1000mL，调整pH为7.2~7.4。趁热用脱脂棉或绒布过滤，再分装于烧瓶或蒸气灭菌器内，以115℃灭菌20min。
(2) 贮存于冷暗处备用。

3. 平皿培养基的配制：
(1) 将已制备的培养基加热融化。
(2) 根据烧瓶内培养基的容量，用灭菌吸管按比例分别取一定量已灭菌的2%伊红水溶液及一定量已灭菌的0.5%美兰水溶液加入已融化的储备琼脂内，并充分混匀（防止产生气泡）。
(3) 立即将此种培养基适量倾入于已灭菌的空平皿内，待其冷却凝固后，置冰箱内备用。此种已制成的培养基于冰箱内保存水不宜超过2周。如培养基已由淡红色变成深红色，则不能再用。

五、亚硒酸盐（SF）增菌液
1. 成分：

胰蛋白胨（或多价胨）　　　　　　　　5g
磷酸氢二钠（Na_2HPO_4）　　　　　16g
磷酸二氢钠（NaH_2PO_4）　　　　　2.5g
乳　糖　　　　　　　　　　　　　　　4g
亚硒酸氢钠　　　　　　　　　　　　　4g
蒸馏水　　　　　　　　　　　　　　　500mL

2. 制法：
(1) 除亚硒酸氢钠外，将以上各成分放于蒸馏水中，加热熔化。
(2) 再加入亚硒酸氢钠，待完全溶解后，调整pH为7.0~7.1。
(3) 分装于阿诺氏器中灭菌15min备用。

六、亚硒酸盐甘露醇（SFM）增菌液
1. 成分：

亚硒酸氢钠　　　　　　　　　　　　　4g
磷酸氢二钠（Na_2HPO_4）　　　　　16g
磷酸二氢钠（NaH_2PO_4）　　　　　2.5g
甘露醇　　　　　　　　　　　　　　　4g
胰蛋白胨（或多价胨）　　　　　　　　5g
蒸馏水　　　　　　　　　　　　　　　1000mL

2. 制法：
与亚硒酸盐（SF）增菌液配制方法相同。

七、氯化镁孔雀绿（MM）增菌液

1. 成分：

甲液：

胰蛋白胨（或多价胨） 5 g
氯化钠 8 g
磷酸二氢钾（KH$_2$PO$_4$） 1.6g
蒸馏水 1000mL

乙液：

氯化镁（MgCl$_2$·6H$_2$O） 40g
蒸馏水 100mL

丙液：

0.4%孔雀绿水溶液

2. 制法：

用上述配制的甲液100mL，乙液10mL，丙液3mL，混合分装，115℃20min高压灭菌20min。

八、革兰氏阴性（GN）增菌液

1. 成分：

胰蛋白胨（或多价胨） 20g
葡萄糖 1g
甘露醇 2g
枸橼酸钠 5g
去氧胆酸钠 0.5g
磷酸氢二钾（K$_2$HPO$_4$） 4g
磷酸二氢钾（KH$_2$PO$_4$） 1.5g
氯化钾 5g
蒸馏水 1000mL

2. 制法：

（1）将以上各成分加入蒸馏水中溶化，用磷酸氢二钾调整pH至7.0，煮沸过滤，高压115℃灭菌20min。

（2）贮存于冷暗处备用。

九、沙门氏志贺氏菌属（SS）琼脂培养基：

双料GN增菌液配制：除蒸馏水改为500mL外，其他成分不变。

十、海克托因（Hektoen）肠道（简称HE）琼脂培养基：

1. 成分：

乳 糖 12g
蔗 糖 12g
水杨素 2 g
胆 盐 20g
氯化钠 5 g
蛋白胨 12g
牛肉膏 3 g
琼 脂 25g
蒸馏水 1000mL

2. 溶液制备

（1）溶液甲：

枸橼酸铁铵 4 g
硫代硫酸钠 34g
蒸馏水 100mL

（2）溶液乙：

去氧胆酸钠 10g
蒸馏水 100mL

（3）安氏指示剂：

酸性复红	0.5g
蒸馏水	100mL
氢氧化钠（1N）	16mL

制法：

将酸性复红溶解于蒸馏水中，加入氢氧化钠溶液数小时后加复红退色不够，可再加1~2mL氢氧化钠溶液（不同牌号的酸性复红，其色素含量相差很大）。此试剂保存时间长，效果更好。

3. 制法：

将培养基的pH调整至7.4煮沸不完全溶解，然后加入溶液甲与溶液乙各20mL，重新调整pH至7.5，加入0.4%溴麝香草酚兰（BEB）乙醇溶液16mL和亚示指剂20mL，此培养基不需高压高温灭菌，经煮沸后即可倾注平板备用。

十一、亚磷酸铋（BS）琼脂培养基

1. 成分

牛肉膏	5g
蛋白胨	10g
葡萄糖	5g
磷酸氢二钠（Na_2HPO_4）	4g
硫酸亚铁	0.3g
亚硫酸铋指示剂	8mL
琼 脂	25g
煌 绿	0.025g
蒸馏水	1000mL

亚硫酸铋指示剂制备：

2g加入20mL水中使之溶解。另取枸橼酸铋铵2g加入25mL水中使之溶解再将二者混合加热煮沸3min

即成乳白色冷却备用。

2. 制法

将牛肉膏、蛋白胨、葡萄糖、磷酸氢二钠溶解于蒸馏水中，溶化后加入琼脂溶解，再加入硫酸亚铁混匀，冷却至60℃，再加入亚硫酸铋指示剂混匀后再加入煌绿，此时煌绿颜色消失，乳糖—胆盐培养基供用，制备平板备用。

十二、乳糖—胆盐培养基

1. 成分：

乳 糖	5g
蛋白胨	20g
猪胆盐（或牛胆盐）	5g
1.6%溴甲酚紫酒精溶液	0.6mL
蒸馏水	1000mL

2. 制法：

将蛋白胨、胆盐及乳糖溶于水中，调整pH至7.4，加入指示剂，分装于试管，每管10mL，并放一个小倒管高压115℃15min。

三倍浓缩培养液：除蒸馏水外，其他成分均为三倍，制法同上。该培养基用于污泥中粪大肠菌群初发酵检验，复发酵乳糖发酵管与污水总大肠菌群复发酵乳糖发酵管相同。

十三、改良罗氏培养基

1. 成分：

磷酸二氢钾	2.4g
硫酸镁	0.24g
枸橼酸镁	0.6g
味 精	1.2g
甘 油	12mL

3—17

淀　粉	30g
蒸馏水	600mL
鸡蛋（包括蛋清和蛋黄）	1000mL
20%孔雀绿	20mL

2. 制法：
（1）将磷酸二氢钾、枸橼酸镁、味精、甘油及蒸馏水混合于烧瓶内，放在沸水浴中加热溶解。
（2）加入淀粉继续加热及孔雀绿，摇动使其溶解，充分混匀。
却至50℃加入全蛋液加热一小时，溶解，待冷
（3）置成斜面，保持温度90℃一小时灭菌，十四、小川氏培养基

1. 成分：

甲液：无水磷酸二氢钾　　1g
　　　味　精　　　　　　1g
　　　蒸馏水　　　　　　100mL
乙液：全蛋液　　　　　　200mL
　　　甘　油　　　　　　6mL
　　　2%孔雀绿　　　　 6mL

2. 制法：
（1）甲乙两液混合分装试管内。
（2）置成斜面，保持温度90℃一小时灭菌。

附录二　本标准用词说明

一、执行本标准条文时，要求严格程度的用词，说明如下，以便在执行中区别对待：

1. 表示很严格，非这样作不可的用词：
正面词采用"必须"；
反面词采用"严禁"。

2. 表示严格，在正常情况下均应这样作的用词：
正面词采用"应"；
反面词采用"不应"或"不得"。

3. 表示允许稍有选择，在条件许可时，首先应这样作的用词：
正面词采用"宜"或"可"；
反面词采用"不宜"。

二、条文中应按其他有关标准、规范执行的写法为"应按……执行"或"应符合……的规定"。非必须按所指定的标准、规范或其他规定执行的写法为"可参照"。

中华人民共和国国家标准

自动喷水灭火系统设计规范

GBJ 84—85

主编部门：中华人民共和国公安部
批准部门：中华人民共和国国家计划委员会
施行日期：1986年7月1日

关 于 发 布
《自动喷水灭火系统设计规范》的通知

计标[1985] 2033号

根据国家计委计标发[1984]10号文的通知要求，由公安部负责主编的《自动喷水灭火系统设计规范》，已经有关部门会审。现批准《自动喷水灭火系统设计规范》GBJ84—85为国家标准，自1986年7月1日起施行。

本规范由公安部管理，其具体解释等工作由公安部四川消防科学研究所负责。

国家计划委员会
1985年12月6日

4—2

编 制 说 明

本规范是根据国家计委计标发〔1984〕10号文的通知,由四川省公安厅会同北京市建筑设计院、城乡建设环境保护部建筑设计院、中国建筑西南设计院、四川省建筑勘测设计院以及公安部四川、天津消防科研所等七个单位派员组成编制组共同编制的。

本规范共分七章和三个附录,其内容包括总则、建筑物、构筑物危险等级和自动喷水灭火系统设计数据的基本规定,消防给水、喷头布置、系统组件、系统类型和水力计算等。

在编制过程中,我们遵照国家基本建设的有关方针、政策和"预防为主,防消结合"的消防工作方针,进行了调查研究,总结了自动喷水灭火系统设计的实践经验,吸取了有关科研成果,参考了英、美、日、联邦德国、苏联等国家的自动喷水灭火系统设计、安装标准和资料,并征求了有关省、自治区、直辖市和一些部、委所属设计、科研、高等院校以及公安消防等单位的意见,反复讨论修改,最后会同有关部门审查定稿。

各单位在施行过程中,请结合工程实践,注意总结经验,积累资料,如发现需要修改和补充之处,请将有关资料和意见寄公安部四川消防科学研究所(四川省灌县),以便今后进一步修订。

公 安 部

1985年11月

第一章 总 则

第1.0.1条 为了保卫社会主义建设和公民生命财产的安全,贯彻"预防为主,防消结合"的方针,合理设计自动喷水灭火系统,减少火灾危害,特制定本规范。

第1.0.2条 自动喷水灭火系统设计,应根据建筑物、构筑物的功能、火灾危险性以及当地气候条件等特点,合理选择喷水灭火系统类型,做到保障安全、经济合理、技术先进。

第1.0.3条 本规范适用于建筑物、构筑物中设置的自动喷水灭火系统。

本规范不适用于火药、炸药、弹药、火工品工厂等有特殊要求的建筑物、构筑物中设置的自动喷水灭火系统。

第1.0.4条 自动喷水灭火系统的设计,除执行本规范的规定外,尚应符合国家现行的有关设计标准和规范的要求。

危险等级举例见附录二。

第2.0.2条 各危险等级的建筑物、构筑物其自动喷水灭火系统的设计喷水强度、作用面积和喷头工作压力等应符合下列规定：

湿式喷水灭火系统、干式喷水灭火系统和预作用喷水灭火系统设计的基本数据不应小于表2.0.2的规定。

第2.0.3条 水幕系统的用水量，宜符合下列要求：

一、当水幕作为保护作用或配合防火幕和防火卷帘进行防火隔断时，其用水量不应小于0.5升/秒·米；

二、舞台口、面积超过3平方米的洞口以及防火幕带的水幕用水量不宜小于2升/秒·米。

第二章 建筑物、构筑物危险等级和自动喷水灭火系统设计数据的基本规定

第2.0.1条 设有自动喷水灭火系统的建筑物、构筑物，其危险等级应根据火灾危险性大小、可燃物数量、单位时间内放出的热量、火灾蔓延速度以及扑救难易程度等因素，划分以下三级：

一、严重危险级：火灾危险性大，可燃物多，发热量大，燃烧猛烈和蔓延迅速的建筑物、构筑物；

二、中危险级：火灾危险性较大，可燃物较多，发热量中等，火灾初期不会引起迅速燃烧的建筑物、构筑物；

三、轻危险级：火灾危险性较小，可燃物量少，发热量较小的建筑物、构筑物。

三种自动喷水灭火系统设计的基本数据 表2.0.2

建、构筑物的危险等级	项目	设计喷水强度（升/分·米²）	作用面积（米²）	喷头工作压力（帕斯卡）
严重危险级	生产建筑物	10.0	300	9.8×10^4
	储存建筑物	15.0	300	9.8×10^4
中危险级		6.0	200	9.8×10^4
轻危险级		3.0	180	9.8×10^4

注：最不利点处喷头最低工作压力均不应小于4.9×10^4帕斯卡（0.5公斤/厘米²）。

第三章 消防给水

第一节 一般规定

第3.1.1条 自动喷水灭火系统的用水,可由室外给水管网、消防水池或天然水源供给。当利用天然水源时,应确保枯水期最低水位时的消防用水量。当采用地表水河、塘等地表水源做水源时,应采取防止杂质堵塞系统的措施。

第3.1.2条 自动喷水灭火系统应采取防止因冻结而中断供水的措施。

第3.1.3条 自动喷水灭火系统应设置水泵接合器,其数量应根据自动喷水灭火系统用水量确定,但不宜少于两个。每个水泵接合器的流量宜按10~15升/秒计算。

水泵接合器应设在便于消防车连接的地点,其周围15~40米内应设室外消火栓或消防水池。

第二节 消防水池和消防水箱

第3.2.1条 装有自动喷水灭火系统的建筑物、构筑物,有下列情况之一时应设消防水池:

一、室外给水管道和天然水源不能满足消防用水量;

二、室外给水管道为枝状或只有一条进水管道。

第3.2.2条 自动喷水灭火系统的消防水池容量应按火灾延续时间不小于1小时计算,但在发生火灾时能保证水源连续补水的条件下,水池容量可减去火灾延续时间内连续补充的水量。

当消防用水与其它用水合用水池或水箱时,应采取确保消防用水的技术措施。

第3.2.3条 自动喷水灭火系统采用临时高压给水系统时,应设消防水箱,其容量应按10分钟室内消防用水量计算,但可不大于18立方米。

第3.2.4条 自动喷水灭火系统有下列情况之一时,可不设消防水箱:

一、水源能保证系统的水量和水压要求;

二、轻危险级和中危险级的建筑物、构筑物中设有稳压水泵或气压给水装置。

第四章 喷头布置

第一节 一般规定

第4.1.1条 各危险等级建筑物、构筑物的自动喷水灭火系统，每只标准喷头的保护面积，喷头的间距，以及喷头与墙、柱面的间距，应符合表4.1.1的规定。

标准喷头的保护面积和间距 表4.1.1

建、构筑物危险等级分类		每只喷头最大保护面积（米²）	喷头最大水平间距（米）	喷头与墙、柱间距最大（米）
严重危险级	生产建筑物	8.0	2.8	1.4
	储存建筑物	5.4	2.3	1.1
中危险级		12.5	3.6	1.8
轻危险级		21.0	4.6	2.3

第4.1.2条 喷头溅水盘与吊顶、楼板、屋面板的距离，不宜小于7.5厘米，并不宜大于15厘米，当楼板、屋面板为耐火极限等于大于0.50小时的非燃烧体时，板与喷头溅水盘的距离可大于15厘米，但不宜大于30厘米。

注：吊顶型喷头可不受上述距离的限制。

第4.1.3条 布置在有坡度的屋面板、吊顶下面的喷头应垂直于斜面，其间距按水平投影计算。

当屋面板坡度大于1:3并且在距屋脊75厘米范围内无喷头时，应在屋脊处增设一排喷头。

第4.1.4条 喷头溅水盘布置在梁侧附近时，喷头与梁边的距离，应按不影响喷洒面积的要求确定。

第4.1.5条 在门窗洞口处设置喷头时，喷头距洞口上表面的距离不应大于15厘米，距墙面的距离小于7.5厘米，并不宜大于15厘米。

第二节 仓库的喷头布置

第4.2.1条 喷头溅水盘与其下方被保护物的垂直距离，应符合下列要求：

一、距可燃物品的堆垛，不应小于90厘米；
二、距难燃物品的堆垛，不应小于45厘米。

第4.2.2条 在可燃物品或难燃物品堆垛之间应设一排喷头，且堆垛边与喷头的垂线水平距离不应小于30厘米。

第4.2.3条 高架仓库的喷头布置除应符合本规范第4.2.1条和第4.2.2条的要求外，尚应符合下列要求：

一、设置在屋面板下的喷头，间距不应大于2米；
二、货架内应分层布置喷头，分层布置的垂直高度，不应大于4米；当储存难燃物品时，应在该处喷头上方设置集热板。

三、分层板上如有孔洞、缝隙，不应大于6米。

第三节 舞台、构顶等部位的喷头布置

第4.3.1条 舞台的葡萄棚下部的喷头布置应符合下列要求：

一、舞台的葡萄棚下部，宜布置雨淋喷水灭火系统；
二、葡萄棚以上如为重承构件时，应在屋面板下面

布置闭式喷头；

三、舞台口和舞台与侧台、后台的隔墙上的洞口处，应设水幕系统。

第4.3.2条 室内净空高度超过8米的大空间建筑物，在其顶板或吊顶下可不设喷头。

第4.3.3条 装有自动喷水灭火系统的建筑物，其吊顶至楼板或屋面板的净距大于80厘米的闷顶和技术夹层，当其内有可燃物或装设电缆、电线时，应在闷顶或技术夹层内设置喷头。

第4.3.4条 在自动扶梯、螺旋梯穿过楼板的部位，应设置喷头或采用水幕分隔。

第4.3.5条 装有自动喷水灭火系统的建筑物、构筑物，与其相连接的下列部位应布置喷头：

一、存放、装卸可燃物品的货棚；
二、运送可燃物品的通廊。

第4.3.6条 装有自动喷水灭火系统的建筑物、构筑物，有下列情况应布置喷头：

一、宽度大于80厘米的挑廊下面；
二、宽度大于80厘米的矩形风道或直径大于1米的圆形风道下面。

第四节 边墙型喷头布置

第4.4.1条 在吊顶、屋面板、楼板下安装边墙型喷头时，其两侧1米范围内和墙面垂直方向2米范围内，均不应设有障碍物。

第4.4.2条 喷头距吊顶、屋面板、楼板、屋面板的距离不应小于10厘米，距边墙的距离不应大于15厘米，并不应大于10厘米。

第4.4.3条 沿墙布置喷头时，其保护面积和间距应符合表4.4.3的规定。

边墙型喷头的保护面积和间距　　表4.4.3

建筑、构筑物 危险等级	每个喷头最大保护面积 （米²）	喷头最大间距 （米）
中危险级	8	3.6
轻危险级	14	4.6

注：喷头与端墙的距离，应为本表规定间距的一半。

第4.4.4条 边墙型喷头的布置，应符合下列要求：

一、宽度不大于3.6米至7.2米的房间，可沿房间长向布置一排喷头；

二、宽度介于3.6米至7.2米的房间，应沿房间长向布置两侧各布置一排边墙型喷头；

三、宽度大于7.2米的房间，除两侧各布置一排边墙型喷头外，还应按本规范4.1.1的规定在房间中间布置标准喷头。

第五章 系统组件

第一节 喷头

第5.1.1条 在不同的环境温度所内置喷头时,喷头公称动作温度宜比环境最高温度高30℃。

第5.1.2条 库存用备用喷头,构筑物,建筑物内设有自动喷水灭火系统时,其数量不应少于总安装个数的1%,且备用同类型和不同温标的备用喷头数均不应少于10个。

第5.1.3条 在有腐蚀性气体的环境场所内设置喷头时,应进行防腐处理,并应采取不影响喷头感温元件功能的措施。

第5.1.4条 每个喷头出水量应按下式计算。

$$q = K\sqrt{\frac{P}{9.8 \times 10^4}} \quad (5-1-4)$$

式中 q ——喷头出水量(升/分);
P ——喷头工作压力(帕斯卡);
K ——喷头流量特性系数。
注:当喷头公称直径为15毫米,$K=80$。

第二节 阀门与检验、报警装置

第5.2.1条 每个自动喷水灭火系统应设有报警阀、控制阀、水力警铃、系统检验装置和压力表。控制阀应有启闭开关等辅助电动报警装置。自动喷水灭火系统,宜设水流指示器、安全信号阀、压力开关等辅助电动报警装置。

第5.2.2条 报警阀宜设在明显地点,且便于操作,距地面高度宜为1.2米。报警阀处的地面应有排水措施。

第5.2.3条 水力警铃宜装在报警阀附近,其与报警阀的连接管应采用镀锌钢管,长度小于或等于6米时,管径为15毫米;长度大于6米时,管径为20毫米,但最大长度不应大于20米。水力警铃的启动压力不应小于4.9×10⁴帕斯卡(0.5公斤/厘米²)。

第5.2.4条 采用闭式喷头的自动喷水灭火系统应有延迟器等防止误报警的装置。

第5.2.5条 采用闭式喷头的自动喷水灭火系统每个报警阀控制喷头数不宜超过下列规定:
一、湿式和预作用水灭火系统为800个;
二、有排气装置的干式喷水灭火系统为500个;无排气装置的干式喷水灭火系统为250个。

第三节 监测装置

第5.3.1条 对自动喷水灭火系统的下列工作状态宜能监测:
一、系统的控制阀开启状态;
二、消防水泵电源供电和工作情况;
三、水池、水箱的水位;
四、干式喷水灭火系统的最高和最低气压;
五、预作用水灭火系统的最高和最低气压;
六、报警阀、水流指示器和安全信号阀的动作情况。

第5.3.2条 设有消防控制室的建筑物、构筑物,其监测装置信号宜集中控制。

自动监测装置，应设有备用电源。

第四节 管 道

第5.4.1条 自动喷水灭火系统报警阀后的管道上不应设置其他用水设施，并应采用镀锌钢管或镀锌无缝钢管。

第5.4.2条 每根配水支管或配水管的直径不应小于25毫米。

第5.4.3条 每侧、每根配水支管设置的喷头数应符合下列要求：

一、轻危险级、中危险级建筑物、构筑物均不应多于8个。当同一配水支管顶上下布置喷头时，其上下侧的喷头数各不多于8个。

二、严重危险级建筑物、构筑物不应多于6个。

第5.4.4条 自动喷水灭火系统应设泄水装置。

第5.4.5条 自动喷水灭火系统管网的工作压力不应大于117.7×10⁴帕斯卡（12公斤/厘米²）。

第六章 系 统 类 型

第一节 湿式喷水灭火系统

第6.1.1条 室内温度不低于4°C且不高于70°C的建筑物、构筑物，宜采用湿式喷水灭火系统。

第6.1.2条 湿式喷水灭火系统的喷头在易被碰撞或损坏的场所应向上布置。

第二节 干式喷水灭火系统

第6.2.1条 室内温度低于4°C或高于70°C的建筑物、构筑物，宜采用干式喷水灭火系统。

第6.2.2条 干式喷水灭火系统的喷头应向上布置（干式悬吊型喷头除外）。

第6.2.3条 干式喷水灭火系统管网容积不宜超过1500升，当设有排气装置时，不宜超过3000升。

第三节 预作用喷水灭火系统

第6.3.1条 不允许有水渍损失的建筑物、构筑物，宜采用预作用喷水灭火系统。

第6.3.2条 预作用喷水灭火系统应符合下列要求：

一、在同一保护区域内应设置相应的火灾探测装置；

二、在预作用阀门之后的管道内充有压气体时，宜先注入少量清水封闭阀口，再充入压缩空气或氮气，其气压不宜大于$2.9×10^4$帕斯卡（0.3公斤/厘米^2）；

三、发生火灾时，探测器的动作应先于喷头的动作；

四、当火灾探测系统发生故障时，应采取保证自动喷水灭火系统正常工作的措施；

五、系统应设有手动操作装置。

第6.3.3条 预作用喷水灭火系统管线的充水时间不宜大于3分钟。

第四节 雨淋喷水灭火系统

第6.4.1条 严重危险级的建筑物、构筑物，宜采用雨淋喷水灭火系统。

第6.4.2条 雨淋喷水灭火系统应符合下列要求：

一、在同一保护区域内应设置相应的火灾探测装置；

二、喷水区域边界外的喷头布置应能有效地扑灭分界区的火灾；

三、当设置易熔锁封装置时，应设在两排喷头中间，且距吊顶的距离不应大于40厘米。

第6.4.3条 雨淋喷水灭火系统可设自动开启或手动开启雨淋阀的装置，但采用自动开启雨淋阀装置时，应同时设有手动开启装置。

自动开启雨淋阀装置，可采用下列传动设备：

一、带易熔锁封的钢索绳装置；

二、带闭式喷头的传动管装置，其管径为25毫米，干式为15毫米，湿式为25毫米。湿式传动管的静水压不应超过雨淋阀前水压的1/4；

三、带火灾探测器的电动控制装置。

第五节 水 幕 系 统

第6.5.1条 需要进行水幕保护或防火隔断的部位，宜设置水幕系统。

第6.5.2条 水幕系统可采用自动或手动开启装置，采用自动开启装置时，应符合本规范第6.4.3条的规定。

第6.5.3条 水幕喷头应均匀布置，并应符合下列要求：

一、水幕作为保护使用时，喷头成单排布置，并喷向被保护对象；

二、舞台口和面积大于3平方米的洞口部位，宜布置双排喷头；

三、每组水幕系统的安装喷头数不宜超过72个；

四、在同一配水支管上应布置相同口径的水幕喷头。

第七章 水 力 计 算

第一节 设计流量和管道水力计算

第7.1.1条 自动喷水灭火系统设计流量计算，宜符合下列规定：

一、自动喷水灭火系统流量宜按最不利位置作用面积喷水强度计算。作用面积宜采用正方形或长方形，当采用长方形布置时，其长边宜平行于配水支管，边长宜为作用面积平方根值1.2倍。

注：①走道内仅布置一排喷头时，计算动作喷头数每层不宜超过5个。

②雨淋喷水灭火系统和水幕系统应按每个设计喷水区域内的全部喷头同时开启喷水计算。

二、对轻危险级和中危险级建筑物、构筑物的自动喷水灭火系统进行水力计算时，应保证作用面积范围内的平均喷水强度不小于本规范表2.0.2的规定，但其中任意四个喷头组成的保护面积内的平均喷水强度不应大于表2.0.2上表规定数值的20%；

三、对严重危险级建筑物、构筑物的自动喷水灭火系统进行水力计算时，应保证作用面积范围内任意四个喷头的实际保护面积内的平均喷水强度不应小于本规范表2.0.2的规定。

四、自动喷水灭火系统设计秒流量宜按下式计算：

$$Q_s = 1.15 \sim 1.30 Q_L \quad (7-1-1)$$

式中 Q_s——系统设计秒流量（升/秒）；
Q_L——喷水强度与作用面积内的乘积（升/秒）。

第7.1.2条 高层建筑物内的自动喷水灭火系统应用减压孔板或节流管等技术措施。

第7.1.3条 自动喷水灭火系管道内的水流速度不宜超过5米/秒，但配水支管内的水流速度在个别情况下可不大于10米/秒。

第7.1.4条 自动喷水灭火系统管道单位长度的水头损失按下式计算：

$$i = 0.00107 \frac{v^2}{d_j^{1.3}} \quad (\text{米水柱/米}) \quad (7-1-4)$$

式中 i——管道单位长度的水头损失（米水柱/米）；
v——管道内的平均水流速度（米/秒）；
d_j——管道计算内径（米）。

注：局部水头损失可采用当量管长度计算或按管网沿程水头损失值的20%计算。

第7.1.5条 给水管或消防水泵的计算压力按下式计算：

$$H = \Sigma h + h_0 + h_r + z \quad (7-1-5)$$

式中 H——给水管或消防水泵的计算压力（米水柱）；
Σh——自动喷水灭火系统管道沿程水头损失和局部水头损失的总和（米水柱）；
h_0——最不利喷头的工作压力（米水柱）；
h_r——报警阀的局部水头损失（米水柱）；
z——最不利点处喷头与给水管或消防水泵的中心线之间的静水压（米水柱）。

第二节 减压孔板和节流管

第7.2.1条 减压孔板应符合下列要求：

一、应设置在直径不小于50毫米的水平管段上；
二、孔口直径不应小于设置管段直径的50%；
三、孔板应安装在水流转弯管段处下游一侧的直管段上，与弯管的距离不应小于设置管段直径的两倍。

第7.2.2条 节流管内流速不应大于20米/秒。节流管的直径宜按表7.2.2的规定选用。

节流管的长度不宜小于1米。

节流管 表7.2.2

干管（毫米）	50	70	80	100	125	150	200	250
节流管（毫米）	25	32	40	50	70	80	100	125

附录一 名词解释

名 词	说 明
作用面积	一次火灾喷水保护的最大面积
湿式喷水灭火系统	由湿式报警装置、闭式喷头和管道等组成。该系统在报警阀的上下管道内均经常充满压力水
干式喷水灭火系统	由干式报警装置、闭式喷头、管道和充气设备等组成。该系统在报警阀的上部管道内无压力气体
预作用喷水灭火系统	由火灾探测阀和充气的管道内有压或无压气体、闭式喷头。该系统在管道内平时无水，发生火灾时，管道是通过火灾探测系统控制预作用阀开启后充水，并设有手动开启阀门装置
雨淋喷水灭火系统	由火灾探测系统、开式喷头、雨淋阀和管道等组成的阻火，管道和控制阀水幕配合使用，起防火隔断作用。该系统宜与防火卷帘或防火幕配合使用，还可单独用来保护建筑物门窗洞口等部位
水幕系统	由水幕喷头、管道和控制阀等组成的阻火、隔火喷水系统。该系统宜与防火卷帘或防火幕配合使用，起防火隔断作用。还可单独用来保护建筑物门窗洞口等部位
配水支管	直接安装喷头的管道
配水管	向配水支管供水的管道
配水干管	向配水管供水的主管道
标准喷头	公称直径为15毫米的喷头

附录二 建筑物、构筑物危险等级举例

危险等级	举 例
严重危险级建筑物、构筑物	氯酸钾压碾厂房，生产和使用硝化棉、喷漆棉、火胶棉、赛璐珞胶片、赛璐珞路胶片、硝化纤维棉的厂房，硝化棉、喷漆棉、火胶棉、赛璐珞路胶片的地下库房，可燃物品的高架库房，液化石油气罐瓶的灌瓶间、贮瓶库，电影摄影棚，影剧院、会堂、礼堂的舞台葡萄架下部，乒乓球厂的礼坛、切片、磨块、分烯，赛璐珞制品加工厂等
中危险级建筑物、构筑物	双排停车库的地下停车库，多层停车库和底层停车库一类高层民用建筑以及办公室、餐厅、走道、公共用房、无窗厨房和可燃物品的塔楼餐厅，丁望层、多功能厅、地下电视台和可燃物品的地下建筑，国家级文物保护单位的重点砖木结构或木结构建筑，飞机发动机试验台系统空调节室的旅馆和综合办公楼的客房、百货楼、针织厂房和大型旅馆和每层无服务部位的发廊房、邮电枢纽和包裹分检房，麻纺厂房、清花厂房、木器制作厂房、火柴厂房，服装、丝绸垫料制品的预发、切片、毛皮制品库房、压花部位，难燃物品的信息和包裹楼厂，香烟库房、火柴库房，高架库房，多层库房，多层电影院
轻危险级建筑物、构筑物	单排停车库的地下建筑物、构筑物，多层停车库和底层停车库厨房、会堂、疗养院、礼堂（舞台部分除外）和电影院医院、图书馆、博物馆体育馆、办公楼、教学楼旅馆

注：①未列入本附录的建筑物、构筑物，可比照本附录举例，按本规范第2.0.1条的划分原则确定。
②一类高层民用建筑划分范围按照《高层民用建筑设计防火规范》的有关规定执行。

4—11

附录三 本规范用词说明

一、执行本规范条文时,要求严格程度的用词,说明如下,以便在执行中区别对待。

1. 表示很严格,非这样作不可的用词:
   正面词采用"必须";
   反面词采用"严禁"。
2. 表示严格,在正常情况下均应这样作的用词:
   正面词采用"应";
   反面词采用"不应"或"不得"。
3. 表示允许稍有选择,在条件许可时首先应这样作的用词:
   正面词采用"宜"或"可";
   反面词采用"不宜"。

二、本文中必须按规定的标准、规范或其他有关规定执行的写法为"应按现行……执行"或"应符合……要求或规定"。非必须按所指定的标准、规范执行的写法为"可参照……执行"。

附加说明

本规范主编单位、参加单位和主要起草人名单

主编单位: 四川省公安厅

参加单位: 北京市建筑设计院
中国建筑西南设计院
城乡建设环境保护部建筑设计院
四川省建筑勘测设计院
公安部四川消防科学研究所
公安部天津消防科学研究所

主要起草人: 梁吉陆 郝凤德 陈正昌 朱 江
邹汝明 独国法 吴 华 徐小军

中华人民共和国国家标准

卤代烷1211灭火系统设计规范

GBJ 110—87

主编部门：中华人民共和国公安部
批准部门：中华人民共和国国家计划委员会
施行日期：1988年5月1日

关于发布《卤代烷1211灭火系统设计规范》的通知

计标[1987]1607号

根据国家计委计综[1984]305号文的要求，由公安部会同有关单位共同编制的《卤代烷1211灭火系统设计规范》已经有关部门会审。现批准《卤代烷1211灭火系统设计规范》GBJ110—87为国家标准，自1988年5月1日起施行。

本规范由公安部管理，其具体解释等工作由公安部天津消防科学研究所负责。出版发行由我委基本建设标准定额研究所负责组织。

国家计划委员会
1987年9月16日

编 制 说 明

本规范是根据国家计委计综[1984]305号文的通知,由公安部天津消防科学研究所会同冶金工业部武汉钢铁设计研究院等五个单位共同编制的。

在编制过程中,编制组按照国家基本建设的有关方针政策和"预防为主,防消结合"的消防工作方针,对我国卤代烷灭火系统的研究、设计、生产和使用情况进行了较全面的调查研究,开展了部分试验鉴定工作,在总结已有科研成果和工程实践的基础上,参考了国际上有关的标准和国外先进标准进行编制,并广泛征求了有关单位的意见,经反复讨论修改,最后经有关部门会审定稿。

本规范共有七章和六个附录。包括总则、防护区设置、灭火剂用量计算、设计计算、系统的组件、操作和控制、安全要求等内容。

各单位在执行过程中,请注意总结经验、积累资料,发现需要修改和补充之处,请将意见和有关资料寄交公安部天津消防科学研究所,以便今后修改时参考。

中华人民共和国公安部
1987年9月

第一章 总 则

第1.0.1条 为了合理地设计卤代烷1211灭火系统,保护公共财产和个人生命财产的安全,特制定本规范。

第1.0.2条 卤代烷1211灭火系统的设计,应遵循国家基本建设的有关方针政策,针对防护区的具体情况,做到安全可靠,技术先进,经济合理。

第1.0.3条 本规范适用于工业和民用建筑中设置的卤代烷1211全淹没灭火系统,不适用于卤代烷1211抑爆系统的设计。

第1.0.4条 卤代烷1211灭火系统可用于扑救下列物质的火灾:

一、可燃气体火灾;
二、甲、乙、丙类液体火灾;
三、可燃固体的表面火灾;
四、电气火灾。

第1.0.5条 卤代烷1211灭火系统不得用于扑救下列物质的火灾:

一、无空气仍能迅速氧化的化学物质,如硝酸纤维、火药等;

二、活泼金属,如钾、钠、镁、钛、锆、铀、钚等;

三、金属的氢化物,如氢化钾、氢化钠等;

四、能自行分解的化学物质,如某些过氧化物、联氨等;

五、能自燃的物质，如磷等；

六、强氧化剂，如氧化氮、氟等。

第1.0.6条 卤代烷1211灭火系统的设计，除执行本规范的规定外，尚应符合国家现行的有关标准、规范的要求。

第二章 防护区设置

第2.0.1条 防护区的划分，应符合下列规定：

一、防护区应以固定的封闭空间来划分；

二、当采用管网灭火系统时，一个防护区的面积不宜大于500m²，容积不宜大于2000m³；

三、当采用无管网灭火装置时，一个防护区的面积不宜大于100m²，容积不宜大于300m³，且设置无管网灭火装置数不应超过8个。

第2.0.2条 防护区的最低环境温度不应低于0°C。

第2.0.3条 保护区的隔墙和门的耐火极限 均不应低于0.60h，吊顶的耐火极限不应低于0.25h。

第2.0.4条 防护区的门窗及围护构件的允许压强，均不宜低于1200Pa。

第2.0.5条 防护区不宜开口。如必须开口时，宜设置自动关闭装置，当设置自动关闭装置确有困难时，应按本规范第3.1条的规定执行。

第2.0.6条 在喷射灭火剂前，防护区的通风机和通风管道的防火阀应自动关闭，影响灭火效果的生产操作应停止进行。

第2.0.7条 防护区内应有泄压口，宜设在外墙上，其位置应距地面2/3以上的室内净高处。

当防护区设有防爆泄压孔或门窗缝隙设密封条的，可不设泄压口。

第 2.0.8 条 泄压口的面积,应按下式计算:

$$S = 7.65 \times 10^{-2} \frac{q_{max}}{\sqrt{P}} \quad (2.0.8)$$

式中 S——泄压口面积(m^2);
P——防护区围护构件(包括门窗)的允许压强(Pa);
q_{max}——灭火剂的平均设计质量流量(kg/s)。

第三章 灭火剂用量计算

第一节 灭火剂总用量

第 3.1.1 条 灭火剂总用量应为设计用量与备用量之和。设计用量应包括设计灭火用量、流失补偿量、管网内的剩余量和贮存容器内的剩余量。

第 3.1.2 条 组合分配系统灭火剂的设计用量不应小于需要灭火剂量最多的一个防护区的设计用量。

第 3.1.3 条 重点保护对象的防护区或超过八个防护区的组合分配系统应有备用量,并不应小于设计用量。备用量的贮存容器应能与主贮存容器切换使用。

第二节 设计灭火用量

第 3.2.1 条 设计灭火用量应按下式计算:

$$M = K_c \cdot \frac{\varphi}{1-\varphi} \cdot \frac{V}{\mu} \quad (3.2.1)$$

式中 M——设计灭火用量(kg);
K_c——海拔高度修正系数,应按附录五的规定采用;
φ——灭火剂设计浓度;
V——防护区的最大净容积(m^3);
μ——防护区在101.325kPa大气压和最低环境温度下灭火剂的比容积(m^3/kg),应按附录二的规定计算。

第3.2.2条 灭火剂设计浓度不应小于灭火浓度的1.2倍或惰化浓度的1.2倍,且不应小于5%。

灭火浓度和惰化浓度应通过试验确定。

第3.2.3条 有爆炸危险的防护区应采用惰化浓度;无爆炸危险的防护区可采用灭火浓度。

第3.2.4条 由几种不同的可燃气体或甲、乙、丙类液体组成的混合物,其灭火浓度或惰化浓度如未经试验测定,应按浓度最大者确定。

有关可燃气体和甲、乙、丙类液体的灭火浓度、惰化浓度和最小设计浓度可按附录四采用。

第3.2.5条 图书、档案和文物资料库等,其设计浓度宜采用7.5%。

第3.2.6条 变配电室、通讯机房、电子计算机房等场所,其设计浓度宜采用5%。

第3.2.7条 灭火剂浸渍时间应符合下列规定:

一、可燃固体表面火灾,不应小于10min。

二、可燃气体火灾,甲、乙、丙类液体火灾和电气火灾,不应小于1min。

第三节 开口流失补偿

第3.3.1条 开口流失补偿应根据分界面降到设计高度的时间确定。当大于规定的浸渍时间时,可不补偿;当小于规定的浸渍时间时,应予补偿。

分界面的设计高度应大于防护区内被保护物的高度,且不应小于设计高度的1/2。

第3.3.2条 当一个保护区墙上有一个开口或几个底标高相同、高度相同等的开口时,分界面下降到设计高度的时间可按下式计算:

$$t = 1.2 \frac{H_t - H_a}{H_t} \cdot \frac{V}{Kb\sqrt{2g_n h^3}} \cdot \left\{ \frac{[1+(1+4.7\varphi)^{\frac{3}{2}}]^{\frac{2}{3}}}{4.7\varphi} \right\}^{\frac{1}{2}}$$

(3.3.2)

式中 t——分界面下降到设计高度的时间(s);

H_t——防护区净高(m);

H_a——设计高度(m);

V——防护区净容积(m³);

K——开口流量系数,对圆形和矩形开口可取0.66;

b——开口总宽度(m);

g_n——重力加速度(9.81m/s²);

h——开口高度(m);

φ——灭火剂设计浓度。

一、可燃气体火灾和甲、乙、丙类液体火灾,不应大于10s;

二、国家级、省级文物资料库、档案库、图书馆的珍藏库等,不宜大于10s;

三、其他防护区不宜大于15s。

第4.1.7条 灭火剂从容器阀流出到充满管道的时间,不宜大于10s。

第二节 管网灭火系统

第4.2.1条 管网灭火系统的管径和喷嘴的孔口面积,应根据喷嘴所喷出的灭火剂量和喷射时间确定。

第4.2.2条 初选管径可按管道内灭火剂的平均设计质量流量计算,单位长度管道的阻力损失宜采用$3×10^2$至$12×10^2$Pa/m。

初选喷嘴孔口面积,宜按灭火剂喷出贮存容器内的压力和设计平均质量流量为该瞬时的质量流量进行计算。

平均设计质量流量应按下式计算:

$$q_{mar} = \frac{M_{ad}}{t_d} \quad (4.2.2)$$

式中 q_{mar}——灭火剂的平均设计质量流量(kg/s);
M_{ad}——设计灭火剂量和流失补偿量之和(kg);
t_d——灭火剂的喷射时间(s)。

第4.2.3条 喷嘴的孔口面积,应按下式计算:

$$A = \frac{10^6 q_m}{C_a \sqrt{2\rho P_n}} \quad (4.2.3)$$

式中 A——喷嘴的孔口面积(mm²);

第四章 设计计算

第一节 一般规定

第4.1.1条 设计计算管网灭火系统时,环境温度可采用20℃。

第4.1.2条 贮压式系统灭火剂的贮存压力,宜选用$10.5×10^5$Pa或$25.0×10^5$Pa。

注:(1)贮存压力和本章其他条文中的压力如未注明均指表压。
(2)法定计量单位1Pa可换算为非法定习用计量单位$1.02×10^{-5}$kgf/cm²。

第4.1.3条 贮压式系统贮存容器内的灭火剂应采用氮气增压,氮气的含水量不应大于0.005%的体积比。

第4.1.4条 贮压式系统灭火剂的最大充装密度和充装比应根据计算确定,且不宜大于表4.1.4的规定。

最大充装密度和充装比 表4.1.4

贮存压力(Pa)	充装密度(kg/m³)	充装比
$10.5×10^5$	1100	0.60
$25.0×10^5$	1470	0.80

第4.1.5条 喷嘴的最低设计工作压力(绝对压力),不应小于$3.1×10^5$Pa。

第4.1.6条 灭火剂的喷射时间,应符合下列规定:

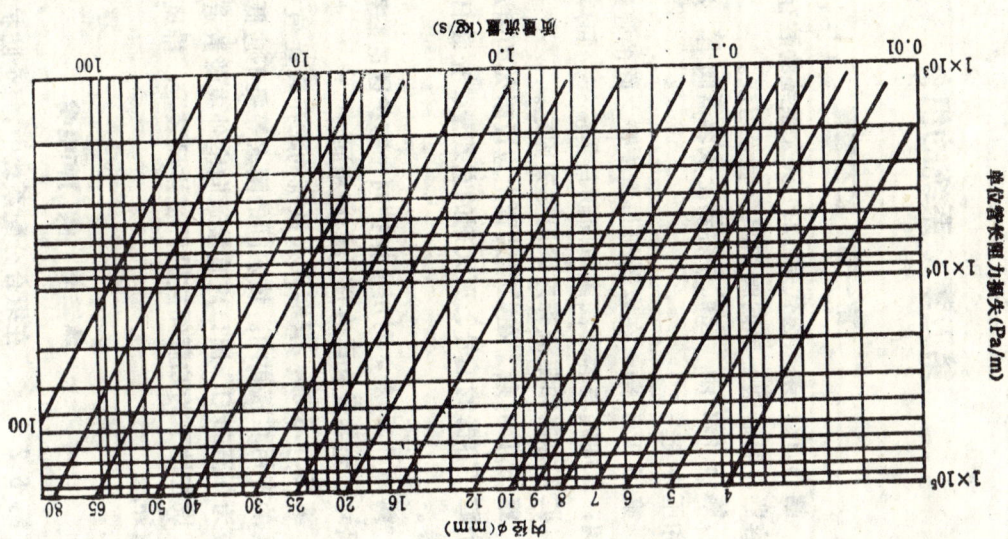

图 4.2.6 镀锌钢管内压力损失与管长及流量的关系

式中 q_m——灭火剂的质量流量（kg/s）；
C_d——喷嘴的流量系数；
ρ——液态灭火剂的密度（kg/m³）；
P_n——喷嘴的工作压力（Pa）。

第 4.2.4 条 喷嘴的工作压力应按下式计算：

$$P_n = P_i - P_p - P_l \pm P_h \quad (4.2.4)$$

式中 P_n——喷嘴的工作压力（Pa）；
P_i——在施放灭火剂的过程中贮存容器内的压力（Pa）；
P_g——管道沿程阻力损失（Pa）；
P_l——管道局部阻力损失（Pa）；
P_h——高程压差（Pa）。

第 4.2.5 条 在施放灭火剂的过程中，贮存容器内的压力宜按下式计算：

$$P_{ta} = \frac{P_{oa}V_0}{V_0 + V_t} \quad (4.2.5)$$

式中 P_{ta}——在施放灭火剂的过程中贮存容器内的压力（绝对压力，Pa）；
P_{oa}——灭火剂的贮存压力（绝对压力，Pa）；
V_0——施放灭火剂前容器内的气相容积（m³）；
V_t——施放灭火剂时气相容积增量（m³）。

第 4.2.6 条 镀锌钢管内的阻力损失宜按下式计算，或按图4.2.6确定。

$$\frac{P_a}{L} = \left[12.0 + 0.82D + 37.7\left(\frac{D}{q_{mp}}\right)^{0.25}\right] \times \frac{q_{mp}^2}{D^5} \times 10^3 \quad (4.2.6)$$

式中 $\frac{P_p}{L}$ ——单位长度管道的阻力损失（Pa/m）;

D——管道内径（mm）;

q_{mp}——管道内灭火剂的质量流量（kg/s）。

注：局部阻力损失宜采用当量长度法计算。

第4.2.7条 高程压差应按下式计算：

$$P_h = \rho \cdot H_h \cdot g_n \qquad (4.2.7)$$

式中 P_h——高程压差（Pa）;

ρ——液态灭火剂的密度（kg/m³）;

H_h——高程变化值（m）;

g_n——重力加速度（9.81m/s²）。

第五章 系统的组件

第一节 贮存装置

第5.1.1条 卤代烷1211灭火系统的贮存装置宜由贮存容器、容器阀、单向阀和集流管等组成。

第5.1.2条 在贮存容器阀上或容器阀上，应设泄压装置和压力表。

第5.1.3条 在容器阀与集流管之间的管道上应设单向阀；单向阀与容器阀或单向阀与集流管之间应采用软管连接；贮存容器和集流管应采用支架固定。

第5.1.4条 在贮存装置上应设耐久的固定标牌，标明每个贮存容器的编号、灭火剂的充装量、充装日期和贮存压力等。

第5.1.5条 对用于保护同一防护区的贮存装置，其规格尺寸、充装量和贮存压力均应相同。

第5.1.6条 管网灭火系统的贮存装置宜设在靠近防护区的专用贮瓶间内。该房间的耐火等级不应低于二级，室温应为0至50℃，出口应直接通向室外或疏散走道。设在地下的贮瓶间应设机械排风装置，排风口应直接通向室外。

第二节 阀门和喷嘴

第5.2.1条 在组合分配系统中，每个防护区应设一个选择阀,其公称直径应与主管道的公称直径相等。选择阀的位置应靠近贮存容器且便于手动操作。选择阀应有标明防护区的金属牌。

第5.2.2条 喷嘴的布置应确保灭火剂均匀分布。设置在有粉尘的防护区内的喷嘴,应增设不影响喷射效果的防尘罩。

第三节 管道及其附件

第5.3.1条 管道及其附件应能承受最高环境温度下的贮存压力,并应符合下列规定:

一、贮存压力为10.5×10⁵Pa的系统,宜采用符合现行国家标准《低压流体输送用镀锌焊接钢管》中规定的加厚管。贮存压力为25.0×10⁵Pa的系统,应采用符合现行国家标准《冷拔或冷轧精密无缝钢管》等中规定的无缝钢管标准《冷拔或冷轧精密无缝钢管》等中规定的无缝钢管应内外镀锌。

二、在有腐蚀镀锌层的气体、蒸汽场所内,应采用符合现行国家标准《不锈钢无缝钢管》、《拉制铜管》或《挤制铜管》中规定的不锈钢无缝钢管或铜管。

三、输送启动气体的管道,宜采用符合现行国家标准《拉制铜管》或《挤制铜管》中规定的铜管。

第5.3.2条 公称直径等于或小于80mm的管道附件,宜采用螺纹连接;公称直径大于80mm的管道附件,应采用法兰连接。

第5.3.3条 钢制管道附件应内外镀锌。在有腐蚀镀锌层的气体、蒸汽场所内,应采用铜合金或不锈钢的管道附件。均衡系统的管网系统应符合下列规定:

一、从贮存容器到每个喷嘴的管道长度,应大于最长管道长度的90%;

二、从贮存容器到每个喷嘴的管道当量长度,应大于最长管道当量长度的90%;

三、每个喷嘴的平均设计质量流量均应相等。

第5.3.4条 阀门之间的封闭管段应设置泄压装置。在通向每个防护区的主管道上,应设压力或流量信号指示器。

第5.3.5条 设置在有爆炸危险的可燃气体、蒸汽或粉尘场所内的管网系统,应设防静电接地装置。

第六章 操作和控制

第 6.0.1 条 管网灭火系统应有自动控制、手动控制和机械应急操作三种启动方式,无管网灭火装置应有自动控制和手动控制两种启动方式。

第 6.0.2 条 自动控制应在接到两个独立的火灾信号后才能启动,手动控制装置应设在防护区外便于操作的地方,机械应急操作装置应设在贮瓶间或防护区外便于操作的地方,并能在一个地点完成施放灭火剂的全部动作。

第 6.0.3 条 卤代烷1211灭火系统的供电,应符合有关规范的规定。采用气动力源时,应保证施放灭火剂时所需要的压力和用气量。

第 6.0.4 条 卤代烷1211灭火系统的防护区,应设置火灾自动报警系统。

第七章 安 全 要 求

第 7.0.1 条 防护区内应设有能在30s内使该区人员疏散完毕的通道与出口,应设置事故照明和疏散指示标志,在疏散通道与出口处。

第 7.0.2 条 防护区内应设置火灾和灭火剂施放的声报警器;在防护区的每个入口处,应设置光报警器和采用卤代烷1211灭火系统的防护标志。

第 7.0.3 条 在经常有人的防护区内设置的无管网灭火装置应有切断自动控制系统的手动装置。

第 7.0.4 条 防护区的门应能自行关闭,并应保证在任何情况下均能从防护区内打开。

第 7.0.5 条 灭火后的防护区应通风换气。无窗或固定窗扇的地上防护区和地下防护区,应设置机械排风装置。

第 7.0.6 条 凡设有卤代烷1211灭火系统的建筑物,应配置专用的空气呼吸器或氧气呼吸器。

附录一 名词解释

名词	说　明
卤代烷1211	卤代烷1211即二氟一氯一溴甲烷，化学分子式为CF_2ClBr。四位阿拉伯数字1211依次代表化合物分子中所含碳、氟、氯、溴原子的数目
全淹没系统	全淹没系统是由一套贮存装置在规定的时间内，向防护区喷射一定浓度的灭火剂，并使其均匀地充满整个防护区空间的系统
灭火浓度	灭火浓度是指在101.325kPa大气压和规定的温度条件下，扑灭某种可燃物质火灾所需灭火剂在空气中的最小体积百分比
惰化浓度	惰化浓度是指在101.325kPa大气压和规定的温度条件下，不管可燃气体或蒸汽与空气以何种配比，均能抑制燃烧或爆炸所需灭火剂在空气中的最小体积百分比
设计浓度	设计浓度是指将灭火浓度或惰化浓度乘以安全系数后得到的浓度
充装密度	充装密度为贮存容器内液态灭火剂的质量与容器容积之比，单位kg/m³
充装比	充装比是指20℃时贮存容器内液态灭火剂的体积与容器容积之比
防护区	防护区是人为规定的一个区域，它可包括一个或几个相连的封闭空间

续表

名词	说　明
分界面	分界面是指通过开口进入防护区内含有灭火剂的混合气体之间所形成的水平面
单元独立系统	单元独立系统是用一套灭火剂保护一个保护区形成的灭火系统
组合分配系统	组合分配系统是指用一套灭火剂贮存装置保护多个防护区的灭火系统
无管网灭火装置	无管网灭火装置是将灭火剂贮存容器，阀门和喷嘴等组合在一起的灭火装置
灭火剂喷射时间	灭火剂喷射时间为全部喷嘴开始喷射液态灭火剂到其中任何一个喷嘴开始喷射气体的时间
灭火剂浸渍时间	灭火剂浸渍时间是指防护区内的被保护物完全浸没在保持着灭火剂设计浓度的混合气体中的时间
可燃固体表面火灾	可燃固体表面火灾是指由于可燃固体表面受热、分解或氧化而引起的有焰燃烧或无焰燃烧所形成的火灾

5—11

附录二 卤代烷1211蒸汽的比容积

在101.325kPa大气压下，卤代烷1211蒸汽的比容积可采用下式计算，也可由附图2.1确定。

$$\mu = 0.1287 + 0.000551\theta \quad (附2.1)$$

式中 μ——卤代烷1211在101.325kPa大气压下的蒸汽的比容积（m^3/kg）；

θ——防护区环境的温度（℃）。

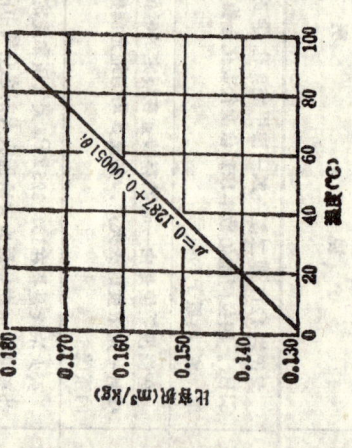

附图2.1 卤代烷1211蒸汽的比容积

附录三 卤代烷1211蒸汽压力

卤代烷1211蒸汽压力可采用下式计算，也可由附图3.1确定。

$$\lg P_{va} = 9.038 - \frac{964.6}{\theta_i + 243.3} \quad (附3.1)$$

式中 $\lg P_{va}$——以10为底P_{va}的对数；

P_{va}——卤代烷1211蒸汽压力（绝对压力，Pa）；

θ_i——卤代烷1211蒸汽温度（℃）。

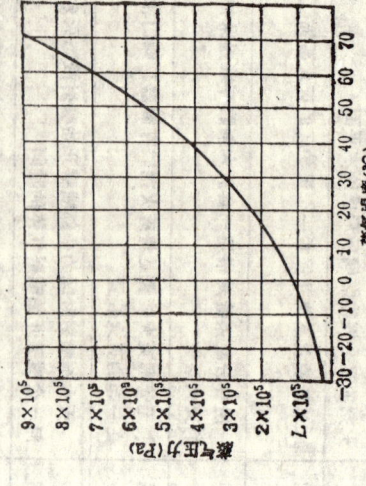

附图3.1 卤代烷1211蒸汽压力（绝对压力）

附录四 卤代烷1211设计浓度

一、在101.325kPa大气压和25℃的空气中的灭火浓度及设计浓度

物 质 名 称	在25℃测定的灭火浓度 (%)	最小设计浓度 (%)
甲 烷	2.8	5.0
乙 烷	5.0	6.0
丙 烷	4.5	5.4
丁 烷	4.0	5.0
异 丁 烷	3.8	5.0
乙 烯	6.8	8.2
丙 烯	5.2	6.2
甲 醇	8.2	9.8
乙 醇	4.5	5.4
丙 醇	4.3	5.2
异 丙 醇	3.8	5.0
丁 醇	4.4	5.3
三甲基丙醇	4.3	5.2
异丁 醇	3.8	5.0
戊 醇	4.2	5.0
巳 醇	4.5	5.4
戊 烷	3.7	5.0
庚 烷	3.8	5.0
巳 烷	3.7	5.0
2,2,5-三甲基巳烷	3.2	5.0
乙 二 醇	3.0	5.0

续表

物 质 名 称	在25℃测定的灭火浓度 (%)	最小设计浓度 (%)
丙 酮	3.8	5.0
戊二酮—(2,4)	4.1	5.0
丁 酮	3.9	5.0
醋酸乙酯	3.3	5.0
乙酰醋酸乙酯	3.6	5.0
甲基醋酸乙酯	3.3	5.0
三乙醚	4.4	5.3
苯	2.9	5.0
甲 苯	2.2	5.0
乙 苯	3.1	5.0
混合三甲苯	2.5	5.0
氯 苯	0.9	5.0
苯甲醇	2.9	5.0
乙 腈	3.0	5.0
丙 烯 腈	4.7	5.6
1—氯—2,3—环氧丙烷	5.5	6.6
硝基甲烷	4.9	5.9
N,N-二甲基甲酰胺	3.6	5.0
二硫化碳	1.6	5.0
变质(含甲醇)酒精	4.2	5.0
石油溶剂(油漆用)	3.6	5.0
航空涡轮用汽油	4.0	5.0
航空汽油	3.5	5.0
航空涡轮用煤油	3.7	5.0
航空用重煤油	3.5	5.0
石油醚	3.7	5.0
汽油(辛烷值98)	3.9	5.0

附录五 海拔高度修正系数

海拔高度高于海平面的防护区，海拔高度修正系数 K_e 等于本规范附表 5.1 中的修正系数 K_o；

附表 5.1 修正系数

海拔高度 (m)	大气压力 (Pa)	修正系数 (K_o)
0	1.013×10^5	1.000
300	0.978×10^5	0.964
600	0.943×10^5	0.930
900	0.910×10^5	0.896
1200	0.877×10^5	0.864
1500	0.845×10^5	0.830
1800	0.815×10^5	0.802
2100	0.785×10^5	0.772
2400	0.756×10^5	0.744
2700	0.728×10^5	0.715
3000	0.702×10^5	0.689
3300	0.675×10^5	0.663
3600	0.650×10^5	0.639
3900	0.626×10^5	0.615
4200	0.601×10^5	0.592
4500	0.578×10^5	0.572

海拔高度低于海平面的防护区，海拔高度修正系数 K_e 等于本规范附表 5.1 中的修正系数 K_o 的倒数。

修正系数 K_o 也可由下式计算

续表

物质名称	在25℃测定的灭火浓度 (%)	最小设计浓度 (%)
环己烷	3.9	5.0
萘烷	2.9	5.0
异丙基硝酸酯	7.5	9.0

二、在 101.325 kPa 大气压和 25℃ 的空气中的惰化浓度及设计浓度

物质名称	在25℃测定的惰化浓度 (%)	最小设计浓度 (%)
甲烷	6.1	7.3
丙烷	8.4	10.1
氢	37.0	44.4
正己烷	7.4	8.9
乙烯	11.6	13.9
丙酮	6.9	8.3

$$K_0 = 5.3788 \times 10^{-9} \cdot H^2 - 1.1975 \times 10^{-4} \cdot H + 1$$

(附5.1)

式中 K_0——修正系数；
　　H——海拔高度（m）。

附录六　用词说明

一、本规范条文中，对要求的严格程度采用了不同用词，说明如下，以便在执行中区别对待。

1. 表示很严格，非这样做不可的用词：
　正面词采用"必须"；
　反面词采用"严禁"。

2. 表示严格，在正常情况下均应这样做的用词：
　正面词采用"应"；
　反面词采用"不应"或"不得"。

3. 表示允许稍有选择，在条件许可时首先应这样做的用词：
　正面词采用"宜"或"可"；
　反面词采用"不宜"。

二、本规范中应按规定的标准、规范或其他有关规定的写法为"应按现行……执行"或"应符合……要求或规定"。

附加说明

本规范主编单位、参加单位及主要起草人名单

主编单位: 公安部天津消防科学研究所

参加单位: 冶金工业部武汉钢铁设计研究院
　　　　　　教育部天津大学
　　　　　　中国建筑西南设计院
　　　　　　中国船舶检验局上海船舶规范研究所

主要起草人: 甘家林　熊湘伟　罗　晓　徐晓军
　　　　　　　庞岭芳　韩鸿钧　祝鸿钧　周宗仪
　　　　　　　冯修远

中华人民共和国国家标准

火灾自动报警系统设计规范

Code for design of automatic fire alarm system

GB 50116—98

主编部门：中华人民共和国公安部
批准部门：中华人民共和国建设部
施行日期：1999年6月1日

关于发布国家标准《火灾自动报警系统设计规范》的通知

建标 [1998] 245 号

根据国家计委《一九九四年工程建设标准定额制订修订计划》（计综合 [1994] 240 号文附件九）的要求，由公安部会同有关部门共同修订的《火灾自动报警系统设计规范》，经有关部门会审，批准《火灾自动报警系统设计规范》GB 50116—98 为强制性国家标准，自一九九九年六月一日起施行。原《火灾自动报警系统设计规范》GBJ 116—88 同时废止。

本规范由公安部负责管理，由公安部沈阳消防科学研究所负责具体解释工作，由建设部标准定额研究所组织中国计划出版社出版发行。

中华人民共和国建设部
一九九八年十二月七日

1 总 则

1.0.1 为了合理设计火灾自动报警系统，防止和减少火灾危害，保护人身和财产安全，制定本规范。

1.0.2 本规范适用于工业与民用建筑内设置的火灾自动报警系统，不适用于生产和贮存火药、炸药、弹药、火工品等场所设置的火灾自动报警系统。

1.0.3 火灾自动报警系统的设计，必须遵循国家有关方针、政策，针对保护对象的特点，做到安全适用，技术先进，经济合理。

1.0.4 火灾自动报警系统的设计，除执行本规范外，尚应符合现行的有关强制性国家标准、规范的规定。

2 术 语

2.0.1 报警区域 Alarm Zone

将火灾自动报警系统的警戒范围按防火分区或楼层划分的单元。

2.0.2 探测区域 Detection Zone

将报警区域按探测火灾的部位划分的单元。

2.0.3 保护面积 Monitoring Area

一只火灾探测器能有效探测的面积。

2.0.4 安装间距 Spacing

两个相邻火灾探测器中心之间的水平距离。

2.0.5 保护半径 Monitoring Radius

一只火灾探测器能有效探测的单向最大水平距离。

2.0.6 区域报警系统 Local Alarm System

由区域火灾报警控制器和火灾探测器等组成，或由火灾报警控制器和火灾探测器等组成，功能简单的火灾自动报警系统。

2.0.7 集中报警系统 Remote Alarm System

由集中火灾报警控制器、区域火灾报警控制器和火灾探测器等组成，或由火灾报警控制器、区域显示器和火灾探测器等组成，功能较复杂的火灾自动报警系统。

2.0.8 控制中心报警系统 Control Center Alarm System

由消防控制室的消防控制设备、集中火灾报警控制器、区域火灾报警控制设备和火灾探测器等组成，或由消防控制室的防控制设备、火灾报警控制器、区域显示器和火灾探测器等组成，功能复杂的火灾自动报警系统。

3 系统保护对象分级及火灾探测器设置部位

3.1 系统保护对象分级

3.1.1 火灾自动报警系统的保护对象应根据其使用性质、火灾危险性、疏散和扑救难度等分为特级、一级和二级，并宜符合表3.1.1的规定。

火灾自动报警系统保护对象分级 表3.1.1

等级	保 护 对 象	
特级	建筑高度超过100 m的高层民用建筑	
一级	建筑高度不超过100 m的高层民用建筑	一类建筑
		1. 200床及以上的病房楼，每层建筑面积超过1 000 m²及以上的门诊楼；
		2. 每层建筑面积超过3 000 m²的百货楼、商场、展览楼、高级旅馆、财贸金融楼、电信楼、高级办公楼；
		3. 藏书超过100万册的图书馆、书库；
		4. 超过3 000座位的体育馆；
		5. 重要的科研楼、资料档案楼；
		6. 省级（含计划单列市）邮政楼、广播电视楼、电力调度楼、防灾指挥调度楼；
		7. 重点文物保护场所；
		8. 大型以上的影剧院、会堂、礼堂。
	建筑高度不超过24 m的民用建筑及建筑高度超过24 m的单层公共建筑	

续表3.1.1

等级	保 护 对 象	
一级	工业建筑	1. 甲、乙类生产厂房； 2. 甲、乙类物品库房； 3. 占地面积或总建筑面积超过1 000 m²的丙类物品库房； 4. 总建筑面积超过1 000 m²的地下丙、丁类生产车间及物品库房。
	地下民用建筑	1. 地下铁道、车站； 2. 地下电影院、礼堂； 3. 使用面积超过1 000 m²的地下商场、医院、旅馆、展览厅及其他商业活动场所； 4. 重要的实验室、资料、图书、档案库
二级	建筑高度不超过100 m的高层民用建筑	二类建筑
	建筑高度不超过24 m的民用建筑	1. 设有空气调节系统的或每层建筑面积超过2 000 m²，但不超过3 000 m²的商业楼、财贸金融楼、电信楼、展览楼、旅馆、办公楼、车站、海河客运站、航空港等公共建筑及其他商业或公共活动场所； 2. 市、县级以下邮政楼、广播电视楼、电力调度楼、防灾指挥调度楼； 3. 中型以下的影剧院； 4. 高级住宅； 5. 图书馆、书库、档案楼

续表 3.1.1

等级	保 护 对 象
二级	工业建筑	1. 丙类生产厂房； 2. 建筑面积大于 50 m²，但不超过 1 000 m² 的丙类物品库房； 3. 总建筑面积大于 500 m² 但不超过 1 000 m² 的地下丙、丁类生产车间及地下物品库房
	地下民用建筑	1. 长度超过 500 m 的城市隧道； 2. 使用面积不超过 1 000 m² 的地下商场、医院、旅馆、展览厅及其他公共活动场所

注：① 一类建筑、二类建筑的划分，应符合现行国家标准《高层民用建筑设计防火规范》GB 50045 的规定，工业厂房、仓库的火灾危险性分类，应符合现行国家标准《建筑设计防火规范》GBJ 16 的规定。
② 本表未列出的建筑的等级可按同类建筑比照原则确定。

3.2 火灾探测器设置部位

3.2.1 火灾探测器的设置部位应与保护对象的等级相适应。

3.2.2 火灾探测器的设置应符合现行国家有关标准、规范的规定，具体部位可按本规范建议性附录 D 采用。

4 报警区域和探测区域的划分

4.1 报警区域的划分

4.1.1 报警区域应根据防火分区或楼层划分。一个报警区域宜由一个或同层相邻几个防火分区组成。

4.2 探测区域的划分

4.2.1 探测区域的划分应符合下列规定：

4.2.1.1 探测区域应按独立房（套）间划分。一个探测区域的面积不宜超过 500 m²；从主要入口能看清其内部，且面积不超过 1 000 m² 的房间，也可划为一个探测区域。

4.2.1.2 红外光束线型感烟火灾探测器的探测区域长度不宜超过 100 m；缆式感温火灾探测器的探测区域长度不宜超过 200 m；空气管差温火灾探测器的探测区域长度宜在 20～100 m 之间。

4.2.2 符合下条件之一的二级保护对象，可将几个房间划为一个探测区域。

4.2.3 下列场所应分别单独划分探测区域：

4.2.3.1 敞开或封闭楼梯间；

4.2.3.2 防烟楼梯间前室、消防电梯前室、消防电梯与防烟楼梯间合用的前室；

4.2.3.3 走道、坡道、管道井、电缆隧道；

4.2.3.4 建筑物闷顶、夹层。

5 系 统 设 计

5.1 一 般 规 定

5.1.1 火灾自动报警系统应设有自动和手动两种触发装置。

5.1.2 火灾报警控制器容量和每一总线回路所连接的火灾探测器和控制模块或信号模块的地址编码总数，宜留有一定余量。

5.1.3 火灾自动报警系统的设备，应采用经国家有关产品质量监督检测单位检验合格的产品。

5.2 系统形式的选择和设计要求

5.2.1 火灾报警系统形式的选择应符合下列规定：

5.2.1.1 区域报警系统，宜用于二级保护对象；

5.2.1.2 集中报警系统，宜用于一级和二级保护对象；

5.2.1.3 控制中心报警系统，宜用于特级和一级保护对象。

5.2.2 区域报警系统的设计，应符合下列要求：

5.2.2.1 一个报警区域宜设置一台区域火灾报警控制器或一台火灾报警控制器，系统中区域火灾报警控制器或火灾报警控制器不应超过两台。

5.2.2.2 区域火灾报警控制器或火灾报警控制器应设置在有人值班的房间或场所。

5.2.2.3 系统中可设置消防联动控制设备。

5.2.2.4 当有多个楼层时，应在每个楼层的楼层前室或消防电梯前室部位，设置识别着火楼层的灯光显示装置。

5.2.2.5 区域火灾报警控制器或火灾报警控制器安装在墙上时，其底边距地面高度宜为1.3～1.5 m，其靠近门轴的侧面距墙不应小于0.5 m，正面操作距离不应小于1.2 m。

5.2.3 集中报警系统的设计，应符合下列要求：

5.2.3.1 系统中应设置一台集中火灾报警控制器和两台及以上区域火灾报警控制器，或设置一台集中火灾报警控制器和两台及以上区域火灾报警控制器。

5.2.3.2 系统中应设置消防联动控制设备。

5.2.3.3 集中火灾报警控制器或火灾报警控制器，应能显示火灾报警部位信号和控制信号，亦可进行联动控制。

5.2.3.4 集中火灾报警控制器或火灾报警控制器和消防联动控制设备，应设置在有专人值班的消防控制室或值班室内。

5.2.3.5 集中火灾报警控制室或值班室内的布置，应符合本规范第6.2.5条的规定。

5.2.4 控制中心报警系统的设计，应符合下列要求：

5.2.4.1 系统中至少应设置一台集中火灾报警控制器、一台专用消防联动控制设备和两台及以上区域火灾报警控制器；或至少设置一台火灾报警控制器、一台消防联动控制设备和两台及以上区域显示器。

5.2.4.2 系统应能集中显示火灾报警部位信号和联动控制状态信号。

5.2.4.3 系统中设置的集中火灾报警控制室内的布置，应符合本规范第6.2.5条的规定。

5.3 消防联动控制设计要求

5.3.1 当消防联动控制设备的控制信号和火灾探测器的报警信号在同一总线回路上传输时，其传输总线的敷设应符合本规范第10.2.2条规定。

5.3.2 消防水泵、防烟和排烟风机的控制设备当采用总线编码编址模块控制时,还应在消防控制室设置手动直接控制装置。

5.3.3 设置在消防控制室以外的消防联动控制设备的动作状态信号,均应在消防控制室显示。

5.4 火灾应急广播

5.4.1 控制中心报警系统应设置火灾应急广播,集中报警系统宜设置火灾应急广播。

5.4.2 火灾应急广播扬声器的设置,应符合下列要求:

5.4.2.1 民用建筑内扬声器应设置在走道和大厅等公共场所。每个扬声器的额定功率不应小于3W,其数量应能保证从一个防火分区内的任何部位到最近一个扬声器的距离不大于25m,走道内最后一个扬声器至走道末端的距离不应大于12.5m。

5.4.2.2 在环境噪声大于60dB的场所设置的扬声器,在其播放范围内最远点的播放声压级应高于背景噪声15dB。

5.4.2.3 客房设置专用扬声器时,其功率不宜小于1.0W。

5.4.3 火灾应急广播与公共广播合用时,应符合下列要求:

5.4.3.1 火灾时应能在消防控制室将火灾应急广播扩音机强制投入火灾应急广播。

5.4.3.2 消防控制室应能监控用于火灾应急广播时的扩音机的工作状态,并应具有遥控开启扩音机和采用传声器的功能。

5.4.3.3 床头控制柜内设有服务性音乐广播扬声器时,应有火灾应急广播功能。

5.4.3.4 应设置火灾应急广播备用扩音机,其容量不应小于火灾应急广播扬声器最大容量总和的1.5倍。

5.5 火灾警报装置

5.5.1 未设置火灾应急广播的火灾自动报警系统,应设置火灾警报装置。

5.5.2 每个防火分区至少应设一个火灾警报装置,其位置宜设在各楼层靠近走道楼梯出口处。警报装置宜采用手动或自动控制方式。

5.5.3 在环境噪声大于60dB的场所设置火灾警报装置时,其声警报器的声压级应高于背景噪声15dB。

5.6 消防专用电话

5.6.1 消防专用电话网络应为独立的消防通信系统。

5.6.2 消防控制室应设置消防专用电话总机,且宜选择共电式电话总机或对讲通信设备。

5.6.3 电话分机或电话塞孔的设置,应符合下列要求:

5.6.3.1 下列部位应设置消防专用电话分机:
(1)消防水泵房、备用发电机房、配变电室、主要通风和空调机房、排烟机房、消防电梯机房及其他与消防联动控制有关的且经常有人值班的机房。
(2)灭火控制系统操作装置处或控制室。
(3)企业消防站、消防值班室、总调度室。

5.6.3.2 设有手动火灾报警按钮、消火栓按钮等处宜设置电话塞孔。电话塞孔在墙上安装时,其底边距地面高度宜为1.3~1.5m。

5.6.3.3 特级保护对象的各避难层应每隔20m设置一个消防专用电话分机或电话塞孔。

5.6.4 消防控制室、消防值班室或企业消防站等处,应设置可直接报警的外线电话。

5.7 系统接地

5.7.1 火灾自动报警系统接地装置的接地电阻值应符合下列要求:

5.7.1.1 采用专用接地装置时,接地电阻不应大于4Ω。

5.7.1.2 采用共用接地装置时，接地电阻值不应大于1Ω。

5.7.2 火灾自动报警系统应设专用接地干线，并应在消防控制室设置专用接地板。专用接地干线应从消防控制室专用接地板引至接地体。

5.7.3 专用接地干线应采用铜芯绝缘导线，其线芯截面积不应小于25 mm²。专用接地干线接地板引至接地体的专用接地线应选用铜芯绝缘导线，其线芯截面积不应小于4 mm²。

5.7.4 由消防电子控制设备接地板引至各消防电子设备的专用接地干线宜穿硬质塑料管埋设至接地体。

5.7.5 消防电子设备凡采用交流供电时，设备金属外壳和金属支架等应作保护接地，接地线应与电气保护接地干线（PE线）相连接。

6 消防控制室和消防联动控制

6.1 一般规定

6.1.1 消防控制设备应由下列部分或全部控制装置组成：
6.1.1.1 火灾报警控制器；
6.1.1.2 自动灭火系统的控制装置；
6.1.1.3 室内消火栓系统的控制装置；
6.1.1.4 防烟、排烟系统及空调通风系统的控制装置；
6.1.1.5 常开防火门、防火卷帘的控制装置；
6.1.1.6 电梯回降控制装置；
6.1.1.7 火灾应急广播的控制装置；
6.1.1.8 火灾警报装置的控制装置；
6.1.1.9 火灾应急照明与疏散指示标志的控制装置。

6.1.2 消防控制设备的控制方式应根据建筑的形式、工程规模、管理体制及功能要求综合确定，并应符合下列规定：
6.1.2.1 单体建筑宜集中控制；
6.1.2.2 大型建筑群宜采用分散与集中相结合。

6.1.3 消防控制设备的控制电源及信号回路电压宜采用直流24 V。

6.2 消防控制室

6.2.1 消防控制室的门应向疏散方向开启，且入口处应设置明显的标志。

6.2.2 消防控制室的送、回风管在其穿墙处应设防火阀。

6.2.3 消防控制室内严禁与其无关的电气线路及管路穿过。

6.2.4 消防控制室周围不应布置电磁场干扰较强及其他影响消

防控制设备工作的设备用房。

6.2.5 消防控制室内设备的布置应符合下列要求：

6.2.5.1 设备面盘前的操作距离：单列布置时不应小于1.5 m；双列布置时不应小于2 m。

6.2.5.2 在值班人员经常工作的一面，设备面盘至墙的距离不应小于3 m。

6.2.5.3 设备面盘后的维修距离不宜小于1 m。

6.2.5.4 设备面盘的排列长度大于4 m时，其两端应设置宽度不小于1 m的通道。

6.2.5.5 集中火灾报警控制器或火灾报警控制器安装在墙上时，其底边距地面高度宜为1.3~1.5 m，其靠近门轴的侧面距墙不应小于0.5 m，正面操作距离不应小于1.2 m。

6.3 消防控制设备的功能

6.3.1 消防控制设备的控制及显示功能：

6.3.1.1 控制消防设备的启、停，并应显示其工作状态；

6.3.1.2 消防水泵、防烟和排烟风机的启、停，除自动控制外，还应能手动直接控制；

6.3.1.3 显示火灾报警、故障报警部位；

6.3.1.4 显示保护对象的重点部位、疏散通道及消防设备所在位置的平面图或模拟图等；

6.3.1.5 显示系统供电电源的工作状态；

6.3.1.6 消防控制室应设置火灾应急广播的控制装置，火灾应急广播装置与应急报警装置的控制装置，其控制程序应符合下列要求：

（1）二层及以上的楼房发生火灾，应先通知着火层及其相邻的上、下层；

（2）首层发生火灾，应先通知本层、二层及地下各层；

（3）地下室发生火灾，应先通知地下各层及首层；

（4）含多个防火分区的单层建筑，应先通知着火的防火分区及其相邻的防火分区；

6.3.1.7 消防控制室的消防通信设备，应符合本规范5.6.2~5.6.4条的规定；

6.3.1.8 消防控制室在确认火灾后，应能切断有关部位的非消防电源，并接通应急报警装置及火灾应急照明灯和疏散标志灯；

6.3.1.9 消防控制室在确认火灾后，应能控制电梯全部停于首层，并接收其反馈信号。

6.3.2 消防控制设备对室内消火栓系统应有下列控制、显示功能：

6.3.2.1 控制消防水泵的启、停；

6.3.2.2 显示消防水泵的工作、故障状态；

6.3.2.3 显示启泵按钮的位置。

6.3.3 消防控制设备对自动喷水和水喷雾灭火系统应有下列控制、显示功能：

6.3.3.1 控制系统的启、停；

6.3.3.2 显示消防水泵的工作、故障状态；

6.3.3.3 显示水流指示器、报警阀、安全信号阀的工作状态。

6.3.4 消防控制设备对管网气体灭火系统应有下列控制、显示功能：

6.3.4.1 显示系统的手动、自动工作状态；

6.3.4.2 在报警、喷射各阶段，控制室应有相应的声、光警报信号，并能手动切除声响信号；

6.3.4.3 在延时阶段，应自动关闭防火门、窗，停止通风空调系统，关闭有关部位防火阀；

6.3.4.4 显示气体灭火系统防护区域的报警、喷放及防火门（帘）、通风空调等设备的状态。

6.3.5 消防控制设备对泡沫灭火系统应有下列控制、显示功能：

6.3.5.1 控制泡沫泵及消防水泵的启、停；

6.3.5.2 显示系统的工作状态。

6.3.6 消防控制设备对干粉灭火系统应有下列控制、显示功能:
6.3.6.1 控制系统的启、停;
6.3.6.2 显示系统的工作状态。
6.3.7 消防控制设备对常开防火门的控制,应符合下列要求:
6.3.7.1 门任一侧的火灾探测器报警后,防火门应自动关闭;
6.3.7.2 防火门关闭信号应送到消防控制室。
6.3.8 消防控制设备对防火卷帘的控制,应符合下列要求。
6.3.8.1 疏散通道上的防火卷帘两侧,应设置火灾探测器组及其警报装置,且两侧应设置手动控制按钮;
6.3.8.2 疏散通道上的防火卷帘,应按下列程序自动控制下降:
(1) 感烟探测器动作后,卷帘下降至距地(楼)面 1.8 m;
(2) 感温探测器动作后,卷帘下降到底。
6.3.8.3 用作防火分隔的防火卷帘,火灾探测器动作后,卷帘应下降到底。
6.3.8.4 感烟、感温火灾探测器的报警信号及防火卷帘的关闭信号应送至消防控制室。
6.3.9 火灾报警后,消防控制设备对防烟、排烟设施应有下列控制、显示功能:
6.3.9.1 停止有关部位的空调送风,关闭电动防火阀,并接收其反馈信号;
6.3.9.2 启动有关部位的防烟和排烟风机、排烟阀等,并接收其反馈信号;
6.3.9.3 控制挡烟垂壁等防烟设施。

7 火灾探测器的选择

7.1 一般规定

7.1.1 火灾探测器的选择,应符合下列要求:
7.1.1.1 对火灾初期有阴燃阶段,产生大量的烟和少量的热,很少或没有火焰辐射的场所,应选择感烟探测器。
7.1.1.2 对火灾发展迅速,可产生大量热,烟和火焰辐射的场所,可选择感温探测器、感烟探测器、火焰探测器或其组合。
7.1.1.3 对火灾发展迅速,有强烈的火焰辐射和少量的烟、热的场所,应选择火焰探测器。
7.1.1.4 对火灾形成特征不可预料的场所,可根据模拟试验的结果选择探测器。
7.1.1.5 对使用、生产或聚集可燃气体或可燃液体蒸气的场所,应选择可燃气体探测器。

7.2 点型火灾探测器的选择

7.2.1 对不同高度的房间,可按表 7.2.1 选择点型火灾探测器。

对不同高度的房间点型火灾探测器的选择　　表 7.2.1

房间高度 h (m)	感烟探测器	感温探测器			火焰探测器
		一级	二级	三级	
12<h≤20	不适合	不适合	不适合	不适合	适合
8<h≤12	适合	不适合	不适合	不适合	适合
6<h≤8	适合	适合	不适合	不适合	适合
4<h≤6	适合	适合	适合	不适合	适合
h≤4	适合	适合	适合	适合	适合

7.2.2 下列场所宜选择点型感烟探测器：
7.2.2.1 饭店、旅馆、教学楼、办公楼的厅堂、卧室、办公室等；
7.2.2.2 电子计算机房、通讯机房、电影或电视放映室等；
7.2.2.3 楼梯、走道、电梯机房等；
7.2.2.4 书库、档案库等；
7.2.2.5 有电气火灾危险的场所。
7.2.3 符合下列条件之一的场所，不宜选择离子感烟探测器：
7.2.3.1 相对湿度经常大于95%；
7.2.3.2 气流速度大于5 m/s；
7.2.3.3 有大量粉尘、水雾滞留；
7.2.3.4 可能产生腐蚀性气体；
7.2.3.5 在正常情况下有烟滞留；
7.2.3.6 产生醇类、醚类、酮类等有机物质。
7.2.4 符合下列条件之一的场所，不宜选择光电感烟探测器：
7.2.4.1 可能产生黑烟；
7.2.4.2 有大量粉尘、水雾滞留；
7.2.4.3 可能产生蒸气和油雾；
7.2.4.4 在正常情况下有烟滞留。
7.2.5 符合下列条件之一的场所，宜选择温感探测器：
7.2.5.1 相对湿度经常大于95%；
7.2.5.2 无烟火灾；
7.2.5.3 有大量粉尘；
7.2.5.4 在正常情况下有烟和蒸气滞留；
7.2.5.5 厨房、锅炉房、发电机房、烘干车间等；
7.2.5.6 吸烟室等；
7.2.5.7 其他不宜安装感烟探测器的厅堂和公共场所。
7.2.6 可能产生阴燃火灾或发生火灾不及时报警将造成重大损失的场所，不宜选择感温探测器；温度在0℃以下的场所，不宜选择定温探测器；温度变化较大的场所，不宜选择差温探测器。
7.2.7 符合下列条件之一的场所，宜选择火焰探测器：
7.2.7.1 火灾时有强烈的火焰辐射；
7.2.7.2 液体燃烧火灾等无阴燃阶段的火灾；
7.2.7.3 需要对火焰做出快速反应。
7.2.8 符合下列条件之一的场所，不宜选择火焰探测器：
7.2.8.1 可能发生无焰火灾；
7.2.8.2 在火焰出现前有浓烟扩散；
7.2.8.3 探测器的"视线"易被遮挡；
7.2.8.4 探测器易受阳光或其他光源直接或间接照射；
7.2.8.5 探测区域内的可燃物燃烧时产生明亮火焰以及X射线、弧光等影响。
7.2.8.6 在正常情况下有明火作业以及X射线、弧光等影响。
7.2.9 下列场所宜选择可燃气体或一氧化碳气体探测器：
7.2.9.1 使用管道煤气或天然气的场所；
7.2.9.2 煤气站和煤气表房以及存储液化石油气罐的场所；
7.2.9.3 其他散发可燃气体和可燃蒸气的场所；
7.2.9.4 有可能产生一氧化碳气体的场所，宜选择一氧化碳探测器。
7.2.10 装有联动装置、自动灭火系统以及用单一探测器不能有效确认火灾的场合，宜采用感烟探测器、感温探测器、火焰探测器（同类型或不同类型）的组合。

7.3 线型火灾探测器的选择
7.3.1 无遮挡大空间或有特殊要求的场所，宜选择红外光束感烟探测器。
7.3.2 下列场所或部位，宜选择缆式线型定温探测器：
7.3.2.1 电缆隧道、电缆竖井、电缆夹层、电缆桥架；
7.3.2.2 配电装置、开关设备、变压器等；
7.3.2.3 各种皮带输送装置；

处；

7.3.2.4 控制室、计算机室的闷顶内、地板下及重要设施隐蔽

7.3.2.5 其他环境恶劣不适合点型探测器安装的危险场所。

7.3.3 下列场所宜选择空气管式线型差温探测器：

7.3.3.1 可能产生油类火灾且环境恶劣的场所；

7.3.3.2 不易安装点型探测器的夹层、闷顶。

8 火灾探测器和手动火灾报警按钮的设置

8.1 点型火灾探测器的设置数量和布置

8.1.1 探测区域内的每个房间至少应设置一只火灾探测器。

8.1.2 感烟探测器、感温探测器的保护面积和保护半径，应按表 8.1.2 确定。

感烟探测器、感温探测器的保护面积和保护半径 表 8.1.2

火灾探测器的种类	地面面积 S (m²)	房间高度 h (m)	一只探测器的保护面积 A 和保护半径 R					
			屋 顶 坡 度 θ					
			$\theta \leq 15°$		$15° < \theta \leq 30°$		$\theta > 30°$	
			A (m²)	R (m)	A (m²)	R (m)	A (m²)	R (m)
感烟探测器	$S \leq 80$	$h \leq 12$	80	6.7	80	7.2	80	8.0
	$S > 80$	$6 < h \leq 12$	80	6.7	100	8.0	120	9.9
感温探测器	$S \leq 30$	$h \leq 6$	60	5.8	80	7.2	100	9.0
	$S > 30$	$h \leq 8$	30	4.4	30	4.9	30	5.5
		$h \leq 8$	20	3.6	30	4.9	40	6.3

8.1.3 感烟探测器、感温探测器的安装间距，应根据探测器的保护面积 A 和保护半径 R 确定，并不应超过本规范附录 A 探测器安装间距的极限曲线 $D_1 \sim D_{11}$（含 D_9'）所规定的范围。

8.1.4 一个探测区域内所需设置的探测器数量，不应小于下式的

计算值：

$$N = \frac{S}{K \cdot A} \quad (8.1.4)$$

式中 N——探测器数量（只），N 应取整数；
S——该探测区域面积（m²）；
A——探测器的保护面积（m²）；
K——修正系数，特级保护对象宜取 0.7～0.8，一级保护对象宜取 0.8～0.9，二级保护对象宜取 0.9～1.0。

8.1.5 在有梁的顶棚上设置感烟探测器、感温探测器时，应符合下列规定：

8.1.5.1 当梁突出顶棚的高度小于 200 mm 时，可不计梁对探测器保护面积的影响。

8.1.5.2 当梁突出顶棚的高度为 200～600 mm 时，应按本规范附录 B，附录 C 确定梁对探测器保护面积的影响和一只探测器能够保护的梁间区域的个数。

8.1.5.3 当梁突出顶棚的高度超过 600 mm 时，被梁隔断的每个梁间区域至少应设置一只探测器。

8.1.5.4 当被梁隔断的区域面积超过一只探测器的保护面积时，被隔断的区域应按本规范 8.1.4 条规定计算探测器设置数量。

8.1.5.5 当梁间净距小于 1 m 时，可不计梁对探测器保护面积的影响。

8.1.6 在宽度小于 3 m 的内走道顶棚上设置探测器时，宜居中布置。感温探测器的安装间距不应超过 10 m；感烟探测器的安装间距不应超过 15 m；探测器至端墙的距离，不应大于探测器安装间距的一半。

8.1.7 探测器至墙壁、梁边的水平距离，不应小于 0.5 m。

8.1.8 探测器周围 0.5 m 内，不应有遮挡物。

8.1.9 房间被书架、设备或隔断等分隔，其顶部至顶棚或梁的垂直距离为

离小于房间净高的 5% 时，每个被隔开的部分至少应安装一只探测器。

8.1.10 探测器至空调送风口边的水平距离不应小于 1.5 m，并宜接近回风口安装。探测器至多孔送风顶棚孔口的水平距离不应小于 0.5 m。

8.1.11 当顶棚有热屏障时，感烟探测器下表面至顶棚或屋顶的距离，应符合表 8.1.11 的规定。

感烟探测器下表面至顶棚或屋顶的距离 表 8.1.11

探测器的安装高度 h (m)	感烟探测器下表面至顶棚或屋顶的距离 d (mm)					
	$\theta \leq 15°$		$15° < \theta \leq 30°$		$\theta > 30°$	
	最小	最大	最小	最大	最小	最大
$h \leq 6$	30	200	200	300	300	500
$6 < h \leq 8$	70	250	250	400	400	600
$8 < h \leq 10$	100	300	300	500	500	700
$10 < h \leq 12$	150	350	350	600	600	800

8.1.12 锯齿型屋顶和坡度大于 15° 的人字型屋顶，应在每个屋脊处设置一排探测器，探测器下表面至屋顶最高处的距离，应符合本规范 8.1.11 的规定。

8.1.13 探测器宜水平安装。当倾斜安装时，倾斜角不应大于 45°。

8.1.14 在电梯井、升降机井设置探测器时，其位置宜在井道上方的机房顶棚上。

8.2 线型火灾探测器的设置

8.2.1 红外光束感烟探测器的光束轴线至顶棚的垂直距离宜为

0.3~1.0 m，距地高度不宜超过 20 m。

8.2.2 相邻两组红外光束感烟探测器的水平距离不应大于 14 m，探测器至侧墙水平距离不应大于 7 m，且不应小于 0.5 m。探测器的发射器和接收器之间的距离不宜超过 100 m。

8.2.3 缆式线型定温探测器在电缆桥架或支架上设置时，宜采用接触式布置；在各种皮带输送装置上设置时，宜设置在装置的过热点附近。

8.2.4 设置在顶棚下方的空气管式线型差温探测器，至顶棚的距离宜为 0.1 m。相邻管路之间的水平距离不宜大于 5 m；管路至墙壁的距离宜为 1~1.5 m。

8.3 手动火灾报警按钮的设置

8.3.1 每个防火分区应至少设置一个手动火灾报警按钮。从一个防火分区内的任何位置到最邻近的一个手动火灾报警按钮的距离不应大于 30 m。手动火灾报警按钮宜设置在公共活动场所的出入口处。

8.3.2 手动火灾报警按钮应设置在明显的和便于操作的部位。当安装在墙上时，其底边距地高度宜为 1.3~1.5 m，且应有明显的标志。

9 系统供电

9.0.1 火灾自动报警系统应设有主电源和直流备用电源。

9.0.2 火灾自动报警系统的主电源应采用消防电源，直流备用电源宜采用火灾报警控制器的专用消防电源或集中设置的蓄电池。当直流备用电源采用消防系统集中设置的蓄电池时，火灾报警控制器应采用单独的供电回路，并应保证在消防系统处于最大负载状态下不影响报警控制器的正常工作。

9.0.3 火灾自动报警系统中的 CRT 显示器、消防通讯设备等的电源，宜由 UPS 装置供电。

9.0.4 火灾自动报警系统主电源的保护开关不应采用漏电保护开关。

护措施。
采用经阻燃处理的电缆时，可不穿金属管保护，但应敷设在电缆竖井或吊顶内有防火保护措施的封闭式线槽内。

10.2.3 火灾自动报警系统用的电缆竖井，宜与电力、照明用的低压配电线路的电缆竖井分别设置。如受条件限制必须合用时，两种电缆应分别布置在竖井的两侧。

10.2.4 从接线盒、线槽等处引到探测器底座盒、控制设备盒、扬声器箱的线路均应加金属软管保护。

10.2.5 火灾探测器的传输线路，宜选择不同颜色的绝缘导线或电缆。正极"+"线应为红色，负极"-"线应为蓝色。同一工程中相同用途导线的颜色应一致，接线端子应有标号。

10.2.6 接线端子箱内的端子宜选择压接或带锡焊接点的端子板，其接线端子上应有相应的标号。

10.2.7 火灾自动报警系统的传输网络不应与其他系统的传输网络合用。

10 布　线

10.1 一般规定

10.1.1 火灾自动报警系统的传输线路和50 V以下供电的控制线路，应采用电压等级不低于交流250 V的铜芯绝缘导线或铜芯电缆。采用交流220/380 V的供电和控制线路应采用电压等级不低于交流500 V的铜芯绝缘导线或铜芯电缆。

10.1.2 火灾自动报警系统的传输线路的线芯截面选择，除应满足自动报警装置技术条件的要求外，还应满足机械强度的要求。铜芯绝缘导线、铜芯电缆线芯的最小截面面积不应小于表10.1.2的规定。

铜芯绝缘导线和铜芯电缆的线芯最小截面面积　表10.1.2

序号	类　别	线芯的最小截面面积（mm²）
1	穿管敷设的绝缘导线	1.00
2	线槽内敷设的绝缘导线	0.75
3	多芯电缆	0.50

10.2 屋内布线

10.2.1 火灾自动报警系统的传输线路的敷设应采用穿金属管、经阻燃处理的硬质塑料管或封闭式金属线槽保护方式布线。

10.2.2 消防控制、通信和警报线路采用暗敷设时，宜采用金属管或经阻燃处理的硬质塑料管保护，并应敷设在不燃烧体的结构层内，且保护层厚度不宜小于30 mm。当采用明敷设时，应采用金属管或金属线槽保护，并应在金属管或金属线槽上采取防火保

附录 B 不同高度的房间梁对探测器设置的影响

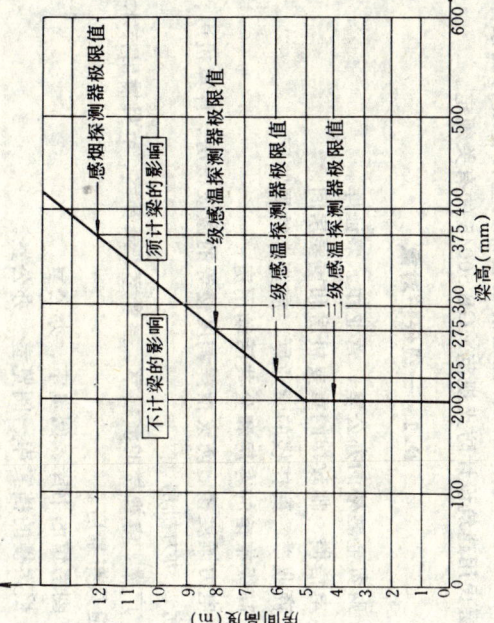

图 B 不同高度房间梁对探测器设置的影响

附录 A 探测器安装间距的极限曲线

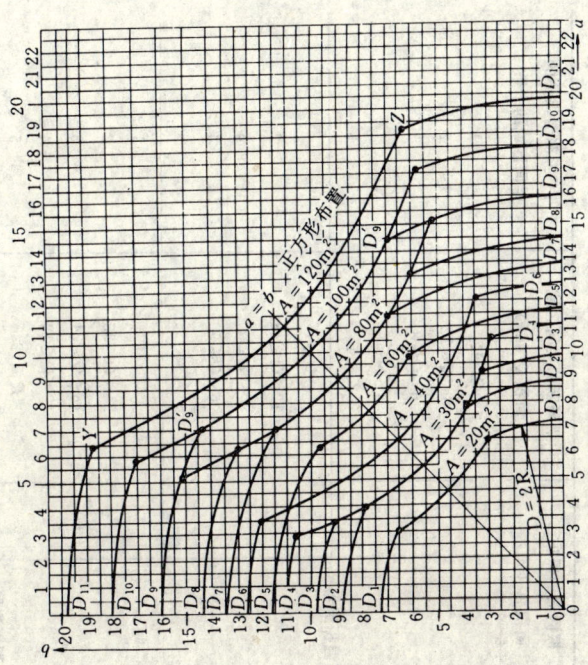

图 A 探测器安装间距的极限曲线

注：A—探测器的保护面积 (m^2)；

a，b—探测器的安装间距 (m)；

$D_1 \sim D_{11}$（含 D_9'）—在不同保护面积 A 和保护半径 R 下确定探测器安装间距 a，b 的极限曲线；

Y，Z—极限曲线的端点（在 Y 和 Z 两点间的曲线范围内，保护面积可得到充分利用）。

附录 D 火灾探测器的具体设置部位（建议性）

D.1 特级保护对象

D.1.1 特级保护对象火灾探测器的设置部位应符合现行国家标准《高层民用建筑设计防火规范》GB 50045 的有关规定。

D.2 一级保护对象

D.2.1 财贸金融楼的办公室、营业厅、票证库。
D.2.2 电信楼、邮政楼的重要机房和重要房间。
D.2.3 商业楼、商住楼的营业厅、展览楼的展览厅。
D.2.4 高级旅馆的客房和公共活动用房。
D.2.5 电力调度楼、防灾指挥调度楼等的微波机房、计算机房、控制机房、动力机房。
D.2.6 广播、电视楼的演播室、播音室、录音室、节目播出技术用房、道具布景房。
D.2.7 图书馆的书库、阅览室、办公室。
D.2.8 档案楼的档案库、阅览室、办公室。
D.2.9 办公楼的办公室、会议室、档案室。
D.2.10 医院病房楼的病房、贵重医疗设备室、病历档案室、药品库。
D.2.11 科研楼的资料室、贵重设备室、可燃物较多的和火灾危险性较大的实验室。
D.2.12 教学楼的电化教室、理化演示和实验室、贵重设备和仪器室。
D.2.13 高级住宅（公寓）的卧房、书房、起居室（前厅）、厨房。

附录 C 按梁间区域面积确定一只探测器保护的梁间区域的个数

表 C 按梁间区域面积确定一只探测器保护的梁间区域的个数

探测器的保护面积 A (m²)	梁隔断的梁间区域面积 Q (m²)	一只探测器保护的梁间区域的个数
20	Q>12	1
	8<Q≤12	2
	6<Q≤8	3
	4<Q≤6	4
	Q≤4	5
30	Q>18	1
	12<Q≤18	2
	9<Q≤12	3
	6<Q≤9	4
	Q≤6	5
感温探测器 60	Q>36	1
	24<Q≤36	2
	18<Q≤24	3
	12<Q≤18	4
	Q≤12	5
感烟探测器 80	Q>48	1
	32<Q≤48	2
	24<Q≤32	3
	16<Q≤24	4
	Q≤16	5

D.2.14 甲、乙类生产厂房及其控制室。
D.2.15 甲、乙、丙类物品库房。
D.2.16 设在地下室的丙、丁类生产车间。
D.2.17 设在地下室的丙、丁类物品库房。
D.2.18 地下铁道的地铁站厅、行人通道。
D.2.19 体育馆、影剧院、会堂、礼堂的舞台、化妆室、道具室、放映室、观众厅、休息厅及其附设的一切娱乐场所。
D.2.20 高级办公室、会议室、陈列室、展览室、商场营业厅。
D.2.21 消防电梯、防烟楼梯的前室及合用前室、除普通住宅外的走道、门厅。
D.2.22 可燃物品库房、空调机房、配电室(间)、变压器室、自备发电机房、电梯机房。
D.2.23 净高超过2.6m且可燃物较多的技术夹层。
D.2.24 敷设具有可延燃绝缘层和外护层电缆的电缆竖井、电缆夹层、电缆隧道。
D.2.25 贵重设备间和火灾危险性较大的房间。
D.2.26 电子计算机的主机房、控制室、纸库、光或磁记录材料库。
D.2.27 经常有人停留或可燃物较多的地下室。
D.2.28 餐厅、娱乐场所、I类地下汽车库、I、Ⅱ类汽车库、机械立体汽车库、复式汽车库、采用升降梯作汽车疏散出口的汽车库(敞开车库可不设)。
D.2.29 高层汽车库、垃圾道前室、卡拉OK厅(房)、歌舞厅、电子游戏机房等。
D.2.30 污衣道前室、垃圾道前室、净高超过0.8m的具有可燃物的闷顶、商业用或公共厨房。
D.2.31 以可燃气体为燃料的商业和企、事业单位的公共厨房及气表房。
D.2.32 需要设置火灾探测器的其他场所。

D.3 二级保护对象

D.3.1 财贸金融楼的办公室、营业厅、票证库。
D.3.2 广播、电视、电信楼的演播室、播音室、录音室、节目出技术用房、微波机房、通讯机房。
D.3.3 指挥、调度楼的微波机房、通讯机房。
D.3.4 图书馆、档案楼的书库、档案室。
D.3.5 影剧院的舞台、布景道具房。
D.3.6 高级住宅(公寓)的卧房、书房、起居室(前厅)、厨房。
D.3.7 丙类生产厂房、丙类物品库房。
D.3.8 设在地下室的丙、丁类生产车间、丙、丁类地下物品库房。
D.3.9 高层车库、I类车库、I、Ⅱ类地下汽车库、机械立体汽车库、复式汽车库、采用升降梯作汽车疏散出口的汽车库(敞开车库可不设)。
D.3.10 长度超过500m的城市地下车道、隧道。
D.3.11 商业餐厅、面积大于500m²的营业厅、观众厅、展览厅等公共活动用房、高级办公室、旅馆的客房。
D.3.12 消防电梯、防烟楼梯的前室及合用前室、除普通住宅外的走道、门厅、商业用厨房。
D.3.13 净高超过0.8m的具有可燃物的闷顶。
D.3.14 敷设具有可延燃绝缘层和外护层电缆的电缆竖井、电缆夹层、电缆隧道、电缆配线桥架。
D.3.15 以可燃气体为燃料的商业和企、事业单位的公共厨房及其燃气表房。
D.3.16 歌舞厅、卡拉OK厅(房)、夜总会。
D.3.17 经常有人停留或可燃物较多的地下室。
D.3.18 电子计算机的主机房、控制室、纸库、光或磁记录材料库、贵重仪器房和设备房、空调机房、配电房、变压器房、自备发电机房、电梯机房,面积大于 50 m² 的可燃物品库房。

D.3.19 性质重要或贵重物品的房间和需要设置火灾探测器的其他场所。

附录 E 本规范用词说明

E.0.1 执行本规范条文时,对于要求严格程度的用词说明如下,以便在执行中区别对待。

 E.0.1.1 表示很严格,非这样做不可的用词:
  正面词采用"必须";
  反面词采用"严禁"。

 E.0.1.2 表示严格,在正常情况下均应这样做的用词:
  正面词采用"应";
  反面词采用"不应"或"不得"。

 E.0.1.3 表示允许稍有选择,在条件许可时首先应这样做的用词:
  正面词采用"宜"或"可";
  反面词采用"不宜"。

E.0.2 条文中指定应按其他有关标准、规范的规定执行时,写法为"应按……执行"或"应符合……的要求或规定"。

附加说明

本规范主编单位、参加单位
和主要起草人名单

主编单位：公安部沈阳消防科学研究所
参加单位：北京市消防局
　　　　　中国建筑西南设计研究院
　　　　　广东省建筑设计研究院
　　　　　华东建筑设计研究院
　　　　　中国核工业总公司国营二六二厂
　　　　　上海市松江电子仪器厂
主要起草人：徐宝林　焦兴国　丁宏军　胡世超　周修华
　　　　　　袁乃忠　丁文达　罗崇嵩　骆传武　李　涛
　　　　　　冯修远　沈　纹

中华人民共和国国家标准

火灾自动报警系统设计规范

GB 50116—98

条 文 说 明

编 制 说 明

本规范的修订是根据国家计委计综合 [1994] 240 号文的要求,由公安部下达修订任务,具体由公安部沈阳消防科学研究所会同北京市消防局、中国建筑西南设计研究院、华东建筑设计研究院、广东省建筑设计研究院、中国核工业总公司国营二六二厂、上海市松江电子仪器厂等七个单位共同编制的。

在编制过程中,规范编制组遵照国家的有关方针、政策和"预防为主,防消结合"的消防工作方针,进行了调查研究,认真总结了我国火灾自动报警系统工程设计和应用的实践经验,吸取了这方面行之有效的科研成果,参考了国外有关标准规范,并征求了全国各省、自治区、直辖市和有关部、委所属有关科研、高等院校、生产、使用和公安消防等单位的意见,最后经有关部门会审定稿。

本规范共分十章和五个附录,其主要内容包括:总则、术语、系统保护对象分级及火灾探测器设置部位、报警区域和探测区域的划分、火灾探测器的选择、系统设计、消防控制室和消防联动控制、火灾探测器的选择、火灾探测器和手动火灾报警按钮的设置、系统供电、布线等。

为便于广大设计、施工、科研、教学、生产、使用和公安消防监督等有关单位人员根据本规范在使用本规范时能正确理解和执行本规范文规定,本规范编制组根据建设部关于《工程建设技术标准编写规定》及《工程建设技术标准编写细则》的要求,按本规范的章、节、条、款顺序,编写了本规范条文说明,供有关部门和单位的有关人员参考。

各单位在执行本规范过程中,请注意总结经验,积累资料。如发现有需要修改和补充之处,请将意见和有关资料寄给公安部沈阳消防科学研究所(沈阳市皇姑区淮河街 7 号,邮政编码:110031),供今后修订时考虑。

中华人民共和国公安部
一九九七年七月

目 次

1. 总则 ······ 6—22
2. 术语 ······ 6—23
3. 系统保护对象及火灾探测器设置部位 ······ 6—24
   3.1 系统保护对象分级 ······ 6—24
   3.2 火灾探测器设置部位 ······ 6—25
4. 报警区域和探测区域的划分 ······ 6—26
   4.1 报警区域的划分 ······ 6—26
   4.2 探测区域的划分 ······ 6—26
5. 系统设计 ······ 6—27
   5.1 一般规定 ······ 6—27
   5.2 系统形式的选择和设计要求 ······ 6—27
   5.3 消防联动控制 ······ 6—30
   5.4 火灾应急广播 ······ 6—30
   5.5 火灾警报装置 ······ 6—31
   5.6 消防专用电话 ······ 6—31
   5.7 系统接地 ······ 6—31
6. 消防控制室和消防联动控制 ······ 6—33
   6.1 一般规定 ······ 6—33
   6.2 消防控制室 ······ 6—33
   6.3 消防控制设备的功能 ······ 6—34
7. 火灾探测器的选择 ······ 6—36
   7.1 一般规定 ······ 6—36
   7.2 点型火灾探测器的选择 ······ 6—36
   7.3 线型火灾探测器的选择 ······ 6—38
8. 火灾探测器和手动火灾报警按钮的设置 ······ 6—38
   8.1 点型火灾探测器的设置 ······ 6—42
   8.2 线型火灾探测器的设置 ······ 6—43
   8.3 手动火灾报警按钮的设置 ······ 6—43
9. 系统供电 ······ 6—44
10. 布线 ······ 6—44
    10.2 屋内布线 ······ 6—45
附录D 火灾探测器的具体设置部位（建议性） ······ 6—45
    D.1 特级保护对象 ······ 6—45
    D.2 一级保护对象 ······ 6—45
    D.3 二级保护对象 ······ 6—45

1 总 则

1.0.1 本条说明制订本规范的目的。

火灾自动报警系统是由触发器件、火灾报警装置，以及具有其他辅助功能的装置组成的火灾报警系统。它是人们为了早期发现和通报火灾，并及时采取有效措施，控制和扑灭火灾，而设置在建筑物或其他场所中的一种自动消防设施，是人们同火灾作斗争的有力工具。在国外，许多发达国家，如美、英、日、德、法、俄和瑞士等国，火灾自动报警设备的生产，应用相当普遍。在我国，火灾自动报警设备的研究、生产和应用起步较晚，50～60年代基本上是空白。70年代开始创建，并逐步有所发展。进入80年代以来，随着我国四化建设的迅速发展和消防工作的不断加强，火灾自动报警设备的生产和应用有了较大发展，生产厂家、产品种类和产量，以及应用单位，都不断有所增加。特别是随着《高层民用建筑设计防火规范》、《建筑设计防火规范》等消防技术法规的深入贯彻执行，全国各地许多重要部门、重点单位和要害部位，都装设了火灾自动报警系统。据调查，绝大多数都发挥了重要作用。

本规范的制订适应了消防工作的实际需要，不仅为广大工程设计人员设计火灾自动报警系统提供了一个全国统一的、较为科学合理的技术依据。这对更好地发挥火灾自动报警系统在建筑防火中的重要作用，防止和减少火灾危害，保护人身和财产安全，会主义现代化建设，具有十分重要的意义。

1.0.2 本规范规定了本规范的适用范围和不适用范围。

工业与民用建筑是火灾自动报警系统基本的保护对象，最普遍的应用场合。本规范的制订主要是针对工业与民用建筑中设置的火灾自动报警系统，而未涉及其他场合，例如船舶、飞机、火车等。因此本条规定："本规范适用于工业与民用建筑内设置的火灾自动报警系统"。国外同类规范的范围规定，大体上也都类似，主要针对建筑内部安装的火灾自动报警系统。例如，英国规范BS5839《建筑内部的实用规程》第一部分"安装和使用的实用规程"中规定："本实用规程对建筑物内部及其周围安装的火灾自动探测和报警系统的设计、安装和使用几个方面作了规定"。德国保险商协会（VdS）规范《火灾自动报警探测器组成的火灾自动报警装置在建筑物中的安装》规定："本规范适用于由点型火灾探测器组成的火灾自动报警装置在建筑物中的安装"。

本规范不适用于生产和贮存火药、炸药、火工品等场所设置的火灾自动报警系统。这是因为生产和贮存火药、炸药、火工品等场所属于有爆炸危险的特殊场所，这种场合安装火灾自动报警装置有其特殊要求，应由有关规范另行规定。

1.0.3 本条规定了火灾自动报警系统的设计工作的基本原则和应达到的基本要求。

火灾自动报警系统的设计是一项专业性很强的技术工作，也具有很强的政策性，在设计工作中必须认真贯彻执行国家有关方针、政策，如必须认真贯彻执行《中华人民共和国消防法》，认真贯彻执行"预防为主，防消结合"的消防工作方针，还有可能涉及到有关基本建设、技术引进、投资、能源等方面的方针政策，都必须认真贯彻执行，不得违反本规范。

针对保护对象的特点，火灾自动报警系统的保护对象是建筑物（或建筑物的一部分），不同的建筑物，其使用性质、重要程度、火灾危险性、建筑结构、耐火等级、分布状况、环境条件，以及管理形式等各不相同。本规范主要是针对各种保护对象等为技术标准，作为技术依据。

的共同特点，提出基本的技术要求，作出原则规定。从总体上说，本规范对各种保护对象具有普遍的指导意义。但是，具体到某一对象如何应用规范，则需要设计人员首先认真分析对象的具体特点，然后根据本规范的原则规定和基本精神，提出具体可行的设计方案，必要时还应通过调查研究，与有关方面协商，并征得当地公安消防监督部门的同意。

报警系统设计的基本要求。这些要求是对系统设计的首要要求，必须保证系统本身是安全可靠的，设备适用的，这样才能有效地发挥其对建筑物的保护作用。"技术先进"是要求系统设计时，尽可能采用新的比较成熟的先进技术、先进设备和科学的计算方法。"经济合理"是要求系统设计时，在满足使用要求的前提下，力求简单实用，节省投资，避免浪费。

1.0.4 本条规定了本规范与其他有关规范的关系。条文中规定："火灾自动报警系统的设计，除执行本规范的有关规定外，尚应符合现行的有关规范的规定"。

本规范是一本专业技术规范，其内容涉及范围较广。在设计火灾自动报警系统时，除本专业范围内的技术要求应执行本规范规定外，还有一些属于本专业范围以外的涉及其他有关标准、规范的要求，应当执行有关标准、规范，而不能与之相抵触。这就保证了各相关标准、规范之间的协调一致性。条文中所提到的"现行的有关强制性国家标准、规范"，主要有《高层民用建筑设计防火规范》、《建筑设计防火规范》、《人民防空工程设计防火规范》、《汽车库、修车库、停车场设计防火规范》、《供配电系统设计规范》以及《自动喷水灭火系统设计规范》、《低倍数泡沫灭火系统设计规范》、《高倍数、中倍数泡沫灭火系统设计规范》、《水喷雾灭火系统设计规范》、《二氧化碳灭火系统设计规范》等。

2 术　语

本章所列术语是理解和执行本规范所应掌握的几个最基本的术语。解释或定义注重实用性，即着重从系统设计方面给出基本的含义的说明，而不涉及更多的技术特征和概念。

2.0.1、2.0.2 报警区域和探测区域划分的实际意义在于便于系统设计和管理。一个报警区域内一般设置一台区域火灾报警控制器（或火灾报警控制器）。一个探测区域的火灾探测器组成一个报警回路，对应于火灾报警控制器上的一个部应号。

2.0.3 本条给出了火灾探测器保护面积的一般规定。

2.0.6~2.0.8 "区域报警系统"、"集中报警系统"、"控制中心报警系统"这三个术语在原规范中已有定义。本次修订时，考虑到随着技术的发展，近年来编码传输总线制火灾探测报警系统产品在自动火灾探测报警系统工程中逐渐应用，原术语的解释已不能确切地表达其实际含义，因此对其释义作了必要的修改补充。但仍保留了这三个术语名称。这主要是考虑到现行的各有关火灾探测报警系统和编码传输总线制火灾探测报警系统并存，传统的火灾探测报警系统并未被编码传输总线制取代，也不可互相排斥。规范编制组经过反复认真研究，认为继续沿用这三个术语名称（即继续保留这三个术语），同时赋予其新的释义，既可以反映出技术的发展，同时照顾到当前的现实，并保持了规范的连续性。因此，这三个术语仍具有其合理的现实性和现实性，而不必建立新的概念。

3 系统保护对象分级及火灾探测器设置部位

3.1 系统保护对象分级

《建筑设计防火规范》、《高层民用建筑设计防火规范》、《人民防空工程设计防火规范》、《汽车库、修车库、停车场设计防火规范》对火灾自动报警系统的设置仅列出有代表性的部位。经多年实践，有较多自动报警系统的设计及监督部门认为规范规定不够具体，明确，随意性大，难以贯彻执行，要求具体规范规定设置部位。因此，《火灾自动报警系统设计规范》编制组，在修订中增加了设置部位的内容。由于各类防火规范在建筑物的分类各有不同的侧重，如《建筑设计防火规范》侧重于建筑物的耐火等级、防火分区、层数、面积、火灾危险性、疏散和扑救难度、使用性质。《高层民用建筑设计防火规范》侧重于建筑高度、疏散和扑救难度的阀述上。本规范力求与有关各种防火规范衔接，采取出只能按性质类比参照。本规范对火灾自动报警系统设计的特点和要求，将各种建筑物归类为保护对象，并对各级保护对象与有关各种防火规范协调一致，又起到充实互补的作用。

表3.1.1将建筑物视为保护对象，并划分为三级。特级保护对象是建筑高度超过100 m的高层民用建筑。"它属于严重危险级"，本表列为特级保护对象。超过100 m高度的建筑不包括构架式电视塔、纪念性或标志性的构架或塔类、以及工业厂房的烟囱、高炉、冷却塔、化学反应塔、石油裂解塔等构筑物。

一级保护对象包括《高层民用建筑设计防火规范》范围的建筑高度不超过100 m的一类建筑；《建筑设计防火规范》范围的甲、乙生产厂房和库房，以及面积1 000 m²及以上的丙类物品库房。在《建筑设计防火规范》中仅规定散发可燃气体，可燃蒸气的甲类厂房和场所，应设置可燃气体检漏报警装置。我们知道闪点低于厂房环境温度的可燃气体，可燃蒸气达到一定浓度与空气混合就形成爆炸性气体混合物。故有部分乙类生产厂房和库房也属该规范时，而而也列入本规范。因工业厂房、库房系名称太多，也会不断发展，不可能用同一模式处理，故本表亦不列出具体名称，不可辨别的工程，若遇到难于辨别的工程，需在设计时协同有关部门具体商定。另从此类厂房、库房室也需充分考感设置火灾探测器的或与其具有一定防火分隔的房，其附属的可其有一定防火分隔问题以《建筑设计防火规范》为准，因对于丙类物品库房面积《建筑设计防火规范》规定有些是占地面积超过1 000 m²（棉、麻、丝、毛、化纤及其织物库房）。有些是总建筑面积超过1 000 m²（卷烟库房）。表列一级保护对象的还有属《人民防空工程设计防火规范》的重要的地下工业建筑和地下民用建筑，属《人民防空工程设计防火规范》的重要民用建筑，火灾危险性较高，以其重要性、火灾危险性、疏散和扑救难度等方面综合比较，均较《高层民用建筑设计防火规范》一类建筑同列为一级保护对象。

二级保护对象，故与《高层民用建筑设计防火规范》一类建筑同列为一级保护对象。200床的病房楼，可为3～4万人服务，假若发生火灾是很难疏散的。建筑面积1 000 m²的门诊楼每日门诊病人数400～500人次，可为2.5～3.5万人的区域服务；每层1 000 m²三层高的门诊每日门诊病人约1 200～1 500人次，可为7.5～10万人的区域服务；每层1 000 m²六层高日门诊服务；如此规模的门诊楼内随时有数百人在看15～21万人的区域服务，病和工作。重要的科研楼、资料档案楼、省级（含计划单列市）的邮政楼、广播电视楼、重要电视楼、广播发射楼、电力调度楼、防灾指挥楼，该类建筑特点

3.2 火灾探测器设置部位

火灾探测器的设置部位应与保护对象的等级相适应，并应符合国家现行有关标准、规范的规定。具体部位可按本规范建议性附录D采用。

是性质重要，设备、资料贵重，建筑装修标准高，火灾危险性大。电影院801～1 200座为大型，1 201座以上为特大型，剧院1 201～1 600座以上为大型，1601座以上为特大型。大型以上的电影院、剧院、会堂、礼堂人员密集，可燃物多，疏散难度大。以上均列人一级保护对象。

二级保护对象以《高层民用建筑设计防火规范》的二类建筑为主。由于我国经济发展的步伐加快了，人民生活水平提高了，绝大部分的公共建筑装修豪华，可燃物品多，装了空调设备的也为数不少，用电量猛增，火灾危险性普遍大，故本规范将《建筑设计防火规范》或《人民防空工程设计防火规范》中未有明确要求设置火灾自动报警装置的某些公共建筑或场所列人二级保护对象。列人二级保护对象的建筑高度不超过24 m的民用建筑基本是每层建筑面积2 000～3 000 m² 的公共建筑及有空调系统的公共建筑。二级保护对象的火灾探测器设置要求也比较宽松，很多情况下设有自动喷水灭火系统的可以不装探测器，具体见附录D的内容。

表列保护对象的级别分为三级，分属各级内的建筑侧重于难以定性定量判别危险的民用建筑，但也不可能包罗万象。未列人的应参照性质比较相同的建筑处理。保护对象分级中，较低级别列出需设置火灾探测器的部位，加出现在较高级别的建筑中时，当然必须设置火灾探测器。各级保护对象基本全面设置。特级保护对象基本全面设置，一级保护对象大部分设置，二级保护对象局部设置。对于工业建筑和库房的火灾危险等级分类，按《建筑设计防火规范》附录三生产的火灾危险性分类举例和附录四储存物品的火灾危险性分类举例。甲、乙类属严重危险级，丙类属中危险级，丁、戊类属轻危险级。在有爆炸性、燃烧性气体和粉尘火灾危险环境的场所，其选用的探测报警设备及线路敷设必须符合《爆炸和火灾危险环境电力装置设计规范》的相应要求。地下建筑因其疏散、扑救比地面建筑难度大，因而按本规范提高一级考虑。

4 报警区域和探测区域的划分

4.1 报警区域的划分

4.1.1 本条主要是给出报警区域的划分依据。在火灾自动报警系统的工程设计中，只有按照保护对象的保护等级、耐火等级，合理地划分报警区域，才能在火灾初期及早地发现火灾发生的部位，尽快扑灭火灾。

目前，国内、外设置火灾自动报警系统的建筑中，较大规模的高层、多层、单层民用建筑及工业建筑等，在实际工程设计中，一般都是将整个保护对象划分为若干个报警区域，并设置相应的报警系统。在国外一些发达国家，如英国、美国、日本、德国等国的规范中都作了明确而具体的规定。如德国VdS标准1992年版《火灾自动报警装置设计与安装规范》第四章中规定："安全防火分区必须划分为若干报警区域，而报警区域的划分应能迅速准确报警及火灾发生部位"。在本条中，我们吸收了国外一些先进国家规范和产品的合理部分，同时考虑到我国目前建筑和产品的实际状况及发展趋势，作了明确规定，且参考了《高层民用建筑设计防火规范》和《建筑设计防火规范》有关防火分区和防烟分区的规定，及建筑物的用途、设计不同，有的按防火分区划分比较合理，有的则需按楼层划分。因此本条一开始明确规定："报警区域应根据防火分区或楼层划分"。在报警区域的划分中既可将一个防火分区划分为一个报警区域，也可将同层的几个防火分区划分为一个报警区域，但这种情况下，不得跨越楼层。

4.2 探测区域的划分

4.2.1 本条主要给出了探测区域的划分依据。为了迅速而准确地探测出被保护区内发生火灾的部位，需将被保护区按顺序划分成若干探测区域。在国内外的工程中都是这样做的。在一些先进国家的规范中，如英国的BS5839规范及德国VdS规范1992年版的规范中都详细地规定了探测区域的划分方法。本条参考国外先进规范，结合我国火灾探测器的探测区域具体情况，作了规定。

线型光束感烟火灾探测器的相对部件间的光路长度为1～100 m而规定的。

缆式感温火灾探测器的探测区域的长度不宜相差超过200 m，是参考《电力工程电缆设计规范》GB 50217—94第七章中关于"长距离沟道中相隔约200 m或通风段处"宜设置防火墙的规定，并结合工程实践经验而定的。

空气管差温火灾探测器的探测区域长度是参照日本规范，并根据该产品的特性而定的。由于产品的特性要求，其暴露长度为20～100 m之间，才能充分发挥作用。

4.2.2 本条是对二级保护对象、特级、一级保护对象，不适用于本条。本条规定参考了德国VdS标准1992年版的有关规定。

4.2.3 采用原规范条文。条文中给出的场所都是比较特殊或重要的公共部位。为了保证发生火灾时能使人员安全疏散，就必须准确保证该部位所发生的火灾能够及早而准确地发现，并尽快扑灭。所以这些部位应分别单独划分其探测区域，而不能与同楼层的房间（或其他部位）混合。多年来的实际应用也证明了这一规定是必要的、可行的。

5 系统设计

5.1 一般规定

5.1.1 本条对火灾自动报警系统中的手动和自动两种触发装置作了规定。条文指出设计火灾自动报警系统时,自动和手动两套触发装置应同时设置。也就是说在火灾自动报警系统中设置火灾探测器的同时,还应设置一定数量的手动火灾报警按钮。

本条规定的目的是为了进一步提高火灾自动报警系统的可靠性和报警的准确性。

5.1.2 生产厂家火灾报警控制器的地址回路总线输出各容量或编码容量,都规定了报警控制器的额定容量或编码总数量。这一规定是产品的基本要求,在消防工程中选择火灾报警控制器容量时,宜考虑留有一定余量,以便今后的系统发展和有利于维护工作。该余量可定为火灾报警控制器额定地址编码总数额定值的80%~85%。

根据工程规模大小和重要程度,一般可按火灾报警控制器额定容量或总编码回路地址编码数来选择。

即:

$$KQ \geqslant N \qquad (1)$$

式中 N — 设计时统计火灾探测器数量或探测器编码底座和控制模块或信号模块的地址编码数量总和;

K — 容量备用系数,一般取 0.8~0.85;

Q — 实际选用火灾报警控制器的额定容量或地址编码总数量。

5.1.3 本条根据公安部、国家标准局、建设部(86)公发39号文件精神,对火灾自动报警系统设备规定应采用经国家有关产品质量监督检测单位检验合格或经国家消防电子产品质量监督检验中心检验合格的产品。这一规定主要是消防电子产品经检验合格的产品。

5.2 系统形式的选择和设计要求

5.2.1 随着电子技术迅速发展和计算机软件技术在现代消防技术中的大量应用,火灾自动报警系统的结构,形式越来越灵活多样,很难精确划分成几种固定种类和固定的模式。火灾自动报警技术的发展趋向是智能化系统,这种系统目前已需要的系统形式。

本条列出的三种基本形式,它既可以是区域报警系统,也可以是集中报警系统和控制中心报警系统,它们无绝对明显的区别,设计人员可任意组合设计成目前常用形式。但在当前,本条列出的三种这三种形式依然是适用的,对设计人员来说,也是必要的。

本条规定在设计中具体要求有所不同,特别是对联动功能要求有小、中、大之分,较复杂和复杂固定,对报警系统的保护范围要求有小、中、大之分。条文中还规定了设置区域、集中、控制中心报警系统的适用范围。

区域报警系统、集中报警系统、控制中心报警系统结构,形式如图1~5所示。

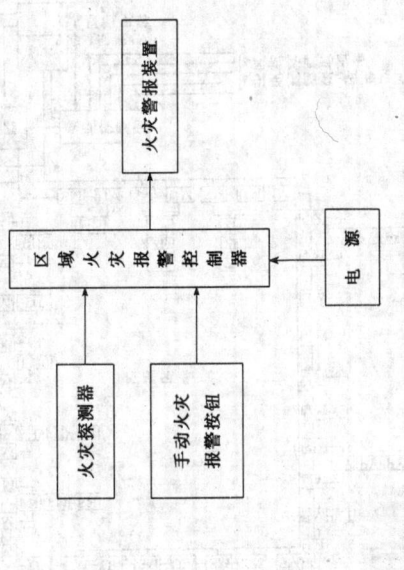

图1 区域报警系统

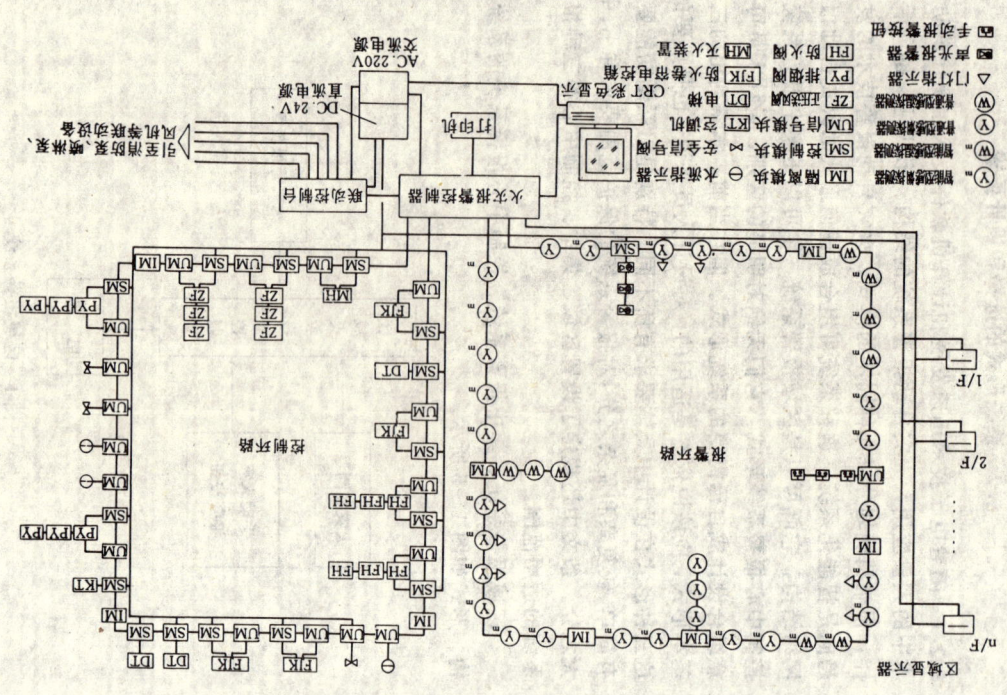

图 4 集中报警系统（2）

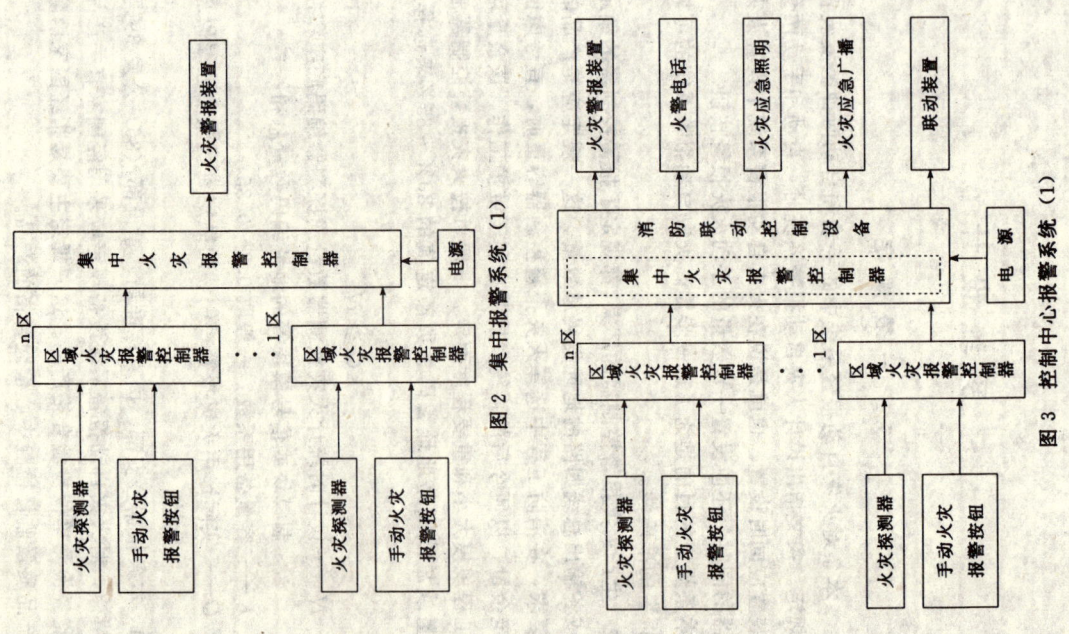

图 2 集中报警系统（1）

图 3 控制中心报警系统（1）

5.2.2 本条规定采用区域报警系统时,设置火灾报警控制器的总数不应超过两台,这主要是为了限制区域报警系统的规模,以便于管理。一般设置区域报警系统的建筑规模较小,火灾探测区域不多且保护范围不大,多为局部性保护的报警区域,故火灾报警控制器的台数不应设置过多。

区域火灾报警控制器的设置,若受建筑用房面积的限制,可以不专门设置消防值班室,而由有人值班的房间(如保卫部门值班室、配电室、传达室等)代管,但该值班室昼夜应有人值班,并且应由消防、保卫部门直接领导管理。

当用一台区域火灾报警控制器或消防电梯前室报警戒多个楼层时,每个楼层各楼层火灾报警控制器等明显部位,都应装设能明确显示的灯光火灾楼层位置,即火警显示灯。这是为了火灾时,识别显示火灾楼层的灯光火灾显示装置,以便于工作人员操作使用,便人员寻找着火楼层。

据实践经验,1.3~1.5m便于工作人员操作使用。

5.2.3 关于区域火灾报警控制器或火灾报警控制器的安装高度,根据近几年来随着编码传输总线制火灾报警系统的出现,一种新型的火灾报警系统已发展起来了,即由火灾报警控制器配合区域显示器(楼层复示器)和声、光警报装置以及各种类型火灾探测器、控制模块、消防联动控制设备等组成编码传输总线制集中报警系统。在实际工程中,不论选择新型集中报警系统还是传统的集中报警系统(即由火灾探测器、区域火灾报警控制器和集中火灾报警控制器等组成的集中报警系统),二者都符合本规范中规定。设计人员可以根据具体情况选用。

集中报警控制器应设在专用的消防控制室或消防值班室内,不能安装在其他值班室或由其他值班人员代管,或用其他值班室兼作集中报警控制器值班室,这主要是为了加强管理,保证系统可靠运行。

5.2.4 控制中心报警系统一般适用于规模大的一级以上保护对

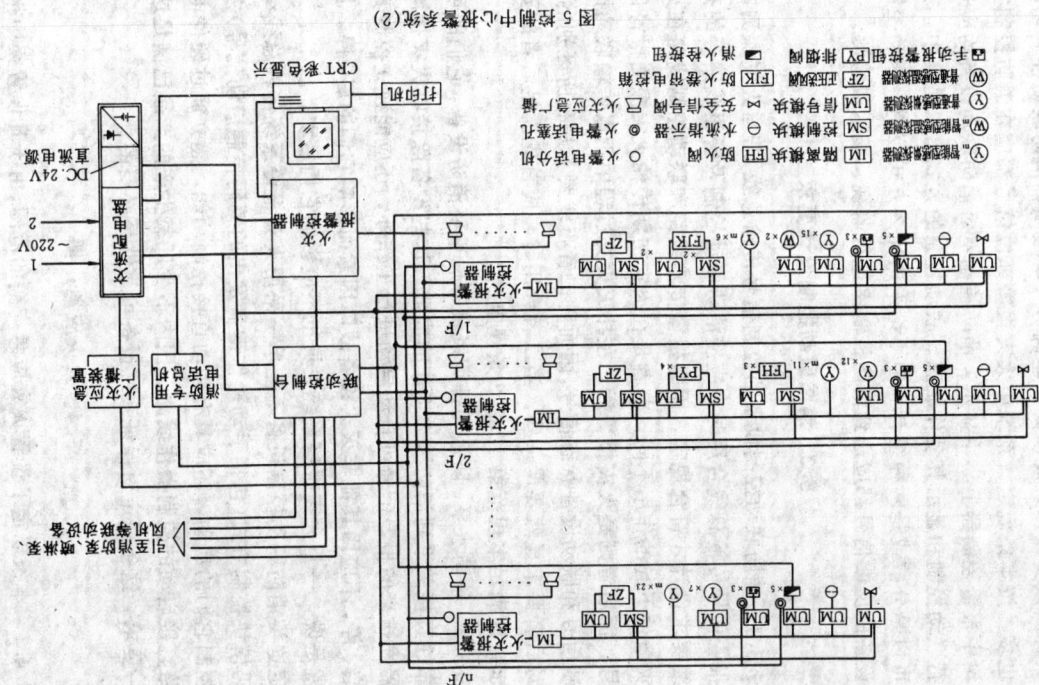

图 5 控制中心报警系统(2)

象，因该类型建筑规模大，建筑防火等级高，消防联动控制功能也多，按本条规定，系统中火灾报警部都应在消防控制室集中报警控制器上集中显示。消防控制室对消防联动设备均应进行联动控制和显示其动作状态。联动控制的方式可以是集中，亦可以是分散或组合，但不论采用什么方式控制，联动控制设备的反馈信号都应送到消防控制室进行监视、显示或检测。

5.3 消防联动控制设计要求

5.3.1 消防联动控制设备的控制信号传输总线与火灾探测器报警信号传输总线合用时，应按消防联动控制线路及警报线路的布线要求设计才符合规定。因为报警传输线路和联动控制线路在火灾条件下起的作用不同，前者是在火灾初期传输火灾探测报警信号，而后者则是火灾报警后，在扑救火灾过程中用以传输联动控制信号和联动设备状态信号。因而对二者布线要求是有所区别的，制对后者要求严一些，当二者合用时，应首先满足后者的要求，即满足本规范第10.2.2条规定。

5.3.2 消防水泵、防烟和排烟风机等属重要消防设备，它们的可靠性直接关系到消防灭火工作的成败。这些设备除接收火灾探测器发送来的报警信号可自动启动进行工作外，还应能独立控制其启、停，不应因其他非火灾因素故障信号而影响它们的启动。就是说，一旦火灾报警系统失灵也不应影响它们启动。故本条规定这类消防联动控制设备不能单一采用火灾报警系统传输信号编码模块控制的方式（包括手动操作键盘发出的编码控制启动信号）去控制它们的启动，还应具有手动直接控制功能，建立通过硬件电路直接启动的控制操作线路。国内不少厂家生产的产品已满足这一要求。这条规定对保证系统控制操作可靠性是必要的。

5.4 火灾应急广播

5.4.1 本条规定了设置火灾应急广播的范围。由于凡设置集中报警系统和控制中心报警系统的建筑，一般都属高层建筑或大型民用建筑，这些建筑内人员集中又较多，火灾时影响面大，为了便于火灾疏散，统一指挥，故作本条规定。

5.4.2 本条对各场音量和安装距离的规定主要参考了日本火灾报警规程中的有关条文。

在环境噪声大的场所，如工业建筑内，设置火灾应急广播声器时，考虑到背景噪声大，环境情况复杂，故提出了声压级要求。

客房内如设火灾应急广播专用扬声器，一般都装于床头柜后面墙上，距离客人很近，容量无须过大，故规定为1W即可。这一规定亦适用于与床头控制柜内客房合用广播扬声器时，对其要求的最小功率规定。

5.4.3 本条规定了火灾时公共广播与公共广播合用时的技术要求。

火灾时，将公共广播扩音机强制转入火灾应急广播的控制切换方式一般有二种：

(1) 火灾应急广播系统仅利用公共广播系统的扬声器和馈电线路，而火灾应急广播系统的扩音机等装置是专用的。当火灾发生时，由消防控制室切换输出线路，使公共广播系统按照规定的疏散广播顺序向相应层次播送火灾应急广播。

(2) 火灾应急广播系统全部利用公共广播系统的扩音机、馈电线路和扬声器等装置。在消防控制室只设紧急播送装置，当发生火灾时可遥控公共广播紧急开启，强制投入火灾应急广播。

以上二种控制方式，都应该注意紧急广播，特别应注意在扬声器有开关或音量调节器控制的公共广播系统中的紧急广播，应将扬声器用继电器强制切换到火灾应急广播线路上。

与公共广播系统合用的火灾应急广播系统，如果广播扩音装置不是装在消防控制室用话筒直接播音方式，都应采用哪种广播方式使消防控制室用话筒和遥控扩音和遥控扩音机的开、关，自动或手动控制相应分区，播送火灾应急广播，并且扩音机的工作状态应能在消防控制室进行监视。

在各层房内设有床头控制柜音乐广播时，不论床头控制柜内场声器在火灾时处于何种工作状态（开、关），都应能紧急切换到火灾应急广播线路上，播放火灾疏散广播。

本条规定的火灾应急广播备用扩音机容量计算方法，是以火灾时，需同时广播的范围内场声器容量总和ΣP_i来计算的容量。这里所说的同时广播的范围同时广播是指火灾时接通疏散楼层的消防控制程序规定先接通本层，如本层着火时则先接通本层、上各层（消首层以上各楼层）。首层着火时先接通本层、二层和地下各层的场声器。需同时广播的范围有不同的组合方式，故在选用ΣP_i值以上的接地阻值很明显，组合方式P_i值最大，则取那一组合方式计算依据，计算公式$P=K_1·K_2·\Sigma P_i$，其中，$K_1、K_2$取$1.2×1.3=1.56$，取近似值1.5即可。

还需说明，若设置火灾专用应急广播系统时，主用扩音机容量是否考虑一齐播放（即全部楼层场声器容量总和），本规范未作具体规定，也就是说主用扩音机与备用扩音机容量相同亦可。如条件允许考虑时，主用扩音机宜考虑所需放所需容量为最佳。

5.5 火灾警报装置

5.5.1 采用区域报警系统保护对象的建筑，本规范中未规定其设置火灾应急广播，故对这类保护对象，本条规定"应设置火灾警报装置"，以满足火灾时的火灾警报信号的发送需要。而采用集中报警系统和控制中心报警系统的建筑中，按本规范第5.4.1条规定，都设置有火灾应急广播，故对这类保护对象，设置火灾警报装置与否未作具体规定。因为这类建筑物在火灾时可用广播发送火灾警报信号。

5.5.2 本条规定了在建筑中设置火灾警报装置的数量要求及各楼层装置设置警报装置时的安装位置。这主要是考虑便于在各楼层楼梯间和走道上都能听到警报信号声，以满足火灾时疏散要求。

5.6 消防专用电话

5.6.1 消防专用电话线路的可靠性关系到火灾时消防通信指挥系统是否灵活畅通，故本条规定消防专用电话网络应为独立的消防通信系统，就是说不能利用一般电话线路或综合布线网络（PDS系统）代替消防专用电话线路，应独立布线。

5.6.2 本条规定了设置消防专用电话总机的要求。消防专用电话总机与电话分机之间呼叫方式应直通的，中间不应有交换或转接程序，即应用共电式直通电话机或对讲电话机为宜。

5.6.3 本条规定了消防专用电话分机和电话塞孔的设置场所。火灾时，条文所列部位是消防作业的主要场所，与这些部位的通信一定要畅通无阻，以确保消防作业的正常进行。

5.6.4 消防控制室应设"119"专用电话分机。

5.7 系 统 接 地

5.7.1 本条规定了对火灾自动报警系统接地装置的接地电阻值的要求。

当采用专用接地装置时，接地电阻值不应大于4Ω，这一取值是与计算机接地要求有关规范一致的。

当采用共用接地装置时，电阻值不应大于1Ω，这也是与国家有关接地规范中对与电气防雷接地系统共用接地装置时，接地电阻值的要求一致的。

对于接地装置是专用还是共用（原规范条文中用"联合接地"名称）要依剂新建工程的情况而定，一般尽量采用专用为好，若无法达到时专用亦可共用（见图6、7）。

5.7.2、5.7.3 规定火灾自动报警系统应在消防控制室设置专用的接地板是必要的,这有利于保证系统正常工作。专用接地干线,是从消防控制室接地板引至接地体这一段,若设专用接地体则是指从接地板引至室外这一段接地干线。计算机及电子设备接地干线的引入段一般不能采用扁钢或裸铜、钢筋混凝土墙体等)分开,需有一定绝缘,以免直接接触,影响消防电子设备接地效果。为此5.7.3条规定专用接地干线应采用铜芯绝缘导线,其线芯截面积不应小于25 mm²。此规定是参考"IEC"标准,这主要是为提高可靠性和尽量减小导线电阻。

采用共用接地装置时,一般接地板引至最底层地下室相应钢筋混凝土柱基础作共用接地点,不宜从消防控制室内柱子上直接焊接钢筋引出,作为专用接地板。

5.7.4 本条规定从接地板引至各消防电子设备的专用接地线线芯截面积不应小于4 mm²,是引用原规范条文规定。

5.7.5 本条规定在消防控制室内,消防电子设备凡采用交流供电时,都应将金属支架作保护接地,接地线是用电气保护地线(PE线),即供电线路应采用单相三线制供电。

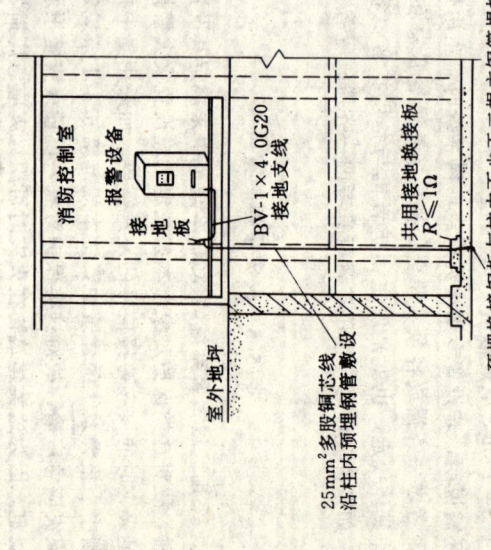

图6 共用接地装置示意图

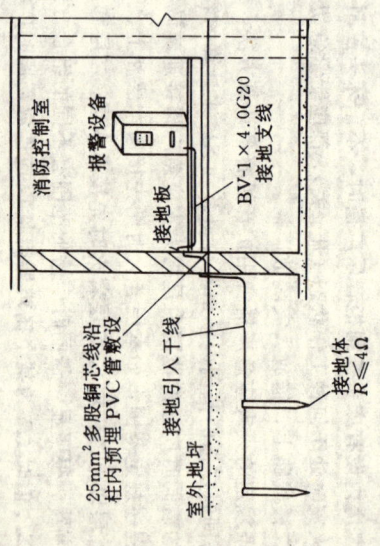

图7 专用接地装置示意图

6 消防控制室和消防联动控制

6.1 一般规定

6.1.1 本条根据《建筑设计防火规范》以及《高层民用建筑设计防火规范》和《人民防空工程设计防火规范》的规定,对消防控制室的主要功能作了规定。由于消防控制室内所应包括的主要控制及消防控制设备所包括的使用性质和功能不尽相同,消防控制设备所包括的控制室也不尽相同。但作为消防控制室一般应把该建筑内的火灾自动报警及其他消防联动装置都集中于消防控制室,即使消防控制设备分散在其他房间,各种设备的功能也应反馈到消防控制室。为完成规范所要求的功能,控制设备按其类别分为火灾控制装置、自动灭火、通风排烟、应急广播、消防电梯等九类控制设计和施工。

对于消防控制功能,日本规范对中央管理室的功能规定得比较细,国际上也无统一规定。日本国家规范对控制室控制功能的规定都有明确要求,特德国、加拿大等国家规范作出规定是必要的,本规范根据中国的国情作出规定是必要的。

6.1.2 随着国家经济建设的发展,国力不断增强,建筑业迅猛增长。建筑工程形式多样化,情况各异,控制功能繁简不同,国内单位工程规模及管理体制、综合确定消防系统控制方式形式,工程规模及管理体制下,可按本条所确定的原则,根据建筑单位在满足功能的前提下,综合确定消防系统控制方式。对于单体建筑宜采用集中控制方式,即要求在消防控制室集中显示和报警,由于距离较大,管理单位不同,较分散的建筑群,由于距离较大,管理单位不同,较分散的建筑设施。而对于占地面积大,管理单位多等原因,若采用集中管理方式将会造成设备多,不易使用和管理等诸多不便,因此本条规定可根据实际情况,采取分散与集中相结合的方式及控制

需集中的,可由消防控制室集中显示和控制;不需集中的,设置在分控室就近显示和控制。

6.1.3 随着火灾自动报警设备及消防控制设备的发展,使消防系统的操作电源信号回路的电压值趋于统一,国际上在电子技术和工程应用中,操作电源及信号采用直流24 V,因此本规范规定操作电源和信号电压规定为直流24 V。

6.2 消防控制室

6.2.1 消防控制室是火灾时数时的信息、指挥中心。为了便于消防人员扑救时系工作,消防控制室在建筑的首层,应设置明显标志。如果消防控制室设在建筑的首层,消防控制室门的上方应设标志牌或标志灯,地下层的消防控制室门上接人,以保证标志灯的电源或标志灯可靠的电源必须从消防控制室工作人员的安全,对控制室门的开启方向作了规定,同时要求门上有一定的耐火能力。

6.2.2 为了保证消防控制室的安全,控制室通风管道上设置防火阀是十分必要的。在火灾发生后,烟火通过空调系统的送火风管扩大蔓延的实例很多。如1979年,某火车站空调机发生火灾,由于通风管道上没有防火措施,烟火沿通风管道蔓延到贵宾礼堂及其他房间,造成了不良的政治影响。又如某宾馆火灾后,烧毁了通风机房、餐厅及地下仓库。为了确保消防控制室在火灾时免受火灾影响,在通风管道上应设置防火阀门。

我国《高层民用建筑设计防火规范》等建筑设计防火规范对这方面有类似规定。为此,根据消防控制室实际工作的需要,特作此条规定。

6.2.3 根据消防火门、防火卷帘等设备要求,火灾自动报警、固定灭火装置、电动消防火门、防火卷帘等设备及消防专用电话、火灾应急广播等系统的信号传输线、控制线路等均必须进入消防控制室,控制室内

（包括吊顶上、地板下）的线路管道更多，为保证消防控制设备安全运行，便于检查维修，其他无关电气线路和管网不得穿过消防控制室，以免互相干扰造成混乱或事故。

6.2.4 电磁场干扰对火灾报警设备的正常工作影响较大。为保证报警设备正常运行，要求控制室周围不布置干扰场强超过一定限度影响设备承受能力的其他设备用房。

6.2.5 本条从使用的角度对消防控制室的设备布置作出了原则规定。根据对重点城市、重点工程消防控制室设置情况的调查，不同地区，不同工程消防控制室的规模差别很大，控制室面积有的大到 60～80 m²，有的小到 10 m²。面积大了造成一定的浪费，面积小了又影响消防值班人员的工作。为满足消防控制室设备维修人员工作的需要，便于设计部门各专业协调工作，参照建筑电气设计的有关规程，对建筑内消防设备的布置及操作、维修设计同时的有关规定，对原则性规定，以便使建设、设计、规划等有关部门必须执行了原则工作既满足工作需要，又避免浪费。本条规定是为了满足消防值班人员根据自己国情作规定，对消防控制室规模大小，各国都是根据自己国情作规定，保证消防值班人员的实际工作需要，设计消防控制场所，在设计中根据实际需要还需考虑到值班人员休息和维修使用的面积。

6.3 消防控制设备的功能

6.3.1 作为消防控制室对消防设备的工作状态、报警情况及报警部位，可用模拟盘显示及电视屏幕显示。消防通道和消防器材放置与位置要全面掌握。采用上述情况，也可以用模拟图例表，可以绘制图例表，具体情况显示什么方法显示。如果消防控制室的总台上有电视屏幕或模拟盘显示，可不另设显示装置。

本条规定消防控制室的消防控制设备除自动控制外，还应能手动直接控制消防水泵、防烟和排烟风机的启、停。

根据国外资料和我国实际情况，为了便于消防值班人员工作，对消防控制室应具备的基本资料作了规定。控制室内的图表及显示的图像要简明扼要，一目了然。

6.3.1.1 火灾发生后，及时向发出火灾警报，有秩序地组织人员疏散，是保证人身安全的重要方面。

本条规定了火灾报警装置与应急广播装置的控制程序。按照人员所在位置距火场的远近依顺序发出警报，组织人员有秩序地进行疏散。一般是着火本层及相邻上层的人员危险性较大，着火分区、着火层及相邻上下层的防火分区危险性较大，单层建筑多个防火分区同时发出警报进行广播，应先在最小范围内发出警报信号进行应急广播，除了紧急情况外都应顺序疏散。对于多层建筑中着火多个防火分区的第（4）项，即本层火层的相邻防火分区外，还应执行第（1）、（2）、（3）项执行外，还加上本层上、下层的相邻防火分区。

根据国内情况，一般工程手动操作，只有在自动化程度比较高的场所面都是消防手动控制操作。只有在自动化程度比较高的场所是按程序自动进行的。本条规定可作为手动操作的程序或自动控制的程序。

消防控制室设置对内联系、对外报警的电话是我国目前阶段的主要通信手段。消防人员常说："报警早、损失小"，要作到报警早，在目前条件下还是用电话好。我国北方某市某饭店火灾发生后，由于没有设消防电话，设有可供工作人员向消防机关报警的外线电话，结果报警不及时，贻误了扑救火灾时间，造成重大伤亡和损失。可见，在消防控制室设置一部向 119 报警的外线电话是消防工作所必需的。为了保证消防控制室与单位的值班室、工作房间应设固定的对讲电话、消防水泵房、消防水池有关等有关工作联系，规定消防控制室的值班室、有技术、经济条件好、管理严的国家，消防站位可设对讲录音电话。国外，在一些发达和比较发达国家，消防报警和内部联系也还是以电话和对讲电话为主。无线对讲机可作为消防值班人员辅助的通讯设备。

为扑救方便，火灾时应火扑灾时人员疏散照明、疏散标志灯是必要的。但是切断非消防电源时应该控制在一定范围之内。有关部位的那个防火分区或楼层，一旦着火应人工切断，也可以自动切断、切断顺序应考虑按楼层或防火分区的范围，逐个实施，以威少断电带来的惊慌。

对电梯的控制有两种方式：一种是将电梯的控制显示盘设在消防控制室，消防值班人员在必要时可直接操作；另一种是在人工确认电梯下降的指令，消防控制室向电梯下行首层。电梯控制室主要交通工具，联动控制一定要安全可靠。在对自动化程度要求较高的建筑内，可用消防前室电梯前室的烟探测器联动控制电梯。

6.3.2 室内消火栓等都是室内设置消防水泵的启动、停装置，使控制设备上设置及消防水泵的启动按钮在发生火灾时，对什么地方都需使用消火栓、显示消防水泵的工作状态、消防水泵启动设备一目了然，这样有利于扑救时火灾和平时维修调试工作。

消防水泵系统是由主泵和备用泵组成，只有当两台泵都不能启动时，才显示故障。一般是指当1"泵、1"泵启动失灵，自动转启2"泵，当1"和2"泵均不能启动时，控制盘上显示故障。

6.3.3 自动喷水灭火系统是目前最经济的室内固定灭火设备，使用的面比较广。按照《自动喷水灭火系统设计规范》的要求，最好显示监测以下六方面：

一、系统的控制阀开启状态；
二、消防水泵电源供应情况和工作情况；
三、水池、水箱的水位；
四、干式喷水灭火系统的最高和最低气温；预作用喷水灭火系统的最低气压；
五、报警阀和水流指示器的动作情况。

同时，要求在消防控制室实行集中监控。按照《自动喷水灭火系统设计规范》所规定的内容、停装置（包括消防水泵等），并显示设置自动喷水灭火系统及水流指示器的工作状态、显示水泵的工作及故障，水流报警阀及水流指示器的启、显示水泵启动方式及显示消火栓系统与消防水系统相同。消防水泵故障时的内容及显示消防水系统与消防水系统的故障显示相同。

6.3.4 《建筑设计防火规范》以及《高层民用建筑设计防火规范》、《人民防空工程设计防火规范》对建筑物配置卤代烷、二氧化碳等固定灭火装置的部位或房间作了明确规定。《卤代烷1211灭火系统设计规范》和《卤代烷1301灭火系统设计规范》、《二氧化碳灭火系统设计规范》对如何设置卤代烷、二氧化碳等灭火系统作出了规定。本条对消防控制设备监控卤代烷、二氧化碳气体灭火系统的功能作出了规定。

为了保证卤代烷等固定灭火装置安全可靠运行，应具有手动和自动两种启动方式，而且是在火灾报警后经过设备确认或人工确认方可启动灭火系统。设备确认一般作法是两组探测器同时发出报警信号即为真正的灭火信号。当第一组探测器发出报警，值班人员应立即赶到现场进行人工确认。人工确认后，由值班人员在现场决定是否启动固定灭火系统。在设计上虽然有自动和手动两种启动方式，有人值班时应以手动启动方式为主。对有自动启动的方式、二氧化碳等灭火系统，为了准确确定火灾的场所，应以保护区现场确认手动启动为主，因为设置灭火系统的场所，都一定可能在未去保护区进行了火灾确认好显示监测的值班人员不可能在未去保护区进行了火灾确认报警系统，消防中心的值班人员不可能在未去保护区去确认的情况下，就在控制室强制手动放气。因此，本条没有要求消防控制室必须控制灭火系统的紧急启动。

管网气体自动灭火装置原理见图8。

6.3.5、6.3.6 在设置泡沫、干粉灭火系统的工程内，消防控制设备有系统的启、停装置，并显示系统的工作状态（包括故障状态）是必要的。

6.3.7 对于常开防火门，因此常开防火门两侧应设置火灾探测器，任何一侧报警后，防火门应能自动关闭，且关闭后有信号送到消防控制室。

6.3.8 对防火卷帘，一般都以两个探测器的"与"门信号作为控制信号比较安全。

6.3.9 火灾发生后，为防止火灾蔓延和人员疏散，空调系统对火灾发展影响大，因此本条规定了火灾探测器报警后消防控制设备对防排烟设施的控制、显示功能。

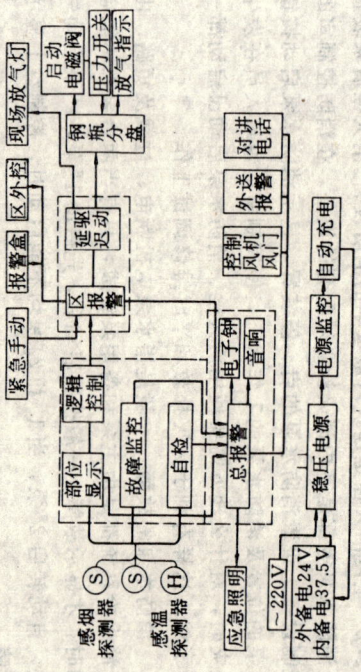

图8 管网气体自动灭火装置原理图

7 火灾探测器的选择

7.1 一般规定

7.1.1 本条提出了选择火灾探测器种类的基本原则。在选择火灾探测器时，要根据探测区域内可能发生火灾的形成和发展特征、房间高度、环境条件以及可能引起误报的原因等因素来决定。本条依据目前先进国家的有关火灾自动报警设计安装规范，据几年来我国设计安装火灾自动报警系统的实际情况和经验教训，以及从初期火灾形成和发展过程中产生的物理化学现象，提出对火灾探测器选择的原则性要求。

7.2 点型火灾探测器的选择

7.2.1 本条是参考德国（VdS）《火灾自动报警装置设计与安装规范》制定的。在执行中应注意这仅仅是按房间高度对探测器选择的大致划分，具体选择时需结合系统的危险性和探测器本身的灵敏度来进行设计。如果选定不准确时，仍需按7.1.1.4 款作模拟燃烧试验后最终确定。

7.2.2～7.2.4 规定了不宜选择和不宜选择点型离子感烟探测器或点型光电感烟探测器的场所。事实上，不同烟粒径、感烟探测器的响应行为基本上是由它的烟粒子的工作原理决定的。不同烟粒径，烟粒径、感烟探测器对两种探测器适用性是不一样的。从理论上讲，离子感烟探测器可以探测任何一种烟，对粒子尺寸无特限制，只是燃烧产生的烟对的数值较大差异。而光电感烟探测器对粒径小于0.4μm的烟子的响应行为较差。三种感烟探测器对不同烟粒径的响应特性如图9所示。图10给出了两种点型感烟探测器对不同颜色的烟的响应。

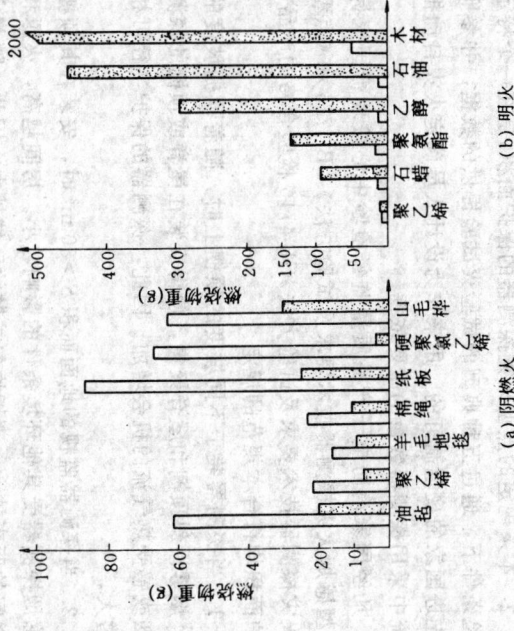

图 11 感烟探测器报警时所耗不同燃烧物质重量

(a) 阴燃火
(b) 明火

□ 离子感烟探测器
▨ 散射光型光电感烟探测器

7.2.5、7.2.6 规定了感温探测器不宜选择和不宜选择的场所。一般说来，感温探测器对火灾的探测不如感烟探测器灵敏，它们对阴燃火不可能响应。并且根据经验，只有当火焰高度达到至顶棚的距离为 1/3 房间净高时，感温探测器才能响应。因此感温探测器不适宜保护可能由于小火造成不能允许损失的场所，例如计算机房等。在最后选定探测器类型之前，必须对感温探测器动作前火灾可能造成的损失作出评估。

7.2.7、7.2.8 规定了宜选择和不宜选择火焰探测器的场所。由于火焰探测器不能探测阴燃火，因此火焰探测器只能在特殊的场

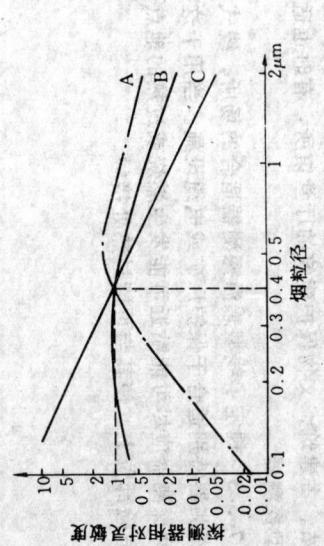

图 9 感烟探测器对不同烟粒径的响应
A—散射型光电感烟探测器；
B—减光型光电感烟探测器；
C—离子感烟探测器

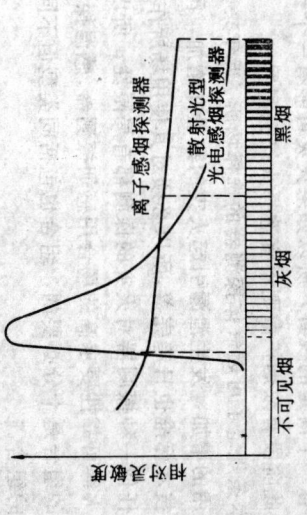

图 10 两种点型感烟探测器对不同颜色烟的响应

图 11 给出了点离子型散射型光电感烟探测器和点型感烟探测器报警所需的物质。在标准燃烧实验中，燃烧不同的物质使探测器报警所需的物料消耗。可以看出，对离子感烟探测器比离子感烟探测器，对油毡、棉绳、山毛榉等阴燃火，光电感烟探测器更合适。而对于石蜡、乙醇、木材等明火，则用离子感烟探测器比光电感烟探测器更合适。

所使用，或者作为感烟或感温探测器的一种辅助手段，不作为通用型火灾探测器。火焰探测器只靠火焰的辐射就能响应，对明火的对流传输响应也比感温和感烟探测器快得多，且又无须安装在顶棚上。所以火焰探测器特别适合仓库和储木场等大的开阔空间或者明火的蔓延可能造成重大危险的场所，如可燃气体的采站，阀门和管道等，所以从火焰探测器到被探测区域必须有一个清楚的视野，在此阶段内有浓烟扩散则不宜选择火焰探测器。

7.2.9 本条规定了可燃气体火灾探测器的选择场所。近年来，国内使用的增加，发生泄漏引起火灾的数量亦增加，国内这方面产品和技术标准也日趋完善，所以必须对其使用场所作出规定。

7.2.10 任何一种探测器对火灾都有局限性，所以如果火灾场合可用感烟探测器、感温探测器、火焰探测器或自动灭火等可靠性要求十分必要的，组合也包括同类型但不同灵敏度的探测器的组合。

7.3 线型火灾探测器的选择

7.3.1 本条规定了适合红外光束感烟探测器的场所。大型库房、博物馆、档案馆、古建筑、飞机库等经常是无遮挡大空间的厅堂场所，发电厂、变配电站，文物保护建筑的情形，有时也适合安装这种类型探测器。

7.3.2、7.3.3 规定了线型感温探测器适合的场所。缆式线型感温火灾探测器特别适合于保护电缆、矿或电缆设施。当用于这些场所时，线型探测器应尽可能贴近可能发生燃烧或过热的地点，或者安装在危险部位上，使其与可能过热处接触。

8 火灾探测器和手动火灾报警按钮的设置

8.1 点型火灾探测器的设置数量和布置

8.1.1 本条规定"探测区域内的每个房间至少应设置一只火灾探测器"，这里提到的"每个房间"是指一个探测区域中可相对独立的房间，即使该房间的面积比一只探测器的保护面积小得多，也应设置一只探测器保护。此条规定可避免在探测区域中几个独立房间共用一只探测器。这一条参考了国外先进国家的规范中类似的规定。

8.1.2 本条规定的点型火灾探测器的保护面积，是在一个特定的试验条件下，通过五种典型的试验火试验提供的数据，并参照国外先进国家的规范制订的，用来作为设计人员确定火灾自动报警系统中采用探测器数量的主要依据。

凡经国家消防电子产品质量监督检验中心按现行国家标准《点型感烟火灾探测器技术要求及试验方法》GB 4715和《点型感温火灾探测器技术要求及试验方法》GB 4716检验合格的产品，其保护面积均符合本规范的规定。

1. 当探测器安装于不同坡度的顶棚上时，随着顶棚坡度的增大，烟雾沿斜顶棚和屋脊聚集，使得安装在屋脊或顶棚的探测器进烟或感受热气流的机会增加。因此，探测器的保护半径可相应地增大。

2. 当探测器监视的其他环境条件的影响较小。房间越高，火源和顶棚之间的感烟探测器的距离越大，则烟均匀扩散的区域越大。因此，探测器保护的地面面积也增大。

当探测器监视的地面面积 S>80 m² 时，安装高度增加，探测器保护的地面面积也增大。

3. 随着房间顶棚高度增加,使感温探测器能响应的火灾规模相应增大。因此,探测器需按不同的顶棚高度划分三个灵敏度级别。较灵敏的探测器(例如一级探测器)宜使用于较大的顶棚高度上。参见本规范 7.2.1 条规定。

4. 感烟探测器对各种不同类型火灾的灵敏度有所不同,因此难以规定灵敏度与房间高度的对应关系。但考虑到房间感高烟越稀薄的情况,当房间高度增加时,可将探测器的灵敏度档次相应地调高。

8.1.3 感烟探测器、感温探测器的安装间距。

图 12 中 1# 探测器和 2#~5# 相邻探测器之间的距离,即安装间距器与 9# 探测器之间的距离。

一、本规范附录 A 探测器的保护面积 A 和保护半径 R 确定探测器的安装间距 a、b 的极限曲线 $D_1 \sim D_{11}$ 是按照下列方程

$$a \cdot b = A$$

$$a^2 + b^2 = (2R)^2 \quad (2)$$

绘制的,这些极限曲线端点 Y_i 和 Z_i 坐标值 (a_i, b_i) 如下表所示。

a、b 在极限曲线端点的一组系数值 (a_i, b_i)。

表 1

极限曲线	Y_i (a_i, b_i) 点	Z_i (a_i, b_i) 点
D_1	Y_1 (3.1, 6.5)	Z_1 (6.5, 3.1)
D_2	Y_2 (3.8, 7.9)	Z_2 (7.9, 3.8)
D_3	Y_3 (3.2, 9.2)	Z_3 (9.2, 3.2)
D_4	Y_4 (2.8, 10.6)	Z_4 (10.6, 2.8)
D_5	Y_5 (6.1, 9.9)	Z_5 (9.9, 6.1)
D_6	Y_6 (3.3, 12.2)	Z_6 (12.2, 3.3)

续表 1

极限曲线	Y_i (a_i, b_i) 点	Z_i (a_i, b_i) 点
D_7	Y_7 (7.0, 11.4)	Z_7 (11.4, 7.0)
D_8	Y_8 (6.1, 13.0)	Z_8 (13.0, 6.1)
D_9	Y_9 (5.3, 15.1)	Z_9 (15.1, 5.3)
D_9'	Y_9' (6.9, 14.4)	Z_9' (14.4, 6.9)
D_{10}	Y_{10} (5.9, 17.0)	Z_{10} (17.0, 5.9)
D_{11}	Y_{11} (6.4, 18.7)	Z_{11} (18.7, 6.4)

二、极限曲线 $D_1 \sim D_4$ 和 D_6 适宜于保护面积 A 等于 20 m², 30 m² 和 40 m² 的感温探测器;极限曲线 D_5 和 $D_7 \sim D_{11}$ (含 D_9') 适宜于保护面积 A 等于 60 m², 80 m², 100 m² 和 120 m² 及其保护半径 R 等于 5.8 m, 6.7 m, 7.2 m, 8.0 m, 9.0 m 和 9.9 m 的感烟探测器。

8.1.4 一个探测区域内所需设置的探测器数量,按本条规定不应小于 $\dfrac{S}{K \cdot A}$ 的计算值。式中给出的修正系数 K, 特级保护对象宜取 0.7~0.8, 一级保护对象宜取 0.8~0.9, 二级保护对象宜取 0.9~1.0。如果考虑及扑救火灾的难易程度,以及火灾对社会的影响面大小等因素,对人身和财产的损失程度,修正系数可适当严些。

为说明表 8.1.2、附录 A 及图 A 及公式 (8.1.4) 的工程应用,下面给出一例子。

例:一个地面面积为 30 m×40 m 的生产车间,其屋顶坡度为 15°, 房间高度为 8 m, 使用感烟探测器保护。试问,应设多少只感烟探测器?应如何布置这些探测器?

解:(1) 确定感烟探测器的保护面积 A 和保护半径 R。查表 8.1.2,得感烟探测器的保护面积 A=80 m², 保护半径 R=6.7 m。

(2) 计算所需探测器设置数量。

选取 $K=1.0$,按公式 (8.1.4) 有 $N=\dfrac{S}{K \cdot A}=\dfrac{1\ 200}{1.0 \times 80}=15$ (只)。

(3) 确定探测器的安装间距 a,b。

由保护半径 R,确定保护直径 $D=2R=2\times 6.7=13.4(\mathrm{m})$,由附录 A 图 A 可确定 $D_1=D$,应利用 D_1 极限曲线确定 a 和 b 值。根据现场实际,选取 $a=8\ \mathrm{m}$(极限曲线两端点间值),得 $b=10\ \mathrm{m}$。其布置方式见图 12。

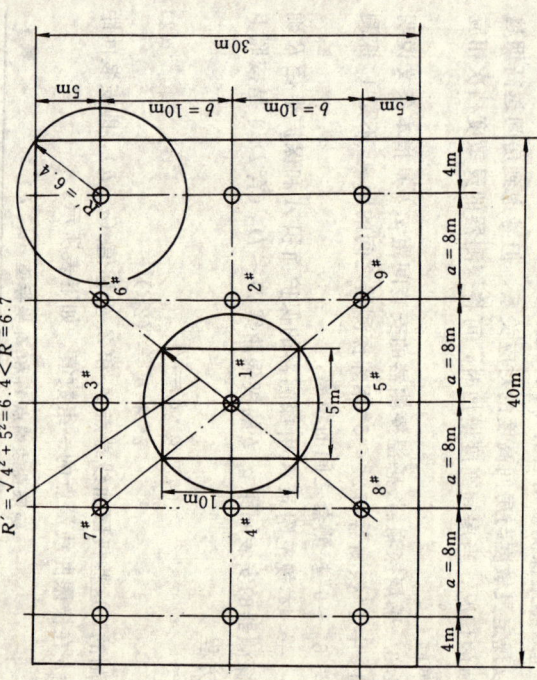

图 12 探测器布置示例

(4) 校核按安装间距 $a=8\ \mathrm{m}$,$b=10\ \mathrm{m}$ 布置后,探测器到最远点水平距离 R' 是否符合保护半径要求。参考图 12,按式

$$R'=\sqrt{\left(\dfrac{a}{2}\right)^2+\left(\dfrac{b}{2}\right)^2}=6.4(\mathrm{m})$$

即 $R'=6.4\ \mathrm{m} < R=6.7\ \mathrm{m}$,在保护半径之内。

8.1.5 本条主要是对顶棚有梁时安装探测器的原则规定。由于梁对烟的蔓延会产生阻得,因而使探测器的保护面积受到梁的影响。如果梁间区域(指高度在 200 mm 至 600 mm 之间的梁所包围的区域)的面积较小,梁对热气流(或烟气流)形成障碍,并吸收一部分热量,因而探测器的保护面积必然下降。探测器保护面积与房间高度有关。本条规定参考了德国规范的内容。

1. 当梁突出顶棚的高度小于 200 mm 时,在顶棚上设置感烟、感温探测器,可不计顶棚上梁对探测面积保护的影响。

2. 当梁突出顶棚的高度在 200~600 mm 时,应按附录 B,附录 C 确定梁间区域一只探测器能够保护梁间区域的个数。

由附录 B 图 B 可以看出,还可看出,房间高度在 5 m 以上,梁高大于 200 mm 时,探测器的保护面积受梁高影响按房间高度与梁高之间的线性关系考虑。二级感温、三级感温探测器房高极限值为 4 m,梁高限度为 200 mm;一级感温探测器房高极限值为 6 m,梁高限度为 225 mm;感烟探测器(各灵敏度档次)均按房高极限为 8 m,梁高限度为 275 mm;感烟探测器房高极限值为 12 m,梁高限度为 375 mm。若梁高超过上述限度,即线性曲线右边部分,均须计算梁的影响。

3. 当梁突出顶棚的高度超过 600 mm 时,被梁隔断的每个梁间区域应至少设置一只探测器(参考日本规范)。

4. 当被梁隔断的区域面积超过一只探测器的保护区域,应将被梁隔断的区域视为一个探测区域,并应按 8.1.4 条规定其探测器的设置数量。

5. 当梁间净距小于 1 m 时,可视为平顶棚,不计算梁对探测器保护面积的影响。

8.1.6 本条规定参考德国标准制订。

8.1.7 本条规定参考德国标准和英国规范规定。探测器至墙壁、梁边的水平距离，不应小于0.5m。参考德国标准制订。

8.1.8、8.1.9

8.1.10 在设有空调的房间内，探测器不应安装在靠近送风口处。这是因为气流阻得极小的燃烧粒子扩散到探测器中去，使探测器探测不到烟雾。此外，通过空气种程度上改变电离模型，可能使探测器更灵敏（易误报）。本条参考日本规范和英国规范制订。

8.1.11 当屋顶有热屏障时，感烟探测器下表面至顶棚或屋顶的距离，应符合表8.1.11的规定。本条规定参考德国标准制订。

由于屋顶受辐射热作用或其他因素影响，在顶棚附近可能产生空气滞留层，从而形成热屏障。火灾时，该热屏障将在烟雾通向探测器的道路上形成障碍作用，影响探测器探测烟雾。同样，带有金属屋顶的仓库，夏天，屋顶下边开始分层。而冬天，屋顶下边的空气可能被加热而形成热屏障，使得烟在热屏障下扩散，降温作用也会妨得烟将影响探测器的灵敏度，以及安装高度有关。为此，按表规定通常与顶棚或屋顶形状以及安装高度有关。为此，本条1.11规定感烟探测器下表面至顶棚或屋顶的必要距离，以减少上述影响。

图13给出探测器在不同锯齿型屋顶情况下，热屏障的作用特别明显。热屏障的影响较小，所以感温探测器下表面至顶棚或屋顶的距离d顶的示意图。

感温探测器通常安装在有利于烟和热屏障影响的吸顶安装情况下，探测器下表面至顶棚的距离d按照直接安装在顶棚上。

8.1.12 本条参考日本规范制订。在房屋为人字型屋顶的情况下，如果屋顶坡度大于15°，在屋脊（房屋最高部位）的垂直屋顶下安装一排探测器，因为房屋各处的烟易于集中在屋脊处，按探测器的距离d

在锯齿型屋顶下表面至顶棚的距离d

（见第8.1.11条和图13）在每个锯齿型屋顶上安装一排探测器。这是因为，在坡度大于15°的锯齿型屋顶情况下，屋顶有几米高，烟不容易从一个屋顶扩散到另一个屋顶，所以对于这种锯齿型厂房，须按分隔同处理。

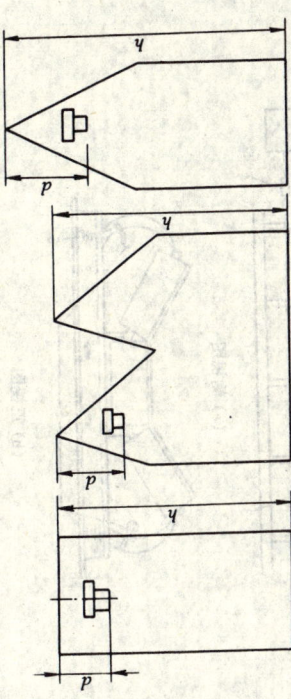

图13 感烟探测器在不同形状顶棚或屋顶下其下表面至顶棚或屋顶的距离 d

8.1.13 本条参考日本规范制订。探测器在顶棚上宜水平安装。当倾斜安装时，倾斜角 θ 不应大于45°。当倾斜角 θ 大于45°时，应加木台安装探测器。如图14所示。

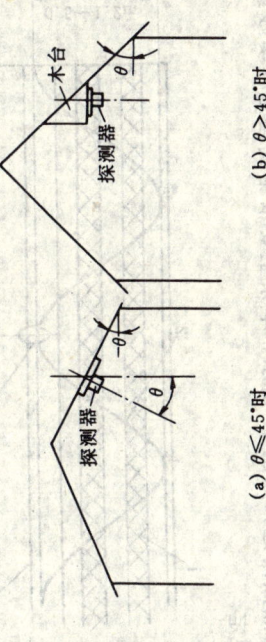

(a) $\theta \leq 45°$ 时   (b) $\theta > 45°$ 时

图14 探测器的安装角度
θ—屋顶的法线与垂直方向的交角

8.1.14 本条规定有利于探测器探测井道中发生的火灾,且便于平时检修工作进行。

8.2 线型火灾探测器的设置

8.2.1 此条规定根据我国工程实践经验制订。一般情况下,当顶棚高度不大于 5 m 时,探测器的红外光束轴线至顶棚的垂直距离为 0.3 m;当顶棚高度为 10~20 m 时,光束轴线至顶棚的垂直距离可为 1.0 m。

8.2.2 相邻两组红外光束感烟探测器的水平距离不应大于 14 m。探测器至侧墙水平距离不应大于 7 m 且不应小于 0.5 m。超过规定距离探测烟雾的效果很差。为有利于探测烟雾,发射器和接收器之间的距离不宜超过 100 m,见图 15。

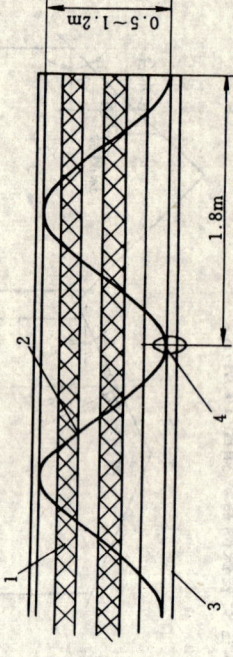

d: max<14 m
L: 1~100 m

1—发射器; 2—墙壁; 3—接收器

图 15 红外光束感烟探测器在相对两侧墙壁上安装平面示意图

8.2.3 缆式线型定温探测器在电缆桥架或支架上设置时,宜采用接触式布置,即敷设于被保护电缆(表层电缆)外护套上面,如

图 16 所示。在各种皮带输送装置上设置时,在不影响平时运行和维护的情况下,应根据现场情况而定,宜将探测器设置在装置的过热点附近,如图 17 所示。本条主要依据我国工程实践经验规定。

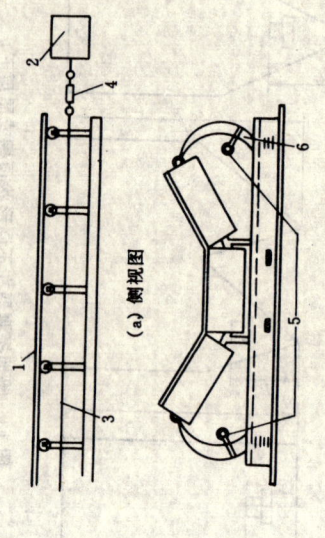

图 16 缆式线型定温探测器在电缆桥架或支架上接触式布置示意图
1—动力电缆; 2—探测器热敏电缆; 3—电缆桥架; 4—固定卡具

注:固定卡具宜选用阻燃塑料卡具。

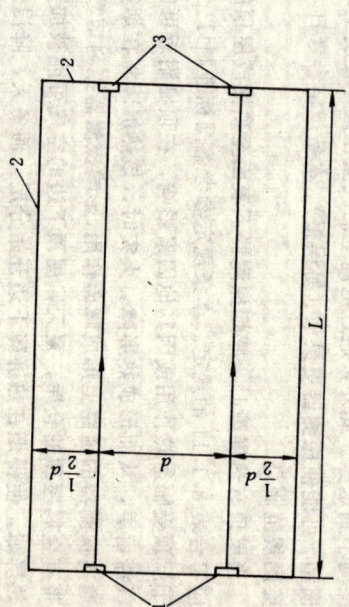

图 17 缆式线型定温探测器在皮带输送装置上设置示意图
1—传送带; 2—探测器终端电阻; 3—终端盒; 4—位置螺旋; 5—探测器热敏电缆; 6—电缆支件

8.2.4 本条参考日本规范规定,如图 18 所示。

9 系统供电

9.0.1、9.0.2 火灾自动报警系统的主电源宜按一级或二级负荷来考虑。因为安装火灾自动报警系统的场所均为重要的建筑或场所，火灾报警装置如能及时、正确报警，可以使人民的生命、财产得到保护或减少受损失。所以要求其主电源的可靠性高，有二个或一个以上电源供电，在消防控制室供电的自动切换。同时，还要有直流备用电源，来确保其供电的切实可靠。

9.0.3 火灾自动报警系统有 CRT 显示器，计算机主机、消防通信设备、应急广播等装置时，其主电源宜采用 UPS 电源，这一要求是为了防止突然断电造成以上装置不能正常工作。

9.0.4 火灾自动报警系统主电源不应采用漏电保护开关进行保护，其原因是，漏电与保证供电装置供电可靠性来比较，后者为第一位。

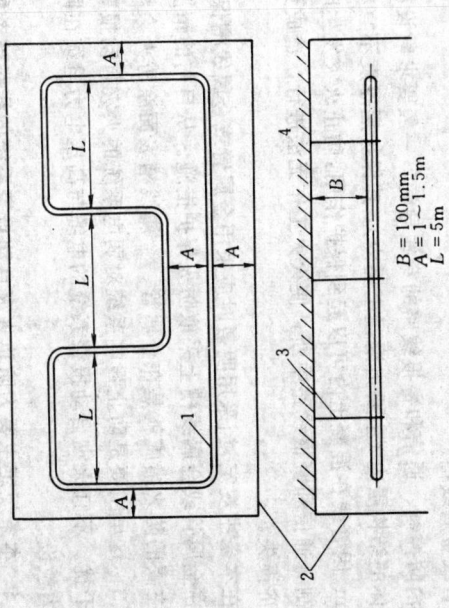

图18 空气管式线型差温探测器在顶棚下方设置示意图
1—空气管；2—墙壁；3—固定点；4—顶棚

8.3 手动火灾报警按钮的设置

8.3.1 本条主要参考英国规范制订。英国规范规定："手动报警按钮的位置，应使场所内任何人去报警均不需走 30 m 以上距离"。手动火灾报警按钮设置在公共活动场所的出入口处有利于及时报出火警。

8.3.2 手动报警按钮应设置在明显和便于操作的部位，参考国外先进国家规范，当安装在墙上时，其底边距地高度宜为 1.3～1.5 m，且应有明显的标志，以便于识别。

10 布 线

10.2 屋 内 布 线

10.2.1 火灾自动报警系统的传输线路穿线导管与低压配电系统的穿线导管相同，应采用金属管、经阻燃处理的硬质塑料管或封闭式线槽，敷设方式采用暗敷或明敷。其氧指数要求不小于30。如采用硬质塑料管配线时，要求用封闭式防火线槽，此电缆或线槽内的电缆要干线系统时，其线槽内的电缆宜选用防火型。

10.2.2 消防控制、通信和警报系统的传输线路比较重要，所以这部分的穿线导管选择要求更高，只有在暗敷时才允许采用阻燃型硬质塑料管，其他情况下只能采用金属管或金属线槽。

消防控制、通信和警报线路的穿线导管，一般要求敷设在非燃烧体的结构层内（主要指混凝土层内），其保护层厚度不宜小于30mm。因管线在混凝土内可以起到保护作用，防止火灾发生时消防控制、通信和警报线路中断，使灭火工作无法进行，造成更大的经济损失。

在本条中规定，当采用明敷时应采用金属管或金属线槽保护，并应在金属管或金属线槽上采取防火保护措施。从目前的情况来看，主要的防火措施就是在金属管、金属线槽表面涂防火涂料。

10.2.3 这里主要是防止强电系统对弱电系统的火灾自动报警设备的干扰。不宜同管敷设。

10.2.4 本条规定主要为防止火灾自动报警系统的线路被老鼠等动物咬断。

10.2.5 本条规定主要为便于接线和维修。

10.2.6 目前施工中压接技术已被广泛应用，采用压接可以提高运行的可靠性。

10.2.7 本条按我国目前的实际情况而定。

附录 D 火灾探测器的具体设置部位（建议性）

D.1 特级保护对象

D.1 本节对列为特级保护对象的建筑提出火灾探测器设置部位建议性意见。按现行国家标准《高层民用建筑设计防火规范》的有关规定，特级保护对象除面积小于 5.00 m² 的厕所、卫生间外，均应设火灾探测器。

D.2 一级保护对象

D.2.1～D.2.32 本节对列为一级保护对象的建筑提出火灾探测器设置部位的建议性意见。1～19 条是针对所有建筑的部位，20～32 条是共性的，适用于一级保护对象的所有建筑的部位，29 条引自《汽车库、修车库、停车场设计防火规范》，它适用于独立的汽车库，也适用于附属在建筑内的汽车库。本节 1～10 条、23、25～27 条全部引自《高层民用建筑设计防火规范》；21、22 条基本转引《高层民用建筑设计防火规范》，其中 21 条增加了防烟楼梯、消防电梯的前室及合用前室，火灾发生时，它是人员逃生和消防扑救的主要竖向通道和出入口，为确保安全，需设置探测器。22 条增加了变压器室，它的火灾危险性比配电室低。11、12、14、15 条引自《人民防空工程设计防火规范》。16、17 条引自《建筑设计防火规范》。13 条高级住宅标准有保护人身安全的条款，火灾报警设施已开始进入人家庭。在欧美防火标准住宅装修装饰标准高，有中央空调系统的住宅或公寓。我国国情不同，经济能力、生活水平与发达国家相比尚有较大差距，住宅单元量大面广，普遍设置火灾报警设施承受不了；但对高级住宅或高级公寓来说，设置火灾探测器是必要的。18 条地铁站、厅、行人通道同欧、美、香港地区等的做法一致。19 条是针对一些火灾危险性大和较难疏散的部位而定的。20 条高级办公室、会议室、陈列室、展览室、商场营业厅是指属一级保护对象的所有建筑，属此功能的部位均需装设探测器。24 条可延燃绝缘和外护层电缆常是引起火灾的根源，其通道应设探测器。28 条基本是特别易发火灾的商业用或公共厨房。30 条污衣道前室、垃圾道前室，净高超过 0.8 m 的具有可燃物的网顶、部位隐蔽加强防范是必要的，如同易火灾的，若设有自动喷水灭火系统的可不装探测器。

D.3 二级保护对象

D.3.1～D.3.19 本节对列为二级保护对象的建筑提出火灾探测器设置部位的建议性。1～8 条是单指所列建筑的场所，9～19 条是共性的，适用于二级保护对象所有建筑的场所，9 条适用于独立的汽车库，也适用于附属在建筑内的汽车库。

中华人民共和国国家标准

建筑灭火器配置设计规范

GBJ 140—90

主编部门：中华人民共和国公安部
批准部门：中华人民共和国建设部
施行日期：1991年8月1日

关于发布国家标准《建筑灭火器配置设计规范》的通知

(90)建标字第666号

根据原国家计委计综[1986]2630号通知要求，由公安部会同有关部门共同编制的《建筑灭火器配置设计规范》GBJ 140—90为国家标准，自1991年8月1日起施行。

本规范由公安部负责管理，其具体解释工作由公安部上海消防科研所所负责。出版发行由建设部标准定额研究所负责组织。

建 设 部
1990年12月20日

编 制 说 明

本规范是根据原国家计委计综〔1986〕2630号通知要求，由公安部上海消防科学研究所会同有关设计、公安部门和生产厂等单位组成的规范编制组共同编制的。

本规范在编制过程中，遵循国家基本建设的有关方针、政策和"预防为主，防消结合"的消防工作方针，对工业与民用建筑灭火器的配置现状作了较广泛的调查研究，总结了国内多年来的实践经验；吸收了对卤代烷、干粉、二氧化碳、泡沫等各类灭火器的实验成果；借鉴了美、英和澳大利亚等国的有关标准规范资料，并征求了部分省、自治区、直辖市和一些部、委所属设计、科研、院校、公安消防部门以及使用单位的意见，经多次讨论修改，最后会同有关部门审查定稿。

本规范共分六章和六个附录。其主要内容有：总则、灭火器配置场所的危险等级和灭火器的设置、灭火器的选择，灭火器配置，灭火器的配置、在执行本规范的过程中，请各单位结合工程实践和科学研究，认真总结经验，积累有关资料和数据，连同对本规范的意见和建议，寄交公安部上海消防科学研究所（地址：上海市中山南二路601号，邮政编码：200032），以供修订时参考。

公 安 部
1990年10月

第一章 总 则

第1.0.1条 为了合理配置灭火器，有效地扑救工业与民用建筑初起火灾，减少火灾损失，保护人身和财产的安全，特制定本规范。

第1.0.2条 本规范适用于新建、扩建、改建的生产、使用和贮存可燃物的工业与民用建筑工程。

本规范不适用于生产、贮存火药、炸药、弹药、火工品、花炮的厂（库）房，以及九层及九层以下的普通住宅。

第1.0.3条 配置的灭火器类型、规格、数量以及设置位置应作为建筑设计内容，并在工程设计图纸上标明。

第1.0.4条 建筑灭火器的配置设计，除执行本规范的规定外，尚应符合国家现行的有关标准、规范的要求。

第二章 灭火器配置场所的危险等级和灭火器的灭火级别

第 2.0.1 条 工业建筑灭火器配置场所的危险等级，应根据其生产、使用、贮存物品的火灾危险性，可燃物数量，火灾蔓延速度以及扑救难易程度等因素，划分为以下三级：

一、严重危险级：火灾危险性大，可燃物多，起火后蔓延迅速或容易造成重大火灾损失的场所；

二、中危险级：火灾危险性较大，可燃物较多，起火后蔓延较迅速的场所；

三、轻危险级：火灾危险性较小，可燃物较少，起火后蔓延较缓慢的场所。

工业建筑灭火器配置场所的危险等级举例见本规范附录二。

第 2.0.2 条 民用建筑灭火器配置场所的危险等级，应根据其使用性质，火灾危险性，可燃物数量，火灾蔓延速度以及扑救难易程度等因素，划分为以下三级：

一、严重危险级：功能复杂，用电用火多，设备贵重，火灾危险性大，可燃物多、起火后容易造成重大火灾损失的场所；

二、中危险级：用电用火较多、火灾危险性较大、可燃物较多、起火后蔓延较迅速的场所；

三、轻危险级：用电用火较少、火灾危险性较小、可燃物较少、起火后蔓延较缓慢的场所。

民用建筑灭火器配置场所的危险等级举例见本规范附录三。

第 2.0.3 条 火灾种类应根据物质及其燃烧特性划分为以下几类：

一、A类火灾：指含碳固体可燃物，如木材、棉、毛、麻、纸张等燃烧的火灾；

二、B类火灾：指甲、乙、丙类液体，如汽油、煤油、柴油、甲醇、乙醚、丙酮等燃烧的火灾；

三、C类火灾：指可燃气体，如煤气、天然气、甲烷、丙烷、乙炔、氢气等燃烧的火灾；

四、D类火灾：指可燃金属，如钾、钠、镁、钛、锆、锂、铝镁合金等燃烧的火灾；

五、带电电火灾：指带电物体燃烧的火灾。

第 2.0.4 条 灭火器的灭火级别应由数字和字母组成，数字应表示灭火级别的大小，字母(A或B)应表示灭火级别的单位及适用扑救火灾的种类。

种以上类型灭火器时,应采用灭火剂相容的灭火器。不相容的灭火剂见本规范附录四的规定。

第三章 灭火器的选择

第 3.0.1 条 灭火器应按下列因素选择:
一、灭火器配置场所的火灾种类;
二、灭火有效程度;
三、对保护物品的污损程度;
四、设置点的环境温度;
五、使用灭火器人员的素质。

第 3.0.2 条 灭火器类型的选择应符合下列规定:
一、扑救A类火灾应选用水型、泡沫、磷酸铵盐干粉、卤代烷型灭火器;
二、扑救B类火灾应选用干粉、泡沫、卤代烷、二氧化碳型灭火器,扑救极性溶剂B类火灾不得选用化学泡沫灭火器;
三、扑救C类火灾应选用干粉、卤代烷、二氧化碳型灭火器;
四、扑救带电火灾应选用卤代烷、二氧化碳、干粉型灭火器;
五、扑救A、B、C类火灾和带电火灾应选用磷酸铵盐干粉、卤代烷型灭火器;
六、扑救D类火灾的灭火器材应由设计单位和当地公安消防监督部门协商解决。

第 3.0.3 条 在同一灭火器配置场所,当选用同一类型灭火器时,宜选用操作方法相同的灭火器。

第 3.0.4 条 在同一灭火器配置场所,当选用两种或两

第4.0.3条 C类火灾配置场所灭火器的配置基准，应按B类火灾配置场所的配置基准执行。

第4.0.4条 地下建筑灭火器的配置数量应按其相应场所的地面建筑的规定增加30%。

第4.0.5条 设有下列规定减少灭火器配置数量：
一、设有消火栓的，可相应减少30%；
二、设有灭火系统的，可相应减少50%；
三、设有消火栓和灭火系统的，可相应减少70%。

第4.0.6条 可燃物露天堆垛、甲、乙、丙类液体贮罐、可燃气体贮罐的灭火器配置场所，灭火器的配置数量可相应减少70%。

第4.0.7条 一个灭火器配置场所内的灭火器不应少于2具。每个设置点的灭火器不宜多于5具。

第四章 灭火器的配置

第4.0.1条 A类火灾配置场所灭火器的配置基准，应符合表4.0.1的规定。

A类火灾配置场所灭火器的配置基准　　表4.0.1

危险等级	严重危险级	中危险级	轻危险级
每具灭火器最小配置灭火级别	5A	5A	3A
最大保护面积 (m²/A)	10	15	20

第4.0.2条 B类火灾配置场所灭火器的配置基准，应符合表4.0.2的规定。

B类火灾配置场所灭火器的配置基准　　表4.0.2

危险等级	严重危险级	中危险级	轻危险级
每具灭火器最小配置灭火级别	8B	4B	1B
最大保护面积 (m²/B)	5	7.5	10

A类火灾配置场所灭火器最大保护距离（m）　　表5.2.1

灭火器类型 危险等级	手提式灭火器	推车式灭火器
严 重 危 险 级	15	30
中 危 险 级	20	40
轻 危 险 级	25	50

B类火灾配置场所灭火器最大保护距离（m）　　表5.2.2

灭火器类型 危险等级	手提式灭火器	推车式灭火器
严 重 危 险 级	9	18
中 危 险 级	12	24
轻 危 险 级	15	30

第5.2.4条 设置在可燃物露天堆垛，甲、乙、丙类液体贮罐、可燃气体贮罐的灭火器配置场所的灭火器，其最大保护距离应按国家现行有关标准、规范的规定执行。

第五章　灭火器的设置

第一节　灭火器的设置要求

第5.1.1条 灭火器应设置在明显和便于取用的地点，且不得影响安全疏散。

第5.1.2条 灭火器应设置稳固，其铭牌必须朝外。

第5.1.3条 手提式灭火器宜设置在挂钩、托架上或灭火器箱内；其顶部离地面高度应小于1.50m；底部离地面高度不宜小于0.15m。

第5.1.4条 灭火器不应设置在潮湿或强腐蚀性的地点，当必须设置时，应有相应的保护措施。

设置在室外的灭火器，应有保护措施。

第5.1.5条 灭火器不得设置在超出其使用温度范围的地点。

灭火器的使用温度范围应符合本规范附录五的规定。

第二节　灭火器的保护距离

第5.2.1条 设置在A类火灾配置场所的灭火器，其最大保护距离应符合表5.2.1的规定。

第5.2.2条 设置在B类火灾配置场所的灭火器，其最大保护距离应符合表5.2.2的规定。

第5.2.3条 设置在C类火灾配置场所的灭火器，其最大保护距离应按本规范第5.2.2条规定执行。

第六章 灭火器配置的设计计算

第 6.0.1 条 灭火器配置场所的计算单元应按下列规定划分：

一、灭火器配置场所的危险等级和火灾种类均相同的相邻场所，可将一个楼层或一个防火分区作为一个计算单元；

二、灭火器配置场所的危险等级或火灾种类不相同的场所，应分别作为一个计算单元。

第 6.0.2 条 灭火器配置场所的保护面积计算应符合下列规定：

一、建筑工程按使用面积计算；

二、可燃物露天堆垛，甲、乙、丙类液体贮罐，可燃气体贮罐按占地面积计算。

第 6.0.3 条 灭火器配置场所所需的灭火级别应按下式计算：

$$Q = K \frac{S}{U} \quad (6.0.3)$$

式中 Q——灭火器配置场所的灭火级别，A 或 B；
S——灭火器配置场所的保护面积，m^2；
U——A 类火灾或 B 类火灾的灭火器配置基准，m^2/A 或 m^2/B；
K——修正系数。

无消火栓和灭火系统的，$K=1.0$；

设有消火栓的，$K=0.7$；

设有灭火系统的，$K=0.5$；

设有消火栓和灭火系统的或为可燃物露天堆垛，甲、乙、丙类液体贮罐，可燃气体贮罐的，$K=0.3$。

第 6.0.4 条 地下建筑灭火器配置场所所需的灭火级别应按下式计算：

$$Q = 1.3K \frac{S}{U} \quad (6.0.4)$$

第 6.0.5 条 灭火器配置场所每个设置点的灭火级别应按下式计算：

$$Q_e = \frac{Q}{N} \quad (6.0.5)$$

式中 Q_e——灭火器配置场所每个设置点中设置点的灭火级别，A 或 B；
N——灭火器配置场所设置点的数量。

第 6.0.6 条 灭火器配置场所实际配置的所有灭火器的灭火级别均不得小于计算值。

第 6.0.7 条 灭火器配置的设计计算应按下述程序进行：

一、确定各灭火器配置场所的危险等级；

二、确定各灭火器配置场所的火灾种类；

三、划分灭火器配置场所的计算单元；

四、测算各单元的保护面积；

五、计算各单元所需灭火级别；

六、确定各单元灭火器设置点；

七、计算每个灭火器设置点灭火级别；

八、确定每个设置点灭火器的类型、规格与数量；

九、验算各设置点和各单元实际配置的所有灭火器的灭火级别；

十、确定每具灭火器的设置方式和要求,在设计图上标明其类型、规格、数量与设置位置。

附录一 名词解释

附表1.1

名 词	曾用名词	说　明
灭火器配置场所		指要求配置灭火器的场所,如油漆间、配电间、仪表控制室、办公室、实验室、厂房、库房、观众厅、舞台、堆垛等
保护距离		灭火器配置场所内任一着火点到最近灭火器设置点的行走距离
计算单元		指将建筑中若干相邻且危险等级和火灾种类均相同的灭火器配置场所作为一个总的灭火器配置场所进行灭火器配置设计计算的组合部分。其保护面积、保护距离和灭火器的配置数量等均按该计算单元所包括的总的灭火器配置场所考虑

附录二 工业建筑灭火器配置场所的危险等级举例

附表 2.1

危险等级	举例	
	厂房和露天、半露天生产装置区	库房和露天、半露天堆场
严重危险级	1. 闪点<60°C的油品和有机溶剂的提炼、回收、洗涤部位及洗涤剂泵房、罐桶间 2. 橡胶制品的涂胶和胶浆部位 3. 二硫化碳的粗馏、精馏工段及其应用部位 4. 甲醇、乙醇、丙酮、丁酮、异丙醇、醋酸乙酯、苯等的合成、精馏厂房 5. 植物油加工厂房的浸出厂房 6. 洗涤剂厂房石蜡裂解部位、冰醋酸裂解厂房 7. 环氧丙烷厂房、苯乙烯厂房或装置区 8. 液化石油气罐瓶间 9. 天然气、石油伴生气、水煤气或焦炉煤气的净化(如脱硫)厂房压缩机室及鼓风机室	1. 化学危险物品库房 2. 装卸原油或化学危险物品的车站、码头 3. 甲、乙类液体贮罐、桶装堆场 4. 液化石油气贮罐区 5. 散装棉花堆场 6. 稻草、芦苇、麦秸等堆场 7. 装卸煤及其制品、漆布、油布、油纸及其制品、油绢及其制品库房 8. 60度以上的白酒库房

续表

危险等级	举例	
	厂房和露天、半露天生产装置区	库房和露天、半露天堆场
严重危险级	10. 乙炔站、氢气站、煤气站、氧气站 11. 硝化棉、喷漆厂房及其应用部位 12. 黄磷、赤磷制备厂房及其应用部位 13. 樟脑或松香提炼厂房、焦化厂精萘厂房 14. 煤粉厂房和面粉厂房的碾磨部位 15. 谷物筒仓工作塔、亚麻厂房的除尘器和过滤器室 16. 氯酸钾厂房及其应用部位 17. 发烟硫酸或发烟硝酸浓缩厂房 18. 重铬酸钠、重铬酸钾厂房 19. 过氧化钠、过氧化钾厂房、次氯酸钙厂房 20. 各工厂的总控制室、分控制室 21. 可燃材料堆场泵房	
中危险级	1. 闪点≥60°C的油品和其他丙类液体贮罐、桶装库房或堆场	

续表

危险等级	举例	
	厂房和露天、半露天生产装置区	库房和露天、半露天堆场
中危险级	2. 柴油、机器油或变压器油罐棚间 3. 润滑油再生部位或沥青加工厂房 4. 植物油加工精炼部位和离 5. 油浸变压器室和高、低压配电室 6. 工业用燃油、燃气锅炉房 7. 各种电缆廊道 8. 油浸火处理车间 9. 橡胶制品压延、成型和硫化厂房 10. 木工厂房和竹、藤加工厂房 11. 针织品厂房和纺织、印染、化纤生产的干燥部位 12. 麻纺厂粗加工厂房和毛涤厂选毛厂房 13. 各种加工厂房 14. 卷烟厂的切丝、卷制、包装厂房 15. 电视机、收录机装配厂房 16. 印刷厂的印刷厂房 17. 显像管厂装配工段配烧枪间	2. 化学、人造纤维及其织物、棉、毛、丝、麻及其织物的库房 3. 纸张、竹、木及其制品的库房或堆场 4. 火柴、香烟、茶、茶叶库房 5. 中药材库房 6. 橡胶、塑料及其制品的库房 7. 粮食、食品库房及粮食堆场 8. 电视机、收录机等电子产品及其他家用电气产品的库房 9. 汽车、大型拖拉机件车库 10. <60度的白酒库房 11. 低温冷库

续表

危险等级	举例	
	厂房和露天、半露天生产装置区	库房和露天、半露天堆场
中危险级	19. 磁带装配厂房 20. 泡沫塑料厂的发泡、成型片、压片加工部位 21. 饲料加工厂房 22. 汽车加油站	
轻危险级	1. 金属冶炼、铸造、铆焊、热轧、锻造、热处理厂房 2. 玻璃原料熔化厂房 3. 陶瓷制品的烘干、烧成厂房 4. 酚醛泡沫塑料的加工厂房 5. 印染厂的漂炼部位 6. 化纤厂后加工润湿部位 7. 造纸厂或化学纤维的浆粕蒸煮工段 8. 仪表、器械或车辆装配车间 9. 不燃液体的泵房和阀门室 10. 金属（镁合金除外）冷加工车间 11. 氯氢厂房	1. 钢材库房及堆场 2. 水泥库房 3. 瓷砖、陶瓷制品库房 4. 难燃烧或非燃烧建筑装饰材料库房 5. 原木堆场

注：① 未列入本表内的工业建筑灭火器配置场所，可按照本规范第2.0.3条的规定确定危险等级。
② 本表中的甲、乙、丙类液体的范围，应符合现行国家标准《建筑设计防火规范》的规定。

附录三　民用建筑灭火器配置场所的危险等级举例

附表3.1

危险等级	举例
严重危险级	1. 重要的资料室、档案室 2. 设备贵重或可燃物多的实验室 3. 广播电视演播室、道具间 4. 电子计算机房及数据库 5. 重要的电信机房 6. 高级旅馆的公共活动用房及大厨房 7. 电影院、剧院、会堂、礼堂的舞台合及后台合部位 8. 医院的手术室、药房和病历室 9. 博物馆、图书馆的珍藏室、复印室 10. 电影、电视摄影棚
中危险级	1. 设有空调设备、电子计算机、复印机等的办公室 2. 学校或科研单位的理化实验室 3. 广播、电视台的录音室、播音室 4. 高级旅馆的其他部位 5. 电影院、剧院、会堂、礼堂、体育馆的放映室 6. 百货楼、营业厅、综合商场 7. 图书馆、书库 8. 多功能厅、餐厅及厨房 9. 展览厅 10. 医院的理疗室、透视室、心电图室 11. 重点文物保护场所 12. 邮政信函和包裹分检房、廊桥库 13. 高级住宅 14. 燃油、燃气锅炉房 15. 民用的油浸变压器室和高、低压配电室
轻危险级	1. 电影院、剧院、会堂、礼堂、体育馆的观众厅 2. 医院门诊部、住院部 3. 学校教学楼、幼儿园与托儿所的活动室 4. 办公室 5. 车站、码头、机场的较车、候船、候机厅 6. 普通旅馆 7. 商店 8. 十层及十层以上的普通住宅

注：未列入本表内的民用建筑灭火器配置场所，可按照本规范第2.0.2条的规定确定危险等级。

附录四 不相容的灭火剂

附表 4.1

类型	不 相 容 的 灭 火 剂		
干粉与干粉	磷酸铵盐	碳酸氢钠、碳酸氢钾	
干粉与泡沫	碳酸氢钠、碳酸氢钾	蛋白泡沫	化学泡沫

附录五 灭火器的使用温度范围

附表 5.1

灭 火 器 类 型		使用温度范围(°C)
清 水 灭 火 器		+4～+55
酸 碱 灭 火 器		+4～+55
化 学 泡 沫 灭 火 器		+4～+55
干粉灭火器	贮气瓶式	−10～+55
	贮压式	−20～+55
卤 代 烷 灭 火 器		−20～+55
二 氧 化 碳 灭 火 器		−10～+55

附录六 本规范用词说明

一、执行本规范条文时,要求严格程度的用词说明如下,以便在执行中区别对待。

1. 表示很严格,非这样作不可的用词:
   正面词采用"必须";
   反面词采用"严禁"。
2. 表示严格,在通常情况下均应这样作的用词:
   正面词采用"应";
   反面词采用"不应"或"不得"。
3. 表示允许稍有选择,在条件许可时首先应这样作的用词:
   正面词采用"宜"或"可";
   反面词采用"不宜"。

二、条文中指明必须按指定的标准、规范或其他有关规定执行的写法为"应按……执行"或"应符合……要求或规定"。

附加说明

本规范主编单位、参加单位和主要起草人名单

主编单位: 公安部上海消防科学研究所

参加单位: 建设部建筑设计院
航空航天工业部第四规划设计研究院
浙江省公安厅消防局
河南省公安厅消防局
浙江消防器材厂

主要起草人: 周永钮 唐祝华 厉声钧 冯巧娣 诸 咨
吴以仁 谭孝良 高根妙 张新根 蒋永琨
吴礼龙 陈学海 杨保生

中华人民共和国国家标准

《建筑灭火器配置设计规范》

GBJ140—90

1997年局部修订条文

工程建设国家标准局部修订公告

第 10 号

国家标准《建筑灭火器配置设计规范》GBJ140—90 由公安部上海消防科研所会同有关单位进行了局部修订,已经有关部门会审,现批准局部修订的条文,自1997年9月1日起施行,该规范中相应条文的规定同时废止。现予公告。

中华人民共和国建设部
1997年6月24日

第三章 灭火器的选择

第3.0.5条 在非必要配置卤代烷灭火器的场所不得选用卤代烷灭火器，宜选用磷酸铵盐干粉灭火器或轻水泡沫灭火器等其它类型灭火器。

非必要配置卤代烷灭火器的场所的确定应按国家消防主管部门和国家环保主管部门的有关规定执行。

注：卤代烷灭火器系指卤代烷1211、1301灭火器，下同。

【说明】 本条系新增条文。

1. 为保护大气臭氧层，目前国际上比较一致的做法是在非必要场所限制使用卤代烷灭火器厂停止生产卤代烷灭火器。在我国，已有部分灭火器厂停止生产卤代烷灭火器，有的工厂已转产磷酸盐干粉灭火器或（和）轻水泡沫灭火器。这两类灭火器具有能扑救A类火灾和B类火灾的功能，与卤代烷灭火器类同，而且国内已有生产。

2. 本条规定依据公安部和国家环保局公通字[1994]第94号文"关于在非必要场所停止再配置卤代烷灭火器的通知"及公安部消防局公消[1996]第169号文"卤代烷替代品推广应用的规定"。NFPA10—1994美国规范及ISO/CD11602国际标准也作出了在我国政府至今未对哪些应用场所做出明确结论和具体规定的情况下，则非必要场所的场所可按必要场所处理。

第四章 灭火器的配置

第4.0.8条 已配置在工业与民用建筑及人防工程内的所有卤代烷灭火器，除用于扑火灭火外，不得随意向大气中排放。

【说明】 本条系新增条文。

本条规定旨在限制卤代烷灭火剂不必要地向大气中排放。NFPA10—1994美国规范和ISO/CD11602国际标准亦作出了类同的规定。

第4.0.9条 在卤代烷灭火器定期维修、水压试验或作报废处理时，必须使用经国家认可的卤代烷回收装置来回收卤代烷灭火剂。

【说明】 本条系新增条文。

1. 本条规定旨在发达国家均已有卤代烷灭火剂向大气中的泄漏。现今我国和世界发达国家均已有限制卤代烷灭火剂向大气中的泄漏。现今我国产品供应，该装置能将回收的卤代烷灭火剂在封闭式的卤代烷回收装置的合格，以尽量减少卤代烷灭火剂向大气中的泄漏。

2. NFPA10—1994美国规范及ISO/CD11602国际标准均有类同本条的规定和详细说明。

第4.0.10条 在非必要配置卤代烷灭火器的场所的已配置的卤代烷灭火器，当其超过规定的使用年限或达不到质量标准要求时，应将其撤出，并应作报废处理。

【说明】 本条系新增条文。

1. 近三十年来，在我国的工业与民用建筑及人防工程内已配置使用了大量的卤代烷灭火器。对这些灭火器的处理难度较大，应依据公安部和国家环保局公通字[1994]第94号文"关于在非必要场所停止再配置该类灭火器的规定"，采取逐步淘汰的方法。因此本条规定当该类灭火器超过规定的使用年限，或当其因损伤、腐蚀等而达不到产品质量标准要求时，需将其撤出配置场所，并作报废处理，但在该场所则不能再配置卤代烷灭火器。

2. NFPA10—1994美国规范及ISO/CD11602国际标准均有类同本条文的相应规定与说明。

【注】 本局部修订条文中标有黑线部分为修订的内容。

第4.0.11条 凡已确定撤换卤代烷灭火器的非必要配置场所，应在其原设置部位重新配置其它类型灭火器。重新配置的灭火器应按等效替代的原则和本规范第四章、第六章的规定进行配置设计计算。

卤代烷灭火器等效替代举例见本规范附录八。

【说明】 本条系新增条文。

本条规定旨在保护大气臭氧层的同时亦能确保在防护场所内仍具备足够的第一线灭火装备。NFPA10—1994美国规范对此也有明确的规定。

附录七 非必要配置卤代烷灭火器的场所举例

一、民用建筑类：

1. 电影院、剧院、会堂、礼堂、体育馆的观众厅
2. 医院门诊部、住院部
3. 学校教学楼、幼儿园与托儿所的活动室
4. 办公楼
5. 车站、码头、机场的候车、候船、候机厅
6. 高级旅馆的公共场所、走廊、客房
7. 普通旅馆
8. 商店
9. 百货楼、营业厅、综合商场
10. 图书馆一般书库
11. 展览厅
12. 高级住宅
13. 普通住宅
14. 燃油、燃气锅炉房

二、工业建筑类：

1. 橡胶制品的涂胶和胶浆部位；压延成型和硫化厂房
2. 橡胶、塑料原料及其制品库房
3. 植物油加工的浸出厂房；植物油加工精炼部位
4. 黄磷、赤磷制备厂房及其应用部位
5. 樟脑或松香提炼厂房、焦化厂精萘厂房
6. 煤粉厂房和面粉厂房的碾磨部位
7. 谷物筒仓工作塔、亚麻厂的除尘器和过滤器室
8. 散装棉花堆场
9. 稻草、芦苇、麦秸等堆场
10. 谷物加工厂房
11. 饲料加工厂房
12. 粮食、食品库房及其粮食堆场
13. 高锰酸钾、重铬酸钠厂房
14. 过氧化钠、过氧化钾、次氯酸钙厂房
15. 可燃材料工棚
16. 甲、乙类液体贮罐、桶装堆场
17. 柴油、机器油或变压器油罐间
18. 润滑油再部位或沥青加工厂房
19. 闪点>60℃的油品和其它丙类液体贮罐、桶装库房或堆场
20. 泡沫塑料厂的发泡、成型、印片、压花部位
21. 化学、人造纤维及其织物和棉、毛、丝、麻及其织物的库房
22. 酚醛泡沫塑料加工的润湿部位
23. 化纤厂后加工润湿部位；印染厂的漂炼部位
24. 木工厂房和竹、藤加工厂房
25. 纸张、竹、木及其制品的库房或堆场
26. 造纸厂或化纤厂的浆粕蒸煮工段
27. 玻璃原料熔化厂房
28. 陶瓷制品的烘干、烧成厂房
29. 金属（镁合金除外）冷加工车间
30. 钢材库房及堆场
31. 水泥库房
32. 搪瓷、陶瓷制品库房

33. 难燃烧或非燃烧的建筑装饰材料库房
34. 原木堆场

附录八 卤代烷灭火器等效替代举例

类型	灭火剂充装量干克(kg)	卤代烷1211灭火器 灭火级别		灭火剂充装量干克(kg)	磷酸铵盐干粉灭火器 灭火级别	
		灭A类火	灭B类火		灭A类火	灭B类火
手提式灭火器	0.5	—	1B	1	3A	2B
	1	—	2B	1	3A	2B
	2	3A	4B	2	5A	5B
	3	3A	6B	3	5A	7B
	4	5A	8B	4	8A	10B
	6	8A	12B	5	8A	12B
推车式灭火器	20	—	24B	25	21	35B
	25	—	30B	35	27A	45B
	40	—	35B	50	34A	65B

注：① 本附录规定的等效替代用磷酸铵盐干粉灭火器为替代相应卤代烷1211灭火器的最小规格。
② 替代用的各种类型灭火器的灭火级别应至少等于原配卤代烷灭火器的相应值。

中华人民共和国国家标准

低倍数泡沫灭火系统设计规范

GB 50151—92

主编部门：中华人民共和国公安部
批准部门：中华人民共和国建设部
施行日期：1992年7月1日

关于发布国家标准《低倍数泡沫灭火系统设计规范》的通知

建标[1992]30号

根据国家计委计综[1986]2630号文的要求，由公安部会同有关部门共同编制的《低倍数泡沫灭火系统设计规范》，已经有关部门会审。现批准《低倍数泡沫灭火系统设计规范》GB50151—92为国家标准，自1992年7月1日起施行。

本规范由公安部负责管理，由公安部天津消防科学研究所负责解释，由建设部标准定额研究所负责组织出版发行。

中华人民共和国建设部
1992年1月10日

编制说明

本规范是根据国家计委计综[1986]2630号文的通知,由公安部天津消防科学研究所会同中国石化总公司北京设计院、洛阳石油化工工程公司、石油天然气总公司大庆石油勘察设计研究院和天津市公安局消防总队等五个单位共同编制而成。

在编制过程中,规范编制组的同志遵照国家的有关方针、政策和"预防为主,防消结合"的消防工作方针,对我国低倍数泡沫灭火系统的科学研究、设计和使用现状进行了广泛的调查和研究,结合国内历次大型及中日石油灭火试验,对泡沫混合液的供给强度等进行验证,并专门为环泵式比例混合流程在自灌条件下适用情况进行了验证,在吸收现有科研成果和工程设计的实践经验基础上,参考了美国、日本、德国、苏联以及国际标准化组织(ISO)等低倍数泡沫灭火系统设计、安装、验收规范和资料,并征求了部分省、市和有关部、委所属的科研、设计、高等院校、大型石油化工企业以及公安消防监督机关等部门的意见,最后经有关部门共同审查定稿。

本规范共分四章和二个附录。其主要内容有:总则,泡沫液和系统型式的选择,系统设计,系统组件等。

鉴于本规范系初次编制,希望各单位在执行过程中,注意积累资料,总结经验,如发现需要修改和补充之处,请将意见和有关资料寄交公安部天津消防科学研究所(地址:天津市李七庄,邮政编码:300381),以便今后修改时参考。

中华人民共和国公安部
1991年10月

第一章 总 则

第1.0.1条 为了合理地设计低倍数空气泡沫灭火系统（以下简称泡沫灭火系统），减少火灾损失，保障人身和财产安全，制订本规范。

第1.0.2条 泡沫灭火系统的设计，必须遵循国家的有关方针、政策，做到安全可靠、技术先进、经济合理、管理方便。

第1.0.3条 本规范适用于加工、储存、装卸、使用甲（液化烃除外）、乙、丙类液体场所的泡沫灭火系统设计。

本规范不适用于船舶、海上石油平台等的泡沫灭火系统设计。

第1.0.4条 泡沫灭火系统的设计，除执行本规范的规定外，尚应符合国家现行的有关标准、规范的要求。

第二章 泡沫液和系统型式的选择

第一节 泡沫液的选择、储存和配制

第2.1.1条 对非水溶性甲、乙、丙类液体，当采用液上喷射泡沫灭火时，宜选用蛋白型泡沫液、氟蛋白泡沫液或水成膜泡沫液；当采用液下喷射泡沫灭火时，必须选用氟蛋白泡沫液或水成膜泡沫液。

第2.1.2条 对水溶性甲、乙、丙类液体，必须选用抗溶性泡沫液。

第2.1.3条 泡沫液的储存温度，应为0～40℃，且宜储存在通风干燥的房间或敞棚内。

第2.1.4条 泡沫液配制成泡沫混合液，应符合下列要求：

一、蛋白、氟蛋白、抗溶氟蛋白型泡沫液，配制成泡沫混合液，可使用淡水或海水；

二、凝胶型、金属皂型泡沫液，配制成泡沫混合液，应使用淡水；

三、所有类型的泡沫液，配制成泡沫混合液，严禁使用影响泡沫灭火性能的水；

四、泡沫液配制成泡沫混合液用水的温度宜为4～35℃。

第二节 系统型式的选择

第2.2.1条 系统型式的选择,应根据保护对象的规模、火灾危险性、总体布置、扑救难易程度、消防站的设置情况等因素综合确定。

第2.2.2条 下列场所之一,宜选用固定式泡沫灭火系统:

一、总储量大于、等于500m³独立的非水溶性甲、乙、丙类液体储罐区;

二、总储量大于、等于200m³水溶性甲、乙、丙类液体立式储罐区;

三、机动消防设施不足的企业附属非水溶性甲、乙、丙类液体储罐区。

第2.2.3条 下列场所之一,宜选用半固定式泡沫灭火系统:

一、机动消防设施较强的企业附属甲、乙、丙类液体储罐区;

二、石油化工生产装置区火灾危险性大的场所。

第2.2.4条 下列场所之一,宜选用移动式泡沫灭火系统:

一、总储量不大于500m³、单罐容量不大于200m³,且罐壁高度不大于7m的地上非水溶性甲、乙、丙类液体立式储罐;

二、总储量小于200m³、单罐容量不大于100m³,且罐壁高度不大于5m的地上水溶性甲、乙、丙类液体立式储罐;

三、卧式储罐;

四、甲、乙、丙类液体装卸区易泄漏的场所。

第三章 系统设计

第一节 储罐区泡沫灭火系统设计的一般规定

第3.1.1条 储罐区的泡沫灭火系统设计,其泡沫混合液量,应满足扑救该储罐区内储罐最大用量的单罐火灾和扑救该储罐流散液体火灾所设辅助泡沫枪的混合液用量之和的要求。

第3.1.2条 储罐区泡沫液的总储量除按规定的泡沫混合液供给强度、泡沫枪数量和连续供给时间计算外,尚应增加充满管道的需要量。

第3.1.3条 采用固定式泡沫灭火系统时,除设置固定式泡沫灭火设备外,同时还应设置泡沫钩管、泡沫枪和泡沫消防车等移动式泡沫灭火设备。

第3.1.4条 扑救甲、乙、丙类液体泡沫混合液最大用量的储罐直径,应按储罐泡沫枪数量,其数量和泡沫混合液连续供给时间不应小于表3.1.4的规定。

泡沫枪数量和连续供给时间　　　表3.1.4

储罐直径(m)	配备PQ8型泡沫枪数(支)	连续供给时间(min)
<23	1	10

泡沫混合液供给强度和连续供给时间　　表 3.2.1-2

液体类别	供给强度(L/min·m²) 固定式,半固定式	连续供给时间(min)
丙酮、丁醇	12	30
甲醇、乙醇、丁酮、丙烯腈、醋酸乙酯	12	25

注：本表未列出的水溶性液体，其泡沫混合液供给强度和连续供给时间由试验确定。

一、泡沫混合液流量，应按罐壁与泡沫堰板之间的环形面积计算，其泡沫混合液的最小供给强度、泡沫产生器的最大保护周长和连续供给时间，均应符合表 3.2.2 的规定；

二、泡沫堰板距离罐壁不应小于 1.0m。当采用机械密封时，泡沫堰板高度不应小于 0.25m。泡沫堰板高度不应小于 0.9m。在泡沫堰板最下部还应设置排水孔，其开孔面积宜按每平方米环形面积设两个 12mm×8mm 的长方形孔计算。

泡沫混合液供给强度、泡沫产生器保护周长和连续供给时间　　表 3.2.2

型号	混合液流量(L/min)	供给强度(L/min·m²)	保护周长(m)	连续供给时间(min)
PC4	240	12.5	18	30
PC8	480	12.5	36	30

续表

储罐直径(m)	配备PQ8型泡沫炮数(支)	连续供给时间(min)
23~33	2	20
>33	3	30

第二节　储罐区液上喷射泡沫灭火系统的设计

第 3.2.1 条　固定顶储罐液上喷射泡沫灭火系统的燃烧面积，应按储罐横截面面积计算。泡沫混合液供给强度及连续供给时间，应符合下列规定：

一、非水溶性的甲、乙、丙类液体，不应小于表 3.2.1-1 的规定。

泡沫混合液供给强度和连续供给时间　　表 3.2.1-1

液体类别	供给强度(L/min·m²)		连续供给时间(min)
	固定式,半固定式	移动式	
甲、乙类	6.0	8.0	40
丙类	6.0	8.0	30

二、水溶性的甲、乙、丙类液体，不应小于表 3.2.1-2 的规定：

第 3.2.2 条　外浮顶储罐的泡沫灭火系统，应符合下列规定：

第3.2.3条 内浮顶储罐的泡沫灭火系统,应符合下列规定:

一、浅盘式和浮盘采用易熔材料制作的内浮顶储罐的燃烧面积、泡沫混合液的供给强度和连续供给时间,均应按本规范第3.2.1条的规定执行;

二、单、双盘式内浮顶储罐的燃烧面积、泡沫混合液的供给强度和连续供给时间,均应按本规范第3.2.2条的第一款规定执行;浮盘上内浮顶储罐堰板罐壁距不应小于0.55m,其高度不应小于0.5m。

第3.2.4条 液上喷射泡沫灭火系统泡沫产生器的设置,应符合下列规定:

一、固定顶储罐、浅盘式和浮盘采用易熔材料制作的内浮顶储罐的泡沫产生器型号及数量,应根据计算所需的泡沫混合液流量确定,且设置数量不应小于表3.2.4的规定。

泡沫产生器设置数量   表3.2.4

储罐直径(m)	泡沫产生器设置数量(个)
<10	1
10～20	2
21～25	3
26～35	4

二、外浮顶储罐和单、双盘式内浮顶储罐的泡沫产生器,应根据本规范第3.2.2条的要求确定主型号和数量;

三、泡沫产生器的进口压力,应为0.3～0.6MPa,其对应泡沫混合液流量,应按下式计算:

$$Q = K_1 \sqrt{P} \quad (3.2.4)$$

式中 Q——泡沫混合液流量(L/s);
K_1——泡沫产生器流量特性系数;
P——泡沫产生器进口压力(MPa)。

第3.2.5条 储罐上泡沫混合液管道的设置,应符合下列规定:

一、固定顶储罐、浅盘式和浮盘采用易熔材料制作的内浮顶储罐,每个泡沫混合液管道引至防火堤至防火堤外;

二、外浮顶储罐内浮顶储罐,双盘式内浮顶储罐可每两个或一组在泡沫混合液管下端合用一根管道引至防火堤外。当三个以上泡沫产生器在泡沫混合液管下端合用一根管道引至防火堤外时,宜在每个泡沫混合液管上设控制阀。半固定式泡沫灭火系统引出防火堤外的每根泡沫混合液管道所需混合液流量不应大于一辆消防车的供给量;

三、连接泡沫产生器的泡沫混合液立管应用管卡固定在罐壁上,其间距不宜大于3m,泡沫混合液的立管下端,应设锈渣清扫口,泡沫混合液的立管宜用金属软管与水平管道连接。外浮顶储罐可不设金属软管;

四、外浮顶储罐的梯子平台上,应设置带闷盖的管牙接口,此接口用管沿储罐壁引至距地面0.7m处或防火堤外,且应设置相应的管牙接口。

第3.2.6条 防火堤内的泡沫混合液管道的设置,应符合下列规定:

一、泡沫混合液的水平管道,宜敷设在管墩或管架上,但不应与管墩、管架固定;

二、泡沫混合液的管道，应有3‰坡度坡向防火堤。

第3.2.7条 防火堤外的泡沫混合液管道的设置，应符合下列规定：

一、泡沫混合液管道上，宜设置消火栓，其设置数量应按本规范第3.1.4条规定的泡沫枪及其保护半径综合确定；

二、泡沫混合液的管道，应设置在防火堤在防火堤外，管道上的控制阀，应设置在防火堤外，并应有明显标志；

三、泡沫混合液管道的高处，应设放气阀。

第3.2.8条 泡沫混合液管道的设计流速，不宜大于3m/s，其水力计算可按现行的国家标准《自动喷水灭火系统设计规范》水力计算确定。

第三节 储罐区液下喷射泡沫灭火系统的设计

第3.3.1条 液下喷射泡沫灭火系统，不应用于甲、乙、丙类液体储罐，也不宜用于水溶性液体外浮顶储罐和内浮顶储罐。

第3.3.2条 地上固定顶储罐，当采用液下喷射泡沫灭火系统时，应符合下列规定：

一、泡沫混合液，选用氟蛋白泡沫液，泡沫发泡倍数按3倍计算；

二、泡沫混合液的连续供给时间，宜为30min；

三、泡沫混合液的供给强度不应小于6L/min·m²，泡沫供给强度应由试验确定；

当贮存温度超过50℃或粘度大于40mm²/s时，其泡沫供给强度应由试验确定；

四、泡沫混合液进入油品的速度，不宜大于3m/s；

喷射喷口宜采用向上斜的I型，其斜角度宜为45°，喷射管伸入罐内的长度不得小于喷射管直径的10倍，当只有一个喷射口时，喷射口宜设在储罐中心，当设有一个以上

喷射口时，其应均匀设置，且各喷射口的流量应大致相同；

五、泡沫喷射口的安装高度，应在储罐积液层之上。泡沫喷射口的设置数量不应小于表3.3.2的规定。

喷射口设置数量 表3.3.2

储罐直径(m)	喷射口数量(个)
<23	1
23～33	2
>33	3

第3.3.3条 液下喷射泡沫灭火系统高背压泡沫产生器的设置，应符合下列规定：

一、设置数量，应按本规范第3.3.2条计算的泡沫混合液流量确定；

二、出口压力应大于泡沫管道的阻力和罐内液体静压力之和；

三、进口的压力应为0.6～1.0MPa，其对应的泡沫混合液流量，可按下式计算：

$$Q = K_2\sqrt{P} \quad (3.3.3)$$

式中 Q——泡沫混合液流量(L/min)；
K_2——高背压泡沫产生器流量特性系数；
P——高背压泡沫产生器的进口压力(MPa)。

第3.3.4条 液下喷射泡沫灭火系统，泡沫管线的设置，应符合下列规定：

一、防火堤内的泡沫管线，应按本规范第3.2.6条确定；

二、防火堤外的泡沫管径，应设置放空阀，并宜有2‰的坡度坡向放空阀；不应设置消火栓、排气阀；

第3.3.5条 泡沫管道的水力计算,应符合下列规定:

一、水力计算可按下式计算:

$$h = CQ^{1.72} \quad (3.3.5)$$

式中 h——泡沫管道单位长度阻力损失(Pa/10m);
   C——管道阻力损失系数;
   Q——泡沫流量(L/s)。

二、管道阻力损失系数可按表3.3.5-1取值。

管道阻力损失系数   表3.3.5-1

管径(mm)	管道阻力损失系数
100	12.920
150	2.140
200	0.555
250	0.210
300	0.111
350	0.070

三、泡沫管道上的阀门和部分管件的当量长度,可按表3.3.5-2确定。

泡沫管道上的阀门和部分管件的当量长度   表3.3.5-2

管件种类\公称直径(mm)	150	200	250	300
闸阀	1.25	1.50	1.75	2.00
90°弯头	4.25	5.00	6.75	8.00
旋启式逆止阀	12.00	15.25	20.50	24.50

第3.3.6条 液下喷射泡沫灭火系统,泡沫混合液管道的设置和水力计算,应按本规范第3.2.7条和第3.2.8条确定。

第3.3.7条 液下喷射泡沫灭火系统,防火堤内的泡沫管道上,应设钢质控制阀和单向阀;防火堤外,应设钢质控制阀。

第四节 泡沫喷淋系统

第3.4.1条 泡沫喷淋系适用于保护甲、乙、丙类液体可能泄漏和机动消防设施不足的场所。

第3.4.2条 泡沫喷淋系统当采用吸气型泡沫喷头时,应选用蛋白泡沫液、氟蛋白泡沫液、水成膜泡沫液或抗溶性泡沫液;当采用非吸气型泡沫喷头时,必须选用水成膜泡沫液。

第3.4.3条 当采用蛋白泡沫液或氟蛋白泡沫液保护非水溶性甲、乙、丙类液体时,其泡沫混合液供给强度不应小于8L/min·m²。连续供给泡沫液时间,不应小于10min。

当采用水成膜泡沫液保护非水溶性甲、乙、丙类液体或采用抗溶性泡沫液保护水溶性甲、乙、丙类液体时,其泡沫混合液供给强度和连续供给泡沫液时间,宜由试验确定。

第3.4.4条 顶喷式泡沫喷头的设置高度,宜由试验确定。最低部位宜为3~10m;超出此范围时,距保护对象宜采用自动控制方式,但必须同时设手动控制装置。

第3.4.5条 泡沫喷淋系统,应设火灾自动报警装置。

第五节 泡沫泵站

第3.5.1条 泡沫泵站宜与消防水泵房合建,其建筑耐火等级不应低于二级。泡沫泵站与保护对象的距离不宜小于

30m，且应满足在泡沫消防泵启动后，将泡沫混合液或泡沫输送到保护最远护对象的时间不宜大于5min。

第3.5.2条 泡沫消防泵宜采用自灌引水启动。一组泡沫消防泵的吸水管不应小于两条，当其中一条损坏时，其余的吸水管应能通过全部用水量。

第3.5.3条 泡沫消防泵站内或站外附近泡沫混合液管道上，宜设置消火栓；泡沫泵站内，宜配置泡沫枪。

第3.5.4条 泡沫消防泵，应设置备用泵，其工作能力不应小于最大一台泵的能力。当符合下列条件之一时，可不设置备用泵：

一、非水溶性甲、乙、丙类液体总储量小于2500m³，且单罐容量小于500m³；

二、水溶性甲、乙、丙类液体总储量小于1000m³，且单罐容量小于100m³。

第3.5.5条 泡沫泵站，应设置备用动力，当采用双电源或双回路供电有困难时，泡沫泵站，可采用内燃机作动力。

第3.5.6条 泡沫泵站内，设置水池水位指示装置。泡沫泵站应设有与本单位消防站或消防保卫部门直接联络的通讯设备。

第四章 系统组件

第一节 一般规定

第4.1.1条 泡沫消防泵、泡沫比例混合器、泡沫产生器、泡沫液储罐、泡沫产生器、阀门、管道等系统组件，必须采用通过国家级消防产品质量监督检测中心检验合格的产品。

第4.1.2条 系统主要组件的涂色，应符合下列规定：

一、泡沫混合液管道、泡沫管道、泡沫液储罐、泡沫比例混合器、泡沫产生器涂红色；

二、泡沫消防泵、给水管道涂绿色。

注：当管道较多与工艺管道除各有牌时，也可除相应的带或色环。

第二节 泡沫消防泵和泡沫比例混合器

第4.2.1条 泡沫消防泵宜选用特性曲线平缓的离心泵，当采用环泵式泡沫比例混合器时，泵的设计流量应为计算流量的1.1倍。

第4.2.2条 泡沫消防泵进水管上，应设置压力表、单向阀和带控制或真空表。

泡沫消防泵的出水管上，应设置真空压力表、单向阀和带控制阀的回流管。

第4.2.3条 当采用环泵式泡沫比例混合器时，应符合下列规定：

一、出口背压宜为零或负压，当进口压力为0.7～0.9

MPa 时，其出口背压可为 0.02～0.03MPa；

二、吸液口不应低于泡沫液储罐最低液面 1m；

三、比例混合器的出口背压大于零时，其吸液管上应设有防止水倒流泡沫液储罐的措施；

四、安装比例混合器宜设有不少于一个的备用量。

第 4.2.4 条 当采用压力式泡沫比例混合器时，应符合下列规定：

一、进口压力应为 0.6～1.2MPa；

二、压力损失可按 0.1MPa 计算。

第 4.2.5 条 当采用平衡压力式泡沫比例混合器时，应符合下列规定：

一、水的进口压力应为 0.5～1.0MPa；

二、泡沫液的进口压力，应大于水的进口压力，但其压差不应大于 0.2MPa。

第 4.2.6 条 当采用管线式泡沫比例混合器时，应将其串接在消防水带上，其出口压力应满足泡沫设备进口压力的要求。

第三节 泡沫液储罐

第 4.3.1 条 当采用环泵或平衡压力式泡沫比例混合流程时，泡沫液储罐应选用常压储罐；当采用压力式泡沫比例混合流程时，泡沫液储罐应选用压力储罐。

第 4.3.2 条 泡沫液储罐宜采用耐腐蚀材料制作；当采用钢罐时，其内壁应作防腐处理。

第 4.3.3 条 常压储罐宜采用卧式或立式圆柱形储罐，其上应设置液面计、排渣孔、进料孔、人孔、取样口、呼吸阀或带控制阀的通气管。

压力储罐上应安设安全阀、排渣孔、进料孔、人孔和取样孔。

第四节 泡沫产生器

第 4.4.1 条 液上喷射泡沫产生器，宜沿储罐周边均匀布置。

第 4.4.2 条 高背压泡沫产生器应设置在防火堤外，其出口管道应设置取样口。

第五节 阀门和管道

第 4.5.1 条 当泡沫消防泵出口管道口径大于 300mm 时，宜采用电动、气动或液动阀门。

阀门应有明显的启闭标志。

第 4.5.2 条 泡沫和泡沫混合液的管道，应采用钢管。管道外壁应进行防腐处理，其法兰连接处应采用石棉橡胶垫片。

附录一 名词解释

附表1.1

名 词	曾用名	解 释
低倍数空气泡沫		泡沫混合液吸入空气后,体积膨胀小于20倍的泡沫
甲类液体	易燃液体	闪点<28℃的液体
乙类液体	易(可)燃液体	闪点≥28℃至<60℃的液体
丙类液体	可燃液体	闪点≥60℃的液体
液上喷射泡沫灭火系统		泡沫从液面上喷入罐内的灭火系统
液下喷射泡沫灭火系统		泡沫从液面下喷入罐内的灭火系统
泡沫混合液		泡沫液和水按一定比例混合后,形成的水溶液
固定式泡沫灭火系统		由固定的泡沫消防泵、泡沫比例混合器、泡沫产生装置和管道组成的灭火系统
半固定式泡沫灭火系统		由固定的泡沫产生装置,用水带连接组成的泡沫消防泵,或者由固定的泡沫消防泵、相应的管道和移动的泡沫产生装置,用水带连接组成的灭火系统

续表

名 词	曾用名	解 释
移动式泡沫灭火系统		由消防车或机动消防泵、泡沫产生装置,泡沫比例混合器、移动式泡沫产生装置,用水带连接组成的灭火系统
固定顶储罐		立式圆柱形的储罐上,有一个固定顶的储罐
外浮顶储罐		储罐的顶漂浮在液面上,且可以随着液面上下浮动
内浮顶储罐		固定顶储罐,罐内还有一个随着液面上下的浮顶
双盘式内浮顶		浮顶为浮仓式,浮仓由多个隔舱隔开
单盘式内浮顶		浮顶局部为浮仓式的浮顶
浅盘式内浮顶		浮顶是盘状无仓式的浮顶
泡沫喷淋系统		用喷头喷洒泡沫的固定式灭火系统
高背压泡沫产生器	液下喷射泡沫产生器	泡沫混合液通过此装置能吸入空气,产生低数倍泡沫,其出口具有一定的压力(表压)

8—11

附加说明

附录二 本规范用词说明

一、为便于在执行本规范条文时区别对待,对要求严格程度不同的用词说明如下:

1. 表示很严格,非这样做不可的用词:
   正面词采用"必须";
   反面词采用"严禁"。
2. 表示严格,在正常情况下均应这样作的用词:
   正面词采用"应";
   反面词采用"不应"或"不得"。
3. 表示允许稍有选择,在条件许可时首先应这样作的用词:
   正面词采用"宜"或"可";
   反面词采用"不宜"。

二、条文中指定应按其它有关标准、规范执行时,写法为"应按……执行"或"应符合……的规定"。

本规范主编单位、参加单位和主要起草人名单

主编单位: 公安部天津消防科学研究所
参加单位: 中国石油化工总公司北京设计院
中国石油化工总公司洛阳石油化工工程公司
中国石油天然气总公司大庆石油勘察设计研究院
天津市公安局消防处

主要起草人: 甘家林 原继增 汤晓林 秘义行 石守文
贾宜普 李 生 孟祥平 张凤和 蒋永琨
吴礼龙 关明俊 侯建祥

中华人民共和国国家标准

卤代烷 1301 灭火系统设计规范

GB 50163—92

主编部门：中华人民共和国公安部
批准部门：中华人民共和国建设部
施行日期：1993 年 5 月 1 日

关于发布国家标准《卤代烷 1301 灭火系统设计规范》的通知

建标[1992]665 号

根据原国家计委计综[1986]2630 号文的要求，由公安部会同有关部门共同编制的《卤代烷 1301 灭火系统设计规范》，已经有关部门会审。现批准《卤代烷 1301 灭火系统设计规范》GB50163—92 为强制性国家标准，自一九九三年五月一日起施行。

本规范由公安部负责管理。其具体解释等工作由公安部天津消防科学研究所负责。出版发行由建设部标准定额研究所负责组织。

中华人民共和国建设部
一九九二年九月二十九日

编 制 说 明

本规范是根据原国家计委计综[1986]2630号文件通知，由公安部天津消防科学研究所会同机械电子工业部第十设计研究院、北京市建筑设计研究院、武警学院、上海市崇明县建设局五个单位共同编制的。

编制组遵照国家基本建设的有关方针政策和"预防为主，防消结合"的消防工作方针，对我国卤代烷1301灭火系统的研究、设计、生产和使用情况进行了较全面的调查研究，开展了部分试验验证工作，在总结已有科研成果和工程实践的基础上，参考国际标准和美、法、英、日等国外标准，并广泛征求了有关单位的意见，经反复讨论修改，编制出本规范，最后由有关部门会审定稿。

本规范共有七章和六个附录。包括总则、防护区、卤代烷1301用量计算、管网设计计算、系统组件、操作和控制、安全要求等内容。

各单位在执行本规范过程中，注意总结经验、积累资料。发现需要修改和补充之处，请将意见和有关资料寄交公安部天津消防科学研究所（地址：天津市南开区津淄公路92号，邮政编码300381)，以便今后修改时参考。

中华人民共和国公安部
一九九二年三月

第一章 总 则

第1.0.1条 为了合理地设计卤代烷1301灭火系统，减少火灾危害，保护人身和财产安全，制定本规范。

第1.0.2条 卤代烷1301灭火系统的设计应遵循国家基本建设的有关方针政策，针对保护对象的特点，做到安全可靠，技术先进，经济合理。

第1.0.3条 本规范适用于工业和民用建筑中设置的卤代烷1301全淹没灭火系统。

第1.0.4条 卤代烷1301灭火系统可用于扑救下列火灾：

一、煤气、甲烷、乙烯等可燃气体火灾；

二、甲醇、乙醇、丙酮、苯、煤油、汽油、柴油等甲、乙、丙类液体火灾；

三、木材、纸张等固体火灾；

四、变配电设备、发电机组、电缆等带电的设备及电气线路火灾。

第1.0.5条 卤代烷1301灭火系统不得用于扑救含有下列物质的火灾：

一、硝化纤维、炸药、氧化氮、氟等无空气仍能迅速氧化的化学物质与强氧化剂；

二、钾、钠、镁、钛、锆、铀、钚、氢化钾、氢化钠等活泼金属及其氢化物；

三、某些过氧化物、联氨等能自行分解的化学物质；

四、磷等易自燃的物质。

第1.0.6条 国家有关建筑设计防火规范中凡规定应设置卤代烷或二氧化碳灭火系统的场所,当经常有人工作时,宜设卤代烷1301灭火系统。

第1.0.7条 在卤代烷1301灭火系统设计中,应选用符合国家标准要求的材料和设备。

第1.0.8条 卤代烷1301灭火系统的设计,除执行本规范的规定外,尚应符合现行的国家有关标准、规范的要求。

第二章 防 护 区

第2.0.1条 防护区的划分,应符合下列规定:

一、防护区应以固定的封闭空间划分;

二、当采用管网灭火系统时,一个防护区的面积不宜大于500m²,容积不宜大于2000m³;

三、当采用预制灭火装置时,一个防护区的面积不宜大于100m²,容积不宜大于300m³。

第2.0.2条 防护区的隔墙和门的耐火极限均不应低于0.50h;吊顶的耐火极限不应低于0.25h。

第2.0.3条 防护区的围护构件的允许压强,均不宜低于1.2kPa(防护区内外气体的压力差)。

第2.0.4条 防护区的围护构件的上下不宜设置敞开孔洞。当必须设置敞开孔洞时,应设置能手动和自动的关闭装置。

第2.0.5条 完全密闭的防护区应设泄压口。泄压口宜设在外墙上,其底部距室内地面高度不应小于室内净高的2/3。

对设有防爆泄压设施或门窗缝隙未设密封条的防护区,可不设泄压口。

第2.0.6条 泄压口的面积,应按下式计算:

$$S = \frac{0.0262 \cdot \mu_1 \cdot \overline{Q}_M}{\sqrt{\mu_m \cdot P_H}} \quad (2.0.6)$$

式中 S——泄压口面积(m²);

μ_1——卤代烷1301蒸气比容,取0.15915m³/kg;

μ_m——在101.3kPa和20℃时，防护区内含有卤代烷1301的混合气体比容（m³/kg），应按本规范附录二的规定计算；

$\bar{Q}_M$——一个防护区内全部喷嘴的平均设计流量之和（以重量计，下同，kg/s）；

P_B——防护区的围护构件的允许压强（kPa），取其中的最小值。

第2.0.7条 两个或两个以上邻近的防护区，宜采用组合分配系统。

第三章 卤代烷1301用量计算

第一节 卤代烷1301设计用量与备用量

第3.1.1条 卤代烷1301的设计用量，应包括设计灭火用量或设计惰化用量，剩余量。

第3.1.2条 组合分配系统卤代烷1301的设计用量，应按该组合中需卤代烷1301量最多的一个防护区的设计用量计算。

第3.1.3条 用于重点防护对象防护区的卤代烷1301灭火系统与超过八个防护区的一个组合分配系统，应设备用量。备用量不应小于设计用量。

注：重点防护对象系指中央及省级电视发射塔微波室，超过100万人口城市的通讯机房，大型电子计算机房或贵重设备室，省级或藏书超过200万册的图书馆的珍藏室，中央及省级的重要文物、资料、档案库。

第二节 设计灭火用量与设计惰化用量

第3.2.1条 设计灭火用量或设计惰化用量应按下式计算：

$$M_d = \frac{\varphi}{(100-\varphi)} \cdot \frac{V}{\mu_{min}} \qquad (3.2.1)$$

式中 M_d——设计灭火用量或设计惰化用量（kg）；

φ——卤代烷1301的设计灭火浓度或设计惰化浓度（%）；

V——防护区的净容积（m³）；

续表

物质名称	设计灭火浓度(%)	设计惰化浓度(%)
甲醇	9.4	
硝基甲烷	7.6	
丙烷	5.0	6.7
异丙醇	5.0	
苯	5.0	
甲苯	5.0	
混合二甲苯	5.0	
氢		31.4

μ_{min}——防护区最低环境温度下卤代烷1301蒸气比容(m^3/kg),应按本规范附录二的规定计算。

第3.2.2条 生产、使用或贮存可燃气体和甲、乙、丙类液体的防护区,卤代烷1301的设计灭火浓度与设计惰化浓度,应符合下列规定:

一、有爆炸危险的防护区应采用设计惰化浓度;无爆炸危险的防护区可采用设计灭火浓度。

二、设计惰化浓度或设计灭火浓度不应小于最小灭火浓度或设计惰化浓度的1.2倍,并不应小于5.0%。

三、几种可燃物共存或混合存在时,卤代烷1301的设计灭火浓度或设计惰化浓度应按其最大者确定。

四、有关可燃气体灭火浓度和设计惰化浓度可按表3.2.2确定。表中未给出的,应经试验确定。

可燃气体和甲、乙、丙类液体防护区的卤代烷1301
设计灭火浓度和设计惰化浓度   表3.2.2

物质名称	设计灭火浓度(%)	设计惰化浓度(%)
丙酮	5.0	7.6
苯	5.0	
乙醇	5.0	11.1
乙烯	8.2	13.2
正己酮	5.0	
正庚烷	5.0	6.9
甲烷	5.0	7.7

第3.2.3条 图书、档案和文物资料库等防护区,卤代烷1301设计灭火浓度宜采用7.5%。

第3.2.4条 变配电室、通讯机房、电子计算机房等防护区,卤代烷1301设计灭火浓度宜采用5.0%。

第3.2.5条 卤代烷1301的浸渍时间,应符合下列规定:

一、固体火灾时,不应小于10min;

二、可燃气体火灾和甲、乙、丙类液体火灾时,必须大于1min。

第三节 剩余量

第3.3.1条 卤代烷1301的剩余量,应包括贮存容器内的剩余量和管网内的剩余量。

第3.3.2条 贮存容器内的剩余量,可按导液管开口以下容器容积计算。

第3.3.3条 均衡管网内和布置在一个封闭空间内的防护区中的非均衡管网内的卤代烷1301剩余量，可不计。布置在含有二个或二个以上封闭空间的防护区中的非均衡管网内的卤代烷1301剩余量可按下式计算：

$$M_r = \sum_{i=1}^{m} V_i \cdot \bar{\rho}_i \quad (3.3.3)$$

式中 M_r——管网内卤代烷1301的剩余量(kg)；

V_i——卤代烷1301喷射结束时，管网中气相与液两相分界点下游第i管段的容积(m^3)；

$\bar{\rho}_i$——卤代烷1301喷射结束时，管网中气相与液两相分界点下游第i管段内卤代烷1301的平均密度(kg/m^3)。卤代烷1301的平均密度可按本规范第4.2.13条确定。管道内的压力可取中期容器压力的50%，且不得高于卤代烷1301在20℃时的饱和蒸气压。

第四章 管网设计计算

第一节 一般规定

第4.1.1条 管网设计计算的环境温度，可采用20℃。

第4.1.2条 贮压式系统卤代烷1301的贮存压力的选取，应符合下列规定：

一、贮存压力等级应通过管网流体计算确定；

二、防护区面积较小，且从贮瓶间到防护区的距离较近时，宜选用2.50MPa(表压)以下未加注明的压力均为绝对压力)；

三、防护区面积较大或从贮瓶间到防护区的距离较远时，可选用4.20MPa(表压)。

第4.1.3条 贮压式系统贮存容器内的卤代烷1301，应采用氮气增压，氮气的含水量不应大于0.005%的体积比。

第4.1.4条 贮压式系统卤代烷1301的充装密度，不宜大于1125kg/m^3。

第4.1.5条 卤代烷1301的喷射时间，应符合下列规定：

一、气体和液体火灾的防护区，不应大于10s；

二、文物资料库、档案库、图书馆的珍藏库等防护区，不宜大于10s；

三、其他防护区，不宜大于15s。

第4.1.6条 管网计算应根据中期容器压力和该压力下

的瞬时流量进行。该瞬时流量可采用平均设计流量。管网流体计算应符合下列规定：

一、喷嘴的设计压力不应小于中期容器压力的50%；

二、管网内灭火剂百分比不应大于80%。

第4.1.7条 管网宜均衡布置。均衡管网应符合下列规定：

一、从贮存容器到每个喷嘴的管道长度与管道当量长度应分别大于最长管道长度与管道当量长度的90%；

二、每个喷嘴的平均设计流量应相等。

第4.1.8条 管网不应采用四通管件布置。三通出口支管件分流。当采用三通分流时，宜符合下述规定：

一、当采用分流三通分流方式（图4.1.8-1）时，其任一分流支管的设计分流流量不应大于管道三通进口总流量的60%；

二、当采用直流三通分流方式（图4.1.8-2）时，其直通支管的设计分流流量不应小于管道三通进口总流量的60%。

当各支管的设计分流流量不符合上述规定时，应对分流流量进行校正。

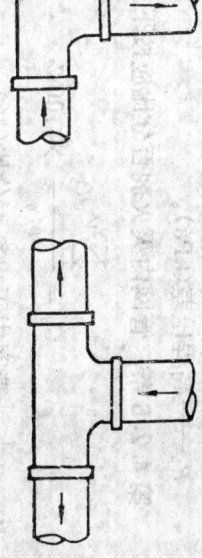

图4.1.8-1 分流三通分流方式示意图

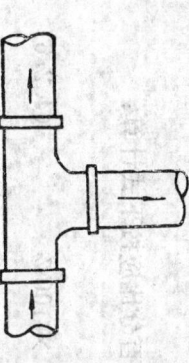

图4.1.8-2 直流三通分流方式示意图

第二节 管网流体计算

第4.2.1条 管网中各管段的管径和喷嘴的孔口面积，应根据每个喷嘴所需喷出的卤代烷1301量和喷射时间，并经计算后选定。

第4.2.2条 管道内气、液两相流体应保持紊流状态，初选管径可按4.2.2-1式计算，经计算后选定的最大管径，应符合4.2.2-2式的要求：

$$D = 15\sqrt{q_m} \qquad (4.2.2-1)$$

$$D_{max} \leq 21.5 q_m^{0.475} \qquad (4.2.2-2)$$

式中 D ——管道内径(mm)；
q_m ——管道内卤代烷1301平均设计流量(kg/s)；
D_{max} ——保持紊流状态的最大管径(mm)。

第4.2.3条 单个喷嘴的平均设计流量，应按下式计算：

$$q_{sm} = \frac{M_{sd}}{t_d} \qquad (4.2.3)$$

式中 q_{sm} ——单个喷嘴的平均设计流量(kg/s)；
M_{sd} ——单个喷嘴所需喷出的卤代烷1301(kg)；
t_d ——灭火剂喷射时间(s)。

第4.2.4条 单个喷嘴孔口面积应按下式计算选定：

$$A_s = \frac{q_{sm}}{R} \qquad (4.2.4)$$

式中 A_s ——单个喷嘴孔口面积(m²)；
R ——喷嘴设计压力下的实际比流量(kg/s·m²)。

第4.2.5条 喷嘴的设计压力应按下式计算：

$$P_n = P_c - P_l - P_h \qquad (4.2.5)$$

式中 P_n ——喷嘴的设计压力(kPa，表压)；

第 4.2.8 条 按本规范第 4.2.7 条估算的管网内灭火剂百分比,应按本规范第 4.2.6 条进行核算。核算与估算结果的差值或前后两次核算结果的差值,应在±3%的范围内。

第 4.2.9 条 卤代烷 1301 的中期容器压力应根据下式计算:

$$P_c = K_1 - K_2 C_c + K_3 C_c^2 \quad (4.2.9)$$

式中 P_c ——中期容器压力(MPa,表压);
$K_1、K_2、K_3$ ——系数,取表 4.2.9 中的数。

$K_1、K_2、K_3$ 数值表 表 4.2.9

贮存压力(MPa,表压)	充装密度(kg/m³)	K_1	K_2	K_3
4.20	600	3.505	1.3313	0.2656
4.20	800	3.250	1.5125	0.2815
4.20	1000	3.010	1.6563	0.3281
4.20	1200	2.765	1.7125	0.3438
2.50	600	2.205	0.6375	-0.1250
2.50	800	2.115	0.7438	-0.1094
2.50	1000	2.010	0.8438	-0.0781
2.50	1200	1.920	0.9313	-0.0781

第 4.2.10 条 管道的沿程压力损失和局部压力损失,可根据管道内各点的压力确定。

均衡管网内各点的压力和非均衡管网管道内任一点的压力,均可按本

P_c ——中期容器压力(kPa,表压);
P_1 ——管道沿程压力损失和局部压力损失之和 (kPa);
P_h ——高程压力差(kPa)。

第 4.2.6 条 管网内灭火剂百分比应按下式计算:

$$C_0 = \frac{\sum_{i=1}^{n} V_{pi} \bar{\rho}_{pi}}{M_0} \times 100\% \quad (4.2.6)$$

式中 C_0 ——管网内灭火剂百分比(%);
V_{pi} ——管段的内容积(m³);
$\bar{\rho}_{pi}$ ——管段内卤代烷 1301 的平均密度(kg/m³),按规范第 4.2.13 条确定;
M_0 ——卤代烷 1301 的设计用量(kg)。

第 4.2.7 条 管网内灭火剂百分比估算值,可按下列公式估算:

一、2.50MPa 贮存压力

$$C'_c = \frac{\frac{1229 - 0.07 \rho_0}{M_0} + 32 + 0.3 \rho_0}{\sum_{i=1}^{n} V_{pi}} \times 100\% \quad (4.2.7-1)$$

二、4.20MPa 贮存压力

$$C'_c = \frac{\frac{1123 - 0.04 \rho_0}{M_0} + 80 + 0.3 \rho_0}{\sum_{i=1}^{n} V_{pi}} \times 100\% \quad (4.2.7-2)$$

式中 C'_c ——管网内灭火剂百分比估算值(%);
ρ_0 ——卤代烷 1301 的充装密度(kg/m³);
$\sum_{i=1}^{n} V_{pi}$ ——管网中各管段的容积之和(m³)。

规范第4.2.11条至第4.2.13条的规定计算。

第4.2.11条 管道内卤代烷1301的平均设计流量与压力系数Y、密度系数Z的关系，应按4.2.11-1式确定。管道内任一点压力的关系，应按4.2.11-2式和4.2.11-3式确定，卤代烷1301密度的关系，应按4.2.11-2式和4.2.11-3式确定。也可按本规范附录三确定。

$$\overline{q_{pm}^2} = \frac{2.424 \times 10^{-8} D^{5.25} Y}{L + 0.0432 D^{1.25} Z} \quad (4.2.11\text{-}1)$$

$$Y = \int_{P_s}^{p} \rho \, dp \quad (4.2.11\text{-}2)$$

$$Z = \ln \frac{\rho_s}{\rho} \quad (4.2.11\text{-}3)$$

式中 L——从贮存容器到计算点的管道计算长度(m)；
Y——压力系数(MPa·kg/m³)；
Z——密度系数；
$\overline{P_s}$——容器平均压力(MPa)；
p——管道内任一点的压力(MPa)；
ρ_s——压力为 P_s 处的卤代烷1301密度(kg/m³)；
ρ——压力为 p 处的卤代烷1301密度(kg/m³)。

第4.2.12条 任一管段末端的压力系数，应按下式计算。

$$Y_2 = Y_1 + \frac{lq_{pm}^2}{K_1} + K_1 q_{pm}^2 (Z_2 - Z_1) \quad (4.2.12)$$

式中 q_{pm}^2——管道内卤代烷1301的平均设计流量(kg/s)；
l——管段的长度(m)；
Y_1——管段始端的Y系数(MPa·kg/m³)；
Y_2——管段末端的Y系数(MPa·kg/m³)；
Z_1——管段始端的Z系数；
Z_2——管段末端的Z系数；
K_1——系数，对于钢管：$K_1 = 2.424 \times 10^{-8} D^{5.25}$；
K_1——系数，对于钢管：$K_1 = \dfrac{1.782 \times 10^6}{D^4}$。

第4.2.13条 管网内卤代烷1301的密度，应根据表4.2.13确定。

表4.2.13 管网内卤代烷1301的密度

充装密度(kg/m³) 管道内压力(MPa,表压)	2.50MPa系统				4.20MPa系统				
	600	800	1000	1200	600	800	1000	1200	
0.60					125	135	145	155	
0.65					145	160	170	180	
0.70					165	180	190	200	
0.75	220	230	240	255	185	200	210	220	
0.80	250	260	270	280	210	230	240	250	
0.85	275	295	305	320	230	250	260	280	
0.90	310	330	340	350	255	275	290	305	
0.95	345	360	380	395	275	300	310	330	
1.00	380	400	420	440	300	325	340	360	
1.05	420	445	460	485	325	350	365	390	
1.10	460	490	510	535	350	375	395	420	
1.15	510	535	560	590	375	400	425	450	
1.20	550	580	610	640	400	430	460	490	

续表

充装密度 (kg/m³) 管道内压力(MPa,表压)	2.50MPa 系统				4.20MPa 系统			
	600	800	1000	1200	600	800	1000	1200
2.20	1530				955	1020	1120	1210
2.25					990	1050	1150	1245
2.30					1010	1070	1180	1270
2.35					1040	1100	1210	1300
2.40					1070	1130	1240	1330
2.45					1095	1160	1270	1365
2.50					1115	1180	1295	1390
2.55					1140	1210	1325	1420
2.60					1160	1230	1355	1450
2.65					1190	1260	1375	1480
2.70					1210	1285	1405	1505
2.75					1235	1315	1435	1535
2.80					1250	1335	1455	
2.85					1280	1360	1475	
2.90					1290	1380	1495	
2.95					1315	1400	1515	
3.00					1330	1425	1580	
3.05					1350	1445		
3.10					1365	1465		

续表

充装密度 (kg/m³) 管道内压力(MPa,表压)	2.50MPa 系统				4.20MPa 系统			
	600	800	1000	1200	600	800	1000	1200
1.25	600	635	665	700	425	455	490	520
1.30	645	685	725	765	450	485	520	550
1.35	695	735	775	825	475	510	550	590
1.40	745	795	835	885	500	540	580	620
1.45	795	845	895	900	530	570	615	660
1.50	845	900	955	1015	555	600	645	695
1.55	895	955	1020	1085	580	625	675	730
1.60	950	1015	1085	1150	610	660	710	770
1.65	1005	1075	1150	1220	640	690	750	815
1.70	1060	1135	1215	1290	665	720	780	850
1.75	1115	1195	1275	1350	695	755	820	895
1.80	1165	1250	1335	1400	720	780	850	930
1.85	1220	1305	1390	1470	750	820	890	975
1.90	1265	1355	1445	1525	780	840	920	1005
1.95	1310	1405	1500		810	875	955	1040
2.00	1355	1455			840	900	985	1075
2.05	1400	1505			875	940	1030	1115
2.10	1445	1545			895	960	1055	1145
2.15	1485				925	990	1085	1175

续表

充装密度 (kg/m³)	2.50MPa 系统				4.20MPa 系统			
管道内压力 (MPa表压)	600	800	1000	1200	600	800	1000	1200
3.15					1385	1485		
3.20					1405	1500		
3.25					1425	1520		
3.30					1445	1540		
3.35					1465			
3.40					1480			
3.45					1495			
3.50					1515			
3.55					1535			
3.60					1550			

第4.2.14条 均衡管网中各管段的压力损失，可按本规范附录四附图 4.1 和附图 4.2 的单位管道长度压力损失（未经修正值）乘以压力损失的修正系数计算。压力损失的修正系数，可按本规范附录四附图 4.3 和附图 4.4 确定。

第4.2.15条 高程的压差，应按下式计算：

$$P_h = 10^{-3} \rho_0 \cdot \triangle H \cdot g_n \qquad (4.2.15)$$

式中 ρ_0 ——管段高程变化始端处卤代烷 1301 的密度 (kg/m³)；

$\triangle H$ ——高程变化值(m)，向上取正值，向下取负值。

第五章 系统组件

第一节 贮存装置

第5.1.1条 管网灭火系统的贮存装置，应由贮存容器、容器阀、单向阀和集流管等组成。

预制灭火装置的贮存装置，应由贮存容器、容器阀组成。

第5.1.2条 在贮存容器上或容器阀上，应设泄压装置和压力表。

组合分配系统的集流管，应设泄压装置。泄压装置的动作压力，应符合下列规定：

一、贮存压力为 2.50MPa 时，应为 6.8±0.34MPa；

二、贮存压力为 4.20MPa 时，应为 8.8±0.44MPa。

第5.1.3条 在贮存容器与集流管之间的管道上应设单向阀。单向阀与容器阀或单向阀与集流管之间应采用软管连接。贮存容器和集流管应采用支架固定。

第5.1.4条 在贮存装置上应设置耐久的固定标牌，标明每个贮存容器的编号、皮重、容积、灭火剂的名称、充装量、充装日期和贮存压力等。

第5.1.5条 保护同一防护区的贮存容器，其规格尺寸、充装量和贮存压力，均应相同。

第5.1.6条 贮存装置应布置在不易受机械、化学损伤的场所内，其环境温度宜为 −20～55℃。

管网灭火系统的贮存装置，宜设在靠近防护区的专用贮瓶间内。该房间的耐火等级不应低于二级，并应有直接通向室外或疏散走道的出口。

第5.1.7条 贮存装置的布置，应便于操作和维修。操作面距墙面或相邻操作面之间的距离，不宜小于1m。

第二节 选择阀和喷嘴

第5.2.1条 在组合分配系统中，应设置与每个防护区相对应的选择阀，其公称直径应与主管道的公称直径相等。

选择阀的位置应靠近贮存容器且便于操作。选择阀应设有标明防护区的耐久性固定标牌。

第5.2.2条 喷嘴的布置，应满足卤代烷1301均匀分布的要求。

设置在有粉尘的防护区内的喷嘴，应增设喷射能自行脱落的防尘罩。

喷嘴应有表示其型号、规格的永久性标志。

第三节 管道及其附件

第5.3.1条 管道及其附件应能承受最高环境温度下的工作压力，并应符合下列规定：

一、输送卤代烷1301的管道，应采用无缝钢管，其质量应符合现行国家标准《输送流体用无缝钢管》和《低压流体输送用无缝钢管》的规定。无缝钢管内外应镀锌。

二、贮存压力为2.50MPa的系统，当输送卤代烷1301的管道的公称直径不大于50mm时，可采用低压流体输送用镀锌焊接钢管，其质量应符合现行国家标准《低压流体输送用镀锌焊接钢管》的规定。

三、在有腐蚀性气体的气体、蒸气场所内，输送卤代烷1301的管道应采用不锈钢管或铜管，其质量应符合现行国家标准《不锈钢无缝钢管》、《拉制铜管》、《挤制铜管》或《挤制黄铜管》或《拉制黄铜管》的规定。

四、输送启动气体的管道，宜采用铜管。在有腐蚀铜层介质的场所，应采用不锈钢或铜合金或铜的管道附件。

第5.3.2条 管道的连接，当公称直径小于或等于80mm时，宜采用螺纹连接；大于80mm时，宜采用法兰连接。

第5.3.3条 钢制管道附件应内外镀锌。在有腐蚀镀锌层介质的场所，应采用不锈钢合金或铜合金的管道附件。

第5.3.4条 在通向每个防护区的主管道上，应设压力讯号装置或流量讯号装置。

第六章 操作和控制

第6.0.1条 管网灭火系统应设有自动控制、手动控制和机械应急操作三种启动方式。

第6.0.2条 自动控制装置应在接到两个独立的火灾信号后才能启动;手动控制装置应设在防护区外便于操作的地方;机械应急操作装置应设在钢瓶间内或防护区外便于操作的地方。机械应急操作应能在一个地点完成施放卤代烷1301的全部动作。

手动操作点均应设明显的永久性标志。

第6.0.3条 卤代烷1301灭火系统的操作和控制,应包括与该系统联动的开口自动关闭装置、通风机械和防火阀等设备的操作和控制。

第6.0.4条 卤代烷1301灭火系统的供电,应符合现行国家防火标准的规定。采用气动动力源时,应保证系统操作控制所需的压力和用气量。

第6.0.5条 卤代烷1301灭火系统的防护区内,应按现行国家标准《火灾自动报警系统设计规范》的规定设置火灾自动报警系统。

第6.0.6条 备用贮存容器与主贮存容器,应联接于同一集流管上,并应设置能切换使用的装置。

第七章 安全要求

第7.0.1条 防护区应设有疏散通道与出口,并宜使人员在30s内撤出防护区。

第7.0.2条 经常有人工作的防护区,当人员不能在1min内撤出时,施放的卤代烷1301的最大浓度不应大于10%。

第7.0.3条 防护区内卤代烷1301的最大浓度,应按下式计算:

$$\varphi_{max} = \frac{M_{cc} \cdot \mu_{max}}{V_{min}} \times 100\% \qquad (7.0.3)$$

式中 φ_{max} ——防护区内卤代烷1301灭火剂的最大浓度(%);

M_{cc} ——设计灭火用量或设计惰化用量(kg);

μ_{max} ——防护区内最高环境温度下卤代烷1301蒸气比容(m^3/kg),应按本规范附录二的规定计算。

V_{min} ——防护区的最小净容积(m^3)。

第7.0.4条 防护区内的疏散通道与出口,应设置应急照明装置和疏散指示标志。防护区内应设置火灾和灭火剂施放的声报警器,并在每个入口处设置光报警器和采用卤代烷1301灭火系统的防护标志。

第7.0.5条 设置在经常有人的防护区内的预制灭火装置,应有切断自动控制系统的手动装置。

第7.0.6条 防护区的门应向外开启并能自行关闭,疏散出口的门必须能从防护区内打开。

第7.0.7条 灭火后的防护区应通风换气,地下防护区和无窗或固定窗扇的地上防护区,应设置机械排风装置,排风口宜设在防护区的下部并应直通室外。

第7.0.8条 地下贮瓶间应设机械排风装置,排风口应直通室外。

第7.0.9条 卤代烷1301灭火系统的组件与带电部件之间的最小间距,应符合表7.0.9的规定。

卤代烷1301灭火系统的组件与带电部件之间的最小间距 表7.0.9

标称线路电压(kV)	最小间距(m)
≤10	0.18
35	0.34
110	0.94
220	1.90
330	2.90
500	3.60

注:海拔高度高于1000m的防护区,高度每增加100m,表中的最小间距增加1%。

第7.0.10条 设置在有爆炸危险场所内的管网系统,应设防静电接地装置。

第7.0.11条 设有卤代烷1301灭火系统的建筑物,宜配置专用的空气呼吸器或氧气呼吸器。

附录一 名词解释 附表1.1

名词	说明
卤代烷1301	三氟一溴甲烷,化学分子式为CF_3Br。1301依次代表化合物分子中所含碳、氟、氯、溴原子的数目
防护区	能满足因代烷全淹没灭火系统要求的一个有限空间
全淹没灭火系统	在规定时间内,向防护区喷射一定浓度的灭火剂,并使其均匀地充满整个防护区的灭火系统
预制灭火装置	即无管网灭火装置。按一定的应用条件,将灭火剂贮存装置和喷嘴等部件预先组装起来的成套灭火装置
组合分配系统	指用一套灭火剂贮存装置,通过选择阀等控制组件来保护多个防护区的灭火系统
灭火浓度	在101.3kPa压力和规定的温度条件下,扑灭某种可燃物质所需灭火剂与该灭火剂与空气混合气体的体积百分比
惰化浓度	在101.3kPa压力和规定的温度条件下,均能抑制燃烧或爆炸所需灭火剂与该灭火剂和空气混合气体的体积百分比
灭火剂浸渍时间	防护区内的被保护物全部浸没在保持灭火剂浓度或惰化浓度的混合气体中的时间
分界面	通过开口进入防护区的空气和防护区内含有灭火剂的混合气体之间所形成的界面

续表

名 词	说　　明
充装密度	贮存容器内灭火剂的重量与容器容积之比，单位为 kg/m³
中期容器压力	从喷嘴喷出卤代烷1301设计用量的50%时，贮存容器内的压力
灭火剂喷射时间	从全部喷嘴开始喷射以液态为主的灭火剂到其中任何一个喷嘴开始喷射气体的时间
管网内灭火剂百分量	按从喷嘴喷出卤代烷1301设计用量的50%时的质量与灭火剂气体之比计算,管网内灭火剂的质量与气体之比
容器平均压力	从贮存容器内排出卤代烷1301设计用量的50%时的压力

附录二　卤代烷1301蒸气比容和防护区内含有卤代烷1301的混合气体比容

一、卤代烷1301蒸气比容应按下式计算：

$$\mu = (5.3788 \times 10^{-9}H^2 - 1.1975 \times 10^{-4}H + 1)^n \times (0.14781 + 0.0005676\theta) \quad (\text{附}2.1)$$

式中　μ——卤代烷1301蒸气比容(m³/kg)；
　　　θ——防护区的环境温度(℃)；
　　　H——防护区海拔高度的绝对值(m)；
　　　n——海拔高度指数
　　　　　海拔高度低于海平面300m的防护区：$n=-1$，
　　　　　海拔高度高于海平面300m的防护区：$n=1$，
　　　　　海拔高度在$-300 \sim 300$m的防护区：可取 $n=0$。

二、在101.3kPa压力和20℃温度下，防护区内含有卤代烷1301的混合气体比容可采用下式计算：

$$\mu_m = \frac{0.83\mu_1}{0.0083\varphi + \mu_1(100-\varphi)} \quad (\text{附}2.2)$$

式中　μ_m——在101.3kPa压力与20℃温度下，防护区内含有卤代烷1301的混合气体比容(m³/kg)；
　　　μ_1——卤代烷1301蒸气比容，取 0.15915m³/kg。

附录三 压力系数Y和密度系数Z

用力系数Y和密度系数Z以粗略地代替1301的压力存储计算密度和最小贮存压力的换算于附表3.1~3.8确定。

在2.5MPa贮存压力，600~699kg/m³贮存密度下的
由Y系数和Y和密度系数Z之用   附表3.1

贮瓶内的压力 (MPa，表压)	Y(MPa·kg/m³)										Z
	0.00	0.01	0.02	0.03	0.04	0.05	0.06	0.07	0.08	0.09	
1.5	849.9	841.2	832.3	823.4	814.4	805.3	796.0	786.6	777.2	767.6	0.592
1.6	757.9	748.1	738.2	728.2	718.1	707.8	697.4	686.9	676.4	665.7	0.473
1.7	654.9	644.0	633.0	621.9	610.7	599.3	587.9	576.3	564.7	552.9	0.367
1.8	541.1	529.1	517.0	504.8	492.6	480.2	467.7	455.1	442.4	429.6	0.273
1.9	416.7	403.7	390.9	377.8	364.7	351.5	337.2	323.6	309.9	296.1	0.190
2.0	282.2	268.2	254.1	240.0	225.7	211.3	196.9	182.3	167.7	153.0	0.116
2.1	138.2	123.2	108.2	93.2	78.0	62.7	47.3	31.9	16.4	0.7	0.051

续表

贮瓶内的压力 (MPa，表压)	Y(MPa·kg/m³)										Z
	0.00	0.01	0.02	0.03	0.04	0.05	0.06	0.07	0.08	0.09	
0.5	1281.5	1280.2	1278.9	1277.5	1276.1	1274.7	1273.2	1271.6	1270.1	1268.5	2.507
0.6	1266.8	1265.1	1263.4	1261.6	1259.8	1257.9	1256.0	1254.1	1252.0	1250.0	2.239
0.7	1247.9	1245.7	1243.5	1241.3	1239.0	1236.6	1234.2	1231.7	1229.2	1226.7	1.995
0.8	1224.0	1221.3	1218.6	1215.8	1212.9	1210.0	1207.0	1204.0	1200.9	1197.7	1.772
0.9	1194.4	1191.1	1187.6	1184.3	1180.8	1177.3	1173.6	1169.9	1166.1	1162.3	1.565
1.0	1158.3	1154.3	1150.2	1146.2	1141.9	1137.5	1133.1	1128.7	1124.1	1119.5	1.372
1.1	1114.8	1110.0	1105.1	1100.1	1095.1	1090.0	1084.7	1079.4	1074.0	1068.5	1.192
1.2	1062.9	1057.3	1051.5	1045.6	1039.7	1033.6	1027.5	1021.3	1014.9	1008.5	1.024
1.3	1002.0	995.3	988.6	981.8	974.9	967.8	960.7	953.5	946.1	938.7	0.867
1.4	931.2	923.5	915.8	907.9	899.9	891.9	883.7	875.4	867.0	858.5	0.723

附录 3.2

在 2.5MPa 吹净压力下，700~849kg/m³ 不同密度下的压力系数 Y 和密度差数 Z 值

管道内的压力 (MPa,表压)	Y(MPa·kg/m³)										Z
	0.00	0.01	0.02	0.03	0.04	0.05	0.06	0.07	0.08	0.09	
0.5	1217.5	1216.2	1214.9	1213.5	1212.1	1210.6	1209.1	1207.5	1205.9	1204.3	2.497
0.6	1202.6	1200.9	1199.2	1197.3	1195.5	1193.6	1191.6	1189.6	1187.6	1185.5	2.223
0.7	1183.3	1181.1	1178.9	1176.4	1174.1	1171.8	1169.3	1166.8	1164.2	1161.6	1.976
0.8	1158.9	1156.1	1153.3	1150.4	1147.5	1144.5	1141.4	1138.2	1135.0	1131.8	1.750
0.9	1128.4	1125.0	1121.6	1118.0	1114.4	1110.7	1107.0	1103.0	1099.2	1095.2	1.540
1.0	1091.2	1087.2	1082.9	1078.5	1074.2	1069.7	1065.1	1060.5	1055.8	1051.0	1.344
1.1	1046.1	1041.2	1036.1	1030.9	1025.7	1020.4	1014.9	1009.4	1003.8	998.1	1.160
1.2	992.3	986.4	980.4	974.3	968.1	961.8	955.4	948.9	942.3	935.6	0.988
1.3	928.8	921.9	914.9	907.7	900.5	893.2	885.7	878.2	870.5	862.7	0.828
1.4	854.8	846.8	838.7	830.5	822.1	813.7	805.1	796.4	787.4	778.7	0.681
1.5	769.7	760.6	751.3	742.0	732.5	722.9	713.2	703.2	693.4	683.4	0.548
1.6	673.1	662.6	652.4	641.4	631.3	620.5	609.9	598.7	587.5	576.3	0.428
1.7	565.0	553.6	542.0	530.3	518.5	506.6	494.6	482.5	470.3	457.9	0.322
1.8	445.5	432.9	420.2	407.4	394.5	381.5	368.4	355.2	341.9	328.4	0.228
1.9	314.9	301.3	287.5	273.7	259.7	245.7	231.7	217.5	202.9	188.4	0.145
2.0	173.9	159.2	144.5	129.6	114.6	99.6	84.4	69.2	53.8	38.4	0.072
2.1	22.9	7.2	0.0	0.0	0.0	0.0	0.0	0.0	0.0	0.0	0.008

附录 3.3

在 2.5MPa 吹净压力下，850~999kg/m³ 不同密度下的压力系数 Y 和密度差数 Z 值

管道内的压力 (MPa,表压)	Y(MPa·kg/m³)										Z
	0.00	0.01	0.02	0.03	0.04	0.05	0.06	0.07	0.08	0.09	
0.5	1153.8	1152.5	1151.1	1149.7	1148.2	1146.7	1145.2	1143.6	1142.0	1140.3	2.480
0.6	1138.6	1136.8	1135.0	1133.2	1131.3	1129.3	1127.3	1125.3	1123.2	1121.0	2.206
0.7	1118.8	1116.6	1114.3	1111.9	1109.5	1107.0	1104.5	1101.9	1099.2	1096.5	1.957
0.8	1093.7	1090.9	1088.0	1085.0	1082.0	1078.9	1075.7	1072.5	1069.2	1065.8	1.727
0.9	1062.4	1058.9	1055.3	1051.7	1047.9	1044.1	1040.3	1036.3	1032.2	1028.1	1.514
1.0	1023.9	1019.6	1015.3	1010.7	1006.3	1001.7	996.4	992.1	987.3	982.3	1.314
1.1	977.2	972.0	966.8	961.4	956.0	950.6	944.8	939.1	933.2	927.3	1.126
1.2	921.2	915.2	908.8	902.4	896.0	889.4	882.7	875.9	869.0	862.0	0.950
1.3	854.9	847.7	840.3	832.8	825.3	817.6	809.8	801.8	793.8	785.6	0.787
1.4	777.4	769.0	760.4	751.8	743.0	734.2	725.2	716.0	706.8	697.4	0.637
1.5	687.9	678.3	668.3	658.7	648.7	638.7	628.4	618.1	607.6	597.0	0.502
1.6	586.3	575.4	564.5	553.4	542.1	530.8	519.4	507.8	496.1	484.2	0.380
1.7	472.3	460.2	448.1	435.8	423.3	410.8	398.1	385.4	372.5	359.5	0.273
1.8	346.3	333.1	319.7	306.3	292.7	279.0	265.2	251.2	237.2	223.1	0.179
1.9	208.8	194.5	180.0	165.4	150.8	136.0	121.1	106.1	90.6	75.7	0.097
2.0	60.4	45.0	29.4	13.8	0.0	0.0	0.0	0.0	0.0	0.0	0.025

附表 3.4 在2.5MPa饱和压力,1000~1125kg/m³ 密度下的 压力系数Y和密度差数Z值

管道内压力 (MPa,表压)	Y(MPa·kg/m³)										Z
	0.00	0.01	0.02	0.03	0.04	0.05	0.06	0.07	0.08	0.09	
1.9	97.9	82.1	66.8	51.4	36.0	20.4	4.6	0.0	0.0	0.0	0.04
1.8	242.2	228.3	214.2	200.0	185.6	171.2	156.6	141.9	127.1	112.2	0.127
1.7	375.2	362.3	349.6	336.6	323.5	310.3	296.9	283.4	269.8	256.1	0.220
1.6	495.5	484.0	472.5	460.8	448.9	436.9	424.9	412.6	400.3	387.8	0.327
1.5	602.8	592.4	582.6	572.4	561.4	550.8	540.0	529.1	518.0	506.8	0.449
1.4	697.0	688.2	679.2	670.1	660.9	651.5	642.0	632.4	622.7	612.8	0.587
1.3	778.5	770.9	763.2	755.4	747.4	739.3	731.1	722.8	714.3	705.7	0.740
1.2	848.1	841.6	835.1	828.4	821.6	814.7	807.7	800.9	793.4	786.4	0.907
1.1	906.5	901.1	895.6	890.1	884.4	878.6	872.7	866.7	860.6	854.4	1.086
1.0	955.0	950.6	946.1	941.4	936.7	931.9	927.0	922.0	917.0	911.8	1.273
0.9	994.9	991.2	987.5	983.8	979.9	976.0	971.9	967.9	963.7	959.4	1.482
0.8	1027.2	1024.2	1021.2	1018.2	1015.1	1011.9	1008.6	1005.3	1001.9	998.4	1.698
0.7	1053.0	1050.6	1048.3	1045.8	1043.4	1040.8	1038.2	1035.5	1032.8	1030.0	1.931
0.6	1073.3	1071.4	1069.6	1067.7	1065.7	1063.7	1061.7	1059.6	1057.4	1055.2	2.183
0.5	1088.9	1087.5	1086.1	1084.6	1083.1	1081.6	1080.0	1078.4	1076.7	1075.0	2.460

附表 3.5 在4.2MPa饱和压力,600~699kg/m³ 密度下的 压力系数Y和密度差数Z值

管道内压力 (MPa,表压)	Y(MPa·kg/m³)										Z
	0.00	0.01	0.02	0.03	0.04	0.05	0.06	0.07	0.08	0.09	
3.4	68.9	53.7	38.6	23.3	8.1	0.0	0.0	0.0	0.0	0.0	0.011
3.3	218.3	203.5	188.7	173.8	158.9	144.0	129.1	114.1	99.0	84.0	0.034
3.2	364.2	349.8	335.3	320.8	306.3	291.7	277.1	262.5	247.8	233.1	0.059
3.1	506.3	492.3	478.2	464.1	449.9	435.8	421.5	407.2	392.9	378.6	0.086
3.0	644.5	630.9	617.2	603.7	589.7	575.9	562.1	548.2	534.3	520.3	0.115
2.9	778.6	765.5	752.4	738.8	725.5	712.1	698.6	685.2	671.7	658.1	0.146
2.8	908.3	895.5	882.7	869.8	856.9	844.0	831.0	818.0	804.9	791.7	0.180
2.7	1033.6	1021.3	1008.9	996.5	984.1	971.5	959.0	946.4	933.7	921.0	0.217
2.6	1154.1	1142.3	1130.3	1118.4	1106.5	1094.5	1082.4	1070.2	1058.1	1045.8	0.257
2.5	1269.8	1258.5	1247.1	1235.7	1224.2	1212.6	1201.0	1189.4	1177.7	1165.9	0.300
2.4	1380.5	1369.6	1358.8	1347.8	1336.8	1325.8	1314.7	1303.6	1292.4	1281.1	0.347
2.3	1485.9	1475.6	1465.2	1454.8	1444.4	1433.8	1423.3	1412.7	1402.0	1391.3	0.397
2.2	1585.9	1576.1	1566.3	1556.3	1546.5	1536.5	1526.5	1516.5	1506.3	1496.1	0.452
2.1	1680.3	1671.1	1661.9	1652.6	1643.2	1633.8	1624.3	1614.8	1605.2	1595.6	0.511

续表

管道内的压力(MPa,表压)	Y(MPa·kg/m³)										Z
	0.00	0.01	0.02	0.03	0.04	0.05	0.06	0.07	0.08	0.09	
0.5	2437.1	2436.0	2434.8	2433.6	2432.4	2431.2	2429.9	2428.6	2427.3	2425.9	2.629
0.6	2424.5	2423.1	2421.6	2420.1	2418.6	2417.1	2415.5	2413.8	2412.2	2410.5	2.383
0.7	2408.7	2406.9	2405.1	2403.2	2401.4	2399.5	2397.5	2395.5	2393.5	2391.4	2.165
0.8	2389.3	2387.2	2385.0	2382.7	2380.5	2378.1	2375.8	2373.4	2370.9	2368.5	1.969
0.9	2365.9	2363.3	2360.8	2358.1	2355.4	2352.7	2349.9	2347.0	2344.2	2341.2	1.791
1.0	2338.3	2335.3	2332.2	2329.1	2325.9	2322.7	2319.5	2316.2	2312.8	2309.4	1.629
1.1	2306.0	2302.5	2298.9	2295.3	2291.7	2288.0	2284.2	2280.4	2276.6	2272.7	1.481
1.2	2268.8	2264.7	2260.6	2256.5	2252.4	2248.1	2243.9	2239.6	2235.2	2230.7	1.345
1.3	2226.2	2221.5	2216.9	2212.1	2207.4	2203.0	2198.1	2193.3	2188.3	2183.3	1.219
1.4	2178.3	2173.2	2168.0	2162.8	2157.6	2152.2	2146.8	2141.4	2135.9	2130.3	1.103
1.5	2124.7	2119.1	2113.3	2107.5	2101.7	2095.8	2089.8	2083.8	2077.7	2071.6	0.996
1.6	2065.4	2059.1	2052.8	2046.4	2040.0	2033.5	2027.0	2020.3	2013.7	2006.9	0.897
1.7	2000.2	1993.3	1986.4	1979.4	1972.4	1965.3	1958.2	1951.0	1943.7	1936.4	0.807
1.8	1929.0	1921.6	1914.1	1906.5	1898.9	1891.2	1883.5	1875.7	1867.9	1859.9	0.723
1.9	1852.0	1843.9	1835.9	1827.7	1819.5	1811.2	1802.9	1794.5	1786.1	1777.6	0.646
2.0	1769.0	1760.4	1751.8	1743.0	1734.2	1725.4	1716.5	1707.5	1698.5	1689.5	0.576

附表3.6

在4.2MPa扩容压力,700~849kg/m³干燥密度下的压力系数Y和修正系数Z值

管道内的压力(MPa,表压)	Y(MPa·kg/m³)										Z
	0.00	0.01	0.02	0.03	0.04	0.05	0.06	0.07	0.08	0.09	
2.0	1566.7	1557.5	1548.3	1539.0	1529.7	1520.3	1510.8	1501.3	1491.7	1482.0	0.520
2.1	1472.3	1462.6	1452.7	1442.8	1432.9	1422.9	1412.8	1402.7	1392.5	1382.3	0.456
2.2	1372.0	1361.6	1351.2	1340.7	1330.2	1319.6	1308.9	1298.2	1287.4	1276.6	0.397
2.3	1265.7	1254.8	1243.8	1232.8	1221.7	1210.5	1199.3	1188.0	1176.7	1165.3	0.343
2.4	1153.9	1142.4	1130.8	1119.2	1107.6	1095.9	1084.1	1072.3	1060.4	1048.5	0.293
2.5	1036.5	1024.5	1012.5	1000.3	988.2	975.9	963.6	951.2	938.8	926.4	0.247
2.6	913.9	901.4	888.8	876.1	863.4	850.7	837.9	825.1	812.2	799.2	0.205
2.7	786.3	773.2	760.1	747.0	733.8	720.6	707.3	694.0	680.6	667.2	0.166
2.8	653.8	640.3	626.7	613.1	599.5	585.8	572.0	558.3	544.4	530.6	0.131
2.9	516.7	502.7	488.7	474.7	460.6	446.4	432.3	418.0	403.8	389.5	0.098
3.0	375.1	360.7	346.3	331.8	317.3	302.8	288.2	273.5	258.9	244.2	0.067
3.1	229.4	214.6	199.8	184.9	170.0	155.0	140.0	125.0	109.9	94.8	0.039
3.2	79.7	64.5	49.3	34.1	18.8	3.4	0.0	0.0	0.0	0.0	0.013

续表

管道内的压力 (MPa, 表压)	Y(MPa·kg/m³)										Z
	0.00	0.01	0.02	0.03	0.04	0.05	0.06	0.07	0.08	0.09	
0.5	2274.0	2272.9	2271.7	2270.5	2269.2	2267.9	2266.6	2265.3	2263.9	2262.5	2.594
0.6	2261.0	2259.5	2258.0	2256.4	2254.9	2253.2	2251.6	2249.8	2248.1	2246.4	2.348
0.7	2244.5	2242.7	2240.8	2238.9	2236.9	2234.9	2232.9	2230.9	2228.7	2226.5	2.128
0.8	2224.3	2222.0	2219.7	2217.4	2215.0	2212.6	2210.1	2207.6	2205.1	2202.5	1.930
0.9	2199.8	2197.1	2194.3	2191.6	2188.8	2185.9	2183.0	2180.0	2177.0	2173.0	1.750
1.0	2170.8	2167.6	2164.5	2161.4	2157.8	2154.8	2151.0	2147.4	2144.0	2140.4	1.585
1.1	2136.8	2133.1	2129.4	2125.4	2121.7	2117.8	2113.8	2109.8	2105.8	2101.6	1.435
1.2	2097.5	2093.2	2088.9	2084.6	2080.2	2075.7	2071.2	2066.6	2062.0	2057.3	1.296
1.3	2052.6	2047.9	2042.9	2037.9	2033.0	2027.9	2022.9	2017.7	2012.4	2007.1	1.168
1.4	2001.8	1996.4	1990.9	1985.3	1979.8	1974.1	1968.4	1962.6	1956.8	1950.8	1.050
1.5	1944.9	1938.9	1932.8	1926.7	1920.5	1914.2	1907.9	1901.5	1895.5	1888.5	0.942
1.6	1881.9	1875.2	1868.5	1861.8	1854.9	1848.0	1841.0	1834.0	1826.9	1819.8	0.842
1.7	1812.6	1805.3	1797.9	1790.5	1783.0	1775.5	1767.9	1760.2	1752.5	1744.7	0.751
1.8	1736.9	1729.0	1721.0	1713.0	1704.9	1696.7	1688.5	1680.2	1671.8	1663.4	0.667
1.9	1654.9	1646.4	1637.8	1629.1	1620.4	1611.6	1602.7	1593.8	1584.4	1575.8	0.590

附表 3.7

在4.2MPa压力下, 850~999kg/m³ 密度范围下的压力系数Y和密度差系数Z值

管道内的压力 (MPa, 表压)	Y(MPa·kg/m³)										Z
	0.00	0.01	0.02	0.03	0.04	0.05	0.06	0.07	0.08	0.09	
1.8	1546.3	1537.9	1529.4	1520.9	1512.2	1503.6	1494.8	1486.0	1477.1	1468.1	0.610
1.9	1459.1	1450.0	1440.8	1431.6	1422.3	1413.0	1403.5	1394.0	1384.5	1374.9	0.534
2.0	1365.2	1355.6	1345.4	1335.6	1325.8	1315.8	1305.7	1295.5	1285.3	1275.1	0.464
2.1	1264.7	1254.3	1243.9	1233.4	1222.8	1212.3	1201.4	1190.6	1179.8	1168.9	0.400
2.2	1157.9	1146.9	1135.8	1124.7	1113.5	1102.2	1090.9	1079.5	1068.0	1056.5	0.341
2.3	1045.0	1033.3	1021.6	1009.9	998.1	986.2	974.3	962.3	950.3	938.2	0.287
2.4	926.1	913.8	901.6	889.3	876.9	864.5	852.0	839.4	826.8	814.2	0.238
2.5	801.5	788.7	775.9	763.0	750.1	737.1	724.1	711.0	697.8	684.6	0.193
2.6	671.4	658.1	644.7	631.3	617.9	604.4	590.8	577.2	563.6	549.8	0.151
2.7	536.1	522.3	508.4	494.5	480.6	466.6	452.5	438.4	424.2	410.1	0.114
2.8	395.8	381.5	367.2	352.8	338.3	323.9	309.3	294.8	280.1	265.5	0.079
2.9	250.8	236.0	221.2	206.4	191.5	176.5	161.6	146.5	131.5	116.4	0.048
3.0	101.2	86.0	70.8	55.5	40.2	24.8	9.4	0.0	0.0	0.0	0.019

续表

管道内的压力(MPa,表压)	Y(MPa·kg/m³)										Z
	0.00	0.01	0.02	0.03	0.04	0.05	0.06	0.07	0.08	0.09	
0.5	2112.9	2111.8	2110.5	2109.3	2108.0	2106.7	2105.4	2104.0	2102.6	2101.1	2.583
0.6	2099.6	2098.1	2096.5	2094.9	2093.3	2091.6	2089.9	2088.1	2086.3	2084.5	2.325
0.7	2082.6	2080.7	2078.7	2076.8	2074.7	2072.6	2070.5	2068.3	2066.1	2063.9	2.098
0.8	2061.6	2059.2	2056.9	2054.4	2052.0	2049.6	2046.9	2044.4	2041.6	2038.9	1.896
0.9	2036.1	2033.3	2030.4	2027.5	2024.6	2021.6	2018.5	2015.4	2012.2	2009.0	1.713
1.0	2005.8	2002.4	1999.1	1995.6	1992.1	1988.6	1985.0	1981.4	1977.7	1973.9	1.545
1.1	1970.1	1966.2	1962.3	1958.3	1954.3	1950.2	1946.0	1941.8	1937.5	1933.2	1.391
1.2	1928.8	1924.3	1919.8	1915.2	1910.5	1905.8	1901.1	1896.2	1891.3	1886.4	1.249
1.3	1881.4	1876.3	1871.1	1865.7	1860.7	1855.3	1849.5	1844.5	1838.9	1833.3	1.119
1.4	1827.7	1822.0	1816.2	1810.3	1804.4	1798.4	1792.3	1786.2	1780.0	1773.8	0.999
1.5	1767.5	1761.1	1754.6	1748.1	1741.5	1734.8	1728.1	1721.3	1714.5	1707.5	0.888
1.6	1700.5	1693.5	1686.3	1679.1	1671.9	1664.5	1657.1	1649.7	1642.1	1634.5	0.787
1.7	1626.8	1619.1	1611.3	1603.4	1595.5	1587.4	1579.4	1571.2	1563.0	1554.7	0.695

在4.2MPa压力下, 1000~1125kg/m³天然气密度下的压力系数Y和密度修正数Z值   附表3.8

管道内的压力(MPa,表压)	Y(MPa·kg/m³)										Z
	0.00	0.01	0.02	0.03	0.04	0.05	0.06	0.07	0.08	0.09	
1.6	1513.0	1505.4	1497.9	1490.2	1482.5	1474.6	1466.8	1458.8	1450.8	1442.7	0.731
1.7	1434.5	1426.2	1417.9	1409.5	1401.0	1392.5	1383.9	1375.2	1366.4	1357.6	0.628
1.8	1348.7	1339.7	1330.7	1321.5	1312.3	1303.0	1293.7	1284.3	1274.8	1265.2	0.551
1.9	1255.6	1245.9	1236.1	1226.3	1216.3	1206.3	1196.3	1186.1	1175.9	1165.7	0.473
2.0	1153.3	1144.9	1134.4	1123.9	1113.3	1102.6	1091.8	1081.0	1070.1	1059.1	0.403
2.1	1048.1	1037.2	1025.8	1014.6	1003.3	991.9	980.5	969.0	957.4	945.8	0.340
2.2	934.1	922.3	910.5	898.6	886.7	874.6	862.6	850.4	838.2	825.9	0.282
2.3	813.6	801.2	788.7	776.2	763.6	751.0	738.3	725.3	712.7	699.8	0.229
2.4	686.8	673.8	660.7	647.6	634.4	621.2	607.9	594.5	581.1	567.6	0.180
2.5	554.1	540.5	526.8	513.1	499.4	485.7	471.7	457.7	443.8	429.7	0.135
2.6	415.6	401.5	387.3	373.0	358.7	344.3	329.9	315.5	300.9	286.4	0.094
2.7	271.7	257.1	242.3	227.5	212.7	197.8	182.9	167.9	152.9	137.8	0.057
2.8	122.7	107.5	92.3	77.0	61.7	46.3	30.9	15.4	0.0	0.0	0.026

附录四 压力损失和压力损失修正系数

一、钢管内单位管道长度的压力损失(未经修正值)可按附图4.1确定。

二、铜管内单位管道长度的压力损失(未修正值)可按附图4.2确定。

钢管的外径和壁厚　　附表4.1

公称通径		第一种壁厚系列	第二种壁厚系列
(mm)	(in)	外径×壁厚 (mm×mm)	外径×壁厚 (mm×mm)
8	1/4	14×2	14×3
10	3/8	17×2.5	17×3
15	1/2	22×3	22×4
20	3/4	27×3	27×4
25	1	34×3.5	34×4.5
32	1 1/4	42×3.5	42×4.5
40	1 1/2	48×3.5	48×5
50	2	60×4	60×5.5
65	2 1/2	76×5	76×6.5
80	3	89×5.5	89×7.5
90	3 1/2	102×6	102×8
100	4	114×6	114×8
125	5	140×6	140×9
150	6	168×7	168×11

管道内的压力 (MPa,绝压)	Y(MPa·kg/m³)										Z
	0.00	0.01	0.02	0.03	0.04	0.05	0.06	0.07	0.08	0.09	
1.5	1584.1	1577.3	1570.4	1563.5	1556.5	1540.5	1542.3	1535.1	1527.8	1520.4	0.834
1.4	1647.9	1641.9	1635.7	1629.5	1623.3	1616.9	1610.5	1604.0	1597.4	1590.3	0.944
1.3	1704.7	1699.3	1693.9	1688.4	1682.8	1677.2	1671.5	1665.7	1659.9	1653.9	1.072
1.2	1754.6	1749.5	1745.2	1740.3	1735.4	1730.5	1725.5	1720.4	1715.2	1710.0	1.205
1.1	1798.0	1793.9	1789.8	1785.6	1781.4	1777.1	1772.7	1768.3	1763.8	1759.2	1.351
1.0	1835.2	1831.8	1828.2	1824.7	1821.0	1817.3	1813.6	1809.8	1805.9	1802.0	1.509
0.9	1866.8	1863.6	1860.9	1857.9	1854.8	1851.7	1848.5	1845.3	1842.0	1838.6	1.681
0.8	1893.2	1890.7	1888.2	1885.5	1883.2	1880.6	1877.9	1875.2	1872.5	1869.6	1.865
0.7	1914.8	1912.9	1910.8	1908.8	1906.7	1904.5	1902.4	1900.1	1897.8	1895.5	2.071
0.6	1932.3	1930.7	1929.1	1927.5	1925.8	1924.1	1922.3	1920.5	1918.6	1916.3	2.309
0.5	1945.9	1944.7	1943.5	1942.2	1940.9	1939.6	1938.2	1936.8	1935.5	1933.8	2.570

三、压力损失修正系数按附图 4.3 和附图 4.4 确定。

四、第一种和第二种壁厚系列的钢管的外径和壁厚见附表 4.1。

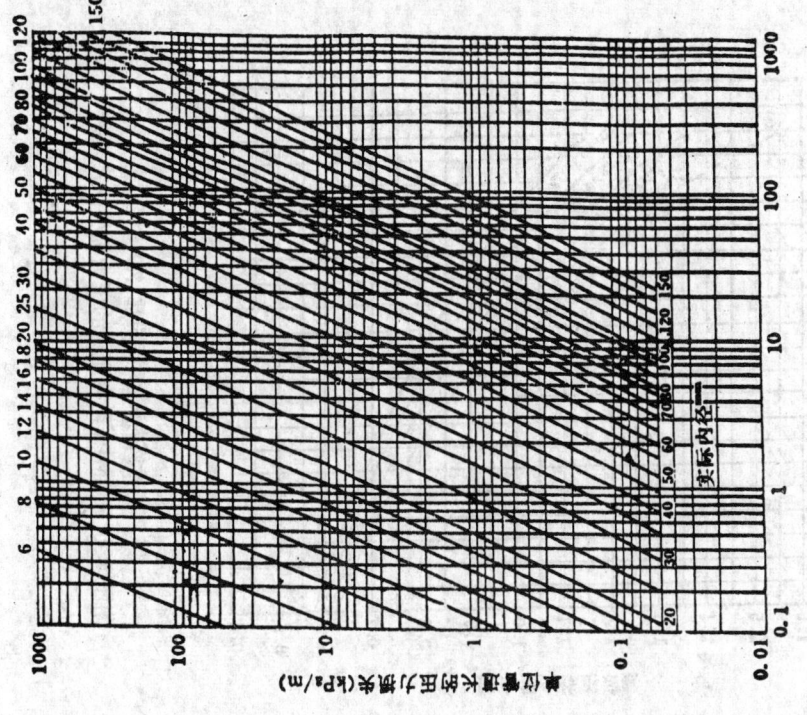

附图 4.2 铜管内卤代烷 1301 的压力损失

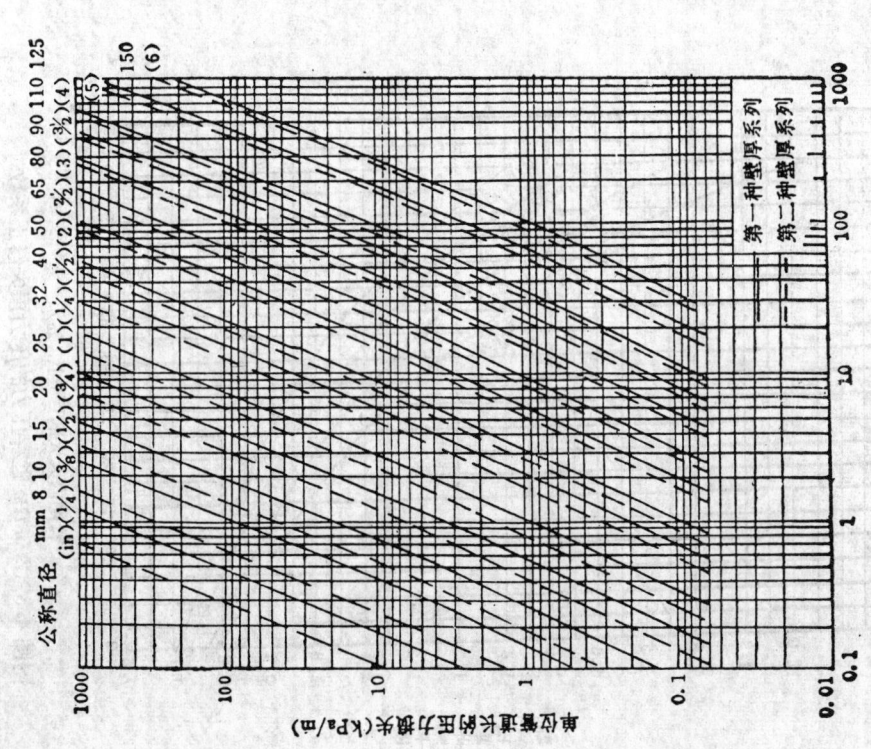

附图 4.1 钢管内卤代烷 1301 的压力损失

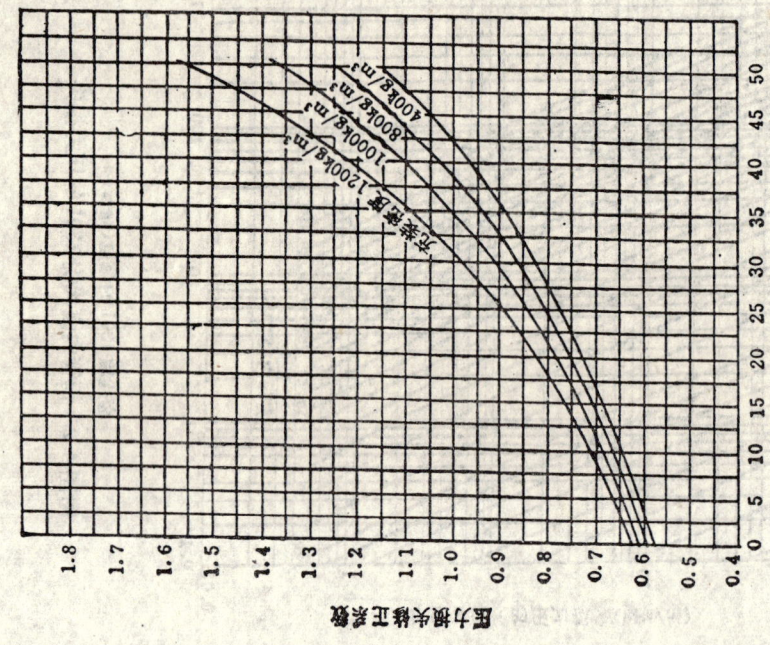

附图 4.4　4.2MPa 贮存压力的压力损失修正系数

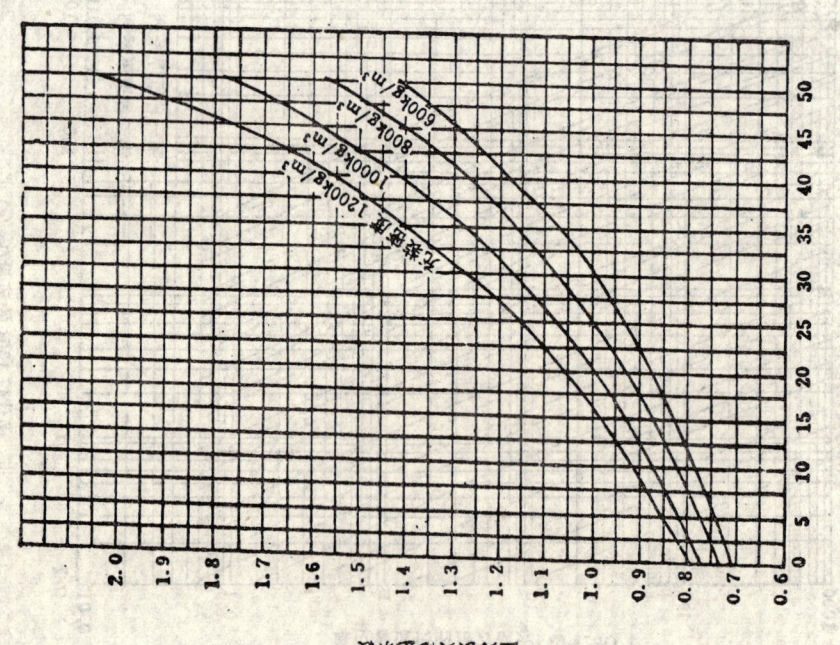

附图 4.3　2.5MPa 贮存压力的压力损失修正系数

附录五 管网压力损失计算举例

一、非均衡管网压力损失计算举例。

贮存了 90kg 卤代烷 1301 的灭火系统，由附图 5.1 所示的非均衡管网喷出，贮存压力为 4.20MPa，充装密度为 800kg/m³，管网末端的喷嘴(5)、(6)、(7) 在 10s 内需喷出的卤代烷 1301 分别为 40kg、30kg 和 20kg，求管网末端压力。

1. 计算各管段的平均设计流量：

$q_{(1)-(2)} = 4.5 \text{kg/s}$

$q_{(2)-(3)} = 9.0 \text{kg/s}$

$q_{(3)-(5)} = 4.0 \text{kg/s}$

$q_{(3)-(4)} = 5.0 \text{kg/s}$

$q_{(4)-(6)} = 3.0 \text{kg/s}$

$q_{(4)-(7)} = 2.0 \text{kg/s}$

2. 初定管径，按本规范第 4.2.1 条规定初选。

$D_{(1)-(2)}$：选公称通径 25mm，第一种壁厚系列的钢管

$D_{(2)-(3)}$：选公称通径 32mm，第一种壁厚系列的钢管

$D_{(3)-(5)}$：选公称通径 25mm，第一种壁厚系列的钢管

$D_{(3)-(4)}$：选公称通径 25mm，第一种壁厚系列的钢管

$D_{(4)-(6)}$：选公称通径 20mm，第一种壁厚系列的钢管

$D_{(4)-(7)}$：选公称通径 20mm，第一种壁厚系列的钢管

3. 计算管网总容积。

$V_{(1)-(2)} = 2 \times 0.5 \times 0.556 \times 10^{-3} = 0.556 \times 10^{-3} \text{m}^3$

$V_{(2)-(3)} = 9.5 \times 0.968 \times 10^{-3} = 9.196 \times 10^{-3} \text{m}^3$

$V_{(3)-(5)} = 3.0 \times 0.556 \times 10^{-3} = 1.668 \times 10^{-3} \text{m}^3$

$V_{(3)-(4)} = 4.5 \times 0.556 \times 10^{-3} = 2.502 \times 10^{-3} \text{m}^3$

$V_{(4)-(6)} = 4.5 \times 0.343 \times 10^{-3} = 1.544 \times 10^{-3} \text{m}^3$

$V_{(4)-(7)} = 3.0 \times 0.343 \times 10^{-3} = 1.029 \times 10^{-3} \text{m}^3$

$V_p = 16.495 \times 10^{-3} \text{m}^3$

4. 计算各管段的当量长度。

$L_{(1)-(2)} = 6.8 \text{m}$（实际管长加一个容器阀与软管的当量长度）

$L_{(2)-(3)} = 12.7 \text{m}$（实际管长加一个三通与一个弯头的当

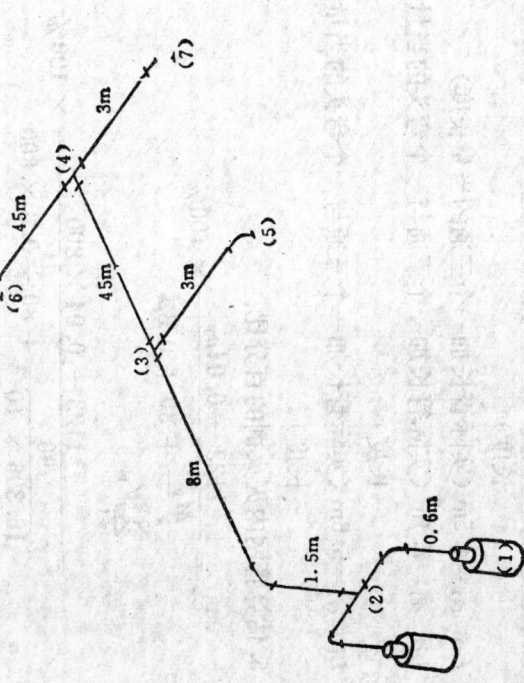

附图 5.1 非均衡管网图

$L_{(3)-(5)}=5.5m$(实际管长加一个三通与一个弯头的当量长度)

$L_{(3)-(4)}=4.5m$(实际管长加一个三通与一个弯头的当量长度)

$L_{(4)-(6)}=7.1m$(实际管长加一个三通与一个弯头的当量长度)

$L_{(4)-(7)}=5.6m$(实际管长加一个三通与一个弯头的当量长度)

5. 估算管网内灭火剂的百分比。

$$C_e = \frac{1123-0.04\rho_0}{\dfrac{M_0}{\sum\limits_{i=1}^{n}V_{pi}}+80+0.3\rho_0} \times 100\%$$

$$= \frac{1123-0.04\times800}{16.396\times10^{-3}}+80+0.3\times800} \times 100\%$$

$$= 18.8\%$$

6. 确定中期容器压力。根据本规范第4.2.9条规定,当贮存压力为4.20MPa,充装密度为800kg/m³,管网内灭火剂百分比为18.8%时,中期容器压力为2.98MPa。

7. 求管段(1)—(2)的终端压力$P_{i(2)}$。

已知:$q_{(1)-(2)}=4.5kg/s$

$L_{(1)-(2)}=6.8m$

当此管段始端压力为2.98MPa,充装密度为800kg/m³,时,根据本规范第4.2.13条表4.2.13$\rho_{(1)}$为1415kg/m³。

高程压力损失为

$$P_h = 10^{-3}\rho \cdot H_h \cdot g_n$$
$$= 10^{-3}\times1415\times0.5\times9.81$$
$$= 10kPa$$

管段(1)—(2)的始端压力加高程压力损失,密度系数Y_1, Z_1

$$P_{1(1)} = 2.98-0.01$$
$$= 2.97MPa$$

根据本规范附录三中附表3.6得

$Y_1 = 418 \qquad Z_1 = 0.098$

$Y_2 = Y_1 + Lq^2/K_1 + K_2q^2(Z_2-Z_1)$
$=418+6.8\times4.5^2/73.3\times10^{-2}+3.56\times4.5^2$(末项忽略不计)
$=605.9$

根据本规范附录三中附表3.6得

$P_{i(2)} = 2.84MPa$
$Z_2 = 0.131$

重新计算Y_2

$Y_2 = Y_1 + Lq^2/K_1 + K_2q^2(Z_2-Z_1)$
$=418+6.8\times4.5^2/73.3\times10^{-2}+3.56\times4.5^2$
$\times(0.131-0.098)$
$=608.3$

$P_{i(2)} = 2.83MPa$

8. 求管段(2)—(3)的末端压力$P_{i(3)}$。

已知:$q_{(2)-(3)}=9.0kg/s \qquad L_{(2)-(3)}=12.7m$

查得:$\rho_{(2)-(3)}=1345kg/m^3$

高程压力损失为

$P_h = 10^{-3}\times1345\times1.5\times9.81$
$=20kPa$

高程压力修正后

$P_{i(2)} = 2.83-0.02=2.81MPa$

$Y_2 = 640.3$

$Z_2 = 0.131$

$Y_3 = Y_2 + 12.7 \times 9.0^2 / 314.3 \times 10^{-2}$

$= 967.6$

得：$P_{i(3)} = 2.56$MPa $Z_3 = 0.247$

重新计算 $P_{i(3)}$

$Y_3 = 967.6 + 1.17 \times (0.247 - 0.131) \times 9.0^2$

$= 978.6$

得：$P_{i(3)} = 2.55$MPa

9. 求管段(3)—(5)的末端压力 $P_{i(5)}$。

已知：$q_{(3)-(5)} = 4$kg/s $L_{(3)-(5)} = 5.5$m

$Y_5 = Y_3 + 5.5 \times 4.0^2 / 73.3 \times 10^{-2}$

$\approx 978.7 + 120.1$

$= 1098.8$

得：$P_{i(5)} = 2.45$MPa $Z_5 = 0.293$

重新计算 $P_{i(5)}$

$Y_5 = 1099 + 3.6 \times (0.293 - 0.247) \times 4.0^2$

$= 1101.6$

得：$P_{i(5)} = 2.44$MPa

10. 求管段(3)—(4)的末端压力 $P_{i(4)}$。

已知：$q_{(3)-(4)} = 5.0$kg/s $L_{(3)-(4)} = 4.5$m

$Y_4 \approx Y_3 + 4.5 \times 5.0^2 / 73.3 \times 10^{-2}$

$\approx 978.6 + 153.5$

$= 1132.1$

得：$P_{i(4)} = 2.42$MPa $Z_4 = 0.293$

重新计算 $P_{i(4)}$

$Y_4 = 1132.1 + 3.6 \times (0.293 - 0.247) \times 5.0^2$

$= 1136.2$

得：$P_{i(4)} = 2.42$MPa

11. 求管段(4)—(6)的末端压力 $P_{i(6)}$。

已知：$q_{(4)-(6)} = 3.0$kg/s $L_{(4)-(6)} = 7.1$m

$Y_6 \approx Y_4 + 7.1 \times 3.0^2 / 20.66 \times 10^2$

$\approx 1136.2 + 309.3$

$= 1445.5$

得：$P_{i(6)} = 2.13$MPa $Z_6 = 0.452$

重新计算 $P_{i(6)}$

$Y_6 = 1445.5 + 9.3 \times 3.0^2 \times (0.452 - 0.293)$

$= 1458.8$

得：$P_{i(6)} = 2.11$MPa

12. 求管段(4)—(7)的末端压力 $P_{i(7)}$。

已知：$q_{(4)-(7)} = 2.0$kg/s $L_{(4)-(7)} = 5.6$m

$Y_7 \approx Y_4 + 5.6 \times 2.0^2 / 20.66 \times 10^{-2}$

$\approx 1136.2 + 108.4$

$= 1244.6$

得：$P_{i(7)} = 2.32$MPa $Z_7 = 0.343$

重新计算 $P_{i(7)}$

$Y_7 = 1244.6 + 9.3 \times 2.0^2 \times (0.343 - 0.293)$

$= 1246.5$

得：$P_{i(7)} = 2.32$MPa

将主要计算结果归纳于下表。

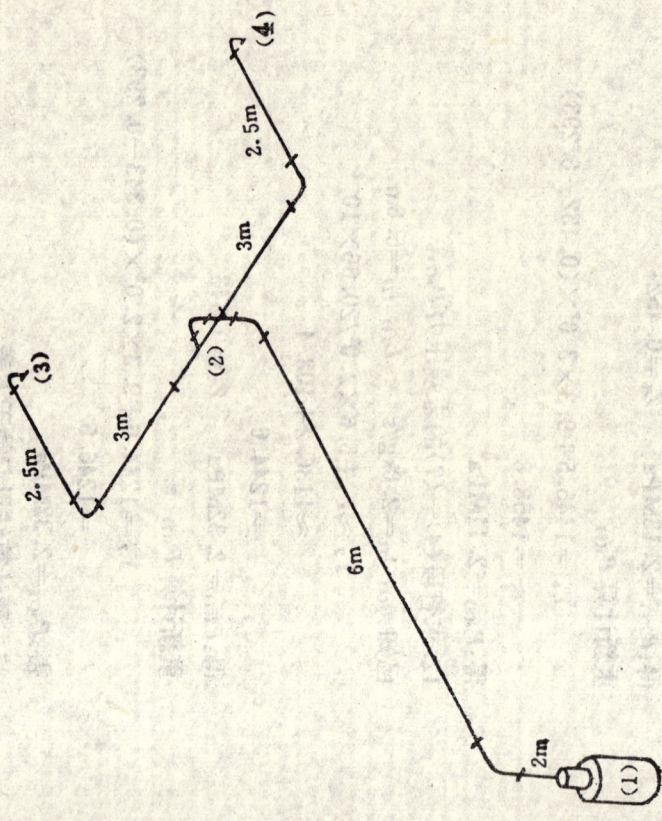

附图 5.2 均衡管网图

管网压力损失计算结果　　　附表 5.1

管段号	管段公称通径 (mm)	长度 (m)	当量长度 (m)	高程 (m)	质量流量 (kg/s)	压力(MPa,表压) 始端	压力(MPa,表压) 末端
(1)—(2)	25	0.5	6.8	0.5	4.5	2.98	2.83
(2)—(3)	32	9.5	12.7	1.5	9.0	2.83	2.55
(3)—(5)	25	3	5.5	0	4.0	2.55	2.44
(3)—(4)	25	4.5	4.5	0	5.0	2.55	2.42
(3)—(6)	20	4.5	7.1	0	3.0	2.42	2.11
(4)—(7)	20	3	5.6	0	2.0	2.42	2.32

从以上计算结果可以看出,所计算的各管段的压力损失均很小,管网末端压力大大高于中期容器压力的一半,这是不经济的,故各管段的直径可以选择更小一些,也可以选用较低的贮存压力,只有通过对管网内灭火剂百分比进行验算和反复调整计算,才能得到一个较为经济合理的设计结果。

二、均衡管网压力损失计算举例。

贮存了 35kg 卤代烷 1301 的灭火系统,由附图 5.2 所示的均衡管网喷出,卤代烷 1301 的贮存压力为 2.50MPa,充装密度为 1000kg/m³,末端喷嘴(3)和(4)在 10s 内喷放量相等,试用图表法计算管网末端压力。

1. 计算各管段的平均设计流量。

$q_{(1)-(2)} = 3.5 \text{kg/s}$

$q_{(2)-(3)} = 1.75 \text{kg/s}$

$q_{(2)-(4)} = 1.75 \text{kg/s}$

2. 初定管径,按本规范第 4.2.1 条规定初选。

$D_{(1)-(2)}$:选公称通径 25mm,第一种壁厚系列的钢管

$D_{(2)-(3)}$ 和 $D_{(2)-(4)}$:选公称通径 25mm,第一种壁厚系列的钢管

3. 计算管网总容积 $V_{p.总}$

$V_{p.总} = 8 \times 0.556 \times 10^{-3} + 2 \times 5.5 \times 0.343 \times 10^{-3}$

$= 8.22 \times 10^{-3} \text{m}^3$

4. 计算各管段的当量长度。

$L_{(1)-(2)}=22.5m$（包括实际管长加容器阀，三个三通和一个弯头的当量长度）

$L_{(2)-(3)}=L_{(2)-(4)}$

$\simeq 6.8m$（包括实际管长加二个弯头的当量长度）

5. 计算管网内灭火剂的百分比。

$$C'_c = \frac{1229-0.07\times1000}{\frac{35}{8.22\times10^{-3}}+32+0.3\times1000}\times100\%$$

$=25\%$

6. 确定中期容器压力。管网内灭火剂的百分比25%，贮存压力2.50MPa和充装密度1000kg/m³，从本规范第4.2.9条表4.2.9中计算出中期容器压力为1.79MPa。

7. 求每单位管长的压力降。根据设计流量和管径从本规范附录四中附图4.1查得未修正的单位管长的压力降为：

$P'_{(1)-(2)}=0.0165MPa/m$

$P'_{(2)-(3)}=P'_{(2)-(4)}$

$=0.014MPa/m$

根据充装密度和管网内灭火剂的百分比，从本规范附录四中附图4.3查得压力损失修正系数为：1.08，则修正后的单位管长的压力降为：

$P'_{(1)-(2)}=0.0165\times1.08=0.0178MPa/m$

$P'_{(2)-(3)}=P'_{(2)-(4)}$

$=0.014\times1.08=0.0151MPa/m$

8. 计算管段(1)-(2)的末端压力 $P_{i(2)}$。

管段(1)-(2)的压力降为

$P_{(1)-(2)}=L_{(1)-(2)} \cdot P'_{(1)-(2)}$

$=22.5\times0.0178$

$=0.40MPa$

根据本规范第4.2.13条表4.2.13，在压力为1.79MPa，充装密度为1000kg/m³时，管道内卤代烷1301的密度为1310kg/m³，而H_h为2m，故高程压力损失为

$P_h=10^{-3}\rho \cdot H_h \cdot g_n$

$=10^{-3}\times1310\times2\times9.81$

$=25.7kPa$

故得：

$P_{i(2)}=1.79-0.4-0.0257$

$=1.36MPa$

9. 计算管段(2)-(3)与(2)-(4)的末端压力 $P_{i(3)}$ 或 $P_{i(4)}$。

$P_{i(3)}=P_{i(4)}$

$=P_{i(2)}-L_{(2)-(3)} \cdot P'_{(2)-(3)}$

$=1.36-6.8\times0.0151$

$=1.26MPa$

将主要计算结果归纳于下表：

附表5.2 管网压力损失计算结果

管段号	管段公称通径 (mm)	长度 (m)	当量长度 (m)	高程 (m)	质量流量 (kg/s)	压力(MPa,表压) 始端	压力(MPa,表压) 末端
(1)-(2)	25	8.0	22.5	2	3.50	1.79	1.36
(2)-(3)	25	5.5	6.8	0	1.75	1.36	1.26
(2)-(4)	25	5.5	6.8	0	1.75	1.36	1.26

所计算的结果表明，管道末端压力达1.26MPa，超过中期容器压力1.79MPa的50%，故所选的各管段的管径可以满足设计要求，只有通过对管网内灭火剂百分比进行验算和反复调整计算后，才能得到一个较为经济合理的计算结果。

附录六 本规范用词说明

一、为便于在执行本规范条文时区别对待，对要求严格程度不同的用词说明如下：

1. 表示很严格，非这样做不可的用词：
   正面词采用"必须"；
   反面词采用"严禁"。

2. 表示严格，在正常情况下均应这样做的用词：
   正面词采用"应"；
   反面词采用"不应"或"不得"。

3. 表示允许稍有选择，在条件许可时首先应这样做的用词：
   正面词采用"宜"或"可"；
   反面词采用"不宜"。

二、条文中指定应按其它有关标准、规范执行时，写法为"应按……执行"或"应符合……的规定"。

附加说明

本规范主编单位、参加单位和主要起草人名单

主 编 单 位：公安部天津消防科学研究所

参 加 单 位：机械电子工业部第十设计研究院
北京市建筑设计研究院
武警学院
上海市崇明县建设局

主要起草人：金洪斌 熊湘伟 徐才林 袁俊荣
倪照鹏 冯修远 张学魁 刘锡发
刘文镁 马 恒

中华人民共和国国家标准

火灾自动报警系统施工及验收规范

GB 50166—92

主编部门：中华人民共和国公安部
批准部门：中华人民共和国建设部
施行日期：1993 年 7 月 1 日

关于发布国家标准《火灾自动报警系统施工及验收规范》的通知

建标[1992]807 号

根据原中国工程建设标准化委员会(88)建标委字第10号和建设部(91)建标技字第13号文的要求，由公安部会同有关部门共同制订的《火灾自动报警系统施工及验收规范》已经有关部门会审。现批准《火灾自动报警系统施工及验收规范》GB 50166—92 为强制性国家标准，自一九九三年七月一日起施行。

本规范由公安部负责管理，其具体解释等工作由公安部沈阳消防科学研究所负责。出版发行由建设部标准定额研究所所负责组织。

中华人民共和国建设部
一九九二年十一月五日

编 制 说 明

本规范是根据原中国工程建设标准化委员会(88)建标字第10号文的要求,并按建设部(91)建标技字第13号文通知,由公安部沈阳消防科学研究所会同北京市建筑设计院、北京市消防局、能源部核工业总公司国营二六二厂等单位共同编制的。

在编制过程中,规范编制组遵照国家有关方针、政策和"预防为主,防消结合"的消防工作方针,进行了调查研究,总结了我国火灾自动报警系统安装、调试、验收和运行的实践经验,参考了国外有关标准规范,并征求了各省、自治区、直辖市和有关部、委所属施工、设计、科研、生产、使用单位和公安消防、高等院校等单位的意见,最后经有关部门会审定稿。

本规范共分四章和六个附录,主要内容包括:总则,系统的施工,系统的调试和系统的验收。

各单位在执行本规范过程中,请注意总结经验,积累资料。如发现有需要修改和补充之处,请将意见和有关资料寄给公安部沈阳消防科学研究所(沈阳市皇姑区蒲河街七号,邮政编码:110031),供今后修订时参考。

中华人民共和国公安部
一九九二年十一月

第一章 总 则

第1.0.1条 为了提高火灾自动报警系统的施工质量,确保系统正常运行,防止和减少火灾危害,保护人身和财产安全,制订本规范。

第1.0.2条 本规范适用于工业与民用建筑设置的火灾自动报警系统的施工及验收。不适用于生产和贮存火药、炸药、弹药、火工品等有爆炸危险的场所设置的火灾自动报警系统的施工及验收。

第1.0.3条 火灾自动报警系统的施工,必须受公安消防监督机构监督。系统在交付使用前必须经过公安消防监督机构验收。

第1.0.4条 火灾自动报警系统的施工及验收,除执行本规范外,尚应符合国家现行的有关标准、规范的规定。

第二章 系统的施工

第一节 一般规定

第2.1.1条 火灾自动报警系统的施工应按设计图纸进行，不得随意更改。

第2.1.2条 火灾自动报警系统施工前，应具备设备平面图、接线图、安装图、系统图以及其它必要的技术文件。

第2.1.3条 火灾自动报警系统竣工时，施工单位应提交下列文件：

一、竣工图；
二、设计变更文字记录；
三、施工记录（包括隐蔽工程验收记录）；
四、检验记录（包括绝缘电阻、接地电阻的测试记录）；
五、竣工报告。

第二节 布 线

第2.2.1条 火灾自动报警系统的布线，应符合现行国家标准《电气装置工程施工及验收规范》的规定。

第2.2.2条 火灾自动报警系统布线时，应根据现行国家标准《火灾自动报警系统设计规范》的规定，对导线的种类、电压等级进行检查。

第2.2.3条 在管内或线槽的穿线前，应将建筑抹灰及地面工程结束后进行。在穿线前，应将管内或线槽内的积水及杂物清除干净。

第2.2.4条 不应穿在同一管内或线槽内。不同系统、不同电压等级、不同电流类别的线路，不应穿在同一管内或同一槽孔内。

第2.2.5条 导线在管内或线槽内，不应有接头或扭结。导线的接头，应在接线盒内焊接或用端子连接。

第2.2.6条 敷设在多尘或潮湿场所管路的管口和管子连接处，均应作密封处理。

第2.2.7条 管路超过下列长度时，应在便于接线处装设接线盒：

一、管子长度每超过45m，无弯曲时；
二、管子长度每超过30m，有1个弯曲时；
三、管子长度每超过20m，有2个弯曲时；
四、管子长度每超过12m，有3个弯曲时。

第2.2.8条 管子入盒时，盒外侧应套锁母，内侧应装护口，在吊顶内敷设时，盒的内外侧均应套锁母。

第2.2.9条 在吊顶内敷设各类管路和线槽时，宜采用单独的卡具吊装或支撑物固定。

第2.2.10条 线槽的直线段应每隔1.0~1.5m设置吊点或支点，在下列部位也应设置吊点或支点：

一、线槽接头处；
二、距接线盒0.2m处；
三、线槽走向改变或转角处。

第2.2.11条 吊装线槽的吊杆直径，不应小于6mm。

第2.2.12条 管线经过建筑物的变形缝（包括沉降缝、伸缩缝、抗震缝等）处，应采取补偿措施，导线跨越变形缝的两侧应固定，并留有适当余量。

第2.2.13条 火灾自动报警系统导线敷设后，应对每回路的导线用500V的兆欧表测量绝缘电阻，其对地绝缘电阻值不应小于20MΩ。

第三节 火灾探测器的安装

第2.3.1条 点型火灾探测器的安装位置，应符合下列规定：

一、探测器至墙壁、梁边的水平距离,不应小于0.5m;

二、探测器周围0.5m内,不应有遮挡物。

三、探测器至空调送风口边的水平距离,不应小于1.5m;至多孔送风顶棚孔口的水平距离不应小于0.5m;

四、感温探测器的安装间距,不应超过10m;感烟探测器的安装间距,不应超过15m。探测器距端墙的距离,不应大于探测器安装间距的一半。

五、探测器宜水平安装,当必须倾斜安装时,倾斜角不应大于45°。

第2.3.2条 线型火灾探测器和可燃气体探测器等特殊探测器的安装要求,应符合现行有关国家标准的规定。

第2.3.3条 探测器的底座应安装牢固,其导线连接必须可靠压接或焊接。当采用焊接时,不得使用带腐蚀性的助焊剂。

第2.3.4条 探测器的"+"线应为红色,"-"线应为蓝色,其余线应根据不同用途采用其它颜色区分。但同一工程中相同用途的导线颜色应一致。

第2.3.5条 探测器底座的外接导线,应留有不小于15cm的余量,入端处应有明显标志。

第2.3.6条 探测器底座的穿线孔宜封堵,安装完毕后的探测器底座应采取保护措施。

第2.3.7条 探测器的确认灯,应面向便于人员观察的主要入口方向。

第2.3.8条 探测器在即将调试时方可安装,在安装前应妥善保管,并应采取防尘、防潮、防腐蚀措施。

第四节 手动火灾报警按钮的安装

第2.4.1条 手动火灾报警按钮,应安装在墙上距地(楼)面高度1.5m处。

第2.4.2条 手动火灾报警按钮,应安装牢固,并不得倾斜。

第2.4.3条 手动火灾报警按钮的外接导线,应留有不小于10cm的余量,且在其末端部应有明显标志。

第五节 火灾报警控制器的安装

第2.5.1条 火灾报警控制器(以下简称控制器)在墙上安装时,其底边距地(楼)面高度不应小于1.5m;落地安装时,其底宜高出地坪0.1~0.2m。

第2.5.2条 控制器应安装牢固,不得倾斜。安装在轻质墙上时,应采取加固措施。

第2.5.3条 引入控制器的电缆或导线,应符合下列要求:

一、配线应整齐,避免交叉,并应固定牢靠;

二、电缆芯线和所配导线的端部,均应标明编号,并与图纸一致,字迹清晰不易退色;

三、端子板的每个接线端,接线不得超过2根;

四、电缆芯和导线,应留有不小于20cm的余量;

五、导线应绑扎成束;

六、导线引入线穿线后,在进线管处应封堵。

第2.5.4条 控制器的主电源引入线,应直接与消防电源连接,严禁使用电源插头。主电源应有明显标志。

第2.5.5条 控制器的接地,应牢固,并有明显标志。

第六节 消防控制设备的安装

第2.6.1条 消防控制设备在安装前,应进行功能检查,不合格者,不得安装。

第2.6.2条 消防控制设备的外接导线,当采用金属软管作套管时,其长度不宜大于2m,且应采用管卡固定,其固定点间距不应大于0.5m。金属软管与消防控制设备的接线盒(箱),应采用锁母固定,并应根据配管规定接地。

第2.6.3条 消防控制设备外接导线的端部,应有明显标志。

第2.6.4条 消防控制设备盘(柜)内不同电压等级、不同电流类别的端子,应分开,并有明显标志。

第七节 系统接地装置的安装

第2.7.1条 工作接地应采用铜芯绝缘导线或电缆,不得利用镀锌扁铁或金属软管。

第2.7.2条 由消防控制室引至接地体的工作接地线,在通过墙壁时,应穿入钢管或其它坚固的保护管。

第2.7.3条 工作接地线与保护接地线,必须分开,保护接地导体不得利用金属软管。

第2.7.4条 接地装置施工完毕后,应及时作隐蔽工程验收。验收应包括下列内容:

一、测量接地电阻,并作记录;
二、查验应提交的技术文件;
三、审查施工质量。

第三章 系统的调试

第一节 一般规定

第3.1.1条 火灾自动报警系统的调试,应在建筑内部装修和系统施工结束后进行。

第3.1.2条 火灾自动报警系统调试前应具备本规范第2.1.2条和第2.1.3条所列文件及调试必需的其它文件。

第3.1.3条 调试负责人必须由有资格的专业技术人员担任,所有参加调试人员应职责明确,并应按照调试程序工作。

第二节 调试前的准备

第3.2.1条 调试前应按设计要求查验设备的规格、型号、数量、备品备件等。

第3.2.2条 应按本规范第二章要求检查系统的施工质量,对属于施工中出现的问题,应会同有关单位协商解决,并有文字记录。

第3.2.3条 应按本规范第二章要求检查系统线路,对于错线、开路、虚焊和短路等应进行处理。

第三节 调 试

第3.3.1条 火灾自动报警系统调试,应先分别对探测器、区域报警控制器、集中报警控制器、火灾警报装置和消防控制设备等逐个进行单机通电检查,正常后方可进行系统调试。

第3.3.2条 火灾自动报警系统通电后,应按现行国家标准《火灾报警控制器通用技术条件》的有关要求对报警控制器进行下列功能检查:

一、火灾报警自检功能；
二、消音、复位功能；
三、故障报警功能；
四、火灾优先功能；
五、报警记忆功能；
六、电源自动转换和备用电源的自动充电功能；
七、备用电源的欠压和过压报警功能。

第3.3.3条 检查火灾自动报警系统的主电源和备用电源，其容量应分别符合现行有关国家标准的要求，在备用电源连续充放电3次后，主电源和备用电源应能自动转换。

第3.3.4条 应采用专用的检查仪器对探测器逐个进行试验，其动作应准确无误。

第3.3.5条 应分别用主电源和备用电源供电，检查火灾自动报警系统的各项控制功能和联动功能。

第3.3.6条 火灾自动报警系统在连续运行120h无故障后，按本规范附录一填写调试报告。

第四章 系统的验收

第一节 一般规定

第4.1.1条 火灾自动报警系统竣工验收，应在公安消防监督机构监督下，由建设单位主持，设计、施工、调试单位等参加，共同进行。

第4.1.2条 火灾自动报警系统验收应包括下列装置：

一、火灾自动报警装置（包括各种火灾探测器、手动报警按钮、区域报警控制器和集中报警控制器等）；

二、灭火系统控制装置（包括室内消火栓、自动喷水、卤代烷、二氧化碳、干粉、泡沫等固定灭火系统的控制装置）；

三、电动防火门、防火卷帘控制装置；

四、通风空调、防烟排烟及电动防火阀等消防控制装置；

五、火灾事故广播、消防通讯、消防电源、消防电梯和消防控制室的控制装置；

六、火灾事故照明及疏散指示控制装置。

第4.1.3条 火灾自动报警系统验收前，建设单位应向公安消防监督机构提交验收申请报告，并附下列技术文件：

一、系统竣工表（见附录二）；

二、系统的竣工图；

三、施工记录（包括隐蔽工程验收记录）；

四、调试报告；

五、管理、操作、维护人员登记表。

第4.1.4条 火灾自动报警系统验收前，公安消防监督机构应进行检查。

第4.1.5条 火灾自动报警系统验收前，公安消防监督机构应进行施工质量复查。复查应包括下列内容：

一、火灾自动报警系统的主电源、备用电源、自动切换装置等安装位置及施工质量；

二、消防用电设备的动力线、控制线、接地线及火灾警报信号传输线的敷设方式；

三、火灾探测器的类别、型号、适用场所、安装高度、保护半径、保护面积和探测器的间距等；

四、本规范第4.1.2条的一～五款中各种控制装置的安装位置、型号、数量、功能及安装质量；

五、火灾事故照明和疏散指示控制装置的安装位置和施工质量。

第二节 系统竣工验收

第4.2.1条 消防用电设备备用电源的自动切换装置，应进行3次切换试验，每次试验功能均应正常。

第4.2.2条 火灾报警控制器应按下列要求进行功能抽验：

一、实际安装数量在5台以下者，全部抽验；

二、实际安装数量在6～10台者，抽验5台；

三、实际安装数量超过10台者，按实际安装数量30%～50%的比例，但不少于每个功能复查1～2次，被抽验控制器的基本功能应符合现行国家标准《火灾报警控制器通用技术条件》中的功能要求。

第4.2.3条 火灾探测器（包括手动报警按钮），应按下列要求进行功能抽验：

一、实际安装数量在100只以下者，抽验10只；

二、实际安装数量超过100只，按实际安装数量5%～10%的比例，但不少于10只抽验。

被抽验探测器的试验功能均应正常。

第4.2.4条 室内消火栓的功能验收应在出水压力符合现行国家有关建筑设计防火规范的条件下进行，并应符合下列要求：

一、工作泵、备用泵转换运行1～3次；

二、消防控制室内操作启、停泵1～3次；

三、消火栓处操作启泵按钮按5%～10%的比例试验，以上控制功能及操作启泵、信号应正确。

第4.2.5条 自动喷水灭火系统的抽验，应在符合现行国家标准《自动喷水灭火系统设计规范》的条件下，抽验下列功能：

一、工作泵与备用泵转换运行1～3次；

二、消防控制室内操作启、停泵1～3次；

三、水流指示器、闸阀关闭器及电动阀等按实际安装数量的10%～30%的比例进行末端放水试验。

上述控制功能，信号均应正常。

第4.2.6条 卤代烷、泡沫、二氧化碳、干粉等灭火系统的抽验，应在符合现行各有关系统设计规范的条件下按实际安装数量的20%～30%抽验下列功能：

一、人工启动和紧急切断试验1～3次；

二、与固定灭火设备控制的其它设备（包括关闭防火门窗、停止空调风机、关闭防火阀、落下防火幕等）试验1～3次；

三、抽一个防护区进行喷放试验（固代烷系统应采用氮气等介质代替）。

上述控制功能，信号均应正常。

第4.2.7条 电动防火门、防火卷帘等的抽验，应按实际安装数量的10%～20%抽验联动控制功能，其控制功能、信号均应正常。

第4.2.8条 通风空调和防排烟设备（包括关闭风机和阀门）的抽验，应按实际安装数量的10%～20%抽验联动控制功能，其控制功能、信号均应正常。

第4.2.9条 消防电梯的检验应进行1～2次人工控制和自动控制功能检验，其控制功能、信号均应正常。

第4.2.10条 火灾事故广播设备的检验,应按实际安装数量的10%～20%进行下列功能检验:
一、在消防控制室选层广播;
二、共用的扬声器强行切换试验;
三、备用扩音机控制功能切换试验。
上述控制功能应正常,语音应清楚。

第4.2.11条 消防通讯设备的检验,应符合下列要求:
一、消防控制室与设备间所设的对讲电话进行1～3次通话试验;
二、电话插孔按实际安装数量的5%～10%进行通话试验;
三、消防控制室的外线电话与"119台"进行1～3次通话试验。
上述功能应正常,语音应清楚。

第4.2.12条 本节各项检验项目中,当有不合格者时,应限期修复或更换,并进行复验,复验时,对有抽验比例要求的,应加倍试验。复验不合格者,不能通过验收。

第三节 系统运行

第4.3.1条 火灾自动报警系统投入运行前,应具备下列条件:
一、火灾自动报警系统的使用单位应有经过专门培训,并经过考试合格的专人负责系统的管理操作和维护;
二、火灾自动报警系统正式启用时,应具有下列文件资料:
1. 系统竣工图及设备的技术资料;
2. 操作规程;
3. 值班员职责;
4. 值班记录和使用图表。
三、应建立火灾自动报警系统的技术档案。
四、火灾自动报警系统应保持连续正常运行,不得随意中断。

第4.3.2条 火灾自动报警系统的定期检查和试验,应符合下列要求:
一、每日应检查火灾报警控制器的功能,并应按记录四的格式填写火灾报警控制器日检记录表。
二、每季度应检查和试验火灾自动报警系统的下列功能,并应按附录五的格式填写功能试验季度记录表。
1. 采用专用检测仪器分期分批试验探测器的动作及确认灯显示。
2. 试验火灾报警装置的声光显示。
3. 试验消火水流指示器、压力开关等报警功能、信号显示。
4. 对备用电源进行1～2次充放电试验,1～3次主电源和备用电源自动切换试验。
5. 用自动或手动检查下列消防控制设备的控制显示功能:
(1) 防排烟设备(可半年检查一次)、电动防火阀、电动防火门、防火卷帘等的控制设备;
(2) 室内消火栓、自动喷水灭火系统的控制;
(3) 卤代烷、二氧化碳、泡沫、干粉等固定灭火系统的控制设备;
(4) 火灾事故广播、火灾事故警铃指示标志灯。
6. 强制消防电梯停于首层试验。
7. 消防通讯设备应在消防控制室进行对讲通话试验。
8. 检查所有转换开关。
9. 强制切断非消防电源功能试验。
三、每年对火灾自动报警系统的功能,应作下列检查和试验,并应按附录五的格式填写检查年检记录表。
1. 进行第4.3.2条对所安装的探测器试验1次;
2. 进行第4.3.2条二款中除1、2以外的各项试验,其中第5项(3)试验可作模拟试验;
3. 试验火灾事故广播设备的功能。

第 4.3.3 条 探测器投入运行 2 年后,应每隔 3 年全部清洗一遍,并做响应阈值及其它必要的功能试验,合格者方可继续使用,不合格者严禁重新安装使用。

附录一 调试报告

年　月　日　　编　号：

工程名称				工程地址		
使用单位				联系人		电话
调试单位				联系人		电话
设计单位				施工单位		
工程主要设备	设备名称型号	数量	编号	出厂年月	生产厂	备注
施工有无遗留问题				施工单位联系人		电话
调试情况						
调试人员（签字）				使用单位人员（签字）		
施工单位负责人（签字）				设计单位负责人（签字）		

附录二　系统竣工表

（用户填写）

验收时间：

工程名称				验收的建筑名称				
隐蔽工程记录		验收报告	系统竣工图	设计更改	设计更改内容		工程验收情况	
1.有 2.无		1.有 2.无	1.有 2.无	1.有 2.无			1.合格 2.基本合格 3.不合格	
主要消防设施								
消火栓系统	产品名称	产品型号	生产厂家	数量	产品名称	产品型号	生产厂家	数量
	室内消火栓				水泵接合器			
	室外消火栓				气压水罐			
	消防水泵				稳压泵			
通风空调系统	产品名称	产品型号	生产厂家	数量	产品名称	产品型号	生产厂家	数量
	风机				防火阀			
防排烟系统	部位＼方式	1.自然排烟 2.机械排烟 3.通风兼排烟			产品名称	产品型号	生产厂家	数量
	防烟楼梯间				防火阀			
	前室及合用前室				送风机			
	走道				排风机			
	房间				排烟阀			
	自然排烟口面积 m²		机械排烟送风量 m³/h			机械排烟排风量 m³/h		
安全疏散系统	设施名称及有无状况				产品名称	产品型号	生产厂家	数量
	疏散指示标志	1.有 2.无			防火门			
	消防电源	1.有 2.无			防火卷帘			
	事故照明	1.有 2.无			消防电梯			
火灾报警系统	系统设计单位				施工单位			
	形式 1.区域报警 2.集中报警 3.控制中心报警				设置部位			
	产品名称	产品型号	生产厂家	数量	产品名称	产品型号	生产厂家	数量
	感烟探测器				集中报警器			
	感温探测器				区域报警器			
	火焰探测器				事故广播			
					手动按钮			

续表

喷洒灭火系统	系统设计单位				系统施工单位			
	系统类型	1.喷雾水冷却设备 2.喷雾水灭火设备 3.喷洒水灭火设备						
	喷洒类型	1.干式 2.湿式 3.预作用 4.开式			系统设置部位			
	产品名称	产品型号	生产厂家	数量	产品名称	产品型号	生产厂家	数量
	喷洒头				水泵			
	水流报警阀				稳压泵			
	报警阀				气压水罐			
	压力开关							
卤代烷灭火系统	系统设计单位				系统施工单位			
	系统类型 1.1211 2.1301			系统形式	1.全充满系统 2.局部应用系统			
	系统设置部位							
	产品名称	产品型号	生产厂家	数量	产品名称		设置部位	
	喷头				远程启动装置			
	瓶头阀				联动开启装置			
	分配阀				手动开启装置			
	储罐（储量/瓶）		压力		紧急制动			
消防控制室	系统设计单位				系统施工单位			
	控制室位置		控制室面积		耐火等级		出入口数量	
	应有控制功能数		实有控制功能数		缺何种控制功能			
其它灭火系统	系统设计单位				系统施工单位			
	系统设置部位							
	系统名称	系统类别		系统启动方式		用量或储量	工作压力	
	二氧化碳灭火系统	1.全充满 2.局部应用		1.自动 2.半自动 3.手动		(kg)	使用压力：	
	泡沫灭火系统	1.低倍 2.高倍 3.氟氮白 4.抗溶性		1.固定 2.半固定 3.移动式		(kg)	供给强度：	
	干粉灭火系统	1.氮酸氢钠 2.碳酸氢钾 3.氮酸二氢氨 4.尿素		1.自动 2.半自动 3.手动		(kg)	供给强度：	
	蒸气灭火系统	1.全充满固定 2.全充满半固定 3.局部		1.固定 2.半固定 3.移动式		(%)	供给强度：	
	氮气灭火系统	1.全充满 2.局部应用		1.自动 2.半自动 3.手动		(kg)	使用压力：	

附录三 系统运行日登记表

单位名称：

项目\时间	设备运行情况		报警性质				报警部位、原因及处理情况	值班人			备注
	正常	故障	火警	误报警	故障报警	漏报		时~时	时~时	时~时	

注：正常划"√"，有问题注明。

续表

		设计单位		施工单位		
		产品名称	产品型号	施工单位	生产厂家	数量
火灾事故广播系统		扩音机				
		喇叭				
		备用扩音机				
		设计单位		施工单位		
		产品名称	型号规格	施工单位	生产厂家	数量
消防通讯设备		对讲电话				
		电话插孔				
		外线电话				
		外线对讲机				

附录四 控制器日检登记表

第　　页

单位名称

检查项目时间	自检	消音	复位	故障报警	巡检	控制器型号		检查人（签名）	备注
						电源			
						主电源	备用电源		

检查情况	故障及排除情况	防火负责人

注：正常划"√"，有问题注明。

附录五 季（年）检登记表

第　　页

单位名称　　　　　　　　　　　　防火负责人

日期	设备种类	检查试验内容及结果	检查人

仪器自检情况	故障及排除情况	备注

附录六 本规范用词说明

一、为便于在执行本规范条文时区别对待,对要求严格程度的用词说明如下:

1. 表示很严格,非这样做不可的:
   正面词采用"必须";
   反面词采用"严禁"。

2. 表示严格,在正常情况下均应这样做的:
   正面词采用"应";
   反面词采用"不应"或"不得"。

3. 表示允许稍有选择,在条件许可时首先应这样做的:
   正面词采用"宜"或"可";
   反面词采用"不宜"。

二、条文中应按指定的标准、规范执行时,写法为"应符合……的规定"或"应按……执行"。

附加说明

本规范主编单位、参加单位及主要起草人名单

主 编 单 位: 公安部沈阳消防科学研究所

参 加 单 位: 北京市建筑设计院
北京市消防局
能源部核工业总公司国营二六二厂

主要起草人: 徐宝林 焦兴国 骆传武 胡 贵
胡世超 罗崇嵩 冯修远 马 恒

中华人民共和国国家标准

火灾自动报警系统施工及验收规范

GB 50166—92

条文说明

前言

根据原中国工程建设标准化委员会(88)建标委字第10号文的要求,并按建设部(91)建标技字第13号文通知,由公安部负责主编,具体由公安部沈阳消防科学研究所会同北京市建筑设计院、北京市消防局、能源部核工业总公司国营二六二厂共同编制的《火灾自动报警系统施工及验收规范》GB 50166—92。经建设部1992年11月5日以建标[1992]807号文批准发布。

为便于广大设计、施工、科研、教学、生产、使用和公安消防等有关单位人员在使用本规范时能正确理解和执行条文规定,《火灾自动报警系统施工及验收规范》编制组根据原国家计委关于编制标准、规范、规程条文说明的统一要求,按《火灾自动报警系统施工及验收规范》的章、节、条顺序,编写了《火灾自动报警系统施工及验收规范条文说明》,供有关部门和单位参考。在使用中如发现本条文说明有欠妥之处,请将意见函寄公安部沈阳消防科学研究所《火灾自动报警系统施工及验收规范》编制组(沈阳市皇姑区蒲河街七号,邮政编码110031)。

一九九二年十一月

目 录

第一章 总则	10—15
第二章 系统的施工	10—17
第一节 一般规定	10—17
第二节 布线	10—17
第三节 火灾探测器的安装	10—17
第四节 手动火灾报警按钮的安装	10—18
第五节 火灾报警控制器的安装	10—18
第六节 消防控制设备的安装	10—18
第七节 系统接地装置的安装	10—19
第三章 系统的调试	10—19
第一节 一般规定	10—19
第二节 调试前的准备	10—20
第三节 调试	10—20
第四章 系统的验收	10—22
第一节 一般规定	10—22
第二节 系统竣工验收	10—25
第三节 系统运行	10—26

第一章 总 则

第1.0.1条 本条说明制订本规范的目的，即为了提高火灾自动报警系统的施工质量，确保系统正常运行，防止和减少火灾危害，保护人身和财产安全。

火灾自动报警系统是人们为了及早发现和通报火灾，并及时采取有效措施控制和扑灭火灾而设置在建筑物内或其它场所的一种自动消防系统。它是应用相当广泛的现代消防设施，是人们同火灾作斗争的一种有力工具。随着我国社会主义现代化建设事业的深入发展和消防保卫工作的不断加强，特别是近年来，随着《高层民用建筑设计防火规范》、《建筑设计防火规范》、《火灾自动报警系统设计规范》等一系列消防技术法规的贯彻实施，我国火灾自动报警系统的推广应用有了很大发展，火灾自动报警系统在安全防火工作中已经并将继续发挥出日益显著的作用。而另一方面，在火灾自动报警系统推广应用的实践中，也存在法规不健全、管理不完善的问题，有关火灾自动报警系统的安装、调试、验收等方面还没有一个全国统一的科学合理的规范。有关专业技术人员和消防工作者对火灾自动报警系统的安装、调试、验收等基本上无章可循。即使有某些地区和部门单位的规定或临时性技术措施，也不尽统一、不尽合理。这种状况，在一定程度上，影响了火灾自动报警系统的正常、可靠运行和管理，也影响其效能的发挥。

本规范的制订，不仅为有关安装、使用单位提供了一个全国统一的较为科学合理的技术标准，也为公安消防监督部门提供了一个监督管理的技术依据。这对于更好地发挥火灾自动报警系统在安全防火工作中的重要作用，防止和减少火灾危害，保护人身和财产安全，保卫社会主义现代化建设，将具有十分重要的意义。

第1.0.2条 本条规定了本规范的适用范围和不适用范围。本规范是《火灾自动报警系统设计规范》(GBJ116-88)的配套规范,适用范围和不适用范围与该规范是一致的。

第1.0.3条 火灾自动报警系统的安装、调试,是专业性很强的技术工作,需要具有一定专业技术水平的人员完成。为此,承担此项工作的单位,必须经过公安消防监督机构批准,确认其资格,并取得许可证,否则,不准承担此项工作。只有这样,才能确保火灾自动报警系统的安装、调试的质量,保证系统正常运行。此外,火灾自动报警系统在交付使用前必须经过公安消防监督机构验收,以确保系统完好、无误、正常可靠。

《中华人民共和国消防条例》、《中华人民共和国消防条例实施细则》和《高层建筑消防管理规则》等法规对消防设施的验收都作了明确规定:

《条例》第五章消防监督中规定,县级以上公安机关设立消防监督机构,负责消防监督工作。同时,在第二十六条中规定,消防机关负责监督检查建设项目在设计和施工中执行有关建筑设计防火规范的情况,参加竣工验收。

《实施细则》第十条规定:工程竣工时,建设单位应对工程的消防设施进行验收,对不符合防火设计要求的,待施工单位负责解决后,方可接收使用。

《高层建筑消防管理规则》第十五条明确规定:"高层建筑竣工后,其消防设施必须经当地公安消防监督机关检查合格,方可交付使用。对不合格的,任何单位和个人不得自行决定使用。"

根据调查,目前有些地区的一些单位,火灾报警系统投入使用的现象时有发生,这是很不负责的,也是违反消防法规的作法,今后应该避免此类问题发生。

第1.0.4条 本条规定了本规范与其它有关规范的关系。

本规范是一本专业技术规范,其内容涉及范围较广。在执行中,除执行本规范外,还应符合国家现行的有关标准、规范(如《电气装置安装工程施工及验收规范》等)的规定,以保证标准、规范的协调一致性。

第二章 系统的施工

第一节 一般规定

第2.1.1条 设计图纸是施工的基本技术依据,为正确指导施工,应坚持按图施工原则。

第2.1.2条 本规定考虑到在设计单位尚未最后选定设备,完成设计图纸的情况下,为了不影响施工单位与土建配合,故制订这条最低要求。在正常条件下,为了保证施工质量、设备订好、全部施工图完整为好。

第2.1.3条 目前,施工完毕后,有的图纸已经订改,有的产品已经变更,厂方或有关单位进行系统调试时缺乏现成的资料和文件,以致调试困难很大。规定此条将有利于调试能够顺利进行。

第二节 布 线

第2.2.1条 《电气装置工程施工及验收规范》是国家标准,火灾自动报警系统的布线要求与该规范是一致的,所以必须遵守此条规定。

第2.2.2条 参见《火灾自动报警系统设计规范》GBJ116—88第8.1.1条要求。系统布线应采用铜芯绝缘导线或铜芯电缆,当额定工作电压不超过50V时,选用导线的电压等级不应低于交流250V,额定工作电压超过50V时,导线的电压等级不应低于500V。

第2.2.3条 在穿线前必须将线槽中积水及杂物清除干净,因为有些暗敷线路若不清除杂物势必影响穿线,内有积水影响线路的绝缘,造成返工。目前施工单位对此条很不注意,有些工程在穿线时发生堵管现象。目前施工中也有备用管在启用时发生此类情况。此条规定,目的在于确保穿线顺利进行,提高系统运行的可靠性。

第2.2.4条 按现行国家标准《火灾自动报警系统设计规范》GBJ116—88第8.2.3条规定编写。

第2.2.5条 实践证明,因管内或槽内有接头将影响线路的机械强度,另外有接头也是故障的隐患点,不容易进行检查,所以必须在接线盒内进行连接。

第2.2.6条 在多尘和潮湿的场所,为防止灰尘和水汽进入管内引起导电,影响工程质量,所以规定管子的连接处与出线口均应作密封处理。

第2.2.7条 因管子太长和弯头太多,会使穿线时发生困难。

第2.2.8条 为了保证管子与盒子不易脱落,导线不致穿不在管子与盒子外面,确保工程质量。

第2.2.9条 为了确保穿线顺利,在施工过程中将发生跑管现象。若不作固定,防止受其它设备检修的影响。最好使用单独使用的卡具。

第2.2.10条 为了增加机械强度,防止弧垂很大,确保工程质量。设置吊点或支点时,线槽重量大的采用1.0m,重量轻的采用1.5m。

第2.2.11条 为保证线槽曲度足够机械强度。目前施工中有的用8″铅丝吊装,使槽弯曲变形,影响使用。

第2.2.12条 管线经过建筑物的变形缝(包括沉降缝、伸缩缝、抗震缝等)处,应采取补偿措施(例如用加装接线盒等),在导线跨越变形缝的两侧应固定,并留有适当余量,这样做使线路不致于断裂,从而提高系统运行的可靠性。

第2.2.13条 根据现行国家标准《火灾报警控制器通用技术条件》对控制器的绝缘要求,相应地提出。

第三节 火灾探测器的安装

第2.3.1条 按现行国家标准《火灾自动报警系统设计规范》规定编写。

第2.3.2条 线型探测器和可燃气体探测器尚无统一规定。考虑到某些工程实际需要，目前器也是允许的，但应符合现行有关产品国家标准的有关规定。

第2.3.3条 探测器底座安装应牢靠固定，工程完工后有很多脱落现象，影响了使用。焊接必须用无腐蚀的助焊剂，不然接头处脱开或增加线路电阻，影响正常报警。

第2.3.4条 目前施工调试与运行，有些导线使用的颜色五花八门，有时接错，有时找不到线，影响调试与运行。为了避免上述的问题，最低要求把"＋"与"－"区分开来。其它线不作统一规定，但同一工程中相同用途的绝缘导线颜色应一致。

第2.3.5条 为便于维修。

第2.3.6条 封堵的目的是防止措施的目的，是考虑施工时各工种交叉底座安装完毕后采取保护措施的目的，是考虑施工时各工种交叉进行，避免损坏探测器底座。为满足这条要求，有些制造厂的产品中自备保护部件，在无自备保护部件时，尤其要强调实施此条要求。

第2.3.7条 确认灯面向便于人员观察的主要入口，是为了让值班人员能迅速找到哪只探测器报警，便于及时处理事故。

第2.3.8条 探测器在调试时方可安装的理由是，一方面施工现场未完工，灰尘及潮湿易使探测器故障损坏，故一定要调试时再安装。探测器在安装前应安装保管。从目前的工程中发现，由于保管不善，造成探测器的不合格现象发生已多起，特制定此条。

第四节 手动火灾报警按钮的安装

第2.4.1条 按现行国家标准《火灾自动报警系统设计规范》规定编写。

第2.4.2条 目前施工完毕的工程中，有的手动火灾报警按钮安装不牢固，有脱落现象，有的手动火灾报警按钮倾斜现象，既不美观，也不便于操作，故规定此条。

第2.4.3条 此条规定为便于调试、维修，确保正常工作。

第五节 火灾报控制器的安装

第2.5.1条 按现行国家标准《火灾自动报警系统设计规范》编写。

第2.5.2条 控制器底座安装时，为防潮，规定距地面应有一定距离。

第2.5.3条 控制器要求安装牢固，不得倾斜，其目的是美观，避免运行时因固墙而脱落，影响使用。

第2.5.4条 从目前竣工工程的情况看，有不少工程控制器外接线很乱，无章法，随意接线。端子上的线并接太多，又无端子号，很不规范。故制定此条，以便于维修。

第2.5.5条 按消防设备通常要求，控制器的主电源应与消防电源连接，严禁用插头连接，这有利于消防设备安全运行。也为了防止用户经常拔掉插头作其它用。

第2.5.6条 控制器的接地是系统正常安全可靠运行的保证。由于接地不牢固往往造成系统误报或其它不正常现象发生，所以控制器的接地必须牢固。

第六节 消防控制设备的安装

第2.6.1条 按一般原则。

第2.6.2条 连接消防控制设备的线路，在经接线盒连接时，目前施工单位往往一般塑料软管连接，又不与接线盒固定，造成吊顶内线乱而脱落。

金属软管（又叫金属蛇皮管）在吊顶内安装时由于预留处与设备安装处有一定的距离，有的超过1m以上，造成金属软管交叉，所以制定这条要求。

第2.6.3条 加端子号的目的是便于检查及校核接线是否正确。

第2.6.4条 消防控制设备盘（柜）内不同电压等级，不同电流类别的端子应严格分开并有标志，在以往在调试中多次发现，工程中由于安装疏忽及接精造成设备烧毁,为确保设备的正常运行与维修要求,必须严格执行此条。

第七节 系统接地装置的安装

按现行国家标准《火灾自动报警系统设计规范》有关规定编写。

第2.7.1条

第2.7.2条 为便于更换与维护。

第2.7.3条 工作接地与保护接地分开是为了防止相互干扰。金属软管不能作为接地导体,其原因是:①金属软管作为接地体的截面不符合规范要求。②金属软管是移动性质的,作为接地体不可靠。

第2.7.4条 此条按现行国家标准《电气装置安装工程施工及验收规范》有关规定编写,目的是为了科学地检验接地电阻是否符合要求。现在一般施工单位无专用接地电阻的检测仪器,交工也不检查,不符合要求,有可能造成系统不正常运行,因此令后必须要有测量记录。记录包括接地装地点、距离、尺寸及隐蔽工程的制作者等。

第三章 系统的调试

第一节 一般规定

第3.1.1条 本条规定了火灾自动报警系统的调试工作,必须在系统安装结束后进行。其依据是世界各先进国家实用的安装规范都有类似的规定。如,英国标准BS 5839《建筑内部安装的火灾探测报警系统》的第一部分"安装完成后检验和使用的实用规范"26.1关于安装的检验明确规定:"安装者应提供该安装工程符合本实用规范合格证地完成。安装者应提供该安装工程符合本实用规范的合格证书。"又如联邦德国保险商协会(VdS)制定的《火灾自动报警系统设计和安装规范》。2条安装证书中规定有"火灾自动报警系统完工后,安装公司应按照VdS发放的样本和该系统的运行情况提交用户一份安装证书,同时应呈交VdS一份复印本。"

第3.1.2条 典型调查表明,近年来在我国火灾自动报警系统的安装使用中,由于文件资料不全给火灾自动报警系统的安装、调试和正常运行都带来很大困难。因此本条明确规定了火灾自动报警系统调试开通前必须具备的文件,这些文件包括:

一、火灾自动报警系统技术文件:

一、火灾自动报警系统框图。

二、设置火灾自动报警系统的建筑平面图。

三、设备安装技术文件:

——安装尺寸图(包括控制设备、联动设备的安装图、探测器预埋件、端子箱安装尺寸等);

——设备的外部接线图(包括设备尾线编号、端子板出线等)。

四、变更设计部分的实际施工图。

五、变更设计的证明文件;

六、安装验收单;

10—19

——安装技术记录（包括隐蔽工程检验记录）；

——安装检验记录（包括绝缘电阻、接地电阻的测试记录）。

七、设备的使用说明书（包括电路图以及备用电源的充放电说明）。

八、调试程序或规程。

九、调试人员的资格审查和职责分工。

第 3.1.3 条 火灾自动报警系统调试工作是一项专业技术非常强的工作，国内外不同生产厂家的火灾自动报警产品不仅型号不同，外观各异，而且从报警概念、传输技术和系统组成都有区别。特别是近几年来国内外产品都有向计算机化、智能化发展的趋势，软件技术特别是现场编程都需要熟悉火灾自动报警系统的专门人员才能完成。

近年来，从我们在北京、广州、上海、成都和西安等地的调查表明，由于国家没有火灾自动报警系统安装使用规范，一些工程队伍经严格训练，不具备专业人员的素质，也进行调试工作，出了不少问题，给运行和维修工作带来很大的困难，以至于有些工程多年来一直处于瘫痪状态。

所以本条明确规定了调试负责人，必须由有资格的专业技术人员或生产厂家委托的经训练的人员担任。其资格审查应由公安消防监督机构按有关规定进行。

第二节 调试的准备

第 3.2.1 条 本条规定了调试前应对火灾自动报警设备的规格、型号、数量和备品备件等进行查验。

从我国近几年的实际应用情况看，由于企业管理素质差、发货差错时有发生。特别是备品备件和技术资料不齐全，给调试和正常运行都带来了困难，甚至影响到火灾自动报警系统的可靠性。国外书要求、数量万元。另外，在查线过程中一定要按厂家的说明，使用合适的工具检查线路，避免底座上元器件的损坏。

第三节 调 试

第 3.3.1 条 现行国家标准《火灾自动报警系统设计规范》第3.2.1 条中规定了火灾自动报警系统，可选用下列三种形式：

一、区域报警系统；
二、集中报警系统；
三、控制中心报警系统。

不论选用哪一种系统按本条规定都应按照消防设备产品说明书要求，单机通电后才能接入系统。这样做可以避免单机工作不正常时影响系统中其它设备。

筑内部安装的火灾探测报警系统》第一部分"安装和使用的实用规范"4.6 记录表和使用说明书一节中规定："在安装完毕时，应提供给安装场所使用负责人有关该系统使用的说明书……安装承包商应提供给用户一些用于维修使用的图表，以及指明各类设备和接线盒等各种不同装置的位置以及所有电缆和电线规格和走向的图表，接线盒和配电箱的接线图应包括在内。"所以，按本条规定，备品备件和技术资料应齐备。

第 3.2.2 条 本条规定进行调试的人员，按本规范第二章的要求检查进行火灾自动报警系统的安装工作。这是一个交接程序。

从目前国内情况看，很多工程由于交接不清互相扯皮，就误工期。从质量管理和质量控制的角度讲这是下道工序对上道工序的互检工作，对火灾自动报警系统的可靠运行起到很好的保证作用。

第 3.2.3 条 本条规定了火灾自动报警系统外部线路的检查工作，它的必要性在于几乎没有一个工程不出现接线错误，这种错误往往会造成严重后果。例如，×××饭店供电的火灾报警系统错误220V电源接在自动控制器直流稳压电源上，使几台控制器烧毁，损失数万元。另外，在查线过程中一定要按厂家的说明，使用合适的工具检查线路，避免底座上元器件的损坏。比如，英国标准 BS 5839《建

第3.3.2条 本条按现行国家标准《火灾报警控制器通用技术条件》的要求列出了基本功能。这些要求是必备的,在调试开通过程中必须一一检查,全部满足。

对产品说明书规定的其它功能,比如,为了减少误报而设置的脉冲复位、区域交叉和报警级别等,如说明书有规定,在调试时就应逐一检查。

第3.3.3条 由于火灾自动报警系统中电源必须非常可靠,在《火灾自动报警系统设计规范》和《火灾报警控制器通用技术条件》中都对主电电源和备用电源的容量和自动切换作了明确要求。本条也特别指出在调试过程中对备用电源连续充放电3次以保证在事故状态下能正常使用。

调查表明,很多工程由于多方面的原因,火灾自动报警系统使用的不是满足《火灾报警控制器通用技术条件》所规定的备用电源。一旦发生火灾断掉主电源后,系统不能正常工作。所以本条明确规定了在现场调试中应检查主电源和备用电源容量,同时作电源充放电和自动切换试验。

第3.3.4条 本条规定系统正常后,使用专用的检查仪器对探测器进行试验。用香烟或蚊香等对感烟探测器加烟,往往使探测器污染,塑料外壳变色,影响使用效果,严重时会引起误报,所以应特别注意。

第3.3.5条 本条特别强调了分别用主电源和备用电源检查火灾自动报警系统的控制功能和联动功能。其原因在于,在典型工程调查中发现了一些已经投入使用的火灾自动报警系统出现火情,联动和控制部分不能动作,甚至酿成火灾,造成不应有的损失。所以本条对主电源和备用电源分别供电时,控制功能和联动功能应正常作了明确规定。

第3.3.6条 本条规定系统调试正常后,应运行120h无故障后,才能进行验收工作。这是根据我国的实际情况,考虑到元器件的早期失效和各安装调试单位调试程序和方法所作的规定,时间过长,往往影响验收和建筑物的使用;时间太短,系统存在的问题未充分暴露,也会影响系统的可靠工作,5d时间是基于二者的折衷。

第四章 系统的验收

第一节 一般规定

第4.1.1条 系统竣工验收是对系统施工质量的全面检查，各有关方面共同参加验收，既可体现联合验收，各负其责，又可以在发现问题时便于协商处理。

第4.1.2条 本条规定了系统验收中应该检查验收的设备。这是按照现行国家标准《建筑设计防火规范》、《高层民用建筑设计防火规范》、《火灾自动报警系统设计规范》、《人民防空工程设计防火规范》、《汽车库设计防火规范》、《自动喷水灭火系统设计规范》、《卤代烷1211灭火系统设计规范》等规范中的有关规定综合制订的。在目前其它系统的施工验收规范尚未颁布之前，特将火灾自动报警设备有关的自动灭火设备及电动防火门、防火卷帘等联动控制设备列入验收的内容。这对保证整个消防设备施工安装的质量是十分必要的。

第4.1.3条 本条规定系统验收前，建设单位在消防设备竣工后，应正式向当地公安消防监督机构提交申请验收的报告，并送交一些必要的图纸和资料，其中系统竣工表由公安消防机构统一印制，由申方到公安机关领取，由申方与施工单位填写后送交公安机关。通过验收使甲方和公安机关全面了解工程中使用产品的类别、数量、生产厂家等情况。应确定消防设备的维修人员，在验收时建设单位就应确定消防设备管理、维修人员，并报公安机关备案，以便公安机关对管理维修人员进行培训和管理。施工图纸资料、隐蔽部位安装记录均由施工单位提供。

在国外，消防设备验收中，消防机构有组织的调试报告是很重视的，有的要求按固定格式办理。如日本、西安几个城市的调查，在过去的竣工结果报告书格式"的规定进行的，各种表格装订成册后可达数十页。瑞士西伯乐斯公司在施工指南中规定，在系统正式验收前，应提交系统负责人对火灾报警系统安装、设计或设备的明细表。其中主要包括：

  a. 火灾报警控制器监视的区域；
  b. 火灾报警系统通电，监视和报警的基本功能方框图；
  c. 探测器的型号、类别，布局和回路数的概况；
  d. 报警控制器的类型和定位；
  e. 电源类型和容量、定位；
  f. 报警机构及警报装置。

并规定，施工单位应在验收前，将系统的灵敏度调整到设计运行的指标上。

为了认真负责地做好消防设备的竣工验收工作，确保施工质量和建设单位开通运行后的正确的使用。本条规定：系统验收前，公安消防监督机构应对施工质量及维修技术人员方法和正确的使用。本条规定：系统验收前，公安消防监督机构应对施工质量及维修进行检查，配备经过培训、考试合格的维修人员、管理人员、消防监督机构有组织调试验收工作。

第4.1.4条 目前，消防自动化系统的设备及系统的设计，均已颁布国家标准，产品质量不断提高。现在消防系统的管理、维修是薄弱的环节，有个别使用单位内部互相推委，扯皮，不配备消防管理人员。有的单位人员素质不高，不懂消防设备的使用。为保证设备验收后有合格的使用，维护，管理人员，本条规定：系统验收前，公安消防监督机构应进行检查，没配备经过培训，考试合格的维修管理人员、消防监督机构对工程不予验收。

第4.1.5条 本条规定了系统验收后，公安消防机构应进行施工质量的复查。经公安消防机构和当地施工质量监督单位对施工质量复查合格，再组织有关技术人员对施工质量进行抽查验收。这样有利于施工、质量监督部门和消防监督机构有计划地安排验收的竣工作。根据在北京、上海、成都、西安几个城市的调查，在过去的竣验收中，由于建设单位急于开业，往往是在施工没完的情况下就要求验收。消防机构组织各专业技术人员，调动了消防车辆、兴师动众，结果有时因施工质量不好，验收进行不下去或验收不合格。这样既浪费了时间，又不能保证验收工作的质量。所以特意指出，没有经过施工质量复查或在复查时消防机构提出的质量问题没有整改的工程，不得进行功能验收，以确保验收工作的质量。

复查包括五个方面的内容：

一、一般电气设备的施工质量由建筑施工质量站负责检查和监督。对消防用电设备的安装质量，也在施工质量监督站的质量监督范围之内。消防监督机构对消防设备比较了解，但是，电源设备验收对系统的主电源、备用电源自动切换装置的施工质量进行复查，发现施工质量不合格的，可向建设单位、施工单位提出意见。对于一些比较严重的施工质量问题或遇到分歧的问题，可请本省市的消防质量监督站负责解决。当然，消防机构也可会同施工质量监督部门一起对消防设备的施工质量进行复查，这样更有利于保证消防设备施工质量。

对消防用电设备电源的负荷等级，在现行国家标准《高层民用建筑设计防火规范》及《人民防空工程设计防火规范》中均已作了明确规定。同时，对消防用电设备位置的安装装置作了明确规定。施工质量检查，第一点就是消防设备消防电源的供电等级是否与建筑相符合。如在现行国家标准《高层民用建筑设计防火规范》中规定，高层民用建筑的消防控制室、消防电梯、防烟排烟设备、火灾自动报警、自动灭火设备、卷帘、阀门等消防用电，一类建筑按一级负荷要求供电，二类建筑按二级负荷要求供电。同时，又规定，消防用电设备的设计规范规定的两回线路，应在最末一级配电箱处自动切换。自备发电设备，应设有自动启动装置。目前，一般工程采用两路电源或两回路供电的容量可以保证，但有些用自备发电机为备用电源的，自备发电机的容量不一定全部符合要求。第二点是检查自动切换装置的位置是否在自动切换装置设在最末级配电箱处。目前，实际工程中多是配电室复查是否按规范设有自动切换装置，其后面则是一条电缆（线）送出，这是不符合要求的，不能保证消防用电设备的可靠性，是造成隐患的主要原因。有的设计不单位设按规范设计，有的施工单位没按图施工，无论什么原因施工设备竣工验收前都应按施工规范和施工图册中的要求进行复查。

其它施工质量按有关施工规范的要求进行检查。

二、消防用电设备的动力线、控制线、接地线及火灾自动报警信号传输线的敷设方式，根据其使用要求耐火性能有所不同。在《火灾自动报警系统设计规范》中作了详细规定。如：火灾报警信号传输线采用绝缘导线穿金属管、硬质塑料管、半硬质塑料管或薄封闭式线槽即可。消防控制线、动力线和警报广播线管或金属管敷设在非燃烧体结构内，其保护层的厚度不应小于3cm。另外，不同系统、不同电压、不同电流、强电与弱电等不应敷设在同一根管内或同一线槽内。在《火灾自动报警系统设计规范》中，对消防用电设备的接地电阻值作了明确的规定。如：消防控制室设备的接地电阻值，工作接地电阻应小于4Ω，联合接地电阻值应小于1Ω，同时规定：消防控制室引至接地体的接地干线应采用铜芯绝缘导线或电缆，控制室接地板到消防设备接地线应采用截面不小于4mm²的铜芯绝缘软线。接地装置的处理等均应参照电气规范中有关条文或现行及施工图册中的做法进行施工。

三、关于火灾探测器的类别、适用场所及其保护半径、保护面积和探测器的同距等在《火灾自动报警系统设计规范》中作了具体规定。各类火灾探测器的保护半径、保护面积和探测器的同距在《火灾自动报警系统设计规范》中也作了规定。设计单位的设计图纸一般也是

10—23

根据消防部门规定、标准的设计图纸应按规范设计的。施工单位按图施工，对不符合规范设计的，应向设计部门提出洽商意见，使之符合规范的要求。

本规范的第二章第三节，对火灾探测器及底座的安装作了明确规定，这些规定是施工时必须遵守的。

四、本规范第 4.1.2 条对系统验收的施工质量作了明确规定。本款是对第 4.1.2 条所规定验收的范围进行复查。其复查的根据是现行国家标准《火灾自动报警系统设计规范》及本规范。复查的具体内容如下：

1. 火灾报警控制器、火灾报警控制器的选用应用在《火灾自动报警系统设计规范》中作了明确规定，即设备应选用有现行国家标准或行业标准，且经国家有关产品质量监督检验单位检验合格的产品，以确保产品质量，不可随意修改组装。

火灾报警控制器在建筑内的安装质量、尺寸等在本规范第二章已作了明确规定，施工单位应按规定安装。

2. 室内消火栓。室内消火栓加压水泵的电源按照现行国家标准《建筑设计防火规范》的要求，应有两路电源供电，并且应在水泵控制盘的电源进线处设置两路电源的自动切换装置。《火灾自动报警系统设计规范》第四章第二节关于消防控制设备的功能中，对室内消火栓在消防控制盘上的控制功能，作了明确规定：①控制消防水泵的启、停；②显示消防水泵的工作、故障状态。

3. 自动喷水灭火系统。自动喷水灭火系统水泵和其它消防用电设备一样，应按两路电源或两路电源进线自动切换装置。

《火灾自动报警系统设计规范》对自动喷水灭火系统管网上的压力开关、水流指示器及闸阀等部位的指示、控制功能的规定是：①控制系统的启、停；②显示报警阀、闸阀的工作；③显示消防水泵的工作、故障状态。

4. 卤代烷等固定灭火系统。二氧化碳、干粉、泡沫灭火系统的设计，安装将随着各自规范的颁布日趋完善。因 1211 灭火系统设计规范已颁布实施，"1301 系统设计规范"及"因代烷灭火系统的施工及验收规范"已在计划中。

系统设计规范对卤代烷、二氧化碳固定灭火设备的控制功能作了规定：

(1) 控制系统的紧急启动和切换装置；

(2) 由火灾探测器联动的控制设备应有 30s 可调的延时装置；

(3) 显示系统的手动、自动工作状态；

(4) 在报警、喷射各阶段，控制盘应有相应的声、光报警信号，并能手动切除声响信号；

(5) 在延时阶段，应自动关闭防火门、窗，停止通风空调系统。

在卤代烷、二氧化碳、干粉、泡沫灭火系统的施工中有标准不全问题，也有一些实际的施工的标准施工、在系统的验收规范前，可参照国家有关规范。

5. 电动防火门及防火卷帘。关于电动防火门、防火卷帘和消防电梯控制的功能，在《火灾自动报警系统设计规范》中规定，在火灾报警确认火灾后，消防控制室的控制设备应有以下功能：

(1) 关闭有关部位的防火门、防火卷帘，并接收其反馈信号；

(2) 发出控制信号，强制电梯全部停首层，并接收其反馈信号。

关于防排烟设备的控制功能，在《火灾自动报警系统设计规范》中规定：火灾报警后，消防控制设备应启动有关部位（即报部）

如第4.2.3条规定：火灾探测器（包括手动报警按钮）应按实际安装数量分别不同情况抽验。实际安装数量在100只以下者，抽验10只，实际安装数量超过100只抽验。全部正常者为合格。火灾探测器安装比例，但不少于10只抽验。火灾探测器安装数量是比较大的，特别是一些大型建筑群里是成千上万。由于每个工程中探测器的数量差别较大，各地消防机构的人员力量比较紧张，所以规定，抽查验收比例是5%~10%。

按火灾报警控制器的数量，在验收中抽验30%~50%是很常见的。对一些较小的工程，实际数量在5台以下者，验收时进行100%的功能试验。对报警按钮的启动验收，也应按5%~10%的比例进行抽样试验。

此外对消火栓的启动功能试验。

由于采用自动喷水灭火系统和卤代烷、二氧化碳、泡沫、干粉等固定灭火设备，对扑灭火灾更为重要，同时，根据国内工程施工质量普遍的情况，为更为有效地对其施工质量进行监督、验收，抽验的比例分别规定为10%~30%、20%~30%。对电动防火门、防火卷帘、防排烟设备，火灾事故广播等联动控制设备抽验比例规定为10%~20%。

为了提高系统竣工验收的质量，防止验收工作出现不符实际的问题。在系统验收中，被抽验的典型代表性，公安消防机构要注意抽样试验的普遍性和典型代表性。但是，由于多方面的原因，可能出现一些差错。为了既保证工程质量，又能及时投入使用，火灾报警不超过1%，其它系统中被抽验的差错不超过1个，对影响使用的差错，允许当场修复或更换、修复合格后，可判为合格。如果抽验中的差错超过上述比例，则判为不合格，第一次验收不合格，消防机关在限期内修复后，进行第二次验收。第二次验收，对有抽验比例不合格的，按本条文规定的比例加倍抽验，且不得有差错。第二次验收和不能通过验收。

位的防烟、排烟风机（包括正压送风机）、排烟阀并接收其反馈信号。

对上述设备的施工质量，本规范第二章中已经作了规定，施工质量复查时可按第二章的要求进行。

6.事故广播及消防通讯设备，对火灾事故自动报警系统设计规范》和本规范第二章的施工质量要求进行复查。

五、住火灾时通道疏散照明用的一般地面建筑内的事故照明灯的照度为0.5lx，地下工程内的非事故照明灯的照度为5lx，疏散指示灯，是安装在疏散走道侧墙上，供疏散人指示方向用的。其照度要求为灯前通道中心点上的照度不低于1lx，安装高度为距地板1.2m以下。

对其施工质量按照建筑电气设计规范和电气安装规范的要求进行复查。

第二节 系统竣工验收

根据消防法规的规定，公安消防机构要参加消防设备的工验收，并按规定不经验收合格的工程，不得擅自投入使用。同时，每本消防技术规范的发布通知中都明确规定：消防技术规范由设计单位和建设单位贯彻实施。公安机关负责检查督促。所以，建设单位应该注意做好消防设备施工后的竣工验收工作。公安机关在消防设备施工后的竣工验收，只能是在建设单位、施工单位共同完成质量检查后，进行抽查。

本节共12条，对整个功能抽验的比例和火灾自动报警系统设计规范或未数作了规定。由于这些设备功能的《火灾自动报警系统设计规范》中已有明确规定，本节不再赘述。这些抽验的比例参照一些发达国家的技术规范并结合我国的经验而定，在发往各地征求意见后，应完善和补充。

第三节 系统运行

第4.3.1条 本条规定了使用单位必须做到的四项一般要求。

一、本款规定要求使用单位必须有专人负责系统的管理、操作和维护，克服安而不管、置而不用的现象。管理主要是加强日常管理，单位领导要重视，组织人员要落实。系统投入运行后，操作人员维护不当至关重要。尽管设备先进，设计安装合理，如管理不善，操作维护不当，同样不能充分发挥设备的作用。

操作维护人员上岗前必须进行专门培训，掌握有关业务知识和操作规程，以免它它损失。当火灾自动报警系统更新时，要对操作人员重新进行培训，使其熟悉掌握新系统工作原理及操作规程后方可再上岗。操作人员应保持相对稳定。

二、本款规定了系统正式启用时，各个使用单位必备的文件资料规定，不作统一要求。

2、3项规定的内容，各个使用单位可根据单位实际情况自行推荐表，可参照使用。

4项请参看本规范附录三、附录四、附录五，但这些表也只是推荐表，可参照使用。

三、本款规定使用单位应建立系统的技术档案，将所有有关文件资料整理存档，以便于系统的使用和维护。如：①有关消防设备的施工图纸和技术资料；②变更设计部分的实际施工图；③变更设计的证明文件；④安装技术记录（包括隐蔽工程检验记录）；⑤检验记录（包括绝缘电阻、接地电阻的测试报告）；⑥系统竣工表；⑦安装竣工报告；⑧调试开通报告；⑨竣工验收情况；⑩管理操作维护人员登记表；⑪操作维修记录；⑫值班验收记录；⑬值班员职责；⑭设备维修记录。上述文件资料均应存档。

四、不得因误报等原因随意切断电源，使系统中断运行。

第4.3.2条 本条对使用单位每日、每季、每年应作的检查和试验作了规定。

二、本款规定了每日应作的主要日常工作，对于集中报警控制器和区域报警控制器及其相关的设备，如控制盘、模拟盘等都应进行检查。因为这些设备是系统中的关键设备，一旦出现问题，会影响到整个系统的工作。因此，对报警控制器等的功能每天应进行一次保证系统正常运行。所以，必须做到及时发现问题，随时处理，以检查其功能是否正常。没有上述功能的，也可采用给一只探测器加烟（温）的方法使探测器报警，来检查集中报警控制器或区域报警控制器的功能是否正常。同时，检查消音、复位、故障报警等功能是否正常。

二、此款对每季度内应做的检查试验作了具体规定。除5项（3）外，均应进行动作试验。

1项中规定对每只探测器按生产厂家说明书的要求，用专用检测仪器进行实际试验，检查每只探测器的功能是否正常。由于使用单位不同，探测器的安装场所及安装数量不同，因此，对试验周期及试验数量可依其具体情况而异。对安装在易污染场所的探测器，最好每季度至少试验一次。具体检查试验顺序、使用单位可自行编制，依次进行。具体检查试验时间自行掌握，试验中发现问题要及时拆换。

2项中火灾警报装置试验要求实际操作，一次可进行全部试验，也可进行部分试验。具体试验时间可自行安排，但试验前一定要做好妥善安排，以防造成不应有的恐慌混乱。

4项中电源采用蓄电池的，其充放电则是指蓄电池的正常充放电。具体方法为：切断主电源，看蓄电池是否能自动是指到蓄电池首次充放电。蓄电池供电，蓄电池供电指示灯是否亮，4h后，再恢复主电源供电，看是否自动转换。再检查一下蓄电池是否正常充电，如转换及充电均正常，看是否正常即为合格，否则应进行修理更换。

4项电源备用电池，其充放电池供电、蓄电池的指示灯指示换到蓄电源供电，换及充电均正常，否则应进行修理更换。

5项具体要求如下：

(1)通过手动或自动操作，检查防排烟、电动防火门、防火卷帘等的控制设备的动作是否正常，如动作正常，信号反馈至消防控制室，且信号清晰为正常。对建筑内设置的所有电动防火门、防火卷帘等均要试验一次。

(2)通过手动或自动操作，检查室内消火栓、自动喷水灭火系统的控制设备的动作是否正常，如动作正常，信号反馈至消防控制室，且信号清晰为正常。

(3)固体代烷、二氧化碳、泡沫、干粉等固定灭火系统的控制设备，可通过模拟试验来检查，不要求实际喷洒。

(4)此项规定的火灾事故广播，主要是指设置在走道(走廊)、大厅等处的扬声器和饭店各房间内床头控制柜等处的扬声器，在试验中，不论扬声器当时处于何种工作状态(开、关)，都应能紧急切换到火灾事故广播通道上。

火灾事故照明灯及疏散指示标志灯，主要试验消防应急设备是否能将其接通。对所有的火灾事故照明灯和疏散指示灯均要试验一次。

8项转换开关是指所有手动、自动转换开关，主要包括电源转换开关、灭火转换开关、防排烟、防火卷帘等的转换开关、警报转换开关、应急照明转换开关等。

三，此款是对年内应做的检查试验作了具体规定。其中除第2项中规定的本规范第4.3.2条二款中第5项(3)可作模拟试验外，其余均要求实际操作。但在试验时应做好安排，防止造成意外损伤。

第4.3.3条 此条专门对探测器的清洗作了规定。探测器投入运行后容易受污染、积聚灰尘，使可靠性降低、引起误报或漏报。因此必须定期进行清洗。在国外，如美国国家消防协会标准《自动消除离子和光电探测器标准》7.4条清洁和维护中规定："要定期消除探测器上聚集的灰尘。清洗次数取决于具体环境条件。对每

个探测器，只有在参考生产厂家的说明书后，方可对它进行清洁、检查、操作和调整灵敏度。"我国地域辽阔，南北方差别很大，南方多雨潮湿、水汽大、容易凝结水汽，北方干燥、多风、容易积聚灰尘，这些都是影响探测器功能的不利因素。同时，同一建筑内，因安装场所不同，受污染的程度也不尽相同。

总之，使用环境不同，受污染的程度不同，需要清洗的时间长短也不尽一致。因此，在应用此条中应灵活掌握。如工厂、仓库、饭店（如厨房）容易受到污染，清洗周期宜短。办公楼环境较好，投入运行2年后，都应少、清洗时间可适当长些。但不管什么场合，投入运行2年后，都应每隔3年进行一次清洗。

在清洗中可分期分批地进行，也可进行一次性清洗。

探测器的清洗要由专门清洗单位进行，使用单位（有清洗能力并获得消防监督机构批准允许清洗、以免损伤探测器部件和降低灵敏度。

清洗后要逐个做响应阈值试验。在试验中，如发现探测器的响应阈值不合格，则一律作废，不准维修使用。

中华人民共和国国家标准

二氧化碳灭火系统设计规范

Code of design for carbon dioxide fire extinguishing systems

GB 50193-93

主编部门：中华人民共和国公安部
批准部门：中华人民共和国建设部
实施日期：1994年8月1日

关于发布国家标准《二氧化碳灭火系统设计规范》的通知

建标[1993]899号

根据国家计委计综[1987]2390号文件的要求，由公安部会同有关部门共同制订的《二氧化碳灭火系统设计规范》GB 50193-93 为强制性国家标准，自一九九四年八月一日起施行。

本规范由公安部负责管理，其具体解释等工作由公安部天津消防科学研究所负责。出版发行由建设部标准定额研究所负责组织。

建设部

一九九三年十二月二十一日

1 总 则

1.0.1 为了合理地设计二氧化碳灭火系统,减少火灾危害,保护人身和财产安全,制定本规范。

1.0.2 本规范适用于新建、改建、扩建工程及生产和储存装置中设置的二氧化碳灭火系统的设计。

1.0.3 二氧化碳灭火系统的设计,应积极采用新技术、新工艺、新设备,做到安全适用,技术先进,经济合理。

1.0.4 二氧化碳灭火系统可用于扑救下列火灾:

1.0.4.1 灭火前可切断气源的气体火灾。

1.0.4.2 液体火灾或石蜡、沥青等可熔化的固体火灾。

1.0.4.3 固体表面火灾及棉毛、织物、纸张等部分固体深位火灾。

1.0.4.4 电气火灾。

1.0.5 二氧化碳灭火系统不得用于扑救下列火灾:

1.0.5.1 硝化纤维、火药等含氧化剂的化学制品火灾。

1.0.5.2 钾、钠、镁、钛、锆等活泼金属火灾。

1.0.5.3 氢化钾、氢化钠等金属氢化物火灾。

1.0.6 二氧化碳灭火系统的设计,除执行本规范的规定外,尚应符合现行的有关国家标准的规定。

2 术语、符号

2.1 术 语

2.1.1 全淹没灭火系统 total flooding extinguishing system
在规定的时间内,向防护区喷射一定浓度的二氧化碳,并使其均匀地充满整个防护区的灭火系统。

2.1.2 局部应用灭火系统 local application extinguishing system
向保护对象以设计喷射率直接喷射二氧化碳,并持续一定时间的灭火系统。

2.1.3 防护区 protected area

2.1.4 组合分配系统 combined distribution systems
用一套二氧化碳储存装置保护两个或两个以上防护区或保护对象的灭火系统。

2.1.5 灭火浓度 flame extinguishing concentration
在101kPa大气压和规定的温度条件下,扑灭某种火灾所需二氧化碳在空气中的最小体积百分比。

2.1.6 抑制时间 inhibition time
维持设计规定的二氧化碳浓度使固体深位火灾完全熄灭所需的时间。

2.1.7 泄压口 pressure relief opening
设在防护区外墙或顶部用以泄放防护区内部超压的开口。

2.1.8 等效孔口面积 equivalent orifice area
与水流量系数为0.98的标准喷头孔口面积进行换算后的喷

头孔口面积。

2.1.9 充装率 filling ratio

储存容器中二氧化碳的质量与该容器容积之比。

2.1.10 物质系数 material factor

可燃物的二氧化碳设计浓度对34%的二氧化碳浓度的折算系数。

2.2 符 号

表 2.2

编 号	符 号	单 位	涵 义
2.2.1	A	m^2	折算面积
2.2.2	A_0	m^2	开口总面积
2.2.3	A_p	m^2	在假定的封闭罩中存在的实体墙等实际封闭面积
2.2.4	A_t	m^2	假定的封闭罩侧面、底面、顶面（包括其中的开口）的总面积
2.2.5	A_v	m^2	防护区的内表面、底面、顶面（包括其中的开口）的总面积
2.2.6	A_x	m^2	泄压口面积
2.2.7	c_p	$kJ/(kg \cdot ℃)$	管道金属材料的比热
2.2.8	D	mm	管道内径
2.2.9	F	mm^2	喷头等效孔口面积
2.2.10	H	kJ/kg	二氧化碳蒸发潜热
2.2.11	K_1	kg/m^2	面积系数
2.2.12	K_2	kg/m^3	体积系数
2.2.13	K_b	—	物质系数
2.2.14	L	m	管道计算长度
2.2.15	L_0	m	单个喷头正方形保护面积的边长
2.2.16	L_p	m	瞄准点偏离喷头保护面积中心的距离

续表 2.2

编 号	符 号	单 位	涵 义
2.2.17	M	kg	二氧化碳设计用量
2.2.18	M_c	kg	储存量
2.2.19	M_g	kg	受热管网的管道质量
2.2.20	M_v	kg	二氧化碳在管道中的蒸发量
2.2.21	N	—	喷头数量
2.2.22	N_g	—	安装在计算支管流程下游的喷头数量
2.2.23	N_p	—	储存容器数量
2.2.24	P_1	Pa	围护结构的允许压强
2.2.25	Q	kg/min	管道的设计流量
2.2.26	Q_1	kg/min	单个喷头的设计流率
2.2.27	Q_c	kg/min	二氧化碳设计喷射率
2.2.28	q_w	$kg/(min \cdot mm^2)$	等效孔口单位面积的喷射率
2.2.29	q_v	$kg/(min \cdot m^3)$	单位体积的喷射率
2.2.30	T_1	$℃$	二氧化碳喷射前管道的平均温度
2.2.31	T_2	$℃$	二氧化碳平均温度
2.2.32	t	min	喷射时间
2.2.33	V	m^3	防护区的净容积
2.2.34	V_1	m^3	保护对象的计算体积
2.2.35	V_0	L	单个储存容器的容积
2.2.36	V_g	m^3	防护区内非燃烧体和难燃烧体的总体积
2.2.37	V_v	m^3	防护区的容积
2.2.38	Y	$MPa \cdot kg/m^3$	压力系数
2.2.39	Z	kg/L	密度系数
2.2.40	α	$(°)$	充装系数
2.2.41	φ	—	喷头安装角

3 系统设计

3.1 一般规定

3.1.1 二氧化碳灭火系统可分为全淹没灭火系统和局部应用灭火系统。全淹没灭火系统应用于扑救封闭空间内的火灾；局部应用灭火系统应用于扑救不需封闭空间条件的保护对象的非深位火灾。

3.1.2 采用全淹没灭火系统的防护区，应符合下列规定：

3.1.2.1 对气体、液体、电气火灾和固体表面火灾，在喷放二氧化碳前不能自动关闭的开口，其面积不应大于防护区总内表面积的3%，且开口不应设在底面。

3.1.2.2 对固体深位火灾，除泄压口以外的开口，在喷放二氧化碳前应自动关闭。

3.1.2.3 防护区的围护结构及门、窗的耐火极限不应低于0.50h，吊顶的耐火极限不应低于0.25h；围护结构及门窗的允许压强不宜小于1200Pa。

3.1.2.4 防护区的通风机和通风管道中的防火阀，在喷放二氧化碳前应自动关闭。

3.1.3 采用局部应用灭火系统的保护对象，应符合下列规定：

3.1.3.1 保护对象周围的空气流动速度不宜大于3m/s。必要时，应采取挡风措施。

3.1.3.2 在喷头喷射角范围内，喷头至保护对象表面的距离不应小于150mm。

3.1.3.3 当保护对象为可燃液体时，液面至容器缘口的距离不得小于150mm。

3.1.4 启动释放二氧化碳之前或同时，必须切断可燃、助燃气体的气源。

3.1.5 当组合分配系统保护5个及以上的防护区或保护对象时，二氧化碳应有备用量，备用量不应小于系统设计的储存量。备用量的储存容器应与系统管网相连，宜能与主储存容器切换使用。

3.2 全淹没灭火系统

3.2.1 二氧化碳设计浓度不应小于灭火浓度的1.7倍，并不得低于34%。可燃物的二氧化碳设计浓度可按本规范附录A的规定采用。

3.2.2 当防护区内存有两种及两种以上可燃物时，防护区的二氧化碳设计浓度应采用可燃物中最大的二氧化碳设计浓度。

3.2.3 二氧化碳的设计用量应按下式计算：

$$M = K_b(K_1 A + K_2 V) \quad (3.2.3-1)$$
$$A = A_v + 30A_0 \quad (3.2.3-2)$$
$$V = V_v - V_g \quad (3.2.3-3)$$

式中 M——二氧化碳设计用量(kg)；
K_b——物质系数；
K_1——面积系数(kg/m²)，取0.2kg/m²；
K_2——体积系数(kg/m³)，取0.7kg/m³；
A——折算面积(m²)；
A_v——防护区的内侧面、底面、顶面(包括其中的开口)的总面积(m²)；
A_0——开口总面积(m²)；
V——防护区的净容积(m³)；
V_v——防护区容积(m³)；
V_g——防护区内非燃烧体和难燃烧体的总体积(m³)。

3.2.4 当防护区的环境温度超过100℃时，二氧化碳的设计用量应在本规范第3.2.3条计算的基础上每超过5℃增加2%。

3.2.5 当防护区的环境温度低于-20℃时，二氧化碳的设计用量应在本规范第3.2.3条计算值的基础上每降低1℃增加2%。

3.2.6 防护区应设置泄压口,并宜设在外墙上,其高度应大于防护区净高的2/3。当防护区设有防爆泄压孔时,可不单独设置泄压口。

3.2.7 泄压口的面积可按下式计算：

$$A_x = 0.0076 \frac{Q_t}{\sqrt{P_t}} \quad (3.2.7)$$

式中 A_x ——泄压口面积(m^2)；
     Q_t ——二氧化碳喷射率(kg/min)；
     P_t ——围护结构的允许压强(Pa)。

3.2.8 全淹没灭火系统二氧化碳的喷放时间不应大于1min。当扑救固体表面火灾时,喷放时间不应大于7min,并应在前2min内使二氧化碳的浓度达到30%。

3.2.9 二氧化碳的储存量应为设计用量与残余量之和。残余量可按设计用量的8%计算。组合分配系统的二氧化碳储存量,不应小于所需储存量最大的一个防护区的储存量。

3.2.10 二氧化碳扑救固体深位火灾的抑制时间应按本规范附录A的规定。

3.3 局部应用灭火系统

3.3.1 局部应用灭火系统的设计可采用面积法或体积法。当保护对象的着火部位是比较平直的表面时,宜采用面积法；当着火对象为不规则物体时,应采用体积法。

3.3.2 局部应用灭火系统二氧化碳沸点温度低于保护对象燃点温度时,喷射时间不应小于0.5min。对于燃点温度低于沸点温度的液体和可熔化固体的火灾,二氧化碳的喷射时间不应小于1.5min。

3.3.3 保护对象计算面积应取被保护表面整体的垂直投影面积。

3.3.3.1 当采用面积法设计时,应符合下列规定：

3.3.3.2 架空型喷头的布置流量和相应的正方形保护面积,应由设计选定的设计流量确定。

3.3.3.3 架空型喷头的布置宜垂直于保护对象的表面,其瞄准点是喷头保护面积的中心。当喷头需非垂直布置时,其安装角不应小于45°。其瞄准点应偏向喷头安装位置的一方(图3.3.3)；喷头偏离保护面积中心的距离可按表3.3.3确定。

架空型喷头应以喷头的出口至保护对象表面的距离确定设计流量的正方形保护面积、槽边型喷头的保护面积应由设计选定的设计流量确定。

喷头偏离保护面积中心的距离 表3.3.3

喷头安装角	喷头偏离保护面积中心的距离(m)
45°~60°	$0.25L_b$
60°~75°	$0.25L_b \sim 0.125L_b$
75°~90°	$0.125L_b \sim 0$

注：L_b为单个喷头正方形保护面积的边长。

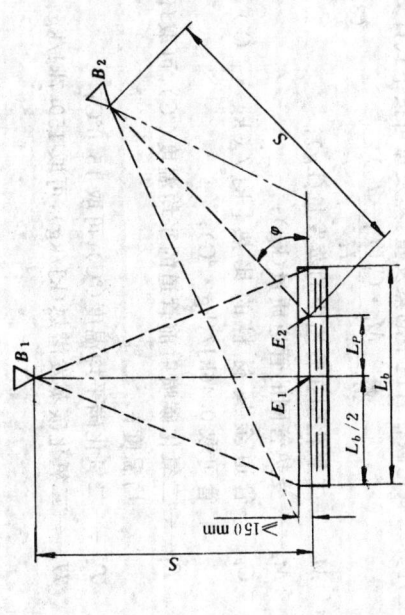

图3.3.3 架空型喷头布置方法
B_1、B_2——喷头布置位置
E_1、E_2——喷头瞄准点

S ——喷头出口至瞄准点的距离(m);
L_b ——单个喷头正方形保护面积的边长(m);
L_p ——瞄准点偏离喷头保护面积中心的距离(m);
φ ——喷头安装角(°)。

3.3.3.4 喷头非垂直布置时的设计流量和保护面积应与垂直布置的相同。

3.3.3.5 喷头宜等距离布置,以喷头正方形保护面积与垂直布置完全覆盖面积组合排列,并应完全覆盖保护对象。

3.3.3.6 二氧化碳的设计用量应按下式计算:

$$M = N \cdot Q_i \cdot t \qquad (3.3.3)$$

式中 M ——二氧化碳的设计用量(kg);
N ——喷头数量;
Q_i ——单个喷头的设计流量(kg/min);
t ——喷射时间(min)。

3.3.4 当采用体积法设计时,应符合下列规定:

3.3.4.1 保护对象应是采用假定的封闭罩用实际底面、封闭罩的计算体积应采用假定的封闭罩的实际底面、封闭罩的侧面及顶部当无实际围封结构时,它们至保护对象外缘的距离不应小于0.6m。

$$q_v = K_b \left(16 - \frac{12A_p}{A_t}\right) \qquad (3.3.4-1)$$

式中 q_v ——单位体积的喷射率[kg/(min·m³)];
A_t ——假定的封闭罩侧面积和顶面积(m²);
A_p ——在假定的封闭罩对象体积中存在的实体墙等实际围面的面积(m²)。

3.3.4.2 二氧化碳设计用量应按下式计算:

$$M = V_1 \cdot q_v \cdot t \qquad (3.3.4-2)$$

式中 V_1 ——保护对象的计算体积(m³)。

3.3.4.4 喷头布置数量与位置应使喷射的二氧化碳分布均匀,并满足单位体积的喷射率和设计用量的要求。

3.3.5 二氧化碳储存量,应取设计用量的1.4倍与管道蒸发量之和。组合分配系统的二氧化碳储存量,不应小于其保护对象最大的一个保护对象的储存量。

3.3.6 当管道敷设在环境温度超过45℃的场所且无绝热层保护时,应计算二氧化碳在管道中的蒸发量,蒸发量可按下式计算:

$$M_v = \frac{M_g \cdot C_p (T_1 - T_2)}{H} \qquad (3.3.6)$$

式中 M_v ——二氧化碳在管道中的蒸发量(kg);
M_g ——受热管网的管道质量(kg);
C_p ——管道金属材料的比热[kJ/(kg·℃)],钢管可取0.46kJ/(kg·℃);
T_1 ——二氧化碳喷射前管道的平均温度(℃),可取环境平均温度;
T_2 ——二氧化碳平均温度(℃),可取15.6℃;
H ——二氧化碳蒸发潜热(kJ/kg),可取150.7kJ/kg。

式中 F —— 喷头等效孔口面积(mm^2);
q_0 —— 等效孔口单位面积的喷射率[$kg/(min \cdot mm^2)$],按本规范附录F选取。

4.0.9 喷头规格应根据等效孔口面积确定。

4.0.10 储存容器的数量可按下式计算:

$$N_p = M_c/(\alpha \cdot V_0) \tag{4.0.10}$$

式中 N_p —— 储存容器数;
M_c —— 储存量(kg);
α —— 充装率(kg/L);
V_0 —— 单个储存容器的容积(L)。

4 管网计算

4.0.1 输送二氧化碳管网的管道内径应根据管道设计流量和喷头入口压力通过计算确定。

4.0.2 管网中干管的设计计算流量应按下式计算:

$$Q = M/t \tag{4.0.2}$$

式中 Q —— 管道的设计计算流量(kg/min)。

4.0.3 管网中支管的设计计算流量应按下式计算:

$$Q = \sum_{1}^{N_g} Q_i \tag{4.0.3}$$

式中 N_g —— 安装在计算管支管流程下游的喷头数量
Q_i —— 单个喷头的设计流量(kg/min)。

4.0.4 管段的计算长度应为管道的实际长度与管道附件当量长度之和。管道附件的当量长度可按本规范附录B采用。

4.0.5 管道压力降可按下式换算或按本规范附录C采用。

$$Q^2 = (0.8725 \cdot 10^{-4} \cdot D^{5.25} \cdot Y)/(L + (0.04319 \cdot D^{1.25} \cdot Z)) \tag{4.0.5}$$

式中 D —— 管道内径(mm);
L —— 管段计算长度(m);
Y —— 压力系数($MPa \cdot kg/m^3$),应按本规范附录D采用;
Z —— 密度系数,应按本规范附录D采用。

4.0.6 管道内流程高度所引起的压力校正值,可按本规范附录E采用,并应计入该管段的终点压力。终点低于起点高度,取正值,终点高度高于起点的取负值。

4.0.7 喷头入口压力计算值不应小于1.4MPa(绝对压力)。

4.0.8 喷头等效孔口面积应按下式计算:

$$F = Q_i/q_0 \tag{4.0.8}$$

5 系统组件

5.1 储存装置

5.1.1 储存装置宜由储存容器、容器阀、单向阀和集流管等组成。

5.1.2 储存容器中充装的二氧化碳应符合现行国家标准《二氧化碳灭火剂》的规定。

5.1.3 储存容器中二氧化碳的充装率应为0.6~0.67kg/L；当储存容器工作压力小于20MPa时，其充装率可为0.75kg/L。

5.1.4 储存容器中充装的二氧化碳重量检漏装置，当储存容器中充装的二氧化碳重量损失10%时，应及时补充。

5.1.5 储存容器的工作压力不应小于15MPa。储存容器阀上应设泄压装置，其泄压动作压力应为19±0.95MPa。

5.1.6 储存装置的布置应方便检查和维护，并应避免阳光直射。

5.1.7 储存装置宜设在专用的储存容器间内。局部应用灭火系统的储存装置可设置在固定的安全围栏内。专用的储存容器间的设置应符合下列规定：

5.1.7.1 应靠近防护区，出口应直接通向室外或疏散走道。

5.1.7.2 耐火等级不应低于二级。

5.1.7.3 室内温度应为0~49℃，并应保持干燥和良好通风。

5.1.7.4 设在地下的储存容器间应设机械排风装置，排风口应直接通向室外。

5.2 选择阀与喷头

1 在组合分配系统中，每个防护区或保护对象应设一个选择阀。选择阀的位置宜靠近储存容器，并应便于手动操作，方便检查维护。选择阀上应设有标明防护区的铭牌。

5.2.2 选择阀可采用电动、气动或机械操作方式。阀的工作压力不应小于12MPa。

5.2.3 系统启动时，选择阀应在容器阀动作之前或同时打开。

5.2.4 设置在粉尘场所的喷头应增设不影响喷射效果的防尘罩。

5.3 管道及其附件

5.3.1 管道及其附件应能承受最高环境温度下二氧化碳的储存压力，并应符合下列规定：

5.3.1.1 管道应采用符合现行国家标准《冷拔或冷轧精密无缝钢管》中规定的无缝钢管，并应内外镀锌。

5.3.1.2 对镀锌层有腐蚀的环境，管道可采用不锈钢管、铜管或其它抗腐蚀的材料。

5.3.1.3 挠性连接的软管必须能承受系统的工作压力，并宜采用符合现行国家标准《不锈钢软管》中规定的不锈钢软管。

5.3.2 管道可采用螺纹连接、法兰连接或连接焊接。公称直径等于或小于80mm的管道，宜采用螺纹连接；公称直径大于80mm的管道，宜采用法兰连接。

5.3.3 集流管的工作压力不应小于12MPa，并应设置泄压装置，其泄压动作压力应为15±0.75MPa。

6 控制与操作

6.0.1 二氧化碳灭火系统应设有自动控制、手动控制和机械应急操作三种启动方式；当局部应用灭火系统用于经常有人的保护场所时可不设自动控制。

6.0.2 当采用火灾探测器时，灭火系统的自动控制应在接收到两个独立的火灾信号后才能启动。根据人员疏散要求，宜延迟启动，但延迟时间不应大于30s。

6.0.3 手动操作装置应设在防护区外便于操作的地方，并应能在一处完成系统启动的全部操作。局部应用灭火系统手动操作装置应设在保护对象附近。

6.0.4 二氧化碳灭火系统的供电与自动控制应符合现行国家标准《火灾自动报警系统设计规范》的有关规定。当采用气动动力源时，应保证系统操作与控制所需要的压力和用气量。

7 安全要求

7.0.1 防护区内应设火灾声报警器，必要时，可增设光报警器。防护区的入口处应设光报警器。报警时间不宜小于灭火过程所需的时间，并应能手动切除报警信号。

7.0.2 防护区应有能在30s内使该区人员疏散完毕的走道与出口。在疏散走道与出口处，应设火灾事故照明和疏散指示标志。

7.0.3 防护区入口处应设防护标志和二氧化碳喷放指示灯。

7.0.4 当系统管道设置在可燃气体、蒸气或有爆炸危险粉尘的场所时，应设防静电接地。

7.0.5 地下防护区和无窗或固定窗扇的地上防护区，应设机械排风装置。

7.0.6 防护区的门应向疏散方向开启，并能自动关闭；在任何情况下均应能从防护区内打开。

7.0.7 设置灭火系统的场所应配备专用的空气呼吸器或氧气呼吸器。

附录 A 可燃物的二氧化碳设计浓度和抑制时间

附表 A

可 燃 物	物质系数 K_b	设计浓度 (%)	抑制时间 (min)
丙酮	1.00	34	—
乙炔	2.57	66	—
航空燃料 115#/145#	1.05	36	—
粗苯(安息油、偏苏油)、苯	1.10	37	—
丁二烯	1.26	41	—
丁烷	1.00	34	—
丁烯—1	1.10	37	—
二硫化碳	3.03	72	—
一氧化碳	2.43	64	—
煤气或天然气	1.10	37	—
环丙烷	1.10	37	—
柴油	1.00	34	—
二乙基醚	1.22	40	—
二甲醚	1.22	40	—
二甲苯与其氧化物的混合物	1.47	46	—
乙烷	1.22	40	—
乙醇(酒精)	1.34	43	—
乙醚	1.47	46	—
乙烯	1.60	49	—
二氯乙烷	1.00	34	—
环氧乙烷	1.80	53	—
汽油	1.00	34	—
己烷	1.03	35	—
正庚烷	1.03	35	—
正辛烷	1.03	35	—
氢	3.30	75	—
硫化氢	1.06	36	—
异丁烷	1.06	36	—
异丁烯	1.00	34	—
甲酸异丁酯	1.00	34	—

续附表 A

可 燃 物	物质系数 K_b	设计浓度 (%)	抑制时间 (min)
航空煤油 JP-4	1.06	36	—
煤油	1.00	34	—
甲烷	1.00	34	—
醋酸甲酯	1.03	35	—
甲醇	1.22	40	—
甲基丁烯—1	1.06	36	—
甲基乙基酮(丁酮)	1.22	40	—
甲酸甲酯	1.18	39	—
戊烷	1.03	35	—
石脑油	1.00	34	—
丙烷	1.06	36	—
丙烯	1.06	36	—
淬火油(灭弧油)、润滑油	1.00	34	—
纤维材料	2.25	62	20
棉花	2.00	58	20
纸张	2.25	62	20
塑料(颗粒)	2.00	58	20
聚苯乙烯	1.00	34	—
聚氨基酸甲酯(硬)	1.50	47	10
电缆间和电缆沟	2.25	62	20
数据储存间	1.50	47	10
电子计算机室	1.20	40	10
电气开关和配电室	2.00	58	至扑灭止
带冷却系统的发电机	2.00	58	—
油浸变压器	2.25	62	20
数据打印设备间	1.20	40	—
油漆间和干燥设备间	2.00	58	—
纺织机	1.50	47	10
电气绝缘材料	3.30	75	20
皮毛储存间	3.30	75	20
吸尘装置			

注:附表 A 中未列出的可燃物,其灭火浓度应通过试验确定。

附录 B 管道附件的当量长度

附表 B

管道附件的当量长度

管道公称直径 (mm)	螺纹连接			焊接		
	90°弯头 (m)	三通的直通部分 (m)	三通的侧通部分 (m)	90°弯头 (m)	三通的直通部分 (m)	三通的侧通部分 (m)
15	0.52	0.3	1.04	0.24	0.21	0.64
20	0.67	0.43	1.37	0.33	0.27	0.85
25	0.85	0.55	1.74	0.43	0.34	1.07
32	1.13	0.7	2.29	0.55	0.46	1.4
40	1.31	0.82	2.65	0.64	0.52	1.65
50	1.68	1.07	3.42	0.85	0.67	2.1
65	2.01	1.25	4.09	1.01	0.82	2.5
80	2.50	1.56	5.06	1.25	1.01	3.11
100	—	—	—	1.65	1.34	4.09
125	—	—	—	2.04	1.68	5.12
150	—	—	—	2.47	2.01	6.16

附录 C 管道压力降

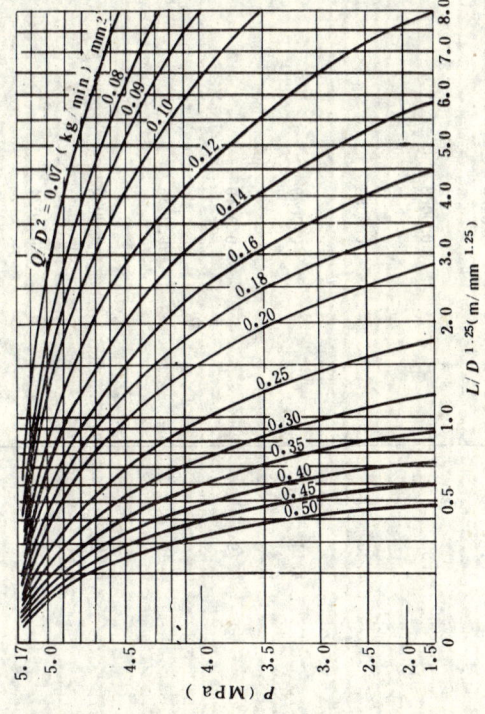

附图 C 管道压力降

注：管网起始压力取计算设计额定储存压力（5.17MPa），后段管道的起点压力取前段管道的终点压力。

附录 D 二氧化碳的压力系数和密度系数

附表 D 二氧化碳的压力系数和密度系数

压力 (MPa)	Y (MPa·kg/m³)	Z
5.17	0	0
5.10	55.4	0.0035
5.05	97.2	0.0600
5.00	132.5	0.0825
4.75	303.7	0.210
4.50	461.6	0.330
4.25	612.9	0.427
4.00	725.6	0.570
3.75	828.3	0.700
3.50	927.7	0.830
3.25	1005.0	0.950
3.00	1082.3	1.086
2.75	1150.7	1.240
2.50	1219.3	1.430
2.25	1250.2	1.620
2.00	1285.5	1.840
1.75	1318.7	2.140
1.40	1340.8	2.590

附录 E 流程高度所引起的压力校正值

附表 E 流程高度所引起的压力校正值

管道平均压力 (MPa)	流程高度所引起的压力校正值 (MPa/m)
5.17	0.0080
4.83	0.0068
4.48	0.0058
4.14	0.0049
3.79	0.0040
3.45	0.0036
3.10	0.0028
2.76	0.0024
2.41	0.0019
2.07	0.0016
1.72	0.0012
1.40	0.0010

附录 F 喷头入口压力与单位面积的喷射率

喷头入口压力与单位面积的喷射率 附表 F

喷头入口压力(MPa)	喷射率[kg/(min·mm²)]
5.17	3.255
5.00	2.703
4.83	2.401
4.65	2.172
4.48	1.993
4.31	1.839
4.14	1.705
3.96	1.589
3.79	1.487
3.62	1.396
3.45	1.308
3.28	1.223
3.10	1.139
2.93	1.062
2.76	0.9843
2.59	0.9070
2.41	0.8296
2.24	0.7593
2.07	0.6890
1.72	0.5484
1.40	0.4833

附录 G 本规范用词说明

G.0.1 执行本规范条文时，对要求严格程度的用词作如下规定，以便执行时区别对待。

（1）表示很严格，非这样做不可的用词：
正面词采用"必须"；
反面词采用"严禁"。

（2）表示严格，在正常情况下均应这样做的用词：
正面词采用"应"；
反面词采用"不应"或"不得"。

（3）表示允许稍有选择，在条件许可时首先应这样做的用词：
正面词采用"宜"或"可"；
反面词采用"不宜"。

G.0.2 条文中应按指定的标准、规范执行时，写法为"应符合……的规定"或"应按……执行"。

附加说明

本规范主编单位、参加单位和主要起草人名单

主编单位：公安部天津消防科学研究所
参加单位：机械工业部设计研究院
　　　　　上海船舶设计研究院
　　　　　江苏省公安厅

主要起草人：徐炳耀　谢德隆　宋旭东　刘俐娜　冯修远
　　　　　　刘天牧　钱国泰　罗德安　马少奎　马　恒

中华人民共和国国家标准
二氧化碳灭火系统设计规范
GB 50193—93
条文说明

目 录

1 总则 ··· 11—16
3 系统设计 ··· 11—18
3.1 一般规定 ·· 11—18
3.2 全淹没灭火系统 ·································· 11—20
3.3 局部应用灭火系统 ······························ 11—22
4 管网计算 ··· 11—25
5 系统组件 ··· 11—26
5.1 储存装置 ·· 11—26
5.2 选择阀与喷头 ····································· 11—26
5.3 管道及其附件 ····································· 11—26
6 控制与操作 ·· 11—27
7 安全要求 ··· 11—28

制订说明

本规范是根据原国家计委计综[1987]2390号文下达的编制《二氧化碳灭火系统设计规范》的任务，由公安部天津消防科学研究所会同机械工业部设计研究院等单位共同编制的。

在编制过程中，编制组遵照国家基本建设的有关方针政策和"预防为主，防消结合"的消防工作方针，对我国二氧化碳灭火系统的研究、设计、生产和使用情况进行了较全面的调查研究，开展了试验验证工作，尤其对局部应用灭火方式进行了系统的专项试验，论证了各项设计参数数据，在总结已有科研成果和工程实践经验的基础上，参考了国际和国外有关标准而编制的，并广泛征求了有关单位和专家的意见，经反复讨论修改，最后经有关部门会审定稿。

本规范共有七章和七个附录，包括总则、术语、符号、系统设计、管网计算、系统组件、控制与操作、安全要求等内容。

各单位在执行过程中，请结合工程实践总结经验，积累资料，发现需要修改和补充之处，请将意见和有关资料寄公安部天津消防科学研究所，以便今后修订时参考。

中华人民共和国公安部
1993年9月

1 总 则

1.0.1 本条阐明了编制本规范的目的,即为了合理地设计二氧化碳灭火系统,使之有效地保护人身和财产的安全。

二氧化碳是一种能够用于扑救多种类型火灾的灭火剂。它的灭火作用主要是相对地减少空气中的氧含量,降低燃烧物的温度,使火焰熄灭。

二氧化碳是一种惰性气体,对绝大多数物质没有破坏作用,灭火后能很快散逸,不留痕迹,泡沫、干粉灭火剂的沾污而容易损坏的固易燃液体和那些已被灭剂的沾污而容易损坏的固体物质的火灾。另外,二氧化碳是一种不导电的物质,可用于扑救带电设备的火灾。目前,在国际上已广泛地应用于许多具有火灾危险的重要场所。国际标准化组织和美国、英国、日本、前苏联等工业发达国家都已制订了有关二氧化碳灭火系统的设计规范或标准。使用二氧化碳灭火系统可保护图书、档案、美术、文物等珍贵资料库房、散装液体库房、电子计算机房、通讯机房、变配电室等场所,也可用于保护贵重仪器、设备。

我国从 50 年代即开始应用二氧化碳灭火系统。80 年代以来,根据我国社会主义建设发展的需要,在现行国家标准《建筑设计防火规范》和《高层民用建筑设计防火规范》中对于设置二氧化碳灭火系统的场所作出了明确规定,这对我国二氧化碳灭火系统的推广应用起到了积极的促进作用。

近年来,随着国际上对卤代烷的使用限制越来越严,二氧化碳灭火系统的应用将会不断增加。二氧化碳灭火系统能否有效地保护防护区内人员生命和财产的安全,首要条件是系统的设计是否合理。因此,建立一个统一的设计标准是至关重要的。

本规范的编制,是在对国外先进标准和国内研究成果进行综合分析并在广泛征求意见专家意见的基础上完成的。它为二氧化碳灭火系统的设计提供了一个统一的技术要求,使系统的设计做到正确、合理,有效地达到预期的保护目的。本规范也可以作为消防管理部门对二氧化碳灭火系统工程设计进行监督审查的依据。

1.0.2 本条规定了本规范的适用范围。

本规范所涉及的二氧化碳灭火系统,既包括全淹没灭火系统,也包括局部应用灭火系统,主要适用于新建、改建、扩建工程及生产和储存装置的火灾防护。

本规范的主要任务是解决工程建设中的消防问题。国家标准《高层民用建筑设计防火规范》和《建筑设计防火规范》及其它有关标准规范对设置二氧化碳灭火系统的场所都作出了相应规定。

1.0.3 本条系根据我国二氧化碳灭火系统工程设计所应遵守的基本原则和应达到的要求。

二氧化碳灭火系统的工程设计,必须根据防护对象或保护对象的具体情况,选择合理的设计方案。首先,应根据工程的防护区或保护区的具体情况,如防护区或保护对象的位置、大小、几何形状、防护区内可燃物质的种类、性质、数量和分布情况,可能发生火灾的类型、起火源和着火部位以及防护区内人员的分布情况,合理地选择采用何种结构形式的灭火系统,进而确定设计灭火剂用量,系统组件的型号和布置以及系统的操作控制形式。第二,应根据防护区或保护对象的具体情况,正确处理消防力量和辅助消防设施的配置情况,如防护区或保护对象情况,正确处理消防力量和辅助消防设施的配置情况,合理地选择合理地配置。在制定总体方案时,要把防护区及其所处的同一建筑物或建筑物辅助消防设施的配置情况,要考虑到其它各种关系。

二氧化碳灭火系统设计上应达到的总要求是"安全适用、技术先进、经济合理"。"安全适用"是要求所设计的灭火系统在平时处于良好的运行状态,无火灾时不得发生误动作,且不得妨碍防护需要说明的两点是：

(1)对扑救气体火灾的限制。本条文规定：二氧化碳灭火系统可用于扑救灭火之前能切断气源的气体火灾。这一规定同样见于ISO、BS及NFPA标准。这样规定的原因是：尽管二氧化碳灭火气体火灾是有效的，但由于二氧化碳的冷却作用较小，火虽然能扑灭，但难于在短时间内使火场环境温度包括其中设置的温度降至燃气的燃点以下。如果气源不能关闭，则气体会继续逸出，当逸出量在空间里达到或超过燃烧下限浓度时，即有产生爆炸的危险，故强调灭火前必须切断气源，否则不能采用。

(2)对扑救固体深位火灾的限制。条文规定：可用于扑救棉毛、织物、纸张等部分固体深位火灾。其中所指"部分"的含义，即是本规范附录A中可燃物项所列举出的有关内容。换言之，凡未列出者，未经试验认定之前不应作为"部分"之内。如遇有"部分"之外的情况，则需要做专项试验，明确它的可行性以及可供应用的设计数据。

1.0.5 本条规定了不可用二氧化碳灭火系统扑救的物质对象。概括为三大类：含氧化剂的化学制品、活泼金属、金属氢化物。

(1)国际标准ISO 6183规定："二氧化碳灭火不适合扑救下列物质的火灾：自身供氧的化学制品，如硝化纤维，活泼金属和它们的氢化物（如钠、钾、镁、钛、锆等）。"

(2)英国标准BS 5306规定："二氧化碳对金属氢化物，活泼金属镁、钛、锆之类的活泼金属，以及化学制品含氧能助燃的纤维素等物质灭火无效。"

(3)美国标准NFPA 12规定："在燃烧过程中，有下列物质则不能用二氧化碳灭火：

①自身含氧的化学制品，如硝化纤维；

②活泼金属，如钠、钾、镁、钛、锆；

③金属氢化物。"

区内人员的正常活动与生产的进行；在需要灭火时，系统应能立即启动并施放出必需量的灭火剂，把火灾扑灭在初期，灭火系统本身做到便于维护、保养和操作。"技术先进"则要求系统设计时尽可能采用新的成熟的先进设备和科学的设计、计算方法。"经济合理"则要求在保证安全可靠、技术先进的前提下，尽可能考虑到节省工程的投资费用。

1.0.4 本条规定了二氧化碳灭火系统可用来扑救的火灾种类：气体火灾、液体或可熔化的固体火灾、固体表面火灾及部分固体深位火灾、电气火灾。

制定本条的依据：

(1)二氧化碳灭火系统在我国已应用一段时间并做了一些专项试验，其结果表明，二氧化碳灭火系统扑灭上述几类火灾是有效的。

(2)参照或沿用了国际和国外先进标准。

①国际标准ISO 6183规定："二氧化碳适合扑救以下类型的火灾：液体或可熔化的固体火灾；气体火灾，但灭火后由于继续逸出气体而可能引起爆炸危险的除外；某些条件下的固体物质火灾，它们通常可能是在正常燃烧产生炽热余烬即有机物质、带电设备的火灾。"

②英国标准BS 5306规定："二氧化碳可扑救B类火灾，并且也可扑救C类火灾，但灭火后存在爆炸危险的应慎重考虑。此外，二氧化碳还适用于扑救包含日常电器在内的电气火灾。"

③美国标准NFPA 12所规定的A类火灾以外B类火灾的危险和设备有：可燃液体（因为用二氧化碳扑救气体内气体火灾时，要注意使用方法，通常应切断气源……）；电气火灾，如变压器、油开关与断路器，旋转设备、电子设备；使用汽油或其它液体燃料的内燃机；普通易燃物，如纸张、木材、纤维制品；易燃固体。

1.0.6 本条规定中所指的"现行的国家有关标准",除在本规范中已指明的以外,还包括以下几个方面的标准:

(1)防火基础标准与有关的安全基础标准;
(2)有关的工业与民用建筑防火标准、规范;
(3)有关的火灾自动报警系统标准、规范;
(4)有关的二氧化碳灭火剂标准;
(5)其它有关的标准。

3 系统设计

3.1 一般规定

3.1.1 本条包含两部分内容,其一是规定二氧化碳灭火系统分两种类型,即全淹没灭火系统和局部应用灭火系统;其二是规定两种系统的不同应用条件(范围),全淹没灭火系统只能应用在封闭的空间里,而局部应用灭火系统可以应用在开敞的空间。

关于全淹没灭火系统、局部应用灭火系统的应用条件,BS 5306规定的非常清楚:"全淹没灭火系统有一个固定的二氧化碳供给源永久地连向装有喷头的管道,用喷头将二氧化碳喷放到封闭的空间里,使得封闭空间内产生足以灭火的二氧化碳浓度";"局部应用灭火系统……喷头的布置应是直接向指定区域发生的火灾喷射二氧化碳,这指定区域是无封闭物的容积内形成灭火浓度,或仅有部分被包围着,无需在整个存放被保护物的容积内形成灭火浓度"。此外,ISO 6183和NFPA 12中都有与上述内容大致相同的规定。

3.1.2 本款规定了全淹没灭火系统的应用条件。

3.1.2.1 本款参照ISO 6183、BS 5306和NFPA 12等标准,规定了全淹没系统防护区的封闭条件。

条文中规定对于表面火灾在灭火过程中不能自行关闭的开口面积不应大于防护区总表面积的3%,而且开口不能开在底面。

开口面积的大小,等效采用ISO 6183应用局部灭火系统。ISO 6183规定:"当比值A_0/A_v大于0.03时,系统应设计成局部应用灭火系统;但并不是说,比值小于0.03时就不能应用局部应用灭火系统"。提出开口不能开在底部的原因是:二氧化碳的密度比空气密度约大50%,即二氧化是只能扑救围护结构内部的可燃物火灾,对围护结构本身的火灾是难以起到保护作用的。为了防止防护区外发生的火灾蔓延到防护区内,因此要求防护区的围护构件,门、窗、吊顶等,应有一定的耐火极限。

关于防护区围护结构耐火极限的规定,同时也参考了国际和国外先进标准的有关规定。如:ISO 6183规定:"利用全淹没设于房屋的墙和门窗进行建筑结构应使二氧化碳不易流散出去,二氧化碳灭火系统保护建筑结构的耐火时间内,在抑制时间内,二氧化碳能维持在预定的浓度。" BS 5306规定:"被保护容积应该用耐火构件封闭,耐火构件按BS 476第八部分进行试验,耐火时间不小于30min。"

3.1.2.4 本款规定防护区的通风系统在喷放二氧化碳前先进行标准规定的自动关闭,是根据下述情况提出的:

向一个正在通风的防护区内施放二氧化碳,二氧化碳随着排出的空气很快流出室外,使防护区内达不到二氧化碳设计浓度,影响灭火;另外,火灾有可能通过风道蔓延。

ISO 6183规定:"开口和通风系统,在喷放二氧化碳之前,至少在喷放的同时,能够自动断电并关闭"。BS 5306规定:"在有强制通风系统的地方,在开始喷射二氧化碳之前或喷射的同时,应该把通风系统的电源切断,或者把通风孔关闭"。NFPA 12规定:"在装把空调系统切断的地方,在喷放二氧化碳之前或同时,把空调系统切断或关闭,或既切断又关闭,或提供附加的补偿气体。"

3.1.3 本条规定了局部应用灭火系统的应用条件。

3.1.3.1 二氧化碳灭火剂属于气体灭火剂,易受风的影响,为了保证灭火效果,必须把风的因素考虑进去。为此,曾经在室外做过喷射试验,发现在风速小于3m/s时,喷射效果较好,风对灭火效果影响不大,仍然满足设计要求。依此,规定了保护对象周围的空气流动速度不宜大于3m/s的要求。为了对环境风速条件不宜

碳比空气重,最容易在底面扩散流失,影响灭火效果。

3.1.2.2 在本款中规定,对深位火灾,在灭火过程中不能存在不能自动关闭的开口,是根据以下情况的:

采用全淹没方式灭深位火灾时,必须保持在一定的抑制时间,并能保持浓度,否则是封闭的空间才能建立起规定的设计浓度,不再复燃。否则,就无法达到一定抑灭、不再复燃的目的。

关于深位火灾防护区开口的规定,参考了下述国际和国外先进标准:

ISO 6183规定:"当需要一定抑留时间时,不允许存在开口,除非在规定的抑制时间内,另行增加二氧化碳供给量,以保持所要求的浓度"。NFPA 12规定:"对于深位火灾要求二氧化碳喷放空气的时间长度的封闭"。BS 5306规定:"深位火灾到达之后,其浓度必须设计以适度的系统设计,这些挡板和封闭物为基础,就是说应安装能自行关闭的挡板和门,但发生火灾时可行自行关闭,这种和封闭物应设计成使二氧化碳设计浓度保持时间不小于20min。"

3.1.2.3 本款规定的全淹没灭火系统防护区的建筑构件最低耐火极限,是参照国家标准《建筑设计防火规范》对非燃烧体及吊顶的耐火极限要求,并考虑下述情况提出的:

(1)为了保证采用二氧化碳灭火系统能完全将建筑物内的火扑灭,防护区围护建筑结构应有足够的耐火极限,以保证完全灭火所需时间,完全灭火所需时间一般包括火灾探测时间、探测出火灾后施放二氧化碳之前的延时时间,施放二氧化碳的时间和二氧化碳施放之后灭火所的抑制时间。这几段时间中二氧化碳的抑制时间一般需20min左右。若防护区的建筑构件的耐火极限低于上述时间要求,则有可能在火灾尚未完全扑灭之前就被烧坏,使防护区的封闭性受到破坏,造成二氧化碳大量流失而导致复燃。

(2)二氧化碳全淹没灭火系统适用于封闭空间的防护区,也就

一个保护对象或防护区的组合分配系统也不多,故本规范规定4个以上的就应设备用量。

(2)备用量的数量。备用量是为了保证系统保护的连续性,同时也包含了扑救2次火灾的考虑。因此备用量不应小于设计用量关于备用量的数量。ISO 6183规定:"在有些情况下,二氧化碳灭火系统保护一个或多个区域的地方,要求有100%的备用量"。

(3)备用量的设置方法。本条规定备用量的储存容器应与主储存容器切换使用,其目的是为了起到连续保护作用。无论是主储存容器已释放或发生泄漏或是其它原因造成主储存容器不能使用时,备用储存容器则应能立即投入使用。关于备用量的设置方法,ISO 6183也规定:"备用量附加钢瓶应与最初连接备用的基本瓶组的供给永久地与系统相连,并预先连到固定管网";NFPA 12规定:"固定一组备用储存系统的基本瓶组与备用组应永久地接向管网。"

3.2 全淹没灭火系统

3.2.1 本条中"二氧化碳设计浓度不应小于灭火浓度的1.7倍"的规定是等效采用国外先进标准。ISO 6183规定:"设计液度取1.7倍的灭火浓度值"。其它一些国家标准也有相同的规定。

本条还规定了设计浓度不得低于34%,这是说,实验得出的灭火浓度乘以1.7以后的值,若小于34%时,也应取34%为设计浓度。这与国际、国外先进标准规定相同。ISO 6183、NFPA 12、BS 5306标准都有此规定。

在本规范附录A中已经给出多种可燃物的二氧化碳设计浓度。附录A中没有给出的可燃物的设计浓度,应通过试验确定。

3.2.2 本条规定了在一个防护区内,如果同时存放着几种不同物质,在选取该防护区二氧化碳设计浓度时,应选各种物质中设计浓度最大的作为该防护区的设计浓度。只有这样,才能保证灭火条件。在国际标准和国外先进标准中也有同样的规定。

限制过死,有利于设计和应用,故又规定了当风速大于3m/s时,可考虑采取挡风措施的做法。

国外有关标准也提到了风的影响,但对风速不强风或空气流吹跑",BS 5306规定:"喷射二氧化碳一定让风或空气流吹跑。"

3.1.3.2 局部应用系统是将二氧化碳直接喷射到被保护对象表面而灭火的,所以在射流的沿程是不允许有障碍物的,否则会影响灭火效果。

3.1.3.3 当被保护对象为可燃液体时,流速很高的液态二氧化碳具有很大的动能,当二氧化碳射流到可燃液体表面时,可能引起可燃液体的飞溅,造成流淌火或更大的火灾危险。为了避免这种飞溅的出现,可以在射流速度方面作出限制,同时对容器出口到液面的距离方面作出规定。为了和局部应用喷头距离不小于150mm的规定相一致,故作出液面到容器边口的距离这条试验数据设计条件都是规定的。如ISO 6183规定、NFPA 12中规定:"当保护深层可燃液体灭火时,其容器边口至少应高于液面150mm;对于深层可燃液体火灾,其容器边口至保护层气源至少高出液面至少6in(150mm)"。

3.1.4 喷射二氧化碳前切断可燃、助燃气源的目的是防止引起爆炸。同时,也为防止淡化二氧化碳浓度,影响灭火。

3.1.5 本条规定了备用量的设置条件、数量和方法。

(1)备用量的设置条件。组合分配系统中各防护区或保护对象虽然不会同时发生火灾,但保护对象多发生火灾的概率就增大,可能发生火灾的时间间隔就缩短。为防备主设备因检修、泄漏或喷射释放等原因造成保护对象中断期间发生火灾,所以要考虑设置备用量。至少多少个保护对象的组合分配系统应设备用量,国际标准和国外先进标准中规定也未明确。仅前联邦德国在DIN 14492中规定:"如果灭火装置保护达5个保护(对象)时,则必须按其中最大灭火剂用量100%备用量。"工程实际中,二氧化碳灭火系统多用于生产作业火灾危险场所,并且超过

3.2.3 本条给出了设计用量的计算公式。该公式等效采用 ISO 6183 中的二氧化碳设计用量公式。其中常数 30 是考虑到开口流失的补偿系数。

该式计算示例：

侧墙上有 2m×1m 开口（不关闭）的散装乙醇储存库（查附录 A，$K_b=1.3$），实际尺寸：长=16m，宽=10m，高=3.5m。

防护区容积：$V_v=16×10×3.5=560m^3$

可扣除体积：$V_g=0m^3$

防护区的净容积：$V=V_v-V_g=560-0=560m^3$

总表面积：
$$A_v=(16×10×2)+(16×3.5×2)+(10×3.5×2)$$
$$=502m^2$$

所有开口的总面积：
$$A_0=2×1=2m^2$$

折算面积：
$$A=A_v+30A_0=502+60=562m^2$$

设计用量：
$$M=K_b(0.2A+0.7V)$$
$$=1.3(0.2×562+0.7×560)$$
$$=655.7kg$$

3.2.4、3.2.5 这两条规定了设计用量的补偿方法。

当防护区的环境温度在-20～100℃之间时，无须进行二氧化碳用量的补偿。当上限超过100℃时，如超出105℃时，就需要增加2%的二氧化碳设计用量。一般能超出100℃以上的异常环境温度的防护区，如烘漆室。当环境温度低于-22℃时，对其低于-20℃的部分，每1℃需增加2%的二氧化碳设计用量。

本条等效采用了国外先进标准。如BS 5306 规定："(1)围

护物常态温度在100℃以上的地方，对100℃以上的部分，每5℃增加2%的二氧化碳设计用量；(2)围护物常态温度低于-20℃的地方，对-20℃以下的部分，每1℃增加2%的二氧化碳设计用量"。NFPA 12 也有相同的规定。

3.2.6 本条规定泄压口宜设在外墙上，其位置距室内地面 2/3 以上的净高处。因为二氧化碳比空气重，容易在空气下面扩散。所以为了防止防护区因设置泄压口而造成过多的二氧化碳流失，泄压口的位置应开在防护区的上部。

国际和国外标准先进标准对防护区内的泄压口也作了类似规定。例如，ISO 6183规定："对封闭的房间，必须在其最高点设置自动泄压口，否则当放进二氧化碳时将会导致增加压力的危险"。BS 5306规定："对防护区的泄压口要开在保护空间内压力过大的超压的泄放，应该予以考虑，在必要的地方，应作泄放口。"

在执行本条规定时应该注意：采用全淹没灭火系统保护大多数防护区，都不是完全封闭的，有门、窗等有缝隙存在，通过门窗四周缝隙所泄漏的二氧化碳，可防止空间内压力过高，这种防护区一般不需要再开泄压口。此外，已设有防爆泄压口的防护区，也不需要再设泄压口。

3.2.7 本条规定的计算泄压口面积公式由 ISO 6183 中的公式经单位变换得到。公式中最低允许压强值的确定，可参照美国 NFPA 12 标准给出的数据（见表1）：

表1 建筑物的最低允许压强

类型		最低允许压强(Pa)
高层建筑		1200
一般建筑		2400
地下建筑		4800

3.2.8 本条对二氧化碳喷射时间作了具体规定。该规定等效采用了国外先进标准。ISO 6183 规定："二氧化碳设计用量的喷射时间应在 1min 以内。对于要求抑制时间的固体物

质火灾,其设计用量的喷射时间应在7min以内。但是,其喷放速率要求不得小于2min内达到30%的体积浓度"。BS 5306也作了同样规定。

3.2.9 本条规定的扑救固体深位火灾的抑制时间,等效采用了ISO 6183的规定。

3.2.10 本条规定了二氧化碳储存量应包括设计用量与残余量两部分。

(1)残余量的规定是根据我国现行采用的40 L二氧化碳储存容器试验结果得出的,40 L钢瓶充装量为25kg,喷放后测得残余量为1.5~2kg,占充装量的6%~8%,故选取残余量为设计用量的8%。

(2)组合分配系统是由一套二氧化碳储存装置同时保护多个防护区或保护对象的灭火系统。各防护区同时着火的概率很小,不需考虑同时向各个防护区释放二氧化碳灭火剂。在同一组合分配系统中,每个防护区的容积大小、所需设计浓度、开口情况各不相同,其中必定有一个设计用量最多的防护区,应将该防护区的设计用量及所需残余量作为组合分配系统的二氧化碳储存量。因为在某些情况下,容积或残余量最大的防护区,其设计用量不一定最大,设计时一定要按设计用量最大的考虑。

3.3 局部应用灭火系统

3.3.1 局部应用灭火系统的设计方法分为面积法和体积法,这是国际标准和国外先进标准的分类的。前者适用于着火部位为比较平直的表面情况,后者适用于着火对象是不规则物体情况。凡当着火对象形状不规则,用面积法不能做到所有表面被完全覆盖时,都可采用体积法进行设计。当着火部位比较平直,用面积法容易做到所有表面被完全覆盖时,则首先可考虑用面积法有所选择,故对面积法采用了"宜"一要求程度易的用词。为使设计人员有所选择,故对面积法采用了"宜"一要求程度易的用词。

3.3.2 本条是根据试验数据和参考国际标准和国外先进标准制定的。BS 5306规定:"二氧化碳总用量的有效液体喷射时间应为30s"。ISO 6183,NFPA 12,日本和苏联有关标准也都规定喷射时间为30s。为了与上述标准一致起来,故本规范规定喷射时间为0.5min。

3.3.3 本条说明设计局部应用灭火系统的面积法。

燃点温度低于沸点温度的可燃液体和可熔化的固体喷射时间,BS 5306规定为1.5min,国际标准未规定具体数据,故取采英国标准BS 5306的数据。

3.3.3.1 由于计算单个喷头的保护面积也需整体保护表面的垂直投影方向确定的,所以计算保护面积也需整体保护表面的垂直投影的面积。

3.3.3.2 架空型喷头设计流量的试验方法是参照美国标准NFPA 12确定的。该试验方法是:把喷头安装在盛有70°汽油的正方形油盘上方,喷射二氧化碳使其产生一临界飞溅流量临界流量时的油盘边缘口的距离为150mm,液面与液面垂直,液面到油盘边缘的距离为150mm,喷射二氧化碳使其产生一临界飞溅的流量(也称为临界最大允许流量)。以75%临界飞溅流量在20s以内灭火的油盘面积又为对应保护面积的设计流量。试验表明:保护面积和设计流量都是按设计工程时也需根据喷头到保护表面的距离确定的函数,喷头的保护面积和相应的设计流量,只有这样,才能使预定的流量不产生飞溅,预定的保护面积内能可靠地灭火。

槽边型喷头是喷头的设计流量其喷射程度与喷射宽度的函数,喷射程度和射程是喷头设计流量与喷射宽度的函数,根据选定的喷头基本参数确定。

3.3.3.3、3.3.3.4 这两款等效采用了国际标准和国外先进标准。ISO 6183,NFPA 12和BS 5306都作了同样的规定。

图3.3.3表示了喷头垂直和喷线轴线与液面成

45°锐角两种安装方式。其中油盘缘口至液面距离为150mm，喷头出口至瞄准点的距离为S。喷头轴线与液面垂直安装时（B_1,喷头），瞄准点E_1在正方形保护面积的中心，喷头轴线与液面成45°锐角安装时（B_2喷头），瞄准点E_2偏离正方形面积中心，其距离为$0.25L_b$（L_b是正方形面积的边长；并且，喷头流量和保护面积与垂直布置的相等。

3.3.5 喷头为正矩形，对架空型喷头灭火，对槽边型喷头的保护面积（或正方形）面积。为了保证可靠灭火，喷头的布置必须使保护面积被完全覆盖，即按不留空白原则布置喷头，至于等距布置原则，这是从安全可靠，经济合理的观点提出的。

3.3.6 二氧化碳设计用量等于把全部被保护表面完全覆盖所用喷头的设计流量之和与喷射时间的乘积，即

$$M = t \sum Q_i \quad (1)$$

当所用喷头设计流量相同时，则：

$$\sum Q_i = N \cdot Q_i \quad (2)$$

把公式(2)代入公式(1)即得出公式(3.3.3)，也是ISO 6183、NFPA 12和BS 5306等规定的方法。

除此之外，还有以灭火强度为依据确定灭火剂设计用量的计算方法。

$$M = A_i \cdot q \quad (3)$$

$$N = M/(t \cdot Q_i) \quad (4)$$

式中 q——灭火强度（kg/m^2）。

这时，喷头数量按下式计算：

日本采用了这种方法，规定灭火强度高度取$13kg/m^2$。

我们所作的试验表明：喷头安装高度不同，灭火强度随安装高度的增加而增加。为了安全可靠，经济合理起见，本规范不采用这种方法。

3.3.4 本条说明设计局部应用系统的体积法。

（1）本条等效采用国际标准和国外先进标准。

ISO 6183规定："系统的总喷放速率以假想的围绕火灾危险区的完全封闭罩的容积为基础。这种假想的封闭罩的墙和天花板距火险至少0.6m远，除非采用了实际的隔墙，而且这堵墙能封闭一切可能的泄漏、飞溅或外溢。该容积内的物体所占体积不能被扣除。"

ISO 6183又规定："一个基本系统的总喷放强度不应小于$16kg/min \cdot m^3$；如果假想封闭罩有一个封闭的底，并且已分别为高出火险物至少0.6m的永久连续的墙所限定（这种假想墙通常不是完全包围的封闭罩的一部分），那么，对于存在这种实际墙完全包围的封闭火险物的一部分），那么，对于存在这种实际墙完全包围的封闭火险物，其喷放速率可以成比例地减少，但不得低于$4kg/min \cdot m^3$。"

NFPA 12和BS 5306也作了类似规定。

（2）本条经过了试验验证。

① 用火灾模型进行试验验证。火灾模型为$0.8m \times 0.8m \times 1.4m$的钢架，用$\varnothing 18$圆钢焊制，钢架分为三层，距底分别为0.4m、0.9m和1.4m。各层分别放5个油盘，油盘里放入K_b等于1的70#汽油。火灾模型放在外部尺寸为$2.08m \times 2.08m \times 0.3m$的水槽中间，水槽外围竖放高为$1.04m$的钢制屏封，把水槽四周全部围起来需8块屏封，试验时根据预定A_p/A_v值决定放置屏风块数。二氧化碳喷头布置在模型上方，灭火时间控制在20s以内，求出不同A_p/A_v值下的二氧化碳流量，计算出不同A_p/A_v值时的二氧化碳单位体积的喷射率q_v值。

首先作不同A_p/A_v值下，不同开口方位的试验。试验表明：单位体积的喷射率与开口方位无关。

接着作了7种不同A_p/A_v值的灭火实验，每种重复3次，经数据处理得：

$$q_v = 15.95 - 11.92 \times (A_p/A_v) \quad (5)$$

该结果与公式(3.3.4-1)非常接近。

②用中间试验进行工程实际验证。中间试验的灭火对象为3150kVA油浸变压器,其外部尺寸为2.5m×2.3m×2.6m,灭火系统设计采用体积法,计算保护体积为:

$V_1 = (2.5+0.6\times2)(2.3+0.6\times2)(2.6+0.6) = 41.44 \text{m}^3$

环置喷头,封闭真实变墙,沿假想封闭算分两层环状支管上布置喷头,单位体积喷射率 q_v 取 $16\text{kg/min} \cdot \text{m}^3$,设计喷射时间取0.5min,计算灭火剂用量。试验用汽油引燃变压器油,预燃时间30s,试验结果,实际灭火时间为15s。由此可见,按本条规定的体积法进行局部灭火系统设计是安全可靠的。

(3) 需要进一步说明的问题。一般设备的布置,从方便维护讲,都会留出离真实墙0.5m以上的距离就是实体墙距火险危险物的距离都会接近0.6m或大于0.6m,这时到底利用实体墙与否应通过计算决定。利用了真实墙,体积喷射率 q_v 值变小了,但计算保护体积 V_1 值增大了,如果最终灭火剂设计用量增加了许多,那么就设必要利用真实墙。

3.3.5 局部应用灭火系统是将二氧化碳直接喷射到保护对象表面而灭火。试验表明:只具有液态才能有效地灭火,按正常充装密度充装的高压储瓶,以液态形式喷出的二氧化碳量仅为充装量的70%~75%。根据试验结果,并参照国际标准和国外先进标准取储存量为设计用量的1.4倍。

ISO 6183规定:"对于高压储存系统,二氧化碳的名义储存容器的设计用量应增加40%,以确定容器的名义储存能力。这是因为,只有喷出的液体部分才是有效的。"

NFPA 12和BS 5306也作了同样规定。

3.3.6 本条等效采用国际标准和国外先进标准。ISO 6 183,NFPA 12和BS 5306都作了同样规定。需要指出的是:有绝热层保护的管敷在环境温度超过45℃的场所时,如果做到管壁的温度不超过45℃,那么公式可以不计算二氧化碳管道蒸发量。对实际的环境温度超过45℃的场所,到底采用绝热技术还是泡补管道蒸发量,应由经济性决定。

4 管网计算

4.0.1 本条规定了管网计算的总原则:管道直径应满足输送设计流量要求,同时,管道最终端压力也应满足喷头入口压力不低于喷头最低工作压力的要求。这是水力计算中的一般要求。二氧化碳灭火系统的流动随机二相流,其水力计算较复杂,所以本规定不限制具体的计算方法,只从原则上作规定,只要满足这两条基本原则即可。

4.0.2、4.0.3 这两条规定了计算管道流量的方法,为管网计算提供管道流量的数据。

仍需指出:计算流量的方法应灵活使用,如对局部应用的面积法,也可先求出支管流量,然后由支管流量相加得干管流量。又如全淹没系统的管网,可按总流量的比例分配支管流量,如对称分配的支管流量即为总流量的1/2。

4.0.4 这是一般水力计算中确定管段计算长度的常规原则。

4.0.5 我国通过灭油浸变压器火中间试验验证了这种方法,故等效采用。NFPA 12和BS 5306都作了同样规定。本条等效采用了国外标准和国际先进标准。ISO 6183、

4.0.6 正常敷管坡度显著高程差所引起的水头差是不能忽略的,但对管段两端的水头是高程差所引起的水头是可以忽略的,应计入管段终点压力。水头计算是高度和密度的函数,二氧化碳压力变化的,在计算水头时,应取管段两端二氧化碳压力的平均值。水头的结果,方向永远向下,所以当二氧化碳向上流动时应减去该水头,当向下流动时应加上该水头。

本条规定是参照国际标准和国外先进标准制定,其中附录E系等效采用了ISO 6183中的表B6。

执行这一条时应注意两点:管段平均压力是管段两端压力的平均值;高程差是管段两端的高度差(位差),不是管段的长度。

4.0.7 本规定等效采用国际标准规定,并经试验验证。

ISO 6183规定:对高压系统,喷嘴入口最低压力取1.4MPa。试验表明:对高压储存系统,无论对全淹没灭火系统还是对局部应用灭火系统均能保证喷射液相喷射。二氧化碳储存系统能保证液相喷射,无论对全淹没灭火系统还是对局部应用灭火系统均能保证灭火效果。

4.0.8、4.0.9 这两条规定系参考国际标准和国外先进标准制定。

ISO 6183中附录B6中指出:"对高压系统,通过按附录B进行。"ISO 6183中附录B8中计算截面积计算等效孔口的喷射强度应以表B8中给出的值为依据。"NFPA 12规定:"喷嘴所要求的当量孔口面积等于总流量除以喷射率"。BS 5306中也作了同样规定。

本规范附录F系等效采用ISO 6183中表B8。

4.0.10 目前我国使用的二氧化碳钢瓶容积为40 L,充装量为25 kg,但考虑到以后的发展,储存容器的规格还会增多,所以提出用公式(4.0.10)来计算不同规格储存容器的个数。

执行这一条规定时应注意,钢瓶充装率必须根据各种规格产品的充装率确定。

5 系统组件

5.1 储存装置

5.1.1 本条规定了二氧化碳灭火系统储存装置的组成。储存装置是用以贮存二氧化碳灭火剂的,容器阀是用以控制灭火剂的施放的,单向阀起防止灭火剂回流的作用,集流管是汇集从各储存容器放出的灭火剂再送入管网内的。

5.1.2 本条规定了灭火剂的质量应符合国家标准的有关规定。

5.1.3 本条中规定的充装率是根据我国《气瓶安全监察规程》中有关条款的确定的。

5.1.4 设置称重检漏装置是为了检查储存容器内灭火剂的泄漏情况,避免因泄漏过多在次发生时影响灭火效果。并规定了储存容器内灭火剂泄漏量达到10%时应及时补充或更换。NFPA 12规定:"如果在某个时候,容器内灭火剂损失超过净重的10%,必须重新灌装或更换。"

5.1.5 在储存容器或容器阀上设置安全泄压装置,是为了防止由于意外情况出现时,储存容器的压力超过允许的最高压力而引起事故,以确保设备和人身安全。目前应用的储瓶安全泄压装置设计压力为15MPa,强度试验压力为22.5MPa,因此规定泄压装置的动作压力为19±0.95MPa。

5.1.6 储存容器避免阳光直射,是为了防止容器温度过高,以确保容器安全。

5.1.7 储存装置设置在专用的储存容器间内,是为了便于管理及安全。局部应用系统的储存装置设置在固定的围栏内,围栏应是防火材料制成。

5.1.7.1 储存间靠近防护区,可减少管道长度,减少压力损失。为了值班人员,工作人员的安全,要求出口应直接通向室外或疏散通道。

5.1.7.2 储存间的耐火等级不应低于二级的防火要求,与《建筑设计防火规范》对消防水系房的要求等同。

5.1.7.3 储存间的温度范围参照国外同类标准的有关规定制定的。ISO 6183规定:"高压储存温度范围从0~50℃,在这中间对变化的流速不需特殊的补偿方法"。储存容积储火剂干燥,可避免容器,管道及电气仪表等因潮湿而锈蚀。通风良好则可避免因检修或灭火剂泄漏造成储存间内浓度过高而对人身造成危害。

5.1.7.4 对只能设在地下室的储存间,只有设置机械排风装置才能达到上述要求。

5.2 选择阀与喷头

5.2.1 在组合分配系统中,每个防护区或保护对象的管道上应设一个选择阀。在火灾发生时,可以有选择地打开出现火情的防护区或保护对象的管道上的选择阀喷射灭火剂灭火。选择阀在防护区或保护对象的管道上设标明或集流管的工作压力小于12MPa,与集流管的工作压力一致。

5.2.2 选择阀的工作压力不应小于12MPa,与集流管的工作压力一致。

5.2.3 在灭火系统动作时,如果选择阀出现超压,所以明确规定选择阀在和集流管承受水锤作用而出现超压,所以明确规定选择阀在阀动作前或动作同时打开。

5.2.4 在国外同类标准中也有类似的规定。如ISO 6183规定:"必要时针对影响喷头功能的外部污染,对喷头应加以保护。"

5.3 管道及其附件

5.3.1 二氧化碳在储存容器中的压力随温度升高而增加,为了安全,本条规定了管道及其附件应能承受最高环境温度下的储存压力。

5.3.1.1 符合国家标准 GB 3639《冷拔和冷轧精密无缝钢管》中的无缝钢管可以承受设计要求的压力。为了减缓管道的锈蚀，要求管道内外镀锌。

5.3.1.2 当防护区内有腐蚀性气体、蒸气或粉尘时，应采取抗腐蚀的材料，如《不锈钢管》、《挤压铜管》、《拉制铜管》中的不锈钢管或铜管。

5.3.1.3 软管采用不锈钢软管兔于锈蚀，可保证软管安全承受要求的压力。

5.3.2 本条规定了管道的连接方式，对于公称直径不大于 80mm 的管道，可采用螺纹连接；对于公称直径超过 80mm 的管道可采用法兰连接，这主要是考虑强度要求和安装与维修的方便。对于法兰连接，其法兰是可按对焊钢法兰的标准执行。

采用不锈钢管或铜管并用焊接连接时，可按国家标准《现场设备工业管道焊接工程施工及验收规范》的要求施工。

5.3.3 本条系参照国外和国内现行标准制定的。ISO 6183 规定：" 在系统中，在阀门后置导致密闭管段的地方，应设置压力泄放装置"。BS. 5306 规定："在管道中置可能积聚二氧化碳液体的地方，如阀门之间，应加装适宜的超压泄放装置。……对高压系统，这样的装置应设计成在 15±0. 75MPa 时动作"。故本条规定集流管工作压力应不小于 12MPa，泄压动作压力为 15±0. 75MPa。

6 控制与操作

6.0.1、6.0.3 二氧化碳灭火系统的防护区或保护对象大多是消防保卫的重点要害部位或是有人在场的部位。即使经常有人，但不易发现大型密闭空间深位处的火灾，所以一般应有自动控制，以保证一旦失火能迅速将其扑灭。但自动控制有可能失灵，故系统同时应有手动控制。手动控制不受火灾影响，一般在防护区外面或远离保护对象的地方进行。为了能迅速启动灭火系统，要求以一个控制动作就能使整个系统动作。考虑到自动控制和手动控制万一同时失灵（包括停电），系统应有应急手动启动按钮或操作，如储存容器瓶头阀上的按钮或操作钢索杆等。应急操作可以是直接手动操作，也可以利用系统压力或操作装置等进行操作。手动操作的推、拉力不应大于 178N。

考虑到二氧化碳对人体可能产生的危害。在设有自动控制的全淹没防护区外面，必须设有自动/手动转换开关。有人进入防护区时，转换开关处于手动位置，防止灭火剂自动喷放。有人离开防护区时，转换开关才转换到自动位置，系统恢复自动控制人都离开防护场所时自动切换到自动位置，系统恢复自动控制状态。局部应用灭火系统保护场所情况多种多样，所谓"经常有人"，是指人员不间断的情况，这种灭火情况不宜也不需要自动控制。对于"不常有人"的场所，可视火灾危险情况是否需要设自动控制。

6.0.2 本条规定了二氧化碳灭火系统采用火灾探测器进行自动控制时的具体要求。

不论哪种类型的探测器，由于本身的质量和环境的影响，在长期工作中不可避免地将出现误报故动作的可能。系统的误动作不仅会损失灭火剂，而且会造成停工、停产，带来不必要的经济损失。为了尽可能减少甚至避免探测器误报引起系统的误动作,通常设置两种类型或两组独立的探测器进行复合探测。本条规定的"应接收两个独立的火灾信号后才能启动",是指只有当两种不同类型或两组同一类型的火灾探测器均检测出保护场所存在火灾时,才能发出施放灭火剂的指令。

6.0.4 二氧化碳灭火系统的施放机构可以是电动、气动、机械或它们的复合形式,要保证系统在正常时处于良好的工作状态,在火灾时能迅速可靠地启动,首先必须保证可靠的动力源。电源应符合《火灾自动报警系统设计规范》中的有关规定。当采用气动动力源时,气源除了保证足够的设计压力以外,还必须保证启用,必要时,控制气瓶的数量不少于2只。

7 安 全 要 求

7.0.1 本条规定在每个防护区内设置火灾报警信号,其目的在于提醒防护区内的人员迅速撤离防护区,以免受到灭火或灭火剂的危害。

二氧化碳灭火系统施放灭火剂有一个延时时间,在火灾报警信号施放之间一般有20~30s的时间间隔,这给防护区内的人员提供了撤离的时间以及判断防护区是否可以用手提式灭火器扑灭,而不必启动二氧化碳灭火系统。如果防护区内的人员发现火灾很小,就没有必要启动灭火系统,可将灭火系统启动控制部分切断。

在特殊场所增设光报警器,如环境噪音在80dB以上,人们不易分辨出报警声信号的场所。

本条规定必须有手动切除报警信号的操作机构,是为了防止误报,也是为了在人们已获知火灾信号或信号的情况下应能手动切除。报警信号,特别是声报警信号。

7.0.2 本条是从保证人员的安全角度出发而制定的。规定了人员撤离防护区的时间和迅速撤离的安全措施。

实际上,全淹没灭火系统的二氧化碳设计浓度应为34%或更高一些,在局部灭火系统喷嘴处也可能遇到这样高的浓度。这种浓度对人是非常危险的。

一般来讲,人员应立即开始撤离,到发出施放灭火剂的报警时,人员应全部撤出。这一段预报警时间也就是人员疏散时间,与防护区面积大小、人员疏散距离有关。防护区面积大,人员疏散距离远,则预报警时间应长。反之则预报警时间可短。这一时间是人为规定的。

可根据防护区的具体情况确定,但不应大于30s。当防护区内经常无人时,应取消预报警时间。

疏散通道与出入口处疏散照明及疏散路线标志是为了给疏散人员指示疏散方向,所用照明电源应为火灾时专用电源。

7.0.3 防护区入口处设置二氧化碳喷放指示灯,目的在于提醒人们注意喷放二氧化碳灭火剂,不要进入里面去,以免受到火灾时提醒人员灭火剂的危害。也有提醒防护区内的人员迅速撤离防护区的作用。

7.0.4 本条规定是为了防止由于静电而引起爆炸事故。

《工业安全技术手册》中对防止静电有如下的论述:纯净的气体或固体几乎不带静电的,这主要是因为少量液滴或固体颗粒比液体或固体大得多。但在空气中含有少量液滴或固体颗粒就会明显带电,这是在管道和喷嘴上摩擦而产生的。通常的高压气体、水蒸气、液化气以及气流输送粉和滤尘系统都能产生静电。

接地是消除导体上静电的最简单有效的方法,但不能消除绝缘体上的静电。在原理上即使1MΩ的接地电阻,静电仍容易很快泄漏。地线必须连接可靠,并有足够的强度。因而,设置在有爆炸危险的可燃气体、蒸气或粉尘场所内的管道系统应设防静电接地装置。

《灭火剂》(前东德 H.M.施米德尔/P.鲍尔斯特著)一书,对静电荷也有如下论述:如果二氧化碳以很高的速度通过管道,就会发生静电放电现象。可以确定,1kg二氧化碳的电荷可达 0.01～30μV 就可形成有火花至爆炸的危险。作为安全措施,建议把所有喷头的金属部件互相连接起来并接地。这时要特别注意让连接处断开。

7.0.5 一旦发生火灾,防护区内施放了二氧化碳灭火剂,这时人员不能进入防护区的。为了尽快排出防护区内的有害气体,使人员能进入里面清扫和整理火灾现场,恢复正常工作条件,本条规定防护区应设排风装置。

由于二氧化碳比空气重,往往聚集在防护区低处,无窗和固定

窗扇的地上防护区以及地下防护区难以采用自然通风的方法将二氧化碳排走。因此,应采用机械排风装置,并且排风扇的入口应设在防护区的下部。建议参照NFPA 12 标准要求排风扇入口设在离地面高度 46cm 以内。排风量应使防护区每小时换气4次以上。

7.0.6 防护区出口处应设置防止门从防护区内打开,以防因某种原因,有个别人员未能脱离防护区,而门从内部打不开,造成人身伤亡事故的发生。

其目的是防止门处设置向疏散方向开启,且能自动关闭的门自动关闭,以利于防护区二氧化碳灭火剂保持设计浓度,并防止二氧化碳流向防护区以外地区,污染其它环境。自动关闭门应设计成关闭后在任何情况下都能从防护区内打开,以防因某种原因,有个别人员未能脱离防护区,而门从内部打不开,造成人身伤亡事故的发生。

7.0.7 当防护区内一旦发生火灾而施放二氧化碳灭火剂,防护区内的二氧化碳会对人员产生危害。此时人员不应留在或进入防护区。但是,由于各种灭火情况,因此,人员必须进去抢救救困在里面的人员或去查看灭火情况,为了保证人员安全,本条关于设置专用的空气呼吸器或氧气呼吸器是完全必要的。

中华人民共和国国家标准

水喷雾灭火系统设计规范

Code of design for water spray extinguishing systems

GB 50219—95

主编部门：中华人民共和国公安部
批准部门：中华人民共和国建设部
施行日期：1995年9月1日

关于发布国家标准
《水喷雾灭火系统设计规范》的通知

建标[1994]807号

根据国家计委计综[1987]2390号文的要求，由公安部会同有关部门共同编制的《水喷雾灭火系统设计规范》，已经有关部门会审。现批准《水喷雾灭火系统设计规范》GB50219—95为强制性国家标准。自1995年9月1日起施行。

本标准由公安部负责管理，其具体解释等工作由公安部天津消防科学研究所负责，出版发行由建设部标准定额研究所负责组织。

中华人民共和国建设部
一九九五年一月十四日

1 总 则

1.0.1 为了合理地设计水喷雾灭火系统,减少火灾危害,保护人身和财产安全,制定本规范。

1.0.2 本规范适用于新建、扩建、改建工程中生产、储存装置或装卸设施设置的水喷雾灭火系统的设计;本规范不适用于运输工具或移动式水喷雾灭火装置的设计。

1.0.3 水喷雾灭火系统可用于扑救固体火灾,闪点高于60℃的液体火灾和电气火灾,并可用于可燃气体和甲、乙、丙类液体的生产、储存装置或装卸设施的防护冷却。

1.0.4 水喷雾灭火系统不得用于扑救遇水发生化学反应造成燃烧、爆炸的火灾,以及水雾对保护对象造成严重破坏的火灾。

1.0.5 水喷雾灭火系统的设计,除应执行本规范的规定外,尚应符合国家现行有关标准、规范的规定。

2 术语、符号

2.1 术 语

2.1.1 水喷雾灭火系统 water spray extinguishing system
由水源、供水设备、管道、雨淋阀组、过滤器和水雾喷头等组成,向保护对象喷射水雾灭火或防护冷却的灭火系统。

2.1.2 传动管 transfer pipe
利用闭式喷头探测火灾,并利用气压或水压的变化传输信号的管道。

2.1.3 响应时间 response time
由火灾自动报警系统发出火警信号起,至系统中最不利点水雾喷头喷出水雾的时间。

2.1.4 水雾喷头 spray nozzle
在一定水压下,利用离心或撞击原理将水分解成细小水滴的喷头。

2.1.5 水雾喷头的有效射程 effective range of spray nozzle
水雾喷头水平喷射时,水雾达到的最高点与喷口之间的距离。

2.1.6 水雾锥 water spray cone
在水雾喷头有效射程内水雾形成的圆锥体。

2.1.7 雨淋阀组 deluge valves unit
由雨淋阀、电磁阀、压力开关、水力警铃、压力表以及配套的通用阀门组成的阀组。

2.2 符 号

表 2.2

编号	符号	单位	涵 义
2.2.1	R	m	水雾锥底圆半径
2.2.2	B	m	水雾喷头口与保护对象之间的距离
2.2.3	θ	°	水雾喷头的雾化角
2.2.4	q	L/min	水雾喷头的雾化流量
2.2.5	p	MPa	水雾喷头的工作压力
2.2.6	K	—	水雾喷头的流量系数
2.2.7	N	—	保护对象的水雾喷头的计算数量
2.2.8	S	m²	保护对象的保护面积
2.2.9	W	L/min·m²	保护对象的设计喷雾强度
2.2.10	Q_j	L/s	系统的计算流量
2.2.11	n	—	系统启动后同时喷雾的水雾喷头数量
2.2.12	q_s	L/min	水雾喷头的实际流量
2.2.13	p_s	MPa	水雾喷头的实际工作压力
2.2.14	k	—	安全系数
2.2.15	i	MPa/m	管道的沿程水头损失
2.2.16	v	m/s	管道内水的流速
2.2.17	D_j	m	管道的计算内径
2.2.18	h_r	MPa	雨淋阀的局部水头损失
2.2.19	B_R	—	雨淋阀的比阻值
2.2.20	Q	L/s	雨淋阀的流量
2.2.21	H	MPa	系统管道入口或消防水泵的计算压力
2.2.22	Σh	MPa	系统管道沿程水头损失与局部水头损失之和
2.2.23	h_0	MPa	最不利点水雾喷头的实际工作压力
2.2.24	Z	m	最不利点水雾喷头水位之间的高程差或消防水池最低水位之间的高程差

3 设计基本参数和喷头布置

3.1 设计基本参数

3.1.1 水喷雾灭火系统的设计基本参数应根据防护目的和保护对象确定。

3.1.2 设计喷雾强度和持续喷雾时间不应小于表 3.1.2 的规定:

表 3.1.2 设计喷雾强度与持续喷雾时间

防护目的	保护对象		设计喷雾强度 (L/min·m²)	持续喷雾时间(h)
灭火	固体火灾		15	1
	液体火灾	闪点 60~120℃的液体	20	0.5
		闪点高于 120℃的液体	13	
	电气火灾	油浸式电力变压器、油开关	20	0.4
		油浸式电力变压器的集油坑	6	
		电缆	13	
防护冷却	甲乙丙类液体生产、储存、装卸设施		6	4
	甲乙丙类液体储罐	直径 20m 以下	6	4
		直径 20m 及以上	6	6
	可燃气体生产、输送、装卸、储存设施和灌瓶间、瓶库		9	6

3.1.3 水喷雾灭火系统的工作压力,当用于灭火时不应小于 0.35MPa;用于防护冷却时不应小于 0.2MPa。

3.1.4 水喷雾灭火系统的响应时间,当用于灭火时不应大于 45s;当用于其他可燃化气体生产、储存装置或装卸设施防护冷却时不应大于 60s;用于其他设施防护冷却时不应大于 300s。

3.1.5 采用水喷雾灭火系统的保护对象,其保护面积按其外表

面面积确定,并应符合下列规定:

3.1.5.1 当保护对象外形不规则时,应按包容保护对象的最小规则形体的外表面面积确定。

3.1.5.2 变压器的保护面积除按扣除底面面积以外的变压器外表面面积确定外,尚应包括油枕、冷却器的外表面面积和集油坑的投影面积;

3.1.5.3 分层敷设的电缆的保护面积应按整体包容的最小规则形体的外表面面积确定。

3.1.6 可燃气体和甲、乙、丙类液体的灌装间、装卸台、泵房、压缩机房等的保护面积应按使用面积确定。

3.1.7 输送机皮带的保护面积应按上行皮带的上表面面积确定。

3.1.8 开口容器的保护面积应按液体表面面积确定。

3.2 喷头布置

3.2.1 保护对象的水雾喷头数量应根据设计喷雾强度、保护面积和水雾喷头特性按本规范公式7.1.1和式7.1.2计算确定,其布置应使水雾直接喷射和覆盖保护对象,当不能满足要求时应增加水雾喷头的数量。

3.2.2 水雾喷头、管道与保护对象电气设备带电(裸露)部分的安全净距应符合国家现行有关标准的规定。

3.2.3 水雾喷头与保护对象之间的距离不得大于水雾喷头的有效射程。

3.2.4 水雾喷头的平面布置方式可为矩形布置或菱形布置,当按矩形布置时,水雾喷头之间的距离不应大于1.4倍水雾锥底圆半径;当按菱形布置时,水雾喷头不应大于1.7倍水雾锥底圆半径。水雾锥底圆半径应按下式计算:

$$R = B \cdot \text{tg} \frac{\theta}{2} \quad (3.2.4)$$

式中 R——水雾锥底圆半径(m);

B——水雾喷头的喷口与保护对象之间的距离(m);

θ——水雾喷头的雾化角(°)。θ的取值范围为30、45、60、90、120。

3.2.5 当保护对象为油浸式电力变压器时,水雾喷头布置应符合下列规定:

3.2.5.1 水雾喷头应布置在变压器的周围,不宜布置在变压器顶部;

3.2.5.2 保护变压器顶部的水雾不应直接喷向高压套管;

3.2.5.3 水雾喷头之间及水雾喷头与保护对象之间的水平距离与垂直距离应满足水雾锥相交的要求;

3.2.5.4 油枕、冷却器、集油坑应设水雾喷头保护。

3.2.6 当保护对象为甲、乙、丙类液体储罐时,水雾喷头与储罐外壁之间的距离不应大于0.7m。

3.2.7 当保护对象为球罐时,水雾喷头布置尚应符合下列规定:

3.2.7.1 水雾喷头的喷口应面向球心;

3.2.7.2 水雾锥沿纬线方向应相交,沿经线方向应相接;

3.2.7.3 当球罐的容积等于或大于1000m³时,水雾锥沿经线方向应相接,但赤道以上环管之间的距离不应大于3.6m;

3.2.7.4 无防护层的球罐钢支柱和罐体液位计、阀门等处应设水雾喷头保护。

3.2.8 当保护对象为电缆时,水雾应完全包围电缆。

3.2.9 当保护对象为输送机皮带时,喷雾应完全包围输送机的机头和机尾上、下行皮带。

4 系统组件

4.0.1 水雾喷头、雨淋阀组等必须采用经国家消防产品质量监督检测中心检测，并符合现行的有关国家标准的产品。

4.0.2 水雾喷头的选型应符合下列要求：

4.0.2.1 扑救电气火灾应选用离心雾化型水雾喷头；

4.0.2.2 腐蚀性环境应选用防腐型水雾喷头；

4.0.2.3 粉尘场所设置的水雾喷头应有防尘罩。

4.0.3 雨淋阀组的功能应符合下列要求：

4.0.3.1 接通或切断水喷雾灭火系统的供水；

4.0.3.2 接收电控信号电动开启雨淋阀，接收传动管信号可液动或气动开启雨淋阀；

4.0.3.3 具有手动应急操作阀；

4.0.3.4 显示雨淋阀启、闭状态；

4.0.3.5 驱动水力警铃；

4.0.3.6 监测供水压力；

4.0.3.7 电磁阀前应设过滤器。

4.0.4 雨淋阀组应设在环境温度不低于4℃、并有排水设施的室内，其安装位置宜在靠近保护对象并便于操作的地点。

4.0.5 雨淋阀前的管道应设置过滤器，过滤器应设在雨淋阀前的管道上。当水雾喷头无滤网时，雨淋阀后的管道也应设过滤器。过滤器应采用耐腐蚀金属材料，滤网的孔径应为4.0~4.7目/cm²。

4.0.6 给水管道应符合下列要求：

4.0.6.1 过滤器后的管道，应采用内外镀锌钢管，且宜采用丝扣连接；

4.0.6.2 雨淋阀后的管道上不应设置其他用水设施；

4.0.6.3 应设泄水阀、排污口。

5 给 水

5.0.1 水喷雾灭火系统的用水可由市政给水管网、工厂消防给水管网、消防水池或天然水源供给，并应确保用水量。

5.0.2 水喷雾灭火系统的取水设施应采取防止被杂物堵塞的措施，严寒和寒冷地区的取水设施的给水系统应采取防冻措施。

6 操作与控制

6.0.1 水喷雾灭火系统应设有自动控制、手动控制和应急操作三种控制方式。当响应时间大于60s时，可采用手动控制和应急操作两种控制方式。

6.0.2 火灾探测与报警应按现行的国家标准《火灾自动报警系统设计规范》的有关规定执行。

6.0.3 火灾探测器可采用缆式线型定温火灾探测器、空气管式感温火灾探测器或闭式喷头。当采用闭式喷头时，应采用传动管传输火灾信号。

6.0.4 传动管的长度不宜大于300m，公称直径宜为15～25mm。

6.0.5 当保护对象上闭式喷头之间的距离宜不大于2.5m。

6.0.6 保护液化气储罐的水雾灭火系统的控制，除应能启动直接受火罐的雨淋阀外，尚应能启动距离受火罐1.5倍罐径范围内邻近罐的雨淋阀。

6.0.7 分段保护皮带输送机的水雾灭火系统，除应能启动起火区段的雨淋阀外，尚应能启动起火段下游相邻区段的雨淋阀，并应能同时切断皮带输送机的电源。

6.0.8 水喷雾灭火系统的控制设备应具有下列功能：

6.0.8.1 选择控制方式；
6.0.8.2 重复显示保护对象状态；
6.0.8.3 监控消防水泵启、停状态；
6.0.8.4 监控雨淋阀启、闭状态；
6.0.8.5 监控主、备用电源自动切换。

7 水力计算

7.1 系统的设计流量

7.1.1 水雾喷头的流量应按下式计算：

$$q = K\sqrt{10P} \quad (7.1.1)$$

式中 q——水雾喷头的流量(L/min)；
P——水雾喷头的工作压力(MPa)；
K——水雾喷头的流量系数，取值由生产厂家提供。

7.1.2 保护对象的水雾喷头的计算数量应按下式计算：

$$N = \frac{S \cdot W}{q} \quad (7.1.2)$$

式中 N——保护对象的水雾喷头的计算数量；
S——保护对象的保护面积(m^2)；
W——保护对象的设计喷雾强度(L/min·m^2)。

7.1.3 系统的计算流量应按下式计算：

$$Q_j = 1/60 \sum_{i=1}^{n} q_i \quad (7.1.3)$$

式中 Q_j——系统的计算流量(L/s)；
n——系统启动后同时喷雾的水雾喷头的数量；
q_i——水雾喷头的实际流量(L/min)，应按水雾喷头的实际工作压力 p_i(MPa)计算。

7.1.4 当采用雨淋阀控制同时喷雾的水雾喷头数量时，水雾喷头灭火系统的计算流量应按系统中同时喷雾的水雾喷头的最大用水量确定。

7.1.5 系统的设计流量应按下式计算：

$$Q_s = k \cdot Q_j \text{ (L/s)} \quad (7.1.5)$$

式中 Q_s——系统的设计流量(L/s)；

k —— 安全系数,应取 1.05~1.10。

7.2 管道水力计算

7.2.1 钢管道的沿程水头损失应按下式计算:

$$i = 0.0000107 \frac{v^2}{D_j^{1.3}} \quad (7.2.1)$$

式中 i —— 管道的沿程水头损失(MPa/m);
v —— 管道内水的流速(m/s),宜取 $v\leqslant 5$m/s;
D_j —— 管道的计算内径(m)。

7.2.2 管道的局部水头损失宜采用当量长度法计算,或按管道沿程水头损失的 20%~30%计算。

7.2.3 雨淋阀的局部水头损失应按下式计算:

$$h_r = B_R Q^2 \quad (7.2.3)$$

式中 h_r —— 雨淋阀的局部水头损失(MPa);
B_R —— 雨淋阀的比阻值,取值由生产厂提供;
Q —— 雨淋阀的流量(L/s)。

7.2.4 系统管道入口或消防水泵的计算压力应按下式计算:

$$H = \Sigma h + h_0 + Z/100 \quad (7.2.4)$$

式中 H —— 系统管道入口或消防水泵的计算压力(MPa);
Σh —— 系统管道沿程水头损失与局部水头损失之和(MPa);
h_0 —— 最不利点水雾喷头的实际工作压力(MPa);
Z —— 最不利点水雾喷头与系统管道入口或消防水池最低水位之间的高程差,当系统管道入口或消防水池最低水位高于最不利点水雾喷头时,Z 应取负值(m)。

7.3 管道减压措施

7.3.1 管道采用减压孔板时宜采用圆缺型孔板。减压孔板的圆缺孔应位于管道底部,减压孔板前水平直管段的长度不应小于该段管道公称直径的 2 倍。

7.3.2 管道采用节流管时,节流管内水的流速不应大于 20m/s,长度不宜小于 1.0m,其公称直径宜按表 7.3.2 的规定确定。

节流管公称直径(mm) 表 7.3.2

管道	50	65	80	100	125	150	200	250
节流管	40	50	65	80	100	125	150	200
	32	40	50	65	80	100	125	150
	25	32	40	50	65	80	100	125

附加说明

附录 A 本规范用词说明

A.0.1 为便于在执行本规范条文时区别对待,对要求严格程度不同的用词说明如下:

(1)表示很严格,非这样做不可的:
正面词采用"必须";
反面词采用"严禁"。

(2)表示严格,在正常情况下均应这样做的:
正面词采用"应";
反面词采用"不应"或"不得"。

(3)表示允许稍有选择,在条件许可时首先应这样做的:
正面词采用"宜"或"可";
反面词采用"不宜"。

A.0.2 条文中指定应按其它有关标准、规范执行时,写法为"应符合……的规定"或"应按……执行"。

本规范主编单位、参加单位和主要起草人名单

主编单位:公安部天津消防科学研究所

参加单位:中国石油化工总公司北京设计院
水利部电力部西北勘测设计院
中国市政工程华北设计院
大连市消防支队

主要起草人:甘家林 何以申 张建国 王永新 李婉芳
李国生 张兴权 穆桐林 冯修远 马 恒

中华人民共和国国家标准

水喷雾灭火系统设计规范

GB 50219—95

条 文 说 明

制 订 说 明

本规范是根据国家计委计综[1987]2390号文的通知,由公安部天津消防科学研究所会同中国石油化工总公司北京设计院、水利部电力部西北勘测设计院、中国市政工程华北设计院和大连市消防支队五个单位共同编制的。

编制过程中,规范编制组遵照国家的有关方针、政策和"预防为主、防消结合"的消防工作方针,参考美国、日本、英国等发达国家相关技术标准与文献资料的基础上,针对我国工程应用的现状,并广泛征求科研、设计、生产单位和消防监督机构及院校等部门的意见,最后经有关部门共同审查定稿。

本规范共分七章和一个附录。内容包括:总则、术语、符号、设计基本参数和喷头布置、系统组件、给水、操作与控制、水力计算等。

鉴于本规范系初次编制,希望各单位在执行过程中注意积累资料,总结经验,如发现需要修改和补充之处,请将意见和有关资料寄交公安部天津消防科学研究所(地址:天津市南开区津淄公路92号,邮政编码:300381),以便今后修改时参考。

目　次

1　总则 ……………………………………… 12—10
3　设计基本参数和喷头布置
3.1　设计基本参数 ……………………… 12—15
3.2　喷头布置 …………………………… 12—18
4　系统组件 ………………………………… 12—22
5　给水 ……………………………………… 12—24
6　操作与控制 ……………………………… 12—24
7　水力计算
7.1　系统的设计流量 …………………… 12—26
7.2　管道水力计算 ……………………… 12—27
7.3　管道减压措施 ……………………… 12—28

1　总　则

1.0.1　本条提出了制定本规范的目的，即合理地设计水喷雾灭火系统。

水喷雾灭火系统是利用水雾喷头在一定水压下将水流分解成细小水雾滴进行灭火或固定防护冷却的一种固定灭火系统。该系统是在自动喷水系统的基础上发展起来的，不仅安全可靠，经济实用，而且具有适用范围广，灭火效率高的优点。

水喷雾系统与自动喷水系统相比较具有以下几方面的特点：

一、保护对象：系统的保护对象主要为火灾危险性大、火灾扑救难度大的专用设施或设备。

二、适用范围：该系统不仅能够扑救固体火灾，尚可扑救液体火灾和电气火灾。

三、水喷雾不仅可用于灭火而且可用于控火和防护冷却。

由于具有以上特点，水喷雾系统在工业发达国家的应用很普遍。尤其在工业领域中的石化、交通和电力部门得了十分广泛的应用。近年来我国引进的大型成套石化、电力设备均配置了水喷雾系统，充分说明了该系统的应用已经很普及。我国从60年代开始研究水喷雾系统，并于70年代将研究成果应用在变压器的保护等方面。为进一步推动水喷雾系统的应用，针对应用中存在缺乏配套产品和工程应用技术薄弱这两个环节，公安部天津消防科研所有关单位协作，按照公安部下达的科研计划，从1982年开始对水喷雾系统进行了全面深入的研究，先后完成了"自动喷水冷却试验的研究"和"液化石油气贮罐火灾受热时水喷雾消防系统技术的研究"和"液化石油气贮罐区固定式水喷雾工程应用技术的研究"三个部级重点课题的研究任务，实现了系统产品的配套和工程应用水术的基本完善,使水喷雾系统的应用出现欣欣向荣的局面。我国现行的《建筑设计防火规范》《高层民用建筑设计防火规范》以及石化、电力部门的有关规范均对应设置的场所作出了明确规定,为水喷雾系统的应用提供了依据。十几年来,我国各省市均已有不同行业的单位设置了水喷雾系统,其保护对象包括油浸式电力变压器、液化石油气储罐、输煤装置等,其应用范围和数量正在逐步扩大。由于我国目前尚无水喷雾系统的配套规范,在已经投入运行和正在设计施工的系统均存在较多问题,其中包括产品质量、施工质量和管理不善等问题,但更突出问题的是水喷雾设计在设计方面,设计上的无章可循,使一些工程设计不尽合理完善,造成直接影响水喷雾系统的正常工作。制定本规范的目的就是为了解决这些问题,为水喷雾系统的设计提供依据,同时也为消防监督管理部门提供监督和审查的依据。

1.0.2 本规范规定了本规范的适用范围和不适用范围。

本规范属于固定灭火系统工程建设国家标准,其主要任务是提出解决工程建设中设计水喷雾灭火系统的技术要求,国家标准《建筑设计防火规范》《高层民用建筑设计防火规范》及电力部门的有关规范均对应设置水喷雾系统的场所做出了明确的规定,本规范与上述国家标准配套并衔接,因此适用于各类新建、扩建、改建工程中的生产、储存装置或装卸设施装置的水喷雾系统。

由于车、船等运输工具中设置的水喷装置及移动式水喷雾装置均执行其本行业规范或一些相关的规定,而且这些水喷雾装置通常不属于一个完整的系统,因此对于本规范是不适用的。

1.0.3 本条规定了采用水喷雾系统灭火和防护冷却的适用范围。

根据国内外多年来对水喷雾灭火机理的研究,一致的结论是:水喷雾的灭火机理,

一、水喷雾所具备的上述灭火机理,使水喷雾具有适用范围广的优点,不仅在扑灭固体可燃物火灾中提高了水的灭火效率,同时由

用水术的细小的水雾滴喷射到正在燃烧的物质表面时会产生以下作用:

(一)表面冷却。相同体积的水以水雾滴形态喷出时比直射流形态喷出时的表面积要大几百倍。当水雾滴喷射到燃烧表面时,因换热面积大而会吸收大量的热迅速汽化,使燃烧物质表面温度迅速降到所需分解物质热分解所需要的温度以下,使热分解中断,燃烧即中止。表面冷却的效果不仅取决于喷雾液滴的表面积,同时还取决于灭火用水的温度与可燃物闪点的温度差。闪点愈高,与喷雾用水两者之间温差愈大,冷却效果亦愈好。对于气体和闪点低于灭火所使用的水的温度的液体的液体火灾,表面冷却是无效的,大量的试验证明闪点低于60℃的液体火灾通过冷却来实现灭火的效果是不理想的。

(二)窒息。水雾滴受热汽化后形成原体积1680倍的水蒸气,可使燃烧物质周围空气中的氧含量降低,燃烧将会因缺氧而受抑或中断,实现窒息灭火的效果取决于能否在瞬间生成足够的水蒸气并完全覆盖整个着火面。

(三)乳化。乳化只适用于溶于水的可燃液体,当水雾喷射到正在燃烧的液体表面时,由于水雾滴的冲击,在液体表层造成搅拌作用,从而造成液体表层的乳化层,由于乳化层的不燃烧性使燃烧中断。乳化层只在连续喷射水雾的条件下存在,但对粘度大的重质油类,乳化层在喷射停止后仍能保持相当长的时间,这一点对防止复燃是十分有利的。

(四)稀释。对于水溶性液体火灾,可利用水雾稀释液体,使液体的燃烧速度降低而较易扑灭。灭火的效果取决于水雾的冷却、窒息和稀释的综合效应。

以上四种作用在水雾喷射到燃烧物质表面时通常以几种作用同时发生,并实现灭火的。

由于水喷雾所具备的上述灭火机理,使水喷雾具有适用范围广的优点,不仅在扑灭固体可燃物火灾中提高了水的灭火效率,同时由

干它细小水雾滴的形式所具有的不会造成液体火飞溅、电气绝缘度高的特点，在扑灭可燃液体火灾和电气火灾中得到广泛的应用。

二、国内进行水喷雾灭火适用范围的研究

我国从1982年由公安部天津消防科研所对水喷雾系统的应用和适用范围进行了全面深入的研究，不仅对各种固体火灾如木材、纸张等进行了各种灭火实验，而且着重对扑灭液体火灾和电气火灾进行了一系列试验。

水喷雾可以可靠地扑灭闪点高于60℃的液体火灾，试验数据见表1：

试验数据表 表1

燃烧物	闪点(℃)	油盘面积(m²)	油层厚度(mm)	预燃时间(s)	喷头数量	喷头间距(m)	安装高度(m)	平均强度(L/m²·min)	灭火时间(s)
0#柴油	>38	1.5	10	60	4	2.5	3.5	12.8	5～34
煤油	>38	1.5	10	60	4	2.5	3.5	12.8	80～105
变压器油	140	1.5	10	60	4	2.5	3.5	12.8	3～8

为了对国内自行研制的水雾喷头的电气绝缘性能进行评价，公安部天津消防科研所委托天津电力试验所对该研制的水雾喷头进行了电绝缘性能试验。试验布置如图1。

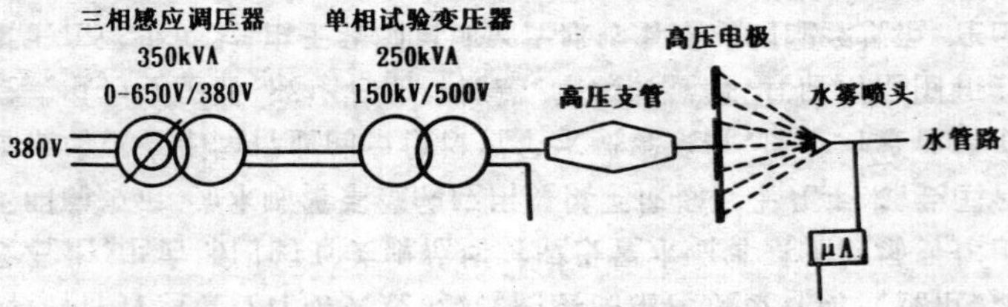

图1 电绝缘性能试验布置图

试验在高压雾室进行，高压电极为2m×2m的镀锌钢板，水喷雾灭火系统包括水雾喷头、水箱、水泵、管路。全部用10mm厚的环氧布板与地面绝缘，试验时高压电极上施加交流工频电压146kV，水雾喷头距离高压电极1m，在不同水压下向高压电极喷射水雾，此时通过微安表测得的电流数值如表2。

微安表测得的电流数值 表2

水压 电流(μA) 喷头种类	0.2MPa		0.35MPa		0.45MPa		0.6MPa		不喷水时分布电容感应的电流
	总电流	泄漏电流	总电流	泄漏电流	总电流	泄漏电流	总电流	泄漏电流	
ZSTWA—80	227	80	208	61	197	50	190	43	147
ZSTWA—50	183	59	176	52	173	49	173	49	124
ZSTWA—30	133	18	125	10	120	5	117	2	115
ZSTWB—80	173	53	164	44	148	28	146	26	120
ZSTWB—50	193	47	174	28	176	30	178	32	146
ZSTWB—30	190	34	173	17	175	19	168	12	156

试验条件：水电阻率2500Ωcm；室温28～30℃；湿度85%；气压0.1MPa。

试验结果说明，水雾喷头工作压力愈高，水雾直径愈小，泄漏电流也愈小；在工作压力相同的条件下，流量规格小的水雾喷头的泄漏电流小，同时也说明所研制的两种型号水雾喷头用于电气火灾的扑救是安全的。

上述试验充分证明了水喷雾系统用于电气火灾的扑救是安全的。

三、国外有关规范的规定

(一)美国NFPA—15"固定式防火水喷雾系统规范"中有关规定如下：

1—4 适用范围

1—4.1 水雾系统可用于防护特定事故设备，可以单独使用,也可以作为其他防火安全系统或设备的一部分。

1-4.2 水喷雾系统可用于下列事故的防护:
(a)气体和易燃液体火灾;
(b)诸如变压器、油开关、电机、电缆盘和电缆隧道等电气设施发生的火灾事故;
(c)普通可燃物如纸张、木材和纺织品火灾;
(d)某些固体危险物火灾。

1-5 用途:水喷雾能有效地用于下列目的一种或几种:
(a)灭火;
(b)控制燃烧;
(c)暴露防护;
(d)预防火灾。

在附录中对上述四种目的的解释如下:

(a)利用水雾冷却和产生的水蒸气窒息,以及使有些易燃液体乳化和稀释等手段均可实现灭火的目的,在有些情况下这些手段是同时发生作用来实现灭火的。

(b)控制燃烧是通过对燃烧物喷射水雾的方法来实现的,凡是利用水雾进行彻底灭火效果不理想的燃烧物或不需要彻底灭火的情况下均可采用控制燃烧。

(c)暴露防护是利用向暴露在火灾中的建筑或设备直接喷射水雾从而驱除或减少火焰传递的热量来实现的,水雾屏障比直接向燃烧物喷水雾的效果更差。但在合适的情况下,可利用其ְ将着火区分割。但同时应考虑风阻、热气流等不利因素的影响。

(d)预防火灾,利用水雾降到冷却或易燃物或易燃物将以下来实现。燃物蒸汽度降到概论极低值以下来实现。

(二)日本《消火设备概论》将水喷雾的防护目的划分为四类:
①灭火;②抑制和控制火势;③防止火灾蔓延;④预防火灾。
并解释如下:
抑制和控制火势。

对于低闪点的油品,水喷雾虽不能彻底灭火,但可抑制燃烧,对可燃气体,为防止灭火后的二次爆炸,可用水喷雾使燃烧在受控条件下进行。

对于应重点保护的电气设施,可燃液体储罐和输送机皮带等,使用水喷雾覆盖和冷却,可防止火灾的蔓延或扩大。

预防火灾。

当装有可燃液气体的装置的温度超过某一值时可能发生着火或爆炸危险,利用具有冷却效果的水雾可控制装置的温度。

(三)英国消防委员会《关于中速和高速水喷雾系统的临时规则》将水喷雾系统的防护目的划分为两类,即高速水喷雾系统用于闪点高于66℃液体火灾的灭火,中速水喷雾系统用于闪点低于66℃液体火灾的控制和冷却。

水喷雾系统可用于防护冷却目的,其适用范围的依据如下:
防护冷却是水喷雾系统的重要用途,对于发生火灾时不宜灭火的保护对象或采用水喷雾不能灭火的场所,水喷雾系统可以向保护对象提供安全的保护措施,使保护对象在火灾条件下或在受到火灾威胁时免遭破坏,为采取其他灭火手段和事故处理措施争取时间。

如液化气储罐发生火灾时,储罐内尚有剩余可燃气体时就将火扑灭,残余的可燃气体泄漏出来与空气混合到一定浓度,遇明火就会发生爆炸,产生更大的危害。因此当这种火灾发生时,应先将可燃气体的气源切断,同时维持残余气体继续燃烧,直到切断可燃气体的泄漏后,才可将火扑灭。当残余气体继续燃烧,直到切断可燃气体的泄漏后,才可将火扑灭。当残余气体继续燃烧,对储罐进行冷却保护,使储罐不会因受热发生损坏。事实证明这种罐顶事故处理方法是行之有效的,并且在国外及国内得到了广泛的应用。

美国和日本的规范将防护目的划分为四类,但按其效果仍可归纳为两类,其后三类的概念均可由防护冷却来表达。我国水雾系统的应用起步较晚，应用主要集中在两类保护对象，一是变压器的灭火，二是液化气储罐的防护冷却，今后随着水喷雾系统的应用的普及，将会有更多的场所和保护对象采用，或者二者兼有。因此本规范综合国外和国内火和防护冷却两大类。将水喷雾系统的保护对象来规定适用范围应用的具体情况和日本基本是以具体的保护对象来规定适用范围的。

另外美国和日本基本是以具体的保护对象来规定对火灾类型的划分方式来规定水喷雾系统的适用范围的。

因此本条规定是综合了国外有关规范的内容和国内多年来开展水喷雾灭火及防护冷却试验研究成果的基础上制订的。

水喷雾系统防护目的与雾滴粒径举例见表3。

表 3 水喷雾系统防护目的与雾滴粒径举例

防护对象		灭火			抑制火灾			防止蔓延			预防着火	
		粗	微		粗	微		粗	微		粗	微
航空工业	发动机试验室					○						
	喷气喷射试验室				○							
化学工业	蒸馏塔								○			
	蒸汽换热器								○			
	蒸压器								○			
	油加热装置	○										
	各种装置及支柱台架								○			
	各种阀								○			
	集合管								○			
	泵类								○			
	高架油罐冷却塔	○										
	压力过滤机	○										
	离心式分离器								○			
	硝化纤维素制品	○										
电气	变压器								○			○
	油浸断路器								○			
机械	电动机	○										
	发电机	○										
	液压系统	○										

续表 3

防护对象		灭火			抑制火灾			防止蔓延			预防着火	
		粗	微		粗	微		粗	微		粗	微
制粉	液筒	○										○
	机械设备	○										○
	压力机	○										○
	干燥机	○										○
	折压机	○										○
	一般机器	○										○
精炼	分离塔								○			
	装卸车场								○			
	配管系统								○			
	泵房	○										
冷工厂	槽	○										
	分离罐	○										
	贮罐	○										
船舶	机械室一般舱室	○										
	火药库	○										
	起重塔	○										
其他工业	硫磺仓库								○			
	干燥炉								○			
	肥皂干燥炉	○										
	铝轧机								○			
	空调过滤材料								○		○	
	大豆挤榨机	○										
	延展机、放摇机	○										
	搅拌混合装置	○										
	粉尘收集器	○										
	淬火油槽	○										
	地下仓库	○										
	大豆、亚麻油调合装置	○										

12—14

1.0.4 本条规定了水喷雾系统的不适用范围，包括两部分内容。

第一部分是不适宜用水扑救的物质，可划分为两类，第一类为过氧化物，如过氧化钾、过氧化钠、过氧化钡、过氧化镁，这些物质遇水后会发生剧烈分解反应，放出反应热并生成氧气，当与某些有机物、易燃物、可燃物、轻金属及其盐类化合物接触能引起剧烈热分解反应，由于反应速度过快而可能引起爆炸或燃烧。

第二类为遇水燃烧物质，这类物质遇水能使水分解，夺取水中的氧与之化合，并放出热量和产生可燃气体造成燃烧或爆炸的恶果。这类物质主要有：金属钾、金属钠、碳化钙（电石）、碳化铝、碳化钠、碳化钾等。

第二部分为使用水雾会造成爆炸或破坏的场所，这里主要指以下几种情况：

一、高温密闭的容器或空间内，当水雾喷入时，由于水雾的急剧汽化使容器或空间内的压力急剧升高，造成破坏或爆炸的危险。

二、对于表面温度经常处于高温状态的可燃液体，当水雾喷射至其表面时会造成可燃液体的飞溅，致使火灾蔓延。

3 设计基本参数和喷头布置

3.1 设计基本参数

3.1.1 设计基本参数包括设计喷雾强度、持续喷雾时间、水雾喷头的工作压力和系统响应时间，并根据水喷雾系统的防护目的与保护对象的类别选取。

3.1.2 本条规定了系统在单位时间内向每平方米保护面积提供的最低限喷雾强度和持续喷雾时间是保证灭火或冷却效果的基本设计参数。喷雾强度和持续喷雾时间，针对不同保护对象规定了各自的喷雾强度和持续喷雾时间。本条主要数据依据如下：

一、国外同类数据的规定。

1. 按防护目的的规定：

美国NFPA—15中对不同防护目的规定的喷雾强度如下：

防护目的   喷雾强度（L/min·m²）
灭 火   8～30
控 火   10～20
防止火灾蔓延   8～10

日本保险协会对不同防护目的规定的喷雾强度如下：

防护目的   喷雾强度（L/min·m²）
灭 火   30
控 火   20
防 火   10

2. 按保护对象的规定：

美国NFPA—15的规定：

保护对象	喷雾强度 (L/min·m²)
普通可燃物灭火	8～20
可燃液体灭火	20
电缆灭火	6～30
可燃气体、液体容器与钢结构防护冷却	10.2
变压器表面	10.2
变压器周围地面	6
皮带输送机（传动装置及皮带）	10.2

日本有关法规的规定：

保护对象	喷雾强度 (L/min·m²)
通讯机机房	4
汽车库、停车场	20
液化石油气储罐及设备	7
变压器表面	10
变压器周围地面	6

英国有关法规的规定：

保护对象	喷雾强度 (L/min·m²)
液化石油气储罐	10.2
室外变压器	24

持续喷雾时间：

美国NFPA—15对水喷雾系统的持续喷雾时间作为一个工程判断同题处理，对防护冷却要求系统能持续喷雾数小时不中断。日本保险协会规定水喷雾系统的持续喷雾时间不应小于90min。日本消防法、通讯机房和贮存可燃物的场所、汽车库和停车场要求水源保证不小于持续喷雾20min的水量。

二、国内规范的规定

1. 固体火灾。《自动喷水灭火系统设计规范》中规定严重危险级建筑构筑物的设计喷水强度：

生产建筑物　　　　10L/min·m²
储存建筑物　　　　15L/min·m²

消防水量按灭火延续时间不小于1h计算。

2. 电气火灾。油浸式电力变压器、电缆等的喷雾强度的依据来源于《变电站设计防火规范》。

3. 防护冷却。《建筑设计防火规范》规定液化石油气储罐防护冷却的用水供给强度不应小于0.15L/s·m²，火灾延续时间按6h计算；规定甲、乙、丙类液体贮罐冷却水延续时间按6h计算的按4h计算，直径超过20m的按6h计算。

三、国内外有关试验数据

（一）英国消防研究所皮·内斯发表的论文"水喷雾应用于易燃液体火灾时的性能"，对试验数据介绍如下：

1. 高闪点油火，灭火要求的喷雾强度为9.6～60L/min·m²；
2. 水溶性易燃液体火，灭火要求的喷雾强度为9.6～18L/min·m²；
3. 变压器火灾，喷雾强度9.6L/min·m²；
4. 液化石油气储罐，喷雾强度9.6～60L/min·m²；

（二）英国消防协会G·布雷发表的论文"液化气储罐的水喷雾保护"中指出：只有以10L/min·m²的喷雾强度向储罐喷射水雾才能为火焰包围的储罐提供安全保护。

（三）美国在本世纪50年代和60年代进行了液化石油气储罐的试验，结果均表明对液化石油气储罐的喷雾强度大于6L/min·m²即是安全的，采用10L/min·m²的喷雾强度是可靠的。

（四）公安部天津消防科研所1982年至1984年进行了液化石油气贮罐受火灾加热时喷雾冷却试验，对一个被火焰包围的球面罐壁进行喷雾冷却，获得与美、英、日等国同类试验数据基本一致雾强度和持续喷雾时间,而且要保证系统迅速启动喷雾时间、系统启动快慢的性能指标,也是系统设计必须考虑的基本参数之一,其他固定灭火系统均对此类似的规定。

本条针对不同防护目的和保护对象规定了水喷雾系统响应时间。

美国NFPA-15中4-4.3.1(b)规定用于暴露防护的自动水喷雾系统设计应达到在被保护表面产生积炭以前和由于高温可能使盛放易燃液体或气体的容器损坏前马上操作的要求,所以,要求在监视系统工作后30s内水喷雾系统应立即工作,从而使喷嘴出有效的水雾。

此外,某些国外标准与规范推荐水喷雾系统与灭火自动报警系统联网自动控制,系统组成中采用雨淋阀控制响应时间启动或手动开启的作法均是为了保证系统响应时间启动的时间。

3.1.5 不论是平面的还是立体的保护对象,在设计水喷雾系统时,按设计喷雾强度向保护对象直接喷雾,并使水雾覆盖整个保护对象是保证灭火或防护冷却效果的关键。保护对象的保护面积是直接影响水雾喷头、确定系统流量和系统操作的重要因素,因此是不可忽略的系统设计参数。

3.1.5.1 将保护对象的外表面面积确定为保护面积是本规定的基本原则。对于外形不规则的保护对象,则规定为首先将其国定的基本原则。对于外形不规则的保护对象或规则体的组合体,然后按规则整体或组合体能够包容保护对象的规则体或规则体的组合体,然后按规则体或组合体的外表面面积确定保护面积。

上述确定保护对象保护面积的基本原则是国际上的习惯作法:在决定不规则保护对象的保护面积时,首先将其归纳为简单的几何图形、圆筒形或立方体等,这规定长方形便是设计的初步。

3.1.5.2 本款规定了油浸式电力变压器保护应考虑它整个外表面的确定方法。

美国NFPA-15:对变压器的防护应考虑它整个外表面的喷

的结论,即6L/min·m²喷雾强度是接近控制壁温,防止储罐干壁强度下降的临界值;10L/min·m²喷雾强度可获得满意效果下保护储罐干壁的满意效果。

3.1.3 此条规定的主要依据。

一、防护目的。

水雾喷头均须在一定工作压力下才能出水形成喷雾状态。一般来说,对一种水雾喷头而言,工作压力在出水形成喷雾愈好。此外,相同喷雾强度下,雾化效果好有助于提高灭火效率。灭火时,要求喷雾的动量较大,雾滴粒径较小,因此水雾喷头提供较高的水压;防护冷却时,要求喷雾的动量较小,雾滴粒径较大,需要提供给喷头的水压不宜太高。

二、国外同类规范。

美国水雾消防协会与日本损害保险料率算定会规则规定,用于灭火时水雾喷头的最低工作压力为0.35MPa。

日本水雾消防设备技术基准按照不同的防护目的给出的喷头工作压力如下:

灭火: 0.25～0.7MPa;
防护: 0.15～0.5MPa。

三、国产水雾喷头性能。

虽然水雾喷头的种类很多,但通常喷头工作压力均不低于0.2MPa。目前我国生产的水雾喷头,多数在压力大于或等于0.2MPa时,能获得良好的水量分布和雾化要求,满足灭火要求,压力大于或等于0.35MPa时,能获得良好的雾化效果,满足灭火要求。

综合以上三个方面,尤其是根据我国水雾喷头产品现状和水平,确定了喷头最低工作压力。

3.1.4 水喷雾系统应用于灭火时,当发生火灾时如不及时灭火或扑灭难度大或将造成较大的损失或严重后果,因此水喷雾系统不仅要保证足够的喷雾，包括变压器和附属设备的外壳、贮油箱和散热器等。外形凹凸不平而且有许多突出物的变压器，在决定面积时可以作为一个整体圆形的图形。美国 VIKING 公司对变压器保护面积的确定方法如图2。日本消防法中对变压器保护面积的确定方法如图2。

3.1.6 本款的适用范围：

1. 液化气灌装间、实瓶库和火灾危险品生产车间、散装库房等以保护建筑物为目的而设置的水喷雾灭火系统。

2. 以灭火或保护为目的而冷却为主要目的，占据的空间较小，但建筑物内部容纳的可燃物品或设备的高度较低，占据的空间较小，如泵房、压缩机房等，为此本条规定保护面积按平面处理并使用建筑物不得面积确定。

3.1.7 本条规出于以下考虑：

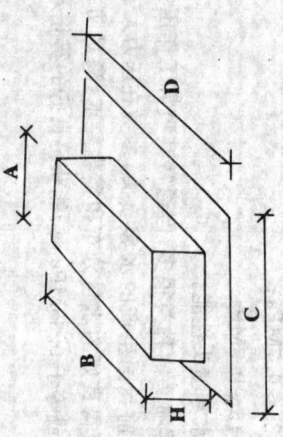

图 2 变压器保护面积的确定方法

A—变压器宽度；B—变压器长度；C—集油坑宽度；
D—集油坑长度；H—变压器高度

保护面积 $S=(CD-AB)+2(A+B)H+AB$

3.1.5.3 本款根据 3.1.5.1 款的规定，要求分层敷设的多层电缆，在计算保护面积时按包容多层电缆及其托架总体的规则选其外表面面积确定；对于单层敷设的电缆，保护面积按其所占空间的上表面面积确定。

1. 皮带及输送物占据其包容体的空间较小，按包容体确定保护面积将使水雾喷头的布置数量和系统的流量偏大；

2. 按上行皮带上表面面积确定水雾的包围之中，且下行返回皮带仍能被由上行皮带滴下来的水灭火。

3.1.8 对用于扑救贮罐，容器内部液体火灾的水喷雾系统，则要求喷雾覆盖整个液面。因此本条规定按贮罐、容器的液面面积确定其保护面积。

3.2 喷头布置

3.2.1 合理地布置水雾喷头，可以使喷雾均匀地完全覆盖保护对象，确保喷雾强度。因此，水雾喷头的布置是保证系统有效工作的一项重要措施，也是系统设计的一个重要环节。本条规定了确定水雾喷头的流量特性和布置的原则性要求。

水雾喷头的布置要按保护对象的保护面积、喷雾强度和选用喷头的流量特性经计算确定；水雾喷头的位置应根据保护对象的角度、有效射程确定喷雾直接喷射并完全覆盖上述要求时，适当增设喷头至喷雾能够满足直接喷射并完全覆盖保护对象表面的要求。

各国对布置水雾喷头的要求均有类似的规定：

美国 NFPA—15 中 4—8·2 规定：喷头的位置应能将保护区用喷雾覆盖住，喷头的布置应根据其特性确定，应注意使水打到目标表面。喷头布置不当将降低喷雾强度和系统的效率。

日本《水喷雾消防设备规则》规定：喷头应根据保护对象的整个表面、有效空间，水雾喷头的喷雾形状和射程进行配置。水雾喷头的安装，要保证水雾能包围保护对象（平面的、立体的，要求水雾喷头能直接喷烧表面或冷却的部位应喷雾，任何障碍物不得影响喷雾。

3.2.2 由于水雾喷头喷射的雾状水滴是不连续的间断水滴，所以具有良好的电绝缘性能,因此水喷雾系统可用于扑灭电气设备火灾。但是,水雾喷头和管道,均要与带电的电器部件保持一定的距离。

鉴于上述原因,水雾喷头、管道与高压电气设备带电(裸露)部分的最小安全净距是设计中不可忽略的问题,各国相应的规范、标准均作了具体规定。

美国NFPA-15中1-9:水喷雾系统的设备与带电电气元件的间距规定见表4。

水喷雾设备与带电无绝缘电气元件的间距   表4

标 称 线电压 (kV)	最高 线电压 (kV)	设 计 BIL (kV)	最小间距	
			(ch)	(mm)
13.8	14.5	110	7	178
23	24.3	150	10	254
34.5	36.5	200	13	330
46	48.3	250	17	432
69	72.5	350	25	635
115	121	550	42	1067
138	145	650	50	1270
161	169	750	58	1473
230	242	900	76	1930
		1050	84	2134
345	362	1050	84	2134
		1300	104	2642
500	550	1500	124	3150
		1800	144	3685
765	800	2050	167	4242

注:当电压高至161kV时,应根据NFPA70即国家电气规程选取间距值。当电压高于或大于230kV时,应根据国家电气安全规程ANSI C-2中表124选取间距。

日本对水雾喷头与不同电压的带电部件之间最小间距的有关规定见表5。

水雾喷头与不同电压的带电部件之间的最小间距   表5

公称电压 (kV)	损保规则 (mm)	东京电力标准 (mm)
3		150
6	150	150
10	300	200
20	430	300
30	610	400
40	810	
50		
60	1120	700
70		800
80	1320	
100	1630	1100
120	1960	
140	2260	1500
170	2700	
200	3150	2100
250		2600

喷头、管道与高压电电气设备带电(裸露)部分的最小安全净距本规范采用我国现行的国家标准或行业标准中的有关规定。

3.2.3 本条根据水雾喷头的水力特性规定了喷头之间的距离。在水雾喷头的有效射程内,超出喷头的有效射程后喷雾的粒径小且均匀,喷雾的效率能明显下降,灭火和防护冷却的效率高,且可能出现漂移现象。因此限制水雾喷头与保护对象之间的距离是十分必要的。

3.2.4 对3.1.6条适用的保护对象,当保护面积按平面处理时,其水雾喷头的布置方式通常为矩形或菱形覆盖。为使水雾完全覆盖,不出现空白,必须保证矩形布置时的喷头间距不大于1.4R,菱形布置时的喷头间距不大于1.7R,如图3所示。

何图形。

变压器通常被一圈一圈的管道包围，而喷头就均匀地和适当地安装于管道上。所有喷头必须安装在适当位置上，以便符合设计要求。布置的准则是要达到足够的喷雾强度和完全覆盖，但又不会过量，通常顶一层的管道是直接喷在带电高压套管上。

在设计过程中，最重要而必须考虑的事情，就是喷头及管道与带电器设备之间的安全距离，所有喷咀及管道与非绝缘的电力部件或带电部分必须符合要求。

通常最好避免管道横越变压器的顶部，所以大部分顶部喷头的设计都是从旁边安装的，但是横越散热器之间的管道是允许的，水雾最好避免直接喷在带电高压套管上。

水雾喷头在平常而垂直的表面是最理想的，但变压器有很多配件或组件，可能会影响喷雾不能完全覆盖的，这时便须加装喷头，以补充是突出的表面或垂直面的地方补水的不足。

最初的设计面积和喷水量往往比布置水雾喷头后的水雾水量少。如果水量过多或过少，可以将喷头的口径或压力调整，便可得出一个最理想的设计水量。因为变压器的不规则形状，可能使喷头的数目比预期的多，同时为了要照顾到喷头形状，管道对带电设备的安全距离，可能喷头的数量是不能减少的，这时，实际需要的流量会比最初设计的多。变压器水雾喷头布置见图4。

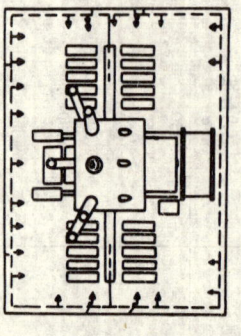

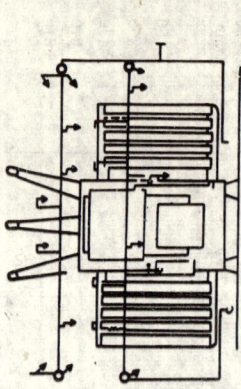

图4 变压器水雾喷头布置示意图

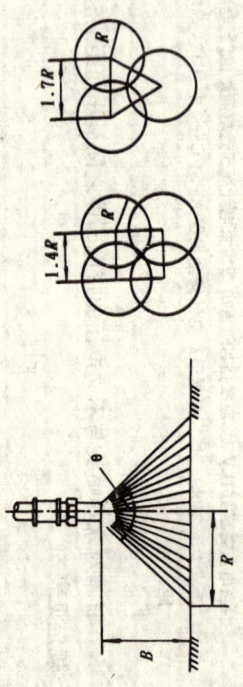

图3 水雾喷头的平面布置方式

R——水雾锥底圆半径(m); B——喷头与保护对象间距(mm); θ——喷头雾化角

(1)水雾喷头的喷雾半径

(2)水雾喷头之间距及布置形式

本条规定的依据出自日本《液化石油气保安规则》。

对立体保护对象，其表面为水平表面的部分亦可按上述方法布置水雾喷头。

3.2.5 本条规定油浸式电力变压器布置水雾灭火系统的要求。

油浸式电力变压器是水雾灭火系统重要的应用对象，其不规则的外形使水雾灭火喷头的布置较为困难。美国VIKING公司在《水喷雾灭火系统的应用与设计》中对变压器的水雾喷头作了较详细的介绍。

设计一套变压器的水喷雾灭火系统是比较困难的。最主要原因是它的不规则形状和要照顾到高压电器的距离。总的来说，变压器实际对于喷出的水雾干扰较大，比保护油罐子以补充更为复杂。为了这个缘故，必须计算出喷头中的水量为高，因为设计时，要采用多一点的水量，同时采用多一点水雾覆盖。在系统设计前，最好取得变压器的详图，决定不同形状的变压器图形。如果变压器的形状凹凸不平，而且有很多突出物，也可以将图形略为放大，简化变压器图形，然后将管道包围着这个几个变压器的图形。为了这个图形，所有露出的面积都要计算，除了底部外，所有露出的面积都要

3.2.6 喷头布置要求以规定的喷雾强度完全覆盖整个罐体表面，以达到利用水雾的直接喷射到罐壁的冲击使罐壁迅速降温，并可去除喷壁表面的含油积炭，有利于水膜的形成。在保证喷射水雾在罐壁表面成膜效果的前提下，尽量使喷头靠近被保护罐壁表面，以减少火焰对水雾的影响，减少水雾在穿越被火焰加热的空间时的汽化损失。根据国内进行的喷水成膜性能试验并参照国外的有关规范，本规定要求喷头与储罐外壁之间的距离不大于 0.7m。

3.2.7 球罐的喷头布置规定了喷头之间和水雾锥之间的相对位置，使喷雾在罐壁的均匀分布形成完整的水膜。容积等于或大于 1000m³ 的球罐喷头布置要求喷放宽，主要考虑了水在罐壁沿经线方向的流淌作用。

喷头布置除考虑罐体外，对附件，尤其是液位计、阀门等容易发生泄漏的部位应同时设置喷头保护，对有防护层的钢结构支柱可不设喷头。

本条规定主要依据于国外有关规范，如美国 NFPA-15 等。

各国规范对液化气贮罐水雾喷头布置均有类似规定：

喷头的位置应仔细考虑，以保证在着火时整个罐体表面有足够的水量，喷咀的位置应分布均匀使喷雾覆盖住容器和可能发生泄漏的地方，如法兰、活接头、泵、阀门等等。

当设计一套喷雾装置时，对气风的影响必须加以考虑，通常喷头与罐壁的距离不得超过 600mm，喷头与罐壁的距离更小一些为好。

3.2.8、3.2.9 电缆和输送机皮带的外形虽然是规则的，但细长比很大，由于多层布置的电缆和上行皮带对喷雾的阻挡作用，本条规定水雾喷头按使水雾直接喷射包容多层电缆和上行及下行皮带整体的规则是美国 NFPA-15；

规定本条的依据是美国 NFPA-15：

当用水雾防护电缆托盘和电缆敷设线路，并安排喷咀时，要使电缆管道或管子、支架和托板所在平板的水平或垂直面区域内均能喷射到 12.2L/min·m² 密度的水面受到保护。

输送机皮带安装喷明后，可以自动喷湿皮带上部皮带和输送物及下部返回皮带。喷咀的排列和喷雾方式应是包围式的。

4 系统组件

4.0.1 本条规定了设计水喷雾灭火系统时选用组件的要求。

给水系统相比，对其组件有很多特殊有要求，例如耐压等一、水系统组件属于消防专用给水系统，与生产、生活级，工作的可靠性，自动控制操作时间的动作时间等，都有更为严格的规定。因此本条规定水喷雾灭火系统中的关键部件——水喷雾头和雨淋阀组，均要求采用经过国家消防产品质量监督检测中心检测合格的产品。国外有关规范以及我国其他固定灭火系统设计规范均对此作出了相同的规定。

二、目前已有若干个厂家生产和生产水喷雾灭火系统组件产品，我国 80 年代初开始研制和生产不同结构的组件，水喷雾头、雨淋阀、压力开关等组件的国家颁布标准或正在制订中，国家消防产品质量监督检测中心也已经开展检测工作，这样就完全可以满足水喷雾灭火系统对产品的需求，也为本规范的制订打下了物质基础。

4.0.2 离心雾化型水雾喷头喷射出的雾状水滴是不连续的间断水滴，故具有良好的电绝缘性能。它不仅可以有效扑救电气火灾，而且不导电，适合在保护电气设施的水喷雾灭火系统中使用，撞击型水雾喷头是利用撞击原理分解成水雾的，水的雾化程度较差，不能保证雾状水的电绝缘性能，因此不适用于扑救电气火灾。

本条规定了含有腐蚀介质时对保护对象，在系统管道上选择适当位置设置过滤器是为了保障水流的畅通和防止杂物破坏雨淋阀组的严密性，以及堵塞电磁阀，水雾喷头内部的水流

众所周知，消防系统一旦安装调试完毕，开通使用后就长期处于备用状态。不难设想，不符合防腐要求的水雾喷头如果长期暴露在腐蚀性环境中就会很容易被腐蚀，当发生火灾时必然影响水雾

水雾喷头的使用效率。

喷头，其内部的有效水流通道截面积较小，如长期暴露在粉尘场所内，其内部水流通道很容易被堵塞，所以本条规定要配带防尘罩。对防尘罩的要求是：平时防尘罩在水压作用下打开或脱落，不影响水雾火灾时要求在系统给水压力作用下打开或脱落，不影响水雾喷头的正常工作。

4.0.3 水喷雾灭火系统是典型的固定灭火系统，其标准的组成要求采用雨淋阀组。对此，国内外规范的要求是一致的。雨淋阀是一种消防专用的水力快速开阀，具有既可远程遥控又可就地人为操作一种开启阀门的操作方式，因此能够满足水喷雾灭火系统的自动控制、手动控制和应急操作同达到瞬间完成额定流量三种控制方式的要求。以上特性是通用的自一旦开启，可使水流在瞬间达到额定流量状态。当水喷雾系统远程开启雨淋阀时，除控阀开启外尚可利用传动管液动或气动开阀。

除雨淋阀外，阀组尚要求配套设置压力表，水力警铃和压力开关、水流控制阀和检查阀等，以满足监测水喷雾灭火系统的供水压力，显示雨淋阀启闭状态和便于维护检查等要求。

4.0.4 本条规定了雨淋阀组设置地点的要求。

1. 为防止冬季冻坏水管充水，对设置地点的环境温度提出了要求；
2. 为保护雨淋阀组免受日晒雨淋的损伤，以及非专业人员的误操作，要求其设在室内或专用阀室内；
3. 为了便于调试和维护检查，要求设置地点有排水设施；
4. 为使人员迅速实施应急操作及时启动系统和保障人员安全，要求将雨淋阀组设在既靠近保护对象，又便于操作的地点。

4.0.5 过滤器是水喷雾灭火系统必不可少的组件，在系统供水管道上选择适当位置设置过滤器是为了保障水流的畅通和防止杂物破坏雨淋阀的严密性，以及堵塞电磁阀，水雾喷头内部的水流

淋阀后设置其他用水设施时将可能发生由于水量分配的不均匀而影响水喷雾系统的正常工作,甚至使系统的供水压力和供水量无法满足设计工作压力和设计流量的要求。

为了防止管道内因积水结冰而造成管道的损伤,在管道的最低点和容易形成积水的部位设置泄水阀及相应的排水设施,使可能结冰的积水排尽。

设置管道排污口的目的是为了便于清除管道内的杂物,其位置设在杂物易于聚积且便于排出的部位。

通道。

各国均规定水喷雾灭火系统必须设置过滤器。

美国NFPA—15:

水喷雾系统应安装主管净器。如需安装单个喷咀滤净器时,滤净器的类型应能够将水中足以堵住喷咀孔的颗粒物滤除。选择滤净器时要细心,尤其对喷咀通路狭小时更得谨慎。要考虑滤网的穿孔尺寸,容积合理,无积聚物形成又无过多的摩擦损耗,还要考虑检查和清洗是否方便。

日本《水喷雾灭火设备规则》:

过滤器是用以防止尘埃等杂物进入管道和阀门,使之不致影响正常的放水状态。应在配置阀门或配置过滤器。过滤器网目(网孔)的大小即过滤水孔的大小应小于水雾喷头或连通过滤器相连的水管内径的$\frac{1}{2}$。过滤器过滤水孔的总面积应为与过滤器相连接的水管内径面积的4倍以上。过滤器的结构应便于杂物的清除。选用过滤器的材质应考虑防锈和强度。

规定的滤网孔径是结合目前国产水雾喷头内部流通的口径确定的。4.0~4.7目/cm²过滤网不仅可以保证水雾喷头不被堵塞,而且过滤网的局部水头损失较小。

4.0.6 本条规定了水喷雾灭火系统管道的要求。水喷雾系统具有工作压力高,流量大,灭火与防护冷却喷雾强度高,水雾喷头易堵塞等特点,因此要合理地选择管道材料。为了保证过滤器生成,管道不再有影响雨淋阀,水雾喷头正常工作的锈渣生成,本条规定过滤器后的管道采用内外镀锌钢管。管道"直采用丝扣连接"的含意在于:公称直径小于或等于100mm的管道采用丝扣连接;公称直径大于100mm的管道,当采用丝扣连接有困难或无法采用丝扣连接的管道采用法兰连接。

无论是用于灭火或是防护冷却的供水管道是十分必要的供水保障,因此系统设置独立的供水管道是十分必要的,当在雨

5 给 水

5.0.1 水喷雾灭火系统属于水消防系统范畴，其对水源的要求与消火栓、自动喷水灭火系统相同，即：可由市政给水管网、消防水池或天然水源供给；对大型企业中设置的水喷雾灭火系统，本条规定其用水可由企业内部独立的消防给水管网供给。无论采用哪种水源，本条规定均要求能够确保水喷雾灭火系统持续喷雾时间内所需的用水量。

5.0.2 本条规定当水喷雾灭火系统采用消防水池或天然水源时，要采取防止杂草、树叶和其他杂物堵塞取水设施，管道或损伤水泵的措施，如在取水口处设置护栏、设过滤网、沉淀池等。

我国南北地区的温差很大，在东北、华北和西北的严寒和寒冷地区，设置水喷雾灭火系统时，要求对给水设施和管道采取防冻措施，如保温、伴热、采暖和泄水等，具体方式要根据当地的条件确定。

6 操作与控制

6.0.1 本条规定的水喷雾灭火系统的控制要求，是根据系统应具备快速启动功能并针对凡是自动灭火系统应同时具备应急操作功能的要求规定的。国外同类规范均有类似规定。

美国 NFPA-15:

水喷雾系统的设计应能使其在许可的时间内将火扑灭。自动监测装置应能很快地感测出阴燃或慢起的燃火。自动水喷雾系统的设计应在监测系统工作后的 30s 以内从水喷雾头喷出有效的水雾。

美国 VIKING 公司《水喷雾灭火系统的应用和设计》:

整个水喷雾灭火系统可由人工、定温式感应器、差定温式感应器、红外线感应器或紫外光感应器、烟雾感应器、危险气体感应器、压力开关等启动。而威景水喷雾控制系统可由手动、水动、气动、电动任何以上几种的组合操作，发动水喷雾控制阀及水泵等，并通过水雾喷咀喷出水雾。同时在现场附近安装有一紧急手动操作装置，可以在紧急时刻，手动启动阀门。此外，在控制室内也可透过水雾控制屏启动水喷雾系统。

日本《水喷雾灭火设备规则》:

水喷雾灭火设备可手动或通过报警设备自动操作。采用手动还是自动，取决于防火对象的危险性质和要求。一般情况下采用自动方式。

自动控制方式和其他一般自动灭火设备一样，使用闭式喷头或信号输入控制盘。由火灾报警器发出火灾信号，并将信号传送给控制盘，由控制盘再将信号分别传送给自动阀，加压送水设备，并自动喷水雾。

水喷雾灭火设备的控制阀门的开闭,除自动外,还必须能手动操作。这里所说的手动操作,不是用人力,而是用机械、空气压力、水压力或电气等。

自动控制:指水喷雾灭火系统的火灾探测、报警部分与供水设备、雨淋阀组等部件自动联锁操作的控制方式;

手动控制:指人为现场操纵远距离操纵供水设备、雨淋阀组等系统组件的控制方式。

应急操作:指人为现场操纵供水设备、雨淋阀组等系统组件的控制方式。

对3.1.4条规定:响应时间大于60s的水喷雾灭火系统,本条规定可以仅采用手动控制和应急控制两种控制方式。

6.0.2 本条规定自动控制的水喷雾灭火系统,其配套设置的火灾自动报警系统按《火灾自动报警系统设计规范》的规定执行。

6.0.3 在条件恶劣的场所设置通用型火灾探测器可选用感温电缆式、空气管式探测器或采用闭式喷头作探测火情。当采用闭式喷头作火灾探测器时,要求与传动管配合使用。

传动管直接启动系统:传动管和雨淋阀的控制腔直接连接,雨淋阀控制腔同时降压,雨淋阀在其入口水压作用下开启。

传动管间接启动系统:传动管的压降信号通过压力开关传输至报警控制器启动系统。

6.0.4 传动管的长度限制援引自美国防火协会NFPA—15《水喷雾固定灭火系统标准》,闭式喷头布置间距限制援引自自英国。

6.0.5 由于水喷雾灭火系统可以扑救多种类型的火灾,而且用于严重危险类场所或保护对象时,不仅灭火与防护冷却效果好而且用水量较少,所以应用范围很广泛。当这种情况下,为了使系统的用水量不致过大,要求设计在确保灭火或防护冷却效果的前提下,采取雨淋阀控制同时喷雾的水雾喷头数量的方法控制系统的喷雾区域,达到控制系统流量的目的。遇上述情况时,需将保护场所内布置的水雾喷头按灭火或防护冷却时的实际需求组成若干组,并设置若干个雨淋阀分别控制各组水雾喷头。

6.0.6 根据《建筑设计防火规范》第8.2.7条规定:液化气贮罐区应安装固定冷却水设备,着火罐及其1.5倍罐径范围内相邻罐应防护冷却。本规范3.1.4条规定用于液化气设施的水喷雾灭火系统响应时间不应大于60s。

鉴于上述要求,当贮罐区内设有多座液化气贮罐时,采取将罐组内贮罐划分为若干雨淋区域,设置若干个雨淋阀的形式组成水喷雾灭火系统,并能在任何一个贮罐发生火灾时,按着火罐及其1.5倍罐径范围内相邻罐同时喷雾防护冷却的方式操作与控制雨淋阀的设计是合理的。

6.0.7 本条规定了用于皮带输送机水喷雾灭火系统的操作与控制要求。

水喷雾灭火系统采用分段喷雾保护输送距离较长的皮带输送机,将有利于控制系统用水量和降低水渍损失。

皮带输送机传动机发生火灾时,起火区域的水灾自动探测装置应动作。在输送机传动机构停机前,引燃的皮带将继续输送物将输送前移并可能移至起火区域下游一段距离。因此,用于切断输送机电源的同时,开启起火点和其下游相邻区域的雨淋阀,其控制装置应在皮带输送机停机同时向两个喷水区动作喷水。

美国NFPA—15中4—4.3.5(b)规定了保护皮带输送机的水喷雾系统的防护范围应扩展到相邻皮带区域的防护系统,系统的控制装置能自动启动下游相邻区域的防护系统。

因此,本条规定与美国防火协会NFPA—15标准的有关规定是一致的。

6.0.8 本条规定了水喷雾灭火系统控制设备的功能要求。

根据系统应有三种控制方式的规定，要求控制设备具有选择控制方式的功能。

控制设备应在接收火灾报警器的火警信号后启动，重复显示保护对象状态有利于操作人员确认火灾和火警部位，以便于手动遥控。

监控消防水泵、雨淋阀状态将态便于操作人员判断系统工作的可靠性及系统的备用状态是否正常。

7 水力计算

7.1 系统的设计流量

7.1.1 $q=K\sqrt{10P}$ 为通用算式。不同型号的水雾喷头具有不同的 K 值。设计时按生产厂给出的 K 值计算出的水雾喷头的流量。

7.1.2 本条规定了保护对象确定水雾喷头用量的计算公式，水雾喷头的流量 q 按公式(7.1.1)计算，水雾喷头工作压力取值按防护目的和水雾喷头特性确定。

7.1.3 本条规定了确定水喷雾灭火系统计算流量的要求。

当保护对象发生火灾时，水喷雾灭火系统通过水雾喷头实施喷雾灭火或防护冷却，因此本规范规定系统的计算流量按启动后同时喷雾的水雾喷头的计算流量之和确定，而不是按保护对象的保护面积和设计喷雾强度的乘积确定。

针对该系统保护对象水灾危险特性大、蔓延迅速、扑救困难的特点，本规范采用与《自动喷水灭火系统设计规范》中第7.1.1条规定中要求雨淋、水幕和严重危险级系统水力计算最不利处作用面积内每个洒水喷头的实际流量确定系统流量相同的作法，规定水喷雾灭火系统的计算流量，从最不利点水雾喷头开始，沿程按同时喷雾的每个水雾喷头实际工作压力逐个计算其流量，然后累计同时喷雾的每个水雾喷头总流量确定为系统流量。

美国标准NFPA—15对水喷雾灭火系统的水力计算有相同的规定：从最不利点水雾喷头开始，沿程向系统水点推进，并按实际压力逐个计算水雾喷头流量，并以所有同时喷雾水雾喷头的总流量确定系统流量。计算应包括管道、阀门、过滤器和所有改变水流方向的接头的水压损失和标高改变等因素对流量的影响。

7.1.4 本条规定了当水喷雾灭火系统利用雨淋阀控制喷雾范围

不同公式计算结果比较表 表6

流 量		管径(mm)	流速(m/s)	管道沿程水头损失(mH₂O/m)		
L/min	L/s			公式Ⅰ	公式Ⅱ	公式Ⅲ
80	1.33	25	2.3	0.776	0.513	0.292
160	2.67	32	2.66	0.667	0.438	0.274
400	6.67	50	3.02	0.492	0.319	0.225
800	13.33	70	3.67	0.514	0.331	0.230
1200	20.00	80	3.93	0.467	0.299	0.222
1600	26.67	100	3.02	0.190	0.121	0.104
2400	40.00	150	2.25	0.0543	0.034	0.0328
公式选用的国家				中国	前苏联	美、英、日

注：公式Ⅰ——舍维列夫计算公式；
公式Ⅱ——满宁计算公式；
公式Ⅲ——海曾—威廉计算公式。

时确定系统计算流量的要求。

可燃气体和甲、乙、丙类液体贮罐区、输送机皮带、油浸式电力变压器，电缆隧道以及车间、库房等，具有保护对象及其火灾危险面积大或其细长比大的特点。因此，根据保护对象及其火灾危险面积按其数量比大或其保护范围，对降低系统造价，合理地控制水喷雾系统的喷雾范围，对降低系统造价，合理地控制水喷雾系统设计流量按其保护面积划分一次用水以及减少水量害有利。设计按保护对象或保护面积划分区域同时喷雾的水喷雾系统，其系统的计算流量按各局部喷雾区域中同时喷雾的最大用水量确定。

7.1.5 本条规定水喷雾灭火系统的设计流量按设计流量的1.05～1.10倍确定。鉴于水喷雾灭火系统按设计流量时喷雾水雾喷头的实际流量确定的系统计算流量接近设计流量，故系统计算流量的安全系数取较小数值。

7.2 管道水力计算

7.2.1 《自动喷水灭火系统设计规范》在确定管道沿程水头损失计算公式时，综合考虑了以下因素：

1. 自动喷水灭火系统管道计算与室内给水系统管道的计算公式一致性；

2. 据《美国工业防火手册》介绍，"经过实测，自喷水头损失接近设计值"。在我国30年代开始使用20～25年后，其水头损失接近设计值。在我国50年以上的历史，有的因锈蚀而堵塞，更多的仍在继续使用，所以管道沿程水头损失采用公式Ⅰ偏于安全。

为了与包括《自动喷水灭火系统设计规范》和《建筑给水排水设计规范》在内的我国喷水灭火系统有关规范相协调，使各规范消防管道沿程水头损失计算具有一致性，本规范仍采用苏联Φ.A.舍维列夫计算公式。

沿程水头损失的不同公式计算结果比较见表6。

7.2.2 本条规定了水喷雾灭火系统管道局部水头损失的确定要求。

消防管道局部水头损失的确定，国内外有关规范均采用当量长度法计算或沿程水头损失百分比计算的方法。本规范要求计算流量按同时喷雾水雾喷头的工作压力和流量实际计算，管道局部水头损失采用当量长度法较为合理。

美、英、日等国的规范均采用当量长度法计算。
当采用当量长度法计算时，可参考表7。

局部水头损失当量长度表（管材系数C=120） 表7

名 称	管件直径(mm)									
	25	32	40	50	70	80	100	125	150	200	250	300
45°弯头	0.3	0.3	0.6	0.6	0.9	0.9	1.2	1.5	2.1	2.7	3.3	4.0
90°弯头	0.6	0.9	1.2	1.5	1.8	2.1	3.1	3.7	4.3	5.5	6.7	8.2

续表7

名称	管件直径(mm)														
	25	32	40	50	70	80	100	125	150	200	250	300
90°长弯头	0.6	0.6	0.6	0.9	1.2	1.5	1.8	2.4	2.7	4.0	4.9	5.5
三通、四通	1.5	1.8	2.4	3.1	3.7	4.6	6.1	7.6	9.2	10.7	15.3	18.3
螺阀				1.8	2.1	3.1	3.7	2.4	3.1	3.7	5.8	6.4
止回阀				0.3	0.3	0.3	0.6	0.6	0.9	1.2	1.5	1.8
闸阀	1.5	2.1	2.7	3.4	4.3	4.9	6.7	8.3	9.8	13.7	16.8	19.8
U型过滤器	12.3	15.4	18.5	24.5	30.8	36.8	49	61.2	73.5	98	122.5	
Y型过滤器	11.2	14	16.8	22.4	28	33.6	46.2	57.4	68.6	91	113.4	

注：本表根据美国NFPA—15表A-7-2(d)等值长度表综合编制，过滤器部分是根据日本资料C=100的数值经换算成C=120的数据列入。

尽管采用当量长度法较沿程水头损失百分比计算的精度要高，但仍然属于估算的方法。

由于管道局部水头损失占沿程水头损失的比例较小，我国有关规范都规定局部水头损失可采用沿程水头损失百分比计算：

《自动喷水灭火系统设计规范》第7.1.4条指出：局部水头损失可采用当量管道长度法计算或按管网沿程水头损失的20%计算；

《建筑给水排水设计规范》第2.6.1条指出：当为生活、生产、消防共用给水管网时，局部水头损失为20%；当为生产、消防共用给水管网时，局部水头损失为10%；当为消火栓系统消防给水管网时，局部水头损失为15%。

《给水排水设计手册》第2册"闭式自动喷水灭火系统"要求估算局部水头损失时，按沿程管道水头损失的20%计算。

鉴于水喷雾灭火系统采用雨淋阀，且设置过滤器等因素，本规范规定当局部水头损失采用沿程水头损失百分比计算时，按沿程水头损失的20%～30%计算。

7.2.3 雨淋阀的比阻值(B_R)或局部水头损失的数据由生产厂提供。

7.2.4 本条规定了设计水喷雾灭火系统时确定消防水泵扬程的要求和确定市政给水管网、工厂消防给水管网压力的要求。当按公式(7.2.4)计算时，h_0的选取要符合3.1.3条的规定，Σh的计算要包括雨淋阀的局部水头损失。

7.3 管道减压措施

7.3.1 圆缺型减压孔板按下式计算：

$$X = \frac{G}{0.01 D_0^2 \sqrt{\Delta P \cdot r}} \qquad (1)$$

式中 G ——重量流量(kg/h)；
D_0 ——管道内径(mm)；
ΔP ——差压(mmH$_2$O)；
r ——操作状态下重度(kg/m³)。

计算步骤：

先按上式计算出 X 值，由 X 值查表8得 n。

根据 $n = \dfrac{h}{D_0}$ 求出 h(圆缺高度)。

由 n 在表8中查出 α，在表9中查出 m，代入下式进行验算：

$$G = 0.01252 \cdot \alpha \cdot \varepsilon \cdot m \cdot D_0^2 \sqrt{\Delta P \cdot r} \qquad (2)$$

式中 ε ——按1考虑。

流量系数及函数 X 与圆缺孔板相对高度的关系　　表8

n	α	X	n	α	X
0.00	0.6100	0.00000	0.06	0.6106	0.01866
0.01	0.6100	0.00130	0.07	0.6108	0.02348
0.02	0.6101	0.00359	0.08	0.6110	0.02861
0.03	0.6101	0.00657	0.09	0.6113	0.03406
0.04	0.6102	0.01016	0.10	0.6116	0.03982
0.05	0.6104	0.01422	0.11	0.6119	0.04575

续表 8

n	α	X	n	α	X
0.64	0.7463	0.6317	0.80	0.8635	0.9325
0.65	0.7522	0.6481	0.81	0.8789	0.9549
0.66	0.7583	0.6648	0.82	0.8897	0.9776
0.67	0.7645	0.6818	0.83	0.9009	1.0009
0.68	0.7709	0.6990	0.84	0.9119	1.0239
0.69	0.7774	0.7164	0.85	0.9244	1.0488
0.70	0.7841	0.7340	0.86	0.9360	1.0725
0.71	0.7905	0.7515	0.87	0.9496	1.0983
0.72	0.7977	0.7698	0.88	0.9623	1.1237
0.73	0.8052	0.7886	0.89	0.9764	1.1495
0.74	0.8131	0.8075	0.90	0.9904	1.176
0.75	0.8214	0.8273	0.91	1.0051	1.023
0.76	0.8300	0.8473	0.92	1.0198	1.299
0.77	0.8391	0.8679	0.93	1.0357	1.257
0.78	0.8486	0.8891	0.94	1.0511	1.284
0.79	0.8584	0.9106	0.95	1.0675	1.312

表 9 圆缺相对高度与圆缺截面比的关系

n	m	n	m	n	m
0.00	0.0000	0.07	0.0307	0.14	0.0850	0.21	0.1528
0.01	0.0011	0.08	0.0379	0.15	0.0940	0.22	0.1633
0.02	0.0047	0.09	0.0445	0.16	0.1033	0.23	0.1740
0.03	0.0086	0.10	0.0520	0.17	0.1128	0.24	0.1848
0.04	0.0133	0.11	0.0598	0.18	0.1225	0.25	0.1957
0.05	0.0185	0.12	0.0679	0.19	0.1324	0.26	0.2067
0.06	0.0244	0.13	0.0763	0.20	0.1425	0.27	0.2179

续表 8

n	α	X	n	α	X
0.12	0.6122	0.05206	0.38	0.6413	0.2800
0.13	0.6127	0.05853	0.39	0.6437	0.2911
0.14	0.6131	0.06526	0.40	0.6462	0.3023
0.15	0.6136	0.07222	0.41	0.6488	0.3136
0.16	0.6140	0.07944	0.42	0.6516	0.3552
0.17	0.6147	0.08682	0.43	0.6546	0.3369
0.18	0.6153	0.09438	0.44	0.6577	0.3496
0.19	0.6159	0.10212	0.45	0.6609	0.3613
0.20	0.6166	0.11003	0.46	0.6643	0.3737
0.21	0.6174	0.1181	0.47	0.6678	0.3863
0.22	0.6182	0.1261	0.48	0.6714	0.3990
0.23	0.6191	0.1349	0.49	0.6752	0.4120
0.24	0.6200	0.1435	0.50	0.6790	0.4251
0.25	0.6209	0.1522	0.51	0.6830	0.4385
0.26	0.6220	0.1610	0.52	0.6870	0.4520
0.27	0.6231	0.1701	0.53	0.6912	0.4651
0.28	0.6242	0.1792	0.54	0.6944	0.4789
0.29	0.6254	0.1883	0.55	0.7000	0.4939
0.30	0.6267	0.1981	0.56	0.7046	0.5084
0.31	0.6281	0.2077	0.57	0.7093	0.5231
0.32	0.6996	0.2175	0.58	0.7142	0.5379
0.33	0.6313	0.2275	0.59	0.7192	0.5529
0.34	0.6331	0.2377	0.60	0.7243	0.5681
0.35	0.6349	0.2480	0.61	0.7296	0.5838
0.36	0.6370	0.2585	0.62	0.7350	0.5994
0.37	0.6390	0.2671	0.63	0.7405	0.6153

续表 9

n	m	n	m	n	m
0.28	0.2293	0.44	0.4238	0.60	0.6264	0.75	0.8043
0.29	0.2408	0.45	0.4365	0.61	0.6388	0.76	0.8152
0.30	0.2524	0.46	0.4492	0.62	0.6512	0.77	0.8260
0.31	0.2641	0.47	0.4619	0.63	0.6636	0.78	0.8367
0.32	0.2751	0.48	0.4746	0.64	0.6759	0.79	0.8472
0.33	0.2818	0.49	0.4873	0.65	0.6831	0.80	0.8575
0.34	0.2998	0.50	0.5000	0.66	0.7002	0.81	0.8676
0.35	0.3119	0.51	0.5127	0.67	0.7122	0.82	0.8775
0.36	0.3241	0.52	0.5254	0.68	0.7241	0.83	0.8872
0.37	0.3364	0.53	0.5381	0.69	0.7359	0.84	0.8967
0.38	0.3488	0.54	0.5508	0.70	0.7476	0.85	0.9060
0.39	0.3612	0.55	0.5635	0.71	0.7592	0.86	0.9150
0.40	0.3736	0.56	0.5762	0.72	0.7707	0.87	0.9237
0.41	0.3860	0.57	0.5889	0.73	0.7821	0.88	0.9321
0.42	0.3985	0.58	0.6015	0.74	0.7933	0.89	0.9402
0.43	0.4111	0.59	0.6160				

节流管大小头损失当量长度表　　　表 10

$D_1=D_3$ 干管(mm)	50	70	80	100	125	150	200	250
D_2 节流管(mm)	40	50	70	80	100	125	150	200
当量长度(m)	0.6	1.0	1.0	1.3	1.7	1.5	4.5	4.0
D_2 节流管(mm)	32	40	50	70	80	100	125	150
当量长度(m)	2.1	3.5	3.5	5.3	6.0	5.3	15.8	14
D_2 节流量(mm)	25	32	40	50	70	80	100	125
当量长度(m)	5.7	9.5	9.5	12.4	16.2	14.3	42.8	38

7.3.2 节流管如图 5 所示,设置在水平管段上,节流管径可比干管管径缩小 1～3 号规格,节流管两侧大小头局部水头损失,可按表 10 的当量长度进行计算。图 5 中要求 $L_1=D_1, L_3=D_3$。

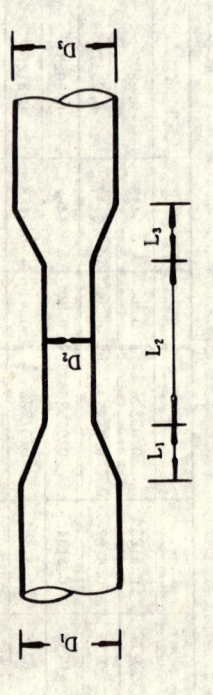

图 5　节流管示意图

中华人民共和国国家标准

自动喷水灭火系统施工及验收规范

Code for installation and commissioning of automatic fire-extinguishing sprinkler systems

GB 50261—96

主编部门：中华人民共和国公安部
批准部门：中华人民共和国建设部
施行日期：一九九七年三月一日

关于发布国家标准《自动喷水灭火系统施工及验收规范》的通知

建标[1996]527号

根据国家计委计综合[1990]160号文的要求，由公安部会同有关部门共同制订的《自动喷水灭火系统施工及验收规范》，已经有关部门会审。现批准《自动喷水灭火系统施工及验收规范》GB 50261—96为强制性国家标准，自一九九七年三月一日起施行。

本规范由公安部负责管理，其具体解释等工作由公安部四川消防科学研究所负责，出版发行由建设部标准定额研究所负责组织。

中华人民共和国建设部
一九九六年九月二日

1 总 则

1.0.1 为保障自动喷水灭火系统(或简称系统)的施工质量和使用功能,减少火灾危害,保护人身和财产安全,制定本规范。

1.0.2 本规范适用于建筑物、构筑物设置的自动喷水灭火系统的施工、验收及维护管理。

1.0.3 自动喷水灭火系统的施工、验收及维护管理,除执行本规范的规定外,尚应符合国家现行的有关标准、规范的规定。

2 术 语

2.0.1 准工作状态 condition of prepare operating
自动喷水灭火系统设备能使用条件符合有关技术要求,发生火灾时,能立即动作、喷水灭火的状态。

2.0.2 系统组件 system components
组成自动喷水灭火系统的喷头、报警阀、水力警铃、压力开关、水流指示器等专用产品的统称。

2.0.3 监测及报警控制装置 equipments for supervisery and alarm control services
对自动喷水灭火系统的某些部位进行监控并能发出控制信号和报警信号的装置。

2.0.4 稳压泵 pressure maintenance pumps
能使自动喷水灭火系统的压力保持在设计工作压力范围内的一种专用水泵。

2.0.5 喷头防护罩 sprinkler guards and shields
保护喷头在使用中免遭机械性损伤,但不影响喷头动作、喷水灭火性能的一种专用罩。

2.0.6 水压气动冲洗法 methods of hydropneumatic flushing
采用专用设备形成的压缩空气驱动一定量的水,使其从配水支管末端反向地朝配水干管流动,将堵塞物从配水干管底部出口处冲洗出去的方法。

2.0.7 末端试水装置 end water-test equipments
安装在系统管网或分区管网的末端,检验系统供水压力、流量、报警或联动功能的装置。

3 施工准备

3.0.1 自动喷水灭火系统的施工应由通过专业培训、考核合格，并经审核批准的施工队伍承担。

3.0.2 自动喷水灭火系统施工前，系统图及有关技术文件应齐全。

3.0.2.1 设备平面布置图、安装图及有关施工图等施工图及有关技术文件应齐全；

3.0.2.2 设计单位应向施工单位进行技术交底；

3.0.2.3 系统组件、管件及其它设备、材料，应能保证正常施工；

3.0.2.4 施工现场及施工中使用的水、电、气应满足施工要求，并应保证连续施工。

3.0.3 自动喷水灭火系统施工前应对采用的系统组件、管件及材料进行检查，并应具有出厂合格证。

3.0.3.1 系统组件、管件及其它设备、材料，应符合设计要求和国家现行有关标准的规定，并具有出厂合格证；

3.0.3.2 喷头、报警阀、压力开关、水流指示器等主要系统组件应经国家质量监督检验中心检测合格。

3.0.4 管材、管件进行现场外观检查，并应符合下列要求：

3.0.4.1 表面应无裂纹、缩孔、夹渣、折迭和重皮；

3.0.4.2 螺纹密封面应完整、无损伤、无毛刺；

3.0.4.3 镀锌钢管内外表面的镀锌层不得有脱落、锈蚀等现象；

3.0.4.4 非金属密封垫片应质地柔韧，无老化变质或分层现象，表面应无折损、皱纹等缺陷；

3.0.4.5 法兰密封面应完整光洁，不得有毛刺及径向沟槽；螺纹法兰的螺纹应完整，无损伤。

3.0.5 喷头的现场检验应符合下列要求：

3.0.5.1 喷头的型号、规格应符合设计要求；

3.0.5.2 喷头的商标、型号、公称动作温度、制造厂及生产年月等标志应齐全；

3.0.5.3 喷头外观应无加工缺陷和机械损伤；

3.0.5.4 喷头螺纹密封面应无伤痕、毛刺、缺丝或断丝的现象，无损伤；

3.0.5.5 闭式喷头应进行密封性能试验，并以无渗漏、无损伤为合格。试验数量宜从每批中抽查 1%，但不得少于 5 只，试验压力应为 3.0 MPa；试验时间不得少于 3 min。当有一只不合格时，应再抽查 2%，但不得少于 10 只，重新进行密封性能试验。当两只及以上不合格时，该批喷头不得使用。当仅有一只不合格时，仍有不合格者时，亦不得使用该批喷头。

3.0.6 阀门及其附件的现场检验应符合下列要求：

3.0.6.1 阀门的型号、规格应符合设计要求；

3.0.6.2 阀门及其附件应配备齐全，不得有加工缺陷和机械损伤；

3.0.6.3 报警阀和控制阀的阀瓣及操作机构应动作灵活，无卡涩现象；阀腔内应清洁、无异物堵塞；

3.0.6.4 报警阀的铃锤应转动灵活，试验时应无渗漏。阀瓣处应无渗漏；

3.0.6.5 水力警铃铭牌、安全操作指示标志和产品说明书、阀门限位等自动监测装置应有清晰的永久性标志；安装前应逐个进行主要功能检查，不合格者不得使用。

3.0.6.6 报警阀试验时间应为 5 min。

3.0.7 压力的 2 倍，压力表水流指示器、气压、阀门限位等自动监测器间应有水流方向的永久性标志；安装前应逐个进行主要功能检查，不合格者不得使用。

13—3

4 供水设施安装与施工

4.1 一般规定

4.1.1 消防水泵、消防水箱、消防水池、消防气压给水设备、消防水泵接合器等供水设施及其附属管道的安装,应清除其内部污垢和杂物。安装中断时,其敞口处应封闭。

4.1.2 供水设施安装时,其环境温度不应低于5℃。

4.2 消防水泵和稳压泵安装

4.2.1 消防水泵、稳压泵的安装,应符合现行国家标准《机械设备安装工程施工及验收规范》的有关规定。

4.2.2 消防水泵的安装应按产品使用说明书。

4.2.3 当设计无要求时,消防水泵的出水管上应安装止回阀和压力表,并宜安装水用的放水阀和泄压阀;消防水泵组的总出水管上还应安装压力表和试水用的放水阀和泄压阀;安装压力表时应加设缓冲装置。压力表和缓冲装置之间应安装旋塞;压力表量程应为工作压力的2~2.5倍。

4.2.4 吸水管及其附件的安装应符合下列要求:

4.2.4.1 吸水管上,其直径不应小于消防水泵吸水口直径,且不应采用蝶阀;

4.2.4.2 当消防水泵和消防水池位于独立的两个基础上之后再进行安装,其吸水管应加设柔性接管,互为刚性连接,吸水管上应加设柔性接管;

4.2.4.3 吸水管水平管段上不应有气塞和漏气现象。

4.3 消防水池、消防水箱安装和消防水池施工

4.3.1 消防水池、消防水箱的施工和安装应符合现行国家标准《给水排水构筑物施工及验收规范》的有关规定。

4.3.2 消防水箱的容积、安装位置应符合设计要求。安装时,消防水箱间的主要通道,其宽度不小于1.0 m;钢板消防水箱四周应设检修通道,其宽度不小于0.7 m;消防顶部至楼板或梁底的距离不得小于0.6 m。

4.3.3 消防水池、消防水箱的溢流管、泄水管不得与生产或生活用水的排水系统直接相连。

4.3.4 管道穿过钢筋混凝土消防水池或消防水箱时,应加设柔性套管;对有振动的管道尚应加设柔性接头。焊接处应做防锈处理。

4.4 消防气压给水设备安装

4.4.1 消防气压给水设备的气压罐,其容积、压力、工作压力及工作压力应符合设计要求。

4.4.2 消防气压给水设备的安装位置、进水管及出水管方向应符合使用说明书的要求。

4.4.3 消防气压给水设备安装时,其四周部至楼板或梁底的距离不得小于0.7 m,设计要求;安装时其四周部至楼板或梁底的距离不得小于1.0 m,消防气压给水设备上的安全阀、压力表、泄水管、气压、水位指示器等的安装应符合设计要求。

4.5 消防水泵接合器安装

4.5.1 消防水泵接合器的组装接口按接口、本体、联接管、止回阀、安全阀、放空管、控制阀的顺序进行。止回阀的安装方向应使消防用水能从消防水泵接合器进入系统。

4.5.2 消防水泵接合器的安装在使于消防车接近的人行道或非机动车行驶

地段；

4.5.2.2 地下消防水泵接合器应采用铸有"消防水泵接合器"标志的铸铁井盖，并在附近设置指示其位置的固定标志；

4.5.2.3 地上消防水泵接合器应设置与消火栓区别的固定标志。

4.5.2.4 墙壁消防水泵接合器的安装应符合设计要求。设计无要求时，其安装高度宜为1.1m；与墙面上的门、窗、孔、洞的净距离不应小于2.0m，且井不应在玻璃幕墙下方。

4.5.3 地下消防水泵接合器的安装，应使进水口的井盖底面与井盖面距离不大于0.4m，且井不应小于井盖的半径。

4.5.4 地下消防水泵接合器井的砌筑应符合下列要求：

4.5.4.1 在最高地下水位以上的地方设置地下消防水泵接合器井时，其井壁宜采用Mu7.5级砖、M5.0级水泥砂浆砌筑，其外表面应采用1：2水泥砂浆抹面，抹面高度应高出最高地下水位250mm。

4.5.4.2 在最高地下水位以下的地方设置地下消防水泵接合器井时，其井壁宜采用Mu7.5级砖、M7.5级水泥砂浆砌筑，且井壁内、外表面应采用1：2水泥砂浆抹面，井应掺有防水剂，其抹面的厚度不应小于20mm，抹面高度应高出最高地下水位250mm。当管道穿过井壁时，管道与井壁间的同隙宜采用粘土填塞密实，井应采用M7.5级水泥砂浆抹面，抹面厚度不应小于50mm。

5 管网及系统组件安装

5.1 管网安装

5.1.1 管网安装前应校直管子，并应清除管子内部的杂物；安装时应随时清除已安装管网内部的杂物。

5.1.2 在具有腐蚀性的场所安装管网前，应按设计要求对管子、管件等进行防腐处理。

5.1.3 管网安装，当管子公称直径小于或等于100mm时，应采用螺纹连接；当管子公称直径大于100mm时，可采用焊接或法兰连接。连接后，均不得减小管道的通水横断面面积。

5.1.4 螺纹连接应符合下列要求：

5.1.4.1 管子宜采用机械切割，切割面不得有飞边、毛刺；管子螺纹密封面应符合现行国家标准《管路螺纹 基本尺寸系列》、《管通螺纹 公差与配合》、《管路旋人端螺纹尺寸系列》的有关规定；

5.1.4.2 当管道变径时，宜采用异径接头；在管道等头处不得采用补芯；当需要采用补芯时，三通上可用1个，四通上不宜超过2个；公称直径大于50mm的管道不宜采用活接头；

5.1.4.3 螺纹连接时，不得将填料挤入管道内，连接后，应将连接处外部清理干净。

5.1.5 焊接连接应符合现行国家标准《工业管道施工及验收规范》、《现场设备工业管道焊接工程施工及验收规范》的有关规定。

5.1.6 管道的安装位置应符合设计要求。当设计无要求时，管道的中心线与梁、柱、楼板等的最小距离应符合表5.1.6的规定。

管道的中心线与梁、柱、楼板的最小距离　　　表5.1.6

公称直径(mm)	25	32	40	50	70	80	100	125	150	200
距离(mm)	40	40	50	60	70	70	80	100	125	150

5.1.7 管道支架、吊架的安装应符合下列要求：

5.1.7.1 管道支架、吊架、防晃支架应固定牢固；管道支架或吊架的安装应符合下表5.1.7的规定；

管道支架或吊架之间的距离　　　表5.1.7

公称直径(mm)	25	32	40	50	70	80	100	125	150	200	250	300
距离(m)	3.5	4.0	4.5	5.0	6.0	6.0	6.5	7.0	8.0	9.5	11.0	12.0

5.1.7.2 管道支架、吊架、防晃支架的型式、材质、加工尺寸及焊接质量等应符合设计要求和国家现行有关标准的规定。

5.1.7.3 管道支架、吊架的安装位置不应妨碍喷头的喷水效果；管道支架、吊架与喷头之间的距离不宜小于300mm；与末端喷头之间的距离不宜大于750mm；

5.1.7.4 配水支管上每一直管段、相邻两喷头之间的管段设置的吊架均不宜少于1个；当喷头之间距离小于1.8m时，可隔段设置，但吊架的间距不宜大于3.6m。

5.1.7.5 当管子的公称直径等于或大于50mm时，每段配水干管或配水管设置防晃支架不应少于1个；当管道改变方向时，应增设防晃支架；

5.1.7.6 管道穿过建筑物的变形缝时，应设置柔性短管；穿过墙体或楼板时应加设套管，套管长度不得小于墙体厚度，或应高出楼面或地面50mm。套管与管道的间隙应采用不燃烧材料填塞密实。

5.1.8 管道横向安装宜设0.002～0.005的坡度，且应坡向排水管；当局部区域难以利用排水管将水排净时，应采取相应的排水措施，当喷头数量小于或等于5只时，可在管道低凹处加设堵头；当喷头数量大于5只时，宜装设带阀门的排水管。

5.1.10 配水干管、配水管应做红色或红色环圈标志。

5.1.11 管网在安装中断时，应将管道的敞口封闭。

5.2　喷头安装

5.2.1 喷头安装应在系统试压、冲洗合格后进行。

5.2.2 喷头安装时宜采用专用的弯头、三通。

5.2.3 喷头安装时，不得对喷头进行拆装、改动，并严禁给喷头附加任何装饰性涂层。

5.2.4 喷头安装应使用专用扳手，严禁利用喷头的框架施拧；喷头的框架、溅水盘产生变形或释放原件损伤时，应采用规格、型号相同的喷头更换。

5.2.5 当喷头的公称直径小于10mm时，应在配水干管或配水管上安装过滤器。

5.2.6 安装在易受机械损伤处的喷头，应加设喷头防护罩。

喷头溅水盘与梁底、通风管道底面的最大垂直距离　　　表5.2.8

喷头与梁、通风管道的水平距离(mm)	喷头溅水盘高于梁底、通风管道底面的最大垂直距离(mm)
300～600	25
600～750	75
750～900	75
900～1050	100
1050～1200	150
1200～1350	180
1350～1500	230
1500～1680	280
1680～1830	360

5.2.7 喷头安装时，溅水盘与吊顶、门、窗、洞口或墙面的距离应符合设计要求。

5.2.8 当喷头高于溅水盘高于梁底或高于宽度小于1.2 m的通风管道腹面时，喷头应安装在其腹面以下部位。

5.2.9 当通风管道宽度大于1.2 m时，喷头应安装在其腹面下部位。

5.2.10 当喷头安装在顶棚下隔断附近时，喷头与隔断的水平距离和最小垂直距离应符合表5.2.10的规定。

表 5.2.10 喷头与隔断的水平距离和最小垂直距离

水平距离(mm)	150	225	300	375	450	600	750	>900
最小垂直距离(mm)	75	100	150	200	236	313	336	450

5.3 报警阀组安装

5.3.1 报警阀组的安装应先安装水源控制阀、报警阀，然后再进行报警阀辅助件的连接。水源控制阀、报警阀与配水干管的连接，应使报警阀组的安装应符合设计要求。报警阀组应安装在便于操作的明显位置，距室内地面高度宜为1.2 m；两侧与墙的距离不应小于0.5 m；正面与墙面距离不应小于1.2 m。安装报警阀组的室内地面应有排水设施。

5.3.2 报警阀组附件的安装应符合下列要求：

5.3.2.1 压力表应安装在报警阀上便于观测的位置；

5.3.2.2 排水管和试验阀应安装在便于操作的位置；

5.3.2.3 水源控制阀安装应便于操作，且应有明显开闭标志和可靠的锁定设施。

5.3.3 湿式报警阀组的安装应使报警阀前后的管道中能顺利充满水；压力波动时，水力警铃不应发生误报警。

5.3.3.1 报警水流通路上的过滤器应安装在延迟器前，而且应便于排渣操作的位置。

5.3.4 干式报警阀组的安装应符合下列要求：

5.3.4.1 应安装在不发生冰冻的场所；

5.3.4.2 安装完成后，应向报警阀气室注入高度为50～100 mm的清水；

5.3.4.3 充气连接管接口应在报警阀充注水位以上部位，且充气连接管的直径不应小于15 mm；止回阀、截止阀应安装在充气连接管上；

5.3.4.4 气源设备的安装应符合设计要求和国家现行有关标准的规定；

5.3.4.5 安全排气阀应安装在气源与报警阀之间，且应靠近报警阀；

5.3.4.6 加速排气装置应安装在靠近报警阀在配水干管一侧；

5.3.4.7 低气压预报警装置应安装压力表；

5.3.4.8 下列部位应安装压力表：
(1)报警阀充水一侧和充气一侧；
(2)空气压缩机的气泵和储气罐上；
(3)加速排气装置上。

5.3.5 雨淋阀组的安装应符合下列要求：

5.3.5.1 电动开启、传导管开启或手动开启的雨淋阀组，其安装应符合设计和有关标准要求，开启控制装置的安装应安全可靠。

5.3.5.2 预作用系统雨淋阀组后的管道若需充气，其安装应按干式报警阀组有关要求进行。

5.3.5.3 雨淋阀组的观测仪表和操作阀门的安装位置应符合设计要求，并应便于观测和操作。

5.3.5.4 雨淋阀组手动开启装置的安装位置应符合

且在发生火灾时应能安全开启和便于操作;

5.3.5.5 压力表应安装在雨淋阀的水源一侧。

5.4 其它组件安装

5.4.1 水力警铃应安装在公共通道或值班室附近的外墙上,且应安装检修、测试用的阀门。水力警铃和报警阀的连接应采用镀锌钢管,当镀锌钢管的公称直径为15 mm时,其长度不应大于6 m;当镀锌钢管的公称直径为20 mm时,其长度不应大于20 m;安装后的水力警铃启动压力不应小于0.05 MPa。

5.4.2 水流指示器的安装应符合下列要求:

5.4.2.1 水流指示器的安装应在管道试压和冲洗合格后进行,水流指示器的规格、型号应符合设计要求;

5.4.2.2 水流指示器应竖直安装在水平管道上侧,其动作方向应和水流方向一致;安装后的水流指示器桨片、膜片应动作灵活,不应与管壁发生碰擦。

5.4.3 信号阀应安装在水流指示器前的管道上,与水流指示器之间的距离不应小于300 mm。

5.4.4 排气阀的安装应在系统管网试压和冲洗合格后进行,排气阀应安装在配水干管顶部、配水管的末端,且应确保无渗漏。

5.4.5 控制阀的规格、型号和材质应符合设计要求;安装方向应正确,控制阀内应清洁、无堵塞、无渗漏,主要控制阀应加设启闭标志;隐蔽处的控制阀应在明显位置处设有指示其位置的标志。

5.4.6 节流装置应安装在系统管网末端或分区管网末端。减压孔板应安装在公称直径不小于50 mm的水平管段上,且符合下列要求:减压孔板应设在水流转弯处下游一侧的直管上,且与转弯处的距离不应小于管子公称直径的2倍。

5.4.7 压力开关应竖直安装在通往水力警铃的管道上,且不应在安装中拆装改动。

5.4.8 末端试水装置应安装在系统管网末端。

6 系统试压和冲洗

6.1 一般规定

6.1.1 管网安装完毕后,应对其进行强度试验、严密性试验和冲洗。

6.1.2 强度试验和严密性试验宜用水进行。干式喷水灭火系统、预作用喷水灭火系统应做水压试验和气压试验。

6.1.3 系统试压前应具备下列条件:

6.1.3.1 埋地管道的位置及管道基础、支墩等经复查符合设计要求;

6.1.3.2 试压用的压力表不少于2只;精度不应低于1.5级,量程应为试验压力值的1.5~2倍;

6.1.3.3 试压冲洗方案已经批准;

6.1.3.4 对不能参与试压的设备、仪表、阀门及附件应加以隔离或拆除;加设的临时盲板应具有突出于法兰的边耳,且应做明显标志,并记录临时盲板的数量。

6.1.4 系统试压过程中,当出现泄漏时,应停止试压,并放空管网中的试验介质,消除缺陷后,重新再试。

6.1.5 系统试压完成后,应及时拆除所有临时盲板及试验用的管道,并应经核对无误,且应按本规范附录A的格式填写记录。

6.1.6 管网冲洗应在试压合格后分段进行。冲洗顺序应先室外、后室内,先地下、后地上;室内部分的冲洗应按配水干管、配水管、配水支管的顺序进行。

6.1.7 管网冲洗宜用水进行。冲洗前,应对系统的仪表采取保护措施。止回阀和报警阀等应反向冲洗,冲洗工作结束后应及时复位。

6.1.8 冲洗前，应对管道支架、吊架进行检查，必要时应采取加固措施。

6.1.9 对不能经受冲洗的设备和冲洗后可能存留脏物、杂物的管段，应进行清理。

6.1.10 冲洗直径大于100mm的管道时，应对其焊缝、死角和底部进行敲打，但不得损伤管道。

6.1.11 管网冲洗合格后，应按本规范附录B的格式填写记录。

6.1.12 水压试验和水冲洗宜采用生活用水进行，不得使用海水或有腐蚀性化学物质的水。

6.2 水压试验

6.2.1 水压试验时环境温度不宜低于5℃，当低于5℃时，水压试验应采取防冻措施。

6.2.2 当系统设计工作压力等于或小于1.0MPa时，水压试验压力应为工作压力的1.5倍，并不应低于1.4MPa；当系统设计工作压力大于1.0MPa时，水压试验压力应为该工作压力加0.4MPa。

6.2.3 水压强度试验的测试点应设在系统管网的最低点。对管网注水时，应将管网内的空气排净，并应缓慢升压，达到试验压力后，稳压30min，目测管网应无泄漏和无变形，且压力降不应大于0.05MPa。

6.2.4 水压严密性试验应在水压强度试验和管网冲洗合格后进行，试验压力应为设计工作压力，稳压24h，应无泄漏。

6.2.5 自动喷水灭火系统的水源干管、进户管和室内埋地管道应在回填前单独地或与系统一起进行水压强度试验和水压严密性试验。

6.3 气压试验

6.3.1 气压试验的介质宜采用空气或氮气。

6.3.2 气压严密性试验的试验压力应为0.28MPa，且稳压24h，压力降不应大于0.01MPa。

6.4 冲 洗

6.4.1 管网冲洗所采用的排水管道，应与排水系统可靠连接，其排放应畅通和安全。排水管道的截面面积不得小于被冲洗管道截面面积的60%。

6.4.2 管网冲洗的水流速度不宜小于3m/s；其流量不能满足要求时，应按系统的设计流量进行冲洗，或采用水压气动冲洗法进行冲洗。

冲洗水流量 表6.4.2

管道公称直径(mm)	300	250	200	150	125	100	80	65	50	40
冲洗流量(L/s)	220	154	98	58	38	25	15	10	6	4

6.4.3 管网冲洗应在地上管道与地下管道连接前，当在配水管底部加设堵头后，对出口处水的颜色、透明度与入口处水的颜色基本一致时，冲洗方可结束。

6.4.4 管网冲洗应连续进行，当出口处水的颜色与入口处水的颜色基本一致时，冲洗方向应一致。

6.4.5 管网冲洗的水流方向应与灭火时管网内的水流方向一致。

6.4.6 管网冲洗结束后，应将管网内的水排除干净，必要时可采用压缩空气吹干。

7 系统调试

7.1 一般规定

7.1.1 系统调试应在系统施工完成后进行。

7.1.2 系统调试应具备下列条件：

7.1.2.1 消防水池、消防水箱已储存设计要求的水量；

7.1.2.2 系统供电正常；

7.1.2.3 消防水给水设备的水位、气压符合设计要求；

7.1.2.4 湿式喷水系统管网内的气压符合设计要求，预作用喷水灭火系统管网内已充满水；干式、预作用用喷水灭火系统管网内的气压符合设计要求，阀门均无泄漏；

7.1.2.5 与系统配套的火灾自动报警系统处于工作状态。

7.2 调试内容和要求

7.2.1 系统调试应包括下列内容：

7.2.1.1 水源测试；

7.2.1.2 消防水泵调试；

7.2.1.3 稳压泵调试；

7.2.1.4 报警阀调试；

7.2.1.5 排水装置试验；

7.2.1.6 联动试验。

7.2.2 水源测试应符合下列要求：

7.2.2.1 按设计要求核实消防水箱的容积、设置高度及消防储水不作它用的技术措施；

7.2.2.2 按设计要求核实消防水泵接合器的数量和供水能力，并通过移动式消防水泵做供水试验进行验证。

7.2.3 消防水泵调试应符合下列要求：

7.2.3.1 以自动或手动方式启动消防水泵时，消防水泵应在 5 min 内投入正常运行；

7.2.3.2 以备用电源切换时，消防水泵应在 1.5 min 内投入正常运行。

7.2.4 稳压泵调试时，模拟设计启动条件，稳压泵应立即启动；达到系统设计压力时，稳压泵应自动停止运行。

7.2.5 报警阀调试应符合下列要求：

7.2.5.1 湿式报警阀调试时，在其试水装置处放水，报警阀应及时动作，压力开关应接通电路报警，水流指示器应输出报警电信号；水力警铃应发出报警信号，并应启动消防水泵；

7.2.5.2 干式报警阀调试时，开启系统试验阀，报警阀的启动时间、启动点压力、水流到试验装置出口所需时间，均应符合设计要求；

7.2.5.3 干湿式报警阀调试时，当差动型报警阀上室和管网的空气压力降至供水压力的 1/8 以下时，试水装置应能连续出水，水力警铃应发出报警信号。

7.2.6 排水装置调试应符合下列要求：

7.2.6.1 开启排水装置的主排水阀，应按系统最大设计灭火水量做排水试验，并使水装置达到稳定；

7.2.6.2 试验过程中，从系统排出的水应全部从室内排水系统排走。

7.2.7 联动试验应符合下列要求，并按附录 C 进行记录：

7.2.7.1 采用专用测试器输入模拟火灾信号，火灾自动报警系统的各种报警信号并启动自动喷水灭火系统，火灾自动报警控制器应发出声光报警信号；

7.2.7.2 启动一只喷头或以 0.94～1.5 L/s 的流量从末端试水装置放水，水流指示器、压力开关、水力警铃和消防水泵等应及时动作并发出相应的信号。

8 系统验收

8.0.1 系统的竣工验收,应由建设主管单位主持,公安消防监督机构、建设、设计、施工等单位参加。验收不合格不得投入使用。

8.0.2 系统竣工后,应对系统的供水水源、管网、喷头布置以及功能等进行检查和试验,并应按本规范附录D的格式填写系统验收表。

8.0.3 系统竣工验收时,施工、建设单位应提供下列资料:

8.0.3.1 批准的竣工验收申请报告、设计图纸、公安消防监督机构的审批文件,设计变更通知单、竣工图;

8.0.3.2 地下及隐蔽工程验收记录、工程质量事故处理报告;

8.0.3.3 系统试压、冲洗记录;

8.0.3.4 系统调试试验记录;

8.0.3.5 系统联动试验记录;

8.0.3.6 系统主要材料、设备和组件的合格证或现场检验报告;

8.0.3.7 系统维护管理规章,维护管理人员登记表及上岗证。

8.0.4 系统供水水源的检查验收应符合下列要求:

8.0.4.1 应检查室外给水管网的进水管管径及供水能力,并应检查消防水池和水箱容量,均应符合设计要求;

8.0.4.2 当采用天然水源时,应检查其水量、水质应符合设计要求,并应检查枯水期最低水位时确保消防用水的技术措施。

8.0.5 系统供水

8.0.5.1 高压给水系统,通过压力试验,压力应符合设计要求;

8.0.5.2 临时高压给水系统,通过启动消防水泵,测量系统最不利点试水装置的流量、压力应符合设计要求;

8.0.5.3 当采用市政管网给水系统时,应按高压给水系统或临时高压给水系统的要求进行试验,流量、压力应符合设计要求。

8.0.6 消防泵房的验收应符合下列要求:

8.0.6.1 消防泵房设置的应急照明、安全出口应符合设计要求;

8.0.6.2 工作泵、备用泵、吸水管、出水管及出水管上的泄压阀、信号阀等的规格、型号、数量应符合设计要求,吸水管、出水管上安装闸阀时应锁定在常开位置;

8.0.6.3 消防水泵应采用自灌式引水或其它可靠的引水措施;

8.0.6.4 消防水泵出水管上应安装试验用的放水阀及排水管;

8.0.6.5 备用电源、自动切换装置的设置应符合设计要求;

8.0.6.6 设有消防气压给水设备的泵房,当系统气压下降到设计最低压力时,通过压力信号开关及进水信号阀启动消防水泵。

8.0.7 消防水泵接合器数量及进水试验,消防水泵接合器应进行充水试验,且系统最不利点的压力、流量应符合设计要求。

8.0.8 消防水泵试验应符合下列要求:

8.0.8.1 分别开启系统的每一个末端试水装置、水流指示器、压力开关等信号装置功能均应符合设计要求;

8.0.8.2 打开消防水泵出水管上放水试验阀,当采用主电源启动消防水泵时,消防泵应启动正常;关掉主电源,主、备电源应能正常切换。

8.0.9 管网验收应符合下列要求:

8.0.9.1 管道的材质、管径、接头及辅助排水设施、防腐、防冻措施应符合设计规范及设计要求;

8.0.9.2 管网排水坡度及辅助排水设施,应符合本规范第5.1.9条的规定;

8.0.9.3 系统最末端、每一分区系统末端或每一层系统末端应设置的末端试水装置,预作用和干式喷水灭火系统末端应设置用气装置,应符合设计要求。

8.0.9.4 管网不同部位安装的报警阀、闸阀、止回阀、电磁阀、信号阀、水流指示器、减压孔板、节流管、减压阀、柔性接头、排水管、排气阀、泄压阀等均应符合设计要求;

8.0.9.5 干式喷水灭火系统容积大于 1500 L 时设置的加速排气装置应符合设计要求和本规范的规定。

8.0.9.6 预作用喷水灭火系统充水时间不应超过 3 min;

8.0.9.7 报警阀后的管道上不应安装有其它用途的支管或水龙头;

8.0.9.8 配水支管、配水管、配水干管设置的支架、吊架和防晃支架应符合本规范第 5.1.7 条的规定。

8.0.10 报警阀组的验收应符合下列要求:

8.0.10.1 报警阀组件的各组件,应符合产品标准要求。

8.0.10.2 打开放水试验阀,测试水力警铃有其它用途的支管或水力警铃的设置位置应正确。测试时,水力警铃喷嘴处压力不应小于 0.05 MPa,且距水力警铃 3 m 远处警铃声声强不应小于 70 dB;

8.0.10.4 打开手动放水阀或电磁阀时,雨淋阀组动作应可靠;

8.0.10.5 控制阀均应锁定在常开位置;

8.0.10.6 与空气压缩机或火灾报警系统的联动程序,应符合设计要求;

8.0.11 喷头验收应符合下列要求:

8.0.11.1 喷头的规格、型号、喷头安装间距、喷头与楼板、墙、梁等的距离应符合设计要求;

8.0.11.2 有腐蚀性气体的环境和冰冻危险场所安装的喷头,应采取防护措施;

8.0.11.3 有碰撞危险场所安装的喷头加防护罩;

8.0.11.4 喷头公称动作温度应符合设计要求。

8.0.12 系统进行模拟灭火功能试验时,应符合下列要求:

8.0.12.1 报警阀动作,警铃鸣响;

8.0.12.2 水流指示器动作,消防控制中心有信号显示;

8.0.12.3 压力开关动作,信号阀开启,空气压缩机或排气阀启动,消防控制中心有信号显示;

8.0.12.4 电磁阀打开,雨淋阀开启,消防控制中心有信号显示;

8.0.12.5 消防水泵启动,消防控制中心有信号显示;

8.0.12.6 加速排气装置投入运行;

8.0.12.7 其它消防联动系统投入运行;

8.0.12.8 区域报警器、集中报警控制盘有信号显示。

9 维 护 管 理

9.0.1 自动喷水灭火系统应具有管理、检测、维护规程，并应保证系统处于准工作状态。维护管理工作，可按本规范附录E进行。

9.0.2 维护管理人员应熟悉自动喷水灭火系统的原理、性能和操作维护规程。

9.0.3 维护管理人员每天应对水源控制阀、报警阀组进行一次外观检查，并应保证系统处于无故障状态。

9.0.4 每年应对水源的供水能力进行一次测定。

9.0.5 消防水池、消防水箱及消防气压给水设备应每月检查一次，并应检查其消防储备水位及消防气压给水设备的气体压力。同时，应采取措施保证消防用水不作它用，并每月对该措施进行检查，发现故障应及时进行处理。

9.0.6 消防水池、消防水箱、消防气压给水灭火系统内水应根据当地环境，气候条件不定期更换。更换前，并报告当地消防监督部门或专职兼职管理人员应向领导报告，并报告当地消防监督部门。

9.0.7 寒冷季节，消防储水设备的任何部位均不得结冰。每天应检查设置储水设备的房间，保持室温不低于5℃。

9.0.8 每两年应对钢板消防水箱和消防气压给水设备进行检查，修补缺损和重新油漆。

9.0.9 钢板消防水池水位应每月观察一次。

9.0.10 消防水泵每月应启动运转一次，内燃机驱动的消防水泵应每周启动运转一次。当消防水泵为自动控制启动时，应每月模拟自动控制的条件启动运转一次。

9.0.11 电磁阀应每月检查并应作启动试验，动作失常时应及时更换。

9.0.12 每个季度应对报警阀旁的放水试验阀进行一次供水试验，验证系统的供水能力。

9.0.13 系统上所有的控制阀门均应采用铅封或锁链固定在开启或规定的状态。每月应对铅封、锁链进行一次检查，当有破坏或损坏时应及时更换。

9.0.14 室外阀门井中，进水管上的控制阀门每个季度检查一次，核实其处于全开启状态。

9.0.15 消防水泵接合器的接口及附件应每月检查一次，并应保证接口完好、无渗漏、闷盖齐全。

9.0.16 每两个月应利用末端试水装置对水流指示器进行试验。

9.0.17 每月应对喷头进行一次外观检查，发现有不正常的喷头应及时更换；当喷头上有异物时应及时清除。更换或安装喷头均应使用专用扳手。

9.0.18 各种不同规格的喷头均应有一定数量的备用品，其数量不应小于安装总数的1%，且每种备用喷头不少于10个。

9.0.19 自动喷水灭火系统发生故障，需停水进行修理前，应向主管值班人员报告，取得主管负责人的同意，并临场监督，加强防范措施后方能动工。

9.0.20 建筑物、构筑物的使用性质或贮存物的性质改变，贮存高度的改变，影响系统功能需要进行修改时，应在修改前报公安消防监督机构批准后方能对系统作相应的修改。

附录 A 自动喷水灭火系统试压记录表

自动喷水灭火系统试压记录表　　　表 A.0.1

NO：
　　年　月　日

工程名称：

管段号	材质	设计工作压力(MPa)	温度(℃)	强度试验				严密性试验			
				介质	压力	时间	结论意见	介质	压力	时间	结论意见

施工单位：　　　　部门负责人：　　　　技术负责人：　　　　质量检查员：

附录 B 自动喷水灭火系统管网冲洗记录表

自动喷水灭火系统管网冲洗记录表　　　表 B.0.1

NO：
　　年　月　日

工程名称：

管段号	材质	冲洗				结论意见
		介质	压力(MPa)	流速(m/s)	流量(L/s)	冲洗次数

施工单位：　　　　部门负责人：　　　　技术负责人：　　　　质量检查员：

附录 C 自动喷水灭火系统联动试验记录表

自动喷水灭火系统联动试验记录表   表 C.0.1

工程名称：　　　　　　　　　　　　　　　　　　　　　　NO：
　　　　　　　　　　　　　　　　　　　　　　　　　　　　年　月　日

输入信号类别	报警和启动执行信号时间(s)		启动消防泵时间(min)		启动稳压泵时间(min)	
	要求时间	实际时间	要求时间	实际时间	要求时间	实际时间
烟信号						
温信号						

施工单位：　　　　部门负责人：　　　　技术负责人：　　　　质量检查员：

附录 D 自动喷水灭火系统验收表

自动喷水灭火系统验收表   表 D.0.1

序号	主要项目		分项内容	主要技术要求	分项验收意见		综合验收意见	
					合格	不合格	基本合格	不合格
1	技术资料文件		1. 图纸、文件	设计任务书，有关批件，地质资料齐全				
			2. 隐蔽工程验收资料	埋地管路、设施设备验收测试记录，吊顶墙体等隐蔽处管线资料齐全				
			3. 调试及验收技术资料	安装调试记录，测试验收单位、人员资料全套资料齐全				
2	水源		1. 水源、水量	符合设计规范要求				
			2. 系统压力	系统最不利点处水压不小于 0.05 MPa				
	电源		3. 泵房功能	消防水泵的数量、流量、压力，泄压措施，自灌引水措施符合规范要求				
			4. 电源	有备用电源，自动切换可靠				
			5. 其它	水质要求，地基沉降资料，气温及室内环境资料齐全				
3	管网		1. 报警阀以后的管网	不能在喷水管网上接做浇等用途的水管和水龙头				
			2. 管网管径	对照竣工估算表符合要求				
			3. 管网布置	坡度，排水口、末端试水装置符合要求				
			4. 管网支架吊架、防晃支架等	按规范要求设置合理牢固				

附录E 自动喷水灭火系统维护管理工作一览表

表E.0.1 自动喷水灭火系统维护管理工作一览表

部 位	工 作 内 容	周 期
水源	测试供水能力	每年
蓄水池、高位水箱	检测水位及消防储备水不被它用的措施	每月
消防气压给水设备	检测气压、水位	每月
设置储水设备的房间	检查室温	寒冷季节每天
储水设备	检查结构材料	每二年
电动消防水泵	启动试运转	每月
内燃机驱动消防水泵	启动试运转	每星期
报警阀	放水试验、启动性能	每季
水源控制阀、报警阀控制装置	目测巡检完好状况及开闭位置	每日
系统所有控制阀门、电磁阀	检查粘封、锁定完好状况	每月
室外阀门中控制阀门	检查开启状况	每季
水泵接合器	检查完好状况	每月
水流指示器	试验报警	每二月
喷头	检查完好状况、清除异物	每月

续表 D.0.1

序号	主要项目	分项内容	主要技术要求	分项验收意见		综合验收意见	
				合格	不合格	基本合格	不合格
3		5.管网上安装的节流管、减压阀、孔板、节流器、水流指示器、信号阀、排气阀	安装位置合理、型号、功能符合设计要求				
4	报警控制阀	6.与报警系统充气系统的联动试验	符合设计要求				
		1.报警阀	报警阀配件全、警铃及排水试水管符合要求、报警可靠				
		2.控制阀功能	型号、规格数量、功能符合设计和规范要求				
		3.压力	压力符合设计要求				
		4.流量	流量符合设计要求				
		5.试水、排水	试水阀、试水管及排水符合要求				
5	喷头	1.喷头型号与安装	温标、色标、安装方向、防碰防腐、布置符合要求				
		2.喷头质量	有合格证、检验合格				
6	维护管理	规章、维护管理人员	符合规范要求				
验收意见							

验收人员 验收负责人
施工单位负责人
验收日期

附加说明

本规范主编单位、参加单位和主要起草人名单

主编单位：公安部四川消防科学研究所

参加单位：四川省公安厅消防总队
中国兵器工业第五设计研究院
四川省第五设备安装公司
四川消防工程公司

主要起草人：李章盛 魏名选 陈正昌 刘淑金 华瑞龙
熊光洪 陈启新 钟尔俊 冯修远 马恒

附录 F 本规范用词说明

F.0.1 为便于在执行本规范条文时区别对待，对要求严格程度不同的用词说明如下：

1. 表示很严格，非这样做不可的用词：
正面词采用"必须"；
反面词采用"严禁"。

2. 表示严格，在正常情况下均应这样做的用词：
正面词采用"应"；
反面词采用"不应"或"不得"。

3. 表示允许稍有选择，在条件许可时首先应这样做的用词：
正面词采用"宜"或"可"；
反面词采用"不宜"。

F.0.2 条文中必须按规定执行的标准、规范或其它有关规定执行的写法为"应按……执行"或"应符合……的规定"；非必须按所指定的标准、规范执行的写法为"可参照……执行"。

中华人民共和国国家标准

自动喷水灭火系统施工及验收规范

GB 50261—96

条 文 说 明

编 制 说 明

本规范是根据(90)建标字第9号文下达的任务,由公安部四川消防科学研究所会同四川省公安厅消防总队、中国兵器工业第五设计研究院、四川省工业设备安装公司、四川消防工程公司等单位共同编制而成。

在编制过程中,我们遵照国家基本建设的有关方针、政策和"预防为主,防消结合"的消防工作方针,进行了资料收集、调研,总结了我国自动喷水灭火系统工程施工、验收及应用中的经验教训,吸收了科研成果及先进技术,参考了美、英、德、前苏联等国家的自动喷水灭火系统设计、安装标准和国内有关标准、规范、规定等资料,并较广泛的征求了公安消防、有关科研、设计、施工、生产、应用等单位的意见,反复讨论修改,最后经有关部门会审定稿。

各单位在实施过程中,请结合工程实践,注意总结经验,积累资料,如发现需要修改和补充之处,请将有关资料和意见寄公安部四川消防科学研究所(四川省都江堰市,邮政编码611830),以便今后进行修订。

中华人民共和国公安部

目 次

1 总则 ·· 13—19
2 术语 ·· 13—21
3 施工准备 ···································· 13—22
4 供水设施安装与施工 ························ 13—24
  4.1 一般规定 ································ 13—24
  4.2 消防水泵和稳压泵安装 ·················· 13—24
  4.3 消防水箱安装和消防水池施工 ·········· 13—25
  4.4 消防水泵接合器安装 ···················· 13—26
  4.5 消防气压给水设备安装 ·················· 13—27
5 管网及系统组件安装 ························ 13—27
  5.1 管网安装 ································ 13—28
  5.2 喷头安装 ································ 13—29
  5.3 报警阀组安装 ·························· 13—31
  5.4 其它组件安装 ·························· 13—33
6 系统试压和冲洗 ···························· 13—33
  6.1 一般规定 ································ 13—34
  6.2 水压试验 ································ 13—34
  6.3 气压试验 ································ 13—34
  6.4 冲洗 ···································· 13—35
7 系统调试 ···································· 13—35
  7.1 一般规定 ································ 13—35
  7.2 调试内容和要求 ························ 13—37
8 系统验收 ···································· 13—37
9 维护管理 ···································· 13—39

1 总 则

1.0.1 本条为制定本规范的目的。

自动喷水灭火系统是当今世界在人们生产、生活和社会活动的各个主要场所中最普遍采用的一种固定灭火设备。国内外应用的实践证明，自动喷水灭火系统具有灭火效率高，不污染环境，寿命长，经济适用，维护简便等优点，尤其是当今世界，环境污染日益严重，面临威胁人类生存的情况下就更加突出了它的优点。所以自动喷水灭火系统同世100多年来至今仍处于兴盛发展状态，甚至将来仍是人们同火灾做斗争的主要手段之一。100余年来，世界各国尤其是一些经济发达的国家，在自动喷水灭火系统产品开发、标准制定、应用技术反规范方面做了大量的研究试验工作，积累了丰富的技术资料和成功的经验，为该项技术的发展和应用提供了有利的条件；目前许多国家仍把该项技术研究作为消防技术方面重要的研究项目，集中了较大的财力和技术力量从事研究工作，为使该项技术尽快达到"高效、经济、可靠、智能化"的目标而努力。不少国家，如美、英、日、德等，制订了设计安装规范，对系统的设计、安装、维护管理等方面的技术要求和工作程序做了较详细的规定，并根据研究成果和应用中的经验及提出的问题随时进行修订，一般一、二年就修订一次。不少宝贵经验值得我们借鉴。

近十余年来，我国自动喷水灭火系统技术发展很快，尤其是《自动喷水灭火系统设计规范》发布实施以后，技术研究和推广应用出现了突飞猛进的新局面。在自动喷水灭火系统产品开发、制订技术标准、应用技术研究诸方面，取得了不少适合国情、具有应用价值的成果；生产厂家已近20家，仅酒水喷头年产量近500万只，目系统产品已形成配套，产品结构及质量接近国际先进水平，基本上可满足国内市场需要。应用方面,从初期主要集中在一些新建高层涉外宾馆,到如今在一些火灾危险性比较大的生产厂房、仓库、汽车库、商场、文化娱乐场所、医院、办公楼等地上、地下场所都较普遍选用自动喷水灭火系统,应用日益广泛。

已安装的自动喷水灭火系统在人们做斗争中已发挥了重要作用,及时扑灭了火灾,有效地保护了生命财产安全。像辽宁科技中心、深圳国贸大厦等几十处发生在高层建筑物内的火灾,如没有自动喷水灭火系统及时启动扑灭火灾成功的沉痛教训,人们永远不会忘记药膳饭店、大连开发区、唐山新艺苑歌舞厅、克拉玛依友谊馆、珠海前山纺织城等火灾造成的惨剧,从中,更加深了对自动喷水灭火系统的认识。可以说,在凡是能用水进行灭火的场所都将展现在人们面前的现实。

在自动喷水灭火系统的推广应用中,还存在一些急待解决的问题,如工程施工、竣工验收、维护管理等影响自动喷水灭火系统功能的关键环节,个别还无章可循,同时也影响公安消防监督机构实施监督之责,致使一些已投资安装的系统处于不正常的工作状态,甚至未起作用,造成一些不必要的损失。从调查收集的国内1985年以来安装的自动喷水灭火系统建筑灾案例看,23起中,成功的14起,占61%;不成功的9起,其中水源阀被关的3起,维护管理不善的3起,未设专用水泵的1起,设计不符合规范要求、短期内不合情理错误的2起。从灭火效果来看,与它本身应达到的目标距离还很大。国内已安装的自动喷水灭火系统的现状更令人担忧,从调查情况看,目前还无章可循,目前还没投资安装的系统发生灭火效果不佳,火灾发生后灭火效果不佳,工程施工质量相当严重的。某省对394幢高层建筑消防设施检查结果:23幢基本合格,占7.6%,42幢基本合格,占13.8%,水消防系统合格率约为20%;其中安装的自动喷水消防设施符合要求的占20%,某市对83幢高层建筑消防设施检查结果,全面符合消防要求的自动喷水灭火系统合格率为31.75%,

自动喷水灭火系统合格率为27.78%。此种状态,全国其它地区也较普遍存在,只是程度不同而已。火灾案例和调查发现除其原因,除一些属于产品质量和设计不符合规范要求外,大都属于系统工程施工质量不佳,竣工验收不严,维护管理差所致。

施工方面:施工过程中未实施质量监督,施工队伍素质差,工程质量难以确保系统功能,在施工中造成系统关键部件损伤的现象也时有发生。

竣工验收无统一的科学的程序和标准,大多数工程验收是采用参观,听汇报,评议等一般做法,缺乏技术依据,故难以把好验收关。

维护管理差:大多数工程交付使用后,无维护管理制度,更该不上日常维护管理,有的有管理人员,但大多数不懂专业,既发现不了隐患,更谈不上排除隐患和故障。

本规范的编制,为施工、使用和消防部门提供了一本科学的、统一的技术标准;为解决自动喷水灭火系统应用中存在的问题,以确保系统功能,使我国社会主义建设,保护人身和财产安全发挥更大作用,具有重要的意义。

1.0.2 本条规定了本规范的适用范围。其适用范围与《自动喷水灭火系统设计规范》规定基本一致,不同的是,本规范强调未强调适用范围,主要考虑了以下几方面的因素。

本规范是一本专业技术规范,主要对自动喷水灭火系统工程施工、竣工验收、维护管理三个主要环节中的技术要求和工作程序做了规定,不涉及使用场所等问题。

自动喷水系统类型、规范编制中根据目前应用的系统类型的结构特点,大的变化,归纳分类,既掌握了其共同点又突出了个性,对系统施工、竣工验收、维护管理中对系统功能影响较大的主要消防设施、坡原理均有明确规定,实施时,对同一类型系统来讲,不同应用场所都做了其效果明确规定。

没有多大影响，只要按本规范执行，就能确保系统功能，达到预期目的。就目前掌握的资料尚无必要和依据对其不适用范围做明确规定。

1.0.3 本条阐明本规范是与《自动喷水灭火系统设计规范》配套的一本专业技术法规，在建筑物或构筑物自动喷水灭火系统的其它系统工程施工、竣工验收、维护管理应按本规范执行。至于系统设计应按《自动喷水灭火系统设计规范》执行；相关问题还应按《建筑设计防火规范》、《高层民用建筑设计防火规范》、《人民防空工程设计防火规范》、《汽车库设计防火规范》等有关规范执行。另外，由于自动喷水灭火系统组件中应用其它定型产品较多，如消防水泵、报警控制装置等，在本规范制订中是针对整个系统的功能而统一考虑的，与专业规范相比，只是原则性的要求，因而在执行中，遇到问题，还应按国家现行标准及规范，如《工业管道工程施工及验收规范》、《火灾自动报警系统施工及验收规范》、《机械设备安装工程施工及验收规范》等专业规范执行。

2 术　语

本章内容是根据1991年国家技术监督局、建设部关于"工程建设国家标准编发布程序同题的商谈纪要"的精神和"工程建设技术标准编写暂定办法"中的有关规定编写的。

主要拟定原则是：列入本标准范围的术语是本规范专用的，在其它规范标准中未出现过的；对于在本规范中出现较多，其它定义又不统一或不全面，执行中容易造成误解，有必要列出的，也择重考虑列出。

在具体定义中，根据"确定术语的一般原则与方法"，"标准化基本术语"的有关规定，全面分析、抓住实质、突出特性、尽量做到定义准确、简明、易懂，同时考虑国内长期以来工程技术人员的习惯性和术语的通用性。

本规范现列入七条术语，这里不逐条予以说明。

3 施 工 准 备

3.0.1 本条对施工队伍的资质要求及其考核、批准管理等方面作出了规定。

近年来，随着自动喷水灭火系统的应用日渐广泛，专业或兼营的消防工程施工队伍发展很快，全国各省市几乎都有，据了解，某市现已在公安消防监督机构登记的多达60余家，目前仿有大量发展的趋势。调查研究中还发现，由于施工队伍的管理，施工队伍本身的素质等因素，造成工程质量差，存在的问题不少，如有的地区已安装的系统不能开通；有的因安装工人不懂产品结构和技术性能，安装中造成关键性部件损伤，又未及时修理，排除故障，致使系统被迫在低水平运行；有的因安装调整整个系统，有的地区公安消防监督机关对使用单位对这些问题已经重视起来，有的地区公安消防监督机关相应制定了相应的管理办法。根据消防工程的特殊性以及其管理要求及其工程质量作一统一的规定作为总结各方面实践经验和参考相关规范的基础上拟定了本条规定。

施工队伍素质是确保工程质量合格的关键的基本条件，要求施工人员必须从事自动喷水灭火系统施工的技术工人，上岗技术人员经过培训，掌握系统的结构，作用原理、关键组件的性能和结构特点，施工程序及施工中应注意的问题等专业知识。

本条强调了专业培训，考核是合格是确保工程施工质量的关键的。本条强调了专业培训，各地执行时不一致，经反复征求各方面意见，认为目前的规定调审批和管理，对施工队伍的技术、物质条件，门协调工作更为有利，调试质量，保证系统正常可靠地运行。

3.0.2 本条规定了系统施工前应具备的条件。

《采暖与卫生工程施工及验收规范》第1.0.2条、《工业管道工程施工及验收规范》第1.0.4条的相关内容，总结了国内近年来一些消防公司施工工程中的一些实际做法和经验教训，进行了全面的综合分析。这些规定是施工前应具备的基本条件。

第3.0.2.1款规定了施工图及其它技术文件应齐全，这是施工前必备的首要条件。目前各地做法和要求尚难以统一，这些文件包括：产品明细表，施工程序，施工技术、工程质量检验制度，公安消防监督审批文件等，现仅作原则性的规定予执行。

第3.0.2.2款中的技术交底过去未引起足够的重视，有的做了但不够细、仔细，施工中引发不少矛盾，本款规定将其作利于避免这些矛盾的发生，保证施工质量。施工前做好技术交底，充分、场地条件具备，其它工程协调得好，可以避免一些影响工程质量问题的发生。

3.0.3 本条规定对自动喷水灭火系统采用的喷头、阀门、管材、供水设施及监测报警设备等进行现场检查。

从近十年的送检情况看，自动喷水灭火系统产品生产厂家有的送检质量与实际买合格产品质量不一致，产品质量与实际买合格产品质量不一致，劣质产品流行，个别厂家甚至买合格产品去销售或考虑经济原因而随意更换设计选用产品等现象屡有发生，因产品质量问题而造成系统误喷、误动作，影响到系统的可靠性和灭火效果。因此，系统选用的各种组件和材料，尤其是系统的主要组件，在使用选检监督机关在设计审查时应认真审查，看其是否选用定点生产、质量合格的产品以外，产品到达施工现场后，施工单位和建设单位还应主动认真地进行检查。必要时请公安消防监督机关和建设单位共同对产品质量做现场检查，把隐患消灭在安装前，这样做对确保供水系统功能是致关重要的。

3.0.3.1 对系统选用的一般组件和材料，如各种阀门、压力表、加速排气装置、空气压缩机、管材管件以及消防水泵、稳压泵、消防气压给水设备、消防水泵接合器等供水设施提出了一般性的质量保证要求和规定，现场应检查其产品是否与设计选用的规格、型号及生产厂家相符，各种技术资料，出厂合格证等是否齐全。

3.0.3.2 对系统选用的重要组件如喷头、报警阀、压力开关、水流指示器等提出了严格检验的质量监督检测中心检测合格。这是根据这些产品在自动消防产品质量监督检验中心检测合格。这是根据这些产品在自动喷水灭火系统中所起的重要作用以及我国国内能够对其进行全面的性能检测试验而提出的。

3.0.4 本条对自动喷头采用的管材、管件安装前应进行现场外观检查作了规定，系参考《工业管道工程施工及验收规范》有关条文改写。该规范中的管材及管件的检验一章，涉及的是文中的及压力及各种材质的管材管件检验，而自动喷水灭火系统涉及的只是低压，且大多是镀锌钢管，故根据自动喷水灭火系统选用的管材管件提出了一般性的现场检查要求。

3.0.5 本条对系统所采用的喷头的检查既作了规定，又便于施工单位提出了要求。总的原则是既能保证喷头的质量，又便于施工单位实施的基本检查项目。国家标准《自动喷水灭火系统洒水喷头的性能要求和试验方法》中，对喷头提出了19条性能要求，23项性能试验，包括喷头的外观检查、密封性能、布水性能、流量特性系数、水冲击试验、振动试验、盐雾腐蚀、高低温试验、静态强度、腐蚀、应力腐蚀、疲劳强度、热稳定性能、机械冲击、框架强度、减水试验、热敏感温度、工作负荷、环境温度试验以及灭火试验等。尽管3.0.3.2 款对喷头提出了严格的质量要求和必须采用经国家消防产品质量监督检测中心检测合格的喷头，仅仅是对喷头生产厂家按所做的型式试验的送检产品而言，多年来喷头实际生产、应用的项目表明，由于生产厂家出厂前未严格进行复检的振动碰撞等原因造成性能等的隐患，致使喷头基本项目的检测试验充水后热敏元件破裂造成

喷淋等不良后果。为避免这类现象发生，本款要求施工单位对喷头进行外观检查外，还应对水试验一项最重要基本的密封性能试验。这条规定是必要而且可行的。其试验方法按《自动喷水灭火系统水喷雾的性能要求和试验方法》规定，喷头在一定的升压速率条件下，能承受3.0 MPa 静水压3 min，无渗漏。为便于施工单位执行，本条未对升压速率做规定，仅要求喷头承受3.0 MPa 静水压3 min，在喷头末端密封件处无渗漏即为合格。条文中 "每批"是指同制造厂，同规格、同型号，同时到货的同批产品。

3.0.6 本条对阀门及其附件，尤其是报警阀门及其附件在施工现场的检验作出了规定。阀门及其附件系指报警阀、水源控制阀、止回阀、信号阀、排气阀、闸阀、电磁阀、泄压阀以及水力警铃、延迟器、水流指示器，压力开关、压力表等。试验方法按照国家标准《自动喷水灭火系统施工及验收规范》的规定，除阀门及阀门进、出水口外，堵住阀门其余各开关、阀瓣关闭，充水排除空气后，在阀腔系统测加2倍额定工作压力的静水压，保持5 min，根据阀下面的纸是否有湿痕迹来判断是否渗漏，无渗漏为合格。

3.0.7 对系统使用的自动监测使用装置和电动报警装置提出了现场的检查要求。这些装置包括自动监测水池水灭火的水位、干式喷水灭火系统的最高、最低气压，预作用喷水系统的最低水力压、水源控制阀门的开闭状况以及系统动作后压力开关、水流指示器的动作信号等，所有监测及报警信号均能汇集在建筑物内消防控制室内，为了安装后不致发生故障或者发生故障时便于查找，施工前应检查这些装置的各种标志，并进行功能检查，不合格者不得安装使用。

4 供水设施安装与施工

4.1 一般规定

4.1.1 本章主要对消防水泵、水箱、水池、气压给水设备、水泵接合器等几类供水设施的安装作出了具体的要求和规定。水泵接合器等几类供水设施的安装作出了具体的要求和规定。近十年来发展较快的自动喷水灭火系统主要采用这几类供水方式。

由于施工现场的复杂性、杂物、浮土、麻绳、水泥块等非常容易进入管道和设备中。因此自动喷水灭火系统的施工要求更应注意管道清洁施工，杜绝杂物进入系统。例如1985年，某设计研究院在某厂做雨淋系统灭火强度试验，试验现场管道发生严重堵塞，系统管路冲洗不长用了150t水冲洗，后只好重新拆装，发现石块、焊渣等物卡在管道拐弯处、变径处、变径处，造成水流明显不畅。因此本条强调施工中断时敞口处应做临时封闭，以防杂物进入正在安装的管道中。

4.1.2 本条对供水设施安装时的环境温度作出了规定，其目的是为了确保安装质量，防止意外损伤。供水设施安装一般要进行焊接和试水，若环境温度低于5℃又尚未采取保护措施，由于温度剧变，物质状态变化而产生的应力极易造成设备损伤。

4.2 消防水泵和稳压泵安装

4.2.1 本条规定的消防水泵、稳压泵安装要求采用直接采用现行国家标准《机械设备安装工程施工及验收规范》的有关规定。

4.2.2 本条对消防和建设单位正确选用设计图纸中定的产品，避免不合格产品进入自动喷水灭火系统，设备安装和验收时注意验收产品合格证和安装使用说明书及其产品质量是非常必要的。

4.2.3 本条对消防水管出水管上的安装作出了规定。消防水泵组的总出水管上强调安装泄压阀，主要考虑了自动喷水灭火系统在日常维护管理中，消防水泵启停和系统试验比较频繁，经常发生非正常承压，没有泄压阀很容易造成管道崩裂现象。例如某高层建筑，高压自动喷水灭火系统的消防水泵扬程达125 m，在安装调试阶段开泵前没有将回水阀打开，结果造成系统底部的钢制管件崩裂。

压力表的缓冲装置可以是缓冲弯管，或者是做孔板缓冲水锤等方式，既可保护压力表，也可使压力表指针稳定。

4.2.4 本条对吸水管及其附件安装提出了要求。消防水泵吸水管的正确安装是消防水泵正常运行的根本保证。吸水管上安装控制阀是便于消防水泵的维修。先固定消防水泵，然后再安装控制阀门，以避免消防水泵吸水管承受应力。蝶阀由于水阻力大，受振动等因素容易自行关闭或关小，因此不能在吸水管上使用。美国NFPA20中第2.19.1条明确规定，在吸水管上不得使用蝶阀。

当消防水池和消防水泵吸水管受独立基础上时，由于沉降不均匀，可能造成消防水泵吸水管损坏。最简单的解决方法是加一段柔性连接管（见图1）。

4.2.5 本条是对消防水泵吸水管水口连接，异径管的偏心异径管且要求端平直。美国NFPA20第2.9.6条明确规定：吸水管应当精心敷设，以免出现漏气和气囊现象，其中任何一种现象均可严重影响消防水泵的运转。

消防水泵吸水管若安装若有倒坡现象则会产生气囊，采用大小头与消防水泵吸水口连接，如果是同心异径管合存留从水头中析出的气体，则在吸水管上部有倒坡现象存在。异径管的上部合存留从水头中析出的气体，则在吸水管上部有倒坡现象存在。异径管的上部合存留从水头中析出的气体（见图2）。

4.3 消防水箱安装和消防水池施工

4.3.1 本条规定的消防水池、消防水箱的施工和安装,直接采用国家现行标准《给水排水构筑物施工及验收规范》的规定。

4.3.2 高位水箱安装完毕后应有供检修维护用的通道,通道的宽度与国家现行的有关标准一致。日常的维护管理需要有良好的工作环境。本条提出的有关标准同的主要通道,四周的检修维护保证维护管理工作顺利进行的起码要求。

4.3.3 本条规定的目的要确保储水不被污染。消防水池、消防水箱的溢流管、泄水管排出的水应间接流入排水系统。规范组调研时曾发现有的施工单位将溢流管、泄水管汇集后,没有采取任何隔离措施的直接与排水管连接。正确施工是将溢流管、泄水管排出的水先直接排至水箱同地面,再通过地面的地漏将水排走。而使用单位为使地面不湿,用软管一端连接溢流管、泄水管,另一端直接插入地漏,这种不正确的使用现象屡见不鲜。所以本条规范将列出,以引起施工单位及使用单位的重视。

4.3.4 消防水备而不用,尤其是消防水专用水箱,水存的时间长了,水质会慢慢变坏,增加杂质、防腐做得不好,会加速水中的电化学反应,最终造成水箱锈损,因此本条作了相应的规定。

4.4 消防气压给水设备安装

本节对消防气压给水设备的安装要求作了规定。消防气压给水设备作为一种提供压力水的设备在我国经历了数十年的发展和使用,特别是近十年来经过研究和改进,日趋成熟和完善。产品本身的标准已制订、发布、实施,一般生产该类设备的厂家都是整体装配完毕,调试合格后再出厂,因此在设备的安装过程中,只要不发生破坏并注意进出水管、出气管管径等符合设计要求,其安装质量是能够保证的。

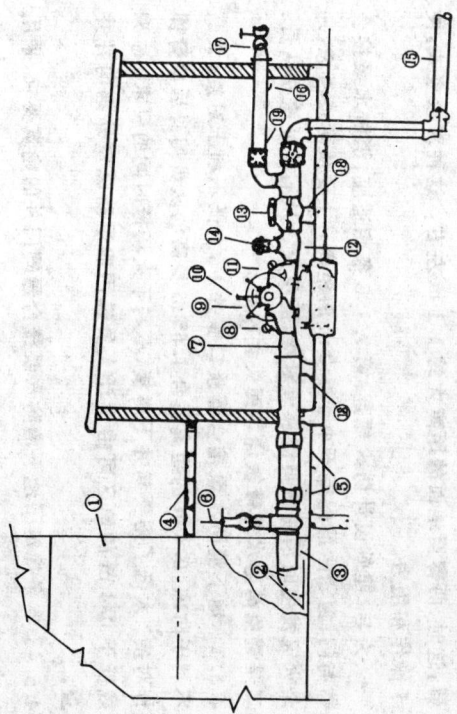

图 1 消防水泵消除应力的安装图示(摘自 NFPA20)

1. 消防水池;2. 进水弯头;1.2 m×1.2 m 的方形防涡流板;高出水池底距离为吸水管径的 1.5 倍,但最小为 152 mm;3. 吸水盖;4. 防冻盖板;5. 消除应力的柔性连接头;6. 闸阀;7. 偏心异径接头;8. 吸水压力表;9. 卧式泵体可分式消泵;10. 自动排气装置;11. 出水压力表;12. 渐缩的出水三通;13. 出水逆止阀;14. 减压阀或球形阀;15. 出水阀;16. 泄水阀或浦水器;17. 有水带阀门的水带阀门集合管;18. 管道支座;19. 指示性闸阀或指示蝶阀

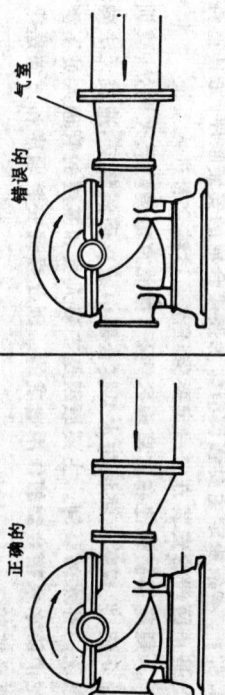

图 2 正确和错误的水泵吸水管

4.5 消防水泵接合器安装

4.5.1 本条规定主要强调消防水泵接合器的安装顺序,尤其重要的是止回阀的安装方向一定要保证水通过结合器进入系统。编制组曾在北京地区调研,据北京市消防局火调训练处介绍,发现数例将消防水泵接合器中的止回阀装反,造成无法向系统内补水的事例。主要原因是安装人员和基层的管理人员不清楚消防水泵接合器安装顺序和方向是很有必要的。

4.5.2 消防水泵接合器主要是消防队在火灾发生时向系统补水用的。火灾发生后,十万火急,由于没有明显的标志,关键时刻找不到或消防车无法靠近消防水泵接合器,不能及时补水,造成不必要的损失,这种实际教训是很多的,失去了设置消防水泵接合器的作用。

墙壁消防水龙将水带对接消防水泵接合器安装位置不宜低于1.1m是考虑消防队员对接情况下的对接。中国男性公民身高平均为1.65m左右,单腿跪下两臂放在胸口前,手拿水带对接消防水泵接合器,这时,两臂至地面的距离大约1.1m左右。这种对接姿式,便于操作和用力。

为与《建筑设计防火规范》第7.1.5条相适应,消防水泵接合器与门、窗、孔、洞保持不小于2.0m的距离。主要从两点考虑:一是火灾发生时消防队员能靠近对接,避免火舌从洞孔处烧伤队员;二是避免消防水龙带被烧坏而失去作用。

4.5.3 地下消防水泵接合器接口在井下,太低不利于对接,太高不利于对接。0.4m的距离合适1.65m身高的队员俯身后单臂操作对接。太低了则要到井下对接,不利于火场抢险时的要求。冰冻线低于0.4m的地区可由设计人员选用双层防冻消防水室外阀门井井盖。

4.5.4 本条规定了地下消防水泵接合器阀门井的砌筑要求,采用丁砖及水泥砂浆标号比普通阀门井高一号的标准,是为了确保消防水泵接合器的环境,使其处于正常状态。兵器工业第五设计研究院的同志曾对按这一标准施工的阀门井进行设计回访,使用情况良好,能满足消防水泵接合器阀门井的使用要求。

5 管网及系统组件安装

5.1 管网安装

5.1.1 本条对管网安装前应对其主要材料管子进行校直和净化处理作了规定。

管网是自动喷水灭火系统的重要组成部分。同时管网安装也是整个系统安装工程中工作量最大、较容易出问题的环节，返修也是较繁杂的部分。因而在安装时应采取有效的技术措施，确保安装质量，这是施工中非常重要的目的。本条规定的目的是要确保管网安装质量。未经校直的管子，既不能保证其它组件的安装质量和连接强度，同时校直的管子进行组装后也会影响其它组件的安装质量和连接布局，既因难看也不美观，所以管子在安装前应进行校直、净化处理。净化处理是消除造成管网堵塞隐患的重要措施之一，在自动喷水灭火系统安装工程中因未做净化处理而致使管网堵塞的事情是很多的。

5.1.2 管道的防腐工作，一般工程上是在管道安装完毕目试压冲洗合格后进行，但在具有腐蚀性物质地，对管道进行防腐处理，对管子的抗腐蚀性能和抗渗漏性能，又不能影响系统的功能，且便于施工、经济合理。规定还结合了国内实践经验，自动喷水灭火系统安装，国内在施工中常采用镀锌管、焊接和法兰连接三种方法。设计规范规定应用螺纹连接，而不用焊接连接，焊接连接缝钢管，在管网安装时使镀锌层遭到破坏，其抗腐蚀能力比普通钢管还差，影响连接使用寿命，失去了选用镀锌钢管的价值。但考虑到国内目前系统安装时管件选用普通水管件，而公称直径大于50 mm的管件缺货目质量较差，同时公称直径大管径管子安装困难，因此本条规定了公称直径100 mm及以下的管子（此类管子是系统中用量最多的）应用螺纹连接，大于100 mm的可用焊接或法兰连接，必须采用焊接或使用法兰连接的应尽可能做好焊接处的防腐处理，以保证质量。特别强调了无论采用何种连接方式均不得减小管道的通水面积，避免增大水的阻力和造成堵塞事故的发生，影响系统的供水能力和灭火效果。

5.1.4 本条对系统管网连接的要求中首先强调为确保其连接强度和管网密封性能，管子切割和螺纹加工应符合的技术要求。施工时必须按程序严格加工、检验，达到有关标准后，方可进行连接，以保证连接质量和减少返工。其次是对采用变径管件和使用密封填料所提出的技术要求，其目的是要确保管网连接后不致增大阻力和造成堵塞。

5.1.5 本条规定管道的焊接直接采用国家现行标准《现场设备、工业管道焊接工程施工及验收规范》的规定。

5.1.6 本条规定是为了便于系统管道安装、维修方便而提出的起码数据与《自动喷水灭火系统设计规范》第5.4.1条条文说明中列举的相同。

5.1.7 对管道的支架、吊架、防晃支架的强度，使其在受外界机械冲撞和喷头水力冲击时也不致于损伤；同时本规定中的技术数据强调了自动喷水灭火系统设计规范推荐表5.4.1-2中的数据要求相同，其它的一些规定参考了NFPA13 43.14等有关技术资料。

5.1.8 本条规定主要是为了防止在使用中管网不致于因建筑物结构的正常变化而遭到破坏，同时为了检修方便，参考了《工业管道工程施工及验收规范》第5.2.23条的规定。

5.1.9 本条规定考虑了干式、雨淋等系统动作后应尽量排尽管网中的余水，以防冰冻组件时，也需更换排净管网中余水，以利于工作。

5.1.10 本条规定的目的是为了便于识别自动消防器材色标规定相一致的水管道，着红色与消防器材色标规定相一致，在安放各种有用途的管道排在一起，且多话是维护，做此规定是必要的。

5.1.11 本条规定主要目的是为了防止安装时异物或人为的进入管道、堵塞管网的情况发生。

5.2 喷头安装

5.2.1 本条对喷头安装的前提条件作了规定，其目的一是为了保护喷头，二是为了防止异物堵塞喷头，影响喷水灭火效果。根据国外资料和国内曾多次发现支撑架这样做其它损失的原因的，主要是由于施工中管网冲洗不净或是喷头冲洗和喷头进入已安装喷头的管件部位造成的，为防止上述情况发生，喷头的安装应在管网试压、冲洗合格后进行。

5.2.2 目前国内在进行自动喷水灭火系安装时，安装喷头的管件均采普通的水暖管件，质量较差，安装时易破损，而且其几何尺寸精度较差，难于保证管网，喷头寿命与建筑物同，一般可与建筑物寿命相同，安装质量是改变其使用寿命环节之一，因此应由厂家生产的专用管件，以确保安装质量，这些是自动喷水灭火技术在我国进一步发展和广泛推广应用的需要。

5.2.3、5.2.4 此两条对喷头安装过程中对其关键组件的要求，目的是为了防止自动喷水灭火系统中对关键组件造成损伤，影响其性能，喷头是自动喷水灭火系统的关键组件的要求按照国标要求经过严格的检验合格方可出厂供用户使用。因此安装时不得随意拆动、改动，编制组在调研中发现，不少使用单位为了装修方便，给喷头刷漆和喷涂涂料，这是绝对不允许的。这样做一方面是被覆物将影响喷头的感温动作性能，使其灵敏度降低，另一方面如被覆物属油漆之类，干后牢固地附在释放机构部位的开启，在安放后还将影响喷头释放后的开启，上海某饭店曾对被覆盖后额定的高20℃左右，个别喷头还后果是相当严重的。上海某饭店曾对被覆盖后额定温度试验，同时发现喷头易熔元件格后，喷头不能开启，因此严禁给喷头附加任何涂层。

安装喷头应用厂家提供的专用扳手，可避免喷头安装时遭受损伤，既方便又可靠。目前国内工程中曾多次发现安装利用其框架拧紧和把喷头框架做支撑架，悬挂其它物品，造成喷头损伤、发生误喷，本规范严禁这样做这样做是非常必要的。安装中发现框架或溅水盘变形、释放元件损伤的，必须更换同规格、型号的新喷头，因为这些元件是喷头的关键性支撑件和功能件、变形、损伤后，尽管其表面检查发现不了大问题，但实际上喷头总体结构已造成了损伤，留下了隐患。

5.2.5 本条规定目的是为了防止水中杂物堵塞喷头，影响喷头喷水灭火效果。目前小口径喷头在我国还用得很少，小口径低水压的产品很有开发和推广应用价值，有关方面将积极开展这方面的研究工作。

5.2.6 本条规定目的是为了防止某些使用场所因正常的运行操作而造成喷头的机械性损伤，在这些场所安装的喷头应加设防护罩。喷头防护罩是由厂家生产的专用产品，而不是施工单位或用户随意制作的。喷头防护罩应既符合保护喷头不遭受机械损伤，又不能影响喷头感温动作和喷水灭火效果的技术要求。

5.2.7 本条规定目的是安装喷头要保其设计要求的保护功能。

5.2.8~5.2.10 这些规定是当喷头靠近梁、通风管道、不到顶的隔断安装时，应尽量减小这些障碍物对其喷水灭火效果的影响。表中数据采用了NFPA13 4—2.4.6,4—2.5.2 和 4—4.13 条的规定。这些情况是近年来工程上经常遇到的较普遍的问题，由于设计规范也没明确规定，过去解决这些问题的方式也是五花八门，实际施工单位任意自便，其结果是不好的。

5.3 报警阀组安装

5.3.1 本条对报警阀组的安装程序、安装条件和安装位置提出了要求，作了明确规定。

报警阀组是自动喷水灭火系统的关键组件之一，它在系统中起着启动系统，确保喷水灭火用水畅通，发出报警信号的关键作用。过去不少工程在施工时出现报警阀位置随意调换、报警阀组与水源控制阀、辅助管道紊乱等情况，其结果使报警阀组不能正常工作，系统调试因难，当系统不能发挥作用。对安装位置的要求，主要是根据报警阀组的工作特点，便于操作和便于维修的原则而作出的规定。因为常用的自动喷水灭火系统在启动喷水灭火后，一般要由保卫人员在确认灭火被扑灭后关闭水源控制阀，以防止继续排水等事发生。有的工程为了施工方便不择位置，将报警阀组安装在不易寻找和操作的位置，发生火灾后既不易及时得到报警信号，灭火时排水又不利于断水和维修检查，其教训是深刻的。

本条规定还强调了在安装报警阀组时所需附件的室内应采取相应的排水措施，主要是因为系统功能需较大量放水而提出的。放水和排走既因环境潮湿使便于工作，也可保护报警阀组的电器组件因环境潮湿而造成不必要的损害。

5.3.2 本条对报警阀的通用附件的安装要求作了规定，这里所指的附件是各种报警阀组必需的附件。压力表是报警阀组安装时必须安装的测试仪表，它的作用是监测水源和系统水压，安装时除要保证密封外，主要要求其安装位置是便于观测，系统管理维护人员能随时方便地观测水源和系统的工作压力是否符合要求。

是自动喷水灭火系统检修、检测系统主要报警装置功能是否正常的两种常用附件，其安装位置必须注意日常检修、操作、试验工作的正常进行，水源控制阀是控制喷水灭火系统供水的开、关阀，安装时既要确保操作方便，又要有开、闭位置的明显标志，它的位置是喷水灭火时消防用水能否畅通，从而满足开启要求的关键。在系统调试合格后，为防止准工作状态时系统处于全开的常开状态，系统控制阀应处于准工作状态时，水源控制阀必须由消防控制中心或消防卫生控制室连通，一旦水源控制阀被关闭，值班人员班室连通，一旦水源控制阀被关闭应及时发出报警信号设施与消防控制中心或消防卫生值班人员应及时检查并使其处于正常状态。在实际应用中，各地曾多次发生因水源控制阀被关闭，当发生火灾时，系统的喷头和控制设备全部正常启动，但无水，系统不能发挥灭火功能而造成较大损失，此类事故是应当杜绝的。

5.3.3 本条对湿式报警阀组的安装要求作了规定。

湿式报警阀组是自动喷水灭火系统两大关键组件之一。湿式灭火系统因为结构道、灭火成功率高、成本低、维护简便等优点，是应用最广泛的一种。国外资料报道，湿式系统的应用约占所有自动喷水灭火系统的85%以上。据调查，我国近年来安装质量更加重要。湿式系统在准工作状态时，其报警阀前后管道中均应充满设计要求的压力水，能否顺利充满水，而且在水源压力波动时不发生误报警，是湿式报警阀安装时的最起码的要求。湿式报警阀的内部结构特点可以说是一个止回阀和一个在回阀开启时能报警的两种作用合为一体的阀门。工程中多次发现把报警阀方向装反，辅助管路乱装、安装位置及安装时操作不当，致使阀瓣在工作条件下不能正常开启和严密关闭等情况，调试时既水源压力不能顺利充满水，中压力波动时又发生误报警，调试以类经常情况，必须经过重装、使其达到要求。报警水流通路上的过滤器是为了防止水源中

13—29

的杂质随入水力警铃堵塞报警进入水力警铃进水口，其位置应装在延迟器前，且便于排渣操作。其目的是为了使用中能随时方便地排出沉积渣子，以减小水流阻力，有利于水力警铃报警达到迅速、准确和规定的声响要求。

5.3.4 本条对干式报警阀组的安装要求作了规定。这些规定主要参考了NFPA13 5.3.2干式自动喷水灭火系统的相关要求，并结合国内实际制定的。

5.3.4.1 对干式报警阀组安装场所的要求。干式报警阀组是自动喷水干式灭火系统的主要组件，干式灭火系统适用环境温度低于4℃和高于70℃的场所，低温时系统使用场所可能发生冰冻，因此干式报警阀处的安装在不发生冰冻的场所。主要是因为干式报警阀组于同服状态时，水源侧的管网内是充满水的，另外干式阀系统侧即气室、为确保其气密性，一般也充水密封，水源侧的管网补充水，干式阀不能发生冰冻，干式阀水部位就会有设计要求的密封用水，如其干式阀一侧的密封用水发生冰冻，干式阀较易发生冰冻，尤其是干式阀一侧的密封用水发生冰冻，干式阀门的开启，严重则可使干式阀遭到破坏。

5.3.4.2 本款规定是为了确保干式阀的密封性，也可以防止因水压波动，水源一侧的压力波及进入气室等进行观测而提出的。规定最低水位是为了确保密封的下限，其最高水位线不得影响干式（差压式）的动作灵敏度。

5.3.4.3～5.3.4.5 这几款都是对干式系统管网内充气的气源、气源设备、充气连接管道等的安装提出的要求。充气应在充注水位以上部位接入，其目的是要尽量减少充入管网气体中的凝聚，另外也是为了防止充入管网中的气体所含水份凝聚后堵塞充气口。充气管直径和止回阀的设置和止回阀的目的是在尽量减小充气阻力，满足充气速度要求的前提下，尽可能采用较小管径以便于安装。阀门位置和安装止回阀的目的是为了便于调节控制充气速度和充气压力，防止意外。安装止回阀的原理与干式报警阀组基本相同，其安装要求即气网内的气压，减小充气冲击。

5.3.4.6 加速排气装置的作用，是火灾发生时使干式系统动作后，应尽快排出管中的气体，使干式阀尽快动作，水源于顺利、可加快速地进入供水管网喷水灭火。其安装位置应靠近干式阀，以便于加入加速排气装置，并应注意防止进入水力阀的启动速度，并应注意防止进入加速排气装置的启动功能。

5.3.4.7 低气压预报警装置的作用是在充气管网内气压接近最低压力值时发出报警信号，提醒管理人员及时给管网充气、管网空气压下降可能使干式阀开启，水源的压力进入管网，这种情况不允许在干式系统处于准工作状态时，加发生此种情况必须采取有效的排水措施，将管网内水排出至干式阀预密室侧预充密封水位，否则将可能发生冰冻和管网不能给管网补充水，使干式系统不能处于正常的准工作状态，发生火灾时不能及时动作喷水灭火，造成不必要的损失。

5.3.4.8 本款对干式报警阀组上安装压力表的部位作了规定，应对其这些规定是根据干式报警阀组的结构特点、工作条件要求、各部位压力符合设计和正常工作状态与否、是检查判定干式报警阀组是否准确工作状态和正常工作状态的主要技术参数。

5.3.5 本条对雨淋阀组的安装要求作了规定。雨淋阀组是自动喷水灭火雨淋系统、喷雾系统、水幕系统、预作用系统的重要组件，雨淋阀组的安装质量，是这些系统在发生火灾时能否正常启动发挥作用的关键，施工中应极为重视。

5.3.5.2 本款规定主要是针对雨淋阀对组成预作用系统管网中可以充一定压力的压缩空气或其它惰性气体，也可以是空管，这主要由设计和准作用系统的压力根据使用现场条件和启动原理与干式报警阀组要求充气，雨淋阀的准工作状态条件和启动原理与干式报警阀组要求即可保证质量。

5.3.3 雨淋阀组组成的雨淋系统、喷雾系统等一般都是用在火灾危险大、发生火灾蔓延速度快及其它有特殊要求的场所。一旦使用场所确保雨淋阀安全可靠开启是关键。雨淋阀的开启方式一般采用电动、传导管启动、手动几种。电动启动是用电磁阀或电动阀直接控制自动作执行元件，由火灾报警控制器启动或手动直接控制；传导管启动是用闭式喷头或其它可探测火警的简易开关作执行元件，利用闭式电磁阀和快开阀作执行元件，由操作者控制启动。上述几种启动方式的执行元件与雨淋传导管启动方式的设计和机械式的执行元件，其传导管一般较长，布置也比较复杂，其准工作状态验证系统管网状态、安装要求按本规范规定是可行的。

5.3.4 本款规定目的是为了便于观测和操作。

5.3.5 本款规定主要考虑在使用场所发生火灾时，开启和保利雨淋阀操作者安全。过去有些场所发生火灾时，对安装位置的问题关引起重视，随意安装。当使用场所发生火灾后，由于操作不便或人员无法接近而不能及时顺利开启雨淋阀，启动系统扑灭火灾，结果造成不必要的财产损失和人员伤亡。因此本规范规定雨淋阀组手动装置安装必须达到操作方便和操作人员能安全操作的要求。

5.4 其它组件安装

5.4.1 本条对水力警铃的安装位置、辅助设施的设置、传导管道的材质、公称直径、长度等作了规定。

水力警铃是一种在使用各种类型的自动喷水灭火系统均需配备的通用组件，它是用在湿式系统调试充水过程中不受外界条件限制和影响，当发生火灾、自动喷水灭火系统启动后，能及时发出声响报警信号，能可靠

的报警装置。水力警铃安装总的要求是：要保证系统启动后能及时发出警报，水力警铃的声响强度的声响强度应使值班人员发出设计要求所内其它人员发现，平时能够检测水力报警装置功能是否正常。本条规定内容和要求与设计规范一致的，考虑到水力警铃的重要作用和通用性。本规范再作明确规定，利于执行和保证安装质量。

5.4.2 本条对水流指示器的安装作了明确规定。

水流指示器是一种由管网内水流作用而启动，能发出电讯号的组件，常用于湿式灭火系统中，作电报警设施在管试合格后，组件和区域报警器。

5.4.2.1 本款规定水流指示器安装应是在管道试压、冲洗合格后进行，是为了避免试压和冲洗对水流指示器动作机构造成损伤、影响功能。其规格应与安装管道匹配，因为水流指示器安装在系统的供水管网内的居中位置，管道出现通水面积变通而管径太阻力和出现气囊等不利现象。

5.4.2.2 水流指示器的作用原理目前主要是采用浆片或膜片感知水流，其动作机构的传动轴带动作，开启信号机构发出讯号。为提高灵敏度，其动作机构的传动轴部位设计有较高，所以在安装时要求竖直水平管段上，可使其受力浆片和传动轴自然处于管道通水面的居中位置，避免歪斜，防止出现浆片和膜片与管壁接触而影响动作灵敏度，同时竖直安装可防止管道凝结水滴入电器部位，造成损坏。

5.4.3 本条规定主要是针对自动水喷淋灭火系统控制同时使用的信号阀和水流指示器作要求，这些要求是为了便于检查两种组件的工作情况和便于维修与更换。

5.4.4 本条对自动排气阀的安装要求作了规定。

自动排气阀是湿式系统上设置的能自动排出管网内气体的专用产品。在湿式系统调试充水过程中，管网内的气体将被自然驱压到最高点，自动排气阀能自动排出这些气体，当充满水后，该阀

会自动关闭。因其排气孔较小，阀塞等零件较精密，为防止损坏和堵塞，自动排气阀应在系统管网冲洗、试压合格后安装，其安装位置应是管网内气体最后集聚处。

5.4.5 本条对自动喷水灭火系统中所使用的各种控制阀门的安装要求作了规定。

控制阀门的规格、型号和安装位置应严格按设计要求，特别强调了主控制阀门必须处于正常工作状态。安装后的正确的闭启位置标志，便于随时检查控制阀是否在开启位置，以防意外。对安装在隐蔽处的控制阀，应在外部作指示其位置的标志，以便需要开、关此阀时，能及时准确地找出其位置，作应急操作。在以往的工程中，忽视了这个问题，尤其是有些要求较高和控制面积又较大的场所，发生火灾时其它事故处，需及时关闭装有将阀门封闭在隐蔽处，花很多时间也找不到阀门位置，结果造成不必要的损失。今后在施工中，必须对此引起高度重视。

5.4.6 减压孔板和节流装置是自动喷水灭火系统某一局部水压应符合规范要求而常采用的压力调节设施。目前国内外已开发了应用方便、性能可靠的自动减压阀，其作用与减压孔板和节流装置相同，安装要求设置与设计规范规定是一致的。

5.4.7 压力开关是电信号的组件。常与水力警铃配合使用，互为补充，在感知喷水灭火系统启动后，水力报警的水流压力启动后发出报警信号。系统除利用它发出电讯号报警外，也可利用它与同继电器组成消防泵自动启动装置。安装时除严格按使用说明书要求外，应防止随意拆装。以免影响其性能。其安装形式无论现场情况如何都应坚直安装在水力报警水流通路的管道上，应尽量靠近报警阀，以利于启动。

5.4.8 末端试水装置是一种简易可行的检测系统总体功能在自动喷水灭火系统使用中可检测系统总体功能的一种较简便的检测试验装置。在湿式、预作用系统中均要求在分区管网末端或系统管网末端设置。末端试水装置一般由连接管、压力表、控制阀及排水管组成，有条件的也可采用远传压力、流量测试装置和电磁阀组成。总的安装要求是操作简便、检测结果可靠。

6 系统试压和冲洗

6.1 一般规定

6.1.1 强度试验是对系统管网的整体结构、所有接口、承载管架等进行的一种超负荷考验,而严密性试验则是对系统管网渗漏程度的测试。实践表明,试验是必不可少的,也是评定工程质量和系统功能的重要依据。管网冲洗、是防止系统投入使用后发生堵塞等严重事故,故加强水灭火系统投入使用前的管网冲洗和系统调试是保证系统投入使用后正常工作的重要技术措施之一。

6.1.2 水压试验简单易行,效果稳定可信,对于干式、干湿式和预作用系统来讲,投入实施后,既要长期处于带压气体作用下,又要转换成临时高水压水系统,由于水与空气或氮气的特性差异很大,所以只做一种介质的试验,不能代表另一种试验的结果。
在冰冻季节期间,对水压试验应慎重处理,这是为了防止水在管网内结冰而引起爆裂事故。

6.1.3 如果试墩不符合设计要求又发现埋地管道的坐标、标高、坡度及管道基础、支墩不符合设计要求,势必造成返修完成后的再次试验。这是应该避免的。再则,在整个试压过程的管道改变方向、分出支管部位和管道末端处所承受的推力约为其正常工作状况时的1.5倍,故必须达到设计要求才行。
对试压用压力表的精度、量程和数量的要求,系根据《工业管道工程施工及验收规范》的有关规定而定。
先编制出考虑周到、切实可行的试压和系统冲洗方案,并经施工单位技术负责人审批,可以避免试压过程中的盲目性和随意性。再则,试压应包括分段试验、后者应在系统冲洗合格后进行。

系统的冲洗应分段进行,事前的准备工作和事后的收尾工作,都必须在试压前记录下所加以的设备、仪表、阀门及附件应加以隔离或拆除,使其免遭损伤。所有条不紊地进行,以防止任何附件的疏忽大意而留下隐患,是为了避免系统来麻烦,一旦投入使用,其灭火效果更是无法保证。

6.1.4 带压进行修理,既无法保证修理质量,又可能造成任何管道工程中坏或发生人身安全事故及造成水害,这是任何管道工程中都是绝对禁止的。

6.1.5 无遗漏地拆除所有临时盲板,是保证系统能正常投入使用所必须做到的。但当前不少施工单位任意忽视这项工作,结果带来严重后患,故强调必须由原来记录的盲板数量核对无误,按附录A填写自动喷水灭火系统试压记录表。这是必须具备的交工验收资料内容之一。

6.1.6 系统管网的冲洗工作如能按照此合理的程序进行,即可保证已被冲洗合格的管段,不致因对后面管段的冲洗而再次被弄脏或堵塞。室内部分的冲洗方向,实际上是使冲洗水流方向与系统灭火时水流方向一致,可确保其冲洗的可靠性。

6.1.7 水冲洗简单易行,费用低,效果好。系统的仪表、止回阀、报警阀若参与冲洗,任任会使其在关闭状态下的密封性遭到破坏或杂物沉积影响其性能。

6.1.8 水冲洗时,冲洗水流速度可高达3m/s,对管网变方向、引出分支管部位、即管道末端等处,将会产生较大的推力,若支架、吊架的牢固性失佳,即会使管道产生较大的位移、变形、甚至断裂。

6.1.9 若不对这些残存的污物便会污染整个管网,并可能在局部造成堵塞。使系统部分或完全丧失灭火功能。

6.1.10 冲洗大直径管道时,对焊缝、死角和底部的焊渣、药皮、氧化层及沉淀物是松焊缝上死和管道底部的震动震打,目的是震松焊缝上死和管道底部的焊渣、药皮及沉淀,后者应在系统冲洗合格后进行。

13—33

物，使它们在高速水流下呈漂浮状态而故带出管道。

6.1.11 这也是对系统管网的冲洗质量进行复查，检验评定其工程质量，也是工程交工验收所必须具备资料之一，同时应避免再冲洗后的管道再造成污染。

6.1.12 规定采用符合生活用水标准的水进行冲洗，可以保证被冲洗管道的内壁不致遭受污染和腐蚀。

6.2 水压试验

6.2.1 环境温度低于5℃时，试压效果不好，如果没有防冻措施，便有可能在试压过程中发生冰冻，试验介质因体积膨胀而造成爆管事故。

6.2.2 参照美国ANSI/NFPA13 1-11.2.1，并结合现行国家规范的有关条文，规定出对系统水压强度试验压力值和试验时间的要求，以保证系统在实际水灭火过程中能承受《自动喷水灭火系统设计规范》中规定的10 m/s 最大流速和1.20 MPa 最大工作压力。

6.2.3 测试点选在系统管网的低点，可客观地验证其承压能力，若设在系统高点，则无形中提高了试验压力值，这样在任何系统会使系统管网局部受损，造成试压失败，检查判定方法采用目测，简单易行，也是其它国家现行规范常用的方法。

6.2.4 参照美国《工业管道工程施工及验收规范》有关条文和美国标准NFPA13 中的有关条文。已投入人工作任何的一些系统表明，严格执行绝对无泄漏的系统是不存在的，但只要室内安装喷头与管网不出现任何明显渗漏，其它部分应不超过正常泄水率，即可保证系统的运行功能。

6.2.5 参照美国国家标准NFPA13 1-11.2.3 改写而成。系统的水源干管、进户管和室内地下管道，均为系统的重要组成部分，其承压能力，严密性能造成渗漏，因此项工作中常故被忽视或遗忘，故需作出明确规定。

6.3 气压试验

6.3.1 空气或氮气作试验介质，既经济、方便，又安全可靠，且不会产生不良后果。对金属管道内壁可起到保护作用，故对湿度较大的地区来说，采用氮气作试验介质，也是防止管道内壁锈蚀的有效措施。

6.3.2 本条参照美国标准 NFPA13 1-11.3.2。要求系统经历24 h的气压试验，因漏气而出现的压力下降不超过 0.01 MPa，这样才能使系统为保持正常气压而不需要频繁地启动空气压缩机组。

6.4 冲 洗

6.4.1 从系统中排出的冲洗用水，应该及时而顺畅地进入预定排水系统，而不应造成任何水害。故发对排放冲洗水的截面面积有一定要求，这种要求与我国工业管道冲洗的相应要求是一致的。

6.4.2 根据美国标准NFPA13 有关章节介绍，当冲洗流速达到1.72 m/s 时，管网内直径为 50 mm 大小的花岗岩块，方能呈漂浮状态移动。为了将比花岗岩质量更大的物体冲洗出来，按美国NFPA13 的规定，冲洗流速推荐采用3 m/s 是合理的。考虑到实际施工中，在任现场条件满足不了创造 3 m/s 冲洗流速的条件，故作出了较灵活的规定，但要求其冲洗结果必须符合规定。

6.4.3 如果系统的地下管网未经彻底冲洗便与地上管网连通，系统一旦投入使用，就会使残留在地下管网中的杂物冲到地上管网内，结果可能造成管网、喷头受堵，影响系统的灭火效果。

6.4.4 与现行国家标准工业、民用建筑施工及规范施工中对管道冲洗的结果要求和检验方法完全相同。

6.4.5 明确水冲洗的水流方向，有利于确保整个系统的冲洗效果和质量,同时对安排被冲洗管段的顺序也较为方便。

6.4.6 系统冲洗合格后,及时将存水排净,有利于保护冲洗成果。如系统需经长时间才能投入使用,则应用压缩空气将其管壁吹干,并加以封闭,这样可以避免管内生锈或再次遭受污染。

7 系统调试

7.1 一般规定

7.1.1 只有在系统已按照设计要求安全全部安装完毕,工序检验合格后,才可能全面、有效地进行各项调试工作。

7.1.2 系统调试的基本条件,要求系统的水源、电源、气源均按设计要求投入运行,这样才能使系统真正进入工作状态,在此条件下,对系统进行调试所取得的结果,才是真正有代表性和可信的。

7.2 调试内容和要求

7.2.1 系统调试内容是根据系统正常工作条件、关键组件性能、系统性能等来确定的。本条规定调试的内容:水源的充足可靠与否,直接影响系统灭火功能;消防水泵对临时高压管网来讲,是扑灭火灾时的主要供水设施;报警阀为系统灭火的关键组成部件,其动作的准确、灵敏与否,直接关系到灭火的成功率;排水装置是保证系统运行和进行试验不致产生水害的设施,联动试验它可反映出系统各组成部件之间是否协调和配套。

7.2.2 本条对水源测试要求作了规定。

7.2.2.1 消防水箱为系统常备供水设施,始终保持系统投入灭火初期 10 min 的用水量,是十分关键和重要的,而这又与消防水箱的容积,高度和保证消防储水量的技术措施密切相关,故应对做全面核实。

7.2.2.2 消防水泵接合器是系统灭火时的临时供水设施,特别是在室内消防水设备发生故障,不能保证供给消防用水时的临时供水设施。

自动喷水灭火系统的模拟灭火试验，如果此项试验是成功的，就充分表明该系统的设备和安装质量已符合国家有关规定的要求，系统投入运行后，可以达到符合要求的准工作状态。

泵的电源遭到破坏或故保护建筑物已形成大面积火灾，灭火用水不足时，其作用更显突出，故必须通过试验来验证消防水泵接合器的供水能力。

7.2.3 作为临时高压系统主要供水设施的消防水泵，国外有关规范要求在试运行中，实测并绘出其供水特性曲线，所得曲线应与制造厂家提供的基本一致。考虑到我国长期以来沿用的习惯做法，本条规定，只要对其主要性能进行试验调查，适合国情，是可行的。

本条所规定时同系统根据现行国家规范《建筑设计防火规范》第十一章第八节第 8.8.5 条编写，以备用电电源切换后消防水泵应在 90 s 内投入正常运行，是根据我国机电产品性能试验调查和自动喷水灭火系统功能的要求的。

7.2.4 稳压泵的功能是使系统能保持准工作状态时的正常水压。美国标准 NFPA20 2-18.1 条规定：稳压泵的额定流量，应当大于系统正常时的漏水率，泵的出口压力应当是维护系统所需的压力，故它应随着系统压力的变化而自动开启和停车。本条规定是根据稳压泵的基本功能提出的要求。

7.2.5 报警阀的功能是接通水源，启动水力警铃报警，防止系统管网的水倒流。按照本条具体规定进行试验，即可分别有效地验证湿式，干式和干湿式报警阀及其附件的功能是否符合设计和施工规范要求。

7.2.6 对西南地区成渝两地及全国其它地区的调查结果表明，在设计、安装和维护管理上，忽视系统排水装置的情况较为普遍。已投入使用的系统，有的试水装置被封闭在天棚内，根本未与排水装置接通，有的报警阀处的放水阀也未与排水系统相接，因而根本无法开展对系统的常规试验或试验放空。现作出明确规定，以引起有关部门充分重视。

7.2.7 通过本条规定的两项试验，可验证火灾自动报警系统与本系统投入灭火时的联锁功能，并可较直观地显示两个系统的部件和整体的灵敏度与可靠性。后项试验实际上是

8 系统验收

8.0.1 本条对自动喷水灭火系统工程竣工验收、组织形式及要求作了明确规定。

竣工验收是自动喷水灭火系统工程交付使用前的一项重要技术工作。近年来各地公安消防机构和使用单位对此已引起重视，不少地区已制定了工程竣工验收暂行办法或规定，但各自做法不一，标准要求不明确，验收工作应如何进行，依据什么评定工程质量较为来出，不少地区，验收工作仍处于一般行政检查工作的状态，对验收中的工程是否达到了设计功能要求，能否投入正常使用等重大问题心中无数，失去了验收的目的。鉴于上述情况，把好竣工验收关，必须强调竣工验收由建设主管单位主持，公安消防监督机构参加，以便充分发挥其职能作用和监督作用，切实做到保护人身和财产安全的目的。

8.0.2 自动喷水灭火系统施工安装完毕后，应对系统的供水、水源、管网、喷头布置及功能等进行检查和试验，以保证喷水灭火系统正式投入使用后能够安全可靠，达到减少火灾危害保护人身和财产安全的目的。我国已安装有的自动喷水灭火系统中，或多或少地存在着问题，如：有些系统水源不可靠、电源只有一个、管网不合理，喷头安装设有、向下安装时短管很长、带电源电源切换不可靠等。这些问题如得不到整改，灭火时反而贻误战机，一旦发生火灾，灭火系统又不能起到及时灭火的作用，反而贻误战机，造成损失，而且将使人们对自动喷水灭火系统产生疑问。所以，自动喷水灭火系统施工安装后，必须进行检查试验，验收合格后才能投入使用。

8.0.3 本条规定的系统竣工验收应提供的文件也是系统投入使用后的存档材料，以便今后对系统进行检修、改造等用，并要求有专人负责维护管理。

8.0.4 本条对系统供水水源进行检查验收的要求作了规定。因为自动喷水灭火系统成功的因素之一，所以这一条对三种水源提出了要求，又要实际检查是否符合设计和施工验收规范中关于水源情况既提出了要求，特别是利用天然水源为系统的要求外，即水池或河水作临时水源时，水质应符合工业用水的要求。对于个别地方，用露天水池或河水作临时水源时，为防止杂质进入消防水泵和管网，影响喷头和管道的固液分离装置，水泵前应进入消防水泵口处，设有自动除渣功能的固液分离装置，因格栅被杂质堵塞后，易造成水源中断，消防水泵启动后，池中有水草等杂质，消防水泵因进水口无水，达不到灭火目的。水泵吸水口是露天水池，杂质水量大，杂质很快将格栅堵死，如成都某宾馆的消防水池因杂质堵塞，因格栅被杂质堵塞后，易造成水源中断。

8.0.5 系统的供水流量、压力，是喷水灭火系统整个灭火的基本要求。高压给水系统验收时，只要最高楼层的最远点经末端试验装置放水试验，压力达到设计要求即可。临时高压系统，通过启动消防水泵测量末端试验装置处流量、压力，但对临时高压系统的供电要求必须是双电源或双回路，且电源可换可靠。

8.0.6 在自动喷水灭火系统工程竣工验收时，有不少系统消防水泵房设在地下室，且出口不便，又不设放水阀和排水措施，一旦安全阀损坏，泵房内有敞水淹没的危险。另外，对泵进行启动试验，有些系统末设放水阀，不好进行试验，所以本条规定的系统，要设置一个压力防止以上情形出现。对设有气压给水稳压的系统，要设定一个压力下限，即在下限压力下，喷水灭火系统最不利点的压力和设计流量能达到设计要求,当气压给水设备压力下降到设计最低压力时,应能及时启动消防水泵。

8.0.7 凡设有消防水泵接合器的地方均应进行充水试验,以防止回阀方向装错。另外,通过充水试验,检验通过水泵接合器供水的技术参数,使末端试水装置测出的流量、压力达到设计要求,以确保系统在发生火灾时,需利用消防水泵接合器供水时,能达到扑火灭火目的。验收时,还应检验消防水泵接合器数量及位置是否正确,使用是否方便。

8.0.8 本条验收的目的是检验消防水泵的动力可靠程度,即通过系统动作信号装置,如水流指示器,压力开关及启动按钮能否启动消防泵,主、备电源切换及启动是否安全可靠。对消火栓启动按钮中心的系统,用220V电源、通过消火栓箱按钮直接启动消防水泵直接启动消防按钮用24V电源,通过控制中心启动消防水泵时,应有防护罩保护安全措施。

8.0.9 系统管网检查验收内容,是针对已安装的喷水灭火系统通常存在的问题而提出的。如有的系统用的管子、接头不合规定,甚至管网未支撑固定等;有的系统处于有气体腐蚀的环境中而无防腐措施;有的系统冬天最低气温低于4℃也无保温防冻措施,致使水管爆裂;有的系统末端排水管用ф15的管子;比较多的系统每层末端没有设试水装置;有的系统分区配水干管上未设信号阀,而用的闸阀处于夫闭或半夫闭状态;防灭水箱最上部设有支架或或水调试难以达到要求;在试水时易产生强烈晃动是支架、吊架、防晃支架设置不合理,不牢固,试水时易被损坏;有系统接上接消火栓或接洗手水龙头等,这问题,看起来不是什么问题,但会影响系统灭火功能,严重的可能造成系统在关键时不能发挥作用,形同虚设。本条针对强调系统验收内容,主要是防止以上问题发生,而特别强调要进行逐项验收。

8.0.10 系统控制阀门是自动喷水灭火系统的关键件,验收中常见的问题是控制阀安装位置不符合设计要求,不便操作,有些控制阀无试水口和试水排水措施,无法检测报警阀处压力、流量及警铃动作情况。对于使用闸阀又无锁定装置,有些闸阀处于夫闭状态。这是很危险的。所以要求使用闸阀时需有锁定装置,否则应使用信号阀代替闸阀。另外,干式系统和预作用系统等,还需检验空气压缩机与控制阀、报警阀的联动是否可靠。

警铃设置位置,应靠近报警阀,使人们易听到铃声。距警铃3m处,水力警铃喷嘴处压力不小于0.05MPa时,其警声强度应不小于70dB。

8.0.11 自动喷水灭火系统最常见的违规同题是喷头布水被挡,特别是进行施工后被遮挡或影响喷水布置,所以验收时必须检查喷头布置情况。对有吊顶的房间,因配水支管布置在吊顶内,使水少喷头在装修施工设计,没有考虑喷头和装修的协调,致使有些吊顶,中间要加短管,如喷中水也不能更换。但当短管太长时,不仅使管质在短管中沉积,而且形成较多死水,所以三通以下接短管时要求三通以下直接接喷头。实在不能满足要时,短管不宜大于15cm,支管靠近吊棚时,三通下接15cm短管,喷头可安装在网棚贴近处。有些支管布置离顶棚较远,短管超过15cm,可采用带短管的专用喷头,即专用喷头,短管中水不能进入短管,喷头动作后,短管才充水,这样,就不会形成死水和杂质沉积,有腐蚀介质地方,可选用耐腐处理的喷头或玻璃球喷头,有装饰要求的场所的喷头,可选用半隐蔽或隐蔽型装饰效果好的喷头,有碰撞危险场所的喷头,加设防护罩。

喷头的动作温度以喷头公称动作温度来表示,该温度一般高于喷头使用环境最高温度30℃左右,这是多年实际使用和试验研究究得出的经验数据。

8.0.12 本条是对全系统进行实测,以验证系统各部分功能。

9 维护管理

9.0.1 维护管理是自动喷水灭火系统能否正常发挥作用的关键环节。灭火设施必须在没有平时的精心维护管理下才能发挥良好的作用。我国已有多起特大火灾事故发生在自动喷水灭火系统,没有进行日常维护管理和试验,以致发生火灾时,事故扩大,人员伤亡,损失严重。

例如:1985年4月18日哈尔滨天鹅饭店发生特大火灾事故时,由于部分水管漏水待修,屋顶水箱出水管上的总阀已被关闭,因此当时整个大楼消防管道内均无水,而消防水池和水房和水池又在主楼50 m以外,发生火灾后停电,以致所有这些消防设施均未起作用。1991年5月28日辽宁省大连市某饭店发生特大火灾事故,由于饭店消防设施不完善,防火措施不落实,走道内虽设有自动喷水灭火设备,并启动喷水,但因水泵房无人值班而断电断水。这两起大火,都有人员伤亡,后果严重。因此,必须强调要有日常管理、检测、维护制度,保证系统处于准工作状态,一有火情立即投入工作。

根据公安部消防局1988年7月在天津召开的全国消防监督管理工作现场会的精神,由机关、企事业单位或建筑物经营管理单位的领导负责制订措施,日常工作则由专职人员负责贯彻。

9.0.2 自动喷水灭火系统组成的部件较多,系统比较复杂,每个部件的作用和应处于的状态及如何检验、测试都需要具有对系统作用原理了解和熟悉的专业人员来操作、管理。而当前我国还没有普及这种教育的专业学校,因此为提高维护管理人员的素质、承担

13—40

这项工作的维护管理人员应当参加公安消防部门或国家建设部门举办的这方面的培训班，取得公安消防监督机构颁发的合格证，持证上岗。

9.0.3 在发生火灾时，自动水灭火系统能否发挥应有的作用和它的每个部件是否处于正确状态有关，任何处于开启状态的阀门被关闭，给水水源的压力达不到所需压力等，都会使系统失效，造成严重大损失，由于这种情况在自动喷水灭火系统失效的事故中最多，因此应当每天进行巡视。

9.0.4 水源的水量、水压有无保证，是自动水灭火系统能否起到应有作用的关键。由于市政建设的发展，单位建筑的增加，用水量的变化，水源的供水能力也会有变化。因此，每年应对水源的供水能力测定一次，以便不能达到要求时，及时采取必要的补救措施。

9.0.5 对消防储备水应保证充足，可靠，应有平时不被它用的措施，应每月进行检查。

9.0.6 消防专用蓄水池或水箱中的水，由于未发生火灾不进行消防演习试验而长期不动用，成为"死水"，特别在南方气温高，湿度大的地区，微生物和细菌容易繁殖，需要不定期换水，换水时应通知当地消防监督部门，并做好其它灭火措施的准备。

9.0.7 本条规定北方各地消防蓄水池不得结冰，是为各省租赁使用单位提供方便，冷季节均不能用水，万一发生火灾，也能及时采取紧急措施。

9.0.8 本条规定是为了保证消防储水设备经常处于正常完好状态。

9.0.9 消防水箱、消防气压给水设备所配置的玻璃水位计，由于受外力易于碰碎，造成消防储水流失或变形水害，因此没水过水位后，应将水位计两端的角阀关闭。

9.0.10 消防水泵是供给消防用水的关键设备，必须定期进行试运转，保证发生火灾时起动灵活，不卡壳，电源或内燃机驱动正常，自动起动或电源切换及时无故障。本条试运转时间隔时间系参英美规范和喜来登集团旅馆管理指南规定的。

9.0.11 本条是为保证系统启动的可靠性。电磁阀是启动系统的执行元件，所以每月对电磁阀进行检查，试验，必要时及时更换。

9.0.12～9.0.14 消防给水管路必须保持畅通，报警控制阀在发生火灾时必须及时打开，系统中所配置的阀门都必须处于规定状态。对阀门编号和用标牌标注可以方便监督管理。

9.0.17 洒水喷头是系统水灭火的功能件，应使每个喷头随时都处于正常状态，所以应当每月检查，更换发现问题的喷头。由于喷头的轭臂宽于喷头底座，在安装、拆卸、拧紧或拧开下喷头时，利用轭臂的力矩大于利用底座，安装维修人员会误认为这样省力，但喷头设计是不允许利用轭臂来作拧支点，应当利用方形底座作为拧卸的支点，生产喷头的厂家并提供专用配套的扳手，不致于打坏喷头轭臂。

9.0.18 本条采用与《自动喷水灭火系统设计规范》相同的备品数量。再强调要求，是要突出此点的重要性，系统投入运行后一定要这样做。

9.0.19 自动喷水灭火后忘记打开，以致发生火灾火灾无水，停水时发生火灾关闭总阀事故在国内外火灾事故中均已发生时。因此，停水修理时，必须向主管人员报告，并有应急措施和有人临场监督，修理完毕应立即恢复供水。在修理过程中，万一发生火灾，也能及时采取紧急措施。

9.0.20 建筑物、构筑物使用性质的改变是常有的事，而且多层、高层综合性大楼的修建，也为各租赁使用单位提供方便。因此，须加强调因建、构筑物使用性质改变而影响到自动喷水灭火系统功能时，如需要提高等级或修改，应经公安消防监督机关批准后进行。

中华人民共和国国家标准

气体灭火系统施工及验收规范

GB 50263-97

Code for installation and acceptance of gas fire-extinguishing systems

主编部门：中华人民共和国公安部
批准部门：中华人民共和国建设部
施行日期：1997年8月1日

关于发布国家标准《气体灭火系统施工及验收规范》的通知

建标[1997]36号

根据国家计委计综合[1989]30号文的要求，由公安部会同有关部门共同制订的《气体灭火系统施工及验收规范》已经有关部门会审。现批准《气体灭火系统施工及验收规范》GB 50263-97为强制性国家标准，自一九九七年八月一日起施行。

本规范由公安部负责管理，其具体解释等工作由公安部天津消防科学研究所所负责，出版发行由建设部标准定额研究所负责组织。

中华人民共和国建设部
一九九七年二月二十四日

1 总 则

1.0.1 为了确保气体灭火系统的施工质量,保护设置场所内人身和财产的安全,制定本规范。

1.0.2 本规范适用于工业和民用建筑中设置的二氧化碳灭火系统、卤代烷1211灭火系统和卤代烷1301灭火系统的施工、验收及维护管理。

1.0.3 气体灭火系统的施工及验收,应遵循国家有关法规和方针政策,做到安全实用,技术先进,经济合理。

1.0.4 气体灭火系统的施工及验收,除执行本规范的规定外,尚应符合现行国家有关标准、规范的规定。

2 施工准备

2.1 一般规定

2.1.1 气体灭火系统施工前应具备下列技术资料:

2.1.1.1 设计施工图、设计说明书、系统及其主要组件的使用维护说明书。

2.1.1.2 容器阀、选择阀、单向阀、喷嘴和阀驱动装置等系统组件的产品出厂合格证和由国家质量监督检验测试中心出具的检验报告;灭火剂输送管道及管道附件的出厂检验报告与合格证。

2.1.1.3 系统中采用的不能复验的产品,如安全膜片等,应具有生产厂出具的同批产品检验报告与合格证。

2.1.2 气体灭火系统的施工应具备下列条件:

2.1.2.1 防护区同设置条件与设计相符。

2.1.2.2 系统组件与主要材料齐全,其品种、规格、型号符合设计要求。

2.1.2.3 系统所需的预埋件和孔洞符合设计要求。

2.2 系统组件检查

2.2.1 气体灭火系统施工前应对灭火剂贮存容器、容器阀、选择阀、单向阀、喷嘴和阀驱动装置等系统组件进行外观检查,并应符合下列规定:

2.2.1.1 系统组件无碰撞变形及其他机械性损伤。

2.2.1.2 组件外露非机械加工表面保护涂层完好。

2.2.1.3 组件所有外露接口均设有防护堵、盖,且封闭良好,接口螺纹和法兰密封面无损伤。

2.2.1.4 铭牌清晰,其内容符合相应的现行国家标准《卤代烷1211灭火系统设计规范》GBJ 110、《卤代烷1301灭火系统设计规范》GB 50163 和《二氧化碳灭火系统设计规范》GB 50193 的规定。

2.2.1.5 保护同一防护区的灭火剂贮存容器规格应一致,其高度差不宜超过20mm。

2.2.1.6 气动驱动装置的气体贮存容器规格应一致,其高度差不宜超过10mm。

2.2.2 气体灭火系统安装前应检查灭火剂贮存容器内的充装量与充装压力,且应符合下列规定:

2.2.2.1 灭火剂贮存容器的充装量不应小于设计充装量,且不得超过设计充装量的1.5%。

2.2.2.2 卤代烷灭火剂贮存容器内的实际压力不应低于相应温度下的贮存压力,且不应超过该贮存压力的5%。

2.2.2.3 不同温度下灭火剂的贮存压力应按本规范附录 A 确定。

注:本规范中未注明的压力均指表压。

2.2.3 气体灭火系统安装前应对选择阀、液体单向阀、高压软管和阀驱动装置中的气体单向阀逐个进行水压强度试验和气压严密性试验,并应符合下列规定:

2.2.3.1 水压强度试验的试验压力应为系统组件设计工作压力的1.5倍,气压严密性试验的试验压力应为系统组件的设计工作压力。

2.2.3.2 进行水压强度试验时,水温不应低于5℃,达到试验压力后,稳压时间不应少于1min,在稳压期间目测试件应无变形。

2.2.3.3 气压严密性试验应在水压强度试验合格后进行,加压时可为空气或氮气。试验时宜将系统组件浸入水中,达到试验压力后,稳压时间不应少于5min,在稳压期间应无气泡自试件内溢出。

2.2.3.4 系统组件试验合格后,应及时烘干,并封闭所有外露接口。

2.2.4 在气体灭火系统安装前应对阀驱动装置进行检查,并应符合下列规定:

2.2.4.1 电磁驱动装置的电源电压应符合系统设计要求。通电检查电磁铁芯,其行程应能满足系统启动要求,且动作灵活无卡阻现象。

2.2.4.2 气动驱动装置贮存容器内气体压力不应低于设计压力,且不得超过设计压力的5%。

2.2.4.3 气动驱动装置中的单向阀芯应启闭灵活,无卡阻现象。

3 施 工

3.1 一般规定

3.1.1 气体灭火系统的施工应按设计图纸和相应的技术文件进行,不得随意更改。当需要进行修改时,应经原设计单位同意。

3.1.2 气体灭火系统的施工应按本规范附录 B 规定的内容做好施工记录。防护区地板下、吊顶上或其他隐蔽区域内应做好施工记录。防护区地板下、吊顶上或其他隐蔽区域内容做好施工附录 C 规定的内容做好隐蔽工程中间验收记录。

本规范附录 B 和附录 C 的表格形式可根据气体灭火系统的结构形式和防护区的具体情况进行调整。

3.1.3 集流管以及管道的吹扫、阀门、高压软管的安装、管道及支架的制作,安装以及管道的吹扫、试验、涂漆除应符合本规范的规定外,尚应符合现行国家标准《工业管道工程施工及验收规范》GBJ 235 中的有关规定。

3.2 灭火剂贮存容器的安装

3.2.1 贮存容器内的灭火剂充装与增压宜在生产厂完成。

3.2.2 贮存容器的操作面距离或操作面之间的距离不宜小于 1.0m。

3.2.3 贮存容器上的压力表应朝向操作面,安装高度和方向应一致。

3.2.4 贮存容器的支、框架应固定牢靠,且应采取防腐处理措施。

3.2.5 贮存容器正面应标明设计规定的灭火剂名称和贮存容器的编号。

3.3 集流管的制作与安装

3.3.1 组合分配系统的集流管采用焊接方法制作。焊接前,每个开口均应采用机械加工的方法制作。
采用钢管制作的集流管应在焊接后进行内外镀锌处理。镀锌层的质量应符合现行国家标准《低压流体输送用镀锌焊接钢管》GB 3091 的有关规定。

3.3.2 组合分配系统的集流管应按本规范第 2.2.3 条的规定进行水压强度试验和气压严密性试验。

3.3.3 非组合分配系统的集流管,其强度试验和气压严密性试验可与管道一起进行。

3.3.4 集流管安装前应清洗内腔并封闭进出口。

3.3.5 集流管应固定在支、框架上。支、框架应固定牢靠,且应做防腐处理。

3.3.6 集流管外表面应涂红色油漆。

3.3.7 装有泄压装置的集流管,泄压装置的泄压方向不应朝向操作面。

3.4 选择阀的安装

3.4.1 选择阀操作手柄应安装在操作面一侧,当安装高度超过 1.7m 时应采取便于操作的措施。

3.4.2 采用螺纹连接的选择阀,其与管道连接处宜采用活接头。

3.4.3 选择阀上应设置标明防护区名称或编号的永久性标志牌,并应将标志牌固定在操作手柄附近。

3.5 阀驱动装置的安装

3.5.1 电磁驱动装置的电气连接线应沿固定贮存容器的支、框架或墙面固定。

3.5.2 拉索式的手动驱动装置的安装应符合下列规定:

已镀锌的无缝钢管不宜采用焊接连接，与选择阀等个别连接部位需采用法兰焊接连接时，应对被焊接损坏的镀锌层做防腐处理。

3.5.2.1 拉索除必须外露部分外，采用经内外防腐处理的钢管防护。

3.5.2.2 拉索转弯处应采用导向滑轮。

3.5.2.3 拉索末端拉手应设在专用的保护盒内。

3.5.2.4 拉索套管和保护盒必须固定牢靠。

3.5.3 安装以物体重力为驱动力的机械驱动装置时，应保证重物在下落行程中无阻挡，其行程应比溢过阀开启所需行程大25mm。

3.5.4 驱动装置的安装应符合下列规定：

3.5.4.1 驱动气瓶或储箱体应固定牢靠，且应做防腐处理。

3.5.4.2 驱动气瓶正面应标明驱动介质的名称和对应防护区名称的编号。

3.5.5 气动驱动装置的管道安装应符合下列要求：

3.5.5.1 管道布置应横平竖直。平行管道或交叉管道之间的间距应保持一致。

3.5.5.2 管道应采用支架固定。管道支架的间距不宜大于0.6m。

3.5.5.3 平行管道应增设一管夹。管夹的间距不宜大于0.6m，转弯处应增设一个管夹。

3.5.6 气动驱动装置的管道安装后应进行气压严密性试验。严密性试验应符合下列规定：

3.5.6.1 采取防止灭火剂和驱动气体喷射的可靠措施。

3.5.6.2 加压介质应采用氮气或空气，试验压力不低于驱动气体的贮存压力。

3.5.6.3 压力升至试验压力后，关闭加压气源，5min 内被试管道的压力应无变化。

3.6 灭火剂输送管道的施工

3.6.1 无缝钢管采用法兰连接时，应在焊接后进行内外镀锌处理。

3.6.2 管道穿过墙壁、楼板处应安装套管。穿墙套管的长度应和墙厚相等，穿过楼板的套管长度应高出地板50mm。管道与套管间的空隙应采用柔性不燃烧材料填塞密实。

3.6.3 管道支、吊架的安装应符合下列要求：

3.6.3.1 管道应固定牢靠，管道支、吊架的最大间距应符合表3.6.3 的规定。

3.6.3.2 管道末端喷嘴处应采用支架固定，支架与喷嘴间的管道长度不应大于500mm。

3.6.3.3 公称直径大于或等于50mm 的主干管道垂直方向和水平方向各安装一个防晃支架。当穿过建筑物楼层时，每层应设一个防晃支架。当水平管道改变方向时，应设防晃支架。

表3.6.3 支、吊架之间的最大间距

管道公称直径(mm)	15	20	25	32	40	50	65	80	100	150
最大间距(m)	1.5	1.8	2.1	2.4	2.7	3.4	3.5	3.7	4.3	5.2

3.6.4 卤代烷1301 灭火系统和二氧化碳灭火系统管道的三通接头的分流出口应水平安装（图3.6.4）

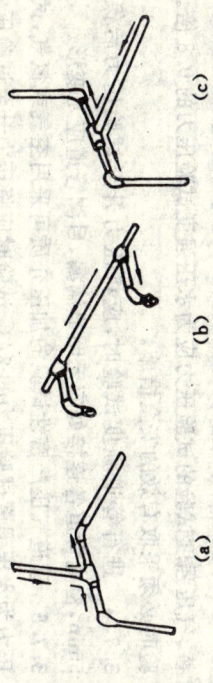

图3.6.4 三通水平分流示意图

3.7 灭火剂输送管道的吹扫、试验和涂漆

3.7.1 灭火剂输送管道安装完毕后，应进行水压强度试验和气压严密性试验。

3.7.2 水压强度试验的试验压力应符合下列规定：

3.7.2.1 卤代烷1211灭火系统管道的水压强度试验压力应按3.7.2-1式确定：

$$P_{1211} = 1.5 P_0 V_0 / (V_0 + V_p) \quad (3.7.2-1)$$

式中 P_{1211} ——卤代烷1211灭火系统管道的水压强度试验压力(MPa，绝对压力)；

P_0 ——20℃时卤代烷1211的贮存压力(MPa，绝对压力)；

V_0 ——卤代烷1211灭火剂的贮存容器内的气相体积(m^3)；

V_p ——卤代烷1211灭火剂输送管道的内容积(m^3)。

3.7.2.2 卤代烷1301灭火系统管道的水压强度试验压力应按3.7.2-2式确定：

$$P_{1301} = 1.5 \left(\frac{V'_0 P'_0 + V'_p P_s}{V'_0 + V'_p} \right) \quad (3.7.2-2)$$

式中 P_{1301} ——卤代烷1301灭火系统管道的水压强度试验压力(MPa，绝对压力)；

P_s ——卤代烷1301的饱和蒸汽压，取1.4MPa(绝对压力)；

P'_0 ——20℃时卤代烷1301的贮存压力(MPa，绝对压力)；

V'_0 ——卤代烷1301灭火剂喷射前，贮存容器内的气相体积(m^3)；

V'_p ——卤代烷1301灭火剂输送管道的内容积(m^3)。

3.7.2.3 高压二氧化碳灭火系统管道的水压强度试验压力为15MPa。

3.7.3 不宜进行水压强度试验的防护区，可采用气压强度试验代替。气压强度试验的试验压力应为水压强度试验压力的0.8倍。试验时必须采取有效的安全措施。

3.7.4 进行管道强度试验时，应将压力升至试验压力后保压5min，检查管道各连接处应无明显滴漏，目测管道应无变形。

3.7.5 管道气压严密性试验时，加压介质可采用空气或氮气，试验压力为水压强度试验压力的2/3。试验时应将压力升至试验压力，关断试验气源后，3min内压力降不超过试验压力的10%，且用涂刷肥皂水等方法检查管道连接处，或气压严密性试验前，应进行吹扫。

3.7.6 灭火剂输送管道在水压强度试验合格后，或气压严密性试验前，应进行吹扫。

吹扫管道可采用压缩空气或氮气。吹扫时，管道末端的气体流速不应小于20m/s，采用白布检查，直至无铁锈、尘土、水渍及其他脏物出现。

3.7.7 灭火剂输送管道的外表面应涂红色油漆。在吊顶内、活动地板下等隐蔽场所内的管道，可涂红色油漆色环。每个防护区的色环宽度应一致，间距应均匀。

3.8 喷嘴的安装

3.8.1 安装在吊顶下的不带装饰罩的喷嘴，其连接管管端螺纹不应露出吊顶；安装在吊顶下的带装饰罩的喷嘴，其装饰罩应紧贴吊顶。

3.8.2 喷嘴安装时应逐个核对其型号、规格和喷孔方向，并应符合设计要求。

4 调 试

4.1 一般规定

4.1.1 气体灭火系统的调试宜在系统安装完毕,以及有关的火灾自动报警系统和开口关闭装置、通风机械和防火阀等联动设备的调试完成后进行。

4.1.2 气体灭火系统调试前应具备完整的技术资料及调试必需的其他资料,并应符合本规范第 2.1.1 条和第 3.1.2 条的规定。

4.1.3 气体灭火系统的调试负责人应由专业技术人员担任。参加调试的人员应职责明确。

4.1.4 调试前应按本规范第 2 章和第 3 章的要求检查系统组件和材料的型号、规格、数量,以及系统安装质量,并应及时处理所发现的问题。

4.1.5 调试后应按本规范附录 D 规定的内容提出调试报告。调试报告的表格形式可根据气体灭火系统结构形式和防护区的具体情况进行调整。

4.2 调 试

4.2.1 气体灭火系统的调试,应对每个防护区进行模拟喷气试验和备用灭火剂贮存容器切换操作试验。

4.2.2 进行调试试验时,应采取可靠的安全措施,确保人员安全和避免灭火剂的误喷射。

4.2.3 模拟喷气试验的条件应符合下列规定:

4.2.3.1 卤代烷灭火系统模拟喷气试验不应采用卤代烷灭火剂,宜采用氮气进行。氮气试验与贮存容器与被试验的防护区设计用的贮存容器的结构、型号、规格应相同,连接与控制方式应一致,充装的氮气压力和灭火剂贮存压力相等。氮气贮存容器数不应少于灭火剂贮存容器总数的 20%,且不得少于一个。

4.2.3.2 二氧化碳灭火系统应采用二氧化碳灭火剂进行模拟喷气试验。试验采用的贮存容器数应为防护区实际使用的容器总数的 10%,且不得少于一个。

4.2.3.3 模拟喷气试验的结果,应符合下列规定:

4.2.4 模拟喷气试验的结果,应符合下列规定:

4.2.4.1 试验气体能喷入被试防护区内,且能从被试防护区的每个喷嘴喷出。

4.2.4.2 有关控制阀门工作正常。

4.2.4.3 有关声、光报警信号正确。

4.2.4.4 贮瓶间内的设备和对应防护区内的灭火输送管道无明显异动和机械性损坏。

4.2.5 进行备用灭火剂贮存容器切换操作试验时可采用手动操作,并应按本规范第 4.2.3 条的规定准备一个氮气或二氧化碳贮存容器。

试验结果应符合本规范第 4.2.4 条规定。

5 验 收

5.1 一般规定

5.1.1 气体灭火系统的竣工验收应由建设主管单位组织,建设、公安消防监督机构,设计、施工等单位组成验收组共同进行。

5.1.2 竣工验收时,建设单位应提交下列技术资料:

5.1.2.1 经批准的竣工验收申请报告。
5.1.2.2 施工记录和隐蔽工程中间验收记录。
5.1.2.3 竣工图和设计变更文字记录。
5.1.2.4 竣工报告。
5.1.2.5 设计说明书。
5.1.2.6 调试报告。
5.1.2.7 系统及其主要组件的使用维护说明书。
5.1.2.8 系统组件、管道材料及管道附件的检验报告、试验报告和出厂合格证。

5.1.3 竣工验收应包括下列场所和设备:

5.1.3.1 防护区和贮瓶间。
5.1.3.2 系统设备和灭火剂输送管道。
5.1.3.3 与气体灭火系统联动的有关设备。
5.1.3.4 有关的安全设施。

5.1.4 竣工验收完成后,应按本规范附录 E 的规定提出竣工验收报告。竣工验收报告按气体灭火系统形式的表格和防护区的具体情况进行调整。

5.1.5 气体灭火系统验收合格后,应将气体灭火系统恢复到正常工作状态。验收不合格的不得投入使用。

5.2 防护区和贮瓶间验收

5.2.1 防护区的划分、用途、位置、开口、通风、几何尺寸,环境温度及可燃物的种类与数量应符合设计要求,并应符合现行国家有关设计规范的规定。

5.2.2 防护区下列安全设施的设置应符合设计要求,并应符合现行国家有关标准、规范的规定。

5.2.2.1 防护区的疏散通道、疏散指示标志和应急照明装置。
5.2.2.2 防护区内和入口处的声光报警装置、入口处的安全标志。
5.2.2.3 无窗或固定窗扇的地上防护区和地下防护区的排气装置。
5.2.2.4 门窗设有密封条的防护区的泄压装置。
5.2.2.5 专用的空气呼吸器或氧气呼吸器。

5.2.3 贮瓶间的位置、通道、耐火等级、应急照明装置及地下贮瓶间机械排风装置应符合设计要求,并应符合现行有关国家标准、规范的规定。

5.3 设 备 验 收

5.3.1 灭火剂贮存容器的数量、型号和规格,位置与固定方式,油漆和标志,灭火剂的充装量和贮存压力,以及灭火剂贮存容器的安装质量应符合设计要求,并应符合本规范第 2 章与第 3 章的有关规定。

5.3.2 灭火剂贮存容器内的充装量,应按实际安装的灭火剂贮存容器总数(不足 5 个的按 5 个计)的 20%进行称重抽查。因代烷灭火系统集流管内的贮存压力逐个检查。

5.3.3 集流管的材料、规格、连接方式,布置和泄流管上泄压方向应符合设计要求和本规范第 3 章的有关规定。

5.3.4 阀驱动装置的数量、型号、规格和标志,安装位置和固定方向法、气动驱动装置中驱动气瓶的介质名称和充装压力,以及气动管道的规格、布置、连接方式和固定,应符合设计要求和本规范第2章与第3章的有关规定。

5.3.5 选择阀的数量、型号、规格、位置、固定和标志及其安装质量,应符合设计要求和本规范第3章的有关规定。

5.3.6 设备的手动操作处,均应有标明对应防护区名称的耐久标志。

5.3.7 灭火剂输送管道的布置与连接方式,支架和吊架的位置及间距,穿过建筑构件及其变形缝的处理,各管段附件的型号和规格以及防腐处理和油漆颜色,应符合设计要求和本规范第2章与第3章的有关规定。

5.3.8 喷嘴的数量、型号、规格、安装位置、喷孔方向、固定方法和标志,应符合设计要求和本规范第2章与第3章的有关规定。

手动操作装置均应有加铅封的安全销或防护罩。

5.4 系统功能验收

5.4.1 系统功能验收时,应进行下列试验:

5.4.1.1 按防护区总数(不足5个按5个计)的20%进行模拟启动试验。

5.4.1.2 按防护区总数(不足10个按10个计)的10%进行模拟喷气试验。

5.4.2 模拟自动启动试验时,应先关断有关灭火剂贮存容器上的驱动器,安上相适配的指示灯泡,压力表或其他相应装置,再使被试防护区的火灾探测器接受模拟火灾信号。试验结果应符合下列规定:

5.4.2.1 指示灯泡显示正常或压力表测定的气足以驱动器阀和选择阀的要求。

5.4.2.2 有关的声、光报警装置均能发出符合设计要求的正常信号。

5.4.2.3 有关的联动设备动作正确,符合设计要求。

5.4.3 模拟喷气试验应符合本规范第4.2.3条和第4.2.4条的规定。

5.4.4 当模拟喷气试验结果达不到本规范第4.2.3条和第4.2.4条的规定时,功能检验为不合格,应在排除故障后对全部防护区进行模拟喷气试验。

5.5 维护管理

5.5.1 气体灭火系统应由经过专门培训,并经考试合格的专人负责定期检查和维护。

5.5.2 气体灭火系统投入使用时,应具备下列资料:

5.5.2.1 本规范第5.1.2条所规定的全部技术资料和竣工验收报告。

5.5.2.2 系统的操作规程。

5.5.2.3 系统的检查、维护记录图表。

5.5.3 应按规定对气体灭火系统进行两次检查,并做好检查记录。检查中发现的问题应及时处理。

5.5.4 每月应对灭火剂贮存装置、选择阀、管网与喷嘴等全部系统部件及其他机械性损伤,表面应无锈蚀,保护涂层应完好,铭牌应清晰,手动操作装置的防护罩、铅封和安全标志应完整。

5.5.4.1 对灭火剂贮存容器、选择阀、液体单向阀、高压软管、集流管、阀驱动装置、管网与喷嘴等全部系统组件进行外观检查,系统组件应无碰撞变形及其他机械性损伤,表面应无锈蚀,保护涂层应完好,铭牌应清晰,手动操作装置的防护罩、铅封和安全标志应完整。

5.5.4.2 固态烷灭火剂贮存容器内的压力,不应小于设计贮存压力的90%。

5.5.4.3 气动驱动装置的气动气源的压力,不应小于设计压力的90%。

5.5.5 每年应对气体灭火系统进行两次全面检查,检查内容和要求除按月检规定的检查外，尚应符合下列规定：

5.5.5.1 防护区的开口情况、防护区的用途及可燃物的种类、数量、分布情况，应符合设计规定。

5.5.5.2 灭火剂贮瓶间设备、灭火剂输送管道和支、吊架的固定，应无松动。

5.5.5.3 高压软管，应无变形、裂纹及老化，必要时，应按本规范第2.2.3条规定，对每根高压软管进行水压强度试验和气压严密性试验。

5.5.5.4 各喷嘴孔口，应无堵塞。

5.5.5.5 对灭火剂贮存容器逐个进行称重检查，灭火剂净重不应小于设计量的95%。

5.5.5.6 灭火剂输送管道有损伤与堵塞现象，则应按本规范第3.7节的规定，对其进行严密性试验和吹扫。

5.5.5.7 按本规范第5.4.2条规定，对每个防护区进行一次模拟自动启动试验，如有不合格项目，则应对相关防护区进行一次模拟喷气试验。

附录 A 不同温度下灭火系统存贮压力

A.0.1 不同温度下的卤代烷1301的贮存压力，应符合表A.0.1的规定。

不同温度下的卤代烷1301的贮存压力　　　　表A.0.1

系统类型 压力 (MPa) 温度(℃)	2.50MPa系统	4.20MPa系统
−20	1.32	2.70
−15	1.43	2.90
−10	1.55	3.07
−5	1.67	3.20
0	1.80	3.35
5	1.93	3.55
10	2.11	3.75
15	2.29	3.95
20	2.50	4.20
25	2.72	4.43
30	2.89	4.65
35	3.14	4.90
40	3.36	5.20
45	3.64	5.45
50	3.93	5.80
55	4.29	6.30

附录 B 气体灭火系统施工记录

B.0.1 灭火剂贮存容器检查记录表的格式和内容，应符合表 B.0.1 的规定。

灭火剂贮存容器检查记录　　　　表 B.0.1

工程名称				建设单位		
生产厂名				施工单位		
国家质量监督检测中心检验报告编号				检测日期		
产品出厂合格证编号				出厂日期		
瓶组	充装压力(MPa)		设计	充装量(kg)		检查结果
型号		实测			实测	
编号	规格	环境温度(℃)	压力(MPa)	设计	环境温度(℃)	重量(kg)

检查结果：

检验人员签名：　　　　　　　　　　　　　　（检验单位盖章）

年　　月　　日

A.0.2 不同温度下四氟化碳 1211 贮存压力，应符合表 A.0.2 的规定。

表 A.0.2 不同温度下氟化烷 1211 贮存压力

压力(MPa) 温度(℃) 系统	0	5	10	15	20	25	30	35	40	45	50	55
1.05MPa 系统	0.85	0.89	0.93	0.99	1.05	1.10	1.17	1.24	1.32	1.40	1.49	1.59
2.50MPa 系统	2.19	2.26	2.33	2.40	2.50	2.58	2.68	2.78	2.88	3.00	3.12	3.24
4.00MPa 系统	3.58	3.68	3.78	3.89	4.00	4.12	4.24	4.37	4.50	4.64	4.79	4.95

A.0.3 不同温度下二氧化碳灭火系统贮存压力，应符合表 A.0.3 的规定。

表 A.0.3 不同温度下二氧化碳灭火系统贮存压力

温度(℃) 压力(MPa)	-20	-15	-10	-5	0	5	10	15	20	25	30	35	40	45	50
系统	0.60							6.40	7.30	8.40	9.60	10.90	12.10		
	0.67	1.90	2.20	2.70	3.00	3.40	3.90	4.50	5.00	5.70	6.40	7.60	9.40	11.00	12.70	14.40
	0.75							7.10	9.90	11.40	13.50	15.70	17.90		

B.0.2 选择阀、液体单向阀、高压软管、气体单向阀、组合分配系统集流管试验记录表的格式和内容，应符合表 B.0.2 的规定。

选择阀、液体单向阀、高压软管、气体单向阀、
组合分配系统集流管试验记录　　　　表 B.0.2

工程名称				建设单位			
生产厂名				施工单位			
国家质量监督检测中心检验报告编号				检测日期			
产品出厂合格证编号				出厂日期			
编号	名称	型号规格	强度试验		严密性试验		检验结果
			时间(min)	压力(MPa)	时间(min)	压力(MPa)	

检查结果：

检验人员签名：

　　　　　　　　　　　　　　　　　　　（检验单位盖章）
　　　　　　　　　　　　　　　　　　　　　　年　月　日

B.0.3 灭火剂输送管道试验记录表的格式和内容，应符合表 B.0.3 的规定。

灭火剂输送管道试验记录　　　　表 B.0.3

工程名称			建设单位		
设计单位			施工单位		
项目	试验数据	防护区名称			
强度试验	介质名称				
	压力(MPa)				
	时间(min)				
	试验结果				
严密性试验	介质名称				
	压力(MPa)				
	时间(min)				
	试验结果				
吹扫试验	介质名称				
	流速(m/s)				
	时间(min)				
	试验结果				

试验结论：

试验人员签名：
　　　　　　　　　　　　　　　　　　　（试验单位盖章）
　　　　　　　　　　　　　　　　　　　　　　年　月　日

建设单位意见：
　　　　　　　　　　　　　　　　　　　　　（盖章）
　　　　　　　　　　　　　　　　　　　　　　年　月　日

附录 C 隐蔽工程中间验收记录

隐蔽工程中间验收记录　　表 C

工程名称		建设单位	
设计单位		施工单位	
验收结果 验收项目	防护区名称 隐蔽区域名称		
管道及管道附件型号、规格和质量			
管道的安装质量和涂漆			
管道的试验记录			
支、吊架的数量、型号和安装质量			
喷嘴的数量、型号、规格和安装质量			

试验结论:

参加验收人员签名: （验收负责人签名）　　　　　　年　月　日

建设单位意见: （施工单位盖章）　　　　　　　　　年　月　日

　　　　　　　（盖章）　　　　　　　　　　　　　年　月　日

消防监督管理机构意见:

　　　　　　　（盖章）　　　　　　　　　　　　　年　月　日

附录 D 气体灭火系统调试报告

气体灭火系统调试报告　　表 D

工程名称		建设单位	
		施工单位	
设计单位		调试日期	
项目分类	项　　目		结　果
技术资料完整性检查	1. 设计说明书、施工图及设计变更文字记录； 2. 施工记录和隐蔽工程中间验收报告； 3. 系统及其主要组件的使用维护说明书； 4. 系统组件、管道材料及管道附件的检验报告和出厂合格证		
系统组件、管道及管道附件，以及安装质量检查	1. 系统组件、管道材料及管道附件的型号、规格和数量； 2. 系统主要组件及管道安装质量		

续表D

项目分类	项 目	结 果
模拟喷气试验	1. 试验气体所喷入的防护区； 2. 有关控制阀门的工作状况； 3. 有关声、光报警信号显示； 4. 系统的可靠性	
备用灭火剂贮存容器切换操作试验	1. 有关控制阀门的工作状况； 2. 有关声、光报警信号显示； 3. 试验气体所喷入的防护区	

调试情况说明和结论：

参加调试人员签名：

（调试单位盖章） 年 月 日

建设单位意见：

（盖章） 年 月 日

附录E 气体灭火系统竣工验收报告

气体灭火系统竣工验收报告   表E

工程名称		系统名称	
建设单位		设计单位	
施工单位		验收日期	

验收项目分类	验收项目	验收结论
技术资料审查	1. 竣工验收申请报告； 2. 施工记录和隐蔽工程中间验收记录； 3. 竣工图和设计变更文字记录； 4. 竣工报告； 5. 设计说明书； 6. 调试记录； 7. 系统及其主要组件的使用维护说明书； 8. 系统组件、管道材料及管道附件的检验报告和出厂合格证； 9. 管理、维护人员登记表	
防护区和贮瓶间检查	1. 防护区的设置条件； 2. 防护区的安全设施； 3. 贮瓶间的设置条件； 4. 贮瓶间的安全设施	

附录 F 本规范用词说明

F.0.1 为便于在执行本规范条文时区别对待,对要求严格程度不同的用词说明如下:
 (1) 表示很严格,非这样做不可的用词:
  正面词采用"必须";
  反面词采用"严禁";
 (2) 表示严格,在正常情况下均应这样做的用词:
  正面词采用"应";
  反面词采用"不应"或"不得";
 (3) 表示允许稍有选择,在条件许可时首先应这样做的用词:
  正面词采用"宜"或"可";
  反面词采用"不宜";

F.0.2 条文中指定应按规定的标准、规范或其他有关规定执行时,写法为"应按……执行"或"应符合……要求或规定"。

续表 E

验收项目分类	验收项目	验收结论
管道和系统组件检查	1. 管道及其附件的型号、规格、布置和安装质量; 2. 支、吊架的数量、位置和安装质量; 3. 喷嘴的型号、规格、数量和安装质量; 4. 灭火剂贮存容器的数量、型号、规格、标志、安装位置,灭火剂无泄漏量、贮存压力和安装质量; 5. 集流管的安装质量和泄压装置的泄压方向; 6. 阀驱动装置的数量、型号、规格、标志、安装位置和安装质量; 7. 选择阀的数量、型号、规格、标志、安装位置和安装质量; 8. 汇流间设备的手动操作点标志	
系统功能试验	1. 模拟自动启动试验; 2. 模拟喷气试验	

验收组人员姓名	工作单位	职务、职称	签名

验收组结论:

  验收组长签名: 年 月 日

建设单位意见:

           (盖章)   年 月 日

公安消防监督机构意见:

           (盖章)   年 月 日

附加说明

中华人民共和国国家标准
气体灭火系统施工及验收规范
GB 50263-97
条文说明

本规范主编单位、参加单位和主要起草人名单

主 编 单 位：公安部天津消防科学研究所

参 加 单 位：辽宁省消防局
　　　　　　　天津市公安消防局
　　　　　　　厦门市公安消防支队
　　　　　　　上海市化工设计院
　　　　　　　西安市 524 厂
　　　　　　　上海市崇明县建设局
　　　　　　　深圳市胜捷消防工程公司

主要起草人名单：金洪斌　熊湘伟　倪照鹏　李　野　袁俊来
　　　　　　　　　刘跃红　谢德隆　綦高觉　庄炳华　杨玉琴
　　　　　　　　　田如瀚　徐才林　周义坪　冯修远　马　恒

目 次

1 总则 …………………………………… 14—18
2 施工准备 ……………………………… 14—19
 2.1 一般规定 …………………………… 14—19
 2.2 系统组件检查 ……………………… 14—20
3 施工 …………………………………… 14—22
 3.1 一般规定 …………………………… 14—22
 3.2 灭火剂贮存容器的安装 …………… 14—23
 3.3 集流管的制作与安装 ……………… 14—24
 3.4 选择阀的安装 ……………………… 14—25
 3.5 阀驱动装置的安装 ………………… 14—25
 3.6 灭火剂输送管道的施工 …………… 14—26
 3.7 灭火剂输送管道的吹扫、试验和涂漆 … 14—27
 3.8 喷嘴的安装 ………………………… 14—28
4 调试 …………………………………… 14—29
 4.1 一般规定 …………………………… 14—29
 4.2 调试 ………………………………… 14—30
5 验收 …………………………………… 14—32
 5.1 一般规定 …………………………… 14—32
 5.2 防护区和贮瓶间验收 ……………… 14—33
 5.3 设备验收 …………………………… 14—33
 5.4 系统功能验收 ……………………… 14—35
 5.5 维护管理 …………………………… 14—35

编 制 说 明

根据国家计委计综[1989]30号文件和建设部(91)建标技字第28号文件,由公安部天津消防科学研究所会同辽宁省消防局,天津市公安消防局,厦门市公安消防支队,上海市化工设计院,西安五二四厂,上海市崇明县建设局,深圳市胜建消防工程公司等七个单位共同编制的《气体灭火系统施工及验收规范》GB 50263-97,经建设部1997年2月24日以建标[1997]36号文批准,并会同国家技术监督局联合发布。

编制组遵照国家基本建设的有关方针政策和"预防为主,防消结合"的消防工作方针,对我国气体灭火系统的生产、施工、验收和使用情况进行了调查研究,开展了典型工程施工与验收的试验验证,在总结已有科研成果和工程实践的基础上,参考国际标准和英、美、德、日等国外标准,并广泛征求了有关单位意见,经反复讨论修改,编制出本规范,最后经征得有关部门会审定稿。

本规范共有五章和六个附录,包括总则、施工准备、施工、调试和验收等内容。

为便于设计、施工、科研、学校等有关单位人员在使用本规范时能正确理解和执行条文规定,编制组根据国家有关编制标准、规范条文说明的统一要求,按《气体灭火系统施工及验收规范》章、节、条顺序,编制了本条文说明,供国内各有关部门和单位参考。各单位在使用中,注意总结经验,积累资料,发现本规范及条文说明中需要修改和补充之处,请将意见和有关资料直接函寄公安部天津消防科学研究所(地址:天津市南开区卫津南路92号,邮政编码300381)。

1996年1月

1 总　则

1.0.1 本条提出了编制本规范的目的，即为了保证气体灭火系统的施工质量，确保系统的正常运行，减少火灾危害，保护防护区内人员生命和财产的安全。

气体灭火系统都适用于重要部位或场所的火灾防护。这些部位或场所一旦发生火灾，如果设置的灭火系统不能起到预期的防护作用，将会造成重大的经济损失乃至人员的伤亡。要使建成的气体灭火系统能够正常运行，并在火灾时发挥预期的灭火效果，正确、合理的设计是前提条件；而符合设计要求的高质量施工和严格的验收，则是最后的决定条件。

一些工业发达国家已应用气体灭火系统几十年，在设计、施工和应用方面积累了丰富的经验，应用技术相当成熟。在国际标准化组织和美、德、法、英、日等国家对气体灭火系统的标准、规范中，都不同程度地对系统的设计、施工以及使用单位具体规定，而且多数做出了有关气体灭火系统应用较晚，施工以及使用单位对气体灭火系统不太熟悉。我国虽然颁布了有关气体灭火系统设计规范，但在设计规范中未涉及到施工与验收无章可依的局面。这就难于衡量一个建成的气体灭火系统是否达到了设计要求，也难于保证该系统在火灾时能否发挥预期的防护效果。因此，制定气体灭火系统施工及验收规范是非常必要的。

本规范的编制，是在吸收国外标准规范的先进经验，广泛征求国内专家的意见并通过典型工程试验验证的基础上完成的。它对气体灭火系统的施工、调试、验收提出了统一的要求，使系统的施工做到正确、合理，达到预期的防护目的。本规范作为施工安装依据，也是消防管理部门和工程建设单位对气体灭火系统工程建设质量的监督审查依据。

1.0.2 本条规定了本规范适用的范围，即适用于工业和民用建构筑物中设置的二氧化碳灭火系统、卤代烷1211灭火系统、卤代烷1301灭火系统的施工和验收及维护管理。

这里的灭火系统，是指和国家标准《二氧化碳灭火系统设计规范》GB 50193、《卤代烷1211灭火系统设计规范》GB 50163 之规定相适应的灭火系统、卤代烷1301灭火系统设计规范》GBJ 110和《卤代烷1301灭火系统设计规范》GBJ 110 之规定相适应的灭火系统，即设置于工业与民用建、构筑物中全淹没方式和局部应用方式灭火的二氧化碳灭火系统，全淹没方式灭火的卤代烷1211灭火系统和卤代烷1301灭火系统。

1.0.3 本条根据我国的具体情况规定了气体灭火系统的施工及验收应遵守的基本原则和达到的要求。

气体灭火系统都用于重点要害部位的火灾防护，系统的施工往往在土建工程以及建筑物内部装饰工程交叉进行，而且还要与火灾自动报警系统、与灭火系统联动的设备以及人员安全疏散设施配套，形成一个完整的防护系统。系统的施工及验收必涉及到一些重要的经济、技术问题。因此，气体灭火系统的施工及验收必须遵循国家有关法规和方针政策的规定，执行《中华人民共和国消防条例》。

气体灭火系统工程的施工必须根据公安消防监督机构审核合格的施工图施工，并根据防护区的特点以及配套工程的具体情况制定合理的施工方案。在施工过程中的每个阶段，都要建立科学的施工程序，严格的质量检查和试验、验证方法，验证质量达到施工设计要求。工程的验收，必须在当地公安消防监督机构的监督下，按照统一规定的程序，经过必要的检查、测试和试验验证，确认其已完全达到了设计要求，能够正常运行并能在火灾时达到预期的效果，才能投入使用。

本条规定了气体灭火系统的施工及验收要达到的总要求为

"安全使用、技术先进、经济合理"。这要求施工及验收要保证系统符合设计要求和实际应用的需要，保证建成的系统在平时应处于良好的正常运行状态，防护区内未发生火灾时不得发生误动作，防护区内一旦发生火灾，应能立即启动，并按设计要求的参数进行灭火，把火灾扑灭在初期，确保防护区内人员的安全并尽量减少灭火损失。在施工中，应尽量采用成熟的先进技术、新工艺、新材料，促进生产力的发展，合理组织施工，降低成本造价。

1.0.4 本条规定中所指的"现行国家有关标准、规范"，是指除本规范中已指明的以外，还包括以下几个方面的标准、规范。

(1) 消防基础标准与有关的安全基础标准；
(2) 有关的工业与民用建筑防火标准、规范；
(3) 有关的火灾自动报警系统标准、规范；
(4) 有关的卤代烷、二氧化碳灭火系统部件、灭火剂标准；
(5) 其他有关的标准。

2 施工准备

2.1 一般规定

2.1.1 本条规定了气体灭火系统的施工前所应具备的技术资料、图纸和文件。

施工图和设计说明书是气体灭火系统施工的技术依据，规定了灭火系统的基本设计参数、设计依据和设备材料等，如灭火剂设计浓度、灭火剂用量、灭火剂的贮存压力、容器的规格、数量、喷嘴的规格型号、管道的材质及规格数量、管道的布置方式、设备的布置、连接与固定要求、管道安装后的试验压力及要求等。

系统及其主要组件的使用、维护说明书是设备制造厂根据其产品的特点和规格型号、技术性能参数编制的供设计、安装和维护人员使用时的技术说明与要求，主要包括产品的结构、技术参数、安装的特殊要求、维护方法与要求，这些资料不仅可帮助设计单位正确地进行消防监督机构的审核，检查施工质量，而且是施工单位把握设备特点，正确安装所必需的。

产品的检验报告与合格证是保证系统所用设备与材料质量符合要求的可靠技术证明文件。对已颁布实施国家标准的系统组件，应出具经相应国家质量监督检验测试中心的检验合格报告，如选择阀、单向阀、喷嘴、容器阀和管网驱动装置、灭火剂贮存容器和选用具中必须包括水压强度试验、气压严密性试验等内容。对灭火剂输送管道应提供相应规格的管道材质证明。

对于密封式容器阀系统中一些不能复验的重要材料，如安全阀上的安全膜片、膜片密封式容器阀上的密封膜片，它们在使用时都是一次性

计图纸为固定管道和方便管道穿越建筑构件及材质是相计
的,无法逐个检验。但同批产品的生产工艺和操作条件及材质是相同的,势必增加施工困难,影响进度和质量。对于这一点在实际施工中常发生矛盾,这就要求设计单位、建设单位在实际施工中共同协调好,保证施工质量达到设计要求。

2.1.2 本条仅对气体灭火系统的特点,对其施工所必备的基本条件作了规定,以保证系统未作规定,如水电要求、施工所需机具、施工人员等条件。

气体灭火系统在防护区中是一个独立的系统。它有独立的设备间,独立安装的管道、选择阀、容器阀、单向阀、喷嘴、阀驱动装置等,在基建施工现场安装。土建施工现场中属运送灭火材料、人员都较多,有水泥、砂、石等易使灭火设备及管道发生堵塞、遭击和腐蚀等危害的物料。因此,灭火系统的安装要求在土建完成后,与室内装修工作配合进行。

本条中规定的防护区和灭火剂贮瓶间的设置条件主要指防护区的位置,大小,封闭和开口情况,围护构件的耐火性能、耐压强度,门窗的设置情况,贮瓶间的大小与位置,及防护区、承重性能及贮瓶间的温度等。这些条件是灭火系统能否可靠运行并在火灾时能否启动的关键因素。因此,安装前必须检查建设单位和设计单位向设计单位反映,及时采取措施。

系统组件主要材料是指本规范第 2.1.1 条中的灭火剂贮存容器阀、选择阀、单向阀、集流管、喷嘴、阀驱动装置、灭火剂的贮存容器、管道及管道附件。这些设备材料一定要符合设计要求。选用这些设备及配件的生产加工有一定的周期,如在安装时发现其规格、型号与设计不符,则必然会贻误工期,影响进度甚至影响施工质量。我们在调研中发现,有些系统中,管道连接前后材料不一致,或需用丝接的地方却采用焊接,或管道材质与设计不符等现象。这些都与施工前的准备不充分有关。

土建施工中为灭火系统设置的预埋件与预留孔洞,是根据设计图纸为固定管道和方便管道穿越建筑构件而规定的,如与设计不符,势必增加施工困难,影响进度和质量。对于这一点在实际施工中常发生矛盾,这就要求设计单位、建设单位在实际施工中共同协调好,保证施工质量达到设计要求。

2.2 系统组件检查

2.2.1 本条规定了气体灭火系统的主要组件在安装前的外观质量检查要求。

系统的主要组件,如灭火剂贮存容器、选择阀、单向阀、喷嘴、压力表等,在从生产厂搬运到施工现场的过程中,要经过装车、运输、卸车和搬运、贮存等环节。在这期间,就有可能会因意外原因对这些设备及部件造成损伤。根据气体灭火系统的使用特点,系统组件安装连接后,需长期受外界环境变化的影响,不同组件需长期或短时间内承受一定的气体高压,对部件本身及整个系统的耐压强度、严密性能和耐腐蚀性能等有较高的要求。主要组件的外观质量变化,有可能引起其内在质量的变化。

外露接口的防护封堵,盖可防止外界杂物进入,并能保护螺纹或密封面。

铭牌及其内容是由生产厂封贴标注的,它其实地反映了该产品的规格、型号、生产期、主要物理维护参数等是施工单位消防监督机构进行核查,用户进行日常维护检查的依据,应清晰标明且目符合设计规范规定的内容要求。设计规范规定的内在贮存主要有在贮存装置上标明每个贮存容器的编号,灭火剂充装量,充装日期和贮存压力等。

此外,标牌上的内容还需符合产品标准的要求。

本条还对保护同一防护区的灭火剂贮存容器和驱动气体贮存容器的高度进行了规定,这一规定除考虑到容器安观外,更重要的是选用高度一致的容器可以尽量降低容器容积和喷嘴充填率的误差,从而减少对灭火剂的喷射时间和喷嘴前压力的影响。

2.2.2 气体灭火剂的充装压力和充装量是通过管道流体计算后

确定的。这两者的变化将直接影响到管道的计算结果，如喷嘴的孔径和管道，会降低灭火系统的工作压力。通常充装压力和充装量小于设计值则会影响灭火效果，延长喷射时间；反之，也会因扩容压力损失太大，影响喷射强度和时间。因此，规定灭火剂出口与管网入口或集流管之间的充装压力与充装量不应超过设计值的1.5%。对于二氧化碳灭火系统，本规范中的规定是根据现行国家标准《二氧化碳灭火系统设计规范》中的在49℃下二氧化碳贮存系统来规定的。在某一充装率下，二氧化碳的贮存压力即为相应环境温度下二氧化碳的蒸气压，无需再另外充压。该压力与温度即充装率成正比。在40℃下充装率为0.6时，二氧化碳的贮存压力为9.6MPa，充装率为0.67时，则为11.2MPa，而对于充装率为0.6的系统，49℃时其贮存压力为12.1MPa。因此，对于二氧化碳灭火系统的充装量更应严格掌握，以策安全，而其贮存压力不作规定，只要温度确定，充装量确定，贮存压力也就确定了。

本条规定与国外相应标准的规定基本一致，如美国标准NFPA 12A《卤代烷1301灭火系统标准》和NFPA 12B《卤代烷1211灭火系统标准》都规定，对可再充装的灭火剂重量和贮存压力至少每半年检查一次。如果灭火剂重量损失在5%以上或经过温度校正后的压力损失在10%以上，就必须进行充装或更换。灭火剂的充装压力，对卤代烷1211灭火系统：21℃时，充装压力应为1.14±0.07MPa或2.58±0.14MPa；对于卤代烷1301灭火系统：21℃时，充装压力为2.58±0.14MPa或4.24MPa±5%。国际标准ISO/DP7075/1-1984也有同样的规定。

2.2.3 本条是根据我国有关产品现状，参照现行国家标准《工业管道工程施工及验收规范》GBJ 235的有关规定进行的规定。气体灭火系统中的选择阀是靠活塞密封，需要启动时可电动、气动或手动打开，利用灭火剂从贮存容器中喷出来后的自身压力将活塞顶开，而使选择阀的内腔与管网形成通路。液体单向阀和气体单向阀在灭火系统中的作用，是在灭火时阻止灭火剂或驱动气体回流或流入其他系统的管道中；在维护拆装时防止其他瓶组的灭火剂流失和意外动作时对人员和周围设备造成危害。高压软管是连接容器阀、灭火剂出口与管网入口或集流管之间的软管，起缓冲作用，并方便安装连接。通常有橡胶型、复合型和金属型三种，两端为活接头。

这些组件都是管网前端灭火剂释放的关键组件，不但要操作灵活，而且应具有一定耐压强度和严密性能，特别是对这些组合分配系统尤为重要。因此在安装前应对这些组件逐个进行试验。

现行国家标准《工业管道工程施工及验收规范》GBJ 235 中也规定了："高、中压有毒、剧毒及甲、乙火灾危险物质的阀门均应逐个进行电磁驱动装置上的电磁阀。公称压力小于或等于30MPa的阀门，其强度试验压力为公称压力的1.5倍，除蝶阀、止回阀、底阀、节流阀外的阀门严密性试验压力一般应以公称压力进行。"

2.2.4 气体灭火系统灭火剂贮存容器阀可通过下述几种方式启动释放灭火剂，即通过该阀上的拉杆或按钮手动打开；通过该阀的压力的吸力，推动活塞或阀破割膜片的电磁阀，在通电后线圈产生的磁场使电磁铁芯在通电后线圈中的电磁铁芯的吸力，在通电后线圈产生的磁场使电磁铁芯打开；通过连接的压力打开。本条中规定的电磁驱动装置主要指灭火剂贮存容器阀上的电磁阀和气体驱动装置上的电磁阀。

根据电磁驱动装置的动作原理，它需要一定的电压和电流才能使容器阀产生足够的吸力或推力，以及一定的电磁铁芯行程，才能打开容器阀。如果电压不够，电流达不到要求，则不能形成足够强的磁场来使驱动杆达到行程要求，如行程不够也会使驱动杆无法具备的动作能量不能使密封活塞打开或膜片，导致推杆中途卡阻也同样打不开容器阀，使灭火剂无法释放，导致灭火失败。例如，在某库房的卤代烷1211自动灭火系统的调试中，曾发生过一切信号、动作都正常，而没有释放灭火剂及灭火剂的气体。

3 施 工

3.1 一般规定

3.1.1 本规范第 2 章中已规定气体灭火系统施工前,设计图纸和有关技术文件都应经过公安消防监督机构的审核,其设计参数均已确定。这些参数,如当量长度、喷嘴的比流量等,因选用的设备和材料生产厂不同而有差异,与管道的布置,与管道材料及管径、设备型号等相互制约,相互影响,都是影响系统可靠性、安全性的重要设计条件。本条规定不得随意更改设计图纸和技术文件的内容主要指:

灭火剂贮存容器及容器阀、选择阀、驱动气体贮存装置、高压软管、喷嘴的型号及其安装位置,灭火剂的充装量与充装压力;

灭火系统的操作控制方式及其连接;

灭火剂输送管道及其连接附件的材质、规格、尺寸、布置和连接方式;

设备安装前的检验要求及设备的安装要求。

灭火系统管道的严密性、连接强度和吹扫试验要求,防腐与固定要求。

此外,按国家工程建设的有关规定,施工单位变更设计必须经原设计单位审核认可,报有关监督部门备案。对于气体灭火系统,如果施工单位在安装时未经设计和公安消防监督机构审核同意而变动原设计或设计技术文件中的有关技术要求,则可能影响灭火系统的可靠性,为其安全运行留下隐患。目前在实际工程施工中,这方面存在的问题较多,如有的将镀锌无缝钢管换成焊接钢管;专用管接件换成一般水煤气管接件进行安装。灭火设备未经有关部
情况。经测试电压、电流都符合要求,电磁阀动作也正常,最后分析查找确定为驱动杆的行程不够,即未能剩破驱动气体的密封膜片。因此,电磁驱动装置的电流、电压应符合系统设计要求。电磁阀应通电检查,其行程应能满足系统启动要求,且动作灵活无卡阻现象。

单向阀有卡阻时,也会使驱动气体无法通过,不能打开相应的选择阀和容器,致使灭火失败。

气动驱动装置之贮存容器内的压缩气体是启动容器阀和选择阀的动力源,其压力达不到设计要求的压力时,将可能影响系统的启动。在检查时应予重视。如果该贮存容器内的气体压力低于设计值则应更换或重新充装。

门同意或复核，随意更换成其他厂家或其他规格的设备、喷嘴不购买或经过自行制、在应用使用时支架的地方采用了吊架、管道试验说明进行等，这些都是不允许的。

3.1.2 本条主要依据国内有关标准和实践经验总结制定的。如现行国家标准《工业管道工程施工及验收规范》GBJ 235 中规定：经过验收和检查合格的高压钢管应及时填写《高压钢管件验收记录》。高压管件及紧固件验收后应填写《高压管工程验收及隐蔽工程记录》。埋地高压管道试压防腐前，应办理隐蔽工程检查，并填写《系统封闭记录》。管道系统最终封闭前，可以在现场充装灭火剂和增压。

气体灭火系统的施工记录，是真实地反映施工单位安装灭火系统全过程的文字记录。施工记录中反映了安装前对灭火系统设备和材料的检查情况，如设备的规格、型号、外观、材质、规范，阀件的检查情况、管道的试验情况、管道的加工安装情况、安装中采用的新工艺、新方法、管道安装时对原系统设计和检查设计规范的变更，以便于调试验收人员了解灭火系统的实际状况和施工试验，也利于施工单位总结经验吸取教训。施工单位除在安装时指定专人负责，认真填写变更文字记录、安装试验记录以及单项工程竣工验收报告、隐蔽工程检查验收报告，为建设单位申请验收和日后的检查维护，以及责任认定提供相关文件。

3.1.3 气体灭火系统是中、高压灭火系统。其中的集流管焊接与检查、阀门与高压软管连接和高压软管的安装，支架的加工、制作与安装，管道的吹扫，试验与涂漆常规做法，与中、高压工业管道的安装要求基本一致。因此，这些部件和管道的加工除本规范的特别规定外，只要按现行国家标准《工业管道工程施工及验收规范》GBJ 235 中的规定，就能达到气体灭火系统的安装质量要求。

3.2 灭火剂贮存容器的安装

贮存容器内的灭火剂充装量与充装压力是灭火系统管道流体计算的基础。它要求灭火剂的充装量与充装压力符合本规范第2.2.2条所规定的充装精度。这就要求灭火剂在充装贮存容器时需具备完善的充装、加压设备和检测手段，显然在专业生产厂内能较好地满足这一要求，材料，既不经济，也易使灭火剂发生泄漏。

但目前国内一些工程公司为便于调试开通时的喷气试验，常从生产厂批量购进灭火贮存容器和灭火剂，自行进行灌装。因此在能保证喷射量的条件下，可以在现场充装灭火剂。

3.2.1 本条规定是依据对已安装灭火设备的实际情况及关于灭火剂贮存容器的操作面间距在现行国家标准《因代烷1301灭火系统设计规范》GBJ 110和《二氧化碳灭火系统设计规范》GB 50193中都未对此作出规定，为统一这一技术要求，在本规范中作此规定，防止不合理的布置。

3.2.2 本条是依据安装灭火设备的实际需要而制定的。关于灭火剂贮存容器的操作、维修、操作和检查人员的安全，以及便于高压软管与贮存容器之间的连接，以及有关人员进行检查维修，而对贮存容器上的压力表安装高度和方向作此要求。

3.2.3 为使设备安装后整齐美观，及便于检查人员的喷射试验结果确定的。气体灭火系统中的灭火剂贮存容器在施放灭火剂时，由于贮存压力较高，释放时间很短，因而会产生较大冲击，且贮存容器及其他设备一经验收合格投入使用，就需长期经历所处环境条件影响，因此应为防止发生意外，贮存容器应用耐久支架可靠固定，且作防腐处理。

3.2.4 本条规定与国外标准ISO/DP7075/1《消防设备──因代烷自动灭火系统》中规定："贮存容器不得布置在受恶劣气候影响或机械、化学或其他损害的地方。"

在预料会受到异常气候或机械损害时，应加以适当保护或加外壳。"多容器的系统安装时，容器要安装得当，并妥善地固定在支架上……"

3.2.5 本条规定主要为方便有关单位在安装、调试和验收时的抽验及复位、交付使用后，使用单位也能方便地进行重新充装、加压、恢复维护工作。

这里应注意的是，在现行国家设计规范中规定要有标明贮存容器编号的耐久标牌是固定在一套贮存装置上的。而本条规定的是在每一个贮存容器的外壁上均应标牌上的灭火剂名称及贮存容器的编号。

3.3 集流管的制作与安装

3.3.1 组合分配系统的集流管是汇集从各个贮存容器中施放的灭火剂，向配防护区输送的管道。通常它的出口通过短管与管道连接，入口通过高压软管至贮存容器与管阀连接。这样，从选择阀至高压软管之间是一封闭状态，在平时，选择阀处于关闭状态。这样，从选择阀至高压软管之间是一封闭管段，因此集流管会因灭火剂泄漏，或灭火时灭火剂释放温度较高能打开，或灭火剂误喷等原因而承受最高环境温度下相应压力。这要求集流管应具备较高的耐压强度，使它能承受灭火剂释放温度下相应的充装比相应灭火剂充装充装率下的最大工作压力。

目前国内尚未制订有关气体灭火系统使用的集流管及管接件的国家标准。由于各系统的具体情况不一样，集流管及管接件的单件生产成本高，且实际中多采用高压管道通过焊接制作而成。集流管会因灭火剂泄漏，因而在实际中多采用高压管道通过焊接制作而成，且易发生泄漏。因此，本条规定直采用焊接方法加工。焊接及检验方法应按现行国家标准《工业管道工程施工及验收规范》GBJ 235 的要求进行。

集流管的进出口采用机械加工，可以保证设计所需通径，可以保证进出口和工程中所采用的气割方法所采用所需

口径，增加局部阻力，影响设计精度。
此外，根据气体灭火系统有关设计规范的规定，采用一般碳钢管制作的集流管也要求在焊接后进行内外镀锌处理。为避免焊接时烧坏表面镀层，本条要求在焊接后进行镀锌处理。

3.3.2 本规范第 3.3.1 条的条文说明中已指出，组合分配系统的集流管可能会承受与贮存容器内灭火剂贮存压力一样高的压力，因而集流管制作后应进行水压强度试验和气压严密性试验。其试验压力已在本规范第 2.2.3 条中作了规定。

本条规定的集流管的规定是与本规范的规定是一致的。如英国标准 BS 5306《室内灭火装置与设备实施规范》中规定：集流管在制造厂中试验，对于卤代烷 1301 灭火系统，2.5MPa 系统的最小试验压力为 9.0MPa，4.2MPa 系统的最小试验压力为 13.0MPa；对于卤代烷 1211 灭火系统，1.05MPa 系统的最小试验压力为 5.6MPa。2.5MPa 系统的最小试验压力为 5.6MPa。

对于二氧化碳灭火系统，在管道中有可能积聚二氧化碳的地方，如阀门之间，应加装适宜的超压泄放装置。对于高压系统，该装置的设计动作压力为 15±0.75MPa。因此该类二氧化碳系统中集流管的最小工作压力应为 12MPa。

3.3.3 非组合分配系统的集流管是与灭火剂输送管道直接相通的，中间无阀门封闭，属开口管段。在灭火释放时，该集流管承受的压力与管道内的压力基本一致，为降低成本，可以与管道安装一样，采用螺纹连接方式，其强度按组装件组装和严密性试验中应按本规范第 3.7 节中的规定进行。试验中应将高压软管拆离灭火剂贮容器，防止误喷放，并应注意人员安全。

3.3.5 本条规定主要考虑到集流管在灭火剂释放时会受到高速流体的很大冲击力而规定的，同时也起支撑作用，避免管道和高压软管长期受拉或受压。

3.3.6 本条规定的红色与消防专用色一致。它提示人们注意保护，并便于人们在多种管道并存的情况下，容易辨别。

3.3.7 在集流管上安装泄压装置是对组合分配系统而言的。该泄压装置在系统释放灭火剂后,选择阀未能打开或平时故障使该密闭管段内积存有高压气体的情况下,能使该部位气体压力达到系闭管段内积存有高压气体的情况下,能使该部位气体压力达到安全压力及时反泄压,消除危险隐患。因而其泄压方向应避免朝向操作面,以免伤害人员,达到安全使用的目的。

本条规定与国外有关标准的规定是一致的。如美国标准NFPA 12A和12B《卤代烷1301灭火系统标准》和《卤代烷1211灭火系统标准》均规定:所有压力泄放装置的设计和安装位置,都必须考虑在其泄压时不致伤人。

3.4 选择阀的安装

3.4.1 本条规定是根据气体灭火系统的产品规格尺寸,以及人员快速便捷地操作选择阀的需要而制定的。

气体灭火系统的贮存容器高度一般为1.5m左右,加上高压软管、集流管以及选择阀与实际安装的管道,选择阀的实际安装高度将超过2.0m。因此,安装中在些需要采取一些不影响处理,选择阀通常为1.5～1.7m。而人员正常易于操作和便人员操作的措施,使人员的实际操作高度不超过灭火系统操作及维护及便于人员操作的措施,使人员的实际操作高度不超过1.7m。

目前国内安装使用的气体灭火系统中,常见的选择阀安装高度不少在2.0m左右,有的设置了登高梯,有的则采用了图1所示的安装方式,或设置操作平台。这些措施是可取的,也便于人员操作。

3.4.2 气体灭火剂贮存装置和控制设备的安装包括灭火剂的输送管道与喷嘴,以及灭火设备的安装,安装时一般先安装管道,在管道试验后才安装设备。因此管道与设备之间存在一个连接问题。在组合分配系统中,由于贮存容器与设备多个选择阀,与多组管道相连,且选择阀的规格也常有差异,在往往给安装带来困难,且选择阀与管道的连接应采用

活接头或法兰。因此,对于非组合分配系统,在单个灭火剂贮存装置的系统中,由于高压软管组两端一般都活接头,实际安装时可以不用另增活接头与管道连接。但对于多个灭火剂贮存装置的系统,由于在主管道接头之间有集流管,因而也需采用活接头或法兰连接管道与集流管。

3.4.3 本条规定与现行国家气体灭火系统设计规范的规定相适应。规定标牌的固定位置主要是为了便于人员辨识与操作。

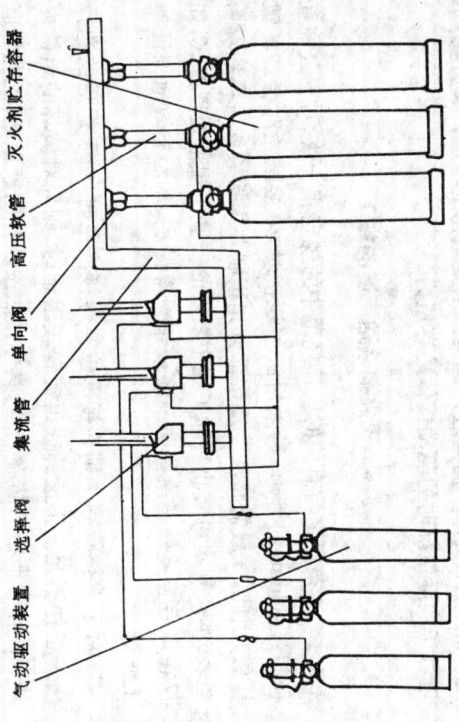

图1 降低选择阀安装高度示意图

气动驱动装置 选择阀 集流管 单向阀 高压软管 灭火剂贮存容器

3.5 阀驱动装置的安装

3.5.1 气体灭火系统的电磁驱动装置通常是安装于灭火剂贮存容器或气体贮存容器阀上。每个电磁驱动装置上都有两根导线引出,如再加上选择阀或压力讯号器上的导线,则导线会更多。将这些导线穿入金属软管安装,既能保护导线,又易使布

的压力贮存容器中。管道分别与驱动气体贮存容器相互连接。贮存容器的严格要求，而使高压气体产生泄漏，如果这段管道相互连接的严密性达不到要求，而使高压气体产生泄漏，在达到灭火剂贮存容器的动作压力时，驱动气体的压力将可能低于灭火系统设备规定的动作压力，可能导致打不开容器阀，无法释放灭火剂。因此，安装后需进行严密性试验。由于驱动气体进入阀门后，只要达到其动作压力，即可能启动系统，放试验时要采取消措施，隔绝试验气体进入灭火剂贮存容器的管道，如在另一端拆下气动管道，加上一个单向阀进行试验，从安全角度考虑，试验压力不应低于实际情况时的驱动气体贮存压力。

3.6 灭火剂输送管道的施工

3.6.1 本条规定与有关设计规范中的规定相一致。对于公称直径超过80mm的管道，需采用法兰连接时，焊接法兰时会烧坏镀锌层。因此，一般需将法兰连接部分先预购并焊接镀锌后再到现场组装。本规定可防止实际工程中发现的一些不规范做法，如仅在焊后管道外表面涂些防锈漆或银粉等做法，从而有效地保证施工质量。

对于选择阀等个别连接部位需焊接法兰时，由于焊后的组件内外表面作较严格的防腐处理。具体做法按现行国家标准《工业管道工程施工及验收规范》GBJ 235 的有关规定进行。

3.6.2 本条规定对管道施工穿越建筑构件时安装的常规做法，防止建筑构件对管道的损害，也为防止维修。这与现行国家标准《工业管道工程施工及验收规范》GBJ 235 的有关规定一致。其中采生不燃材料主要指玻璃纤维、硅酸铝纤维、岩棉等。

3.6.3 本条规定支、吊架间距是依据英国标准 BS5306《室内灭火装置与设备实施规范》制定的。

3.6.4 本条对管道分流所采用的三通管接件的安装位置和分

线整齐美观，便于检查。因此，本条对此进行规定，作为评价施工质量的一项指标。

3.5.2 拉索手动驱动装置是安装在防护区外人口附近的手动控制拉杆，通过钢丝绳与灭火剂贮存容器的远程手动装置。为使这一手动装置在长期使用过程中不受腐蚀，不发生卡阻，防止外界的意外做撞而误启动灭火系统。本条规定采用内外镀锌钢管和防护套管，使拉索与套管不发生摩擦，从根本上保证可靠地固定，使拉索运行中套管不发生摩擦，从根本上保证这一启动方式的安全可靠。

3.5.3 以物体重力为驱动力的机械装置是从灭火剂贮存容器的拉柄上引出的拉索，经过控制盒打开容器阀，释放灭火剂的重物联系在一起。这套装置与灭火剂贮存装置一起设在贮瓶间内。系统正常运行时，重物是悬空的，通过控制盒内的锁定装置卡住。灭火时，由报警灭火控制器或手动松开控制盒内的锁定装置，打开容器阀，释放灭火剂。因此，在该装置与容器阀上的压杆、打开容器阀，释放灭火剂。因此，在该装置与容器阀的连接装置及重物行程内，应保证畅通无阻，并考虑拉索长期处于落伸状态及受热膨胀产生的变形。本条还规定了安装行程的最小安全盈余量，确保其动作的可靠性。该剩余量与有关产品的性能相适应的。

3.5.4 本条规定与本规范第 3.2.4 条的规定一致。

3.5.5 气动驱动装置与灭火剂贮存装置之间的气动管道一般是采用紫铜管或不锈钢管，其公称直径一般为 φ8×1，因此，管道多且较长时还易变形和难于布置整齐。参照液压传动的有关管道安装规程，制定了本规定，使气动管路布置美观、固定牢靠，整体刚性好，能防变形和晃动。在液压传动系统的配管规定中规定：管子尽量少、平行配置，应布置成平行或垂直的配管；叉要交叉时或平行的管子之间，需有一定的空隙，以防止接触和振动。细的管子应沿着墙壁、房屋及主管布置。

3.5.6 气体灭火系统中的驱动气体通常是以 6.0MPa（20℃时）

我国现行国家标准《工业管道工程施工及验收规范》，对不同气体灭火系统的水压强度试验压力进行了规定。这些规范规定水压强度试验压力为工作压力的1.5倍。对于气体灭火系统，在情况允许时，如水源、防护区内允许用水介质试验等，应采用水压试验，以策安全。否则，应按本规范第3.7.3条之规定进行。

对于卤代烷1211灭火剂压力为初始喷射时系统的实际工作压力。而对卤代烷1301灭火系统，我国现行有关设计规范中规定，其管道承受的最大压力为初始喷射时系统的实际工作压力。根据理想气体的状态方程、等温变化过程可用本条文采用的气体压力为：

$$P = P_0 V_0 / (V_0 + V_p) \quad (1)$$

式中 V_0 ——卤代烷1211灭火剂喷射前，贮存容器内的气相体积(L)；

V_p ——管道的内容积(L)；

P_0 ——20℃时卤代烷1211灭火剂的贮存压力(MPa，绝对压力)；

P ——刚开始喷射灭火剂时管道承受的最大压力(MPa，绝对压力)。

对于卤代烷1301灭火系统，由于卤代烷1301在喷射过程中呈两相流动状态，因而采用气态方程计算其压力变化时，应考虑因高程变化、温度了温度变化、高程变化、管接头、软管等对压力的影响，并且由于灭火剂喷射是一个降压过程，实际压力将比该式计算结果低，因而未考虑温度超过20℃后造成的压力增大值。因此卤代烷1211灭火系统管道的水压强度试验压力可采用本条所确定的公式计算。

NFPA 12A是一致的。该公式是依据气体状态方程导出来的，容器中的气体由增压用氮气和卤代烷1301的饱和蒸气组成。其压力也由这两部分气体的压力组成。根据道尔顿定律，增压用氮气的压力变化应遵守气体状态方程，当温度变化忽略不计时，灭火剂输送管网刚充满氮气的氮气分压可用下式计算：

3.7 灭火剂输送管道的吹扫、试验和涂漆

3.7.1 本条是根据国外有关标准及我国现行国家标准《工业管道工程施工及验收规范》GBJ 235的有关规定所作的要求。在英国标准BS5306和国际标准ISO/DP7075/1中都有相似规定：应对管道和连接设备的机械密封性进行试验，以保证它们不会产生泄漏和喷放灭火剂时管道无位移的危险；在现行国家标准《工业管道工程施工及验收规范》GBJ 235中也规定：管道安装完毕后，应按设计要求对管道系统进行强度、严密性等试验，以检查管道系统及各连接部位的工程质量。

此外，气体灭火系统实施灭火都是依靠在某一区域周围形成一定的灭火剂浓度来实现的。平时管道内没有灭火剂，一旦系统动作，就必须保证灭火剂能准确地输送到灭火区内，并应具备设计所需喷射强度。灭火剂输送管道在短时间内要承受较高压力，因而保证管道连接牢靠并具有一定的密封性能是至关重要的。

3.7.2 本条参照美国 NFPA 12A 和英国 BS 5306 等国外标准和

流方式给予了限制。该规定与国际标准化组织 ISO/DP7071/1、ISO/6183 等标准的有关规定相同。

由于卤代烷1301和二氧化碳的含气化率越大，在管网中呈两相流动，目压力越低则体内的含气率越大，为校准确地控制流量分配，必须按本条规定布置安装，以避免在分流支管中灭火剂的密度产生较大差异，也难以用试验测定分流时引起的流出支管的流量偏差变化，而四通分流出口处，更易引起出口的流出支管的流量偏差较大，也难以用试验测定分流时引起的流出支管的流量偏差变化，故在卤代烷1301和二氧化碳灭火系统中的管道连接时均不采用四通管接头。

三通管件安装时，要求水平布置其出口，也是为防止气液两相流体在三通处发生不稳定分离。流体中液相的密度比气相大，如三通上有一个分流出口垂直布置，则会有较多气相的流体向上分流，而含液量较多的流体向下分流，使两个出口的实际流动量产生偏差。

即：
$$(P'_0 - P_s)V'_0 = P_1(V'_0 + V_p)$$
$$P_1 = (P'_0 - P_s)V'_0/(V'_0 + V_p) \quad (2)$$

则管道可能承受的压力为：
$$P_c = P_1 + P_s$$
$$= (P'_0V'_0 + P_sV_p)/(V'_0 + V_p) \quad (3)$$

式中 P——管道充满灭火剂时承受的压力(MPa，绝对压力)；

P_1——管道充满灭火剂时承受的氮气分压(MPa，绝对压力)；

P_s——卤代烷1301的饱和蒸汽压，在20℃时取1.40MPa；

P'_0——20℃时卤代烷1301灭火剂的贮存压力(MPa，绝对压力)；

V'_0——卤代烷1301灭火剂喷前，贮存容器内的气相体积(L)；

V_p——管道的内容积(L)。

因此，对于卤代烷1211灭火系统，灭火剂输送管道的水压强度试验压力：$P_{1211} = 1.5P$，对于卤代烷1301灭火系统，灭火剂输送管道的水压强度试验压力：$P_{1301} = 1.5P$。

对于二氧化碳灭火系统，由于现行国家规范只规定了常温贮存下的高压系统，因此本条也只针对这一种系统的管道强度试验压力进行了规定。根据该规范规定，管道及其附件应能承受最高环境温度下二氧化碳的贮存压力，即15MPa，此外集流管的工作压力为12MPa，泄压装置的动作压力为15±0.75MPa。同时试验结果也表明，二氧化碳灭火系统灭火时，灭火剂释放后进入管道前，其压力约要损失10%～20%。因此，本条规定二氧化碳灭火系统管网的强度试验压力为15MPa，能符合安全使用的要求。

3.7.3 参照现行有关规定，加压水进行试验，如正在使用或已安装精密设备的场所，文物档案库的改造工程等则可采用气压强度试验代替。试验介质可采用空气、氮气或二氧化碳等。但试验时必须注意采取有效的安全措施，如试验前通知有关人员注意，非试验人员要离开现场，检查各试验连接部位是否牢固等。

3.7.4 本条是依据现行国家条规规定的，结合气体灭火系统施工及验收规范《GBJ 235的有关条款规现行国家标准《工业管道工程施工及验收规范GBJ 235的有关条款规定的，结合气体灭火系统施工及验收规范《工业管道工程施工及验收规范GBJ 235的有关条款规定的，对于卤代烷灭火剂的时间可达几秒钟。二氧化碳灭火系统虽然放灭火剂的时间只有几十秒钟，二氧化碳灭火系统持续喷射时间较短，特别是对于卤代烷灭火剂的时间可达几秒钟。二氧化碳灭火系统虽然放灭火剂的时间只有几分钟，但在喷放1min后压力已降低1/3以上。因此本条规定只需保压5min。

3.7.5 本条规定是根据现行国家标准《工业管道工程施工及验收规范》GBJ 235及气体灭火系统的实际情况制定的。

由于气体灭火系统在平时使用中，管道内有压力，灭火是靠在某一区域内均匀地达到灭火浓度来实现的，因而管道允许一定的泄漏量，但应严格把握泄漏点必须在防护区外的管道连接处，而在防护区外的管道连接处不能有泄漏，否则将有可能使灭火剂流失。本条规定的泄漏连接处不能有泄漏，否则将有可能使灭火剂流失。本条规定的泄漏连接处试验的3min内虽然允许10%，由于灭火剂在喷射时间较短，因而泄漏量较小，且均泄漏进防护区内，对实际喷射强度和灭火剂在防护区的浓度影响不大。这里应强调的是气密性试验应在水压强度试验合格后进行。

3.7.6 本条规定是根据现行国家标准《工业管道工程施工及验收规范》GBJ 235的有关规定制定的，以清除管道内的铁锈、尘土、水渍等脏物。

3.7.7 本条规定是根据在消防上习惯采用红色进行规定的。用红色油漆涂刷管道以区别其他消防用途管道。而对于安装于吊顶内，地板下，夹层或竖井内的管道，为节约人力、材料又便于识别，可涂色环。

本条规定与英国标准BS 5306中的要求是一致的。

3.8 喷嘴的安装

3.8.1 本条规定主要根据我国气体灭火系统的施工现状和外观

要求而制定的。

目前在已安装的气体灭火系统中发现,在吊顶下安装的喷嘴常有露丝、连接竖管长短不一或喷嘴有偏斜等现象。这些都是施工中未与吊顶很好配合,竖管安装时未放垂线造成的,故本规范作此规定,以切实保证施工质量。

3.8.2 喷嘴是气体灭火系统中用控制灭火剂流速和均匀分布灭火剂的重要部件。它的型式多种多样。但无论哪一种,其喷孔大小都是根据设计喷射强度通过管道计算后确定的。反过来,喷孔的大小又影响实际喷射流量。由于喷嘴孔径的规格较密,因此安装时如不逐个进行核对,往往容易弄错。喷嘴的规格、型号应在喷嘴本体上用钢印表示。本条规定和美国 NFPA 12A 等国外标准的规定是一致的。

4 调 试

4.1 一般规定

4.1.1 本条规定了气体灭火系统调试工作宜在系统安装完毕,以及有关的火灾自动报警系统和联动设备的调试完成后进行。说明如下:

本规范规定在系统调试时,要对系统进行模拟喷气试验,且模拟喷气试验完成并确认无问题时,才能进行喷气试验。否则会影响整个系统的调试工作顺利进行。

本条规定与国际标准 ISO/DP/7075《卤代烷 1301 全淹没系统》等国外标准的有关规定一致。国际标准规定:关闭辅助设备的所有装置均应作为是系统的一个组成部分,并应随系统运行工作。因此,气体灭火系统的调试必须在有关的火灾自动报警系统和联动设备,如开口自动关闭装置、通风机械和防火阀调试完成后进行。

气体灭火系统安装单位和火灾自动报警系统的安装调试单位有可能不是同一单位,即使是同一单位也不是同一专业的人员,明确调试程序有利于协调工作,也有利于调试工作顺利进行。如上海某单位在 1301 灭火系统调试时,因气体灭火系统调试仅仅作了手动操作试验,在此后才进行火灾自动报警系统调试,结果造成验收时自动控制模拟喷气试验因线路接线有误而失败。

执行本条规定及验收规范《火灾自动灭火与气体灭火系统及报警系统验收规范》GB 50166 的有关规定应注意的一点是:应按现行国家标准《火灾自动灭火系统有关的火灾自动报警系统及设备》的规定调试,确认火灾自动灭火系统及联动设备的正常工作。

4.1.2 本条规定了气体灭火系统调试前应具备本规范第2.1.1条和第3.1.2条所列技术资料、施工记录及其他资料如不完善，会给调试工作带来极大困难，况且气体灭火系统的施工与灭火报警系统的安装调试往往是不同单位或同一个单位不同专业的人员承担，如果协调不好，管理不严都会影响调试工作的顺利完成。

气体灭火系统调试是保证系统能正常工作的重要步骤，完成该项工作的重要条件是调试所必需的技术资料的完整、正确，方能使调试人员能够确认所采用的设备是否是符合国家标准的合格产品，确认系统的安装质量，及发现在现有的问题有利于调试人员熟悉系统及其组件的结构和性能。

4.1.3 本条规定了参加调试人员的资格并必需遵守的原则。

气体灭火系统，特别是一些大型系统的调试，是一项较复杂的技术工作，并且要承担一定的技术责任。因此要求调试负责人应由专业技术实践经验，熟悉气体灭火系统的设计、安装、使用方法及主要组件的结构、性能及使用方法，以避免不应有的事故。

保证调试成功的另一个重要条件是做好调试方法与步骤。本条规定参考了美国和国际标准化组织有关标准的规定，国际标准ISO 6183《二氧化碳灭火系统》，均规定系统的检查和试验，应按已批准的方法和由被认可的有经验的人员承担。

4.1.4 为了确保气体灭火系统组件和材料以及安装质量调试前应再对系统组件和材料进行检查，并应及时处理发现的问题。

本条规定了美国NFPA 12、NFPA 12A、NFPA 12B等标准的有关规定。这些标准都要求气体灭火系统安装后应进行检查，确保系统组件和材料的型号、规格、数量与设计相符，安装质量可靠。

系统组件和材料，包括灭火剂贮存容器、集流管、选择阀、阀驱动装置、单向阀、高压软管、管道及其附件等，主要检查其型号、规格、数量及外观。

安装质量检查主要根据设计资料、施工记录、试验报告和现场情况来检查系统组件和管道的布置、连接的正确性与可靠性。

4.1.5 本条规定了调试工作完成后应根据本规范附录D规定的调试报告，调试报告的内容、形式对照附录D规定出实际安装系统的结构、类型和防护区的具体情况而定。

为了保证系统安全、可靠的运行所作的调试工作，尤其是进行的一系列试验都必须认真记录，以备工程验收及竣工验收后的日常维护有据可查。

4.2 调试

4.2.1 本规定系统调试时，应对气体灭火系统所保护的每个防护区进行模拟气体试验。这是根据以下情况确定的：

本规定参考了美国NFPA 12、NFPA 12A、NFPA 12B和英国BS 5306及国际标准化组织ISO 6183等同类标准的规定，以及日本有关规定。美国NFPA 12等标准规定："应对所有装置进行非破坏性的动作试验，以检查系统的功能，包括检测系统是否正常"。这些标准还指出："如果有一些情况难以确定系统的性能是否符合设计要求，那么应进行一次安全状况喷气试验"。由于模拟喷气试验，是对系统安装质量和产品可靠性的最好检查方法。因此，规定调试时应进行这一试验。

本规定也考虑到当前我国气体灭火系统施工水平和系统部件可靠性方面存在这样或那样的问题，在本规范编制过程中所进行的调研工作中或验证试验均发现不少问题。因此，通过调试调试时,一定要把安全放到重要的位置,采取可靠的安全措施。

本条所指的可靠的安全措施主要包括以下几方面的内容:

首先,调试前应做好各项准备工作,确认系统连接正确,固定可靠,调试人员熟悉系统及主要组件的性能、结构和操作方法;调试程序和方法正确、合理;调试人员职责明确。其次,要有必要的安全设施与条件,如设置照明设备、足够的人员疏散通道、无窗或固定窗扇的防护区和地下防护区的机械排风装置,以及备用氧气呼吸器等数种必要设备。此外应禁止无关人员在防护区内停留。本条文的规定也参考了这些标准的有关规定。

4.2.3 本条规定了模拟喷气试验有关贮存容器与试验所采用的贮存容器在结构、型号、规格、连接和控制方式、主要是为了间接检验贮存容器操作的可靠性。目前国内通常采用两种方案:一是多订购贮存容器以实际使用相同的灭火剂贮存容器,充装上氮气供试验之用;另一方案是将所购的灭火剂贮存容器充装有氮气供试验之用,待调试和验收试验合格后再充装灭火剂重新安装。这两种方案均可采用。

在第4.2.3.1款中规定试验用贮存容器数不应少于灭火剂贮存容器数的20%,规定试验用贮存容器数不应少于灭火剂贮存容器数的20%,主要考虑到这一试验的目的主要是检查系统操作的可靠性,而不是检查管网的强度与密封性能,也不是检查防护区的密闭程度。

采用氮气作为模拟喷气介质是我国目前气体灭火系统工程上的习惯做法。氮气价格相对较低,贮存后的压力随温度变化较小,且与卤代烷灭火剂增压所用气体一致。

规定试验用贮存容器不应少于灭火剂贮存容器数的20%,一般来讲卤代烷灭火剂的充装比为0.6~0.8,即增压用氮气占40%~20%。在此选择也参考了日本消防厅于1980年所颁布的《消防用设备等检验要领》中的规定。该行政法规中规定:在对卤代烷灭火系统进行模拟喷射综合检验试验用

时的试喷射试验,能发现系统安装及产品品质量上存在的问题,并及时排除,以保证系统能可靠地正常工作。

本条规定对卤代烷灭火系统采用模拟喷气试验,而不采取直接喷射卤代烷灭火剂的试验,是依据下述情况确定的。

90年代以前,卤代烷灭火系统验收时,国外均采用喷射灭火工作剂或与其物理性质相近的卤代物(如F22),以检验系统在防护区内分布的情况及保持时间。在国内大多采用喷射实际的卤代烷灭火剂在防护区内进行试验的方法。国内大多采用喷射实际灭火剂进行试验。其目的主要为了节约试验费用,因为卤代物进行灭火剂喷射试验。其目的主要为了节约试验费用,由于发现卤代烷灭火剂对大气层中的臭氧层有破坏作用,世界大多数国家和地区已在限制破坏大气臭氧层的物质的《蒙特利尔议定书》上签字,几乎很少在验收时进行喷射灭火剂浓度的试验了。在防护区保持灭火剂大气臭氧层,已规定采用"门扇法"进行试验。为了保护大气臭氧层,同时也为了节约工程费用,国外有关规范中已规定了卤代烷代现代模拟喷气试验。我国现行卤代烷灭火系统设计规范已规定"防护区不宜开口,如必须开口应设自动关闭装置"。这就使由开口造成灭火剂流失,使防护区内保持灭火剂浓度的缓慢时间缩短的可能性已不存在,加之我国目前尚未开发"门扇法"的试验方法和研究。因此,本规定不进行"门扇"试验。

本条还规定了进行灭火系统调试时,需对备用灭火剂贮存容器进行切换操作的试验,是考虑到有关气体灭火系统设计规范已规定:"备用的贮存容器与主贮存容器,应联接于同一集流管上,并应设置能切换使用的装置"。为了确保系统安装正确、切换使用的操作装置质量可靠,故需进行这一试验,以保证备用的贮存容器能发挥预期的作用。

4.2.2 本条规定进行调试试验时,应采用可靠的安全措施,确保人员安全和避免灭火剂的误喷射,主要是考虑到气体灭火剂释放出来时可能对人员造成一定的伤害,例如中毒及冷却伤等。此外,灭火剂的误喷射也会造成较大的经济损失,影响工程进度。因此,

气量为每公斤卤代烷灭火剂用 9~16L 的空气或氮气。对贮存压力为 4.2MPa 的卤代烷 1301 灭火系统,每公斤灭火剂用 0.1kg 二氧化碳。其中所确定的试验用气体用量与本规范模拟喷气试验条件、本款规定的依据和上款规定是一致的。

4.2.3.2 本规定二氧化碳灭火系统模拟喷气试验的主要条件、本款规定的依据和上款规定是一致的。

4.2.3.3 本款规定模拟喷气宜采用自动控制,是考虑到模拟喷气试验是检查系统安装质量和产品质量的一项综合性试验。在现行国家有关气体灭火系统设计规范中,均要求系统具有自动操作功能。

4.2.4 本条规定了模拟喷气试验结果应达到的要求,这些要求均是系统设计及现行的国家有关设计规范规定所需达到的。国外有关规范,如美国 NFPA 12,NFPA 12A,NFPA 12B 和英国 BS5306标准中对系统检验中也有类似的规定。日本消防厅于1980 年所颁布的《消防用设备等检验要领》规定:在进行模拟试验的综合检验中判断系统正常的条件有以下几项:

(1) 警报装置准确报警;
(2) 延时装置准确动作;
(3) 开口部等自动闭锁装置正常动作,换气装置准确停止;
(4) 指定的防护区的启动装置动作及选择阀准确动作,试验用气体能喷射到指定的防护区;
(5) 管道中的试验气体无泄漏;
(6) 喷射表示灯亮准确。

以上规定和本条规定基本一致。

4.2.5 本条规定了备用灭火剂贮存容器切换操作试验的要求。这些要求是系统设计时设备备用量必须达到的要求,符合我国现行气体灭火系统设计规范的规定。

5 验 收

5.1 一般规定

5.1.1 气体灭火系统的竣工验收,是对其设计、施工及产品质量的全面检验并作出评价。由建设单位主管主管部门参加,便于集中各方面的专业技术人员共同把关,发现同题时各负其责,反时采取补救措施,以保证验经验收的气体灭火系统能可靠地投入运行,起到预期的防护作用。

5.1.2 本条规定了气体灭火系统竣工验收前,建设单位应提交的技术资料。

提供整套建设项目中气体灭火系统的技术资料,说明该气体灭火系统验收已具备软件方面的条件。完整的技术资料是公安消防监督机构依法对工程建设项目的设计和施工实施有效监督的基础,也是竣工验收时对系统的质量作出合理评价的依据,同时,也便于用户日后期的操作、维护和管理。

5.1.3 本条规定是为了确保气体灭火系统工程竣工验收质量,综合国家现行国家标准《卤代烷 1211 灭火系统设计规范》GBJ 110,《卤代烷 1301 灭火系统设计规范》GB 50163,《二氧化碳灭火系统设计规范》GB 50193 和有关的建筑设计防火规范规定的。

一个气体灭火系统能否达到设计所要求的防护目的,不仅取决于系统设计、施工和产品质量,还涉及到防护场所、有关的火灾自动报警系统等一系列相关因素,故本条规定工竣工验收时应包括的场所和设备,要求对其进行全面检验。

5.1.4 本条规定了气体灭火系统工验收情后应提出竣工验收报告。该报告是竣工验收情况的记录和总结,也是竣工验收时所必须履行的手续。本条规定参照了美国 NFPA 12、NFPA 12A、NFPA 12B等标准的有关规定和国内同类消防系统工程标准规范的规定确定的,也参考了国内一些省、市现有的规定。

竣工验收,有关方面的专家参加检验工作,将会发现一些存在的问题。所发现的问题应由有关责任者负责考证,以保证经验收后的气体灭火系统能较快地投入运行。

5.1.5 竣工验收时,需对气体灭火系统进行一系列的检查和试验,试验时系统将处于非正常的工作状态之中。因此竣工验收后应将系统恢复到正常的工作状态,以便能立即投入使用。

5.2 防护区和贮瓶间验收

5.2.1 本条规定是根据我国现行气体灭火系统设计规范,并参照美国 NFPA 12、NFPA 12A、NFPA 12B 和英国标准 BS 5306等标准中关于气体灭火系统验收要求的确定的。

采用全淹没方法灭火的气体灭火系统,保证灭火成功的重要条件之一是必须有一个封闭性好的灭火空间,并能在此空间内建立起灭火被保护物所需的灭火剂设计浓度和保持一定的浸渍时间。因此我国现行国家标准《卤代烷 1211 灭火系统设计规范》GBJ 110、《卤代烷 1301 灭火系统设计规范》GB 50163 和《二氧化碳灭火系统设计规范》GB 50193 均对防护区的划分、用途、开口和通风情况、几何尺寸、环境温度及可燃物的种类、数量等要求给予了规定。只有在工程验收时必须对规定气体灭火系统发挥预期的作用。因此,在工程验收时必须对照设计要求和现行国家设计规范的有关规定进行核查,以保证系统能发挥预期的作用。

5.2.2 防护区的安全设施,是确保人员生命安全的重要措施,我国现行有关气体灭火系统设计规范已作出规定,在竣工验收时必须检查。本条规定和美国 NFPA 12、NFPA 12A、NFPA 12B、英国 BS 5306、国际标准化组织 ISO 6183 等标准的有关规定是一致的。

5.2.3 本条系根据我国现行的气体灭火系统设计规范的要求制定的。贮瓶间的位置将影响系统的结构,但施工时任意变动,使得灭火剂输送管道也随之变化,因此在竣工验收时,应进行检查。

贮瓶间的通道、耐火等级、应急照明及地下贮瓶间机械排风装置等要求,关系到人员安全,应予重视,故列入竣工验收内容。

5.3 设备验收

5.3.1 本条规定了气体灭火系统竣工验收时,对灭火剂贮存容器及其安装质量应符合设计要求。这些检查项目是根据我国现行灭火系统设计规范和本规范的第 2 章、第 3 章的有关要求确定的。

5.3.2 本条规定了贮存容器内灭火剂充装量应符合设计要求。其误差在本规范第 2.2.2 条已作规定。

灭火剂的充装量是系统设计所确定的一个重要参数,对于能否扑灭火灾有极其重要的影响。充装量达不到设计要求,可能导致灭火失败。充装量超过设计要求,会造成灭火剂的浪费,对因代烷灭火系统来讲,会使增压过的氮气量减少,降低系统喷射时的压力;二氧化碳灭火系统充装量过大,会使灭火剂贮存压力过大,影响系统安全运行。我国目前生产的气体灭火系统贮存容器内灭火剂充装量,由于灌装方法均不太先进,或由于容器阀存在泄漏,都可能出现过量或不足,因此在竣工验收时,应进行抽查。

在执行本条规定时要注意以下事项:一是检查因代烷灭火剂贮存容器内的压力,要按本规范附录 A 的规定,根据环境温度和充装密度确定。二是二氧化碳灭火剂贮存容器内的压力,不需要进行测量,根据灭火剂的充装密度和环境温度即可由图 2 中查出。故本条没有规定要检查二氧化碳贮存容器内的压力。

范第 2 章和第 3 章中已分别作了规定。一个气体灭火系统，驱动装置可能是独立的，也可能和容器阀、选择阀设计在一起；采用气动驱动装置时，其气动项是外配的气源，也可能采用灭火剂贮存容器内的压力作气源。

5.3.5 本条规定了气体灭火系统竣工验收时，对选择阀进行的检查项目。不仅要检查选择阀的数量、型号和规格，还检查其位置、固定和标志及安装质量。

目前我国许多气体灭火系统，选择阀的安装位置过高，操作点距地面的高度在 2m 以上，这是不符合本规范和有关现行国家标准的要求。在万一自动操作失灵时，难以进行应急操作。

5.3.6 本条规定了气体灭火系统竣工验收时，是否有标明对应防护区名称的耐久标志、全部手动操作机构是否有加铅封在便于操作的安全销或防护罩。设加铅封的目的在于防止误操作。这些规定是根据我国现行的气体灭火系统设计规范的要求规定的。

5.3.7 本条规定了气体灭火系统竣工验收时，对管道及其安装质量应进行的检查项目。在本规范第 3 章中，对管道各管段及其附件的型号、规格、管道间距、吊架和支架的位置和布置和连接方式，管道穿过楼板、墙和变形缝的处理，管道的防护处理和油漆颜色等均作出了规定。管道施工质量是否合格，是确定管道施工质量是否合格的重要内容。管道施工质量将影响气体灭火系统使用效果和使用寿命。

我国国家标准《工业管道工程施工及验收规范》GBJ 235已对管道的验收内容作出了一系列规定，本条规定符合这一规范的要求。美国 NFPA 12A 等标准也将本条所列检查项目确定为施工批准时应检查的项目。

5.3.8 本条规定了气体灭火系统竣工验收时，对喷嘴及其安装质量应进行的检查项目。这些项目的检查要求在本规范第 2 章和第

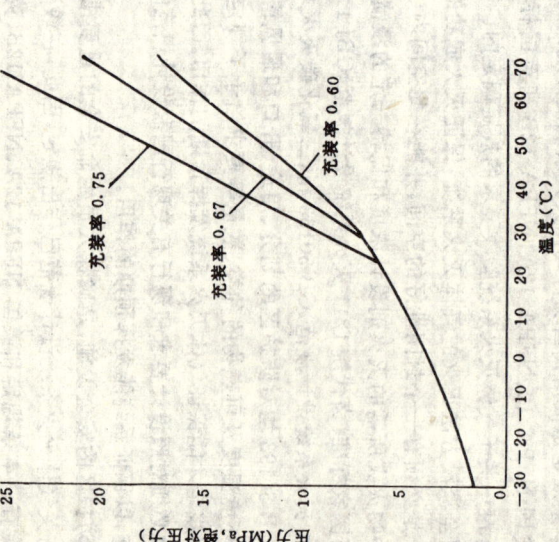

图 2 不同充装率的二氧化碳温度-压力曲线

5.3.3 本条规定了气体灭火系统竣工验收时，对集流管应进行的检查项目。集流管的材料、规格、连接方式、布置和集流管上泄压装置的泄压方向的要求，本规范第 3 章已作出了规定。主、备用贮存容器集流管的连接在气体灭火系统设计规范中已作了规定，竣工验收时，应按上述规定进行检查。

5.3.4 本条规定了气体灭火系统竣工验收时，对阀驱动装置及其安装质量应进行的检查项目。这些项目验收时，应按这些规定进行检查。

在执行本条规定时要注意的事项有：一是阀驱动装置，机械驱动、电磁电爆驱动和气体驱动多种型式，其检查和安装要求在本规

3章中已作出了规定。

气体灭火系统中的喷嘴是系统中较为重要和技术要求较高的组件，其主要功能是控制灭火剂的喷射速率及分布状况。因此，喷嘴的数量、型号、规格、安装位置和方向等均对灭火剂的喷射性能基至能否扑灭火灾有主要作用，在竣工验收时，应对这些项目重新检查确认，以防产生差错。美国NFPA 12等国外标准也都规定在验收时应检查喷嘴的尺寸和位置。

5.4 系统功能验收

5.4.1 本条规定了系统竣工验收时，应进行两项功能试验，说明如下：

功能试验是判断系统工程竣工验收、一般均进行功能试验。对于出现功能试验是工程竣工验收判断系统可靠性的重要依据，我国目前所有的气体灭火系统批准工程验收时应进行灭火剂试验，少量工程还进行了实喷射试验。国外同类标准也规定了系统安装批准时进行的试验。美国NFPA 12中规定了包括探测和驱动装置在内的全部功能试验。如美国NFPA 12中规定了包括探测和驱动装置在内的全部功能试验。"为了检验系统功能，必须对所有装置进行非破坏性的操作试验，以及"国际标准化组织ISO/DP/7075/1标准中也规定:验收时"必须对所有装置进行非破坏性的操作试验，以检查系统本身的功能。"

本条规定的这两项功能试验为模拟启动试验和模拟喷气试验，进行了这两项功能试验，即已对所有装置进行了非破坏性操作试验，与国外同类标准的规定是一致的，也达到了验证系统工作可靠性的目的。

模拟自动启动试验，将对从火灾自动报警系统到气体灭火系统驱动装置工作可靠性进行检验，而模拟喷气试验则对一个系统所有装置工作可靠性进行检验，也包括了与气体灭火系统联动设备的试验。

本条规定进行气体灭火系统试验，是因为这些试验是已全部进行，没有必要再全部重做一次。

5.4.2 本条规定了模拟自动启动的试验方法及要求。模拟启动试验是检验从火灾自动报警到气体灭火系统驱动阀动装置之间操作情况。这一部分设备工作正常，才能进行模拟启动试验。

进行模拟自动启动试验时，应根据阀驱动装置的类型确定试验的方法和步骤。为了保证安全和防止灭火剂的误喷射，一般应将驱动器从容器阀或驱动器阀上拆下来，对有些不能做到容器阀或选择阀拆下来的气体驱动器，模拟自动试验只能做上相适的压力表来检查试验时断开驱动器前的管路，接上相适的压力表来检查试验时气体压力及其工作情况。

5.4.3 本条规定了模拟喷气试验方法和要求，需要说明的事项在本规范第4.2.3条中已予介绍。

5.4.4 本条规定了模拟喷气试验结果是否合格的规定。对于出现不合格项目，说明系统存在问题，必须全部进行检查并重新试验，以确保系统能达到可靠的目的。

5.5 维护管理

5.5.1 本条规定气体灭火系统应由经过专门培训，并经考试合格的专人负责定期检查和维护，是根据以下情况而确定的。

检查、维护是一种灭火系统在没有发挥正常作用的关键之一，没有任何一种灭火系统在没有平时精心维护下，就能发挥良好作用的。气体灭火系统使用时间较长，可达20年，其中有些部件可能老化，贮存的气体灭火剂在许可的泄漏范围内逐渐流失。因此，必须不断维护气体灭火系统结构较为复杂，又属中、高压系统，其检查维护人员必须具有一定的基本技能和专业知识才能胜任。

本规定和国外有关规范的规定是一致的，例如美国标准NFPA 12、NFPA 12A、NFPA 12B等都规定："该装置产生任何故障或损坏都必须由有资格的人员及时修理"。"必须对可能参加检查、试验、维修操作灭火系统的所有人员进行全面训练"。日本消防法中规定:承担消防设备安装维护的消防设备工要经过正式考试。

5.5.2 本条规定气体灭火系统投入使用时应具备的技术资料,这是保证系统正常运行和检查维护所必需的。

为了搞好检查、维护工作,管理人员必须对系统设计、施工、调试和竣工验收有全面的了解,熟悉系统的性能、构造和检查维护方法,才能完成所承担的工作。因此,在需要灭火时能合理、有效地进行各种操作,必须预先制定系统的操作规程。

为了保持系统的正常工作状态,首先应具备必要的资料,气体灭火系统的检查维护是一项长期延续的工作,做好系统的检查、维护记录便于判断系统运行是否正常,检查、维护工作是否按要求进行,为今后的维护管理积累必要的档案资料。

5.5.3 本条规定是根据气体灭火系统的结构特点、产品的维护使用要求确定的。

本条规定和国外有关标准规范的规定是一致的,如美国NFPA 12A等标准规定:所有系统每年至少必须进行一次由有资格人员进行彻底的检查和试验,以确保系统正常操作。

目前国内的情况是由于没有关于气体灭火系统检查维护的统一规定,致使许多系统难以正常运行,据对已安装的灭火系统的调查,大多数气体灭火系统的灭火剂泄漏量已超过允许量,造成这种情况的原因是,使用单位无力进行及时的维护,也没有委托有资格的单位进行这项工作。国外标准如美国NFPA 12A等标准规定:系统经常进行一段检查,建议用户同制造商或安装公司签订定期服务合同。

5.5.4 本条规定的检查每月至少两次检查的,有条件的或系统开始运行的一段时间内,检查的次数应适当增加。检查的内容和要求主要是对系统外观的检查。这一规定和国外标准《二氧化碳灭火系统标准》的规定是一致的。如美国NFPA 12A规定:"在每年检查的

试验以外的时间内,系统必须经过有资格的人员按照已批准了的标准和程序进行外观或其他方面的检查。"英国标准BS 5306《室内灭火装置与设备实施规范》中规定:"设备用户应进行一周一次的防火设备的目检。目检应包括全部压力表的检查、所有操作装置是否调整合适与使用时的一般性检查,以及指示功能的检查。目检管道与喷嘴,以确保它们无物理性损坏和保持在设计位置上。"

5.5.5 本条规定了系统每年两次检查的内容及要求。

本条规定是参照美国NFPA标准、英国BS 5306等标准的内容和我国气体灭火系统实际应用情况确定的。英国BS 5306标准中规定:"设备应由主管的工程师每年最少检查两次,并提出检查报告。"这些标准中所规定每年两次检查的内容和要求与本规范的规定基本一致。

中华人民共和国国家标准

泡沫灭火系统施工及验收规范

Code for installation and acceptance of
foam extinguishing system

GB 50281-98

主编部门：中华人民共和国公安部
批准部门：中华人民共和国建设部
施行日期：1999年4月1日

关于发布国家标准《泡沫灭火系统施工及验收规范》的通知

建标[1998]187号

根据国家计委《一九九〇年工程建设标准规范制订修订计划》（计综合[1990]160号文附件二）的要求，由公安部会同有关部门共同制订的《泡沫灭火系统施工及验收规范》，已经有关部门会审。

现批准《泡沫灭火系统施工及验收规范》GB50281—98为强制性国家标准，自一九九九年四月一日起施行。

本规范由公安部负责管理，由公安部天津消防科研所负责具体解释工作。本规范由建设部标准定额研究所组织中国计划出版社出版。

中华人民共和国建设部
一九九八年九月三十日

1 总 则

1.0.1 为了确保泡沫灭火系统的施工质量,保证系统正常运行,制订本规范。

1.0.2 本规范适用于新建、扩建、改建工程中设置的低倍数、中倍数和高倍数泡沫灭火系统的施工、验收及维护管理。

1.0.3 泡沫灭火系统的施工、验收及维护管理,除执行本规范的规定外,尚应符合国家现行的有关标准、规范的规定。

2 术 语

2.0.1 泡沫发生装置 foam producing device
能将水与泡沫液按比例形成的泡沫混合液,产生泡沫的设备。

2.0.2 固定式消防泵组 fixed fire pump unit
由泵、动力装置、比例混合器等,在同一底座上组装的成套设备。

2.0.3 泡沫导流罩 foam guiding cover
安装在外浮顶储罐罐壁顶端,能使泡沫沿罐壁向下流动和防止泡沫流失的装置。

2.0.4 泡沫降落槽 foam descending groove
安装在固定顶储罐顶内,使抗溶性泡沫顺其向下流动的阶梯型装置。

2.0.5 泡沫溜槽 foam flowing groove
安装在固定顶储罐内壁上,使抗溶性泡沫沿其向下流动的槽型装置。

3 施工准备

3.1 一般规定

3.1.1 泡沫灭火系统的施工人员应经专业培训并考核合格,且承担施工的单位应经审核批准。

3.1.2 泡沫灭火系统施工前应具备下列技术资料及其他必要的技术文件:

3.1.2.1 设计施工图、设计说明书、设备的安装使用说明书以及其他必要的技术文件;

3.1.2.2 泡沫发生设备、泡沫比例混合器、固定式消防泵组、消火栓等主要设备的国家质量监督检验测试中心出具的检测报告和产品出厂合格证,阀门、压力表、管道软管、管道过滤器、金属软管、管件等出厂检验报告或合格证。

3.1.3 泡沫灭火系统的施工应具备下列条件:

3.1.3.1 设计单位向施工单位已进行了技术交底,并有记录;

3.1.3.2 设备、管子及管件的规格型号符合设计要求;

3.1.3.3 与施工有关的基础、预留件和预留孔、经检查应满足施工要求。

3.1.3.4 场地、道路、水、电等临时设施应满足施工要求。

3.2 主要设备和材料的外观检查

3.2.1 泡沫灭火系统施工前应对泡沫发生装置、泡沫比例混合器、泡沫液储罐、消防泵组或固定式消防泵组设备及零配件进行外观检查,并应符合下列规定:

3.2.1.1 无变形及其他机械性损伤;

3.2.1.2 外露非机械加工表面保护涂层完好;

3.2.1.3 无保护涂层的机械加工面无锈蚀;

3.2.1.4 所有外露接口无损伤、堵、盖等保护物包封良好;

3.2.1.5 铭牌清晰、牢固;

3.2.1.6 消防泵、高倍数泡沫发生器组盘车应灵活,无阻滞,无异常声音;固定式消防泵组应用手转动叶轮及固定式泡沫炮的手动机构应灵活无卡阻现象。

3.2.2 泡沫灭火系统施工前应对管子及管件进行外观检查,并应符合下列规定:

3.2.2.1 表面无裂纹、缩孔、夹渣、折叠、重皮及壁厚不超过负偏差的锈蚀或凹陷等缺陷;

3.2.2.2 螺纹表面完整无损伤,法兰密封面平整光洁无毛刺及径向沟槽;

3.2.2.3 垫片无老化变质或分层现象,表面无折痕等缺陷。

3.3 泡沫液储罐的强度和严密性检验

3.3.1 泡沫液储罐的强度和严密性检验应符合下列规定:

3.3.1.1 每个泡沫站应抽查1个,若不合格,应逐个试验;

3.3.1.2 强度和严密性试验应采用清水进行,环境温度宜大于5℃;

3.3.1.3 压力储罐的强度试验压力应为设计压力的1.25倍,严密性试验压力应为设计压力。带胶囊的压力储罐可只作严密性试验。

3.3.1.4 常压储罐的严密性试验压力应为储罐装满水后的静压力;

3.3.1.5 强度和严密性试验的时间应大于5min;严密性试验的时间应小于30min,目测应无渗漏;

3.3.1.6 试验后,应按本规范附录A填写泡沫储液罐的强度和严密性试验记录表。

3.3.2 阀门的检验应按现行国家标准《工业金属管道工程施工及验收规范》中的有关规定执行,并应按本规范附录B填写阀门的强度和严密性试验记录表。

4 施 工

4.1 一般规定

4.1.1 泡沫灭火系统的施工应按设计施工图纸和技术文件进行,不得随意更改;确需改动时,应经原设计单位修改。

4.1.2 泡沫液储罐的安装除应符合本规范的规定外,尚应符合现行国家标准《压力容器工程质量检验评定标准》中的有关规定。

4.1.3 消防泵或固定泡沫泵组的安装除应符合本规范的规定外,尚应符合现行国家标准《压缩机、风机、泵安装工程施工及验收规范》中的有关规定。

4.1.4 管道及支、吊架的加工制作,焊接,安装和泡沫液储罐现场制作,焊接,防腐,除应符合本规范的规定外,尚应符合现行国家标准《工业金属管道工程施工及验收规范》和《采暖与卫生工程施工及验收规范》、《现场设备、工业管道焊接工程施工及验收规范》中的有关规定。

4.1.5 电气设备的安装应符合现行国家标准有关规范中的相关规定。

4.1.6 火灾自动报警系统与泡沫灭火系统联动部分的施工,应按现行国家标准《火灾自动报警系统施工及验收规范》执行。

4.2 泡沫液储罐的安装

4.2.1 泡沫液储罐的安装位置和高度应符合设计要求,当设计无规定时,泡沫液储罐四周应留有宽度不小于0.7m的通道,泡沫液储罐顶部至楼板或梁底的距离不得小于1.0m,消防泵房主要通道的宽度,应大于泡沫液储罐外形的最小尺寸。

4.2.2 常压泡沫液储罐的安装方式应符合设计要求,当设计无规定时,应根据常压泡沫液储罐的形状按立式或卧式安装在支架或支座上,支架应与基础固定。

4.2.3 压力泡沫液储罐的支架应与基础固定,安装时不宜拆卸或损坏其他的配管和附件。

4.2.4 压力泡沫液储罐安装在室外时,应根据环境条件设置防晒、防雨、防冻设施。

4.3 泡沫比例混合器的安装

4.3.1 泡沫比例混合器安装时,液流方向应与标注的方向一致。

4.3.2 环泵式泡沫比例混合器的安装应符合下列规定:

4.3.2.1 环泵式泡沫比例混合器的安装坐标及标高的允许偏差为±10mm;

4.3.2.2 环泵式泡沫比例混合器的连接管及附件的安装必须严密;

4.3.2.3 备用的泵式泡沫比例混合器应并联安装在系统上。

4.3.3 带压力的压力式泡沫比例混合器的安装整体安装,并应与基础牢固固定。

4.3.4 压力式泡沫比例混合器应安装在压力水的水平管道上,泡沫液的进口管道应与压力式泡沫比例混合器的进口处的水平管道垂直,其长度不宜小于1.0m;压力表应安装在水和泡沫进口处的距离不宜大于0.3m。

4.3.5 平衡压力式泡沫比例混合器应整体安装在水平管道上,压力表应分别安装在水和泡沫液进口处的水平管道上,并与平衡压力式泡沫比例混合器进口处的距离不宜大于0.3m。

4.3.6 管线式、负压式泡沫比例混合器或泡沫液储罐的水管道上,吸液口与泡沫液储罐内泡沫液储备最低液面的距离不得大于1.0m。

4.4 泡沫发生装置的安装

4.4.1 低倍数泡沫产生器的安装应符合下列规定:

4.4.1.1 液上喷射的横式泡沫产生器应水平安装在固定顶储罐罐顶部或外浮顶储罐罐壁上的泡沫导流罩上;

4.4.1.2 液上喷射的立式泡沫产生器应垂直安装在固定顶储罐罐顶或外浮顶储罐罐壁上的泡沫导流罩上;

4.4.1.3 水溶性液体储罐内泡沫溜槽的安装应沿罐壁内侧螺旋下降到罐底1.0~1.5m处,溜槽与罐底平面夹角宜为30°;泡沫降落槽槽的垂直安装,其垂直度允许偏差不应大于10mm,坐标及标高的允许偏差为±5mm;

4.4.1.4 液下喷射的高背压泡沫发生器应水平安装在泡沫混合管道上。

4.4.2 中倍数泡沫发生器的安装位置及尺寸应符合设计要求,安装时不得损坏或随意拆卸附件。

4.4.3 高倍数泡沫发生器的安装应符合下列规定:

4.4.3.1 距高倍数泡沫发生器的进气管小于或等于1.0m处,不应有遮挡物;

4.4.3.2 在高倍数泡沫发生器的发泡网前小于或等于0.3m处,不应有影响泡沫喷放的障碍物;

4.4.3.3 高倍数泡沫发生器安装时不得拆卸,并应固定牢固。

4.4.4 泡沫喷头的安装应符合下列规定:

4.4.4.1 泡沫喷头的规格、型号、数量应符合设计要求;

4.4.4.2 泡沫喷头的安装应在系统试压、冲洗合格后进行;

4.4.4.3 泡沫喷头的安装应牢固、规整,安装时不得拆卸或损坏其附件;

4.4.4.4 顶喷式泡沫喷头应安装在被保护物的上部,并应垂直向下,其坐标及标高的允许偏差为±15mm,室外安装为±10mm;

4.4.4.5 水平式泡沫喷头应安装在被保护物的侧面并应对准被保护物体，其距离允许偏差为±20mm；

4.4.4.6 弹射式泡沫喷头应安装在被保护物的下方，并应在地面以下；在未喷射泡沫时，其顶部应低于地面10～15mm。

4.4.5 固定式泡沫炮的安装应符合下列规定：

4.4.5.1 固定式泡沫炮的立管的安装应垂直安装，炮口应朝向防护区；

4.4.5.2 安装在炮塔或支架上的固定式泡沫炮应牢固。

4.4.5.3 电动泡沫炮的控制设备、电源线、控制线的规格、型号及设置位置、敷设方式、接线等应符合设计要求。

4.5 固定式消防泵组的安装

4.5.1 固定式消防泵组应整体安装在基础上，并应固定牢固。

4.5.2 固定式消防泵组不应随意拆卸，确需拆卸时，应由生产厂家进行。

4.5.3 固定式消防泵应以工字钢底座水平面为基准进行找平，找正。

4.5.4 固定式消防泵组与相关管道连接时，应以固定式消防泵组的法兰端面为基准进行测量和安装。

4.5.5 固定式消防泵组进水管吸水口处设置滤网时，其滤网的过水面积应大于进水管截面积的4倍；滤网架的安装应坚固。

4.5.6 附加冷却器的泄水管应通向排水设施。

4.5.7 内燃机排气管的安装应符合设计要求，当设计无规定时，应采用直径相同的钢管连接后通向室外。

4.6 管道、阀门和消火栓的安装

4.6.1 泡沫混合液管道和阀门的安装应符合下列规定：

4.6.1.1 泡沫混合液立管安装时，其垂直度偏差不宜大于0.002；

4.6.1.2 泡沫混合液立管与水平管道连接的金属软管安装时，不得损坏其不锈钢编织网；

4.6.1.3 泡沫混合液水平管道安装时，其坡向、坡度应符合设计要求；

4.6.1.4 泡沫混合液管道上设置的自动排气阀应直立安装，并应在系统试压、冲洗合格后进行安装；放空阀的安装应在低处；

4.6.1.5 泡沫喷淋系统的干管、支管、分支管的安装除应按本条4.6.1.1和4.6.1.3款的规定执行外，尚应符合现行国家标准《自动喷水灭火系统施工及验收规范》的有关规定。

4.6.1.6 高倍数泡沫泡沫灭火系统发生器进口端泡沫混合液管道上设置的压力表、管道过滤器、控制阀应安装在水平支管上。

4.6.2 液下喷射泡沫灭火系统泡沫管道和阀门的安装应符合下列规定：

4.6.2.1 泡沫水平管道安装时，其坡向、坡度应符合设计要求，放空阀应安装在低处；

4.6.2.2 泡沫管道进储罐处设置的钢质控制阀和止回阀应水平安装，其止回阀口上标注的方向应与泡沫的流动方向一致。

4.6.2.3 泡沫喷射口的安装应符合设计要求；当储罐口设在储罐中心时，其泡沫喷射管道应固定在与储罐底焊接的支架上。

4.6.3 泡沫液管道的安装应符合本规范第4.6.1条4.6.1.1和4.6.1.3款的规定。

4.6.4 泡沫混合液管道、泡沫管道埋地安装时还应符合下列规定：

4.6.4.1 埋地安装的泡沫混合液管道、泡沫管道应符合设计要求；安装前应做好防腐，安装时不应损坏防腐层；

4.6.4.2 埋地安装采用焊接时，焊缝部位应在试压合格后进行防腐处理；

4.6.4.3 埋地安装的泡沫混合液管道、泡沫管道在回填土前应进行隐蔽工程验收，合格后及时回填土，分层夯实，并应按本规范附录C填写隐蔽工程验收记录表。

4.6.5 消火栓的安装应符合下列规定：

4.6.5.1 泡沫混合液管道上设置消火栓的规格、型号、数量、位置、安装方式应符合设计要求；

4.6.5.2 消火栓应垂直安装；

4.6.5.3 当采用地上式消火栓时，其大口径出水口应面向道路；

4.6.5.4 当采用地下式消火栓时，应有明显的标志，其顶部出口与井盖底面的距离不得大于400mm；

4.6.5.5 当采用室内消火栓或消火栓箱时，栓口应朝外或面向通道，其坐标及标高的允许偏差为±20mm。

4.7 试压、冲洗和防腐

4.7.1 管道试压应符合下列规定：

4.7.1.1 管道安装完毕后宜用清水进行强度和严密性试验；

4.7.1.2 试压前应将泡沫发生装置、泡沫比例混合器加以隔离或封堵；

4.7.1.3 试验合格后，应按本规范附录D填写管道试压记录表。

4.7.2 管道冲洗应符合下列规定：

4.7.2.1 管道试压合格后宜用清水进行冲洗；

4.7.2.2 冲洗前应将试压时安装的隔离或封堵设施拆下，打开或关闭有关阀门，分段进行；

4.7.2.3 冲洗合格后，不得再进行影响管内清洁的其他施工，并应按本规范附录E填写管道冲洗记录表。

4.7.3 防腐应符合下列规定：

4.7.3.1 现场制作的常压钢质泡沫液储罐内、外表面应按设计要求防防腐；

4.7.3.2 现场制作的常压钢质泡沫液储罐的防腐应在严密性试验合格后进行；

4.7.3.3 常压钢质泡沫液储罐罐体与支座接触部位的防腐，应符合设计要求，当设计无规定时，应按设计加强防腐层的作法施工。

5 调 试

5.1 一般规定

5.1.1 泡沫灭火系统的调试应在整个系统施工结束后和与系统有关的火灾报警装置及联动控制设备调试合格后进行。

5.1.2 调试前应具备符合本规范第3.1.2条所列技术资料和附录A至附录E记录表E调试必需的其他资料。

5.1.3 调试负责人应由专业技术人员担任,参加调试人员应职责明确,并应按照预定的调试程序进行。

5.1.4 调试前应检查系统的设备和材料的规格、型号、数量以及系统的施工质量,合格后方可调试。

5.1.5 调试时应将临时安装需要在系统上的仪器、仪表安装完毕,调试时所需的检验设备应准备齐全。

5.2 单机调试

5.2.1 单机调试时可用清水代替泡沫液进行。

5.2.2 泡沫灭火系统的消防水泵或固定式消防泵组进行试验,其试验的内容和要求应符合现行国家标准《压缩机、风机、泵安装工程施工及验收规范》中的有关规定。

5.2.3 泡沫比例混合器的调试应全部调试。

5.2.3.1 泡沫比例混合器应全部调试。

5.2.3.2 调试时,泡沫比例混合器混合比的实测值不应小于设计值,每台泡沫比例混合器的混合比应状态应正常。

5.2.4 泡沫发生装置的调试应符合下列规定:

5.2.4.1 低、中倍数泡沫发生装置应选择最不利点的防护区或储罐进行喷水试验,其进口压力应符合设计要求;

5.2.4.2 最不利点泡沫喷头的压力应符合设计要求;

5.2.4.3 固定式泡沫炮(包括手动、电动)的进口压力应符合设计要求,其射程、仰俯角度、水平回转角度等指标应符合标准的要求;

5.2.4.4 高倍数泡沫发生器进口压力的平均值不应小于设计值,每台高倍数泡沫发生器发泡网的喷水状态应正常。

5.2.5 消火栓应选择最不利点进行喷水试验,其压力应符合中倍数泡沫枪的进口压力的要求。

5.3 系统调试

5.3.1 泡沫灭火系统的调试应在单机调试合格后进行。

5.3.2 泡沫灭火系统的调试应符合下列规定:

5.3.2.1 系统调试时应使系统中所有的阀门处于正常状态。

5.3.2.2 每个防护区均应进行喷水试验,当对储罐进行喷水试验时,喷水口可设在靠近储罐的水平管道上。

5.3.2.3 当为手动灭火系统时,应以手动控制的方式进行一次喷水试验;当为自动灭火系统时,应以手动和自动控制的方式各进行一次喷水试验,其各项性能指标均应达到设计要求;

5.3.2.4 低、中倍数泡沫灭火系统喷完毕将系统中的水放空后,应选择最不利的防护区或储罐进行一次喷泡沫试验,当为自动灭火系统时,应以自动控制的方式进行;喷射泡沫的时间不宜小于1min;实测泡沫混合液比及泡沫混合液的发泡倍数应符合设计要求。

5.3.2.5 高倍数泡沫灭火系统除应符合本条5.3.2.1和5.3.2.3款的规定外,尚应对每个防护区分别进行喷泡沫试验,喷射泡沫的时间不宜小于30s,泡沫最小供给速率应符合设计要求。

5.3.3 泡沫灭火系统调试合格后,应用清水冲洗后放空,将系统恢复到正常状态,并应按本规范附录F填写调试记录表。

6 验 收

6.1 一 般 规 定

6.1.1 泡沫灭火系统的验收应由建设主管部门主持,公安消防监督机构、建设、设计、施工等单位参加并共同进行。

6.1.2 泡沫灭火系统的验收应包括下列内容:

6.1.2.1 消防泵或固定式消防泵组、泡沫比例混合器、泡沫液储罐、泡沫液、泡沫发生装置、消火栓、阀门、压力表、管道过滤器、金属软管、管道及附件;

6.1.2.2 电源、水源及水位指示装置;

6.1.2.3 系统功能。

6.1.3 泡沫灭火系统验收前,建设单位应提供下列资料:

6.1.3.1 验收申请报告;

6.1.3.2 系统验收报表;

6.1.3.3 施工图、设计说明书、设计变更文件、建筑防火审核意见书;

6.1.3.4 泡沫液储罐的强度和严密性试验记录表、阀门的强度和严密性试验记录表、隐蔽工程验收记录表、管道试压记录表、管道冲洗记录表;

6.1.3.5 系统调试记录表;

6.1.3.6 系统设备及使用说明书;

6.1.3.7 主要设备及泡沫液的国家质量监督检验测试中心的检测报告和产品出厂合格证、阀门、压力表、管道过滤器、金属软管、管子及管件等出厂检验报告或合格证;

6.1.3.8 与系统相关的电源、备用动力、电气设备以及灭火自动报警系统和联动控制设备等验收合格的证明;

6.1.3.9 管理、维护人员登记表。

6.1.4 泡沫灭火系统验收时,应对施工质量进行复查,复查应包括下列内容:

6.1.4.1 本规范第6.1.2条6.1.2.1款中各种设备、材料的规格、型号、数量、安装位置及安装质量;

6.1.4.2 管道及附件的规格、型号、位置、坡向、坡度、连接方式及安装质量;

6.1.4.3 固定管道的支、吊架、管墩的位置、间距及牢固程度;

6.1.4.4 管道穿防火堤、楼板、墙等的处理;

6.1.4.5 管道和设备的防腐;

6.1.4.6 以给水管网为系统供水水源时,应复查进水管径及管网压力;水池或水罐的容量及补水设施;

6.1.4.7 当采用天然水源为系统供水水源时,应复查水量、水质和枯水期最低水位时确保系统供水量的措施;

6.1.4.8 泡沫液储罐封样送检。

6.2 系 统 验 收

6.2.1 泡沫灭火系统的验收应按下列规定进行:

6.2.1.1 主电源及备用电源切换试验1~3次;

6.2.1.2 工作与备用消防泵或固定式消防泵组在设计负荷下连续运转不应小于30min,其间转换试验1~3次;

6.2.1.3 低、中倍数泡沫灭火系统应选择最不利点的防护区或储罐,进行一次喷泡沫试验;当为自动灭火系统时,实测泡沫混合的方式进行;喷射一次喷泡沫试验;当为自动灭火系统时,应以自动控制的方式进行;喷射一次喷泡沫混合液的发泡倍数应符合设计要求;

6.2.1.4 高倍数泡沫灭火系统应选任选一个防护区,进行一次喷泡沫试验;当为自动灭火系统时,应以自动控制的方式进行;喷射泡沫的时间不宜小于30s,泡沫最小供给速率应符合设计要求。

6.2.2 系统验收中任何一款不合格,均不得通过系统验收。

6.2.3 泡沫灭火系统验收合格后,应用清水冲洗后放空,将系统恢复到正常状态,并应按本规范附录G填写系统验收表。

7 维护管理

7.1 一般规定

7.1.1 泡沫灭火系统验收合格方可投入运行。

7.1.2 泡沫灭火系统投入运行前,建设单位应配备经过专门培训,并通过考试合格的人员负责系统的维护、管理、操作和定期检查。

7.1.3 泡沫灭火系统正式启用时,应具备下列条件:

7.1.3.1 本规范第6.1.3条所规定的技术资料;

7.1.3.2 操作规程和系统流程图;

7.1.3.3 值班员职责;

7.1.3.4 系统的检查记录表;

7.1.3.5 已建立泡沫灭火系统的技术档案。

7.2 系统的定期检查和试验

7.2.1 每周应对消防泵和备用动力进行一次启动试验,并应按本规范附录H填写系统周检记录表。

7.2.2 每季度应对系统进行检查,检查内容及要求应符合下列规定,并应按本规范附录J填写系统季检记录表:

7.2.2.1 对低倍数泡沫产生器、中、高倍数泡沫发生器、泡沫喷头、固定式泡沫炮、泡沫比例混合器进行外观检查,应完好无损;

7.2.2.2 对固定式泡沫炮的回转机构、仰俯机构或电动操作机构进行检查,性能应达到标准的要求;

7.2.2.3 消火栓和阀门的开启与关闭应自如,不应锈蚀;

7.2.2.4 压力表、管道过滤器、管道软管、金属管及附件不应有损伤;

7.2.2.5 电源和电气设备工作状况应良好;
7.2.2.6 供水水源及水位指示装置应正常。
7.2.3 每年应对系统进行检查,检查内容及要求除按季检规定的检查外,尚应符合下列规定,并应按本规范附录J填写系统年检记录表:
7.2.3.1 年检时,除低、中倍数泡沫发生器进口端控制阀后的管道和液下喷射防火堤内泡沫混合液管和液上喷射的管立管外,其余管道应全部冲洗、清除锈渣;
7.2.3.2 对低、中倍数泡沫混合液管、泡沫混合液立管、泡沫混合液管道进行彻底地检查,清除锈渣。
7.2.4 系统运行每隔2~3a,应按本规范附录J填写系统年检记录表。
7.2.4.1 对于低倍数泡沫灭火系统中的液上及液下喷射、泡沫喷淋、固定式泡沫炮和中倍数泡沫灭火系统进行喷泡沫试验,并对系统所有的设备、设施、管道及附件进行全面检查;
7.2.4.2 对于高倍数泡沫灭火系统,可在防护区内进行喷泡沫试验,并对系统所有设备、设施、管道及附件进行全面检查;
7.2.4.3 系统检查和试验完毕,泡沫比例混合器、管道及过滤器、管道等用清水进行彻底冲洗清除锈渣,并立即放空,然后涂漆。
7.2.5 对检查和试验中发现的问题应及时解决,对损坏或不合格者应立即更换,并应使系统恢复到正常状态。

附录 A 泡沫液储罐的强度和严密性试验记录表

表 A 泡沫液储罐的强度和严密性试验记录表

工程名称				施工单位				
项目名称				建设单位				
试验日期				设计单位				
编号	名称	规格	型号	设计压力(MPa)	强度试验		严密性试验	结果
					压力(MPa)	时间(min)	压力(MPa)	时间(min)	
结 论								
试验单位 (盖章)					试验人员(签字) 年 月 日			

注:结果栏内填写合格、不合格。

附录 B 阀门的强度和严密性试验记录表

表 B 阀门的强度和严密性试验记录表

工程名称					施工单位				
项目名称					建设单位				
试验日期					设计单位				
阀门编号	名称	规格	型号	公称压力(MPa)	强度试验		严密性试验		结果
					压力(MPa)	时间(min)	压力(MPa)	时间(min)	
结论									
试验单位（盖章）					试验人员（签字）		年 月 日		

注：结果栏内填写合格、不合格。

附录 C 隐蔽工程验收记录表

表 C 隐蔽工程验收记录表

工程名称						施工单位			
项目名称						建设单位			
试验日期						设计单位			
管道编号	设计参数			强度试验		严密性试验		防腐	
	管名	材质	介质	压力(MPa)	压力(MPa)	时间(min)	结果	压力(MPa)	时间(min)	结果	等级	结果
隐蔽前的检查									
隐蔽方法									
简图或说明									
验收结论									
参加单位及人员（签字）	建设单位								
	施工单位								
	设计单位								

注：结果栏内填写合格、不合格。

附录D 管道试压记录表

表D 管道试压记录表

工程名称								
项目名称			施工单位					
试验日期			建设单位					
			设计单位					

管道编号	设计参数			强度试验			严密性试验		
	管径	材质	介质	压力(MPa)	压力(MPa)	时间(min)	结果	压力(MPa)	时间(min)	结果

结 论	
参加单位及人员(签字)	施工单位
	建设单位

注:结果栏内填写合格,不合格。

附录E 管道冲洗记录表

表E 管道冲洗记录表

工程名称								
项目名称			施工单位					
试验日期			建设单位					
			设计单位					

管道编号	设计参数				冲 洗			
	管径	材质	介质	压力(MPa)	压力(MPa)	流量(L/s)	流速(m/s)	冲洗时间或次数	结果

结 论	
参加单位及人员(签字)	施工单位
	建设单位

注:结果栏内填写合格,不合格。

15—13

附录 F 系统调试记录表

表 F 系统调试记录表

工程名称		施工单位	
项目名称		建设单位	
调试日期		设计单位	
项目分类	项　目	结　果	
单机调试	消防泵或固定式消防泵组		
	泡沫比例混合器		
	泡沫发生装置		
	消火栓		
系统调试	系统喷水试验		
	系统喷泡沫试验		
调试结论			
	调试负责人（签字）	年　月　日	
参加单位及人员（签字）	施工单位		
	建设单位		
	设计单位		

注：① 项目栏内应根据系统的形式和选择的具体设备进行填写。
② 结果栏内填写合格或不合格。
③ 必要时设备生产厂家也应参加调试。

附录 G 系统验收表

表 G 系统验收表

工程名称		施工单位	
项目名称		建设单位	
验收日期		设计单位	
验收项目分类	验　收　项　目	验收结果
---	---	---
技术资料审查	1 系统验收表	
	2 施工图、设计说明书、设计变更文件、建筑防火审核意见书	
	3 泡沫液储罐的强度和严密性试验记录表、阀门的强度和严密性试验记录表、隐蔽工程验收记录表、管道试压记录表、管道冲洗记录表	
	4 系统调试记录表	
	5 系统及设备的使用说明书	
	6 主要设备及泡沫液等产品出厂合格证、阀门、压力表、金属软管、管子及管件等出厂检验报告或合格证的检测报告和产品出厂合格证，阀门、压力表、管道过滤器、金属软管、管子及管件等出厂检验报告或合格证	
	7 与系统相关的电源、备用动力、电气设备以及火灾自动报警系统和联动控制设备等验收合格的证明	
	8 管理、维护人员登记表	
施工质量复查	1 消防泵或固定式消防泵组、泡沫液储罐、泡沫液、泡沫发生装置、泡沫比例混合器、消火栓、阀门、压力表、管道过滤器、金属软管等的规格、型号、数量、安装位置及安装质量	

续表 G

验收项目分类		验 收 项 目	验收结果
施工质量复查	2	管道及附件的规格、型号、位置、坡向、连接方式及安装质量	
	3	固定管道的支、吊架、楼板、管墩的位置、间距及牢固程度	
	4	管道穿防火堤、楼板、墙等的防护	
	5	管道和设备的防腐	
	6	以给水管网为系统供水水源时,应复查进水管管径及管网压力,水池或水罐的容量及补水设施	
	7	当采用天然水源为系统供水水源时,应复查水量、水质和枯水期最低水位时确保系统用水量的措施	
	8	泡沫液取样现场封样试验	
系统验收	1	主电源和备用电源切换试验	
	2	工作与备用消防泵或固定式消防泵组运行试验	
	3	系统喷射泡沫试验	

验收组结论			
验收组长(签字)		职务职称	年 月 日
验收组人员	工作单位	姓 名	签 名
	建设单位		
	公安消防监督机构		
	设计单位		
	施工单位		

注:① 验收项目栏内应根据系统的实际情况填写。
② 验收结果栏内填写合格、部分合格、不合格。
③ 验收组人员栏内应根据各单位参加的人数画格。

附录 H 系统周检记录表

表 H 系统周检记录表

工程名称				项目名称		
检查项目 时 间	消防泵启动试验	备用动力启动试验	存在问题及处理情况	检查人(签字)	负责人(签字)	备注

注:① 检查项目栏内应根据系统选择的具体设备进行填写。
② 检查项目若正常划√。

附录 J 系统季(年)检记录表

表 J 系统季(年)检记录表

工程名称

日期	检查项目	检查、试验内容	结果	存在问题及处理情况	检查人(签字)	负责人(签字)	备注

注：① 检查项目栏内应根据系统的形式和选择的具体设备进行填写。
② 表格不够可加页。
③ 结果栏内填写合格、部分合格、不合格。

附录 K 本规范用词说明

K.0.1 本规范对条文要求严格程度的用词说明如下，以便在执行本规范时区别对待。

(1) 表示很严格，非这样做不可的用词：
正面词采用"必须"；
反面词采用"严禁"。

(2) 表示严格，在正常情况下均应这样做的用词：
正面词采用"应"；
反面词采用"不应"或"不得"。

(3) 表示允许稍有选择，在条件许可时首先应这样做的用词：
正面词采用"宜"或"可"；
反面词采用"不宜"。

K.0.2 条文中指定应按其他有关标准、规范或有关规定要求的写法为"应按……执行"或"应符合……的规定或要求"。

附加说明：

本规范主编单位、参加单位和主要起草人名单

主编单位：公安部天津消防科学研究所
参加单位：中国石油化工总公司第四建设工程公司
　　　　　中国石油化工总公司北京设计院
　　　　　天津市公安消防局
　　　　　吉林省消防总队
　　　　　化工部第一设计院
主要起草人：徐炳耀　石守文　栾　培　原继增　付允良
　　　　　　汤晓林　耿学义　孙　宇　于志成　冯修远
　　　　　　马　恒

中华人民共和国国家标准

泡沫灭火系统施工及验收规范

GB 50281-98

条文说明

制订说明

本规范是根据国家计委计综合[1990]160号文下达的任务,由公安部天津消防科学研究所会同中国石油化工总公司第四建设工程公司、中国石油化工总公司北京设计院、天津市公安消防局、吉林省消防总队、化工部第一设计院等六个单位共同编制的。

在编制过程中,规范编制组的同志遵照国家基本建设的有关方针、政策和"预防为主,防消结合"的消防方针,对我国泡沫灭火系统的生产、施工、调试、验收和使用情况进行了调查研究,在总结已有科研成果和工程实践的基础上,参考了国际标准化组织(ISO)、美国、日本、德国、前苏联等国外标准和国内有关标准、规范等资料,并广泛征求了公安消防监督机构、有关科研、高等院校、设计、施工、生产、使用等单位的意见,反复讨论修改,最后经过有关部门会审,定稿。

本规范共分7章和10个附录,其内容包括总则、术语、施工准备、施工、调试、验收、维护管理及附录等。

各单位在执行本规范过程中,结合工程实践,注意总结经验,积累资料,如发现需要修改和补充之处,请将意见和有关资料寄交公安部天津消防科学研究所(地址:天津市南开区卫津南路92号,邮政编码:300381),以便今后修订时参考。

中华人民共和国公安部
一九九八年六月

目 次

1 总则 ·· 15—19
2 术语 ·· 15—20
3 施工准备 ··· 15—23
  3.1 一般规定 ·· 15—23
  3.2 主要设备和材料的外观检查 ················ 15—24
  3.3 泡沫液储罐、阀门的强度和严密性检验 ···· 15—25
4 施工 ·· 15—26
  4.1 一般规定 ·· 15—26
  4.2 泡沫液储罐的安装 ··························· 15—26
  4.3 泡沫比例混合器的安装 ····················· 15—27
  4.4 泡沫发生装置的安装 ························ 15—28
  4.5 固定式消防泵组的安装 ····················· 15—29
  4.6 管道、阀门和消火栓的安装 ················ 15—30
  4.7 试压、冲洗和防腐 ··························· 15—32
5 调试 ·· 15—33
  5.1 一般规定 ·· 15—33
  5.2 单机调试 ·· 15—33
  5.3 系统调试 ·· 15—34
6 验收 ·· 15—36
  6.1 一般规定 ·· 15—36
  6.2 系统验收 ·· 15—37
7 维护管理 ··· 15—38
  7.1 一般规定 ·· 15—38
  7.2 系统的定期检查和试验 ····················· 15—39

1 总 则

1.0.1 本条主要是说明制订本规范的目的，即为了确保泡沫灭火系统的施工质量，保证系统正常运行。

泡沫灭火系统是当今世界上普遍应用于石油化工、地下工程、矿井、仓库、飞机库、码头、电缆通道等场所的火灾防护。这些场所一旦发生火灾，如果设置的泡沫灭火系统不能起到预期的防护作用，将会给人类造成重大的经济损失乃至人员的伤亡。要使建成的泡沫灭火系统能够正常运行，并能在火灾时发挥预期的灭火效果，正确、合理的设计是前提条件，而符合设计要求的高质量施工，精心调试，严格验收以及平时的维护管理，则是最后的决定条件。

世界工业发达的国家，应用泡沫灭火系统已将近一个世纪，在国际标准化组织（ISO）和美国、日本、德国等国家有关泡沫灭火系统的设计、施工、验收及维护管理作出了具体的规定。我国泡沫灭火系统的应用也较早，目前已达到或接近世界上工业发达国家的先进水平。我国虽然已颁布了有关泡沫灭火系统的设计规范，在设计中也发挥了很大的作用，但在设计规范中未涉及到施工、验收及维护管理等方面的内容。目前在泡沫灭火系统工程建设中，施工队伍复杂，技术水平参差不齐，对施工前主要设备和材料的检验，系统施工、调试、验收及运行后的维护管理等关键环节都没有统一的要求，出现了无可循的局面。这样就难于衡量一个建成的泡沫灭火系统在火灾时能否发挥预期的防护效果。因此制订泡沫灭火系统施工及验收规范、规范收国外标准和国内工程施工、调试、验收及维护管理实践经验的基础上，广泛征求国内有关专家的意见完成的。它对泡沫灭火系统的施工、调试、验收及维护管理提出了统一的技术标准，为施工单位提供了安装依据，也为消防监督机构和工程建设单位提供了对系统施工质量的监督审查依据。这对保证系统正常运行，更好地发挥泡沫灭火系统的作用，减少火灾危害，保护人身和财产安全，将具有十分重要的意义。

1.0.2 本条规定了本规范的适用范围。

本规范是现行国家标准《低倍数泡沫灭火系统设计规范》GB 50151-92 和《高倍数、中倍数泡沫灭火系统设计规范》GB 50196-93 的配套规范，适用范围与两个规范是一致的。

1.0.3 本条规定了本规范与其他有关规范的关系。

本规范是一本专业技术规范，其内容涉及规范围较广。在制订中主要把本规范的设备、管道及附件的施工、验收及维护管理等特殊性的要求作了规定，而国家现行的有关标准、规范已经作了规定的，在编制时没有写入。这是符合标准、规范编写原则的。但这些相关规定在本规范中没有反映出来，因此本条规定："……除执行本规范的规定外，尚应符合国家现行的有关标准、规范的规定"。这样既保证了本规范规定的完整性，又保证了与其他标准、规范的协调一致性，避免了矛盾、重复。

本条所指的"国家现行的有关标准、规范"除本规范中已指明的以外，还包括以下几个方面的标准、规范，如《压力容器安全监察规程》、泡沫灭火系统设备标准，灭火剂标准等。

2 术 语

2.0.1 泡沫发生装置。

这里指的是能够产生低倍数、中倍数、高倍数泡沫的设备、统称泡沫发生装置。低倍数泡沫产生器,泡沫喷头,固定式泡沫炮这三种是移动式泡沫灭火系统上有泡沫枪、泡沫钩这二种是移动式泡沫灭火系统上还有用在移动系统上中倍数泡沫枪(也称手提式中倍数泡沫发生器),本规范也未作规定。高倍数泡沫灭火系统有固定式泡沫炮、泡沫喷头,固定式高倍数泡沫都有型号,设计者根据系统的具体情况进行选择。

2.0.2 固定式消防泵组。

固定式消防泵组目前应用在泡沫灭火系统上,尤其是低倍数泡沫灭火系统上较多,它主要是用内燃机作动力,在其上又安装了泡沫比例混合器,泡沫混合液泵,也可以作为水环泵使用,又可以作为备用泵,特别是在缺电少电的地方,设置双电源、双回路有困难的地方,作为备用动力选用极为适宜。因此,本规范对固定式消防泵组的安装与其他系统选用泵不同之处作了规定。而其他消防泵如离心泵(包括卧式、立式、单级、多级)、深井泵等,在国家现行的有关标准、规范中已有规定,本规范不再规定。

2.0.3 泡沫导流罩。

泡沫导流罩是应用在外浮顶储罐上的一种装置,因为外浮顶储罐存介质液位的高低浮动,为了不减少介质的存数量,应安装在外浮顶储罐出口的泡沫管道,储罐的浮顶随介质液位的高低浮动,泡沫产生器的泡沫出口设计图纸和系列产品,如英国的安格斯公司,它叫泡沫倾注器,见图1;日本于式化学消防公司的浮顶油罐抗震J型泡沫出口安装图,见图2。它们都与泡沫产生器配套使用,参考时要注意型号。

没有定型图图加工,形状和尺寸都不统一。而国外某些公司都是由设计单位出图加工,形状和尺寸都不统一。而国外某些公司防止泡沫被风吹走而流失。目前我国没有泡沫导流罩的定型产品,顶端,因此必须设置专用装置,这个装置就是泡沫导流罩。以前,因为防有封附加叫泡沫防护板。这个装置既能使泡沫沿罐壁向下流动,又能

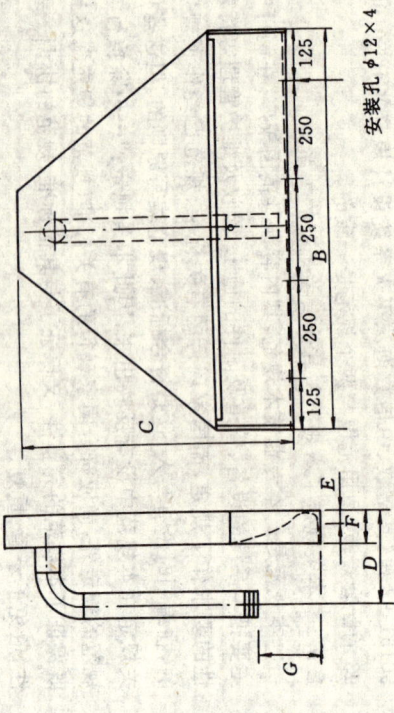

图 1 泡沫倾注器尺寸(mm)

尺寸 型号	B	C	D	E	F	G
50型	1000	700	200	40	75	142
80型	1000	700	240	40	75	102

安装孔 $\phi 12 \times 4$

2.0.4 泡沫降落槽

泡沫降落槽是水溶性液体储罐内安装的泡沫缓冲装置中的一种。因为水溶性液体都是极性溶剂,如:醇、酯、醚、酮类等,它们的分子排列有序,能夺取泡沫中的 OH^- 和 H^+ 离子,而使泡沫破坏。

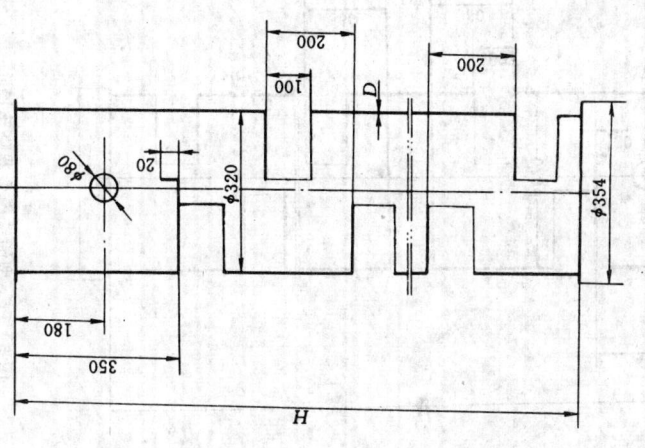

图 3 PC_4 型泡沫产生器降落槽

注:图中的 H 和 D 是根据储罐的高度和储存介质的具体情况决定的。

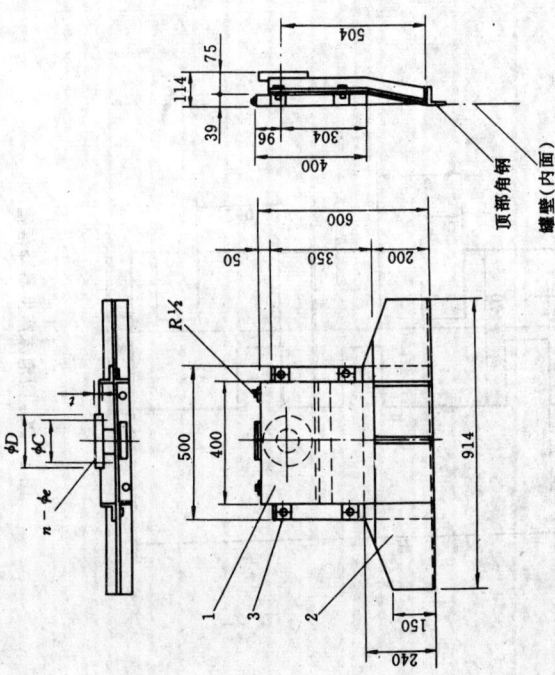

型式	D	法兰尺寸(JIS 10K)			重量(kg)
		C	t	n-e	
J-65A	175	140	18	4-19	约 36
J-80A	185	150	18	8-19	约 37
J-100A	210	175	18	8-19	约 39

图 2 浮顶油罐抗震 J 型泡沫出口安装图

注:① 泡沫出口,材料 SS41;
② 泡沫出口固定板,材料 SS41;
③ 固定螺栓螺母,材料 SS41,4 组 M10×30;
④ 适用泡沫产生器容量 200L/min,350L/min。

故必须用抗溶性泡沫液方能灭火,同时又要求泡沫平缓地布满整个液面,并具有一定的厚度,所以要求设置缓冲装置以避免泡沫自高处跌入溶剂内,由于重力和冲击力造成的泡沫破裂,影响灭火。常用的泡沫降落槽,其尺寸是与泡沫产生器配套设计的,目前我国选用的见图 3、图 4、图 5。在设计未规定时可参照此图。

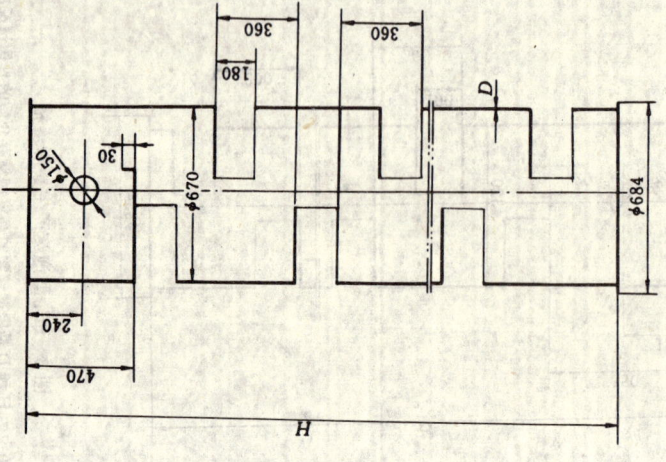

图 4 PC₈ 型泡沫产生器降落槽

注:图中的 H 和 D 是根据储罐的高度和储存介质的具体情况决定的。

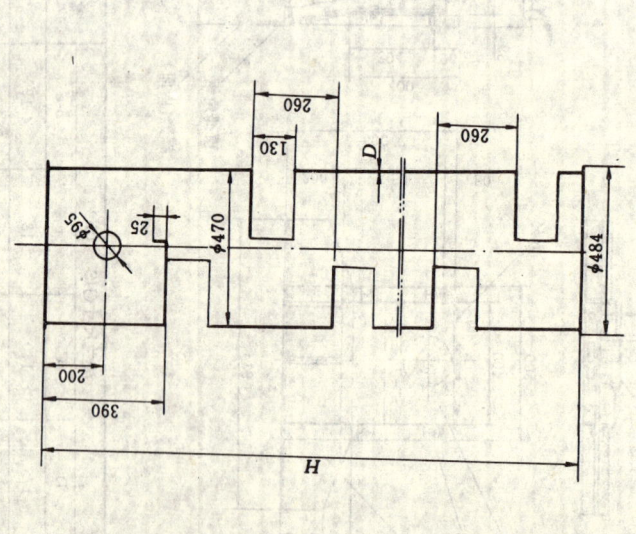

图 5 PC₁₆ 型泡沫产生器降落槽

注:图中的 H 和 D 是根据储罐的高度和储存介质的具体情况决定的。

2.0.5 泡沫溜槽。

泡沫溜槽是在泡沫降落槽之后发展起来的,它的作用与泡沫降落槽相同,这二种形式的泡沫缓冲装置,在设计时可任选一种。它的尺寸是通过计算决定的,泡沫溜槽的横截面积等于或略大于泡沫产生器出口管横截面积与发泡倍数的乘积,在设计未规定时可参照图 6。而国际标准 ISO/DIS 7076—1990,美国 NFPA 11-

1983和日本等标准中都有规定,在现行国家标准《低倍数泡沫灭火系统设计规范》GB 50196-92 的条文说明中已有说明,本规范不再叙述。

3 施工准备

3.1 一般规定

3.1.1 本条对施工队伍的资质要求及其考核、批准、管理等方面作出了规定。

近年来,随着消防事业的发展,专营或兼营的消防施工队伍发展很快,全国各省、自治区、直辖市几乎都有,目前仍有增长的趋势。从调研中表明,由于施工队伍本身的素质等因素,使安装质量不符合设计要求。比如有的因安装工人不懂产品的结构和技术性能,安装时把关键的部件损坏后,仍安装在系统上;有的连接头上的前后方向都不看,把方向装反;有的安装时不清除管内的杂物,安完后又不按规定对管道进行冲洗,致使管道引起严重堵塞等等。消防监督机构和建设单位对这些问题已经引起重视,各地区都制订了相应的管理办法。根据消防施工队伍的特殊性,消防工程施工队伍的资质要求及其管理问题,在总结各方面的实践经验和参考相关规范的基础上拟定一的规定,对系统的专业性、可靠性从系统施工及管理上作统一的规定是必要的。在总结各方面的实践经验和参考相关规范的基础上拟定了本条规定。

施工队伍的素质是确保工程施工质量的关键,本条强调了专业培训、考核合格是资质审查的基本条件。要求从事泡沫灭火系统工程施工的技术人员、上岗技术工人必须经过培训,掌握系统的形式、结构、工作原理,主要设备的性能和特点、施工程序及施工中应注意的问题等专业知识。

施工队伍的审批和统一管理,各地执行时尚不一致,但目前基本上都是强调审批和统一管理,便于共同作好施工监督部门协调工作,确保系统的施工、调试质量,建设机构与建设部门协调工作,确保系统正常可靠的运行。

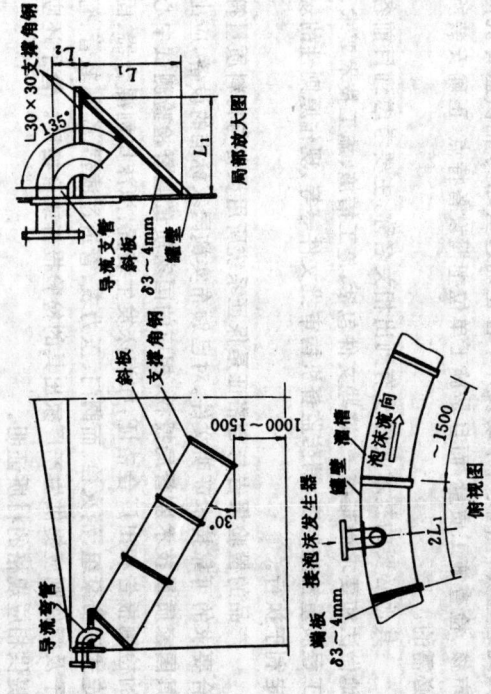

图 6 泡沫溜槽

常用尺寸表

储槽容积(m^3)	L_1(mm)	L_2(mm)
200	280	65
500	350	100
1000	460	150

3.1.2 本条规定了系统施工前应具备的技术资料。

要保证泡沫灭火系统的施工质量,使系统能正确安装,可靠运行,正确的设计、合理的设计、设计说明书是必要的技术条件。设计施工图,设计说明书是设计正确的体现,是施工单位的施工依据,它规定了灭火系统的施工的基本设计参数,设计依据和设备材料以及对施工的要求和施工中应注意的事项等,因此它是必备的首要条件。

设备的使用说明书是设备制造厂根据其产品的特点和规格、型号、技术性能参数编制的供设计、安装和维护人员使用的技术说明,主要包括产品的结构、技术参数、安装要求、维护方法与要求。因此这些资料不仅可帮助设计单位正确把握设备选型、便于消防监督机构审核、检查施工质量,而且是施工单位正确安装设备所必需的。

其他必要的技术文件没有列出相关名称,主要考虑到目前各地做法和要求尚难统一。这些文件包括:施工措施、施工技术要求、工程质量检查制度、消防监督机构审批文件等、现行原则性的规定予执行。

产品的检验报告与合格证是保证系统所用设备和材料质量符合要求的可靠技术证明文件。对已颁布实施国家标准的设备,应出具国家质量技术监督局授权、相应的国家质量监督检验测试中心的检测报告和出厂合格证,如泡沫发生装置、泡沫比例混合器、管道消防泵组、消火栓、阀门、压力表、管道过滤器、金属软管、管子及管件则应提供生产厂家出具的检验合格报告或合格证,管子及管件则应提供相应规格的材质证明。

3.1.3 本条是对泡沫灭火系统施工所具备的基本条件作了规定,以保证系统的施工质量和进度。

设计单位向施工单位进行技术交底,使施工单位更深刻地解施工意图,尤其是关键部位、施工难度比较大的部位、隐蔽工程以及施工程序、技术要求、作法、检查标准等都应向施工单位交待

清楚,这样才能保证施工质量。

施工前对设备、管子及管件的规格、型号进行查验,看其是否符合设计要求,这样才能满足施工及施工进度的要求。

泡沫灭火系统的施工与土建密切相关,设备要求打基础,管道的支、吊架需要下预埋件,管道穿防火堤、楼板、墙需要预留孔,这些部位施工质量的好坏与直接影响系统的施工质量,因此在系统的设备、管道安装前,必须检查基础、预埋件和预留孔是否符合设计要求。

场地、道路、水、电也是施工的前提保证,它直接影响施工进度,因此施工队伍进场前应能满足施工要求。

3.2 主要设备和材料的外观检查

3.2.1 本条规定了对泡沫灭火系统的设备及零配件,在施工前进行外观检查的要求。

在泡沫灭火系统上用的这些设备,如泡沫发生装置、泡沫比例混合器、泡沫储罐、消防泵或固定式消防泵组、消火栓、压力表、管道过滤器、金属软管等,在从生产厂家搬运到施工现场的过程中,要经过装车、运输、卸车等环节、储存等环节,有时的露天存放,受环境影响。在这期间,就有可能会因质量原因对这些设备及零配件造成损伤或锈蚀。为了保证施工质量,因此对这些设备及零配件进行外观检查,并应符合本条各款的要求。

3.2.2 本条规定了对泡沫灭火系统使用的管子及管件,在施工前进行外观检查的要求。

因为管子及管件(即弯头、三通、四通、异径接头、法兰、盲板、补偿器、紧固件、垫片等),也是系统的组成部分,它的质量好坏直接影响系统的施工质量。目前生产厂家很多,质量不尽相同,为避免劣质产品应用到系统上,所以系统施工前要进行外观检查,以保证质量。其检查内容和要求,应符合本条各款的规定。

3.3 泡沫液储罐、阀门的强度和严密性检验

3.3.1 本条对泡沫液储罐的强度和严密性检验的要求作了规定。

泡沫液储罐分压力式储罐和常压储罐，从材质上又分金属和非金属的；从形式上又可分立式、卧式、圆柱形、方型等。压力式储罐都是钢制的，立式或卧式，由生产厂家制作；常压储罐一般都是现场制作，常压非金属储罐一般有圆柱形、方形等，常压金属储罐都是由生产厂家制作。对于常压储罐一般情况下一个泡沫泵站安装一个，对于压力储罐一般情况下，一个泡沫泵站安装1～2个，最多不超过3个，因此本条规定每个泡沫泵站抽查1个，若不合格，应逐个试验。

强度和严密性试验都作了规定。对水质、水温、试验压力、试验时间和检查要求，本条都作了规定。这是参照现行国家标准《工业金属管道工程施工及验收规范》和《压力容器安全监察规程》中有关规定综合考虑确定的。

对水质、水温的规定与现行国家标准《工业金属管道工程施工及验收规范》和《压力容器安全监察规程》的要求是一致的，都是用清水，环境温度宜大于5℃，否则必须有防冻措施。水温大于环境的露点温度，以防容器表面结露。但温度也不宜过高，以防止引起气化和过大的温度应力，一般不应大于70℃。其目的是为了安全，避免容器发生脆性破裂。

对强度和严密性试验压力的规定基本上是一致的。现行国家标准《工业金属管道工程施工及验收规范》规定：强度试验压力为设计压力的1.25倍；严密性试验压力为设计压力。《压力容器安全监察规程》规定：当设计压力小于0.6MPa时，强度试验压力等于0.6～1.2MPa时，强度试验压力为设计压力的1.5倍；当设计压力大于1.2MPa时，强度试验压力为设计压力加0.3MPa；当设计压力大于1.25MPa时，严密性试验压力为设计压力的1.25倍；严密性试验压力为工作压力（最大工作压力即为设计压力）。

常压储罐不能加压，只作严密性试验，而试验压力为储罐装满水后的静压力。

对强度和严密性试验时间的规定和检验，要求也基本一致。现行国家标准《工业金属管道工程施工及验收规范》规定：对管道强度试验时间为10min；检验要求以目测无泄漏，无变形为合格。《压力容器安全监察规程》规定：强度试验时间为5～10min；严密性试验时间未作规定，检验要求以目测无泄漏，无塑性变形为合格。

试验后，应按本规范附录A填写泡沫液储罐的强度和严密性试验记录表。这是施工程序的要求，是验收前建设单位向公安消防监督机构提供审查和维护管理提供方便条件之一，为以后系统的检查和维护管理提供方便条件。

3.3.2 本条规定了对阀门的检验。

泡沫灭火系统对阀门的质量要求较高，如果阀门渗漏影响系统的压力，使系统不能正常运行。从目前情况看，由于种种原因，阀门渗漏现象较普遍，为保证系统的施工质量，《工业金属管道工程施工及验收规范》中的有关规定执行，并应按本规范附录B填写阀门的强度和严密性试验记录表。其目的在本规范第3.3.1条的条文说明中已有说明。

4 施 工

4.1 一般规定

4.1.1 设计施工图和技术文件都已经过消防监督机构的审核,它是施工的基本技术依据,应坚持按图施工的原则,不得随意更改。如需改动时,应经原设计单位同意,并出具变更文件,方可进行,较大变更要报消防监督机构批准。

据调查有的泡沫灭火系统的安装,没有按设计施工图进行,是按方案图或初步设计图进行,甚至随意更改,有的较大变更也未经消防监督机构同意,造成系统不能正常运行,因此本条作了规定。

4.1.2 泡沫液储罐安装时的常规要求,如:安装的允许偏差,支架、支座、地脚螺栓、垫铁等,在现行国家标准《容器质量检验评定标准》中已作了明确规定,本规范不再规定,而特殊要求的应符合本规定。

4.1.3 消防泵或固定泡沫泵组安装时的常规要求,在现行国家标准《压缩机、风机、泵安装工程施工及验收规范》中也作了具体详细的规定,本规范不再规定,而本章第4.5节只对固定式消防泵组安装的特殊要求作了规定。因为目前在泡沫系统中选用固定式消防泵组较多,主要解决泵用动力问题,所以本条作了规定。

4.1.4 管道及支、吊架,冲洗、防腐、消火栓、阀门等的加工制作、焊接、安装,在现行国家标准《工业金属管道工程施工及验收规范》、《现场设备、工业管道焊接工程施工及验收规范》和《采暖与卫生工程施工及验收规范》中都作了翔实的规定,本规范不再作规定,而本章第4.6节只对泡沫混合液管道、泡沫液管道和泡沫管道

以及功能不同的阀门,如自动排气阀、止回阀等和消火栓的安装作了规定。第4.7节只对试压、冲洗时应进行隔离封堵的设备和现场制作的常压钢质泡沫液储罐的防腐作了规定,因为这些都是泡沫灭火系统的特殊之处。

4.1.5 泡沫灭火系统电气设备的安装没有特殊之处,只要按照设计要求符合现行国家标准电气装置安装工程有关施工及验收规范中的相关规定即可,本规范不再作规定。

4.1.6 泡沫灭火系统与火灾自动报警系统及联动部分的施工,在现行国家标准《火灾自动报警系统施工及验收规范》中已有规定,本规范不再作规定。

4.2 泡沫液储罐的安装

4.2.1 本条规定了泡沫液储罐的安装位置和高度应符合设计要求。

泡沫液储罐是泡沫灭火系统的主要设备之一,它安装质量的好坏直接影响系统的正常运行。尤其是采用环式比例混合器时显得更为重要,因此,施工时必须严格按照设计要求进行。据调查发现不少泡沫液储罐安装在消防泵房的上层,若泡沫液储罐为立式圆柱型,其最高液面距环式泵是根据文丘里管原理,依靠泵出口压力的大小,造成真空度的高低来吸泡沫液,如果泡沫液储罐位置过高,不仅依靠泵吸的作用,而且还有静压力的作用,这样吸液率高,泡沫液与水的混合比就大,浪费泡沫液,不符合设计要求。

泡沫液储罐的最低液面也不能低于环式比例混合器液口1.0m,因为泡沫液面有一定的粘度,环式或环式比例混合器的真空度有限,再低泡沫液就吸不上来或吸少,泡沫液与水的混合比也小,这样也不符合设计要求。美国NFPA11附录A规定,环泵式比例混合器的吸液口不应高出泡沫液储罐最低液位1.83m

(6ft)。

此外，泡沫液储罐的安装位置与周围建筑物、构筑物及其顶部应保持一定距离，对消防泵房主要通道的宽度也作了规定，其目的是为了安装、更换和维修泡沫液储罐以及泡沫液提供条件。

4.2.2 本条对常压泡沫液储罐的安装方式作了规定。

常压泡沫液储罐因为形式较多，按设计要求进行即可。这里举几个典型安装例子加以介绍，安装的方式也不尽相同；立式圆柱型常压泡沫液储罐可直接安装在混凝土或砖砌的支座上；卧式圆柱型或椭圆型常压泡沫液储罐是厂家定型生产设备，其上设有安装鞍座，可直接安装在马鞍型混凝土或砖砌的支座上。

4.2.3 本条对压力泡沫液储罐的安装及附件作了规定。

损坏其储罐上的配管和附件。压力泡沫液储罐上设有槽注有钢或角钢焊接的固定支架，而地面上设有混凝土浇注的基础，采用地脚螺栓将支架与基础固定。因为压力泡沫液储罐的进水压力为0.6~1.2MPa的压力，而且通过压力泡沫比例混合器的流量也较大，有一定的冲击力，所以固定必须牢固可靠。另外压力泡沫液储罐上有几种定型生产厂家，其上设有安全阀，进料孔、排气孔，排渣孔，人孔和取样孔等附件，出厂时都已安装好，并进行了试验，因此在安装时不应随意拆卸损坏，尤其是安全阀更不应拆卸，否则影响安全使用。

4.2.4 本条对压力泡沫液储罐原则上都安装在室内安装作了规定。

压力泡沫液储罐灭火系统设计规范《GB 50151-92中允许安装在室外，低倍数泡沫灭火系统设计规范》上都安装在消防泵房内，在现行国家标准《低倍数泡沫灭火系统设计规范》中也是这样规定的，因此我们在调研中发现南方有的已经安装在室外，因此必然受环境温度和气候的影响。当环境温度低于0℃时，应采取防冻设施；环境温度高于40℃时，应采取防晒设施；雨季时还应采取防雨设施。因此温度过低，折液时间短，灭火性能降低，故应采取防晒、防雨防冻设施。

4.3 泡沫比例混合器的安装

4.3.1 本条对泡沫比例混合器的安装方向作了规定。

各种泡沫比例混合器都有安装方向，在其上有标注，使系统不能灭火，所以装反，否则吸不进泡沫液或达不到预定的混合比，使系统不能灭火，所以安装时要特别注意泡沫液流方向与标注的方向必须一致。其原因是每种泡沫比例混合器都有它的工作原理，在本规范第4.2.1条中已叙述：带压力泡沫比例混合器是根据文丘里管原理，环泵式泡沫比例混合器和平衡压力泡沫比例混合器，一般都是由喷嘴、扩散管，孔板等关键零件组成，是根据伯努利方程进行设计的；平衡压力泡沫比例混合器只加了一个平衡压力调节阀（也称双座阀），力式泡沫比例混合器部分的原理与其他比例混合器基本一致。在实际安装的过程中曾经发现有接错的现象如：东北××单位把平衡压力泡沫比例混合器装反，试验时不出泡沫液，施工现场认为是产品质量问题，我们到现场后发现接错。环泵式泡沫比例混合器也发现接错现象或安装不规范，使十几吨泡沫液进水报废。

4.3.2 本条规定了环泵式泡沫比例混合器的安装坐标及标高重要的，本条给出允许偏差范围，此条不再赘述。安装时应是环泵式泡沫比例混合器的进口应与水泵的出口管段连接；环泵式泡沫比例混合器的出口应与水泵的进品管段连接；环泵式泡沫比例混合器的进泡沫液口应与泡沫液储罐上的出液口管连接。

环泵式泡沫比例混合器的连接管道及附件安装时必须严密不漏，否则可能产生真空度，达不到设计所需的泡沫液与水混合比，

防冻设施。

15—27

管线式和负压式泡沫比例混合器,实际上这两种混合器从构造上是一样的,在应用时有两个名称,所以本规范全部列入,目前作为移动式再应用改。它应用安装在水带上的水平管道上,待标准一后安装在消防水带上应用较多,压力水通过该比例泡沫混合器的孔板,造成负压后形成的真空度有限,所以吸液口与泡沫混合液输送至液口与泡沫混合液桶最低液面的距离不得大于1.0m,以保证正常混合比。

4.4 泡沫发生装置的安装

4.4.1 本条对低倍数泡沫产生器的安装作了规定。

液上喷射泡沫产生器,有横式和立式两种类型。横式泡沫产生器应水平安装在固定顶储罐罐壁的泡沫导流罩顶部;外浮顶储罐应垂直安装在外浮顶储罐的泡沫导流罩顶部。立式泡沫产生器应垂直安装在固定顶储罐罐壁的泡沫导流罩顶部;外浮顶储罐应垂直安装在外浮顶储罐上。因为水平安装要由泡沫产生器的结构决定,而泡沫导流罩的作用在本规范2.0.3条的条文说明中已有叙述。

本条还规定了泡沫溜落槽或泡沫降落槽在水溶性液体储罐内安装时的要求。为了使泡沫溜落槽接近液面和泡沫平缓向下流动,因此本规范规定1.0~1.5m和溜槽与罐底平面夹角宜为30°。泡沫降落槽的高度允许偏差,并给出了垂直度的允许偏差和坐标及标高一致的,其目的是要求严格一些,与有关标准的要求也是一致的。至于水溶性液体储罐内为什么也要安装它?在本规范第2.0.4和2.0.5条的条文说明中已经叙述。

液下喷射泡沫产生器,这是产品技术性能决定的,其安装位置和高度及与其他阀门的前后顺序,应按照设计要求进行。

4.4.2 本条对中倍数泡沫发生器也是安装在固定顶储罐壁的顶部,其安

形不成良好的泡沫,影响灭火效果,严重者不能灭火。

备用的环泵式泡沫比例混合器一定并联安装在系统上。调研时曾发现有备用的环泵式泡沫比例混合器放在仓库里,若发生火灾时,安装在系统上的环泵式泡沫比例混合器出现有堵塞或腐蚀损坏,再来更换,时间来不及,延误灭火时机,会造成更大的损失。

4.3.3 本条规定了带压力式泡沫比例混合器的压力式泡沫胶囊储罐的安装要求。

带压力式泡沫储罐有带胶囊和不带胶囊两种形式,无论是哪种形式,有带胶囊和不带胶囊的压力式泡沫比例混合器都是同一支架上,因此必须整体安装,并应与基础牢固固定。其理由在本规范第4.2.3条的条文说明中已叙述。

4.3.4 本条规定了压力式泡沫比例混合器的安装要求。

压力式泡沫比例混合器与消防水泵或泡沫液配套使用。水泵和不带压力式泡沫液泵分别向压力式泡沫比例混合器输送压力液体,经压力式泡沫比例混合器形成混合液,输送至泡沫发生装置。

该混合器应安装水平,且垂直长度不宜大于1.0m。这是由压力式泡沫液在水平管道上的水平管道小于1.0m是保证泡沫液在管道内的流速稳定后再进入混合器,避免因管道急转弯对流速造成影响。在水和泡沫液进入口处安装的压力表与压力式泡沫比例混合器的进口处的距离不宜大于0.3m,其目的是为了便于观察和准确测量压力值。

4.3.5 本条规定了平衡压力式泡沫比例混合器的安装要求。

平衡压力式泡沫比例混合器是由平衡压力调节阀和比例混合器两大部分组成,产品出厂前已进行了强度试验和比例混合比的标定,故在安装时不应解体,而应整体安装。垂直安装在压力水和泡沫液的水平管道上。为了便于观察和准确测量压力值,所以压力表与平衡压力式泡沫比例混合器的进口处的距离不宜大于0.3m。

4.3.6 本条规定了管线式、负压式泡沫比例混合器的安装要求。

装位置及尺寸正确与否直接影响系统的施工质量,所以应按设计要求进行。另外它的体积和重量也较大,安装时极易损坏附件,如百叶窗式的盖。这样会影响进空气,所以本条对这作了规定。

4.4.3 本条对高倍数泡沫发生器的安装作了规定。

高倍数泡沫发生器是由动力驱动风叶转动鼓风,使大量的气流由进气端进入发生器,故在距进气范围内发形式泡沫群从发网喷出进入发泡前的一定范围内不应有影响泡沫群从发网喷出,故要求在发泡网前一定范围内不应有影响泡沫发生器不得,故高倍数泡沫发生器要牢固地安装在建筑物、构筑物上。另外,因为高倍数泡沫发生器体积和重量较大,安装时任何随意拆开、易损坏零部件,所以本条对要求不得拆卸。

4.4.4 本条对泡沫喷头的安装要求作了规定。

泡沫喷头的规格、型号、数量与泡沫混合液的供给强度和保护面积息息相关,切不可误装,一定要符合设计要求。

泡沫喷头的安装应在系统试压、冲洗合格后进行,因为泡沫喷头的孔径较小,系统管道不冲洗干净,异物容易堵塞喷头,影响泡沫灭火效果。另外安装时应牢固整齐,不得拆卸或损坏喷头的附件,否则影响使用。

顶喷式泡沫喷头一定安装在被保护物的上部垂直向下,其安装高度应严格按设计要求进行。在国际标准化组织ISO/DIS7076及美国消防协会NFPA11-1983中,对泡沫喷头的安装高度及泡沫混合液的供给强度都有明确的规定,因此本条规定了安装坐标及标高允许偏差。

水平喷式泡沫喷头一定安装在被保护物的侧面对准被保护物体,水平喷洒泡沫,并给出了距离允许偏差范围,因为水平喷洒泡沫要考虑泡沫的射程,尤其是正偏差不要太大。

弹射式泡沫喷头应安装在被保护物的下方地面以下,垂直或

水平喷洒泡沫,如飞机库或汽车库。在未喷射泡沫时,其顶部应低于地面10~15mm,若顶部高出地面,影响作业,影响泡沫喷头低于地面很多,易积藏一些尘土和杂物,这样会影响喷头喷洒泡沫。

4.4.5 本条对固定式泡沫炮的安装作了规定。

固定式泡沫炮的立管应垂直安装,炮口应朝向防护区,其安装位置和高度一定按设计要求进行。当设计无规定时一般考虑到人的身反作用力很大,所以安装在炮塔或支架上的固定式泡沫炮一定要牢固。

固定式泡沫炮的进口压力一般在1.0MPa以上,流量也较大,其反作用力很大,所以安装在炮塔或支架上的固定式泡沫炮一定要牢固。

电动泡沫炮可远距离操作,所以位置必须有控制设备、电源线和控制线,它们的规格、型号及设置位置、敷设方式、接线等应严格按设计要求进行,否则影响电动泡沫炮的正常操作。

4.5 固定式消防泵组的安装

4.5.1 本条规定了固定式消防泵组整体安装在泵组的基础上,并固定牢固。不得直接安放在地面上,以防止泵运转时的滑动错位。泵组的基础尺寸、位置、标高等均应符合设计要求,以保证泵组的合理安装及复装应按设计技术文件的规定执行。

4.5.2 固定式消防泵组是由泵、动力、泡沫比例混合器等组件合为一体的整机,产品出厂前均已按标准的要求组装和试验,并且该产品已经国家质量监督检验测试中心检测合格。随需拆卸调整机格合使泵组难以达到原产品设计要求,确需拆卸时应由生产厂家进行,拆卸和复装应按设备技术文件的规定进行。

4.5.3 由于固定式消防泵组的多种组合件以整体形式固定在工字钢底座上,因此泵组的找平、找正应以底座水平面为基准。

4.5.4 本条规定了固定式消防泵组与相关管道的安装要求。

由于泵组是以整机的形式固定在工字钢底座上,且泵组以泵的法兰底端

面为基准进行安装，这样才能保证安装质量。

4.5.5 本条规定了固定式消防泵组进水管吸水口处设置滤网时的要求。

当泡沫灭火系统的供水水源（水池或水罐）不是封闭的或采用天然水源时，为避免固体杂质被水泵吸入泵体，堵塞阀或进水管截面积的过水面积应大于进水管截面积的 4 倍，其目的是为了减少进水管阻力，也可尽量避免上述现象的发生。滤网支架应坚固可靠，这与国外的有关标准，如日本的消防法规的规定是一致的。

4.5.6 本条规定了泵组附加冷却器的泄水管通向排水管、排水沟、地漏等设施。其目的是将废水排到室外的排水设施，接牵至泵房室内地面。

4.5.7 本条规定了泵组内燃机排气管应通向室外，其目的是将烟气排出室外，以免污染泵房造成人员中毒事故。当设计无规定时，应采用和排气管直径相同的钢管连接后通向室外，排气口应朝天设置，让烟气向上流动，为了防雨，应加伞形罩。

4.6 管道、阀门和消火栓的安装

4.6.1 本条对泡沫混合液管道和该管道上设置的阀门的安装要求作了规定。

泡沫混合液管道立管应垂直安装，其垂直度偏差不宜大于 0.002，这与现行国家标准《工业金属管道工程施工及验收规范》的规定是一致，但在本条中稍微放宽了一些，严格程度的用词采用的是"不宜"二字，而且目没有规定上限值的极限值，其理由是当储罐爆炸起火后，泡沫混合液立管任在被拉变形，但也起到了灭火作用，因此在安装过程中，偏差稍大一点，不会影响系统的灭火。

本条规定了金属软管在安装时不得损坏其不锈钢编织网，因为编织网是保护金属软管的，一旦损坏，金属软管有可能也受到损坏，导致渗漏，致使发送到泡沫混合液达不到设计

压力，影响发泡倍数和泡沫混合液的供给强度，对灭火不利。

设计规范规定，泡沫混合液的水平管道，在防火堤内应以 3‰ 的坡度坡向防火堤外，应以 2‰ 的坡度坡向泡沫系统裂冻空管道，避免在冬季系统裂冻阀向放空阀，其目的是为了使管道放空，防止积水，避免在冬季系统裂冻阀及管道，但在实际的设计中，当管道很长时，坡度可以减小，只要能达到放空的目的，所以本条规定了坡度，坡向应符合设计要求。

泡沫混合液管道上设置的自动排气阀，是一种能自动排出管道内气体的专用产品。管道在充泡沫混合液（或调试时充水）的过程中，管道内的气体被自然驱压到最高点或管道内气体最后集聚处，自动排气阀能自动排出这些气体排出，当管道充满液体后该阀会自动关闭。自动排气阀在管道立安装，是安装系产品本身技术性能要求的，放空阀安装后，冲洗合格后进行气泡，是为了防止堵塞，影响排气。放空阀试压、冲洗合格后，主要是为了泡沫灭火系统工作后，排净管道内的泡沫混合液存管道的污水，以免腐蚀，北方地区若地上安装还要防止冰冻，主要是为了泡沫灭火系统工作后，排净管道内的泡沫混合液及冲洗管道后的污水，以免腐蚀，北方地区若地上安装还要防止冰冻，使阀门和管道免遭损坏，另外对于管道的维修或更换组件也需排净管道内的液体，以便工作。

泡沫喷淋系统干管、配水干管、配水管、支管、分支管、泡沫喷头与自动喷水灭火相似之处，洒水支管、洒水喷头的安装规定除符合本条规定外，尚应符合现行国家标准《自动喷水灭火系统施工及验收规范》的有关规定，如支、吊架的安装及支、吊架与泡沫喷头的距离等。

4.6.1.3 款 4.6.1.3 款

在高倍数泡沫发生器前设置管道过滤器的目的是为了过滤掉泡沫混合液中的杂质，防止堵塞喷嘴。管道过滤器应水平使用，这是与产品本身技术性能要求，压力表是用来测量发生器的进口压力，它应安装在管道过滤器附近泵发生器，而控制阀是用来调节压力和流量，三者缺一不可，因此应安装在水平支管上。

4.6.2 本条对液下喷射泡沫灭火系统泡沫管道和阀门的安装要求作了规定。

液下喷射系统泡沫混合液水平管道的安装要求和液上喷射系统泡沫混合液水平管道的安装要求是一样的，而泡沫水平管道也要设在最低处以免设放空阀。因泡沫析液后液放空后水要放空，以免腐蚀或冰冻，冲洗管道后的污水也要放空，以设放空阀。因泡沫析液后液放空后水要放空，以免腐蚀或冰冻，使管道遭受破坏。

泡沫管道垂直安装时，应要求水平安装，其原因是垂直安装的钢管和止回阀产品技术性能要求水平安装，止回阀处设置加背压，止回阀应在储罐积水层之上，因此泡沫管道进储罐要受标高的限制，所以应水平安装。另外泡沫喷射口，应在储罐顶部进入储罐内，方向应与回阀标注的箭头方向一致，否则泡沫不能进入储罐内反而将储罐内的介质倒流入管道，造成更大事故，有的单位将回阀装在储罐顶部进入管壁内，这种安装方式是错误的，没有发挥出下喷射的优点。这样做的目的是防止回阀泄漏的，其实目前研究出很多方法防止回阀泄漏，技术已经成熟，可以采用。

储罐内泡沫喷射口的安装，应符合设计要求，当一个喷射口设在储罐中心时，由于一般储罐的直径较大，其泡沫喷射管和泡沫混合液伸入储罐内的长度则较长，因此必须固定在与储罐底焊接一起的支架上。防止泡沫喷射管和泡沫混合液管道的搭接用值和喷射泡沫时管道颤动发生断裂现象，影响灭火效果。

4.6.3 本条对泡沫液管道的安装作了规定。

泡沫液管道一般都安装在消防泵房内，管道不长，管径也比较小，安装时按本规范第4.6.1条4.6.1.1和4.6.1.3款的规定执行即可。

4.6.4 本条对泡沫混合液管道，泡沫管道埋地安装的要求作了规定。

由于泡沫混合液管道，泡沫管道必须按照设计要求的防腐方式等进行施工，并不应损坏防腐层以保证安装质量。

埋地管道采用焊接时，一般在埋地前对每根钢管进行防腐处理，留出焊缝部位，人沟后进行焊接，焊缝部位应在试压合格后，按照设计要求进行防腐处理，并严格检查，防止遗漏，避免管道因焊缝腐蚀造成管道的损坏。

埋地管道在回填土前应进行工程验收，这是施工程序的要求，可避免不必要的返工。合格后及时回填土可使已验收合格的管道免遭不必要的损坏，分层夯实则为保证回填后管道的施工质量。并应按本规范附录C填写隐蔽工程验收记录表，为以后检查或更换管道及附件时提供便利条件。填表的目的在本规则第3.3.1条的条文说明中已有说明。

4.6.5 本条对消火栓的安装作了规定。

泡沫混合液管道上设置的消火栓是根据防护区或储罐的具体情况，按照规范的要求和总体布置等综合因素来选择消火栓的规格、型号、数量、位置及安装方式，有的还要根据泡沫混合液的用量、保护半径、压力等综合计算确定。泡沫混合液管道按安装位置可分为室外管道和室内管道，按安装方式又分为地上管道安装（包括架空）、埋地安装或室内安装。一般情况室外管道应选用室外消火栓、埋地地上式消火栓或地下式消火栓；室内应选用室内消火栓或室内消火栓箱。从调查情况看，目前国内室外管道（干管）大部分采用地上安装，多数选择地上式消火栓（去掉弯管），部分南方地区采用地上安装，选用地上式消火栓（干管）采用架空地上安装，消火栓箱或带阀盖的室内消火栓，而室内消火栓（干管）采用架空地上安装，消火栓选用室内消火栓或消火栓箱。综上所述泡沫混合液管道上消火栓的选型及安装方式和数量及安装位置都是由设计者确定的，所以本条规定应符合设计要求。

本条还规定了消火栓的安装，这是产品本身技术性能的要求。

当采用地上式消火栓时，其大口径出水口应面向道路，这便于消防车或其他移动式的消防设备吸液口的安装。地上式消火栓的大口径出水口，一般情况下不用，而是利用其小口径出水口即KWS65型接口，接上消水带进行灭火，当需要利用消防车或其他移动式消防设备灭火时，而且需要从泡沫混合液管道上设置的消火栓上取用泡沫混合液时，才使用大口径出水口。

当采用地下式消火栓时，应有明显的标志。一般在井盖上都有标志，但由于锈蚀或敷有尘灰物质，甚至违反规定堆放物资，这是不允许的，为了安全宜在明显处设置标志。另外还规定了顶部出口与井盖底面的距离要求，这是为了消防人员操作快捷方便，以免下井操作。

当采用室内消火栓或消火栓箱时，规定栓口应朝向外或面向通道，其目的是避免消防水带折叠影响压力和流量，另外使消防人员操作方便，同时也规定了安装时坐标及标高允许偏差的范围。

4.7 试压、冲洗和防腐

4.7.1 本条对管道的试压只作了简单的规定。

管道安装完毕后应用清水进行强度和严密性试验；试压前应将泡沫发生装置、泡沫比例混合器等不参与试验的设备加以隔离或封堵，其余按现行国家标准《工业金属管道施工及验收规范》中的有关规定执行。

试验合格后，应按本规范附录D填写管道试压记录表，其目的在本规范第3.3.1条的条文说明中已有说明。

4.7.2 本条对管道的冲洗同第4.7.1条一样也是作了简单的规定。

管道试压合格后应用清水进行冲洗，冲洗前应将试压时安装的隔离或封堵设施拆下，打开或关闭有关阀门分段进行，其余按现行国家标准《工业金属管道施工及验收规范》中的有关规定执行。

冲洗合格后，应将管道与连接处安装好，并不得再进行管道冲洗，然后按本规范附录E填写管道冲洗记录表，其目的

在本规范第3.3.1条的条文说明中已有说明。

4.7.3 本条只对现场制作的常压钢质泡沫液储罐内外表面提出应按设计要求做好防腐的规定，而对管道及其他则要求按现行国家标准《工业金属管道施工及验收规范》中的有关规定执行。

常压钢质泡沫液储罐的容量，一般都在现场制作，是根据灭火系统泡沫液用量决定的，不是定型产品，因此防腐也在现场进行。

泡沫液储罐内外表面防腐的种类、层数、颜色等应按设计要求决定的，尤其是内表面防腐的种类是根据泡沫液的性质决定的，一定要符合设计要求，否则起不到防腐的作用。目前我国泡沫液储罐内表面防腐采用的方法和涂料的种类很多，有不断改进，新产品也在出现，有待于进一步作防腐试验，因此本条没有作具体规定，由设计者选用，这样有更为有利于执行。

常压钢质泡沫液储罐的防腐应在严密性试验合格后进行，否则影响对焊缝的检查，影响试漏。若渗漏，必须补焊，试验合格后再防腐，以免浪费涂料。

常压钢质泡沫液储罐的安装，在本规范第4.2.2条的条文说明中已经叙述，但不管哪种安装方式储罐体与支座的接触部分，均应按设计要求进行防腐处理，当设计无规定时，应按加强防腐层的作法施工，这样才能防止腐蚀，增加使用年限。

5 调 试

5.1 一般规定

5.1.1 本条规定了泡沫灭火系统调试的前提条件和与系统有关的火灾自动报警装置及联动控制设备调试的前后顺序。

泡沫灭火系统的调试只有在整个系统已按照设计要求,全部施工结束后,才可能全面、有效地进行各项目调试工作。与系统有关的火灾自动报警、自动控制设备调试是否合格、高倍数泡沫灭火系统能否正常运行是采用泡沫灭火系统的重要条件。对于泡沫喷淋系统、另外泡沫联锁试验,来验证系统的可靠程度及部分是否协调。另外泡沫灭火系统与火灾自动报警装置和系统的施工,调试单位不一定是同一个单位,即使是同一个单位也是不同专业的人员,明确调试前后顺序有利于调试工作顺利进行,因此制定了本条规定。

执行本条规定应注意的是:与系统有关的火灾自动报警装置和联动控制设备的调试应按现行国家标准《火灾自动报警系统施工及验收规范》的有关规定执行。

5.1.2 本条规定了调试前应具备的技术资料。

泡沫灭火系统的调试是保证系统能正常工作的重要步骤,完成该项工作的重要条件是调试所必需的技术资料应齐整,方能使调试人员确认所采用的设备、材料是否符合国家标准的合格产品;是否按设计图和设计要求施工、安装质量如何,便于及时发现存在的问题,否则会给调试工作带来较大不便。当施工与调试不是同一单位时,调试单位更需要这些技术资料,熟悉后方能使调试工作顺利完成。

5.1.3 本条规定了参加调试人员的资格和调试应遵守的原则。

系统的调试工作,是一项专业技术性很强的工作,因此要求调试负责人员应由专业技术人员承担,即调试负责人员应具有消防专业的理论基础和实践经验,熟悉泡沫灭火系统的设计、施工,调试工作,熟悉系统基础及主要设备的结构、性能及使用方法,以避免调试发生不应有的事故。另外要做好调试人员的组织工作,做到职责明确,并按照预先确定的调试方案进行,这也是保证系统调试成功的关键条件之一,因此制定本条作了规定。

5.1.4 本条规定了调试前检查,并应及时处理所发现的问题。

施工质量进行检查,在本规范第 3 章已有叙述,这里不再重复。调试前检查主要按照本规范第 4 章的要求,根据设计资料、施工记录、试验记录来检查系统设备和管道的安装质量以及布置、连接的正确性与可靠性。合格后方可调试。

5.1.5 由于本章规定了调试时需要测定的工作压力、实测泡沫混合液的混合比及发泡倍数、仪表器,如压力表等,调试时所临时安装在系统上的仪器、仪表应准备齐全,如手持槽量折光仪或流量计合秤(或需的检验设备应准备齐全,如手持槽量折光仪或流量计合秤(或天平、电子秤)、秒表、量杯或量筒等设备。

5.2 单 机 调 试

5.2.1 本条规定了单机调试可用清水代替泡沫液进行。其目的是为了节省投资,以及减少消防设备、管道冲洗的工作量。

5.2.2 消防泵或固定式消防泵组是泡沫灭火系统的主要设备之一,它运行的正常与否,直接影响系统的效能,因此本条作了全部调试的规定,以保证泡沫灭火系统的正常运行,其试验的内容和要试验,其进口压力应符合设计要求,这样才能保证整个泡沫灭火系统的正常运行。

本条对最不利点泡沫喷头的压力和固定式泡沫炮(包括手动、电动)的进口压力作了应符合设计要求的规定,其原因在本条中已叙述。对于固定式泡沫炮的射程、射高、仰俯角、水平回转角度等指标,在调试时应达到标准的要求。

高倍数泡沫发生器的调试是分别对每个防护分区内的全部发生器同时进行喷水试验,记录每台发生器进口压力表的读数,计算其平均值不应小于本系统的设计值,调试中还需观察每台发生器发泡网的喷水状态,如出现异常现象应由有经验的专业人员处理,一般不应任意拆卸发生器。

5.2.5 本条对消火栓的调试作了规定。

在泡沫灭火系统中消火栓是安装在泡沫混合液的管道上,接上水带和泡沫枪,用于扑救流散火灾。而泡沫枪进口压力是有要求的,这样作才能保证消量和射程。因此本条规定消火栓应选择最不利点进行喷水试验,若能满足泡沫枪进口压力的要求,其余各点的消火栓就全部符合要求,所以在选用泡沫枪时要看生产厂家的使用说明书。

5.3 系统调试

5.3.1 本条规定了泡沫灭火系统的调试应在单机调试合格后进行。这样作可以避免单机工作时,影响系统中其他设备,使系统调试不能正常进行。

5.3.2 本条对泡沫灭火系统的调试作了规定。

系统调试时应使系统中所有的阀门处于正常状态,系指系统阀门处于调试的准备工作状态,因为在防护分区比较多的情况下,阀门比较多,需要开启或关闭某个阀门这根据调试的防护分区决定的,千万不要搞错,所以本条规定所有的阀门处于正常状态。本条规定系统调试应对每个防护分区进行喷水试验,其目的是

求按现行国家标准《压缩机、风机、泵安装工程施工及验收规范》的有关规定执行。

5.2.3 本条对泡沫比例混合器的调试作了规定。

泡沫比例混合器是保证泡沫混合液按预定比例混合的重要设备,是泡沫灭火系统的中心环节,所以本条规定了泡沫比例混合器应全部调试。

调试时泡沫比例混合器的实测性能标准应符合下列的要求,各种类型泡沫比例混合器的调试标准要求分列如下:

环泵式泡沫比例混合器:要求出口背压为零或负压,当进口压力为 0.7~0.9MPa 时,其出口背压可为 0.02~0.03MPa;要求吸液口不应高于泡沫液储罐液面 1.0m。

带压力泡沫储罐的压力式泡沫比例混合器:要求进口压力为 0.6~1.2MPa。

压力式和平衡压力式泡沫比例混合器:要求水和泡沫液的进口压力应符合设计值,一般水的进口压力应为 0.5~1.0MPa;泡沫液进口压力应大于水的进口压力,但其压差不应大于 0.2MPa。

管线式、负压式泡沫比例混合器:要求其出口压力应满足泡沫发生装置进口压力的要求。

符合产品上述技术要求,是保证泡沫混合液按规定泡沫混合比例调试时,泡沫比例混合器的实测性能指标应符合标准的要求。

5.2.4 本条对泡沫发生装置的调试作了规定。

低倍数泡沫产生器分液上、液下两种形式,中倍数泡沫发生器只能液上喷射,它们都是泡沫混合液吸入空气生成泡沫的设备。不同型号的产(发)生器,在一定的进口压力下,通过一定量的泡沫混合液,生成一定量泡沫。只有泡沫产(发)生器实测进口压力满足标准的要求,才能保证产生的泡沫符合设计要求。所以本条规定,低倍数、中倍数泡沫发生装置的单机调试应选择最不利点(地处最远、最低、最高)为整个系统管道压力最低处)的防护分区或储罐进行喷水

用手动控制的方式和自动控制的方式检查泵能否及时准确启动,阀门的启闭是否灵活、准确,管道畅通无阻,到达泡沫发生装置处的管道压力是否满足设计要求,泡沫比例混合器的进、出口压力是否符合设计要求。由于考虑储罐上安装的泡沫发生装置内的刻痕玻璃片一旦破裂,拆换较为困难,所以本条规定对于储罐进行喷水试验,喷水口可设在靠近储罐的水平管道上。

本条还规定了低、中倍数泡沫灭火系统喷水试验完毕将系统中的水放空后,选择最不利点的防护区或储罐进行一次喷泡沫试验,其目的是验证系统运行是否正常。不管是哪种控制方式只进行一次喷泡试验,是为了节省泡液,当为自动灭火系统时,应以自动控制的方式进行,并要求喷射出泡沫混合液中的泡沫液与水的比例符合设计要求。

为了真实地测出泡沫混合液的混合比和泡沫混合液的发泡倍数,并应符合设计要求。

这里应该说明的是本条所指的最不利点,为设计混合液量最大或地处最远,所需泵的扬程最大的防护区或储罐,该点需经计算,比较后确定。

混合比的测定采用"手持糖量折光仪"进行,用该仪器测定泡沫混合液的折射率,依据的原理是折射率与溶液浓度成正比,折射率越高,溶液浓度越大,因此可绘制出标准的折射率,然后测定出混合液样品的折射率,用该数值从标准曲线上即可查出试样的浓度,这样就得出所需的混合比。另外也可采用流量计进行测定,但需要安装在系统上,目前有一种超声波流量计使用简便,但价格比较昂贵,测量大口径管道流量时有误差,因此还没有普遍应用。

发泡倍数的测定按下列程序进行:

1. 测试前的准备工作:
   (1) 备有台秤1台(或天平、电子秤);
   (2) PQ8型泡沫枪或中倍数泡沫枪1支;
   (3) 量杯或量桶1个。

2. 测试步骤:
   (1) 用台秤测空杯或空桶重量 W_1 (kg 或 g);
   (2) 将量杯或量桶注满水后称得重量 W_2 (kg 或 g);
   (3) 计算量杯或量桶的容积 $V = W_2 - W_1$ (dm³ 或 cm³)。

   注:① 水的密度按1考虑即 1kg/dm³ 或 1g/cm³。
   ② 1dm³ 等于1L,1cm³ 等于1ml。

   (4) 从泡沫混合液管道上的消火栓接出水带和 PQ8 型或中倍数泡沫枪,系统喷泡沫试验时打开消火栓,待泡沫枪喷出泡沫10s 后,用量杯或量桶接满泡沫即立即用刮板刮平,擦干外壁,此时称得重量为 W (kg 或 g)。

3. 计算公式:

$$N = \frac{V}{W - W_1} \times d$$

式中 N ——发泡倍数;
W_1 ——空杯或空桶重量(kg 或 g);
W ——接满泡沫后量桶重量(kg 或 g);
V ——量杯或量桶的容积(dm³ 或 cm³);
d ——泡沫混合液的密度(按 1kg/dm³ 或 1g/cm³)。

喷泡沫试验时,泡沫枪的进口工作压力应符合标准的要求。实测得泡沫混合液的发泡倍数应在额定值的 0.85~1.15 倍的范围内;低倍数泡沫混合液的发泡倍数大于等于 5.0 倍,对液下喷射泡沫的发泡倍数为 3.0 倍;中倍数泡沫混合液的发泡倍数大于等于 20 倍。

高倍数泡沫灭火系统调试时应使系统中所有的阀门处于正常状态,其目的在本条的条文说明中已有叙述。将泡沫液储罐装满清水,分别对每个防护区以手动和自动控制的方式进行一次喷水试验,记录各发生器和比例混合器进口端的喷水状态应符合设计要求;观察各发生器发泡网的喷水状态;计算的系统混合比应达到设计要求。将泡沫液储罐中的水放空后灌入一定数量的高倍数泡沫液,分别对每个防护区以自动或手动控制的方式进行一次喷泡沫试验,喷射泡沫的时间不宜小于30s。如防护区内已安装设备不宜长时间发泡时,可缩短时间,但每台发生器发泡必须都已喷泡沫最小供给时间,方可停止试验,喷泡沫时应由有经验的专业人员观察每台发生器的喷泡沫情况,都应正常。

每台发生器的高倍数泡沫发生器出厂时都已给出了压力与发泡量,压力与混合液量及混合液的发泡量的关系曲线,可由发生器的进口压力查出应对的发泡量及混合液流量,计算出防护区系统的混合流量和泡沫最小供给速率,其值应达到设计要求。

5.3.3 本条规定了系统合格后应用清水冲洗后放空,其目的是防止设备和管道的腐蚀,然后调试系统恢复到正常状态,并应按本规范附录F填写系统调试记录表,其目的在本规范第3.3.1条的条文说明中已有说明。

6 验 收

6.1 一般规定

6.1.1 本条对泡沫灭火系统工程验收的组织形式及要求作了明确规定。

竣工验收是泡沫灭火系统工程交付使用前的一项重要技术工作。近年来,各地公安消防监督机构和使用单位对此已引起重视。不少地区已制定了工程竣工验收暂行办法或规定,但各自做法不一,标准更不统一,验收的具体要求不明确,验收工作应如何进行,依据什么评定工程质量等问题较为突出。不少地区验收工作仍处于一般行政检查工作状态,对验收的工程是否达到了设计功能要求,能否投入正常使用等重大问题有的心中无数。失去了验收工作的作用。鉴于竣工验收功能由建设主管部门主持,公安消防监督机构、建设、设计、施工等有关单位参加,便于集中各方面的专业技术人员共同把关,充分发挥其职能作用和监督作用,切实做到投资建设的泡沫灭火系统能充分起到扑灭火灾,保护人身和财产安全的作用。

6.1.2 本条对泡沫系统主要由供水水源、电源、泡沫液、泡沫液储罐、消防泵或固定式消防泵组、泡沫比例混合器、泡沫发生装置、泡沫消火栓阀门、压力表、管道过滤器、金属软管、管道及附件等组成,而验收的主要内容之一就是对这些设备、材料的质量及安装质量是对系统的功能验收,看其是否符合设计要求。其二也是最重要的就是对系统达到了设计要求进行检验、喷射泡沫等各项技术性能是否都达到了设计要求。

6.1.3 本条规定了泡沫灭火系统验收前,建设单位应向公安消防监督机构提供本条所规定的技术资料,以便审查。

提供整套泡沫灭火系统的技术资料，说明该系统的验收已具备软件方面的条件。完整的技术资料不仅是公安消防监督机构依法对工程建设项目的设计和施工实施有效监督的基础，也是验收时对系统的质量做出合理评价的依据，同时也是建设单位在系统投入使用后的存档材料，并应由专人负责保管，以便今后对系统进行检修、改造等使用，也便于系统的操作、维护和管理。

6.1.4 本条规定了复查，这是验收本条的内容之一。

为了使泡沫灭火系统的验收能够顺利进行，尽管施工单位、调试单位对系统的设备、材料进行了外观检查和试验，对单机和系统都进行了调试，但验收时还应按照本条规定的内容对系统的各个组成部分进行复查，以保证系统的施工质量和系统功能验收时能正常运行，达到设计要求。

复查检验引起重视的一点，就是本条规定了泡沫液现场封样送检的规定。因为泡沫液是泡沫灭火系统的关键材料，直接影响系统的灭火效果，所以把好泡沫液的质量关是至关重要的中心环节。从目前调查的情况看，改变配方降低成本，泡沫液生产企业为了降低成本，改变配方中少加某种原料；有的配方中选用代用材料，有的配方中缺少某种原料，在系统调试和验收时检查不出来，只有通过理化性能和泡沫性能试验才能发现问题。实质上这是偷工减料，属于假冒伪劣产品。另外我国现行的泡沫灭火剂标准规定，蛋白、氟蛋白和抗溶泡沫灭火剂的储存期为2年；中、高倍数泡沫灭火剂的储存期为3年；水成膜泡沫灭火剂的储存期还没有规定，但国外生产企业规定20年。据调查和使用单位反映，有些生产企业由于生产计划不同过量生产，一年甚至半年来的工程实践规定的内已经储存了半年至一年甚至多年来的工程实践规定的，将这些泡沫液至接生产日期进行销售，极个别的生产销售单位，变质等现象，但为了经济利益，更重新变更生产日期进行销售，这是一种欺骗行为，损害了使用单位的利益，甚至会酿成严重后果，为此本条作了泡沫液现场封样送检的规定。

验收时，由验收组从未开封的泡沫液桶中现场抽样，封条由消防监督机构签字盖章，封存好的样品送有承检许可证的检测机构检测，检测合格后方可使用。

检测按现行国家标准《泡沫灭火剂通用技术条件》的规定执行。主要检测以下几个项目：

1. 理化性能：
   （1）pH值；
   （2）老化前后沉淀物。
2. 泡沫性能：
   （1）发泡倍数；
   （2）25%析液时间；
   （3）灭火时间；
   （4）抗烧时间。

6.2 系统验收

6.2.1 本条对泡沫灭火系统功能的验收作了具体规定。

泡沫灭火系统功能验收是整个系统验收的核心，以前所作的一切都是为了系统功能的验收服务的，按照本条规定的内容验收来验证泡沫灭火系统各项技术性能指标是否达到了设计要求，为以后系统的正常运行提供了可靠的保障。

系统功能验收分3项内容，主电源与备用电源切换试验1～3次；工作与备用消防泵或固定式消防泵组在设计负荷下连续运转不应小于30min，其间转换运行1～3次，这是根据现行国家标准《压缩机、风机、泵安装工程施工及验收规范》和《火灾自动报警系统施工及验收规范》的有关规定，结合多年来的工程实践规定的；系统的喷放泡沫试验（包括低、中倍数和高倍数泡沫灭火系统）与本规范第5.3.2条、5.3.2.4和5.3.2.5款的规定是一致的，在第5.3.2条和条文说明中已有叙述，这里不再重复。

6.2.2 本条规定了系统验收中任何一款不合格，不得通过系统验收。

系统验收是按本规范第6.2.1条各款所列的验收内容和要求进行的。在验收中任何一项不合格，验收组将停止验收，施工单位或调试单位应将不合格的部分进行检修，调试合格后验收组可继续对系统进行验收。这时对于低、中倍数泡沫灭火系统应选择泡沫液用量最大和最近істю任高的2个防护区或储罐分别进行喷泡沫试验；对于高倍数泡沫灭火系统应任选2个防护区进行喷泡沫试验。如再不合格，验收组将停止验收，并视该系统不合格，不能通过系统验收。

6.2.3 本条规定了泡沫灭火系统验收合格后，施工或调试单位应用清水把系统冲洗干净并放空，将系统恢复到正常状态，并应按本规范附录G填写系统验收表，其目的在第5.3.3条条文说明中已有说明。

填表时应按验收表内验收项目各子项所列内容认真填写验收结果，在本栏内填写合格，部分不合格，验收结果应在验收后将不合格的部分进行整改，自验合格后重新报请验收。

验收合格后，由验收组填写验收结论，并由组长代表签字后生效。

7 维护管理

7.1 一般规定

7.1.1 本条规定了泡沫灭火系统验收合格后方可投入运行。

据调查，个别单位经验收泡沫系统未经公安消防监督机构进行消防验收或者验收不合格，为了经济效益就投入了生产，这是违反《中华人民共和国消防法》的。为此，本条进一步强调了泡沫灭火系统验收合格后方可投入运行，否则不得投入使用。

7.1.2 本条规定了泡沫灭火系统投入运行前，建设单位应配齐经过专门培训，并通过考试合格的人员负责系统的维护、管理、操作和定期检查。

严格的管理，正确的操作，精心的维护和仔细认真的检查是泡沫灭火系统能否发挥正常作用的关键之一，实践证明设有任何一种灭火系统在没有平时的精心维护下，就能发挥良好作用的。泡沫灭火系统使用的时间较长（泡沫液除外），有的设备和绝大部分管道在室外，有的管道埋地，这样长期受环境的影响极易生锈、腐蚀，有的部件可能老化，调查中我们发现泡沫产生器的滤网锈蚀、罩板脱落，阀门锈蚀打不开，有的被冻裂，因此加强日常的检查和维护管理，对系统保持正常运行至关重要。为此，要求检查、维护、管理和操作人员，必须具有一定的消防专业知识和基本技能才能胜任此项工作。从目前国内现状来看，大型石化企业都设有专职消防队，即企业消防队。他们训练有素，但一般企业没有专职消防队，也不设专职操作人员，而是由工艺岗位上的操作人员兼职。他们对进行专门培训，掌握泡沫灭火系统的专业知识和操作规程，并通过考试合格才能承担此项任务，系统的正常运行，这不到灭火系统的正常运行，这不到灭火的目的，给国家否则会影响泡沫灭火系统的正常运行，这不到灭火的目的，给国家造成重大损失。

7.1.3 本条规定了泡沫灭火系统正式启用时,对建设单位提出应具备的条件。

系统正式启用时,应具备本条所规定的技术资料,这是保证系统正常运行和检查维护所必需的。管理人员要摘好检查、维护工作,必须对系统的设计、施工、调试和验收的情况有全面的了解,熟悉系统的性能、构造和检查维护方法,才能完成所承担的工作,因此首先应具备必要的资料。

为了保持系统的正常状态,在需要灭火时能合理有效地进行各种操作,必需预先制订系统的操作规程和系统流程图,另外值班员的职责要明确,分工要明确,这样在系统灭火时才不致忙乱。平时的检查维护也要充分。

泡沫灭火系统的检查维护是一项长期延续的工作,维护工作是否按要求进行,为今后的维护管理积累必要的档案资料。
建设单位应建立系统的技术档案,并将所有的文件、技术资料整理存档,以便系统的检查和维护。

7.2 系统的定期检查和试验

任何一种灭火系统,在运行一段时间后必须进行定期检查和试验,这是根据系统的结构特点,产品的维护使用要求规定的。泡沫灭火系统也不例外,其道理由在第7.1.2条的条文说明中已有叙述。

7.2.1 本条规定了每周对消防泵和备用动力进行一次启动试验。
目前我国泡沫灭火系统,在运行中水系统中水泵可在自动输送泡沫混合液;泡沫泵输送泡沫液,大多数单位虽然也作出了检查、维护,但检查的内容不全,要求也不尽相同,为此本规范作出了具体统一的规定。
消防泵是指水泵和泡沫液泵,在泡沫灭火系统中水泵可能输送水或泡沫混合液;泡沫液泵只能输送泡沫液,而且只有在水泵能选择平衡

压力式或压力式泡沫比例混合器(不带压力储罐)时采用。备用功力是指双电源包括内燃机发电机组、双回路和内燃机拖动的泵,统称为备用动力。它们是泡沫灭火系统关键设备之一,直接影响系统的运行。因此本条规定每周应对消防泵和备用动力以手动或自动控制的方式进行一次启动试验,看其是否运转正常,试验后应将泵打开空转,但空转时间不应大于5s。
和备用动力有关设备恢复原状。试验应由经过专门培训合格的人员操作,试验结果应按本规范附录H填写系统周检记录表。

7.2.2 本条规定了泡沫灭火系统每季度检查的内容和要求。
每季度应按本条所规定的内容和要求进行外观检查,应完好无损、无锈蚀,一切均应正常,若发现问题应及时处理,以保证系统能正常运行。并应按本规范附录I填写系统季度检记录表。

7.2.3 本条规定了泡沫灭火系统每年检查的内容和要求。
每年应检按本条的规定进行。年检时,系统应全部冲洗、清除锈渣,防止管道堵塞,但考虑到低、中倍数泡沫比液立管冲洗时,易损坏密封玻璃,甚至把杆打入罐内,影响介质质量,若拆卸,较困难,影响清除锈渣,因此可不冲洗,对液下喷射防火堤内泡沫管冲洗时,必须把水打入罐内,对液下排出口排出,因为泡沫喷射比例混合液管道截面积比混合液管道截面积大,不易堵塞。对高倍数泡沫发生器进口端控制阀后的管道不用冲洗和清除锈渣,因为这段管道设计时一般都是不锈钢的。检查完毕应按本规范附录J填写系统年检记录表。

7.2.4 本条规定了泡沫灭火系统运行每隔2~3年检查和试验的内容及要求。

系统运行每隔2~3年应按本条所规定的内容和要求,对系统进行彻底地检查和试验,其目的是验证泡沫灭火系统是否还符合设计要求。

系统运行 2～3 年泡沫液已到期，应该更换，利用这个机会对泡沫灭火系统进行喷射泡沫试验，并对系统所有的设备、设施（包括配电和供水设施）、管道及附件进行全面检查进行全面的检验及联动报警系统及联动设备的检验，应按有关规定执行，这里不再说明。

泡沫灭火系统喷射泡沫试验，原则上应按本规范第 6.2.1.3 和 6.2.1.4 款的要求进行。但考虑到低、中倍数泡沫灭火系统喷射泡沫试验涉及的问题较多，又不能直接向防护区或储罐内喷射泡沫，为了避免拆卸有关管道和泡沫产(发)生器，建设单位可结合本单位的实际情况进行试验。例如利用防护区或储罐检修时，选择某个防护区或储罐进行试验，或者利用泡沫混合液管道上的消火栓、接上水带、泡沫枪（中倍数也称手提式中倍数泡沫发生器）进行试验。

对于高倍数泡沫灭火系统可在防护区内进行喷泡沫试验。在系统的试验过程中，检查设备、设施、管道及附件和喷射泡沫的情况，看其各项性能指标是否还符合设计要求。检查和试验应由经过专门培训合格人员担任，并按预定的方案进行。

系统检查和试验完毕，应对试验时所用过的设备、管道及附件、用清水进行彻底冲洗清除锈渣，并立即放空，然后重新涂漆，做好防腐处理。并应按本规范附录 J 填写系统年检记录表。

7.2.5 本条对检查和试验的结果作了规定。

对检查和试验中发现的问题，应及时处理或修复，对损坏或不合格者应立即更换，使系统恢复到正常状态，否则将会影响今后系统的正常运行。

这里还应说明两点：

1. 按着泡沫灭火剂标准的规定，每种泡沫灭火剂都有使用期，在本规范第 6.1.4 条文说明中已有叙述。对泡沫液使用量少的单位，到期后完成了系统的喷射泡沫试验之后，可能将放掉了换新的泡沫液，而对泡沫液使用量大的单位，就舍不得放掉，为了节省资金还想继续使用，因此现场取样送国家质量监督检验测试中心进行全项检测，结果可能全合格，也可能一项或几项不合格，经过改造可以合格，但使用期是个多长时间，目前国家还没有规定，有待今后进一步探索试验。

2. 各建设部门在未经消防监督机构批准的情况下，不得擅自关停系统，如有需要报停的或废止要拆除的系统，要征求消防监督机构的意见，同意后按规定程序，由专门施工单位负责拆除。

中华人民共和国行业标准

建筑排水硬聚氯乙烯管道工程
技 术 规 程

Technical Specification of PVC-U
Pipe Work for Building Drainage

CJJ/T 29—98

主编单位：上海建筑设计研究院
批准部门：中华人民共和国建设部
施行日期：1999年4月1日

关于发布行业标准
《建筑排水硬聚氯乙烯
管道工程技术规程》的通知

建标[1998]191号

根据建设部《关于印发1995年城建、建工工程建设行业标准制订修订项目计划（第一批）的通知》（建标[1995]175号）要求，由上海建筑设计研究院主编的《建筑排水硬聚氯乙烯管道工程技术规程》，经审查，批准为推荐性行业标准，编号CJJ/T 29—98，自1999年4月1日起施行。原行业标准《建筑排水硬聚氯乙烯管道设计规范》（CJJ 29—89）、《建筑排水硬聚氯乙烯管道施工及验收规范》（CJJ 30—89）同时废止。

本标准由建设部城镇建设标准技术归口单位建设部城市建设研究院负责管理，由上海建筑设计研究院负责具体解释工作。

本标准由建设部标准定额研究所组织中国建筑工业出版社出版。

中华人民共和国建设部
1998年10月12日

前 言

根据建设部(1995)175号文的要求,规程编制组在广泛调查研究、认真总结实践经验和吸取科研成果,并广泛征求意见的基础上,对原行业标准《建筑排水硬聚氯乙烯管道设计规程》(CJJ29—89)和《建筑排水硬聚氯乙烯管道施工及验收规程》(CJJ30—89)进行了修订。

本规程修订的主要技术内容是:1.适用范围;2.管道布置和敷设;3.管道水力计算;4.管道粘接技术;5.楼层的立管、横管和埋地管安装施工要求;6.施工验收。

修订的主要技术内容是:1.补充了在气温较高的地区管道可设置于外墙的布置方式;2.推荐管道暗设,有利于隔声降噪;3.推荐H管管件,有利于管道布置紧凑;4.在温差小的地区,放宽伸缩节设置条件;5.补充了管道穿地下室的施工方法和措施;6.补充出户管与室外检查井的连接的施工方法,实现了建筑物排水管道全塑化;7.删除了局部管段采用铸铁管的规定,实现了建筑物排水管道全塑化;8.补充了高层建筑明设硬聚氯乙烯排水管道穿越楼板、墙体的防止火灾蔓延措施;9.推荐硬聚氯乙烯排水立管的通水能力。

本规程由建设部城镇建设标准技术归口单位建设部城市建设研究院归口管理,授权由主编单位具体解释。

本规程主编单位是:上海市建工设计研究院(地址:上海石门二路258号,邮编200041)

本规程参加单位是:上海市建工设计研究院

本规程主要起草人员是:张淼、应明康、李海光、周雪英

1 总 则

1.0.1 为使建筑排水硬聚氯乙烯管道工程的设计、施工及验收做到技术先进、经济合理、安全适用,确保质量,制订本规程。

1.0.2 本规程适用于建筑高度不大于100m的工业与民用建筑物内连续排放温度不大于40℃、瞬时排放温度不大于80℃的生活排水管道的设计、施工及验收。

1.0.3 建筑排水硬聚氯乙烯管道的管材和管件应符合现行的国家标准《建筑排水用硬聚氯乙烯管材》(GB/T5836.1)、《排水用芯层发泡硬聚氯乙烯管材》(GB/T16800)和《建筑排水用硬聚氯乙烯管件》(GB/T5836.2)的要求。

1.0.4 建筑排水硬聚氯乙烯管道工程的设计、施工及验收除应符合本规程外,尚应符合国家现行有关标准的规定。

2 术 语

2.0.1 防火套管 Fire stoping sleeves

由耐火材料和阻燃剂制成的,套在硬聚氯乙烯管外壁阻止火势沿管道贯穿部位蔓延的管子。

2.0.2 阻火圈 Firestops Collar

由阻燃膨胀剂制成的套在硬聚氯乙烯管道外壁的套圈。火灾时,阻燃剂受热膨胀挤压聚氯乙烯管道,使之封堵,起到阻止火势蔓延的作用。

2.0.3 H管 H Pipe

用于通气立管与排水立管连接的管件,起结合通气管的作用。

2.0.4 管廊 Pipe alley

为布置管道而构筑的狭小的不进入空间。

2.0.5 补气阀 Air admittance valve

系能自动补入空气,平衡排水管道内压力的单向空气阀。

3 设 计

3.1 管道布置

3.1.1 管道明敷或暗敷布置应根据建筑物的性质、使用要求和建筑平面布置确定。

3.1.2 在最冷月平均最低气温0℃以上,且极端最低气温-5℃以上地区,可将管道设置于外墙。

3.1.3 高层建筑室内排水管道布置应符合下列规定:

1 立管宜暗设在管道井或管廊内。

2 立管明设且其管径大于或等于110mm时,在立管穿越楼层处应采取防止火灾贯穿的措施。

3 管径大于或等于110mm的明敷排水横支管不宜穿越防火分区隔墙和防火墙;当不可避免管道贯穿部位的管廊内的立管时,在穿越楼层、管道井、穿越墙体处的两侧采取防止火灾贯穿的措施。

3.1.4 横干管不宜穿越防火分区隔墙和防火墙;当不可避免穿越时,应在管道穿越墙体处的两侧采取防止火灾贯穿的措施。

3.1.5 防火套管,阻火圈等的耐火极限不宜小于管道贯穿部位的建筑构件的耐火极限。

3.1.6 管道不宜布置在热源附近;当不能避免,并导致管道表面温度大于60℃时,应采取隔热措施。

立管与家用灶具边缘净距不得小于0.4m。

3.1.7 管道不得穿越烟道、沉降缝和抗震缝。管道穿越伸缩缝、当需要穿越时,应设置伸缩节。

3.1.8 管道穿越地下室外墙应采取防止渗漏的措施。

3.1.9 排水立管仅设伸顶通气管时,最低横支管与立管连接处至排出管底的垂直距离 h_1 不得小于表3.1.9中数值(图3.1.9)。

最低横支管与立管连接处至排出管底处的垂直距离 表 3.1.9

建筑层数	垂直距离 h_1 (m)	建筑层数	垂直距离 h_1 (m)
≤4	0.45	13～19	3.00
5～6	0.75	≥20	6.00
7～12	1.20		

注：1. 当立管底部、排出管底部不能满足本条及其注1的要求时，可将表中垂直距离缩小一档。
2. 当立管底部、排出管底部不能满足本条及其注1的要求时，最低排水横支管应单独排出。

3.1.10 当排水立管在中间层竖向拐弯时，排水支管与立管、排水横管连接，应符合下列规定：

1 最低横支管与立管连接处至排水立管底部的垂直距离 h_1，应按本规程第3.1.9条确定。

2 排水支管与立管底部水平距离 L 不得小于1.5m。

3 排水竖支管与立管拐弯处通气管的垂直距离 h_2 不得小于0.6m。

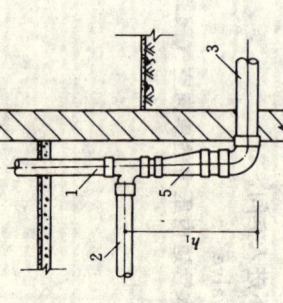

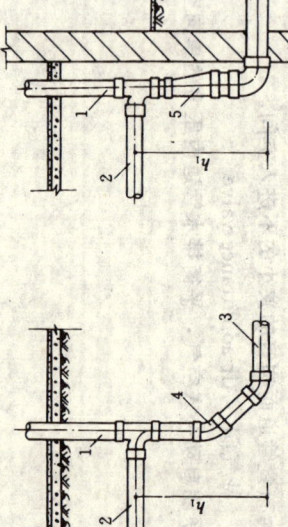

3.1.11 排水立管应设伸顶通气管，顶端应设通气帽。当无条件设置伸顶通气管时，宜设置补气阀。

3.1.12 伸顶通气管高出屋面（含隔热层）不得小于0.3m，且应大于最大积雪厚度。在经常有人活动的屋面，通气管伸出屋面不

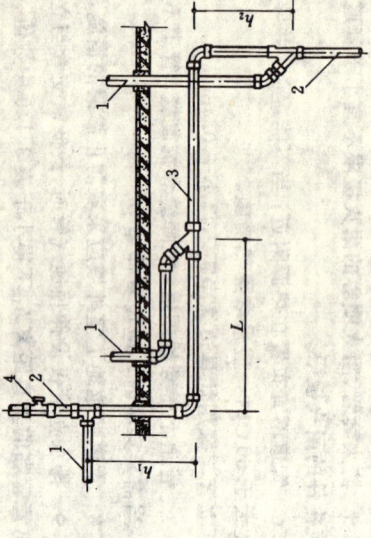

图 3.1.10 当排水立管在中间层竖向拐弯时，排水支管与排水立管、横管连接
1—立管；2—横支管；3—排出管；4—45°弯头；5—偏心异径管

得小于 0.2m。

3.1.13 伸顶通气管管径不宜小于排水立管管径。在最冷月平均气温低于-13℃的地区，宜从室内顶棚以下0.3m处伸顶通气管管径放大一号，或伸顶通气管管径等于125mm时，可将室内顶棚以下0.3m处伸顶通气管管径放大一号，且最小管径不宜小于110mm。

3.1.14 通气管的设计应符合下列规定：
1 通气管最小管径应按表3.1.14确定。

通气管最小管径（mm） 表 3.1.14

通气管名称	排水管管径 (mm)					
	50	75	90	110	125	160
器具通气管	40	—	—	—	—	—
环形通气管	40	40	40	50	50	—
通气立管	—	40	40	50	50	90	110

2 通气立管长度大于50m时，其管径应与污水立管相同。

3 两根及两根以上污水立管同时与一根通气立管相接时，应以最大一根污水立管按表3.1.14确定通气立管管径，且其管径不

宜小于其余任何一根污水立管管径。

4 结合通气管管径不宜小于通气立管管径。

3.1.15 结合通气管当采用H管时可隔层设置，H管与通气管的连接点应高出卫生器具上边缘 0.15m。

3.1.16 当生活污水立管与生活废水立管合用一根通气立管，且采用H管为连接管件时，H管可隔层分别与生活污水立管和废水立管间隔连接，但最低生活污水连接点以下应装设结合通气管。

3.1.17 管道受环境温度变化而引起的伸缩量可按下式计算：

$$\Delta L = L \cdot \alpha \cdot \Delta t \quad (3.1.17)$$

式中 ΔL——管道伸缩量（m）；
L——管道长度（m）；
α——线胀系数，采用 $6×10^{-5}$~$8×10^{-5}$ m/(m·℃)；
Δt——温差（℃）。

3.1.18 管道是否设置伸缩节，应根据环境温度变化和管道布置位置确定。

3.1.19 当设置伸缩节时，应符合下列规定：

1 当层高小于4m或等于4m时，污水立管和通气立管应每层设一伸缩节；当层高大于4m时，其数量应根据管道设计伸缩量和伸缩节允许伸缩量计算确定。

2 污水横支管、横干管、器具通气管、环形通气管，应设伸缩节，但伸缩节之间最大间距不得大于4m（图3.1.19）。

3 管道设计伸缩量不应大于表3.1.19中伸缩节的允许伸缩量。

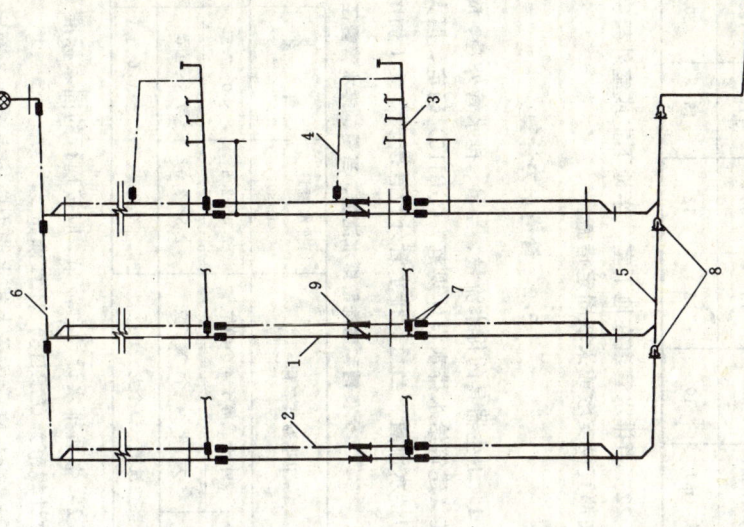

图 3.1.19 排水管、通气管设置伸缩节位置
1—污水立管；2—专用通气管；3—横支管；4—环形通气管；5—污水横干管；6—汇合通气管；7—伸缩节；8—弹性密封圈伸缩节；9—H 管配件

3.1.20 伸缩节设置位置应靠近水流汇合管件（图3.1.20），并应符合下列规定：

1 立管穿越楼层处为固定支承且排水支管在楼板之下接入时，伸缩节应设置于水流汇合管件之下（图3.1.20中的(a)、

表 3.1.19 伸缩节最大允许伸缩量

管径 (mm)	50	75	90	110	125	160
最大允许伸缩量 (mm)	12	15	20	20	20	25

最高层离室内顶棚 0.5m 处设置检查口。

2 立管每每六层设一检查口。

3 在水流转角小于 135°的横干管上应设检查口或清扫口。

4 公共建筑物内，在连接 4 个及其以上的大便器的污水横管上宜设清扫口。

5 横管、排出管直线距离大于表 3.1.21 的规定值时，应设置检查口或清扫口。

横管在直线管段上检查口或清扫口之间的最大距离 表 3.1.21

管径 (mm)	50	75	90	110	125	160
距离 (m)	10	12	12	15	20	20

3.1.22 当排水管道在地下室、半地下室或室外架空布置时，立管底部宜设支墩或采取固定措施。

3.2 管道水力计算

3.2.1 卫生器具的排水流量、当量、排水管外径，应按现行国家标准《建筑给水排水设计规范》(GBJ15) 确定，但大便槽和盥洗槽的排水管径宜按表 3.2.1 确定。

大便槽和盥洗槽排水流量、当量、排水管径 表 3.2.1

卫生器具名称		排水流量 (L/s)	当量	排水管径 (mm)
大便槽	小于或等于 4 个蹲位	2.0～2.5	6.0～7.5	110
	大于 4 个蹲位	2.5～3.0	7.5～9.0	≥160
盥洗槽 (每个龙头)		0.2	0.6	50～75

3.2.2 生活排水设计秒流量，应按现行的国家标准《建筑给水排水设计规范》(GBJ15) 计算确定。

3.2.3 排水立管的最大排水能力应按表 3.2.3 确定。

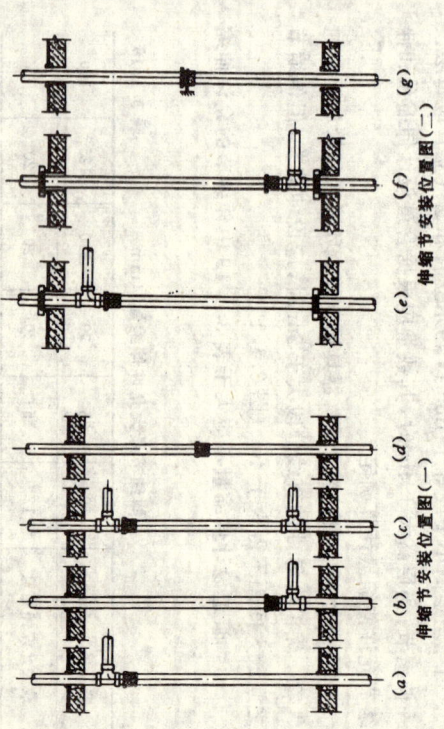

图 3.1.20 伸缩节设置位置
(a)(b)(c) 伸缩节安装位置图 (一)
(d)(e)(f) 伸缩节安装位置图 (二)
(g)

(c)。

2 立管穿越楼层处为固定支承且排水支管在楼板之上接入时，伸缩节应设置在水流汇合管件之上 (图 3.1.20 中的 (b))。

3 立管穿越楼层处为不固定支承时，伸缩节应设置于水流汇合管件之上或之下 (图 3.1.20 中的 (e)、(f))。

4 立管上无排水支管接入时，伸缩节可按伸缩节设计间距置于楼层任何部位 (图 3.1.20 中的 (d)、(g))。

5 横管上设置伸缩节应设于水流汇合管件上游端。

6 立管穿越楼层处为固定支承时，伸缩节不得固定。

7 伸缩节插口，立管安承口，立管应顺水流方向。

8 埋地或暗设于柱体内的管道不应设置伸缩节。

3.1.21 清扫口或检查口设置应符合下列规定：

1 立管在底层和在楼层转弯处应设置检查口，检查口中心距地面宜为 1m。在最冷月平均气温低于 -13℃地区，立管尚应在

排水立管最大排水能力 (L/s) 表3.2.3

管径(mm)	仅设伸顶通气管	有专用通气立管或主通气立管	管径(mm)	仅设伸顶通气管	有专用通气立管或主通气立管
50	1.2	—	110	5.4	10.0
75	3.0	—	125	7.5	16.0
90	3.8	—	160	12.0	28.0

注：本表系排出管、横干管与立管比之连接的立管大一号管径的情况下的排水能力。

3.2.4 排水横管水力计算应符合下列规定：
1 可按公式计算：

$$v = \frac{1}{n}R^{2/3} \cdot I^{1/2} \qquad (3.2.4)$$

式中 v——流速(m/s)；
n——粗糙系数，宜采用0.009；
R——水力半径(m)；
I——管道坡度。

2 可按本规程附录A横管水力计算图确定。

3.2.5 横管最小坡度和最大计算充满度应按表3.2.5确定。

横管最小坡度和最大计算充满度 表3.2.5

管径(mm)	最大充满度 h/D	最小坡度(%)	管径(mm)	最大充满度 h/D	最小坡度(%)
50	0.5	1.20	110	0.5	0.40
75	0.5	0.70	125	0.5	0.35
90	0.5	0.50	160	0.6	0.20

3.2.6 排水立管管径不得小于横支管管径。

3.2.7 埋地管最小管径不得小于50mm。

4 施 工

4.1 一 般 规 定

4.1.1 管道安装工程的施工应具备下列条件：

1 设计图纸及其他技术文件齐全，并经会审通过；

2 有批准的施工方案或施工组织设计，已进行技术交底；

3 材料、施工机具、机具等已准备就绪，能正常施工并符合质量要求；

4 施工现场有材料堆放库房，能满足施工需要。

4.1.2 在整个楼层结构施工过程中，应配合土建作管道穿越墙壁和楼板的预留孔洞。孔洞尺寸当设计未规定时，可比管材外径大50～100mm。管道安装前，应检查预留孔的位置和标高，并应清除管材和管件上的污垢。

4.1.3 当施工现场与材料储存库房温差较大时，管材和管件应在安装前在现场放置一定时间，使其温度接近环境温度。

4.1.4 楼层管道系统的安装宜在墙面粉刷结束后连续施工。当安装间断时，敞口处应临时封闭。

4.1.5 管道应按设计规定设置检查口或清扫口。检查口位置和朝向应便于检修。当立管设置管道井，管廊或横管设置在吊顶内时，在检查口或清扫口位置应设检修门。

4.1.6 立管和横管应按设计要求设置伸缩节。横管伸缩节、横干管大于160mm时，横干管宜采用锁紧式橡胶圈密封接口形式。当接口连接无规定时，夏季，5～10mm；冬季，15～20mm。弹性橡胶密封圈伸缩节应预留有微膜，管端插入伸缩节处的内壁应光滑，与管壁之间应留有微膜。

4.1.7 非固定支承件的间距，立管管径为50mm的，不得大于伸缩节管径小于横支管50mm。

4.1.8 管道支承件处预留的间距，立管不得小于横支管管径。

1.2m；管径大于或等于75mm的，不得大于2m；横直线管段支承件间距宜符合表4.1.8的规定。

横管直线管段支承件的间距 表4.1.8

管径 (mm)	40	50	75	90	110	125	160
间距 (m)	0.40	0.50	0.75	0.90	1.10	1.25	1.60

4.1.9 横管的坡度宜设计无要求时，坡度应为0.026。

4.1.10 立管件承口外侧与墙饰面的距离宜为20~50mm。

4.1.11 管道的配料及坡口应符合下列规定：

1 锯管长度应根据实测并结合各连接件的尺寸逐段确定。锯管工具宜选用细齿锯、割管机等机具。端面应平整并垂直于轴线，割除端面毛刺，管口端面不得有裂痕、凹陷。

2 粘接口处宜选用细齿锯，割管机等机具。端面应平整并垂直于轴线，应清除端面毛刺。

3 插口处可用中号板锉锉成15°~30°坡口，坡口厚度宜为管壁厚度的1/3~1/2。坡口完成后应将残屑清除干净。

4.1.12 塑料管与铸铁管连接时，宜采用专用配件。当采用水泥捻口连接时，应先将塑料管插入承口部分的外侧，用砂纸打毛或涂刷胶粘剂后滚粘粗黄砂；插入后应用油麻丝填嵌均匀，用水泥捻口。塑料管与钢管、排水栓连接时应采用专用配件。

4.1.13 管道穿越楼层处的施工应符合下列规定：

1 管道穿越楼板处为固定支承点时，管道安装结束应配合土建进行支模，并应采用C20细石混凝土分二次浇捣密实。浇筑结束后，结合找平层施工，在管道周围应筑成厚度不小于20mm，宽度不小于30mm的阻火圈。

2 管道穿越楼板处为非固定支承时，应加装金属或塑料套管，套管内径比穿越管外径大10~20mm，套管高出地面不得小于50mm。

4.1.14 高层建筑内明敷管道，当设计要求采取防止火灾蔓延措施时，应符合下列规定：

1 立管管径大于或等于110mm时，在楼板贯穿部分应设置

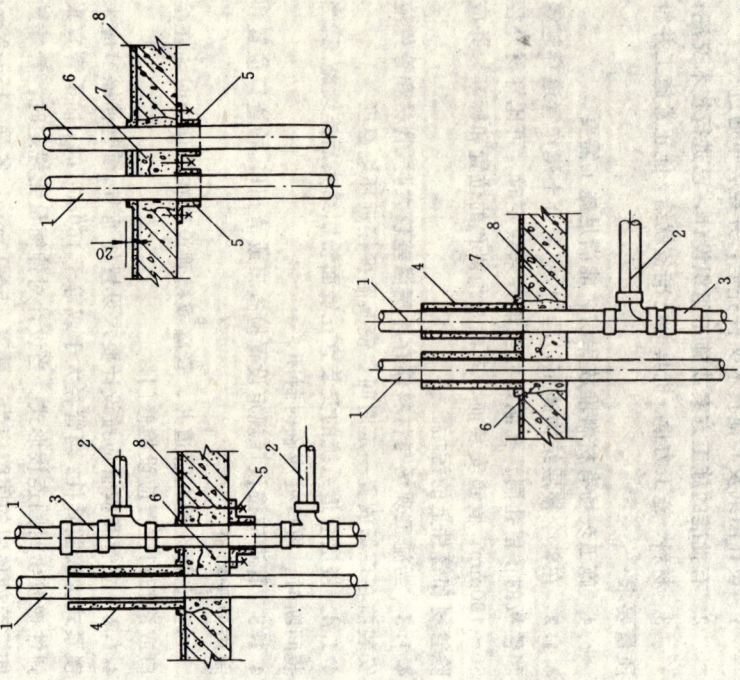

图4.1.14-1 立管穿越楼层阻火圈、防火套管安装
1—PVC-U立管；2—PVC-U横支管；3—立管伸缩节；4—防火套管；5—阻火圈；6—细石混凝土二次嵌缝；7—阻火圈；8—混凝土楼板

阻火圈或长度不小于500mm的防火套管，且应按本规程第4.1.13第一款的规定，在防火套管周围筑阻火圈（图4.1.14-1）。

2 管径大于或等于110mm的横支管与立管相连接，墙体贯穿部位应设置阻火圈或长度不小于300mm的防火套管，且防火套管部分的明露部分长度不宜小于200mm（图4.1.14-2）。

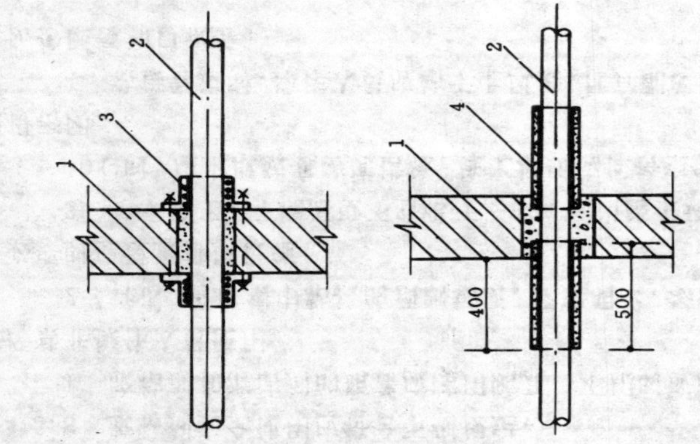

3 横干管穿越防火分区隔墙时，管道穿越墙体的两侧应设置阻火圈或套长度不小于500mm的防火套管（图4.1.14-3）。

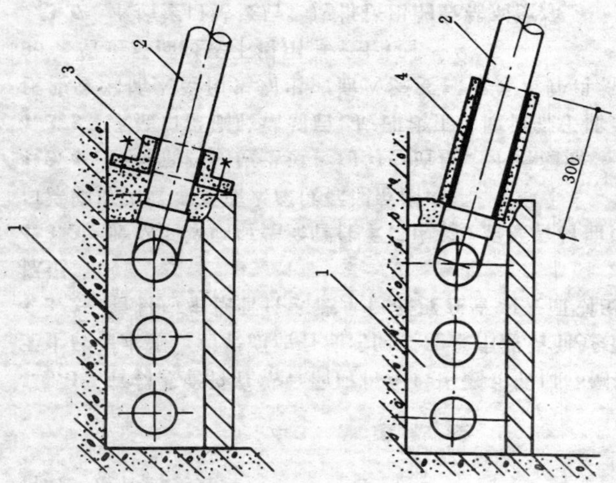

4.2 备　料

4.2.1 管材、管件等材料应有产品合格证，管材应标有规格、生产厂的厂名和执行的标准号，在管件上应有明显的商标和规格、生产日期和检验代号、数量，包装上应标有批号、生产日期和检验代号。

4.2.2 胶粘剂应标明生产厂名称、生产日期和有效期，并应有出厂合格证和说明书。

4.2.3 防火套管、阻火圈应标有规格、耐火极限和生产厂名称。

4.2.4 管材和管件应检查，当到达不到规定一批中抽样进行外观、规格尺寸与管材生产单位有异议时，应按建筑排水用硬聚氯乙烯管材和管件产品标准的规定进行复检。

4.2.5 管材和管件在运输、装卸和搬动时应轻放，不得抛、摔、拖。

4.2.6 管材、管件堆放存应符合下列规定：
　1 管材、管件均应存放于温度不大于40℃的库房内，距离热源不得小于1m。库房应有良好的通风。
　2 管材应水平堆放在平整的地面上，不得不规则堆存，并不得曝晒。当用支垫物支垫时，支垫宽度不得小于75mm，其间距不得大于1m，外悬的端部不得大于500mm。叠置高度不得超过1.5m。
　3 管件凡能立放的，应逐层码放整齐；不能立放的管件，应顺向或使其承口插口相对地排列。

4.2.7 胶粘剂内不得含有团块、不溶颗粒和其他杂质，并不得呈胶凝状态和分层现象；在未搅拌的情况下不得有析出物。不同型号的胶粘剂使用的胶粘剂不得混合。寒冷地区使用的胶粘剂，其性能应选择适应当地气候条件的产品。

4.2.8 胶粘剂、丙酮等易燃品，在存放和运输时，必须远离火源，存放处应安全可靠，阴凉干燥，并应随用随取。

图4.1.14-2 穿越楼板入墙（池壁）中心时安装阻火圈
1—楼板，2—PVC-U排水塑料管，3—阻火圈，4—防火套管

图4.1.14-3 横干管穿越防火分区隔墙时安装阻火圈
1—墙体，2—PVC-U排水塑料管，3—阻火圈，4—防火套管

4.2.9 支承件可采用注塑成型塑料墙卡、吊卡等；当采用金属材料时，应作防锈处理。

4.3 管道粘接

4.3.1 管材或管件在粘合前应将承口内侧和插口外侧擦拭干净，无尘砂与水迹。当表面沾有油污时，应采用清洁剂擦净。

4.3.2 管材应根据管件实测承口深度在管端表面划出插入深度标记。

4.3.3 胶粘剂涂刷应先涂管件承口内侧，后涂管材插口外侧。插口涂刷应至管端插入承口深度标记范围内。

4.3.4 胶粘剂涂刷应迅速、均匀、适量，不得漏涂。

4.3.5 承插口涂刷胶粘剂后，应即找正方向将管子插入承口，施压插入至预先划出的插入深度标记处，并再将管道旋转90°。管道承插过程不得用锤子击打。

4.3.6 承插接口粘接后，应将挤出的胶粘剂擦净。

4.3.7 粘接后承插口的管段，根据胶粘剂的性能和气候条件，应静置至接口固化为止。

4.3.8 胶粘剂安全使用应符合下列规定：
 1 胶粘剂清洁剂的瓶盖应随用随开，不用时应随即盖紧，严禁非操作人员使用。
 2 粘接操作、管件集中粘接的预制场所，严禁明火，场内应通风，必要时应设置排风设施。
 3 冬期施工，环境温度不宜低于-10℃。当施工环境温度低于-10℃时，应采取防寒措施。施工场所应保持空气流通，不得密闭。
 4 粘接管道，操作人员应站于上风处，且宜配戴防护手套、防护眼镜和口罩等。

4.4 埋地管铺设

4.4.1 铺设埋地管，可按下列工序进行：

 1 按设计图纸上的管道布置，确定标高井放线，经复核无误后，开挖管沟至设计要求深度；
 2 检查井贯通各预留孔洞；
 3 按各受水口位置及管道走向进行测量，绘制实测小样图并详细注明尺寸、编号；
 4 按实测小样图进行配和预制；
 5 按设计标高和坡度铺设埋地管；
 6 作灌水试验；合格后作隐蔽工程验收。

4.4.2 铺设埋地管道宜分两段施工。先做设计标高土0.00以下的室内部分至伸出室外墙为止。管道伸出管道铺设不得小于250mm检查井。

4.4.3 埋地管道沟底面应平整，垫层宽度不应小于管外径的2.5倍。无突出的尖硬物。宜设厚度为100～150mm的砂垫层，管道坡度应与管道坡度相同。管沟土应采用填土细土回填至管顶以上至少200mm处，压实后再回填夯实。

4.4.4 湿陷性黄土、季节性冻土和膨胀性土地区，埋地管敷设应符合有关规范的规定。

4.4.5 当埋地管穿越基础做预留孔洞时，应配合土建设置与标高进行施工。当设计无要求时，管顶上部净空不宜小于150mm。

4.4.6 埋地管穿越地下室外墙时，应采取防水措施，可采用刚性防水套管施工，按图4.4.6施工。

4.4.7 埋地管与室外检查井的连接应合下列规定：
 1 与检查井相接时，其管端外侧涂刷胶粘剂后滚粘干燥的黄地排出管，其管端外侧涂刷胶粘剂后滚粘干燥的黄

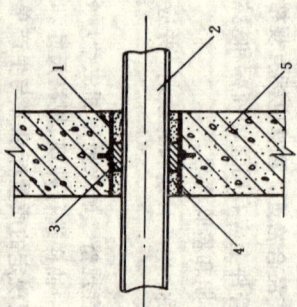

图4.4.6 管道穿越地下室外墙
1—预埋刚性套管；2—PVC-U管；
3—防水胶泥；4—水泥砂浆；
5—混凝土外墙

砂，涂刷长度不得小于检查井井壁厚度。

2 相接部位应采用M7.5标号水泥砂浆分二次嵌实，不得有孔隙。第一次应在井壁中段，并在井壁两端各留20~30mm，待水泥砂浆初凝后，再在井壁两端用水泥砂浆进行第二次嵌实。

3 应用水泥砂浆在井外壁沿管周围抹成三角形止水圈（图4.4.7）。

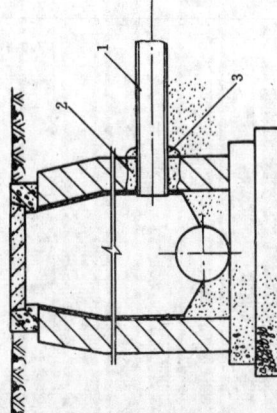

图 4.4.7 埋地管与检查井接点
1—PVC-U管；2—水泥砂浆第一次嵌缝；
3—水泥砂浆第二次嵌缝

4.4.8 埋地管灌水试验的灌水高度不得低于底层地面高度。灌水15min后，若水面下降，再灌水延续5min，以液面不下降为合格。试验结束后应将存水排除，管内可能结冻地区应将水弯处水封内积水沾出，并应封堵各受水管口。

4.4.9 埋地敷设的管道经水试验合格且经土建工程中间验收后，方可回填。回填土分层，每层厚度宜为0.15m。回填土应符合密实度的要求。

4.5 楼层管道安装

4.5.1 楼层管道的安装，可按下列工序进行：结合设备排水口的尺寸与排水管口施工要求，配合土建结构施工，在墙、梁和楼板上预留管口或预埋管件；

2 检查各预留孔洞的位置和尺寸并加以贯通；

3 按管道走向及各管段的中心线标记进行测量，绘制实测小样图，并详细注明尺寸；

4 按实测小样图配合完成的管材和管件，进行配管和截管，预制的管段应按小样图核对节点尺寸及管件接口朝向；

5 选定支承件和固定支架形式，按本规程第4.1.8条规定的管道支承间距选定支承件规格和数量；

6 土建墙面粉刷后，可将管材和预制管段运至安装地点，按预留管口位置及管段中心线，依次安装管道和伸缩节，并连接各接口；

7 在需要安装防火套管或阻火圈的楼层，先将防火套管或阻火圈套在管段外，然后进行接口连接。

8 管道安装应自下而上分层进行，先安装立管，后安装横管，连续施工；

9 管道系统安装完毕后，对管道的外观质量和安装尺寸进行复核检查，复查无误后，作通水试验。

4.5.2 立管的安装应符合下列规定：

1 立管安装前，应先按立管布置在墙面划线并安装管道支架。

2 安装立管时，应先将管段扶正，再按设计要求安装伸缩节，此后应先将管子拉出预留间隙，在管端划出标记，并按本规程第4.1.6条要求将管子插入伸缩节下承口底部。最后应将管端插口平直插入伸缩节上承口橡胶圈中，用力应均衡，不得摇折。安装完毕后，应随即将立管固定。

3 立管安装完毕后应按本规程4.1.13条规定堵洞固定或套管。

4.5.3 横管的安装应符合下列规定：

16—11

1 应先将预制好的管段用铁丝临时吊挂,查看无误后再进行粘接。

2 粘接后应迅速墨正位置,按规定校正管道坡度,用木楔卡牢接口,紧住铁丝临时加以固定。待粘接固化后,再紧固支承件,但不宜卡箍过紧。

3 横管伸缩节安装可按本规程第4.5.2条进行。

4 管道支承后应拆除临时铁丝,并应将接口临时封严。

5 洞口应支模临时加以固定,待粘接固化后,再浇筑水泥砂浆封堵。

4.5.4 伸顶通气管、通气立管穿过屋面不同结构形式应按本规程第4.1.13条的规定设置支架封洞,并应结合不同屋面和排水管形式采取防渗漏措施。

4.5.5 接人横管的卫生器具排水管在穿越楼层处,应按本规程第4.1.13条规定设支模封洞,并采取防渗漏措施。

4.5.6 安装后的管道严禁攀踏或借作他用。

5 验 收

5.0.1 排水管工程,应按分项、分部工程及单位工程验收。分项、分部工程应由施工单位会同建设单位验收。单位工程应由主管单位组织施工、设计、建设和其他有关单位联合验收。验收应做记录、签署文件、立卷归档。

5.0.2 分项、分部工程的验收,可根据硬质聚氯乙烯管道工程的特点,分为中间验收和竣工验收。单位工程验收,应在分项、分部工程验收的基础上进行。

5.0.3 验收时应具备下列文件:

1 施工图、竣工图及设计变更文件;
2 主要材料、零件制品的出厂合格证等;
3 中间试验记录和隐蔽工程验收记录;
4 灌水和通水试验记录;
5 工程质量事故处理记录;
6 分项、分部、单位工程质量检验评定记录。

5.0.4 工程验收时,其检验项目、允许偏差及检验方法应符合表5.0.4中规定。同时应检验和校验下列项目:

管道检验项目、允许偏差及检验方法 表 5.0.4

序号	检 验 项 目	允 许 偏 差	检 验 方 法
1	立管垂直度	(1) 每1m高度不大于3mm (2) 5m以内、全高不大于10mm (3) 5m以上、全高不大于30mm	挂线锤和用钢卷尺测量
2	横管弯曲度	(1) 每1m长度不大于2mm (2) 10m以内、全长不大于8mm (3) 10m以上、全长不大于8mm	用水平尺、直尺和拉线测量

续表

序号	检验项目	允许偏差	检验方法
3	卫生器具的排水管口及横支管口的纵横坐标	单独器具不大于±10mm；成排器具不大于±5mm	用钢卷尺测量
4	横管管坡度	不得小于最小坡度	用水平尺或钢卷尺测量
5	卫生设备接口标高	单独器具不大于±10mm；成排器具不大于±5mm	用水平尺和钢卷尺测量

1 连接点或接口的整洁、牢固和密封性；
2 支承件和固定支架安装的准确性和牢固性；
3 伸缩节设置与安装的准确性，伸缩节预留伸缩量的准确性；
4 高层建筑阻火圈防火套管试验；
5 排水系统按规定做通水试验，检查排水是否畅通，有无渗漏。

5.0.5 高层建筑可根据管道布置分层、分段做通水试验。

附录 A 横管水力计算图

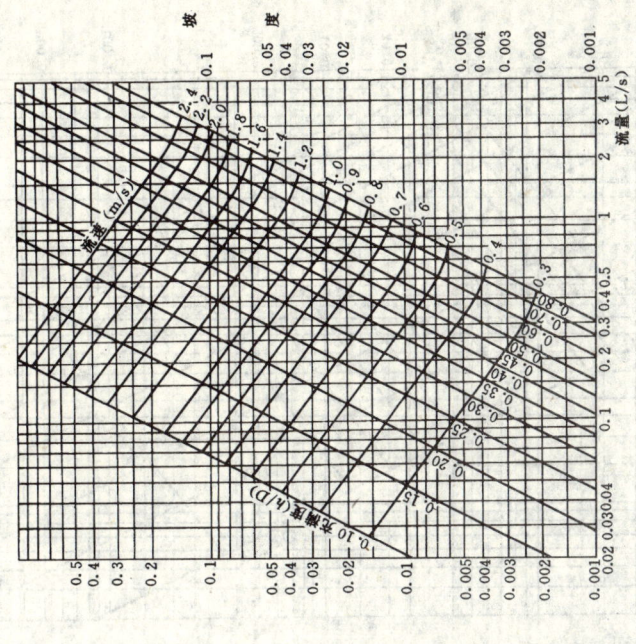

附图 A.0.1 管径 50mm×2mm 横管计算图

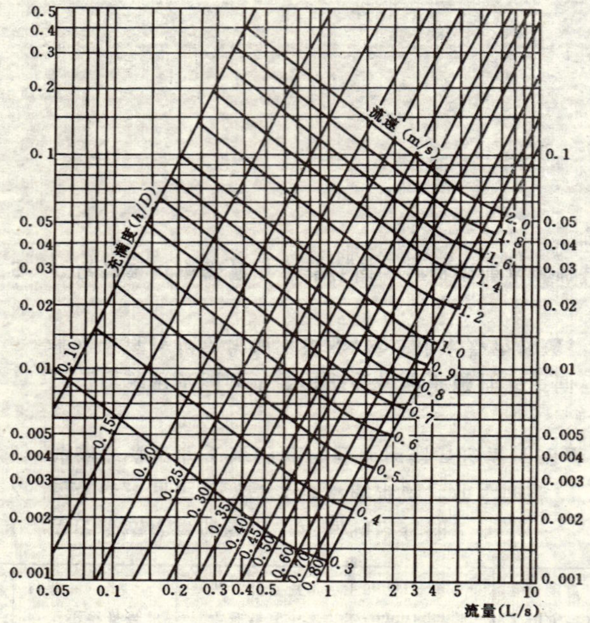

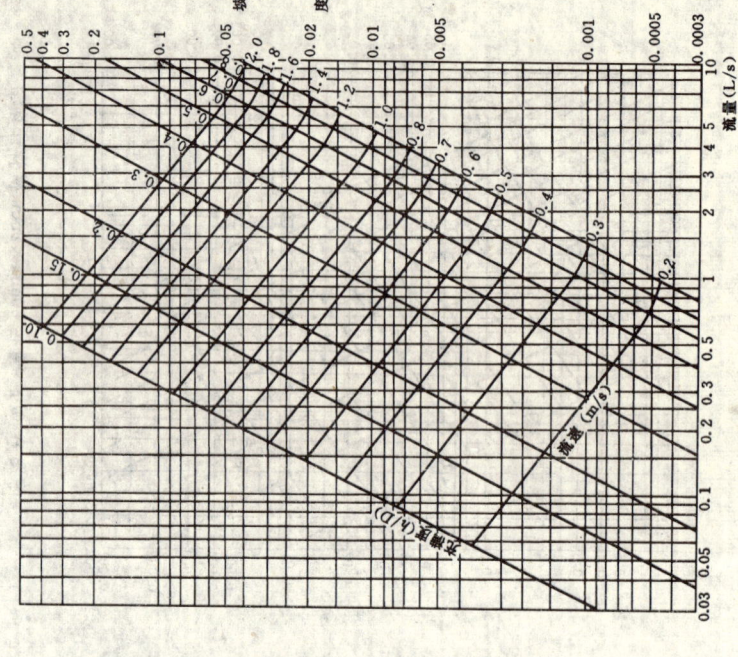

附图 A.0.3 管径 90mm×3.2mm 横管计算图

附图 A.0.2 管径 75mm×2.3mm 横管计算图

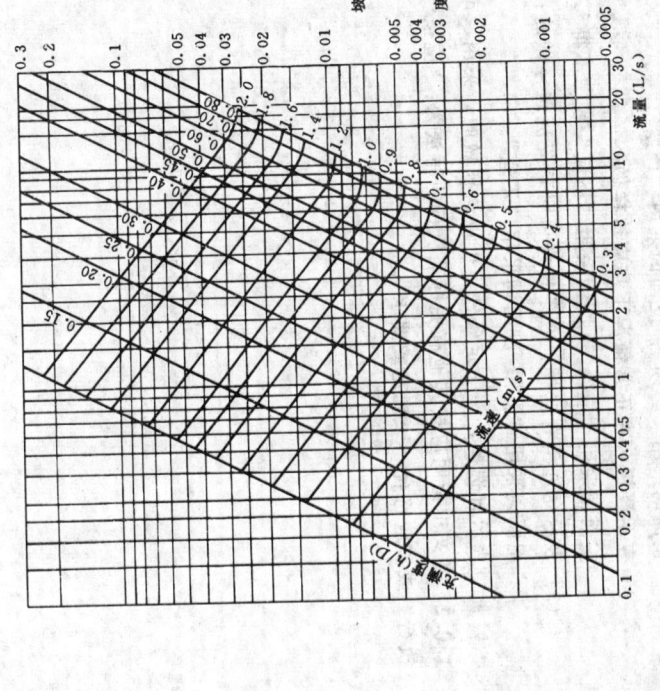

附图 A.0.5 管径 125mm×3.2mm 横管计算图

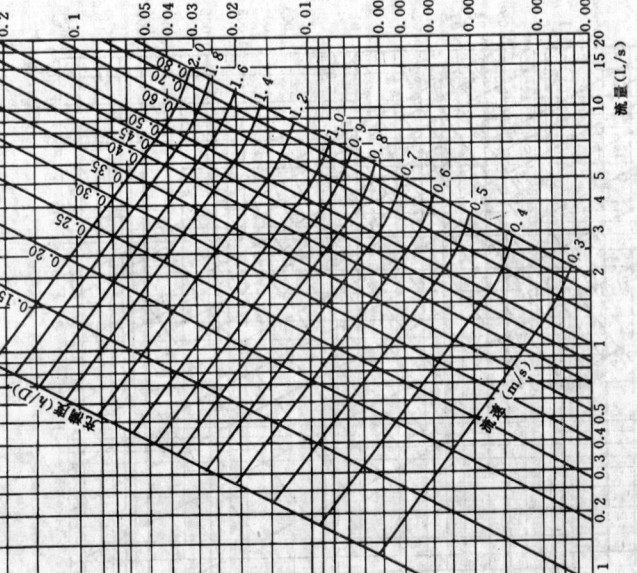

附图 A.0.4 管径 110mm×3.2mm 横管计算图

本规程用词说明

1.0.1 为便于在执行本规程条文时区别对待,对于要求严格程度不同的用词说明如下:

(1) 表示很严格,非这样做不可的:
正面词采用"必须";反面词采用"严禁"。

(2) 表示严格,在正常情况下均应这样做的:
正面词采用"应";反面词采用"不应"或"不得"。

(3) 表示允许稍有选择,在条件许可时首先应这样做的:
正面词采用"宜";反面词采用"不宜"。
表示有选择,在一定条件下可以这样做的,采用"可"。

1.0.2 条文中指明应按其他有关标准执行的写法为:"应按……执行"或"应符合……规定或要求"。

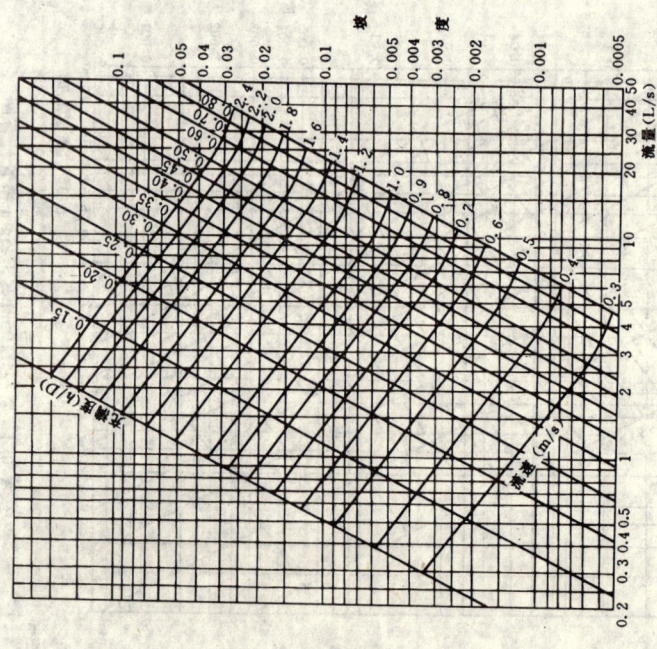

附图 A.0.6 管径 160mm×4mm 横管计算图

中华人民共和国行业标准

建筑排水硬聚氯乙烯管道工程
技 术 规 程

CJJ/T 29—98

条 文 说 明

前　　言

《建筑排水硬聚氯乙烯管道工程技术规程》(CJJ/T29—98)，经建设部1998年10月以建标[1998]191号文批准、业已发布。

本规程第一版的主编单位是上海建筑设计研究院，参加单位是上海市建工设计研究院。

为便于广大设计、施工、科研和学校等单位的有关人员在使用本规程时能正确理解和执行条文规定，《建筑排水硬聚氯乙烯管道工程技术规程》编制组按章、节、条顺序编制了本规程的条文说明，供国内使用者参考。在使用中如发现本规程条文说明有不妥之处，请将意见函寄上海建筑设计研究院。

目　次

1 总则 …………………………………… 16—18
3 设计 …………………………………… 16—19
　3.1 管道布置 …………………………… 16—19
　3.2 管道水力计算 ……………………… 16—22
4 施工 …………………………………… 16—23
　4.1 一般规定 …………………………… 16—23
　4.2 备料 ………………………………… 16—24
　4.3 管道粘接 …………………………… 16—24
　4.4 埋地管铺设 ………………………… 16—25
　4.5 楼层管道安装 ……………………… 16—25
5 验收 …………………………………… 16—26

1　总　则

本规程是按建设部建标（1995）175号文的要求，将《建筑排水硬聚氯乙烯管道设计规程》（CJJ29—89）和《建筑排水硬聚氯乙烯管道施工及验收规程》（CJJ30—89）合并修订而成。

1.0.2 本条规定了本技术规程的适用范围。

（1）本次修订的运行经验，并在国内高层建筑中采用PVC-U管的试点工程，使用工程已根据防火封堵中采用PVC-U管的试点工程，穿孔洞的防火封堵的技术措施。目前，"塑料管道贯建筑中采用PVC-U排水管的建筑高度绝大部分在100m之内。建筑高度大于100m的建筑，如需采用PVC-U排水管，则应与当地消防部门协商解决。

（2）输送排放介质。建筑排水PVC-U管比一般化工用管道壁薄，且接头为粘接而非焊接。管材和管件的物理机械性能决定了它适用于生活污水和废水的排放。如果用于生产废水的排除应注意生产废水（包括实验室废水）的酸碱和化学成分对PVC-U材质的侵蚀，特别有机溶剂废水应注意对管材和胶圈的腐蚀作用。由于建筑PVC-U管具有耐腐蚀、通水能力强，故该管道也可用于屋面雨水排水管道系统。

（3）介质温度和抗拉强度。排放介质温度如过高，则会影响PVC-U管道抗弯抗拉强度和使用寿命。连续排放温度不超过40℃，系按《污水排入城市下水道水质标准》（CJJ18—86）中对污水排放温度的要求而规定。瞬时排放系指在管道内不产生连续流的排放，因瞬时排放流量且温度不超过80℃，不会造成管道软化变形、弯曲现象。对于排放温度可能超过上述数值的场所则应慎用。

1.0.3 本规程的管材规格、允许偏差、管材和管件的物理机械性能系现行的《建筑排水用硬聚氯乙烯管材》(GB/T5836.1—92)、《排水用芯层发泡硬聚氯乙烯(PVC-U)管材》(GB/T16800—1997)和《建筑排水用硬聚氯乙烯管件》(GB/5836.2—92)所规定。

1.0.4 本规程针对建筑PVC-U管道的设计、施工和验收方面的特点作出规定。

在设计、施工、验收时，除执行本规程外，卫生器具的计算秒流量的计算、管道安装高度、管道布置和敷设、预留孔洞尺寸等共性问题，还应执行现行的《建筑给水排水设计规范》和《采暖与卫生工程施工及验收规范》。

3 设 计

3.1 管道布置

3.1.1 本条系原设计规程2.0.1条的修改，管道明敷还是暗敷设要根据以下几个因素：

(1) 气候条件：北方气候寒冷均有冻结可能，宜敷于建筑物内；一般在南方广东省深圳、海南省等地区布置在室外明敷于建筑物外墙。

(2) 建筑物性质：一般宾馆、公寓、商住楼、高级办公楼均宜暗设；对于防噪要求的住宅楼地宜暗设。而对于一般性住宅楼、集体宿舍教学楼卫生间和学校教学楼卫生间和多层住宅可明设。

(3) 建筑平面布置：厨卫相邻的住宅楼，以及相邻二个卫生间的旅馆，有条件暗设于管道井或管隆内。而厨房与卫生间非毗邻的厨房内管道一般明设。在店堂、大厅内管道一般埋设于柱内或暗设于装饰之内。仓库内管道易受撞击，则宜暗设或采取保护措施。

3.1.2 本条对PVC-U管设置于外墙的条件作了规定。最冷月平均最低气温在0℃以上且极端最低气温—5℃以上的地区系包括海南省、广东省、福建省、广西省全部，四川省和云南省局部。

3.1.3 PVC-U管如在高层建筑中布置，则应采取防止火灾蔓延的措施，其主要是依据"硬聚氯乙烯管道在高层建筑中防火措施的研究"及其试验项目：模拟火灾试验、塑料管道贯穿孔洞的防火封堵耐火试验的科研成果而确定。在模拟火灾试验中，所有设用建筑耐火材料包覆的立管均安全无恙。

1. 采用阻火圈、无机防火涂料、重力阻火圈均起到一定程度的阻止火灾蔓延的作用。

乙烯止水胶泥或其他止水胶泥。

(2) 管道在与地下室外墙连接处，管外壁刷上粘胶剂后，然后覆上一层干燥黄砂，把连接管直接灌浆于墙体内，也可起到防水作用。

总之，不能将 UPVC 管不作任何处理直接埋设于混凝土墙内。

3.1.9 本条规定是为防止立管上的卫生器具水封所产生溢水冒泡等现象。本条系参考英国标准 BS5572：1978 的规定并结合我国情况提出的推荐值。

在某些地区，如管道埋深较浅的地段且底层排水横支管非接底层横支管上的 h_2 不得小于 0.6m 的规定，系摘自美国规范 (STANDARD PLUMBING CODE) 1985 年版第 1306.4 条的规定。在立管上不可时，则可采取在排出管与管底部立管底部转弯处放大管径，这样可以减小立管底部正压力。

3.1.10 本条中有 h_1 距离的规定意义与第 3.1.9 条相同，一般在底层是公建、楼层是住宅的建筑物内，立管在二楼楼板之下转弯，如果二层卫生器具直接接入立管，则卫生器具产生水封破坏，冒泡现象，严重影响使用。如卫生器具存有水弯被虹吸破坏水封。通气定，在该段管内，管道内是负压，如卫生器具接入时，则会产生水封抽吸破坏；L 不得小于 1.5m 的规定，系参考了雨水道试验，距立管底部 1～2m 后，水气分离，水流平隐，排出管道内无压力存在。

3.1.11 伸顶通气管不但能排除聚积在排水管道中的污浊气体，而且从大气中向管道内补入空气，以平衡管道内由中水流在立管中下落而造成负压，防止卫生器具存有水弯被虹吸破坏水封。通气帽的作用是防止杂物从通气口落入管道内造成管道阻塞。

PVC-U 通气阀目前各地有此构件供应。

采用补气阀可解决在下排水管道中补气问题。补气阀由软塑料制成，应通气管帽根据现行下《建筑给水排水设计规范》规定，凡经常有

3.1.12 根据现行的《建筑给水排水设计规范》规定，凡经常有

---

3. 火室内横向伸出墙外的只有一根 110mm 定向管道发软下弯，160mm 作为通风管有部分裂开。

4. 110mm、160mm 的管子在设置无机防火套管情况下，无论在水平炉和垂直炉中试验，均能达到 2h 耐火极限。

工程中，如在管道井、管廊内垂直炉中试验，管廊处火灾通过横支管及管道井内再窜过楼板蔓延至上层的可能性不大，故不必在接入管井洞的横支管 $(D_e \geq 110mm)$ 设置防火套管或阻火圈。

3.1.4 对于体量大的建筑物，根据现行的建筑防火设计规范的规定，要求设置防火隔墙和防火墙，均有一定的耐火等级要求，但对塑料管未作出规定。本条根据"塑料管贯穿管道孔洞防火堵物耐火试验"成果而确定。

3.1.6 "管道表面热温度不得超过 60℃的数据系根据美国标准 (ANSI/ASTM)D2665-77 附录 XI。TT"表面温度超过 140℉的地方，管道采用挡板式轻质板隔热材料加以保护。"立管与家用灶具边净距不得小于 0.4m，系根据上海建筑设计研究院和哈尔滨市建筑设计院分别对家用煤气灶和原煤灶进行"辐射温度测定"的结果确定。灶具火焰辐射温度影响小，灶具主要产生上升热流，距灶边 0.3m 处温度上升不大，故规定不得小于 0.4m，是属安全，在管道布置上也是可行的。

3.1.7 管道穿越烟道，烟气温度一般达 200℃，造成 PVC-U 管格化。

建筑物沉降缝和抗震缝会使管道倾斜，故目前国内无适应种错位的能曲挠的 PVC-U 排水管配件；故上述场合 PVC-U 管不应穿越。但建筑物横向伸缩节应与管道纵轴线一致，故可以用伸缩节适应建筑物横向的伸缩量。

3.1.8 高层建筑通过穿越 PVC-U 出户管一般要穿越地下室外墙，为了防止地下水通过穿越处渗入地下室，国外多数用橡胶密封圈，外接头灌浆时使用，PVC-U 管插入外套头内。

由于目前国内未生产此橡胶止水管套头，一般采用下列做法：

(1) 参见本规程第 4、4.6 条的刚性防止水套管做法，采用聚氯

人活动的屋面,通气管应高出屋面 2.0m,使臭气在高出人的大气中散发。硬聚氯乙烯管如高出 2.0m,则其强度不能经受人们活动的碰撞、拴绑,容易折断。

3.1.13 本条系摘自日本规范 HASS206—1982 第 5.1.3 条,第 5.11.4 条,和前苏联规范 CHиII II-30-76 第 12、20 条的规定,以及吉林省建筑设计院的调查,寒冷地区通气管顶端结霜严重,应放大管径,以利通气。-13℃是根据调查资料城市最冷月平均气温,并参考了美国规范手册确定。

3.1.14 本条系按《建筑给水排水设计规范》(GBJ15-88)规定的基础上补充排水立管 90mm、125mm 两种规格的通气管最小管径。

3.1.15 为了缩小管件所占有的建筑面积,便于施工安装,硬聚氯乙烯 H 管件被广泛应用。本条明确了 H 管安装原则,污水立管堵后,污水不会溢进入通气管立管,保证通气管道通气效果。因为生活排水立管中容易产生水塞流,在立管底部产生正压值较大,故生活污水在立管和生活废水连接点以下应设置结合通气管。

3.1.16 在高层建筑的情况较多,本条根据工程实践经验用 H 管形式作用一根通气管时,按图 1 设置。

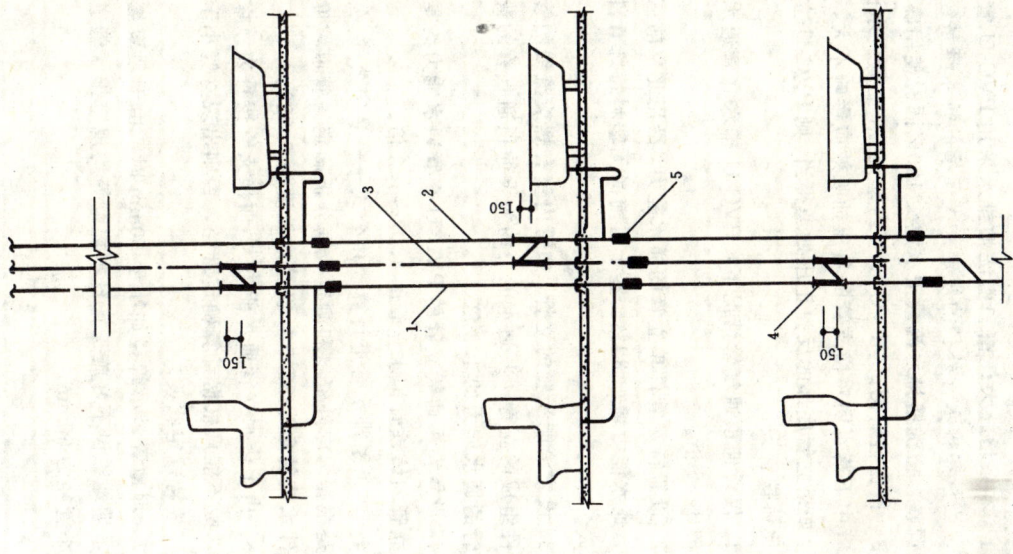

图 1 H 管件设置示意图
1—污水立管;2—废水立管;3—专用通气立管;
4—H 管件;5—伸缩节

3.1.17 硬聚氯乙烯管道与金属管道相比,其线胀系数大,故设计排水管道时尤应重视。线胀系数的数值结合了国内外资料,测定数据推荐值,温差 Δt 如为环境温度之差,则宜取最热月平均温度和最冷月平均温度之差。

3.1.18 PVC-U 管道是否一定要设置伸缩节?这一直是有争论的问题。按公式计算出管道伸缩量为无外力作用下自然伸缩量,当管道设固定支承点、嵌面敷设等、管道因温度变化内应力增加,伸缩量减小。据广东、福建、广西等地工程实践,取消了伸缩节,设有发生管道弯曲变形、破裂等现象,在工程质量问题漏水的困惑。南方地区一年四季温差变化小,设置在室外的管道温差变化亦不大。管道布置在室外可靠无固定支承点的,立管在室外,一般设置伸缩节。各地应根据实践经验制定本地区的设计施工技术条件，决定是否设置伸缩节。

3.1.19 1. 本款规定立管上设置伸缩节的要求，立管上每层设一个伸缩节，可以使伸缩管道的伸缩量在本层解决，且每层楼板可作为管道固定支承点。当立管高大于4m时，对于温差大的地区，由于温度变化而引起的伸缩量大，故还得通过计算确定。

2. 本款规定了在横管上设置伸缩节的要求，补充了通气横管上亦应设置伸缩节。横管上设伸缩节系指管段直线长度而言，非横管的总长度。其长度数据系摘自日本有关资料。

3. 由于伸缩管件无国家统一的规定，为防止伸缩节漏水，故确定的最大允许伸缩量约为伸缩节承口深度的1/3～1/2。

3.1.20 本条规定了立管和横管上装伸缩节的位置。伸缩节布置在水流汇合管件如三通、四通等附近，使汇合管件不产生位移、横支管接头处不会产生应力或位移应力很小，且立管伸缩均在直线管段上。伸缩节设置位置规定系日本的资料确定。

(a) 是我国推广应用中总结的安装方法，具有安装方便、伸缩量易控制的特点。伸缩节承口顺水流方向，目的是防止伸缩节密封部分如有微小损坏，也不致于渗漏，同时管道保持较好的水力条件，避免伸缩节密封圈处结垢，影响伸缩效果。

埋设于土壤、墙体、混凝土柱体内的PVC-U管，由于管外壁与埋设实的砂浆、混凝土之间的摩擦力足以限制PVC-U管伸缩，不必安装伸缩节。

3.1.21 由于塑料管内壁光滑，污物不可能在立管上挂积而阻塞管道。通过实际工程调查尚未发现有在正常施工、使用过程中立管阻塞现象。但在立管与排出管转弯处阻塞的可能性较大，立管上每隔6层设置一个检查口是工程实践规定的可靠经验。严寒地区最高层设检查口，便于除霜。

3.1.22 污水从立管流入排出管时，由于水流方向改变，污物在横支管口设置清扫口，立管底部

3.2 管道水力计算

3.2.1 本条增补大便槽和盥洗槽排水采用PVC-U管时的排水流量，当盥洗槽和排水管外径符合的规定。大便槽的排水量系经实测后作适当调整，盥洗槽排水龙头按水量100%同时使用确定。

3.2.3 根据科研测试，PVC-U管内壁光滑，立管内水流速度大，但立管中下落水团对横支管的负压和吸раз影响不大，实际测试证明，如果立管底部的反弹正压处理得当，则PVC-U立管通水能力要比铸铁管大：

1. 仅设伸顶通气管情况下，PVC-U排水立管通水能力是铸铁管的1.26倍。

2. 设置特殊管件单立管的通水能力，沿用北京前三门的测试资料，通水能力增加30%。鉴于目前尚无塑料特殊管件产品，暂不列入。

3. 设置消能装置的立管，如有管内壁有螺旋流线的配以旋流器组成的立管，其通水能力约为设伸顶通气管的普通排水塑料立管的通水能力的1.2倍。

4. 设置专用通气管的PVC-U立管通水能力约是铸铁通气立管的铸铁管排水立管的1.02～1.2倍。

3.2.4 本条系根据国内外资料和测定数据分析确定。管道通用公式——曼宁公式，公式中粗糙系数是根据计算和测定数据分析确定。管道坡度系数据汇合管件水流转角为88.5°，换算成坡度为0.026。

3.2.6 由于排水立管通水能力大，而横支管按重力流设计通水能力小，故不能只根据计算确定管径，否则出现立管小于横支管径的错误，故特规定此条。

3.2.7 埋地管最小管径如小于50mm时，由于硬聚氯乙烯管密度大，埋地敷设不好施工；日本规范均规定排水管道埋地敷设时最小管径为50mm。

4 施 工

4.1 一般规定

4.1.1 强调施工前的准备工作,以避免施工中造成停工、窝工。

4.1.2 预留洞和潜洞工作,管道安装应与土建工程密切配合进行,使其留洞位置符合设计图及施工条件。管道安装前,还应划出各层水平对洞孔并进行一次检查和核对,目的是保证其准确无误。

4.1.3 硬聚氯乙烯材料线胀系数较大,当堆放材料库房或现场地面温度接近施工的环境温度,以确保安装质量。

4.1.4 在墙面粉刷结束后进行管道安装,这样可以使管道表面不致于在粉刷过程中受到玷污。有的地区常在括打抹底后抹面前进行,这些地方按施工规程进行。当施工暂告段落、堵塞管道口必须临时封闭,以免施工异物误入,堵塞管道影响使用。

4.1.6 伸缩节设置数量与位置按设计规定。立管伸缩节通常密封性能较差,据很多工程实践反应配套横管伸缩节采用橡胶密封圈连接,即按PVC-U给水管连接形式,大口径横管宜采用弹性橡胶密封圈连接。本条强调施工环境季节性形式。本条强调施工环境系统的正常工作,以确保一年四季管道系统的正常工作。

4.1.7 本条规定的目的使立管道在楼板饭墙体的固定支承点之间目由伸缩,不受阻碍。支承件应具有一定的刚度和强度,能承受由管重或热胀冷缩时所导致的摩擦力。

4.1.8 立管外径为50mm的每层加一个支承点。横支管在器具排水管接点与横管直线管段之间距改为1.2m增加一个支承点,故表4.1.8仅适用于横管直线管段。

4.1.9 按现行的国家标准《建筑排水用硬聚氯乙烯管件》的规定,管套转入立管的管件,水平夹角为88.5°,推算其坡度为0.026,由此规定由横管转入立管面有一定距离,便于立管整。

4.1.10 管道外侧与饰面有一定净距,便于管道施工和质量控制。

4.1.11 楼层高度应根据实测及连接件的尺寸而定。不同层面楼面与土建方面可能产生误差。管材端应平整并垂直于轴线,因此必要选用合适的锯割工具。不论手工锯或机动锯,均必须细齿锯。国际标准(ISO)《地上排水技术报告》第7024号第5.2条建议采用每10mm包含有7~10齿的锯条。

管道连接时每用毛刺均会凸出在粘剂内或落入接管导向,以免在粘接过程中剥掉的毛刺随入胶粘剂接入接口;坡口角度上述"报告"规定为15°~45°,为便于操作确定为15°~30°。

4.1.13 竖管穿越楼板位置通常是管道的支承点。为防止楼面积水常常渗入下一层,应采取二次搞细石混凝土后在防水管周围筑阻水圈。

4.1.14 根据"PVC-U管道在高层建筑中防火措施的研究"课题的模拟火灾试验,火灾负荷按英国消防研究所(F/0301/26)卫生间堆置杂物较多,试验报告为22.5kg/m²木材,我国人均居住负荷,每平方米堆集45kg木材,经模拟火灾燃烧试验,当火灾顶部最高温度800℃时,测得半砖厚砌筑的管隆内最高温度为65℃,因而立管在管道井或管隆内暗设能有效起到防火作用。

无机防火套管的防火原理是当PVC-U管在管端燃烧时会产生膨胀炭化,套管可保护膨胀炭化物使其免受火焰高温的直接作用,封堵穿越的管道孔。未直接受火焰高温接触的塑料管,受热后变软弯曲塌落,套管可直接支持软化塌落的塑料管对贯穿部位封闭,防止火焰穿过楼板及烟毒气体通过扩散。

根据燃烧防护燃烧试验及模拟火灾试验观察测定,当管道水平或垂直敷设时，管径大的比管径小的温升快，火势向横向穿透能力强。课题组分析研究确定管径≥110mm，应采取防火措施，防火套管竖向长度为500mm，横向为300mm。由于横管的接管位置不同，防火套管按图4.1.14安装方式。

4.2 备 料

4.2.1 产品严格按标准生产，产品必须有生产厂名、商标、批号及生产日期，便于工程质量监理部门监督，防止劣产品混入。

4.2.2 胶粘剂的成分与物理化学性能，目前尚无国家标准。一般由管材生产厂配套供应，其有关技术性能由生产厂进行监督。各地生产的胶粘剂品种较多并存在着相当差别，国标《胶粘剂产品包装、标志、运输和贮存的规定》(GB2944—82)对"包装"和"标志"作了具体规定，本条酌取要点，予以强调。寒冷地区冬季施工所用的胶粘剂也有所不同。

3.1.5 防火套管，阻火圈标有耐火极限的标志是起到防止火灾蔓延的作用。

4.2.4 施工单位在使用和安装前，对管道及配件再次进行配合检查，以防止漏水或管道对工程质量影响，更应注意差异应按现行国家标准进行检验。

4.2.5 根据聚氯乙烯塑料制品的性能，本条进一步对装卸、运输过程作一些规定，以保证材料使用时外观质量。硬聚氯乙烯与其他无机材料相类似，存在刻痕及表面有机械损伤、凹陷、刻痕及冬季低温时，材质冲击性能降低变脆，主要为防止。

4.2.6 管材、管件存放环境温度及距热源有一定距离，防止堆放、受热变形弯曲，这些部位抗冲击性能急剧下降，一定时间后，不能长期堆放，室外一般在施工安装阶段并与临时堆放，冬季低温时，防阳光曝晒，以免管材、管件堆放要求。

4.2.7 胶粘剂超过国外资料规定有效期限或发现有块状、絮状物及分层时都必须报废，否则会影响管道施工质量。

4.2.8 胶粘剂及丙酮等清洁剂均属易燃品，在存放、运输时应远离热源，防止偶然性起火。胶粘剂又易挥发，故必须随用随取，用毕盖紧。

4.3 管 道 粘 接

4.3.1~4.3.7 粘合面如有油污、尘砂、水渍或潮湿，都会影响粘结强度和密封性能，因此必须用清洁剂擦净，细面布或棉纱擦净，可用丙酮或丁酮等清洁剂擦净，对难擦净的粘附物，再用清洁布擦。砂纸磨用砂纸轻轻打磨，但不可损伤材料表面。砂纸打磨后，再用清洁布擦净。

管端插入深度划标记时，应避免用尖硬工具划伤管材、管端插入承口必须有足够深度，目的是保证有足够的粘结面。涂胶宜采用棕刷，当采用其他材料时应防止与胶粘剂发生化学作用，刷子宽度一般为管径的1/2~1/3。涂刷胶粘剂应先涂刷口后涂插口，应重复二次。涂刷时动作迅速，正确。胶粘剂涂刷结束应将管子立即插入承口，轴向需用力准确，并稍加旋转，注意不可弯曲。因插入后一般不能再变更拆卸。管道插入后应扶持1~2min再静置以待完全干燥和固化。110mm、125mm及160mm管因轴向力较大，应两人共同操作。

连接后，多条或同时挤出的胶粘剂应及时擦除，以免影响管道外壁美观。

管道粘接后静置时间按美国ANSI/ASTMD2855建议。当环境温度

15~40℃　　静置时间至少30min
5~15℃　　静置时间至少1h
−5~15℃　　静置时间至少2h
−20~5℃　　静置时间至少4h

4.3.8 胶粘剂和清洁剂，既是易燃品，又是易挥发品，因此操作场所应有良好通风条件，冬季或寒冷地区施工应采取防寒防冻措施，严寒季节，操作场地不应门窗密闭，强调保持通风。

冬季施工管道呈现脆性，胶粘剂固化时间长，因此对环境温度有出规定。

胶粘剂常有一些毒性并有腐蚀性，故相应作出使用规定。应特别注意防止胶粘剂误入眼中，导致伤害眼球，医治困难。

4.4 埋地管铺设

4.4.1 埋地管道施工属隐蔽工程，在安装前必须做好先期工作。

4.4.2 埋地管道分二段施工进行，可使室内部分随土建工程层层施工，一同沉实，待土建结束，再从墙外口接入检查井。

4.4.3 埋地管道填层必须平整，以防止管道流水方向坡度均匀，填层不应夹有石块等尖硬物质，以防止管道不均匀受压而损伤。原标准规定的细土或砂子回填高度，从近十年的实践来看，高度小了一些，上层的渣土容易影响高度，故本次修订将细土回填高度从100mm改为200mm。

4.4.6 管道穿越地下室外墙必须有可靠防水措施，施工时可预埋刚性防水套管，套管穿管部位作临时堵封。

4.4.7 埋地管出户管与检查井连接按程序施工，以防地下水或管内污水互相渗透。

4.4.8 埋地管属隐蔽工程，为确保管道无渗漏，在回填前应先做灌水试验。灌水方式，根据国标《采暖与卫生工程施工及验收规范》而定。灌水试验后，必须把排水排除并封闭各受水管口。防止掉入砖瓦、砂、石等杂物。

4.4.9 回填应分层，一般以每层0.15m左右为宜。回填土应有足够的密实度，防止日久受压沉陷而导致管道变形、走动受损。机械回填时，在任有较大的冲击力的，故先用人工回填一层作为缓冲。

4.5 楼层管道安装

4.5.1 楼层管道安装必须做好先期工作，确保管道安装顺利进行。

管道安装通常自下而上分层进行，立管具有上下连贯性，应先装立管，并作临时固定，以避免管子自重积静荷载。

4.5.2 做好管卡等支承件很重要，在立管布置时的墙面划垂线，能使立管安装保持规定的垂直度。伸缩节安装要防止漏目的，伸缩节预留间隙，卷曲偏移，否则达不到防止漏目的，伸缩节预留间隙，使管道胀缩有余地。

5 验 收

通水试验目的，在于检查各排水点是否畅通，接口处有否渗漏，高层建筑可根据管道的布置，分区段进行通水试验。

中国工程建设标准化委员会标准

医院污水处理设计规范

CECS 07：88

主编单位：北京市建筑设计院
审查单位：全国给水排水工程标准技术委员会
批准单位：中国工程建设标准化委员会
批准日期：1988年12月26日

前 言

为贯彻"预防为主"的卫生方针，更加完善我国城市污水处理体系，更好地保护环境，防止疾病蔓延，保障人民健康，特制订《医院污水处理设计规范》。在编制过程中，总结了我国多年来医院污水处理工程的实践运行经验，并吸收了我国内医院污水处理的科研成果，广泛地征求了医疗卫生部门和设计单位的意见，最后经全国给水排水工程标准技术委员会审查定稿。

根据国家计划委员会计标[1986]1649号"关于清中国工程建设标准化委员会负责组织推荐性工程建设标准试点工作的通知"精神，现批准《医院污水处理设计规范》为中国工程建设标准，编号为CECS07：88，并推荐给各工程建设有关设计、施工单位和生产单位使用。在使用过程中，如发现需要修改、补充之处，请将意见反有关资料寄交上海市广东路17号全国建筑给水排水工程标准分技术委员会。

中国工程建设标准化委员会
1988年12月26日

第一章 总 则

第1.0.1条 医院污水处理工程必须按国家计委、国务院环境保护委员会颁发的《建设项目环境保护设计规定》等有关标准、规范进行设计和施工。

第1.0.2条 凡现有、新建、改造的各类医院以及其他医疗卫生机构被病菌、病毒所污染的污水都必须进行消毒处理。

第1.0.3条 含放射性物质、重金属及其他有毒、有害物质的污水，不符合排放标准时，须进行单独处理后，方可排入医院污水处理站或城市下水道。

第1.0.4条 凡新建、改建、扩建的医院污水处理设施，必须与主体工程同时设计，同时施工，同时投入使用。

第1.0.5条 医院污水处理设施应具有处理效果好，管理方便、占地面积小，造价低廉等优点，并应避免对周围环境造成污染。

第1.0.6条 经处理后的医院污水，其出水水质必须符合《医院污水排放标准》等国家规定的要求，排入地面水体的医院污水，还必须符合《地面水环境质量标准》、《污水综合排放标准》等国家现行的有关规定的要求。

第二章 一般规定

第2.0.1条 医院的分项给水量应按《建筑给水排水设计规范》GBJ15—88确定。

第2.0.2条 医院的综合排水量、小时变化系数，与医院性质、规模、设备完善程度等有关，亦可按照下列数据计算：

一、设备比较齐全的大型医院：平均日污水量为400～600L/床·d，k＝2.0～2.2。

二、一般设备的中型医院：平均日污水量为300～400L/床·d，k＝2.2～2.5。

三、小型医院：平均日污水量为250～300L/床·d，k＝2.5。

第2.0.3条 在无实测资料时，医院每张病床每日污染物的排出量可按下列数值选用：

BOD$_5$：60g/床·d，COD：100～150g/床·d。悬浮物：50～100g/床·d。

第2.0.4条 医院污水处理流程及构筑物应尽量利用地形，采用重力排放。

第2.0.5条 在采用一级处理流程时，医院污水应与生活区污水、雨水分流；在采用二级处理流程时，部分生活区污水与医院污水合流进行处理。

第2.0.6条 医院污水处理设施应有防腐蚀、防渗漏及防冻等措施，各种构筑物均应加盖，密闭时应有透气装置。

三、在设计管道时,应设置事故超越管或采取相应措施。

四、在一级或二级工艺流程中,视需要条件确定水泵作位置。

第3.0.3条 调节池、初次沉淀池、生化处理构筑物、二次沉淀池、接触池等应分2组,每组按50%的负荷计算。

第3.0.4条 化粪池的沉淀部分和腐化部分的计算容积,应按《建筑给水排水设计规范》(GBJ15—88)第3.8.2条计算确定。

污水在化粪池中停留时间不宜小于36h。

第3.0.5条 医院污水处理流程应设调节池,其有效容积应按工作班次或消毒次数计算确定。连续式消毒时,其有效容积宜为8~5h的污水平均数量。间歇式消毒时,其有效容积为日污水量的1/2~1/4。

注:重力式流程时,调节池容积可减少。

第3.0.6条 计量池有效容积,宜按最大时污水量的1/4计算。

第3.0.7条 医院污水处理流程中,当为重力式流程时,宜采用平流式沉淀池。

第3.0.8条 当调节池与初次沉淀池合并设计时,均应满足调节的要求。

第3.0.9条 初次沉淀池设计参数为:
一、沉淀时间按1.5~2.0h设计;
二、沉淀效率:BOD_5为10~15%;SS为20~30%;
三、沉淀池每人每日污泥量(干物质)按14~27g/床·d计;
四、污泥区容积,按2日污泥量计算。

第3.0.10条 二次沉淀池设计参数为:
一、污泥含水率按95~97%计算;

第三章 处理流程及构筑物

第3.0.1条 设计处理流程应根据医院类型、污水排向、排放标准等因素确定。

一、当医院污水排放到有集中污水处理厂的城市下水道时,以解决生物性污染为主,采用一级处理。

二、当医院污水排放到法规与规定,对污水的生物性污染和环境保护部门的地面水域时,应根据水体的用途,理化性污染及有毒有害物质进行全面处理,应采用二级处理。

第3.0.2条 医院污水处理流程可按下列确定:

一、一级处理工艺流程:

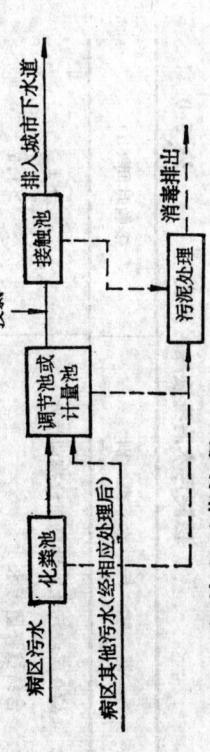

二、二级处理工艺流程:

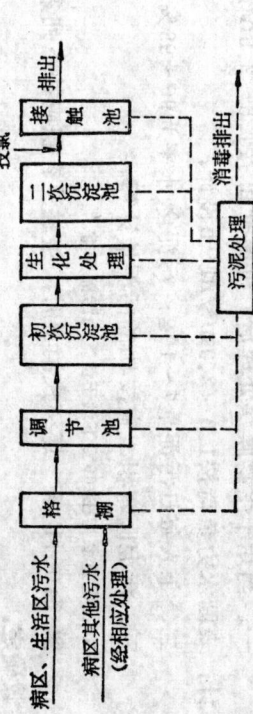

一、当用于生物膜法处理后，沉淀时间按1.5～2.5h设计；

二、表面水力负荷按1.0～2.0m³/m²·h设计；

三、每人每日污泥量7～19g；污泥含水率为96～98%；

四、污泥区容积，宜按4h的污泥量计算。

注：污泥量系指在100℃下烘干至恒重的污泥干量。

第3.0.11条 连续式消毒时，接触池容积应按下列参数确定。

一、污水在接触池中的接触时间应按表3.0.11确定。

医院污水消毒接触时间表　　　　表3.0.11

医院污水类别	接触时间(h)
综合医院污水、含肠道致病菌污水	>1
含结核杆菌污水	>1.5

二、当流量为重力式时，污水量按最大小时污水量计算。

当流程中采用污水泵提升时，污水量应按水泵每小时实际出水量计算。

第3.0.12条 间歇式消毒时，消毒周期应确定，宜为调节池容积的1/2。

根据工作班次、消毒周期确定，宜为调节池容积的1/2。

第3.0.13条 连续式接触池构造应根据下列要求设计：

一、接触池应加设导流板，避免短流。

二、接触池的水流槽长度和宽度比不宜小于20:1。

三、出口处应设取样口。

第3.0.14条 生物转盘的设计应按BOD₅面积负荷计算。在无试验资料时，按下述参数计算：

BOD₅面积负荷：12g/m²·d；

水力负荷：0.2m³/m²·d。

二、生物转盘的设计能力，按平均日污水量计算。

三、进人转盘时污水的BOD₅浓度，应按经调节沉淀后的数值计算。

第3.0.15条 生物接触氧化池的设计应按照下列要求确定：

一、设计负荷应由试验或参照相似污水的实际运行资料确定。

二、应用轻质、高强、比表面积大和空隙率高的组合体或小卵石、中波石棉瓦等敞为填料。

三、填料厚度不宜低于1.5m。

四、曝气强度应按供氧量、混合和养护的要求确定。

第3.0.16条 当采用其他生化法时，应按照有关规范设计。

第四章 消毒剂及投加设备

第 4.0.1 条 消毒剂的选择应根据污水量、污水的水质受纳水体对出水的水质要求、投资和运行费用、药剂的供应情况、处理站与病房和居民区的距离，以及操作管理水平等因素，经技术经济比较后确定。一般宜采用液氯、次氯酸钠、漂白粉精或漂白粉作为消毒剂。

第 4.0.2 条 当污水采用氯化法消毒时，其设计加氯量可按下列数据确定：

一、一级处理出水的设计加氯量一般为30~50mg/L。
二、二级处理出水的设计加氯量一般为15~25mg/L。

第 4.0.3 条 当污水采用液氯消毒时，必须采用真空加氯机，并应将投氯管出口淹没在污水中。严禁无加氯机直接向污水中投加氯气。

第 4.0.4 条 加氯机宜设置两套，其中一套备用。

第 4.0.5 条 一般情况下，宜采用小容量的氯瓶。氯瓶一次使用周期应不大于3个月。

第 4.0.6 条 单位时间内每个氯瓶的氯气最大排出量应符合下述规定：

一、容积为40L的氯瓶：750g/h。
二、500kg的氯瓶：3000g/h。

第 4.0.7 条 加氯系统的管道材料应按下列规定选择，严禁使用紫铜管，严禁使用聚氯乙烯管：

一、输送氯气的管道应使用耐腐蚀的管道。铁、铜等不耐氯气腐蚀的管道。

二、输送氯溶液的管道宜采用硬聚氯乙烯管，严禁使用铜、铁等不耐氯溶液腐蚀的金属管。

第 4.0.8 条 加氯系统的管道应明装，埋地管道应设在管沟内。管道应有良好的支撑和足够的坡度。

第 4.0.9 条 氯系统的管路上应设普通压力表。

第 4.0.10 条 氯溶液管路上的阀门应采用塑料隔膜水射器的给水管上应设通压力表。

第 4.0.11 条 当采用现场制造的次氯酸钠消毒时，应选用电流效率高、盐耗与电耗低、运行寿命长、操作方便和安全可靠的次氯酸钠发生器。

第 4.0.12 条 盐溶液进入次氯酸钠发生器前，应经沉淀、过滤处理。

第 4.0.13 条 接触次氯酸钠溶液的容器、管道、设备和配件都应使用耐腐蚀的材料。

第五章 放射性污水处理

第5.0.1条 医院中产生的低放射性污水,如排入医院内的排水管道,且其放射性浓度超过露天水源中限制浓度的100倍,或医院总排出口水中的放射性物质含量高于露天水源中的限制浓度时,必须进行处理。

第5.0.2条 当医院中的低放射性污水排入江河时,应符合下列要求:

一、排出的放射性污水浓度不得超过露天水源中限制浓度的100倍;

二、应在设计和控制排放量时,取10倍的安全系数;

三、应避开经济鱼类产卵区和水生生物养殖场;

四、经处理后的污水不得排入生活饮用水集中取水点上游1000m和下游100m的水体内,且取水区中的放射性物质含量必须低于露天水源中的限制浓度。

第5.0.3条 低放射性污水宜设衰变池处理,衰变池必须设计成推流式的,以保证足够的停留时间,避免短流。

第5.0.4条 当污水中含有几种不同的放射性物质时,污水在衰变池中的停留时间应根据各种物质分别计算确定,取其最大值,并考虑一定的安全系数。

第六章 污泥处理

第6.0.1条 污泥必须经过有效的消毒处理。

第6.0.2条 污泥的处理与处置方法,应根据投资与运行费用、操作管理和综合利用的可能性等因素综合考虑。

第6.0.3条 当污泥由槽车运至集中的处理设施进行处理时,有关污泥处理系统的设计标准可遵照《室外排水设计规范》GBJ14—87中的有关规定办理。

第6.0.4条 当污泥采用氯化法消毒时,加氯量应通过试验确定。当无资料时,可按单位体积污泥中有效氯投加量为2.5g/L设计。消毒时应充分搅拌混合。

第6.0.5条 当采用高温堆肥法处理污泥时,应符合下列要求:

一、合理配料,就地取材;

二、堆温保持在60℃以上不少于1d;

三、保证堆肥的各部分能达到有效消毒;

四、采取防止污染人群的措施。

第6.0.6条 当采用石灰消毒污泥时,必须使污泥的pH值提高到12以上,并存放7d以上。设计石灰投加量可采用15g/L(以Ca(OH)$_2$计)。

第6.0.7条 在有废热可以利用的场合可采用加热法消毒,但应采取防止臭气扩散污染环境的措施。

第七章 处理站

第7.0.1条 处理站位置的选择应根据医院总体规划、排出口位置、环境卫生要求、风向、工程地质及维护管理和运输等因素来确定。

第7.0.2条 医院污水处理设施应与病房、居民区等建筑物保持一定的距离，并应设置隔离带。

第7.0.3条 在污水处理工程设计中，应根据总体规划适当预留余地。

第7.0.4条 处理站内应有必要的计量、安全及报警等装置。

第7.0.5条 根据医院的规模和具体条件，处理站宜设加氯、化验、值班、修理、储藏、厕所及淋浴等房间。

第7.0.6条 加氯间和液氯贮藏室应按《室外排水设计规范》GBJ14—87中有关章节设计。

第7.0.7条 采用发生器制备的次氯酸钠做为消毒剂时，发生器必须设置排氢管。为了保证安全，还必须在发生器间屋顶设置排气管。排气管底与天花板相平，其直径根据发生器的规格确定。一般为φ300～500mm。

附录一 本规范用词说明

一、执行本规范条文时，对于要求严格程度的用词说明如下，以便执行中区别对待。

1. 表示很严格，非这样不可的用词：
   正面词采用"必须"；
   反面词采用"严禁"。
2. 表示严格，在正常情况下均应这样做的用词：
   正面词采用"应"；
   反面词采用"不应"或"不得"。
3. 表示允许稍有选择，在条件许可时首先应这样做的用词：
   正面词采用"宜"或"可"；
   反面词采用"不宜"。

二、条文中指明必须按其他有关标准、规范执行的写法为"应按……执行"或"应符合……要求或规定"。非必须按所指定的标准和规范执行的写法为"可参照……"。

中国工程建设标准化委员会标准

医院污水处理设计规范

CECS 07:88

条 文 说 明

附加说明

本规范参编单位和主要起草人名单

主编单位：北京市建筑设计院
参加单位：铁道部专业设计院
　　　　　航空航天部七院
主要起草人：萧正辉　王世聪　卢安坚
审查单位：全国给水排水工程标准技术委员会

目 录

第一章 总则 …………………………………… 17—9
第二章 一般规定 ………………………………… 17—10
第三章 处理流程及构筑物 ……………………… 17—11
第四章 消毒剂及投加设备 ……………………… 17—12
第五章 放射性污水处理 ………………………… 17—13
第六章 污泥处理 ………………………………… 17—13
第七章 处理站 …………………………………… 17—13

第一章 总 则

第 1.0.2 条 医院污水的危害已经引起有关单位的重视,廿年来,经过各方的努力,在医院污水处理的设计数据、处理流程、消毒剂的选择等方面,均提出了一套符合我国国情的设计原则,并制定了有关的规范和措施。但是,在目前却有相当多的厂家通过销售设备承包土建及安装工程。由于他们没有掌握规范的规定,承包工程运行后,不但处理效果存在着问题,并且还具有一定的危险性。本条文特别强调医院污水处理工程必须贯彻由国家计委、国务院环境保护委员会颁发的《建设项目环境保护设计规定》中所提出的环境保护工程设施必须纳入设计程序之中的要求,以杜绝不按规范进行设计,随意承现土建、安装工程给国家造成严重损失的现象。

第 1.0.3 条 本条文所指的"各类医院"包括传染病医院、结核病医院以及综合医院,但不包括污水未被致病微生物所污染的外科整形医院、心血管医院,以及非并发症区的精神病医院、妇产科医院等。"其他医疗卫生机构"系指从事于病原微生物实验、检验工作的生物制品、科研单位,医学院校等。

第 1.0.4 条 "其他有毒有害物质"系指医院常用的消毒剂酚以及对人体可能造成危害的废弃药品、试验废弃物、病人的排泄物和呕吐物等。

第二章 一般规定

第 2.0.2 条 医院污水的耗水量或排水量一直存在着较大的争论。据北京市医院污水处理研究小组对北京市十几家医院和武汉、济南等地各医院调查，其耗水量一般为1000L/床·d。本条文所建的综合排水量，包括门诊、病房及化验、制剂等的排水量，但不包括未被致病微生物所污染病人及职工厨房、锅炉房、冷却水等不进入污水处理站的污水量。余文中所指的：

一、"设备比较齐全的大型医院"，系指建筑物内设有水冲大便器、洗涤盆、沐浴设备和热水供应、病床数为300张以上的医院。

二、"一般设备的中型医院"，系指建筑物内设有水冲大便器、洗涤盆、沐浴设备，病床数为100～300张的医院。

三、"小型医院"，系指建筑物内有水冲大便器、洗涤盆，但无沐浴设备，病床总数100张以下的医院。

根据北京市医院污水处理研究小组多年对医院耗水量调查的结果，耗水量大时，小时变化系数K值小，耗水量小时，小时变化系数K值大。故设备比较齐全的大型医院平均日污水量为：400～600L/床·d，$K = 20 \sim 2.2$。一般设备的中型医院平均日污水量为300～400L/床·d，$K = 2.2 \sim 2.5$。小型医院平均日污水量：250～300L/床·d，$K = 2.5$。

第 2.0.3 条 医院每张病床污染物质每日的排出量，系北京市医院污水处理研究小组对北京市十几家医院污水进行测定所得出的结果，并与国内其他城市和国外资料进行比较，做了修订后提出的数据。如无实测资料时，可做为工程设计参考。

第 2.0.5 条 选定医院污水的处理级别，主要根据污水排向，污水排入城市下水道，并且是采用廉价的消毒剂时，可以采用一级处理流程。因此，处理医院污水，应将生活区污水、雨水分流。如果污水排入地面水域，生活污水的理化指标也会超过标准，须与医院污水同时进行处理，则应该采用二级处理流程。因此应与雨水分流。

第三章 处理流程及构筑物

第3.0.1条 医院的耗水量相当于居民耗水量的4～6倍。因此，医院污水中理化指标比居民区排出污水要低很多，但是医院排出污水比居民区排出污水最大的特点是生物性污染严重。因此，对排放到有集中污水处理场的城市下水道的医院污水，以解决生物性污染为主，可以采用一级处理。如果医院污水是排入地面水域，则又应根据受水体的要求，对污水的生物性污染、理化性污染及有毒有害物质进行全面处理。根据试验结果来看，一般采用二级处理可以达到标准的要求。

第3.0.4条 将医院污水在化粪池中的停留时间加长的原因，是使污水在化粪池中充分沉淀、腐化，以便进一步处理。

第3.0.5条 本条系根据《建筑给水排水设计规范》第3.9.6条而来。

第3.0.6条 根据北京市医院污水处理研究小组实测，计量池容积不宜过大，过大时则虹吸时间过长，可能会造成连续虹吸，无法达到定比加氯的目的，影响处理效果。计量池也不能过小，过小时则虹吸及投氯次数过于频繁，容易对设备造成损害。故计量池的容积确定为最大时污水量的1/4。亦即在最大污水量的情况下，每15min虹吸一次。

第3.0.8条 调节池的功能是调节水量和水质的不均匀性。沉淀池则主要使污水中悬浮物沉淀，两种设备功能各不相同。因此，将这两种设备合并时，应满足两种功能的不同要求。

第3.0.10条 本条所采用的数据详见现行的《室外排水设计规范》。

第3.0.13条 为了提高氯与污水的接触效果，应使污水在接触池中流动接近于推流状态。据测定，水流槽长度与宽度之比不宜小于20∶1。

第3.0.14条 根据北京市医院污水处理研究小组对生物转盘处理医院污水效果实测。当水力负荷为0.1～0.2 m³/m²·d时，处理效果基本相同，BOD去除率为80%左右。水力负荷增至0.3～0.4m³/m²·d时，BOD去除率显著下降，仅只达60%或更低。因此，确定BOD水力负荷为0.2 m³/m²·d。国外资料BOD负荷为12g/m²·d。

按医院处理污水BOD为60g/m³，水力负荷定为0.2m³/m²·d，则折成BOD负荷为：

BOD负荷＝60g/m³×0.2m³/m²·d＝12g/m²·d。

第四章 消毒剂及投加设备

第 4.0.1 条 消毒剂的选择应根据污水水质、污水的水量、受纳水体对出水的水质要求、投资和运行费用、药剂的供应情况、处理站与病房和居民区的距离、以及操作管理水平等因素，经技术经济比较后确定。一般宜采用液氯、次氯酸钠、漂白粉精或漂白粉作为消毒剂。

第 4.0.2 条 当污水采用氯化法消毒时，其设计加氯量可按下列数据确定：

一、一级处理出水的设计加氯量一般为30～50mg/L。

二、二级处理出水的设计加氯量一般为15～25mg/L。

第 4.0.3 条 当采用液氯消毒时，必须采用真空加氯机，并应将投氯管出口淹没在污水中。严禁无加氯机直接向污水中投加氯气。

第 4.0.4 条 加氯机宜设置两套，其中一套备用。

第 4.0.5 条 一般情况下，宜采用使用周期过长时，氯瓶主阀容易锈蚀，造成开关失灵，导致事故。采用氯瓶太大，贮氯太多，也会增加不安全因素，故本条规定氯瓶一次使用周期应不大于3个月。

第 4.0.6 条 单位时间内每个氯瓶的氯气最大排出量应符合下述规定：

一、容积为40L的氯瓶：750g/h。

二、500kg的氯瓶：3000g/h。

第 4.0.7 条 加氯系统的管道材料应按下列规定选择：

一、输送氯气的管道应使用紫铜管，严禁使用聚氯乙烯等不耐氯气腐蚀的管道。

二、输送氯溶液的管道宜采用硬聚氯乙烯管、严禁使用铁等不耐氯溶液腐蚀的金属管。

本条对加氯系统的管材做了规定。本条文系北京市医院污水处理研究小组经过多年试验所得到的结果。当氯气采用聚氯乙烯管道时，会经过管壁腐蚀破裂。当氯溶液采用金属管道时，会发生严重腐蚀。由于氯气不会对金属产生腐蚀，且管道尚需承受一定的压力。因此，输送氯气的管道一般采用紫铜管，输送氯溶液的管道一般采用玻璃钢等耐腐蚀管道。

第 4.0.11 条 我国各厂家所生产的次氯酸钠发生器的电极很不一致，有的电极材料为钌钛铱，有的为二氧化铅，也有的为石墨。由于电极材料不同，电极寿命也会有很大的差异，最高的可达2.5万小时以上，最低的却不到2千小时。在耗盐和耗氯电方面也有较大出入。因此，在选用次氯酸钠发生器时，必须从电流效率高、耗盐与耗电低、运行寿命长、操作方便和安全可靠等方面进行考虑。

第 4.0.12 条 国外的次氯酸钠发生器一般都有水质软化设备。但国内的发生器还没有专用的软化设备。制备次氯酸钠又多半是用原盐。原盐内含有杂质较多，故规定盐溶液进入发生器以前，应经沉淀、过滤处理。

第五章 放射性污水处理

第5.0.2条 本条所指的江河是指水量很大、稀释能力很强的承受水体。

第六章 污泥处理

第6.0.4条 本条所提污泥消毒采用氯化法时，有效氯投加量2.5g/L系北京市第二传染病医院多年实践的经验数字。

第6.0.6条 本条所提污泥消毒采用石灰法时，石灰投加量、pH值及存放时间系根据沈阳军区后勤部军事医学研究所的试验结果和参照国外资料的综合数据。

第七章 处理站

第7.0.4条 本条所提计量装置包括测量瓶内氯量的磅秤、测定氯流量的浮子流量计、测定氯瓶压力的压力表。安全装置包括排风扇、氯气报警仪等。

第7.0.7条 在次氯酸钠发生器运转过程中，会有氢气发生。氢的浓度在空气中达到一定限度时，遇明火会发生爆炸。因此，本条文要求氢气集中在天花板下，考虑到室内仍会有一定量的氢气聚集在天花板下，为了安全起见，尚需在天花板设置φ300～500的排氢管。

中国工程建设标准化协会标准

游泳池给水排水设计规范

CECS 14:89

主编单位：建设部建筑设计院
批准单位：中国工程建设标准化协会
批准日期：1989年12月26日

前　言

从50年代开始，游泳池在我国已有建设，近年来迅速发展，从工程设计、运行管理、科学研究和设备制造等各方面均已积累和取得了丰富的成功经验和成果。为满足设计需要，本规范在调查研究和总结国内外经验的基础上，反复征求有关专家和单位意见，经过全国建筑给水排水工程标准技术委员会审查定稿。现批准《游泳池给水排水设计规范》CECS 14:89，并推荐给有关工程建设设计单位使用。在使用过程中，请将意见及有关资料寄上海市广东路17号全国建筑给水排水工程标准技术委员会（邮政编码：200002）。

中国工程建设标准化协会
1989年12月26日

第一章 总 则

第1.0.1条 为使游泳池的给水排水设计符合游泳水质、水温、卫生要求和达到技术先进、经济合理、安全可靠，方便管理和节约用水，特制订本规范。

第1.0.2条 本规范适用于新建、扩建和改建的人工建造的游泳池和跳水池的给水排水设计，但设计温泉游泳池、冲浪游泳池、医疗游泳池、水上乐园等游泳设施时，还应遵守有关规定。

第1.0.3条 游泳池的给水排水设计除执行本规范外，还应遵守现行的《建筑给水排水设计规范》，以及其它有关规范或规定。

第二章 水质和水温

第一节 水 质

第2.1.1条 游泳池初次充水和正常使用过程中的补充水水质，应符合现行的《生活饮用水卫生标准》的要求。

第2.1.2条 游泳池池水的水质，应符合表2.1.2的规定。

人工游泳池水质卫生标准　　　表2.1.2

序号	项　目	标　　　　准
1	pH值	6.5～3.5
2	浑浊度	不大于5度，或站在游泳池两岸能看清水深1.5m的池底四、五泳道线
3	耗氧量	不超过6mg/L
4	尿素	不超过2.5mg/L
5	余氯	游离余氯: 0.4～0.6mg/L 化合性余氯: 1.0mg/L以上
6	细菌总数	不超过1000个/mL
7	总大肠菌群	不得超过18个/L
8	有害物质	参照《工业企业设计卫生标准》(TJ36-79)中地面水水质应符合有关规定。

注：比赛游泳池水质还应符合有关规定。

第二节 水 温

第2.2.1条 游泳池的池水温度，可根据游泳池的用途，按下列数值进行设计：

一、室内游泳池：
1. 比赛游泳池：24～26℃；
2. 训练游泳池：25～27℃；
3. 跳水游泳池：26～28℃；
4. 儿童游泳池：24～29℃。

注：旅馆、俱乐部和别墅内附设的游泳池，其池水温度可按训练游泳池水温度数值设计。

二、露天游泳池的池水温度不宜低于22℃。

第2.2.2条 室内游泳池设有准备池时，其池水温度按本规范第2.2.1条的训练游泳池数值设计。

第三章 给水系统

第一节 系统选择

第3.1.1条 游泳池应采用循环净化给水系统。

第3.1.2条 当水源充沛时，游泳池可采用直流给水系统，但入池混合后的池水水质应符合本规范第2.1.2条的规定。

注：当技术经济、社会、环境效益比较合理时，可采用直流净化给水系统。

第二节 充水和补水

第3.2.1条 游泳池的初次充水时间，应根据游泳池的水质和城镇给水条件确定，一般宜采用24h，但最长不宜超过48h。

第3.2.2条 游泳池的补充水量，应根据过滤设备反冲洗（如用池水反冲洗时）和游泳池面蒸发、排污、漂带出等所损失的水量确定，一般可按表3.2.2的数据选用。

游泳池的补充水量　　表3.2.2

游泳池类型和特征	比赛、训练和跳水用游泳池		公共游泳池		儿童游泳池	
	室内	露天	室内	露天	幼儿戏水池	
占池水容积的百分数（％）	3～5	5～10	5～10	10～15	不小于10	

注：如卫生防疫部门有规定时，还应符合卫生防疫部门的有关规定。

第3.2.3条 直流给水系统的游泳池的补充水量，每小时不得小于游泳池水容积的15%。

第3.2.4条 游泳池宜采用间接补水和补水的方式，如采用直接补水和补充水方式时，应采取有效的防回流措施。

第3.2.5条 补充水管的设计，应符合下列要求：
一、宜与充水管道合并设置；
二、补水管的水流方向，不得与游泳池水流方向相反；
三、宜设置独立的计量装置。

第四章 水的循环

第一节 循 环 方 式

第4.1.1条 游泳池的水流循环方式，应按下列规定确定：
一、尽可能使水流分布均匀，不出现短流、涡流和死水域；
二、有利于池水的全部的交换更新；
三、有利于施工安装、运行管理和卫生保持。

第4.1.2条 比赛游泳池水宜采用逆流式和混合式循环。露天游泳池水宜采用顺流式循环。

第4.1.3条 游泳池水如采用混合式循环时，从游泳池水表面溢流回水量，不得小于循环水量的50%。

第4.1.4条 游泳池水的循环，宜按池水净化设备连续运行设计。

第二节 循 环 周 期

第4.2.1条 游泳池水的循环周期，应根据游泳池的使用性质、游泳人数、池水容积、水面面积和池水净化设备运行时间等因素确定。一般可按表4.2.1采用。

第4.2.2条 游泳池水如采用间歇式循环时，应按游泳池开放前后将全部池水各循环一次计算。

第三节 循 环 流 量

第4.3.1条 游泳池的循环水量，按下式计算：

游泳池水的循环周期　　　　表4.2.1

游泳池类别	循环周期T(h)	循环次数N(次/d)
比赛池、训练池	6～10	4～2.4
跳水池、私用游泳池	8～12	3～2
公共池	6～8	4～3
跳水、游泳合用池	8～10	3～2.4
儿童池	4～6	6～4
幼儿戏水池	1～2	24～12

$$Q_x = \alpha \cdot V/T \quad (4.3.1)$$

式中　Q_x——游泳池水的循环流量（m³/h）；
　　　α——管道和过滤设备水容积附加系数，一般为1.1～1.2；
　　　V——游泳池水的容积（m³）；
　　　T——游泳池水的循环周期，按本规范第4.2.1条规定选用。

第四节　循　环　水　泵

第4.4.1条　循环水泵装置的选择，应符合下列要求：
一、用途不同的游泳池的循环水泵宜单独设置；
二、水泵出水量应符合本规范第4.3.1条的规定；
三、备用水泵宜按过滤器反冲洗时，工作泵与备用泵并联运行确定备用泵的容量。

第4.4.2条　循环水泵的设置，应符合下列要求：
一、应尽量靠近游泳池；
二、宜与循环水净化设备设在同一房间内；
三、水泵吸水管内的水流速度采用1.0～1.2m/s，出水管内的水流速度，宜采用1.5m/s；
四、水泵机组和管道应有减震和降噪措施。

第五节　循　环　管　道

第4.5.1条　循环水给水管内的水流速度，不宜超过1.5m/s；循环回水管内的水流速度，宜采用0.7～1.0m/s。

第4.5.2条　循环水系统的管道，一般应采用给水铸铁管。如采用钢管时，管内壁应采用符合饮用水要求的防腐措施。

第4.5.3条　循环水管道，宜敷设在沿游泳池周边设置的管廊或管沟内。如埋地敷设，应采取防腐措施。

第六节　平　衡　水　池

第4.6.1条　在下列情况下，应设置平衡水池：
一、游泳池水为逆流式或混合式循环时；
二、数座游泳池共用一组并联过滤器时；
三、循环水泵无条件设计成自灌式时；
四、循环水管道、加热设备和过滤系统的管道设备过长影响水泵吸水管高度时。

第4.6.2条　平衡水池的有效容积，不应小于循环水泵5min的出水量。

第4.6.3条　平衡水池的设计，应符合下列要求：
一、应设与游泳池相连接的连通管，连通管与回水管可合并设置；
二、池底内表面宜低于游泳池内底表面700mm以上；
三、游泳池补水管宜接入平衡水池，且补水管上的水位控制阀门的出水口，应高于游泳池水面100mm以上。

第五章 水的净化

第一节 预 净 化

第5.1.1条 循环水泵的吸水管上，应装设池水预净化装置毛发聚集器。

第5.1.2条 毛发聚集器的设计，应符合下列要求：

一、过滤筒（网）的面积，应为连接管截面积的1.5～2.0倍；

二、过滤筒（网）的孔径宜采用3mm；

三、过滤筒（网）应采用耐腐蚀材料制造。

第5.1.3条 毛发聚集器的过滤筒宜采用交替运行方式对过滤筒（网）交替清洗或更换。如有两台循环水泵时宜采用交替运行方式对过滤筒（网）交替清洗或更换。

第二节 过 滤

第5.2.1条 游泳池水的过滤设备，应根据游泳池的使用性质、规模、管理条件和材料情况确定，并应符合下列要求：

一、过滤效率高，效果好，操作简便，管理费用低；

二、循环式给水系宜采用压力式过滤器；

三、每座游泳池的过滤器数量不宜少于2个。每个过滤器的大小，应根据水力计算和运行维护条件，经技术经济比较确定。

第5.2.2条 压力过滤器应设置进水、出水、冲洗、泄水和放气等配管，还应设有检修孔、观察孔、取样管和差压计。

第5.2.3条 过滤设备的滤料，应符合下列要求：

一、不含有毒和有害物质，不含杂物和污泥；

二、强度坚硬、耐磨；

三、耐腐蚀，且化学性能稳定。

第5.2.4条 压力过滤器的滤料组成和滤速，可按表5.2.4采用。

压力过滤器的滤料组成和滤速 表5.2.4

序号	滤料类别	滤 料 组 成			滤 速 (m/h)
		粒径(mm)	不均匀系数K	厚度(mm)	
1	单层石英砂	$D_{min}=0.5$ $D_{max}=1.2$	<2.0	600~700	8~15
2	双层滤料	无烟煤 $D_{min}=0.8$ $D_{max}=1.8$	<2.0	300~400	14~18
		英砂 $D_{min}=0.5$ $D_{max}=1.2$	<2.0	300~400	
3	聚苯乙烯塑料粒	$D_{min}=1.2$ $D_{max}=2.0$	<2.0	700~800	20~25

第5.2.5条 压力过滤器采用石英砂或无烟煤为滤料，并采用大阻力配水系统时，承托层次、粒径和厚度可按表5.2.5采用。

压力过滤器采用大阻力配水系统的承托层粒径和厚度　表5.2.5

层次(自上而下)	材料	粒径(mm)	承托层厚度(mm)
1	卵石	2~4	100
2	卵石	4~8	100
3	卵石	8~16	100
4	卵石	16~32	100（从配水系统管顶算起）

第三节　过滤器反洗

第5.3.1条　压力过滤器宜采用水进行反冲洗。如有条件，可增设表面冲洗设施或采用气——水进行反冲洗。

第5.3.2条　压力过滤器应根据游泳池水水质检测结果或过滤器的水头损失确定反冲洗周期，并尽量实现自动冲洗。如按过滤器的水头损失确定反冲洗周期时，应符合下列规定：

一、石英砂和无烟煤为滤料时，水头损失不超过3~5m；

二、聚苯乙烯塑料珠为滤料时，水头损失不超过1~3m。

第5.3.3条　压力过滤器的反冲洗强度和反冲洗时间，按表5.3.3采用。

第5.3.4条　压力过滤器应逐一单个进行反冲洗。

压力过滤器的反冲洗强度和反冲洗时间　表5.3.3

序号	滤料类别	冲洗强度(L/s·m)	膨胀率(%)	冲洗时间(min)
1	单层石英砂	12~15	40~45	5
2	双层滤料	13~16	45~50	5
3	聚苯乙烯塑料珠	4~10	20~30	3~5

一、采用生活饮用水管道的水反冲洗时，应设隔断水箱。

第四节　加药装置

第5.4.1条　游泳池循环水在进入净化设备之前，应向循环水中投加下列药剂：

一、混凝剂：宜采用铝盐，设计投加量采用5~10mg/L；

二、pH值调整剂：采用纯碱或碳酸盐类，设计投加量采用3~5mg/L；

三、除藻剂：采用硫酸铜，设计投加量不大于1mg/L。

第5.4.2条　药剂的投加应符合下列要求：

一、药剂的投加方式宜采用重力湿式投加；

二、混凝剂应定量连续投加；

三、pH值调整剂应连续投加；

四、应设有药剂与循环水充分混合接触的装置或措施。

第5.4.3条　投药设备的设计，应符合下列要求：

一、各种药剂应分别设溶药池、溶液池、投加装置、定量投加装置、计量仪表和管道，均应采用耐蚀材料。

第六章 水的消毒

第一节 消毒方法

第 6.1.1 条 游泳池水必须进行消毒杀菌处理。

第 6.1.2 条 消毒方法的选择，应符合下列要求：

一、杀菌能力强，不污染水质，并在水中有持续杀菌性能；

二、设备简单，运行可靠，安全，操作管理方便；

三、建设和维护管理费用低。

第 6.1.3 条 游泳池水宜采用氯消毒方法。在有条件和需要的情况下，可采用臭氧、紫外线消毒或其它消毒方法。

第 6.1.4 条 采用氯消毒方法时，应遵守下列规定：

一、消毒剂采用液氯或次氯酸钠，小型专用游泳池可采用氯片；

二、加氯量按池水中游离余氯量为 0.4~0.6mg/L 计算确定；

三、液氯宜采用真空式自动投加方式，并应设置氯与池水充分混合和接触的装置；

四、次氯酸钠宜采用重力式投加方式，投加在循环水泵的吸水管上。

第 6.1.5 条 采用臭氧或紫外线消毒时，还应辅以氯消毒。

第二节 消毒设备

第 6.2.1 条 消毒设备的选择，应符合下列要求：

一、设备简单，安全可靠，操作简便；

二、计量装置计量准确，灵活可调，有条件时宜设自动记录。

三、加氯机至少设置一套备用。

第 6.2.2 条 加氯机应有压力稳定，且不间断的水源。

第 6.2.3 条 加氯机的运行和停止，应与循环水泵的运行和停止设联锁装置。

第七章 水的加热

第一节 热量计算

第 7.1.1 条 游泳池水加热所需热量，应为下列热量的总和：

一、水面蒸发和传导损失的热量；
二、池壁和池底传导损失的热量；
三、管道和净化水设备损失的热量；
四、补充水加热需要的热量。

第 7.1.2 条 游泳池水表面蒸发损失的热量，按下式计算：

$$Q_z = \alpha \cdot \gamma (0.0174 v_i + 0.0229)(P_b - P_q) A(760/B) \quad (7.1.2)$$

式中 Q_z——游泳池水表面蒸发损失的热量（kJ/h）；
α——热量换算系数，$\alpha = 4.1868$ kJ/kcal；
γ——与游泳池水温相等的饱和蒸汽的蒸发汽化潜热（kcal/kg）；
v_i——游泳池水面上的风速（m/s），一般按下列规定采用：室内游泳池 $v_i = 0.2 \sim 0.5$ m/s；露天游泳池 $v_i = 2 \sim 3$ m/s；
P_b——与游泳池水温相等的饱和空气的水蒸汽分压力（mmHg）；
P_q——游泳池环境空气的水蒸汽压力（mmHg）；
A——游泳池的水表面面积（m²）；
B——当地的大气压力（mmHg）。

第 7.1.3 条 游泳池水表面、池底、池壁、管道和设备等传导所损失的热量，应按游泳池水表面蒸发损失热量的 20% 计算确定。

第 7.1.4 条 游泳池补充水加热所需的热量，应按下式计算：

$$Q_b = \frac{\alpha q_b \cdot \gamma \cdot (t_r - t_b)}{t} \quad (7.1.4)$$

式中 Q_b——游泳池补充水加热所需的热量（kJ/h）；
α——热量换算系数，$\alpha = 4.1868$ kJ/kcal；
q_b——游泳池每日的补充水量（L）；
γ——水的密度（kg/L）；
t_r——游泳池水的温度（℃）。按本规范第 2.2.1 条的规定确定；
t_b——游泳池补充水水温（℃）；
t——加热时间（h）。

第二节 加热方式和加热设备

第 7.2.1 条 游泳池水的加热，可采用间接式加热方式或直接式加热方式。如采用直接式加热方式，应有降噪和保证游泳池水水温均匀的措施。

在有条件的地区，可采用太阳能加热方式。

第 7.2.2 条 游泳池水初次加热的时间，应根据使用要求、当地能源条件和热负荷等关系等因素确定，一般宜采用 24~48h。

第7.2.3条 加热设备应根据能源条件、游泳池水初次加热时间和正常使用时补充水的加热等情况，综合进行技术经济比较确定，并应符合下列要求：

一、加热设备不宜少于2台；
二、加热设备应装设温度自动调节装置；
三、如为汽水快速热交换器，游泳池水从管内通过，热媒从管间通过。

第7.2.4条 加热设备的进出水管口的水温差，按下式计算：

$$\Delta t = \frac{Q_z + Q_c + Q_b}{1000\alpha \cdot \gamma \cdot Q_x} \quad (7.2.4)$$

式中 Δt——加热设备进出水管口的水温差（℃）；
Q_z——游泳池水面蒸发损失的热量（kJ/h），按本规范第7.1.2条的规定确定；
Q_c——游泳池的水面、池底、池壁、管道和设备传导损失的热量（kJ/h），按本规范第7.1.3条的规定确定；
Q_b——游泳池补充水加热所需的热量（kJ/h），按本规范第7.1.4条的规定确定；
α——热量换算系数，$\alpha = 4.1868 kJ/kcal$；
Q_x——游泳池的循环流量（m³/h），按本规范第4.3.1条的规定确定；
γ——水的密度（kg/L）。

第八章 附属装置

第一节 给 水 口

第8.1.1条 游泳池给水口的位置，应符合下列要求：

一、数量应满足循环流量的要求；
二、位置应尽量满足游泳池内水流均匀，不产生涡流和死水域；
三、池底配水时，应在两泳道标志线的中间均匀布置；
四、池壁配水时，其间距宜采用2～3m，拐角处距另一池壁不宜超过1.5m；其深度宜在游泳池水面下0.5～1.0m处；
五、跳水游泳池采用池壁配水时，应设二层给水口，且上下层给水口应错开设置。给水口距池底高度不宜小于0.5m。

第8.1.2条 给水口的构造，应符合下列要求：

一、应采用喇叭口型，且不得小于连接管截面的2倍；
二、应设格栅，格栅采用耐腐蚀和不变形的材料制造；
三、格栅隙的水流速度，不应大于1.0m/s；
四、宜有流量调节装置。

第二节 回 水 口

第8.2.1条 游泳池回水口/（沟）的设置，应符合下列要求：

一、数量应满足循环流量的要求；
二、位置应尽量使池水水流均匀循环和不发生短流；
三、溢流式循环时，应采用在池外壁的四周或两侧边设置溢流回水槽,其溢水堰必须严格水平。

第8.2.2条 回水口(沟)的构造,应符合下列要求:

一、回水口面积不得小于连接管截面积的4倍;

二、顶面应设格栅盖板,格栅条的净间距,如为成人池,不得超过20mm,如为儿童池,不得超过15mm;

三、格栅孔隙的水流速度,不应超过0.5m/s;

四、格栅盖板应采用耐腐蚀和不变形的材料制造。

第8.2.3条 回水口(沟)的格栅盖板安装在游泳池底时,必须固定牢靠。

第三节 泄 水 口

第8.3.1条 游泳池应在池底的最低处设置泄水口。如有条件,泄水口宜与回水口合并设置。

第8.3.2条 泄水口应设格栅盖板,盖板表面应与游泳池底最低处表面相平。

泄水口格栅盖板的构造和材料,应符合本规范第8.2.2条和第8.2.3条的规定。

第四节 溢 流 水 槽

第8.4.1条 游泳池宜采用池岸式溢流水槽。

第8.4.2条 溢流水槽的设计,应符合下列要求:

一、应沿池壁四周或两边的外侧设置,溢水堰应严格水平。

二、溢水槽宽度不得小于150mm。槽内排水管直径不得小于50mm,间距不宜大于3m。

三、池岸式溢流水槽应设置格栅盖板,其材质应符合本规范第8.2.2条的规定。

第九章 洗净设施

第一节 浸脚消毒池

第9.1.1条 浸脚消毒池应设在游泳者进入游泳池的通道内,长度不小于2m,宽度与通道宽度相同,消毒液深度不得小于0.15m。

第9.1.2条 浸脚消毒池内消毒液的余氯量应为5～10mg/L。

第9.1.3条 消毒液宜为连续供给和排放。如有困难时,可采用定期更换方式,但间隔时间不得超过4h。

第9.1.4条 如设有强制淋浴,浸脚消毒池应设在强制淋浴之后。

第9.1.5条 浸脚消毒池及其配管,应采用耐腐蚀材料。

第二节 强制淋浴和浸腰消毒池

第9.2.1条 公共游泳池,宜尽量在游泳者的入口通道设置强制淋浴和浸腰消毒池。

一、强制淋浴通道的长度应采用2～3m;

二、浸腰消毒池的有效长度不宜小于1m,有效深度采用0.6～0.9m。

第9.2.2条 强制淋浴的水质应符合现行的《生活饮用水卫生标准》,水温宜采用35～38℃,但夏季可用常温

18—11

水量,水量可按喷头数量计算。

第9.2.3条 浸腰消毒池余氯量,宜按下列规定确定:

一、位置在强制淋浴之后时,不得小于5 mg/L;
二、位置在强制淋浴之前时,不宜小于50mg/L。

第十章 跳水游泳池制波

第一节 一般规定

第10.1.1条 跳水游泳池必须设置水面起波装置。

第10.1.2条 跳水游泳池的水面波浪,应符合下列要求:

一、应为均匀的波纹水浪,不得出现翻滚的大浪;
二、水面波纹水浪的浪高宜为25~40mm。

第二节 制波方法

第10.2.1条 跳水游泳池宜采用压缩空气起泡法制波。

第10.2.2条 起泡压缩空气应符合下列要求:

一、气质应洁净无油污;
二、气压力不小于98kPa;
三、喷气嘴可按0.019~0.024$m^3/mm^2 \cdot s$计。

第10.2.3条 起泡制波的设计,应符合下列要求:

一、喷气嘴顶应与池底表面相平,其连接的压缩空气管应敷设在结构层与瓷砖层之间的粘结层内;
二、喷气嘴按3×3m的方格网,应均匀布置在池底或以跳台、跳板在池底所的水平投影正前方1.5m为中心,以1.5m为半径的位置分组布置;
三、喷气嘴气孔的直径可采用1.5~3mm;
四、喷气嘴和埋入池底的压缩空气管道,应采用铜质材料。

清除池底积污的装置。

第11.3.2条 游泳池的排污方式，应根据游泳池的使用性质、池水循环净化方式，结合当地条件，按下列规定选用：

一、人工清扫；
二、循环水泵——真空吸污器；
三、移动式潜水除污泵。

第11.3.3条 采用循环水泵——真空吸污器排污时，游泳池的两侧池壁应各设3~4个真空吸污器接口。

第十一章 排水系统

第一节 岸边清洗

第11.1.1条 游泳池两侧岸上，应设置冲池岸用的水龙头。

第11.1.2条 岸边冲洗水量应按1.5L/m²次计算。

第11.1.3条 冲洗排水管（沟）接入雨污水管系统时，应设防止雨、污水回流污染的措施。

第二节 泄 水

第11.2.1条 游泳池水的泄空时间，宜采用4h，最长不得超过10h。

第11.2.2条 重力泄水排入排水管道时，应设置防止雨、污水回流污染的措施。

第11.2.3条 机械方法泄水时，宜用循环水泵兼作泄水管。

注：如循环水泵提升泄水不彻底，可设潜水泵作辅助泄水。

第11.2.4条 游泳池水检出传染性致病微生物时，应按当地卫生防疫部门要求对池水进行处理后，再行排放。

第三节 排 污

第11.3.1条 顺流式循环给水系统的游泳池，应设置

第十二章 水净化设备用房

第一节 一般规定

第12.1.1条 游泳池水净化系统的设备用房的位置，应符合下列要求：

一、尽量靠近游泳池；
二、靠近热源供应方向的一侧；
三、靠近室外排水干管的一侧；
四、方便消毒剂、药剂和设备运输的一侧。

第12.1.2条 净化设备用房的设计，应符合下列要求：

一、应有设备安装运输出入口，房间位于室外地面以下时，应留有吊装孔；
二、应有通向游泳池管廊的通道和管沟的出入口；
三、房间高度应满足设备操作和安装的要求；
四、应有良好的通风和照明；
五、地面应有排水措施；
六、根据环境要求采取采降噪措施；
七、符合现行的《建筑设计防火规范》的要求。

第二节 过 滤 器 间

第12.2.1条 过滤器的布置，应符合下列要求：

一、过滤器距墙面不小于1.0m；
二、过滤器之间的操作通道不小于1.0m；
三、过滤器距结构建筑最低点的净距，应满足安装检修的要求，但不得小于0.8m；
四、循环水泵组的布置、运输、检修和操作通道宽度，不得小于最大设备的直径。

第12.2.2条 循环水泵组的布置，应符合现行《室外给水设计规范》的规定。

第12.2.3条 水泵装置宜设计成自灌式。

第三节 加 药 间

第12.3.1条 加药间宜为单独的房间，应与药剂库相连，并尽量靠近循环水泵。

第12.3.2条 药剂库的面积，应根据当地药剂供应情况和运输条件确定，但不得小于15d储备量和转置所需面积。

第12.3.3条 房间应有良好的通风条件，地面、墙面应采取有效的防腐措施。

第四节 漏 氯 间

第12.4.1条 加氯间和氯瓶间应为单独的房间，并互相分隔开和设通向室外的外开门。加氯间还应设观察窗。

第12.4.2条 加氯间和氯瓶间应有专用的排气、安全、防爆和防火装置，以及冲洗地面用的给水排水措施。

第12.4.3条 加氯间和氯瓶间地面的换气次数，应采用8~12次/h。通风孔口应该设置在墙壁的下部。

第12.4.4条 加氯间照明设备开关设置在室外。地面、墙面和门窗应采用耐腐蚀材料。

第五节 加热器间

第 12.5.1 条 加热器应远离氯瓶间。

第 12.5.2 条 加热器的布置，应符合现行的《建筑给水排水设计规范》的规定。

附录一 名词解释

一、直流给水系统

将符合游泳池补充水水质标准的水源，由管道和给水口连续不断的送入游泳池，将经使用被弄脏了的池水连续不断地排除的给水系统。它由给水管、配水管、节流阀门和给水口等部分组成。

二、直流净化给水系统

天然的地面水源，经过净化澄清和消毒杀菌处理，使达到游泳池补充水水质标准要求后，由管道经给水口连续不断地送入游泳池。将经使用被弄脏了的池水不断地排除的给水系统。它由过滤、加药、消毒和管道等部分组成。在天然地面水源充沛的南方城镇的露天游泳池有一定适用性。

三、循环净化给水系统

将经使用被弄脏了的游泳池水，按规定的流量和流速从游泳池内抽出，经过净化，使池水得到澄清和消毒杀菌处理后，再送回游泳池重复使用。为此而设置的过滤、加药、消毒、加热（需要时）设备，装置和管道等为循环净化给水系统，它是国内外普遍采用的游泳池给水系统。

四、逆流式循环

游泳池的全部循环水量，由设在池底的给水口（沟）送入池内，再由设在与游泳池水表面相平的池岸式或池壁式溢流回水槽将循环水量全部取回后再送回池内的水流方式。

五、混合式循环

将游泳池全部循环水量中的一部分（不小于50%），从与池水表面相平的溢流回水口（沟）取回，另一部分（不大于50%）循环水量从池底回水口（沟）取回，一并进行净化后，全部由池底或底部送回游泳池的水流方式。

六、顺流式循环

游泳池的全部循环水量，由设在游泳池端池壁或侧壁水面以下的给水口送入池内，而由设在池底的回水口（沟）取回进行净化后再送回游泳池的水流方式。

七、平衡水池

为满足数座游泳池共用一组并联过滤器时，平衡各池的水位、逆流式循环水给水系统为保证循环水泵正常工作和循环水泵安装在水面以上位置安装底阀时而设置的水池。

八、循环方式

为保证游泳池的进水分布均匀，不产生涡流、急流、死水区，回水不产生短流，池内各部位的水温一致，余氯均匀而设计的游泳池的进水与回水的水流方向的关系。

九、溢流回水槽

逆流式循环水给水系统的游泳池，为保证回水不短流而在池岸沿池壁外侧设置的水槽。

附录二 本规范用词说明

（一）执行本规范条文时，对于要求严格程度的用词说明如下，以便执行中区别对待。

1. 表示很严格，非这样作不可的用词：
正面词采用"必须"；
反面词采用"严禁"。

2. 表示严格，在正常情况下均应这样作的用词：
正面词采用"应"；
反面词采用"不应"或"不得"。

3. 表示允许稍有选择，在条件许可时首先这样作的用词：
正面词采用"宜"或"可"；
反面词采用"不宜"。

（二）条文中指明必须按其它有关标准、规范执行的写法为"应按……执行"或"应符合……要求或规定"。非必须按所指定的标准和规范执行的写法为"可参照……"。

附加说明

本规范主要起草人名单

主要起草人：建设部建筑设计院 杨世兴 傅文华
审查单位：全国建筑给排水工程标准技术委员会建筑给排水分委员会

中国工程建设标准化协会标准

游泳池给水排水设计规范

CECS 14:89

条 文 说 明

目 录

第一章 总则 …………………………………… 18—19
第二章 水质和水温 …………………………… 18—20
　第一节 水质 ………………………………… 18—20
　第二节 水温 ………………………………… 18—21
第三章 给水系统 ……………………………… 18—21
　第一节 系统选择 …………………………… 18—21
　第二节 充水和补水 ………………………… 18—22
第四章 水的循环 ……………………………… 18—24
　第一节 循环方式 …………………………… 18—24
　第二节 循环周期 …………………………… 18—25
　第三节 循环流量 …………………………… 18—26
　第四节 循环水泵 …………………………… 18—27
　第五节 循环管道 …………………………… 18—27
　第六节 平衡水池 …………………………… 18—28
第五章 水的净化 ……………………………… 18—29
　第一节 一般规定 …………………………… 18—29
　第二节 预净化 ……………………………… 18—29
　第三节 过滤 ………………………………… 18—31
　第四节 过滤器反洗 ………………………… 18—32
　第五节 加药装置 …………………………… 18—33
第六章 水的消毒 ……………………………… 18—33
　第一节 消毒方法 …………………………… 18—35
　第二节 消毒设备 …………………………… 18—35
第七章 水的加热 ……………………………… 18—35

　第一节 热量计算 …………………………… 18—35
　第二节 加热方式和加热设备 ……………… 18—37
第八章 附属装置 ……………………………… 18—38
　第一节 给水口 ……………………………… 18—38
　第二节 回水口 ……………………………… 18—39
　第三节 泄水口 ……………………………… 18—39
　第四节 溢流水槽 …………………………… 18—39
第九章 洗净设施 ……………………………… 18—40
　第一节 浸脚消毒池 ………………………… 18—40
　第二节 强制淋浴和浸腰消毒池 …………… 18—41
第十章 跳水游泳池制波 ……………………… 18—42
　第一节 一般规定 …………………………… 18—42
　第二节 制波方法 …………………………… 18—42
第十一章 排水系统 …………………………… 18—43
　第一节 岸边清洗 …………………………… 18—43
　第二节 泄水 ………………………………… 18—43
　第三节 排污 ………………………………… 18—44
第十二章 水净化设备用房 …………………… 18—45
　第一节 一般规定 …………………………… 18—45
　第二节 过滤器间 …………………………… 18—45
　第三节 加药间 ……………………………… 18—45
　第四节 加氯间 ……………………………… 18—45
　第五节 加热器间 …………………………… 18—46

第一章 总 则

第 1.0.1 条 党的改革、开放政策贯彻执行10年来的实践证明，我国的社会主义现代化建设取得了巨大的成就，人民的生活水平有了较大的提高，人们的体育运动有较广泛的开展。近年来，游泳池的建设发展较快，全国各地兴建了不少的游泳池，并将不断的发展，特别在第24届奥运会上，我国游泳运动有了突破性的进展。为使我国游泳池的设计和技术正规化和标准化，广大给排水设计工作者，迫切需要一个游泳池给水排水设计的统一规定，以便有所遵循，并不断提高游泳池设计的技术水平，为此，制订本规范是非常必要的。

第 1.0.2 条 游泳池的范围比较广泛，诸如比赛、训练、跳水、水球等，也有温泉游泳池、医疗用游泳池、冲浪游泳池以及水上娱乐等。它们虽有共同之处，但因其用途不同，对设计的要求也不尽一致，加之后几类游泳池掌握的资料不齐全，经验尚不成熟，条件还不具备，为此，本规范对其适用范围作了规定。

本规范的游泳池系指比赛游泳池（含花样比赛游泳池）、训练指设有跳板和跳台的跳水游泳池。

温泉游泳池和地热水源在我国虽然比较丰富，从节约能源方面讲，有其优越性，但在我国大多用于医疗方面。

娱乐冲浪游泳池水源在我国乐园和水上乐园的要求更为复杂，在我国实例不多，目前尚不具备推广的条件，故不包括在本规范内。

第 1.0.3 条 游泳池设施包括的内容比较多，除游泳池池水的净化工艺流程和设备、附属装置等本规范作了规定之外，对为游泳池服务的辅助设施，如更衣、淋浴、运动员卫生间、观众厕所、救护设施及建筑物的消防等设计，因为国家都颁布了相应的规范，故本规范对诸如此类内容不再重复规定，设计时按有关规范的规定执行即可。

国外游泳池池水水质标准 表 2.1.2

项目	单位	联邦德国	美国	日本	苏联	国际泳联
pH值		5.8~8.5	5.8~8.5	5.8~8.6		7.1~7.4
浊度	度	无色		<5	<3	
色度	度				<35	
透明度		透明	相距9~14m 池底清晰看见要深处的φ15cm黑色或白色圆盘		从池面能看清楚淹没池底上的φ15cm白色圆盘	
总余氯	mg/L	0.2~0.3	0.7~1.0	<1.0		0.2~0.4
游离氮	mg/L		0.4~0.6	0.4		
杂菌数	个/mL	<100	不得有15%>200		<1000	必须符合各国饮用水质标准
大肠菌群数		1mL水样中不得检出	5个10mL水样中不得有1个阳性反应	300mL水样分成5支进行试验，阳性反应不得超过2个	每1mL水样中不得超过100 个，特别反应不得超过1个	必须符合各国饮用水质标准
高锰酸钾耗量	mg/L			<12	<3	

第二章 水质和水温

第一节 水 质

第2.1.1条 在游泳池内，由于人的身体与池水直接接触，因此所使用的水必须是洁净而卫生的，它应与人们日常生活中的盥洗和淋浴用水的水质相一致。所以本条规定初次用水和使用过程中的补充水，应符合现行的《生活饮用水卫生标准》，一般可从城镇自来水管网取得。

第2.1.2条 游泳池池水的好坏不仅关系着运动员竞技水平的发挥，而且直接关系到人的健康，特别是对社会开放的公共游泳池更是如此。如果水质不卫生，它将会使流行性角膜炎、中耳炎、痢疾、伤寒、皮肤病，甚至霍乱及其它较严重的病疾迅速传播，造成严重后果。因此，池水和游泳池水，同样必须符合洁净和卫生的要求。

卫生部于1987年4月1日颁布了《游泳场所卫生标准》，该标准的第2.1.1条规定了《人工游泳池水质卫生标准》，故将该条作为本条的正式条文。该标准作为卫生防疫部门检测的标准，是游泳者在池中供游泳时的水质标准，设计时，应并非向游泳池中供水或补充水的水质标准。

由于该池水水质标准中的杂菌数指标超过了国际泳联关于游泳池池水水质标准的规定，为了体育交流的要求，凡举行国际游泳比赛的游泳池池水水质标准应符合国际泳联的规定，故本规范在表2.1.2下加注给以说明：

为了便于设计人员能更好地掌握池水循环净化系统的确定，本条将国外有关国家的游泳池水水质标准列于表

2.1.2，供设计人员参考。

第二节 水 温

第 2.2.1 条 用于正式比赛的游泳池的池水温度，国家体委颁布的《国际泳联游泳竞赛规则》中规定水温不低于24℃(+77°F)。《国际跳水竞赛规则》规定跳水池水温不低于26℃，《国际花样游泳竞赛规则》规定花样游泳水温与游泳池规则相同。《国际水球竞赛规则》规定水球水温与游泳池规则相同，这是进行比赛的基本要求，故设计时必须满足。

为了确保池水温度符合竞赛要求，并有调节的余地，本条根据国内各类不同用途游泳池实际使用温度，参照国外有关资料，对各类游泳池的设计水温作了原则规定，以适应设计计算的需要。

露天游泳池在我国大多为夏季开放，不设置加热装置，利用太阳光能照射池水提高池水温度。夏季气温高，人的适应性能较强，对水温的要求不相同，从保护游泳者的身体健康考虑，规定水温不低于22℃，但本条考虑到群众性露天游泳池的需要。

第 2.2.2 条 准备游泳池在国内外的正式比赛游泳池规则中没有规定，它是国内的泳池，但作为游泳运动员在正式比赛之中，大多都设置有准备池，它作为游泳运动员的适应能前进行热身试游和其它准备活动，从而提高运动员的适应能力，是不可缺少的。故本条规定，如果设有此种池，水温按训练池要求设计。

第三章 给水系统

第一节 系 统 选 择

第 3.1.1 条 循环净化给水系统是目前国内外广泛采用的游泳池给水系统。该系统是将使用过的游泳池水抽回，经过滤设备净化，使水得到澄清，经过消毒条菌符合卫生要求，再送回游泳池重复使用。它不仅能满足游泳池补充池水水质标准的要求，而且节约了大量的水资源，是经济合理的给水系统，对于我国水资源贫乏的广大地区，无疑是具有其重要的现实意义。所以，本条推荐游泳池宜优先采用循环净化给水系统。

至于其它的给水系统，特别是换水式给水系统，在我国一部分地区仍有所采用，但该系统对池水水质不易保证，因为游泳池池水使用2～3d，有的多达7d才进行排污，并再补充一部分清水，极少将全部池水泄空重新注满清水再使用，所以池水较脏。如果每天换水，则目来水的水费较高，不仅浪费大量的水资源，而且池水的水温也很难达到使用要求。为了满足使用，其进水及泄水时间要求很短，给管理上带来很多困难，本规范不推荐，故在本条文中不予反映。

第 3.1.2 条 直流给水系统对束的水质有它的优越性，但它受水源条件约束的因素较大，在我国南方一些靠近江、河、湖的城镇，还是有条件来用直流给水系统的。例如，广西武鸣的天然泉湖，水质清彻透明，水温适宜，是游泳最佳的天然水源。在一些城市自来水供水充沛，也可作为游泳池的直流给水系统的水源，但必须征得供水部门的同意。

另外，在一些有温泉的地区和有地下热水资源的地区，也有采用直流式给水系统的。

直流给水系统的水源，应该保证人池混合后达到该条规定的水质规定。

在我国江浙一带的一些城市，采用给水净化构筑物（如澄清池、快速滤池或无阀滤池），对江、河水进行净化后，供给游泳池使用的直流给水系统不少，其效果是令人满意的。它的建设费用和管理费用和露天游泳池是经济合理可行的，因此，本条规定用于露天游泳池是可行的，本条将此种情况予以肯定。

采用直流给水系统或直流净化给水系统，虽有建设费用较低的优点，但在设计中，还应充分的注意游泳池的排除同题，即该类游泳池连续排出使用过的脏水，应尽量排至雨水管道系统，减少污染。如果排至当地的卫生主管部门取得联系，征得同意。否则，含有杂菌的池水排入水体是非常有害的。为此，本条规定除水源充沛，经济技术比较合理的条件之外，又提出社会效益和环境条件允许的要求。因为有时单从经济技术方面考虑，在目前自来水费偏低的情况下认为是合理的，但从水资源和使用后的池水排入水方面考虑，就不一定合理，故应引起设计者的注意。

第二节 无次和补水

第 3.2.1 条 游泳池的初次充水时间，主要受游泳池的使用性质和当地给水情况的制约。

一般作为正式比赛训练用或旅馆附设的营业游泳池，因其使用性质比较重要，时间应短一些，对于公共游泳池、学校内使用的游泳池，因主要作为锻炼身体和娱乐消夏之用，其时间可适当长一些，并不影响使用。

如果水源紧张，充水时影响到其它单位的正常用水时，或因时间短而使造价增高的，时间宜长一些。

充水时间再次充水以池水突然发生传染病菌等事故，池水泄空后需再次充水所需的时间为主要依据的，它影响着正常使用或经济效益问题。

根据以上因素，本条对充水的最短和最长时间作了原则规定。在用词上给了选择的灵活性。

第 3.2.2 条 游泳池补充水量的确定因素为：（1）游泳池水面蒸发损失；（2）游泳池排污损失；（3）过滤设备反冲洗用水量；（4）游泳者人体在池内所折出去的损失；（5）卫生防疫要求。

在游泳池设施不断完善和现代化的当今，第（2）、（4）项的损失很小。如果溢流水不进行回收，则第（4）项不容忽视。

第（3）项取决于是否采用游泳池水进行反冲洗，如果采用自来水或其它水源冲洗，该水量可不计算在内。

第（5）项在我国目前尚无明确规定的防疫考虑，因为当今的室内游泳池，特别是一些专用游泳池，实际损失每一个月要将全部池水更换一次。因此，当补水水量确定之后，应按该项的要求进行校核，以满足卫生的要求。如德国游泳池设计规范中特别注明"根据国家保健法规定，一般游泳池每天的补给水量为池水的 5%，训练和学校用游泳池为池水的 10%"。据《水处理手册》一书介绍，法国卫生主管部门规定，按将池水1个月全部更新一次计算游泳池的补充水量。

（5）项可以进行比较准确的计算外，其它各项则因游泳设施情况的不同而有所差异。本规范根据《建筑给水排水设计规范》和国内部分游泳池的运行情况，参照国外有关资料，制定了不同情况下游泳池的每天补充水量。

关于儿童游泳池的补充水量，主要从防疫角度考虑。因为儿童的抗传染病能力较差，经常更新池水是很重要的。据国外资料介绍，儿童游泳池应采用直流式系统，以保证经常不断地补充新鲜水。

第3.2.3条 本条是根据我国南方一些采用直流净化给水系统游泳池的资料，并参考了国外资料确定的。

第3.2.4条 本条推荐间接式补水方式，主要从防止补充水水源不被污染和补水反冲洗过滤设备时两个方面的因素考虑。特别是用池水反冲洗过滤器以及从给水管径不宜过大考虑，采用间接式补水，能够经常平衡水源不受影响池水水量，对保证循环水泵的正常运行和及时排除水表面的污物是很重要的。

如采用补水水箱进行补水时，可参照下列要求进行设计（摘自日本1980年《空气调和·卫生工学》第8期）：（1）水箱的有效容积按每平方米池水面积20～40L计算，人数较多的游泳池可采用上限值，（2）水箱进水口应装设水位控制阀门，且阀门的出水口应高出游泳池溢流水位0.10m以上的距离，以防回流污染；（3）水箱与游泳池的连通管管径，直接补水时的流量计算，（4）水箱应该采用耐腐蚀、不污染初次充水水质和不透水材料制造。但在我国采用水箱直接补水时，应有水质监督措施，以防室外（或城市）给水管道接管或检修更换时管内处理不够清洁而将管带有污泥的水补入游泳池，给使用和池水净化作用带来困难。如补水水箱只起补水作用而不起平衡作用时，其容积可以缩小。

第3.2.5条 本条对补给水管的设计要求，同时，从减少管道防止回流污染等方面考虑提出了设置补水专用的计量装置的要求。

第四章 水的循环

第一节 循 环 方 式

第 4.1.1 条 游泳池水的循环方式，是保证池水水质卫生的重要因素，是设计中不可忽视的问题。为此，设计时应注意以下几个问题：

一、循环水水流的组织。它是保证分布均匀的主要条件，有利于防止水流形成涡流和死水域。它是保证全部池水能够及时地不断地反复交替更新。它是在每个给水口情况下的有效方法之一，这种方式能使每个给水口的流量和流速基本保持一致，这是目前国内顺流式循环普遍采用的水流组织方式。图4.1.1-2和图4.1.1-3 所示给水管的布置方式，虽有管道施工方便等优点，但水流不均匀，且在池内产生涡流死水区的缺点，不能保证池水水质的卫生标准，故在设计中不应采用。在池底均匀地布置给水口，使循环水从池底向上供给，从

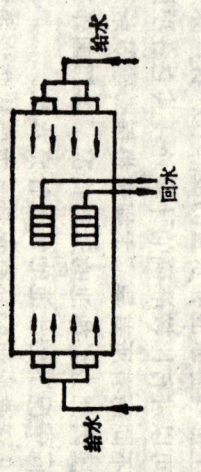

图 4.1.1-1 对称式布水

池水表面溢流回水，防止池水产生涡流是比较有效的，详见第4.1.2条的图4.1.2，它是国际泳联推荐的布水方式。但在我国刚开始采用，尚无应用的经验。

二、池水的反复交替更新。保证全部池水能够及时地不断地连续更新交替是选择循环方式的主要依据，也是使池水循环净化的目的。因为涡流及死水域使水中的余氯量降低，持续消毒杀菌作用减弱，增加了水的污染程度，给细菌的生长提供了条件，从而可能成为传播疾病的媒介。因此，循环方式的选择一定要保证全部池水能有效地交换更新。

三、循环方式的选择还应考虑管道敷设简单，施工方便，将来运行中维修管理比较容易。

第 4.1.2 条 游泳池水采用逆流式循环方式，具有如下优点：（1）能有效的去除水面污染；（2）池底均匀布置给水口，在接近池底处的涡流污物减小到最小限度（如图 4.1.2所示）；（3）池底沉积污物极少。这种方式是国际泳联推荐的游泳池水的循环方式。如我国为举办第十一届亚运会建造的北京北郊游泳馆和供亚运会游泳运动员练习用的二炮游泳馆，均采用逆流式循环方式。为了施工安装和维护管理，泳池底应

污染物的最大允许浓度，这个数值是由冰联卫生防疫部门共同制订的。

确定循环周期应考虑下面几个方面的因素：

一、游泳池的类型：比赛池、训练池、跳水池、别墅游泳池，因其人员较少而且比较固定，泳前泳后个人卫生都比较严格按规定执行，故对池水的污染速度较慢，且比较复杂，设计时可取上限值。相反，公共游泳池因其成员多，且比较复杂，对池水污染就较快，设计时宜取下限值。

二、游泳人数：对游泳池未讲，游泳者是水的主要污染源。一是泳前个人卫生洗净不彻底所带入的污染物，二是游泳过程中汗液等分泌物的有机污染物等在池内的蓄积。因此，人数多时，池水污染就快，设计时宜用下限值。

三、池容积：如面积相同，水深较深，承受人数相同，容积大则稀释度相对大些，故循环周期较浅池适当长些。

四、水面面积：水面面积大，相应承受人数多，污染物就多，对水泵浅更是如此，特别露天游泳池受风沙杂物污染机会多，故周期应适当短些。

五、循环净化设备的运行时间，连续运行则周期适当加长，反之，则要采用短一些的周期。

合理地确定循环周期就意味着循环水净化设备（包括过滤器、加药装置、加热器等设施及管道）在发生固化现象，加大，消毒装置、循环水泵、加药装置，消毒设备到管道的规模大小，影响循环性能与成本高低的主要因素，也涉及到净化系统的效果，所以它是一个很重要的设计数据。当然，有些问题是难以确定的，加之目前尚无一个成熟合污量的计算方法。因此，在设计时应认真研究这些问题。

循环周期短就意味着循环水净化装置（包括过滤器、加药、水泵、加药和消毒装置、管道等）容量大，成本相应

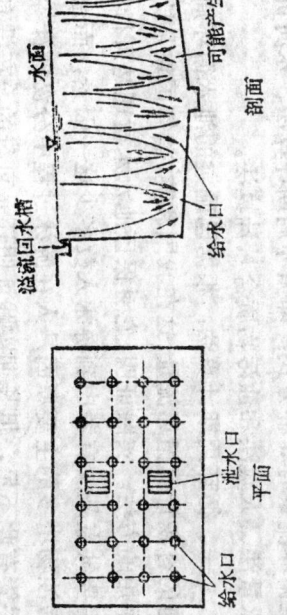

图 4.1.2 逆流式循环方式

架空设置。因此，基建投资费用较高。在目前我国经济还不很富裕的情况下，难以推广，故本条在同词方面作了较大的选择余地，但对正式作为国家，洲际和国际比赛用的游泳池，还是应采用这种循环方式。

顺流式循环方式在我国过去建造的游泳池中采用较多，其效果也很好，且建设费用并不高，对公共游泳池尚有一定的适用价值，特别是对于仅夏季使用的露天游泳池有现实意义。

第 4.1.3 条 本条参考国外资料，对于池水水面溢流回水的水量作了规定，国内目前尚无设计和使用实例。

第 4.1.4 条 游泳池水净化水质因防止水内的流动而发生固化现象，对保证过滤效果和滤料寿命有利。另一方面，连续运行有可能使设备容量缩小，并使池水内的余氯经常保持在规定范围内，对保证游泳池水质卫生有利。

第二节 循环周期

第 4.2.1 条 确定循环周期的目的是限定游泳池水中

新计算方法之前，本规范仍推荐采用该方法计算循环流量。

二、水面负荷法：是德国游泳池设计规范采用的方法，其计算公式为：

$$Q_x = x \cdot A \quad (m^3/h) \quad (4.3.1-1)$$

式中 A —— 游泳池的水面面积（m^2）；
x —— 负荷系数，按表4.3.1选用。

负荷系数 表4.3.1

类 别	游泳池构造特征	x 值
室内游泳池	无浅水部分的游泳池	0.4
	浅水部分占1/3的多功能游泳池、跳水池	0.5
	大部分是浅水的多功能游泳池	0.6
	公共游泳池、学校游泳池、训练游泳池	0.7
室外游泳池	各种游泳池的平均值	0.2

注：①所谓浅水部分是指水深在1.25m以下不供不会游泳的人使用的部分。
②x值是按运行时间为12h左右考虑的。

三、水量法：是根据每一位游泳者所必须的水量确定循环流量的一种计算方法。

$$Q_x = \frac{N \cdot Q_0}{T} \quad (m^3/h) \quad (4.3.1-2)$$

式中 N —— 游泳人数（人/d）；
Q_0 —— 每人必须的水量（m^3），取$2m^3$/人；
T —— 每天循环系统的运行时间（h）。

四、人数法（美国Becker计算式）。

$$T = \frac{1000V}{N \cdot K} \quad (m^3/h) \quad (4.3.1-3)$$

献高。据有关资料介绍及近几年我国合资兴建的旅馆内附设的游泳池数据表明，其循环周期都比较短，一般为4~8h，池水水质卫生比较好。为了推进这一技术的研究，本条将国内外已有游泳池实际的循环周期作为基础，并参考了一些国外的数据，规定了不同游泳池池水的循环周期，并希望今后不断探讨改进，提出更符合实际又经济合理的数据。

第4.2.2条 目前国内的游泳池，基本上都是同歇式进行池水循环的。尽管设计要求连续运行，实际并非如此。加之，在进行游泳比赛时，要求池水水面必须平稳，难以达到池水面循环净化设备平稳的要求，故实际净化设备运行的情况下，一般都采用停止运行循环净化设备的方式满足池水面的平稳。

根据国内实践，游泳池的开放时间一般为下午，晚上两场次，也有早、中、晚3场次开放使用的，如按这个时间同歇式循环规定，显然不合理，本条所指的间歇式循环系晚上开放结束后同歇日开次启用前为一同歇。

第三节 循环流量

第4.3.1条 循环流量是确定净化设备的重要数据，确定循环流量的方法，即循环周期和池水含污物质含量法，水面负荷法、人数法和浊污物含量计算法。

一、循环周期计算法：根据已确定的池水循环周期和水量法计算循环流量，这在我国和英、美等国家是比较普遍采用的方法。实践证明，它对保证池水水质还是可行的。它的主要缺点是没有考虑到游泳人数多少这一因素，而造成池水污浊物增多的主要原因是人在游泳过程中分泌的汗等污物。尽管有此不足，但长期实践证明还是可行的。

第四节 循环水泵

第 4.4.1 条 第一款主要考虑不同用途的游泳池共用一组水泵的情况，对各自的循环周期的控制带来困难，各池不同时使用时，管理困难，水泵容量难调节，有可能造成能源的浪费。第二款是泵的基本要求和依据，以此确定泵的容量，再对循环周期和反冲洗过滤器进行校核，满足要求者即可确定。第三款考虑到备用泵兼作反洗的水泵之一，对节约投资和减少建筑面积有重要意义。

对于是否必须设置备用泵，在本条文中采取了回避的办法，因为对于一些标准较低、使用性质不太重要的游泳池，从节约的角度考虑，允许不设备用泵。另外，备用泵采用了本条三的写法，目前尚无确切的数据，故对备用泵采用了本条三的写法。

第 4.4.2 条 本条规定了循环水泵装置的要求，因为水泵房的设计与其它泵房无大的区别。设计时，可按有关规范办理，本条仅从方便管理、节约投资方面对位置提出要求。

循环水泵的容量一般都比较大，运转起来的声音也较大，故水泵机组的降噪和减震问题应该引起设计人员的重视，所以对此作了规定。

第五节 循环管道

第 4.5.1 条 循环管道内的水流速度大小对控制游泳池给水口的流速很重要。根据国内一些游泳池的实践证明，给水管内的流速大时，给水口的流速不易调节，且对满足池内水流分布均匀带来困难，水流速度适当减小，则有利于给

式中 V——池水容积（m^3）；
N——每天游泳人数；
K——安全系数，一般取1.0，混杂场合取1.5。

五、污浊物质含量计算法（日本室谷文治理论）。

$$Q_x = \frac{1}{S} \beta n_0 K \frac{1-e^{\frac{-Nt_1}{24}}}{1-e^{\frac{-Nt_1}{24}} e^{\frac{-Nt_2}{24}}} \quad (m^3/h)$$

（4.3.1-4）

式中 S——浊度极限值，取5°以下，希望取3°；
β——游泳池池浊度负荷（g/人·h），取1g/人·h；
n_0——每小时游泳人数；
K——安全系数，学校游泳池取2，每小时超过1000人的游泳池取1～1.5；
N——循环次数，$N = \frac{Q_x \cdot 24}{V}$；
t_1——游泳池的使用时间（h）；
t_2——游泳池停用后净化设备的运行时间（h）；
V——池水容积（m^3）；
Q_x——循环水流量（$m^3/d\cdot$人）。

注：污浊物质含量计算法，据日本《空气调和·卫生工学》1968年第4期的资料介绍，在确定过滤设备的能力时，只考虑泳池设备的水量，而不考虑泳池内污浊物质的数量。他们认为，污浊物质与游泳人数和游泳时间的乘积成正比。为此，他们提出了按每一个人所产生的污物量进行计算的方法。该方法在理论上进行有益的探讨，并在该理论基础上提出了游泳池污浊物质数量的计算公式和根据污浊物质过滤设备能力的公式。

把以上5种方法介绍给设计人员，以便对循环流量计算方法引起重视，并对其进行探讨研究，从而推动这方面的技术不断发展。

水口流速的调节。经验证明，一般宜采用1.5m/s的流速为好。循环回水管的流速，指回水口至平衡水池之间的管道内的流速。

第4.5.2条 循环管道的材料确定应以防腐为原则。在我国以往的设计中，大多采用给水铸铁管，而国外大多采用镀锌钢管或铜管，塑料管已被广泛采用，为此，本条对管材作了原则的规定和要求。

在工程实践中，埋地敷设的循环给水管、回水管，由于维修极不方便，应采用给水铸铁管；如敷设在管沟或管廊内时，可采用塑料管或钢管。

第4.5.3条 游泳池循环水管道的敷设方法，应根据游泳池的使用性质、建设标准确定。一般室内游泳池应尽量沿池周围设置管廊、布置管道。管廊高度不应小于1.8m。室外游泳池宜设置管沟布置管道。这两种型式不仅方便维修，也便于给水口流量的调节，但建设费用也较高。在我国大多数露天游泳池都采用埋地敷设，这对节约投资大有益处，同时也能满足使用要求。根据以上分析，本条推荐管廊管沟敷设方法，满足我国的经济条件还有相当困难，完全这样做还不够灵活，词上工作了灵活的选用。

游泳池的水温24～28℃范围之内，室内游泳池一般可不考虑空气温度也在这个范围之内，因此，循环水管周围保温或保温防结露隔热层。

第六节 平 衡 水 池

第4.6.1条 本条规定了平衡水池的设置条件。
一、池水为逆流式和混合式循环回水时，由于是溢流回水，若管道直接作为水泵吸水管，会造成水泵工作不正常。为了保

证水泵的正常工作和规定的循环水流量，应设一个吸水池。

二、数座游泳池共用一组并联过滤器时，必须对各个游泳池的水位进行平衡。

三、由于条件限制，水泵必须设置在泳池水面以上时，平衡水池可以安装底阀，而不设及抽真空装置。另外，平衡水池还能使循环水中较大颗粒污物、固体杂质得到初步沉淀，并将补水接人平衡水池后间接自动地进行补水。

第4.6.2条 为保证游泳池水能正常循环工作，使泳池的水面始终处于溢流水位线，平衡池的有效容积不得小于循环水给水管、回水管、过滤器以及加热装置等的容积，并且上述所计算出的容积还不得小于使循环水泵5min的出水量。

据日本《空气调和·卫生工学》1980年第8期介绍，平衡水池的容积按水面面积确定。一般游泳池按每1m²水面面积20L计算，人数较多的游泳池按每1m²水面面积40L计算。

第4.6.3条 本条规定了平衡水池设计中应满足的要求。

一、为了平衡游泳池的水位，应设连通管。连通管与回水管合并不仅节约投资，管理上也较简单。连通管的管径不得小于溢流水管所需管径。

二、为了使池内有一定的沉淀作用，对池底标高提出了规定。该数据是参照日本资料确定的。

三、为了使平衡池自动补水，为防止回流污染水源，规定了利用水位控制阀门出水口距最高池水位的距离。

第五章 水的净化

第一节 预 净 化

第5.1.1条 为了防止游泳池水中夹带的固体杂质损伤循环水泵，防止池水中的毛发、树叶、纤维等污物进入过滤设备破坏滤料层而影响过滤效果和水质，因此，在过滤设备的维护和检修未不良后果，因此，在池水未进入水泵和过滤设备之前，应予以去除。为此所采取的措施和装置即为预净化。

预净化装置包括毛发聚集器和平衡水池。由于平衡水池的设置耗投资，占地面积等条件的制约较大，且作用不单纯是预净化，故不宜硬性规定，仅在本规范第4.6.1条、第4.6.2条和第4.6.3条对其设置条件作了规定。

毛发聚集器体积小，造价低，安装方便，国内外的实践证明，它对去除毛发等杂物甚为有效，故本条规定了必须设置该装置。

第5.1.2条 毛发聚集器因使用中起截留杂物作用，所以随着使用时间的延续，其水流面积不断缩小。为保证循环水流量不受影响，则过滤筒（网）的总面积的使用实践，并参考日本资料。根据国内有些游泳池的使用实践，并参考日本资料，本条规定大于连接管截面1.5～2倍作为毛发聚集器的阻截面积。

对专用游泳池，如比赛池、训练池、跳水池、别墅游泳池等采用下限值，其它公共池及露天池宜采用上限值。

关于过滤筒（网）的材质，国内有采用铜的、不锈钢的，也有采用塑料的，其使用效果都较满意。在设计中，应根据当地的实际情况进行选用。

过滤筒（网）的孔眼大小对截留杂物的效果和阻力的大小有直接影响，孔眼大截留效果差，水流阻力小，但增加了过滤器的负荷；孔眼小，截留效果好，水流阻力大，减小了过滤器的负荷，但增加了游泳池的毛发聚集器的实例，并参考有关资料，本条对孔眼大小提出了一定量规定。但由于无详细的实例数据，故在本用词上给予了一定的灵活性。

第5.1.3条 毛发聚集器的反时清洗对系统的正常运行极为重要。根据国内游泳池的运行情况，对只设有一台水泵的小型泳池，采取备用泵交替的方式进行清洗。大型泳池大多采用工作泵与备用泵交替运行的方式进行清洗，这样不仅可不用设备用过滤筒（网），而且水泵交替使用有利于水泵的维护管理。本条则是根据上述实际规定的。

第二节 过 滤

第5.2.1条 游泳池水的净化方法一般有3种：(1)换水式：即游泳池水被弄脏后，全部排除，再重新换上新鲜水；(2)溢流式：连续不断地向池内供给洁净而又符合卫生要求的水，被使用脏了的水不断地溢流排走；(3)循环过滤式：将池水按一定比例用水泵抽吸送入过滤器去除污物，并进行杀菌处理后，送入池内继续使用，从而保证池水符合游泳水质规定。前两个方法，有的对水质保证有困难，有的受到条件的限制难以推广，而第三个方法既能保证游泳水质要求，又能节约水资源，因此是一个较理想的方法，也是目前广泛采用的方法。

过滤器应根据游泳池的规模、使用目的、平面布置、管理条件等因素统一考虑。在我国大多数游泳池均采用石英砂压力过滤器，使用效果较好，也有一定数量的游泳池采用聚苯乙烯塑料珠压力过滤器。实践证明，只要管理得当，同样能取得满意的效果。究竟选用哪种型过滤器，由设计人根据实际情况选用，以使过滤器充分发挥其效能，本条文不作具体推荐。

目前，在欧美一些国家采用硅藻土过滤器，其效果很好，而且实践也令人满意，基本上得到普及。在我国由于材料供应及管理操作普及，对其使用方法尚缺乏了解，故它是有其现实意义的。

我国南方一些城镇的露天游泳池采用"直流净化给水系统"，其效果也令人满意，即江、河、湖水经过澄清或快滤池对水进行净化后供游泳池使用，用完后不再回收而排掉。这种给水方式在水源充沛的南方城镇的露天游泳池有所采用。其建设和管理费用与循环水净化相当或略低一些，故它是有其现实意义的。

第5.2.2条 本条规定了压力过滤器必须设置的附属装置和预留接管。

压力过滤器应有稳流装置，以保证将水能均匀地喷洒到过滤滤料的面上，这对泡沫塑料珠滤料尤为重要。国内实践证明，稳流装置安装不恰当，会使滤料流失严重。卧式过滤器在使用集水管，且没有多孔式配水管，是设置稳流装置的基本要求，也是保证过滤效果的具体措施，反冲洗时同样要保证布水均匀。

均匀的集水，且设有多孔式配水管，是设置稳流装置的基本要求，也是保证过滤效果的具体措施，反冲洗时同样要保证布水均匀。

第5.2.3条 本条规定了压力过滤器所用滤料应满足的条件。目前用作压力过滤器的滤料有石英砂、无烟煤、聚苯乙烯塑料珠，硅藻土等。国内使用石英砂比较普遍；聚苯乙烯塑料珠和硅藻土尚无用于游泳池的实例，但仍有所使用；无烟煤和硅藻土尚无用于游泳池的实例。究竟同种滤料好，从国内外的实际看，只要管理得当，均能达到满意的效果。本规范条文对此不作具体规定，设计中由设计人根据条文的要求，本着取材方便，实用经济的原则选择。

第5.2.4条 压力过滤器的过滤速度，是确定设备容量和保证《游泳池水卫生标准》的基本数据。我国现有游泳池水过滤器的运行实践证明，以往设计的石英砂压力过滤器所采用的8～10m/h的过滤速度，均能达到满意的效果。本条根据国内实际运行经验和《室外给水设计规范》(GBJ 13—86)的数据，规定了不同滤料及其组成时的过滤速度。

关于滤料的组成，湖南大学的实验认为，滤料最小粒径与最大粒径之比以不大于2为最佳，特别是双层滤料尤为如此，这样，反冲洗时能减小两种滤料交界处的混层厚度，从而保证了双层滤料的有效级配。

关于滤料层的厚度，湖南大学的试验认为，双层滤料时，各层的厚度不宜小于350mm，以400mm为最佳。此时的过滤速度可采用16～20m/h。压力过滤器充填砂滤料时，砂的粒又据日本资料介绍，径为0.5~1.0mm为宜，符合湖南大学最大与最小粒径比为2.5的试验结果。

压力过滤器国标图中规定：单层石英砂粒径为0.5~1.0mm，双层滤料时，无烟煤为1.2~1.6mm，石英砂为0.5~1.0mm，也符合湖南大学的实验结果。

以上资料证明，关于滤料组成及滤料层的厚度，在设计中可视当地经验给予调整。

关于滤速问题，据日本资料介绍，作为游泳池水循环净化用的过滤器，一般使用的都是快速石英砂压力过滤器（过滤速度为7~15m/h）和高速石英砂压力过滤器（过滤速度为25~50m/h，个别也有30~50m/h）。又如，我国近几年在北京、广州、上海等城市兴建的相当数量的合资旅馆都附设有游泳池，大都为石英砂压力过滤器，滤料粒径为0.5~1.0mm，设计的过滤速度大多数为15~25m/h。运行实践证明过滤效果良好，均能达到水质的要求。当然，这些旅游馆的游泳池的使用人数有限，污染不严重也是一个因素。

根据以上情况，编制组进行了认真的分析研究，认为我国设计的游泳池大量为公共型，使用人数较多，对过滤速度的确定要从保证游泳池水质和节约工程造价两方面考虑，应该慎重对待。因此，本条未对《室外给水设计规范》的规定进行修改，但在用词上给予了相当的灵活性，并希望广大设计人员在工程实践中不断总结经验，为制定新的数据提供可靠的依据。

另外，目前在国内还出现了不少新型的高效率过滤设备，为了不限制新产品的选用，其规范用词也应留有一定余地。

第5.2.5条 压力过滤器的配水型式有大阻力系统、小阻力系统以及其它型式。根据国内大型游泳池多数采用卧式压力过滤器组成的实际情况，本条仅对采用大阻力系统时的承托层组成和厚度作了规定。如采用其它形式的配水系统时，由设计人员根据具体情况自行确定。

第三节 过滤器反洗

第5.3.1条 过滤器在工作过程中，滤料层的表面不断有污物积存，随着时间推移，对过滤器的过滤性能产生影响，使滤速减小，循环流量不能保证，而且池水中的污物不能尽快去除，池水水质达不到要求，给使用带来不良的后果。所以，对过滤器里的滤料必须进行充分的洗涤，排除滤料上的污物，即利用水力的作用使滤料搅动起来，并不断地搅拌和互相摩擦，将污物从滤料中分离出来，和水一起排出。从效果看，冲洗的方式有：水洗、气-水洗、气-水混合洗。从效果看，后两种方式效果最好，然而从实际使用的效果调查看，水洗既简单经济，又能满足使用要求，在我国当前的条件下是较实际的方法，故本规范予以推荐。

当然，对于一些大型的、重要的游泳池设施来讲，如条件允许，宜采用后两种冲洗方式。

第5.3.2条 本条规定了过滤器的冲洗周期。过滤器的反冲洗取决于滤料被弄脏的程度，即按游泳池水质检测结果来确定。但在实际工程中，要做到所有游泳池都设水质化验部门是不可能的。即使是防疫部门也只是定期地去检查，所以，我国目前尚无根据水质检验结果来确定冲洗周期的数据。

按照压力过滤器的水头损失大小来决定冲洗周期是普遍采用的一种方法，实践证明是有效的办法。根据国内运行实段，认为砂质滤料的压力滤器以水头损失3～5m为最佳，国外资料介绍以水头损失5～7m为好。

对于聚苯乙烯塑料床的轻质滤料，运行实践不完全一致。有的认为水头损失以1m为好，有的认为以2m有效，也有认为以3m合适。故本条规定采用1～3m。

据有关资料介绍，在游泳旺季，游泳人数不多，过滤器时间较长，上述情况冲洗过滤器内所截流的污物可能固化，以致反冲洗水不能排出，因而过滤器宜每隔3～4d冲洗一次，至少每周应冲洗一次。

游泳池在冬季、春季停止使用时，过滤器必须进行彻底的冲洗后，方可停用。

第5.3.3条 本条规定了过滤器的冲洗强度和时间。冲洗强度和时间是保证了过滤器冲洗效果的主要数据。如果偏大，会造成浪费水资源和使滤料流失，如果偏小，洗涤水流速太慢，滤料搓洗不充分，污物分离性能、达不到要求。会残留在滤层内部，形成泥球，从而降低过滤水过滤器的使用性能。本条是根据国内已有游泳池实践资料确定的，比《室外给水设计规范》(GBJ13—86)规定时间短。当然，在具体设计中，可根据实际情况和试验数据，允许对本条的规定予以突破。

如果附有表面冲洗设施或采用气一水分别冲洗，或采用气水混合冲洗时，冲洗强度和时间可根据试验数据或当地运行经验自行确定。

第5.3.4条 过滤器冲洗间的，而且是短时间的。为了减少反洗设备的设置数量和容量及减少池水的大量损失（用池水反洗时）、节约能源，冲洗池应一个一个地进行。根据国内一些游泳池的运行经验，

认为一天冲洗一个过滤器，依次每天进行是比较可行的。利用自来水作为反冲洗水源，对保证冲洗水量少，对水温对冲洗效果是有利的，相应的冲洗水量比用池水冲洗要少，因为水温对冲洗效果和水量有直接影响，但是，为了防止回流污染自来水，应设置隔断水箱。

对于敞开式过滤设施，可采用循环水泵的工作泵与备用泵并联运行进行冲洗，不需再设置专用的冲洗水泵，此时允许游泳池池水在短时间内停止循环。

利用池水冲洗时，可采用循环水泵的工作泵与备用泵并联运行进行冲洗，不需再设置专用的冲洗水泵，此时允许游泳池池水在短时间内停止循环。

第四节 加 药 装 置

第5.4.1条 由于游泳池水的污染主要来自游泳者人体的汗等分泌物，仅使用物理性质的过滤，还不足以能去除直径只有几个至几十个μ的微小污物，故需要连续不断地向循环水中投加混凝药剂，把水中的微小块状污物吸附聚集在药剂的絮疑体上，形成较大的块状污染，从而经过过滤予以去除。一般常用的混凝剂有精制或粗制硫酸铝、明矾、三氯化铁等，设计中应根据当地条件确定。

应每天定期地对游泳池内不同部位的水质进行检测，及时掌握水的pH值，它对混凝效果和氯消毒有影响，而且pH值偏低对游泳者的头发有损害，故应定期地投加纯碱或碳酸盐等，以调整池水的pH值，使其在规定的范围内。

当池水在夜间、雨天或阴天不循环时，由于含氯量不足就会产生藻类，使池水变成黄绿色或深绿色，透明度明显降低。这时，应向池水中投加硫酸铜药剂，以消除和防止藻类产生，这是定期或根据水质情况确定间时投加的，而不是连

续投加。

各种药剂的投加量，应根据游泳人数多少、天气变化等情况，随时调整药剂的投加量，并在运行中不断摸索出加药规律。本条所规定的数据是为设计计算加药设备的容量之用，不是实际投加量。

第5.4.2条 本条规定了药剂的投加方式。在我国已建成的游泳池中，大多数都采用重力湿式投加方式，它不仅符合节能要求，投药压力要求不高，切实可行，而且效果也比较好，因此，本规范予以推荐。当然，它也存在操作管理麻烦的缺点。

压力投加在我国采用得较少，目前仅在中外合资建造的某些旅馆内附设的游泳池有采用。它是将药剂配制成一定浓度的溶液，利用定量药液泵根据循环流量的大小，将药液按比例的定量注入到循环水中。目前，我国仅广州天河体育中心游泳馆为全自动投加，设备是进口的。因我国目前尚无定量投加设备和监测仪表，推广尚有困难。

由于压力过滤器对游泳池水是按接触过滤的理论进行，故对滤前投药液混凝要进行充分的混合。目前，国内基本采用将药液投加在循环水泵的吸水管内，使其经过毛发聚集器和水泵使其充分混和反应。实践证明还是可行的，没有在池内出现絮凝体。

据有关资料介绍，如能在滤前增设一个反应碰撞反应管，给药液与循环水一个混合及反应的装置，将会大大提高过滤效果，但国内尚无此实例。

第5.4.3条 由于药剂液对设备和管道都具有腐蚀性，本条规定溶药、贮药液的装置、管道和仪表应为耐腐蚀的材料，一般采用聚氯乙烯制造或耐腐蚀材料做衬里。

第六章 水的消毒

第一节 消毒方法

第6.1.1条 由于游泳池水直接与人体接触，而水中又存有细菌和病原菌，加之游泳的人较复杂，员对人泳池前设置了严格的洗净设施，但也难免会带进一些细菌。更主要的是游泳者本身在游泳过程中分泌的汗和尿不断地污染池水，如果对此不采取有效的措施，就有可能成为五官科炎症、皮肤病、伤寒、痢疾甚至淋病、梅毒、霍乱等病的传染源和发病的温床，而这些病原菌仅通过过滤是消除不了的。所以，为了防止疾病的传播，保证游泳者的健康，必须对游泳池水进行严格的消毒杀菌处理。

国家卫生部1987年4月1日颁布的《游泳场所卫生标准》中的第3.1.2条规定："新建、改建、扩建的游泳池必须具有池水净化及消毒设备"。据此，本条给予了规定。

第6.1.2条 本条对选择消毒方法应该满足的条件作了规定。

第6.1.3条 氯消毒方法国内外应用比较普遍。其原因是：氯杀菌能力强，并具有持续杀菌功能，相对讲，它比其它消毒方法经济，所以，本条予以推荐。当然，它有气味和味道，对人的眼睛和咽喉有刺激；对游泳池的建筑、设备、管道有腐蚀，可能发生安全事故等缺点，但在运行中，只要严格按规章操作和管理，完全有可能避免，故推荐采用。

目前，一些游泳池使用次氯酸钠进行池水消毒，认为它具有比液氯消毒更经济的优点，而且安全性更好一些。

臭氧和紫外线消毒的氯比氯具有更强的杀菌能力，而且不破坏和改变水的物理性质，具有脱色去臭性能，对游泳者无刺激作用。但它们需要投资多，成本高（据资料介绍：制取1kg的臭氧，需耗费28～87度电能），且无持续消毒功能，使用时尚需辅以氯消毒。另外，臭氧有毒性，方能使循环水进入游泳池。臭氧消毒在广州天河体育中心游泳馆中使用，北京为十一届亚运会建造的北郊游泳馆也采用臭氧消毒。紫外线用于游泳水的消毒尚无实例。根据我国的国力和实际情况，普遍推广尚不具备条件。

第6.1.4条 本条规定了采用氯消毒时，应该注意的几个问题：

一、消毒剂有液氯、次氯酸钠、氯片和漂粉精等。大中型游泳池一般采用前两种，小型的专用游泳池（如别墅、中小学校附设的泳池）因使用人员比较固定，可以采用后两种消毒剂。但为了使消毒剂充分地与池水混合，投加之前应将其调配成溶液投加。此外，保存条件要求严格，而且会增加池水的油度，沉渣多，一般不宜采用。

二、投加量的确定应满足以下要求：（1）杀灭水中细菌；（2）氧化有机物的量；（3）满足无机物的参与化学反应的量，人体所分泌的汗液和尿，含有氨和胶，它能与氯反应生成氯胺；（4）余氯量等。因此，投加量应经过计算确定。据资料介绍，使用量的计算方法为：

$$P_{cl} = V \frac{100}{X} \cdot a \quad (6.1.4)$$

式中 P_{cl}——氯的用量（mg）；
 V——游泳池的容积（m³）；
 X——消毒剂有效氯的百分数；
 a——余氯量（mg/L）。

注：初次使用的游泳池，投加量应再乘以1.3倍。

三、真空式加氯设备，可以防止氯的外漏，比较安全，故推荐使用。

四、关于余氯量，据调查，我国大部分运动员希望余氯在0.2～0.5mg/L范围内为宜。实际上，大多数游泳池也按此范围控制。皮肤刺激较大。超过这个数值则对人的眼和皮肤刺激较大。我国国家标准《游泳场所卫生标准》第2.1条规定为0.4～0.6mg/L。对此，设计生部1987年4月1日颁布的中华人民共和国国家标准《游泳场所卫生标准》第2.1条规定为0.4～0.6mg/L。对此，设计计算还应按这一国家标准规定执行，本规范不便修改此数据。但在实际使用中，可与卫生防疫部门进行协商。

五、据有关资料介绍，在硬度较大的水中使用次氯酸钠消毒时，池水可能会产生水垢沉淀；水中含铁、锰较多时，氯消毒会使水着色，这在我国尚无发现，但在今后的使用中应引起设计人员的重视。

六、加氯位置。我国已建成使用的游泳池都是在过滤装置之后投加，使用效果令人满意。据英国资料介绍，如果在过滤装置之前投加氯，具有以下优点：（1）氯不会排泄掉，可以减少损耗；（2）在水进入游泳池之前，氯可与溶解性污染物质在过滤器中起化学反应，使进入池内的水更加稳定，而且清洁度更高；（3）这种预氯化的作用，可以保证过滤器能在更好的条件下工作；（4）可以明显地延长过滤器的反冲洗周期。

第6.1.5条 由于臭氧和紫外线消毒后的池水不能继

续杀灭游泳者分泌的汗和尿等所产生和带入的细菌及杂质的污染,这就可能使传染病病菌得以滋生和传播,是很危险的,也是不允许的。为了及时地杀灭池水中的新生细菌,还应向池水中投加少量的氯,以使它在池水中保持"持续杀菌"的功能。

第二节 消毒设备

第 6.2.1 条 本条规定了加氯设备的选择要求。加氯设备首先要考虑满足安全可靠的要求。其次,在确定加氯机的容量和数量时,要满足:(1)保证余氯浓度在炎热的夏季游泳高峰时期循环水量最大时达到的投加量;(2)大型和使用性质重要的游泳池,应连续不断地向池水投加氯。为此,应设两台以上的加氯设备,以防止其中一台设备发生故障时,仍能有一台加氯设备继续运行,避免因不能加氯而带来的不良后果。

第 6.2.2 条 湿式和真空式的加氯设备,都需供给一定量的压力稳定的水,以保证设备的正常运行。水量和压力的大小,应在设计时向生产厂家询问清楚,如果自来水的压力不足且不稳定,宜另设加压水泵。

第七章 水的加热

第一节 热量计算

第 7.1.1 条 本条规定了游泳池耗热量计算包括的内容。

第 7.1.2 条 本条规定了池水表面蒸发热损失热量的计算方法和公式。

计算池水表面蒸发热损失的公式较多,计有:

一、$Q_z = \alpha\gamma(0.152 v_f + 0.0178)(P_b - P_q)A$ (kJ/h) (7.1.2-1)

二、$Q_z = \alpha\gamma(P_b - P_q)\dfrac{28.1F}{B}$ (kJ/h) (7.1.2-2)

三、$Q_z = \alpha\gamma(0.0229 + 0.0174 v_f)\dfrac{760F}{B}$ (kJ/h) (7.1.2-3)

四、$Q_z = \alpha\gamma(d + 0.0174 v_f)F$ (kJ/h) (7.1.2-4)

五、$Q_z = \alpha\gamma\dfrac{29.3\sqrt{v_f}}{B}F$ (kJ/h) (7.1.2-5)

六、$Q_z = \alpha\gamma(20 + 19 v_f)(P_b - P_q)F$ (kJ/h) (7.1.2-6)

式中 Q_z ——游泳池水表面蒸发损失的热量(kJ/h);

α ——热量换算系数,$\alpha = 4.1868$ kJ/kcal,

γ ——与游泳池水温相等的饱和蒸汽的蒸发汽化潜热 (kcal/kg);

研究资料介绍,在前苏联《工业通风原理》一书中,B·B·巴杜林提出的自由水表面蒸发的湿和热交换量公式为:

$$Q_2 = Ca(0.0178 + 0.152v_t)\frac{760F}{B} \text{ (kJ/h)} \quad (7.1.2-7)$$

该公式与公式一基本相同,但它考虑了大气压力因素。

公式四是前苏联1957年《工业企业生产及辅助建筑暖气通风设计规范》中的公式,据了解,采暖通风专业在设计游泳池计算散湿量时,大多采用公式三和公式四,按这两式计算的结果,接近实际情况。

公式六引自日本《空气调和·卫生工学》1987年第6期,在我国尚无使用实例。

根据以上分析,本规范采用公式三,以便能与采暖通风专业协调一致。

第7.1.3条 池水量计算方法计有:

一、水面传导热损失计算公式:

$$Q_{sc} = c(t_s - t_q) \cdot F \text{ (kJ/h)} \quad (7.1.3-1)$$

式中 c ——池水表面的热传导率,采用8kcal/m²·h·℃;
t_s ——池水温度(℃);
t_q ——空气温度(℃);
F ——池水表面面积(m²)。

二、池壁传导热损失计算公式:

$$Q_b = K_b(t_s - t_t)F_b \text{ (kJ/h)} \quad (7.1.3-2)$$

式中 K_b ——池壁的热传导率,与土壤接触时采用1kcal/m²·h·℃,与空气接触时采用2~5kcal/m²·h·℃,池壁较厚时取下限,反之取上限;
t_s ——同前;

v_t ——游泳池水面上的风速,一般按下列规定采用:
室内游泳池: $v_t = 0.2~0.5$m/s;
露天游泳池: $v_t = 2~3$m/s;
P_b ——与游泳池水温相等的饱和空气的水蒸汽压力(mmHg);
P_q ——游泳池的环境空气的水蒸汽压力(mmHg);
d ——温度变化的系数,水温30℃时 $d = 0.022$,水温40℃时 $d = 0.028$;
A ——游泳池的水表面面积(m²);
B ——当地的大气压力(mmHg)。

公式一系引自日本《空气调和·卫生工学便览》,这是我国设计室内游泳池常采用的计算公式。据调查,在实际使用中能满足使用要求。但在考虑大气压力的初审会议上,认为该公式存在如下不足:一是未考虑大气压力的修正,如我国幅员辽阔,南方与北方,东部与西部的大气压力差别较大,其计算误差高达20%以上。二是计算条件是温度60℃以下,而与游泳池的使用条件以风速0.2~0.5m/s,温度为30℃左右的实际环境条件相差较大,以在设计虽未出现问题,但从试验条件分析,不应采用。

公式二引自《给水排水》杂志1984年第2期,广西综合设计院"关于露天游泳池加热计算方法与实测比较"一文,认为经建成投人使用进行实测,其结果与设计基本吻合。

公式三至五是西安冶金学院"南方建筑降温研究"一文中提出的公式,是西安冶金学院在初审本规范的会议上提出的,这几个公式,它对水面产生湿温度在30℃时,公式三和公式四比较符合实际。据该

t_t——土壤或空气温度（℃）；
F_b——池壁外表面面积（m²）。

三、池底的热传导热损失计算公式：

$$Q_d = K_d(t_s - t_d)F_d \quad (kJ/h) \quad (7.1.3-3)$$

式中 K_d——池底的热传导率，采用值与二式K_b同；
t_s——同前；
t_d——土壤或空气温度，采用值与二式t_t同；
F_d——池底的外表面积（m²）。

四、管道及设备热损失计算公式相同。

管道及设备传导热损失计算公式与生活用水供应管道热损失计算公式相同。

根据实践结果，一般这四项的热损失仅占池水表面蒸发热损失的15%～20%。为简化计算，本条规定这些热损失可以不进行详细计算，而按蒸发热损失的百分数取用。

当然，对于热源贫乏的地区，各项热损失的计算仍须进行较精确的计算，但管道及设备的热损失计算仍繁杂，可按前述各热损失的总和取日本资料的3%计算（该百分数包括前述四项）。

第7.1.4条 本条规定了补充水加热所需热量计算公式。

第二节 加热方式和加热设备

第7.2.1条 同接式加热是目前国内外普遍采用的一种方式，它具有水温均匀、无噪音的优点，有条件时宜优先采用。

国内四川、湖南等省游泳馆采用了蒸汽喷射加热器的直接式加热方式，即将蒸汽通过的加热器，使蒸汽与循环水直接混合，从而连续不断地将池水加热。几年来的

使用实践证明，它具有热效率高的优点，只要操作管理得当，并采取一定消音装置，亦能达到工作稳定、水温均匀和噪声小的要求。但也有采用此方法未能取得令人满意效果的。但在初审会议上，委员们认为对比种加热方法是否适宜，同意从操作管理方便、保证水温均匀等方面综合考虑，同意将两个加热方式并列提出加热方式的优点较多。

根据我国实际情况，能源分布不平衡，游泳池的使用要求水不同，水源条件也不一致，故将两个加热方式并列提出，设计人员可因地制宜地选择，对直接式加热从保证水温均匀和防止噪声两方面提出了要求。

第7.2.2条 游泳池水的初次加热时间和使用要求影响较大。征求意见和初审会议上认为初次加热的时间大短，在相当一些地区难以实现。根据各地和会议上的意见，经充分研究，认为应将确定初次加热时间的因素体现在条文中，以更有利于设计人员掌握。影响初次加热时间的因素有：(1)使用要求：指游泳池的使用对象，比赛训练还是群众公用或者学校专用。(2)能源条件：当能源条件丰富、供应方便时，可采用较短时间，反之，宜采用较长时间。(3)负荷关系：即池水加热能否错开负荷高峰时间（即尽量避免冬天换水）。(4)加热设备的效率对时间影响不大，但也应考虑是不可忽视的因素，时间短则设备容量大，单位时间耗热大，是很不经济的，时间过长，会给某些使用带来不便。对某些地区仍有可能达不到要求，为此，我们在用和同上给于一定的灵活，即用"宜"字。

第7.2.3条 本条规定了选择加热设备应考虑的因素

和要求。

加热设备不宜少于2台,是因为池水初次加热所需热量往往超过正常使用时补充的热量1倍以上。如只考虑初次热量,所选设备就很不经济,故宜按正常使用热量选择设备。这样,初次加热时2台设备同时使用,正常使用时一台运行,另一台可作为备用,这对使用和管理维修都有好处。

为了使池水温度符合使用要求,节约能源,加热设备应装设温度调节装置,根据循环水出口温度自动调节热源的供应量。

第7.2.4条 本条规定了加热设备进、出水管口水温差的计算公式。

第八章 附属装置

第一节 给 水 口

第8.1.1条 游泳池给水口的设置对池内水流组织很重要,顺流式循环水给水系统,一般设置在泳池的两端壁或两侧壁,使循环水能均匀地进入池内。它的数量要满足循环水量的要求。其间距宜采用2～3m,这样不会使给水口过大,因为给水口大了之后,使用的数量相应地减少,这就给配水均匀带来困难;若过小,虽能满足配水均匀的要求,但会给制造带来困难。据有关资料介绍,以一个给水口出水量4～10m³/h为宜,其连接管直径不宜超过50mm,也不宜小于40mm,并要求给水口本身能进行流量调节。跳水池较深,给水口应设2层,并交叉设置。

另外,为了防止池内余氯过快的消散,给水口的位置水面50cm以下的部位。在池壁上有采用从池底配水的方式,并考虑,使池内水流不短流、不涡流、不急流,能使池水均匀循环,余氯均匀一致。

近几年,在国际上有采用从池底配水的方式,使给水口可以均匀地布满池底,对保证均匀配水和水质极为有利,是国际泳联极力推荐的方式,我国为举办第十一届亚运会建造的北京北郊游泳馆和二炮游泳馆已开始采用。

第8.1.2条 本条规定了给水口的构造要求。

一、由于给水口连接管为40～50mm直径,为减少射流、涡流、增加散流，一般制造成喇叭口型。根据国内已建成游泳池的实际资料和有关资料，本条规定扩大后截面积不宜小于连接管接面积的 2 倍。

二、给水口设格栅盖板是为了安全和水流扩散均匀。格栅的空隙不宜太大，不得伤害游泳者的手指、脚趾，也会增加游泳者的阻力；将连接管比连接管插入大得多，有利于均匀给水。

三、给水口的流速过大，不仅浪费能源，也会增加游泳者的阻力，而且不利于调节水流均匀性；流速小，虽有利于水流均匀循环，但制造及施工均较麻烦。国外资料介绍在 1~2m/s，国内四川省游泳馆经比较，将流速控制在 0.6~1.0m/s 范围之内，来确定给水口数量。儿年的实践证明是有效的。据此，本条规定以流速不大于 1.0m/s 为宜。

四、调节装置是给水口，也有利于调节水流满足配水均匀的要求。但国内目前尚无此产品，也有采用给水连接管安装阀门的调节办法，但操作复杂，且难以满足。

第二节 回 水 口

第 8.2.1 条 游泳池回水口的设置要求与给水口的设置要求基本相同，两者要综合研究一并考虑，不可偏废。其位置的选择更应仔细研究比较，力争池水能循环均匀，以防短流和死水域。采用池底回水时，其接管不得偏于一端，其溢水堰必须严格水平，防止短流产生死水域。溢流回水槽一般在池岸式池壁外沿四周或两侧设置。

第 8.2.2 条 本条规定了回水口(沟)的构造要求。

一、游泳池采用池底回水口时，必须具有足够的有效面积。有效面积按格栅条空隙的水流速度为 0.1~0.5m/s 进行设计，一般其面积的回水口约为连接管截面积的 4~10 倍。国内一些游泳池的回水口为连接管截面积的 4~8 倍。据此，本条规定不小于连接管截面积的 4 倍。

对采用回水沟形式来讲，其回水面积也应满足此要求。存在的问题是仅在接管一端设接管，其回水面能满足此要求。有回水沟形式和无接管的短流和无接管一端死水域，因而造成池水不均匀循环。因此，回水沟接管的位置，应引起设计者的注意。

二、顶面格栅盖板栅条间的空隙，是从保护游泳者的脚趾不被嵌入或儿童不被吸入等因素规定的。即使空隙不发生安全事故，如不牢靠的固定，被游泳者踩翻，也可能造成安全事故，故必须固定牢靠。

第三节 泄 水 口

第 8.3.1 条 本条规定了对泄水口的设置。

第 8.3.2 条 本条规定了泄水口格栅盖板的材料要求。

第四节 溢 流 水 槽

第 8.4.1 条 本条推荐采用池岸式溢流水槽。溢流水槽的作用：（1）排除池水表面的漂浮污物；（2）排除游泳者的痰和唾液；（3）平息水表面的水波；（4）给游泳者的手、脚提供适当的扶手；（5）作为逆流式循环水系统的回水沟。

池岸式溢流水槽施工方便，便于清扫，平息水波效果较好，目前在国际上被广泛采用。

第九章 洗净设施

第一节 浸脚消毒池

第9.1.1条 为了保证池内不发生传染病病菌，水质不被污染，每一个游泳者进入泳池之前，应对其脚进行消毒洗净。故必须设置浸脚消毒池，它的位置设在进入游泳池的入口通道，使每一位游泳者必须一一通过，而不能绕行和跳越而进入泳池，也就是要强迫每一位游泳者必须使用这个设施。因此，对浸脚消毒池的平面尺寸和深度作了严格的规定。这是根据卫生部1987年4月1日颁布的《游泳场所卫生标准》第3.1.6条确定的。本条明确规定消毒液的有效深度，而不笼统规定池深度。

第9.1.2条 浸脚消毒池消毒液余氯含量是根据卫生部1987年4月1日颁布的《游泳场所卫生标准》第3.4条规定。

第9.1.3条 连续供给消毒液，将用过的消毒液排掉，能有效地保证池内的余氯量，从而保证了消毒效果，故本条文予以推荐。

国内目前都采用定期更换池内消毒液的办法来保证余氯量。为防止过多的失效，随着时间的推移，其消毒效果会有所降低，据国外资料介绍，宜2h更换一次，4h全部更换一次。我国卫生部颁布的《游泳场所卫生标准》则规定为4h全部更换一次，为使国内规范能够统一，本条按卫生部的要求作了规

溢流水槽的形式见图8.4.1-1、图8.4.1-2。

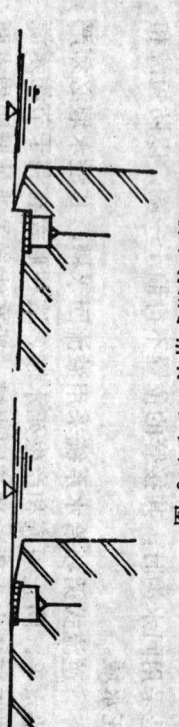

图8.4.1-1 池岸式溢流水槽

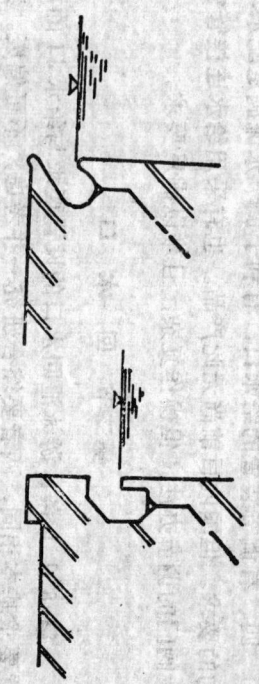

图8.4.1-2 池壁式溢流水槽

第8.4.2条 本条规定了溢流水槽的设置要求。溢流水槽的溢水堰应严格水平，防止短流，以保证池水均匀循环。

溢流水槽的尺寸根据溢流水量确定。据德国资料介绍，溢流水量不小于按溢流水量不小于循环水量的10%计算。为方便施工，槽宽度不得小于150mm。槽内排水管口直径及间距，是为了满足尽快将溢水排除和不产生短流。另外，溢流水槽为了防止杂物的滞留，应设置排水管口，槽底应有不小于0.01坡度坡向排水管口。

这两种洗净淋浴设施在我国极少采用。强制淋浴在50年代兴建的部分游泳池有所采用，但60年代以后基本不使用，以后的设计也就不再设置该设施。其主要原因是，国内游泳池大多为游泳运动员训练之用，群众性游泳池极少，专用池的游泳者具有一定的训练技术和素养，但随着游泳后的卫生处理比较重视，不设强制淋浴是可以的。游前游后的卫生，群众性的复兴泳池越来越多，游泳的人更多，而且基本都集中在炎热的夏季，且游泳人员也很复杂，给卫生管理带来很多困难。传染病菌扩散的可能性不可忽视，尽管在国内尚无实例，为了广大游泳者的健康，对群众性的公共游泳池如有条件设置此两项洗净设施，将是有积极作用的。

第9.1.4条 本条规定了浸脚消毒池的设置位置。

第9.1.5条 本条规定了浸脚消毒池及其配管的材料要求。

第二节 强制淋浴和浸脚消毒池

第9.2.1条 强制淋浴是为了让每一位游泳者在入池之前，对身体进行洗净，以减少对池水的污染。另外，强制淋浴可以使游泳者在遇到较低水温的池水时不会出现突然变冷的不适应感觉。

浸脚消毒池是要求对每一位游泳者的下身进行消毒和洗净，防止将病菌和不良气味带入游泳池内。它的形式有阶梯式和坡道式，见图9.2.1-1、图9.2.1-2。

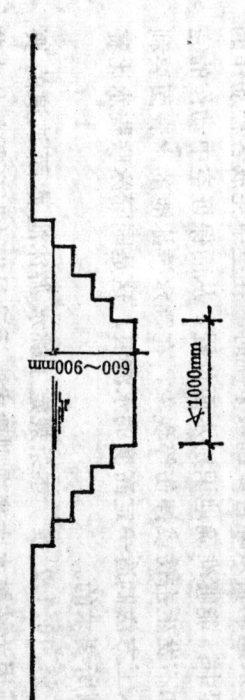

图9.2.1-1 阶梯式浸脚消毒池

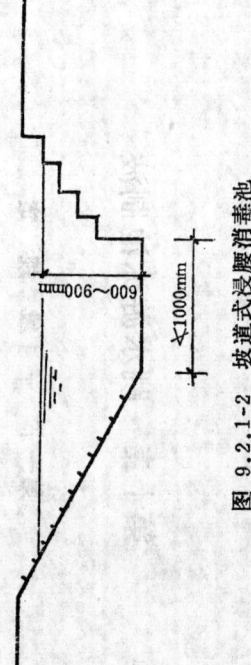

图9.2.1-2 坡道式浸脚消毒池

第9.2.2条 本条是参考国外资料的数据规定的。

第9.2.3条 本条是参考德国游泳池设计规范第3.1条的数据规定的。

第十章 跳水游泳池制波

第一节 一般规定

第10.1.1条 为了防止跳水游泳池水面产生眩光，使跳水运动员从跳台或跳板下跳时，在空中完成各种动作的过程中，能够准确地识别水面位置，从而保证空中动作的完成和不发生击伤或摔伤等现象，在跳水游泳池水表面要利用人工方法制造一定高度的水波浪，这是国际泳联跳水比赛规则所要求的。

第10.1.2条 本条规定了跳水游泳池水面波浪的要求。因为按跳水比赛规则要求，运动员入水时所溅起的水花愈小愈好，这样就能取得较高的得分。为了使池水表面人工制造的水浪不至影响运动员的入水动作，人造的水浪应为均匀连续的大浪，而不得出现翻滚转动长期实践证明，池水表面的起浪高度为30～40mm时，能够满足运动员的跳水要求，受到了国内外跳水运动员的好评。据国外一些资料介绍，浪高为15～25mm，提出了25～40mm的浪高规定。

第二节 制波方法

第10.2.1条 制波的方法归纳起来有3种，即喷水制波、起泡制波、送风制波。喷水制波中还包括注水和涌泉制波3种。

我国在60年代末和70年代初，曾一度采用喷水方法制波，喷嘴安装在水面下或水池底，其喷水压力要求不小于98kPa，水源一般采用循环水，管道系统与循环水管道系统分开设置，设在水面上的喷也有采用自来水为水源的。该种制波的方法具有管理和设备简单，投资省的优点，但也具有制波效果差的缺点。尽管未能取得理想和满意的水面波浪效果，但相对在此之前已建成的跳水池采取补救措施还是起到了一定的积极作用。如国家体委跳水馆就是如此。但在以后的设计中已不采用这种方法。从70年代末开始，我国的跳水池采用压缩空气起泡法制波，均已取得了令人满意的制波效果，受到了广大跳水运动员和爱好者的欢迎。目前，国外也都普遍采用此种方法制波，故本规范予以推荐。

送风制波在国内外很少采用。据资料介绍，该方法仅在稀尔辛基奥运会采用过，它是通过较大功率的送风机（静压100mmHg，风速20～30m/s），将高速风用软管（也有固定风管的）送至跳水池的水表面，利用风的压力在池水表面搅起水波。这种制波方法具有设备复杂、造价高、影响整齐美观和池岸交通，且噪音较大等缺点，故不宜推广。

第10.2.2条 从满足起泡制波，保证池水水质不被污染等方面考虑，对起泡制波所用的压缩空气提出了要求。

喷气嘴的空气量是根据四川省游泳馆试验提出的。它们的试验条件是当气压为0.2MPa时，喷嘴孔口直径为2mm，则耗气量为0.075～0.06m³/mm².s及0.024～0.019m³/mm².s。他们认为以气压为0.2MPa、喷嘴孔口直径为2mm的效果较为理想，在国内外比赛时，运动员们均感满意。尽管如此，但终究是一个跳水池的试验数据，故本条在采用词上放宽限制，以使在有试验数据时可对本条突破。

第10.2.3条 喷气嘴采用满池布置整个池水表面的水浪均匀、美观，形成一个气垫，同时这样能保证整个池水均匀地补充较多的氧气，极为有利于水质的改善，不足之处是造价较高。为克服这一缺点，可以采用将喷气嘴布置在跳台和跳板在池底的水平投影正前方1.5m处为中心，1.5m为半径的四周。并分组布置和控制，不仅能满足使用要求，还有节约能源和造价低的优点。也有采用将喷气嘴安装在池底回水口（沟）的格栅下面的方法（海军游泳馆），格栅虽对制波效果有些影响，但还能满足要求。

喷气嘴的布置不允许正对运动员入水处的位置，以防发生安全事故。据介绍，跳水的水平投影的正前方1.5m左右的范围内，所合和跳板在池底水平投影的正前方1.5m左右的范围内，所以在布置喷嘴时，应予以充分注意。

喷气嘴与池面与池底相平，可以方便池底的清扫和不影响使用，防止撞伤运动员。喷气嘴与接管宜用丝扣连接，有利于安装和维修更换。埋入池底的压缩空气管宜采用铜管，对防腐极为有利。

喷气嘴的喷气孔直径根据其设置位置确定，如在回水口（沟）格栅下面的，宜采用开孔3mm，在池底的可采用1.5～2mm。如果采用管道开孔的办法时，其喷气孔的间距宜采用100～200mm，在实际工程中，宜通过实际试验确定。

第十一章 排水系统

第一节 岸边清洗

第11.1.1条 池岸卫生条件的好坏，对保持池水水质很重要，特别是露天游泳池更为重要。为了及时将岸边的污物清除，池岸每次开放结束后，必须彻底清洗，一般每日至少2次（下午、晚上各开一场）。故在池岸的每侧各设2个直径不小于25mm的清洗水龙头。

第11.1.2条 本条规定了冲洗水量。

第11.1.3条 清洗水不得流入泳池内，可以经溢水槽或排水沟回收经处理后作为它用（如冲洗厕所、浇洒花木等）。若当地水源充沛，也可排放掉，如排入室外管道，污水倒流污染。应设空气隔断，以防室外管道的雨、污水倒流污染。

第二节 泄 水

第11.2.1条 泄水时间的下限值是参考国外资料确定的。主要考虑池水突然出现传染致病菌时，应尽快排除不致扩大传染。目前，我国卫生防疫部门尚无明确规定。考虑到实际上有可能实现（如用2台循环水泵同时运行），故作为下限予以规定，但在用词上有给予了灵活性，以便设计人掌握。

第11.2.2条 采用重力方式泄水可排至室外排水管道，要求设置空气隔断和防倒流污染的有效措施。一般为地下或半地下设置，受室外条件限制大，故对重力泄水提出要求，以引起重视。

第11.2.3条 机械方法泄水，建议充分利用循环水泵，以节约投资。但当池水减少到池底时，水泵就不能正常运行，出现泄水不彻底的现象，可设置潜水排污泵作为辅助泄水泵。

第11.2.4条 游泳池水应经常由当地卫生防疫部门进行监督检测。如从池水中检测出传染性致病微生物时，应该根据卫生防疫部门的要求，向池水中投加有效的药剂，以杀灭传染性微生物，池水此类杂菌符合排放标准时，方可将池水泄空，以防止传染病菌的扩散。

第三节 排 污

第11.3.1条 游泳池池水虽设有循环净化设施，但它不能彻底地去除池水中的全部杂质。一旦池水停止循环处于静止状态时，水中的微小杂质将会陆续沉积在池底，且容易固化于池底。即使次日循环水净化设施运行时，靠循环水的水流很难将全部抗力并带走进行净化，这将会影响池水的水质洁净程度，故应及时用排污装置给以清除，一般宜每日进行一次。

对于露天游泳池，其池水水面会残留少量的漂浮污物或其它杂物，为保证池水水质符合要求和不影响毛发聚集器及过滤器的正常工作，应于每日游泳池开放前予以清除。

逆流式循环水系统的游泳池，也同样存在上述问题。但是，由于给水口设在池底，次日游泳池开放前在池底

运行时，池底进入的循环水可以将其积污扰动，净化过滤予以去除。

第11.3.2条 排污方式的选择，应视泳池的使用性质、池水净化方式和维修管理条件确定。一般小型池可采用人工的方式；大型游泳池为减小劳动强度，宜采用机械的方式。但目前国内尚无有效的设备。

第11.3.3条 本条规定了采用循环水泵真空吸污器排污时的要求。

第十二章 水净化设备用房

第一节 一般规定

第12.1.1条 水净化系统的主要设备是过滤装置,为减少管道往返的长度和监测游泳池使用状况,将位置应尽量靠近管道;其次,过滤装置反冲洗时,将有大量的废水排除,为减少管道,并及时排水,应尽量靠近室外有排水干管的一侧,如有加热源为集中供应,应尽量靠近热源一侧。同时,池水净化时尚需投加混凝药剂和消毒剂,应考虑从外部向内运输方便。以上五因素应综合考虑。现实条件不能完全满足时,应以一、二、四款为主确定。

第12.1.2条 水净化设施所用的房间组合在一个建筑物内,对合理利用建筑面积和操作管理有利。我国已建游泳池很少看在下面的一侧或一端,也可以与空调冷冻机房组合在同一建筑物内。

第二节 过滤器间

第12.2.1条 为了满足施工安装、操作管理、维修养护的要求,本条规定了过滤器的布置的基本要求。

第12.2.2条、第12.2.3条 此两条规定了循环水泵的布置和设计要求。

第三节 加药间

第12.3.1条 水净化所使用的混凝药剂具有一定的腐蚀性,为了不影响其它设备和管道,要求设在单独的房间内。由于药剂每天都要配制,故应与药剂库相邻,以减少搬运工作量。

各种药剂大都是要求配制成一定浓度的溶液,混投在靠近药剂投加点的吸水管内。

第12.3.2条 药剂库的面积按快干药剂供应和运输期间,以及药剂允许的堆放高度确定。一般按最大投加量超过2 15d的用量计算确定,堆放高度按1.5m考虑,但不得超过2m。为了运输取用方便,尚需留有不小于1.0m的通道。不同的药剂应分开贮存,并设明显的标志。

第12.3.3条 为了防止药剂受潮和气体腐蚀,房间应有良好的通风条件。房间内的地面和墙面应采取一定的防腐蚀材料,并尽可能地设置冲洗设施。

第四节 加氯间

第12.4.1条 氯对建筑结构、设备和管道都具有较强的腐蚀性,对人体有强烈的刺激和毒害作用,它遇高温有发生爆炸和火灾的危险,所以应该设在单独的房间内,并尽量靠近投加地点。从安全角度考虑,加氯间应设直接通向室外的外开门和观察房间内情况的观察窗,以便从外部能随时观察和监督加氯机的运行情况,以及在操作过程中,一旦不慎发生故障时,能尽快离开加氯间。

第12.4.2条 氯是有毒气体,对人体具有强烈的刺激和毒害作用，故应该设置专用的强制通风设施，以使操作人员进入室内之前先打开通风设备，排除掉房间内的含氯气体，从而提供一个较好的工作环境。为保证安全，其加氯间的出入口处应设有工具箱、抢修用品及防毒面具等安全设施。照明应采用防爆灯及防火装置。有条件时，宜设安全水池。加氯管宜明装，并尽量采用紫铜管或塑料管，并宜设漏气检查装置。

加氯间应设置校核用的磅秤，并设置防止氯气瓶翻倒的装置或措施。

第12.4.3条 为防止氯气的聚集发生危险，规定了加氯间的换气次数。由于氯气比空气重，所以排气孔口应设在墙的下部。

为方便操作和保证安全，照明和通风设备的开关应设在室外。

第12.4.4条 本条规定了加氯间对建筑设计的要求。

第五节 加 热 器 间

第12.5.1条 氯瓶间应防止热源及强烈光线的辐射和照射，故在布置时应远离加热设备。建筑上可设置百叶窗，同时应尽量设置在主导风向的下风方向，并尽量与经常有人逗留和工作的建筑物和场所有较远的距离。当然，也同时包括暖气片和火炉等热源在内，都应予以注意。

第12.5.2条 本条规定了加热设备和供游泳人员淋浴用热水的加热器布置应遵守的设计规范。加热器指池水的加热设备和供游泳人员淋浴用热水的加热设备。

中国工程建设标准化协会标准

建筑中水设计规范

CECS 30:91

主编单位：中国人民解放军总后勤部建筑设计院
批准部门：中国工程建设标准化协会
批准日期：1991年8月31日

前　言

建筑中水是指民用建筑或建筑小区使用后的各种排水，如生活污水、冷却水等，经适当处理后回用于建筑或建筑小区作为杂用的供水系统。随着城市建设的发展，城市用水量和排水量不断增长，造成水资源日益不足，水质日益污劣，而采用建筑中水系统，可实现污、废水资源化，使污、废水经处理后回用，既可节省水资源，又使污水无害化、起到保护环境、防治水污染，缓解水资源不足的重要作用，有明显的社会效益和经济效益。

现批准《建筑中水设计规范》CECS 30:91，并推荐给工程建设设计、施工单位使用。在使用过程中，请将意见及有关资料寄交上海市广东路17号，上海市民用建筑设计院中国工程建设标准化协会建筑给水排水委员会（邮政编码：200002）。

中国工程建设标准化协会
1991年8月31日

第一章 总 则

第1.0.1条 为实现缺水地区污、废水资源化，节约用水，保护环境，使建筑中水工程设计做到安全适用，经济合理，技术先进，特制定本规范。

第1.0.2条 本规范适用于各类民用建筑和建筑小区的新建、扩建和改建的中水工程设计。

工业建筑中生活污水回用的中水工程设计，可参照本规范执行。

第1.0.3条 建筑中水工程设计，应根据建筑物原排水的水质、水量和中水用途，选用中水水源，确定中水工程的处理工艺和规模。

第1.0.4条 建筑中水进入生活饮用水给水系统。严禁中水进入生活饮用水给水系统。

第1.0.5条 建筑中水设计除执行本规范外，尚应符合现行的《室外给水设计规范》、《室外排水设计规范》、《建筑给水排水设计规范》等有关国家标准、规范的规定。

第二章 中水水源

第2.0.1条 中水水源可取自生活污水和冷却水。

第2.0.2条 中水水源应根据排水的水质、水量、排水状况和中水回用的水质、水量确定。

第2.0.3条 建筑物排水量可按建筑物给水量的80～90%计算。

第2.0.4条 用作中水水源的水量宜为中水回用水量的110～115%。

第2.0.5条 选择中水水源时，应首先选用优质杂排水。一般可按下列顺序取舍：

1.冷却水；2.沐浴排水；3.盥洗排水；4.洗衣排水；5.厨房排水；6.厕所排水。

第2.0.6条 医院污水不宜作为中水水源。严禁传染

各类建筑物生活给水量及百分率 表2.0.7

类别	住宅 水量(L/人·d)	住宅 (%)	宾馆、饭店 水量(L/人·d)	宾馆、饭店 (%)	办公楼 水量(L/人·d)	办公楼 (%)	附注
厕所	40～60	31～32	50～80	13～19	15～20	60～66	
厨房	50～40	23～21	300	79～71			
淋浴	40～60	31～32	30～40	8～10	10		盆浴及淋浴
盥洗	20～30	15			25～30	40～34	
总计	130～190	100	380～420	100		100	

注：洗衣用水量可根据实际使用情况确定。

病医院、结核病医院污水和放射性污水作为中水水源。

第2.0.7条 各类建筑物的各种给水量及百分率应根据实测资料确定。在无实测资料时，可参照表2.0.7估算。

第2.0.8条 在无实测资料时，各类建筑物各种排水的污染物浓度可参照表2.0.8确定。

各类建筑物各种排水污染浓度表　　表2.0.8

类别	住宅		宾馆		饭店		办公楼	
	BOD (mg/L)	COD/SS (mg/L)	BOD (mg/L)	COD/SS (mg/L)	BOD (mg/L)	COD/SS (mg/L)	BOD (mg/L)	COD/SS (mg/L)
厕所	200~260	300~360 / 250	250	300~360 / 200			300	360~480 / 250
厨房	500~800	900~1350 / 250			40~50	120~150 / 80		
淋浴	50~60	120~135 / 100	70	150~180 /				
盥洗	60~70	90~120 / 200					70~80	120~150 / 200

第三章　中水水质标准

第3.0.1条 用于厕所冲洗便器、城市绿化和洗车、扫除用水水质标准，应按现行的《生活杂用水水质标准》执行（见附录一）。

第3.0.2条 多种用途的中水水质标准应按最高要求确定。

第3.0.3条 中水用于水景、空调冷却等其它用途时，其水质应达到相应的水质标准。

算：

一、连续运行时，中水贮存池（箱）的调节容积可按日中水量的20～30%计算；

二、间歇运行时，中水贮存池（箱）的调节容积按处理设施运行周期计算；

三、由处理设备余压直接压送至中水供水水箱的处理设施，其供水箱的调节容积不得小于日中水用量的5%。

第4.2.4条 中水贮存池或中水供水水箱上应设自来水应急补给，其管径按中水最大小时供水量确定。

第三节 中水供水系统

第4.3.1条 中水供水系统必须独立设置。

第4.3.2条 中水贮存池（箱）宜采用耐腐蚀、易清垢的材料制作。钢板池（箱）内壁应采取防腐处理。中水供水管道及附件不得采用非镀锌钢管。

第4.3.3条 中水供水系统上，应根据使用要求装设计量装置。

第4.3.4条 中水管道上不得装设取水龙头。便器冲洗宜采用密闭型设备和器具。绿化、浇洒、汽车冲洗宜采用壁式或地下式的给水栓。

第四章 中水系统

第一节 中水原水系统

第4.1.1条 中水原水系统一般宜采用污、废水分流制。

第4.1.2条 室内外原水管道及附属构筑物均应防渗、防漏，井盖应做"中"字标志。

第4.1.3条 中水原水系统应设分流、溢流设施和超越管，其标高应能满足重力排放要求。

第二节 水量平衡

第4.2.1条 中水系统设计应进行水量平衡计算，并绘制水量平衡图。

第4.2.2条 在处理设施前应设调节池（箱）。调节池（箱）的调节容积应按中水原水量及处理量的逐时变化曲线求算。在缺乏上述资料时，其调节容积可按下列计算：

一、连续运行时，调节池（箱）的调节容积可按日水量的30～40%计算；

二、间歇运行时，调节池（箱）的调节容积按处理设施运行周期计算。

第4.2.3条 处理设施后应设中水贮存池（箱）。中水贮存池（箱）的调节容积应按处理量及中水用量的逐时变化曲线求算。在缺乏上述资料时，其调节容积可按下列计

第五章 处理工艺及设施

第一节 处 理 工 艺

第 5.1.1 条 中水处理工艺流程应根据中水原水的水量、水质和中水使用要求等因素,进行技术经济比较后确定。

第 5.1.2 条 当以优质杂排水和杂排水作为中水水源时,可采用以物化处理为主的工艺流程,或采用生物处理和物化处理的工艺流程如:

一、流程如:

原水→格栅→调节池→一段生物处理→沉淀池→ （中水↗、污泥↘）

原水→格栅→调节池→沉淀池→过滤→消毒→中水

原水→格栅→调节池→生物处理→沉淀池→过滤→消毒→中水（污泥↘）

二、

原水→格栅→调节池→絮凝沉淀或气浮→过滤→消毒→中水（混凝剂、消毒剂投加；污泥↘）

原水→格栅→调节池→生物处理→沉淀→过滤→消毒→中水（消毒剂投加；污泥↘）

第 5.1.3 条 当利用生活污水作为中水水源时,可采用二段生物处理,或生物处理与物化处理相结合的处理工艺

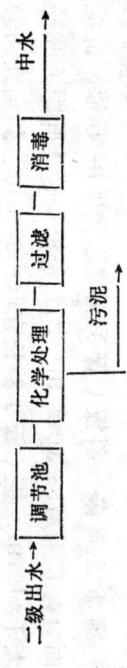

二级出水→调节池→化学处理→过滤→消毒→中水（污泥↘）

第 5.1.4 条 利用建筑小区污水处理站二级处理出水作为中水水源时,应选用物化处理（或三级处理）工艺流程;

第 5.1.5 条 在确保中水水质情况下,可采用新的工艺流程。

第 5.1.6 条 中水用于干水景、空调、冷却用水,采用一般处理设施不能达到相应水质标准要求时,应增加深度处理设施。

第 5.1.7 条 中水处理产生的沉淀污泥,活性污泥和化学污泥可采用机械脱水装置或自然干化池进行脱水干化处理,或排至化粪池处理。

第5.1.8条 中水处理设施处理能力按下式计算：

$$q = \frac{Q}{t}(1+n) \quad (5.1.8)$$

式中 q——设施处理能力（m³/h）；
Q——最大日中水用量（m³）；
t——中水设施每日设计运行时间（h）；
n——设施自耗水系数，一般不小于10～15%。

第二节 处 理 设 施

第5.2.1条 以生活污水为原水的中水处理工程，应在建筑物粪便排水系统中设置化粪池，化粪池容积按污水在池内停留时间不小于24h计算。

第5.2.2条 中水处理系统应设置格栅。格栅可按下列规定设计：

一、设置一道格栅时，格栅条空隙宽度应小于10mm；设置粗细两道格栅时，粗格栅条空隙宽度为10～20mm，细格栅条空隙宽度为2.5mm。

二、格栅装设在格栅井内时，其倾角不得小于60°。格栅井应设置工作台，其位置高出格栅前设计最高水位0.5m，其宽度不宜小于0.7m，格栅井应设置活动盖板。

注：处理淋浴排水时，还应加设发毛滤器。

第5.2.3条 调节池应按下列规定设计：

一、调节池内宜设置预曝气管，曝气量宜为0.5～0.9 m³/m³·h；

二、调节池底部应设有集水坑和排泄管，池底应有不小于0.05坡度，坡向集水坑。顶部应设置人孔和直通室外的排气管，池壁应设置爬梯和溢水管。

注：调节池可兼用作提升泵的吸水井。

第5.2.4条 在中、小型中水处理工程中，设置调节池后可不再设置初次沉淀池。

第5.2.5条 生物处理后的二次沉淀池和物化处理的混凝沉淀池宜采用立式沉淀池或斜板（管）沉淀池。

第5.2.6条 立式沉淀池的设计表面水力负荷宜采用1m³/m²·h，中心管流速不得大于30mm/s，中心管下部应设喇叭口和反射板，板底面距泥面不得小于0.3m，排泥斗坡度应大于45°。

第5.2.7条 斜板（管）沉淀池宜采用矩形，沉淀池表面负荷采用1～3m³/m²·h，斜板（管）间距（孔径）应大于80mm，板（管）斜长取1000mm，斜角宜为60°，斜板（管）上部静水深不宜小于0.7m，下部缓冲层不宜小于1.0m。

第5.2.8条 沉淀池采用静压排泥时，静水水头不得小于1500mm，排泥管管径不得小于150mm。

第5.2.9条 沉淀池应设锯齿形出水堰，其出水最大负荷不应大于1.70L/s·m。

第5.2.10条 建筑中水生物处理宜采用接触氧化射流曝气或生物转盘工艺。

第5.2.11条 接触氧化池，水力停留时间不应小于2h。处理生活污水时，水力停留时间不应小于3h。

第5.2.12条 接触氧化池如采用玻璃钢蜂窝填料时，其孔径不应大于25mm，装填高度不得小于1.5m。

第5.2.13条 接触氧化池曝气量可按BOD的去除负荷计算，一般应为40～80m³/kgBOD。

第5.2.14条 生物转盘应采用多级串联式。在寒冷地区生物转盘应设在室内，设在室外时应加保温罩。

第5.2.15条 生物转盘盘面积复核，一般BOD负荷可按BOD负荷设计或选用，以水力负荷和停留时间复核，一般BOD负荷可采用10～20g/m²·d，水力负荷可采用0.2m³/m²·d。

第5.2.16条 中水过滤处理宜采用机械过滤或接触过滤。使用新型滤料时，应按实验资料设计。

第5.2.17条 选用中小型中水处理组合装置时，其出水水质应根据中水使用用途符合相关的水质标准要求。

第5.2.18条 中水处理必须设有消毒设施，并应符合下列要求：

一、采用液氯消毒时必须使用加氯机加氯。

二、投加消毒剂应采用自动比例投加。

三、采用氯化消毒时，加氯量一般为有效氯5～8mg/L，接触时间应大于30min，余氯量应保持0.5～1mg/L。

第六章 中水处理站

第6.0.1条 中水处理站位置应置根据建筑的总体规划、中水原水的产生、中水用水的位置、环境卫生和管理维护要求等因素确定。

第6.0.2条 处理站的大小可按处理流程确定，并有直接通向室外的门。根据规模和条件，宜设有值班、化验、贮藏、加药间和消毒剂制备贮存间，宜与其他房间隔开，并有直接通向室外的门。根据规模和条件，宜设有值班、化验、贮藏、厕所等附属房间。

第6.0.3条 处理构筑物及处理设备应布置合理，紧凑，满足构筑物的施工、设备安装、管道敷设及维护管理的要求，并应留有发展及设备更换的余地。应考虑最大设备的进出。

第6.0.4条 处理站设应有适应处理工艺要求的采暖、通风换气、照明、给水、排水设施。

第6.0.5条 处理站的设计中，对采用药剂所产生的污染危害应采取有效的防护措施。

第6.0.6条 对中水处理中产生的臭气应采取有效的除臭措施。

第6.0.7条 对处理站中机电设备所产生的噪声和振动应采取有效的降噪和减振措施。

第七章 安全防护和监测控制

第一节 安全防护

第7.1.1条 中水管严禁与生活饮用水给水管道连接。

第7.1.2条 中水管道不宜暗装于墙体和楼面内。

第7.1.3条 生活饮用水补水管出水口与中水贮存池（箱）内最高水位间，应有不小于2.5倍管径的空气隔断。

第7.1.4条 中水管道与生活饮用水给水管道、排水管道平行埋设时，其水平净距不得小于0.5m；交叉埋设时，中水管道应位于生活饮用水给水管道下面，排水管道的上面，其净距均不小于0.15m。

第7.1.5条 中水贮存池（箱）设置的溢流管、泄水管，均应采用间接排水方式排出。溢流管应设隔网。

第7.1.6条 中水管道应采取下列防止误接、误用、误饮的措施：

一、中水管道外壁应涂浅绿色标志；

二、中水池（箱）、阀门、水表及给水栓均应有明显的"中水"标志；

三、中水工程验收时，应逐段进行检查防止误接。

第二节 监测控制

第7.2.1条 中小型处理站，可设就地指示的监测仪表，由人工操作或部分自动控制。

第7.2.2条 根据处理工艺要求，处理构筑物的进水管和出水管上应设置取样管及计量装置。

第7.2.3条 中水水质可按现行的《生活杂用水标准检验法》进行定期监测。

第7.2.4条 管理操作人员应经专门培训。

附录一 生活杂用水水质标准

项 目	厕所冲洗便器城市绿化	洗车 扫除
浊度(度)	10	5
溶解性固体(mg/L)	1200	1000
悬浮性固体(mg/L)	10	5
色度(度)	30	30
臭	无不快感	无不快感
pH值	6.5~9.0	6.5~9.0
BOD(mg/L)	10	10
COD(mg/L)	50	50
氨氮(以N计)(mg/L)	20	10
总硬度(以$CaCO_3$计)(mg/L)	450	450
氯化物(mg/L)	350	300
阴离子合成洗涤剂(mg/L)	1.0	0.5
铁(mg/L)	0.4	0.4
锰(mg/L)	0.1	0.1
游离余氯(mg/L)	管网末端水不小于0.2	管网末端水不小于0.2
总大肠菌群(个/L)	3	3

本表录自《生活杂用水水质标准》CJ 25.1—89。

附录二 名词解释

使用名词	说 明
建筑中水	建筑物的各种排水经处理回用于建筑物和建筑小区杂用的供水系统
水量平衡	中水原水量、处理量与中水用量、给水补水量等通过计算、调整使其达到一致
杂 排 水	民用建筑中除粪便污水外的各种排水,如:冷却排水、沐浴排水、盥洗排水、洗衣排水、厨房排水
优质杂排水	其污染浓度较低的排水,如冷却排水、沐浴排水、盥洗排水、洗衣排水
杂 用 水	指非饮用、一般不与人体直接接触的低质用水,如厕所冲洗用水、洗车用水、道路绿化用水等
中水原水	选作为中水水源而未经处理的水

附录三 本规范用词说明

一、执行本规范条文时,对于要求严格程度的用词说明如下,以便在执行中区别对待:

1. 表示很严格,非这样作不可的用词:
   正面词采用"必须";
   反面词采用"严禁"。

2. 表示严格,在正常情况下均应这样作的用词:
   正面词采用"应";
   反面词采用"不应"或"不得"。

3. 表示允许有选择,在条件许可时,首先应这样作的用词:
   正面词采用"宜"或"可";
   反面词采用"不宜"。

二、条文中指明必须按其他有关标准和规范执行的写法为:"应按……执行"或"应符合……要求或规定"。非必须按所指定的标准和规范执行的写法为:"可参照……"。

附加说明

本规程主要起草人名单

主要起草人:

中国人民解放军总后勤部建筑设计院	夏葆真
	孙玉林
北京市建筑设计研究院	肖正辉
北京市环境保护科学研究所	马世豪

审查单位:

中国工程建设标准化协会建筑给水排水委员会

中国工程建设标准化协会标准

建筑中水设计规范
CECS 30:91

条 文 说 明

目 录

第一章 总则	19—12
第二章 中水水源	19—13
第三章 中水水质标准	19—14
第四章 中水系统	19—14
第一节 中水源水系统	19—14
第二节 水量平衡	19—15
第五章 处理工艺及设施	19—16
第一节 处理工艺	19—16
第二节 处理设施	19—18
第六章 中水处理站	19—19
第七章 安全防护和监测控制	19—20
第一节 安全防护	19—20
第二节 监测控制	19—20

第一章 总 则

第1.0.1条 本条是编制本规范的宗旨和目的。随着城市建设和工业的发展，城市用水量和排水量不断增长，造成水资源日益不足，水质日趋污劣。据1986年统计，我国有180多个城市缺水，40多个城市严重缺水，日缺水量约为1200多万吨，如北京、大连、天津、青岛、太原等城市更为突出。我国污水排放量逐年增加，年增长率为7.7%。据资料查明，这些污水量的90%未经处理直接排入水体。据全国42个城市的44条河流的调查，已有93%的河流受到不同程度的污染，其中32.6%受到严重污染，因此节省水资源、废水经处理后回用，既可节省水资源，又使污水无害化，是保护环境、防治水污染、缓解水资源不足的重要途径。从我国设有中水系统的住宅、旅馆等民用建筑的运行、利用中水冲洗厕所便器超负荷运行，可节水30%~40%，并缓解了城市下水道的污染，防治污染效益明显。根据《中华人民共和国水污染防治法》的要求，采取综合防治治理提高水的重复利用率的精神，在我国缺水地区开展中水工程设计，势在必行。为推动和指导建筑中水工程设计，通过本规范的实施，统一了设计中带有普遍性的技术关键问题，做到技术上先进可靠、经济合理。

第1.0.2条 规定了本规范的适用范围

建筑中水是指民用建筑或建筑小区使用后的各种排水（生活污水、冷却水等），经适当处理后回用于建筑或建筑小区作为杂用的供水系统。因此工业建筑的生产废水和工艺排水的回用不属此范围。而工业建筑内的生活污水的回用作为轻度污染的优质杂排水，如纺织厂内所设的公共盥洗间、淋浴间，处理后可作为厕所冲洗用水和其它杂用，其有关技术规定可按本规范执行。

各类民用建筑是指不同使用性质的建筑，如旅馆、公寓、科研楼、办公楼、幼儿园等。尤其是大中型的旅馆、宾馆、公寓等建筑，均具有优质杂排水量大，需要杂用水水量亦大，水量易平衡，处理工艺简易，投资少等特点，浸有利于中水工程设计。其他如新建的建筑小区，便于设计集中的中水处理站及统一供给的中水设施。凡缺水地区，应结合工程实际做好配套中水设施，其设置范围及要求，可按当地政府有关规定执行。如北京市人民政府（1987）60号文件发布的《北京市中水设施建设管理试行办法》，应按规定配套建设中水设施：（1）建筑面积二万平方米以上的旅馆、公寓等，大专院校和大型文化体育等建筑。（2）建筑面积三万平方米以上的机关、科研单位，集中建设区等。（3）按规划配套建设中水设施的住宅小区。集中建设区内的可根据条件逐步配建中水设施。（1）、（2）项规定范围内的属上述施。

第1.0.3条 选择中水处理工艺，确定处理规模（处理水量m³/d）是中水工程设计的关键问题。但中水处理工艺和规模的确定，首先取决于中水水源的概况和中水回用用途的水质水量要求。掌握某建筑物的原排水水质和水量概况，一般可通过调查资料的分析设计和中水回用水质水量要求，对原排水进行。首先应考虑采用优质杂排水为中水水源，进行水量平衡计算，必要时才考虑部分或全部回收厨房排水，甚至厕所排水，尽力做到所用中水水量与杂用水的需要量相匹配。应力避免贮存池过大，处理设施庞大而复杂，中水贮存池过大，贮存时间太久，中水无处回用等问题发生。扩大中水使用范围，做到最大限度地节省水资源，但必须注意卫生、安全、经济、技术、效益等综合因素。

第1.0.4条 中水工程建设在我国尚属起步阶段，为解除人们对使用中水的心理障碍，必须采用严格的安全防护措施。严禁中水管道与生活饮用水管道连接，另方面必须限制其使用范围。根据中水回用的水质标准要求，作为生活杂用，如厕所冲洗便器、城市绿化、洗车、扫除等。

第1.0.5条 提出了建筑中水设计，供水分区、管道附件、安装的技术规定和措施如系统方式、供水分区、管道附件、安装要求、处理设备及构筑物的设计参数等均按现行有关规范执行。

第二章 中水水源

第2.0.1条 建筑中水水源不包括生活污水、冷却水以外的工业废水。其原因系由于生活污水水质比较简单。而工业废水水质比较复杂。

第2.0.2条 选用中水水源是中水回用工程设计中的一个关键问题。应根据规范规定的中水回用的水质和实际需要的水量以及原排水的水质、水量，排水状况选定中水水源。

第2.0.3条 一般建筑物的给水量中，约有10～20%的损失，不可回收做为中水源。

第2.0.4条 为了保证中水设备安全运转，设计中水回用水源应有10～15%的安全系数。

第2.0.5条 为了简化中水处理流程，节约工程造价，降低运转费用，中水水源应可能选用污染浓度低的优质杂排水。并可按本条推荐的顺序取舍。

第2.0.6条 医院污水，尤其是传染病和结核病医院的污水中含有多种病菌病毒，因此医院污水不宜做中水水源。虽然医院中有消毒设备，但不可能保证任何时候的绝对安全性，稍有疏忽便会造成严重危害。

第2.0.7条 本条系以国内实测资料并参考国外资料编制而成，设计中如无实测资料时，可根据国外资料选用。

第2.0.8条 表2.0.8系根据表2.0.7选用。

第三章 中水水质标准

第 3.0.1 条 当中水用于洗车、扫除，也用于厕所冲洗便器时，应按水质标准要求较高的洗车、扫除水质标准执行。

第四章 中水系统

第一节 中水原水系统

第 4.1.1 条 中水原水系统的选择与第二章中中水水源的确定直接相关。中水原水系统就是把确定为中水水源的建筑物的原排水收集起来的系统。有污、废水合流系统和污、废水分流系统之分。系统的选择主要根据原水及中水用量的平衡情况及中水处理原则确定。本条文明确推荐采用污、废水分流系统，其理由：（一）水量可以平衡。一般情况，有洗浴设备的建筑的优质杂排水或杂排水的水量，经处理后可满足杂用水用量。（二）处理流程可以简化。由于原水水质较好，可不需二段生物处理，减少占地面积，降低造价。（三）减少污泥处理设备及产生臭气对建筑环境的影响。（四）处理设备容易实现设备化，管理方便。（五）中水用户容易接受。本条文也不排除特殊条件下生活污水处理回用的合理性，如在水源奇缺，难于分流，污水无处排放，有无符合的处理场地等条件下，需经技术经济比较确定。

第 4.1.3 条 中水系统应设分流、溢流设施和超越管，这是对中水系统的功能要求。中水系统是介于给水系统和排水系统间的设施，既独立的。中水系统的原水取自于排水，多余水量的构造井把多余水量或事故水又需排至排水系统，所以分流井的构造应具有如下功能：既能把排水引入处理回用的原水又能把排水引入处理回用的原水又能把排水引入处理回用系统，又能把多余水量或事故停运时的原水排入排水系统而不影响原建筑排水系统的使用。可以采用隔板、网板倒换方式或水位平衡溢流方式，最好与格栅井相结合。

第二节 水量平衡

第 4.2.1 条 水量平衡计算是中水设计的重要步骤，它是合理用水的需要，也是中水系统合理运行的需要。建筑中水的原水取于建筑排水，中水用于建筑杂用，上水补其不足，要使其互相协调，必须对各种水量进行计算和调整。要使集水、处理、供水集于一体的中水系统协调地运行，也需要建筑物间保持合理的关系。水量平衡就是将设计的建筑或建筑群的给水、污、废水排水量，中水原水量，贮存调节量，处理设备处理水量，中水调节贮存量，中水用量，自来水补给量等进行计算和协调，使其平衡，并把计算和协调的结果用图线和数字表示出来。水量平衡图虽无固定图式，但从中应看出设计范围内各种水量的来龙去脉，水量多少及其相互关系，水的合理分配及综合利用情况，是系统工程设计及量化管理所必须的资料。

第 4.2.2 条 中水的原水取自建筑排水，建筑物的排水量随着季节、昼夜、节假日及使用情况的变化，每天每小时的排水量是很不均匀的。处理设备要在均匀水量时的负荷下运行，才能保障其处理效果和经济效果。这就需要在处理设施前设置中水原水调节池。调节池容积按原水量逐时变化曲线及处理量逐时变化曲线所围面积之最大部分算出来。一般认为原水变化不易做出，其实只要认真地根据原排水建筑物类似建筑的资料统计以及耗水量拟定的不十分准确，

也比简单的估算符合实际得多。处理曲线可根据原水曲线、工作制度的要求画出。规范条文中提出应该这样做的要求，是为了逐渐丰富我国这方面的资料。当确无资料难以计算时亦可估算。在估算方法上，国内现有资料或连续几个最大小时的水量一致，按最大小时水量的几倍估算其它杂排水，确实存在着高峰排水量。对于洗浴废水或变化系数还不如直接按日处理水量的30～40％估算。条文中原水调节池容量按日平均时处理水量。根据国内外资料及医院污水处理的经验，认为这个估计是合理、安全的。执行时可根据原水小时变化情况取其高限或低限值。

第 4.2.3 条 由于中水处理站的出水量与中水用水量的变化不一致。在处理设施后还必须设中水贮存池。中水贮存池的容积既能满足处理设备运行时的出水量有处放，又能满足中水任何用量时均能有水供给。这个调节容积的确定如前条所述理由一样，应按中水处理量和中水用量逐时变化曲线求算。估算时分以下4种情况：

一、连续运行时，中水贮存池接日中水用量的20～30％估算，中水贮存池为市政水水源的水塔，水塔调节量的调查结果也约如此。中水贮存池的水源是由处理设备提供的，不如市政水水源稳定可靠。这个估算贮量，相当于4.8～7.2倍平均时中水用量。中水使用量变化大，若按时变化系数

$$K = 2.5估算，也相当2～3倍最大小时的用量。$$

二、间隙运行时，中水贮存池按处理设备运行周期计算，如下式：

$$W = 1.2T'(Q_c - Q_J)$$

式中 W ——中水池有效容积（m^3）；
T ——处理设备连续运行时间（h）；
Q_c ——处理设备处理量（m^3/h）；
Q_r ——中水平均小时用量（m^3/h）；
1.2 ——系数。

三、由处理设备余压直接送至中水供水箱时，中水供水箱的调节容积，条文要求不得小于日中水用量的5％，即应多于1个多小时的平均时中水用量，只有中水处理设备可随时启动的供给中水，这个贮量才能满足供水的调节。通常说的中水供水箱，指的是设于高处的供水调节水箱，它的调节贮量和地面中水贮存池的调节容积，都是调节中水处理出水量与中水用量之间不平衡的调节容积，显然处理设备不能随时启动供给水箱水量时，还应设地面中水贮存池。

第五章 处理工艺及设施

第一节 处 理 工 艺

第 5.1.1 条 中水处理流程的选定取决于中水原水水质及用水要求。中水处理流程是由各种污水处理单元优化组合而成，有人将回用水典型处理流程分为预处理，主要处理及后处理工艺。预处理包括格栅、调节池；主要处理包括沉淀、气浮、曝气、生物膜法处理、二次沉淀、膜处理等处理单元；后处理为过滤、活性炭、消毒等处理单元，也有将其处理方式分为以物化处理方法为主的工艺，以生物处理为主的工艺和生化与物化联合处理工艺三类。
典型的中水处理工艺如表5.1.1-1、表5.1.1-2所列。

典 型 处 理 流 程　　　　　　表 5.1.1-1

序号	处　理　流　程
1	格栅→调节池→絮凝沉淀（气浮）→过滤→消毒
2	格栅→调节池→一级生化处理→沉淀→过滤→消毒
3	格栅→调节池→一级生化处理→二级生化处理→沉淀→消毒
4	格栅→调节池→絮凝沉淀（气浮）→过滤→活性炭→消毒
5	格栅→调节池→一级生化处理→沉淀→过滤→活性炭→消毒
6	格栅→调节池→膜处理→消毒
7	格栅→调节池→絮凝沉淀→膜处理→消毒
8	格栅→调节池→生化处理→膜处理→消毒

第 5.1.2 条 优质杂排水可以采取以物化为主的处理工艺，但由于沐浴污水常含有较高的洗涤剂成分，而影响絮凝沉淀或气浮效果。同时 LAS 也难于达到中水水质标准要求，所以此时可以采用一段生物处理工艺，以达到较好的出水水质。如劲松宾馆沐浴污水即采用了接触氧化处理方法。对于杂排水因包括厨房及精洗污水，水质含油，应单独设置隔油池，然后与优质杂排水混合进入中水处理设备，一般也应采用一段生物处理流程。

第 5.1.3 条 生活污水作中水水源，由于掺进粪水必须进行一段或二段生物处理，然后经过过滤，消毒达到中水水质标准。

第 5.1.4 条 小区污水综合排放标准《污水综合排放标准》要求，按国家 GB 8978—88《污水综合排放标准》要求，城市二级出水水质标准为 BOD = 30mg/L，SS = 30mg/L，COD = 120mg/L，可以达到二级出水质要求相差甚远。当二级出水质较好时，可按本规范提出的流程补充物化处理。如二级出水水质较差，若用做中水水源，还应提高二级出水的处理效率。

第 5.1.5 条 日本推荐的标准处理流程中，在主要处理工艺中除沉淀处理外，尚有膜处理等新工艺。我国北京市环境保护科学研究所等单位也正在进行超过滤膜法处理中水试验研究。超过滤技术已在电泳漆废水、洗毛废水等工业废水处理中广泛应用，该方法用于中水处理是完全可行的。随着膜技术发展和成本下降，可望达到实用，因此本条提出可采用新工艺，但为保证水质及正常运行，应经过中试。

第 5.1.6 条 中水用于水景、空调和冷却水时，其水质要求高于杂用水，因此应根据需要增加深度处理，如活性

表 5.1.1-2 日本推荐的标准处理流程

炭、臭氧处理等。

第5.1.7条 污泥脱水前应经污泥浓缩池，然后再进行机械脱水。小型处理站可将活性污泥直接排入化粪池处理。

第5.1.8条 中水设施的处理能力，本规范规定按单位小时处理量计算，因为有的中水设施不足全天运行，而只运行一班、二班。设备自耗水量包括滤池反冲洗等用水。

第二节 处理设施

第5.2.1条 强调粪便污水应经过化粪池发酵。

第5.2.2条 《室外排水设计规范》(GBJ 14—87)中规定：人工清除格栅，格栅条间空隙宽度为25～40mm，中水格栅有采用中、细两道格栅的，中格栅30mm，细格栅2.5mm，一般可采用一道格栅，因水量小，水泵也较小，如果采用南京深井泵厂的潜水泵，采用一道10mm的人工清除格栅是可行的。

第5.2.3条 设置预曝气管是为了防止污水腐化发臭。

第5.2.4条 一般中、小型处理，设置调节池，而不设初次沉淀池。小区污水处理厂则设置一级泵站、沉砂池和初次沉淀池。

第5.2.5条 采用立式沉淀池，斜板沉淀池或气浮池的目的是提高固液分离效率，减少占地。

第5.2.6条 沉淀池表面水力负荷采用《室外排水设计规范》(GBJ 14—87)规定的1～1.5m³/m²·h之低限数值1m³/m²·h，以保证水质。

第5.2.7条 沉淀池设计数据可参照本规范和《室外排水设计规范》(GBJ 14—87)选取。

第5.2.8条 生物污泥排泥管静水头可适当减小。排泥管必须保证一定的直径，防止堵塞。

第5.2.9条 强调沉淀池应设置出水堰，以保证沉淀池中水流稳定。

第5.2.10条 除本条提出的几种生物处理方式外，还可根据具体情况采用其它形式的生物处理设施，如氧化沟等。

第5.2.11条 因中水出水水质标准较一般污水处理厂二级出水更严，所以必须保证生化处理设备有足够的停留时间。根据国内中水处理实践经验，如处理洗浴污水，接触氧化池的设计停留时间为2h以上。如劲松宾馆，BOD去除率为50～80％，COD为50～65％。北京国贸大厦中水工程，第一接触氧化池接触时间为7.8h，第二接触氧化池约为7.2h，其处理结果为：COD从80～100mg/L降至10mg/L以下，去除率为87.5～90％。

第5.2.12条 生物接触氧化池还可用软性填料、半软性填料、漂浮填料或焦炭、炉渣等。

第5.2.13条 曝气量按所需去除的BOD负荷计算，即BOD进水－BOD出水。

第5.2.14条 生物转盘一般可选用2～3级，也可采用定型设备。

第5.2.15条 生物转盘处理的水力停留时间为1～2h。

第5.2.16条 机械过滤可用过滤器或过滤池。接触过滤应设有加药系统，滤料可采用石英砂、轻质滤料、多层滤料。采用新工艺如纤维球过滤、连续式流动床过滤等应根据实验资料设计或选用。滤池之运转周期应大于24h。

第5.2.17条 中水处理成套装置、定型装置、选用组合装置等，包括各厂家生产的中水处理成套装置，适用范围、设备质量等，以保证用户使用要求。

第5.2.18条 采用氯化消毒时，应按有关规范规定采用合理的投配方式和安全措施。其它消毒剂可选用臭氧、二氧化氯、次氯酸钠等。

第六章 中水处理站

第6.0.4条 本条强调的是要设置适应处理工艺要求的辅助设施，比如处理工艺中有臭气产生，除对臭气源采取防护和处理措施外，还应对某些房间进行通风换气。根据臭气散出情况，每小时换气次数可取 8～12次，排气口应高出人们活动场所 2m 以上，对厌氧处理产生的可燃气体、液氯消毒可能产生的氯气溢散、次氯酸钠发生器的产氢等可燃易爆的气体处的配电均应采取防爆措施。给水排水设施应包括处理设备的清洗、污水污物的排除以及站内的事故排水。

第6.0.5条 条文内所说由采用药剂所产生的污染和危害主要指药剂对设备及房屋五金配件的腐蚀以及产生有害气体的扩散而产生的毒害、爆炸等。比如混凝剂、尤其是铁盐的腐蚀的保护、液氯投加的溢散氯气、次氯酸钠发生器产氢的排放以及臭氧发生器尾气的排放等。中水处理站多设在地下室，对这些问题尤应注意。

般可根据中水处理站规模和经济技术条件的可能，设置必要的监测仪表（如油度仪、pH计、余氯测定仪、流量计等），当前我国中水工程的建设以中小型处理站为主，大型中水处理站较少。参照国外有关规定：大型处理站处理水量>1000m³/d，中型处理站处理水量>200m³/d≤1000m³/d，小型处理站处理水量≤200m³/d。结合我国情况，有条件时可设置部分自动控制仪表。

水质监测周期，一般如流量、色度、外观、pH值、余氯等项目要经常进行，不少于每日一次，BOD、COD、大肠菌群等必须每月测定一次，其它项目也应定期进行监测。

第七章 安全防护和监测控制

第一节 安 全 防 护

第7.1.2条 中水管道一般宜明装，有要求时所可敷设在管井、吊顶内，若直埋于墙体和楼面内，不但影响检修，一旦须改建时，管道外壁标记不清或脱落，管道的走向亦不易搞清，容易发生误接。

第7.1.3条 为了防止突然事故，造成中水供水中断，如处理设备或水泵故障，中水处理停止，为不影响使用，在中水供水系统中，设有生活饮用水管补水装置，一般可在中水贮存池或水箱设置符合要求的补水管，可手动或自动开启。

第7.1.5条 中水的水质，一般介于上水（给水）和下水（排水）之间，故要求其不得污染生活饮用水，但也必须防止中水受原排水污染而水质变坏。按防护要求，中水贮存池（箱）的溢流管、泄水管不得直接与排水管连接，防止中水误接、误用，误饮是中水工程设计中须特殊考虑的要求，也是安全防护设施的主要内容，设计时不可忽视。

第二节 监 测 控 制

第7.2.1条 为使中水处理设备正常安全运行，做到出水水质稳定，符合水质标准，必须经常进行监测控制。一

中国工程建设标准化协会标准

建筑给水硬聚氯乙烯管道设计与施工验收规程

CECS 41：92

主编单位：中国建筑技术发展研究中心
　　　　　上海市民用建筑设计院
批准单位：中国工程建设标准化协会
批准日期：1992年6月20日

前　言

硬聚氯乙烯管是目前国内外都在大力发展和应用的新型化学建材。具有重量轻、耐压强度好、输送流体阻力小、耐化学腐蚀性能强、安装方便、投资低、省钢节能、使用寿命长等特点，作为建筑给水管道，可缓解我国钢材紧缺、能源不足的局面，经济效益显著。

本规程参考、吸收了国外有关建筑给水硬聚氯乙烯管道设计、施工及验收标准规范、施工经验及国内试点工程建设与施工的经验，广泛征求全国有关设计、科研、施工单位意见，在此基础上制定了本规程。

现批准《建筑给水硬聚氯乙烯管道设计与施工验收规程》CECS 41:92，并推荐给有关建筑工程建设单位使用。在使用过程中尚将意见及有关资料寄中国建筑技术发展研究中心（北京车公庄大街19号，邮政编码：100044）。

中国工程建设标准化协会
1992年6月20日

第一章 总 则

第1.0.1条 为了在建筑给水硬聚氯乙烯管工程设计、施工及验收中，做到技术先进，经济合理，安全适用，确保质量，特制订本规程。

第1.0.2条 本规程适用于工业与民用建筑内生活给水管道系统的设计、施工及验收。给水温度不得大于45℃，给水压力不得大于0.60MPa。给水管道不得用于消防给水管道，不得在建筑物内与消防给水管道相连。

第1.0.3条 给水管道的管材、管件应符合国家标准《给水用硬聚氯乙烯管材》和《给水用硬聚氯乙烯管件》的要求。用于建筑内部的管道宜采用1.0MPa等级的管材。胶粘剂应符合有关技术标准。

第1.0.4条 管道系统的设计、施工及验收除执行本规程外，还应符合国家标准《建筑给水排水设计规范》、《采暖与卫生工程施工及验收规范》和其他有关标准、规范或规定。

第二章 设 计

第一节 管道布置和敷设

第2.1.1条 管道一般宜明设，但在管道可能受到碰撞的场所，宜暗设或采取保护措施。

第2.1.2条 明敷的给水立管宜布置在给水量大的卫生器具或设备附近的墙边、墙角或立柱处。

第2.1.3条 给水管道不得穿越卧室、贮藏室，不得穿越烟道、风道。

第2.1.4条 给水管道敷设于室外明露和寒冷地区室内不采暖的房间内时，在有可能冰冻或阳光照射处应采用疏松材料隔热保温。

第2.1.5条 水箱（池）的进水管、出水管、排污管、自水箱（池）至阀门门间的管段应采用金属管。

第2.1.6条 管道穿过地下室的外墙处应设金属防水柔性套管。

第2.1.7条 管道穿过屋面处，应采取有效的防水措施。

第2.1.8条 明敷管道与给水栓连接处应采取加固措施。

第2.1.9条 给水管与其他管道同沟（架）平行敷设时，宜沿沟（架）边布置；上下平行敷设时，不得敷设在热水或蒸汽管的上面，且平面位置应错开；与其他管道交叉敷设时，应采取保护措施或应用金属套管保护。

第2.1.10条 给水管道应远离热源，立管距灶边净距不得小于400mm，与供暖管道的净距不得小于200mm，且不得因热源辐射使管外壁温度高于40℃。

第2.1.11条 工业建筑和公共建筑中管道直线长度大于20m

时，应采取补偿管道胀缩的措施。

第2.1.12条 支管与干管、支管与设备容器的连接应利用管道折角自然补偿管道的伸缩，最小自由臂的长度可按第2.1.15条计算确定。

第2.1.13条 管道伸缩长度可按式2.1.13确定：

$$\Delta L = \Delta T \cdot L \cdot \alpha \quad (2.1.13)$$

式中 ΔL——管道伸缩长度（mm）；
ΔT——计算温差（℃）；
L——管段长度（m）；
α——线膨胀系数（mm/m·℃），一般可取0.07。

第2.1.14条 管道计算温差可按式2.1.14确定：

$$\Delta T = 0.65 \Delta t_s + 0.10 \Delta t_g \quad (2.1.14)$$

式中 ΔT——管道计算温差（℃）；
Δt_s——管道内水的最大变化温差（℃）；
Δt_g——管道外空气的最大变化温差（℃）。

第2.1.15条 最小自由臂可按式2.1.15确定：

$$L_z = K \cdot \sqrt{\Delta L \cdot d} \quad (2.1.15)$$

式中 L_z——自由臂最小长度（mm）；
ΔL——自固定支点起管道伸缩长度（mm），可按本规程式2.1.13计算确定；
d——管道外径（mm）；
K——材料比例系数，一般可取33。

第2.1.16条 建筑物内立管穿越楼板和屋面处应为固定支承点。

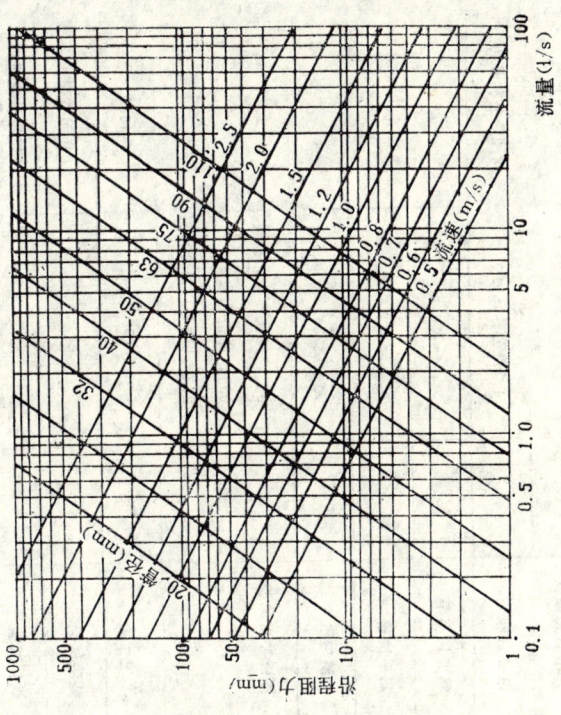

图2.2.1 建筑给水硬聚氯乙烯管管道水力计算图（公称压力1.0MPa）

第二节 管道水力计算

第2.2.1条 给水管道沿程水头损失可按图2.2.1确定；局部水头损失可按沿程水头损失的25%计。

第三章 材 料

第一节 一 般 规 定

第3.1.1条 生活饮用水塑料管道选用的管材和管件应具备卫生检验部门的检验报告或认证文件。

第3.1.2条 管材和管件应具有质量检验部门的质量合格证，并应有明显标志标明生产厂门的名称和规格，包装上应标有批号、数量、生产日期和检验代号。

第3.1.3条 胶粘剂必须有生产厂名称、出厂日期、有效使用期限、出厂合格证和使用说明书。

第二节 质量要求与检验

第3.2.1条 管材与管件的外观质量应符合下列规定：

一、管材和管件的颜色应一致，无色泽不均及分解变色线；

二、管材和管件的内外壁应光滑、平整，无气泡，无明显的痕纹、脱皮和严重的冷斑及明显的痕纹、回陷、裂口、裂纹；

三、管材轴向不得有异向弯曲，其直线度偏差应小于1%；管材端口必须平整，并垂直于轴线；

四、管件应完整，无缺损、变形、合模缝、浇口应平整，无开裂。

第3.2.2条 管材和管件的物理力学性能应符合表3.2.2的规定。

管材、管件的物理力学性能   表3.2.2

项 目	单 位	指　　标	
		管　材	管　件
比 重		1.35~1.46	1.35~1.46
拉伸强度	MPa	≥45.0	≥72
维卡软化温度	℃	≥76	
液压试验		4.2倍公称压力	4.2倍公称压力
纵向回缩率	%	≤5	
扁平试验		无裂缝	
丙酮浸泡		无分层及碎裂	试样无破裂
落锤冲击试验		1.0℃，10次冲击无破裂 2.0℃，冲击TIR* ≤5%；20℃，冲击TIR≤10%	
吸水性	g/m²	≤40.0	≤40.0
坠落试验			无任何起泡或开裂现象
烘箱试验			无任何起泡或拼缝线开裂现象

注：①*TIR为失标冲击率。
②表中项目检测方法参照国家标准《给水用硬聚氯乙烯管材》和《给水用硬聚氯乙烯管件》执行。

第3.2.3条 管材在同一截面的壁厚偏差不得超过14%；管材的外径、壁厚及其公差应符合表3.2.3-1的规定。

寸准确,以保证接口的密封性能。其承口尺寸应符合表3.2.5的规定。

管材、管件承口尺寸(mm) 表3.2.5

承口内径	承口长度	承口中部的平均内径	
		最小值	最大值
20	16.0	20.1	20.3
25	18.5	25.1	25.3
32	22.0	32.1	32.3
40	26.0	40.1	40.3
50	31.0	50.1	50.3
63	37.5	63.1	63.3
75	43.5	75.1	75.3
90	51.0	90.1	90.3
110	61.0	110.1	110.4

第3.2.6条 塑料压力管道不应承受试验压力,其所能承接换头所受的水密性试验压力不应低于管道系统的工作压力。塑料管道与金属管配件连接的塑料转接接头所承受的强度试验压力不应低于管道系统的工作压力;其螺纹应符合现行国家标准《可锻铸铁管路连接管件型式基本尺寸和结构尺寸表》的规定。螺纹应完整,如有断丝或缺丝,不得大于螺纹全扣数的10%,不得在塑料管材及管件上直接套丝。

第3.2.7条 胶粘剂应呈自由流动状态,不得为凝胶体,在未搅拌的情况下,不得有分层现象和析出物出现;不宜稀释。

管材尺寸及公差(mm) 表3.2.3—1

外 径 (d_e)		壁 厚			
		公称压力0.63MPa		公称压力1.0MPa	
基本尺寸	公差	基本尺寸	公差	基本尺寸	公差
20	+0.30 / 0.00			1.9	+0.40 / 0.00
25	+0.30 / 0.00	1.6	+0.40 / 0.00	1.9	+0.40 / 0.00
32	+0.30 / 0.00	1.6	+0.40 / 0.00	1.9	+0.40 / 0.00
40	+0.30 / 0.00	1.6	+0.40 / 0.00	1.9	+0.40 / 0.00
50	+0.30 / 0.00	2.0	+0.40 / 0.00	2.4	+0.50 / 0.00
63	+0.40 / 0.00	2.5	+0.40 / 0.00	3.0	+0.50 / 0.00
75	+0.40 / 0.00	2.8	+0.50 / 0.00	3.6	+0.60 / 0.00
90	+0.40 / 0.00	3.4	+0.60 / 0.00	4.3	+0.70 / 0.00
110	+0.40 / 0.00			5.3	+0.80 / 0.00

塑料管外径与公称直径对照关系 表3.2.3—2

塑料外径(mm)	20	25	32	40	50	63	75	90	110
公称直径(in)	$\frac{1}{2}$	$\frac{3}{4}$	1	$1\frac{1}{4}$	$1\frac{1}{2}$	2	$2\frac{1}{2}$	3	4
公称直径(mm)	15	20	25	32	40	50	65	80	100

第3.2.4条 管件的壁厚不得小于相应管材的壁厚。

第3.2.5条 管材和管件的承插粘接面,必须表面平整,尺

第3.2.8条 胶粘剂内不得有团块、不溶颗粒和其他影响胶粘剂粘接强度的杂质。

第3.2.9条 胶粘剂中不得含有毒有利于微生物生长的物质，不得对饮用水的味、嗅及水质有任何影响。

第3.2.10条 胶粘剂的性能必须符合下列规定：

一、管径≤63mm：粘度≥0.09Pa·S（23℃）；
  管径≥75mm：粘度≥0.5Pa·S（23℃）。

二、剪切强度≥6.1MPa（23℃，固化72h后）。

三、最低静压水密性强度：4.2+0.20倍公称压力下保持15min不漏水。

第3.2.11条 管材和管件应在同一批中抽样进行规格尺寸及必要的外观性能检查。如不能达到规定的质量要求，应按国家标准《给水用硬聚氯乙烯管材》和《给水用硬聚氯乙烯管件》，由指定的检测单位进行检验。

第3.2.12条 不得使用有损坏迹象的材料。长期存放的材料，在使用前必须进行外观检查，若发现异常，应进行技术鉴定或复检。

第三节 贮 运

第3.3.1条 管材应按不同规格分别进行捆扎，每捆长度应一致，且重量不宜超过50kg；管件应按不同品种、规格分别装箱，均不得散装。

第3.3.2条 搬运管材和管件时，应小心轻放，避免油污。严禁剧烈撞击，与尖锐物品碰触。抛掷滚拖。在寒冷地区的冬季，需特别注意。

第3.3.3条 管材和管件应存放在通风良好、温度不超过40℃的库房或简易棚内，不得露天存放；距离热源不小于1m。

第3.3.4条 管材应水平堆放在平垫的支垫物上。支垫物宽度不应小于75mm，间距不应大于1m；外悬端部不应超过0.5m，堆置高度不得超过1.5m。管件应逐层码放，不得叠置过高。

第3.3.5条 胶粘剂和丙酮等清洁剂应存放于危险品仓库中。现场存放处应阴凉干燥，安全可靠，严禁明火。

第四章 施 工

第一节 一般规定

第4.1.1条 管道的安装工程，施工前应具备下列条件：

一、设计图纸及其他技术文件齐全，并业经会审；

二、按批准的施工方案或施工组织设计，已进行技术交底；

三、材料、施工力量、机具等能保证正常施工；

四、能满足施工场地及施工用水、用电、材料贮放场地等临时设施、施工方案及其他工种的配合措施。

第4.1.2条 管道安装前，应了解建筑物的结构，熟悉设计图纸，掌握施工方案的一般性能，安装人员必须熟悉硬聚氯乙烯管的一般性能，掌握基本的操作要点，严禁盲目施工。

第4.1.3条 施工现场管材和管件在现场放置时间，应便于安装前将管材和管件在现场放置一定时间，使其温度接近施工现场的环境温度。

第4.1.4条 管道系统安装前，应对材料的外观和接头配合的公差进行仔细的检查，必须清除管材及管件内外的污垢和杂物。

第4.1.5条 管道系统安装过程中，应防止油漆、沥青等有机污染物与硬聚氯乙烯管、管件接触。

第4.1.6条 管道系统安装完毕的敞口处，应随时封堵。

第4.1.7条 管道穿墙壁、楼板及暗墙敷设时，应配合土建预留孔洞，其尺寸设计无规定时，应按下列规定执行：

一、预留孔洞尺寸直径较大管外径大50～100mm；

二、暗墙管墙槽尺寸槽宽宜为d_e+60mm，深度宜为

d_e+30mm；

三、架空管顶上部的净空不宜小于100mm。

第4.1.8条 管道穿过地下室或地下构筑物外墙时，应采取严格的防水措施。

第4.1.9条 塑料管道之间的连接宜采用胶粘剂粘接；塑料管与金属管配件、阀门等的连接宜采用螺纹连接或法兰连接。

第4.1.10条 管道的粘接接头应牢固，连接部应严密无孔隙；螺纹管件应清洁无乱丝，螺接应紧固，并留有2～3扣螺纹余量；管道系统的横管宜有2‰～5‰的坡度坡向泄水装置。

第4.1.11条 管道系统的坐标、标高的允许偏差应符合表4.1.12的规定。

管道的坐标和标高的允许偏差（mm） 表4.1.12

项 目		允许偏差
坐标	室外 埋 地	50
	架空或地沟	20
	室内 埋 地	15
	架空或地沟	10
标高	室外 埋 地	±15
	架空或地沟	±10
	室内 埋 地	±10
	架空或地沟	±5

第4.1.13条 水平管道的纵、横方向的弯曲、立管垂直度，平行管道和成排阀门的安装应符合表4.1.13的规定。

第4.1.14条 饮用水管道在使用前应采用清水灌满管道进行消毒。含氯水在管中应静置20～30mg的游离氯的清水灌满管道进行消毒。含氯水在管中应静置

24h以上，消毒后，再用饮用水冲洗管道，并经卫生部门取样检验符合现行的国家标准《生活饮用水卫生标准》后，方可使用。

管道和阀门安装允许偏差（mm） 表4.1.13

序号	项 目		允许偏差
1	水平管道纵、横方向弯曲	每 1 米	5
		每 10 米	≯10
		室外架空、地沟、埋地每10米	≯15
2	立管垂直度	每 1 米	3.0
		离地超过5m	≯10
		10米以上，每10米	≯10
3	平行管道和成排阀门	在同一直线上间距	3

第二节 塑料管道配管与粘接

第4.2.1条 管道系统的配管与管道粘接应按下列步骤进行：

一、按设计图纸的坐标和标高放线，并绘制实测施工图；

二、按实测施工图进行配管，并进行预装配；

三、管道粘接；

四、接头养护。

第4.2.2条 配管应符合下列规定：

一、断管工具宜选用细齿锯、割刀或专用断管机具；

二、断管时，断口应平整，并垂直于管轴线；

三、应去掉断口处的毛刺和毛边，并倒角。倒角坡度宜为10°～15°，倒角长度宜为2.5～3.0 mm；

四、配管时，应对承插口以承插口长度的1/2～2/3为宜，进行试插，自然试插深度的配合程度进行检验。将插口进行标记。

第4.2.3条 管道的粘接连接应符合下列规定：

一、管道粘接不宜在任何湿度很大的环境下进行，操作场所应远离火源，防止撞击和阳光直射。在-20℃以下的环境中不得操作。用干擦措擦承插口的干布不得带有油腻及污坏；

二、在涂抹胶粘剂之前，应先用干布将承、插口处粘接表面擦净。若粘接表面有油污，可用干布蘸清洁将承插其擦面粘接表面不得沾有尘埃、水迹及油污；

三、涂抹胶粘剂时，必须先涂承口，后涂插口。涂抹承口时，应由里向外。胶粘剂应涂抹均匀，并适量。

四、涂抹胶粘剂后，应在20s内完成粘接。若操作过程中，涂抹胶粘剂出现干涸的胶粘剂插入承口中，重新涂抹。

五、粘接时，应将插口轻轻插入承口中，对准轴线，迅速完成。插入深度至少应超过标记。插接过程中，可稍做旋转，但不得超过1/4圈。不得插到底后进行旋转；

六、粘接完毕，应即刻将接头处多余的胶粘剂擦净干净。粘接后的接头，应避免受力，静置固化一定时间，牢固后方可继续安装。

第4.2.4条 在零度以下粘接操作时，不得使胶粘结冻。不得用明火或电炉等加热装置加热胶粘剂。

第4.2.5条 塑料管与金属管配件的螺接

第三节 塑料管与金属管配件的螺接

第4.3.1条 塑料管与金属管配件采用螺纹连接的管系统，其连接部位管道管径不得大于63 mm。

第4.3.2条 塑料管与金属管配件连接采用螺纹时，必须采用注射成型的螺纹塑料管件。其管件螺纹部分的最小壁厚不得小于表4.3.2的规定。

第4.3.3条 注射成型的螺纹塑料管件与金属管配件螺接时，

第4.4.6条 塑料管道穿过楼板时，必须设置套管，套管可采用塑料管；穿屋面时必须采用金属套管。套管应高出地面、屋面不小于100mm，并采取严格的防水措施。穿墙或楼板时不得采用塑料敷管。穿墙敷设严禁有轴向扭曲。管道敷设严禁有轴向扭曲。

第4.4.7条 塑料管道穿过楼板时，应留有一定的保护距离。若设计无规定时，净距不宜小于100mm，并行时，塑料管道宜在金属管道的内侧。

第4.4.8条 塑料管道与其他金属管道并行时，应留有一定的保护距离。若设计无规定时，净距不宜小于100mm，并行时，塑料管道宜在金属管道的内侧。

第4.4.9条 室内的塑料管道暗敷墙槽必须采用1:2水泥砂浆填补。

第4.4.10条 在塑料管道的各配水点、受力点处，必须采取可靠的固定措施。

第五节 埋地管道的铺设

第4.5.1条 室内地坪±0.00以下塑料管道铺设宜分为两段进行。先进行地坪±0.00以下至基础墙外壁段的铺设；待土建施工结束后，再进行户外连接管的铺设。

第4.5.2条 室内地坪以下管道铺设应在土建工程回填土夯实以后，重新开挖进行。严禁在回填土之前或或未经夯实的土层中铺设。

第4.5.3条 铺设管道的沟底应平整，不得有突出的尖硬物体。土壤的颗粒在径不得大于12mm，必要时可铺100mm厚的砂垫层。

第4.5.4条 埋地管道回填时，管周回填土不得夹杂尖硬物直接与塑料管壁接触。应先用砂土或颗粒径不大于12mm的土壤回填至管顶上侧300mm处，经夯实后方可回填原土。

第4.5.5条 塑料管出地坪处应设置护管，管道的埋管深度不宜小于300mm。管出地坪100mm。

宜将塑料管配件作为外螺纹，金属管配件为内螺纹；若塑料管配件作为内螺纹，则宜使用在注射螺纹端外部嵌有金属加固圈的塑料管配件。采用聚四氟乙烯生料带作为密封填充物，不宜使用厚白漆、麻丝。

注射塑料管配件螺纹处最小壁厚尺寸（mm） 表4.3.2

塑料外径	20	25	32	40	50	63
螺纹处壁厚	4.5	4.8	5.1	5.5	6.0	6.5

第4.3.4条 注射成型的螺纹塑料管配件与金属管配件连接，宜采用聚四氟乙烯生料带作为密封填充物，不宜使用厚白漆、麻丝。

第四节 室内管道的敷设

第4.4.1条 室内明敷管道应在土建粉饰完毕后进行安装。

第4.4.2条 管道安装前，应复核预留孔洞的位置是否正确；管道安装时，宜按要求先设置管卡。位置应平整牢固；管卡与管道接触应紧密，但不得损伤管道表面。

第4.4.3条 若采用金属管卡固定管道时，金属管卡与塑料管间应采用塑料带或橡胶物隔垫，不得使用硬物隔垫。

第4.4.4条 金属管配件在塑料管配件与塑料管连接部位，管卡应设置在金属管配件一端，并尽量靠近金属管配件。

第4.4.5条 塑料管道的立管和水平管的支撑间距不得大于表4.4.5的规定。

塑料管道最大支撑间距（mm） 表4.4.5

外名	20	25	32	40	50	63	75	90	110
水平管	500	550	650	800	950	1100	1200	1350	1550
立管	900	1000	1200	1400	1600	1800	2000	2200	2400

第4.5.6条 塑料管在穿基础墙时，应设置金属套管。套管与基础墙预留孔上方的净空高度，若设计无规定时不应小于100mm。

第4.5.7条 塑料管道在穿越街坊道路，覆土厚度小于700mm时，应采取严格的保护措施。

第六节 安全生产

第4.6.1条 胶粘剂及清洁剂的封盖应随用随开，不用时应立即盖严；严禁非操作人员使用。

第4.6.2条 管道粘接操作场所，禁止明火和吸烟；通风必须良好。集中操作场所，宜设置排风设施。

第4.6.3条 管道粘接时，操作人员应站在上风向，并配戴防护手套、眼镜和口罩等，避免皮肤、眼睛与胶粘剂直接接触。

第4.6.4条 冬季施工，应采取防寒、防冻措施。操作场所应保持室内空气流通，不得密闭。

第4.6.5条 管道严禁攀踏、系安全绳、搁搭脚手板、用作支撑或借作他用。

第五章 检验与验收

第5.0.1条 管道系统，应根据工程施工的特点，进行中间验收和竣工验收。中间验收应由施工单位组织施工、设计、建设和有关单位联合进行，并应做好记录，签署文件，立卷归档。竣工验收应由主管单位会同建设单位联合进行。

第5.0.2条 管道工程在隐蔽之前，必须进行水压试验。施工完毕的管道系统，必须进行严格的水压试验和通水能力检验。冬季进行水压试验和通水能力检验时，应采取可靠的防冻措施。

第5.0.3条 管道系统的水压试验应符合下列规定：

一、试验压力应为管道系统工作压力的1.5倍，但不得小于0.6MPa。

二、对粘接连接的管道，水压试验必须在粘接连接安装24h后进行。

三、水压试验之前，对试压管道应采取安全有效的固定和保护措施，但接头部位必须明露。

四、水压试验步骤：

1. 充满水后，进行水密性检查；

2. 加压宜采用手动泵缓慢升压，升压时间不得小于10min，同时将管道内气体排出；

3. 升至试验压力后，停止加压，稳压1h，观察接头部位是否有漏水现象；

4. 升至规定的试验压力值，15min内的压力降不超过0.05MPa之为合格。

5. 稳压1h后，补压至规定的试验压力，15min内的压力降不超过0.05MPa之为合格。

第5.0.4条 竣工验收时，应具备下列文件：

一、施工图及设计变更文件；

二、主要材料、制品、零件的出厂合格证或试验记录；
三、隐蔽工程验收记录和中间试验记录；
四、水压试验和通水能力检验记录；
五、生活饮用水管道的通水清洗和消毒记录；
六、工程质量事故处理记录；
七、工程质量检验评定记录。

第5.0.5条 竣工质量应符合设计要求和本规程的有关规定。竣工验收时，应重点检查和检验下列项目：

一、坐标、标高和坡度的正确性；
二、连接点或接口的整洁、牢固和密封性；
三、支承件和管卡的安装位置、牢固和牢固性；
四、给水系统的通水能力检验，按设计要求检验，全部达到额定流量数量的配水点是否全部达到额定流量，可根据管道布置，分层、分段进行通水能力检验；
五、对有特殊要求的建筑物，可根据管道布置，分层、分段进行通水能力检验；
六、仪表的灵敏度和阀门启闭的灵活性。

附录一 建筑给水硬聚氯乙烯管道系统节点安装推荐示意图

本图与规程配套使用。它是根据上海、黑龙江、福建三省市的工程试点经验编制的。使用者可根据当地的施工经验和做法参考选用。（见附图1.1～1.11）

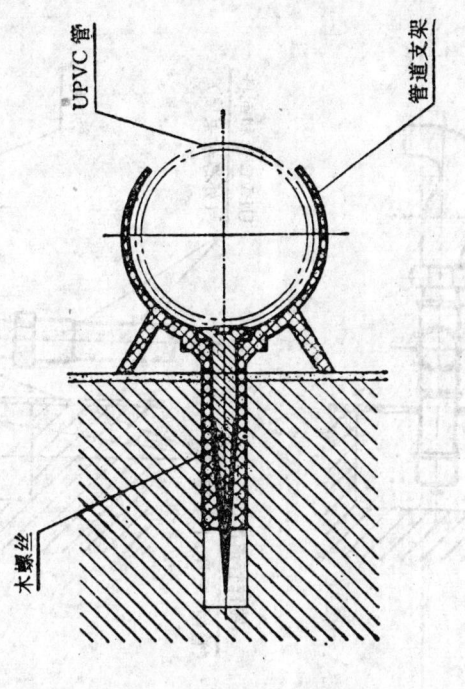

附图1.1 管道系统PVC支架

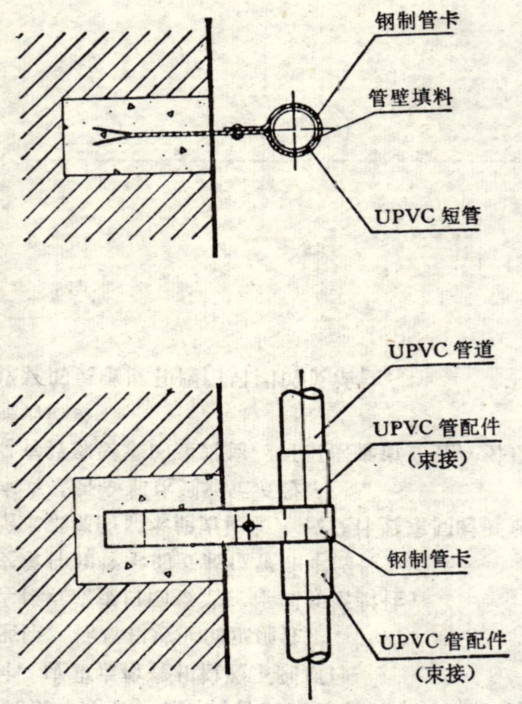

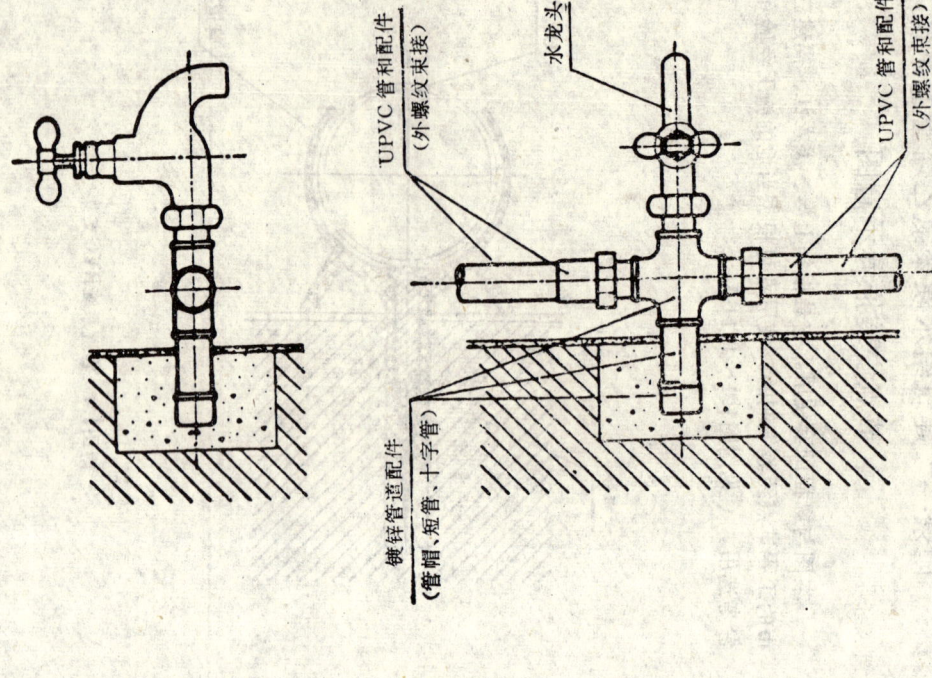

附图1.2 管道系统固定支架

附图1.3 系统沿程用水器具安装（明装）

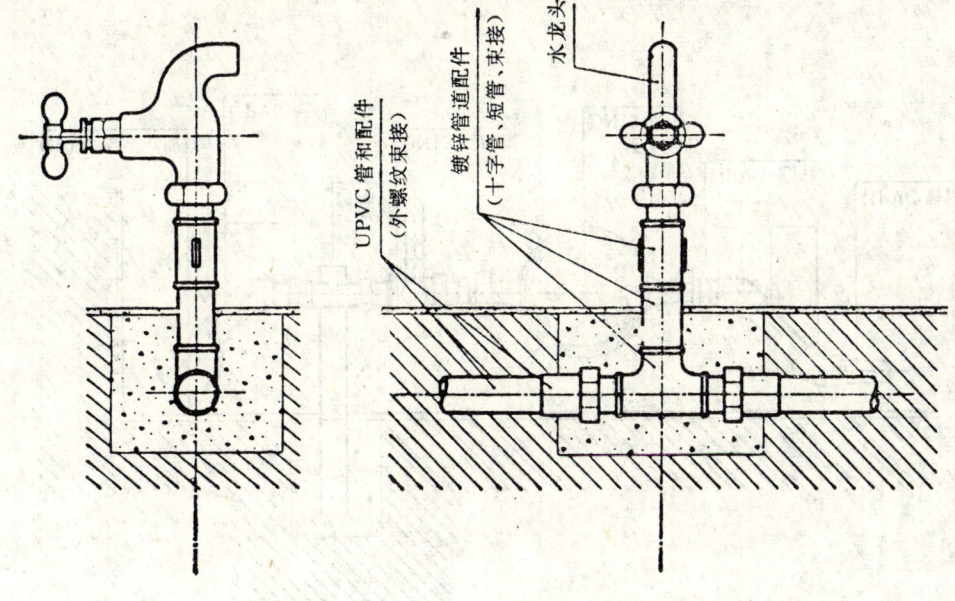

附图1.5 系统沿程用水器具安装（嵌装）

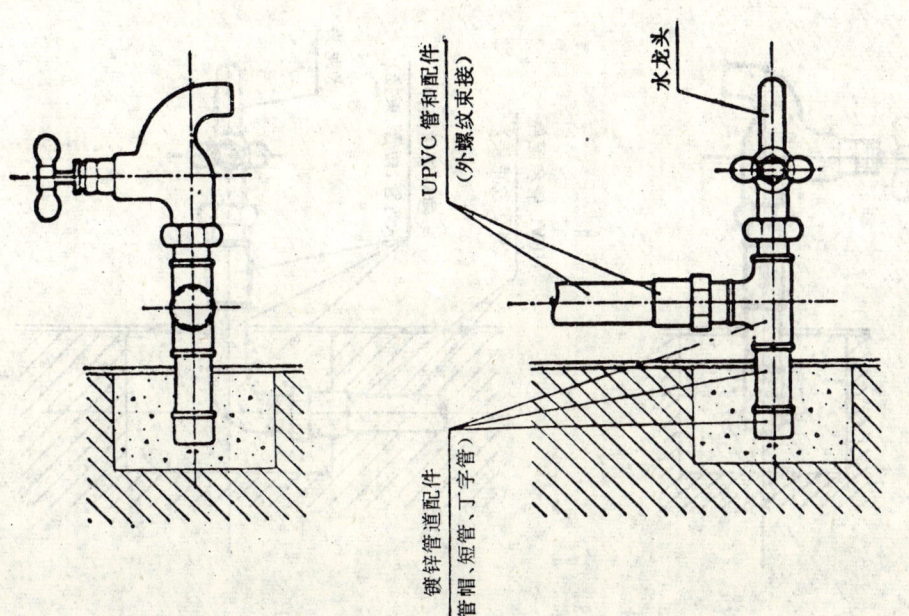

附图1.4 系统尽端用水器具安装（明装）

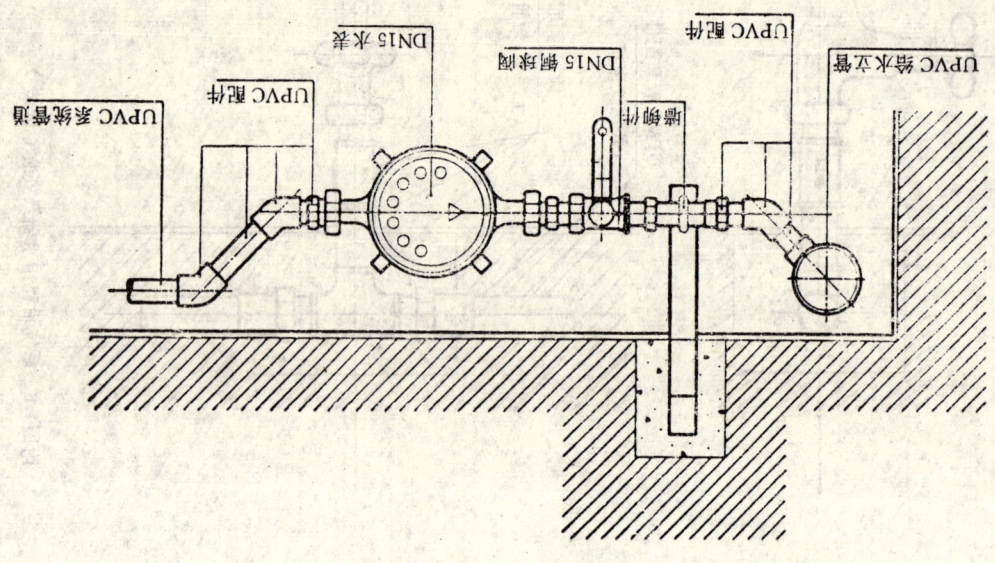

附图1.7 室内分户水表安装（习惯画法）

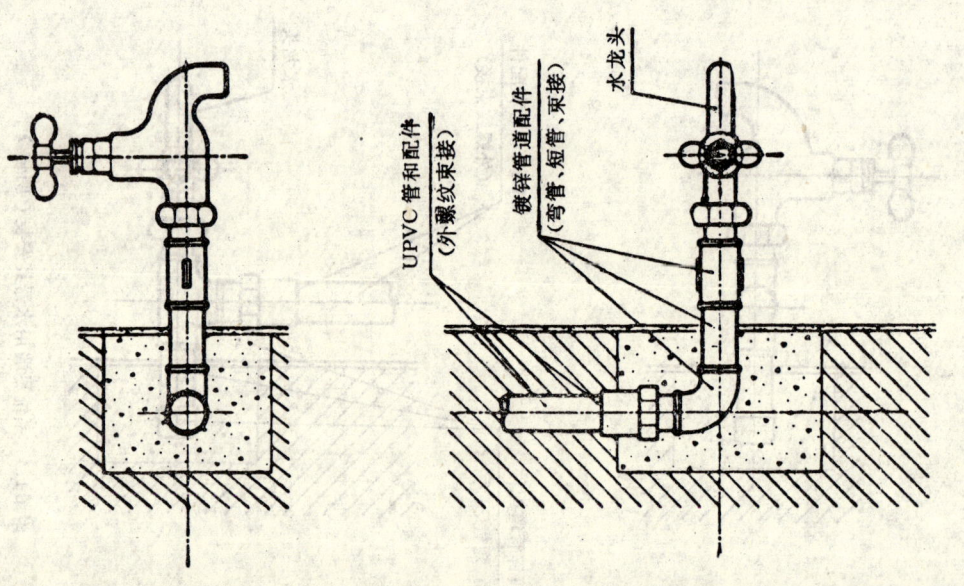

附图1.6 系统尽端用水器具安装（暗装）

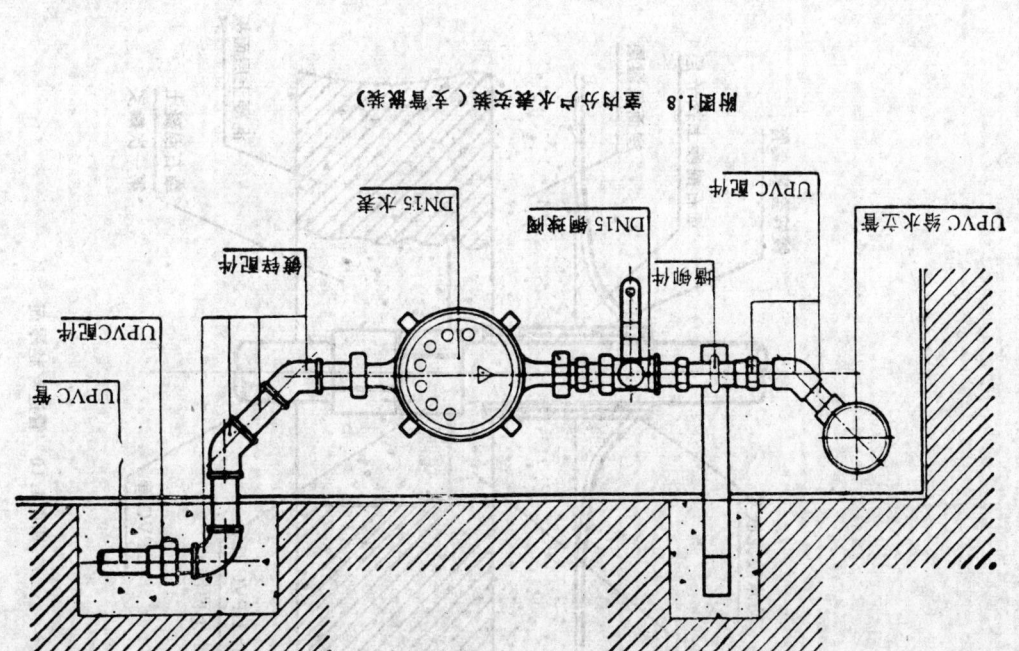

附图1.8 埋入式水表井安装（有暖架装）

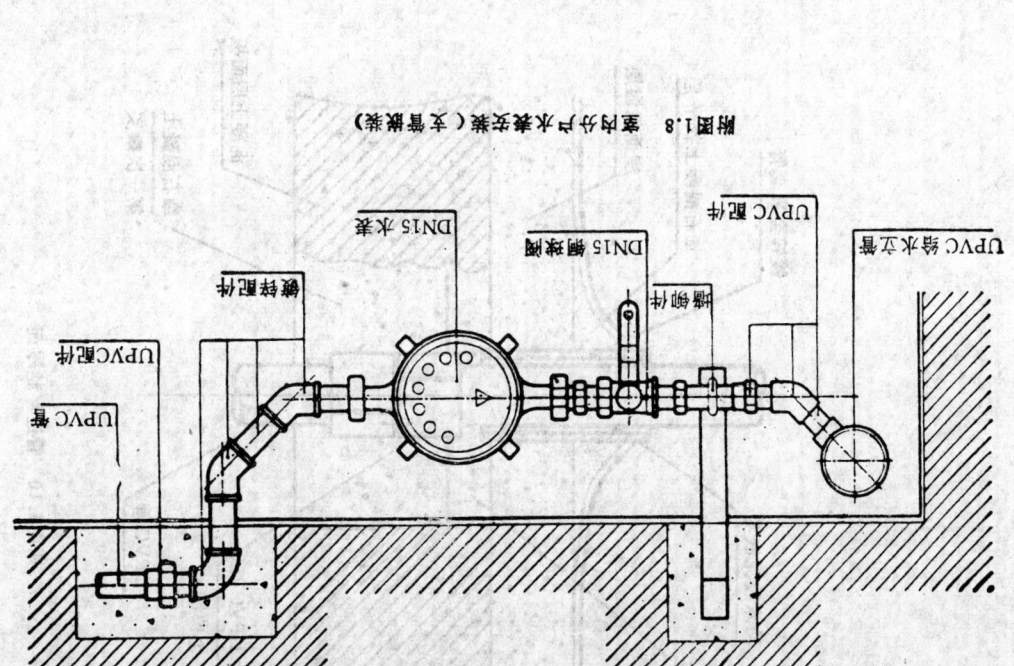

附图1.9 管道穿越地坪和楼板

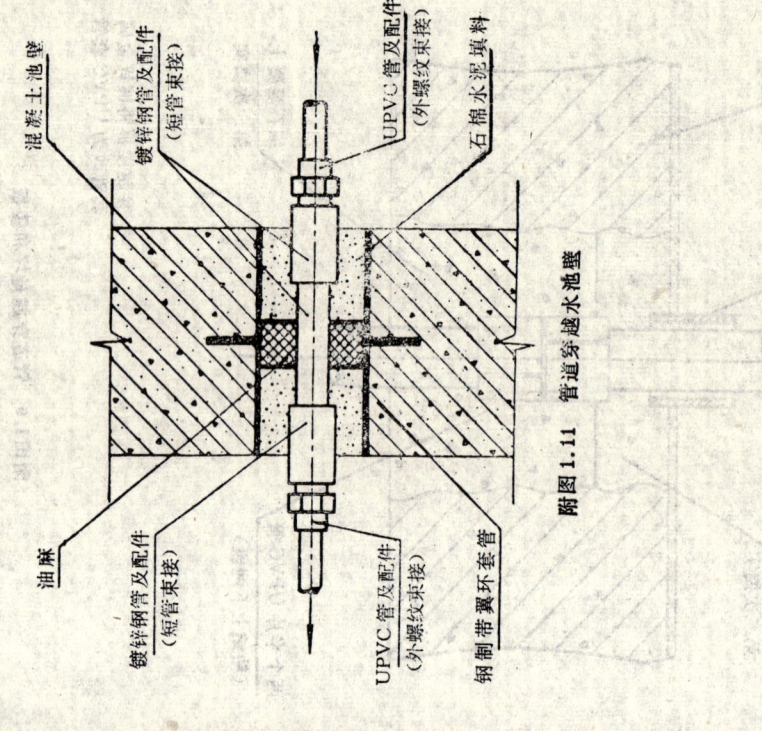

附图1.11 管道穿越水池壁

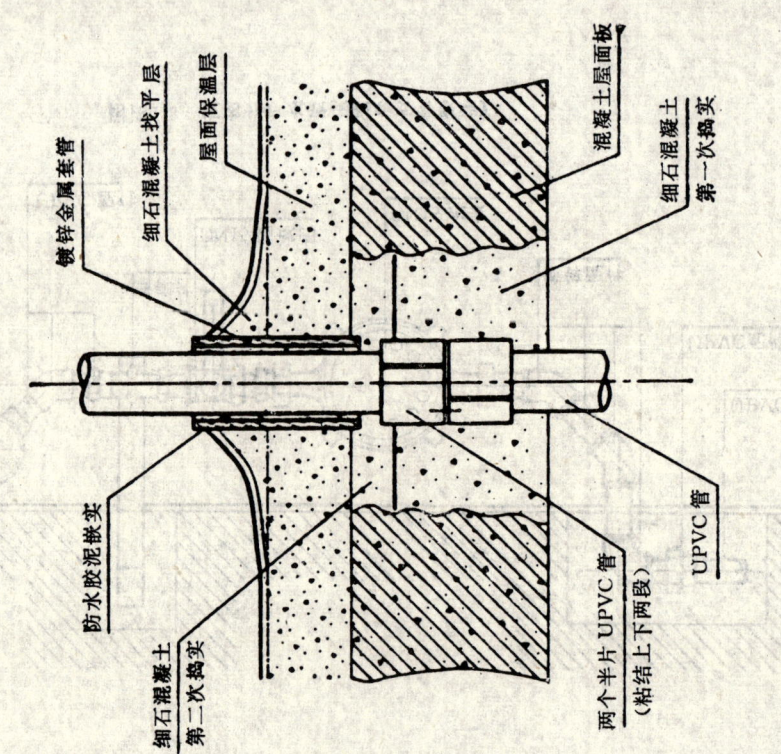

附图1.10 管道穿越屋面

中国工程建设标准化协会标准

建筑给水硬聚氯乙烯管道设计
与施工验收规程

CECS 41:92

条 文 说 明

附加说明

本规程主编单位、参加单位和主要起草人名单

主编单位：中国建筑技术发展研究中心
　　　　　上海市民用建筑设计院

参加单位：哈尔滨市教委设计室
　　　　　上海市第七建筑工程公司
　　　　　福州市水电设备安装工程公司
　　　　　上海市第五建筑工程公司
　　　　　上海市第八建筑工程公司
　　　　　福州市住宅水电设备安装公司

主要起草人：章林伟　张　淼　王真杰　应明康　李朝君
　　　　　　刘鸿义　林孝梨　郑永亮　刘印淼　李鉴清
　　　　　　宋念宽　雷建铭

目　录

第一章　总则	20—18
第二章　设计	20—19
第一节　管道布置和敷设	20—19
第二节　管道水力计算	20—20
第三章　材料	20—21
第一节　一般规定	20—21
第二节　质量要求与检验	20—22
第三节　贮运	20—22
第四章　施工	20—22
第一节　一般规定	20—23
第二节　塑料管道配管与粘接	20—23
第三节　塑料管与金属管配件的螺接	20—23
第四节　室内管道的敷设	20—24
第五节　埋地管道的铺设	20—24
第六节　安全生产	20—24
第五章　检验与验收	20—24
附录一　建筑给水硬聚氯乙烯管道系统节点安装推荐示意图	20—25

第一章　总　则

第1.0.2条　本条规定建筑给水硬聚氯乙烯管道的适用范围。

建筑给水硬聚氯乙烯管道一般用于供给生活饮用水或中水的系统中。用于工业上，只要对硬聚氯乙烯管道不起侵蚀作用的工业用水管道也可参照执行。使用硬聚氯乙烯给水管道，其有两个控制因素，一是控制水温。水温升高，一是管道承压能力降低。最高水温不得大于45℃是现行的国家产品标准《给水用硬聚氯乙烯管材》中规定的。建筑给水硬聚氯乙烯管道不能用于输送高于45℃热水的管道。给水压力不得大于0.60MPa的规定是参照国家标准《建筑给水排水设计规范》（GBJ15—88）第2.3.3条的规定，在建筑物内部卫生器具配水点处的静水压均不大于0.60MPa压力值。对所有的不同管材均适用。

由于硬聚氯乙烯管道受热后强度降低，一旦火灾发生，引起管道损坏，将起不到消防输送水的作用。硬聚氯乙烯管道如在建筑物内与消防给水管道相连，一旦火灾发生，损坏硬聚氯乙烯管，则将不能保证消防流量和水压的需要。

第1.0.3条　对建筑内部选用的管材和管件，其规格尺寸、物理化学性质都应符合国家产品标准的要求，这对保证供水系统安全有很重要的意义，管道的胶粘连接所用的胶粘剂亦应符合有关技术标准。由于硬聚氯乙烯给水管文中规定了主要技术要求。根据黑龙江、上海、福建三地的工程试点，一般用于明敷管道，采用0.63MPa的管材和管件，这样虽能满足功能要求，但因管壁薄，刚度较差，施工和用户单位均认为建筑内部宜采用1.0MPa等级的管的设计、施工，既耗材不多，又使供水的安全度增加。为便于施工，故规定用在建筑物内部的供水管道一律采用1.0MPa等级的管材和管件。

第1.0.4条 本条规定了本规程应与其他规范内容相协调。

由于建筑给水硬聚氯乙烯管材是建筑给水管道中的一种材质，建筑给水设计、施工及验收中的共同性的技术问题均已在《建筑给水排水设计规范》和《建筑给水排水工程施工及验收规范》中作出规定，因此在本规程中，仅对建筑给水硬聚氯乙烯管道的特殊性技术问题作出规定，是对《建筑给水排水设计规范》和《采暖与卫生工程施工及验收规范》的补充。

第二章 设 计

第一节 管道布置和敷设

第2.1.1条 本条规定推荐建筑给水硬聚氯乙烯管道在建筑物内明设，是基于国内施工经验和经济核算及建筑给水硬聚氯乙烯管道推广应用的现实性，管道宜明敷为妥。

根据国内工程试点经验，一般在住宅和除学校外的公共建筑内管道均可明敷，但对商店、仓库和车间内给水管道有可能受到外界物品、车辆撞击的地方宜暗设在墙体内或明设用金属管代及采取保护措施。

第2.1.4条 硬聚氯乙烯管道在室外明露部分易受阴光紫外线照射、管段应采取遮阳措施，否则会加速塑料老化；在有可能结冻的地方、会使管道冻裂，最有效的办法是保温隔热。保温材料宜用轻质材料，可减经管道自重。在严寒地区管道设计尽可能不要布置在室外，确实不可避免的话，其保温层厚度要经计算确定。

第2.1.5条 由于塑料管材与混凝土两种材质的膨胀系数不一样，硬聚氯乙烯管道穿过水箱、存水部分会产生渗水。另外自水箱（池）至阀门之间的一段管段，因安装操作受力，应采用金属管。

第2.1.8条 给水栓处配件处易受人为外力为弯扭作用，如不加固，则有可能造成管道或配件开裂，漏水。经试点应用，一般采用附加管件嵌入墙体或用铁质支架固托。详见规程附图。

第2.1.9条 建筑给水硬聚氯乙烯管道与其他管道同沟（架）平行敷设时，沿沟边敷设可避免受损，同时亦可根据硬聚氯乙烯给水管的支架要求承受便于局部加密支架。为避免由于热水管或蒸汽管的漏水而毁坏管子，上下平行敷设时应错开。

第2.1.10条 本条参阅建筑硬聚氯乙烯排水管道测试资料而定。受热后管外壁温度不得高于45℃的规定，是与本规程第1.0.2条相适应。否则影响管道强度。

第2.1.11条 工业建筑和公共建筑中给水硬聚氯乙烯管直线长度较长时，由于温度变化引起的胀缩会使管道弯曲变形，为此要采取补偿伸缩的措施。一般设置橡胶的伸缩节、π形伸缩节或L形伸缩节。按国内水源温差最大值计算，伸缩长度在25mm之内时，管段直线长度为20m。

第2.1.14条 本条摘自英国特能浪普（Durapipe）公司的设计资料。计算管道温差是由水温变化温差和空气变化温差组成。水温变化系指输送介质的冬季与夏季温差；空气变化温差指在安装硬聚氯乙烯给水管道时的建筑物内的环境空气变化温度。由于水和空气与管壁的热传导方式不一样，因而在计算管道温差影响程度时也不同。

第2.1.15条 此公式摘自德国国标DIN1628中介绍的门厄斯（Menges）和罗贝尔克（Roberg）推导的公式。

公式中K——材料特有的比例数值是由艾尔巴（Ehrbar）和高劲（Garbe）进行测试推导的。

由于我国国产管材标准中的主要性能等效ISO标准，故在材质上与国外管材相近，本规程式2.1.15可沿用（参见图2.1.15）。

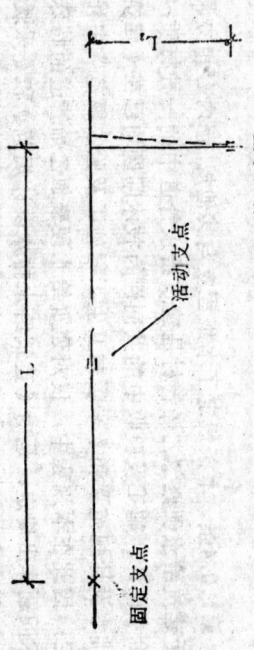

图2.1.15 最小自由臂长度计算示意图

第2.1.16条 建筑物立管，如穿越每层楼板处为活动支点，则一般多层建筑立管在每层与支管连接处产生不同程度的位移。根据塑料具有韧变性的特性，以及给水管道输水温度变化等规定管外壁穿越楼板和屋面处均为固结，有利施工安装。经试点工程较长期观察，未发现立管有弯曲变形现象，说明是可行的。

第二节 管道水力计算

第2.2.1条 硬聚氯乙烯给水管道水力计算图系根据上海市政工程设计院对国产给水管道水力测试，经微机回归处理得到入

$$\lambda = \frac{0.304}{Re^{0.280}}$$

由此式绘制水温在20℃时的各种规格管道的水力计算图。管道系统局部水头损失按管道系统沿程水头损失百分数计，是沿用国家标准《建筑给水排水设计规范》（GBJ15-88）第2.6.9条的生活给水管的下限值，以简化计算。

第三章 材 料

第一节 一般规定

第3.1.1条 硬聚氯乙烯塑料管分有毒和无毒两类产品。硬聚氯乙烯塑料管致毒的主要原因是由于树脂中所含的氯乙烯单体和加工过程中所添加的助剂。因此对用于输送饮用水的硬聚氯乙烯塑料管必须要求采用无毒型的管材。在管件国标中已规定了保证卫生性能的指标，特规定此条以示强调。

第3.1.2条、第3.1.3条 制定本条旨在施工单位在购货时应把好材料质量关，以确保工程质量。另外规定了质量检验的一些必要标记，以便于一旦出现产品质量事故，易于查证，交涉处理。

第二节 质量要求与检验

第3.2.1条 考虑到施工单位尚未完全掌握聚氯乙烯塑料管、管件的材性，特制定此条，以便施工单位在进行产品质量检验时有所依据。本条的内容是以国家标准《给水用硬聚氯乙烯管件》GB10002.1-88和《给水用硬聚氯乙烯管件》GB10002.2-88的有关条文为依据制定的。

第3.2.2条、第3.2.3条、第3.2.4条、第3.2.5条 与第3.2.1条规定的相同。

第3.2.6条 本条规定的管材规格系列及尺寸、公差以管材、管件国标为准。由于塑料管件的连接以承插连接为主，故管材的管件尺寸的控制是以外径为控制基准，因此塑料管管材尺寸时，以外径为控制基准。在管道系统中，不可避免地要出现安装过程中准确互接，金属管管配件与塑料管管件以及金属管与金属管互接，为了方便施工单位在安装过程中准确互接，特在

本条中列出附表，反映两种管材的尺寸对照关系。值得说明的是公称直径并不反映塑料管的真实尺寸。

第3.2.6条 本条规定是关于转换接头的补充规定。根据国外的应用经验和国内试点工程的情况，硬聚氯乙烯管道与金属管配件连接时必须采用转换接头。因为在直接在塑料管上套丝会减薄管壁厚度而降低强度，另外也会在套丝部位产生腐蚀，导致管材损坏，影响管路的正常运行。

第3.2.7条 目前国家尚无对胶粘剂制定统一的标准，因此为便于施工单位对胶粘剂质量控制，特在本节中规定了相关的内容。制定依据是在上海建筑科学研究所进行的试验研究基础上，参考美国ASTM D2564-79、美国BS 4346(Part3)-1976、ISO2044-1974(E)等国际上先进标准，综合提出的。本条规定了胶粘剂的感观性能要求。

第3.2.8条 规定此条的目的同上。本条规定了胶粘剂的内在质量要求。

第3.2.9条 本条参照ISO/TC 558 Z的有关条文，规定了胶粘剂的卫生性能要求。

第3.2.10条 本条规定了胶粘剂的力学性能。第一、二款是参照美国ASTM D2564-79标准制定，其检验方法可参照该标准执行。第三款是参照ISO 2044-1974(E)制定的，其检验方法可参照其标准执行。

第3.2.11条 本条规定要求施工单位在安装前对产品进行抽样检查。由于一般施工单位不具备测试仪器和手段，故根据这种实际情况提出进行尺寸及外观检查。必要时，再请检测部门进行全面测试。

第3.2.12条 因存放过久对材料的质量可能有影响，对塑料管材、管件的贮存保管要求较严，建议施工单位，管材存放时间以不超过1年为宜。长期存放一般指存放1年以上。

第三节 贮 运

第3.3.1条 为便于搬运，防止在运输过程中损坏管材，规定于捆扎。每捆重量最好适合于1人扛运或2人抬运，故不宜超过50kg。管件装箱集运，有利于搬运，避免损伤。

第3.3.2条 本条规定了在搬运过程中的注意事项。油污对管材表面有侵蚀作用，并妨得管道的粘接。硬聚氯乙烯管在低温状态下出现脆化，磕碰可能会损坏管材、管件。

第3.3.3条 本条规定了塑料管材、管件的存放条件。塑料管长期受热会出现变形翘曲，受阳光暴晒时，紫外线将导致其老化，故要求存放在库房内或简易棚内，不得露天存放。根据国外的经验，硬聚氯乙烯塑料管表面温度超过45℃，会加速老化和严重变形，规定距热源不小于1m是以此为据。如存放处通风不良，使管材在炎热的夏季可能产生温室效应，造成小气候温度升高，也会影响材料质量和使用寿命。

第3.3.4条 塑料管的刚性较差，堆放处应尽可能平整，连续支撑为最佳。若无条件可放在平整的支垫物上。支垫物的宽度、间距和外悬长度等规定是参照美、日等国家资料而定。要求码放管件是便于拿取和库房管理。

第3.3.5条 胶粘剂和丙酮等清洁剂均为易燃、易挥发性危险品，故对存放条件要求更严格。

第四章 施 工

第一节 一般规定

第4.1.1条 制定本条的目的是保证施工正常进行，避免造成不必要的停工、窝工等现象。

第4.1.2条 为确保施工中各道工序合理衔接，各工种同密切配合、保质、保量顺利完成施工任务，特规定此条。硬聚氯乙烯塑料管的应用尚属广大推广过程中，许多施工单位尚未接触，故将熟悉材料性能，掌握操作要点作为施工前准备工作的内容之一。

第4.1.3条 由于塑料管的性能受温度变化的影响较大，规定此条旨在防止在安装过程中，由于管材表面温度与安装现场温度差异较大，造成管材损坏、影响安装质量。

第4.1.4条 规定此条目的在于确保工程质量。

第4.1.5条 规定此条是因为油漆、沥青等有机污染物对硬聚氯乙烯管有侵蚀作用，且难以清洗。污染后存有得粘接质量和美观。

第4.1.6条 规定此条是防止杂物进入管道。

第4.1.7条 管道穿墙壁和楼板时的做法一般按设计要求执行。若设计中未做详细规定，则以本条规定为准。

第4.1.8条 规定此条是强调在管道穿过地下室或地下构筑物时要采取严格的防水措施。

第4.1.9条 塑料管的连接是塑料管道系统的关键，本条明确了各种情况下所采取的接头形式。塑料管道之间的连接，在小口径（一般$d_e<110mm$）以粘接为优，较大口径（$d_e \geq 110mm$）时则胶圈连接优于粘接。由于室内给水管道多为小口径，以粘接为宜。在建筑给水管道中很少遇到连接的器具，若采用法兰连接，则必须采用塑料法兰接头。

第4.1.10条 此条与金属管丝接要求一致。

第4.1.11条 规定此条为了检修时能够将水放空，便于作业。

第4.1.12条、第4.1.13条 为保证管道安装满足设计要求，又考虑到不可能做到十分准确，特规定此条。

第4.1.14条 规定此条是为了保证新装管道输水水质达到生活饮用水的卫生标准。

第二节 硬聚氯乙烯塑料管配管与粘接

第4.2.1条 硬聚氯乙烯塑料管的施工安装有其特殊性，规定此条为明确安装工序。

第4.2.2条 本条对配管工作工具的具体规定。要求最好选用细齿锯，是为了尽量减少断口处的毛刺，将毛刺、毛边去除，并倒角，是为了不影响粘接时不至将已插入的胶粘剂刮掉，以保证粘接质量。

第4.2.3条 本条对粘接工艺进行了具体规定。对现场操作的环境、使用工具、粘接前的准备、涂抹胶粘剂的作法、粘接过程等分款进行了详细规定。必须严格执行，否则不能保证粘接质量。本条中技术要求是总结了工程试点经验和参考国外有关资料制定的。

第4.2.4条 强调粘接完毕后需有一定的静置固化时间，以使胶粘剂充分发挥作用，保证工程质量。静置固化的时间可参考表4.2.4执行。

表4.2.4

环境温度（℃）	>10	0～10	<0
固化时间（min）	2	5	15

第4.2.5条 对0℃以下的粘接操作做了补充规定。其依据是黑龙江省的工程试点经验。

第三节 塑料管与金属管配件的螺接

第4.3.1条 对塑料管与金属管配件采用螺纹连接的使用范围作了规定。若压力大于0.6MPa，或管径大于63mm，应采取弹性密封圈连接或法兰连接等其他连接方法。

第4.3.2条 本条规定中强调了塑料管与金属管配件连接必须采用带有螺纹的注塑管件，意在不得任意在硬聚氯乙烯管上直接套丝与金属配件互接。由于国家标准《给水用硬聚氯乙烯管件》中对注塑螺纹管件的壁厚未做具体规定，本条作为该标准的补充，参考英国标准，规定了注塑螺纹部分的最小壁厚。

第4.3.3条 本条规定意在优先推荐使用塑料管作为外螺纹-金属管配件作为内螺纹的连接方式。

第4.3.4条 本条对螺接的密封填充材料做了规定。

第四节 室内管道的敷设

塑料管的刚性较差。根据试点工程的经验，绘制了"建筑给水硬聚氯乙烯管道系统节点安装推荐示意图"（见附录一），配合本节有关条文参考使用。

第4.4.1条 本条意在明确管道安装与土建的工作安排顺序及安装前的工作。

第4.4.4条 由于金属管配件自重大于塑料管，为保证管道安全特规定此条。

第4.4.5条 本条规定管道的支撑间距。由于管材壁薄，刚度较差。支撑点过多，可能会影响管道的美观，故作此规定。支撑点暗设不必考虑此点，可参照表4.4.5参照ISO/TC 558Z制定。

第4.4.7条 由于塑料管刚性比金属管差，轴向扭曲会影响使用寿命，特规定此条。

第4.4.8条 此条规定是考虑到金属管道检修时，可能会损伤塑料管道，故提出设置保护距离。

第4.4.9条 本条规定了室内喑敷的塑料管的填补材料。石灰砂浆颗粒较粗，可能会划伤管道表面，影响使用寿命。

第4.4.10条 由于塑料管刚性比金属管差，且配水点往往是经常要受外力的地方，为保证管道系统的正常工作，特规定此条。

第五节 埋地管道的铺设

第4.5.5条 塑料管穿地坪时要求设置金属套管，是为了保护塑料管和检修方便。

第4.5.6条 规定此条的目的，是防止基础沉降时将塑料管道折断。

第4.5.7条 若出户管也用塑料管则对覆土厚度有要求。覆土厚度不达标时，要采取保护措施。

第六节 安 全 生 产

第4.6.1条 胶粘剂及清洁剂属易挥发性危险品，应密闭，随用随开。

第4.6.2条 胶粘剂及清洁剂属易燃物品，并有气味，为保证施工人员的身体健康，要求防火、通风。

第4.6.3条 根据胶粘剂和清洁剂等物品性质，提出操作的劳动保护要求。

第4.6.5条 由于塑料管的强度、刚性较差，为不致出现人身伤亡事故，特规定此条。

第五章 检验与验收

第5.1.3条 硬聚氯乙烯塑料管道系统的水压试验与金属管道水压试验的要求不完全一致。本条规定是参考美国、英国、ISO标准，结合我国的实际情况制定的。

硬聚氯乙烯管材属于柔性材料，加压过快、过高会产生膨胀，导致水压试验会较详尽的误差。因此对水压试验做了较详尽的规定。规定水压试验接头有充足的固化时间；规定升压时间及稳压1h是为了消除管道膨胀对试压结果的干扰。

附录一 建筑给水硬聚氯乙烯管道系统节点安装推荐示意图

该图作为与本规程配套使用的推荐图册，是根据上海、黑龙江、福建三省、市的工程试点经验及做法编制的。编制本图册之目的是对初次使用塑料管，且尚无经验的使用者起引导作用，并不是作为强制性要求。使用者可根据当地的施工经验和做法参考选用。也希望能起到集思广益、推陈出新、丰富完善该技术的促进作用。

工程建设推荐性国家标准局部修订公告

工程建设推荐性标准《建筑排水硬聚氯乙烯螺旋管道工程设计、施工及验收规程》CECS 94:97 已由北京市市政工程设计研究总院及中国航天建筑设计研究院等编制单位根据《建筑给水排水设计规范》GBJ 15—88 于 1997 年局部修订条文的内容（1998 年 1 月 1 日施行）及新修编的《建筑排水硬聚氯乙烯管道工程技术规程》CJJ/T 29—98 中相应的条文进行了局部条文的修订。修订后的条文与上述国家标准及行业标准有关条款一致。自 1998 年 8 月 1 日起应用本规程应按下列修订条文执行。现予公告。

中国工程建设标准化协会

1998 年 8 月 18 日

中国工程建设标准化协会标准

建筑排水用硬聚氯乙烯螺旋管管道工程设计、施工及验收规程

CECS 94:97
1998 年版

主编单位：北京市市政设计研究总院
审查单位：中国工程建设标准化协会管道结构委员会
批准单位：中国工程建设标准化协会
批准日期：1997 年 11 月 14 日

前 言

硬聚氯乙烯螺旋管及侧向进水型接水管件是九十年代从国外引进的一种新型UPVC管材。螺旋管是用于建筑物内部排水立管的专用管材,其内壁有与管壁一起挤出成型的三角形螺旋肋。由于螺旋肋的导流作用,管内水流则沿管内壁螺旋状下落,管中心形成通畅的空气柱,因而显著地降低了立管内的压力波动,提高了排水能力。其配套的三通、四通横管排水入口的中线偏向立管中线接入方向的右侧,可使横管排入立管的水流沿管壁的切线方向流入,形成水流旋转力避免了进水水流与立管及立管水流的碰撞,保证了立管水流螺旋状下落,因而也降低了管道系统的噪音。

为进一步推广应用这种新型管材,通过总结国内外实践和参照国内现行建筑排水硬聚氯乙烯管道设计及施工规程,编制了本规程。

现批准《建筑排水用硬聚氯乙烯螺旋管管道工程设计、施工及验收规程》编号为 CECS 94:97,供各有关单位使用。在使用过程中,如发现需要修改或补充之处,请将意见及有关资料寄交中国工程建设标准化协会管道委员会(北京市月坛南街22号北京市市政工程设计研究总院转,邮编:100835)。

本规程主编单位:北京市市政设计研究总院
参 编 单 位:中国航天建筑设计研究院
中国沈阳平和实业有限公司
主 要 起 草 人:潘家多、李佳芬、徐志通、李国源

中国工程建设标准化协会
1997年11月14日

1 总 则

1.0.1 为了在建筑排水管道工程设计、施工及验收中做到技术先进、经济合理、便于施工、安全适用、确保质量,特制定本规程。

1.0.2 本规程适用于立管采用具有增大流量、降低噪音性能的硬聚氯乙烯(UPVC)螺旋管及其配套连接管件的生活排水管道的设计、施工及验收。

1.0.3 本规程适用于工业及民用建筑物内部连续排放温度不大于40℃,瞬时排放温度不大于80℃的生活排水管。

1.0.4 建筑排水管道工程应按设计文件和施工图施工,变更设计应经设计单位同意。

1.0.5 建筑排水管道工程用的管材、管件、密封圈、胶粘剂等应符合现行的国家标准或相应的行业标准。

1.0.6 建筑排水管道施工必须遵守国家和地方有关安全、劳动保护、防火、环保等方面的规定。

1.0.7 应用本规程时,除执行本规程外,还应符合国家现行的其它有关规范或规程中的规定。

2 引用标准

GB/T 5836.1—92　建筑排水用硬聚氯乙烯管材
GB/T 5836.2—92　建筑排水用硬聚氯乙烯管件
GBJ 15—88　建筑给水排水设计规范
CJJ 29—97　建筑排水硬聚氯乙烯管道工程技术规程

3 术 语

3.0.1 硬聚氯乙烯螺旋管　UPVC spin pipe

以氯乙烯树脂单体为主，用挤压成型的内壁有数条凸出三角形螺旋助的圆管，其三角形肋具有引导水流沿管内壁螺旋状下落的功能，是一种建筑物内部生活排水管道系统上用作立管的专用管材。

3.0.2 侧向进水型管件　turn-around typed fitting

一种进水支管与立管不在同一平面上的三通和四通管件，具有将侧向导流使进水沿立管内壁螺旋状下落的功能，是横管接入螺旋管立管的专用管件

3.0.3 螺母折压密封圈接头　nut compressed gasket joint

一种由螺母、弹性密封圈等组成的管接头，可用螺母拧紧管端丝扣来压缩管口弹性密封圈达到密封作用，是属于管端可在一定范围内伸缩并不渗漏的滑动接头。

3.0.4 立管　vertical pipe, stack

指用硬聚氯乙烯螺旋管竖向安装的排水管道。

4 管材及管件

4.0.1 排水立管用UPVC螺旋管(图4.0.1),其规格尺寸可按表4.0.1采用。

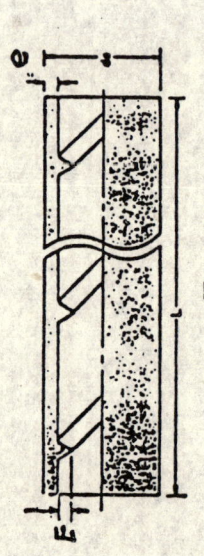

图 4.0.1

表 4.0.1 UPVC螺旋管排水立管规格尺寸(mm)

公称外径 d_e	壁 厚 e		螺旋高 E		长 度 l	
基本尺寸	基本尺寸	公差	基本尺寸	公差	基本尺寸	公差
75	2.3	+0.4	3.0	+0.4	4,000 或 6,000	±10
110	3.2	+0.6	3.0	+0.4		
160	4.0	+0.5	3.0	+0.4		

4.0.2 排水横管管材应采用挤出成型的建筑排水用UPVC管(图4.0.2),其规格尺寸可按表4.0.2采用。

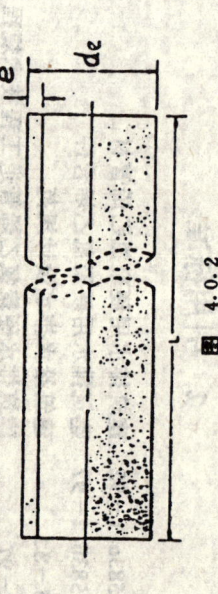

图 4.0.2

表 4.0.2 UPVC螺旋管排水横管规格尺寸(mm)

公称外径 d_e	平均外径		壁 厚 e		长 度 l	
	极限偏差		基本尺寸	允许偏差	基本尺寸	允许偏差
40	+0.3		2.0	+0.4	4,000 或 6,000	±10
50	+0.3		2.0	+0.4		
75	+0.3		2.3	+0.4		
110	+0.4		3.2	+0.6		
160	+0.5		4.0	+0.6		
200	+0.6		4.9	+0.8		

4.0.3 管道系采用的连接管件及配件应采用注塑成型的UPVC管件。

1 用于接入立管的6种侧向进水型三通及1种侧向进水型四通的规格尺寸按附录1采用。

2 用于横管系统的螺母挤压密封圆接头的弯头、三通、四通、异径管等的规格尺寸按附录2采用。

4.0.4 管材及管件的物理机械性能应符合表4.0.4的规定。

表 4.0.4 管材及管件的物理机械性能

项 目	管材指标	管件指标	试验方法
拉伸屈服强度 MPa	≥43		GB8904.1—88
断裂伸长率 %	≥80		GB8804.1—88
维卡软化温度 ℃	≥79	≥77	GB8802—88
扁平试验(压至外径的1/2)	无破裂裂纹		
落锤冲击试验	无明显异样		GB/T 14152
20℃纵向回缩率 TLR %	≤10	≤5	GB6671.1—86
烘箱试验		合格	GB8803
坠落试验		无破裂	GB8801
密度 g/cm²	≤1.5		

4.0.5 密封胶圈

1 螺母折压密封胶圈接头应采用与管材配套供应的带止水翼的圆形截面,其规格尺寸可按表4.0.5采用。

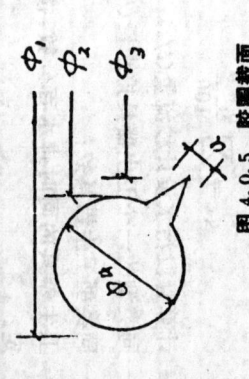

图4.0.5 胶圈截面

表4.0.5 螺母折压密封胶圈接头规格尺寸(mm)

管材公称外径 d_e	ϕ_1	ϕ_2	ϕ_3	a
50	72.8	60.2	58	6.3
75	102.9	89.1	86.1	6.9
110	126.6	111.5	108	7.5
160	177.5	161.5	157	8

注:表中 a 值: 1.2, 1.4, 1.5, 1.8

2 密封胶圈应采用耐油橡胶模压制作,其物理力学性能应符合下列规定:

硬度(邵尔A)	55~62
拉伸强度 MPa	>13
拉断伸长率 %	>300
使用温度范围 ℃	-40~+60
脆性温度 ℃	-35
老化系数70℃×72h	0.8

4.0.6 管托、立管卡、吊顶等支承件,紧固件宜采用塑料产品或铸铁制作,其规格尺寸由厂方提供。

4.0.7 防火套管宜采用无机材料和化学阻燃剂制作,阻火圈宜采用阻燃型产品,其规格尺寸及防火性能由厂方提供。

5 基本设计规定

5.0.1 每根硬聚氯乙烯排水立管与各层接入的横管应为独立的单立管排水系统,并由排出管接出到室外埋地污水管道。

5.0.2 螺旋立管通过设计流量时,其噪音增量不大于2dB(A),在室内环境噪音为37dB(A)时,其噪音增量不大于2dB(A),且不大于铸铁排水管通过设计流量时的噪音。

5.0.3 设计流量计算:

1 卫生器具的排水流量、当量及同时排水百分数,排水管径可按表5.0.3确定。

表5.0.3-1 卫生器具的排水流量、当量及同时使用百分数

卫生器具名称	流量 l/s	当量	同时排水百分数 b						排水管外径 d_e (mm)
			工业企业生活间	公共浴室	洗衣房	影剧院	体育场馆	公共饮食业	实验室
洗涤、污水盆	0.33	1.0	33	15	33	50	50	50	40	50
洗脸盆	0.25	0.75	80	80	60	50	50	60	—	40~50
浴盆	1.00	3.0	—	50	—	—	—	—	—	110
淋浴器	0.15	0.45	100	100	100	100	100	100	100	110
大便器(高水箱、低水箱冲落式、自闭式)(虹吸阀)	1.5	4.5	12	12	12	12	12	12	12	110
低水箱大便器	2.0	6.0	12	12	12	12	12	12	12	110
≤4蹲位大便槽冲洗	2.5	7.5	30	30	—	30	30	30	—	110
>4蹲位大便槽冲洗	3.0	9.0	30	30	—	30	30	30	—	160
自动冲洗水箱冲洗小便器	0.17	0.5	100	100	—	100	100	100	—	40~50
自闭式冲洗阀冲洗小便器	0.10	0.3	10	10	—	20	10	10	10	40~50
小便槽冲洗水箱冲洗(每米长)	0.17	0.5	40	40	—	40	40	40	—	110
小便槽冲洗阀冲洗(每米长)	0.05	0.15	100	100	—	100	100	100	—	110
化验盆(三联龙头)	0.2	0.6	—	—	—	—	—	—	30	50
家用洗衣机	0.5	1.5	—	—	80	—	—	—	—	50
盥洗槽(每龙头)	0.2	0.6	80	80	—	60	80	60	30	50~75

2 住宅、集体宿舍、旅馆、医院、幼儿园、办公楼、学校等建筑生活污水管道的设计秒流量应按公式5.0.3-1计算：

$$q_u = 0.12\alpha\sqrt{N_P} + q_{max} \quad (5.0.3-1)$$

式中 q_u ——计算管段污水设计秒流量；
N_P ——计算管段的卫生器具排水当量总数；
α ——根据建筑物性质而定的系数，按表5.0.3-2确定；
q_{max} ——计算管段排水流量最大的一个卫生器具的排水流量（L/s）。

注：如计算所得流量大于该管段上该卫生器具排水流量累加值时，应按卫生器具排水流量累加值计。

表5.0.3-2 根据建筑物用途而定的系数α值

建筑物名称	集体宿舍、旅馆和其它公共建筑的盥洗室和公共卫生间	住宅、医院、旅馆、疗养院的卫生间
α值	1.5	2.0～2.5

3 工业企业生活间、公共浴室、洗衣房、公共食堂、实验室、影剧院、体育场等污水的设计秒流量按公式5.0.3-2计算。

$$q_u = \sum \frac{q_p n_o b}{100} \quad (5.0.3-2)$$

式中 q_u ——计算管段污水设计秒流量（L/s）；
q_p ——同类型的一个卫生器具排水流量（L/s）；
n_o ——同类型卫生器具数；
b ——卫生器具的同时排水百分数，按表5.0.3-1确定。

注：当计算排水量小于一个大便器排水量时，应按一个大便器的排水流量计算。

5.0.4 螺旋管立管的通水能力：

1 立管的通水量不得大于表5.0.4-1规定的通水能力

表5.0.4-1 排水立管的通水能力

公称外径	最大通水能力 [Q] l/s
75	3.0
110	6.0
160	13.0

2 立管的当量负荷可按表5.0.4-2采用。

表5.0.4-2 立管的当量负荷

d_e	[Q] l/s	q_{max} l/s	$([Q]-q_{max})/0.12\alpha)^2$			[Q]/0.33
			集体宿舍、旅馆等公共建筑的公共卫生间 α=1.5	住宅、旅馆、医院、疗养院的卫生间 α=2.0～2.5	工业企业生活间等公共建筑	
75	3.0	0.5	193	109～69.4		9.1
		1.0	123	69.4～44.4		
110	6.0	1.5	625	352～225		18.2
		2.0	494	278～178		
160	13.0	1.5	4082	2296～1496		39.4
		2.0	3735	2101～1344		

5.0.5 横管的通水能力：

1 横管坡度不得小于表5.0.5-1规定。

表5.0.5-1 横管坡度表

公称外径 d_e	坡度	公称外径 d_e	坡度
50	0.025	160	0.007
75	0.015	200	0.005
110	0.012		

2 横管最大计算充满度应按下列规定：

$d_e \leqslant 110$，0.5；

3 d_e 50～200mm 横管的流量 $Q(l/s)$ 和流速 $v(m/s)$ 可按表 5.0.5-2 采用。

表 5.0.5-2 排水横管流量 $Q(l/s)$ 和流速 $v(m/s)$ 表

坡度	充满度 0.5						充满度 0.6			
	d_e 50		d_e 75		d_e 110		d_e 160		d_e 200	
	Q	v	Q	v	Q	v	Q	v	Q	v
0.005	/	/	/	/	2.90	0.69	10.82	0.95	19.58	1.10
0.006	/	/	/	/	3.18	0.75	11.86	1.04	21.36	1.20
0.007	/	/	1.22	0.63	3.43	0.81	12.81	1.13	23.14	1.30
0.008	/	/	1.31	0.67	3.67	0.87	13.69	1.20	24.74	1.39
0.009	/	/	1.39	0.71	3.89	0.92	14.52	1.28	26.34	1.48
0.01	/	/	1.46	0.75	4.10	0.97	15.31	1.35	27.77	1.56
0.012	0.52	0.63	1.60	0.82	4.49	1.07	16.77	1.48	30.26	1.70
0.015	0.58	0.70	1.79	0.92	5.02	1.19	18.75	1.65	34.00	1.91
0.02	0.67	0.81	2.07	1.06	5.80	1.38	21.65	1.90	39.16	2.20
0.025	0.74	0.89	2.31	1.19	6.48	1.54	24.21	2.13	43.79	2.46
0.3	0.81	0.97	2.53	1.30	7.10	1.68	26.52	2.33	47.88	2.69
0.035	0.88	1.06	2.74	1.41	7.67	1.82	28.64	2.52	51.80	2.91
0.04	0.94	1.13	2.93	1.51	8.20	1.95	30.62	2.69	55.36	3.11
0.045	1.00	1.20	3.10	1.59	8.70	2.06	32.47	2.86	58.74	3.30
0.05	1.05	1.26	3.27	1.68	9.17	2.18	34.23	3.01	61.94	3.48
0.06	1.15	1.38	3.58	1.84	10.04	2.38	37.50	3.30	67.82	3.81

注：表中计算采用粗糙系数 $n = 0.009$。

6 管道系统的布置及连接

6.0.1 明设管道的布置应按下列规定：

1 管道不得布置在食堂、食品贮藏柜、烹调灶具及操作部位的上方。

2 管道不得穿越卧室、食品贮藏柜、烟道、风道、沉降缝、伸缩缝、防火墙等设施。

3 工业建筑中，管道不得布置在遇水会引起燃烧、爆炸或损坏的原料、产品和设备的厂房或车间内，在管道可能受机械撞击部位，应采取保护措施。

4 排水立管宜设置在排水量大的器具附近的墙边、墙角或立柱处，立管距边卫生器具的最大距离不得小于 400mm，与供暖管道的净距不得小于 200mm，且不得因热辐射使管外壁与墙饰面温度高于 40℃。

5 立管连接管件螺丝帽外侧与墙饰面的距离不得小于 25mm。

6.0.2 高层建筑中管道布置应符合下列规定：

1 立管宜敷设在建筑物的管道井内，并靠近一端的井墙；

2 管径等于或大于 110mm 的明设立管穿越楼层处应有防止火灾穿贯的措施。

3 管径等于或大于 110mm 的横支管接入排水横管处应有防火灾穿分隔的措施。当横管穿越井壁处可不设防火层立管时，在楼板处应有防火分隔时，上述横管不得设置转弯管段。

6.0.3 排出管以上立管不得设置转弯管段。

6.0.4 排水立管底部和排出管管径应比立管大一号管径。

6.0.5 接入立管的最底层层横支管不得大于立管径。

6.0.6 房屋最底小于表 6.0.6 的规定。层数超过 20 层，不能满足表中的垂直距离不得小于表 6.0.6 的规定。层数超过 20 层，不能满足表中的要求时底层应单独排出。

表6.0.6 最低横支管接入立管处至排出管底的垂直距离

立管连接卫生用具的层数（层）	垂直距离（m）
≤6	0.45
7～12	0.75
13～19	1.20
≥20	3.00

注：表中垂直距离指横支管中心与排出管底距离。

6.0.7 管道连接

1 横管接入立管的三通及四通管件必须采用4.0.3条中的螺母挤压密封圈接头，亦可采用粘接接头的侧向进水型管件。

2 横管接头宜采用螺母挤压密封圈接头。

7 伸缩节的设置

7.0.1 当层高不大于4m时，螺旋管立管可不设置伸缩节。

7.0.2 横管采用可伸缩管的螺母挤压密封圈接头，且其直线管段不大于4m时，可不设置伸缩节。

7.0.3 横管采用粘接接头时，其伸缩节的设置应按下列规定：

1 横管上固定支承到立管距离小于4m时，可不设置伸缩节。

2 横管上固定支承（或三通、弯头等连接管件）之间直线距离大于2m时应设置伸缩节，二个伸缩节之间最大距离不宜大于4m。

3 横管上直线距离大于4m时应根据管道设计伸缩量和伸缩节最大允许伸缩量由计算确定。

4 管道设计伸缩量不得大于伸缩节的最大允许伸缩量。

5 明设管道受内外介质和温度变化产生的伸缩量可按(7.0.3)式计算：

$$\Delta l = 0.07 l \Delta t \quad (7.0.3)$$

式中 l——管段长度(m)；
Δt——温差(℃)；
0.07——UPVC管线膨胀系数 (mm/m ℃)；
Δl——由温差引起的伸缩量(mm)。

注：式中 Δt 为闭合温差，可采用安装时大气温度与使用中可能出现的最高和最低大气温度的温差，可取±25℃。

6 横管伸缩节宜设在水流汇合管件上游端。

7.0.4 埋地排出管上一般不设置伸缩节。

7.0.5 埋设于混凝土墙或柱内的管道不应设置伸缩节。

8 伸顶通气管

8.0.1 房屋每组单位排水管系统最高层立管在接入横管处必须设置向上延伸至屋顶外与大气层连通的伸顶通气立管。在最冷月平均气温低于-13℃地区，连通的伸顶通气立管从室内顶棚下0.3m处将管径放大1级。

8.0.2 伸顶通气管径不得小于立管管径。

8.0.3 伸顶通气管顶端管口伸出屋顶的高度不得小于下列规定：
1 不上人屋顶不得小于300mm。
2 上人屋顶不得小于2000mm。
3 应比屋顶最大积雪或积灰厚度高出300mm。

8.0.4 通气管顶端必须设通气帽。

9 清扫口和检查口

9.0.1 房屋底层的立管上必须设置检查口(清扫口)。高层建筑每隔6层设检查口，最冷月平均气温低于-13℃地区，立管还应在最高层室内顶棚0.5m处设检查口。

9.0.2 检查口中心位置可设在离地面1m处。

9.0.3 横管的直线管段上设置检查口(清扫口)之间的最大距离不宜大于9.0.3的规定。

表9.0.3 横管在直管段上检查口(清扫口)之间的最大距离

d_e (mm)	50	75	110	160
距离 m	10	12	15	20

9.0.4 横管水流转角小于135°时必须设清扫口。

9.0.5 横管连接4个及4个以上的大便器时宜设清扫口。

9.0.6 d_e≤110mm横管上清扫口的管径应与横管管径相同。清扫口应设置于便于检修的位置。

9.0.7 底层埋地横管上接出安装在地面上的清扫口顶面必须与地面做平。

9.0.8 设置在管道井内的立管和设置在吊顶内的横管，在其检查口或清扫口位置应设检修门。

10 管道支座

10.0.1 立管支座可按下列规定。

1 立管穿越楼板处应按固定支座设计。建筑物管道井内的立管固定支座,应支承楼板,在每层楼板处在井内设置的刚性平台或支架上。

2 层高≤4 m 时,立管每层可设一个滑动支座;层高≥4 m 时,滑动支座间距不宜大于 2 m。

10.0.2 横管支座可按下列规定:

1 横管支座间距可按表 10.0.2 规定。

表 10.0.2 横管最大支座间距

d_e (mm)	40	50	75	110	160
最大间距(m)	0.4	0.5	0.75	1.1	1.6

2 横管上设置伸缩节时,每个伸缩节两端必须设置固定支座。

3 横管穿越承重墙处可按固定支座设计。

10.0.3 管托或管卡与管壁之间应留有微隙,管道在活动支座处应光滑。管卡或管箍的内壁应光滑。管道在活动支座处有微隙;在固定支座处应箍紧管壁并保持符合要求的固定度。

10.0.4 固定支座应用型钢制作并锚固在墙或柱上;悬吊在楼板、梁或屋架下的吊架支座的吊架应用型钢制作并锚固在楼板、梁或屋架结构内。

10.0.5 悬吊在地下室和架空排出管、在立管底部肘管托或吊架或吊托架应考虑管内落水时的冲击影响,在高层建筑中,当d_e≤100mm时,不宜小于 30 kN;d_e=160 mm 时,不宜小于 60 kN。

11 埋地管道敷设

11.0.1 室内外地坪以下埋地立管及排出管应敷设在原状土上或地坪回填夯实后重新开挖的槽内。

11.0.2 室内外排出管开挖槽底宽不宜小于管外径 d_e+300 mm。管道基础采用 90°弧形土(砂)基,管底以下砂基厚度不得小于 100 mm。

11.0.3 排水立管底部排出管连接弯头下应采用混凝土基础,混凝土等级不低于 C15,平面尺寸的长、宽不得小于 3 倍管外径,管底以下厚度不得小于 100 mm,高度应浇筑至管中心平面,基础中心应对应立管中心。

11.0.4 排出管穿墙处,在砖墙内应埋预留套管,套管可用钢、铸铁、混凝土等材料制作;在混凝土墙内可预留套管或预留洞。套管或预留洞内径不得小于穿越管外径加 100 mm。

12 管道穿越墙板构造要求

12.0.1 立管穿越混凝土楼板时宜设带止水环的专用套管,如为施工预留洞,则直径不得小于管外管外径加100 mm。预留洞、套管与管道之间缝隙可用无收缩快硬硅酸盐水泥 C20 细石混凝土分二次浇捣密实。并应结合地面找平层或铺装层在管道周围筑成厚度不小于 20 mm、宽度不小于 30 mm 的阻水圈。

12.0.2 立管穿越屋面混凝土层时必须预埋套管、套管高出屋面不得小于 50 mm,再在其上做防水面层。

12.0.3 横管穿越承重墙时,如为固定支承,其构造与12.0.1条同,如为活动支承,应采用套管,套管至少比穿越管大一级管径,其缝隙可用柔性嵌缝材料填实。穿越地下室外墙至穿越处迎水面上用防水材料做止水环。穿越地下室外墙时,穿墙处防水应结合地下室外墙防水采取相应防水措施。

12.0.4 高层建筑室内明敷管道,当设计要求采取防止火灾贯穿措施时,应符合下列要求:

1. 立管管径≥110 mm 时,在楼板贯穿部应设置防火套管。防火套管一般设在楼板穿板处上、下端管的外壁,其长度不小于 0.5 m。横管管径一般设在楼板穿板处底部。
2. 横管管径≥110 mm 时,穿越管井井壁的贯穿部应设置防火套管或阻火圈。
3. 横管穿越防火分区隔墙时,管道穿越墙体两侧均应设置防火套管或阻火圈。

13 施工准备

13.0.1 管道工程施工安装前应具备下列条件:

1. 设计图纸及其他技术文件齐全,并由设计单位进行设计交底。
2. 批准的施工方案或施工组织设计并已进行技术交底。
3. 材料、施工力量、施工机具及施工现场的用水、电、材料贮放场地等条件能满足施工需要,保证正常施工。

3.0.2 施工安装前应了解建筑物的结构并根据设计图纸和施工方案制定与土建工种及其他工种的配合措施。安装人员必须熟悉设计图纸、楼板螺旋及其配套管材管件的性能,掌握其基本操作要求,严禁盲目施工。

3.0.3 在整个建筑物结构工程施工过程中,应配合土建作好管道硬聚氯乙烯、楼板等结构的预留洞、预埋套管及凿洞工序,预埋和位置正确,如设计无规定时,应由现场技术负责人确定。

3.0.4 应对管材及管件的外观和接头配合的公差进行仔细检查,应清除管材及管件外污垢和杂物。

14 材 料

14.0.1 管材、管件应标有生产厂名称、规格及执行标准号,检验部门测试报告和出厂合格证。包装上应标有批号、数量和生产日期、检验代号。

14.0.2 管材与管件的外观质量应符合下列规定:

1 管材和管件的颜色应一致,无色泽不均及分解变色线。

2 管材和管件内外壁应光滑、平整,无气泡、无裂口和裂纹、脱皮和严重的冷斑及明显的痕纹、凹陷。

3 管材严重弯曲,其直线度偏差应小于1%;端口必须平整并垂直于轴线。

4 管件应完整无损、变形,浇口及溢边应修整平整,无开裂,内外表面平滑。

5 管材在同一截面的壁厚偏差不得超过14%,其外径、壁厚及公差应符合表4.0.1及表4.0.2的规定。

14.0.3 管材和管件的物理力学性能应符合表4.0.5的规定。

14.0.4 密封胶圈的物理力学性能应符合第4.0.5条第2款的规定。

14.0.5 胶粘剂

1 胶粘剂应标有生产厂名称、生产日期和使用年限,并应有出厂合格证和说明书。

2 胶粘剂应呈自由流动状态,不得为凝胶体,应无异味,色度<1°,混浊度<0.5°。在未搅拌的情况下不得有分层现象和析出物出现;胶粘剂内不得含有团块,不溶颗粒和其他杂质。

3 胶粘剂使用的剪切强度应≥5.0MPa(23℃,固化时间72h)。

4 寒冷地区使用的胶粘剂,其性能应适应当地的气候条件。

14.0.6 管托、管卡、管箍等支承件,紧固件宜采用生产厂配套制作的标准件。当采用金属材料制作时,应符合相应的精度要求,并应作相应的防腐处理。

14.0.7 防火套管、阻火圈必须采用由权威单位许可的工厂生产的产品。

14.0.8 长期存放的材料,在使用前必须进行相应的外观检查和必要的技术鉴定和复查。当施工现场与库存管材温差较大时,应在安装前将所用管材在现场放置一定时间,使其温度接近环境温度。

15 贮 运

15.0.1 管材应按不同规格分别进行捆扎，每捆长度应一致，重量不宜超过50kg。

15.0.2 管材和管件在运输、装卸和搬动时应小心轻放、排列整齐，避免油污。不得受到剧烈撞击、尖锐物品碰触，不得抛、摔、滚、拖。

15.0.3 管材和管件均应存放在温度不超过40℃有良好通风的库房或棚内，不得露天存放，距热源不得小于1m。

15.0.4 管材应水平堆放在平整的地面上，支垫物宽度不得超过0.5m，堆放高度不得超过1.5m。管件立放不得叠置过高。凡能立放的管件，均按逐层码放整齐，不能立放的管件，亦应顺次插叠开放置，其贮存条件与管件相同。

15.0.5 管件不得叠置过高。凡能立放的管件，均按逐层码放整齐，不能立放的管件，亦应顺次插叠开放置，其贮存条件与管件相同。

15.0.6 与管件配套供应的密封胶圈不得与管口相对地整齐排列，间距不得大于1m，外悬端部不得超过0.5m，堆放高度不得超过75mm，间距不得大于1.5m。

15.0.7 胶粘剂、丙酮等易燃品，宜存放于危险品仓库中。在存放、运输和使用时必须远离火源，存放处应阴凉干燥，安全可靠，严禁明火。

16 管道安装及敷设

16.0.1 地面以上管道必须在埋地管道铺设完毕并验收后进行。

16.0.2 埋地管道的铺设可按下列规定：

1 室内外地坪以下管道铺设应在土建工程回填土夯实以后重新开挖进行。严禁在回填土之前或未经夯实的土层中铺设。

2 铺设管道槽、管底土弧基础铺设砂厚度夯实后不得小于100mm，突出尖硬物体、管底助角下填砂厚度夯实后不得小于管外径的1/4，铺设后管底助角下填砂厚度夯实后，经复核无误后，应进行灌水试验。

3 管道应按设计标高和坡度敷设，经复核无误后，应进行灌水试验。

4 灌水试验高度不得低于底层地面高度，满水15分钟后若水面下降，再灌满延续5分钟，以液面不下降为合格。放水后应检查水封水封内水沾出。

5 灌水试验前应检查各受水管口封闭，填堵孔洞，存水弯水封内水沾出。

6 灌水试验由施工单位主持，邀请有关方面人员参加，试验合格后，应办理隐蔽工程验收。

7 管两侧沟槽回填土应分层夯实，回填土质应满足密实度要求时，回填土最佳密实度不得小于90%，如现场土质不能满足密实度要求时，可用粗砂回填，其最佳密实度不得小于85%。严防夯坏已铺设的管道。如用机械回填，则管顶上应有300mm以上已踩实的土层。

8 管道穿墙构造应按设计图纸施工，如设计无规定时，可按第12章中规定。立管离墙面较近时，其混凝土墩可紧贴墙基筑并应支承在墙基础上。

9 埋地管道尚未修建，其伸出支承长度不宜小于1m，如室外排水管道已建管道尚未修建，其伸出管长度不宜小于1m，如外部排水管道已建成，则可待建筑土建施工结束后，再从外墙出口处接入已建管道检查井。

10 墙外排水管在穿越街坊道路时，若复土高小于700 mm，应采取相应的保护措施。

16.0.3 埋地管与室外检查井的连接应按设计图纸施工，如设计无规定时，可按下列规定：

1 接入井壁处管端外侧应涂刷胶接剂后滚粘干燥粗砂，宽度不得小于井壁厚度。

2 相接部位缝隙应用M7.5标号水泥砂浆分二次嵌缝，先填实至离井外皮30 mm处，待水泥砂浆初凝后，再填实预留的缝隙，并在井外壁沿管周围抹一圈突出止水环。

3 位于软土地基或连接入井短管采用柔性接头，其连接应符合设计要求。沼泽、地下水位高的地点，在管道上设置能适应沉降的柔性连接接头，其连接要求及构造应符合设计要求。

16.0.4 室内管道安装。

1 室内明设管道安装宜在土建墙面粉饰完成后连续进行，安装前应复核预留孔洞的标高及位置，发现不符合要求时，应在安装前采取相应措施，满足安装要求。

2 安装前应按土建实测尺寸，绘制实测小样图，选定合格的管子和管件，进行配管和断管。预制管段配制完成后应按小样图核对节点尺寸及管件接口朝向。

3 选定支承型规格要求位置锚固支承及固定支座应符合设计要求。支承件应按设计要求其它材料制作的支承件，也可采用其它材料制作的支承件，支承件与管道的滑动支承件在墙或楼板内，安装应平整牢固，支承件按设计紧密度应按活动或固定支座要求控制，但不得损伤管道。

4 钢制支承件应作防腐处理。与塑料管间应采用塑料、橡胶等弹性物质隔垫，不得用硬物隔垫。

5 管道安装宜自下向上分层进行，先安装立管，后安装横管。连续施工，安装间断时，敞口处应临时封闭。

16.0.5 立管安装可按下列规定：

1 应先按设计要求设置固定支座和滑动支座，后进行立管吊装。

2 立管向侧进水型管件，连接管端插入深度应按施工现场温度计算确定，可按表17.0.1采用。

3 安装时先将管段吊正，随即将立管立管固定在预设的支座上。立管件螺丝帽外侧与饰面的距离不得小于25 mm，不宜大于50 mm。

4 立管安装完毕后，应配合土建按设计图纸将其穿楼板处孔洞封严。

5 立管顶端伸出屋顶通气管安装后，应立即安装通气帽。

16.0.6 横管的安装可按下列规定：

1 应按设计要求设置固定支座和滑动支座。楼板下悬吊管设置应固定吊架。

2 先将配制好的管段用铁丝临时吊挂在已预埋的支承件或临时设置的吊件，查看无误后再进行伸缩节的安装及管段间的连接。

3 管道连接后应及时调正定位。其坡度不得小于设计规定的坡度。当设计无规定时，坡度可采用0.02～0.025。

4 采用粘接连接头的管道，临时采取固定措施，待粘接固化后再紧固该管卡上的管卡，拆除铁丝。

5 采用螺纹圈接头连接的管道，管端插入深度应按施工现场温度计算确定。可按表17.0.1的规定。

16.0.7 配管应符合下列规定：

1 锯管长度应根据实测并结合各连接管件的尺寸逐层确定。

2 锯管工具宜采用细齿锯、割刀或专用断管机具。

3 断口应平整并垂直于轴线。断面处不得有任何变形，并除去断口处的毛刺和毛边。

17 管道接头的连接工艺

17.0.1 螺纹胶圈滑动接头可按下列规定：

1 应采用注塑螺纹管件，不得在管件上车制螺纹。
2 密封圈止水翼位置应正确。
3 清除管子及管件上的油污杂物，接头上应保持洁净。管端插入接头允许滑动部分的伸缩量应闭合温差计算确定，可按表17.0.1规定。

表17.0.1 管长为 4 m 时管口伸缩量表

施工现场温度	设计最大升温	设计最大降温	伸量 mm	缩量 mm
10℃~25℃	30℃	35℃	8.4	9.2
20℃~35℃	20℃	45℃	5.6	12.6
0℃~15℃	40℃	25℃	11.2	7.0

注：①表中以室内最高温度 40m，最低温度—10℃的温度差计算。
②长度小于 4m，可按长度比例增减。
③温差小的地区可按实际温差计算伸缩量。

4 插入深度确定后应试插一次，并按插入深度要求在管口表面划出标记。

5 组装时，在确认密封圈、螺帽等位置方向正确无误后，可将管端平直插入承口到底，再按出到管壁划出标记的位置，螺帽先用手拧紧后再用专用工具。要用力适当，防止螺帽裂。

17.0.2 管道粘接工艺应按下列规定执行：

1 管道粘接不宜在空气湿度很大的环境下进行，操作场所应远离火源，防止撞击。
2 管子和管件在粘接前应用清洁纱布或将承口内侧和插口外侧擦拭干净，保持粘接面干净，无尘土与水迹。当表面沾有

4 对粘接连接的插口管端应削坡口（外角），切削角度可为 15°~30°，其预留尖端厚度宜为 1/3~1/2 管壁厚，削角可用板锉，完成后应将残屑清除干净。

5 应对插口的配合程度进行检验。可将承插口进行试通，对粘接连接的插口与承口的紧密程度应符合公差要求，用力插入，试插深度宜为承口长度的 1/2~2/3，合格后作出标号，进行对号入座安装。

油污时，应用棉纱蘸丙酮等清洁剂擦净。

3 用油刷涂抹胶粘剂时，应先涂承口内侧，后涂插口外侧。涂抹承口时应顺轴向由里向外，涂抹均匀、适量，不得漏涂或涂抹过厚。

4 承插口涂刷胶粘剂后，宜在 20 s 内对准轴线一次连续用力插入。管端插入承口深度应根据实测承口深度，在插入管端表面划出插入深度标记。插入后可旋转 90°。

5 插接完毕，应即刻将接头外部挤出的胶粘剂擦拭干净，应避免受力，静置至接口固化为止，待接头牢固后方可继续安装。

6 粘接接头不宜在环境温度 0℃以下操作，应防止胶粘剂结冻。不得采用明火或电炉等设施加热胶粘剂。

18 安装质量要求

18.0.1 管道系统安装完毕后应对管道的外观质量和安装尺寸进行复核检查，其质量要求如下：

1 管道和实测尺寸，应符合设计要求。

2 立管应垂直，横管坡度应均匀且一致且不小于规定的坡度，管道安装不得明半暗。

3 固定及滑动支座、管卡等支撑件位置应正确牢固。与管身的接触应平整，不得嵌有杂物。

4 立管和横管的检查口、清扫口均应装在便于检修的位置。

5 螺母挤压密封圈接头的插入深度的插入深度是否符合规定、螺帽安装是否符合要求、粘接接头是否牢固可靠。

6 伸缩节安装位置与插入深度以及固定支座的位置应符合设计及第 7 章的规定。

7 与横管连接的各卫生器具的受水管口和立管口应采取妥善可靠的固定措施。

8 立管和横管内杂物均应清除干净，管道应畅通，管道堵塞时，不得使用带有锐边尖头的机具清通。

9 管道穿楼板和墙的孔洞的土建补洞应按规定堵实，接合部应符合渗漏措施是否牢固可靠，严禁接合部门出现漏水现象。

18.0.2 管道安装允许偏差及检验方法应符合表 18.0.2 规定。

表 18.0.2 管道检验项目及方法

检查项目	允许偏差	检验方法	注
立管直度	①每 1 m 高不大于 3 mm ② H<5m，全高<10mm ③ H>5m，全高<30mm	挂线锤和用钢尺量	H 为立管高度，L 为横管长度，必须全部符合三种情况
横管弯曲度	①每 1 m 长不大于 2 mm ② L<10m，全高<8mm ③ L>10m，每 10m<8 mm	用水平尺量	
卫生器具的排水管口及横支管的纵横坐标	单独器具不大于±10mm 成排器具不大于±5 mm	用水平尺和钢卷尺量	
卫生设备口标高	单独器具不大于±10 mm 成排器具不大于±5 mm	用水平尺和钢卷尺量	

18.0.3 施工完毕的管道应严格进行通水试验。高层建筑可根据管道布置分层、分段做通水试验。

18.0.4 通水试验应按给水系统的 1/3 配水点同时开放，检查排水管道系统是否畅通，有无渗漏。

19 工程验收

19.0.1 排水管道工程应按分项、分部工程及单位工程验收。分项、分部工程应由施工单位自行验收，单位工程应由主管单位组织施工、设计、建设和其他有关单位联合验收。验收应做好记录、签署文件、立案归档。

19.0.2 分项、分部工程的验收，单位工程的竣工验收情况，分为中间验收和竣工验收，可根据管道验收评定记录，分部工程的验收基础上进行。

19.0.3 验收时应具备下列文件。
1 施工图、竣工图及设计变更文件。
2 主要材料、零配件、制品的出厂合格证或试验记录。
3 中间试验记录和隐蔽工程验收记录。
4 灌水和通水试验记录。
5 工程质量事故处理记录。
6 分项、分部、单位工程质量检验评定记录。

19.0.4 单位工程验收时应检查下列项目：
1 立管垂直度、横管弯曲度、卫生洁具排水管接口的纵横坐标是否符合表 18.0.2 的规定。
2 连接点或接头的整洁、牢固和密封性。
3 固定和活动支架、吊架、管托等支承件安装位置的正确性和牢固性。
4 穿建楼板、墙等孔洞的牢固性和密封性。
5 伸缩节设置与安装的正确性，伸缩节、螺母挤压密封图接头预留伸缩量的准确性。

20 安全生产

20.0.1 胶粘剂及清洁剂等易燃物品的存放处必须远离火源、热源和电源,室内严禁明火。

20.0.2 胶接剂及清洁剂的瓶盖应随用随开,不用时应即盖紧。严禁非操作人员使用。

20.0.3 管道粘接操作场所,禁止明火,场内通风要求良好。集中操作场所,宜设置排风设施。

20.0.4 管道粘接时,操作人员应站在上风向,并应配戴防护手套、眼镜和口罩等劳保用具,避免皮肤、眼睛等与胶粘剂直接接触。

20.0.5 冬季施工应采取防寒防冻措施,操作场所应保持室内空气流通,不得密闭。

20.0.6 管道严禁攀踏、系安全绳、搁搭脚手板,用作支撑或借作它用。

附录 A 旋转进水型管件规格尺寸

A.1 三 通

A.1.1 中心横向进水型

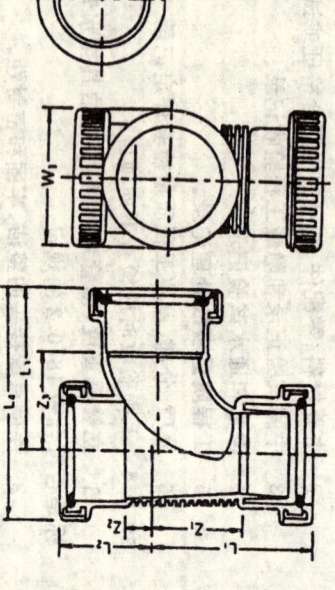

表 A.1.1 中心横向进水型三通规格尺寸(mm)

规格	Z_1	Z_2	Z_3	L_1	L_2	L_3	L_4	W_1
160×110	105	55	127	181	130	201	301	200
110×110	87	32	112	161	106	187	262	150.5
110×75	87	32	109.5	161	106	171.5	247	150.5
110×50	87	32	107	161	106	143	218	150.5

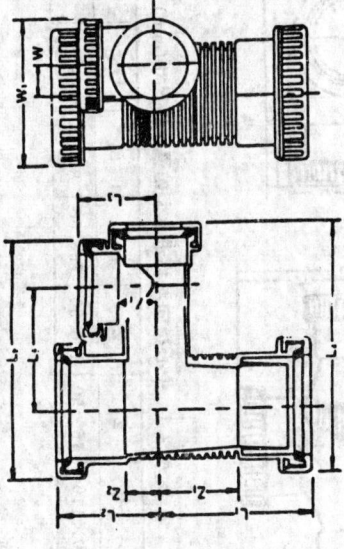

A.1.2 右侧横向进水型

表 A.1.2 右侧横向进水型三通规格尺寸(mm)

规格	Z_1	Z_2	Z_3	L_1	L_2	L_3	L_4	W	W_1
110×110	87	32	87	161	106	161	235.5	54	203
110×50	87	32	89	161	106	126	200.5	40	58
75×50	78	32	76	141	95	113	174	28	132

表 A.1.3 右侧竖向进水型三通规格尺寸(mm)

规格	Z_1	Z_2	Z_3	L_1	L_2	L_3	L_4	L_5	W	W_1
110×50	87	32	34	161	106	71	250	120	238	40	158
75×50	78	32	34	141	95	71	227	110	214	28	132

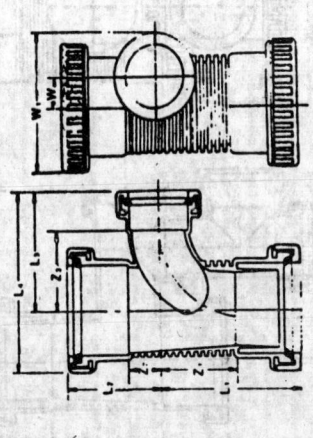

A.1.3 右侧竖向进水型

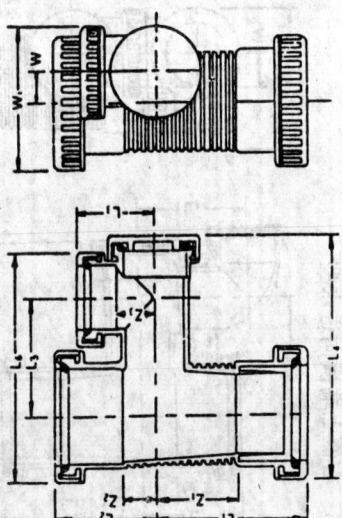

A.1.4 右侧竖向及横向双管进水型

表 A.1.4 右侧竖向及横向双管进水型三通规格尺寸(mm)

规格	Z_1	Z_2	Z_3	L_1	L_2	L_3	L_4	L_5	W	W_1
110×50×50	87	32	34	161	106	71	250	120	238	40	158
75×50×50	78	32	34	141	95	71	227	110	214	28	132

A.1.5 右侧上端横向进水型

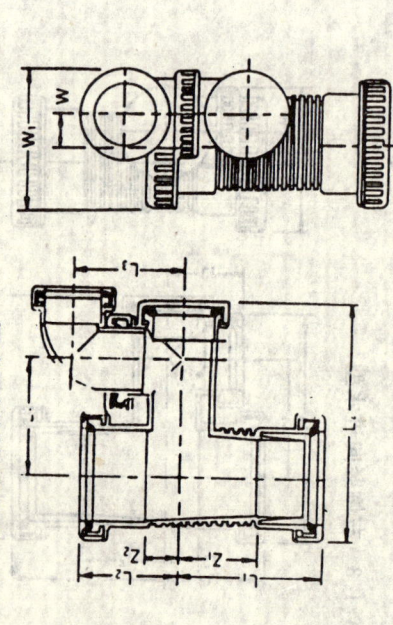

表 A.1.5 右侧上端横向进水型三通规格尺寸(mm)

规格	Z_1	Z_2	L_1	L_2	L_3	L_4	L_5	W	W_1
110×50×50	87	32	161	106	114	250	120	40	158
75×50×50	78	32	141	95	114	227	110	28	132

A.1.6 右侧上端竖向及横向进水型

表 A.1.6 右侧上端竖向及横向进水型三通规格尺寸(mm)

规格	Z_1	Z_2	L_1	L_2	L_3	L_4	L_5	W	W_1
110×50×50	87	32	161	106	114	250	120	40	158
75×50×50	78	32	141	95	114	227	110	28	132

A.2 四 通

A.2.1 中心横向对称进水型

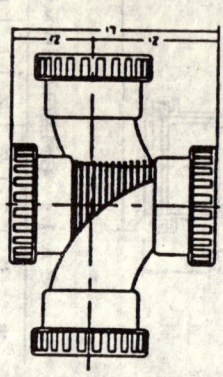

表 A.2.1 中心横向对称进水型四通规格尺寸(mm)

规格	Z_1	Z_2	L_1	L_2	L_3	L_4
110×110	159.50	106.50	266.00	84.00	186.50	373.00

A.1.6 右侧上端竖向及横向双管进水型

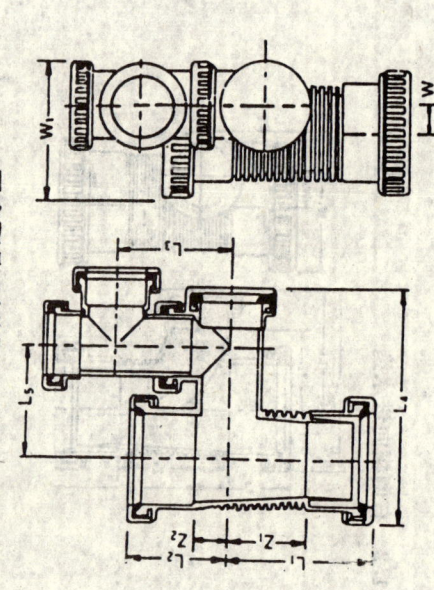

附录 B 采用螺母挤压密封圈接头的管件规格尺寸

B.0.1 螺母挤压密封圈接头规格

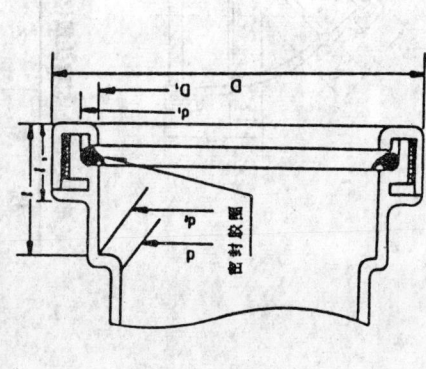

表 B.0.1 螺母挤压密封圈接头规格尺寸(mm)

规格	d(最小值)	d_1	d_2	$d_1、d_2$(允许差)	D	D_1(最小值)	l(最小值)	l_1
40	38.5	59.5	48.3	±0.30	72.5	48.10	28.5	22
50	49.5	72.5	60.3	±0.30	87.0	60.20	32.0	24
75	75.5	103.7	89.4	±0.40	122.0	89.20	48.0	29
110	97.0	129.7	114.5	±0.40	149.0	114.30	58.5	33

注：① l_1 及 D 允许误差为±2mm

B.0.2 异径管

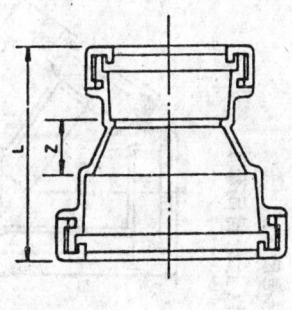

表 B.0.2 异径管规格尺寸(mm)

规格	Z	L
50×40	10.0	76.5
70×50	18.0	103.0
110×50	20.0	116.5
110×75	22.0	129.5

注：① Z 之允许误差为±3mm。
② L 为标准尺寸。

B.0.3 90°弯头

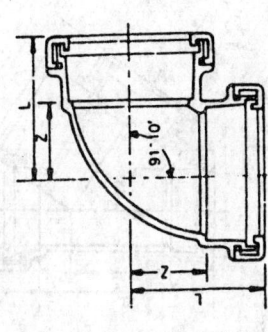

B.0.5 45°斜三通

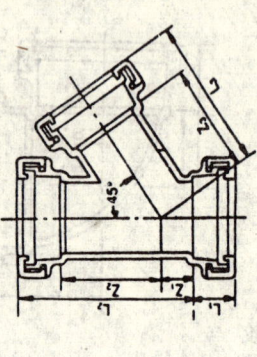

表 B.0.5 45°斜三通规格尺寸（mm）

规格	Z_1	Z_2	Z_3	L_1	L_2	L_3
40×40	13.5	84.5	77.5	45.5	116.5	109.5
50×40	2.0	84.0	80.5	38.0	120.0	112.5
50×50	14.0	89.5	84.0	50.0	125.0	120.0
75×40	2.5	94.5	100.5	45.0	142.0	131.5
75×50	2.5	105.5	113.0	51.0	154.0	149.0
75×75	21.5	130.5	124.5	70.0	179.5	173.0
110×50	13	112.0	127.0	46.5	171.3	160.0
110×75	12.0	142.0	146.5	71.5	201.5	195.0
110×110	25.0	155.0	149.0	84.5	214.5	208.5

注：①Z之允许误差为±3mm。
②L为标准尺寸。

B.0.6 45°斜三通（上端封闭型）

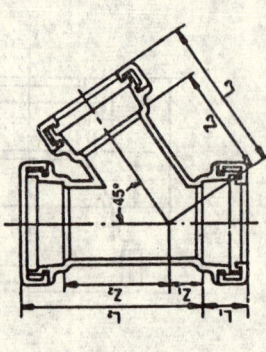

B.0.3 90°弯管

表 B.0.3 90°弯管规格尺寸（mm）

规格	Z	L
40	28.0	57.5
50	34.0	66.0
75	45.0	93.0
110	57.0	116.0

注：①Z之允许误差为±3mm。
②L为标准尺寸。

B.0.4 45°弯头

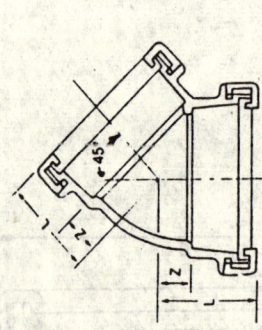

表 B.0.4 45°弯头规格尺寸（mm）

规格	Z	L
40	12.0	40.5
50	14.0	48.0
75	21.0	70.0
110	26.0	84.5

注：①Z之允许误差为±3mm。
②L为标准尺寸。

B.0.8 90°顺水三通（上端封闭型）

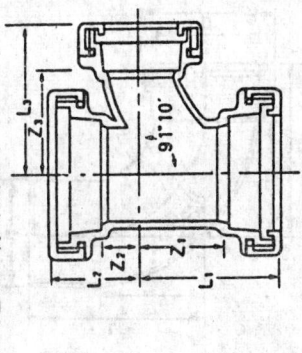

表 B.0.8 90°顺水三通（上端封闭型）规格尺寸（mm）

规 格	Z_1	Z_2	Z_3	L_1	L_2	L_3
40×40	47.0	18.0	49.0	78.5	49.5	78.5
50×40	47.0	18.0	55.0	82.0	53.0	83.5
50×50	61.0	21.0	61.0	96.0	56.0	96.0
75×40	62.5	19.5	80.5	110.0	67.0	111.5
75×50	61.0	24.0	76.0	145.0	75.0	145.0
75×75	95.0	25.0	97.0	145.0	75.0	145.0
110×50	61.0	27.0	87.0	120.5	86.5	120.0
110×75	95.0	27.0	107.0	154.5	86.5	155.0
110×110	122.0	38.0	122.0	186.5	102.5	186.5

注：① Z 之允许误差为±3mm。
② L 为标准尺寸。

B.0.9 90°顺水三通（承口型）

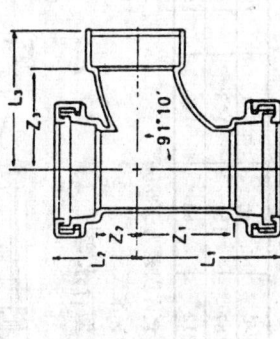

表 B.0.6 45°斜三通（上端封闭型）规格尺寸（mm）

规 格	Z_1	Z_2	Z_3	L_1	L_2	L_3
40×40	13.5	84.5	77.5	45.5	116.5	109.5
50×40	2.0	84.0	80.5	38.0	120.0	112.5
50×50	14.0	89.5	84.0	50.0	125.0	120.0
75×40	2.5	94.5	100.5	45	142	131.5
75×50	2.5	105.5	113.0	51.0	154.0	149.0
75×75	21.5	130.5	124.5	70.0	179.5	173.0
110×50	13	112.0	127.0	46.5	171.3	160.0
110×75	12.0	142.0	146.5	71.5	201.5	195.0
110×110	25.0	155.0	149.0	84.5	214.5	208.5

注：① Z 之允许误差为±3mm。
② L 为标准尺寸。

B.0.7 90°顺水三通

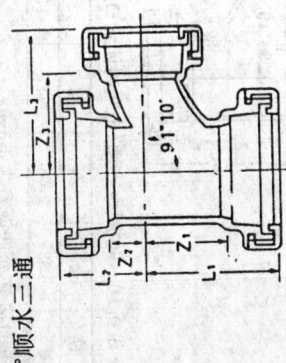

表 B.0.7 90°顺水三通规格尺寸（mm）

规 格	Z_1	Z_2	Z_3	L_1	L_2	L_3
40×40	47.0	18.0	49.0	78.5	49.5	78.5
50×40	47.0	18.0	55.0	82.0	53.0	83.5
50×50	61.0	21.0	61.0	96.0	56.0	96.0
75×40	62.5	19.5	80.5	110.0	67.0	111.5
75×50	61.0	24.0	76.0	145.0	75.0	145.0
75×75	95.0	25.0	97.0	145.0	75.0	145.0
110×50	61.0	27.0	87.0	120.5	86.5	120.0
110×75	96.0	27.0	107.0	154.5	86.5	155.0
110×110	122.0	38.0	122.0	186.5	102.5	186.5

注：① Z 之允许误差为±3mm。
② L 为标准尺寸。

表 B.0.9 90°顺水三通（承口型）规格尺寸（mm）

规格	Z_1	Z_2	Z_3	L_1	L_2	L_3
110	128	45	128	186	103	178

注：①Z 之允许误差为±3mm。
②L 为标准尺寸。

B.0.10　90°顺水三通（上端封闭承口型）

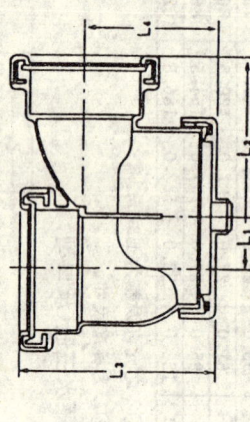

表 B.0.10　90°顺水三通（上端封闭承口型）规格尺寸（mm）

规格	Z_1	Z_2	Z_3	L_1	L_2	L_3
110	128	45	128	186	103	178

注：①Z 之允许误差为±3mm。
②L 为标准尺寸。

B.0.11　圆底 P 型存水弯

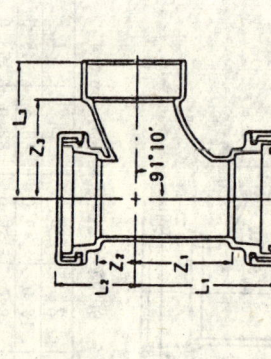

表 B.0.11　圆底 P 型存水弯规格尺寸（mm）

规格	L_1	L_2	H_2	H_1	H_3
40	187	151	123	141	50
50	212	168	140	154	50

注：①Z 之允许误差为±3mm。
②L 为标准尺寸。

B.0.12　平底 P 型存水弯

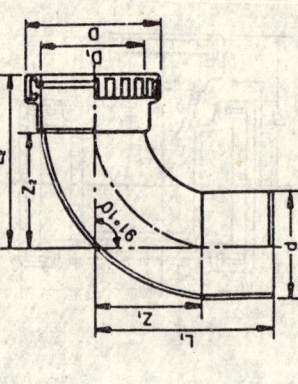

表 B.0.12　平底 P 型存水弯规格尺寸（mm）

规格	L_1	L_2	L_3
75	40.1	122.0	154.6

注：L 为标准尺寸。

B.0.13　大半径 90°弯头（插口型）

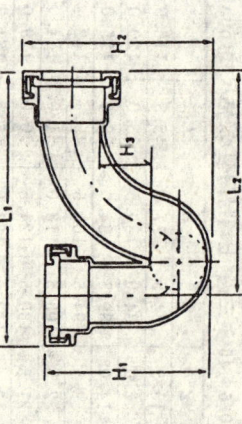

21—24

附录 C 本规程用词说明

C.0.1 执行本规程条文时，要求严格程度的用词说明如下，以便执行中区别对待。

1 表示很严格，非这样作不可的用词：正面词采用"必须"，反面词采用"严禁"。

2 表示严格，在正常情况下均应这样作的用词：正面词采用"应"；反面词采用"不应"或"不得"。

3 表示允许稍有选择，在条件许可时，首先应这样作的用词：正面词采用"宜"或"可"，反面词采用"不宜"。

C.0.2 条文中必须按指定的标准、规范或其它有关规定执行的写法为"应按……执行"或"应符合……要求"，非必须按所指的标准、规范执行的写法为"可参照……"。

表 B.0.13 大半径 90°弯头（插口型）规格尺寸（mm）

规格	Z_1	Z_2	L_1	L_2	D	D_1	d
110	120	123	200	207.5	149	115	114

注：① Z 之允许误差为±3mm。
② L 为标准尺寸。

B.0.14 大半径 90°弯头

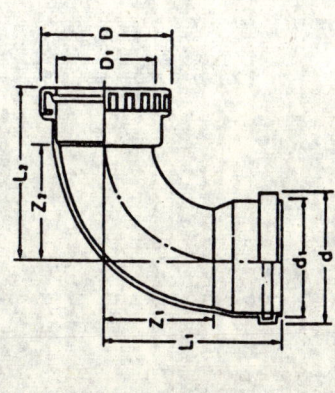

表 B.0.14 大半径 90°弯头规格尺寸（mm）

规格	Z_1	Z_2	L_1	L_2	D	D_1	d	d_1
110	120	123	200	207.5	149	115	125.5	134.7

注：① Z 之允许误差为±3mm。
② L 为标准尺寸。

中国工程建设标准化协会标准

建筑排水用硬聚氯乙烯螺旋管
管道工程设计、施工及验收规程

CECS94:97

条 文 说 明

目 次

1 总则 ………………………………… 21—27
3 术语 ………………………………… 21—27
4 管材及管件 ………………………… 21—28
5 基本设计规定 ……………………… 21—29
6 管道系统的布置与连接 …………… 21—30
7 伸缩节的设置 ……………………… 21—30

1 总 则

本标准是应用 UPVC 螺旋管材的专用规程。在 1.0.1 及 1.0.2 条中规定了必须采用的管材及其优点。如排放流量比同管径的内壁光滑的 UPVC 管大、排水时的管内噪音小等。众所周知，内壁光滑的 UPVC 管主要缺点之一是排水时产生的噪音比传统的铸铁排水管大。这是由于水流夹带空气的同时，又从水中分离出空气气泡产生的声响，而 UPVC 管的隔音效果比铸铁管差，因而声响相对的大。由于螺旋管改善了水流条件，从而降低了噪音，这是经试验确定的。

1.0.3～1.0.7 条均为本规程中必须规定的使用程序要求、施工验收要求及与有关的国家及地方相应标准的协调要求，这些条文与同类型的标准均是一致的。

3 术 语

本章所列四个术语均为本规程中所应用的专用名词。目前国内尚无这些术语标准的条目。3.0.4 "立管" 条目在《给水排水设计基本术语标准》GBJ125—89 中有此条目，但本规程中立管的涵义明确为坚向（垂直向）安装的 UPVC 螺旋管道。在 GBJ125—89 中，立管的涵义是坚直向的垂直夹角小于 45°安装的管道，属于建筑排水管术语的通称，因此有必要在本规程中将其列出。

有关本规程中用的专用名词如横管、伸顶通气管、排出管、悬吊管、清扫口、检查口等在 GBJ125—89 中均有术语条目，本规程中不再重复列出。

38.7 dB及37.5 dB,相应该二点的背景噪音(环境噪音)为35.6 dB及37.0 dB。同济大学声学研究所于一九九六年十月将螺旋管和光壁管安装在12层学生宿舍上进行对比测试,在11层~8层分组用坐便器排水,在3层离管2cm处测噪音,其结果为螺旋管比壁管的噪音小5~7dB,当螺旋管外壁2cm处测噪音,其噪音功率为光壁管的50%。

根据上述各方面的测试结果,说明螺旋管比环境噪音为37dB时,其噪音增量不会超过2dB,与传统的铸铁管相比,铸铁管比光壁小2~4dB,螺旋管比光壁管小5~7dB,因此螺旋管排水时产生的噪音不可能比传统的铸铁管高。5.0.2条即是根据上述试验结果制定的。

4 管材及管件

本章4.0.1~4.0.3 螺旋立管及其配套三、四通接入管件均为引进专利产品,其构造形式均按排水功能要求制作,其材质及厚度均符合我国建筑排水用硬聚氯乙烯管材,管件GB/T5836·1/2标准;管材规格中,公称外径d_e与管材外径同,壁厚e为管材最小壁。

4.0.1 第2款用于横管系统的螺母挤压密封圈接头的各种连接管件,目前尚无国内产品标准,由于采用这种精动接头的管件可以少用或不用伸缩节,且安装方便,可缩短施工工期,因此将目前国内可提供的这种管件的规格尺寸列入附录B,以便应用。

4.0.4 各种管材产品的物理力学性能均应符合GB/T5836·1-2-92规定的优等品标准。

4.0.5 密封胶圈采用圆形带凸出三角翼的截面,是本标准中各种管道滑动接头的专用密封圈件,根据应用效果,圆形截面密封圈密封效果不理想,本条密封圈截面胶圈能保证管道接头的密封性。其材质在建筑排水用UPVC管材标准中无此规定,本标准中规定的胶圈物理力学性能符合一般排水管道用密封圈标准。密封胶圈必须由提供管材厂家配套供应。

上述管材、管件及其配套胶圈等产品的提供单位为沈阳平和实业有限公司。

据上海市建材所和福建省建科所现场实测,内壁光滑的UP-VC管(以下简称光壁管)在排水时的冲水噪音,比传统的铸铁排水管大2~4 dB,但远低于卫生器具的噪音。UPVC螺旋管组成的单立管排水系统,韩国环境技术研究所于一九九六年七月对此进行丁噪音量的测试,用d_e110mm螺旋管在高15m处进水,在离管底1.0m处、离管2.5m及3.5m位置测定。其噪音相应为

5 基本设计规定

关于单根UPVC排水立管在建筑物中安装高度，目前已有超过100m的实例。考虑到目前修建高于100m的住宅楼房不多，国内相应的建筑排水UPVC管道工程技术规范以及有些城市的地方规定有不超过100m的限制，因此本章中未作高度规定，可由设计人根据管道系统布置、排水流量以及设计人经验和现行国家及地方规定等来确定安装高度。为了保证螺旋管水流螺旋状下落，立管不能与其它立管连通，因此必须采用独立的单立管排水系统，这也是采用UPVC螺旋管的特点之一。

5.0.4 条关于螺旋立管的通水能力，日本三菱树脂（株）对此进行了排水性能测试。试验管径 d_e 为110mm，塔高17层，各层横管与立管均采用配套螺旋进水型管件。试验用3种流量，3.0 l/s、4.0 l/s、5.0 l/s，每层支管进水，每层立管上均做对比试验。试验结果以5.0 l/s这一组曲线动情况，并用光壁管在15层16层进水做对比试验。试验结果以5.0 l/s空气压力曲线为例，在15层、16层进水，管内最大正压值发生在3层和1层，其值为22.5mm水柱，管内最大负压值发生在14层，最大负压发生在10层为60mm水柱。我国GBJ15规定存水弯水封破坏临界负荷值 d_e 深度不得小于45mm水柱，因此规定的水封破坏临界负荷值是45mm水柱，即负压不小于50mm、正压不大于60mm。因此规定排水系统的控制负荷值，即负压不小于45mm水柱，正压不大于60mm水柱。现规范3.4.14条证规定了生活污水立管DN 100在无专用通气立管的情况下最大排水能力为4.5 l/s，这是指DN 100铸铁管系列，d_e 110 UPVC螺旋管排水量超过5.0 l/s至6.0 l/s时，立管内最大负压值不会超过45mm水封水柱。按现行《建筑给水排水设计规范》GBJ 15—88规定 d_e 75、110、160的生活排水最大排水能力相应

为2.5、4.5、10.0 l/s，按此比例，本规程第5.0.4条第1款将螺旋管立管排水能力相应的采用3.0、6.0、13.0 l/s。

5.0.5 横管坡度采用《建筑给水排水设计规范》GBJ15—88中相当于铸铁管的最小坡度，由于UPVC管的粗糙系数比铸铁管小，在相同流量时其坡度可比铸铁管小，以往实践对铸铁管的最小坡度都能满足管道总的高差不大，以往实践对铸铁管的最小坡度都能满足安装要求，而管道的高差太小对施工掌握比较困难，因此本标准中沿用了铸铁管的最小坡度。当设计无规定时，在第15.0.5条第3款中建议用0.02~0.025，主要是坡度大一些可增加流速，对防止生活污水能力采用查表计算方式，是为了应用方便，如表格不能满足应用条件时，可用公式计算确定。

6 管道系统的布置及连接

6.0.1 本条第4款是根据UPVC管耐温要求应与火源及热源保持一定的距离。6.0.2条是根据UPVC管防火性能低于铸铁管,在高层建筑中为避免火势沿井向上蔓延以提高防火能力,防火套管和阻火圈等措施是针对火灾时防止UPVC管穿混凝土楼板处形成直接烧穿孔的问题。在UPVC管烧落后可以有效防止火焰上延。防火套管做法有楼板之上和之下两种,其中楼板之下做法更为合理。防火套管及阻火圈安装图可参照《国家建筑标准设计》96S341)。

6.0.3~6.0.6 四条规定均是为了保证立管螺旋状水流稳定的构造措施和保证管通水能力且不出现底层污水倒灌的情况。上述条文规定均与相应的现行规范协调一致。

6.0.7 管道接头是管道系统的组成部分,本条第1款规定推荐采用螺旋状接头。螺母挤压密封圈接头、滑动式接头、粘接接头、橡胶圈密封接头施工方便、快速,安装后不须固结时间,属于管道轴向滑动连接的手段。但目前生产这种接头的厂家较少,且无相应的现行国家标准,因此本条第2款中规定亦可采用粘接接头。

7 伸缩节的设置

7.0.3 滑动接头一般允许伸缩滑动的距离均在正常规定的施工和使用阶段的温差范围以内,根据UPVC管线膨胀系数,允许管长为4米。本标准中立管范围内为滑动式接头,如横管采用滑动式接头,其长度不超过4米时,均可不设伸缩节。如横管采用粘接接头、粘接接头属刚性接头,则应按本条规定设置伸缩节。

本条第5款对管道设计伸缩量应根据排放污水温度、环境温度变化和滑动接头等几种因素,按实际可能出现的最大温差来控制滑动接头的伸缩量。本标准在总则中已规定连续排水温度不大于40℃,在一般情况下,用自来水洗衣服、洗菜、冲卫生器具等的水温不会超过室内环境温度的变化,因此在伸缩量的计算中一般可按施工时环境温度与室内可能出现的最低温度的温差计算。来计算,但施工时的环境,在设计时是不可能掌握的,因此伸缩量的设计必须由施工部门根据施工时实际温差计算确定。为此在17.0.1.3条规定了不同环境温度以按闭合温差计算。同时表17.0.1.3给出了不同环境温度与施工时伸缩量的确定,基本上可包括常规施工条件的情况。这个伸缩量也符合《建筑排水UPVC管道工程技术规程》CJ29—97行标中允许最大允许伸缩量的如表7.0.3规定:

表 7.0.3 伸缩节最大允许伸缩量

公称外径 d_e (mm)	50	75	110	160
最大允许伸缩量 (mm)	12	15	20	25

关于总则中规定的瞬时排放温度不大于80℃是指排水量小,在管道系统中不形成连续流。虽然排水温度可达80℃,但当污水

流经排水管道时,存水弯及管道不断释放热量,水流温度降低,不会使整根管道温度达到软化温卡79℃的情况。如家庭厨房排水的最不利情况是倾倒饺子汤,家庭洗澡水温度不会超过60℃,因此经多年实践证明,住宅排水采用UPVC排水管的,没有发现受损情况。

据《给水排水》杂志97年2期中"建筑用UPVC排水管应用技术"论文作者调查,对采用热水供应系统的旅游建筑采用这种管材的,曾发生造成管道变形的几起事例,如蚌埠某宾馆卫生间d_n50存水弯破裂漏水。杭州某干部接待楼出现洗脸盆存水弯及横管弯曲变形现象。经分析,该单位都是定期供应热水,热水龙头长时间未关闭,大量高温热水灌入排水管道,这些单位热水用量集中,加热设备能力不够,往往提高热水供应温度,使输送至热水点的水温大于65℃而产生以上现象,因此主要是设备和管理不善的问题。高级宾馆上海虹桥宾馆、苏州姑苏饭店、桂林格湖饭店、北京香格里拉饭店、公用及民用建筑使用UPVC排水管是没有问题的。

由此可见,按上述规定的施工闭合温差计算值的伸缩量是可以满足使用要求的。

7.0.3.5条中UPVC管线膨胀系数值,国外对此均都采用0.06mm/m℃,国内对UPVC给水管道的相应标准中均采用0.07mm/m℃,CJJ29—97中采用0.06~0.08mm/m℃,未作具体规定,为了与国内现行相应的标准相协调,本规程中亦采用0.07mm/m℃。式中闭合温差Δt取25℃是指在正常温度(10~25℃)时施工的情况,如在寒冷地区或高温下施工,闭合温差应按实际可能产生的最高温差计算值或参照本标准17.0.1.3条。

14.0.4 本条第2款中胶粘接剂的剪切强度是参照国外手册提供的数据制定的。在CECS 18:90附录2中提供的六种常用粘接剂配方,剪切强度值在7.0~15.0MPa之间,因此根据国内粘接剂提供的情况,规定其剪切强度为5.0MPa是切合实际的。

16.0.6 本条第5款中要求试承插符合要求并对号入座安装是为了保证粘接接头的质量。粘接接头要求保证接头粘接强度,因此空隙必须紧密适当,插入时过紧及松动都不能保证接头粘接强度,因此在工厂加工成型的插合适后对号入座。本条要求是主要对承口的直管,则可在现场将一头管子,亦称冷接法。如采用未成型承口的直管,则可在现场将一头管端加热到120℃~130℃使其软化后(用喷灯或炭火直接加热或以热油、热砂同接加热),用未加热的管端涂敷粘接剂后插入,管径较大时宜先用润滑剂试插一次,拔出洗净后再涂粘接剂后插入。插入深度,小于d_n110者为管径的1.2~1.5倍,大于d_n110者为管径的0.8~1.0倍。其优点是承插口在现场成型可保证密切结合及其粘接强度,缺点为现场要准备加热设备。